第七版

鄧淑珠 著

IFRS *Advanced Accounting*

高等會計學

上

東華書局

國家圖書館出版品預行編目資料

高等會計學 (IFRS) / 鄧淑珠著. -- 7 版. -- 臺北市：
臺灣東華書局股份有限公司, 2023.08-
上冊；19x26 公分.

ISBN 978-626-7130-71-1 (上冊 : 平裝)

1.CST: 高級會計 2.CST: 國際財務報導準則

495.1　　　　　　　　　　112012807

高等會計學 (IFRS) 上冊

著　　者	鄧淑珠
發 行 人	謝振環
出 版 者	臺灣東華書局股份有限公司
地　　址	臺北市重慶南路一段一四七號三樓
電　　話	(02) 2311-4027
傳　　眞	(02) 2311-6615
劃撥帳號	00064813
網　　址	www.tunghua.com.tw
讀者服務	service@tunghua.com.tw
門　　市	臺北市重慶南路一段一四七號一樓
電　　話	(02) 2371-9320

2027 26 25 24 23 HJ 9 8 7 6 5 4 3 2 1

ISBN　　978-626-7130-71-1

版權所有・翻印必究

自　序（IFRS版）(7版)

本次改版重點：

(一) 本書已按金管會所公布IFRSs [111年適用]更新相關章節內容。

(二) 引用金管會111年11月24日公告修正之「證券發行人財務報告編製準則」及臺灣證券交易所109年8月21日公告修正之「一般行業IFRSs會計科目及代碼」，可易於與實務接軌，面對國家考試也易上手。

(三) 更正「高等會計學(IFRS版)(6版)－上冊」部分內容之誤植及疏漏，其相關更正資訊已於筆者BLOG逐章登載。

(四) 新增考選部公告之108年至111年會計師考題及筆者解析之參考答案。

(五) 其他相關事項請詳本書前面版次之「自序」說明。

　　感謝本書讀者的指教與支持；感謝東吳大學前副校長馬君梅教授的關心與照顧；感謝徐惠慈老師的切磋與激勵；家人及摯友的全力支持更是完成本書的動力；最後，感謝東華書局給予本書再版的機會。

　　筆者雖已盡心謹慎撰寫並逐字輸入電腦，力求內容正確與完整，倘有疏漏及錯誤之處，祈望各界不吝指正，讓本書更臻完備，嘉惠更多學子與讀者。

鄧淑珠　112年7月

聯絡信箱：terideng@scu.edu.tw
BLOG：http://dengsc.pixnet.net/blog

作者簡歷

現任：東吳大學會計學系專任講師
東吳大學會計學研究所碩士
斐陶斐榮譽學會會員(碩士)
會計師考試及格、內部稽核師(CIA)考試及格
會計師事務所審計人員、美商電腦公司資深會計員
專科學校會計統計科專任講師、東吳大學會計學系兼任講師

自　序（IFRS版）(2版)

　　「中級會計學」是以企業個體日常營運所常發生的交易與經濟事項為標的，介紹其相關會計原理、觀念與處理準則，內容豐富且繁瑣，請參閱徐惠慈老師所著之「中級會計學(IFRS版)，100年8月出版」；而「高等會計學」則蒐羅一些無法列入「中級會計學」介紹的議題，如：<u>企業合併及其相關會計處理</u>、<u>母子公司合併財務報表的編製</u>、<u>合併財務報表之其他相關議題</u>（包括：<u>子公司發行特別股</u>、<u>控制權益異動</u>、<u>間接持股及相互持股之會計處理</u>、<u>合併每股盈餘</u>、<u>合併個體所得稅之會計處理</u>）、<u>單獨財務報表</u>、<u>合併理論</u>、<u>合夥企業的會計處理與清算</u>、<u>總分支機構的會計處理與財務報導</u>、<u>外幣交易與外幣財務報表</u>、<u>部門別與期中財務報導</u>、<u>合資投資之會計處理</u>、<u>非營利事業會計</u>、<u>公司清算與重整</u>等。隨著企業經營環境競爭加劇，這些議題日趨重要，進而提高相關會計實務的專業需求，也帶動國內會計師考試將「高等會計學」獨立為一門考試科目。其中前八項主題約占高會內容的五分之四強，也是國內大專院校所開「高等會計學」學科的主要講授內容，故先就前八項主題進行撰寫，本書共十六章，分為上、下兩冊。

　　金管會已於民國98年5月14日公布實施「國際財務報導準則」之時程，第一階段從民國102年起適用，包括上市櫃、興櫃公司及多數金融業。第二階段從民國104年起適用，包括非上市櫃及興櫃的公開發行公司、信合社及信用卡公司，並得自民國102年提前適用。

　　考選部也公布，<u>高考會計師考試自民國101年起，試題如涉及財務會計準則規定，其答案將以當次考試上一年度經主管機關發布之最新中文版國際財務報導準則</u>［包括財務報表編製及表達之架構(Framework for the Preparation and Presentation of Financial Statements)、國際財務報導準則(IFRS)、國際會計準則(IAS)、國際財務報導解釋(IFRIC)及解釋公告(SIC)等］<u>之規定為準。已發布但延後適用的準則規定，亦在考試範圍內</u>。因此，書中若提及「國際財務報導準則」一詞，係泛指「國際會計準則(IAS)」及「國際財務報導準則(IFRS)」，同國際會計準則理事會(IASB)之用詞方式。

　　感謝本書初版讀者的指教與鼓勵；感謝東吳大學前副校長馬君梅教授的關心與照顧；感謝徐惠慈老師的切磋與激勵；家人摯友的全力支持更是完成本書的動力；最後，感謝東華書局給予本書再版的機會。

筆者雖已盡心謹慎撰寫並逐字輸入電腦，力求內容正確與完整，倘有疏漏及錯誤之處，祈望各界不吝指正，讓本書更臻完備，嘉惠更多學子與讀者。

鄧淑珠　100年9月

聯絡信箱：terideng@scu.edu.tw
Facebook：鄧淑珠

作者簡歷

現任：東吳大學會計學系專任講師
東吳大學會計學研究所碩士
斐陶斐榮譽學會會員
會計師考試及格
內部稽核師(CIA)考試及格
會計師事務所審計人員
美商電腦公司資深會計員
專科學校會計統計科專任講師
東吳大學會計學系兼任講師

自　　序

　　從事教職多年,發現不少學生面對「高等會計學」時,總有些莫名的恐懼,以為它是一門很艱深的學科,特別是在經歷「中級會計學」繁重的學習過程後。其實不然,「中級會計學」是以企業個體日常營運所常發生的交易與經濟事項為標的,介紹其相關的會計原理、觀念與處理準則,內容豐富且繁瑣,請參閱徐惠慈老師所著之「中級會計學」;而「高等會計學」則是蒐羅一些無法列入「中級會計學」介紹的議題,如:企業合併及其相關會計處理、母子公司合併財務報表的編製、合夥企業的相關會計事務與清算、總分支機構的會計處理與財務報導、外幣交易與外幣財務報表、部門別及期中財務報導、非營利事業之會計處理等。隨著企業經營環境競爭加劇,這些議題日趨重要,進而提高相關會計實務的專業需求,也帶動國內多項重要考試將「高等會計學」從「中級會計學」中獨立出來,成為一門考試科目。其中前三項議題約占高會內容的四分之三強,也是國內大專院校會計系所開「高等會計學」學科的主要講授內容,故在有限時間內,先就這三項議題進行撰寫,本書共分十三章。

　　本書的特色與用途:

1. 本書以美國會計準則為主,融入我國財務會計準則公報及法令的相關規定,如:企業併購法等,並對已知與國際財務報導準則(IFRS)規定不同之處,預作提醒。
2. 盡量以淺白話語解說,將相關金額與數字表格化後簡明呈現,希望達到「自學」的目的。盼藉由此書讓無法到學校修習高會課程的向學人士,透過自修學會高會的相關觀念。
3. 學校教學常受限於時間因素,有些觀念只能重點式地說明,希望藉由本書將重要觀念做詳盡的解析,以利學生課後複習時有所依據,故本書適合作為高會的上課教材。
4. 對於曾在校學修習過高會的人士,本書可當作複習高會觀念的書籍,幫助釐清或解決會計實務上相關問題,或當作準備各種相關考試的參考工具。
5. 每章習題,係按各章內容、參考以前考題(包含近幾年會計師考題)及相關書籍後,改編而成,多練習可增進並強化對該章內容的理解程度。每題的答案隨附在後,便於讀者練習後核對參考。

針對我國將於何時適用「國際財務報導準則(IFRS)」一事，金管會已於 98 年 5 月 14 日定調，第一階段適用企業，包括上市櫃、興櫃公司及多數金融業，將從 2013 年起，依 IFRS 編製財務報表。第二階段適用企業，包括非上市櫃及興櫃的公開發行公司、信合社及信用卡公司，將從 2015 年起，依 IFRS 編製財務報表，並得自 2013 年提前適用。故本書亦將配合修訂，但在此之前，國內各種考試仍以目前已發布之財務會計準則公報為準；另 IFRS 有關合併財務報表之編製邏輯係採「個體理論(Entity Theory)」的觀念，因此研讀本書後，讀者可同時學會「母公司理論」及「個體理論」，待將來全面改採 IFRS 時可順利銜接與應變。

　　從學習初會至今已近 30 年，受教於許多恩師，心中滿是感激，其中特別要感謝東吳大學副校長馬君梅教授多年來的關心、照顧與提攜，晚輩銘感五內，沒齒難忘；也感謝徐惠慈老師，在教學工作及人生路上互相的切磋與鼓勵；謝謝曹嘉琪小姐，認真地試讀本書與細心覓誤；而家人與摯友在精神上的全力支持與鼓勵是完成本書的動力；最後，感謝東華書局給予本書出版的機會。

　　筆者雖已盡心撰寫並逐字輸入電腦，力求內容正確與完整，倘有疏漏及錯誤之處，尚期望各界不吝指正，讓本書更臻完備，嘉惠更多學子與讀者。

鄧淑珠　98 年 8 月

作者簡歷

現任：東吳大學會計學系專任講師
東吳大學會計學研究所碩士
斐陶斐榮譽學會會員
會計師考試及格
內部稽核師(CIA)考試及格
會計師事務所審計人員
美商電腦公司資深會計員
專科學校會計統計科專任講師
東吳大學會計學系兼任講師

高等會計學(IFRS)(7版)－上冊

目　錄

章　　節	頁次

自　序　(IFRS版)(7版)

自　序　(IFRS版)(2版)

自　序　(合併財務報表及合夥篇)(初版)

目　錄

章　節	頁次

第一章　企業合併簡介

一、何謂企業合併	1
二、企業合併的特性與型態	4
三、企業合併的原因或動機	5
四、企業合併會計處理的相關規範	6
五、準則用詞定義	8
六、企業合併的會計處理－收購法	9
七、辨認收購者	9
八、決定收購日	12
九、認列與衡量取得之可辨認資產、承擔之負債及被收購者之非控制權益－原則	12
十、認列與衡量取得之可辨認資產、承擔之負債及被收購者之非控制權益－例外情況	15
十一、認列與衡量商譽或廉價購買利益	19
十二、移轉對價	23
十三、衡量期間	25
十四、與企業合併相關之合併成本	27
十五、綜合釋例	27
十六、特定類型之企業合併	44
十七、決定何者為企業合併交易的一部分	48

目　錄

章　節	頁次
第一章　企業合併簡介	
十八、反向收購	50
十九、收購法－財務報表應揭露事項	51
註　釋（註一～註五）	52
附錄一：目標公司抵制敵意併購之方法	63
附錄二：公允價值衡量	65
習　題（含我國 90 年～111 年會計師考題）	72

目 錄

章　　　節	頁次

第二章　股權投資之會計處理

一、準則用詞定義	1
二、股權投資之會計處理原則	2
三、重大影響	10
四、股權投資之會計處理－不具重大影響	12
五、股權投資(不具重大影響)－綜合釋例	14
六、股權投資之會計處理－具重大影響	19
七、權益法－投資差額分析	24
八、權益法－單線合併	25
九、權益法－綜合釋例	26
十、權益法之豁免／分類為待出售	33
十一、投資關聯企業－期中取得	35
十二、投資關聯企業－分次取得	38
十三、處分對關聯企業之股權投資	43
十四、投資者直接向關聯企業取得股權	55
十五、關聯企業尚發行特別股	56
十六、關聯企業發生非經常性損益項目	60
十七、損失份額－暫停認列	63
十八、關聯企業股權投資之減損損失	65

目 錄

章　　節	頁次

第二章　股權投資之會計處理

十九、投資關聯企業－其他應注意事項	69
二十、投資關聯企業－財務報表應揭露事項	71
附　　錄－IFRS 9 有關證券投資之說明	74
習　　題（含我國 90 年～111 年會計師考題）	78

目　　錄

章　　節	頁次

第三章　合併財務報表簡介

一、準則用詞定義	1
二、存在控制及其相關考量	3
三、透過取得股權以完成企業合併～股權收購	5
四、新形成的報導個體－合併個體、集團	5
五、母公司股東、母公司、子公司及非控制股東之關係	7
六、合併財務報表之表達及其豁免	8
七、單獨財務報表	9
八、母、子公司會計年度之起訖日不一致	11
九、會計政策一致性	12
十、合併財務狀況表的基本觀念	13
十一、非控制權益	14
十二、基本釋例	15
十三、收購日子公司帳列淨值高(低)估數，於編製合併財務狀況表時之處理	23
十四、有關商譽之說明與規定	30
十五、反向收購－合併財務報表之編製與表達	35

目　　錄

章　　節	頁次

第三章　合併財務報表簡介

十六、投資個體：合併報表之例外規定　　　　　　　　　40

十七、合併財務報表應揭露事項　　　　　　　　　　　　41

附　　錄－IFRS 10 有關「控制」之說明　　　　　　　　44

習　　題（含我國 90 年～111 年會計師考題）　　　　　56

目　錄

章　節	頁次
第四章　合併財務報表編製技術與程序	
一、合併綜合損益表的基本觀念	2
二、合併保留盈餘表的基本觀念	6
三、合併工作底稿上之調整/沖銷金額	15
四、合併工作底稿借、貸方無法平衡時之檢查步驟	17
五、試算表格式之合併工作底稿	18
六、收購日子公司帳列淨值高(低)估數，於編製合併財務報表時之處理	20
七、母(子)公司財務報表存有誤述，於編製合併財務報表時之處理	29
八、合併現金流量表的基本觀念	36
九、合併現金流量表之格式	41
十、合併現金流量表－間接法	41
十一、合併現金流量表－直接法	46
十二、合併現金流量表－釋例	47
附錄一：完成合併工作底稿之步驟	52
附錄二：第三章釋例七之補充說明	59
習　題（含我國 90 年～111 年會計師考題）	61

目　　錄

章　節	頁次
第五章　合併個體內部交易－進貨與銷貨	
一、合併個體內部進、銷貨交易之基本觀念	2
二、沖銷合併個體內部之進、銷貨交易	3
三、沖銷期末存貨中的未實現利益	4
四、認列期初存貨中的已實現利益	7
五、順流銷貨、逆流銷貨、側流銷貨	9
六、順流銷貨－綜合釋例	28
七、逆流銷貨－綜合釋例	37
八、側流銷貨－綜合釋例	47
九、期末存貨按成本與淨變現價值孰低評價，對合併財務報表的影響	61
十、合併個體內部進、銷貨交易之買方，持有內部進貨商品超過一個會計年度	69
十一、投資者與關聯企業間之交易	73
附　錄－簡述 IFRS 15 客戶合約之收入	76
習　題（含我國 90 年～111 年會計師考題）	79

目　　錄

章　　節	頁次
第六章　合併個體內部交易 　　　　－不動產、廠房及設備	
一、合併個體內部買賣不動產、廠房及設備 　　　之基本觀念	1
二、合併個體內部買賣土地交易－順流	5
三、合併個體內部買賣土地交易－逆流	12
四、合併個體內部買賣土地交易－側流	18
五、合併個體內部買賣折舊性資產交易－順流／期末	27
六、合併個體內部買賣折舊性資產交易－順流／期初	33
七、合併個體內部買賣折舊性資產交易－逆流／期末	37
八、合併個體內部買賣折舊性資產交易－逆流／期初	43
九、合併個體內部買賣折舊性資產交易－側流／期末	46
十、合併個體內部買賣折舊性資產交易－側流／期初	48
十一、投資者與關聯企業間買賣折舊性資產交易	50
十二、綜合釋例	52
十三、合併個體內部買賣不動產、廠房及設備交易 　　　　－發生損失	60
十四、內部交易對賣方是銷貨交易， 　　　　對買方是取得不動產、廠房及設備交易	63

目　錄

章　　節	頁次

第六章　合併個體內部交易
　　　　　－不動產、廠房及設備

十五、自建資產售予合併個體內其他成員　　　　70

十六、出租不動產、廠房及設備
　　　　予合併個體內其他成員　　　　74

習　題（含我國 90 年～111 年會計師考題）　　　78

目　　錄

章　　節	頁次

第七章　合併個體內部交易－債券發行與投資

一、企業資金的來源	1
二、公司債發行的基本觀念	3
三、本章之計算邏輯及分類	4
四、子公司期末買回母公司所發行公司債 　　作為債券投資	8
五、子公司期初買回母公司所發行公司債 　　作為債券投資	16
六、母公司期末買回子公司所發行公司債 　　作為債券投資	22
七、母公司期初買回子公司所發行公司債 　　作為債券投資	29
八、子公司期初買回母公司所發行公司債 　　作為債券投資，但未持有該債券至到期日， 　　即將之外售(期末發生)	34
附　錄－以直線法攤銷公司債之折、溢價	40
習　題（含我國 90 年～111 年會計師考題）	48

目　　錄

章　　節	頁次
第八章　股權變動之財表合併程序	
一、母公司於期中收購子公司	1
二、母公司分次取得子公司股權－分批(次)收購	8
三、母公司部分處分子公司股權	32
四、子公司發行新股	62
五、子公司買回庫藏股	76
六、子公司宣告發放股票股利、執行股票分割	110
附　錄－「釋例十一」之「說明(10)」	117
習　題（含我國90年～111年會計師考題）	122

參考書目及文獻

第一章　企業合併簡介

> ★ 本章小叮嚀：
> 　　因本章須對企業合併作一廣泛性介紹，加上對國際財務報導準則相關規定之說明，致本章文字性解說篇幅不少，首次閱讀時可先以瀏覽方式進行，待熟讀第二、三、四章後，再回第一章詳細閱讀。

　　企業經營最主要的目標之一是獲利，管理當局莫不竭盡所能地為企業所有權人[owner(s)，如股東]增進其經濟價值，因此如何提升經營效率、降低成本、增進利潤、使企業不斷地成長茁壯，是管理當局的終極目標與任務。

　　過去企業成長大多經由增聘員工、擴建廠房、增添或重置設備、努力行銷累積客戶人(家)數、提升產品或勞務品質、加強售後服務等方式，使企業逐步地穩定成長，亦即「內部式擴張(expand internally)」。如今處於全球化競爭的商業環境中，面對同行其他企業快速成長並擁有成本及價格上優勢，無形中迫使緩步成長的企業在不具成本及價格優勢下退出市場，或逆向奮起急起直追，不但在本業上提升產品或勞務品質、加強業務與促銷能力，更可積極地採取併購企業方式使企業快速成長，進而提升在業界的競爭能力與地位，亦即「外部式擴張(expand externally)」。所以市場形勢比人強，當日漸激烈的競爭已然成型，企業除了要不斷提升產品或服務品質並增進業務能力外，也要思考如何透過外部擴張方式來追求企業的快速成長。

　　近幾十年世界各地颳起一陣合併風潮，從公開資訊中獲知國內、外知名企業間的併購交易很多，轉錄媒體報導之併購案例於本章「註釋」之註一。

一、何謂企業合併(Business Combination)

　　企業合併係指將原為各自獨立的企業結合(unite)在一起，此行動最重要目的是為增進獲利能力，可透過橫向(horizontally)或縱向(vertically)合併來提高經營效率，或透過多角化式合併來分散企業經營風險，進而提升獲利能力。

我國企業併購法，係為利企業以併購進行組織調整，發揮企業經營效率而制定。由第4條規定可知我國對企業合併的分類，部份內容如下：

第1款：「公司：指依公司法設立之股份有限公司。」

第2款：「併購：指公司之合併、收購及分割。」

第3款：「合併：指依本法或其他法律規定參與之公司全部消滅，由新成立之公司概括承受消滅公司之全部權利義務；或參與之其中一公司存續，由存續公司概括承受消滅公司之全部權利義務，並以存續或新設公司之股份、或其他公司之股份、現金或其他財產作為對價之行為。」

第4款：「收購：指公司依本法、公司法、證券交易法、金融機構合併法或金融控股公司法規定取得他公司之股份、營業或財產，並以股份、現金或其他財產作為對價之行為。」

第5款：「股份轉換：指公司讓與全部已發行股份予他公司，而由他公司以股份、現金或其他財產支付公司股東作為對價之行為。」

第6款：「分割：指公司依本法或其他法律規定將其得獨立營運之一部或全部之營業讓與既存或新設之他公司，而由既存公司或新設公司以股份、現金或其他財產支付予該公司或其股東作為對價之行為。」

第7款：「母、子公司：直接或間接持有他公司已發行有表決權之股份總數或資本總額超過半數之公司，為母公司；被持有者，為子公司。」

其中，第3款前半句係指「新設合併」或「創設合併」，後半句係指「吸收合併」。例如：甲公司與乙公司合併，雙方約定先設立新公司丙，由丙公司承接甲、乙兩公司的一切資產負債與權利義務，再解散甲、乙兩公司，而達到甲、乙兩公司合併的目的，這是「新設合併」。但若雙方約定，由甲公司承接乙公司的一切資產負債與權利義務，再將乙公司解散，而達到甲、乙兩公司合併的目的，則為「吸收合併」，甲公司為存續公司，乙公司為消滅公司。

第4款「收購」，又分為「股權收購」與「資產收購」。「股權收購」，係指收購者：(1)在股票集中買賣市場購入目標企業的股權，或(2)直接向目標企業的股東購買股權，使目標企業成為其轉投資事業的一部份，因此收購者按持股比例擁有和承擔被收購者的資產、負債、權利和義務。如本章「註釋」之註一所舉案例，頂新集團以超過新台幣一百億資金，取得味全公司過半股權及經營權；遠傳電信購買全虹通訊55%股權，入主全虹通訊經營權。被收購者不必然解散，收購者與被收購者仍可各自繼續經營，而收購者透過其所持有被收購者股權控制被收購者的經營與管理。當投資者依準則評估其確對被投資者存在控制，則

該投資者即為母公司或收購者,而被投資者則為子公司或被收購者。

「資產收購」,係指收購者選擇目標企業部份合適之資產並予以議價收購,性質上係屬一般的資產買賣行為,並不涉及股東權利義務之移轉。如本章「註釋」之註一所舉案例,聯亞生技以 5 億新台幣併購羅氏公司(Roche)在新竹湖口的製藥廠;日後又併購台灣葛蘭素威康公司(Glaxo Wellcome Taiwan, Ltd.)在新竹針劑藥廠,皆屬資產收購。

會計觀點係以較寬廣角度來解釋「企業合併(business combination)」:

(一) 國際會計準則理事會(IASB)所發布之「國際財務報導準則第 3 號 (IFRS 3)－企業合併」,及美國財務會計準則委員會(FASB)所發布之「財務會計準則公報第 141 號 (FASB Statement No.141)－企業合併」,對於「企業合併」的定義一致,係雙方理事會研商後的共同結論,如下:

企業合併,是收購者對一個或多個業務(business)取得控制之交易或其他事項。有時稱為「真實併購(true mergers)」或「對等併購(mergers of equals)」之交易,亦為本財務會計準則公報(或國際財務報導準則)所稱之企業合併。

A business combination is a transaction or other event in which an acquirer obtains control of one or more businesses. Transactions sometimes referred to as "true mergers" or "mergers of equals" are also business combinations as that term is used in this Statement (or IFRS).」

業務(business),是能被經營與管理之活動及資產組合,其目的係為直接提供報酬予投資者或其他業主、社員或參與者,報酬之形式包括股利、較低之成本或其他經濟利益。

(二) 企業合併在會計上的觀念係強調:(a)產生一個新的會計個體,(b)在合併前,參與合併的各企業是獨立自主的,(c)至於納入(a)新產生的會計個體內之原各企業,其法律形式是否解散,並非是必要條件。

可知會計觀點認為,企業合併可能透過下列方式達成:
(1) 一企業移轉其淨資產予另一企業,如:吸收合併。
(2) 參與合併的企業皆移轉其淨資產予另一新成立的企業,如:新設合併。
(3) 一家或多家企業變成子公司(subsidiary),如:企業合併後形成合併個體(或稱集團 group),其包含一家母公司及一家或多家子公司。

二、企業合併的特性與型態

企業合併，依其特性與型態可分為三種：

(1) 水平式合併、橫向合併：

係指同一產業或市場且產製或銷售(或提供)相同或相似產品(或勞務)之不同企業的合併。如：甲航空公司與乙航空公司合併、丙銀行與丁銀行合併。合併後可減少相互競爭壓力，也可消除重複設施之投資，擴大產品線以達經濟規模的效果，甚至壟斷或寡占市場提升產品的議價能力，惟仍須受各國相關法令之規範，如我國之公平交易法。我國於 2000 年 12 月 13 日公布「金融機構合併法」，至今已有多家金融機構合併，成立金控公司，如 2008 年 1 月 1 日，臺灣銀行、土地銀行、中國輸出入銀行、台銀人壽及台銀證券合併成為「台灣金控」，是國內最大金融控股公司。其他產業之橫向合併個案，請參閱本章「註釋」之註一所舉案例。

(2) 垂直式合併、縱向合併：

係指處於連續性產銷過程中不同階段的不同企業之合併，即產業間上、下游供應鏈間不同企業之合併。如：甲藥品製造公司與乙藥品經銷公司合併。垂直式合併又可分為"向前整合"及"向後整合"，前者係藉由與上游供應商的合併而獲得穩定且便宜的原物料，後者係藉由與下游通路商的合併而更接近消費者市場且使公司產品的銷售管道穩固暢通。如遠傳電信購買全虹通訊 55%股權，入主全虹通訊經營權，藉以拓展其行銷通路，即為"向後整合"之例。其他縱向合併個案，請參閱本章「註釋」之註一所舉案例。

(3) 多角化式(混合式)合併、集團合併：

係指產銷不相關聯且(或)多元化之產品及勞務之不同企業的合併，即產銷不同產品且(或)不同產業之不同企業的合併，是一種產品及勞務多角化、市場國際化的經營策略。透過合併，雖不一定能達到規模經濟的效果，但因集團中加入不同產業之企業，可降低該集團原所屬產業特有的風險，即集團中某一企業面臨產業衰退時，集團中另一企業可因所屬產業的榮景而提供前者財務支援，降低經營的整體風險；亦可利用集團中不同產業其盈餘的季節性變化，使集團盈餘更均勻化。如：1991 年間，美國電信業巨人 AT&T 買下電腦製造公司 NCR。

三、企業合併的原因或動機

企業成長擴張規模是一項既定目標，但相對於「內部式擴張」，企業為何偏好以「外部式擴張」方式來達成此項既定目標呢？ 亦即企業合併的理由為：

(1) 成本及效率等合併綜效上的考量：

合併綜效,係指企業合併後的總價值<u>超過</u>原先個別企業價值的總和(即一加一大於二的效果)。常見的合併綜效來源為：

(a) 經濟規模：水平式企業合併後，所產生經濟規模的效果。具體事項如：降低企業在研發、設計、生產、行銷、客服、品牌形象等各方面營運成本、以提升與下游廠商或消費者的議價能力。

(b) 營運效率提高：垂直式企業合併後，企業在掌握原料來源、生產過程、產品銷售通路的相關流程上可事先妥善規畫，減少無附加價值作業活動，以提高營運效率。

(c) 互補互利：有時參與合併的企業,可能在產品線、銷售能力、客服能力、品質上等有優劣高低之區隔,因此透過企業合併,整合經營管理及專業技術的能力及經驗,可互補彼此的缺點並發揮既有的優點。

(2) 經營風險較低，特別是多角化式合併：

相較於跨入一個不同產業由零開始所面臨的風險，如：行銷新企業及其產品、建立拓展顧客群與市占率之管道、讓市場接受新企業及其產品等，若採多角化式合併就顯得單純且風險較低，因為藉由與在該產業已成熟發展的既存企業合併，可取得現成的產品線、顧客群與市場占有率。

(3) 營運上之耽誤較少：

理由同(2),相較於跨入一個不同產業由零開始所須投入的企業開辦時間與心血，如：覓地建廠、通過環境影響評估、取得主管機關核准等，若採多角化式合併就較具時效性，特別是跨足高科技產業，切入的時點非常重要，而藉由合併方式進入該產業，比起自行創辦較可取得時間上的先機。

(4) 為取得營運上所需之無形資產：

　　自行研發營運上所需之無形資產(如：專利權)，可能曠日廢時且所費不貲，而且某些無形資產可能早被其他企業擁有(如：專利權、特殊的生產技術、研發或管理人才等)，有時縱使出高價也未必能取得，因此合併擁有這些無形資產的企業，進而擁有這些無形資產似乎是較可行穩當的作法。

(5) 避免被接管(takeover)：

　　規模較小的企業先天上就容易被其他企業"敵(惡)意併購(hostile takeover)"或"非合意併購"，因此規模較小的企業有可能採用積極的買方策略，自行尋找適當的合併對象，進行企業合併擴大規模，以作為被其他企業敵意併購的最佳防禦。請詳本章「註釋」之註二及「附錄一」。

(6) 稅負上的考量：

　　當參與合併之企業以前年度有營業虧損時，企業合併後，該營業虧損若可遞轉後期(loss carryforward)，則合併企業於未來法定期限內產生營業淨利時，即可享有節省稅負的好處。

四、企業合併會計處理的相關規範

　　國際會計準則理事會(IASB)與美國財務會計準則委員會(FASB)為推動國際間會計準則之趨同，以提升財務報導品質而共同合作，決定將企業合併之會計處理分兩階段進行研商，成果請詳次頁表格。

　　雙方理事會於第一階段研商完成時，決定企業合併僅能採用一種會計方法～「收購法(Acquisition method)」。我國在 2005 年 12 月 22 日前，並未明確規範企業合併時之會計處理只能採用收購法，致實務上有不少企業合併案例係採「權益結合法(Pooling of interest method)」或其他方法處理，直到 2005 年 12 月 22 日第一次修訂我國財務會計準則第 25 號公報時，才配合國際財務報導準則修改，正式規範企業合併之會計處理方法只能採用「購買法(Purchase method)」，可視為「收購法」的前身。從 2013 年起，我國分階段適用國際財務報導準則，故對企業合併而言，「收購法(Acquisition method)」是唯一的會計處理方法。

	發布單位	發布時間	新發布或修訂(正)之準則
第一階段	FASB	2001/6	財務會計準則公報第141號「企業合併」(發布)
	IASB	2004/3	國際財務報導準則第3號「企業合併」(發布)
第二階段	FASB	2007/12	財務會計準則公報第141號「企業合併」(修訂) 財務會計準則公報第160號「合併財務報表之非控制權益」(發布)
	IASB	2008/1	國際財務報導準則第3號「企業合併」(修訂) 國際會計準則第27號「合併及單獨財務報表」(IAS 27) (修正)
後續發展	IASB	2011/5	國際財務報導準則第10號「合併財務報表」(IFRS 10) (發布),取代 IAS 27。
		2012、2014	國際財務報導準則第10號「合併財務報表」(IFRS 10) (修正)

雙方理事會認為:

(1) 收購法係自<u>收購者</u>(對另一參與合併業務取得控制之個體)的觀點考量合併交易。收購者購買或對淨資產取得控制,並在其財務報表中認列取得之資產及承擔之負債,包括被收購者先前未認列之資產及負債。因此,財務報表使用者更能<u>評估</u>原始投資及該等投資之後續績效,並與其他個體之績效作比較。

(2) 收購法係藉由原始以<u>公允價值</u>認列幾乎所有取得之資產及承擔之負債,於財務報表中涵蓋更多有關於市場對該等資產及負債未來現金流量價值預期之資訊,因而<u>增加資訊之攸關性</u>。

企業合併種類及其會計處理,於本書章次編排順序如下:

會計方法	企業合併種類		
	吸收合併	新設合併	收購
收購法	第1章	第1章	資產收購:第1章 股權收購:第1~11章

本章主要遵循之準則為:
(1) 國際財務報導準則第3號「企業合併」。(IFRS 3)
(2) 國際財務報導準則第13號「公允價值衡量」。(IFRS 13)

五、準則用詞定義：

(1) 被收購者 (Acquiree)：收購者在企業合併中取得控制之一個或多個業務。

(2) 收購者 (Acquirer)：對被收購者取得控制之個體。

(3) 收購日 (Acquisition date)：收購者對被收購者取得控制之日。

(4) 業務 (Business)：
 → 能被經營與管理之活動及資產組合，其目的係為直接提供報酬予投資者或其他業主、社員或參與者，報酬之形式包括股利、較低之成本或其他經濟利益。

(5) 企業合併 (Business combination)：
 → 收購者對一個或多個業務取得控制之交易或其他事項。有時稱為「真實併購」或「對等併購」之交易，亦為 IFRS 3 所稱之企業合併。

(6) 或有對價 (Contingent consideration)：
 → 通常係指若特定事項於未來發生或符合若干條件時，收購者須移轉額外資產或權益予被收購者原業主之義務，以作為對被收購者取得控制之對價的一部分。但若符合某些特定條件時，或有對價可能亦賦予收購者收回先前移轉對價之權利。

(7) 權益 (Equity interests)：
 → 就 IFRS 3 之目的而言，權益泛指投資者擁有之個體之所有權權益以及互助個體之業主、社員或參與者權益。

(8) 公允價值 (Fair value)：
 → 於衡量日，市場參與者間在有秩序之交易中出售某一資產所能收取或移轉某一負債所需支付之價格。(請詳本章「附錄二：公允價值」)

(9) 商譽 (Goodwill)：
 → 一項代表自企業合併取得之其他資產所產生之未個別辨認及單獨認列未來經濟效益之資產。

(10) 無形資產 (Intangible assets)：無實體形式之可辨認非貨幣性資產。

(11) 可辨認 (Identifiable)：資產若符合下列條件之一時，係可辨認：
   (a) 係可分離，亦即可與企業分離或區分並可個別或隨相關合約、可辨認資產或負債出售、移轉、授權、出租或交換，而不論企業是否意圖從事上述交易；或
   (b) 係由合約或其他法定權利所產生,而不論該等權利是否可移轉或是否可與企業或其他權利及義務分離。

(12) 互助個體 (Mutual entity)：
   → 將股利、較低之成本或其他經濟利益直接給予業主、社員或參與者之個體，而非投資者擁有之個體。例如相互保險公司、信用貸款組織以及合作社等，皆為互助個體。

(13) 非控制權益 (Non-controlling interest)：
   → 子公司之權益中非直接或間接歸屬於母公司之部分。

(14) 業主 (Owners)：
   → 就 IFRS 3 之目的而言，業主泛指投資者擁有之個體之權益持有者及互助個體之業主、社員或參與者。

六、企業合併的會計方法－收購法(Acquisition Method)

企業應對每一企業合併採用收購法處理，採用收購法時必須：
(1) 辨認收購者。
(2) 決定收購日。
(3) 認列與衡量取得之可辨認資產、承擔之負債及被收購者之非控制權益。
(4) 認列與衡量商譽或廉價購買利益。
分段說明如下。

七、辨認收購者

對每一企業合併個案,應從"參與合併之個體(combining entities)"中辨認何者為收購者。按本章「五、準則用詞定義」，收購者是對被收購者取得控制之個體。因此可依下列指引辨認收購者：

(一) IFRS 10「合併財務報表」規定：

於何種情境下，投資者始對被投資者存在控制？依準則規定，其判斷原則是：「當投資者<u>暴露於</u>來自對被投資者之參與之變動報酬<u>或</u>對該等變動報酬享有權利，<u>且</u>透過其對被投資者之權力有能力影響該等報酬時，投資者控制被投資者。」換言之，<u>僅於投資者具有下列三項時</u>，投資者始對被投資者存在控制：

(a) 對被投資者之權力(power)。
(b) 來自對被投資者之參與之變動報酬之暴險或權利。
  → 因參與(應是"主導")被投資者<u>而</u>暴露於(<u>負</u>)<u>變動報酬</u>之風險中<u>或</u>有權(right)取得(<u>正</u>)<u>變動報酬</u>。
(c) 使用其對被投資者之權力(power)以影響投資者報酬金額之能力。
  → <u>有能力</u>行使其對被投資者之權力<u>以影響投資者報酬之金額</u>。

其細節及相關考量，請詳第三章「二、存在控制及其相關考量」之說明。

(二) 若企業合併已發生，但依(一)仍無法明確辨認參與合併之個體中何者為收購者，則應考量 IFRS 3 之「附錄 B，應用指引」，彙述如下：

(1) 企業合併若主要係透過<u>移轉現金、其他資產</u>或<u>產生負債</u>而達成者，收購者<u>通常</u>為移轉現金、其他資產或產生負債之個體。

(2) 企業合併若主要係透過<u>交換權益</u>而達成者，收購者<u>通常</u>為發行本身權益之個體 [惟有一例外情況，請詳本章「十八、反向收購」]，但仍應考量其他相關之事實及情況，包括：

(a) <u>企業合併後，對被合併個體(combined entity)之相對表決權</u>：

某一參與合併之個體(combining entity)的業主群體<u>所保留或取得</u>合併後被合併個體之<u>最大比例表決權者</u>，通常為收購者。於確定那一業主群體保留或取得最大比例表決權時，企業<u>應考慮</u>是否存有任何異常或特殊投票協議與選擇權、認股證或可轉換證券。

例如：甲公司持有丙公司 35%股權多年，今甲公司及乙公司分別發行自家公司普通股以交換丙公司 20%及 40%股權，則甲公司持有丙公司 55%股權大於乙公司的 40%，故甲公司通常為收購者。未來每屆報導期間結束日，須編製甲公司與丙公司合併財務報表，合併財務報表中須表達之非控制權益，即是持有丙公司 45%股權之所有權益(包括乙公司持有丙公司 40%權益及其他非控制股東持有丙公司 5%權益)。

(b) 若無其他業主或有組織之業主群體擁有重大表決權時，合併後對被合併個體存在一相對多數之少數表決權：

　　某一參與合併之個體的單一業主或有組織之業主群體擁有合併後被合併個體最多之少數表決權者，通常為收購者。

　　例如：在一企業合併中，甲公司及乙公司分別發行自家公司普通股以交換丙公司 45%及 30%股權，雖皆未超過半數，但甲公司是擁有最多之少數表決權者，若甲公司能控制丙公司，則甲公司通常為收購者。未來每屆報導期間結束日，須編製甲公司與丙公司合併財務報表，合併財務報表中須表達之非控制權益，即是持有丙公司 55%股權之所有權益(包括乙公司持有丙公司 30%權益及其他非控制股東持有丙公司 25%權益)。

(c) 企業合併後，被合併個體治理單位之組成：

　　參與合併之個體的業主有能力選任、指派或解任被合併個體治理單位多數成員者，通常為收購者。

(d) 企業合併後，被合併個體高階管理階層之組成：

　　參與合併之個體的管理階層掌控該被合併個體之管理階層者，通常為收購者。

(e) 權益交換之條款：

　　參與合併之個體支付一超過"其他參與合併之個體所擁有權益於合併前公允價值"之溢價金額者，通常為收購者。

　　例如：乙公司持有丙公司 40%股權多年，今甲公司發行普通股(公允價值為$870)以交換丙公司 40%股權，假設已知同日乙公司所持有丙公司 40%股權之公允價值為$800，表示甲公司以溢價$70 取得丙公司 40%股權，故甲公司通常為收購者。未來每屆報導期間結束日，須編製甲公司與丙公司合併財務報表，合併財務報表中須表達之非控制權益，即是持有丙公司 60%股權之所有權益(包括乙公司持有丙公司 40%權益及其他非控制股東持有丙公司 20%權益)。

(3) 參與合併之個體中，相對規模(例如以資產、收入或利潤衡量)顯著大於其他參與合併之個體者，通常為收購者。

(4) 企業合併如涉及超過兩個個體，判斷收購者時應於考量其他因素的同時，考慮參與合併之個體中何者為合併之發起者，以及參與合併之個體的相對規模。

(5) 為達成企業合併而新設之個體，未必為收購者。若新個體係為發行權益以進行企業合併而設立，則應適用上述(一)及(二)(2)(3)(4)之指引，將企業合併前已存在之某一參與合併之個體辨認為收購者。反之，若新設個體以移轉現金、其他資產或產生負債作為對價，則該新設個體可能為收購者。

八、決定收購日

收購日，是收購者對被收購者取得控制之日。通常是收購者依法移轉對價、取得及承擔被收購者資產及負債之日，即「結清日(closing date)」。但收購者取得控制之日也可能在結清日之前或之後。例如，訂有書面合約使收購者於結清日前對被收購者取得控制，即是收購日在結清日之前的情況。因此收購者應考量所有相關之事實與情況以辨認收購日。

九、認列與衡量取得之可辨認資產、承擔之負債及被收購者之非控制權益－原則

收購者應認列於收購日取得之可辨認資產(與商譽分別認列)、承擔之負債及被收購者之非控制權益。前兩項，應以收購日之公允價值衡量；而被收購者之非控制權益的衡量方式，分兩部分說明：

(1) 非控制權益組成部分中，屬現時所有權權益，且其持有者有權於清算發生時按比例份額享有企業淨資產者，收購者應於收購日以下列方式之一衡量：
 (a) 公允價值；或
 (b) 現時所有權工具對被收購者可辨認淨資產之已認列金額所享有之比例份額。 [被收購者可辨認淨資產之已認列金額×非控%]

(2) 非控制權益之所有其他組成部分，應按其收購日公允價值衡量，除非國際財務報導準則規定另一衡量基礎。

有關公允價值衡量，應依 IFRS 13「公允價值衡量」之規定，請詳本章「附錄二」。另為適用收購法並符合前述之認列原則，收購者在收購日取得之可辨認資產及承擔之負債，須符合「財務報表編製及表達之架構」中有關資產及負債之定義，始可認列，否則只能按其他國際會計準則於合併後，另行處理。例如：收購者預期但未來沒有義務會發生之成本並非收購日之負債，包括收購者將執行有關結束被收購者活動之計畫、資遣或重新安置被收購者員工等之相關成本。因該等預期成本於收購日尚不符合負債之定義，故收購者不得於收購法中認列該等成本，而是應依其他國際財務報導準則，於合併後之財務報表中再予以認列。

此外，為適用收購法並符合其認列原則，取得之可辨認資產及承擔之負債必須是收購者與被收購者(或其原業主)於企業合併交易中所交換的一部分，而不是其他個別交易的結果。若收購者取得之可辨認資產及承擔之負債係屬其他個別交易者，應按該交易之性質與適用之國際會計準則處理。至於如何決定所取得之資產或承擔之負債究係為取得被收購者而為交換的一部分，或是其他個別交易的結果，請詳本章「十七、決定何者為企業合併交易之一部分」，惟其中一項「收購相關成本」，為使後續釋例更具完整性，先於下段說明。

收購相關成本(Acquisition-related costs)，係收購者為進行企業合併而發生之成本。包括：(a)仲介費，(b)顧問、法律、會計、評價與其他專業或諮詢費用，(c)一般行政成本，包含為維持內部處理併購業務部門之成本，及(d)登記與發行債務或權益證券之成本。收購者應將收購相關成本於成本發生及勞務取得當期列為費用。惟前述(d)例外，發行債務或權益證券之成本應依 IAS 32「金融工具：表達」及 IFRS 9「金融工具」之規定認列。

前述(d)，登記與發行債務證券之成本會使發行債務證券實收金額減少，故列為發行債券溢價之減少或發行債券折價之增加，即減少應付公司債之帳面金額。同理，登記與發行權益證券之成本會使發行權益證券實收金額減少，故列為權益證券發行溢價之減少或發行折價之增加。若權益證券係折價發行，則其面額與發行價格間之差額應先借記同種類股票溢價發行產生之資本公積(「資本公積－普通股股票溢價」)，如有不足，則借記保留盈餘項下之未分配盈餘。請參閱本章「十四、與企業合併相關之合併成本」。

國際會計準則理事會(IASB)認為，收購相關成本並非買方與賣方為收購業務所交換公允價值的一部份，而是買方為取得勞務(如：仲介企業合併、或其相關

專業諮詢)所支付其公允價值之個別交易,且該等成本也不是收購者於收購日之資產,因從勞務中獲得之經濟效益已於勞務提供時消耗。

收購者於適用認列原則及條件時,可能認列某些先前於被收購者財務報表中未認列之資產及負債,即被收購者未入帳之資產或負債,只要該等項目存在,即包含於被收購者總公允價值內,現為收購者取得或承擔,故按收購法收購者應予認列。例如:收購者認列所取得之可辨認無形資產,包括品牌、專利或客戶關係等 [請詳本章「註釋」之註三],而被收購者並未於其財務報表中認列為資產,此乃因該等無形資產係被收購者內部開發,且已於開發過程將相關成本認列為各該開發期間之費用(R&D 費用)。

收購者於收購日應分類或指定所取得之可辨認資產及承擔之負債,俾利於其他國際財務報導準則後續之應用。收購者之分類或指定須基於收購日當天已存在之合約條款、經濟情況、其營運或會計政策以及其他相關情況。但下列兩項例外:
(a) 依 IFRS 16「租賃」,將被收購者為出租人之租賃合約分類為營業租賃或融資租賃;
(b) 依 IFRS 4「保險合約」,將合約分類為保險合約。
收購者應根據合約開始日之合約條款與其他因素將上述合約分類。若合約條款曾作修改而導致其分類之改變,則以修改日(可能為收購日)之合約條款與其他因素為基礎。

在某些情況下,國際財務報導準則根據企業如何分類或指定特定資產或負債,而提供不同之會計處理。收購者應根據收購日已存在之相關情況進行分類或指定,例如:依 IFRS 9「金融工具」,將特定金融資產及金融負債分類為透過損益按公允價值衡量或按攤銷後成本衡量,或透過其他綜合損益按公允價值衡量之金融資產。

當衡量被收購者之特定可辨認資產及非控制權益之公允價值時,有下列幾點說明:
(1) 現金流量不確定之資產(備抵評價):

對於企業合併所取得且以收購日公允價值衡量之資產,收購者不得於收購日認列個別之備抵評價科目,因未來現金流量不確定性之影響已包含於公允價值之衡量中。

(2) 被收購者為出租人之營業租賃資產：

　　對於被收購者為出租人之營業租賃資產(例如建築物或專利權)，收購者於衡量該資產之收購日公允價值時，應將租賃條款納入考量。

(3) 收購者意圖不使用之資產<u>或</u>以不同於其他市場參與者之方式使用之資產：

　　收購者可能基於競爭或其他原因，意圖不使用所取得之資產，例如研究及發展之無形資產；<u>或</u>可能意圖以不同於其他市場參與者之方式使用該資產。儘管如此，收購者應依其他市場參與者之用途所決定之公允價值衡量該資產，即以常態用途決定該資產於收購日之公允價值。

(4) 被收購者之非控制權益：

　　國際財務報導準則(IFRS 3)<u>允許</u>收購者按收購日之公允價值衡量被收購者之非控制權益。收購者有時能以<u>權益股份(即收購者未持有之股份)於活絡市場之報價</u>為基礎，衡量非控制權益之收購日公允價值。惟在其他情況下，權益股份於活絡市場之<u>報價可能不可得</u>。於該等情況下，收購者可使用<u>其他評價技術</u>衡量非控制權益之公允價值。

　　收購者所持有之被收購者權益<u>及</u>非控制權益之每股公允價值<u>可能不同</u>。主要差異可能係收購者所持有被收購者權益之每股公允價值<u>包括</u>"<u>控制權溢價(a control premium)</u>"；或反之，非控制權益之每股公允價值則<u>包括</u>"<u>因缺乏控制權之折價(a discount for lack of control)</u>"，亦稱為"非控制權益折價"，而市場參與者於定價非控制權益時<u>可能會考量</u>此一溢價或折價。

十、認列與衡量取得之可辨認資產、承擔之負債及被收購者之非控制權益－例外情況

　　收購者應按本章「九、認列與衡量取得之可辨認資產、承擔之負債及被收購者之非控制權益－原則」，認列與衡量所取得之可辨認資產、承擔之負債及被收購者之非控制權益。但有少數例外項目，非按前段原則認列與衡量，因此其結果<u>將與按前述原則認列與衡量之結果不同</u>，也可能係<u>以收購日公允價值以外之金額衡量</u>。茲分述如下：

(一) 或有負債：(認列原則之例外)

　　IAS 37「負債準備、或有負債及或有資產」定義<u>或有負債</u>為：
(a) 因過去事件所產生之可能義務，其存在與否僅能由一個或多個未能完全由企業所控制之不確定未來事項之發生或不發生加以證實；<u>或</u>
(b) 因過去事件所產生之現時義務，但因下列原因而未予以認列：
　　(i) 並非很有可能需要流出具經濟效益之資源以清償該義務；或
　　(ii) 該義務之金額無法充分可靠地衡量。

　　而收購者於企業合併中承擔之或有負債，<u>若屬</u>因過去事項所產生之現時義務且其公允價值能可靠衡量者，收購者即應於收購日認列該或有負債，<u>縱使並非很有可能需要流出具經濟效益之資源以清償該義務</u>，故與 IAS 37 之規定不同。比較且彙述如下：

國際會計準則第 37 號 (IAS 37)：

	(A)情況	(B)情況	(C)情況	(D)情況	(E)情況
(a) 原因	無	有	無	無	無
(b) 原因 (i)	無	無	有	無	有
(b) 原因 (ii)	無	無	無	有	有

(A)情況：認列為<u>負債準備</u>，並非或有負債。
(B)、(C)、(D)、(E)情況：符合<u>或有負債</u>定義，不認列。
<u>但(C)情況在企業合併中</u>，<u>係屬</u>因過去事項所產生之現時義務且其公允價值能可靠衡量，故收購者應於收購日認列該或有負債。請參閱<u>釋例二</u>。

　　國際會計準則理事會(IASB)認為，為可靠衡量或有事項之公允價值，收購者<u>無須</u>有能力確定或準確地決定、預測或得知該或有事項於收購日(或於衡量期間內)之最終結算金額。

　　收購者於企業合併所認列之或有負債，從原始認列至清償、取消或期滿為止，應以下列項目<u>較高者</u>衡量：
(a) 依 IAS 37 規定認列之金額；及
(b) 原始認列之金額，<u>如適當時</u>，<u>減除</u>依 IFRS 15「客戶合約之收入」之原則認列之累積收益金額。
惟本規定不適用於依 IFRS 9「金融工具」規定<u>處理之合約</u>。

(二) 所得稅：(認列與衡量原則之例外)

收購者應依 IAS 12「所得稅」之規定，認列與衡量因企業合併所取得之資產或承擔之負債而產生之遞延所得稅資產或負債；並處理被收購者於收購日已存在或因收購而產生之暫時性差異及遞轉後期之潛在所得稅影響數。

當某轄區之相關稅法規定，企業合併之課稅基礎採帳面金額，而會計上係採公允價值為衡量入帳基礎，因此企業合併中，收購者取得被收購者價值低估之資產時，與該項價值低估資產相關的遞延所得稅負債要一併認列，進而計算被收購者未入帳之商譽或廉價購買利益。此時，與該項價值低估資產相關的遞延所得稅負債即是因企業合併而產生的暫時性差異所致。

另外，當被收購者在合併前有營業虧損，若按相關稅法規定，該項營業虧損的所得稅節省數可遞轉後期(taxable loss carryforward)，即於收購日已存在可遞轉後期之所得稅節省數(稱為「未使用課稅損失遞轉後期」)，現透過企業合併，將於未來減少合併個體所得稅負的支出。可知這些遞延所得稅負債及遞延所得稅資產，係按其產生的原因及其適用稅率計算而得，並非按收購日公允價值衡量，細節請參閱本書下冊第十章之說明。

(三) 員工福利：(認列與衡量原則之例外)

收購者應依 IAS 19「員工福利」之規定，認列並衡量與被收購者員工福利協議相關之負債(或資產)。可知係按被收購者員工福利協議內容認列並衡量相關之負債(或資產)，非按收購日公允價值衡量。

(四) 補償性資產：(認列與衡量原則之例外)

企業合併之賣方可能以合約補償收購者與特定資產或負債全部或部分有關之或有事項或不確定性的結果。例如：賣方可能補償收購者因某一或有事項所產生之負債超過特定金額之損失。換言之，賣方將保證收購者之負債不會超過該特定金額，因此收購者取得一項補償性資產。收購者應於認列被補償項目時，同時認列補償性資產，並以與被補償項目相同之基礎衡量該補償性資產，惟補償性資產須評估無法回收之備抵評價金額。

例如：企業合併之賣方有一項符合認列原則之或有負債，經合理可靠衡量其公允價值為$120，假設賣方承諾補償收購者未來或有負債實際支出金額超過$100 的部分。因此收購者應同時以相同基礎認列或有負債$120 及該項補償性資產$20，目前或有負債公允價值$120－未來或有負債實際支出金額上限$100＝承諾補償金額(補償性資產公允價值)$20。本例係以公允價值衡量，故無須為該項補償性資產評估其無法回收之備抵評價金額。若補償性資產非以公允價值為基礎衡量，即須為該項補償性資產評估其無法回收之備抵評價金額。

於每一後續報導期間結束日，收購者應衡量於收購日認列之補償性資產，其衡量基礎應與被補償負債或資產相同，並考量對補償性資產金額之合約限制；對於後續非按公允價值衡量之補償性資產，須考量管理階層對於該補償性資產收現性之評估。收購者僅於該補償性資產已收現、出售或喪失對其權利時，始應除列該補償性資產。

(五) 被收購者為承租人之租賃：(認列與衡量原則之例外)

收購者應對依 IFRS 16「租賃」所辨認出被收購者為承租人之租賃認列使用權資產及租賃負債。收購者無須對下列租賃認列使用權資產及租賃負債：
(1) 租賃期間於收購日後 12 個月內結束之租賃；或
(2) 標的資產為低價值之租賃。

收購者應按剩餘租賃給付現值衡量租賃負債，如同所取得之租賃於收購日為新租賃。收購者應按租賃負債之相同金額衡量使用權資產，並調整以反映較市場行情條款有利或不利之租賃條款。

(六) 再取回權利：(衡量原則之例外)

再取回權利，係指於企業合併中，收購者可能重新取得其先前授予被收購者之某項權利，該權利授權被收購者可使用一項或多項收購者之已認列或未認列資產。該等權利之例包括：於特許權協議中授權使用收購者商標名稱之權利，或於技術授權協議中授權使用收購者技術之權利。再取回權利係一項可辨認無形資產，收購者應將其與商譽分別認列。

收購者認列時，應以相關合約之剩餘期間為基礎衡量其價值，而不論市場參與者於衡量其公允價值時是否考量潛在續約之可能性。若產生再取回權利之合約

條款相對於相同或類似項目之現時市場交易條款係較有利或較不利，收購者應認列清償利益或損失。認列為無形資產後，再取回權利應於賦予該權利之合約之剩餘合約期間內攤銷。收購者嗣後出售再取回權利予第三方時，應納入該無形資產之帳面金額，以決定出售利益或損失。

(七) 股份基礎給付交易：(衡量原則之例外)

收購者應依 IFRS 2「股份基礎給付」規定之方法(本準則將該方法之結果稱為股份基礎給付交易之「市場基礎衡量」)，於收購日衡量被收購者之股份基礎給付交易或以收購者之股份基礎給付交易替代被收購者之股份基礎給付交易相關之負債或權益工具。

(八) 待出售資產：(衡量原則之例外)

收購者若將所取得之非流動資產(或處分群組)，依 IFRS 5「待出售非流動資產及停業單位」之規定於收購日分類為待出售，則收購者應依 IFRS 5 第 15 至 18 段之規定，以公允價值減出售成本衡量。

十一、認列與衡量商譽或廉價購買利益

收購者應認列收購日之「商譽」或「廉價購買利益(Gain from bargain purchase)」，分述如下：

(A)情況：當下表中 (1)＞(2) 時，商譽金額＝(1)－(2)
(B)情況：當下表中 (1)＜(2) 時，廉價購買利益＝(2)－(1)

(1)	(a)	依 IFRS 3「企業合併」衡量收購者之移轉對價，衡量基礎通常為收購日公允價值，其他說明請詳本章「十二、移轉對價」。
	(b)	依 IFRS 3「企業合併」衡量被收購者之非控制權益金額，原則上有兩種衡量方式：(i) 收購日公允價值，或 (ii) 現時所有權工具於收購日對被收購者可辨認淨資產之已認列金額 [衡量基礎，請詳本章「九」及「十」，P.12～19] 所享有之比例份額。
	(c)	在分階段達成之企業合併中，收購者先前已持有被收購者之權益於收購日之公允價值。請詳本章「十六、特定類型之企業合併」。

| (2) | 所取得之可辨認資產及承擔之負債於收購日依 IFRS 3「企業合併」衡量之淨額。[衡量基礎,請詳本章「九」及「十」,P.12～19] |

由於上表中(1)(b)被收購者之非控制權益金額,有兩種衡量方式,致所計得之收購日商譽或廉價購買利益可能有兩種不同金額。茲以(A)情況 [當(1)>(2)時] 為例,繪圖說明如下:

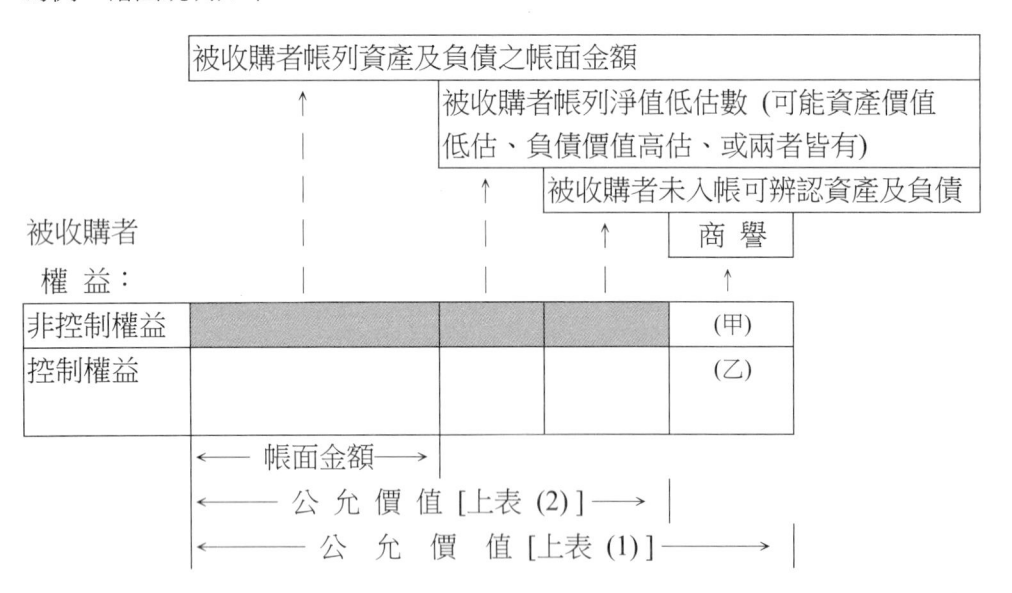

```
                    被收購者帳列資產及負債之帳面金額
                ↑        被收購者帳列淨值低估數 (可能資產價值
                |         低估、負債價值高估、或兩者皆有)
                |    ↑      被收購者未入帳可辨認資產及負債
                |    |   ↑     商 譽
被收購者         |    |   |    ↑
  權 益:        |    |   |    |
```

非控制權益				(甲)
控制權益				(乙)

←— 帳面金額 —→
←——— 公 允 價 值 [上表 (2)] ———→
←——————— 公 允 價 值 [上表 (1)] ———————→

當上表中(1)(b)被收購者之非控制權益金額,<u>係以(i)收購日公允價值衡量時</u>,則非控制權益＝灰色部分＋(甲),故所計得之商譽＝(1)－(2)＝(甲)＋(乙),如下圖示:

非控制權益				(甲)
控制權益				(乙)

或

非控制權益				(甲)
控制權益				(乙)

減

非控制權益			
控制權益			

```
      等於
 ┌────┐         ┌────┐
 │(甲)│         │(甲)│
 ├────┤   或    ├────┴─┐
 │(乙)│         │ (乙) │
 └────┘         └──────┘
```

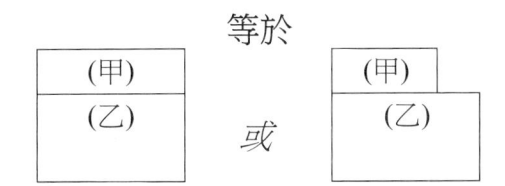

　　惟(甲)與(乙)之相對比例不必然等於「非控制權益」與「控制權益」之相對持股比例，如上圖右邊，請參閱<u>釋例九之(一)及(三)</u>。

　　當上表中(1)(b)被收購者之非控制權益金額，<u>係以(ii)現時所有權工具於收購日對被收購者可辨認淨資產之已認列金額〔衡量基礎，請詳本章「九」及「十」，P.12～19〕所享有之比例份額衡量時</u>，則非控制權益＝灰色部分，故所計得之商譽＝(1)－(2)＝(乙)，如下圖示，請參閱<u>釋例九之(二)</u>：

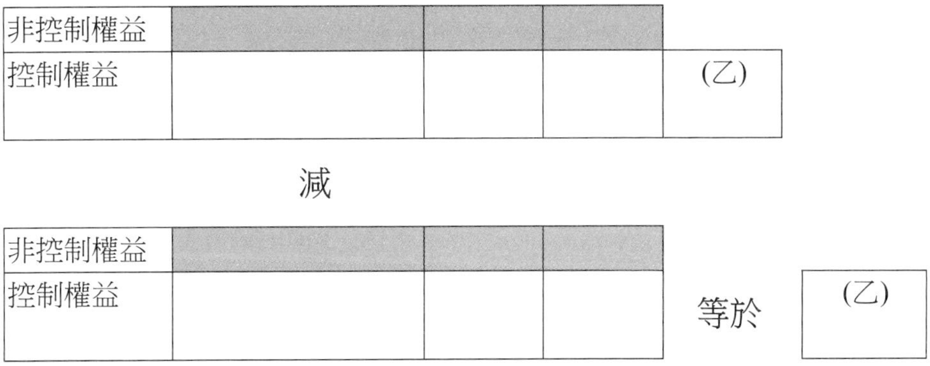

非控制權益	▓▓▓▓	▓▓▓▓	▓▓▓▓	
控制權益				(乙)

　　　　　　　　　　減

非控制權益	▓▓▓▓	▓▓▓▓	▓▓▓▓
控制權益			

　　　　　　　　　　等於　┌────┐
　　　　　　　　　　　　　│(乙)│
　　　　　　　　　　　　　└────┘

　　上述解說商譽的計算邏輯同樣適用於計算廉價購買利益。若收購者以廉價購買方式進行企業合併，則收購者<u>應於收購日將</u><u>產生之利益列入損益</u>，且該利益應<u>歸屬於收購者</u>。惟認列廉價購買利益之前，收購者<u>應重評估</u>是否已正確辨認所有取得之資產及所有承擔之負債，<u>且應認列於複核過程中所辨認出之任何額外資產或負債</u>。收購者後續應就下列所有項目，針對前文已提及準則所規定之用於衡量收購日應認列金額之程序，進行複核：
(1) 所取得之可辨認資產及承擔之負債；
(2) 被收購者之非控制權益；
(3) 對分階段達成之企業合併，收購者先前已持有被收購者之權益；及
(4) 移轉之對價。
前述<u>複核之目的</u>係為確保該衡量適當反映已考量收購日當天所有可得之資訊，請參閱<u>釋例六</u>。國際會計準則理事會(IASB)希望<u>藉由</u>重評估及複核過程，<u>避免或降低</u>因衡量錯誤<u>或</u>未偵測之衡量錯誤所產生不正確認列利益之潛在可能性。

廉價購買可能發生於被收購者係在急迫情況下所進行之企業合併交易。

例如：2008 年，美國第三大銀行摩根大通(JP Morgan Chase & Co.)以 2.36 億美元超低價收購美國第五大投資銀行貝爾斯登(Bear Stearns Companies, Inc.)，後者因次級房貸風暴陷入財務危機。

又如：2023 年 3 月，美國矽谷銀行(Silicon Valley Bank，SVB)發生擠兌流動性危機後倒閉。SVB 因長、短期資金運用不當加上美國聯邦準備理事會(Federal Reserve System) [簡稱聯準會(FED)]，自 2022 年以來強力快速升息，導致其債券投資發生大額虧損，因此無法支應短期資金需求而出現擠兌等流動性危機，進而倒閉。2023 年 3 月 27 日，美國聯邦存款保險公司(Federal Deposit Insurance Corporation，FDIC)發出聲明，第一公民銀行(First-Citizens Bank & Trust Company) 針對 SVB 的所有存款和貸款簽訂購買和承擔協議(a purchase and assumption agreement)，將接手 SVB 所有存款和貸款及其 17 家分行，另按折扣 165 億美元的價格買下 SVB 價值約 720 億美元資產，其他約 900 億美元的證券和其他資產，仍由 FDIC 接管。

另本章「十、認列與衡量取得之可辨認資產、承擔之負債及被收購者之非控制權益－例外情況」所提及(一)至(八)之特定項目認列與(或)衡量之例外，亦可能導致認列廉價購買利益或改變已認列之廉價購買利益金額。

企業合併中，若收購者與被收購者(或其原業主)僅以權益交換者，且被收購者權益之收購日公允價值較收購者權益之收購日公允價值更能可靠衡量時，收購者應以被收購者權益之收購日公允價值決定商譽之金額，而非以其所移轉權益之收購日公允價值決定。

有時企業合併中，收購者並未支付移轉對價，請詳本章「十六、特定類型之企業合併」。若然，則收購者應以其持有被收購者權益之收購日公允價值，取代移轉對價之收購日公允價值，進而計算該企業合併所產生之商譽金額或廉價購買利益。因此，收購者應使用一種或多種適合當時情況且可取得足夠資料之評價技術，衡量其所持有被收購者權益之收購日公允價值。若使用超過一種評價技術，收購者應考量所採用輸入值之攸關性與可靠性以及可取得資料之範圍，以評估各種技術之結果。

十二、移轉對價

　　企業合併之移轉對價(consideration transferred)應按公允價值衡量，其金額係下列三項於收購日公允價值之總和：(a)收購者所移轉之資產，(b)收購者對被收購者原業主所產生之負債，(c)收購者所發行之權益。對價之可能形式，包括：現金、其他資產、收購者之業務或子公司、或有對價、普通或特別權益工具、選擇權、認股證及互助個體之社員權益。請參閱釋例一、釋例五及釋例六。

　　惟有一例外，即收購者所發行之權益，若用以交換被收購者員工所持有報酬之股份基礎給付報酬之任何部分，則非以公允價值衡量，應依應依 IFRS 2「股份基礎給付」規定之方法衡量，同本章「十、認列與衡量取得之可辨認資產、承擔之負債及被收購者之非控制權益－例外情況」之(七)，P.19。

　　移轉對價可能包括收購者於收購日之帳面金額與公允價值不同之資產或負債 (例如：非貨幣性資產或收購者之某項業務)。若然，收購者應將所移轉之資產或負債再衡量至收購日之公允價值，並將所產生之利益或損失認列為損益。請參閱釋例八。但有一例外情況，當收購者所移轉之資產或負債於企業合併後仍存在於合併個體中 (例如：該等資產或負債係移轉予被收購者，而非其原業主)，致收購者仍保留對該等資產或負債之控制。此時，收購者應以收購日之帳面金額衡量前述之資產或負債，且不得對該等資產或負債認列任何損益，因為收購者於企業合併前及合併後均能控制該等資產或負債。請參閱釋例七。

　　企業合併中，若收購者與被收購者(或其原業主)僅以權益交換者，被收購者權益之收購日公允價值可能較收購者權益之收購日公允價值更能可靠衡量。若然，則收購者應以被收購者權益之收購日公允價值決定商譽之金額，而非以其所移轉權益之收購日公允價值決定。[同 P.22 倒數第 2 段]

　　收購者在企業合併中所移轉之對價，包括因或有對價約定(contingent consideration arrangement)而產生之資產或負債。收購者應以收購日之公允價值衡量並認列或有對價(contingent consideration)，以作為交換被收購者而支付移轉對價之一部分。其中：

(1) 若符合特定條件時，能收回先前所移轉對價之權利應分類為資產，
(2) 若符合特定條件時，收購者應將符合金融工具定義之或有對價支付義務分類為負債或權益，分類之基礎，應依 IAS 32「金融工具：表達」第 11 段權益工具與金融負債之定義。

例如：企業合併約定視未來一定期間(或有期間)某特定事項或交易(或有事項)的發生與不發生，而必須額外發行證券、交付現金或其他資產等或有對價，即是或有對價之義務。

有時或有對價於收購日之公允價值不易衡量，但因收購者承諾支付或有對價仍是企業合併交易中一項具有義務的約定，雖然收購者未來履行約定義務之金額須視或有事項的發展結果，惟若或有事項的發生與不發生符合特定條件時，收購者仍須無條件履行約定義務。同理，對於"退回之前移轉對價之權利"亦同。因此，若未於收購日認列該義務或權利將無法忠實表達於收購日交換之經濟對價，故與或有對價約定相關之義務或權利應以收購日之公允價值衡量與認列。

收購日後，收購者對於或有對價公允價值變動之認列，分兩種情況說明：

(1) 收購者於收購日後，因取得收購日已存在事實與情況之額外資訊，而知悉或有對價公允價值變動，則這種變動係屬衡量期間之調整。於衡量期間內，收購者應追溯調整已於收購日認列之暫定金額，以反映所取得有關收購日已存在事實與情況之新資訊。意即，假若於收購日就得知該額外(新)資訊，則將影響收購日已認列金額之衡量。請詳本章「十三、衡量期間」之說明。

(2) 若或有對價公允價值變動係源自收購日後之事項，例如：符合盈餘目標、達到特定股價、達成研究及發展計畫之里程碑等，則非屬衡量期間調整。收購者對於非屬衡量期間調整之或有對價公允價值變動，應依下列方式處理：
  (a) 分類為權益之或有對價不得再衡量，且其後續交割應在權益內調整。
  (b) 其他或有對價：
    (i) 屬 IFRS 9 之範圍者，於每一報導日應按公允價值衡量，且公允價值變動應依 IFRS 9 之規定認列於損益。
    (ii) 非屬 IFRS 9 之範圍者，於每一報導日應按公允價值衡量，且公允價值變動應認列於損益。

十三、衡量期間

　　相較於日常營運的例行性交易，企業合併交易顯然複雜許多，其交易內容繁複、涉及較多單位、包含較多變數與假設、須蒐集較多相關資訊、參酌的較多條件與考量等。雖說收購法的精神，係以公允價值為衡量基礎，但另有各種認列原則、認列條件、認列與衡量之例外情況、以及作各項研判時須考量之多項因素，皆須充分思考、謹慎態度以及專業判斷。因此有時企業合併之原始會計處理於合併發生之報導期間結束日前尚無法完成，若然，則收購者應於其財務報表中報導尚未完成會計處理項目之暫定金額(provisional amounts)。

　　企業合併之原始會計處理未完成前，代表收購者仍處於衡量期間(measurement period)。所謂「衡量期間」，係指收購日後收購者可調整企業合併所認列暫定金額之期間，並規定：(1)衡量期間自收購日起不得超過一年，(2)當收購者已取得其所欲得知之收購日已存在事實與情況之資訊，或獲悉無法取得更多資訊時，衡量期間即告結束。可知「衡量期間」應是(1)與(2)之較短者。

　　企業合併中，已於收購日(或合併發生之報導期間結束日)認列之暫定金額，其後續處理及相關規定分述如下：

(一) 於衡量期間，收購者若取得有關收購日已存在事實與情況之新資訊，則應追溯調整收購日已認列之暫定金額，以反映所取得之新資訊，宛如該新資訊於收購日已得知且將影響收購日已認列金額之衡量。請參閱釋例二及釋例十。

(二) 於衡量期間，收購者若因取得有關收購日已存在事實與情況之新資訊而產生額外之資產或負債，則應予以認列，宛如該事實與情況於收購日已得知，且將導致於收購日認列該等資產及負債。

(三) 衡量期間是收購日後收購者可調整企業合併所認列暫定金額之期間，也是一段給予收購者取得必要資訊的合理期間，以便收購者依 IFRS 3 規定，辨認與衡量收購日之下列項目：
(1) 取得之可辨認資產、承擔之負債及被收購者之非控制權益。
(2) 為取得被收購者之移轉對價(或另一用於衡量商譽之金額)。
　　說明：後者係指例如在未支付移轉對價而完成企業合併的情況下，用於計算商譽的替代金額。請詳本章「十一、認列與衡量商譽或廉價

購買利益」。

(3) 於分階段達成之企業合併中，收購者先前已持有被收購者之權益。
(4) 所產生之商譽或廉價購買利益。

(四) 收購者於決定收購日後所取得之資訊：(a)是否應調整已認列之暫定金額，(b)該資訊是否源自收購日後發生之事項時，應考量所有相關因素。而相關因素包括：取得額外資訊之日期、收購者能否辨認調整暫定金額之理由。通常收購日後隨即取得之資訊，相較於數月後始取得之資訊，更有可能反映收購日已存在之情況。例如，收購日後隨即出售資產予合併個體以外單位，當出售資產價款顯著異於收購日所衡量之暫定公允價值時，除非能辨認出改變公允價值之某一介入事項外，否則"出售價款顯著異於暫定公允價值"一事可能顯示暫定金額有誤。

(五) 收購者認列可辨認資產或負債暫定金額之增加(減少)，係透過減少(增加)商譽的方式達成。惟衡量期間所取得之新資訊有時可能導致超過一項資產或負債暫定金額之調整。而後者可能使商譽同時增加或減少相同金額或不同金額，進而使增加效果或減少效果全部抵銷或部分抵銷。因此凡可辨認資產或負債暫定金額之異動，將使收購者所取得淨值之公允價值增加者，商譽就會同額減少。反之，亦然。彙述如下：

	商　譽
可辨認資產暫定金額增加(減少)	減少(增加)
可辨認負債暫定金額增加(減少)	增加(減少)
可辨認資產暫定金額增加數＞可辨認負債暫定金額增加數	減　少
可辨認資產暫定金額增加數＜可辨認負債暫定金額增加數	增　加

(六) 於衡量期間，收購者應認列暫定金額之調整，視同企業合併之會計處理已於收購日完成。因此收購者應視需要而修正財務報表表達之前期比較資訊，包括為完成原始會計處理對折舊、攤銷所作之任何變動或所認列之其他損益影響數。例如：20x6 年 7 月發生企業合併，截止於 20x6 年 12 月 31 日之合併財務報表係以暫定金額編製。20x7 年 3 月收購者因取得有關收購日已存在事實與情況之新資訊而調整某些暫定金額，則截止於 12 月 31 日之 20x6 年及 20x7 年比較合併財務報表中，屬於 20x6 年的原暫定金額應以追溯調整後之金額重編，以資與 20x7 年相關資訊比較。請參閱釋例十。

(七) 衡量期間結束後，收購者對企業合併會計處理的任何修正，僅能依 IAS 8「會計政策、會計估計變動及錯誤」，當作更正錯誤處理。

十四、與企業合併相關之合併成本

　　與企業合併有關之合併成本，可分為：(1) 與執行合併交易有關之直接成本，例如：因合併而發生之會計師公費、律師公費、顧問諮詢支出、介紹人佣金、發行證券相關支出等，(2) 與執行合併交易有關之間接成本，例如：負責處理合併交易單位或人員的薪資、折舊費用、租金、處分重複設備等管理支出。因收購法採用"公允價值原則(fair value principle)"，故上述與企業合併有關之合併成本，除發行證券相關支出外，皆於發生時認列為當期費用。而發行證券相關支出，則做為證券發行溢價的減少或折價之增加。彙述如下：

與企業合併相關 之 合併成本		P.13 第3段	收　購　法
直接成本	1. 企業合併之介紹人佣金	(a)	企業合併費用 (Investment Expense)
	2. 企業合併之會計、法律、顧問等專業服務公費支出	(b)	
	3. 權益證券之發行成本 如：股份登記規費、 　　股票發行成本等	(d)	發行股票實收金額之減少 (股票發行溢價之減少 或 股票發行折價之增加)
	4. 公司債之發行成本 (長期應付票據之 　發行成本，亦同)	(d)	發行公司債實收金額之減少 (公司債發行溢價之減少 或 公司債發行折價之增加)
間接成本	如：負責企業合併之單位(或人員)之薪資、折舊、租金、處分重複資產等管理費用	(c)	當期各項費用

十五、綜合釋例

　　依收購法，收購者於收購日先將移轉對價(按公允價值衡量)借記「採用權益法之投資」，貸方則按移轉對價的形式貸記各適當會計科目，若企業合併產生廉價購買利益，則同時認列，借記「採用權益法之投資」，貸記「廉價購買利益」。接著，若被收購者未解散，則收購者與被收購者各自繼續經營並形成一個新的

報導個體，稱為「合併個體(Consolidated Entity)」或「集團(Group)」，其中收購者是母公司(parent company)，被收購者是子公司(subsidiary)，而收購者係以「採用權益法之投資」科目來表彰其對被收購者之權益，相關內容將在第三章至第十章細述，本章則針對"若被收購者解散"的情況(下段)做說明。

若被收購者解散(如：吸收合併或新設合併)，則收購者應貸記「採用權益法之投資」，並將餘額按所取得被收購者可辨認資產及負債之公允價值作分配，且逐項借記或貸記在收購者帳冊上，若企業合併產生商譽，則同時認列並借記。

要完成前段所述之帳務工作，須先得知被收購者所有可辨認資產及負債之公允價值，包括未入帳之可辨認資產及負債。一般而言，企業合併交易對參與合併個體而言是非常重要的交易，收購者在執行收購交易前，常先諮詢專家意見、調查與評估潛在被收購者的價值，接著才會與被收購者洽談合併細節，因此有關被收購者所有可辨認資產及負債之公允價值資料早已備妥，只須隨合併交易洽談時程的進行適時地調整，以反映最即時的公允價值即可，故前段所述之帳務工作只剩按準則規定之相關計算和編製分錄等文書作業。而取得被收購者所有可辨認資產及負債公允價值相關資料一事，可委由外部獨立鑑價單位執行，或由收購者按國際會計準則規定與應用指引自行完成。

釋例一：

甲公司(收購者)於20x5年1月1日(收購日)發行500,000股普通股(每股面額$10，市價$14)以取得乙公司(被收購者)所有資產及負債，包括資產公允價值$11,800,000，負債公允價值$5,200,000，並發生收購相關成本如下：
(1) 支付企業合併介紹人佣金$200,000。
(2) 為發行500,000股普通股以利企業合併之進行，故委任會計師代編依法須向主管機關提交之財務報表及相關資料，因而支付會計師公費$80,000，支付主管機關相關規費$30,000，支付股票印製費$40,000。

甲公司20x5年1月1日(收購日)分錄：

(1) 發行500,000股普通股	採用權益法之投資	7,000,000	
	普通股股本		5,000,000
	資本公積－普通股股票溢價		2,000,000

		500,000×$14＝$7,000,000，500,000×$10＝$5,000,000	
		500,000×($14－$10)＝$2,000,000	
(2) 發生收購相關成本		企業合併費用　　　　　　　　　　　200,000 資本公積－普通股股票溢價　　　　150,000 　　現　金　　　　　　　　　　　　　　　　350,000	
		$80,000＋$30,000＋$40,000＝$150,000	
(3) 若乙公司未解散		(無分錄)	
(4) 若乙公司於合併後隨即解散		(各項資產)(※)　　　　　　　　　11,800,000 商　譽　　　　　　　　　　　　　　400,000 　(各項負債)(※)　　　　　　　　　　　　5,200,000 　採用權益法之投資　　　　　　　　　　　7,000,000 ※：包括乙公司帳列及未入帳之可辨認資產及負債。	
		商譽＝$7,000,000－($11,800,000－$5,200,000)＝$400,000	

釋例二：　(衡量期間調整)

　　延續釋例一，企業合併後經過數月(假設 20x5 年 4 月 8 日)，律師告知甲公司有關乙公司與丙公司間訴訟的可能賠償金額，須從收購日衡量的$1,000,000 (已包含在收購日乙公司負債公允價值$5,200,000 中) 提高為$1,500,000。因訴訟係收購日已存在之事實，於衡量期間獲得有關訴訟之新資訊時，應將原估計之暫定金額$1,000,000 調整為$1,500,000。

甲公司分錄：(包含部分乙公司分錄)

(1)、(2)、(3)、(4)	同釋例一。		
(5) 取得收購日已存在事實與情況之額外資訊 (20x5/ 4/ 8)	(i) 若乙未解散	甲	(無分錄) (註 A)
		乙	訴訟損失　　　　　　　　　　　　　500,000 　有待法律程序決定之短期負債準備　　　　　500,000 ＊：貸方科目，也可能是「有待法律程序決定之長期負債準備」，須視訴訟情況而定，下列相關分錄請類推。
	(ii) 若乙已解散	甲	商　譽　　　　　　　　　　　　　　500,000 　有待法律程序決定之短期負債準備　　　　　500,000

		假設訴訟實際賠償日為 20x5/11/30：			
(6)未來實際賠償		(i) 若乙公司未解散：(實際賠償金額全數由乙公司支付並入帳。)			
	(a) 若賠償金額＝更新後估計金額	乙	有待法律程序決定之短期負債準備 現　金	1,500,000	1,500,000
	(b) 若賠償金額＞更新後估計金額	乙	有待法律程序決定之短期負債準備 訴訟損失 現　金	1,500,000 (Y－1,500,000)	Y
	(c) 若賠償金額＜更新後估計金額	乙	有待法律程序決定之短期負債準備 訴訟損失 (註B) 現　金	1,500,000 (1,500,000－Y)	Y
	(ii) 若乙公司已解散：(實際賠償金額全數由甲公司支付並入帳。)				
	(a) 若賠償金額＝更新後估計金額	甲	有待法律程序決定之短期負債準備 現　金	1,500,000	1,500,000
	(b) 若賠償金額＞更新後估計金額	甲	有待法律程序決定之短期負債準備 商　譽 現　金	1,500,000 (Y－1,500,000)	Y
	(c) 若賠償金額＜更新後估計金額	甲	有待法律程序決定之短期負債準備 商　譽 (註C) 現　金	1,500,000 (1,500,000－Y)	Y

註A	編製20x5年甲公司及乙公司合併財務報表時，於"甲公司帳列「採用權益法之投資」金額與乙公司權益相關科目金額對沖並呈現商譽金額"之沖銷分錄中，借記之乙公司保留盈餘金額減少$500,000(因認列訴訟損失)，借記之商譽金額因而增加$500,000。沖銷觀念與邏輯，請詳本書第三章及第四章。
註B	若(6)實際賠償係發生在衡量期間結束前，且賠償金額遠小於更新後估計金額，例如20x5年只賠償$480,000，則乙公司貸記「訴訟損失」$500,000 及貸記「訴訟損失減少之利益」$520,000，但若實際賠償日在20x6年，則乙公司貸記「訴訟損失減少之利益」$1,020,000。
	另編製20x5年甲公司及乙公司合併財務報表時，於"甲公司帳列「採用權益法之投資」金額與乙公司權益相關科目金額對沖並呈現商譽金額"之沖銷分錄中，借記之乙公司保留盈餘金額增加$1,020,000(因訴訟損失減少)，$1,500,000－$480,000＝$1,020,000，借記之商譽金額也因而減少，惟商譽減少之金額最多是使商譽減至零($400,000＋$500,000＝$900,000 減至零)，故另$120,000 應貸記「廉價購買利益」。沖銷觀念與邏輯，請詳本書第三章及第四章。

註 B	若(6)實際賠償係發生在衡量期間結束後，請詳下列註 D 說明。
註 C	若(6)實際賠償係發生在衡量期間結束前，且賠償金額遠小於更新後估計金額，例如只賠償$480,000，則甲公司貸記「商譽」$900,000，另$120,000 應貸記「廉價購買利益」。
	若(6)實際賠償係發生在衡量期間結束後，請詳下列註 D 說明。
註 D	若(5)取得收購日已存在事實與情況之額外資訊，或(6)實際賠償時，係發生在衡量期間結束後，則收購者對企業合併會計處理之修正，僅能依錯誤更正處理。請詳本章「十三、衡量期間」(七)之說明。

釋例三： (或有對價，分類為<u>負債</u>，後續公允價值變動<u>非屬</u>衡量期間調整)

延續釋例一，另假設於收購日甲公司承諾乙公司原股東，若合併後第一年(20x5)原屬乙公司之部門淨利超過$1,000,000 [註：係指乙公司於合併後隨即解散，成為甲公司一個部門；若合併後乙公司未解散，則指乙公司 20x5 年淨利若超過$1,000,000。]，則超過之數甲公司將以現金支付予乙公司原股東，故甲公司於 20x5 年 1 月 1 日(收購日)及 20x5 年 12 月 31 日分別衡量合併後第一年(20x5)原屬乙公司之部門淨利分別為$1,100,000 及$1,130,000。時至合併後第二年 3 月(假設 20x6 年 3 月 18 日)得知合併後第一年原屬乙公司之部門實際淨利為$1,180,000，則甲公司須再支付$180,000 給乙公司原股東。

因該項或有對價係依未來淨利目標達成與否而定，因此其公允價值變動($80,000)非屬衡量期間調整，且係分類為負債之或有對價，故：(1)屬 IFRS 9 之範圍者，於每一報導日應按公允價值衡量，且公允價值變動應依 IFRS 9 之規定認列於損益；(2)非屬 IFRS 9 之範圍者，於每一報導日應按公允價值衡量，且公允價值變動應認列於損益。

甲公司分錄：

(1) 發行 500,000 股 普通股 (20x5/ 1/ 1)	採用權益法之投資　　　　　　　　　　7,100,000 　普通股股本　　　　　　　　　　　　　　　5,000,000 　資本公積－普通股股票溢價　　　　　　　2,000,000 　其他短期負債準備－收購承諾（#）　　　　100,000

		500,000×$14＝$7,000,000，面額＝500,000×$10＝$5,000,000 發行溢價＝500,000×($14－$10)＝$2,000,000 收購承諾＝$1,100,000－$1,000,000＝$100,000
(2) 發生收購相關成本	企業合併費用　　　　　　　　　　　200,000 資本公積－普通股股票溢價　　　　　150,000 　　現　金　　　　　　　　　　　　　　　　　　350,000	
	$80,000＋$30,000＋$40,000＝$150,000	
(3) 若乙公司未解散	(無分錄)	
(4) 若乙公司於合併後隨即解散	(各項資產)(※)　　　　　　　　　11,800,000 商　譽　　　　　　　　　　　　　　 500,000 　(各項負債)(※)　　　　　　　　　　　　　5,200,000 　採用權益法之投資　　　　　　　　　　　　7,100,000	
	※：包括乙公司帳列及未入帳之可辨認資產及負債。	
	商譽＝$7,100,000－($11,800,000－$5,200,000)＝$500,000	
(5) 取得或有對價公允價值變動資訊：(20x5/12/31)		
無論乙公司解散否，皆同	短期負債準備增加之損失－收購承諾（#）　30,000 　其他短期負債準備－收購承諾　　　　　　　　30,000	
	$1,130,000－$1,100,000＝$30,000	
(6) 取得或有對價公允價值變動資訊：(20x6/ 3/18)		
無論乙公司解散否，皆同	短期負債準備增加之損失－收購承諾（#）　50,000 　其他短期負債準備－收購承諾　　　　　　　　50,000	
	$1,180,000－$1,130,000＝$50,000	
(7) 實際支付時：(假設 20x6/ 3/30)		
無論乙公司解散否，皆同	其他短期負債準備－收購承諾　　　　180,000 　現　金　　　　　　　　　　　　　　　　　　180,000	
#：按「證券發行人財務報告編製準則」及證交所最新公告修正之「一般行業 IFRSs 會計科目及代碼」，無適當科目可供引用，筆者遂依準則用詞另設會計科目為：「其他短期負債準備－收購承諾」、「短期負債準備增加之損失－收購承諾」、「短期負債準備減少之利益－收購承諾」。		

釋例四： (或有對價，分類為<u>權益</u>，後續公允價值變動<u>非屬</u>衡量期間調整)

延續釋例一，另假設於收購日甲公司承諾乙公司原股東，若合併一年後(假設20x6年1月2日)甲公司普通股每股市價未達$18，則將再發行甲公司普通股20,000股予乙公司原股東。時至合併一年後(假設20x6年1月2日)甲公司普通股每股市價為$17，故須再發行甲公司普通股20,000股予乙公司原股東。

收購日：或有對價，20,000股甲公司普通股，按收購日公允價值(每股$14)衡量。此20,000股甲公司普通股，係「或有發行普通股」，亦是「潛在普通股」，請詳本書下冊第十章，P.19，「一、準則用詞定義」之(1)、(4)及(5)。

收購日後：甲公司普通股價格在合併一年內之異動，皆不調整，因該或有對價係依未來達成特定股價與否而定，因此其公允價值變動<u>非屬</u>衡量期間調整，且分類為<u>權益</u>，故該項或有對<u>價不得再衡量</u>，即已按收購日公允價格$14衡量後不得再衡量，其後續交割則應在權益內調整。

甲公司分錄：

(1) 發行 500,000股 普通股 (20x5/1/1)	採用權益法之投資　　　　　　　7,280,000 　普通股股本　　　　　　　　　　　　5,000,000 　資本公積－普通股股票溢價　　　　　2,000,000 　或有發行普通股（&）　　　　　　　　280,000
	520,000×$14＝$7,280,000，500,000×$10＝$5,000,000 500,000×($14－$10)＝$2,000,000，20,000×$14＝$280,000
(2) 發生 收購相關 成本	企業合併費用　　　　　　　　　200,000 資本公積－普通股股票溢價　　　150,000 　現　金　　　　　　　　　　　　　　350,000
	$80,000＋$30,000＋$40,000＝$150,000
(3) 若乙公司 未解散	(無分錄)
(4) 若乙公司 於合併後 即解散	(各項資產)　　　　　　　　　11,800,000 商　譽　　　　　　　　　　　　680,000 　(各項負債)　　　　　　　　　　　5,200,000 　採用權益法之投資　　　　　　　　7,280,000
	商譽＝$7,280,000－($11,800,000－$5,200,000)＝$680,000

(5) 合併一年後，甲公司股價為$17 (20x6/2/15)	(無論乙公司解散否，分錄相同) (假設實際再發行 20,000 股普通股日為 20x6/2/15)	
	或有發行普通股　　　　　　　　280,000	
	普通股股本　　　　　　　　　　　　　　200,000	
	資本公積－普通股股票溢價　　　　　　　 80,000	
(6) 合併一年後，甲公司股價為$20 (20x6/1/2)	(無論乙公司解散否，分錄相同) (20x6/1/2 確定無須再發行 20,000 股普通股)	
	或有發行普通股　　　　　　　　280,000	
	資本公積－合併溢額　　　　　　　　　　280,000	
	因甲公司股價為$20，不必再發行甲公司普通股 20,000 股予乙公司原股東，且分類為權益之或有對價，不得再衡量，其後續交割應在權益內調整。	
&：按「證券發行人財務報告編製準則」及證交所最新公告修正之「一般行業 IFRSs 會計科目及代碼」，無適當科目可供引用，筆者遂依準則用詞另設會計科目為「或有發行普通股」。		

釋例五：

忠孝公司於 20x6 年 1 月 1 日以現金$700,000 取得仁愛公司全部股份，仁愛公司依合併約定同時辦理解散。於收購日，仁愛公司帳列資產及負債之帳面金額與公允價值資料如下表，且除有一項未入帳專利權(公允價值為$30,000)外，無其他未入帳之可辨認資產或負債。

	帳面金額	公允價值		帳面金額	公允價值
現　　金	$10,000	$10,000	應付票據	$80,000	$70,000
應收帳款－淨額	70,000	60,000	應付帳款	40,000	40,000
存　　貨	80,000	90,000	其他負債	10,000	10,000
土　　地	50,000	120,000		$130,000	$120,000
房屋及建築－淨額	150,000	200,000	普通股股本	$200,000	
辦公設備－淨額	120,000	150,000	保留盈餘	150,000	
				$350,000	
	$480,000	$630,000		$480,000	

假設忠孝公司為合併交易於收購日支付會計師及其他專業之顧問諮詢費$3,000，則忠孝公司應作下列分錄：

20x6/1/1	採用權益法之投資	700,000	
	企業合併費用	3,000	
	現　金		703,000
1/1	現　金	10,000	
	應收帳款－淨額	60,000	
	存　貨	90,000	
	土　地	120,000	
	房屋及建築－淨額	200,000	
	辦公設備－淨額	150,000	
	專利權	30,000	
	商　譽	160,000	
	應付票據		70,000
	應付帳款		40,000
	其他負債		10,000
	採用權益法之投資		700,000
	仁愛可辨認淨值之公允價值 　＝($630,000－$120,000)＋$30,000＝$540,000 商譽＝$700,000－$540,000＝$160,000		

釋例六：

忠孝公司於 20x6 年 1 月 1 日發行 20,000 股普通股(每股面額$10，市價$18)，連同年利率 3%，5 年期，按面額$140,000 發行之應付票據，取得仁愛公司全部股份，仁愛公司依合併約定同時辦理解散。於收購日，仁愛公司帳列資產及負債之帳面金額與公允價值資料同釋例五，且除有一項未入帳專利權(公允價值為$30,000)外，無其他未入帳之可辨認資產或負債。

假設忠孝公司為合併交易於收購日支付：(1)會計師及其他專業顧問諮詢費$3,000，(2)發行新股之相關支出$6,000，則忠孝公司應作下列分錄：

(續次頁)

20x6/1/1	採用權益法之投資	540,000	
	應付票據		140,000
	普通股股本		200,000
	資本公積－普通股股票溢價		160,000
	廉價購買利益		40,000
	(20,000×$18)＋$140,000＝$500,000		
	20,000×$10＝$200,000，20,000×($18－$10)＝$160,000		
	仁愛可辨認淨值之公允價值		
	＝($630,000－$120,000)＋$30,000＝$540,000		
	廉價購買利益＝$500,000－$540,000＝－$40,000		
1/1	企業合併費用	3,000	
	資本公積－普通股股票溢價	6,000	
	現　金		9,000
1/1	現　金	10,000	
	應收帳款－淨額	60,000	
	存　貨	90,000	
	土　地	120,000	
	房屋及建築－淨額	200,000	
	辦公設備－淨額	150,000	
	專利權	30,000	
	應付票據		70,000
	應付帳款		40,000
	其他負債		10,000
	採用權益法之投資		540,000

釋例七： (移轉對價包含非現金資產－支付予被收購者)

　　忠孝公司於20x6年1月1日以一項辦公設備及發行33,000股普通股(每股面額$10，市價$18)，取得仁愛公司全部股份，仁愛公司依合併約定同時辦理解散。已知該項辦公設備於收購日之帳面金額為$60,000，公允價值為$81,000。忠孝公司移轉對價中：(a) 33,000股忠孝公司普通股係為交換仁愛公司股東持有之22,000股仁愛公司普通股，(b) 辦公設備係為交換仁愛公司之3,000股庫藏股。於收購日，仁愛公司帳列資產及負債之帳面金額與公允價值資料如下表，且除有一項未入帳專利權(公允價值為$30,000)外，無其他未入帳之可辨認資產或負債。

	帳面金額	公允價值		帳面金額	公允價值
現　金	$10,000	$10,000	應付票據	$80,000	$70,000
應收帳款－淨額	70,000	60,000	應付帳款	40,000	40,000
存　貨	80,000	90,000	其他負債	10,000	10,000
土　地	50,000	120,000		$130,000	$120,000
房屋及建築－淨額	150,000	200,000	普通股股本	$250,000	
辦公設備－淨額	120,000	150,000	保留盈餘	175,000	
			減：庫藏股票	(75,000)	
				$350,000	
	$480,000	$630,000		$480,000	

　　假設忠孝公司為合併交易於收購日支付：(1)會計師及其他專業顧問諮詢費$3,000，(2)發行新股之相關支出$6,000。

　　因仁愛公司被收購後隨即解散，致該項用以交換仁愛公司庫藏股的辦公設備又<u>回到忠孝公司的控制中</u>，故應按<u>帳面金額</u>衡量，因此忠孝公司移轉對價的總金額為$654,000，($18×33,000 股)＋辦公設備$60,000＝$654,000，取得仁愛公司可辨認淨值之總金額為$600,000，($630,000＋辦公設備$60,000－$120,000)＋未入帳專利權$30,000＝$600,000，故仁愛公司未入帳商譽為$54,000，$654,000－$600,000＝$54,000。實質上，忠孝公司係以$18×33,000 股＝$594,000，取得仁愛公司可辨認淨值之公允價值$540,000，($630,000－$120,000)＋$30,000＝$540,000，故仁愛公司未入帳商譽為$54,000，$594,000－$540,000＝$54,000。

忠孝公司分錄：

20x6/ 1/ 1	採用權益法之投資　　　　　　　　654,000	
	辦公設備－淨額	60,000
	普通股股本	330,000
	資本公積－普通股股票溢價	264,000
	(33,000×$18)＋辦公設備$60,000＝$654,000	
	33,000×$10＝$330,000，33,000×($18－$10)＝$264,000	
1/ 1	企業合併費用　　　　　　　　　　3,000	
	資本公積－普通股股票溢價　　　　6,000	
	現　金	9,000

	1/1	現　　金	10,000	
		應收帳款－淨額	60,000	
		存　　貨	90,000	
		土　　地	120,000	
		房屋及建築－淨額	200,000	
		辦公設備－淨額（＊）	210,000	
		專利權	30,000	
		商　　譽	54,000	
		應付票據		70,000
		應付帳款		40,000
		其他負債		10,000
		採用權益法之投資		654,000
	＊：「辦公設備－淨額」＝$150,000＋$60,000＝$210,000

釋例八： (移轉對價包含非現金資產－支付予被收購者原股東)

延續釋例七，假設仁愛公司並無庫藏股，忠孝公司所發行 33,000 股普通股及帳面金額$60,000 的辦公設備(公允價值為$81,000)全係為交換仁愛公司股東持有之 25,000 股仁愛公司普通股。於收購日，仁愛公司帳列資產及負債之帳面金額與公允價值資料如下表，且除有一項未入帳專利權(公允價值為$30,000)外，無其他未入帳之可辨認資產或負債。

假設忠孝公司為合併交易於收購日支付：(1)會計師及其他專業顧問諮詢費$3,000，(2)發行新股之相關支出$6,000。

	帳面金額	公允價值		帳面金額	公允價值
現　　金	$10,000	$10,000	應付票據	$80,000	$70,000
應收帳款－淨額	70,000	60,000	應付帳款	40,000	40,000
存　　貨	80,000	90,000	其他負債	10,000	10,000
土　　地	50,000	120,000		$130,000	$120,000
房屋及建築－淨額	150,000	200,000	普通股股本	$250,000	
辦公設備－淨額	120,000	150,000	保留盈餘	100,000	
				$350,000	
	$480,000	$630,000		$480,000	

忠孝公司分錄：

20x6/1/1	辦公設備－淨額	21,000	
	處分不動產、廠房及設備利益		21,000
	$81,000－$60,000＝$21,000		
1/1	採用權益法之投資	675,000	
	辦公設備－淨額		81,000
	普通股股本		330,000
	資本公積－普通股股票溢價		264,000
	(33,000×$18)＋$81,000＝$675,000		
	33,000×$10＝$330,000，33,000×($18－$10)＝$264,000		
1/1	企業合併費用	3,000	
	資本公積－普通股股票溢價	6,000	
	現　金		9,000
1/1	現　金	10,000	
	應收帳款－淨額	60,000	
	存　貨	90,000	
	土　地	120,000	
	房屋及建築－淨額	200,000	
	辦公設備－淨額	150,000	
	專利權	30,000	
	商　譽	135,000	
	應付票據		70,000
	應付帳款		40,000
	其他負債		10,000
	採用權益法之投資		675,000
	仁愛可辨認淨值之公允價值＝($630,000－$120,000)＋$30,000		
	＝$540,000，商譽＝$675,000－$540,000＝$135,000		

釋例九： (非控制權益)

甲公司於 20x6 年 1 月 1 日以現金$630,000 取得乙公司 90%股權。於收購日，乙公司帳列資產及負債之帳面金額與公允價值資料如下表，且除有一項未入帳專利權(公允價值為$30,000)外，無其他未入帳之可辨認資產或負債。

	帳面金額	公允價值		帳面金額	公允價值
現　金	$ 10,000	$ 10,000	應付票據	$ 80,000	$ 70,000
應收帳款－淨額	70,000	60,000	應付帳款	40,000	40,000
存　貨	80,000	90,000	其他負債	10,000	10,000
土　地	50,000	120,000		$130,000	$120,000
房屋及建築－淨額	150,000	200,000	普通股股本	$200,000	
辦公設備－淨額	120,000	150,000	保留盈餘	150,000	
				$350,000	
	$480,000	$630,000		$480,000	

另甲公司為收購乙公司於收購日支付會計師及其他專業之顧問諮詢費 $3,000。甲公司分錄如下：

20x6/ 1/ 1	採用權益法之投資	630,000	
	企業合併費用	3,000	
	現　金		633,000

甲公司只取得乙公司 90%股權，尚有其他乙公司股東持有乙公司 10%股權，即「非控制權益」。按本章「十一、認列與衡量商譽會廉價購買利益」之說明，衡量非控制權益金額的方法有二，請詳 P.19～21。

(一) 非控制權益，係以「收購日公允價值」衡量：

若非控制權益於收購日之公允價值為$65,000，則

商譽＝(移轉對價之公允價值$630,000＋非控制權益之公允價值$65,000)
　　　－[(乙帳列資產之公允價值$630,000－乙帳列負債之公允價值
　　　　$120,000)＋乙未入帳專利權之公允價值$30,000]
　　＝乙總公允價值$695,000－乙可辨認淨值之公允價值$540,000
　　＝$155,000

補充：
(a) 商譽屬於非控制權益的部份＝$65,000－($540,000×10%)＝$11,000
(b) 商譽屬於控制權益的部份＝$630,000－($540,000×90%)＝$144,000
(c) 「非控制權益的持股比例 10%」：「控制權益的持股比例 90%」
　　＝ 1：9 ≠ $11,000：$144,000

(二) 非控制權益，係以「現時所有權工具對被收購者可辨認淨資產之已認列金額所享有之比例份額」衡量：

非控制權益＝[(乙帳列資產之公允價值$630,000－乙帳列負債之公允價值
　　　　　　$120,000)＋乙未入帳專利權之公允價值$30,000]×10%
　　　　　＝乙可辨認淨值之公允價值$540,000×10%＝$54,000

商譽＝(移轉對價之公允價值$630,000＋非控制權益之公允價值$54,000)
　　　－乙可辨認淨值之公允價值$540,000
　　＝$684,000－$540,000＝$144,000＝全數商譽皆屬控制權益

(三) 本書為說明及解題之便，除釋例或習題指定按「現時所有權工具對被收購者可辨認淨資產之已認列金額所享有之比例份額」衡量非控制權益於收購日之金額外，均假設以「收購日公允價值」衡量非控制權益。另本書之釋例或習題，若未提供「收購日非控制權益之公允價值」及「在分階段達成之企業合併中，收購者先前已持有被收購者之權益於收購日之公允價值」等相關資訊時，則直接以「收購日移轉對價之公允價值」設算前述二者之公允價值。因此本釋例設算乙公司於收購日總公允價值如下：

收購日移轉對價之公允價值$630,000 (即支付之現金)÷90%＝$700,000
＝乙收購日總公允價值 [包括帳列淨值之公允價值及
　　　　　　　　　　未入帳資產及負債之公允價值]
∴ 收購日非控制權益＝乙收購日總公允價值$700,000×10%＝$70,000

商譽＝乙總公允價值$700,000－[(乙帳列資產之公允價值$630,000－乙帳列
　　　　負債之公允價值$120,000)＋乙未入帳專利權之公允價值$30,000]
　　＝乙總公允價值$700,000－乙可辨認淨值之公允價值$540,000
　　＝$160,000

補充：
(a) 商譽屬於非控制權益的部份＝$70,000－($540,000×10%)＝$16,000
(b) 商譽屬於控制權益的部份＝$630,000－($540,000×90%)＝$144,000
(c)「非控制權益的持股比例10%」：「控制權益的持股比例90%」
　　＝ 1：9 ＝ $16,000：$144,000

(四) 惟實務上，仍須依準則規定合理衡量「非控制權益於收購日之公允價值」及「在分階段達成之企業合併中，收購者先前已持有被收購者之權益於收

購日之公允價值」等相關金額，因上述設算過程雖有數學上的合理性，但實務上仍有"控制權溢價(a control premium)"的情況存在，使所設算之"被收購者於收購日之總公允價值"及"非控制權益於收購日之公允價值"皆有高估之嫌。

收購者所持有之被收購者權益及非控制權益之每股公允價值可能不同。主要差異可能係收購者所持有被收購者權益之每股公允價值包括"控制權溢價(a control premium)"；或反之，非控制權益之每股公允價值則包括"因缺乏控制權之折價(a discount for lack of control)"，亦稱為"非控制權益折價"，而市場參與者於定價非控制權益時可能會考量此一溢價或折價。

國際財務報導準則(IFRS 3)允許收購者按收購日之公允價值衡量被收購者之非控制權益。收購者有時能以權益股份(即收購者未持有之股份)於活絡市場之報價為基礎，衡量非控制權益之收購日公允價值。惟在其他情況下，權益股份於活絡市場之報價可能不可得。於該等情況下，收購者可使用其他評價技術衡量非控制權益之公允價值。

國際會計準則理事會(IASB)認為，收購者可衡量非控制權益之公允價值，例如以非控制股東持有權益股份之市價為基礎或採用其他評價技術；且認為非控制權益之衡量屬性應為公允價值。除此，理事會也徵詢部分資訊使用者(使用財務報表資訊做出投資決策之代表)，得知「不論是在收購日或未來的其他日期，有關非控制權益於收購日公允價值之資訊將有助於估計母公司股份之價值。」

釋例十： (衡量期間調整，相關財務報表揭露)

甲公司於 20x6 年 9 月 30 日取得乙公司 100%股權。針對該收購所取得之一項特殊設備，甲公司雖積極尋求其獨立評價，但直到發布截至 20x6 年 12 月 31 日之年度合併財務報表前仍未完成，因此上述設備係以暫定金額$30,000,000 表達於 20x6 年度合併財務報表中，因而合併商譽為$12,000,000。甲公司於收購日預估該項設備尚有 5 年使用年限，按直線法計提折舊。假設：(a)甲公司係於 20x7 年 3 月底，才取得該項設備於收購日公允價值為$40,000,000 之獨立評價，且自收購日起使用年限為 4 年，(b)合併商譽價值於 20x6 年及 20x7 年間皆未減損。

說明：

(1) 甲公司應於 20x6 年及 20x7 年之兩年度比較合併財務報表中，追溯重編 20x6 年之部分資訊如下：

(a) 不動產、廠房及設備於 20x6 年 12 月 31 日之帳面金額應增加$9,000,000。此調整金額係以對收購日公允價值之增加金額$10,000,000，$40,000,000－$30,000,000＝$10,000,000，減除按該資產於收購日即以公允價值認列而自該日起所應提列三個月之折舊費用$500,000，原為：$30,000,000÷5 年×3/12＝$1,500,000，調整為：$40,000,000÷4 年×3/12＝$2,500,000，即$10,000,000－($2,500,000－$1,500,000)＝$9,000,000。

(b) 於 20x6 年 12 月 31 日之合併財務狀況表中，商譽應表達之金額應減少$10,000,000，而成為$2,000,000，即$12,000,000－$10,000,000＝$2,000,000。

(c) 20x6 年之折舊費用應增加$1,000,000，$2,500,000－$1,500,000＝$1,000,000。

(d) 相關財務報表表達如下：（單位：千元）

	甲報表		甲及乙合併報表		甲及乙合併報表	
	20x5	20x4	20x6	20x5(#)	20x7	20x6(※)
不動產、廠房及設備	$xx	$xx	$ A	$xxx	$xxxx	$ A＋10,000
累計折舊	(xx)	(xx)	(B)	(xxx)	(xxxx)	(B＋1,000)
帳面金額	$xx	$xx	$A－B	$xxx	$xxxx	$A－B＋9,000
商　譽	—	—	$12,000	$12,000	$2,000	$2,000
折舊費用	$xx	$xx	$ C	$xxxx	$xxxx	$C＋1,000

#：因會計報導個體變更(由「甲公司」改變為「甲公司及乙公司」)，為比較之目的，故重編 20x5 年財務報表。

※：因衡量期間調整，為比較之目的，故重編 20x6 年財務報表。

(2) 依 IFRS 3 之規定，甲公司應揭露：

(a) 於 20x6 年合併財務報表中揭露：

「因尚未取得不動產、廠房及設備之評價結果而未完成企業合併原始會計處理。」

(b) 於其 20x7 年合併財務報表中揭露：

「追溯調整 20x6 年之比較資訊，其中不動產、廠房及設備項目於 20x6 年 12 月 31 日之公允價值增加$9,000,000，相對地，商譽減少$10,000,000 及折舊費用增加$1,000,000。」

十六、特定類型之企業合併

(一) 分階段達成之企業合併：

　　有時收購者對被收購者存在控制係透過分批多次取得被收購者股權而達成，IFRS 3 稱之為「分階段達成之企業合併」，或稱「分批收購」。<u>例如</u>：20x5 年 2 月 1 日，甲公司取得乙公司 5%股權，甲公司對乙公司不具重大影響，甲公司依 IFRS 9 規定將該 5%股權投資分類為「透過損益按公允價值衡量之金融資產」，是一項以公允價值衡量之金融資產；20x6 年 4 月 1 日，甲公司再取得乙公司 25%股權，累計持股為 30%，經按 IAS 28 規定研判，甲公司對乙公司具重大影響，故甲公司對乙公司之 30%股權投資須採權益法處理，會計科目為「採用權益法之投資」，此時稱乙公司為「關聯企業」；20x7 年 8 月 1 日，甲公司又取得乙公司 40%股權，累計持股為 70%，經按 IFRS 3 規定研判，甲公司對乙公司存在控制，甲公司與乙公司形成一個新的報導個體，IFRS 3 稱之為「集團」，或稱「合併個體」，而甲公司為「收購者」，亦是「母公司」，乙公司為「被收購者」，亦是「子公司」。

　　於分階段達成之企業合併中，收購者於收購日(如上例之 20x7 年 8 月 1 日)按「收購法」處理其對被收購者股權投資之前，須先按收購日公允價值<u>再衡量</u>其先前已持有被收購者之權益(如上例之 30%)，若因而產生任何利益或損失，則認列為損益或其他綜合損益(以適當者)。而於收購日前之報導期間，收購者可能已於其他綜合損益中認列被收購者之權益價值變動，如上例 20x6 年 4 月 1 日至 20x7 年 8 月 1 日間，甲公司對乙公司之 30%股權投資已按權益法處理，致甲公司有可能已於其他綜合損益中認列該期間乙公司之權益價值變動。若然，其他綜合損益中已認列之金額應按與收購者若直接處分其先前已持有權益(如上例之 30%)之相同基礎認列。其詳細的會計處理，請參閱本書第二章「十二、投資關聯企業－分次取得」及第八章「二、母公司分次取得子公司股權－分次(批)收購」之說明。

(二) 無移轉對價而達成之企業合併：

　　有時收購者未移轉對價即對被收購者存在控制。若然，企業合併所採用之「收購法」會計處理仍適用於此類合併。而收購者未移轉對價即對被收購者存在控制的可能情況如下：

(1) 被收購者買回足夠數量之本身股份，致使現有投資者對其存在控制：

被收購者(乙公司)向現有投資者(甲公司)以外之股東買回庫藏股，使現有投資者(甲公司)對被收購者(乙公司)持股比例增加，進而對被收購者(乙公司)存在控制而成為收購者(甲公司)。此時，收購者應：(a)以其持有被收購者權益之收購日公允價值，取代移轉對價之收購日公允價值，用以衡量商譽金額或廉價購買利益；(b)若收購者於先前報導期間，已於其他綜合損益中認列被收購者之權益價值變動，則其他綜合損益中已認列之金額應按與收購者若直接處分其先前已持有權益之相同基礎認列，請詳本書第八章「二、母公司分次取得子公司股權－分次(批)收購」之說明。以釋例十一說明本情況。

釋例十一：

甲公司持有乙公司45%股權數年並對乙公司具重大影響，截至20x6年12月31日，甲公司帳列「採用權益法之投資」為$621,000及「其他權益－不動產重估增值－採用權益法之關聯企業及合資」$36,000(貸餘)，乙公司權益為$1,380,000，包括普通股股本$1,000,000(發行且流通在外普通股為100,000股，每股面額$10)，保留盈餘$300,000及「其他權益－不動產重估增值」$80,000(貸餘)。

乙公司於20x7年1月1日以每股$15向甲公司以外之股東買回40,000股普通股(庫藏股)。當日乙公司帳列資產及負債之帳面金額皆等於公允價值，且無未入帳之可辨認資產或負債。

說明：

(1) 乙公司向甲公司以外之股東買回40,000股普通股(庫藏股)，致甲公司對乙公司之持股比例由45%增為75%，因而對乙公司存在控制而成為收購者。
(100,000股×45%)÷(100,000股－40,000股)＝45,000股÷60,000股＝75%

(2) 甲公司無移轉對價卻達成企業合併，故應以其持股45,000股乙公司普通股於20x7年1月1日之公允價值$675,000($15×45,000股＝$675,000)衡量商譽金額或廉價購買利益。假設非控制權益係以收購日公允價值衡量，惟釋例中未提及該公允價值，故設算之。
　　20x7/1/1乙公司總公允價值＝$675,000÷75%＝$900,000
　　非控制權益＝$900,000×25%＝$225,000

$$乙公司未入帳商譽＝(\$675,000＋\$225,000)－(\$1,380,000－\$15×40,000 股)$$
$$＝\$900,000－(\$1,380,000－\$600,000)＝\$120,000$$

(3) 20x7 年 1 月 1 日甲公司及乙公司分錄：

乙公司	庫藏股票	600,000	
	現　金		600,000
甲公司	其他權益－不動產重估增值		
	－採用權益法之關聯企業及合資	36,000	
	保留盈餘		36,000
甲公司	採用權益法之投資	54,000	
	資本公積－認列對子公司所有權權益變動數		54,000
	$\$675,000－\$621,000＝\$54,000$		

(4) 相關科目餘額及金額之異動如下：

(假設：20x7 年期末，經評估得知商譽價值未減損。)

	20x6/12/31	買回庫藏股	20x7/1/1	20x7	20x7/12/31
乙－普通股股本	$1,000,000		$1,000,000		$1,000,000
保留盈餘	300,000		300,000	＋$100,000－$40,000	360,000
其他權益	80,000		80,000		80,000
庫藏股票	－	＋600,000	(600,000)		(600,000)
	$1,380,000		$780,000		$840,000
權益法：					
甲－採用權益法	(45%)		(75%)	＋$75,000	(75%)
之投資	$621,000	＋54,000	$675,000	－$30,000	$720,000
甲－其他權益	$36,000	－36,000	$0		
甲－資本公積	$Y	＋54,000	$Y＋54,000		$Y＋54,000
合併財務報表：					
商　譽			$120,000		$120,000
非控制權益			$225,000	＋$25,000－$10,000	$240,000
20x7：甲應認列之投資收益＝$100,000×75%＝$75,000					
非控制權益淨利＝$100,000×25%＝$25,000					
20x7/12/31：採用權益法之投資＝($840,000＋$120,000)×75%＝$720,000					
非控制權益＝($840,000＋$120,000)×25%＝$240,000					

(2) 收購者先前已擁有被收購者多數之表決權，但因少數股東具否決權而無法對被收購者存在控制，後續少數股東之否決權已失效：

收購者原已擁有被收購者多數之表決權，只因少數股東具否決權而無法對被收購者存在控制，現在少數股東之否決權因故失效(minority veto rights lapse)，使收購者對被收購者存在控制。因此，收購者應：(a)以其持有被收購者權益之收購日公允價值，取代移轉對價之收購日公允價值，用以衡量商譽金額或廉價購買利益；(b)若收購者於先前報導期間，已於其他綜合損益中認列被收購者之權益價值變動，則其他綜合損益中已認列之金額應按與收購者若直接處分其先前已持有權益之相同基礎認列，請詳本書第八章「二、母公司分次取得子公司股權－分次(批)收購」之說明。

(3) 收購者與被收購者僅依合約而同意合併其業務。收購者未支付對價即取得對被收購者之控制，且於收購日或收購日以前皆未持有被收購者之權益。僅依合約即達成企業合併之例子，包括於釘綁安排中將兩個業務合併(bringing two businesses together in a stapling arrangement)或成立兩地掛牌上市公司(forming a dual listed corporation)。

僅依合約即達成之企業合併中，收購者應將依 IFRS 3 所認列之被收購者淨資產金額歸屬於被收購者之業主。而「被收購者之業主」可能有兩種情況：

(甲) 收購者於收購日或收購日以前皆未持有被收購者之權益：

如上述(3)之例子，「被收購者之業主」即是收購者以外各方持有被收購者權益之所有權人，亦是收購者於收購日後所編製合併財務報表中之非控制權益，而這將導致被收購者之全部權益皆歸屬於非控制權益。因為只要收購者對被收購者存在控制，就是企業合併，將來就須定期編製母、子公司合併財務報表，只是其中的非控制權益就是被收購者(子公司)於收購日淨資產之公允價值再加上收購日後子公司淨值之異動金額。

(乙) 收購者於收購日前即持有部分被收購者之權益：

雖收購日係依合約達成企業合併，但收購者於收購日前即持有部分被收購者之權益，故「被收購者之業主」包括：收購者及其他持有被收購者權益之所有權人，而後者所擁有被收購者之權益即是母、子公司合併財務報表中的非控制權益。此時，收購者應：(a)以其持有被收購者權益之收購日公允價值，取代移轉對價之收購日公允價值，用以衡量商譽金額或廉價購買

利益;(b)若收購者於先前報導期間,已於其他綜合損益中認列被收購者之權益價值變動,則其他綜合損益中已認列之金額應按與收購者若直接處分其先前已持有權益之相同基礎認列,請詳本書第八章「二、母公司分次取得子公司股權－分次(批)收購」之說明。

　　按本章「十一、認列與衡量商譽或廉價購買利益」收購者計算收購日商譽或廉價購買利益之邏輯,<u>應用於</u>僅依合約即達成之企業合併<u>且</u>收購者未移轉對價即對被收購者存在控制,如上述<u>情況(甲)</u>,說明如下:

(A)情況:當下表(於次頁)中 (1)＞(2) 時,商譽金額＝(1)－(2)
(B)情況:當下表(於次頁)中 (1)＜(2) 時,廉價購買利益＝(2)－(1)

(1)	(a)	移轉對價＝$0
	(b)	被收購者非控制權益之金額,有兩種衡量方法: (i) 收購日公允價值,或 (ii) 現時所有權工具於收購日對被收購者可辨認淨資產之已認列金額 [衡量基礎,請詳本章「九」及「十」] 所享有之比例份額。
	(c)	收購者先前已持有被收購者之權益＝$0
(2)		所取得之可辨認資產及承擔之負債於收購日依 IFRS 3「企業合併」衡量之淨額。 [衡量基礎,請詳本章「九」及「十」]

故仍可按本章「十一、認列與衡量商譽或廉價購買利益」的邏輯計算收購日商譽或廉價購買利益,惟上表中(1)(b)被收購者非控制權益之金額,有兩種衡量方法,致所計得之收購日商譽或廉價購買利益可能有兩種不同金額,可參閱本章「十一、認列與衡量商譽或廉價購買利益」之說明。另外,雖收購者對被收購者存在控制,惟其對被收購者的持股比例為零,故母、子公司合併財務報表中無控制權益,因此被收購者的全部淨值 [可能包含或不包含商譽,視(1)(b)非控制權益之衡量方法而定] 皆為非控制權益。

十七、決定何者為企業合併交易的一部分

　　收購者為適用收購法並符合其認列原則,其所取得之可辨認資產及承擔之負債<u>必須是</u>收購者與被收購者(或其原業主)於企業合併交易中所交換的一部分,<u>而不是</u>其他個別交易的結果。因此,若有下列任一情況,收購者應辨認<u>非屬</u>收購者與被收購者(或其原業主)於企業合併中交換之一部分之金額,亦即辨認

非用於交換被收購者之金額：
(1) 企業合併之協商開始前，收購者與被收購者間可能已存在某一關係或其他協議。
(2) 收購者與被收購者可能於協商過程中，訂定與企業合併分離之其他協議(個別交易)。

辨認後若屬個別交易，則應依相關國際財務報導準則規定處理。

　　企業合併前，收購者或其代表，或主要為收購者或合併後個體之利益而非為被收購者(或其原業主)之利益所達成之交易，可能為個別交易。以下列舉之個別交易不能適用收購法：

(a) 實質上係結清收購者與被收購者間已存在關係之交易。
　　說明：收購者與被收購者間已存在關係，可能是：債權與債務關係、供應商與客戶關係、授權者與被授權者關係、原告與被告關係等。
　　例如：企業合併前，收購者是被收購者的債務人；於企業合併交易中，若收購者與被收購者之業主同意原債權與債務關係結清，並作為出售被收購者予收購者協議的一部分；因此收購者移轉對價予被收購者之業主時，其中應有一部分金額係為結清此債權與債務關係，故應先加以區分，並以區分後之移轉對價去適用收購法，而結清債權與債務關係本身是一項個別交易，須單獨依相關國際財務報導準則規定處理。

(b) 對被收購者員工或原業主未來繼續提供勞務給予酬勞之交易。
　　說明：
　　(i) 對員工或賣方股東之或有給付約定是否為企業合併之或有對價或是個別交易，應視該或有給付約定之性質而定。了解收購協議，包含：或有給付條款之原因、該約定係由何方發起、交易各方可於何時開始進行該約定等，可能有助於評估該或有給付約定之性質。

　　(ii) 若無法確定對員工或賣方股東之給付約定，係為取得被收購者而交換之一部分，或係屬獨立於企業合併之個別交易，則收購者應考量下列指標：持續聘雇條款內容、持續聘雇之期間、酬勞之水準、對員工之增額給付、繼續作為員工之賣方股東所擁有之相對股數、收購日原始移轉對價與對被收購者評價之連結情況、決定或有給付之公式、其他協議及議題等。

(c) 歸還被收購者或其原業主代墊收購者收購相關成本之交易。

十八、反向收購

反向收購(Reverse Acquisitions)，係指當企業合併主要是透過交換權益而達成，且因會計處理之目的，將發行證券之個體(法律上收購者)辨認為被收購者，這種情況就稱為反向收購。其中，權益被其他個體取得之個體(法律上被收購者)必屬會計目的下之收購者。

例如，非公開發行公司欲成為公開發行公司，但不願申報其股份，此時，若想達到成為公開發行公司之目的，則非公開發行公司可安排一家公開發行公司取得其權益，並以公開發行公司之權益作為交換。因公開發行公司發行本身之權益，故為法律上收購者；而非公開發行公司之權益被其他個體取得，故為法律上被收購者。因此，將導致下列結果產生：
(1) 基於會計處理之目的，將公開發行公司辨認為被收購者(會計上被收購者)；
(2) 基於會計處理之目的，將非公開發行公司辨認為收購者(會計上收購者)。
因會計處理之目的，會計上被收購者仍必須符合業務之定義，且應適用 IFRS 3 所有認列及衡量之原則，包括商譽認列之規定。

由於反向收購中，通常是由會計上被收購者(例如甲公司)發行其股份予會計上收購者(例如乙公司)之業主，而會計上收購者(乙公司)通常不會發出對價予會計上被收購者(甲公司)。因此，會計上收購者(乙公司)為取得會計上被收購者(甲公司)權益而支付之移轉對價於收購日之公允價值應如何衡量呢？依準則規定，係採一種假設性的計算，即假設法律上子公司(會計上收購者)須發行多少權益數量，以使「法律上母公司(會計上被收購者)之業主擁有法律上子公司之權益比例」等於「反向收購中法律上子公司之業主擁有法律上母公司之權益比例」。

例如：假設甲公司及乙公司已發行並流通在外之普通股股數分別為 100 股及 60 股。乙公司(法律上子公司)於 20x7 年 1 月 1 日反向收購甲公司(發行權益工具之公司，為法律上母公司)。甲公司發行 150 股普通股交換乙公司 60 股流通在外之普通股，即法律上甲公司取得乙公司 100%股權，60 股÷60 股＝100%；乙公司原股東現在持有甲公司 60%股權，150 股÷(100 股＋150 股)＝60%。但因會計上辨認乙公司為收購者，則假設乙公司應發行多少股普通股(X 股)，60 股÷(60 股＋X 股)＝Y%，以使甲公司對乙公司之持股比例(Y%)等於反向收購中乙公司原股東對甲公司之持股比例 60%，即令 60 股÷(60 股＋X 股)＝Y%＝60%，得出 X＝40 股。再將乙公司假設應發行之 40 股普通股以收購日之公允價值衡量，當

作會計上收購者(乙)為取得會計上被收購者(甲)權益而支付之移轉對價於收購日之公允價值。

有關反向收購之合併財務報表之編製與表達，請詳第三章「十五、反向收購－合併財務報表之編製與表達」。

十九、收購法－財務報表應揭露事項

有關收購法所應揭露事項，IFRS 3 規定如下：

(1) 收購者應揭露能使財務報表使用者評估發生於下列期間之企業合併之性質與財務影響之資訊：
   (a) 報導期間當期；或
   (b) 報導期間結束日之後，但在通過發布財務報表之前。

(2) 為符合(1)所述之目的，收購者應揭露 IFRS 3 之「附錄 B，應用指引」第 B64 至 B66 段明訂之資訊，請詳本章「註釋」之註四。

(3) 對於發生於當期或先前報導期間之企業合併，收購者應揭露能使財務報表使用者評估於報導期間當期所認列相關調整數之財務影響之資訊。

(4) 為符合(3)所述之目的，收購者應揭露 IFRS 3 之「附錄 B，應用指引」第 B67 段明訂之資訊，請詳本章「註釋」之註五。

(5) 若 IFRS 3 或其他國際財務報導準則所規定之特定揭露不符(1)及(3)所述目的時，收購者應揭露任何必要之額外資訊以符合前述目的。

註 釋

註一：近年之企業合併案例

- 1998 年，頂新集團返台動用超過新台幣一百億資金，取得味全公司過半股權及經營權，希望以頂新集團在中國的成功經驗，返台搶攻台灣的食品市場。

- 1999 年，聯亞生技以 5 億新台幣併購「羅氏公司(Roche)」在新竹湖口的製藥廠；再於 2001 年，併購「台灣葛蘭素威康公司(Glaxo Wellcome Taiwan, Ltd.)」在新竹的針劑藥廠，成為台灣唯一符合國際級 cGMP 標準藥廠的生技公司，並順利走上國際舞台。

- 2000 年，聯華電子五合一吸收合併了聯瑞、聯誠、聯嘉、合泰等四家公司。

- 2000 年，「美國線上(American Online，AOL)」以 1,600 億美元併購「時代華納(Time Warner)」，並成立一個新公司「美國線上時代華納(AOL Time Warner)」，正式開啟了舊媒體與新媒體聯手在網路世紀裡創造了第一家整合互動傳播通訊的新公司。兩公司合併後的總價值將達 3,500 億美元，是美國有史以來最大的併購案，為過去最大之資訊網路併購案的 24 倍。
[註：2003 年 9 月，「美國線上時代華納公司」將"美國線上(AOL)"自公司名稱中去除，此舉象徵三年前美國線上與時代華納的歷史性合併案已告失敗。更名後這個全球最大媒體和娛樂集團將再度以「時代華納」為名，其在紐約證交所的股票代號也從 AOL 改為 TWX。]

- 2001 年 9 月，「聯友光電」與「達碁科技」宣佈合併成立「友達光電」，為台灣第一大、世界前三大之薄膜電晶體液晶顯示器(TFT-LCD)之設計、研發及製造公司，亦是全球第一家於紐約證券交易所股票公開上市之 TFT-LCD 製造公司。並於 2003 年 9 月開發出 46 吋寬螢幕液晶電視，是國內第一片 40 吋以上的大型液晶電視面板，規格亦領先國際。

- 2001 年，「東元電機」與「聲寶家電」合併，此舉係為因應台灣即將加入 WTO 所可能帶來對家電業的競爭壓力。
2011 年 5 月 31 日，東元電機董事會通過與關係企業(「安陽電機」及「東台科技」)的吸收合併案，「安陽電機」及「東台科技」兩公司原皆為「東元電機」轉投資持股達 100%之關係企業。合併後，「東元電機」為存續公司，「安陽電機」及「東台科技」兩公司為消滅公司，合併基準日為 2011 年 7 月 1

日。選定合併對象為持股 100%之關係人的原因是,希望透過合併整合內外部資源、提升組織營運效率、增強成本競爭力,且不影響股東權益。

- 2002 年,「惠普(HP)」併購「康柏電腦(Compaq)」,成立「新惠普」。

- 2002 年 12 月,「世華銀行」被「國泰金控」併購,並易名「國泰世華銀行」,並成為國泰金控獨資擁有之子公司,再於 2003 年 10 月與「國泰金控」旗下的「國泰銀行」合併,成為合併後之存續銀行。這兩次合併使「國泰金控」得以在過去數年間擴大其銀行業務,並分散該集團之經營風險與獲利來源。

- 2003 年,國內兩家大型聯合會計師事務所－勤業、眾信,新設合併為「勤業眾信聯合會計師事務所(Deloitte & Touche)」。勤業原結盟的「安達信會計師事務所(Arthur Anderson, LLP)」因安隆案(Enron)於 2002 年瓦解,退出美國審計市場,故勤業透過與眾信之新設合併,成立「勤業眾信聯合會計師事務所」,並成為國際組織「德勤全球(Deloitte Touche Tohmatsu;DTT)」在台的唯一會員。

- 2004 年,「遠傳電信」與「和信電訊」合併。2005 年「遠傳電信」購買「全虹通訊」55%股權,入主全虹通訊經營權,藉以拓展其行銷通路。

- 2008 年 1 月 1 日,「台灣金控」正式掛牌,係整合了旗下 5 家子公司而成,包括:臺灣銀行、土地銀行、中國輸出入銀行、台銀人壽及台銀證券。資產規模超過新台幣 5.12 兆元、存款 3.88 兆元、放款 3.24 兆元,市占率達 18%,成為台灣金融界龍頭,也是首家進入全球百大排名的金控公司,在亞洲排名第 18、全球排名第 89。

- 2009 年 11 月 11 日,年全球最大個人電腦製造廠商「惠普(HP)」宣布,將以廿七億美元收購網路設備公司「3Com」,準備挑戰大廠「思科系統(Cisco Systems)」在網路設備霸主地位。根據雙方協議,惠普將以每股 7.9 美元的價格收購 3Com,比 3Com 當天收盤價高出約 39%。

- 鴻海精密工業(股),透過併購擴大事業版圖且多角化經營,勘稱業界翹楚:
  2004 年,合併「國碁電子」,強化集團網通垂直整合能力;
  2005 年,合併「奇美通訊」,強化集團 RF 及手機共同設計與開發;
  2005 年,合併「安泰電業」,集團正式進軍汽車產業,邁向 6C 大道;
  2006 年,吸收合併「普立爾」,使集團在光學、機構及電機的整合布局有重大突破,並成為全球最大數位相機代工廠;

2009 年,旗下的「群創光電」與「奇美電」合併,詳下述。

- 2009 年 11 月 14 日,「群創光電」及「奇美電」共同宣布,「群創光電」以 1 股換 2.05 股的比率合併「奇美電」。「奇美電」是消滅公司;而隸屬鴻海旗下的「群創光電」為存續公司,並將更名為「奇美電子股份有限公司」,合併基準日為 2010 年 5 月 1 日。這是台灣電子業有史以來最大的併購案,以 11 月 13 日收盤價估算,「群創光電」大約斥資了 1,650 億元併購「奇美電」,加計明年(2010 年)併入的「統寶」股本(統寶亦為消滅公司),新「奇美電子」約 802 億元(含特別股 74 億,普通股股本合併後約 728 億元)。而「奇美電子股份有限公司」合計全球市占率可達 18%,高於「友達光電」的 16%,不僅躍居全台最大,產能也僅次於韓國的三星電子、LGD,成為全球第三大面板廠。後為區隔奇美品牌,2012 年 12 月再更名為「群創光電」。

- 2011 年 3 月 17 日,金管會核准「群益證券」合併「金鼎證券」,其間經三年的波折,還涉及「敵意併購」或「非合意併購」,請詳下述註二。

- 2011 年 3 月 16 日,「聯發科」宣布將合併「雷凌」,換股比例為 1 股聯發科換 3.15 股雷凌,雷凌為消滅公司,將成為聯發科旗下事業部,合併生效日暫定 10 月 1 日。又 5 月 5 日,兩家公司同步召開董事會決議,將原本以吸收合併方式合併雷凌,因考量產品認證時間及稅負問題,改為以換股方式合併雷凌,雷凌成為聯發科持股 100%子公司,至於換股比例及合併時程均不變。6 月 8 日,行政院公平交易委員會決議,不禁止其結合,雖該二公司同屬半導體晶片設計業者,但其主力產品在應用及競爭者皆不相同,其市場本質完全不同,是以本案應屬多角化結合。

- 2011 年 4 月 10 日,「元大金控」併購「寶來證券」,將以 0.5 股元大金普通股加現金 12.2 元交換 1 股寶來證普通股,同年 11 月底前將完成合併,「寶來證券」將更名為「元大寶來證券」。「元大金控」在併購寶來證後,證券經紀業務市佔率將高達 15.72%,穩坐龍頭寶座,另在信用交易、證券據點、借券、附委託、選擇權等業務也攀升第一。雙方的證券、期貨、投信將會在正式合併後率先整併。「元大金控」表示此次購併是為了擴大經營規模、範疇經濟,發揮經營綜效,加速提升金融整合競爭優勢。

- 2011 年 8 月 15 日,Google 以 125 億美元現金(每股 40 美元,溢價 63%)收購「摩托羅拉移動公司(Motorola Mobility)」,為 Android 陣營注入了強心針,希望該收購案能夠協助 Android 陣營對抗競爭對手的專利戰攻擊。這是 Google 成立 15 年來,金額最高的收購案,是 2006 年 10 月以 16.5 億美元收

購「YouTube」的 7.5 倍。

- 2014 年 1 月 29 日,「聯想集團(Lenovo Group Ltd.)」以 29 億美元從 Google 手上收購摩托羅拉手機部門,其中包括 6.6 億美元現金,以及 7.5 億美元的聯想普通股,而餘下 15 億美元將以三年期本票支付。

- 2016 年 4 月 2 日,「鴻海」與「夏普」於日本大阪堺市,舉行簽約儀式暨全球記者會,鴻海集團加上總裁郭台銘個人,將取得夏普增資後股權的 66%,每股認購金額為日幣 88 元,投資金額為 3,888 億日幣(新台幣 1,108 億元),其中「鴻海」持股 26.14%、「鴻海開曼子公司-FFE」持股 18.41% (即鴻海取得 45% 夏普股權)、「鴻準新加坡子公司 FTP」持股 13%,總裁郭台銘個人持股 8.45%,合計 66%。鴻海另認購夏普新發行之無表決權 C 類特別股 11,363,636 股,總金額約 1,000 億日幣,是屬於技術投資,有策略性意義,將協助夏普創新等,該特別股將於 2017 年 7 月 1 日以 1：100 比例轉換為夏普普通股。

- 2016 年 5 月 26 日,全球市佔第一和市佔第三的半導體封測廠「日月光」和「矽品」共同召開重大訊息說明會,宣布共同簽署"共同轉換股份備忘錄",表達合意籌組產業控股公司,「日月光投資控股股份有限公司(簡稱日月光投控)」,成為全球第一大封測廠。新設控股公司在台灣證券交易所掛牌上市,且其美國存託憑證在美國紐約證券交易所掛牌買賣。這場延宕將近 10 個月的日月光與矽品之經營權保衛大戲終於落幕,新設控股公司將同時取得日月光和矽品 100% 股權,雙方維持各自公司存續,現有組織架構、薪酬、相關福利及人事規章制度仍不變。共同轉換股份,日月光每 1 股普通股交換新設控股公司 0.5 股;矽品每 1 股普通股換發現金 55 元。新設控股公司的股本大約是日月光目前股本的一半,且新設控股公司的股東也以日月光既有股東為主。在營運模式上,透過新設控股公司,日月光和矽品可發揮"前台各自競爭、後台分享"的營運模式,藉此日月光和矽品可發揮雙品牌行銷綜效,彼此可良性競爭。

- 2016 年 6 月 21 日,「特斯拉汽車(Tesla Motors)」宣布以每股 26.50 至 28.50 美元收購全美國最大太陽能公司 SolarCity,較 SolarCity 當日收盤價 21.19 美元有 25%至 35%的溢價率,交易總額為 28 億美元。收購 SolarCity 將使特斯拉轉型成為"全球唯一垂直整合的能源公司,向客戶提供端到端(End-to-End)的清潔能源產品",包括太陽能面板、家用儲能設備,以及電動車。2017 年 2 月,「特斯拉汽車(Tesla Motors)」更名為「特斯拉(Tesla, Inc.)」。2019 年 2

月 4 日,「特斯拉(Tesla, Inc.)」以換股方式斥資 2.18 億美元收購超級電容器製造商 Maxwell,其核心技術有乾電池電極技術和超級電容驅動的能源儲存業務。

- 2018 年,國巨集團連七併,以 73 元溢價合併「君耀-KY」,斥資 7.4 億美元買下美國天線廠「普思」,子公司「奇力新」以股權交換方式併購「美磊」及「美桀」,孫公司「凱美」合併「帛漢」及未上市「佳邦」,總併購規模約在 500 億元。另 2018 年 12 月「凱美」斥 14.64 億元,以每股 108 元取得「同欣電」8.05%股權。

- 2018 年,正崴集團旗下的「崴強」、「勁永」及「光耀科」三合一,新公司「永崴控股」於 2018 年 10 月 1 日掛牌,市值逾 46 億元。

- 2018 年 10 月 1 日,「新光金控」以 106 億元併購「元富證券」,將元富證券納為 100% 持股之子公司,元富證券並於 10 月 1 日下市。

- 2019 年 2 月 4 日,「特斯拉(Tesla, Inc.)」以換股方式斥資 2.18 億美元收購超級電容器製造商 Maxwell,其核心技術有乾電池電極技術和超級電容驅動的能源儲存業務。

- 2021 年,全球最大購併交易是 AT&T 旗下的「華納媒體(WarnerMedia)」與 Discovery 於 5 月 17 日宣布以 430 億美元合併成立新公司「華納兄弟 Discovery(Warner Bros. Discovery)」,合併交易已於 2022 年 4 月 8 日正式完成,4 月 11 日新公司開始在納斯達克(NASDAQ)交易。合併後新公司將由 AT&T 持有 71%股權,Discovery 持有 29%股權。兩大媒體合併後將鎖定全球串流影音內容市場,將與 Netflix、Disney+並列串流平台巨頭。

- 2023 年 2 月 24 日,「台灣大哥大」收購「台灣之星」拍板定案,換股比例為每 1 股「台灣之星」普通股換發「台灣大哥大」0.0326 股普通股,以當日「台灣大哥大」收盤價推估,收購總金額約為 197 億元。

註二:敵意併購、非合意併購

「敵意併購」是指在未經"標的公司董事會"或"公司派股東"的同意,逕自進行股份轉讓,進而爭奪公司經營權之行為。由於掌控股權也是掌控改選董監事的機會,隨著當前商業競爭日趨激烈,這種屬於企業策略運用的敵意併購有日益增加的趨勢。「敵意併購」的方式很多,除公開收購外,大股東也可向證期局

申請大額轉讓，直接在集中市場收購股權，收購委託書等，各種股權收購的管道很多，「敵意併購」可搭配好幾種管道運用。國外「敵意併購」案例採用公開收購方式最多。我國前行政院院長陳冲先生，在擔任金管會主委時建議以「非合意併購」取代「敵意併購」一詞。

近來國內最受矚目的非合意併購案例為開發金欲併購金鼎證，但未成功。中華開發金控從 2008 年起，即積極取得金鼎證券的股權，這是開發金控在 2001 年公開收購大華證券後的另一積極收購行動。截至 2009 年 6 月 30 日股東會前，開發金控已取得金鼎證券超過四成的股權，公司派的大股東們與開發金控雙方不斷地隔空放話，且積極地收購委託書，收購過程中，前者不斷地質疑後者的適法性，直到 2009 年 6 月 30 日金鼎證券的股東會上，在董監改選的選票未開出前，透過股東臨時提案，由主席梁榮輝裁定封存開發金控所投下之董監事選票，再送交法院裁定是否有效。

2009 年 7 月 7 日，針對張平沼陣營(公司派)剔除開發金選票的董監選舉結果，開發金正式向法院申請假處分。2009 年 7 月 13 日，偵查過程已長達 3 年之開發金併購金鼎證案，台北地方法院首度開庭。

2009 年 8 月 12 日，台灣高等法院 98 年度抗字第 1077 號民事裁定明白揭示，開發金所申請「禁止金鼎證於股東常會剔除開發金表決權」假處分案(台灣臺北地方法院 98 年度全字第 37、39 號)遭裁定廢棄，且開發金在原法院之聲請遭駁回。開發金假處分裁定廢棄，顯示開發金無權提出不合理的假處分聲請，金鼎證並無違反假處分裁定或其執行命令的問題。

經過多年與張平沼家族的纏鬥，中華開發金控於 2010 年 7 月 26 日宣布，董事會已授權經理部門與群益證券簽訂協議書，而約定在一定條件下，開發金及子公司所持有的 48.47%金鼎證券全部股份將出售給群益證券。

金管會 2011 年 3 月 17 日核准群益證券合併金鼎證券，群益證券是以先公開收購後合併的方式吸收合併金鼎證券，並在金鼎證券及其分公司原址設置 30 家分公司經營證券及期貨交易輔助業務。合併基準日為 2011 年 5 月 2 日，合併後群益證券經紀業務據點增為 69 處，經紀業務市占率將可提高。

群益證券係依企業併購法第 2 條第 2 項及第 19 條規定的程序，與金鼎證券經雙方董事會決議合併，群益證券為存續公司、金鼎證券為消滅公司，並以每 1

股消滅公司普通股換發 0.2764 股存續公司普通股及現金 8.4 元的換股比率進行合併,並於群益證券 2011 年股東常會修改章程將合併後公司名稱變更為「群益金鼎證券」。

註三:無形資產

無形資產,若符合:(1)可分離性條件,或 (2)合約或法定條件,即屬可辨認。收購者於企業合併所取得之可辨認無形資產應與商譽分別認列。

無形資產,若符合合約或法定條件,即屬可辨認,即使該資產不可移轉或不可與被收購者或其他權利及義務分離。例如:被收購者擁有一項技術專利。被收購者已將該專利獨家授權予他方於國內市場以外之地區使用,以換取特定比例之未來海外收入。即使個別出售或交換該專利及相關授權協議於實務上不可行,該技術專利及相關授權協議仍皆符合合約或法定條件而可與商譽分別認列。

可分離性條件,係指所取得之無形資產可與被收購者分離,並個別或隨相關合約、可辨認資產或負債出售、移轉、授權、出租或交換。收購者得以出售、授權或用以交換其他有價物品之無形資產,即使收購者並無意圖將其出售、授權或交換,亦符合可分離性條件。

若有證據顯示與所取得無形資產同類或類似種類資產之交換交易存在,即使該等交易非經常發生,且無論收購者是否參與前述交易,該取得之無形資產仍符合可分離性條件。例如,客戶與訂戶名單經常授權予他人,故符合可分離性條件。即使被收購者確信其客戶名單有不同於其他客戶名單之特性,然客戶名單經常授權予他人之事實通常即表示所取得之客戶名單符合可分離性條件。然而,企業合併所取得之客戶名單若因保密條款或其他協議禁止企業將客戶資訊出售、出租或交換者,則不符合可分離性條件。

合併取得之無形資產若無法單獨與被收購者或合併後個體分離,但可隨相關合約、可辨認資產或負債而分離,仍符合可分離性條件。例如:被收購者擁有一項註冊商標以及用於製造該商標產品之專門技術(已書面化但未申請專利)。若欲移轉商標權之所有權,所有權人應將製造與原所有人相同之產品或服務之所有必要項目,移轉予新所有權人。因若出售相關商標權,則前述未申請專利之專門技術亦須與被收購者或合併後個體分離並出售,故其符合可分離性條件。

可辨認無形資產，分為五類，併列常見例子如下：

(一) 行銷相關之無形資產： [下列五小類，皆屬合約性質]
    (1) 商標、貿易名稱、服務標章、團體標章、認證標章
    (2) 商品外觀 (獨特之顏色、形狀、包裝設計)
    (3) 報紙刊頭
    (4) 網際網路之網域名稱
    (5) 非競爭性合約

(二) 客戶相關之無形資產：
    (1) 客戶名單 [非合約性質]
    (2) 訂單或生產積壓訂單 [合約性質]
    (3) 客戶合約及相關之客戶關係 [合約性質]
    (4) 非合約性質之客戶關係 [非合約性質]

(三) 藝術相關之無形資產： [下列五小類，皆屬合約性質]
    (1) 戲劇、歌劇、芭蕾
    (2) 書籍、雜誌、報紙、其他文學作品
    (3) 音樂作品、例如：作曲、歌詞、廣告詞
    (4) 照片與圖像
    (5) 影音素材，包括：動畫、電影、音樂影帶、電視節目

(四) 合約基礎之無形資產： [下列九小類，皆屬合約性質]
    (1) 授權、權利金、中止協議
    (2) 廣告、建築、管理、服務、供貨合約
    (3) 租賃協議 (不論被收購者為承租人或出租人)
    (4) 建造許可
    (5) 特許權協議
    (6) 營運及廣播權
    (7) 服務合約，例如：抵押服務合約
    (8) 聘任合約
    (9) 使用權，例如：鑿井、水、空氣、伐木、路線授權

(五) 科技基礎之無形資產：
    (1) 專利技術 [合約性質]
    (2) 電腦軟體、光罩著作 [合約性質]
    (3) 非專利技術 [非合約性質]
    (4) 資料庫、包括：產權檔案庫 [非合約性質]
    (5) 營業秘密，例如：秘密配方、流程、處方 [非合約性質]

註 四：

(一) 收購者對於報導期間發生之每一企業合併，應揭露下列資訊：

(1) 被收購者之名稱及說明。
(2) 收購日。
(3) 取得表決權權益之比例。
(4) 企業合併之主要理由及收購者如何對被收購者取得控制之說明。
(5) 已認列商譽組成因素之質性描述，例如預期自被收購者與收購者合併營運所產生之綜效、未符合單獨認列之無形資產或其他因素。
(6) 總移轉對價之收購日公允價值及每一主要類別對價之收購日公允價值，如：
 (a) 現金。
 (b) 其他有形或無形資產，包括收購者之業務或子公司。
 (c) 產生之負債，例如或有對價之負債。
 (d) 收購者之權益，包括已發行或可發行之工具或權益之數量，以及衡量該等工具或權益公允價值之方法。
(7) 有關或有對價約定及補償性資產：
 (a) 於收購日所認列之金額。
 (b) 該約定之說明與決定給付金額之基礎。
 (c) 最終金額(未折現)之估計區間；若該區間無法估計，該事實及區間無法估計之理由。若給付之最高金額無上限，收購者應揭露該事實。
(8) 有關所取得之應收款：
 (a) 應收款之公允價值。
 (b) 應收款之合約總金額。
 (c) 預期無法收現之合約現金流量於收購日之最佳估計數。
 本揭露事項應按應收款之主要類別表達，例如放款、直接融資租賃及其他類別之應收款。
(9) 所取得資產及所承擔負債之每一主要類別於收購日認列之金額。
(10) 所認列之每一或有負債，應揭露 IAS 37「負債準備、或有負債及或有資產」第 85 段規定之資訊。若某或有負債因其公允價值無法可靠衡量而未認列，收購者應揭露：
 (a) IAS 37 第 86 段規定之資訊。
 (b) 該負債無法可靠衡量之理由。
(11) 報稅上預期可扣抵之商譽總金額。
(12) 與企業合併中取得資產及承擔負債分別認列之個別交易：

(a) 每一交易之說明。
(b) 收購者對每一交易之會計處理。
(c) 每一交易認列之金額,以及每一認列金額在財務報表中之單行項目。
(d) 若該交易係屬既存關係之有效結清,用以決定該結清金額之方法。
(13) 依(12)規定對分別認列之個別交易的揭露,應包括收購相關成本之金額、該等成本單獨認列為費用之金額以及在綜合損益表中認列為費用之一個或多個單行項目,亦應揭露未認列為費用之發行成本金額及其認列方式。
(14) 廉價購買:
(a) 所認列廉價購買利益金額,及該利益於綜合損益表中認列之單行項目。
(b) 說明該交易產生利益之理由。
(15) 有關收購者於收購日擁有被收購者權益低於100%之每一企業合併:
(a) 於收購日認列之被收購者非控制權益之金額與該金額之衡量基礎。
(b) 對於按公允價值衡量之每一被收購者非控制權益,用於衡量該價值之評價技術與重大輸入值。
(16) 分階段達成之企業合併:
(a) 收購者於收購日前已持有被收購者權益之收購日公允價值。
(b) 於企業合併前再衡量收購者已持有被收購者權益之公允價值,因而認列之利益或損失金額,及該利益或損失於綜合損益表中認列之單行項目。
(17) 下列資訊:
(a) 自收購日起,包含於被收購者報導期間合併綜合損益表內之收入及損益之金額。
(b) 假定當年發生之所有企業合併之收購日皆為年度報導期間之開始日時,合併後個體於當期報導期間該有之收入與損益。

若本款所規定之任何應揭露資訊於實務上不可行,收購者應揭露該事實並說明該揭露不可行之原因。IFRS 3 所使用「實務上不可行」之用語,與 IAS 8「會計政策、會計估計變動及錯誤」之意義相同。

(二) 於報導期間內發生之企業合併,就其個別而言雖非重大但集體係屬重大者,收購者應彙總揭露(一)之(5)至(17)規定之資訊。

(三) 企業合併之收購日若在報導期間結束日之後但在通過發布財務報表之前,收購者應揭露(一)規定之資訊,除非企業合併之原始會計處理於通過發布財務報表時尚不完整。於該情況下,收購者應說明無法揭露之項目以及該等項目無法揭露之理由。

註 五：

收購者應對每一重大之企業合併，或對個別非重大但集體係屬重大之企業合併之彙總，揭露下列資訊：

(1) 若企業合併對特定資產、負債、非控制權益或對價項目之原始會計處理尚不完整，因而該企業合併於財務報表中認列之金額僅為暫定時，應揭露下列資訊：
   (a) 企業合併之原始會計處理不完整之理由。
   (b) 原始會計處理不完整之資產、負債、權益或對價項目。
   (c) 於該報導期間所認列之衡量期間調整，其性質與金額。

(2) 收購日後至個體收回、出售或喪失對或有對價資產之權利為止，抑或至個體清償或有對價負債或該負債取消或失效為止，每一報導期間應揭露下列資訊：
   (a) 已認列金額之變動，包括因清償所導致之任何差異。
   (b) 最終金額(未折現)區間之變動與該等變動之理由。
   (c) 衡量或有對價之評價技術與主要模式之輸入值。

(3) 對於企業合併認列之或有負債，收購者應對每一類別之負債準備，揭露 IAS 37 第 84 及 85 段規定之資訊。

(4) 商譽帳面金額於報導期間開始日與結束日間之調節，並分別列示：
   (a) 報導期間開始日之總額及累計減損損失。
   (b) 報導期間內增加認列之商譽，但商譽於收購時已包含於處分群組中且依 IFRS 5「待出售非流動資產及停業單位」符合分類為待出售之條件者除外。
   (c) 報導期間內因後續認列遞延所得稅資產所導致之調整。
   (d) 包含於處分群組(依 IFRS 5 分類為待出售)中之商譽，以及先前未納入分類為待出售處分群組即於報導期間內除列之商譽。
   (e) 依 IAS 36 之規定，於報導期間內認列之減損損失。(除本規定外，IAS 36 規定揭露商譽之可回收金額與減損資訊。)
   (f) 依 IAS 21「匯率變動之影響」之規定，於報導期間內產生之淨匯率差異。
   (g) 報導期間內帳面金額之其他變動。
   (h) 報導期間結束日之總額及累計減損損失。

(5) 當期報導期間所認列且符合下列兩項條件之利益或損失之金額與說明：
   (a) 與企業合併所取得之可辨認資產及承擔之負債相關，且該企業合併已於當期或前期報導期間完成。
   (b) 就其規模、性質與影響程度而言，該項揭露係與了解合併後個體之財務報表攸關者。

附錄一：目標公司抵制敵意併購之方法

　　收購公司可透過「資產收購」或「股權收購」對被收購公司存在控制。若採後者，又約可分為兩種方式：一是"友善地"收購股權，另一是「敵意併購(hostile takeover)」。

　　一般而言，收購公司通常會先對目標公司之董事會提出一份股權收購計畫，內含一合理的股權收購價格，由董事會評估並決議之。若董事會表決通過，則發布通知予股東，再由收購公司與個別股東進行股權買賣交易。若董事會表決未通過，或當初收購公司就未對目標公司董事會提出包含合理收購價格的股權收購計畫，則收購公司可能直接向目標公司之個別股東提出一份股權收購計畫，內含高於某特定日目標公司股權市價的收購價格(tender offer)，再由收購公司與個別股東進行股權買賣交易。此為"友善地"收購股權。

　　至於「敵意併購(hostile takeover)」，則是在目標公司之管理當局或大股東們反對其股權被他企業收購時所發生的情況。因此，實務上目標公司之管理當局常會採取下列抵制的動作，以降低被「敵意併購」的可能性：

(1)「綠郵件 (Greenmail)」：
　　目標公司管理當局可能以高於市價的價格(即「綠郵件」)，向下列兩類對象買回自家公司的普通股當作庫藏股：(a)潛在的收購公司，(b)可能會將持股賣給潛在收購公司的股東。其中市價部分列記為「庫藏股票」，高於市價的部分，則列記為當期費用。

(2)「白武士 (White Knight)」：
　　目標公司管理當局找其他產業的某家公司(例如：甲公司)"先卡位"，即由甲公司出面先取得能控制目標公司之股權，以防有意的收購公司在控制目標公司之後，隨即撤換目標公司之管理階層。此情形在收購公司與目標公司係屬於同一產業時，極易發生。而甲公司就是扮演「白武士」這個角色，先出面卡位，阻止有意的收購公司控制目標公司。

(3) 「毒藥 (Poison Pill)」：

　　目標公司先發行認股權證予股東，該認股權證的行使條件是，當收購公司開始收購目標公司股權時，目標公司股東就能以遠低於市價的認購價格去認購目標公司普通股，如此，有可能使收購公司收購目標公司股權的計劃及潛在好處破滅。假設收購公司執意要繼續收購目標公司的股權，則目標公司的股東仍可透過認股權的行使而有豐厚的獲利。

(4) 「出售皇冠上的寶石 (Selling the Crown Jewels)」：

　　目標公司管理當局將該公司極為重要的資產(即皇冠上的寶石)出售予他公司，使目標公司吸引收購公司的誘因降低。

(5) 「槓桿收購 (Leveraged Buyouts，LBO)」：

　　目標公司管理當局向金融機構舉借巨額的資金,或透過其他管道(發行債券)募集到巨額的資金,以此資金取得能控制自家公司之股權,以抵制潛在收購公司敵意併購的行動。上述巨額貸款或發行巨額債券常以目標公司的資產當作抵押品,因該項行動係由目標公司管理當局進行,故又稱「管理階層融資收購(Management Buyouts，MBO)」

附錄二：公允價值衡量

依 IFRS 13 之規定，有關公允價值之衡量，簡述如下：

(一) 公允價值：於衡量日，市場參與者間在有秩序之交易中出售某一資產所能收取或移轉某一負債所需支付之價格。

(二) 公允價值之衡量方法：

(1) 公允價值衡量之<u>目的</u>係估計於衡量日，在現時市場狀況下，市場參與者間在有秩序之交易中會發生出售資產或移轉負債之價格。

(2) 公允價值衡量要求企業<u>應決定</u>下列所有項目：
   (a) 作為衡量標的之特定資產或負債(與其科目單位一致)。
   (b) 對於非金融資產，對該衡量適當之評價前提 (與其最高及最佳使用一致)。
   (c) 資產或負債之主要(或最有利)市場。
   (d) 對該衡量適當之評價技術，考量用以建立輸入值(代表市場參與者於定價資產或負債時會使用之假設)之資料可得性及該等輸入值被歸類在公允價值層級中之等級。

(三) 原始認列時之公允價值：

(1) 當資產或負債於其交換交易中取得或承擔時，交易價格為取得資產所支付或承擔負債所收取之價格(<u>進入價格</u>)。反之，資產或負債之公允價值則為出售資產所能收取或移轉負債所需支付之價格(<u>退出價格</u>)。企業未必按取得資產所支付之價格出售該等資產。同樣地，企業亦未必按承擔負債所收取之價格移轉該等負債。

(2) 在許多情況下，交易價格將<u>等於</u>公允價值(例如當交易日時，購買某一資產之交易發生於該資產將被出售之市場，即可能如此)。

(續次頁)

(3) 當決定原始認列時之公允價值是否等於交易價格時,企業應考量該交易及該資產或負債之特定因素。例如,若下列任一情況存在時,交易價格可能不代表某一資產或負債原始認列時之公允價值:

   (a) 該交易係關係人間之交易,雖然關係人交易之價格可能用以作為公允價值衡量之輸入值(若企業可證明該交易係按市場條款成交)。

   (b) 該交易於強迫下發生或賣方被迫接受交易中之價格。例如,若賣方正經歷財務困難,即可能如此。

   (c) 交易價格所代表之科目單位異於按公允價值衡量之資產或負債之科目單位。例如,若按公允價值衡量之資產或負債僅為該交易諸多要素中之一(例如於企業合併),該交易尚包括依另一國際財務報導準則單獨衡量之未明定權利或優先權,或該交易價格包括交易成本,即可能如此。

   (d) 交易發生之市場異於主要市場(或最有利市場)。例如,若企業為與零售市場客戶達成交易之自營商,但退出交易之主要(或最有利)市場係與其他自營商(交易)之自營商市場,該等市場可能不同。

(4) 公允價值為於衡量日,在現時市場狀況下,在主要(或最有利)市場之有秩序之交易中出售資產所能收取或移轉負債所需支付之價格(即退出價格),不論該價格係直接可觀察或採用另一評價技術所估計。

(5) 用以衡量資產或負債公允價值之主要(或最有利)市場之價格,不得調整交易成本。交易成本應依其他國際財務報導準則之規定處理。交易成本並非資產或負債之一項特性,而係特定於一交易且將因企業如何達成該資產或負債之交易而有所不同。

(6) 交易成本不包括運輸成本。若地點為資產之一項特性(例如,商品可能屬此例),則主要(或最有利)市場之價格應調整將該資產自其現時地點運輸至該市場所需發生之成本(如有時)。

(四) 評價技術:

(1) 企業應採用在該等情況下適合且有足夠資料可得之評價技術以衡量公允價值,最大化攸關可觀察輸入值之使用並最小化不可觀察輸入值之使用。

(2) 採用評價技術之<u>目的</u>係為估計於衡量日，在現時市場狀況下，市場參與者間在有秩序之交易中會發生出售資產或移轉負債之價格。三種廣泛採用之評價技術為<u>市場法</u>、<u>成本法</u>及<u>收益法</u>。企業應採用與一種或多種該等方法一致之評價技術以衡量公允價值。

(3) 市場法：使用涉及相同或可比(即類似)資產、負債或資產及負債群組(諸如業務)之市場交易所產生之價格及其他攸關資訊之評價技術。

　　例如：通常使用自一組可比資產/負債(群組)推導而得之市場乘數。乘數可能為一區間，每一可比資產/負債(群組)具不同乘數。區間內適當乘數之選擇需要判斷，考量該衡量之特定質性及量化因素。

　　又如：矩陣定價，係一種數學技術，主要用以評價某些類型之金融工具(諸如債務證券)，無須完全依賴特定證券之報價，而係依賴該等證券與其他有報價之指標證券之關係。

(4) 成本法：反映重置某一資產服務能量之現時所需金額(常被稱為「現時重置成本」)之評價技術。

　　說明：從市場參與者賣方立場，資產所能收取之價格係根據市場參與者買方取得或建造具可比效用之替代資產並對陳舊過時調整後之成本。此係因市場參與者買方對該資產不會支付超過其可重置該資產之服務能量之金額。陳舊過時包括實體退化、功能(技術)陳舊過時及經濟(外部)陳舊過時，且較財務報導目的之折舊(一種歷史成本之分攤)或稅務目的之折舊(使用特定服務年限)更廣。在許多情況下，現時重置成本法被用以衡量與其他資產或與其他資產及負債合併使用之有形資產之公允價值。

(5) 收益法：將未來金額(例如現金流量或收益及費損)轉換為單一現時(即折現)金額之評價技術。當使用收益法時，公允價值衡量反映有關該等未來金額之現時市場預期。該等評價技術，例如：

　　(a) 現值技術。

　　(b) 選擇權定價模式，諸如 Black-Scholes-Merton 公式或二項式模式(即晶格模式)，該模式納入現值技術並反映選擇權之時間價值及內含價值兩者。

　　(c) 多期間超額盈餘法，用以衡量某些無形資產之公允價值。

(五) 評價技術之輸入值：

(1) 用以衡量公允價值之評價技術應最大化攸關可觀察輸入值之使用並最小化不可觀察輸入值之使用。

(2) 對某些資產及負債(例如金融工具)之輸入值可能可觀察之市場之例包括集中市場、自營商市場、經紀商市場及主理人對主理人市場(創始及再出售之交易皆獨立協商而未經由仲介，有關該等交易之資訊極少公開)。

(3) 企業應選擇與市場參與者於資產或負債交易中會考量之該資產或負債特性 [例如：(a)該資產之狀況與地點；及(b)對該資產之出售或使用之限制(如有時)] 一致之輸入值。

在某些情況下，該等特性導致調整之適用，如溢價或折價(例如控制權溢價或非控制權益折價)。惟公允價值衡量不得納入與規定或允許公允價值衡量之國際財務報導準則中科目單位(※)不一致之溢價或折價。

※：為認列或揭露之目的，資產或負債究竟應該為一單獨資產或負債、一資產群組、一負債群組或一資產及負債群組取決於其科目單位。除本國際財務報導準則所規定者外，資產或負債之科目單位應依規定或允許公允價值衡量之該國際財務報導準則決定。

反映規模大小之溢價或折價，其規模係以企業持有量之特性(具體而言，因市場之每日正常交易量不足以吸收企業所持有之數量，而調整資產或負債報價之鉅額交易因素)，而非以該資產或負債之特性(例如衡量控制權益公允價值時之控制權溢價)衡量者，在公允價值衡量中並不允許。

除下述(六)(5)所明訂者外，在所有情況下，若某一資產或負債於活絡市場有報價(即第1等級輸入值)，企業於衡量公允價值時，應使用該價格(不加調整)。

(4) 若按公允價值衡量之資產或負債有買價及賣價(例如來自自營商市場之輸入值)，應以於該情況下最能代表公允價值之買賣價差內之價格衡量公允價值，不論該輸入值被歸類在公允價值層級(即第 1、2 或 3 等級)內那一等級。本準則允許但不要求對資產部位使用買價及對負債部位使用賣價。

(5) 本準則並不排除市場參與者於買賣價差內衡量公允價值時所採用作為實務權宜作法之市場中價之定價或其他定價慣例之使用。

(六) 公允價值層級－第 1 等級輸入值：

(1) 第 1 等級輸入值：為企業於衡量日對相同資產或負債可取得之活絡市場報價(未經調整)。

(2) 活絡市場：有充分頻率及數量之資產或負債交易發生，以在持續基礎上提供定價資訊之市場。

(3) 除下述(5)所明訂者外，活絡市場之報價提供公允價值之最可靠證據，且一旦可得時應不加調整用以衡量公允價值。

(4) 對於許多金融資產及金融負債而言，第 1 等級輸入值將屬可得，某些前述金融資產及金融負債可能在多個活絡市場(例如於不同交易所)中交易。因此，在第 1 等級中所強調者為決定下列兩者：
   (a) 該資產或負債之主要市場，或在無主要市場之情況下，該資產或負債之最有利市場；及
   (b) 企業於衡量日是否能按該市場之價格達成資產或負債之交易。

(5) 除下列情況外，企業不得對第 1 等級輸入值加以調整：
   (a) 當企業持有大量類似(但非相同)資產或負債(例如債務證券)，該等資產或負債係按公允價值衡量且對每一個別資產或負債有活絡市場之報價可得但無法隨時取得時(即給定大量之類似資產或負債被企業所持有，則於衡量日取得每一個別資產或負債之定價資訊將有困難)。在此情況下，企業可能使用並不完全依賴報價之替代定價方法(如矩陣定價)以衡量公允價值，作為實務權宜之作法。惟替代定價方法之使用，導致一項被歸類在公允價值層級中較低等級之公允價值衡量。
   (b) 當活絡市場之報價不代表衡量日之公允價值時。例如，若重大事項(諸如在委託人對委託人市場中之交易、於經紀商市場或透過公告之交易)發生在市場收盤之後但在衡量日之前，即可能如此。企業應建立辨認該等可能影響公允價值衡量之事項之政策，並一致地採用。惟若報價因新資訊而調整，該調整導致一項被歸類在公允價值層級中較低等級之公允價值衡量。

(c) 當使用相同項目於活絡市場中作為資產而交易之報價以衡量負債或企業本身權益工具,且該價格須調整該項目或該資產之特定因素時。若對該資產之報價無須調整,其結果為一項被歸類在公允價值層級中第 1 等級之公允價值衡量。惟對於資產報價之任何調整導致一項被歸類在公允價值層級中較低等級之公允價值衡量。

(七) 公允價值層級－第 2 等級輸入值:

(1) 第 2 等級輸入值:資產或負債直接或間接之可觀察輸入值,但包括於第 1 等級之報價者除外。

(2) 若資產或負債具有特定(合約性)期間,則第 2 等級輸入值在該資產或負債幾乎全部期間內必須可觀察。第 2 等級輸入值包括下列:
 (a) 類似資產或負債於活絡市場之報價。
 (b) 相同或類似資產或負債於非活絡市場之報價。
 (c) 資產或負債報價以外之可觀察輸入值,例如:
  (i) 於一般之報價間隔均可觀察之利率及殖利率。
  (ii) 隱含波動率。
  (iii) 信用價差。
 (d) 市場佐證之輸入值。

(3) 對第 2 等級輸入值之調整將因資產或負債之特定因素而不同。該等因素包括下列:
 (a) 資產之狀況或地點。
 (b) 輸入值與資產或負債之可比項目之相關程度。
 (c) 在所觀察到輸入值之市場中,其交易量或活絡程度。

(4) 對第 2 等級輸入值之調整(該調整對整體衡量具重要性),若使用重大之不可觀察輸入值,可能導致一項被歸類在公允價值層級中第 3 等級之公允價值衡量。

(八) 公允價值層級 第 3 等級輸入值:

(1) 第 3 等級輸入值:資產或負債之不可觀察輸入值。

(2) 在攸關可觀察輸入值不可得之範圍內,始應使用不可觀察輸入值以衡量公允價值,藉以容納資產或負債於衡量日僅有些微(即使有)市場活動之情況。惟公允價值衡量之目的仍相同,亦即一個從持有該資產或積欠該負債之市場參與者之立場,於衡量日之退出價格。因此,不可觀察輸入值應反映市場參與者於定價資產或負債時會使用之假設,包括有關風險之假設。

(3) 有關風險之假設<u>包括</u>用以衡量公允價值之某一特定評價技術(例如定價模式)之固有風險<u>及</u>評價技術輸入值之固有風險。若市場參與者於定價資產或負債時<u>會</u>包括風險調整,則不包括風險調整之衡量將不代表公允價值衡量。例如,當存有重大衡量不確定性時(例如相較於該資產或負債或類似資產或負債之正常市場活動,交易量或活絡程度已顯著降低,且企業已決定交易價格或報價不代表公允價值),可能必須包括風險調整。

(4) 企業應使用該情況下最佳可得資訊建立不可觀察輸入值,其中可能包括企業本身之資料。於建立不可觀察輸入值時,企業可能從其本身資料開始,但若合理可得之資訊顯示其他市場參與者會使用不同資料或該企業具有其他市場參與者不可得之特別情事(例如企業特定綜效),則應調整企業本身資料。企業無須竭盡所能以取得有關市場參與者假設之資訊。惟企業應考量合理可得之所有有關市場參與者假設之資訊。前述方式所建立之不可觀察輸入值被視為係市場參與者之假設且符合公允價值衡量之目的。

習　題

(一)　(吸收合併)

甲公司於20x6年1月1日發行100,000股普通股(每股面額$10)，以取得乙公司所有淨資產，乙公司依合併約定同時辦理解散。當日乙公司帳列資產及負債之帳面金額與公允價值資料如下表，且無未入帳之可辨認資產或負債。

	帳面金額	公允價值
現　金	$ 160,000	$ 160,000
存　貨	320,000	400,000
其他流動資產	400,000	380,000
辦公設備－淨額	1,100,000	1,700,000
專利權	200,000	300,000
	$2,180,000	$2,940,000
負　債	$320,000	$360,000

甲公司為發行100,000股普通股，支付下列款項：(a)委任會計師代編依法須向證期局提交之財務報表等資料，並支付會計師公費$30,000，(b)支付證券發行主管機關之規費$10,000，(c)支付股票印製費$20,000。另支付合併介紹人佣金$55,000、委任律師處理併購事宜之專業服務費$25,000、其他與企業合併相關之間接支出$22,000。

試作：請分別按下列兩項假設，編製甲公司有關企業合併之必要分錄：
　　　(1) 假設20x6年1月1日甲公司普通股每股市價為$27。
　　　(2) 假設20x6年1月1日甲公司普通股每股市價為$25。

解答：

(1)

20x6/1/1	採用權益法之投資　　　　　　　2,700,000	
	普通股股本	1,000,000
	資本公積－普通股股票溢價	1,700,000
	100,000×$27＝$2,700,000，100,000×$10＝$1,000,000	
	100,000×($27－$10)＝$1,700,000	

(續次頁)

20x6/1/1	企業合併費用	80,000	
	資本公積－普通股股票溢價	60,000	
	(各項營業費用)	22,000	
	現　　金		162,000
	$55,000+$25,000=$80,000，$30,000+$10,000+$20,000=$60,000		
1/1	現　　金	160,000	
	存　　貨	400,000	
	其他流動資產	380,000	
	辦公設備－淨額	1,700,000	
	專利權	300,000	
	商　　譽	120,000	
	負　　債		360,000
	採用權益法之投資		2,700,000
	可辨認淨值之公允價值＝$2,940,000－$360,000＝$2,580,000		
	商譽＝$2,700,000－$2,580,000＝$120,000		

(2)

20x6/1/1	採用權益法之投資	2,580,000	
	普通股股本		1,000,000
	資本公積－普通股股票溢價		1,500,000
	廉價購買利益		80,000
	100,000×$25=$2,500,000，100,000×$10=$1,000,000		
	100,000×($25－$10)=$1,500,000		
	可辨認淨值之公允價值＝$2,940,000－$360,000＝$2,580,000		
	廉價購買利益＝$2,500,000－$2,580,000＝－$80,000		
1/1	企業合併費用	80,000	
	資本公積－普通股股票溢價	60,000	
	(各項營業費用)	22,000	
	現　　金		162,000
	$55,000+$25,000=$80,000，$30,000+$10,000+$20,000=$60,000		
1/1	現　　金	160,000	
	存　　貨	400,000	
	其他流動資產	380,000	
	辦公設備－淨額	1,700,000	
	專利權	300,000	
	負　　債		360,000
	採用權益法之投資		2,580,000

(二) (股權收購－吸收合併，母子公司)

甲公司於 20x6 年 1 月 1 日發行 100,000 股普通股(每股面額$10，市價$20)，以取得乙公司所有股份。當日乙公司帳列資產及負債之帳面金額與公允價值資料如下表，除有一項未入帳專利權(公允價值$100,000)外，無其他未入帳之可辨認資產或負債。為完成企業合併，甲公司支付合併介紹人佣金$25,000、律師及會計師公費$20,000、與證券發行相關之登記規費及股票印製費等$35,000。

	帳面金額	公允價值		帳面金額	公允價值
現　　金	$ 120,000	$ 120,000	應付票據	$ 660,000	$650,000
存　　貨	350,000	400,000	應付帳款	300,000	300,000
其他流動資產	510,000	500,000		$ 960,000	$950,000
土　　地	150,000	250,000	普通股股本	$ 500,000	
辦公設備－淨額	1,470,000	1,500,000	保留盈餘	1,140,000	
				$1,640,000	
	$2,600,000	$2,770,000		$2,600,000	

試作：請分別按下列兩項假設，編製甲公司有關企業合併之必要分錄。
(1) 假設乙公司未解散，以其原法律形式繼續經營。
(2) 假設乙公司依合併約定辦理解散。

解答：

收購金額＝$20×100,000＝$2,000,000
乙可辨認淨值之公允價值＝$2,770,000－($650,000＋$300,000)
　　　　　　　　　　　＋未入帳專利權$100,000＝$1,920,000
商譽＝$2,000,000－1,920,000＝$80,000

	(1)乙公司未解散	(2) 乙公司解散	
20x6/ 1/ 1	(同右)	採用權益法之投資　　2,000,000　　　普通股股本　　　　　資本公積－普通股股票溢價	1,000,000 1,000,000
1/ 1	(同右)	企業合併費用　　　　　45,000　　資本公積－普通股股票溢價　35,000　　　現　　金	80,000

第 74 頁 (第一章 企業合併簡介)

	(1)乙公司未解散	(2) 乙 公 司 解 散	
20x6/1/1	(無分錄)	現　金	120,000
		存　貨	400,000
		其他流動資產	500,000
		土　地	250,000
		辦公設備－淨額	1,500,000
		專利權	100,000
		商　譽	80,000
		應付票據	650,000
		應付帳款	300,000
		採用權益法之投資	2,000,000

(三)　(收購金額)

甲公司於 20x7 年 1 月 1 日收購乙公司，當日乙公司財務狀況表資料如下表。除試求中「情況 A」及「情況 B」所述之資料外，假設乙公司其餘帳列資產及負債之帳面金額皆等於公允價值，且無未入帳之可辨認資產或負債。

乙　公　司
財　務　狀　況　表
20x7 年 1 月 1 日

現　金	$ 300,000	應付票據	$2,600,000
應收帳款	900,000	應付帳款	600,000
存　貨	620,000	普通股股本 (面額$10)	2,400,000
土　地	440,000	資本公積	1,000,000
廠房及設備	8,000,000	保留盈餘	660,000
累計折舊－廠房及設備	(3,000,000)		
資　產　合　計	$7,260,000	負債及權益合計	$7,260,000

試求：下列是獨立的兩個情況，請分別作答。

情況 A：

假設乙公司存貨、土地、應付票據的公允價值分別是$600,000、$400,000、$2,500,000。若甲公司欲取得乙公司 100%股權且願為乙公司之商譽支付$100,000，則甲公司欲以何價格收購乙公司 100%股權？

情況 B：

假設乙公司存貨、土地、應付票據的公允價值分別是$400,000、$420,000、$2,540,000。若甲公司欲取得乙公司 90%股權且願為乙公司之商譽支付$90,000，則甲公司欲以何價格收購乙公司 90%股權？

解答：

乙公司帳列淨值之帳面金額＝$7,260,000－($2,600,000＋$600,000)＝$4,060,000
　　　　　　　　或＝$2,400,000＋$1,000,000＋$660,000＝$4,060,000

情況 A：
乙帳列淨值之公允價值＝$4,060,000＋($600,000－$620,000)＋(400,000
　　　　　　　　－$440,000)－($2,500,000－$2,600,000)＝$4,100,000
　或　＝$300,000＋$900,000＋$600,000＋$400,000＋($8,000,000－$3,000,000)
　　　　　　　　－($2,500,000＋$600,000)＝$4,100,000
甲公司欲提出之收購價格＝($4,100,000×100%)＋$100,000＝$4,200,000

情況 B：
乙帳列淨值之公允價值＝$4,060,000＋($400,000－$620,000)＋(420,000
　　　　　　　　－$440,000)－($2,540,000－$2,600,000)＝$3,880,000
　或　＝$300,000＋$900,000＋$400,000＋$420,000＋($8,000,000－$3,000,000)
　　　　　　　　－($2,540,000＋$600,000)＝$3,880,000
甲公司欲提出之收購價格＝($3,880,000×90%)＋$90,000＝$3,582,000

(四)　(收購金額)

　　　甲公司於 20x6 年底以$724,275,000 取得乙公司 27%股權並對乙公司具重大影響。另於 20x7 年間再取得乙公司其餘 73%股權，有關第二次股權取得之資料為：(1)以甲公司 0.8 股普通股交換乙公司 1 股普通股；(2)股權交換時，甲公司普通股每股市價為$47(每股面額$10)，而乙公司普通股每股市價為$36；(3)乙公司於 20x6 及 20x7 年間流通再外普通股為 145,000,000 股，未曾異動。

試求：(1)　甲公司於 20x6 年底取得乙公司 27%股權之每股價格。
　　　(2)　甲公司於 20x7 年間取得乙公司 73%股權之溢價。

　　　(續次頁)

(3) 甲公司於 20x7 年間收購乙公司之移轉對價。

(4) 編製甲公司兩次取得乙公司股權之相關分錄。

解答：

(1) 145,000,000 股×27％＝39,150,000 股，145,000,000 股×73％＝105,850,000 股
$724,275,000÷39,150,000 股＝每股$18.5

(2) $47×0.8＝$37.6，$37.6－$36＝$1.6，$1.6×105,850,000 股＝$169,360,000
或　[$47×(105,850,000 股×0.8)]－($36×105,850,000 股)
　　＝($47×84,680,000 股)－($36×105,850,000 股)
　　＝$3,979,960,000－$3,810,600,000＝$169,360,000

(3) $47×(105,850,000 股×0.8)＝$47×84,680,000 股＝$3,979,960,000

(4) 甲公司兩次取得乙公司股權之分錄：

20x6/股權取得日	採用權益法之投資　　　　　　　　　724,275,000 　現　金　　　　　　　　　　　　　　　　　　724,275,000
20x6/12/31	因題目未提供 20x6 年股權取得日至 20x6/12/31 甲公司對乙公司股權投資(27%)適用權益法所需之資料，故無法編製認列 20x6 年投資損益之分錄。
20x7/收購日	因題目未提供 20x7/1/1 至收購日甲公司對乙公司股權投資27%)適用權益法所需之資料，故無法編製認列上述期間投資損益之分錄。
20x7/收購日	須將甲公司帳列「採用權益法之投資」之帳面金額調整為收購日之公允價值，因上述原因，致無法得知截至 20x7 年收購日前甲公司帳列「採用權益法之投資」之帳面金額，故雖可設算收購日甲公司對乙公司之原持股(27%)之公允價值＝3,979,960,000×(27%÷73%)＝$1,472,040,000，亦無法編製分錄，故本分錄暫不示範，其相關主題，請詳本書第八章「二、母公司分次取得子公司股權－分次(批)收購」。
20x7/收購日	採用權益法之投資　　　　　　　3,979,960,000 　普通股股本　　　　　　　　　　　　　　846,800,000 　資本公積－普通股股票溢價　　　　　　3,133,160,000

(五) (收購後，收購者部分財務狀況表)

甲、乙兩公司於 20x6 年 1 月 1 日之權益如下：

	甲公司	乙公司
普通股股本，面額$10	$3,000,000	$ 300,000
資本公積－普通股股票溢價	2,750,000	550,000
保留盈餘	650,000	170,000
權益總額	$6,400,000	$1,020,000

甲公司於 20x6 年 1 月 2 日發行 100,000 股普通股(每股市價$14)以取得乙公司全部淨資產，乙公司依合併約定同時辦理解散。當日乙公司帳列資產及負債之帳面金額等於公允價值，且無未入帳之可辨認資產或負債。為完成企業合併，甲公司支付合併介紹人佣金$30,000、證券發行相關之登記規費及股票印製費等$20,000。

試作：(1) 編製甲公司收購日分錄。
(2) 請在(1)分錄過帳後，編製甲公司 20x6 年 1 月 2 日之權益資料。

解答：

(1) 甲公司收購日分錄：

20x6/ 1/ 2	採用權益法之投資	1,400,000	
	普通股股本		1,000,000
	資本公積－普通股股票溢價		400,000
	100,000×$14＝$1,400,000，100,000×$10＝$1,000,000		
	100,000×($14－$10)＝$400,000		
1/ 2	企業合併費用	30,000	
	資本公積－普通股股票溢價	20,000	
	現　金		50,000
1/ 2	(各項資產)	Y＋1,020,000	
	商　譽	380,000	
	(各項負債)		Y
	採用權益法之投資		1,400,000
	題目未提供乙公司資產及負債公允價值之詳細資料，故僅示範部分分錄。 商譽＝$1,400,000－$1,020,000＝$380,000		

(2) 股本＝$3,000,000＋$1,000,000＝$4,000,000
　　資本公積＝$2,750,000＋$400,000－$20,000＝$3,130,000
　　保留盈餘＝$650,000－$30,000(企業合併費用)＝$620,000

甲公司 20x6 年 1 月 2 日財務狀況表之權益如下：

普通股股本，面額$10	$4,000,000
資本公積－普通股股票溢價	3,130,000
保留盈餘	620,000
權 益 總 額	$7,750,000

驗　算：合併前甲淨值$6,400,000＋合併前乙淨值$1,020,000
　　　　＋商譽$380,000－合併費用$50,000＝$7,750,000

(六)　(被收購者有未入帳負債準備)

甲公司於 20x7 年 1 月 1 日發行總市值$14,500,000 之普通股 800,000 股(每股面額$10)以取得乙公司所有淨資產，乙公司依合併約定同時辦理解散。當日乙公司帳列資產及負債之帳面金額與公允價值資料如下表，且無未入帳之可辨認資產或負債。

	帳面金額	公允價值
現　金	$3,500,000	$3,500,000
應收帳款－淨額	2,900,000	2,800,000
存　貨	3,800,000	5,400,000
土　地	3,000,000	4,000,000
廠房及設備－淨額	5,000,000	6,000,000
	$18,200,000	$21,700,000
流動負債	$5,000,000	$5,000,000
非流動負債	1,800,000	$1,800,000
普通股股本	7,000,000	
資本公積－普通股股票溢價	1,000,000	
保留盈餘	3,400,000	
	$18,200,000	

20x6 年間乙公司產品因瑕疵致消費者受傷，消費者於 20x6 年 12 月 1 日向法院提出訴訟，要求乙公司賠償$1,200,000。依據乙公司委任律師就當時已知資

訊所作之專業判斷，乙公司很有可能(more likely than not)須賠償$900,000。乙公司尚未就上述可能之訴訟損失及其義務估計入帳。甲公司已知曉乙公司被告之訴訟，並願意在併購後承擔可能的訴訟賠償。

試作：(1) 編製甲公司 20x7 年 1 月 1 日收購乙公司之分錄。
　　　(2) 假設於 20x7 年 9 月 30 日，甲公司賠償乙公司之原告$1,000,000 以達成庭外和解，編製甲公司賠償$1,000,000 之分錄。
　　　(3) 不考慮上述(2)，假設於 20x7 年 9 月 30 日，甲公司賠償乙公司之原告$700,000 以達成庭外和解，編製甲公司賠償$700,000 之分錄。

解答：

IAS 37「負債準備、或有負債及或有資產」定義「負債準備」為不確定時點或金額之負債。負債準備僅於符合下列所有情況時始應認列：
(a) 企業因過去事件負有現時義務（法定義務或定義務）；
(b) 很有可能（亦即，可能性大於不可能性）需要流出具經濟效益之資源以清償該義務；及
(c) 該義務之金額能可靠估計。

本例乙公司之可能賠償義務$900,000 符合準則所定義之「負債準備」，乙公司應予以認列，卻未認列，係屬乙公司未入帳之負債準備，故甲公司應於乙公司解散時予以認列。

(1) 甲公司收購日分錄：

20x7/1/1	採用權益法之投資	14,500,000	
	普通股股本		8,000,000
	資本公積－普通股股票溢價		6,500,000
	800,000×$10＝$8,000,000，$14,500,000－$8,000,000＝$6,500,000		
1/1	現　　金	3,500,000	
	應收帳款－淨額	2,800,000	
	存　　貨	5,400,000	
	土　　地	4,000,000	
	廠房及設備－淨額	6,000,000	
	商　　譽	500,000	
	(流動負債)		5,000,000
	(非流動負債)		1,800,000
	有待法律程序決定之短期負債準備（＊）		900,000
	採用權益法之投資		14,500,000

(承上頁)	$21,700,000-($5,000,000+1,800,000+900,000)=$14,000,000
	商譽＝$14,500,000－$14,000,000＝$500,000
	＊：也可能是「有待法律程序決定之長期負債準備」，視訴訟情況而定。

(2)

20x7/ 9/30	有待法律程序決定之短期負債準備　　　　900,000
	商　　譽　　　　　　　　　　　　　　100,000
	現　　金　　　　　　　　　　　　　　　　　1,000,000
	$21,700,000－($5,000,000＋1,800,000＋1,000,000)＝$13,900,000
	商譽＝$14,500,000－$13,900,000＝$600,000
	$600,000－$500,000＝$100,000，故增加商譽$100,000

(3)

20x7/ 9/30	有待法律程序決定之短期負債準備　　　　900,000
	現　　金　　　　　　　　　　　　　　　　　700,000
	商　　譽　　　　　　　　　　　　　　　　　200,000
	$21,700,000－($5,000,000＋1,800,000＋700,000)＝$14,200,000
	商譽＝$14,500,000－$14,200,000＝$300,000
	$300,000－$500,000＝－$200,000，故減少商譽$200,000

(七) (或有對價)

甲公司於 20x6 年 1 月 1 日以現金$5,000,000 及發行總市值$10,000,000 普通股 250,000 股(每股面額$10)以取得乙公司所有股份。被收購後乙公司未解散，以原組織型態繼續經營。甲公司另向乙公司原股東提出下列兩項獨立之承諾。

(1) 若收購後兩年度(20x6 及 20x7 年)乙公司之淨利合計數超過$2,000,000，則超過之數甲公司將於 20x8 年以現金支付予乙公司原股東，但支付金額以$500,000 為限。假設於收購日甲公司合理預估乙公司收購後兩年度之淨利合計數為$2,100,000。

(2) 甲公司為收購乙公司而發行之 250,000 股普通股於 20x7 年 12 月 31 日的市值若低於$10,000,000，則不足之數甲公司將於 20x8 年再發行等值之甲公司普通股予乙公司原股東，以補足總市值$10,000,000。

時至 20x6 年 12 月 31 日，得知乙公司 20x6 年淨利為$1,040,000 且甲公司普通股每股市價為$38。又於 20x7 年 12 月 31 日，得知乙公司 20x7 年淨利為$ $1,050,000 且甲公司普通股每股市價為$39.3。

試作：按上述兩項獨立承諾，分別編製甲公司下列四個日期之分錄。
- (a) 20x6 年 1 月 1 日
- (b) 20x6 年 12 月 31 日
- (c) 20x7 年 12 月 31 日
- (d) 20x8 年履行承諾日

解答：

<u>承諾(1)</u>： 收購日：應將或有對價之公允價值$100,000，計入移轉對價中。

$2,100,000－$2,000,000＝$100,000 (應計負債準備)

$100,000 (應計負債準備) ＜ $500,000 (或有對價上限)

收購日後：

20x6 年底：($1,040,000×2 年)－$2,000,000＝$80,000 (應計負債準備)

$80,000－$100,000＝－$20,000 (應計負債準備減少之利益)

20x7 年底：$1,040,000＋$1,050,000－$2,000,000＝$90,000 ＜ $500,000

$90,000－$80,000＝$10,000 (應計負債準備增加之損失)

因該項或有對價係依未來淨利目標達成與否而定，因此其公允價值變動非屬衡量期間調整，且係分類為<u>負債</u>之或有對價，故：(1)屬 IFRS 9 之範圍者，於每一報導日應按公允價值衡量，且公允價值變動應依 IFRS 9 之規定認列於損益；(2)非屬 IFRS 9 之範圍者，於每一報導日應按公允價值衡量，且公允價值變動應認列於損益。

甲公司分錄：

20x6/ 1/ 1	採用權益法之投資	15,100,000	
	現　金		5,000,000
	普通股股本		2,500,000
	資本公積－普通股股票溢價		7,500,000
	其他長期負債準備－收購承諾		100,000
	250,000 股×$10＝$2,500,000，$10,000,000－$2,500,000＝$7,500,000		
20x6/12/31	其他長期負債準備－收購承諾	20,000	
	長期負債準備減少之利益－收購承諾		20,000
20x7/12/31	長期負債準備增加之損失－收購承諾	10,000	
	其他長期負債準備－收購承諾		10,000
12/31	其他長期負債準備－收購承諾	90,000	
	其他短期負債準備－收購承諾		90,000
20x8/履約日	其他短期負債準備－收購承諾	90,000	
	現　金		90,000

承諾(2)：

依 IAS 32 規定，金融負債包括：「將以或可能以企業本身權益工具交割之合約，且該合約係 (i)企業有或可能有義務交付變動數量企業本身權益工具之非衍生工具；或 (ii)...」。

甲公司將來是否再發行普通股予乙公司原股東，或發行幾股，須至 20x7 年 12 月 31 日始能確定或有對價之股數及其公允價值，符合上段 IAS 32 對於金融負債的定義。因此該或有對價公允價值變動非屬衡量期間調整，且係分類為負債之或有對價，故：(1)屬 IFRS 9 之範圍者，於每一報導日應按公允價值衡量，且公允價值變動應依 IFRS 9 之規定認列於損益；(2)非屬 IFRS 9 之範圍者，於每一報導日應按公允價值衡量，且公允價值變動應認列於損益。

收購日：甲公司為收購而發行之 250,000 股普通股市值為$10,000,000，或有對價(金融負債)之公允價值為$0。

20x6 年底：或有對價(金融負債)之公允價值增為$500,004，
　　　　　250,000 股×$38＝$9,500,000 ＜ $10,000,000，不足之數$500,000
　　　　　故可能須再發行 13,158 股普通股予乙公司原股東。
　　　　　$500,000÷$38≒13,158 股，13,158 股×$38＝$500,004

20x7 年底：確定或有對價(金融負債)之公允價值$175,003，
　　　　　250,000 股×$39.3＝$9,825,000 ＜ $10,000,000，不足之數$175,000
　　　　　故須再發行 4,453 股普通股予乙公司原股東。
　　　　　$175,000÷$39.3≒4,453 股，4,453 股×$39.3＝$175,003
　　　　　$175,003－(4,453 股×$10)＝$130,473

甲公司分錄：

20x6/ 1/ 1	採用權益法之投資　　　　　　　　　　15,000,000
	現　金　　　　　　　　　　　　　　　　5,000,000
	普通股股本　　　　　　　　　　　　　　2,500,000
	資本公積－普通股股票溢價　　　　　　　7,500,000
	250,000 股×$10＝$2,500,000，　$10,000,000－$2,500,000＝$7,500,000
12/31	長期負債準備增加之損失－收購承諾　　　500,004
	其他長期負債準備－收購承諾　　　　　　　500,004

(續次頁)

20x7/12/31	其他長期負債準備－收購承諾	325,001	
	長期負債準備減少之利益－收購承諾		325,001
	$175,003－$500,004＝－$325,001		
12/31	其他長期負債準備－收購承諾	175,003	
	其他短期負債準備－收購承諾		175,003
20x8/履行承諾日	其他短期負債準備－收購承諾	175,003	
	普通股股本		44,530
	資本公積－普通股股票溢價		130,473

（八） (111會計師考題改編)

甲公司在20x1年1月1日發行面額$10、市價$25普通股100,000股，並支付現金$400,000，取得乙公司之全部淨資產，合併後乙公司即宣告解散，甲公司為會計上之收購者。基於合併後業務之整合，相關結束費用估計為$120,000；此外，合併過程中，甲公司產生之股票登記與印刷等成本$300,000，而會計師顧問費為$500,000。

合併前乙公司帳列資產包含有現金$500,000、應收帳款$800,000、存貨$900,000以及機器設備$1,000,000，共計$3,200,000；而帳列負債共計$600,000。收購日除應收帳款高估$20,000、存貨低估$80,000及負債低估$50,000外，其餘帳列資產及負債之帳面金額等於公允價值，且無未入帳之可辨認資產或負債。

依合併契約規定，若20x1年12月31日甲公司普通股每股市價低於$25，甲公司將就每股市價低於$25之部分於20x2年1月5日額外發行普通股彌補之。20x1年1月1日該或有對價之公允價值為$300,000，20x1年12月31日甲公司普通股之每股市價為$20。甲公司在20x1年6月1日獲悉有關收購日相關狀況之更新資訊，而將20x1年1月1日或有對價公允價值調整為$450,000，並將乙公司存貨之公允價值調整為$1,200,000。

試作：(1) 20x1年1月1日甲公司完成合併相關分錄後，資產總額及負債總額分別增加多少金額？
(2) 20x1年6月1日甲公司重新評估公允價值之相關分錄。
(3) 20x1年12月31日甲公司應額外發行普通股之相關分錄。

參考答案：

移轉對價＝($25×100,000 股)＋現金$400,000＋或有對價$300,000＝$3,200,000

乙淨值之公允價值＝($3,200,000－$600,000)－$20,000＋$80,000－$50,000
　　　　　　　＝$2,610,000

乙公司未入帳商譽＝$3,200,000－$2,610,000＝$590,000

甲公司分錄：

20x1/ 1/ 1 (1)	採用權益法之投資	3,200,000	
	普通股股本		1,000,000
	資本公積－普通股股票溢價		1,500,000
	現　　金		400,000
	或有發行普通股		300,000
1/ 1 (1)	企業合併費用	620,000	
	資本公積－普通股股票溢價	300,000	
	現　　金		800,000
	應計企業合併費用		120,000
	企業合併費用＝應計$120,000＋付現$500,000＝$620,000		
	現金＝$300,000＋$500,000＝$800,000		
1/ 1 (1)	現　　金	500,000	
	應收帳款－淨額	780,000	
	存　　貨	980,000	
	機器設備－淨額	1,000,000	
	商　　譽	590,000	
	負　　債		650,000
	採用權益法之投資		3,200,000
	應收帳款＝$800,000－$20,000＝$780,000		
	存貨＝$900,000＋$80,000＝$980,000		
	負債＝$600,000＋$50,000＝$650,000		
6/ 1 (2)	存　　貨	220,000	
	商　　譽		220,000
	存貨＝$1,200,000－$980,000＝增認$220,000，<u>屬衡量期間調整</u>，故商譽減少$220,000。		
	收購日：或有對價按公允價值$300,000衡量。		
	收購日後：甲公司普通股價格之異動導致或有對價公允價值異動，不作調整，因該或有對價係依未來達成特定股價與否而定，其公允價值變動<u>非屬</u>衡量期間調整，且分類為<u>權益</u>，故該項或有對價不得再衡量，其後續交割則應在權益內調整。		

(承上頁)	驗算：於收購日，移轉對價＝$3,200,000 乙淨值之公允價值＝$2,610,000＋$220,000＝$2,830,000 故商譽＝$3,200,000－$2,830,000＝$370,000 因此商譽減少$220,000，$370,000－$590,000＝－$220,000
20x1/12/31 (3)	無分錄，理由同 20x1/6/1 之說明。
20x2/1/5	或有發行普通股　　　　　　　　　　　　300,000 　　普通股股本　　　　　　　　　　　　　　　250,000 　　資本公積－普通股股票溢價　　　　　　　　50,000 須額外發行股數＝[($25－$20)×100,000 股]÷$20＝25,000 股 $10×25,000 股＝$250,000，$300,000－$250,000＝$50,000

(1) 按上述 20x1/1/1 三個分錄，甲公司資產總額及負債總額異動如下：
　　資產增加＝$3,200,000－$400,000－$800,000＋($500,000＋$780,000
　　　　　　　＋$980,000＋$1,000,000＋$590,000)－$3,200,000＝$2,650,000
　　負債增加＝$120,000＋$650,000＝$770,000
　　權益增加＝($1,000,000＋$1,500,000＋$300,000)－$620,000－$300,000
　　　　　　＝$1,880,000

(九)　**(106 會計師考題改編)**

　　甲公司於20x7年4月1日發行10,000股普通股(每股面額$10、市價$36)以取得乙公司所有淨資產，合併完成後乙公司即告解散。合併前乙公司資產負債表如下表，且無未入帳之可辨認資產或負債。

	帳面金額	公允價值		帳面金額	公允價值
現　　金	$120,000	$120,000	應付票據	$160,000	$190,000
應收帳款－淨額	170,000	170,000	應付帳款	140,000	130,000
土　　地	150,000	260,000		$300,000	$320,000
房屋及建築－淨額	130,000	120,000	普通股股本	$300,000	
辦公設備－淨額	180,000	150,000	資本公積	140,000	
商　　譽	40,000	－	保留盈餘	50,000	
				$490,000	
	$790,000	$820,000		$790,000	

　　依合併契約規定，若20x7年12月31日甲公司普通股每股市價低於$36，則甲

公司須額外發行普通股3,500股予乙公司原有股東。20x7年 4月 1日甲公司評估該項或有對價之公允價值為$90,000，20x7年10月 1日甲公司因獲得於收購日已存在事實之新資訊，經重新評估或有對價之公允價值應為$100,000。20x7年12月31日甲公司普通股每股市價為$31，甲公司依合併契約之規定另發行普通股3,500股予乙公司原有股東。

試作：(1) 20x7年 4月 1日甲公司合併乙公司之分錄。
　　　(2) 20x7年10月 1日甲公司重新評估或有對價公允價值之相關分錄。
　　　(3) 20x7年12月31日甲公司額外發行普通股3,500股之分錄。

參考答案：

移轉對價＝($36×10,000 股)＋或有對價$90,000＝$450,000
乙公司淨值之公允價值＝$820,000－$320,000＝$500,000
廉價購買利益＝$450,000－$500,000＝－$50,000

甲公司分錄：

20x7/ 4/ 1 (1)	採用權益法之投資　　　　　　　　500,000
	普通股股本　　　　　　　　　　　　　　100,000
	資本公積－普通股股票溢價　　　　　　　260,000
	或有發行普通股　　　　　　　　　　　　 90,000
	廉價購買利益　　　　　　　　　　　　　 50,000
4/ 1 (1)	現　金　　　　　　　　　　　　 120,000
	應收帳款－淨額　　　　　　　　 170,000
	土　地　　　　　　　　　　　　 260,000
	房屋及建築－淨額　　　　　　　 120,000
	辦公設備－淨額　　　　　　　　 150,000
	應付票據　　　　　　　　　　　　　　　190,000
	應付帳款　　　　　　　　　　　　　　　130,000
	採用權益法之投資　　　　　　　　　　　500,000
10/ 1 (2)	(無分錄)
	收購日：或有對價按公允價值$90,000 衡量。
	收購日後：截至 20x7/12/31 前，甲公司普通股價格之異動導致或有對價公允價值異動，不作調整，因該或有對價係依未來達成特定股價與否而定，其公允價值變動非屬衡量期間調整，且分類為<u>權益</u>，故該項或有對價不得再衡量，其後續交割則應在權益內調整。

20x7/12/31 (3)	或有發行普通股	90,000	
	普通股股本		35,000
	資本公積－普通股股票溢價		55,000
	$10×3,500 股＝$35,000，$90,000－$35,000＝$55,000		

（十）　(101 會計師考題改編)

甲公司於 20x6 年 7 月 1 日以現金$340,000 吸收合併乙公司。當日乙公司除存貨低估$80,000 外，其他帳列資產及負債之帳面金額均等於公允價值。另乙公司有一項訴訟賠償的現時義務，然因將來清償該義務時，並非很有可能導致具經濟效益資源的流出，故乙公司並未認列為負債。依合併契約約定，若該賠償最後之清償金額超過$35,000，乙公司原股東將全額補償甲公司超過的部分。甲公司評估此訴訟賠償未來清償金額不會超過$35,000，且於收購日之公允價值為$28,000。

20x6 年 12 月 31 日，甲公司重新評估發現，未來有 90%之機率須支付$40,000 以清償前述之現時義務，10%之機率無須任何支付，且補償性資產僅$3,000 的部分得以收現。乙公司 20x6 年 6 月 30 日之財務狀況表如下：

流動資產	$350,000	流動負債	$120,000
非流動資產	250,000	非流動負債	130,000
		負債總額	$250,000
		普通股股本（面額$10）	$100,000
		資本公積	100,000
		保留盈餘	150,000
		權益總額	$350,000
總資產	$600,000	總負債與權益	$600,000

試作：(假設不考慮貨幣之時間價值)
　　(1) 甲公司 20x6 年 7 月 1 日之收購分錄。
　　(2) 甲公司 20x6 年 12 月 31 日重新評估該訴訟賠償之分錄。

參考答案：

擬分兩種觀點說明：

(A) 乙公司之訴訟賠償現時義務，其將來清償義務時，並非很有可能導致具經濟效益資源的流出，符合 IAS 37「或有負債」之定義，乙公司無須認列。惟其義務金額能充分可靠地衡量(於收購日之公允價值為$28,000)，係屬本章第16頁「(一)或有負債」之情況，甲公司應於收購日認列該項或有負債，會計科目為「有待法律程序決定之短(長)期負債準備」，並應考慮此暫定金額於衡量期間公允價值之變動(因取得有關收購日已存在事實與情況之新資訊)，請參閱本章第25～26頁「十三、衡量期間」。

(B) 依題意，亦可解釋為甲公司收購乙公司之承諾，係屬或有對價，會計科目為「其他短(長)期負債準備－收購承諾」，並應考慮該或有對價於收購日後公允價值之變動(因取得有關收購日已存在事實與情況之額外資訊)，請參閱本章第23～26頁「十二、移轉對價」及「十三、衡量期間」。

不論採用那一說法，此項訴訟賠償現時義務(公允價值$28,000)皆為甲公司移轉對價的一部分。

(1) 20x6/ 7/ 1：

乙公司可辨認淨值之公允價值＝$350,000＋存貨低估$80,000＝$430,000
移轉對價＝現金$340,000＋承擔訴訟賠償現時義務$28,000＝$368,000

依合併契約約定，「若該賠償最後之清償金額超過$35,000，乙公司原股東將全額補償甲公司超過$35,000 的部分」，故甲公司對於訴訟賠償現時義務之承擔上限是$35,000。又收購者應於認列被補償項目時，同時認列補償性資產，並以與被補償項目相同之基礎衡量該補償性資產，惟補償性資產須評估無法回收之備抵評價金額。因$28,000＜$35,000，故無補償性資產。

廉價購買利益＝$368,000－$430,000＝－$62,000

甲公司分錄：

20x6/ 7/ 1	採用權益法之投資　　　　　　　　　　　　430,000	
	現　金	340,000
	有待法律程序決定之短期負債準備（＊）	28,000
	(或 其他短期負債準備－收購承諾)	
	廉價購買利益	62,000
	＊：也可能是「有待法律程序決定之長期負債準備」或「其他長期負債準備－收購承諾」，視訴訟情況而定。	

(續次頁)

20x6/ 7/ 1	(流動資產)	430,000	
	(非流動資產)	250,000	
	（流動負債）		120,000
	（非流動負債）		130,000
	採用權益法之投資		430,000
本題為吸收合併，須作此分錄。			
流動資產＝$350,000＋存貨低估$80,000＝$430,000			

(2) 20x6/12/31：

　　甲公司重新評估發現，未來有 90%之機率須支付$40,000 以清償訴訟賠償現時義務，即甲公司未來很有可能支付$40,000 以清償訴訟賠償現時義務。已知甲公司對於訴訟賠償現時義務之承擔上限是$35,000，另$5,000 將由乙公司原股東全額補償甲公司，惟此項補償性資產僅$3,000 的部分得以收現。

　　補償性資產＝$40,000－$35,000＝$5,000

　　補償性資產無法回收之備抵評價金額＝$5,000－$3,000＝$2,000

甲公司分錄：

20x6/12/31	廉價購買利益	9,000	
	其他應收款－補償訴訟賠償	5,000	
	有待法律程序決定之短期負債準備（＊）		12,000
	（或 其他短期負債準備－收購承諾）		
	備抵損失－其他應收款		2,000
負債準備：應有餘額$40,000－原帳列餘額$28,000＝增認$12,000			
損失：$12,000－($5,000－$2,000)＝$9,000			
＊：也可能是「有待法律程序決定之長期負債準備」或 　　「其他長期負債準備－收購承諾」，視訴訟情況而定。			

(十一) **(99 會計師考題改編)**

　　甲公司於 20x6 年 5 月 1 日發行 6,000 股普通股(每股面值$10，市價$15)以取得乙公司所有淨資產，甲公司另以現金支付為收購乙公司所發生的合併直接成本與股票發行成本。收購前，乙公司流動資產公允價值為$60,000。20x6 年 5 月 1 日，甲公司收購前與收購後之財務狀況表如下：

	收購前	收購後		收購前	收購後
流動資產	$ 78,000	$108,000	負　債	$ 35,000	$ 55,000
不動產、廠房			普通股股本	140,000	200,000
及設備－淨額	220,000	250,000	資本公積	18,000	41,000
商　譽	－	20,000	保留盈餘	105,000	82,000
	$298,000	$378,000		$298,000	$378,000

試作：甲公司 20x6 年 5 月 1 日之收購分錄。

參考答案：

流動資產：$78,000＋$60,000－合併相關成本＝$108,000
　　　　∴ 合併相關成本＝$30,000
普通股股本：$140,000＋($10×6,000 股)＝$200,000
資本公積：$18,000＋($15－$10)×6,000 股－股票發行成本＝$41,000
　　　　∴ 股票發行成本＝$7,000
　　　　應認列為費用之合併相關成本＝$30,000－$7,000＝$23,000
負　債：$35,000＋合併前乙公司負債之公允價值＝$55,000
　　　　∴ 合併前乙公司負債之公允價值＝$20,000
不動產、廠房及設備－淨額：
　　　　$220,000＋合併前乙公司「不動產、廠房及設備」之公允價值＝$250,000
　　　　∴ 合併前乙公司「不動產、廠房及設備」之公允價值＝$30,000
商　譽：($15×6,000 股)－($60,000＋$30,000－$20,000)＝$20,000

甲公司之收購分錄：

20x6/ 5/ 1	採用權益法之投資	90,000	
	普通股股本		60,000
	資本公積－普通股股票溢價		30,000
5/ 1	企業合併費用	23,000	
	資本公積－普通股股票溢價	7,000	
	現　金		30,000
5/ 1	(流動資產)	60,000	
	不動產、廠房及設備－淨額	30,000	
	商　譽	20,000	
	(負　債)		20,000
	採用權益法之投資		90,000

(十二)　　(95會計師考題改編)

甲公司於20x6年10月1日以現金$3,000,000及發行50,000股普通股(公允價值$1,000,000，每股面額$10)收購乙公司全部股份。當日乙公司帳列資產及負債如下表，且無其他未入帳之可辨認資產或負債。請依下列三個獨立情況作答。

	帳面金額	公允價值
流動資產	$ 800,000	$ 800,000
不動產、廠房及設備－淨額	1,500,000	2,000,000
專利權	300,000	1,000,000
流動負債	100,000	100,000
非流動負債	500,000	500,000

情況一：

乙公司於20x6年10月1日依合併契約規定辦理解散，乙公司併入甲公司成為丙部門。合併契約規定，若丙部門20x8年之部門淨利未達$500,000，甲公司將於20x9年再發行10,000股甲公司普通股給乙公司原股東。假設甲公司於收購日及20x6年底皆合理預估丙部門20x8年之部門淨利很有可能超過$500,000。時至20x7年底，確定丙部門20x7年之部門淨利為$520,000，同時合理預估丙部門20x8年之部門淨利很有可能超過$500,000。

試作：(1) 甲公司收購日、20x6年底及20x7年底與收購相關之分錄。
　　　(2) 若甲公司20x7年淨利為$1,000,000，全年流通在外普通股股數為100,000股，計算甲公司20x7年之基本每股盈餘及稀釋每股盈餘。

情況二：　同情況一，惟按合併契約規定，乙公司無須解散。
試作：甲公司收購日、20x6年底及20x7年底與收購相關之分錄。

情況三：

乙公司於20x6年10月1日依合併契約規定辦理解散。合併契約規定，若20x8年底甲公司普通股每股市價未達$20，則甲公司將於20x9年額外發行普通股給乙公司原股東以彌補其損失。假設20x6年底、20x7年底及20x8年底甲公司普通股每股市價分別為$20.5、$19及$18.6。

試作：(1) 甲公司收購日、20x6年底、20x7年底及20x8年底與收購相關之分錄。
　　　(2) 若甲公司20x7年淨利為$1,000,000，全年流通在外普通股股數為100,000股，計算甲公司20x7年之基本每股盈餘及稀釋每股盈餘。

參考答案：

情況一：

收購日，甲公司普通股每股市價＝$1,000,000÷50,000 股＝$20
移轉對價＝(現金)$3,000,000＋(50,000 股甲公司普通股)$1,000,000
　　　　＋(或有對價，10,000 股甲公司普通股×$20)$200,000＝$4,200,000
收購日，甲公司普通股發行溢價＝($20－$10)×50,000 股＝$500,000
乙公司淨值之公允價值
　　＝$800,000＋$2,000,000＋$1,000,000－$100,000－$500,000＝$3,200,000
商譽＝$4,200,000－$3,200,000＝$1,000,000

(1) 甲公司與收購相關之分錄：

20x6/10/1	採用權益法之投資	4,200,000	
	現　金		3,000,000
	普通股股本		500,000
	資本公積－普通股股票溢價		500,000
	或有發行普通股		200,000
10/1	(流動資產)	800,000	
	不動產、廠房及設備－淨額	2,000,000	
	專利權	1,000,000	
	商　譽	1,000,000	
	(流動負債)		100,000
	(非流動負債)		500,000
	採用權益法之投資		4,200,000
20x6/12/31	無分錄。		
	本題之或有對價公允價值變動非屬衡量期間調整，且係分類為<u>權益</u>，故該或有對價不得再衡量，且其後續交割應在權益內調整。		
20x7/12/31	無分錄。(理由同 20x6/12/31)		

補充：

若乙部門 20x8 年之部門淨利未達$500,000，甲公司將於 20x9 年再發行 10,000 股甲公司普通股給乙公司原股東：

20x9/履行承諾日	或有發行普通股	200,000	
	普通股股本		100,000
	資本公積－普通股股票溢價		100,000

若乙部門20x8年之部門淨利已達$500,000，則甲公司無須於20x9年再發行10,000股甲公司普通股給乙公司原股東：			
20x9/履行承諾日	或有發行普通股 　　資本公積－合併溢額	200,000	200,000

(2) 甲公司20x7年基本每股盈餘＝$1,000,000÷100,000股＝$10

　　甲公司20x7年稀釋每股盈餘＝$1,000,000÷(100,000＋10,000)股＝$9.091

<u>情況二</u>：　甲公司與收購相關之分錄：

20x6/10/1	採用權益法之投資　　　　　　　　4,200,000 　　現　金　　　　　　　　　　　　　　　3,000,000 　　普通股股本　　　　　　　　　　　　　　500,000 　　資本公積－普通股股票溢價　　　　　　　500,000 　　或有發行普通股　　　　　　　　　　　　200,000
20x6/12/31	無分錄。
	本題之或有對價公允價值變動非屬衡量期間調整，且係分類為<u>權益</u>，故該或有對價不得再衡量，且其後續交割應在權益內調整。
20x7/12/31	無分錄。(理由同20x6/12/31)

<u>情況三</u>：

(1) 依IAS 32之規定，<u>金融負債</u>包括：「將以或可能以企業本身權益工具交割之合約，且該合約係 (i)企業有或可能有義務交付<u>變動數量</u>企業本身權益工具之非衍生工具；或 (ii)...」。

甲公司將來是否再發行普通股予乙公司原股東，或發行幾股，須至20x8年底始能確定或有對價之股數及其公允價值，符合上段IAS 32對於金融負債的定義。因此該或有對價公允價值變動非屬衡量期間調整，且係分類為<u>負債</u>之或有對價，故：(1)屬IFRS 9之範圍者，於每一報導日應按公允價值衡量，且公允價值變動應依IFRS 9之規定認列於損益；(2)非屬IFRS 9之範圍者，於每一報導日應按公允價值衡量，且公允價值變動應認列於損益。

收購日：甲公司為收購而發行之50,000股普通股市值為$1,000,000，即每股市價$20，故或有對價(金融負債)之公允價值為$0。

20x6年底：普通股每股市價$20.5，故或有對價(金融負債)之公允價值為$0。

20x7 年底：或有對價(金融負債)之公允價值增為$50,008，

　　　　　50,000 股×$19＝$950,000 ＜ $1,000,000，不足之數$50,000，

　　　　　故可能須再發行 2,632 股普通股予乙公司原股東。

　　　　　$50,000÷$19≒2,632 股，2,632 股×$19＝$50,008

20x8 年底：確定或有對價(金融負債)之公允價值$70,010，

　　　　　50,000 股×$18.6＝$930,000 ＜ $1,000,000，不足之數$70,000，

　　　　　故須再發行 3,764 股普通股予乙公司原股東。

　　　　　$70,000÷$18.6≒3,764 股，3,764 股×$18.6＝$70,010

　　　　　發行溢價＝$70,010－(3,764 股×面額$10)＝$32,370

甲公司與收購相關之分錄：

20x6/10/1	採用權益法之投資	4,000,000	
	現　金		3,000,000
	普通股股本		500,000
	資本公積－普通股股票溢價		500,000
10/1	(流動資產)	800,000	
	不動產、廠房及設備－淨額	2,000,000	
	專利權	1,000,000	
	商　譽	800,000	
	(流動負債)		100,000
	(非流動負債)		500,000
	採用權益法之投資		4,000,000
20x6/12/31	(無分錄)		
20x7/12/31	長期負債準備增加之損失－收購承諾	50,008	
	其他長期負債準備－收購承諾		50,008
20x8/12/31	長期負債準備增加之損失－收購承諾	20,002	
	其他長期負債準備－收購承諾		20,002
	$70,010－$50,008＝＋$20,002		
12/31	其他長期負債準備－收購承諾	70,010	
	其他短期負債準備－收購承諾		70,010
補　充：			
20x9/履行承諾日	其他短期負債準備－收購承諾	70,010	
	普通股股本		37,640
	資本公積－普通股股票溢價		32,370

(2) 甲公司 20x7 年基本每股盈餘＝$1,000,000÷100,000 股＝$10

　　甲公司 20x7 年稀釋每股盈餘＝$1,000,000÷(100,000＋2,632)股＝$9.744

(十三) (自我練習)

(1) (C)

下列有關「企業合併」之敘述，何者正確？

① 按我國企業併購法規定，併購係指公司之合併及收購
② 企業合併在會計上的觀念係強調：企業合併將產生一個新的會計個體，至於納入新產生會計個體內之原各企業，其法律形式是否解散，並非是必要條件。
③ 甲公司(藥品製造)收購乙公司(藥品經銷)100%股權，是一種"向後整合"的橫向合併(或稱水平式合併)
④ 「為取得營運上所需之無形資產」可能是企業合併的動機之一
⑤ 對企業合併而言，收購法是唯一符合國際會計準則的會計處理方法
⑥ 國際會計準則理事會(IASB)認為：收購法係以收購者觀點考量合併交易且將增加資訊之攸關性

(A) 僅①②③⑤　　(B) 僅①②④⑥　　(C) 僅②④⑤⑥　　(D) 僅①②③④⑤

說明：① 按我國企業併購法規定，併購係指公司之<u>合併、收購及分割</u>
　　　③ 是一種"向後整合"的<u>縱向合併(或稱垂直式合併)</u>

(2) (A)

乙公司持有丙公司45%股權已數年。今甲公司發行普通股(公允價值為$930)以交換丙公司45%股權(非乙公司持股部分)，若同日乙公司所持有丙公司45%股權之公允價值為$900，則下列敘述何者正確？

(A) 甲公司通常是收購者
(B) 乙公司通常是收購者
(C) 因甲公司與乙公司皆無法個別控制丙公司，必須一起行動以主導丙公司攸關活動，係集體控制丙公司
(D) 由甲公司與乙公司協議以決定收購者

說明：請詳 P.11。

(3) (B)

甲公司於收購日吸收合併乙公司，當日乙公司權益為$500,000，其帳列資產及負債之帳面金額均等於公允價值，除有一項公允價值$100,000之未入帳專利權外，無其他未入帳資產。此外，乙公司有一項因過去事件所產生之現時義務，經評估

並非很有可能需要流出具經濟效益之資源以清償該義務，故乙公司並未將其認列為負債。甲公司於收購日合理估計此或有負債之公允價值為$90,000。若甲公司於收購日認列廉價購買利益$30,000，則甲公司之移轉對價為何？
(A) $570,000　　(B) $480,000　　(C) $470,000　　(D) $380,000

說明：－$30,000＝移轉對價－($500,000＋$100,000－或有負債$90,000)
　　∴ 移轉對價＝$480,000，請詳 P.16。

(4)　(D)
甲公司於 20x6 年 9 月 30 日取得乙公司 100%股權。乙公司有一項特殊設備，甲公司直到發布截止於 20x6 年 12 月 31 日之年度合併財務報表前，仍未尋得該設備之獨立評價，故以暫定金額$4,000,000 表達於 20x6 年度合併財務報表中，因而合併商譽為$1,100,000。甲公司於收購日預估該項設備尚有 5 年使用年限，按直線法計提折舊。假設：(a)甲公司係於 20x7 年 3 月底，才尋得該設備於收購日公允價值為$4,600,000 之獨立評價，且自收購日起使用年限為 4 年，(b)合併商譽價值於 20x6 年及 20x7 年間皆未減損。試問表達於 20x6 年及 20x7 年之兩年度比較合併財務報表中資訊，下列敘述何者正確？
(A) 該設備於 20x6 年 12 月 31 日之帳面金額應重編為$4,400,000
(B) 該設備的累計折舊於 20x7 年 12 月 31 日之金額為$1,300,000
(C) 商譽於 20x6 年 12 月 31 日之金額應重編減少$512,500
(D) 保留盈餘於 20x6 年 12 月 31 日之金額應重編減少$87,500

說明：
(A) 該設備於 20x6 年 12 月 31 日之帳面金額應重編為$4,312,500
　　原為：$4,000,000－[$4,000,000÷5 年×(3/12)]＝$3,800,000
　　調為：$4,600,000－[$4,600,000÷4 年×(3/12)]＝$4,312,500
(B) 20x7 年折舊費用＝$4,600,000÷4 年＝$1,150,000
　　於 20x7/12/31，累計折舊＝$1,150,000×(3/12)＋$1,150,000＝$1,437,500
(C) 因設備從暫定金額$4,000,000 增為公允價值$4,600,000，故商譽應減少$600,000，重編為$500,000，即$1,100,000－$600,000＝$500,000。
(D) $4,000,000÷5 年×(3/12)＝$200,000，$4,600,000÷4 年×(3/12)]＝$287,500
　　因重編 20x6 年折舊費用，增加$87,500＝$287,500－$200,000，故保留盈餘於 20x6 年 12 月 31 日之金額應重編減少$87,500。

(十四) (複選題：近年會計師考題改編)

(1) (104 會計師考題)

(A、E)

甲公司於 20x7 年 1 月 1 日發行 200,000 股普通股(每股面額$10，市價$20)以取得乙公司淨資產，合併完成後乙公司即告解散。當日乙公司帳列資產及負債資料如下表，且無未入帳之可辨認資產或負債。

	帳面金額	公允價值
存　貨	$1,400,000	$1,500,000
其他流動資產	1,600,000	1,700,000
辦公設備－淨額	2,400,000	2,800,000
資產總額	$5,600,000	$6,000,000
負債總額	$1,600,000	$1,800,000

甲公司另支付股票發行費用$120,000 及其他合併相關支出$210,000。下列有關甲公司 20x7 年 1 月 1 日會計處理之敘述何者錯誤？

(A) 借記商譽$10,000
(B) 貸記廉價購買利益$200,000
(C) 借記存貨$1,500,000
(D) 借記合併費用$210,000
(E) 合併後資本公積增加$2,000,000

說明：甲公司收購日(20x7/ 1/ 1)分錄：

(1)	採用權益法之投資	4,200,000	
	普通股股本		2,000,000
	資本公積－普通股股票溢價		2,000,000
	廉價購買利益		200,000
	200,000×市價$20＝$4,000,000，200,000×面額$10＝$2,000,000		
	普通股發行溢價＝$4,000,000－$2,000,000＝$2,000,000		
	廉價購買利益		
	＝$4,000,000－帳列($6,000,000－$1,800,000)－未入帳($0－$0)		
	＝$4,000,000－乙可辨認淨值之公允價值$4,200,000		
	＝－$200,000，故選項(A)錯誤。		
(2)	資本公積－普通股股票溢價	120,000	
	企業合併費用 [選項(D)]	210,000	
	現　金		330,000

(3)	存　　貨 [選項(C)]	1,500,000	
	其他流動資產	1,700,000	
	辦公設備－淨額	2,800,000	
	(各項負債)		1,800,000
	採用權益法之投資		4,200,000
選項(E)：錯誤，因合併後資本公積增加數			
＝$2,000,000－$120,000＝$1,880,000			

(十五)　(單選題：近年會計師考題改編)

(1)　(111 會計師考題)

(D)　甲公司在 20x1 年 5 月 1 日收購乙公司 80%普通股股權。合併契約規定，若乙公司 20x2 年的淨利能超過$6,000,000，將額外支付乙公司原股東 6,000 股甲公司普通股，每股面額$10，收購日該 6,000 股普通股之公允價值為$85,000。有關該或有對價於收購日之會計處理，下列敘述何者正確？
(A) 認列負債$60,000　　(B) 認列負債$85,000
(C) 認列權益$60,000　　(D) 認列權益$85,000

說明：請參閱 P.23～24「十二、移轉對價」。

(2)　(111 會計師考題)

(C)　關於收購者有義務以其本身之股份基礎給付報酬(替代性報酬)，交換被收購者員工所持有之股份基礎給付報酬(被收購者報酬)，下列敘述何者錯誤？
(A) 替代性報酬與被收購者報酬均應以收購日之市場基礎衡量
(B) 應將替代性報酬分為屬於取得被收購者移轉對價之部分及屬於合併後勞務酬勞之部分
(C) 若員工於收購日前未提供為使被收購者報酬成為既得之所有必要勞務，收購者不應將替代性報酬之一部分歸屬於合併後之勞務
(D) 替代性報酬中屬於取得被收購者移轉對價之部分，應等於被收購者報酬中歸屬於其合併前勞務之部分

說明：請參閱 IFRS 3 第 B56～B62 段。

(3) (111 會計師考題)

(A) 甲公司在 20x1 年 10 月 1 日吸收合併乙公司，並委託鑑價公司針對乙公司之建築物進行評估。該評估工作直到 20x2 年 4 月 1 日方完成，鑑價報告中指出，建築物於收購日估計之公允價值為$6,000,000，耐用年限自收購日起尚有 30 年。甲公司在 20x1 年度財務報表中，暫以$4,800,000 認列該建築物，並估計耐用年限自收購日起尚有 25 年。甲公司在收到鑑價報告後，應對 20x1 年之財務報表進行何種追溯調整？

(A) 建築物成本增加$1,200,000；累計折舊增加$2,000
(B) 建築物成本增加$1,200,000；累計折舊增加$4,000
(C) 建築物成本增加$6,000,000；累計折舊增加$50,000
(D) 不追溯調整

說明：建築物成本增加$1,200,000，$6,000,000－$4,8000,000＝$1,200,000
自收購日起應提列三個月之折舊費用：
按暫定金額，$4,800,000÷25 年×3/12＝$48,000
按鑑價報告，$6,000,000÷30 年×3/12＝$50,000
故累計折舊增加$2,000，$50,000－$48,000＝$2,000

(4) (110 會計師考題)

(D) 甲公司以現金$630,000 取得乙公司 90%股權，並按公允價值$70,000 衡量剩餘 10%股權。乙公司總資產之帳面金額為$620,000(包含乙公司過去因併購另一公司而產生之商譽$50,000)，其中存貨被高估$12,000、建築物被低估$20,000，乙公司負債之公允價值為$330,000。則該企業收購所產生之商譽金額為何？

(A) $361,000　　(B) $382,000　　(C) $402,000　　(D) $452,000

說明：($630,000＋$70,000)－[($620,000－$50,000－$12,000＋$20,000)－$330,000]＝$700,000－$248,000＝$452,000

(5) (110 會計師考題)

(C) 企業收購前，甲公司與乙公司之權益如下：

	甲公司	乙公司
普通股股本 (面額$1)	$180,000	$45,000
資本公積	90,000	20,000
保留盈餘	300,000	110,000

甲公司發行 51,000 股每股價值為$3 之新股，取得乙公司所有流通在外股份，收購日合併報表上之資本公積及保留盈餘之金額分別為何？

(A) $104,000 及$300,000　　(B) $110,000 及$410,000
(C) $192,000 及$300,000　　(D) $212,000 及$410,000

說明：甲公司收購日分錄：

採用權益法之投資 (51,000×$3)	153,000	
普通股股本 (51,000×面額$1)		51,000
資本公積－普通股股票溢價		102,000

因此，收購日合併報表上：
普通股股本＝$180,000＋$51,000＝$231,000
資本公積＝$90,000＋$102,000＝$192,000
保留盈餘＝$300,000

(6) (110 會計師考題)

(A) 企業收購之協商過程中，收購者若同意當未來一定期間內被收購者之經營績效達一定水準時，將支付一筆額外現金，則收購者應如何記錄此一額外價款？
　(A) 以其公允價值做為收購日移轉對價之一部分，並認列為負債
　(B) 以其公允價值做為所取得被收購公司淨資產公允價值的減項
　(C) 當經營績效達成時將所支付之金額認列為商譽
　(D) 在收購日立即認列為費用

說明：請詳 P.23～24「十二、移轉對價」。

(7) (110 會計師考題)

(C) 甲公司原有 10,000 股普通股流通在外，20x1 年 6 月 1 日以換發新股的方式，吸收合併乙公司，換股比率為：每 0.7 股乙公司流通在外普通股，換發甲公司新發行普通股 1 股。合併前乙公司有 14,000 股普通股流通在外，雖無活絡市場公開報價，但估計其公允價值為每股$51；而甲公司普通股於合併當日之活絡市場公開報價為每股$48，則此企業合併移轉對價之金額為何？
(A) $357,000　　(B) $476,000　　(C) $480,000　　(D) $714,000

說明：

(1) 反向收購(Reverse Acquisitions)，係指當企業合併主要是透過<u>交換權益</u>而達成，且<u>因會計處理之目的</u>，將發行證券之個體(法律上收購者)辨認為<u>被收購者</u>，這種情況就稱為反向收購。其中，<u>權益被其他個體取得之個體(法律上被收購者)</u>必屬會計目的下之<u>收購者</u>。

(2) 乙公司(法律上子公司)於 20x1 年 6 月 1 日反向收購甲公司(發行權益工具之公司，為法律上母公司)。甲公司發行 20,000 股普通股(14,000 股÷0.7 股＝20,000 股)交換乙公司 14,000 股流通在外之普通股，即法律上甲公司取得乙公司 100%股權，14,000 股÷14,000 股＝100%；乙公司原股東現在持有甲公司 66.667%股權，20,000 股÷(10,000 股＋20,000 股)＝66.667%。但因會計上辨認乙公司為收購者，則<u>假設</u>乙公司應發行多少股普通股(X 股)，14,000 股÷(14,000 股＋X 股)＝Y%，以使甲公司對乙公司之持股比例(Y%)<u>等於</u>反向收購中乙公司原股東對甲公司之持股比例 66.667%，即令 14,000 股÷(14,000 股＋X 股)＝Y%＝66.667%，得出 X＝7,000 股。再<u>假設</u>乙公司應發行之 7,000 股普通股以收購日之公允價值衡量，當作會計上收購者(乙)為取得會計上被收購者(甲)權益而支付之移轉對價於收購日之公允價值。惟乙公司普通股沒有活絡市場的公開報價，但甲公司普通股有活絡市場的公開報價(每股$48)，又乙 7,000 股＝甲 10,000 股(7,000 股÷0.7 股＝10,000 股)，故 10,000 股×$48＝$480,000。

(3) 請參閱單選題(28)。

(8) (109 會計師考題)

(D) 甲公司於 20x8 年 12 月 31 日以現金$62,500 購入乙公司 80%股權，並對乙公司存在控制，另依收購日公允價值$16,500 衡量非控制權益。當日乙公司權益為$90,000，除設備外，其他帳列資產及負債之帳面金額皆等於公允價

值,且無其他未入帳之可辨認資產或負債。20x8 年甲公司之淨利因取得上述股權投資增加$1,000。甲公司採權益法處理對乙公司之投資。若不考慮所得稅效果,則下列敘述何者正確?

(A) 乙公司帳列設備低估　　(B) 因企業合併而認列商譽
(C) 甲公司 20x8 年底「投資乙公司」帳戶餘額為$62,500
(D) 乙公司可辨認淨資產公允價值為$80,000

說明:20x8 年甲公司之淨利因購入乙公司 80%股權而增加$1,000,即甲公司認列廉價購買利益,因此得出下列等式:

($62,500＋$16,500)－[$90,000＋乙帳列設備低(高)估]＝－$1,000

∴ 乙帳列設備低(高)估＝－$10,000 [設備高估$10,000]

甲公司收購日分錄:

20x8/12/31	採用權益法之投資－乙公司	63,500	
	現　金		62,500
	廉價購買利益		1,000

(A) 乙公司帳列設備高估$10,000
(B) 因企業合併而認列廉價購買利益
(C) 甲公司 20x8 年底「投資乙公司」帳戶餘額為$63,500
(D) 乙公司可辨認淨資產公允價值為$80,000
　　乙公司權益$90,000－設備高估$10,000＝$80,000

(9) (109 會計師考題)

(C) 被收購公司為一歌劇團,下列那一項目在企業收購時,收購公司不得將之列為可辨認無形資產?

(A) 出版之 DVD　　(B) 編寫完成之歌劇　　(C) 合作無間的表演者
(D) 國家戲劇院已邀請在收購日後連續兩個月的演出

說明:請參閱「註釋」之「註三:無形資產」。
　　　(A)、(B):屬「(三) 藝術相關之無形資產」。
　　　(D):屬「(四) 合約基礎之無形資產」。

(10) (109 會計師考題)

(D) 甲公司發行每股面額$10(市價$20)之普通股 10,000 股收購乙公司，另以現金支付律師諮詢費$30,000、收購專案執行人員薪資$30,000、會計師專業顧問費$40,000、股票印刷費用$7,000、股票發行相關規費$2,000。該收購交易使甲公司資本公積淨增加數為若干？
(A) $9,000　　(B) $21,000　　(C) $51,000　　(D) $91,000

說明：普通股發行溢價[(市價$20－面額$10)×10,000 股]
　　　　－股票印刷費用$7,000－股票發行相關規費$2,000
　　＝$100,000－$7,000－$2,000＝$91,000

(11) (109 會計師考題)

(B) 甲公司於 20x3 年 1 月 1 日以現金$600,000 吸收合併乙公司，因合併另支出律師及會計師公費$36,000，收購日乙公司可辨認淨資產之帳面金額為$400,000，除了設備低估$50,000 及下述訴訟案件估計負債外，其他各項可辨認資產、負債之帳面金額均等於公允價值。合併前甲、乙兩公司有一訴訟案件在審理中，甲公司控告乙公司侵犯其專利權，乙公司為此已於帳上認列$50,000 負債。甲公司估計此或有負債之收購日公允價值為$80,000。若不考慮貨幣之時間價值，20x3 年 1 月 1 日甲公司應認列之商譽金額為何？
(A) $200,000　　(B) $180,000　　(C) $156,000　　(D) $150,000

說明：甲公司 20x3 年 1 月 1 日分錄：

(a)	企業合併費用	36,000	
	現　　金		36,000
(b)	(可辨認資產)	450,000＋Y	
	商　　譽	180,000	
	(可辨認負債)		Y＋30,000
	現　　金		600,000
	可辨認負債＝Y(假設金額)＋($80,000－$50,000)＝Y＋$30,000		
	可辨認資產＝($400,000＋Y)＋設備低估$50,000＝$450,000＋Y		
	商譽＝$600,000－[($450,000＋Y)－(Y＋$30,000)]＝$180,000		

(12) **(109 會計師考題)**

(C) 甲公司為跨國餐飲品牌連鎖經營者,於 20x1 年初與乙公司簽訂品牌授權合約,授權乙公司於亞洲地區使用甲公司品牌經營及展店,合約期限為 10 年,不得延長,且不得提前解約。甲公司於 20x5 年 1 月 1 日以現金$1,000,000吸收合併乙公司,並收回亞洲地區之品牌授權,改採直營模式。收購日乙公司可辨認淨資產之公允價值為$850,000,包括與甲公司簽訂之品牌授權合約$250,000 及其他可辨認淨資產$600,000。依甲公司之評估,該品牌授權之合約條款較收購日之市場條件不利,不利之金額為$100,000,且甲公司於收購日前已就該不利狀況認列負債$40,000。下列關於甲公司該收購交易與收購日會計處理之敘述,何者正確?

(A) 合併之移轉對價為$960,000
(B) 應認列「再取回權利－品牌授權」$150,000
(C) 應認列商譽$50,000
(D) 應認列品牌授權合約結清損失$100,000

說明:(1) 請先參閱單選題(34),內有詳細解說。
　　　(2) 甲公司 20x5 年 1 月 1 日分錄:

(a)	再取回之品牌授權損失　　　　　　　　　　60,000
	其他短期負債準備－再取回之品牌授權損失　　　　60,000
	甲公司應認列清償損失,$100,000－先前認列數$40,000＝$60,000。
(b)	再取回之權利－品牌授權　　　　　　　　250,000
	(其他可辨認資產)　　　　　　　　　　　600,000＋Y
	其他短期負債準備－再取回之品牌授權損失　100,000
	商　　譽　　　　　　　　　　　　　　　　50,000
	(可辨認負債)　　　　　　　　　　　　　　　　Y
	現　　金　　　　　　　　　　　　　　　1,000,000
	移轉對價＝付現$1,000,000－結清既存關係(原授權合約)之負債$100,000
	＝$900,000
	廉價購買利益＝$900,000－[$250,000＋($600,000＋Y)－Y]
	＝$900,000－$850,000＝$50,000

(13) (108 會計師考題)

(B) 甲公司於 20x6 年初發行面額$10、市價$45 之普通股 400 股，並承擔乙公司公允價值$1,500 之負債，而順利取得乙公司全部淨資產。收購日甲公司取得乙公司之成本應為：

(A) $16,500　　(B) $18,000　　(C) $19,500　　(D) $20,000

說明：$45×400 股＝$18,000，雖題目提及「並承擔乙公司公允價值$1,500 之負債」，但因「甲公司取得乙公司全部淨資產」，而「全部淨資產」包括乙公司所有的資產與負債，故筆者答案為(B)；考選部答案原為(C)，後更正為(B)(C)均給分。

(14) (108 會計師考題)

(B) 甲公司於 20x1 年 1 月 1 日以現金$8,000,000 收購乙公司 100%股權，並發行以市價基礎衡量為$500,000 之員工認股權替換乙公司原有之員工認股權，收購日乙公司可辨認淨資產之公允價值為$7,500,000。乙公司該員工認股權計畫之原始既得期間為 5 年，無績效條件，於收購日以市價基礎衡量之金額為$400,000，尚未行使認股權之員工均已服務滿 3 年。甲公司該替代性認股權計畫未要求乙公司員工於合併後須提供任何服務。試問該收購之合併商譽為何？

(A) $500,000　　(B) $740,000　　(C) $800,000　　(D)$1,000,000

說明：請參閱 P.19「(七) 股份基礎給付交易」之說明。

收購者應依 IFRS 2「股份基礎給付」規定之方法(本準則將該方法之結果稱為股份基礎給付交易之「市場基礎衡量」)(IFRS 2 之第 16 及 19 段)，於收購日衡量被收購者之股份基礎給付交易或以收購者之股份基礎給付交易替代被收購者之股份基礎給付交易相關之負債或權益工具。

被收購者之股份基礎給付交易＝$400,000×(3/5)＝$240,000
合併商譽＝$8,000,000＋$240,000－$7,500,000＝$740,000

(15) (108 會計師考題)

(B) 甲公司於 20x4 年收購乙公司 100%股權。乙公司與當地稅務機關因 20x1 年所得稅核定爭議進行行政訴訟，該稅務機關要求乙公司補繳所得稅$5,000,000。乙公司原股東同意，若該稅務訴訟結果為乙公司敗訴，將給予甲公司全額補償。甲公司於收購日評估該行政訴訟乙公司有 60%機率將敗訴，而該所得稅負債之公允價值為$2,850,000，且若乙公司敗訴，乙公司原股東不履行補償承諾之可能性極低。甲公司於收購日應認列之補償性資產金額為何？

(A) $0　　(B) $2,850,000　　(C) $3,000,000　　(D)$5,000,000

說明：請參閱 P.17「(四) 補償性資產」。

企業合併之賣方可能以合約補償收購者與特定資產或負債全部或部分有關之或有事項或不確定性的結果。例如，賣方可能補償收購者因某一或有事項所產生之負債超過特定金額之損失；換言之，賣方將保證收購者之負債不會超過該特定金額。因此，收購者取得一項補償性資產。收購者應於認列被補償項目時 [按收購日公允價值認列所得稅負債$2,850,000]，同時認列補償性資產，並以與被補償項目相同之基礎衡量該補償性資產 [因乙公司原股東同意，若乙公司敗訴，將給予甲公司全額補償，故應同額認列補償性資產$2,850,000]，惟補償性資產須評估無法回收之備抵評價金額。題目提及「若乙公司敗訴，乙公司原股東不履行補償承諾之可能性極低」，即補償性資產無法回收的可能性極低，故筆者答案為(B)。
考選部答案原為(D)，後更正為(B)(D)均給分。

(16) (108 會計師考題)

(D) 甲公司於 20x3 年 8 月 31 日吸收合併乙公司，並聘請一鑑價公司針對取得之精密儀器設備進行評價。但至 20x3 年底該評價仍未完成，甲公司遂以$360,000 認列該機器設備，估計耐用年限自收購日起有 6 年、無殘值，採直線法提列折舊。20x4 年 2 月底該機器設備鑑價報告完成，認為該機器設備 20x4 年 2 月底公允價值為$392,000、在收購日的公允價值則為$420,000，耐用年限自收購日起有 5 年。甲公司 20x4 年收到該鑑價報告後，針對 20x3 年財務報表應如何處理？

(A) 不必追溯重編 20x3 年報表，應將機器設備帳面金額提高$60,000，而 20x4 年的折舊費用為$84,000

(B) 鑑價報告很主觀，僅供參考，繼續依原來方式提列折舊即可

(C) 追溯重編 20x3 年報表，累計折舊增加$52,000

(D) 追溯重編 20x3 年報表，折舊費用增加$8,000、機器設備成本增加$60,000、累計折舊增加$8,000

說明：(1) 按暫定金額：
已提列 20x3 年折舊費用＝($360,000÷6)×(4/12)＝$20,000
20x3/12/31 機器之帳面金額＝$360,000－$20,000＝$340,000

(2) 按鑑價報告(收購日公允價值)：
應提列 20x3 年折舊費用＝($420,000÷5)×(4/12)＝$28,000
20x3/12/31 機器之帳面金額＝$420,000－$28,000＝$392,000

故 機器設備成本增加$60,000＝$420,000－$360,000
20x3 年折舊費用補提$8,000＝$28,000－$20,000

(17) (107 會計師考題)

(C) 甲公司於20x6年1月1日以現金$650,000吸收合併乙公司，當日乙公司可辨認淨資產之帳面金額為$400,000，除設備低估$80,000外，其他各項可辨認資產及負債之帳面金額均等於公允價值。合併前甲、乙兩公司有一訴訟案件仍在審理中，乙公司控告甲公司侵犯其專利權，甲公司已於帳上認列$50,000負債。甲公司估計此或有負債於收購日之公允價值為$80,000。假設不考慮貨幣之時間價值，則20x6年1月1日甲公司應認列之商譽為何？
(A) $120,000　　(B) $100,000　　(C) $90,000　　(D) $50,000

說明：甲公司 20x6 年 1 月 1 日分錄：

有待法律程序決定之短期負債準備	50,000	
訴訟損失	30,000	
(可辨認資產)	480,000＋Y	
商　譽	90,000	
(可辨認負債)		Y
現　金		650,000
商譽＝($650,000－$80,000)－($400,000＋$80,000)＝$90,000		

(18)　(107 會計師考題)

(B)　甲公司於20x6年初以現金$2,000,000吸收合併乙公司，並支付收購相關成本$50,000。當日乙公司帳列資產及負債之公允價值分別為$1,500,000及$250,000，除有一項公允價值$150,000之未入帳專利權(預估尚有5年效益年限)外，無其他未入帳之可辨認資產或負債。試問甲公司收購乙公司產生之商譽為何？

(1) $550,000　　(2) $600,000　　(3) $650,000　　(3) $700,000

說明：乙可辨認淨值之公允價值
　　　　＝($1,500,000－$250,000)＋$150,000＝$1,400,000
　　商譽＝$2,000,000－$1,400,000＝$600,000
　　收購相關成本$50,000，應認列為當期費用。

(19)　(106 會計師考題)

(B)　甲公司於20x6年 1月 1日吸收合併乙公司，該日乙公司除有未入帳專利權$10,000外，另有合併商譽$100,000，該專利權自收購日起尚有5年效益年限。甲公司於20x6年底獲得與收購日已存在事實相關之新資訊，重新評估專利權於收購日之公允價值應為$20,000。有關前述合併商譽及專利權於20x7年初之金額為何？

(A)　商譽$84,000，專利權$16,000　　(B)　商譽$90,000，專利權$16,000
(C)　商譽$90,000，專利權$20,000　　(D)　商譽$100,000，專利權$10,000

說明：

	20x6/1/1	20x6/12/31	
乙未入帳專利權	$10,000	增加$10,000，成為$20,000	$20,000÷5 年＝$4,000 $20,000－($4,000×1 年)＝$16,000
乙未入帳商譽	$100,000	故減少$10,000，成為$90,000	不攤銷 且 價值未減損

(20)　(106 會計師考題)

(A)　甲公司於20x5年初以$800,000吸收合併取得乙公司所有淨資產，當日乙公司未投資任何有價證券，且帳上負債$400,000(與公允價值相當)。乙公司流動資產及非流動資產公允價值分別為$700,000及$600,000。下列有關移轉對價$800,000與所取得乙公司淨資產公允價值之差額的處理，何者正確？
(A)　認列廉價購買利益$100,000
(B)　認列廉價購買利益$500,000
(C)　依公允價值比例降低各非流動資產之價值
(D)　認列遞延貸項，並按一定年限攤銷，但不得逾20年

說明：乙淨值之公允價值＝$700,000＋$600,000－$400,000＝$900,000
　　　移轉對價$800,000－$900,000＝－$100,000 (廉價購買利益)

(21)　(106 會計師考題)

(C)　甲公司於20x1年 1月 1日並未持有其供應商乙公司任何股權，惟藉由合約協議對乙公司存在控制，此項協議將使甲公司擁有穩定之原料供給，估計此項利益之公允價值為$385,000。20x1年 1月 1日乙公司流通在外普通股之總市值為$1,300,000，可辨認淨資產之公允價值為$1,260,000。若以公允價值衡量非控制權益，則該企業合併之商譽金額為何？
(A) $0　　(B) $385,000　　(C) $425,000　　(D) $1,685,000

說明：請參閱P.47之(3)及(甲)，以及單選題(33)。
　　　商譽＝乙總公允價值(控制權益$385,000＋非控制權益$1,300,000)
　　　　　　－乙可辨認淨資產之公允價值$1,260,000＝$425,000

(22)　(105 會計師考題)

(B)　甲公司於 20x5 年 1 月 1 日發行 25,000 股普通股(每股面額$10，市價$20)以取得乙公司全部股權，並支付合併相關直接成本$30,000。甲公司另允諾若乙公司 20x5 年稅前淨利達$750,000,則將額外發行 10,000 股甲公司普通股給乙公司原股東。20x5 年初該項或有對價之公允價值為$40,000，則甲公司收購分錄應借記「採用權益法之投資－乙公司」之金額為何？
(A) $570,000　　(B) $540,000　　(C) $530,000　　(D) $500,000

說明：移轉對價＝(25,000 股×$20)＋或有對價$40,000＝$540,000

(23)　(105 會計師考題)

(B)　20x6 年 5 月 31 日甲公司吸收合併乙公司，並委託一鑑價公司針對乙公司之建築物進行評價。該評價作業於 20x6 年底尚未完成，故甲公司暫以$420,000 認列該項建築物，並估計其耐用年限自收購日起尚有 7 年，無殘值，採直線法提列折舊。該鑑價公司於 20x7 年 2 月 1 日提出鑑價報告，並估計此建築物於收購日之公允價值為$576,000，耐用年限自收購日起尚有 8 年，其餘條件不變。甲公司在 20x7 年 2 月 1 日收到鑑價報告後，針對 20x6 年財務報表中建築物帳面金額應追溯調整之金額為何？
(A) $7,000　　(B) $149,000　　(C) $156,000　　(D) $534,000

說明：暫定金額$420,000÷7 年＝每年折舊金額$60,000
　　　鑑價報告(公允價值)$576,000÷8 年＝每年折舊金額$72,000
　　　建築物帳面金額應追溯調整之金額
　　　＝成本($576,000－$420,000)－累計折舊($72,000－$60,000)×(7/12)
　　　＝成本增$156,000－累計折舊增$7,000＝帳面金額調增$149,000

(24)　(105 會計師考題)

(B)　20x6 年 7 月 8 日甲公司以現金$25,000 及發行 12,000 股普通股(每股面額$10、市價$56)收購乙公司 80%股權。當日乙公司可辨認資產之帳面金額為$560,000(公允價值$700,000)、可辨認負債之帳面金額為$230,000(公允價值$230,000)。若收購日非控制權益之公允價值為$162,500，則收購日歸屬於非控制權益之商譽金額為何？
(A) $0　　(B) $68,500　　(C) $80,250　　(D) $376,000

說明：乙公司總公允價值＝[現金$25,000＋(12,000 股×$56)]＋$162,500
　　　　　　　　　　＝$697,000＋162,500＝$859,500
　　　乙公司可辨認淨值之公允價值＝$700,000－$230,000＝$470,000
　　　乙公司未入帳商譽＝$859,500－$470,000＝$389,500
　　　歸屬於非控制權益之商譽＝$162,500－($470,000×20%)＝$68,500
　　　歸屬於甲公司之商譽＝$697,000－($470,000×80%)＝$321,000

(25)　(104 會計師考題)

(D)　乙公司發行普通股 10,000 股(每股面額$10，公允價值$630,000)，並支付股票發行費用$10,000，以取得甲公司 80%股權，甲公司可辨認淨資產公允價值為$600,000，該項合併的會計處理下列何者正確？
(A) 借記：「採用權益法之投資－甲公司」$480,000、「手續費」$10,000
　　貸記：「股本」$100,000、「資本公積」$380,000、「現金」$10,000
(B) 借記：「採用權益法之投資－甲公司」$470,000
　　貸記：「股本」$100,000、「資本公積」$360,000、現金$10,000
(C) 借記：「採用權益法之投資－甲公司」$630,000、手續費$10,000
　　貸記：「股本」$100,000、「資本公積」$530,000、「現金」$10,000
(D) 借記：「採用權益法之投資－甲公司」$630,000
　　貸記：「股本」$100,000、「資本公積」$520,000、「現金」$10,000

說明：乙公司分錄：

收購日	採用權益法之投資　　　　　　　　630,000	
	普通股股本	100,000
	資本公積－普通股股票溢價	530,000
	10,000×$10＝$100,000，$630,000－$100,000＝$530,000	
收購日	資本公積－普通股股票溢價　　　　10,000	
	現　金	10,000

(26)　(103 會計師考題)

(B)　承上題，20x5年12月31日倫敦公司重新評估發現，未來有80%之機率須支付$90,000以清償前述現時義務，20%之機率無須進行任何支付。20x5年12月31日倫敦公司應認列：
(A) 估計負債增加$12,000　　(B) 商譽增加$40,000
(C) 商譽減少$30,000　　　　(D) 損失$40,000

說明：請參閱釋例二及習題(十)。
　　　因該項現時義務係於收購日已存在之事實，於衡量期間獲得有關該現時義務之新資訊時，應將原估計之暫定金額$50,000 調整為$90,000，故增列負債準備$40,000，同時增列商譽$40,000。

(27)　(103 會計師考題)

(C)　倫敦公司於20x5年 1月 1日以現金$600,000吸收合併約克公司，當日約克公司權益為$400,000，除設備低估$180,000外，其他帳列資產及負債之帳面金額均等於公允價值，且無未入帳之可辨認資產。此外約克公司有一項因過去事件所產生之現時義務，經評估並非很有可能需要流出具經濟效益之資源以清償該義務，故約克公司並未將其認列為負債。倫敦公司估計此或有負債於收購日之公允價值為$50,000。若不考慮貨幣之時間價值，則20x5年 1月 1日倫敦公司應認列之商譽為何？
(A) $100,000　　(B) $80,000　　(C) $70,000　　(D) $20,000

說明：請參閱 P.16「(一) 或有負債」。
　　　收購日，約克公司可辨認淨值之公允價值
　　　　＝$400,000＋設備低估$180,000－或有負債$50,000＝$530,000
　　　合併商譽＝$600,000－$530,000＝$70,000

(28)　(103 會計師考題)

(B)　甲公司於20x5年 6月 1日以換發新股方式吸收合併乙公司，甲公司為存續公司，換股比例為每1股乙公司股票，換發甲公司股票2股。合併前甲公司有20,000股普通股流通在外並有活絡市場公開報價，該日之市價為每股$50；合併前乙公司有40,000股普通股流通在外，無活絡市場公開報價。此企業合併移轉對價之金額為何？
(A) $500,000　　(B) $1,000,000　　(C) $2,000,000　　(D) $4,000,000

說明：(1) 請參閱單選題(7)。
　　　(2) 計算 20x5 年 6 月 1 日乙公司移轉對價之公允價值：
　　　乙公司原股東對甲公司之持股比例＝(40,000 股×2)÷[20,000 股＋(40,000 股×2)]＝80%。假設乙公司應發行之股數為 Y，以使甲公司對乙公司之持股比例為 80%，故令 80%＝40,000 股÷(40,000 股＋Y 股)，Y＝10,000 股。20x5 年 6 月 1 日，乙公司發行流通在外之普通股並無活絡市場公開報價，故改以甲公司普通股之市價(每股$50)計算乙公司移轉對價之公允價值，金額為$1,000,000，(10,000 股×2)×$50＝$1,000,000，乙公司 10,000 股普通股相當於甲公司 20,000 股普通股。

(29) (103 會計師考題)

(C) 甲公司與乙公司於20x5年 1月 1日之權益如下：(單位：千元)

	甲公司	乙公司
普通股股本(面額$10)	$1,800	$ 800
資本公積	240	150
保留盈餘	180	200
權益總額	$2,220	$1,150

甲公司在20x5年 1月 2日，發行80,000股普通股(每股市價$20)以交換乙公司所有股份。當日甲公司支付$5,000登記費及股票發行費用，以及$10,000的其他直接合併成本。試問20x5年 1月 2日甲公司及其子公司合併財務狀況表中資本公積之金額為何？

(A) $235,000　　(B) $390,000　　(C) $1,035,000　　(D) $1,040,000

說明：$240,000＋普通股溢價[80,000 股×($20－$10)]－登記費及股票發行費用$5,000＝$240,000＋$800,000－$5,000＝$1,035,000

(30) (103 會計師考題)

(A) 承上題。試問20x5年 1月 2日甲公司及其子公司合併財務狀況表中保留盈餘之金額為何？

(A) $170,000　　(B) $180,000　　(C) $370,000　　(D) $380,000

說明：$180,000－企業合併費用$10,000＝$170,000

(31) (102 會計師考題)

(B) 劍橋公司收購四季公司全部股權，四季公司隨即消滅，收購過程中產生商譽$1,200,000，而四季公司原有一項商標權，公允價值為$200,000，然劍橋公司未來並不打算使用該商標權，則該商標權在收購日之入帳金額為何？

(A) $0　　(B) $200,000　　(C) $200,000，並立即全額轉列損失

(D) 附註揭露取得一商標權，待將來使用該商標權再以當時公允價值入帳

說明：商標權應以公允價值$200,000衡量，與收購者之未來使用意圖無關。
　　　請詳P.15之(3)：「收購者可能基於競爭或其他原因，意圖不使用所

取得之資產，例如研究及發展之無形資產；或可能意圖以不同於其他市場參與者之方式使用該資產。儘管如此，收購者應依其他市場參與者之用途所決定之公允價值衡量該資產。」

(32) (102 會計師考題)

(D) 甲公司收購乙公司75%股權及丙公司82%股權，於收購日對乙公司非控制權益係以公允價值衡量，而對丙公司非控制權益則以所享有被收購者可辨認淨資產之比例衡量。這樣的作法：
(A) 對乙、丙公司之非控制權益均應以該非控制權益之公允價值衡量
(B) 對乙、丙公司之非控制權益均應以所享有此二家公司可辨認淨資產帳面金額之比例衡量
(C) 對乙、丙公司之非控制權益均應以所享有此二家公司可辨認淨資產公允價值之比例衡量
(D) 符合國際財務報導準則之規定

說明：請詳 P.12「九、認列與衡量取得之可辨認資產、承擔之負債及被收購者之非控制權益－原則」。

(33) (101 會計師考題)

(D) 甲公司於 20x1 年 1 月 1 日藉由契約協議取得對其供應商乙公司之控制，使甲公司所需之技術支援更為穩定、並減少存貨庫存，估計此項利益之公允價值為$80,000。甲公司並未持有乙公司之任何股權。20x1 年初乙公司股票之總市值為$320,000，可辨認淨資產之公允價值為$300,000。若依可辨認淨資產比例衡量非控制權益，此無對價合併所產生之商譽為：
(A) $0　　(B) $20,000　　(C) $60,000　　(D) $80,000

說明：請參閱P.47之(3)及(甲)，以及單選題(21)。
本題係「無移轉對價而達成之企業合併」，且係依可辨認淨資產比例衡量非控制權益，故商譽只及於控制權益部分。
商譽＝乙公司總公允價值(控制權益$80,000＋非控制權益$300,000)
－乙可辨認淨資產之公允價值$300,000＝$80,000

(34) (101會計師考題)

(A) 甲公司於 20x1 年 1 月 1 日與乙公司簽訂技術合約，授權乙公司使用甲公司之某項技術，合約期限 9 年，不得展延。甲公司於 20x5 年 1 月 1 日以現金$500,000 吸收合併乙公司，當日乙公司可辨認淨資產之公允價值包括：與甲公司所簽訂之技術合約$100,000、其他可辨認資產$740,000 及負債$320,000。該技術合約條件對甲公司而言較市場條件不利，不利之金額為$80,000。合約規定不得提前解約且甲公司於收購日前並未針對此不利狀況認列任何資產或負債。有關甲公司之會計處理，下列敘述何者正確？
(A) 20x5 年 1 月 1 日應認列「再取回之技術授權損失」$80,000
(B) 20x5 年 1 月 1 日應認列「再取回之權利－技術合約」$80,000
(C) 20x5 年 1 月 1 日應認列之合併商譽為$80,000
(D) 20x5 年 1 月 1 日企業合併之移轉對價為$520,000

說明：請參閱 P.15「十、認列與衡量取得之可辨認資產、承擔之負債及被收購者之非控制權益－例外情況」之「(六)再取回權利」。

(1) 再取回權利，係指於企業合併中，收購者可能<u>重新取得</u>其先前授予被收購者之某項權利，該權利授權被收購者可使用一項或多項收購者之已認列或未認列資產。該等權利之例<u>包括</u>：於特許權協議中授權使用收購者商標名稱之權利，或於技術授權協議中授權使用收購者技術之權利。再取回權利係一項<u>可辨認無形資產</u>，收購者應將其與商譽分別認列。

(2) 收購者認列時，若產生再取回權利之合約條款<u>相對於</u>相同或類似項目之現時市場交易條款係<u>較有利</u>或<u>較不利</u>，收購者應認列<u>清償利益或損失</u>。

(3) 收購者與被收購者於意圖進行企業合併前可能已存在某種關係，稱為「既存關係」。既存關係<u>可能為</u>收購者認列為一項再取回權利之合約。若該合約涵蓋之條款相對於相同或類似項目於現時市場交易之價格較有利或較不利時，收購者應認列有效結清該合約之損益(與企業合併分別認列)，並依下述(4)衡量。

(4) 企業合併若有效結清收購者與被收購者之既存關係，收購者應依下列方式衡量並認列損益：
    (a) 對一既存之非合約關係(如訴訟)，按公允價值衡量。
    (b) 對一既存之合約關係，以<u>(i)</u>及<u>(ii)較低者</u>衡量：

(i)	從收購者之觀點而言,該合約相對於相同或類似項目之現時市場交易條件較有利或較不利之價格。 (不利合約,係指該合約條款相對於市場交易條款較不利者,但其未必為虧損性合約。虧損性合約,係指其義務履行所不可避免之成本超過預期從該合約獲得之經濟效益。)
(ii)	依合約結清條款規定,合約中不利之一方結清合約之金額。
若(ii)之金額低於(i)時,其差額應計入企業合併會計處理之一部分。	

已認列損益之金額可能部分取決於收購者先前是否已認列相關之資產或負債,因而報導之損益可能異於應用前述規定計算之金額。

應用於本題:

			(反推)	
	與本題技術合約相同或類似項目之現時市場交易價格		$180,000	該技術合約條件對甲公司而言較市場條件不利,不利之金額為$80,000。
(i)	本題技術合約之公允價值		$100,000	
(ii)	依合約結清條款規定,合約中不利之一方結清合約之金額		(本題無此資訊)	(因本題技術合約規定不得提前解約。)

(5) 認列為無形資產後,再取回權利<u>應於賦予該權利之合約之剩餘合約期間內攤銷</u>。收購者<u>嗣後出售</u>再取回權利予第三方時,應納入該無形資產之帳面金額,以決定<u>出售利益或損失</u>。

(6) 甲公司 20x5 年 1 月 1 日分錄:

(a)	再取回之技術授權損失	80,000	
	其他短期負債準備－再取回之技術授權損失		80,000
	甲公司應認列清償損失,$80,000－先前認列數$0＝$80,000。		
(b)	再取回之權利－技術授權	100,000	
	(其他可辨認資產)	740,000	
	其他短期負債準備－再取回之技術授權損失	80,000	
	(各項可辨認負債)		320,000
	現　金		500,000
	廉價購買利益		100,000
	移轉對價＝付現$500,000－結清既存關係(原授權合約)之負債 　　　　　$80,000＝$420,000		
	廉價購買利益＝$420,000－($100,000＋$740,000－$320,000) 　　　　　　＝$420,000－$520,000＝－$100,000		

(35)　(101 會計師考題)

(C)　承上題，20x6 年 1 月 1 日甲公司將收購日所取回之技術合約以$100,000售予丙公司。當日甲公司應認列出售該技術合約之(損)益為何？
　　(A) $80,000　　(B) $60,000　　(C) $20,000　　(D) $10,000

說明：收購者將再取回權利認列為無形資產後，再取回權利應於賦予該權利之合約之剩餘合約期間內攤銷。收購者嗣後出售再取回權利予第三方時，應考慮該無形資產之帳面金額，以決定出售利益或損失。
20x5/ 1/ 1 起，每年攤銷數＝$100,000÷(9 年－4 年)＝$20,000
20x6/ 1/ 1，再取回權利之帳面金額＝$100,000－$20,000＝$80,000
20x6/ 1/ 1，出售該技術合約之利益
　　　＝售價$100,000－再取回權利之帳面金額$80,000
　　　＝$20,000

(36)　(100 會計師考題)

(C)　甲公司發行普通股以取得乙公司 85%股權，發行新股之登記與發行支出 $7,800 應借記？
　　(A) 商譽　$7,800　　　　　(B) 採用權益法之投資　$7,800
　　(C) 資本公積　$7,800　　　(D) 登記發行費用　$7,800

說明：請參閱 P.13、P.27。

(37)　(100 會計師考題)

(D)　甲公司於 20x4 年初以現金取得乙公司全部股權，該金額高於乙公司全部淨值之公允價值，並允諾乙公司原股東，若乙公司 20x4 年稅前盈餘達 5,000 萬元，將再額外給予 6,000 股甲公司普通股。若後來果真達成此營業目標並發行甲公司普通股以履行承諾，則此舉對合併個體的影響為何？

　　(A) 資本公積會增加　　(B) 保留盈餘會增加
　　(C) 商譽會增加　　　　(D) 權益總額不受影響

說明：請參閱釋例一、釋例三、釋例四。

(38) (100 會計師考題)

(A) 甲公司取得乙公司全部股權，乙公司為消滅公司，若乙公司合併前帳列資產中有一項因過去購併丙公司所產生之商譽$600,000，則本次合併甲公司應如何處理此項商譽？
(A) 不承認該商譽
(B) 併入購併乙公司所產生之商譽
(C) 不得與購併乙公司所產生之商譽混在一起，應單獨列示「商譽－購併丙公司」
(D) 作價值減損鑑定，以確認商譽是否仍有價值

說明：請參閱 P.12「九、認列與衡量取得之可辨認資產、承擔之負債及被收購者之非控制權益－原則」、P.19「十一、認列與衡量商譽或廉價購買利益」、單選題(43)及(52)。

(39) (100 會計師考題)

(C) 甲公司於20x4 年 5 月 1 日發行普通股以取得乙公司全部淨資產，且乙公司解散，合併期間發生會計師與顧問費用共$100,000，乙公司解散之註冊登記費$40,000，20x4 年 5 月 1 日合併前甲公司及乙公司之淨利分別為$500,000 及$240,000，則 20x4 年 5 月 1 日合併後甲公司綜合損益表之淨利應為多少？
(A) $500,000　　(B) $400,000　　(C) $360,000　　(D) $740,000

說明：$500,000－合併費用($100,000＋$40,000)＝$360,000。
　　　請參閱 P.13、P.27。

(40) (98 會計師考題)

(D) 甲公司想要收購乙公司一半股權，下列那一種方式不可作為取得股權的方式？
(A) 現金　　　　(B) 以甲公司的存貨充抵
(C) 發行新股票　(D) 以甲公司明年度 50%的盈餘充抵

(41)　(98 會計師考題)

(D)　甲公司於 20x5 年初發行 100,000 股普通股以取得乙公司全部淨資產,其移轉對價大於所取得可辨認淨值之公允價值,乙公司於合併後解散。甲公司並向乙公司原股東承諾,若合併後甲公司 20x5 年稅前淨利達$3,000,000,將再額外發行 20,000 股普通股給乙公司原股東。若甲公司於 20x5 年確實達成此營業目標並發行股票以履行承諾。試問此項承諾於收購日對合併個體的影響為何?
(A) 依面額增加股本、減少保留盈餘　　(B) 減少權益總額
(C) 依市值增加股本、減少資本公積　　(D) 增加商譽金額

說明:(A)、(B)、(C):於收購日按或有對價的公允價值貸記或有發行普通股,因此權益總額只會增加,不會減少。
　　　(D):因移轉對價(包含或有對價,即承諾)大於所取得可辨認淨值之公允價值,故有商譽。請參閱釋例四。

(42)　(98 會計師考題)

(A)　企業合併時,被消滅公司若原先持有存續公司股票,若存續公司擬繼續持有該項股票,則對被消滅公司該股票投資帳戶餘額正確的會計處理應是下列何者?
(A) 轉列為存續公司庫藏股票
(B) 沖減消滅公司股本
(C) 沖減存續公司股本,若有差額則調整資本公積
(D) 沖減存續公司股本,若有差額則調整保留盈餘

(43)　(98 會計師考題)

(D)　吸收合併前若被收購公司帳上有因過去收購他公司所產生之商譽$80,000,則本次吸收合併時收購公司應如何處理此項商譽?
(A) 合併商譽應增加$80,000
(B) 先作資產減損測試,若未發生價值減損,則合併商譽應增加$80,000
(C) 請專家鑑價,依當時公允價值入帳
(D) 不承認該項商譽

說明:請參閱單選題(38)及(52)。

(44) **(98 會計師考題)**

(A) 20x4 年初美濃公司以現金$200,000 及發行 50,000 股普通股(每股面額$10，市價$30)，以取得旗山公司全部淨資產，並向旗山公司原股東承諾若 20x4 年美濃公司每股盈餘未達$2，將再發行 10,000 股美濃公司普通股給旗山公司原股東。若 20x4 年底美濃公司普通股每股市價$14，且 20x4 年每股盈餘為$1.5，則美濃公司 20x4 年因該投資案增加權益之金額為何？
(A) $1,800,000　(B) $1,740,000　(C) $1,640,000　(D) $1,500,000

說明：收購日以公允價值衡量移轉對價，包括或有對價。
$30×(50,000 股＋10,000 股)＝$1,800,000。請參閱釋例四。

(45) **(98 會計師考題)**

(C) 下列敘述何者正確？
(A) 只要投資公司取得被投資公司 100%股權，被投資公司必定要消滅
(B) 被合併公司以前年度有營業虧損，合併存續公司在合併年度可立即享受因合併所帶來的所得稅利益
(C) 創設合併必定有公司被消滅
(D) 吸收合併不一定有公司被消滅

說明：(A) 投資公司取得被投資公司取得 100%股權，被投資公司不一定要消滅，可能形成母子公司型態。
(B) 只有當合併存續公司在合併年度有課稅所得，才可能可立即享受因合併所帶來的所得稅利益。另須參酌各國稅法相關規定。
(D) 吸收合併一定有公司被消滅。

(46) **(98 會計師考題)**

(B) 甲公司取得乙公司 90%股權，合併當時產生商譽$351,000，已知乙公司可辨認淨資產被低估$186,000，可辨認總資產公允價值$723,000，可辨認總負債公允價值$294,000。若非控制權益係以對被收購者可辨認淨資產所享有之比例份額衡量，則此項收購之移轉對價為何？
(A) $615,000　(B) $737,100　(C) $869,400　(D) $904,500

說明：非控制權益＝($723,000－$294,000)×10%＝$42,900
(移轉對價＋$42,900)－($723,000－$294,000)＝$351,000
∴ 移轉對價＝$737,100

(47) (97 會計師考題)

(B) 甲公司以$40,000 取得乙公司 80%股權，收購前乙公司可辨認總資產公允價值為$410,000，可辨認總負債公允價值為$330,000。非控制權益係以對被收購者可辨認淨資產所享有之比例份額衡量。若乙公司在被收購前已將非流動資產變賣殆盡，則下列有關這筆股權投資交易的敘述何者正確？
(A) 這筆投資將產生$24,000 商譽
(B) 這筆投資將產生$24,000 廉價購買利益
(C) 這筆投資將產生$30,000 商譽
(D) 這筆投資將產生$30,000 廉價購買利益

說明：非控制權益＝($410,000－$330,000)×20%＝$16,000
乙總公允價值($40,000＋$16,000)－乙可辨認淨值之公允價值
($410,000－$330,000)＝－$24,000 (廉價購買利益)

(48) (97 會計師考題)

(B) 20x5 年初，甲公司以現金$100,000 及發行 50,000 股普通股(每股面額$10，市價$20)，以取得乙公司全部淨資產，並向乙公司股東承諾若 20x5 年底甲公司股價低於$15，將按差額折算並發行等值之股票給乙公司原股東以彌補該差額。若 20x5 年底甲公司普通股每股市價$14，則此企業合併之移轉對價為何？
(A) $1,150,000　　(B) $1,100,000　　(C) $1,050,000　　(D) $800,000

說明：20x5 年初，移轉對價＝(1)現金$100,000＋(2)50,000 股甲公司普通股($20×50,000)＋(3)或有對價(係屬金融負債)之公允價值為$0＝$1,100,000。請參閱習題(七)。

(49) **(97 會計師考題)**

(C) 20x5 年 6 月 30 日，甲公司以每股$10 取得乙公司所有流通在外普通股 100,000 股。乙公司所有可辨認淨資產之公允價值為$1,500,000，乙公司唯一的非流動資產土地之公允價值為$350,000。試問甲公司和乙公司 20x5 年 6 月 30 日之合併財務報表應列示：
(A) 廉價購買利益$150,000　　(B) 商譽$150,000
(C) 廉價購買利益$500,000　　(D) 商譽$500,000

說明：廉價購買利益＝($10×100,000 股)－$1,500,000＝－$500,000

(50) **(97 會計師考題)**

(D) 乙公司(被收購者)帳列一部於營業使用中的機器，帳面金額$58,000(重置成本$55,000)，在乙公司被收購前丙公司有意購買該機器，當時乙公司對丙公司報價$100,000，惟丙公司於詢價後未再聯繫。甲公司(收購者)於收購日評估該機器的使用價值為$45,000，則收購日合併財務報表上該機器應表達之金額為何？
(A) $100,000　　(B) $58,000　　(C) $55,000　　(D) $45,000

說明：「使用價值」是未來使用該機器設備所產生現金流量之折現值，較題目中的其他金額更適合做為該部機器於收購日之公允價值。

(51) **(96 會計師考題)**

(D) 若被收購公司帳列有：應付帳款、應付票據、長期負債、其他應付債務，則收購公司應該如何評估其公允價值？
(A) 依帳面金額，因為負債帳面金額可視同等於其公允價值
(B) 依帳面金額，因為公允價值與帳面金額差異不大，依據重要性原則可以忽略
(C) 依帳面金額，因為不易估算其公允價值
(D) 按收購當時市場利率折算現值

(52) (95會計師考題)

(C) 甲公司以現金$630,000取得乙公司90%股權,當日乙公司可辨認總資產之帳面金額為$620,000(包含乙公司數年前吸收合併丙公司產生之商譽$50,000),其中存貨高估$12,000、建築物低估$20,000、未入帳專利權公允價值$30,000,乙公司可辨認總負債之公允價值為$360,000。若非控制權益係以收購日公允價值衡量,則本次收購所產生之商譽為何?
(A) $382,000　　(B) $406,800　　(C) $452,000　　(D) $414,000

說明:非控制權益係以收購日公允價值衡量,惟題意中未提及該公允價值,故設算之。乙公司總公允價值＝$630,000÷90%＝$700,000
乙公司可辨認淨值之公允價值
＝($620,000－$50,000－$12,000＋$20,000＋$30,000)－$360,000
＝$248,000
乙公司未入帳商譽＝$700,000－$248,000＝$452,000
另請參閱單選題(38)及(43)。

(53) (93會計師考題)

(D) 若企業收購價格之決定係以未來盈餘為基礎,當或有事項成就時,收購者將發行額外有價證券給被收購者原股東,則額外發行之有價證券在收購日應如何處理?
(A) 作為當期費用　　　　　　(B) 作為收入的減少
(C) 作為發行股票溢價的減少　(D) 作為移轉對價的一部分

說明:請參閱P.23「十二、移轉對價」第三段。

(54) (91會計師考題)

(D) 甲公司發行面額A(現值B)之公司債以取得乙公司100%股權,已知乙公司當日可辨認淨資產帳面金額為C,可辨認淨資產公允價值為D,甲公司因此次投資而產生之商譽金額為E,試問下列何者正確?
(A) A＝C＋E　　(B) B＝C＋E　　(C) A＝D－C　　(D) B＝D＋E

說明: ∵ B－D＝E, ∴ B＝D＋E

(55) **(91 會計師考題)**

(B) 在那些合併方式下，合併完成後被合併公司一定會解散？

	合併公司購買被合併公司生產性資產	合併公司購買被合併公司100%股權	吸收合併	創設合併
(A)	－	V	V	V
(B)	－	－	V	V
(C)	V	－	V	V
(D)	V	V	－	V

第二章 股權投資之會計處理

　　第一章已將企業合併的種類彙集如下表，其中吸收合併及新設合併後只有一家企業存續，該存續企業擁有原參與合併之兩家或兩家以上企業的一切資源與義務負擔。而資產收購，性質上係屬一般的資產買賣行為，不涉及股東權利義務之移轉，銀貨兩訖後，買賣雙方彼此無關。至於股權收購，則在收購後不必然只有一家企業存續，若被收購者未解散，收購者與被收購者仍各自繼續經營，則收購者就以「採用權益法之投資」科目來表彰其所擁有被收購者的權益，往後收購者與被收購者即形成母、子公司的關係。本章將詳述股權投資交易(包含股權收購)及其會計處理，也為第三章至第十一章將介紹的母、子公司合併財務報表揭開序幕。

企業合併種類及其會計處理，於本書章次編排順序如下：

會計方法	企　業　合　併　種　類		
	吸收合併	新設合併	收　購
收購法	第 1 章	第 1 章	資產收購：第 1 章 股權收購：第 1～11 章

本章主要遵循之準則為：
(1) 國際會計準則第 28 號「投資關聯企業及合資」。(IAS 28)
(2) 國際財務報導準則第 9 號「金融工具」。(IFRS 9)
(3) 國際財務報導準則第 12 號「對其他個體之權益之揭露」。(IFRS 12)

一、準則用詞定義：

(1) 關聯企業 (An associate)：係指投資者對其<u>有重大影響</u>之企業。

(2) 權益法 (The equity method)：
　　→ 係指<u>投資</u>原始依<u>成本</u>認列,其後依<u>取得後投資者對被投資者淨資產之份額</u><u>之變動</u>而<u>調整</u>之會計方法。投資者之損益<u>包括</u>其對被投資者損益之份額，且投資者之其他綜合損益<u>包括</u>其對被投資者其他綜合損益之份額。

(3) 重大影響 (Significant influence)：
　　→ 係指<u>參與</u>被投資者財務及營運政策之決策之<u>權力</u>，但非控制或聯合控制該等政策。

(4) 對被投資者之控制 (Control of an investee)：
　　→ 當投資者<u>暴露於</u>來自對被投資者之參與(involvement)之變動報酬(vairable returns)<u>或</u>對該變動報酬<u>享有權利且</u>透過其對被投資者之權力有能力影響該等報酬時，投資者控制被投資者。
　　→ An investor controls an investee when the investor <u>is exposed, or has rights, to</u> variable returns from its involvement with the investee **and** has the ability to affect those returns through its power over the investee.
　　→ 其細節及相關考量，請詳第三章「二、存在控制及其相關考量」。

(5) 集團 (Group)：母公司及其子公司。

(6) 母公司 (Parent)：控制一個或多個個體之個體。

(7) 子公司 (Subsidiary)：受另一個體控制之個體。

(8) 合併財務報表 (Consolidated financial statements)：
　　→ 係指集團之財務報表，於其中將母公司及其子公司之資產、負債、權益、收益、費損及現金流量以如同屬單一經濟個體者表達。

二、股權投資(Stock Investments)之會計處理原則

當投資者取得被投資者之<u>普通股</u>作為<u>投資標的</u>時，其<u>原始認列</u>須視"投資者對被投資者<u>是否</u>具重大影響或存在控制"而定，請詳表 2-1 之「原始認列」欄。茲分三種情況說明：

(一) 不具重大影響：

(1) <u>原則上</u>，股權投資應分類為「透過損益按公允價值衡量之金融資產」：
　　→ 原始按<u>公允價值</u>衡量，其相關交易成本列為當期費用。
　　→ 交易成本<u>包括</u>：支付予代理機構(包括擔任銷售代理人之員工)、顧問、經紀商與自營商之費用及佣金，主管機關與證券交易所收取之規費，以及轉讓稅捐。

→ 交易成本<u>不包括</u>：溢價或折價、財務成本、內部管理或持有成本。
→ 此類權益證券投資包括："持有供交易(held for trading)股權投資"及"非持有供交易(not held for trading)股權投資"，但不包括下述(2)之情況。

(2) 若企業於<u>原始認列時</u>，<u>作一不可撤銷之選擇</u>(irrevocable option)，將"<u>非持有供交易股權投資</u>"後續公允價值變動，列報於其他綜合損益中，則分類為「透過其他綜合損益按公允價值衡量之金融資產」：
→ 原始按<u>成本</u>衡量，即歷史成本觀念，包含權益證券公允價值及直接可歸屬於取得該金融資產之交易成本。交易成本，請詳上述(一)(1)。

(二) 具重大影響：股權投資原始按<u>成本</u>衡量，借記「採用權益法之投資」，而「成本」即歷史成本觀念，<u>包含權益證券公允價值及直接可歸屬於取得該金融資產之交易成本</u>。交易成本，請詳上述(一)(1)。

(三) 存在控制：即股權收購，依<u>收購法</u>處理，請參閱本書第一章之內容，於收購日以公允價值衡量，並借記「採用權益法之投資」。

<u>股權取得後</u>，認列相關損益的會計處理，仍是按"投資者對被投資者是否具重大影響或存在控制"而定：

(一) 不具重大影響：依 IFRS 9，投資者僅於下列條件均滿足時，始於損益中認列股利收入：(1)企業收取股利之權力確立，(2)與股利有關之經濟效益很有可能流入企業，(3)股利金額能可靠衡量。

(二) 具重大影響或存在控制：
→ 投資者按「權益法」認列投資損益，須遵循 IAS 28「投資關聯企業及合資」之相關規定。

另期末衡量基礎、資產減損評估及相關項目在財務報表的表達方式，皆彙述於**表 2-1** (請詳次頁)，相關說明請參閱本章附錄。表 2-1 也彙述另外兩種常見之投資標的，<u>債券</u>及<u>特別股</u>，供讀者比對學習。

(續次頁)

表 2-1 三種常見投資標的及其相關會計處理 (IFRS 9)

	對被投資者的影響程度	原始認列	後續相關損益之會計處理	分類為流動或非流動資產(註十七)	期末衡量基礎	公允價值變動之財務報表表達	資產減損評估
(A) 債券	(不適用)	(1) 後續按攤銷後成本衡量(註一、二、五)	IFRS 9 (註十)	非流動/流動(註十八)	攤銷後成本(註十一)	(不適用)	(註十九)
		(2) 透過其他綜合損益按公允價值衡量(註一、三、五)	IFRS 9 (註十)	流動/非流動	期末公允價值	屬其他綜合損益	(註十九)(註二十)
		(3) 透過損益按公允價值衡量(註一、四、六)	IFRS 9 (註十二)	流動/非流動		屬損益項目	(不適用)
(B) 特別股	(不適用)	同(C)(1)	同(C)(1)	同(C)(1)	(註十六)	同(C)(1)	同(C)(1)
		同(C)(2)	同(C)(2)	同(C)(2)		同(C)(2)	同(C)(2)
	(特殊情況)	(註二二)	(註二二)	非流動	帳面金額	(不適用)	(註二一)
(C) 普通股	對被投資者不具重大影響	(1) 透過損益按公允價值衡量(註七、六)	IFRS 9 (註十三)	流動/非流動	期末公允價值(註十六)	屬損益項目	(不適用)
		(2) 可作一不可撤銷之選擇：透過其他綜合損益按公允價值衡量 (註七、五)	IFRS 9 (註十三)	非流動		屬其他綜合損益	(註十九)(註二十)
	對被投資者具有重大影響	依權益法，投資關聯企業原始依成本認列(註八、五)	IAS 28 權益法(註十四)	非流動	帳面金額	(不適用)	(註二一)
	對被投資者存在控制，投資者與被投資者形成母、子公司	企業應對每一企業合併採用收購法之會計處理。(註九)	權益法，期末需編製母、子公司合併財務報表 (註十五)	非流動	帳面金額	(不適用)	(註二一)

表 2-1 之註釋說明：

除特別說明外，下列註釋適用 IFRS 9「金融工具」。		
註一	(1)	除有下列(2)段之適用外，企業應以下述兩項為基礎將金融資產分類為<u>後續按攤銷後成本衡量、透過其他綜合損益按公允價值衡量</u>或 <u>透過損益按公允價值衡量</u>： (a) 企業管理金融資產之經營模式；及 (b) 金融資產之合約現金流量特性。
	(2)	企業於金融資產<u>原始認列時仍可將其指定為透過損益按公允價值衡量</u> (Fair Value Option)，<u>若此舉可消除或重大減少如不指定將會</u>因採用不同基礎衡量資產負債或認列其利益及損失而產生之衡量或認列不一致 [此情況稱為『會計配比不當』]。
註二		金融資產若<u>同時</u>符合下列兩條件，則<u>應按攤銷後成本衡量</u>： (a) 金融資產係於某經營模式下持有，該模式之目的係持有金融資產以收取合約現金流量。 (b) 該金融資產之合約條款產生特定日期之現金流量，該等現金流量完全為支付本金及流通在外本金金額之利息。
註三		金融資產若<u>同時</u>符合下列兩條件，則<u>應透過其他綜合損益按公允價值衡量</u>： (a) 金融資產係於某經營模式下持有，該模式之目的係藉由收取合約現金流量<u>及</u>出售金融資產達成。 (b) 該金融資產之合約條款產生特定日期之現金流量，該等現金流量完全為支付本金及流通在外本金金額之利息。
註四		除依註二及註三之規定外，金融資產均應透過損益按公允價值衡量。故債券投資若不符註二及註三之分類，則應透過損益按公允價值衡量。
註五		原始依成本衡量， 成本＝公允價值＋直接可歸屬於取得該金融資產之交易成本 於原始認列時，企業應以公允價值衡量金融資產，<u>若非屬</u>"透過損益按公允價值衡量之金融資產"，則<u>應加計</u>直接可歸屬於取得該金融資產之交易成本。
註六		原始依公允價值衡量，交易成本列為當期費用。

表 2-1 之註釋說明：(續 1)

註七	\multicolumn{2}{l	}{除依註二及註三之規定外，金融資產均應透過損益按公允價值衡量。惟企業於原始認列時，可作一不可撤銷之選擇(irrevocable option)，將原應透過損益按公允價值衡量之特定權益工具投資後續公允價值變動，列報於其他綜合損益中，但該投資之股利仍應認列於損益中，故股權投資原則上應透過損益按公允價值衡量。}
	\multicolumn{2}{l	}{上述列報於其他綜合損益之累積利益或損失，後續不得移轉至損益，但可於權益內移轉該金額。準則未規定可轉入之會計科目，筆者建議可轉入保留盈餘。}
	\multicolumn{2}{l	}{特定權益工具投資： 係屬 IFRS 9 範圍內之權益工具投資，且該權益工具既非持有供交易，亦非適用IFRS 3之企業合併中之收購者所認列之或有對價。}
註八	\multicolumn{2}{l	}{適用：IAS 28「投資關聯企業及合資」。}
註九	\multicolumn{2}{l	}{適用：IFRS 3「企業合併」。}
	\multicolumn{2}{l	}{第 4 段：企業應對每一企業合併採用收購法之會計處理。}
	\multicolumn{2}{l	}{第 18 段：收購者應以收購日之公允價值，衡量所取得之可辨認資產及承擔之負債。}
	\multicolumn{2}{l	}{第 32 段：收購者應於收購日認列商譽，…}
	\multicolumn{2}{l	}{第 34 段：…收購者應於收購日將產生(廉價購買)之利益列入損益，且該利益應歸屬於收購者。}
	\multicolumn{2}{l	}{第 53 段：…收購相關成本於發生當期以及勞務完成當期列為費用。…}
註十	(1)	利息收入應使用有效利息法計算，即以有效利率乘以金融資產總帳面金額計算，除非該金融資產係： (a) 購入或創始之信用減損金融資產。對於該等金融資產，企業自原始認列起應以信用調整後有效利率乘以金融資產攤銷後成本。 (b) 非屬購入或創始之信用減損金融資產，但後續變成信用減損金融資產者。對於該等金融資產，企業於後續報導期間應以有效利率乘以金融資產攤銷後成本。

表 2-1 之註釋說明：(續 2)

註十(續)	(2)	企業於某報導期間依上列(1)(b)之規定，將<u>有效利息法</u>適用於<u>金融資產攤銷後成本</u>以計算利息收入，於後續報導期間，若金融工具之信用風險改善使該金融資產<u>不再為</u>信用減損，且該改善與適用上列(1)(b)後發生之事項(例如債務人之信用等級改善)能客觀地相連結，則該企業應以<u>有效利率</u>乘以<u>總帳面金額</u>計算利息收入。
	(3)	有效利率： 係指將"金融資產金融負債預期存續期間內之估計未來現金支付或收取金額"折現後，<u>恰等於</u>"該金融資產總帳面金額"或"金融負債攤銷後成本"之利率。
	(4)	信用調整後有效利率： 係指將"金融資產預期存續期間內之估計未來現金支付或收取金額"折現後，<u>恰等於</u>"購入或創始之信用減損金融資產攤銷後成本"之利率。
	(5)	金融資產總帳面金額、金融資產攤銷後成本：請詳註十一。
	(6)	信用減損金融資產： 對金融資產之估計未來現金流量具有不利影響之一項或多項事項已發生時，該金融資產已信用減損。金融資產已信用減損之證據包括有關下列事項之可觀察資料： (a) 發行人或借款人之重大財務困難； (b) 違約，諸如延滯或逾期事項； (c) 因與借款人之財務困難相關之經濟或合約理由，借款人之債權人給予借款人原本不會考量之讓步； (d) 借款人很有可能會聲請破產或進行其他財務重整； (e) 由於財務困難而使該金融資產之活絡市場消失； (f) 以反映已發生信用損失之大幅折價購入或創始金融資產。
	(7)	信用損失： "企業依據合約可收取之所有合約現金流量" 與 "企業預期收取之所有合約現金流量" 之差額 (亦即所有現金短收)，按<u>原始有效利率</u> (或購入或創始之信用減損金融資產之<u>信用調整後有效利率</u>)折現後之金額。

表 2-1 之註釋說明：(續 3)

註十一	金融資產或金融負債攤銷後成本： 金融資產或金融負債原始認列時衡量之金額，減除已償付之本金，加計或減除"該原始金額與到期金額間差額之累積攤銷數(使用有效利息法)"，並對金融資產調整任何備抵損失。

	換言之，金融資產攤銷後成本，係指：
	 (a) 金融資產原始認列金額＋已攤銷折價－任何備抵損失
	     或 金融資產原始認列金額－未攤銷折價－任何備抵損失
	 (b) 金融資產原始認列金額－已攤銷溢價－任何備抵損失
	     或 金融資產原始認列金額＋未攤銷溢價－任何備抵損失

	金融資產總帳面金額，係指調整任何備抵損失前之金融資產攤銷後成本，即上列(a)及(b)畫底線部分。
註十二	適用：IFRS 9「金融工具」，按所收利息認列利息收入。 國際會計準則未規定債券投資之折價或溢價應否攤銷。 惟折價或溢價攤銷與否對當期損益影響相同，只是表現之損益科目略有不同。若攤銷折價或溢價，則對當期損益影響表現在：(a)「利息收入」，(b)「透過損益按公允價值衡量之金融資產(負債)損失」，(c)「透過損益按公允價值衡量之金融資產(負債)利益」；若不攤銷折價或溢價，則對當期損益影響表現在上述之(b)及(c)。
註十三	僅於下列條件均滿足時，始於損益中認列股利收入： (a) 企業收取股利之權力確立， (b) 與股利有關之經濟效益很有可能流入企業， (c) 股利金額能可靠衡量。
註十四	適用：IAS 28「投資關聯企業及合資」，認列投資損益。
註十五	適用：IFRS 3「企業合併」、IAS 28「投資關聯企業及合資」、IFRS 10「合併財務報表」。
註十六	適用：IFRS 13「公允價值衡量」。 公允價值：於衡量日，市場參與者間在有秩序之交易中出售某一資產所能收取或移轉某一負債所需支付之價格。

表 2-1 之註釋說明：(續 4)

註十七	適用：IAS 1「財務報表之表達」。
	有下列情況之一者，企業應將資產分類為流動： (a) 企業預期於其正常營業週期中實現該資產，或意圖將其出售或消耗； (b) 企業主要為交易目的而持有該資產； (c) 企業預期於報導期間後十二個月內實現該資產；或 (d) 該資產為現金或約當現金(如國際會計準則第7號所定義)，但於報導期間後至少十二個月將該資產交換或用以清償負債受到限制者除外。 企業應將所有其他資產分類為非流動。
註十八	原則上係列為非流動資產，惟債券到期日之前一個報導期間結束日，應將以攤銷後成本衡量之債券投資，從非流動資產重分類為流動資產。
註十九	適用：IFRS 9「金融工具」。
	企業應對下列項目之<u>預期信用損失</u>認列<u>備抵損失</u>： (a) 按攤銷後成本衡量之金融資產 [註二] 及 (b) 透過其他綜合損益按公允價值衡量之金融資產 [註三]。
註二十	對透過其他綜合損益按公允價值衡量之金融資產，企業應適用減損規定於其備抵損失之認列與衡量。惟應將備抵損失認列於其他綜合損益，且不應減少財務狀況表上金融資產之帳面金額(即另設金融資產評價科目)。
註二一	適用：IAS 36「資產減損」。
	期末時，比較長期股權投資之「帳面金額」與「可回收金額」，若前者大於後者，則將「帳面金額」減少至「可回收金額」，減少部分即為減損損失，應立即認列為當期損失。
	「可回收金額」為下列二者之較高者： 　　　　　(1) 公允價值減出售成本　(2) 使用價值
	「使用價值」：預期將由資產或現金產生單位產生之未來現金流量之折現值。
註二二	當母公司同時投資子公司普通股及特別股時，皆須採權益法處理，請詳本書下冊第十章「一、子公司發行特別股之財表合併程序」。

三、重大影響

在判斷投資者對被投資者財務及營運政策之決策是否具重大影響,原則上應按個案實際情況來研判,而其中一項重要的判斷依據是持股比例(表決權力多寡),故制訂準則的權威機構遂於會計準則中提出 20%的參考持股比例,即一企業如直接或間接(如透過子公司)持有 20%以上之被投資者表決權力時,則推定該企業對被投資者具重大影響,除非能明確證明並非如此。反之,一企業如直接或間接(如透過子公司)持有少於 20%之被投資者表決權力時,則推定該企業對被投資者不具重大影響,除非能明確證明此種重大影響。此外,若另一投資者持有絕大部分或多數之所有權時,並不必然排除一企業具重大影響。例如:甲公司持有乙公司 40%表決權,丙公司持有乙公司 30%表決權,則丙公司仍有可能對乙公司具重大影響,不因甲公司持有乙公司 40%表決權而排除此項可能性。

上文所稱「一企業如直接或間接(如透過子公司)持有 20%以上之被投資者表決權力時,...」。所謂「直接或間接」,係將企業所持有被投資者表決權,連同其存在控制之他企業所持有同一被投資者表決權一併計算。而所謂「存在控制之他企業」,包括他企業本身及其存在控制之另一他企業,其餘類推。又集團(即「合併個體」)對關聯企業或合資之份額係指母公司及其子公司對該關聯企業或合資所持有份額之總和。為計算此份額,集團之其他關聯企業或合資所持有之份額,應予忽略。

例如:甲公司同時持有乙公司 80%表決權及丙公司 10%表決權,而乙公司持有丙公司 25%表決權,則甲公司及乙公司所形成之集團共持有丙公司 35%表決權(10%+25%=35%),如圖 2-1 (請詳次頁),故甲公司及乙公司所形成之集團對丙公司具重大影響。而不考慮甲公司持有丁公司 30%股權及丁公司持有丙公司 28%股權之關係,雖然甲公司對丁公司亦具重大影響。假設丙公司持有戊公司 40%股權,則適用權益法認列投資損益之順序為:
(1) 丙公司按 40%認列對戊公司之投資損益,進而得出丙公司淨利。
(2) 丁公司按 28%認列對丙公司之投資損益,進而得出丁公司淨利。
(3) 甲公司及乙公司所形成之集團按 35%認列對丙公司之投資損益。
(4) 甲公司及乙公司所形成之集團按 30%認列對丁公司之投資損益。

圖 2-1

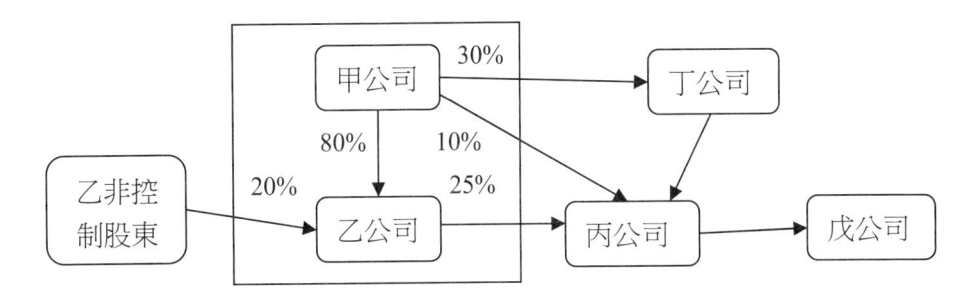

```
                    甲公司  ──30%──→  丁公司
                   ╱  ╲        ╲         ↑
                 80%  10%       ╲        │
                 ╱      ╲        ╲       │
  乙非控─20%→ 乙公司   25%──→   丙公司 ──→ 戊公司
  制股東
```

　　除上述原則外，其他可用於研判企業是否對被投資者具重大影響的參考指標、潛在表決權及其他應注意事項，分段說明如下：

(一) 通常可按下列一種或多種方式，證明企業重大影響之存在：

　　(1) 在被投資者之董事會或類似治理單位有代表。
　　(2) 參與政策制訂過程，包括參與股利或其他分配之決策。
　　(3) 企業與其被投資者間有重大交易。
　　(4) 管理人員之互換。
　　(5) 重要技術資訊之提供。

(二) 應考量目前可執行或可轉換潛在表決權之存在及影響：

(1) 所謂「潛在表決權」，係指企業可能擁有認股權證、股份買權、可轉換為普通股之債務或權益工具(例如：可轉換公司債、可轉換特別股)，或其他類似工具，於行使或轉換時，將使企業增加對另一個體之財務及營運政策之額外表決權力或減少他方之表決權力。
(2) 如潛在表決權須至未來特定日期或未來特定事件發生方能可行使或轉換，則該潛在表決權不屬目前可行使或可轉換。
(3) 於評估企業是否具重大影響時，應考量目前可行使或可轉換潛在表決權(包括其他個體所持有之潛在表決權)之存在及影響。
(4) 續(3)，企業評估潛在表決權是否導致重大影響時，應檢視所有影響潛在表決權之事實及情況(包括個別或綜合考量潛在表決權行使之條款及任何其他合約之安排)，但無須考量潛在表決權持有者管理階層行使或轉換該等潛在表決權之意圖及其財務能力。

(三) 喪失重大影響：

(1) 當企業<u>喪失</u>"參與被投資者財務及營運政策之決策之權力"時，即喪失對被投資者之重大影響。
(2) 企業喪失對被投資者之重大影響<u>可能伴隨或未伴隨</u>所有權之<u>絕對或相對</u>變動。例如：
   (a) 企業出售對被投資者之股權投資，致持股比例低於 20%而可能導致喪失重大影響。 (所有權之<u>絕對</u>變動)
   (b) 企業放棄被投資者發行新股之優先認購權，致持股比例低於 20%而可能導致喪失重大影響。 (所有權之<u>相對</u>變動)
   (c) 被投資者因故受政府、法院、管理人或主管機關控制，而可能導致喪失重大影響。 (<u>未伴隨</u>所有權之變動)

四、股權投資之會計處理－不具重大影響

(一) 股利收入 vs. 清算股利：

當投資者對被投資者財務及營運政策之決策不具重大影響時，意謂投資者與被投資者平時各自經營其企業，其間的股權投資係單純的投資行為，<u>主要目的通常是為了獲利</u>，期待可於日後收到現金股利或賺取股票投資的價差。因此當被投資者宣告現金股利，且滿足 IFRS 9 認列股利收入的三條件(#)時，投資者即可按其將收現金股利(＝持有被投資者之普通股股數×被投資者宣告之每股現金股利)，借記「應收股利」，貸記「股利收入」；待被投資者發放現金股利時，投資者再借記「現金」，貸記「應收股利」。

＃：IFRS 9 規定，投資者僅於下列條件均滿足時，始於損益中認列股利收入：
(1)企業收取股利之權力確立，
(2)與股利有關之經濟效益很有可能流入企業，
(3)股利金額能可靠衡量。

認列股利收入時，須注意有無"清算股利(Liquidation Dividends)"之情況。當股利明顯代表部分投資成本之回收時，就是"清算股利"，並非股利收入，應減少股權投資之帳面金額。當投資者取得被投資者股權後，投資者收自被投資者的現金股利<u>大於</u>其投資後被投資者所賺淨利屬於投資者之份額，則<u>超過之數</u>就是清算股利，應於被投資者宣告現金股利時(★)減少股權投資之帳面金額。例如甲公司

於 20x6 年 5 月 1 日取得乙公司 10%普通股，若從股權取得日至 20x6 年 12 月 31 日乙公司之淨利為$20,000，乙公司在 20x7 年初(★)宣告現金股利$23,000，則對甲公司而言，$300 即是清算股利，($23,000×10%)－($20,000×10%)＝$2,300－$2,000＝$300，甲公司應在宣告日借記「應收股利」$2,300，貸記「股利收入」$2,000，貸記「股權投資相關科目」$300。

★：若乙公司係在 20x6 年底前，宣告現金股利$23,000，則甲公司可在乙公司宣告股利日，借記「應收股利」$2,300，貸記「股利收入」$2,300。待 20x6 年期末，得知乙公司淨利(20x6 年 5 月 1 日至 12 月 31 日)為$20,000，確定清算股利為$300 時，再行調整，借記「股利收入」$300，貸記「股權投資相關科目」$300。

(二) 期末評價及財務報表表達：

當股權投資係屬「透過損益按公允價值衡量之金融資產」，在被除列前，凡屆會計期間終了，應按報導期間結束日之公允價值衡量，並以公允價值表達在投資者的財務狀況表流動資產或非流動資產項下，同時認列評價損益，該評價損益係屬損益項目，應表達在綜合損益表。

當非持有供交易之股權投資於原始認列時，已作一不可撤銷之選擇，將該特定權益工具投資後續公允價值變動，列報於其他綜合損益，則該股權投資分類為「透過其他綜合損益按公允價值衡量之金融資產」，在被除列前，凡屆會計期間終了，應按報導期間結束日之公允價值衡量，並以公允價值表達在投資者的財務狀況表非流動資產項下，同時認列未實現評價損益，該未實現評價損益係屬其他綜合損益項目，應表達在綜合損益表，且應結轉至其他權益項目。

股權投資表達在財務狀況表時，究應分類為流動資產或非流動資產？須依下列準則規定研判：「有下列情況之一者，企業應將資產分類為流動：
(a) 企業預期於其正常營業週期中實現該資產，或意圖將其出售或消耗。
(b) 企業主要為交易目的而持有該資產。
(c) 企業預期於報導期間後十二個月內實現該資產。
(d) 該資產為現金或約當現金(如國際會計準則第7號所定義)，但於報導期間後至少十二個月將該資產交換或用以清償負債受到限制者除外。
除上述外，企業應將所有其他資產分類為非流動。」

(三) 處分或部分處分股權投資：

當投資者處分或部分處分之股權投資係屬「透過損益按公允價值衡量之金融資產」時，應：(1)先將欲處分或部分處分(※)股權投資之帳面金額依處分時之公允價值衡量，認列評價損益；(2)按實收額(net proceeds，已扣除相關交易成本)借記現金，並將相關交易成本借記當期費用，貸記(除列)欲處分或部分處分股權投資之帳面金額(即公允價值)。

※：可按個別辨認法、加權平均法或先進先出法，決定欲部分處分的股權投資帳面金額。

若投資者處分或部分處分之股權投資係屬「透過其他綜合損益按公允價值衡量之金融資產」時，會計處理原則如上段，惟其列報於其他綜合損益之累積利益或損失，後續不得移轉至損益，但可於權益內移轉該金額。準則未規定可轉入之會計科目，筆者建議可轉入保留盈餘。

五、股權投資(不具重大影響)－綜合釋例

釋例一：

甲公司於20x6年12月12日以每股$30取得乙公司10,000股普通股(乙公司流通在外普通股為100,000股)，並支付證券交易稅及經紀商費用等共計$500。甲公司取得乙公司10%股權(10,000股÷100,000股＝10%)，經評估對乙公司不具重大影響。20x6年12月31日乙公司普通股每股市價為$32。甲公司於20x7年1月10日及20x7年3月20日分別以每股$36及$29出售乙公司普通股6,000股及4,000股，另支付證券交易稅及經紀商費用等共計$1,000及$530。

甲公司依IFRS 9及其管理金融資產之經營模式，於原始認列時，分兩種獨立情況說明：
(1) 若甲公司視該10%股權投資為"持有供交易"或"非持有供交易"[但不包括下述(2)之情況]，則皆分類為「透過損益按公允價值衡量之金融資產」。
(2) 若甲公司視該10%股權投資為"非持有供交易"，且於原始認列時，作一不可撤銷之選擇，將其後續公允價值變動，列報於其他綜合損益，則該股權投資分類為「透過其他綜合損益按公允價值衡量之金融資產」。

說明：

(1) 甲公司應作之分錄：

20x6/12/12	強制透過損益按公允價值衡量之金融資產	300,000	
	手續費支出	500	
	現　金		300,500
	$30×10,000 股＝$300,000		
12/31	強制透過損益按公允價值衡量之金融資產評價調整	20,000	
	透過損益按公允價值衡量之金融資產(負債)利益		20,000
	$32×10,000 股＝$320,000，$320,000－$300,000＝$20,000		
20x7/1/10	強制透過損益按公允價值衡量之金融資產評價調整	24,000	
	透過損益按公允價值衡量之金融資產(負債)利益		24,000
	($36×6,000 股)－($32×6,000 股)＝$24,000		
1/10	現　金	215,000	
	手續費支出 (※)	1,000	
	強制透過損益按公允價值衡量之金融資產		180,000
	強制透過損益按公允價值衡量之金融資產評價調整		36,000
	$36×6,000 股＝$216,000，實收額＝$216,000－$1,000＝$215,000		
	原投資成本＝$300,000×(6,000 股/10,000 股)＝$180,000		
	評價調整＝$20,000×(6,000 股/10,000 股)＋$24,000＝$36,000		
	※：目前準則並未規定處分股權投資時交易成本的會計處理方式，本分錄係參酌<u>取得</u>股權投資時交易成本的會計處理原則(請參閱上述 20x6/12/12 分錄)而得。		
3/20	透過損益按公允價值衡量之金融資產(負債)損失	12,000	
	強制透過損益按公允價值衡量之金融資產評價調整		12,000
	($29×4,000 股)－($32×4,000 股)＝－$12,000		
3/20	現　金	115,470	
	手續費支出 (※)	530	
	強制透過損益按公允價值衡量之金融資產評價調整	4,000	
	強制透過損益按公允價值衡量之金融資產		120,000
	$29×4,000 股＝$116,000，實收額＝$116,000－$530＝$115,470		
	原投資成本＝$300,000×(4,000 股/10,000 股)＝$120,000		
	評價調整＝$20,000×(4,000 股/10,000 股)－$12,000＝－$4,000		

(2) 甲公司應作之分錄：

補充：目前準則並未規定(部分)處分股權投資之交易成本的會計處理方式，因此下列兩種做法皆屬合理：(A) 列為「其他綜合損益」(#)，(B) 列為「手續費支出」(##)。

(A) (部分)處分股權投資之交易成本，列為「其他綜合損益」(#)：		
20x6/12/12	透過其他綜合損益按公允價值衡量之權益工具投資　　300,500 　　現　金　　　　　　　　　　　　　　　　　　　　　　300,500	
	$30×10,000 股＋交易成本$500＝$300,500	
12/31	透過其他綜合損益按公允價值衡量之權益工具投資 　　　　評價調整　　　　　　　　　　　　　　19,500 　　其他綜合損益－透過其他綜合損益按公允價值衡量 　　　　之權益工具投資未實現評價損益　　　　　　　　　19,500	
	$32×10,000 股＝$320,000，$320,000－$300,500＝$19,500	
12/31	＊：為免繁冗，本書省略「其他綜合損益」當年度發生數結轉至「其他權益」科目之分錄，下列結轉分錄只作示範。	
	其他綜合損益－透過其他綜合損益按公允價值衡量 　　　　之權益工具投資未實現評價損益　　　　19,500 　　其他權益－透過其他綜合損益按公允價值衡量 　　　　之權益工具投資未實現評價損益　　　　　　　　　19,500	
註：截至 20x6/12/31，「其他權益－透過其他綜合損益按公允價值衡量之權益工具投資未實現評價損益」貸餘$19,500。		
20x7/ 1/10	透過其他綜合損益按公允價值衡量之權益工具投資 　　　　評價調整　　　　　　　　　　　　　　23,000 　　其他綜合損益－透過其他綜合損益按公允價值衡量 　　　　之權益工具投資未實現評價損益　　　　　　　　　23,000	
	[($36×6,000 股)－交易成本$1,000 (#)]－($32×6,000 股)＝$23,000	
1/10	現　金　　　　　　　　　　　　　　　　　　　215,000 　　透過其他綜合損益按公允價值衡量之權益工具投資　　　180,300 　　透過其他綜合損益按公允價值衡量之權益工具投資 　　　　評價調整　　　　　　　　　　　　　　　　　　　34,700	
	$36×6,000 股＝$216,000，實收額＝$216,000－$1,000＝$215,000 原投資成本＝$300,500×(6,000 股/10,000 股)＝$180,300 評價調整＝$19,500×(6,000 股/10,000 股)＋$23,000＝$34,700	

(續次頁)

1/10 (續)	其他權益－透過其他綜合損益按公允價值衡量 　　　　之權益工具投資未實現評價損益　　　　34,700 　　（權益科目，如：保留盈餘）　　　　　　　　　　　　34,700		
	IFRS 規定，非持有供交易之權益工具投資於原始認列時，可作一不可撤銷之選擇，選擇將其後續公允價值變動，列報為其他綜合損益，而該列報於其他綜合損益之累積利益或損失，後續不得移轉至損益，但可於權益內移轉該金額。筆者建議可轉入保留盈餘，請詳表 2-1 及其註七。		
	部分處分股權投資，將相關之累積利益於權益內移轉。 $19,500×(6,000 股/10,000 股)＋$23,000＝$34,700		
3/20	其他綜合損益－透過其他綜合損益按公允價值衡量 　　　　之權益工具投資未實現評價損益　　　　12,530 　　　透過其他綜合損益按公允價值衡量之權益工具投資 　　　　　評價調整　　　　　　　　　　　　　　　　12,530		
	[($29×4,000 股)－交易成本$530（＃）]－($32×4,000 股)＝－$12,530		
3/20	現　　金　　　　　　　　　　　　　　　　　　115,470 透過其他綜合損益按公允價值衡量之權益工具投資 　　　　　評價調整　　　　　　　　　　　　　4,730 　　　透過其他綜合損益按公允價值衡量之權益工具投資　　120,200		
	$29×4,000 股＝$116,000，實收額＝$116,000－$530＝$115,470 原投資成本＝$300,500×(4,000 股/10,000 股)＝$120,200 評價調整＝$19,500×(4,000 股/10,000 股)－$12,530＝－$4,730		
3/20	（權益科目，如：保留盈餘）　　　　　　　　　　4,730 　　其他權益－透過其他綜合損益按公允價值衡量 　　　　之權益工具投資未實現評價損益　　　　　　　　4,730		
	處分剩餘股權投資，將相關之累積損失於權益內移轉。 $19,500×(4,000 股/10,000 股)－$12,530＝－$4,730		
註：	截至 20x7/ 3/20，「其他綜合損益－透過其他綜合損益按公允價值衡量之權益工具投資未實現評價損益」＝$23,000－$12,530＝$10,470(貸餘)，結轉「其他權益」；故「其他權益－透過其他綜合損益按公允價值衡量之權益工具投資未實現評價損益」＝20x6/12/31 貸餘$19,500－20x7/ 1/10 借記$34,700＋20x7/ 3/20 貸記$4,730＋20x7/ 3/20 結轉貸記$10,470＝$0		

(B) (部分)處分股權投資之交易成本，列為「手續費支出」(＃＃)：

20x6/12/12	同 (A)
12/31	同 (A)

第 17 頁 (第二章 股權投資之會計處理)

(承上頁)

20x6/12/31	＊：為免繁冗，本書省略「其他綜合損益」當年度發生數結轉至「其他權益」科目之分錄，下列結轉分錄只作示範。
	同 (A)
註：	同 (A)。
20x7/ 1/10	透過其他綜合損益按公允價值衡量之權益工具投資 　　　評價調整　　　　　　　　　　　　　　24,000 　　其他綜合損益－透過其他綜合損益按公允價值衡量 　　　之權益工具投資未實現評價損益　　　　　　24,000
	($36×6,000 股)－($32×6,000 股)＝$24,000
1/10	現　金　　　　　　　　　　　　　　　　215,000 手續費支出（＃＃）　　　　　　　　　　　1,000 　　透過其他綜合損益按公允價值衡量之權益工具投資　180,300 　　透過其他綜合損益按公允價值衡量之權益工具投資 　　　評價調整　　　　　　　　　　　　　　35,700
	$36×6,000 股＝$216,000，實收額＝$216,000－$1,000＝$215,000 原投資成本＝$300,500×(6,000 股/10,000 股)＝$180,300 評價調整＝$19,500×(6,000 股/10,000 股)＋$24,000＝$35,700 處分投資損失＝$215,000－($180,300＋$35,700)＝－$1,000 　　　或＝處分股權手續費$1,000
1/10	其他權益－透過其他綜合損益按公允價值衡量 　　　之權益工具投資未實現評價損益　　　　　35,700 　　（權益科目，如：保留盈餘）　　　　　　　　35,700
	IFRS 規定，非持有供交易之權益工具投資於原始認列時，可作一不可撤銷之選擇，選擇將其後續公允價值變動，列報為其他綜合損益，而該列報於其他綜合損益之累積利益或損失，後續不得移轉至損益，但可於權益內移轉該金額。筆者建議可轉入保留盈餘，請詳表 2-1 及其註七。
	部分處分股權投資，將相關之累積利益於權益內移轉。 $19,500×(6,000 股/10,000 股)＋$24,000＝$35,700
3/20	其他綜合損益－透過其他綜合損益按公允價值衡量 　　　之權益工具投資未實現評價損益　　　　　12,000 　　透過其他綜合損益按公允價值衡量之權益工具投資 　　　評價調整　　　　　　　　　　　　　　12,000
	評價調整＝($29×4,000 股)－($32×4,000 股)＝－$12,000

(續次頁)

20x7/3/20	現　金　　　　　　　　　　　　　　　　　　　115,470	
	透過其他綜合損益按公允價值衡量之權益工具投資	
	評價調整　　　　　　　　　　　　　　4,200	
	手續費支出（##）　　　　　　　　　　　　　　530	
	透過其他綜合損益按公允價值衡量之權益工具投資	120,200
	$29×4,000 股＝$116,000，實收額＝$116,000－$530＝$115,470	
	原投資成本＝$300,500×(4,000 股/10,000 股)＝$120,200	
	評價調整＝$19,500×(4,000 股/10,000 股)－$12,000＝－$4,200	
	處分投資損失＝$115,470－($120,200－$4,200)＝－$530	
	或＝處分股權手續費$530	
3/20	（權益科目，如：保留盈餘）　　　　　　　　　4,200	
	其他權益－透過其他綜合損益按公允價值衡量	
	之權益工具投資未實現評價損益	4,200
	處分剩餘股權投資，將相關之累積損失於權益內移轉。	
	$19,500×(4,000 股/10,000 股)－$12,000＝－$4,200	

註：截至 20x7/3/20，「其他綜合損益－透過其他綜合損益按公允價值衡量之權益工具投資未實現評價損益」＝$24,000－$12,000＝$12,000(貸餘)，結轉「其他權益」；故「其他權益－透過其他綜合損益按公允價值衡量之權益工具投資未實現評價損益」＝20x6/12/31 貸餘$19,500－20x7/1/10 借記$35,700＋20x7/3/20 貸記$4,200＋20x7/3/20 結轉貸記$12,000＝$0

六、股權投資之會計處理－具重大影響

　　當投資者對被投資者的財務及營運政策之決策具重大影響時，即被投資者對於營運政策、資金管理、股利分配、適任人事安排等重要決策，會審慎考慮甚至採納投資者的意見，因此被投資者在投資者的重大影響下所達成之當期損益及所增減之淨值中，隱含投資者對被投資者的建議及決策結果，故投資者理當按其擁有被投資者股權之約當持股比例 (指具重大影響之後，投資者對被投資者之約當持股比例)，認列投資損益，並增減帳列「採用權益法之投資」科目之餘額。換言之，投資者所認列之投資損益，即是"包含投資者建議及決策結果之被投資者當期損益"屬於投資者應享有之份額，或謂投資者認列所享有之被投資者損益份額。此時準則稱"被投資者"為"關聯企業(An associate)"。

當投資者對關聯企業具重大影響時,投資者對關聯企業之股權投資已非單純地只為獲利目的,可能有其經營上策略性考量;且投資者所收取之分配(即股利)與關聯企業之績效的關係可能不大,若以所收取之分配(即股利)為基礎認列投資收益,則可能不足以衡量投資者投資關聯企業所賺得之收益;又投資者對關聯企業之績效具有權益並因而對其投資報酬具有權益,故須適用「權益法(Equity Method)」,始能忠實表述交易實質,即投資者透過延伸其財務報表範圍,使財務報表包括對被投資者損益之份額。

關聯企業在投資者取得具重大影響之股權投資後所產生之損益,投資者應按其約當持股比例認列投資損益,借記「採用權益法之投資」,貸記「採用權益法認列之關聯企業及合資利益之份額」,或借記「採用權益法認列之關聯企業及合資損失之份額」,貸記「採用權益法之投資」。當關聯企業宣告現金股利時,投資者即可按其持有關聯企業之普通股股數乘以關聯企業所宣告之每股現金股利,借記「應收股利」,貸記「採用權益法之投資」;待關聯企業發放現金股利時,投資者再借記「現金」,貸記「應收股利」。

> 會計科目說明:
> 　　上段提及"投資者應按其約當持股比例認列投資損益",按金管會「證券發行人財務報告編製準則」及證交所最新公告之「一般行業 IFRSs 會計科目及代碼」所列示之會計科目名稱如下:
> (1)「採用權益法認列之關聯企業及合資利益之份額」
> (2)「採用權益法認列之關聯企業及合資損失之份額」
> (3)「採用權益法認列之子公司、關聯企業及合資利益之份額」
> (4)「採用權益法認列之子公司、關聯企業及合資損失之份額」
> 　　本書除正式帳簿記錄及財務報表將使用完整的會計科目名稱外,其餘的課文解說及計算過程筆者仍視情況以「投資損益」敘述,以免冗繁。

前述所稱「按約當持股比例認列投資損益」,應視實際情況依下列方式辦理:
(1) 若年度中持股比例未變動時,應按當年底持股比例認列投資損益。
(2) 若年度中持股比例有變動時,應按全年加權平均持股比例認列投資損益。但關聯企業編有經會計師查核(核閱)之期中報表者,應就期中報表計算自投資後關聯企業之損益,依實際持股比例認列投資損益。同月份購入之投資,得合併計算投資損益,並以月為計算基礎。舉例說明如下:

(a) 於 20x3 年 4 月 1 日取得 30%股權(假設具重大影響,開始適用權益法),則 20x3 年約當持股比例＝30%×9/12＝22.5%。若關聯企業 20x3 年淨利為$200,則 20x3 年投資者應認列之投資收益＝$200×22.5%＝$45。

(b) 在 20x3 年 1 月 1 日前已持有 24%股權(假設具重大影響,繼續適用權益法),於 20x3 年 4 月 1 日再取得 18%股權,則 20x3 年約當持股比例＝(24%×3/12)＋[(24%＋18%)×9/12]＝37.5%。若關聯企業 20x3 年淨利為$200,則 20x3 年投資者應認列之投資收益＝$200×37.5%＝$75。

(c) 在 20x3 年 1 月 1 日前已持有 9%股權(假設不具重大影響),於 20x3 年 4 月 1 日再取得 15%股權(共計 24%,假設具重大影響,開始適用權益法),另於 20x3 年 7 月 1 日又取得 20%股權,則 20x3 年約當持股比例＝[(9%＋15%)×3/12]＋[(9%＋15%＋20%)×6/12]＝6%＋22%＝28%。若關聯企業 20x3 年淨利為$200,則 20x3 年投資者應認列之投資收益＝$200×28%＝$56。

(d) 延續(c),若關聯企業編有經會計師查核(核閱)之 20x3 年上、下半年報表,得知關聯企業上半年淨利為$90,下半年淨利為$110,則 20x3 年投資者應認列之投資收益為＝[$90×(9%＋15%)×3/6]＋[$110×(9%＋15%＋20%)×6/6]＝$90×12%＋$110×44%＝$59.2。

　　除當期損益及股利決策使關聯企業權益發生增減變動外,其他綜合損益之增減也會使關聯企業權益發生變動,而投資者帳列「採用權益法之投資」餘額就是代表其所擁有關聯企業的股權淨值,故亦應按持股比例等比例增減,以適時地表達股權投資之經濟實質。例如：(i)關聯企業因不動產重估增值,或 (ii)關聯企業係一國外營運機構,其功能性貨幣財務報表換算為表達貨幣財務報表而產生之兌換差額,皆使關聯企業的其他綜合損益發生變動,則投資者對該等其他綜合損益變動所享有之份額亦應認列為投資者之其他綜合損益,即借記「採用權益法之投資」,貸記「其他綜合損益」,或借記「其他綜合損益」,貸記「採用權益法之投資」,金額為"使關聯企業其他綜合損益變動之金額"乘以"關聯企業發生使其他綜合損益變動之交易時,投資者對關聯企業的持股比例"。

(續次頁)

會計科目說明：		
上段提及「其他綜合損益」，按金管會「證券發行人財務報告編製準則」及證交所最新公告之「一般行業 IFRSs 會計科目及代碼」所示，本書常用之相關「其他綜合損益」科目如下：		
(1)	其他綜合損益，<u>不重分類至損益</u>之項目：	
＃	「其他綜合損益－不動產重估增值」	
^	「其他綜合損益－透過其他綜合損益按公允價值衡量之權益工具投資未實現評價損益」	
^	「其他綜合損益－避險工具之損益－不重分類至損益」	
^	＃：被投資者 (如關聯企業、合資、子公司)、個別企業等使用。	
投資者	「其他綜合損益－關聯企業及合資之不動產重估增值」	
^	「其他綜合損益－關聯企業及合資之透過其他綜合損益按公允價值衡量之權益工具投資未實現評價損益」	
^	「其他綜合損益－關聯企業及合資之避險工具之損益－不重分類至損益」	
母公司	「其他綜合損益－子公司、關聯企業及合資之不動產重估增值」	
^	「其他綜合損益－子公司、關聯企業及合資之透過其他綜合損益按公允價值衡量之權益工具投資未實現評價損益」	
^	「其他綜合損益－子公司、關聯企業及合資之避險工具之損益－不重分類至損益」	
(2)	其他綜合損益，<u>後續可能重分類至損益</u>之項目：	
＃	「其他綜合損益－國外營運機構財務報表換算之兌換差額」	
^	「其他綜合損益－透過其他綜合損益按公允價值衡量之債務工具投資未實現評價損益」	
^	「其他綜合損益－避險工具之損益」	
投資者	「其他綜合損益－關聯企業及合資之國外營運機構財務報表換算之兌換差額」	
^	「其他綜合損益－關聯企業及合資之透過其他綜合損益按公允價值衡量之債務工具投資未實現評價損益」	
^	「其他綜合損益－關聯企業及合資之避險工具之損益」	
母公司	「其他綜合損益－子公司、關聯企業及合資之國外營運機構財務報表換算之兌換差額」	
^	「其他綜合損益－子公司、關聯企業及合資之透過其他綜合損益按公允價值衡量之債務工具投資未實現評價損益」	
^	「其他綜合損益－子公司、關聯企業及合資之避險工具之損益」	

當有潛在表決權或包含潛在表決權之其他衍生工具存在時，除非適用下段所述情況，企業對關聯企業或合資之權益，完全以<u>現有所有權益</u>為基礎決定，<u>不反映潛在表決權及其他衍生工具可能之行使或轉換</u>。

在若干情況下，企業因一項目前使其取得與所有權益相關之報酬之交易而於實質上擁有既存所有權。在此等情況下，分攤至該企業之比例係由<u>考量目前使企業取得報酬之該等潛在表決權或其他衍生工具之最終行使而決定</u>。

原則上,對關聯企業及合資之投資應分類為**非流動資產**,除非該投資(或投資之一部分)依 IFRS 5 之規定分類為待出售。

釋例二:

甲公司於 20x6 年 1 月 1 日以每股$20 取得乙公司 30,000 股普通股(乙公司流通在外普通股為 100,000 股),並支付證券交易稅及經紀商費用等共計$1,000。甲公司取得乙公司 30%股權(30,000 股÷100,000 股=30%),經評估對乙公司具重大影響。乙公司 20x6 年淨利為$80,000,並於 20x7 年 3 月 10 日宣告現金股利每股$1,發放日為 20x7 年 4 月 10 日。乙公司 20x7 年係淨損$150,000,20x8 年淨利為$40,000。另 20x8 年底乙公司不動產重估價,增值$90,000,已認列「其他綜合損益－不動產重估增值」$90,000。

甲公司應作之分錄:

日期	分錄	借方	貸方
20x6/1/1	採用權益法之投資 　現　金	601,000	601,000
	投資成本=($20×30,000 股)+$1,000=$601,000		
12/31	採用權益法之投資 　採用權益法認列之關聯企業及合資利益之份額	24,000	24,000
	$80,000×30%=$24,000,投資帳戶=$601,000+$24,000=$625,000		
20x7/3/10	應收股利 　採用權益法之投資	30,000	30,000
	$1×30,000 股=$30,000,投資帳戶=$625,000-$30,000=$595,000		
4/10	現　金 　應收股利	30,000	30,000
12/31	採用權益法認列之關聯企業及合資損失之份額 　採用權益法之投資	45,000	45,000
	-$150,000×30%=-$45,000,投資帳戶=$595,000-$45,000=$550,000		
20x8/12/31	採用權益法之投資 　其他綜合損益－關聯企業及合資之不動產重估增值	27,000	27,000
	$90,000×30%=$27,000		
12/31	採用權益法之投資 　採用權益法認列之關聯企業及合資利益之份額	12,000	12,000
	$40,000×30%=$12,000,投資帳戶=$550,000+$27,000+$12,000=$589,000		

七、權益法－投資差額分析

　　投資關聯企業應自被投資者成為關聯企業之日起,適用權益法。投資者係以「採用權益法之投資」科目來表彰其所擁有關聯企業的股權淨值,因此針對投資者的投資成本與其所取得關聯企業股權淨值間的差額,應分析其產生原因及金額,請詳表2-2,並保留分析結果,將來在各報導期間結束日投資者適用權益法時,這些分析結果將成為投資者認列投資損益之調整項目,亦即以取得關聯企業股權時之公允價值基礎,應用於後續各會計期間投資損益之認列。

表2-2　投資成本與所取得股權淨值間之差額及原因

代號說明	(A):投資成本 (B):取得關聯企業可辨認(有形及無形)資產扣除可辨認負債後淨額之公允價值 (C):取得關聯企業帳列可辨認資產扣除可辨認負債後淨額之公允價值 (D):取得關聯企業帳列可辨認資產扣除可辨認負債後淨額之帳面金額	
(1)	(C)≠(D)	代表關聯企業帳列可辨認資產及可辨認負債有高估或低估之情況
(2)	(B)≠(C)	代表關聯企業有未入帳之可辨認資產及(或)可辨認負債存在
(3)	(A)≠(B)	代表關聯企業有未入帳之商譽或有投資者應認列之利益存在
(4)	例如: (A)>(B)>(C)>(D), 則差額原因依序為:	1. 關聯企業帳列可辨認資產及負債高估或低估 2. 關聯企業有未入帳之可辨認資產或負債 (&) 3. 關聯企業有未入帳之商譽
(5)	若(A)<(B), 則其差額:	投資者須於取得關聯企業股權當期,將該差額認列為收益。 (類似「廉價購買利益」,請詳本書第三章。)
&:例如關聯企業多年來致力於研究發展,並投入研究發展成本後所得之研發成果,雖研究發展成本於發生時已列為各該年度之研究發展費用,但若研發成果確實存在且有價值,則在投資關聯企業時須合理評估其公允價值並列為無形資產。		

　　投資關聯企業時,「股權投資成本(A)」與「投資者對被投資者可辨認資產及負債之淨公允價值之份額(B)」間的任何差額,其處理如下:

(1) 若(A)>(B),則關聯企業有未入帳之商譽。該項與關聯企業或合資有關之商譽將包含於股權投資(帳列「採用權益法之投資」)之帳面金額中,且商譽不得攤銷。詳表2-2中(4)之3。

(2) 若(B)＞(A)，則「投資者對被投資者可辨認資產及負債之淨公允價值之份額」超過「股權投資成本」之任何數額，於投資者取得關聯企業股權當期，在決定對關聯企業或合資損益之份額時(即投資者適用權益法認列投資損益時)，認列為收益。請詳表2-2中(5)，並參閱<u>釋例四</u>。

投資者於取得關聯企業股權後，對所享有之關聯企業或合資損益之份額<u>應作適當調整</u>，以處理諸如：按權益法，折舊性資產應按股權取得日之公允價值計提折舊，但關聯企業持續按帳面金額計提折舊，兩者之差異。同樣地，企業亦應就諸如商譽或不動產、廠房及設備之減損損失，對股權取得後之關聯企業或合資損益之份額作適當調整。

八、權益法－單線合併

權益法，亦稱「單線合併(One-Line Consolidation)」，當投資者對被投資者存在控制，且被投資者未解散時，兩者形成母、子公司關係，不但平時投資者(母公司)須採權益法處理其對被投資者(子公司)之股權投資事宜，在報導期間結束日尚須編製母公司及子公司合併財務報表(詳第三章)。此時若母公司適用正確權益法來處理其對子公司的股權投資事宜，因而產生的母公司相關會計資訊<u>將與</u>母公司及子公司合併財務報表上的相關會計資訊一致。

例如：(1)母公司適用正確權益法之淨利<u>即是</u>合併綜合損益表上總合併淨利歸屬於控制權益的部分(稱控制權益淨利)，(2)母公司適用正確權益法之保留盈餘表即是合併保留盈餘表。第(1)項，代表母公司以一個彙總金額(投資損益)<u>將</u>構成子公司損益表的諸多損益項目，依約當持股比例納入母公司的淨利中，故稱單線合併。第(2)項，係目前 IFRS 規範下的必然結果，將於第四章詳述。

投資者適用權益法認列投資損益之分錄中，借記或貸記之相對科目是「採用權益法之投資」，而該科目即是投資者用來表彰其所擁有被投資者(關聯企業或子公司)資產及所承擔被投資者負債之淨額，也就是以一個彙總金額(「採用權益法之投資」餘額)，<u>將</u>構成被投資者財務狀況表的諸多資產及負債項目及被投資者未入帳之資產及負債項目，依約當持股比例<u>納入</u>投資者的資產(及淨值)中，故稱單線合併，因此權益法亦稱單線合併具有上述兩個層面的意義。

九、權益法－綜合釋例

釋例三：

　　甲公司於 20x5 年 1 月 1 日以現金$840,000 及發行每股面額$10 普通股 100,000 股(當日每股市價$16)取得乙公司 30%股權，並支付：(1)與本次股權投資相關的顧問諮詢費$70,000，(2)為發行 100,000 股普通股而發生的相關支出$50,000。經評估甲公司對乙公司具重大影響。

甲公司之分錄：

20x5/ 1/ 1	採用權益法之投資	2,440,000	
	現　　金		840,000
	普通股股本		1,000,000
	資本公積－普通股股票溢價		600,000
	$10×100,000 股＝$1,000,000，$6×100,000 股＝$600,000		
	$840,000＋$1,600,000＝$2,440,000		
1/ 1	採用權益法之投資	70,000	
	資本公積－普通股股票溢價	50,000	
	現　　金		120,000

20x5 年 1 月 1 日，乙公司帳列資產及負債之帳面金額與公允價值如下：

	帳面金額	公允價值		帳面金額	公允價值
現　　金	$ 600,000	$ 600,000	應付帳款	$ 500,000	$500,000
應收帳款－淨額	800,000	800,000	應付票據，		
存　　貨	1,500,000	1,700,000	五年到期	1,000,000	$900,000
其他流動資產	900,000	820,000	普通股股本	5,000,000	
土　　地	1,000,000	1,500,000	保留盈餘	800,000	
辦公設備－淨額	2,500,000	3,500,000			
	$7,300,000	$8,920,000		$7,300,000	

　　在 20x5 年 1 月 1 日，甲公司係以公允價值評估乙公司所有的資產及負債，才以總投資成本$2,510,000，$2,440,000＋$70,000＝$2,510,000，取得乙公司 30%股權，但乙公司不會因甲公司取得乙公司股權而改變其帳務處理之基礎，仍會繼續按相關會計準則及原帳面金額處理日後的交易事項。因此甲公司帳列「採用權

益法之投資」係以 20x5 年 1 月 1 日乙公司所有資產及負債的公允價值為衡量及入帳基礎，其金額可能異於乙公司同日帳列資產及負債之帳面金額，其間的差異須分析清楚並保持備忘記錄，在取得乙公司股權後，每屆報導期間結束日須適用權益法認列投資損益時，須將這些差異因素及其金額納入考量及計算中，始能符合準則所規定之"企業對取得後之關聯企業及合資損益之份額應作適當調整"。

計算「投資差額」～ 投資成本與所取得股權淨值間之差額：

甲公司總投資成本	$ 2,510,000	($7,300,000－$500,000
甲公司取得乙公司之股權淨值	(1,740,000)	－$1,000,000)×30%
投資成本超過所取得股權淨值之數	$ 770,000	＝$5,800,000×30%＝$1,740,000

分析投資差額$770,000 的產生原因，及其在 20x5 及 20x6 年期末適用權益法認列投資損益時須調整之金額如下，表 2-3：

	投資差額	處分年度	20x5	20x6
(1) 存貨低估：($1,700,000－$1,500,000)×30%	$ 60,000	20x5	$60,000	$ －
(2) 其他流動資產高估：($820,000－$900,000)×30%	(24,000)	20x5	(24,000)	－
(3) 土地低估：($1,500,000－$1,000,000)×30%	150,000	未處分	－	－
(4) 辦公設備低估：($3,500,000－$2,500,000)×30%	300,000	÷20 年	15,000	15,000
(5) 應付票據高估：($1,000,000－$900,000)×30%（＊）	30,000	÷5 年	6,000	6,000
	$516,000			
(6) 未入帳之商譽：（反推）($770,000－$516,000＝$254,000)（#）	254,000	&	－	－
	$770,000		$57,000	$21,000

假設：(a) 乙公司無未入帳之可辨認資產或負債。
　　　(b) 乙公司存貨及其他流動資產係在 20x5 年中出售及處分。
　　　(c) 至 20x6 年底，乙公司仍持有該項價值低估之土地。
　　　(d) 從 20x5 年 1 月 1 日起算，辦公設備尚有 20 年耐用年限，採直線法提列折舊；應付票據尚有 5 年到期，採直線法攤銷折、溢價。
　　　(e) 20x5 及 20x6 年期末，經評估得知商譽價值未減損。

＊：負債高估與資產低估對淨值的影響一樣，皆使淨值低估，故正負號相同。
&：與關聯企業或合資有關之商譽包含於該股權投資之帳面金額中。商譽不攤銷。
#：請詳次頁。

(續次頁)

> #：代表甲公司投資乙公司(30%)的商譽，而非乙公司整體之商譽，但也不可僅以此金額($254,000)反推設算乙公司整體之商譽，因甲公司願意在 20x5 年 1 月 1 日多花$254,000 取得乙公司(30%)的商譽，並不表示其他 70%股東對乙公司也作相同的評價，更何況在 20x5 年 1 月 1 日甲公司取得乙公司 30%股權當天，其他 70%股東不必然也發生相同評價之股權投資交易。

假設乙公司 20x5 及 20x6 年之淨利分別為$1,500,000 及$2,000,000，並於 20x5 及 20x6 年的 9 月 1 日宣告並發放現金股利$500,000。

權益法亦是單線合併，因此將乙公司帳列淨值之帳面金額(D)、甲公司帳列「採用權益法之投資」科目餘額(A)、二者間的投資差額[(A)－(D)×30%]分析結果，彙述於表 2-4，以利日後每逢報導期間結束日適用權益法認列投資損益時相關金額之調整。

表 2-4　(單位：千元)

	20x5/1/1	20x5 年	20x5/12/31	20x6 年	20x6/12/31
乙－權 益	$5,800	＋$1,500－$500	$6,800	＋$2,000－$500	$8,300
甲－採用權益法之投資	$2,510	＋$393－$150	$2,753	＋$579－$150	$3,182
投資差額：					
存　貨	$ 60	－$60	$ －	$ －	$ －
其他流動資產	(24)	－(24)	－	－	－
土　地	150	－	150	－	150
辦公設備	300	－15	285	－15	270
應付票據	30	－6	24	－6	18
商　譽	254	－	254	－	254
	$770	－$57	$713	－$21	$692

20x5 年：投資收益＝$1,500×30%－$57＝$393
20x6 年：投資收益＝$2,000×30%－$21＝$579
驗　算： 20x5/12/31：投資差額＝$2,753－($6,800×30%)＝$2,753－$2,040＝$713
　　　　 20x6/12/31：投資差額＝$3,182－($8,300×30%)＝$3,182－$2,490＝$692

(續次頁)

表 2-4 中，甲公司認列投資收益之計算，說明如下：

(1) 20x5 年，甲公司認列之投資收益＝乙公司淨利($1,500,000)×甲公司對乙公司之持股比例(30%)－投資成本超過所取得股權淨值之數在 20x5 年之攤銷數($57,000，詳表 2-3)。其中須調整$57,000 的原因共計四項，請詳下述(2)～(7)。

(2) 當乙公司將存貨出售時，係以存貨之帳面金額$1,500,000 轉列為銷貨成本，因而計得 20x5 年淨利$1,500,000。但以甲公司觀點，應以股權取得日(20x5/ 1/ 1)存貨之公允價值$1,700,000 轉列為乙公司銷貨成本，因而計得乙公司 20x5 年淨利應是$1,300,000 (銷貨成本由$1,500,000 增為$1,700,000，因此淨利會從$1,500,000 降為$1,300,000，假設暫不考慮其他三項調整)，故 20x5 年甲公司應認列之投資收益是(甲觀點)$1,300,000×30%＝$390,000，而非(乙觀點)$1,500,000×30%＝$450,000，二者相差$60,000，洽等於股權取得日(20x5/ 1/ 1)存貨低估數$200,000[詳表 2-3 之(1)]×30%＝$60,000，因存貨於 20x5 年中出售，故$60,000 全額須於 20x5 年調整投資收益。<u>簡言之</u>，當甲公司獲知乙公司淨利$1,500,000(乙觀點)時，直接乘以 30%，所計得之投資收益$450,000 是高估的，但只要調整 20x5 年所出售存貨在股權取得日(20x5/ 1/ 1)之低估數$200,000×30%＝$60,000，即可得到採用甲觀點所算出之正確投資收益$390,000＝$450,000(高估)－$60,000(調整)。

(3) 乙公司以直線法為辦公設備提列折舊，係以辦公設備之帳面金額求算每年折舊費用，即$2,500,000÷20 年＝$125,000，進而計得 20x5 年淨利$1,500,000。但以甲公司觀點，應以股權取得日(20x5/ 1/ 1)辦公設備之公允價值求算每年折舊費用，即$3,500,000÷20 年＝$175,000，因而計得乙公司 20x5 年淨利應是$1,450,000 (折舊費用從$125,000 增為$175,000，因此淨利從$1,500,000 降為$1,450,000，假設暫不考慮其他三項調整)，故 20x5 年甲公司應認列之投資收益是(甲觀點)$1,450,000×30%＝$435,000，而非(乙觀點)$1,500,000×30%＝$450,000，二者相差$15,000，洽等於股權取得日(20x5/ 1/ 1)辦公設備低估數$1,000,000 [詳表 2-3 之(4)]×30%÷20 年＝$15,000，因辦公設備在 20x5 年提列二十分之一的折舊費用，故$15,000 全額須於 20x5 年調整投資收益，往後 19 年亦然。<u>簡言之</u>，當甲公司獲知乙公司淨利$1,500,000(乙觀點)時，直接乘以 30%，所計得之投資收益是高估的，但只要調整辦公設備在股權取得日(20x5/ 1/ 1)之低估數$1,000,000×30%÷20 年＝$15,000，即可得到採用甲觀點所算出之正確投資收益$435,000＝$450,000(高估)－$15,000(調整)。

(4) 「其他流動資產」在 20x5 年中處分,其調整投資收益的理由與「存貨」相似,但其牽涉的損益科目會隨該流動資產科目性質而不同,可能是由預付保險費攤銷轉列的保險費用,也可能是處分其他流動資產所致之處分損益等,而非「銷貨成本」。另「應付票據」尚有 5 年才到期,其調整投資收益的理由與「設備」相似,但其牽涉的損益科目是利息費用,不是折舊費用,讀者可自行練習推論,不再贅述。

(5) 乙公司至 20x6 年底仍持有於在股權取得日(20x5/ 1/ 1)價值低估之土地,因此未發生任何損益而影響到乙公司 20x5 及 20x6 年之淨利,故土地在股權取得日(20x5/ 1/ 1)之低估數$150,000 無須在 20x5 及 20x6 年甲公司認列投資收益時調整,即甲觀點與乙觀點對乙公司淨利的看法一致。該土地低估數應留待乙公司未來處分該項土地之年度再行調整,其調整投資收益的理由與「存貨」相似,而其相關的損益科目是「處分不動產、廠房及設備損益」。

(6) 20x6 年,甲公司認列投資收益時所須調整之投資差額項目只剩「辦公設備」、「應付票據」兩項,因「存貨」及「其他流動資產」在股權取得日(20x5/ 1/ 1)之價值高估數及低估數,已於 20x5 年認列投資收益時調整完畢。

(7) 商譽不攤銷,只須定期地評估其價值是否減損。本例假設商譽價值未減損。

根據上述說明,甲公司之分錄如下:

20x5/ 9/ 1	現　　金　　　　　　　　　　　　　　　150,000	
	採用權益法之投資	150,000
	$500,000×30%＝$150,000	
12/31	採用權益法之投資　　　　　　　　　　　393,000	
	採用權益法認列之關聯企業及合資利益之份額	393,000
	詳表 2-4。	
20x6/ 9/ 1	現　　金　　　　　　　　　　　　　　　150,000	
	採用權益法之投資	150,000
	$500,000×30%＝$150,000	
20x6/12/31	採用權益法之投資　　　　　　　　　　　579,000	
	採用權益法認列之關聯企業及合資利益之份額	579,000
	詳表 2-4。	

釋例四：

同釋例三之資料，惟假設甲公司於 20x5 年 1 月 1 日取得乙公司 36%股權，則甲公司 20x5 年 1 月 1 日應作之股權投資分錄同釋例三。

甲公司帳列「採用權益法之投資」係以 20x5 年 1 月 1 日乙公司所有資產及負債的公允價值為衡量及入帳基礎，其金額可能異於乙公司同日帳列資產及負債之帳面金額，其間的差異須分析清楚並保持備忘記錄，在取得乙公司股權後，每屆報導期間結束日須適用權益法認列投資損益時，須將這些差異因素及其金額納入考量及計算中。

計算「投資差額」～ 投資成本與所取得股權淨值間之差額：

甲公司總投資成本	$ 2,510,000	($7,300,000－$500,000
甲公司取得乙公司之股權淨值	(2,088,000)	－$1,000,000)×36%
投資成本超過所取得股權淨值之數	$ 422,000	＝$5,800,000×36%＝$2,088,000

分析投資差額$422,000 的產生原因，及其在 20x5 及 20x6 年期末適用權益法認列投資損益時須調整之金額如下，表 2-5：

	投資差額	處分年度	20x5	20x6
(1) 存貨低估：($1,700,000－$1,500,000)×36%	$ 72,000	20x5	$72,000	$ －
(2) 其他流動資產高估：($820,000－$900,000)×36%	(28,800)	20x5	(28,800)	－
(3) 土地低估：($1,500,000－$1,000,000)×36%	180,000	未處分	－	－
(4) 辦公設備低估：($3,500,000－$2,500,000)×36%	360,000	÷20 年	18,000	18,000
(5) 應付票據高估：($1,000,000－$900,000)×36%	36,000	÷5 年	7,200	7,200
	$619,200			
(6) 利 益 (類似「廉價購買利益」)： ($422,000－$619,200＝－$197,200)	(197,200)		－	－
	$422,000		$68,400	$25,200

按權益法精神，將乙公司帳列淨值之帳面金額(D)、甲公司帳列「採用權益法之投資」餘額(A)、二者間的投資差額[(A)－(D)×30%]分析結果，彙述於表 2-6：

(續次頁)

表 2-6

	20x5/1/1	20x5 年	20x5/12/31	20x6 年	20x6/12/31
乙－權　益		＋$1,500,000		＋$2,000,000	
	$5,800,000	－$500,000	$6,800,000	－$500,000	$8,300,000
甲－採用權益法		＋$668,800		＋$694,800	
之投資	$2,510,000	－$180,000	$2,998,800	－$180,000	$3,513,600
投資差額：					
存　貨	$ 72,000	－$72,000	$　－	$　－	$　－
其他流動資產	(28,800)	－(28,800)	－	－	－
土　地	180,000	－	180,000	－	180,000
辦公設備	360,000	－18,000	342,000	－18,000	324,000
應付票據	36,000	－7,200	28,800	－7,200	21,600
	$619,200	－$68,400	$550,800	－$25,200	$525,600

20x5 年：投資收益＝$1,500,000×36%－$68,400＝$471,600
　　　　　甲公司尚應認列「取得乙公司可辨認淨值之公允價值份額<u>超過</u>投資成本」
　　　　　所致之收益＝$197,200，共計＝$471,600＋$197,200＝$668,800
20x6 年：投資收益＝$2,000,000×36%－$25,200＝$694,800

驗　算： 20x5/12/31：投資差額＝$2,998,800－($6,800,000×36%)＝$550,800
　　　　　　20x6/12/31：投資差額＝$3,513,600－($8,300,000×36%)＝$525,600

　　表 2-6 中，有關甲公司認列投資收益之計算邏輯與觀念同釋例三，不再贅述。惟「甲公司取得乙公司可辨認淨值之公允價值份額<u>超過</u>投資成本」之金額($197,200)，於取得股權投資當期(20x5 年)期末，甲公司適用權益法認列對乙公司之投資損益時，認列為收益。甲公司之分錄如下：

20x5/9/1	現　金　　　　　　　　　　　　　　　　　　180,000	
	採用權益法之投資	180,000
	$500,000×36%＝$180,000	
12/31	採用權益法之投資　　　　　　　　　　　　668,800	
	採用權益法認列之關聯企業及合資利益之份額	668,800
	詳表 2-6。	
20x6/9/1	現　金　　　　　　　　　　　　　　　　　　180,000	
	採用權益法之投資	180,000
	$500,000×36%＝$180,000	
12/31	採用權益法之投資　　　　　　　　　　　　694,800	
	採用權益法認列之關聯企業及合資利益之份額	694,800
	詳表 2-6。	

十、權益法之豁免／分類為待出售

企業對關聯企業的股權投資,應適用權益法,無論企業是否也投資子公司並編製合併財務報表。但若企業是 IFRS 10 所豁免編製合併財務報表之母公司,則無須適用權益法,請詳本書第三章「六、合併財務報表之表達及其豁免」第一段及第二段。

另符合下列所有情況時,企業對關聯企業或合資之投資無須適用權益法:
(a) 企業係由另一企業完全擁有之子公司,或部分擁有之子公司而其他業主(包括無表決權之業主)已被告知(且不反對)企業不適用權益法。
(b) 企業之債務或權益工具未於公開市場(國內或國外證券交易所或店頭市場,包括當地及區域性市場)交易。
(c) 企業既未因於公開市場發行任何類別之工具之目的,而曾向證券委員會或其他主管機關申報財務報表,亦未正在申報中。
(d) 企業之最終或任何中間母公司已編製遵循國際財務報導準則之財務報表供大眾使用,於該等財務報表中子公司係依 IFRS 10 之規定納入合併財務報表或透過損益按公允價值衡量。

企業應適用 IFRS 5 於符合分類為待出售之條件之投資關聯企業或合資(或投資之一部分)。對關聯企業或合資之投資未分類為待出售之任何保留部分應採用權益法處理,直至分類為待出售之部分被處分。處分發生後,企業應依 IFRS 9 之規定處理對關聯企業或合資之任何保留權益,除非該保留權益仍持續為關聯企業或合資,若然,則企業須適用權益法。

先前分類為待出售之投資關聯企業或合資(或投資之一部分),如不再符合待出售分類之條件時,應追溯自從分類為待出售之日起,採用權益法處理。分類為待出售起之各期間之財務報表應配合修正。

投資關聯企業或合資若分類為待出售,其相關規定彙集如下:

投資關聯企業或合資	1.	符合分類為待出售之條件			按 IFRS 5 處理
	2.	未分類為待出售之任何保留部分	在待出售部分(上列 1.)被處分前		按權益法處理
			在待出售部分被處分後	仍為投資關聯企業或合資? 是	按權益法處理
				否	按 IFRS 9 處理

當關聯企業係在嚴格且長期限制下營運，而該等限制將嚴重損害其移轉資金予投資者的能力，惟投資者仍持續對該關聯企業具重大影響，遇此，準則並不允許投資者停用權益法。按準則規定：「企業應自其投資不再為關聯企業(即喪失重大影響)或合資之日起停止採用權益法。」

以上是有關"股權投資會計處理"的基本觀念與準則規定，茲將其適用時的判斷流程繪圖如下：

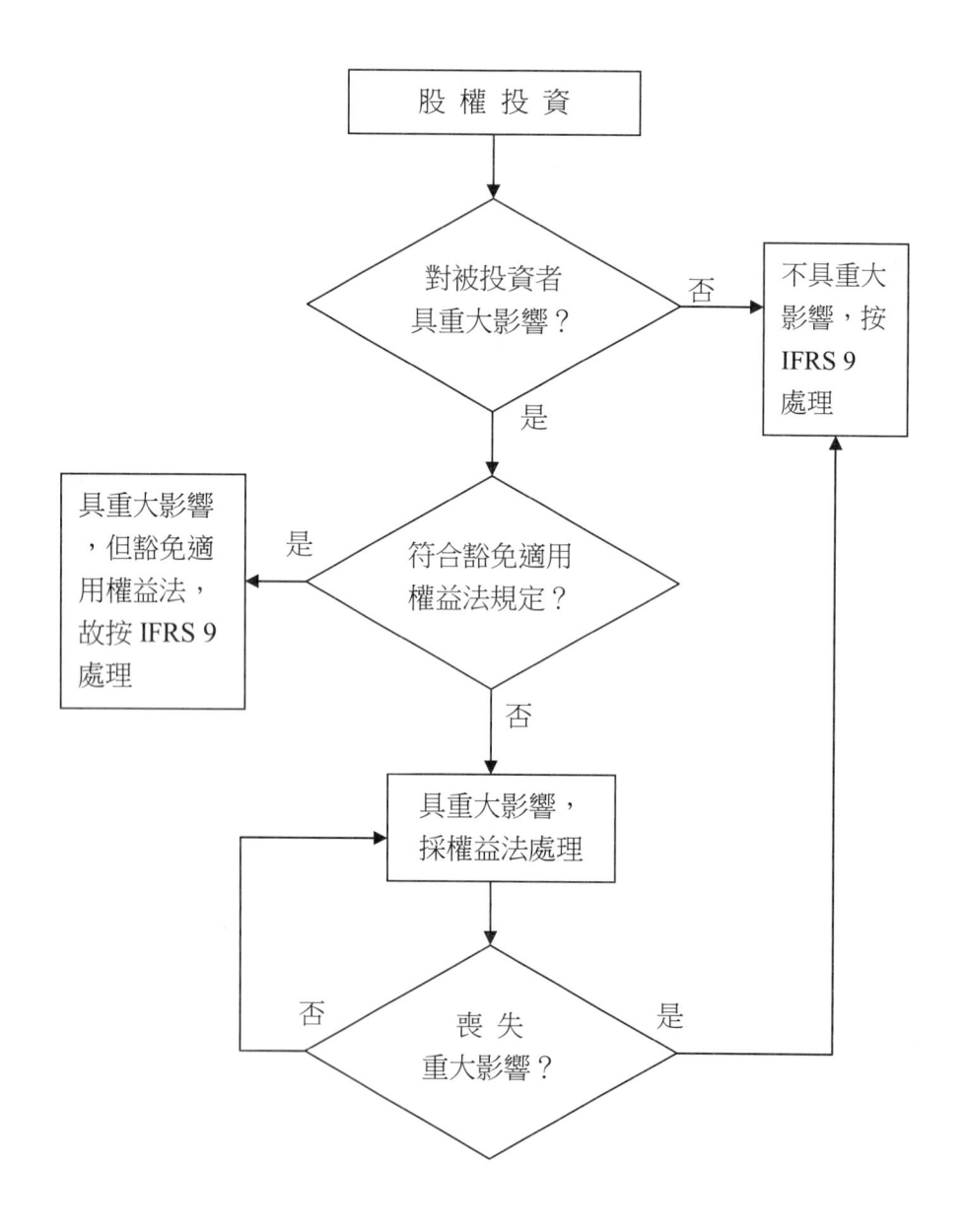

```
                    ┌─────────┐
                    │ 股權投資 │
                    └────┬────┘
                         │
                         ▼
                    ╱─────────╲         ┌──────────┐
                   ╱ 對被投資者 ╲   否   │不具重大   │
                  ╲  具重大影響？ ╱ ────▶│影響，按   │
                   ╲─────────╱          │IFRS 9    │
                        │是             │處理      │
                        ▼               └──────────┘
    ┌─────────┐    ╱─────────╲               ▲
    │具重大影響│ 是╱ 符合豁免適用╲              │
    │,但豁免適用│◀──╲ 權益法規定？ ╱              │
    │權益法，  │    ╲─────────╱               │
    │故按IFRS 9│         │否                  │
    │處理      │         ▼                    │
    └─────────┘    ┌─────────┐                │
                   │具重大影響，│                │
          ┌───────▶│採權益法處理│                │
          │        └─────┬────┘                │
          │              │                     │
          │              ▼                     │
          │         ╱─────────╲  是            │
          │    否  ╱   喪 失   ╲  ─────────────┘
          └──────╲  重大影響？  ╱
                  ╲─────────╱
```

十一、投資關聯企業－期中取得

　　期中取得(interim acquisition)，係指投資者於年度中的某一天(通常不是指極接近期初或期末的時日、亦非期初或期末當天)取得對關聯企業的股權投資。若然，則投資者在適用權益法認列投資收益時須注意下列數點：

(1) 須先決定股權取得日關聯企業之淨值，以利投資成本與所取得股權淨值間差額之分析及後續投資收益之認列。若股權取得日並非關聯企業公開之期中財務報表日(如：月報表的月底、季報表的季末等)，則在"關聯企業之損益係於年度中很平均地發生"的假設下，關聯企業在股權取得日的淨值可推估如下：

> ＊ 股權取得日關聯企業之淨值
> 　＝ 股權取得當期期初關聯企業之淨值
> 　　± 關聯企業從期初至股權取得日之(損)益 (a)
> 　　－ 關聯企業從期初至股權取得日宣告之現金股利 (b)
> 　　± 關聯企業從期初至股權取得日所發生使權益異動之其他交易
> 　　　[(a)及(b)以外]

(2) 因股權取得當年之投資時間不滿一年，故須按<u>投資月數</u>比例計算應認列之投資損益，另"投資成本與所取得股權淨值間之差額"在股權取得當年的調整數，亦須比照辦理。

(3) 股權取得當年，關聯企業如有資產重估增值，其重估增值<u>應追溯</u>至年初起算。

(4) 同月份購入之股權投資，<u>得合併計算</u>"投資成本與所取得股權淨值間之差額"，<u>並以月</u>為計算基礎。

釋例五：

　　同釋例三之資料，惟假設甲公司係於 20x5 年 10 月 1 日取得乙公司 30%股權，且除下列投資差額分析表中所列示者外，乙公司 20x5 年 10 月 1 日帳列資產及負債之帳面金額皆等於公允價值。

　　甲公司 20x5 年 10 月 1 日之分錄：(詳次頁)

20x5/10/1	採用權益法之投資	2,440,000	
	現　金		840,000
	普通股股本		1,000,000
	資本公積－普通股股票溢價		600,000
	$10×100,000 股＝$1,000,000，$6×100,000 股＝$600,000		
	$840,000＋$1,600,000＝$2,440,000		
10/1	採用權益法之投資	70,000	
	資本公積－普通股股票溢價	50,000	
	現　金		120,000

　　甲公司帳列「採用權益法之投資」係以 20x5 年 1 月 1 日乙公司所有資產及負債的公允價值為衡量及入帳基礎，其金額可能異於乙公司同日帳列資產及負債之帳面金額，其間的差異須分析清楚並保持備忘記錄，在取得乙公司股權後，每屆報導期間結束日須適用權益法認列投資損益時，須將這些差異因素及其金額納入考量及計算中。

計算「投資差額」～ 投資成本與所取得股權淨值間之差額：

甲公司總投資成本	$ 2,510,000	(千元) [($7,300－$500－$1,000)
甲公司取得乙公司之股權淨值	(1,927,500)	＋($1,500×9/12)－$500]×30%
投資成本超過所取得股權淨值之數	$ 582,500	＝$6,425×30%＝$1,927.5

分析投資差額$582,500 的產生原因，及其在 20x5 及 20x6 年期末適用權益法認列投資損益時須調整之金額如下：　(假設：20x5/10/1，乙公司帳列資產及負債高估或低估情況與釋例三 20x5/1/1 相同。)

	投資差額	處分年度	20x5	20x6
(1) 存貨：低估$200,000×30%	$ 60,000	20x5、20x6	$30,000	$30,000
(2) 其他流動資產：高估$80,000×30%	(24,000)	20x5、20x6	(12,000)	(12,000)
(3) 土地：低估$500,000×30%	150,000	未處分	—	—
(4) 辦公設備：低估$1,000,000×30%	300,000	÷20 年	3,750	15,000
(5) 應付票據：高估$100,000×30%	30,000	÷5 年	1,500	6,000
	$516,000			
(6) 未入帳之商譽：				
($582,500－$516,000＝$66,500)	66,500		—	—
	$582,500		$23,250	$39,000

(續次頁)

假設：(a) 乙公司無未入帳之可辨認資產或負債。
(b) 乙公司的存貨及其他流動資產在 20x5 及 20x6 年中各出售及處分一半。
(c) 至 20x6 年底，乙公司仍持有該項價值低估之土地。
(d) 從 20x5 年 10 月 1 日起算，辦公設備尚有 20 年耐用年限，採直線法提列折舊；應付票據尚有 5 年到期，採直線法攤銷折、溢價。
(e) 20x5 及 20x6 年期末，經評估得知商譽價值未減損。

辦公設備：($300,000÷20 年)×3/12＝$15,000×3/12＝$3,750
應付票據：($30,000÷5 年)×3/12＝$6,000×3/12＝$1,500

　　按權益法精神，將乙公司帳列淨值之帳面金額(D)、甲公司帳列「採用權益法之投資」餘額(A)、二者間的投資差額[(A)－(D)×30%]分析結果，彙述於表 2-7：

表 2-7

	20x5/10/1	10～12月	20x5/12/31	20x6 年	20x6/12/31
乙－權益	$6,425,000	＋$375,000	$6,800,000	＋$2,000,000 －$500,000	$8,300,000
甲－採權益法之投資	$2,510,000	＋$89,250	$2,599,250	＋$561,000 －$150,000	$3,010,250
投資差額：					
存　貨	$ 60,000	－$30,000	$ 30,000	－$30,000	$　－
其他流動資產	(24,000)	－(12,000)	(12,000)	－(12,000)	－
土　地	150,000	－	150,000	－	150,000
辦公設備	300,000	－3,750	296,250	－15,000	281,250
應付票據	30,000	－1,500	28,500	－6,000	22,500
商　譽	66,500	－	66,500	－	66,500
	$582,500	－$23,250	$559,250	－$39,000	$520,250

20x5 年 10～12 月：投資收益＝($1,500,000×3/12)×30%－$23,250
　　　　　　　　　　　　　＝$375,000×30%－$23,250＝$89,250
20x6 年：投資收益＝$2,000,000×30%－$39,000＝$561,000

驗　算： 20x5/12/31：投資差額＝$2,599,250－($6,800,000×30%)＝$559,250
　　　　 20x6/12/31：投資差額＝$3,010,250－($8,300,000×30%)＝$520,250

甲公司之分錄：

20x5/12/31	採用權益法之投資　　　　　　　　　　　　　　　　89,250	
	採用權益法認列之關聯企業及合資利益之份額	89,250
	請詳表 2-7。	

20x6/9/1	現　　金	150,000	
	採用權益法之投資		150,000
	$500,000×30%=$150,000		
12/31	採用權益法之投資	561,000	
	採用權益法認列之關聯企業及合資利益之份額		561,000
	請詳表2-7。		

十二、投資關聯企業－分次取得

　　有時投資者係分批多次取得被投資者股權，逐漸地對被投資者具重大影響。在分次取得股權的初期，投資者對被投資者尚不具重大影響，前者對後者的股權投資依前文「四、股權投資之後續會計處理－不具重大影響」處理即可。不過隨著持股比例增加，當投資者對被投資者具重大影響時，就必須改用權益法處理。此時：**(a)**先將之前不具重大影響的股權投資帳面金額，調整為被投資者成為關聯企業時的公允價值，認列金融資產評價損益，**(b)**已調整為公允價值之先前取得股權投資連同本次取得對關聯企業之股權投資(原始按投資成本入帳)，一併開始適用權益法。

　　若投資者對關聯企業的持股比例續增，使其對關聯企業存在控制時，則「關聯企業」應改稱為「子公司」，而「投資者」即為「母公司」，除繼續適用權益法處理股權投資外，每屆期末尚須編製母公司及子公司合併財務報表，相關內容請詳第八章「二、母公司分次取得子公司股權－分次(批)收購」。

　　當投資者係以分批多次取得股權方式進行投資，則投資者(或母公司)對關聯企業(或子公司)的持股比例會逐次上升，相關的股權投資會計處理也可能異動，茲將可能的情況彙述如下：

	原股權投資狀態 → 再取得股權後	舉　例	相關章節
甲	不具重大影響 → 具重大影響 　　　　　　　(權益法)	10%+20%=30%	第二章 　釋例六
乙	不具重大影響 → 具重大影響 (權益法) → 存在控制 (權益法＋合併報表)	10%+20%+40% =70%	第八章 　釋例二

丙	不具重大影響 → 不具重大影響 → 存在控制 (權益法＋合併報表)	10%＋5%＋45% ＝60%	第八章 釋例三
丁	不具重大影響 → 存在控制 (權益法＋合併報表)	10%＋70%＝80%	第八章 釋例四
戊	具重大影響 → 存在控制 (權益法)　　(權益法＋合併報表)	30%＋60%＝90%	第八章 釋例五
己	存在控制 → 存在控制 (權益法＋合併報表)	80%＋10%＝90%	第八章 釋例六

釋例六：

甲公司於 20x6 年 1 月 1 日以現金$650,000 取得乙公司 10%股權，經評估對乙公司不具重大影響。當日乙公司權益為$6,000,000，發行且流通在外普通股 100,000 股。乙公司於 20x6 年 11 月 30 日宣告並發放現金股利$200,000。20x6 年 12 月 31 日乙公司普通股每股市價為$75。甲公司依 IFRS 9 及其管理金融資產之經營模式，於原始認列時，分兩種獨立情況說明：

(1) 若甲公司視該 10%股權投資為"持有供交易"或"非持有供交易"[但不包括下述(2)之情況]，則皆分類為「透過損益按公允價值衡量之金融資產」。
(2) 若甲公司視該 10%股權投資為"非持有供交易"，且於原始認列時，作一不可撤銷之選擇，將其後續公允價值變動，列報於其他綜合損益，則該股權投資分類為「透過其他綜合損益按公允價值衡量之金融資產」。

甲公司於 20x7 年 1 月 1 日以現金$1,500,000 再取得乙公司 20%股權，經評估對乙公司具重大影響。當日乙公司權益為$7,000,000，其帳列資產及負債之帳面金額等於公允價值，且除有一項未入帳專利權(估計尚有 5 年經濟年限)外，並無其他未入帳資產或負債。乙公司 20x7 年淨利為$1,400,000，並於 20x7 年 11 月 30 日宣告並發放現金股利$300,000。

說 明：

(1) 甲公司之分錄：

| 20x6/ 1/ 1 | 強制透過損益按公允價值衡量之金融資產 | 650,000 | |
| | 　　現　金 | | 650,000 |

20x6/11/30	現　金	20,000	
	股利收入		20,000
	$200,000×10%＝$20,000		
12/31	強制透過損益按公允價值衡量之金融資產評價調整	100,000	
	透過損益按公允價值衡量之金融資產(負債)利益		100,000
	($75×10,000 股)－$650,000＝$100,000		
20x7/1/1	採用權益法之投資	1,500,000	
	現　金		1,500,000
1/1	採用權益法之投資	750,000	
	強制透過損益按公允價值衡量之金融資產		650,000
	強制透過損益按公允價值衡量之金融資產評價調整		100,000
	以$1,500,000 取得乙公司 20%股權(20,000 股)，即每股公允價值$75，同 20x6/12/31 之評價，故原持股 10%之公允價值仍為$750,000。		
	針對甲公司持有乙公司 30%股權部分： ($750,000＋$1,500,000)－[$7,000,000×(10%＋20%)]＝$150,000 ＝乙公司未入帳專利權，每年攤銷數＝$150,000÷5 年＝$30,000		
11/30	現　金	90,000	
	採用權益法之投資		90,000
	$300,000×30%＝$90,000		
12/31	採用權益法之投資	390,000	
	採用權益法認列之關聯企業及合資利益之份額		390,000
	($1,400,000×30%)－$30,000＝$390,000		

　　按權益法精神，將乙公司帳列淨值之帳面金額(D)、甲公司帳列「採用權益法之投資」餘額(A)、二者間的投資差額[(A)－(D)×30%]分析結果，彙述如下：

(單位：千元)

	20x6/1/1	20x6 年	20x6/12/31	20x7 年	20x7/12/31
乙－權　益	$6,000	＋$1,200 －$200	$7,000	＋$1,400 －$300	$8,100
按公允價值衡量：					
甲－強制透過損益按公允價值衡量之金融資產(淨額)	$650	＋$100 股利收入$20	$750 轉列「採用權益法之投資」		

	20x6/1/1	20x6年	20x6/12/31	20x7年	20x7/12/31
權益法：					
甲－採用權益法之投資			$750 + $1,500 = $2,250	+$390 −$90	$2,550
投資差額：					
專利權			$150	−$30	$120
驗　算： 20x7/12/31：專利權＝$2,550－($8,100×30%)＝$120					

(2) 甲公司之分錄：

20x6/1/1	透過其他綜合損益按公允價值衡量之權益工具投資　　650,000	
	現　金	650,000
11/30	現　金　　　　　　　　　　　　　　　　　　　　20,000	
	股利收入	20,000
12/31	透過其他綜合損益按公允價值衡量之權益工具投資	
	評價調整　　　　　　　　　　　　　　 100,000	
	其他綜合損益－透過其他綜合損益按公允價值衡量	
	之權益工具投資未實現評價損益	100,000
	($75×10,000股)－$650,000＝$100,000	
12/31	＊為免繁冗，本書省略「其他綜合損益」當年度發生數結轉至「其他權益」科目之分錄，下列結轉分錄只作示範。	
	其他綜合損益－透過其他綜合損益按公允價值衡量	
	之權益工具投資未實現評價損益　　　　 100,000	
	其他權益－透過其他綜合損益按公允價值衡量	
	之權益工具投資未實現評價損益	100,000
註：	截至20x6/12/31，「其他權益－透過其他綜合損益按公允價值衡量之權益工具投資未實現評價損益」貸餘$100,000。	
20x7/1/1	採用權益法之投資　　　　　　　　　　　　　　1,500,000	
	現　金	1,500,000
1/1	採用權益法之投資　　　　　　　　　　　　　　　750,000	
	透過其他綜合損益按公允價值衡量之權益工具投資	650,000
	透過其他綜合損益按公允價值衡量之權益工具投資	
	評價調整	100,000
	($750,000＋$1,500,000)－[$7,000,000×(10%＋20%)]＝$150,000 =乙公司未入帳之專利權，每年攤銷數＝$150,000÷5年＝$30,000	
1/1	其他權益－透過其他綜合損益按公允價值衡量	
	之權益工具投資未實現評價損益　　　　 100,000	
	(權益科目，如：保留盈餘)	100,000

第41頁 (第二章 股權投資之會計處理)

日期	借方/貸方科目	金額	金額
20x7/1/1 (續)	IFRS 規定，非持有供交易之權益工具投資於原始認列時，可作一不可撤銷之選擇，選擇將其後續公允價值變動，列報為其他綜合損益，而該列報於其他綜合損益之累積利益或損失，後續不得移轉至損益，但可於權益內移轉該金額。筆者建議可轉入保留盈餘，請詳表 2-1 及其註七。		
11/30	現　金 　　採用權益法之投資	90,000	90,000
	$300,000×30％＝$90,000		
12/31	採用權益法之投資 　　採用權益法認列之關聯企業及合資利益之份額	390,000	390,000
	($1,400,000×30％)－$30,000＝$390,000		
註：	截至 20x7/1/1，「其他權益－透過其他綜合損益按公允價值衡量之權益工具投資未實現評價損益」＝20x6/12/31 貸餘$100,000＋20x7/1/1 借記$100,000＝$0。		

　　按權益法精神，將乙公司帳列淨值之帳面金額(D)、甲公司帳列「採用權益法之投資」餘額(A)、二者間的投資差額[(A)－(D)×30％]分析結果，彙述如下：

（單位：千元）

	20x6/1/1	20x6 年	20x6/12/31	20x7 年	20x7/12/31
乙－權　益	$6,000	＋$1,200 －$200	$7,000	＋$1,400 －$300	$8,100
按公允價值衡量：					
甲－透過其他綜合損益按公允價值衡量之權益工具投資（淨額）	$650	＋$100 股利收入$20	$750 20x7/1/1 轉列「採用權益法之投資」		
甲－ 「其他綜合損益－ 透過其他綜合損益按公允價值衡量之權益工具投資未實現評價損益」	$0	＋$100	$100 20x6/12/31 結轉 「其他權益」		
甲－ 「其他權益－ 透過其他綜合損益按公允價值衡量之權益工具投資未實現評價損益」			$100	(1/1 借記) －$100	$0

	20x6/1/1	20x6年	20x6/12/31	20x7年	20x7/12/31
權益法：					
甲－採用權益法之投資		$750 +$1,500	= $2,250	+$390 −$90	$2,550
投資差額：					
專利權			$150	−$30	$120
驗算： 20x7/12/31：專利權＝$2,550－($8,100×30%)＝$120

十三、處分對關聯企業之股權投資

當投資者處分對關聯企業<u>全部</u>股權投資時，須將股權投資帳面金額除列，按處分股權投資的實收額(net proceeds，已扣除相關交易成本)借記現金，而實收額與所除列股權投資帳面金額之差額即為處分投資損益，屬於損益項目，應表達在綜合損益表。當投資者處分對關聯企業的<u>部分</u>股權投資時，投資者對關聯企業的持股比例下降，致剩餘股權投資的會計處理可能有所異動，茲將可能的情況彙集如下表：

部分處分股權投資前	部 分 處 分 股 權 投 資 後		
	存在控制	具重大影響	不具重大影響
存在控制	(A) 第八章	(B) 第八章	(C) 第八章
具重大影響	－	(D) 釋例八	(E) 釋例七、九
不具重大影響	－	－	(F) 釋例一

(A)、(D)、(F)：因情況不變，故繼續適用原來的會計處理方法。
(A)、(D)、(F)：將部分股權投資帳面金額除列，請詳下列說明(5)。
(D)：繼續適用權益法。若企業對關聯企業或合資之所有權權益減少，但該投資持續被分類為投資關聯企業或合資，則企業應將與該所有權權益之減少有關而先前已認列於其他綜合損益之利益或損失，依減少比例重分類至損益(若該利益或損失於處分相關資產或負債時須被重分類至損益)，理同下列說明(4)之規定，請參閱說明(4)之例一情況(2)、例二情況(2)、例三情況(2)及例四情況(2)。
(E)：停止採用權益法。請詳下列說明(1)、(2)、(3)、(4)。
(B)：繼續適用權益法，但期末不必編製合併財務報表，請詳第八章之說明。
(C)：停止採用權益法，且期末不必編製合併財務報表，請詳第八章之說明。

說明如下：

(1) 企業應自其投資不再為關聯企業或合資之日起停止採用權益法。若該投資成為子公司，企業應依 IFRS 3「企業合併」及 IFRS 10「合併財務報表」之規定處理其投資。

(2) 若對原關聯企業或合資之保留權益為金融資產，企業應按公允價值衡量該保留權益。保留權益之公允價值應視為依 IFRS 9 之規定原始認列為金融資產之公允價值。惟須注意，企業停止採用權益法可能伴隨或未伴隨所有權之絕對或相對變動。

(3) 下列(a)及(b)之差額，應認列於損益中：
(a) 任何保留權益之公允價值及處分關聯企業或合資部分權益所得之任何價款；
(b) 停止採用權益法當日之投資帳面金額。

(4) 當企業停止採用權益法時，該企業對先前認列於其他綜合損益中與該投資有關之所有金額，其會計處理之基礎應與被投資者若直接處分相關資產或負債所必須遵循之基礎相同。因此，若先前被投資者認列為其他綜合損益之利益或損失，於處分相關資產或負債時將被重分類至損益，則當企業停止採用權益法時，亦應將該利益或損失自權益重分類至損益(作為重分類調整)。

例如：關聯企業係一國外營運機構，先前因功能性貨幣財務報表換算為表達貨幣財務報表而產生累計兌換差額，會計科目為「其他綜合損益－國外營運機構財務報表換算之兌換差額」。因此當投資者停止適用權益法時，應將先前按權益法認列於其他綜合損益之累計兌換差額，會計科目為「其他綜合損益－關聯企業及合資之國外營運機構財務報表換算之兌換差額」，重分類至損益。

又如：先前關聯企業認列於其他綜合損益之不動產重估增值，會計科目為「其他綜合損益－不動產重估增值」，於處分相關資產時，由「其他權益－不動產重估增值」直接轉入保留盈餘。因此當投資者停止適用權益法時，亦應將先前按權益法認列於其他綜合損益之不動產重估增值，會計科目為「其他綜合損益－關聯企業及合資之不動產重估增值」，由「其他權益－不動產重估增值－採用權益法之關聯企業及合資」直接轉入保留盈餘。

例 一：

引用「釋例一，情況(2)」之資料，假設投資者(丙公司)持有關聯企業(甲公司)40%股權。甲公司於期末(20x6/12/31)對帳列「透過其他綜合損益按公允價值衡量之權益工具投資」按公允價值評價，因此貸記「其他綜合損益－透過其他綜合損益按公允價值衡量之權益工具投資未實現評價損益」$19,500，並結轉至其他權益。而丙公司於期末(20x6/12/31)按權益法，借記「採用權益法之投資」$7,800，$19,500×40%＝$7,800，貸記「其他綜合損益－關聯企業及合資之透過其他綜合損益按公允價值衡量之權益工具投資未實現評價損益」$7,800，並結轉至其他權益。相關分錄如下述。

甲公司 20x6 年 12 月 31 日之分錄：

甲公司	透過其他綜合損益按公允價值衡量之權益工具投資 　　　　評價調整　　　　　　　　　　　　　　　19,500 　　其他綜合損益－透過其他綜合損益按公允價值衡量 　　　　之權益工具投資未實現評價損益　　　　　　　　　　19,500
	※「其他綜合損益」當年度發生數結轉至「其他權益」：
甲公司	其他綜合損益－透過其他綜合損益按公允價值衡量 　　　　之權益工具投資未實現評價損益　　　　　19,500 　　其他權益－透過其他綜合損益按公允價值衡量 　　　　之權益工具投資未實現評價損益　　　　　　　　　19,500
註：	截至 20x6/12/31，「其他權益－透過其他綜合損益按公允價值衡量之權益工具投資未實現評價損益」貸餘$19,500。

丙公司 20x6 年 12 月 31 日之分錄：

丙公司	採用權益法之投資　　　　　　　　　　　　　　　7,800 　　其他綜合損益－關聯企業及合資之透過其他綜合損益 　　　　按公允價值衡量之權益工具投資 　　　　未實現評價損益　　　　　　　　　　　　　　　　　7,800
	※「其他綜合損益」當年度發生數結轉至「其他權益」：
丙公司	其他綜合損益－關聯企業及合資之透過其他綜合損益 　　　　按公允價值衡量之權益工具投資 　　　　未實現評價損益　　　　　　　　　　　7,800 　　其他權益－透過其他綜合損益按公允價值衡量之 　　　　權益工具投資未實現評價損益 　　　　－採用權益法之關聯企業及合資　　　　　　　　　7,800

> 註：截至 20x6/12/31，「其他權益－透過其他綜合損益按公允價值衡量之權益工具投資未實現評價損益－採用權益法之關聯企業及合資」貸餘$7,800。

情況(1)：

若丙公司於 20x7 年 1 月 1 日出售對甲公司 30%股權投資，持股降為 10%(假設不具重大影響)，則丙公司應將「其他權益－透過其他綜合損益按公允價值衡量之權益工具投資未實現評價損益－採用權益法之關聯企業及合資」全數($7,800)移轉至權益科目(如：保留盈餘)，就好像甲公司若處分對乙公司之 10%股權投資，而須將「其他權益－透過其他綜合損益按公允價值衡量之權益工具投資未實現評價損益」全額($19,500)移轉至權益科目(如：保留盈餘)一樣。這樣才符合準則所要求的：「當企業停止採用權益法時，該企業對先前認列於其他綜合損益中與該投資有關之所有金額，其會計處理之基礎應與被投資者若直接處分相關資產或負債所必須遵循之基礎相同。」

情況(2)：

若丙公司於 20x7 年 1 月 1 日出售對甲公司 8%股權投資，持股降為 32%(假設仍具重大影響)，則丙公司應將「其他權益－透過其他綜合損益按公允價值衡量之權益工具投資未實現評價損益－採用權益法之關聯企業及合資」由原 40%份額降為 32%，所減少 8%份額($7,800×8/40＝$1,560)移轉至權益科目(如：保留盈餘)，就好像甲公司若處分對乙公司之 10%股權投資，而須將「其他權益－透過其他綜合損益按公允價值衡量之權益工具投資未實現評價損益」全額($19,500)移轉至權益科目(如：保留盈餘)一樣。這樣才符合準則的處理邏輯：若企業對關聯企業或合資之所有權權益減少，但持續適用權益法，則企業應將與該所有權權益之減少有關而先前已認列於其他綜合損益之利益或損失，依減少比例重分類至損益(若該利益或損失於處分相關資產或負債時須被重分類至損益)。

例二：

投資者(A)持有關聯企業(B)40%股權，B 於 20x6 年 12 月 31 日對帳列「不動產、廠房及設備」中之土地進行重估價，增值$1,000，因此 B 借記「土地－重估增值」$1,000，貸記「其他綜合損益－不動產重估增值」$1,000 (假設暫不考慮相關稅負)，期末結轉至其他權益，會計科目為「其他權益－不動產重估增值」貸餘$1,000。

而 A 於期末按權益法,借記「採用權益法之投資」$400,$1,000×40%＝$400,貸記「其他綜合損益－關聯企業及合資之不動產重估增值」$400,期末結轉至其他權益,會計科目為「其他權益－不動產重估增值－採用權益法之關聯企業及合資」貸餘$400。

情況(1)：

若 A 於 20x7 年 1 月 1 日出售對 B 30%股權投資,持股降為 10%(假設不具重大影響),則 A 應將帳列「其他權益－不動產重估增值－採用權益法之關聯企業及合資」全數($400)直接轉入保留盈餘,就好像 B 若處分該項重估增值之土地,而須將帳列「其他權益－不動產重估增值」全額($1,000)直接轉入保留盈餘一樣。這樣才符合準則所要求的:「當企業停止採用權益法時,該企業對先前認列於其他綜合損益中與該投資有關之所有金額,其會計處理之基礎應與被投資者若直接處分相關資產或負債所必須遵循之基礎相同。」

情況(2)：

若 A 於 20x7 年 1 月 1 日出售對 B 10%股權投資,持股降為 30%(假設仍具重大影響),則 A 應將帳列「其他權益－不動產重估增值－採用權益法之關聯企業及合資」由原 40%份額降為 30%,所減少 10%份額($400×10/40＝$100)直接轉入保留盈餘,就好像 B 若處分該項重估增值之土地,而須將帳列「其他權益－不動產重估增值」全額($1,000)直接轉入保留盈餘一樣。這樣才符合準則的處理邏輯:若企業對關聯企業或合資之所有權權益減少,但持續適用權益法,則企業應將與該所有權權益之減少有關而先前已認列於其他綜合損益之利益或損失,依減少比例重分類至損益(若該利益或損失於處分相關資產或負債時須被重分類至損益)。

例 三： (可先研讀本書下冊第十四章相關名詞解釋,再參閱本例)

投資者(A)持有關聯企業(B)40%股權。B 係一國外營運機構,其功能性貨幣(functional currency)與當地貨幣(local currency)相同。期末時(20x6 年 12 月 31 日),若 B 的功能性貨幣財務報表須換算為表達貨幣財務報表,因此產生國外營運機構財務報表換算之兌換差額,假設為貸餘$2,000(表達貨幣),會計科目為「其他綜合損益－國外營運機構財務報表換算之兌換差額」。

而 A 於期末(20x6 年 12 月 31 日)按權益法,借記「採用權益法之投資」$800,$2,000×40%＝$800,貸記「其他綜合損益－關聯企業及合資之國外營

運機構財務報表換算之兌換差額」$800，並結轉至其他權益，會計科目為「其他權益－國外營運機構財務報表換算之兌換差額－採用權益法之關聯企業及合資」貸餘$800。有關匯率變動對財務報表之影響及國外營運機構財務報表之換算，請詳本書下冊第十四章。

情況(1)：
若A於20x7年1月1日出售對B 30%股權投資，持股降為10%(假設不具重大影響)，則A應將「其他綜合損益－關聯企業及合資之國外營運機構財務報表換算之兌換差額」全數($800)重分類至損益(處分投資利益)，做重分類調整，亦即將之納入處分投資損益之計算。

情況(2)：
若A於20x7年1月1日出售對B 10%股權投資，持股降為30%(假設仍具重大影響)，則A應將「其他綜合損益－關聯企業及合資之國外營運機構財務報表換算之兌換差額」由原40%份額降為30%，所減少10%份額($800×10/40＝$200)重分類至損益(處分投資利益)，做重分類調整，亦即將之納入處分投資損益之計算。

例 四： (可先研讀本書下冊第十四章相關名詞解釋，再參閱本例)

投資者(A)持有關聯企業(B)40%股權，B持有子公司(C)90%股權。若C的「當地貨幣(local currency)」就是「功能性貨幣(functional currency)」，但不是「表達貨幣(presentation currency)」。因此期末時(20x6/12/31)，C的功能性貨幣財務報表須換算為表達貨幣財務報表，致產生<u>國外營運機構財務報表換算之兌換差額</u>，假設為貸餘$2,000(表達貨幣)，會計科目為「其他綜合損益－國外營運機構財務報表換算之兌換差額」。

　　而B於期末(20x6年12月31日)按權益法，借記「採用權益法之投資」$1,800，$2,000×90%＝$1,800，貸記「其他綜合損益－子公司、關聯企業及合資之國外營運機構財務報表換算之兌換差額」$1,800，期末結轉至其他權益，會計科目為「其他權益－國外營運機構財務報表換算之兌換差額－採用權益法之子公司」貸餘$1,800。

　　另A於期末(20x6年12月31日)按權益法，借記「採用權益法之投資」$720，$1,800×40%＝$720，貸記「其他綜合損益－關聯企業及合資之國外營運機構財務報表換算之兌換差額」$720，期末結轉至其他權益，會計科目為

「其他權益－國外營運機構財務報表換算之兌換差額－採用權益法之關聯企業及合資」貸餘$720。有關匯率變動對財務報表之影響及國外營運機構財務報表之換算，請詳本書下冊第十四章。

情況(1)：

若 A 於 20x7 年 1 月 1 日出售對 B 30%股權投資，持股降為 10%(假設不具重大影響)，則 A 應將「其他綜合損益－關聯企業及合資之國外營運機構財務報表換算之兌換差額」全數($720)重分類至損益(處分投資利益)，做重分類調整，亦即將之納入處分投資損益之計算。

情況(2)：

若 A 於 20x7 年 1 月 1 日出售對 B 10%股權投資，持股降為 30%(假設仍具重大影響)，則 A 應將「其他綜合損益－關聯企業及合資之國外營運機構財務報表換算之兌換差額」由原 40%份額降為 30%，所減少 10%份額($720×10/40＝$180)重分類至損益(處分投資利益)，做重分類調整，亦即將之納入處分投資損益之計算。

(5) 將部分股權投資帳面金額除列，而除列之金額應按下列方式決定：
(a) 若當初投資者的股權投資係一次取得，則 除列之金額＝(所處分股權投資÷對該被投資者全部股權投資) × 處分日股權投資之帳面金額。
(b) 若當初投資者的股權投資係分次取得，則每次取得股權之每股單位成本不必然相等，故：
(i) 若能以經濟可行方式，明確辨認所處分的部分股權投資究係於何時以多少成本取得，則採個別辨認法決定所處分股權投資的帳面金額，並貸記之。
(ii) 若無法以經濟可行方式明確辨認時，則以成本流動假設(加權平均法、先進先出法)來決定所處分股權投資的帳面金額，並貸記之。

註：本段「(5)(b)(i)個別辨認法」及「(5)(b)(ii)先進先出法」較不適合用於 P.43 表格中的(A)及(D)情況，因該二情況已適用權益法，致股權投資帳面金額已歷經增減異動而非當初股權取得成本，故不方便決定部分處分的股權投資帳面金額，筆者建議按「(5)(a)」或「(5)(b)(ii)加權平均法」決定應除列之帳面金額，較為簡單可行。

釋例七：

　　甲公司持有一國外營運機構(乙公司、關聯企業)30%股權數年，截至 20x6 年 12 月 31 日，帳列「採用權益法之投資－乙」為$2,600,000。甲公司於 20x7 年 1 月 1 日以$1,620,000 出售對乙公司 18%股權投資，而保留權益只剩 12%，經評估對乙公司已不具重大影響，故甲公司依 IFRS 9 及其管理金融資產之經營模式，將對乙公司之保留權益分類為「透過損益按公允價值衡量之金融資產」。

　　假設保留權益(12%)於 20x7 年 1 月 1 日之公允價值為$1,080,000，且甲公司帳列「其他權益－國外營運機構財務報表換算之兌換差額－採用權益法之關聯企業及合資」$40,000(貸餘)(＊)，係先前對乙公司股權投資適用權益法所認列。乙公司 20x7 年淨利為$1,200,000，並於 20x7 年 11 月 30 日宣告並發放現金股利$300,000。20x7 年 12 月 31 日，甲公司對乙公司保留權益(12%)之公允價值為$1,170,000。

＊：係結轉自「其他綜合損益－關聯企業及合資之國外營運機構財務報表換算之兌換差額」。

說明：

處分投資利益
＝(保留權益之公允價值$1,080,000＋出售股權投資得款$1,620,000)－$2,600,000
＝$100,000 [其內容可拆解如下]
＝[保留權益之公允價值$1,080,000－($2,600,000×12/30)]　[假設採加權平均法]
　　＋[出售股權投資得款$1,620,000－($2,600,000×18/30)]
＝($1,080,000－$1,040,000)＋($1,620,000－$1,560,000)
＝保留權益之已實現評價利益$40,000＋處分股權投資之已實現利益$60,000

甲公司之分錄：

20x7/ 1/ 1	現　金	1,620,000	
	強制透過損益按公允價值衡量之金融資產	1,080,000	
	採用權益法之投資		2,600,000
	處分投資利益		100,000
1/ 1	其他綜合損益－關聯企業及合資之國外營運機構		
	財務報表換算之兌換差額	40,000	
	處分投資利益		40,000
	因喪失重大影響，故全數自權益重分類至損益。		

20x7/11/30	現　金　　　　　　　　　　　　　　　　　　36,000	
	股利收入	36,000
	$300,000×12%=$36,000	
12/31	強制透過損益按公允價值衡量之金融資產評價調整　90,000	
	透過損益按公允價值衡量之金融資產(負債)利益	90,000
	$1,170,000－$1,080,000=$90,000	
註：	20x7/ 1/ 1，「其他綜合損益－關聯企業及合資之國外營運機構財務報表換算之兌換差額」＝－$40,000(借餘)，結轉「其他權益」；故截至 20x7/ 1/ 1，「其他權益－國外營運機構財務報表換算之兌換差額－採用權益法之關聯企業及合資」＝20x6/12/31 貸餘$40,000＋20x7/ 1/ 1 結轉借記$40,000＝$0。	

延伸一：

若將原題意修改下列兩項：(1)乙公司為本國企業，並非國外營運機構，(2)甲公司帳列「其他權益－不動產重估增值－採用權益法之關聯企業及合資」$40,000(貸餘)(#)，係對乙公司股權投資適用權益法所認列(因乙公司土地重估增值)。其他資料不變，則甲公司之分錄如下：

#：係結轉自「其他綜合損益－關聯企業及合資之不動產重估增值」。

20x7/ 1/ 1	(同原題分錄)	
1/ 1	其他權益－不動產重估增值－採用權益法之關聯企業及合資　40,000	
	保留盈餘	40,000
	因喪失重大影響，故全數轉列為保留盈餘。	
11/30	(同原題分錄)	
12/31	(同原題分錄)	
註：	截至 20x7/ 1/ 1，「其他權益－不動產重估增值－採用權益法之關聯企業及合資」餘額為$0。	

延伸二：

若將原題意修改下列三項：(1)乙公司為本國企業，並非國外營運機構。(2)乙公司帳列非持有供交易之股權投資(投資丙公司 5%股權)於原始認列時，已作一不可撤銷之選擇，將該股權投資分類為「透過其他綜合損益按公允價值衡量之金融資產」，會計科目為「透過其他綜合損益按公允價值衡量之權益工具投資」，並於以前年度期末按公允價值評價，認列「其他綜合損益－透過其他綜合損益按公允價值衡量之權益工具投資未實現評價損益」(貸餘)。(3)甲公司帳列「其他權

益－透過其他綜合損益按公允價值衡量之權益工具投資未實現評價損益－採用權益法之關聯企業及合資」$40,000(貸餘)(＊)，係先前對乙公司股權投資適用權益法所認列。其他資料不變，則甲公司之分錄如下：

＊：係結轉自「其他綜合損益－關聯企業及合資之透過其他綜合損益按公允價值衡量之權益工具投資未實現評價損益」。

20x7/ 1/ 1	(同原題分錄)
1/ 1	其他權益－透過其他綜合損益按公允價值衡量之 　　權益工具投資未實現評價損益 　　　－採用權益法之關聯企業及合資　　　40,000 　　(權益項目，如：保留盈餘)　　　　　　　　40,000 因喪失重大影響，故列報於其他權益之累計利益可在權益內移轉，如：保留盈餘。
11/30	(同原題分錄)
12/31	(同原題分錄)

註：截至 20x7/ 1/ 1，「其他權益－透過其他綜合損益按公允價值衡量之權益工具投資未實現評價損益－採用權益法之關聯企業及合資」＝20x6/12/31 貸餘 $40,000＋20x7/ 1/ 1 借記$40,000＝$0。

釋例八：

沿用釋例七題意，若甲公司於 20x7 年 1 月 1 日以$540,000 出售對乙公司 6%股權投資，而保留權益還有 24%，經評估仍對乙公司具重大影響。甲公司帳列「其他權益－國外營運機構財務報表換算之兌換差額－採用權益法之關聯企業及合資」為貸餘$40,000(＊)，係先前對乙公司股權投資適用權益法所認列。乙公司 20x7 年淨利為$1,200,000，並於 20x7 年 11 月 30 日宣告且發放現金股利 $300,000。

＊：係結轉自「其他綜合損益－關聯企業及合資之國外營運機構財務報表換算之兌換差額」。

說　明：

處分投資利益＝$540,000－$2,600,000×(6/30)＝$540,000－$520,000＝$20,000
甲公司應作分錄如下：(請詳次頁)

20x7/1/1	現　金　　　　　　　　　　　　　　　　　540,000
	採用權益法之投資　　　　　　　　　　　　　　520,000
	處分投資利益　　　　　　　　　　　　　　　　 20,000
1/1	其他綜合損益－關聯企業及合資之國外營運機構
	財務報表換算之兌換差額　　　 8,000
	處分投資利益　　　　　　　　　　　　　　　　　8,000
	甲只是減少對乙的所有權權益，仍具重大影響，故依比例自權重分類至損益，$40,000×(6%÷30%)＝$8,000。
11/30	現　金　　　　　　　　　　　　　　　　　 72,000
	採用權益法之投資　　　　　　　　　　　　　　 72,000
	$300,000×24%＝$72,000
12/31	採用權益法之投資　　　　　　　　　　　　288,000
	採用權益法認列之關聯企業及合資利益之份額　　288,000
	$1,200,000×24%＝$288,000
註：	20x7/1/1，「其他綜合損益－關聯企業及合資之國外營運機構財務報表換算之兌換差額」借餘$8,000，結轉「其他權益」，故截至20x7/1/1，「其他權益－國外營運機構財務報表換算之兌換差額－採用權益法之關聯企業及合資」＝20x6/12/31貸餘$40,000＋20x7/1/1結轉借記$8,000＝貸餘$32,000。

延伸一：

若將原題意修改下列兩項：(1)乙公司為本國企業，並非國外營運機構，(2)甲公司帳列「其他權益－不動產重估增值－採用權益法之關聯企業及合資」為貸餘$40,000，係對乙公司股權投資適用權益法所認列(因乙公司土地重估增值)。其他資料不變，則甲公司之分錄如下：

20x7/1/1	(同原題分錄)
1/1	其他權益－不動產重估增值－採用權益法之關聯企業及合資　 8,000
	保留盈餘　　　　　　　　　　　　　　　　　　　　　　　8,000
	甲只是減少對乙之所有權權益，仍具重大影響，故依比例直接轉入保留盈餘，$40,000×(6%÷30%)＝$8,000。
11/30	(同原題分錄)
12/31	(同原題分錄)
註：	截至20x7/1/1，
	「其他權益－不動產重估增值－採用權益法之關聯企業及合資」貸餘$32,000。

釋例九：

沿用釋例七題意，若甲公司於 20x7 年 10 月 1 日因故喪失對乙公司之重大影響。已知原 30%股權投資於該日之公允價值為$3,000,000，甲公司依 IFRS 9 及其管理金融資產之經營模式，將之分類為「透過損益按公允價值衡量之金融資產」。20x7 年 1 月 1 日甲公司帳列「其他權益－國外營運機構財務報表換算之兌換差額－採用權益法之關聯企業及合資」為貸餘$40,000(＊)，係先前對乙公司股權投資適用權益法所認列。乙公司 20x7 年淨利為$1,200,000，並於 20x7 年 11 月 30 日宣告且發放現金股利$300,000。20x7 年 12 月 31 日，甲公司對乙公司 30% 股權投資之公允價值為$2,950,000。

＊：係結轉自「其他綜合損益－關聯企業及合資之國外營運機構財務報表換算之兌換差額」。

說 明：

20x7/ 1/ 1～20x7/ 9/30：甲公司適用權益法應認列之投資收益
$\qquad =\$1,200,000\times(9/12)\times30\%=\$270,000$

20x7/10/ 1：「採用權益法之投資」＝$2,600,000＋270,000＝$2,870,000

20x7/10/ 1：停止適用權益法，改按 IFRS 9 之規定，故將「採用權益法之投資」帳面金額$2,870,000，轉列為「透過損益按公允價值衡量之金融資產」$3,000,000，並認列利益$130,000。

甲公司之分錄：

20x7/10/ 1	採用權益法之投資	270,000	
	採用權益法認列之關聯企業及合資利益之份額		270,000
10/ 1	強制透過損益按公允價值衡量之金融資產	3,000,000	
	採用權益法之投資		2,870,000
	處分投資利益		130,000
10/ 1	其他綜合損益－關聯企業及合資之國外營運機構		
	財務報表換算之兌換差額	40,000	
	處分投資利益		40,000
	因喪失重大影響，故全數自權益重分類至損益。		
11/30	現　　金	90,000	
	股利收入		90,000
	$300,000×30%＝$90,000		

20x7/12/31	透過損益按公允價值衡量之金融資產(負債)損失　　　　50,000
	強制透過損益按公允價值衡量之金融資產評價調整　　　　　50,000
	$2,950,000－$3,000,000＝－$50,000

註： 20x7/10/ 1，「其他綜合損益－關聯企業及合資之國外營運機構財務報表換算之兌換差額」借餘$40,000，結轉「其他權益」，故截至 20x7/10/ 1，「其他權益－國外營運機構財務報表換算之兌換差額－採用權益法之關聯企業及合資」＝20x6/12/31 貸餘$40,000＋20x7/10/ 1 結轉借記$40,000＝$0

延伸一：

若將原題意修改下列兩項：(1)乙公司為本國企業，並非國外營運機構，(2)甲公司帳列「其他權益－不動產重估增值－採用權益法之關聯企業及合資」為貸餘$40,000，係對乙公司股權投資按權益法所認列(因乙公司土地重估增值)。其他資料不變，則甲公司之分錄如下：

20x7/10/ 1	(同原題分錄)
10/ 1	(同原題分錄)
10/ 1	其他權益－不動產重估增值－採用權益法之關聯企業及合資　40,000
	保留盈餘　　　　　　　　　　　　　　　　　　　　　　　40,000
	因故喪失重大影響，故全數直接轉入保留盈餘。
11/30	(同原題分錄)
12/31	(同原題分錄)

註： 截至 20x7/10/ 1，
　　「其他權益－不動產重估增值－採用權益法之關聯企業及合資」餘額為$0。

十四、投資者直接向關聯企業取得股權

投資者通常在公開市場或私下向關聯企業現有股東購買關聯企業普通股，因此對關聯企業而言，除股東組成有異動外，其他方面無任何影響，亦無須作會計處理，之前所舉釋例皆是這種情況。但有時投資者是直接向關聯企業取得普通股，遇此，關聯企業通常以發行新股或出售庫藏股等方式以完成投資者的股權投資交易。因此關聯企業流通在外普通股股數將增加，整體淨值亦隨之增加，故投資者在計算：(1)對關聯企業的持股比例，(2)投資成本與所取得關聯企業股權淨值間之差額時，需考慮關聯企業流通在外普通股股數及淨值之變動。

釋例十：

甲公司以現金$90,000 取得乙公司 5,000 股普通股。當日乙公司權益為$280,000，包括普通股股本$200,000(每股面額$10)及保留盈餘$80,000，所有帳列資產及負債之帳面金額皆等於公允價值，且無未入帳可辨認資產或負債。分別就下列兩種情況計算：(1)甲公司對乙公司的持股比例，(2)甲公司投資成本與所取得乙公司股權淨值間之差額。

情況 A：甲公司在公開市場或私下向乙公司現有股東購買乙公司普通股。
情況 B：甲公司直接向乙公司取得普通股。

		情 況 A	情 況 B
(1)	乙公司淨值	不變，仍為$280,000	增加為$370,000 ($280,000＋$90,000＝$370,000)
(2)	乙公司流通在外普通股股數	不變，仍為 20,000 股 ($200,000÷$10＝20,000 股)	增加為 25,000 股 (20,000 股＋5,000 股＝25,000 股)
(3)	甲公司對乙公司的持股比率	25% (5,000 股÷20,000 股＝25%)	20% (5,000 股÷25,000 股＝20%)
(4)	甲公司取得乙公司的股權淨值	$70,000 ($280,000×25%＝$70,000)	$74,000 ($370,000×20%＝$74,000)
(5)	甲公司投資成本與所取得乙公司股權淨值間之差額	$20,000 ($90,000－$70,000＝$20,000) (乙公司未入帳商譽)	$16,000 ($90,000－$74,000＝$16,000) (乙公司未入帳商譽)

十五、關聯企業尚發行特別股

當關聯企業發行並流通在外之股份有特別股及普通股時，其權益總額係分屬特別股股東及普通股股東；其每期損益及每次所宣告並發放之現金股利，是由特別股股東及普通股股東所分享及分配。但兩類股東：(1)各擁有多少權益？(2)每期各該分享多少損益？(3)每次各該分配多少現金股利？原則上，必須依關聯企業已發行並流通在外特別股當初發行時與特別股股東約定之條款內容，先決定特別股股東的最大權益、每期應分享損益及每次應分配現金股利的權利額度，而剩餘的權益、剩餘的每期損益分享數及剩餘的現金股利分配數，才歸屬普通股股東。其區分原則如下：

(一) 關聯企業權益：

權益	(1) 特別股權益	(a)	(每股收回價格×特別股流通在外股數)	選取最大者	＋積欠股息 (若有的話)
		(b)	(每股清算價格×特別股流通在外股數)		
		(c)	(每股面值×特別股流通在外股數)		
		(d)	(其他約定之每股金額×特別股流通在外股數)		
	(2) 普通股權益		(2)＝關聯企業權益總額－特別股權益(1)		

(二) 關聯企業當期損益：

當期損益	(1) 特別股股東之利益分享數	(a) 累積特別股	不論當期是否宣告現金股利，皆可分享"與當期定額股利"或"與當期定率股利等額"之利益。(＊)
		(b) 非累積特別股	當期已宣告現金股利，才可分享利益。若當期未宣告現金股利，則無權分享。而利益分享數則為下列(i)及(ii)之較小者：(i)「當期定額或定率股利」 (ii)「當期所宣告之現金股利」
	(2) 普通股股東之損益分享數 ＝關聯企業當期損益－特別股股東之利益分享數(1)		

＊：若關聯企業或合資有累積特別股流通在外(係由投資者以外單位所持有)且分類為權益時，則無論該特別股股利是否已宣告，投資者應於調整該股利後計算其對損益之份額。

(三) 關聯企業當期宣告之現金股利：

當期宣告之現金股利	(1) 特別股股東之現金股利分配數	(a) 累積特別股	現金股利分配數計算如下： 令 甲＝「當期定額或定率股利」 　　乙＝「當期所宣告之現金股利－積欠股息」 (i) 若 甲＞乙，則現金股利分配數＝積欠股息＋乙 　　　　　　　　　　　　　　＝「當期所宣告之現金股利」 (ii) 若 甲＜乙，則現金股利分配數＝積欠股息＋甲 　　　　　　　　　　　　　　＝積欠股息＋「當期定額或定率股利」
		(b) 非累積特別股	現金股利分配數為「當期定額或定率股利」及「當期所宣告之現金股利」之較低者。
	(2) 普通股股東之現金股利分配數 ＝當期宣告之現金股利－特別股股東之現金股利分配數(1)		

釋例十一：

　　甲公司於 20x6 年 1 月 1 日以現金$2,100,000 取得乙公司 120,000 股普通股(40%)，並對乙公司具重大影響。當日乙公司權益$6,000,000，已積欠一年特別股股利，除一項機器價值低估$80,000 外，其餘帳列資產及負債之帳面金額皆等於公允價值，且無未入帳可辨認資產或負債。該價值低估機器估計可再使用 4 年，無殘值，按直線法計提折舊。乙公司 20x6 年淨利為$520,000，於 20x6 年 12 月 5 日宣告現金股利$220,000，發放日為 20x6 年 12 月 31 日。乙公司權益如下：

	20x6/1/1	20x6/12/31
特別股股本，6%，累積，每股面額$100，每股收回價格$102，發行並流通在外 10,000 股	$1,000,000	$1,000,000
普通股股本，每股面額$10，發行並流通在外 300,000 股	3,000,000	3,000,000
資本公積－普通股發行溢價	500,000	500,000
保留盈餘	1,500,000	1,800,000
權 益 總 數	$6,000,000	$6,300,000

說 明：

(1) 20x6/1/1，乙公司權益為$6,000,000，分屬兩類股東：
　　(a) 特別股權益＝[$102(收回價格)×10,000 股]＋[$1,000,000×6%(積欠股息)]
　　　　　　　　＝$1,020,000＋$60,000＝$1,080,000
　　(b) 普通股權益＝$6,000,000－$1,080,000＝$4,920,000
　　　　甲公司取得乙公司之股權淨值＝$4,920,000×40%＝$1,968,000
　　　　甲公司之投資差額＝$2,100,000－$1,968,000＝$132,000
　　　　投資差額$132,000：(i) 機器價值低估：$80,000×40%＝$32,000
　　　　　　　　　　　　　(ii) 未入帳商譽：$132,000－$32,000＝$100,000

(2) 乙公司 20x6 年淨利$520,000，由特別股及普通股兩類股東分享：
　　(a) 特別股股東之利益分享數＝$1,000,000×6%＝$60,000
　　(b) 普通股股東之損益分享數＝$520,000－$60,000＝$460,000
　　　　甲公司 20x6 年應認列之投資收益
　　　　　　＝$460,000×40%－($32,000÷4)＝$184,000－$8,000＝$176,000

(3) 乙公司 20x6 年 12 月宣告並發放現金股利$220,000，應分配予特別股及普通股兩類股東之金額：

(a) 特別股股東之股利分配數＝$60,000(積欠)＋$60,000 (20x6 年)＝$120,000
(b) 普通股股東之股利分配數＝$220,000－$120,000＝$100,000
   甲公司 20x6 年 12 月 31 日收到之現金股利＝$100,000×40%＝$40,000

(4) 甲公司之分錄：

20x6/ 1/ 1	採用權益法之投資	2,100,000	
	現　金		2,100,000
12/31	採用權益法之投資	176,000	
	採用權益法認列之關聯企業及合資		
	利益之份額		176,000
12/ 5	應收股利	40,000	
	採用權益法之投資		40,000
12/31	現　金	40,000	
	應收股利		40,000

(5) 按權益法精神，相關異動資料彙述如下：
   (假設：20x6 年期末，經評估得知商譽價值未減損。)

	20x6/ 1/ 1	20x6 年	20x6/12/31
乙－特別股權益	$1,080,000	＋$60,000－$120,000	$1,020,000
乙－普通股權益	4,920,000	＋$460,000－$100,000	5,280,000
乙－權　益	$6,000,000	＋$520,000－$220,000	$6,300,000
甲－採用權益法之投資	$2,100,000	＋$176,000－$40,000	$2,236,000
投資差額：			
機器設備	$ 32,000	－$8,000	$ 24,000
商　譽	100,000	－	100,000
	$132,000	－$8,000	$124,000

(6) 驗　算：

20x6/12/31，乙公司權益為$6,300,000，分屬兩類股東：

(a) 特別股權益＝[$102(收回價格)×10,000 股]＋[$0 (積欠股息)]＝$1,020,000
(b) 普通股權益＝$6,300,000－$1,020,000＝$5,280,000
   甲公司擁有乙公司之股權淨值＝$5,280,000×40%＝$2,112,000
   甲公司投資差額＝$2,236,000－$2,112,000＝$124,000
   投資差額$124,000：(a) 機器價值低估$24,000，
   　　　　　　　　　(b) 未入帳商譽$100,000。

十六、關聯企業發生非經常性損益項目

關聯企業的綜合損益表及保留盈餘表,有時會包含一些"非經常性損益項目(Irregular Items)",如停業單位損益、會計政策變動累積影響數及前期損益調整等,這些項目都會使關聯企業淨值發生變動,故當投資者面對這些項目在適用權益法時,仍須按其對關聯企業的持股比例分別認列。又投資者對關聯企業的持股比例在年度中可能異動,因此投資者適用權益法認列此等"非經常性損益項目"之份額時,所採用的"持股比例"應為何?分三點說明:

(1) 若關聯企業綜合損益表包含「停業單位損益」項目,則投資者應按<u>該項目發生時</u>對關聯企業的<u>持股比例</u>去適用權益法。

(2) 若關聯企業因「會計政策變動累積影響數」而修正期初保留盈餘時,投資者應就其稅後淨額,按<u>該項目發生時</u>對關聯企業的<u>持股比例</u>,去計算應調整期初保留盈餘之金額。

(3) 若關聯企業因「前期損益調整」而修正期初保留盈餘時,投資者應就其稅後淨額,按<u>相關期間之約當持股比例</u>,去計算應調整期初保留盈餘之金額,並認列「採用權益法認列之關聯企業及合資前期損益調整之份額」。

例如:20x6 年 1 月 1 日甲公司擁有乙公司 35%股權,並對乙公司具重大影響,20x6 年 2 月乙公司變更某項會計政策,20x6 年 7 月,甲公司再取得乙公司 10%股權,20x6 年 10 月乙公司發生停業單位損益,則甲公司於適用權益法時:

(a) 應就乙公司「會計政策變動累積影響數」之稅後淨額,按 35%,求算並認列「採用權益法認列之關聯企業及合資會計政策變動累積影響數之份額」,做為期初保留盈餘之調整金額,表達在保留盈餘表或權益變動表。

(b) 應就乙公司「停業單位損益」之稅後淨額,按 45% (35%+10%=45%),求算並認列「採用權益法認列之關聯企業及合資停業單位損益之份額」,且表達在綜合損益表。

註:按金管會「證券發行人財務報告編製準則」及證交所最新公告之「一般行業 IFRSs 會計科目及代碼」所列示之會計科目無適當科目可供引用,筆者遂依準則用詞設定會計科目為:
「採用權益法認列之關聯企業及合資停業單位損益之份額」
「採用權益法認列之關聯企業及合資會計政策變動累積影響數之份額」
「採用權益法認列之關聯企業及合資前期損益調整之份額」

釋例十二：

甲公司持有乙公司普通股股權五年，並對乙公司具重大影響。20x6 年，甲公司持有乙公司 30%股權，全年未異動。乙公司於 20x6 年間發現其 20x4 年提列折舊金額少計$10,000(暫不考慮所得稅)，而 20x4 年甲公司對乙公司之約當持股比例為 25%。

下列是乙公司 20x6 年部分綜合損益表及保留盈餘表：

	乙公司	甲公司 30% 或 25%之份額
部份綜合損益表：		
加計停業單位損失前淨利	$130,000	$39,000
減：停業單位損失	(40,000)	(12,000)
淨　利	$90,000	$27,000
保留盈餘表：		
期初保留盈餘	$300,000	
加：會計政策變動累積影響數	30,000	$9,000
減：前期損益調整 (20x4 年折舊少計)	(10,000)	(2,500)
調整後期初保留盈餘	$320,000	$6,500
加：淨　利	90,000	
減：股　利	(50,000)	甲收到$15,000
期末保留盈餘	$360,000	

甲公司之分錄：

(1) 按權益法認列投資損益	(a)	採用權益法之投資	27,000	
		採用權益法認列之關聯企業及合資停業單位損失之份額	12,000	
		採用權益法認列之關聯企業及合資利益之份額		39,000
	(b)	採用權益法之投資	6,500	
		採用權益法認列之關聯企業及合資前期損益調整之份額	2,500	
		採用權益法認列之關聯企業及合資會計政策變動累積影響數之份額		9,000
(2) 收到現金股利		現　金	15,000	
		採用權益法之投資		15,000

釋例十三：

　　甲公司於 20x5 年 1 月 1 日以現金$300,000 取得乙公司 30%股權，並對乙公司具重大影響。當日乙公司權益為$800,000，包括普通股股本$550,000 及保留盈餘$250,000，除一項機器價值低估$120,000 外，其餘帳列資產及負債之帳面金額皆等於公允價值，且無未入帳可辨認資產或負債。該價值低估機器估計可再使用 4 年，無殘值，按直線法計提折舊。乙公司 20x5 年淨利為$110,000，於 20x5 年 12 月宣告並發放現金股利$60,000。乙公司於 20x6 年間發現其 20x4 年有一項機器之折舊費用少計$10,000 (暫不考慮所得稅)，已知該項機器即是前述 20x5 年 1 月 1 日價值低估之機器。下列是乙公司 20x6 年保留盈餘表：

期初保留盈餘	$300,000
減：前期損益調整 (20x4 年折舊少計)	(10,000)
調整後期初保留盈餘	$290,000
加：淨　利	90,000
減：股　利	(50,000)
期末保留盈餘	$330,000

說明：

(A) 20x5/ 1/ 1：投資差額＝$300,000－($800,000×30%)＝$60,000

　　投資差額$60,000：(a) 機器價值低估：$120,000×30%＝$36,000
　　　　　　　　　　(b) 未入帳商譽：$24,000 (＝$60,000－$36,000)
　　甲公司 20x5 年之投資利益＝($110,000×30%)－($36,000÷4 年)＝$24,000
　　20x5/12/31，甲公司帳列「採用權益法之投資」
　　　　　＝$300,000＋$24,000－($60,000×30%)＝$306,000

(B) 20x6 年，甲公司得知乙公司 20x4 年財務報表誤述，故重新分析：
　　投資差額＝$300,000－($800,000－折舊費用少計$10,000)×30%＝$63,000
　　投資差額$63,000：
　　　　(a) 機器價值低估：$39,000 [($120,000＋$10,000)×30%＝$39,000]
　　　　(b) 未入帳商譽：$24,000 ($63,000－$39,000＝$24,000)
　　甲公司 20x5 年應認列之投資利益
　　　　＝($110,000×30%)－($39,000÷4 年)＝$33,000－$9,750＝$23,250
　　20x5/12/31，甲公司帳列「採用權益法之投資」
　　　　　＝$300,000＋$23,250－($60,000×30%)＝$305,250

(C) 甲公司 20x6 年應作之分錄：

20x6/ 12/31	採用權益法認列之關聯企業及合資前期損益調整之份額　　750 　　　採用權益法之投資　　　　　　　　　　　　　　　　　　750
	更正 20x5 年乙淨利高估$10,000 所致甲投資收益之高估數 ＝$23,250－$24,000＝－$750 或 $305,250－$306,000＝－$750
12/31	採用權益法之投資　　　　　　　　　　　　　　　　　17,250 　　　採用權益法認列之關聯企業及合資利益之份額　　　17,250
	(乙淨利$90,000×30%)－($39,000÷4 年)＝$17,250
收到 現金股利	現　　金　　　　　　　　　　　　　　　　　　　　　15,000 　　　採用權益法之投資　　　　　　　　　　　　　　　15,000
	乙宣告並發放現金股利$50,000×30%＝$15,000

十七、損失份額－暫停認列

　　企業因適用權益法認列「投資損失」、「關聯企業非經常性綜合損益項目(如停業部門損失、會計政策變動累積影響數、前期損益調整等)之損失份額」等，皆使「採用權益法之投資」餘額減少，當此等損失份額<u>等於或超過</u>"企業對關聯企業之權益"時，企業<u>應停止</u>認列進一步損失之份額。若關聯企業或合資後續產生利潤，企業<u>僅得於</u>對利潤之份額等於對未認列損失之份額後，才重新恢復認列對利潤之份額。

　　上文所述<u>"企業對關聯企業之權益"</u>，係指<u>"採用權益法所決定之投資關聯企業或合資之帳面金額(A)"</u>及<u>"實質上構成企業對關聯企業或合資淨投資之一部分之任何長期權益(B)"</u>之合計數。後者(B)，例如，一項既無計畫清償亦不可能於可預見之未來發生清償之項目，則其實質上為企業投資關聯企業或合資之延伸，該等項目<u>可能包括</u>：投資關聯企業特別股、長期應收款或放款等，<u>但不包括</u>：應收帳款、應付帳款或具足夠擔保品之任何長期應收款，諸如擔保放款。

　　當權益法所認列之損失份額<u>超過</u>"企業之普通股投資(A)"時，<u>應依</u>"企業對關聯企業或合資之權益的其他組成部分(B)"<u>優先順位</u>(即優先清償順位)之<u>反向順序</u>予以沖銷。又當"企業對關聯企業之權益(A+B)"減至零後，<u>僅於</u>企業已發生法定或推定義務<u>或</u>已代關聯企業或合資支付款項之範圍內，始應提列額外損失並認列負債。

釋例十四：

20x5 年 1 月 1 日，甲公司對乙公司擁有下列權益：
(1)「採用權益法之投資－乙普通股」$200,000，係甲公司持有乙公司 20%普通股股權，且對乙公司具重大影響。
(2)「強制透過損益按公允價值衡量之金融資產－乙特別股」$100,000，係甲公司持有 25%乙公司流通在外特別股，該特別股非累積且無表決權。
(3)「長期應收款－乙公司」$150,000，該債權無擔保品。
(4)「長期應收擔保放款－乙公司」$300,000，該債權有足額擔保品。

下列為乙公司 20x5 年至 20x9 年之淨利(損)：

20x5	($1,400,000)	20x8	$600,000
20x6	($1,000,000)	20x9	$1,100,000
20x7	$100,000		

說 明：

因(4)係擔保放款，不在"企業(甲)對關聯企業(乙)之權益"範圍內，故只考慮(2)及(3)，而其優先清償順位為：先(3)[乙的債務，甲的債權]，後(2)。因此優先清償順位的反向順序為：先(2)，後(3)。

甲公司適用權益法之分錄：

20x5/ 12/31	採用權益法認列之關聯企業及合資損失之份額 　　　　　280,000 　　採用權益法之投資－乙普通股 　　　　　　　　　　　　200,000 　　強制透過損益按公允價值衡量之金融資產－乙特別股 　　80,000 (a) －$1,400,000×20％＝－$280,000 (b) 先沖減(1)「採用權益法之投資－乙普通股」$200,000 至餘額為零即停， (c) 再沖減(2)「強制透過損益按公允價值衡量之金融資產－乙特別股」$80,000。
20x6/ 12/31	採用權益法認列之關聯企業及合資損失之份額 　　　　　170,000 　　強制透過損益按公允價值衡量之金融資產－乙特別股 　　20,000 　　長期應收款－乙公司 　　　　　　　　　　　　　　　150,000

(續次頁)

20x6/ 12/31 (續)	(a)	$-\$1,000,000 \times 20\% = -\$200,000$
	(b)	先沖減(2)「強制透過損益按公允價值衡量之金融資產－乙特別股」$20,000 至餘額為零即停，$100,000－$80,000(20x5 已沖減)＝$20,000(20x6 沖減)。
	(c)	再沖減(3)「長期應收款－乙公司」$150,000 至餘額為零即停，$200,000(損失之份額)－$20,000[已認列損失，(b)]＝$180,000(未認列損失)，但(3)「長期應收款－乙公司」餘額為$150,000，故只能沖減$150,000，因此尚有投資損失$30,000 未認列，$180,000－$150,000＝$30,000。
20x7/ 12/31	無分錄。 因利潤之分額$20,000 ($100,000×20%) ＜ 未認列之投資損失$30,000，故尚有投資損失$10,000 未認列，$30,000－$20,000＝$10,000。	
20x8/ 12/31	長期應收款－乙公司　　　　　　　　　　　　　　110,000 　　採用權益法認列之關聯企業及合資利益之份額　　　　　　110,000	
	$600,000×20%=$120,000，$120,000－$10,000 (未認列之投資損失)＝$110,000	
20x9/ 12/31	長期應收款－乙公司　　　　　　　　　　　　　　 40,000 強制透過損益按公允價值衡量之金融資產－乙特別股　100,000 採用權益法之投資－乙普通股　　　　　　　　　　 80,000 　　採用權益法認列之關聯企業及合資利益之份額　　　　　　220,000	
	(a) $1,100,000×20%=$220,000 (b)「長期應收款－乙公司」：原餘額$150,000－$110,000(20x8)＝$40,000 (c)「強制透過損益按公允價值衡量之金融資產－乙特別股」：原餘額$100,000 (d)「採用權益法之投資－乙普通股」：$220,000－$40,000－$100,000＝$80,000	

十八、關聯企業股權投資之減損損失

　　企業應於報導期間結束日，評估是否存在"單一金融資產或一組金融資產已經減損"的任何客觀證據。若存在此類證據，企業應依相關規定決定減損損失金額。因此企業採用權益法後，應評估"<u>對關聯企業之權益(A+B)</u>"及"<u>對未構成淨投資之一部分之關聯企業權益或合資權益(C)</u>"是否應認列任何額外減損損失及該減損損失之金額。

　　"企業對關聯企業之權益(A+B)"，依本章「十七、損失份額－暫停認列」所述，包括："採用權益法所決定之投資關聯企業或合資之帳面金額(A)"及"實質上構成企業對關聯企業或合資淨投資之一部分之任何長期權益(B)"。而"企業對未

構成淨投資之一部分之關聯企業權益或合資權益(C)"，例如：應收帳款、應付帳款、具足夠擔保品之任何長期應收款(如擔保放款)等。彙述如下：

下列項目：應評估是否存在減損之客觀證據		舉　例
企業對 關聯企業 之權益 (A+B)	採用權益法所決定之投資關聯企業或合資之帳面金額 (A)	採用權益法之投資
	實質上<u>構成</u>該企業對關聯企業或合資淨投資之一部分之任何長期權益 (B)	投資關聯企業特別股、長期應收款或放款 (未具足夠擔保)
企業對<u>未構成</u>淨投資之一部分之關聯企業權益或合資權益 (C)		應收帳款、應付帳款、任何具足夠擔保之長期應收款(如擔保貸款)

當投資關聯企業之投資成本與所取得關聯企業淨值間有差額，若該差額包含關聯企業未入帳之商譽，而此商譽金額包含在「採用權益法之投資」餘額內，並未單獨認列，則關聯企業未入帳之商譽<u>無須單獨適用</u> IAS 36「資產減損」有關商譽減損測試之規定，即無須單獨對該商譽作減損測試。<u>而係適用</u> IAS 28 第41A至41C段之規定，若顯示該(淨)投資可能發生減損時，將<u>投資之整體帳面金額</u>作為<u>單一資產</u>，依 IAS 36 規定，藉由比較其「可回收金額」(詳下段)與「帳面金額」，以測試其價值減損否？當「可回收金額」低於「帳面金額」時，應將「帳面金額」減少至「可回收金額」，而該減少部分即為減損損失，應立即認列於損益。準則規定，非重估價資產之減損損失應立即認列於損益。

41A：於且僅於因對關聯企業或合資之淨投資原始認列後發生之一個或多個事件(「損失事件」)而有減損之客觀證據，且此損失事件對來自該淨投資之估計未來現金流量之影響能可靠估計時，該淨投資始減損並發生減損損失。辨認導致減損之單一獨立事項或許不可能，而若干事項之合併影響可能已導致減損。預期因未來事件(無論發生可能性多大)所造成之損失均不認列。淨資產有減損之客觀證據，包括有關會引起企業注意之下列損失事件之可觀察資料：
(a) 關聯企業或合資之重大財務困難；
(b) 關聯企業或合資之違約，諸如延滯或不償付；
(c) 因與關聯企業或合資之財務困難相關之經濟或法律理由，企業給予關聯企業或合資原本不會考量之讓步；

(d) 關聯企業或合資很有可能會聲請破產或進行其他財務重整；
(e) 由於關聯企業或合資財務困難而使該淨投資之活絡市場消失。

41B：因關聯企業或合資之權益或金融工具不再公開交易而使活絡市場消失，非為減損之證據。關聯企業或合資之信用評等降級，或關聯企業或合資之公允價值下跌，其本身非為減損之證據，雖然連同其他可得資訊考量時，其可能為減損之證據。

41C：除第41A所述事件之類型外，對關聯企業或合資權益工具之淨投資減損之客觀證據，包括有關關聯企業或合資營運所處之技術、市場、經濟或法律環境，已發生具不利影響之重大變動之資訊，並顯示對權益工具投資之成本可能無法回收。權益工具投資之公允價值下跌至大幅或持續低於其成本，亦為減損之客觀證據。

　　投資關聯企業所認列之減損損失<u>不分攤至</u>構成投資關聯企業或合資帳面金額(組成)部分之任何資產，包括商譽。因此該減損損失之<u>任何迴轉</u>應依IAS 36規定，於該(淨)投資之「可回收金額」後續增加之範圍內認列。「可回收金額」係下列二者較高者：(1)使用價值，(2)公允價值減出售成本。決定該(淨)投資之「使用價值」時，企業應估計：
(a) 企業對預期自關聯企業或合資所產生之估計未來現金流量(包括關聯企業或合資因營運所產生之現金流量及最終處分該投資所得之價款)之現值之份額；或
(b) 企業預期自該投資收取股利及最終處分該投資所產生之估計未來現金流量之現值。

採用適當之假設時，上述(a)、(b)二法產生相同之結果。

　　投資關聯企業或合資之「可回收金額」，應按<u>每一關聯企業</u>或合資<u>分別評估</u>，除非該關聯企業或合資<u>無法自</u>持續使用而產生"與企業其他資產之現金流入大部分獨立"之現金流入。

釋例十五：

　　甲公司於20x5年1月1日以現金$640,000取得乙公司40%股權，並對乙公司具重大影響。當日乙公司權益為$1,500,000，除一項機器價值低估$100,000外，其餘帳列資產及負債之帳面金額皆等於公允價值，且無未入帳可辨認資產或

負債。該價值低估機器估計可再使用4年,無殘值,按直線法計提折舊。乙公司20x5年淨損$200,000。20x5年底,有客觀證據顯示甲公司對乙公司之股權投資可能發生減損,故甲公司於20x5年底進行減損測試,評估其對乙公司股權投資之可回收金額為$480,000。乙公司20x6年淨利為$100,000。甲公司鑑於投資之可回收金額增加之事實,故於20x6年底評估其對乙公司股權投資之可回收金額為:(1)$530,000,(2)$600,000,兩種情況分別練習。

說 明:

20x5/1/1:
　　投資差額＝$640,000－($1,500,000×40%)＝$640,000－$600,000＝$40,000
　　投資差額$40,000,恰為機器價值低估$40,000,$100,000×40%＝$40,000
　　20x5至20x8,每年認列投資損益應調整之金額＝$40,000÷4年＝$10,000
20x5年,甲公司應認列投資損失＝(－$200,000×40%)－$10,000＝－$90,000
20x5/12/31:
　　甲公司「採用權益法之投資」之帳面金額＝$640,000－$90,000＝$550,000
　　帳面金額$550,000 ＞ 可回收金額$480,000
　　應有之累計減損為$70,000,$480,000－$550,000＝－$70,000
　　故認列減損損失$70,000,－$70,000(期末)－$0(期初)＝－$70,000

20x6年,甲公司應認列投資收益＝($100,000×40%)－$10,000＝$30,000
20x6/12/31:
　　甲公司「採用權益法之投資」之帳面金額＝$550,000＋$30,000＝$580,000
　(1) 帳面金額$580,000 ＞ 可回收金額$530,000
　　　應有之累計減損為$50,000,$530,000－$580,000＝－$50,000
　　　故應認列減損迴轉利益$20,000,－$50,000(末)－(－$70,000 初)＝$20,000
　(2) 帳面金額$580,000 ＜ 可回收金額$600,000
　　　應有之累計減損為$0,
　　　故應認列減損迴轉利益$70,000,$0(末)－(－$70,000 初)＝$70,000

20x5及20x6年,甲公司之分錄:

20x5/1/1	採用權益法之投資	640,000	
	現　金		640,000
12/31	採用權益法認列之關聯企業及合資損失之份額	90,000	
	採用權益法之投資		90,000

20x5/12/31	其他減損損失－採用權益法之投資	70,000	
	累計減損－採用權益法之投資		70,000
	採用權益法之投資＝$640,000－$90,000＝$550,000		
	累計減損＝$70,000，淨額＝$550,000－$70,000＝$480,000＝可回收金額		
20x6/12/31	採用權益法之投資	30,000	
	採用權益法認列之關聯企業及合資利益之份額		30,000
12/31 (1)	累計減損－採用權益法之投資	20,000	
	其他減損迴轉利益－採用權益法之投資		20,000
	採用權益法之投資＝$550,000＋$30,000＝$580,000		
	累計減損＝$50,000，淨額＝$580,000－$50,000＝$530,000＝可回收金額		
12/31 (2)	累計減損－採用權益法之投資	70,000	
	其他減損迴轉利益－採用權益法之投資		70,000
	採用權益法之投資＝$550,000＋$30,000＝$580,000，累計減損＝$0		
	淨額＝$580,000－$0＝$580,000		
	＝若不認列減損,「採用權益法之投資」之現有餘額		
	＝$640,000－$90,000＋$30,000＝$580,000		

十九、投資關聯企業－其他應注意事項

(一) 會計年度起迄日不一致

　　企業適用權益法時，應使用關聯企業或合資最近期可得之財務報表。當企業與關聯企業或合資之報導期間結束日不同時，依下列原則處理：

(1) 除非實務上不可行，關聯企業或合資應編製與企業財務報表日期相同之財務報表，以供企業使用。

(2) 當實務上關聯企業另行編製與企業財務報表日期相同之財務報表為不可行時，企業適用權益法所用之關聯企業或合資財務報表日期，將與企業財務報表日期不同，此時企業應針對關聯企業財務報表日期與企業財務報表日期之間所發生之重大交易或事件之影響，先調整關聯企業的財務報表，再利用調整後之關聯企業最近期財務報表，去適用權益法。

(3) 在任何情況下，關聯企業或合資與企業之報導期間結束日之<u>差異不得超過三個月</u>，且報導期間之長度及報導期間結束日間之差異<u>應每期相同</u>。

(4) 將上述三點處理原則，彙述如下：

「關聯企業另行編製與企業財務報表日期相同之財務報表」的可行性？	關聯企業 與 企業 之 報導期間結束日 之 差 異 期 間	
	＞ 三個月	≦ 三個月
(A) 實務上可行	關聯企業<u>另行編製</u>與企業財務報表日期相同之財務報表	（同 左）
(B) 實務上不可行	（同 上）	<u>不另行編製</u>與企業財務報表日期相同之關聯企業財務報表，<u>但須按上述(2)調整關聯企業財務報表</u>。

(5) 例如：甲公司會計年度為每年 1 月 1 日至 12 月 31 日，關聯企業會計年度為每年 3 月 1 日至次年 2 月 28 日(或 29 日)。當關聯企業已編製最近期之 20x5 年財務報表(20x5/ 3/ 1～20x6/ 2/28)，且若關聯企業另行編製 20x5/ 1/ 1～20x5/12/31 之財務報表為實務上不可行時，甲公司須先針對 20x5/ 1/ 1～20x5/ 2/28 及 20x6/ 1/ 1～20x6/ 2/28 所發生之重大交易或事件之影響，先調整關聯企業最近期之 20x5 年財務報表(20x5/ 3/ 1～20x6/ 2/28)，再利用調整後之關聯企業最近期 20x5 年財務報表，去適用權益法。

(二) 會計政策一致性

企業財務報表之編製，應對類似情況下之相似交易及事項採用統一會計政策。若關聯企業或合資對類似情況下之相似交易及事項採用與企業<u>不同</u>之會計政策，則企業於適用權益法所用之關聯企業或合資財務報表<u>應先予調整</u>，以使關聯企業或合資之會計政策與企業之會計政策一致。

例如：甲公司持有關聯企業 30%股權。甲公司對於存貨係採加權平均法之成本流動假設，而關聯企業對於存貨則採先進先出法之成本流動假設。若關聯企業最近期財務報表顯示，期末存貨$40，淨利$500，則當甲公司按權益法認列投資收益時，須先將關聯企業先進先出法下之期末存貨$40 調整為加權平均法下之期末存貨金額(假設$30)，因此關聯企業之淨利將從$500 調整為$490，再計算甲公司應認列之投資收益，$490×30%＝$147。

(三) 財務報表之表達

(1) 採用權益法之投資關聯企業應分類為非流動資產,除非該投資(或投資之一部分)依 IFRS 5 之規定分類為待出售。

(2) 投資者所享有之關聯企業損益份額及該投資之帳面金額應單獨揭露。
("單線合併"觀點,請詳本章「八、權益法－單線合併」。)

(3) 投資者應揭露其對關聯企業停業單位之份額,若有的話。
(請詳本章「十六、關聯企業發生非經常性損益項目」。)

(4) 投資者對關聯企業認列於其他綜合損益之變動所享有之份額,應認列於投資者之其他綜合損益。(請詳本章「六、股權投資之會計處理－具重大影響」。)

二十、投資關聯企業－財務報表應揭露事項

依 IFRS 12「對其他個體之權益之揭露」的規定,有關投資關聯企業應揭露事項,說明如下:

(1) 企業應揭露"於判定下列事項時所作之有關重大判斷與假設(及該等判斷及假設之變動)"之資訊:
 (a) 其擁有對另一個體(即 IFRS 10「合併財務報表」所述之被投資者)之控制。
 (b) 其對協議具有聯合控制或對另一個體具有重大影響。
 (c) 當聯合協議係透過單獨載具所建構時,該聯合協議之類型(即聯合營運或合資。

(2) 依上述(1)之規定揭露之重大判斷與假設,包括當事實及情況改變,以致企業對於是否具有控制、聯合控制或重大影響之結論於報導期間發生變動時,其所作之重大判斷與假設。

(3) 為遵循上述(1)之規定,企業應揭露,例如於判定下列事項時,所作之重大判斷與假設:
 (a) 其未控制另一個體,即使其持有該其他個體超過半數之表決權。
 (b) 其控制另一個體,即使其持有該其他個體少於半數之表決權。
 (c) 其為代理人或主理人 (詳 IFRS 10 應用指引第 B58 至 B72 段)。

(d) 其對另一個體不具重大影響,即使其持有該另一個體 20%以上之表決權。

(e) 其對另一個體具重大影響,即使其持有該另一個體少於 20%之表決權。

(4) 對聯合協議與關聯企業之權益,企業應揭露資訊,俾使其財務報表使用者能評估:

(a) 企業對聯合協議及關聯企業之權益之性質、範圍及財務影響,包括企業與對聯合協議及關聯企業具聯合控制或重大影響之其他投資者間之合約關係之性質及影響。

(b) 與企業對合資及關聯企業之權益相關之風險之性質及變動。

(5) 企業對聯合協議及關聯企業之權益之性質、範圍及財務影響,企業應揭露:

(a) 就每一對報導企業具重大性之聯合協議及關聯企業:

(i) 聯合協議或關聯企業之名稱。

(ii) 其與聯合協議或關聯企業間關係之性質(例如藉由描述聯合協議或關聯企業之活動之性質及該等活動是否對該企業之活動具策略性)。

(iii) 聯合協議或關聯企業之主要營業場所(及公司註冊之國家,若適用且與主要營業場所不同時)。

(iv) 企業所持有之所有權權益或參與份額之比例及所持有表決權(若適用時)之比例(若不同時)。

(b) 就每一對報導企業具重大性之合資及關聯企業:

(i) 對該合資或關聯企業之投資究採權益法或按公允價值衡量。

(ii) 如第 B12 及 B13 段所明訂,有關該合資或關聯企業之彙總性財務資訊。

(iii) 若該合資或關聯企業係採權益法處理,企業對該合資或關聯企業之投資之公允價值(若該投資具公開市場報價)。

(c) 如第 B16 段所明訂,有關企業對合資及關聯企業個別不重大之投資:

(i) 所有個別不重大之合資之彙總財務資訊。

(ii) 所有個別不重大之關聯企業之彙總財務資訊。

(6) 企業亦應揭露:

(a) 對合資或關聯企業以現金股利之形式移轉資金予企業或償付企業放款或墊款之能力之任何重大限制(例如由借款協議、法令規定或對合資或關聯企業具有聯合控制或重大影響之投資者間之合約性協議所產生者)之性質及範圍。

(b) 當採用權益法所用之合資或關聯企業財務報表其日期或期間,與企業之財務報表不同時:(i) 該合資或關聯企業之財務報表報導期間之結束日。
(ii) 使用不同日期或期間之理由。

(c) 若企業採用權益法且已停止認列對合資或關聯企業之損失份額時,當期及累積未認列之對合資或關聯企業損失份額。

(7) 與企業對合資及關聯企業之權益相關之風險,企業應揭露:

(a) 如第 B18 至 B20 段所明訂,與合資有關之承諾,與(對合資以外之)其他承諾之金額分別揭露。

(b) 依國際會計準則第 37 號「負債準備、或有負債及或有資產」之規定,除非損失機率甚低,所發生與對合資權益或關聯企業之權益有關之或有負債(包括其與其他對合資或關聯企業具有聯合控制或重大影響之投資者共同發生之或有負債中所承擔之份額),與(對合資權益或關聯企業權益以外之)其他或有負債金額分別揭露。

附 錄－IFRS 9 有關證券投資之說明

(一)
企業應以下列兩項為基礎：(1)企業管理金融資產之經營模式(business model)，及(2)金融資產之合約現金流量特性(contractual cash flow characteristics)，將金融資產分類為：(a)後續按攤銷後成本衡量，(b)透過其他綜合損益按公允價值衡量，或(c)透過損益按公允價值衡量，除非有下述(※)之適用情況外。因此，企業應以其主要管理人員所決定之經營模式為基礎，評估其金融資產是否符合準則規定之條件。

主要管理人員： 依IAS 24「關係人揭露」定義，係指直接或間接擁有規劃、指揮及控制該個體活動之權力及責任者，包括該個體之任一董事(不論是否執行業務)。

※：雖有上述之分類原則，但企業於金融資產原始認列時仍可將其指定為透過損益按公允價值衡量，若此舉可消除或重大減少如不指定將會因採用不同基礎衡量資產負債或認列其利益及損失而產生之衡量或認列不一致(有時稱為『會計配比不當』)。

例如，當未指定為透過損益按公允價值衡量時，金融資產會被分類為後續透過損益按公允價值衡量，而企業認為相關之負債則後續會按攤銷後成本衡量(公允價值變動不予認列)。在此情況下，企業可以斷定若資產及負債兩者均為透過損益按公允價值衡量，其財務報表將提供更攸關之資訊。

(二)
企業之經營模式係指企業如何管理其金融資產以產生現金流量。亦即，企業之經營模式決定現金流量究係源自收取合約現金流量、出售金融資產或兩者兼具。

企業在決定經營模式及評估現金流量來源時，並不以企業合理預期不會發生之情境(例如，所謂「最差情況」或「壓力情況」之情境)為基礎而進行。例如，若企業預期僅於壓力情況之情境下始出售特定金融資產組合，而企業合理預期此一情境不會發生，則該情境不影響企業對該等資產經營模式之評估。

只要企業作經營模式評估時已考量所有可得之攸關資訊,即使現金流量實現方式不同於企業在評估經營模式之日所預期者(例如,若企業所出售之金融資產較其分類資產時之預期更多或更少),既不使企業之財務報表產生前期錯誤(見 IAS 8「會計政策、會計估計變動及錯誤」),亦不改變於該經營模式下所持有剩餘金融資產(即該等企業前期已認列且仍持有之資產)之分類。

惟企業評估新創始或新購入金融資產之經營模式時,須將過去現金流量如何實現之資訊連同所有其他攸關資訊納入考量。

企業管理金融資產之經營模式係為事實而非僅為主張,該經營模式通常可透過企業為達成經營模式目的而進行之活動來觀察。企業評估其管理金融資產之經營模式須運用判斷,且該評估並非由單一因素或活動所決定,而須於評估日考量所有可得之攸關證據。此種攸關證據包括(但不限於):

(a) 經營模式之績效及該經營模式下持有之金融資產如何評估及如何對企業之主要管理人員報告;
(b) 影響經營模式績效(及該經營模式下持有之金融資產)之風險,特別是該等風險之管理方式;及
(c) 該業務之經理人之薪酬決定方式(例如,該薪酬究係以所管理資產之公允價值或所收取之合約現金流量為基礎)。

(三)
企業之經營模式按下述層級決定:反映金融資產群組為達成特定經營目的而共同管理之層級。企業之經營模式並非取決於管理階層對個別工具之意圖。因此,此條件並非一逐項工具法之分類,而應按較高彙總層級決定。惟單一企業管理金融工具之經營模式可能超過一種。因此,分類無須按報導個體層級決定。例如,企業可能持有為收取合約現金流量而管理之投資組合,並持有透過交易以實現公允價值變動而管理之另一投資組合。

同樣地,在某些情況下,將金融資產組合區分為次組合,以反映企業管理該等金融資產之層級可能係屬適當。例如,企業創始或購入一抵押貸款組合,其中部分貸款之管理以收取合約現金流量為目的,其他貸款之管理以出售為目的,即可能屬此種情況。

(四)

金融資產若同時符合下列兩條件,則應按攤銷後成本衡量:

(1) 金融資產係於某經營模式下持有,該模式之目的係持有金融資產以收取合約現金流量。

(2) 該金融資產之合約條款產生特定日期之現金流量,該等現金流量完全為支付本金及流通在外本金金額之利息。

(五)

金融資產若同時符合下列兩條件,則應透過其他綜合損益按公允價值衡量:

(1) 金融資產係於某經營模式下持有,該模式之目的係藉由收取合約現金流量及出售金融資產達成。

(2) 該金融資產之合約條款產生特定日期之現金流量,該等現金流量完全為支付本金及流通在外本金金額之利息。

(六)

除依上列(四)及(五)之規定外,金融資產均應透過損益按公允價值衡量。惟企業於原始認列時,可作一不可撤銷之選擇(irrevocable option),將原應透過損益按公允價值衡量之特定權益工具投資(#)後續公允價值變動,列報於其他綜合損益中。但該投資之股利仍應認列於損益中。

＃:特定權益工具投資,係屬 IFRS 9 範圍內之權益工具投資,且該權益工具既非持有供交易,亦非適用IFRS 3之企業合併中之收購者所認列之或有對價。

(七)

企業若將金融資產分類為透過損益按公允價值衡量者,其相關會計處理如下,此類尚包括因『會計配比不當』而為之指定 [請詳上述(一)※之說明]:

(1) 於原始認列時,應以公允價值衡量金融資產,並借記「透過損益按公允價值衡量之金融資產」,其相關交易成本則列為當期費用。

　　(a) 交易成本包括:支付予代理機構(包括擔任銷售代理人之員工)、顧問、經紀商與自營商之費用及佣金,主管機關與證券交易所收取之規費,以及轉讓稅捐。

　　(b) 交易成本不包括:溢價或折價、財務成本或內部管理或持有成本。

(2) 此類金融資產在除列前，凡屆報導期間終了，應按報導期間結束日之公允價值衡量，並以此公允價值表達在投資者的財務狀況表<u>流動資產</u>項下，同時認列評價損益，該評價損益係屬損益項目，應表達在綜合損益表中。

(3) 此類包括："非上述(四)及(五)之債券投資"、"持有供交易股權投資"、"非持有供交易股權投資 [但<u>不包括</u>上述<u>(六)不可撤銷之選擇</u>]" 等。

(八) 簡述分類：

	按攤銷後成本衡量	透過其他綜合損益按公允價值衡量	透過損益按公允價值衡量
債券投資	上述(四)	上述(五)	非上述(四)及(五)
股權投資 (不具重大影響)	(不適用)	上述(六) 作一不可撤銷之選擇	原則上應屬本類

習　題

(一)　(權益法，投資差額分析)

甲公司於 20x5 年 1 月 1 日以現金$1,494,000 取得乙公司 40%股權，並對乙公司具重大影響。乙公司 20x4 年 12 月 31 日帳列資產及負債之帳面金額與公允價值如下：

	帳面金額	公允價值		帳面金額	公允價值
現　金	$300,000	$300,000	應付帳款	$250,000	$250,000
應收帳款－淨額	400,000	400,000	應付票據，		
存　貨	750,000	850,000	四年到期	500,000	$450,000
其他流動資產	450,000	410,000	普通股股本	2,500,000	
土　地	500,000	750,000	保留盈餘	400,000	
辦公設備－淨額	1,250,000	1,650,000			
	$3,650,000	$4,360,000		$3,650,000	

乙公司其他資料如下：(1)存貨及其他流動資產在 20x5 年中出售及處分，(2)土地於 20x6 年出售一半，(3)辦公設備尚有 8 年使用年限，無殘值，按直線法計提折舊，(4)應付票據尚有 4 年才到期，假設採直線法攤銷其折、溢價，(5)20x5 及 20x6 年之淨利分別為$800,000 及$1,000,000，(6)於 20x5 及 20x6 年中(每年 10 月 1 日)分別宣告並發放$300,000 及$400,000 現金股利。

試作：甲公司 20x5 及 20x6 年有關投資乙公司之分錄。

解答：

計算「投資差額」～投資成本與所取得股權淨值間之差額：

甲公司總投資成本	$1,494,000	(千元)
甲公司取得乙公司之股權淨值	(1,160,000)	($3,650－$250－$500)×40%
投資成本超過所取得股權淨值之數	$334,000	＝$2,900×40%＝$1,160

(續次頁)

分析投資差額$334,000 的產生原因，及其在 20x5 及 20x6 年期末適用權益法認列投資損益時須調整之金額：

	投資差額	處分年度	20x5	20x6
(1) 存 貨：($850,000－$750,000)×40%	$ 40,000	20x5	$40,000	$ －
(2) 其他流動資產：($410,000－$450,000)×40%	(16,000)	20x5	(16,000)	－
(3) 土 地：($750,000－$500,000)×40%	100,000	20x6	－	50,000
(4) 辦公設備：($1,650,000－$1,250,000)×40%	160,000	÷8年	20,000	20,000
(5) 應付票據：($500,000－$450,000)×40%	20,000	÷4年	5,000	5,000
	$304,000			
(6) 商 譽：($334,000－$304,000＝$30,000)	30,000		－	－
	$334,000		$49,000	$75,000

按權益法精神，相關金額異動彙述如下：（單位：千元）
(假設：20x5 及 20x6 年期末，經評估得知商譽價值未減損。)

	20x5/1/1	20x5 年	20x5/12/31	20x6 年	20x6/12/31
乙－權 益	$2,900	＋$800－$300	$3,400	＋$1,000－$400	$4,000
甲－採用權益法之投資	$1,494	＋$271－$120	$1,645	＋$325－$160	$1,810
投資差額：					
存　貨	$ 40	－$40	$ －	$ －	$ －
其他流動資產	(16)	－(16)	－	－	－
土　地	100	－	100	50	50
辦公設備	160	－20	140	－20	120
應付票據	20	－5	15	－5	10
商　譽	30	－	30	－	30
	$334	－$49	$285	－$75	$210

20x5 年：投資收益＝$800×40%－$49＝$271
20x6 年：投資收益＝$1,000×40%－$75＝$325
驗　算：20x5/12/31：投資差額＝$1,645－($3,400×40%)＝$1,645－$1,360＝$285
　　　　　20x6/12/31：投資差額＝$1,810－($4,000×40%)＝$1,810－$1,600＝$210

甲公司於 20x5 及 20x6 年有關投資乙公司之分錄：

20x5/1/1	採用權益法之投資	1,494,000	
	現　金		1,494,000

10/1	現　金	120,000	
	採用權益法之投資		120,000
	$300,000×40%＝$120,000		
12/31	採用權益法之投資	271,000	
	採用權益法認列之關聯企業及合資利益之份額		271,000
20x6/10/1	現　金	160,000	
	採用權益法之投資		160,000
	$400,000×40%＝$160,000		
12/31	採用權益法之投資	325,000	
	採用權益法認列之關聯企業及合資利益之份額		325,000

(二) (權益法，投資差額分析，錯誤更正)

甲公司於20x5年5月1日以現金$600,000取得乙公司40%股權，並對乙公司具重大影響。當日乙公司權益包括普通股股本$1,000,000及保留盈餘$370,000，除一項辦公設備價值高估$90,000(預估可再使用3年，無殘值，按直線法計提折舊)及存貨價值低估$50,000(於20x5年底前出售)外，其餘帳列資產及負債之帳面金額皆等於公允價值，且無未入帳可辨認資產或負債。乙公司20x5年至20x8年之淨利及宣告並發放現金股利(每年10月1日)資料如下：
(假設乙公司淨利係於年度中平均地賺得)

	20x5	20x6	20x7	20x8
淨　利	$210,000	$180,000	$270,000	$250,000
現金股利	$60,000	$70,000	$80,000	$90,000

甲公司帳列「採用權益法之投資」從20x5年5月1日至20x8年12月31日之異動如下：

採　用　權　益　法　之　投　資			
借　　　方		貸　　　方	
20x5/5/1 投資40%	$600,000	20x5/10/1 現金股利	$24,000
20x5年投資收益	84,000	20x6/10/1 現金股利	28,000
20x6年投資收益	72,000	20x7/10/1 現金股利	32,000
20x7年投資收益	108,000	0x8/10/1 現金股利	36,000
20x8年投資收益	100,000		

試作：
(1) 按權益法，甲公司 20x5 年至 20x8 年應認列之各年投資損益。
(2) 按權益法，20x8 年 12 月 31 日甲公司帳列「採用權益法之投資」餘額。
(3) 若甲公司 20x8 年尚未結帳，編製甲公司 20x8 年 12 月 31 日必要之調整分錄。若無需調整，請註明「無分錄」。

解答：

(1) 投資成本超過所取得股權淨值＝\$600,000－[(\$1,000,000＋\$370,000)×40%]
　　　　　　　　　　　　　　　＝\$600,000－\$548,000＝\$52,000

　投資差額\$52,000 的原因：
　(a) 辦公設備高估：(\$90,000)×40%＝(\$36,000)，－\$36,000÷3 年＝－\$12,000
　(b) 存貨低估：\$50,000×40%＝\$20,000，20x5 年間出售
　(c) 商譽＝\$52,000－(－\$36,000＋\$20,000)＝\$68,000

　甲公司應認列之各年度投資收益：
　20x5 年：(\$210,000×8/12×40%)－(－\$12,000×8/12)－\$20,000
　　　　　　　　　　＝\$56,000＋\$8,000－\$20,000＝\$44,000
　20x6 年：(\$180,000×40%)－(－\$12,000)＝\$72,000＋\$12,000＝\$84,000
　20x7 年：(\$270,000×40%)－(－\$12,000)＝\$108,000＋\$12,000＝\$120,000
　20x8 年：(\$250,000×40%)－(－\$12,000×4/12)＝\$100,000＋\$4,000＝\$104,000

(2) 按權益法，20x8/12/31 甲公司帳列「採用權益法之投資」
　＝\$600,000＋\$44,000－\$24,000＋\$84,000－\$28,000＋\$120,000－\$32,000
　　　　＋\$104,000－\$36,000＝\$832,000

(3) 20x5、20x6、20x7 共三年之投資收益調整數＝正確金額－已入帳金額
　　＝(\$44,000＋\$84,000＋\$120,000)－(\$84,000＋\$72,000＋\$108,000)
　　＝\$248,000－\$264,000＝－\$16,000
　20x8 年投資收益調整數＝\$104,000(正確)－\$100,000(已入帳)＝\$4,000
　甲公司帳列「採用權益法之投資」調整前餘額
　　＝\$600,000＋\$84,000＋\$72,000＋\$108,000＋\$100,000－\$24,000
　　　　－\$28,000－\$32,000－\$36,000＝\$844,000
　甲公司「採用權益法之投資」調整數＝\$832,000－\$844,000＝－\$12,000

甲公司 20x8 年 12 月 31 日之調整分錄：

20x8/12/31	保留盈餘	16,000	
	採用權益法認列之關聯企業及合資利益之份額		4,000
	採用權益法之投資		12,000

(三)　(權益法，投資差額分析，錯誤更正)

　　甲公司於 20x5 年 7 月 1 日以現金$1,506,000 取得乙公司 30%股權，並對乙公司具重大影響。當日乙公司除一項機器設備價值高估$400,000(預估可再使用 6 年，無殘值，按直線法計提折舊)及存貨價值低估$120,000(至 20x5 年底已出售三分之二，餘三分之一於 20x6 年出售)外，其餘帳列資產及負債之帳面金額皆等於公允價值，且無未入帳可辨認資產或負債。乙公司之淨利係於年度中平均地賺得。下列是乙公司 20x5、20x6、20x7 年各年期末之權益資料：

	20x5/12/31	20x6/12/31	20x7/12/31
普通股股本	$3,000,000	$3,000,000	$3,000,000
資本公積－普通股發行溢價	1,000,000	1,000,000	1,000,000
保留盈餘（1 月 1 日）	1,050,000	1,200,000	1,400,000
加：淨　利	500,000	600,000	400,000
減：現金股利 (註)	(350,000)	(400,000)	(300,000)
權　益　合　計	$5,200,000	$5,400,000	$5,500,000
註：現金股利係於每年 10 月 15 日宣告，每年 11 月 20 日發放。			

試作：

(1) 甲公司正確地適用權益法處理對乙公司之股權投資，請編製甲公司 20x5 年 7 月 1 日至 20x7 年 12 月 31 日所有必要分錄。

(2) 甲公司採用權益法處理對乙公司之股權投資，但忽略投資成本與所取得股權淨值間差額須做之適當處理。若甲公司於 20x7 年 12 月 31 日發現該項疏失且 20x7 年尚未結帳，則其應做之調整分錄為何？若無需調整，請註明「無分錄」。

(3) 甲公司忽略其對乙公司具重大影響之事實，未採用權益法處理其對乙公司之股權投資，而係於乙公司宣告現金股利時認列股利收入，並將對乙公司之股權投資依 IFRS 9 分類為「透過損益按公允價值衡量之金融資產」。若甲公司於 20x7 年 12 月 31 日發現該項疏忽且 20x7 年尚未結帳，則其應做之調整分錄為何？若無需調整，請註明「無分錄」。

解答：

(1) 20x5/7/1，乙權益＝$3,000,000＋$1,000,000＋$1,050,000＋($500,000×6/12)
　　　　　　　　＝$5,300,000

投資成本超過所取得股權淨值＝$1,506,000－($5,300,000×30%)＝－$84,000

投資差額(－$84,000)的原因：

(a) 機器設備高估：－$400,000×30%＝－$120,000
　　　　　　　　　－$120,000÷6年＝－$20,000
(b) 存貨低估：$120,000×30%＝$36,000
　　　　　　　20x5年間出售2/3，$24,000；20x6年間出售1/3，$12,000

(a)＋(b)＝－$120,000＋$36,000＝－$84,000

甲公司應認列各年度之投資收益為：

20x5年：($500,000×6/12×30%)－(－$20,000×6/12)－$24,000＝$61,000

20x6年：($600,000×30%)－(－$20,000)－$12,000＝$188,000

20x7年：($400,000×30%)－(－$20,000)＝$140,000

按權益法精神，相關資料異動彙述如下：

	20x5/1/1	1～6月	20x5/7/1	7～12月	20x5/12/31
乙－權　益	$5,050,000	＋$250,000 －$0	$5,300,000	＋$250,000 －$350,000	$5,200,000
權益法：					
甲－採用權益法 　　之投資			$1,506,000	＋$61,000 －$105,000	$1,462,000
投資差額：					
存　貨			$36,000	－$24,000	$12,000
機器設備			(120,000)	－(10,000)	(110,000)
			$(84,000)	－$14,000	$(98,000)

驗　算：20x5/12/31：投資差額＝$1,462,000－($5,200,000×30%)＝－$98,000

(延續上表)

	20x6/1/1	20x6	20x6/12/31	20x7	20x7/12/31
乙－權　益	$5,200,000	＋$600,000 －$400,000	$5,400,000	＋$400,000 －$300,000	$5,500,000
權益法：					
甲－採用權益法 　　之投資	$1,462,000	＋$188,000 －$120,000	$1,530,000	＋$140,000 －$90,000	$1,580,000

(承上頁)

	20x6/1/1	20x6	20x6/12/31	20x7	20x7/12/31
投資差額：					
存　貨	$12,000	－$12,000	$　　－	$　　－	$　　－
機器設備	(110,000)	－(20,000)	(90,000)	－(20,000)	(70,000)
	($98,000)	＋$8,000	($90,000)	＋$20,000	($70,000)
驗　算：20x7/12/31：投資差額＝$1,580,000－($5,500,000×30%)＝－$70,000					

(1) 按權益法，20x5 至 20x7 年甲公司對乙公司之股權投資之分錄：

		20x5	20x6	20x7
7/1	採用權益法之投資 　現　金	1,506,000 　　　　1,506,000	X	X
10/15	應收股利 　採用權益法之投資	105,000 　　　　105,000	120,000 　　　　120,000	90,000 　　　　90,000
11/20	現　金 　應收股利	105,000 　　　　105,000	120,000 　　　　120,000	90,000 　　　　90,000
12/31	採用權益法之投資 　採用權益法認列之 　　關聯企業及合資 　　利益之份額	61,000 　　　　61,000	188,000 　　　　188,000	140,000 　　　　140,000

(2) 20x7 年 12 月 31 日，甲公司之調整分錄：

20x7/12/31	採用權益法之投資　　　　　　　　　　　　14,000 保留盈餘　　　　　　　　　　　　　　　　6,000 　採用權益法認列之關聯企業及合資利益之份額　　20,000
採用權益法之投資(更正錯誤前)： 　　$1,506,000＋($500,000×6/12×30%)－$105,000＋($600,000×30%)－$120,000 　　＋($400,000×30%)－$90,000＝$1,566,000 　故應調整(增加)$14,000，$1,580,000－$1,566,000＝＋$14,000 保留盈餘：(20x5) [＋$10,000－$24,000]＋(20x6) [＋$20,000－$12,000]＝－$6,000 採用權益法認列之關聯企業及合資利益之份額：(20x7)＋$20,000	

(3) 20x7 年 12 月 31 日，甲公司之調整分錄：

　　(續次頁)

20x7/12/31	採用權益法之投資	1,580,000	
	股利收入	90,000	
	強制透過損益按公允價值衡量之金融資產		1,506,000
	保留盈餘		24,000
	採用權益法認列之關聯企業及合資利益之份額		140,000

採用權益法之投資：$1,580,000－$0＝＋$1,580,000
強制透過損益按公允價值衡量之金融資產：$0－$1,506,000＝－$1,506,000
股利收入：$300,000×30％＝$90,000
保留盈餘：(20x5)［＋$61,000－$105,000］＋(20x6)［＋$188,000－$120,000］＝＋$24,000
採用權益法認列之關聯企業及合資利益之份額：(20x7)＋$140,000

(四) (分次取得股權)

甲公司於 20x5 及 20x6 年間三次取得乙公司普通股，相關資料如下：

取得日期	取得股數	取得價格	備　　註
20x5/ 7/ 1	6,000 股	$108,000	相關交易成本$500
20x6/ 4/ 1	9,000 股	$154,800	相關交易成本$800
20x6/ 9/ 1	8,000 股	$144,000	相關交易成本$700

其他資料：
(1) 20x5 年 1 月 1 日，乙公司權益包括普通股股本$500,000(每股面額$10)及保留盈餘$200,000。
(2) 20x5 年 7 月 1 日，甲公司取得乙公司 6,000 股普通股，對乙公司不具重大影響，依 IFRS 9 將該股權投資分類為「透過其他綜合損益按公允價值衡量之金融資產」。
(3) 20x5 年 12 月 31 日，乙公司普通股每股市價$17。
(4) 20x6 年 4 月 1 日，乙公司普通股每股市價$17.2。
(5) 20x6 年 4 月 1 日，甲公司取得乙公司 9,000 股普通股，對乙公司具重大影響。
(6) 乙公司 20x5 及 20x6 年淨利分別為$80,000 及$120,000，於每年 11 月 1 日宣告並發放現金股利$60,000。乙公司淨利係於年度中很平均地賺得。
(7) 甲公司按權益法將投資成本超過所取得股權淨值間之差額分 10 年攤銷。

試作：
(1) 甲公司 20x5 年應認列來自股權投資之損益。
(2) 甲公司 20x5 年有關股權投資之分錄。

(3) 甲公司 20x6 年應認列來自股權投資之損益。
(4) 甲公司 20x6 年有關股權投資之分錄。
(5) 截至 20x6 年 12 月 31 日，甲公司帳列「採用權益法之投資」之餘額。

解答：

(1) 第一次投資：持股比例＝6,000 股÷($500,000÷$10)＝12%
    20x5/11/1，收到現金股利＝$60,000×12%＝$7,200 (股利收入)

(2) 甲公司 20x5 年有關股權投資之分錄：

20x5/7/1	透過其他綜合損益按公允價值衡量之權益工具投資	108,500	
	現　金		108,500
	$108,000＋$500＝$108,500		
11/1	現　金	7,200	
	股利收入		7,200
12/31	其他綜合損益－透過其他綜合損益按公允價值衡量 　　　　之權益工具投資未實現評價損益	6,500	
	透過其他綜合損益按公允價值衡量之權益工具 　　　　投資評價調整		6,500
	$17×6,000＝$102,000，$102,000－$108,500＝－$6,500		
20x5/12/31 (示範)	其他權益－透過其他綜合損益按公允價值衡量 　　　　之權益工具投資未實現評價損益	6,500	
	其他綜合損益－透過其他綜合損益按公允價值衡量 　　　　之權益工具投資未實現評價損益		6,500
	「其他綜合損益」結轉「其他權益」。		
註：	截至 20x5/12/31，「其他權益－透過其他綜合損益按公允價值衡量 　　之權益工具投資未實現評價損益」借餘$6,500。		

(3) 第二次投資：持股比例＝9,000 股÷50,000 股＝18%，12%＋18%＝30%
    20x5/1/1，乙公司權益＝$500,000＋$200,000＝$700,000
    20x6/1/1，乙公司權益＝$700,000＋$80,000－$60,000＝$720,000
    20x6/4/1，乙公司權益＝$720,000＋($120,000×3/12)＝$750,000
    20x6/4/1，第一次投資 6,000 股之公允價值＝$17.2×6,000 股＝$103,200
    20x6/4/1，投資差額＝$103,200＋($154,800＋$800)－($750,000×30%)
    　　　　　　　　　＝$33,800
    　　　　投資差額每年之攤銷數＝$33,800÷10 年＝$3,380

第三次投資：持股比例＝8,000 股÷50,000 股＝16%，30%＋16%＝46%

20x6/ 9/ 1，乙公司權益＝$720,000＋($120,000×8/12)＝$800,000

20x6/ 9/ 1，投資差額＝($144,000＋$700)－($800,000×16%)＝$16,700

　　　　　　投資差額每年之攤銷數＝$16,700÷10 年＝$1,670

20x6/11/ 1，收到現金股利＝$60,000×46%＝$27,600

20x6 年，甲公司應認列之投資收益
　　　　＝($120,000×9/12×30%)－($3,380×9/12)
　　　　　＋($120,000×4/12×16%)－($1,670×4/12)＝$30,308

(4) 甲公司 20x6 年有關股權投資之分錄：

20x6/ 4/ 1	採用權益法之投資　　　　　　　　　　　　　155,600 　　現　金　　　　　　　　　　　　　　　　　　　　155,600
	$154,800＋$800＝$155,600
4/ 1	透過其他綜合損益按公允價值衡量之權益工具投資 　　　　評價調整　　　　　　　　　　　　　1,200 　　其他綜合損益－透過其他綜合損益按公允價值衡量 　　　　之權益工具投資未實現評價損益　　　　　　1,200
	$17.2×6,000＝$103,200，　$103,200－$108,500＝－$5,300 －$5,300－(－$6,500)＝$1,200
4/ 1	採用權益法之投資　　　　　　　　　　　　　103,200 透過其他綜合損益按公允價值衡量之權益工具投資 　　　　評價調整　　　　　　　　　　　　　5,300 　　透過其他綜合損益按公允價值衡量之權益工具投資　108,500
4/ 1	(權益科目，如：保留盈餘)　　　　　　　　　　5,300 　　其他權益－透過其他綜合損益按公允價值衡量 　　　　之權益工具投資未實現評價損益　　　　　　5,300
9/ 1	採用權益法之投資　　　　　　　　　　　　　144,700 　　現　金　　　　　　　　　　　　　　　　　　　　144,700
	$144,000＋$700＝$144,700
11/ 1	現　金　　　　　　　　　　　　　　　　　　27,600 　　採用權益法之投資　　　　　　　　　　　　　　27,600
12/31	採用權益法之投資　　　　　　　　　　　　　30,308 　　採用權益法認列之關聯企業及合資利益之份額　　30,308
註：	截至 20x6/ 4/ 1，「其他權益－透過其他綜合損益按公允價值衡量之權益工具投資未實現評價損益」＝20x5/12/31 借餘$6,500＋20x6/ 4/ 1 結轉貸記$1,200＋20x6/ 4/ 1 貸記$5,300＝$0

(5) 20x6 /12/31,「採用權益法之投資」
　　　　＝$155,600＋$103,200＋$144,700－$27,600＋$30,308＝$406,208

驗算： 乙公司權益＝$720,000＋$120,000－$60,000＝$780,000
　　　　投資差額(20x6/ 4/ 1 產生)＝$33,800－($3,380×9/12)＝$31,265
　　　　投資差額(20x6/ 9/ 1 產生)＝$16,700－($1,670×4/12)＝$16,143
　　　　$406,208－($780,000×46%)＝$47,408＝$31,265＋$16,143

(五)　(分次取得股權,錯誤更正)

甲公司於 20x5 及 20x7 年間兩次取得乙公司普通股,相關資料如下:

取得日期	持股比例	取得成本	備　　註
20x5/ 1/ 1	10%	$40,000	相關交易成本$800
20x7/ 7/ 1	20%	$108,000	相關交易成本$2,000

其他資料:
(1) 乙公司權益:20x5 年 1 月 1 日為$300,000,20x7 年 7 月 1 日為$480,000。
(2) 甲公司處理兩次股權投資:(a)將第一次股權投資(10%)依 IFRS 9 分類為「透過損益按公允價值衡量之金融資產」,因對乙公司不具重大影響,(b)於第二次股權投資後,對乙公司具重大影響,故對第二次股權投資採權益法處理。
(3) 第一次股權投資(10%),其於各年底之公允價值:
　　　20x5 年:$45,000　/　20x6 年:$42,000　/　20x7 年:$50,000
(4) 乙公司 20x5 至 20x8 年各年淨利及每年 11 月宣告並發放之現金股利,如下:
　　(乙公司淨利係於年度中很平均地賺得)

	20x5	20x6	20x7	20x8
淨　利	$100,000	$130,000	$160,000	$200,000
現金股利	$60,000	$70,000	$80,000	$90,000

(5) 甲公司按權益法將投資成本超過所取得股權淨值間之差額分 10 年攤銷。

試作:
(1) 按甲公司作法,分別計算甲公司 20x7 年及 20x8 年所認列之總投資收益。
(2) 按國際財務報導準則之規定,分別計算甲公司 20x7 年及 20x8 年所應認列之總投資收益。

(3) 若甲公司 20x8 年尚未結帳，且 20x8 年期末尚未以公允價值衡量第一次股權投資之金融資產，請按國際財務報導準則之規定，編製甲公司 20x8 年 12 月 31 日之調整分錄。若無需調整，請註明「無分錄」。

解答：

按甲公司作法，相關項目異動如下：

	20x5/1/1	20x5 年	20x5/12/31	20x6 年	20x6/12/31
乙－權 益		+$100,000		+$130,000	
	$300,000	−$60,000	$340,000	−$70,000	$400,000
按公允價值衡量：					
甲－強制透過損益按公允價值衡量之金融資產(淨額)	$40,000	+$5,000	$45,000	−$3,000	$42,000
甲－股利收入		$6,000		$7,000	

20x5 年期末評價：$45,000 − $40,000 = $5,000
20x6 年期末評價：$42,000 − $45,000 = −$3,000

(延續上表)

	20x7/1/1	1～6月	20x7/7/1	7～12月	20x7/12/31
乙－權 益		+$80,000		+$80,000	
	$400,000	−$0	$480,000	−$80,000	$480,000
以公允價值評價：					
甲－強制透過損益按公允價值衡量之金融資產(淨額)	$42,000		$42,000	+$8,000	$50,000
甲－股利收入				$8,000	
權益法：					
甲－採用權益法之投資				+$15,300	
			$110,000	−$16,000	$109,300
投資差額：			$14,000	−$700	$13,300

20x7 年期末評價：$50,000 − $42,000 = $8,000
20x7/7/1：投資差額 = ($108,000 + $2,000) − ($480,000 × 20%) = $14,000
　　　　　投資差額每年攤銷數 = $14,000 ÷ 10 年 = $1,400
20x7 年下半年，甲認列之投資收益 = ($160,000 × 6/12 × 20%) − ($1,400 × 6/12)
　　　　　　　　　　　　　　　 = $16,000 − $700 = $15,300
20x7/11/xx，甲收到現金股利：(a) $80,000 × 10% = $8,000 (股利收入)
　　　　　　　　　　　　　　 (b) $80,000 × 20% = $16,000 (減少股權投資餘額)

> 驗算：
> 20x7/12/31：投資差額＝$109,300－($480,000×20%)＝$109,300－$96,000＝$13,300

(延續上表)

	20x8/1/1	20x8 年	20x8/12/31	
乙－權　益	$480,000	＋$200,000 －$90,000	$590,000	
按公允價值衡量：				
甲－強制透過損益按公允價值衡量之金融資產(淨額)	$50,000		$50,000	20x8 年期末，甲公司尚未以公允價值衡量第一次股權投資之金融資產。
甲－股利收入		$9,000		
權益法：				
甲－採用權益法之投資	$109,300	＋$38,600 －$18,000	$129,900	
投資差額：	$13,300	－$1,400	$11,900	

20x8 年，甲認列之投資收益＝($200,000×20%)－$1,400＝$40,000－$1,400＝$38,600
20x8/11/xx，甲收到之現金股利：(a) $90,000×10%＝$9,000 (股利收入)
　　　　　　　　　　　　　　　(b) $90,000×20%＝$18,000 (減少股權投資餘額)

> 驗算：
> 20x8/12/31：投資差額＝$129,900－($590,000×20%)＝$129,900－$118,000＝$11,900

(1) <u>20x7 年：</u>
　　(a) 11 月甲收到現金股利＝$80,000×10%＝$8,000 (股利收入)
　　(b) 20x7 年後半年，甲適用權益法所認列之投資收益
　　　　　　＝($160,000×6/12×20%)－($1,400×6/12)＝$15,300
　　(c) 20x7 年總投資收益＝(a)＋(b)＝$8,000＋$15,300＝$23,300

　　<u>20x8 年：</u>
　　(a) 11 月甲收到現金股利＝$90,000×10%＝$9,000 (股利收入)
　　(b) 20x8 年，甲適用權益法所認列之投資收益
　　　　　　＝($200,000×20%)－$1,400＝$38,600
　　(c) 20x8 年總投資收益＝(a)＋(b)＝$9,000＋$38,600＝$47,600

(2) <u>20x7/7/1：</u>乙公司 20%股權之公允價值為$108,000，因此推估第一次 10%股權投資於今日之公允價值為$54,000，$108,000×(10%÷20%)＝$54,000，相關正確分錄如下：**(列出僅供參考，並非甲公司帳列記錄)**

20x7/ 7/ 1	採用權益法之投資	110,000	
	現　金		110,000
	$108,000＋$2,000＝$110,000		
20x7/ 7/ 1	強制透過損益按公允價值衡量之金融資產評價調整	12,000	
	透過損益按公允價值衡量之金融資產(負債)利益		12,000
	$54,000－$42,000＝$12,000		
7/ 1	採用權益法之投資	54,000	
	強制透過損益按公允價值衡量之金融資產		40,000
	強制透過損益按公允價值衡量之金融資產評價調整		14,000
	至 20x7/ 7/ 1 止,「評價調整」＝$5,000－$3,000＋$12,000＝$14,000		

投資差額＝($110,000＋$54,000)－($480,000×30%)＝$20,000

投資差額之每年攤銷數＝$20,000÷10 年＝$2,000

20x7 年,甲應認列投資收益＝($160,000×6/12)×30%－($2,000×6/12)＝$23,000

20x8 年,甲應認列投資收益＝$200,000×30%－$2,000＝$58,000

20x8/12/31,「採用權益法之投資」＝($110,000＋$54,000)＋$23,000
　　　　　　　－($80,000×30%)＋$58,000－($90,000×30%)＝$194,000

(3) 甲公司之調整分錄:

20x8/ 12/31	採用權益法之投資	64,100	
	股利收入	9,000	
	強制透過損益按公允價值衡量之金融資產		40,000
	強制透過損益按公允價值衡量之金融資產評價調整		10,000
	保留盈餘		3,700
	採用權益法認列之關聯企業及合資利益之份額		19,400

(a)「採用權益法之投資」應增加數＝$194,000－$129,900＝$64,100

(b) 因已採權益法,故帳列「股利收入」$9,000、「強制透過損益按公允價值衡量之金融資產」借餘$40,000、「強制透過損益按公允價值衡量之金融資產評價調整」借餘$10,000,皆應沖銷。

(c) 按權益法應認列「採用權益法認列之關聯企業及合資利益之份額」$58,000－甲公司已認列之投資收益$38,600＝應再認列$19,400。

(d) 截至 20x7/12/31,甲公司已認列之「透過損益按公允價值衡量之金融資產(負債)利益」及「損失」之淨額＝$5,000－$3,000＋$8,000＝$10,000,但應認列之評價利益淨額為＝$5,000－$3,000＋$12,000＝$14,000,故應再認列利益$4,000。

(e) 20x7 年,甲公司已認列之總投資收益為$23,300 [詳(1)],但應認之投資收益為$23,000 [詳(3)],且 20x7 應再認列評價利益淨額$4,000 [詳(d)],故保留盈餘應增加數＝$23,000＋$4,000－$23,300＝$3,700。

(六) **(被投資公司尚發行特別股，停業單位損益)**

甲公司於 20x6 年 1 月 1 日以現金$185,000 取得乙公司 30%股權，並對乙公司具重大影響。當日乙公司權益為$600,000，已積欠一年特別股股利，除一項辦公設備價值低估$60,000 外，其餘帳列資產及負債之帳面金額皆等於公允價值，且無未入帳可辨認資產或負債。該價值低估之辦公設備估計可再使用 5 年，無殘值，按直線法計提折舊。乙公司 20x6 年淨利為$120,000，並於 20x6 年 12 月 31 日宣告且發放現金股利$40,000。20x6 年，乙公司權益如下：

	20x6/1/1	20x6/12/31
特別股股本，7%，累積，每股面額$100，每股收回價格$103，發行並流通在外 1,000 股	$100,000	$100,000
普通股股本，每股面額$10，發行並流通在外 30,000 股	300,000	300,000
資本公積－特別股股票溢價	10,000	10,000
資本公積－普通股股票溢價	90,000	90,000
保留盈餘	100,000	180,000
權　益　總　數	$600,000	$680,000

試作：
(1) 20x6 年乙公司特別股股東之損益分享數。
(2) 20x6 年乙公司普通股股東之損益分享數。
(3) 按權益法，20x6 年甲公司應認列之投資損益。
(4) 20x6 年乙公司特別股股東之現金股利分配數。
(5) 20x6 年乙公司普通股股東之現金股利分配數。
(6) 20x6 年甲公司收自乙公司之現金股利。
(7) 20x6 年 12 月 31 日，甲公司帳列「採用權益法之投資」餘額。
(8) 20x7 年 10 月 1 日，甲公司以等於所取得股權淨值之金額再取得乙公司 10%股權。當日乙公司帳列資產及負債之帳面金額皆等於公允價值，且無未入帳可辨認資產或負債。乙公司於 20x7 年 7 月 25 日宣告並發放現金股利$45,000。乙公司 20x7 年淨利(係於年度中平均地賺得)如下：

加計停業單位損失前之淨利	$147,000
減：停業單位損失 (20x7 年 12 月確定停業)	(30,000)
淨　　利	$117,000

編製甲公司 20x7 年收到現金股利及認列投資損益之分錄。

解答：

20x6/1/1，乙公司權益為$600,000，分屬兩類股東：

(A) 特別股權益＝[$103(收回價格)×1,000 股]＋[$100,000×7%](積欠股息)
　　　　　　＝$103,000＋$7,000＝$110,000

(B) 普通股權益＝$600,000－$110,000＝$490,000

投資成本超過所取得股權淨值之數＝$185,000－($490,000×30%)＝$38,000
投資差額$38,000：(a) 辦公設備價值低估：$60,000×30%＝$18,000
　　　　　　　　(b) 未入帳商譽＝$38,000－$18,000＝$20,000

乙公司 20x6 年淨利$120,000，由兩類股東分享如下：

(1) 特別股股東之損益分享數＝$100,000×7%＝$7,000
　　(累積特別股，每年皆可分享乙公司淨利$7,000，不論乙公司當年盈虧為何，故此處不可再加上一年積欠股息。積欠股息僅代表以前年度現金股利發放不足之數，不代表以前年度特別股股東未分享乙公司淨利，兩者勿混淆。)
(2) 普通股股東之損益分享數＝$120,000－$7,000＝$113,000
(3) 20x6 年，甲公司應認列投資利益＝$113,000×30%－($18,000÷5 年)＝$30,300

乙公司 20x6 年現金股利$40,000，應分配予兩類股東如下：

(4) 特別股股東之股利分配數＝$7,000(積欠股息)＋$7,000(20x6 股利)＝$14,000
(5) 普通股股東之股利分配數＝$40,000－$14,000＝$26,000
(6) 20x6 年 12 月 31 日，甲公司收到之現金股利＝$26,000×30%＝$7,800
(7) 「採用權益法之投資」餘額＝$185,000＋$30,300－$7,800＝$207,500

按權益法精神，相關項目異動彙述如下：
(假設：20x6 年期末，經評估得知商譽價值未減損。)

	20x6/1/1	20x6 年	20x6/12/31
乙－權　益	$600,000	＋$120,000－$40,000	$680,000
權益法：			
甲－採用權益法之投資	$185,000	＋$30,300－$7,800	$207,500
投資差額：			
辦公設備	$18,000	－$3,600	$14,400
商　譽	20,000		20,000
	$38,000	－$3,600	$34,400

(續次頁)

驗算：
20x6/12/31，乙公司權益$680,000，分屬兩類股東：
(A) 特別股權益＝[$103(收回價格)×1,000 股]＋$0 (積欠股息)＝$103,000
(B) 普通股權益＝$680,000－$103,000＝$577,000
投資差額＝$207,500－($577,000×30%)＝$34,400

(8) 20x7/ 7/25，甲公司收到現金股利＝($45,000－$7,000)×30%＝$11,400
20x7 年，普通股股東之損益分享數＝$147,000－$7,000＝$140,000
20x7 年，甲公司應認列之投資收益
　　＝($140,000×30%)＋($140,000×3/12×10%)－($18,000÷5)＝$41,900
或＝($140,000×9/12×30%)＋($140,000×3/12×40%)－$3,600＝$41,900
20x7 年，甲公司應認列之「關聯企業停業單位損失之份額」
　　＝－$30,000×40%＝－$12,000

20x7 年，甲公司收到現金股利及認列投資收益之分錄：

20x7/7/25	現　金	11,400	
	採用權益法之投資		11,400
20x7/12/31	採用權益法之投資	29,900	
	採用權益法認列之關聯企業及合資停業單位損失之份額	12,000	
	採用權益法認列之關聯企業及合資利益之份額		41,900

(七) (改採權益法當年未能及時取得被投資者之財務報表)

　　甲公司於 20x5 年 1 月 1 日以現金$324,000 取得乙公司 10%股權，對乙公司不具重大影響，依 IFRS 9 及其管理金融資產之經營模式將該股權投資分類為「透過損益按公允價值衡量之金融資產」。甲公司於 20x6 年 7 月 1 日以現金$480,000 再取得乙公司 15%股權，因此對乙公司具重大影響。乙公司 20x5 至 20x7 年權益異動如下：(假設現金股利係在每年 4 月 1 日宣告並發放。)

	20x5 年	20x6 年	20x7 年
期初普通股權益	$2,400,000	$3,000,000	$3,240,000
加：稅後淨利	600,000	720,000	840,000
減：現金股利（4/1）	—	(480,000)	(600,000)
期末普通股權益	$3,000,000	$3,240,000	$3,480,000

因乙公司遲至 20x7 年 5 月 20 日才提出 20x6 年度財務報表，故甲公司決定從 20x7 年 5 月 20 日開始適用權益法並認列投資損益。假設：(1)20x5 年 12 月 31 日甲公司對乙公司 10%股權投資之帳面金額與公允價值相等；(2)甲公司適用權益法時，將投資成本超過所取得股權淨值間之差額分 10 年攤銷。

試作：甲公司於 20x5 至 20x7 年間對乙公司股權投資之分錄。

解答：

甲公司於 20x5 至 20x7 年間對乙公司股權投資之分錄：

20x5/ 1/ 1	強制透過損益按公允價值衡量之金融資產　　　　324,000　　　　　　現　金　　　　　　　　　　　　　　　　　　　　　324,000
12/31	無金融資產評價分錄，因甲帳列股權投資帳面金額與公允價值相等。
20x6/ 4/ 1	現　金　　　　　　　　　　　　　　　　　　　　48,000　　　　　　股利收入　　　　　　　　　　　　　　　　　　　　48,000
	$480,000×10%＝$48,000
7/ 1	採用權益法之投資　　　　　　　　　　　　　　480,000　　　　　　現　金　　　　　　　　　　　　　　　　　　　　　480,000
7/ 1	透過損益按公允價值衡量之金融資產(負債)損失　　4,000　　　　　　強制透過損益按公允價值衡量之金融資產評價調整　　4,000
	$480,000×(10%÷15%)＝$320,000，股權投資從$324,000 調降為$320,000。
7/ 1	採用權益法之投資　　　　　　　　　　　　　　320,000　　　　強制透過損益按公允價值衡量之金融資產評價調整　　4,000　　　　　　強制透過損益按公允價值衡量之金融資產　　　　324,000
	投資差額＝($480,000＋$320,000)　　　　　　　　　－($3,000,000－$480,000＋$720,000×6/12)×25%＝$80,000　投資差額每年攤銷數＝$80,000÷10 年＝$8,000
20x7/ 4/ 1	現　金　　　　　　　　　　　　　　　　　　　　150,000　　　　　　採用權益法之投資　　　　　　　　　　　　　　　150,000
	$600,000×25%＝$150,000
5/20 (#)	採用權益法之投資　　　　　　　　　　　　　　　86,000　　　　　　保留盈餘　　　　　　　　　　　　　　　　　　　86,000
	增認 20x6 年下半年之投資收益，但因不同年度，故貸記「保留盈餘」$86,000，($720,000×6/12)×25%－($8,000×6/12)＝$86,000。
12/31	採用權益法之投資　　　　　　　　　　　　　　202,000　　　　　　採用權益法認列之關聯企業及合資利益之份額　　202,000
	$840,000×25%－$8,000＝$202,000

補 充：	若甲公司如期取得乙公司 20x6 年之財務報表，	
	則上述 20x7/ 5/20 分錄(＃)應在 20x6/12/31 入帳，如下：	
20x6/12/31	採用權益法之投資　　　　　　　　　　　　　86,000	
	採用權益法認列之關聯企業及合資利益之份額	86,000

(八) (選擇題：近年會計師考題改編)

(1) (110 會計師考題)

(A) 投資公司持有被投資公司之認股權於企業合併時，下列何者不視為潛在表決權？
(A) 於未來時日或視未來情況才可執行之認股權
(B) 存在目前已可執行之認股權，但尚未行使
(C) 投資公司之管理當局無意圖執行之認股權
(D) 投資公司缺乏財務能力以執行之認股權

說明：請詳 P.11 之(二)。

(2) (99 會計師考題)

(D) 20x5 年 1 月 1 日，清華公司以現金$100,000 購入元太公司 30%股權，購買價格等於所取得股權淨值之帳面金額。同日元太公司帳列資產及負債之帳面金額等於公允價值，且無未入帳可辨認資產或負債。元太公司 20x5 年至 20x8 年之淨利(損)以及宣告並發放之現金股利，如下：

年　度	淨利(損失)	現金股利
20x5	$　5,000	$5,000
20x6	(270,000)	—
20x7	(100,000)	
20x8	50,000	5,000

按權益法，清華公司 20x8 年之投資收益為何？
(A) $15,000　　(B) $13,500　　(C) $5,500　　(D) $4,000

說明：

年度	投資收益(投資損失)	收到股利	採用權益法之投資
20x5	$5,000×30％＝$1,500	$1,500	$100,000＋$1,500－$1,500 ＝$100,000
20x6	($270,000)×30％＝($81,000)	－	$100,000－$81,000＝$19,000
20x7	($100,000)×30％＝($30,000) 只能認列投資損失$19,000，另($11,000)待未來元太有淨利時再認列。	－	$19,000－$19,000＝$0
20x8	$50,000×30％＝$15,000 $15,000－$11,000＝$4,000	$1,500	$0＋$4,000－$1,500＝$2,500

(3) (92 會計師考題)

(B) 甲公司在 20x6 年分兩次取得乙公司 40%股權。第一次在 20x6 年 1 月 1 日取得 15%股權，第二次在 20x6 年 7 月 1 日取得 25%股權。乙公司 20x6 年上半年之淨利為$500,000，下半年淨損為$100,000。試問甲公司 20x6 年應認列之投資損益為何？

(A) 投資收益$35,000　　(B) 投資損失$40,000
(C) 投資收益$80,000　　(D) 投資收益$160,000

說明：20x6/ 7/ 1 持股增為 40%，才開始採用權益法，故甲公司 20x6 年應認列之投資損失＝－$100,000×40%＝－$40,000
但若本題改為：「乙公司 20x6 年之淨利為$400,000，且淨利係平均地於年度中賺得。」則甲公司 20x6 年應認列之投資收益＝$400,000×6/12×40%＝$80,000

(4) (91 會計師考題)

(C) 投資公司持有被投資公司 40%股權，並對被投資公司具重大影響，則投資成本與股權淨值之差額在投資公司財務狀況表上應列為：

(A) 商　譽　　　　　　　(B) 股權投資產生之商譽
(C) 採用權益法之投資　　(D) 成本與股權淨值之差額

第三章　合併財務報表簡介

　　第一、二章已將企業合併的種類彙集如下表，並說明內容。從本章至第十一章則針對股權收購中投資者對被投資者存在控制的情況深入探討，並學習占高等會計學最大篇幅的主題～母、子公司合併財務報表之編製與其觀念之建構。

企業合併種類及其會計處理，於本書章次編排順序如下：

會計方法	企　業　合　併　種　類		
	吸收合併	新設合併	收　購
收購法	第 1 章	第 1 章	資產收購：第 1 章 股權收購：第 1～11 章

本章主要遵循之準則為：
(1) 國際財務報導準則第 10 號「合併財務報表」。(IFRS 10)
(2) 國際財務報導準則第 3 號「企業合併」。(IFRS 3)
(3) 國際會計準則第 27 號「單獨財務報表」。(IAS 27)
(4) 國際財務報導準則第 12 號「對其他個體之權益之揭露」。(IFRS 12)

一、準則用詞定義：

(1) 合併財務報表 (Consolidated financial statements)：
　　→ 係指集團之財務報表，於其中將母公司及其子公司之資產、負債、權益、收益、費損及現金流量以如同屬單一經濟個體者表達。

(2) 對被投資者之控制 (Control of an investee)：
　　→ 當投資者<u>暴露於</u>來自對被投資者之參與之變動報酬<u>或</u>對該變動報酬享有權利<u>且</u>透過其對被投資者之權力有能力影響該等報酬時，投資者控制被投資者。
　　→ An investor controls an investee when the investor <u>is exposed, or has rights, to</u> variable returns from its involvement with the investee **and** has the ability to affect those returns through its power over the investee.

(3) 決策者 (Decision makers)：
　　→ 具決策權(decision-making rights)之個體，其為主理人(principal)或他方之代理人(agent)。

(4) 集團 (Group)：母公司及其子公司。

(5) 投資個體 (Investment entities)：
　　→ 係指一個體：(a)為提供投資者投資管理服務之目的而自一個或多個投資者取得資金；(b)向投資者承諾其經營目的係純為來自資本增值、投資收益或兩者之報酬而投入資金；且(c)以公允價值基礎衡量及評估其幾乎所有投資之績效。

(6) 非控制權益 (Non-controlling interest)：
　　→ 子公司之權益中非直接或間接歸屬於母公司之部分。

(7) 母公司 (Parent)：控制一個或多個個體之個體。

(8) 權力 (Power)：
　　→ 賦予現時能力(current ability)以主導攸關活動之既存權利(existing rights)。

(9) 保障性權利 (Protective rights)：
　　→ 係指權利被設計用以保障持有該等權利者之權益(而不賦予該持有者有對該等權利所關聯之個體之權力)。

(10) 攸關活動 (Relevant activities)：
　　→ 就本國際財務報導準則之目的而言，攸關活動係指重大影響被投資者報酬之被投資者活動。

(11) 罷黜權利 (Removal rights)：
　　→ 剝奪決策者其決策職權(decision-making authority)之權利。

(12) 子公司 (Subsidiary)：受另一個體控制之個體。

(13) 單獨財務報表 (Separate financial statements)：
　　→ 係指由一個體所提出之財務報表，該財務報表中之投資子公司、合資及關聯企業，依 IAS 27「單獨財務報表」之規定，<u>得選擇</u>按成本、依 IFRS 9「金融工具」之規定、或採用 IAS 28「投資關聯企業及合資」所述之權益法處理。

二、存在控制及其相關考量：

依 IFRS 10「合併財務報表」之規定，無論投資者對個體(被投資者)參與之性質為何，投資者應藉由評估其是否控制該被投資者，以決定其是否為母公司。簡言之，當投資者[甲]依準則評估其確能控制被投資者[乙]，則該投資者[甲]即為母公司，被投資者[乙]為子公司，且甲及乙兩家公司構成一個「合併個體(Consolidated entity)」，或稱「集團(Group)」。而個體係母公司者，應提出集團之合併財務報表。

因此關鍵是：於何種情境下，投資者始對被投資者存在控制？依準則規定，其判斷原則是：「當投資者暴露於來自對被投資者之參與之變動報酬或對該等變動報酬享有權利，且透過其對被投資者之權力有能力影響該等報酬時，投資者控制被投資者。」(An investor controls an investee when the investor is exposed, or has rights, to variable returns from its involvement with the investee **and** has the ability to affect those returns through its power over the investee.) 換言之，僅於投資者具有下列三項時，投資者始對被投資者存在控制：

(a) 對被投資者之權力(power)。
(b) 來自對被投資者之參與之變動報酬之暴險或權利。
   [投資者因參與(主導)被投資者而暴露於(負)變動報酬之風險中或有權(right)取得(正)變動報酬。]
(c) 使用其對被投資者之權力以影響投資者報酬金額之能力。
   [投資者有能力行使其對被投資者之權力以影響投資者報酬之金額。]

針對此三項控制要素之相關說明，請詳本章附錄。

當投資者具有賦予其現時能力以主導攸關活動(即重大影響被投資者報酬之活動)之既存權利時，該投資者對被投資者具有權力。可知，權力來自於權利。

當考量被投資者之目的及設計時，即可能清楚看出被投資者係透過權益工具(該權益工具賦予持有者按比例表決權，例如被投資者之普通股)之方式而被控制。於此情況下，在無任何能改變決策之額外協議時，控制之評估聚焦於哪一方(若有時)能行使足夠表決權以決定被投資者之營運及財務政策。在最單純之情況下，若無任何其他因素，則持有多數該等表決權之投資者控制該被投資者。

權利(不論個別或相互結合)能賦予投資者權力之例包括(但不限於)：
(a) 以被投資者表決權(或潛在表決權)之形式之權利。
(b) 任命、重新指派或罷黜被投資者具有能力以主導攸關活動之主要管理人員成員之權利。
(c) 任命或罷黜主導攸關活動之另一個體之權利。
(d) 主導被投資者為投資者之利益進行交易或否決對交易之任何變動之權利。
(e) 賦予持有者能力以主導攸關活動之其他權利(例如明定於管理合約之決策權)。

當評估投資者是否對被投資者存在控制時，投資者應考量所有事實及情況。若事實及情況顯示第 3 頁第二段所列示之三項控制要素中之一項或多項發生變動，投資者應重評估其是否對被投資者仍存在控制。

投資者對被投資者可具有權力，即使其他個體具有賦予其現時能力以參與主導攸關活動之既存權利(例如當另一個體對被投資者具重大影響時)。簡言之，即使乙公司對丙公司具重大影響，甲公司對丙公司仍可能具有權力甚至存在控制。惟僅持有保障性權利之投資者對被投資者並不具有權力，因此未控制被投資者。(因只考量實質性權利及非屬保障性之權利，以判斷存在控制否？) 而權利要具有實質性，持有者必須具有實際能力以行使該權利。

當兩個以上投資者必須一起行動以主導攸關活動時，兩個以上投資者集體控制被投資者。在此情況下，沒有一個投資者可在不與其他方合作下主導該活動，因此沒有一個投資者可個別控制被投資者。每一投資者應依攸關之國際財務報導準則之規定(如 IFRS 11「聯合協議」、IAS 28「投資關聯企業及合資」或 IFRS 9「金融工具」)，處理其對被投資者之權益。即每一投資者應依其對被投資者是否具重大影響來決定其應適用之會計處理方法。

由第 3 頁第二段已知，僅於投資者具有三項控制要素時，投資者始控制被投資者，因此當任一項控制要素不存在時，投資者(母公司)即喪失對被投資者(子公司)之控制。又母公司也可能因兩項以上之安排(交易)而對子公司喪失控制，惟有些情況顯示該等多項安排應按單一交易處理，因此在決定多項安排是否應按單一交易處理時，母公司應考量該等安排之所有條款、條件及其經濟影響。如有下列一種或多種情況，母公司應將該等多項安排按單一交易處理：

(a) 多項安排係同時簽訂或相互影響。
(b) 多項安排形成單一交易旨在達成某一整體商業效果。
(c) 一項安排之發生取決於至少另一項安排之發生。
(d) 一項安排就其本身考量時不具經濟合理性，但如與其他安排一起考量即具經濟合理性。例如，以低於市場之定價處分股份，並以高於市場定價之後續處分作為補償。

三、透過取得股權以完成企業合併～股權收購

當投資者依準則評估其對被投資者存在控制，則投資者為「母公司」，被投資者為「子公司」，母公司與子公司皆未解散，仍保持其原法律形式，各自繼續經營，而母公司帳冊上則以「採用權益法之投資」科目來表彰其所擁有子公司之權益，母、子公司的關係就此確立且甲及乙兩家公司形成一個「合併個體(Consolidated entity)」，或稱「集團(Group)」。

母公司與子公司在法律上雖是兩個企業個體，各有其管理當局，但實質上，兩個企業個體所擁有的一切資源及所承擔的負債與義務皆在母公司管理當局的管控下，至於子公司管理當局則通常是在母公司管理當局的管控下執行日常營運事務，因此母公司可透過控制子公司的方式，達到實質企業合併的目的。

母公司一旦能控制子公司，就會計觀點而言，企業合併已完成，二者形成母、子公司的集團關係。若日後母公司再取得子公司股權，則視為額外股權投資，不再是企業合併交易，因企業合併早已完成。於收購日，母公司係以收購法處理對子公司的企業合併交易，日後則按權益法對該項股權投資做後續之會計處理，並從企業合併當年度起，每屆報導期間結束日，尚應由母公司提出集團之合併財務報表，直到母公司喪失對子公司之控制為止。請參閱：本章單選題(7)、第八章釋例六、習題三、習題四、習題五。

四、新形成的報導個體(Reporting Entity)
－合併個體(Consolidated Entity)、集團(Group)

如前述，當投資者依準則評估其對被投資者存在控制，則投資者為「母公司」，被投資者為「子公司」，且母公司擁有主導子公司財務及營運政策決策之權力，故實質上已達到企業合併的效果與目的。就母、子公司所構成之集團而言，儼然是一個在母公司管理當局控制下的「虛擬報導個體(fictitious reporting entity)」。但就法律上而言，母公司與子公司是兩家公司，兩個法律個體，每屆報導期間結束日，母公司及子公司會各自按其帳務結果，編製各自的財務報表，不過不論是母公司財務報表或子公司財務報表，皆無法允當且完整地表達兩家公司所擁有的一切資源及所承擔的負債與義務，以及在母公司管理當局管控下所造就的經營結果及財務狀況。縱使母公司正確地適用權益法處理其對子公司的股權投資，也只能達到「單線合併」效果，不夠詳盡，無法滿足會計資訊使用者對資訊攸關性(relevance)與可比性(comparability)的需求。

以經濟實質重於法律形式的會計觀點來看，會計資訊使用者想要瞭解的是：集團(母公司及其所有子公司)在母公司管理當局的管控下，所造就的整體經營結果與財務狀況。因此必須為"一個在母公司管控下的虛擬報導個體"編製財務報表，以符合會計資訊使用者的資訊需求。換言之，"母公司及其所有子公司"已形成一個需要為其編製財務報表的新報導個體(Reporting entity)，會計上稱為「合併個體(Consolidated entity)」，國際會計準則稱為「集團(Group)」。

不過這個合併個體既是虛擬的，當然不會有專屬的帳務處理過程及帳務結果，以做為編製合併財務報表之依據。因此每屆報導期間結束日，必須善用現成的母公司財務報表及子公司財務報表，運用合併財務報表的編製技術與觀念，編製出母公司及其子公司的合併財務報表，即集團的財務報表，期望能允當且完整地表達母公司及其子公司所擁有的一切資源及所承擔的債務與義務，以及在母公司管理當局的管控下所造就的整體經營結果及財務狀況。而編製合併財務報表的技術與觀念正是本章至第十一章論述的主要內容。

或許有人會問：為何不採取吸收合併或新設合併的方式進行企業合併，合併完成後由存續公司或新設公司來執行往後的交易事項，記一套帳，期末編製一套財務報表，如初級會計學及中級會計學所述，就能滿足存續公司或新設公司股東及債權人對會計資訊的基本需求，如此一來就不必編製所謂的母公司及其子公司合併財務報表，徒增資訊處理及文書工作的相關成本。但仔細一想，這只是會計人員的立場與說法，因為企業經營及所有交易的進行應以股東最大利益為依歸，而非只考慮會計工作的繁簡。事實上，"以母、子公司形式達成企業合併目的"的作法，可能尚有其他考量，例如：

(1) 甲公司為多角化經營之目的而收購另一產業的優良企業乙公司。因乙公司在所屬產業已經營多年且具知名度，擁有熟悉該產業的專業經理人才，也建立專屬的供需網絡，與客戶及供應商關係良好，客戶忠誠度也高，再加上極具價值的乙公司商標及商號等，如果因甲公司及乙公司吸收合併而將乙公司解散，則這些得之不易的無形資產可能消失，進而失去企業合併的利基點。

(2) 因股權收購形成母、子公司的經營型態，就法律上而言，母公司是子公司的股東之一，而股東對股份有限公司的負債，只須負"有限的責任"，即母公司對子公司只就其投資額負責。以上段(1)所述之甲、乙公司為例，甲公司對乙公司只就其投資額負責，萬一合併後經營不善，乙公司負債大於資產時，則甲公司頂多損失其投資額，原則上無須再承擔乙公司的負債，除非雙方有特殊約定或保證。但若是吸收合併，則原來的乙公司於合併後成為甲公司的某一單位或部門，若經營不善，則該單位或部門的一切損失及負債仍是甲公司經營結果與財務狀況的一部分，無法不承擔。

五、母公司股東、母公司、子公司及非控制股東之關係

當母公司對子公司存在控制時，母公司及其子公司即形成合併個體，而該合併個體就是母公司及其子公司合併財務報表的報導主體。當母公司非100%直接或間接持有子公司表決權時，表示尚有其他股東擁有子公司表決權，會計上稱為「非控制股東(Non-controlling stockholders)」，其擁有的子公司權益，稱為「非控制權益(Non-controlling interest)」，亦是「非控制股東對合併個體之權益」。而母公司股東所擁有的母公司權益(包含母公司擁有的子公司權益)，則稱為「控制權益(Controlling interest)」，亦是「母公司業主對合併個體之權益」。準則規定應於合併財務狀況表之權益項下，分開列示「控制權益」及「非控制權益」。

母公司的所有權人是母公司股東，以合併個體為一個報導主體來看，擁有這個合併個體的所有權人有兩類：一類是母公司股東，另一類是子公司非控制股東。因此國際會計準則理事會(IASB)認為，依「個體理論(Entity Theory)」應公平對待合併個體的全體所有權人，不論是母公司股東或是子公司非控制股東，皆應一視同仁。換言之，合併財務報表主要是為合併個體全體股東(母公司股東及子公司非控制股東)及債權人(母公司的債權人及子公司的債權人)而編製，目的是表達集團 [＝合併個體＝母公司及其子公司，宛如一家擁有數個部門(segments)的大企業] 的經營結果與財務狀況。[註：個體理論，請詳本書下冊第十一章。]

例如：甲公司取得乙公司 80%股權，也取得丙公司 90%股權，甲公司對乙公司及丙公司皆存在控制，如下圖所示，則甲、乙、丙三家公司即形成一個合併個體。甲公司是母公司，乙及丙公司皆是子公司，另外擁有乙公司 20%股權的非控制股東及擁有丙公司 10%股權的非控制股東，雖不是合併個體的成員，但對合併個體仍擁有權益，因此非控制權益將會表達在合併個體的財務報表上。甲、乙、丙三家公司各自處理其會計事項，期末各自編製財務報表，再利用甲、乙、丙三家公司的財務報表來編製甲、乙、丙三家公司的合併財務報表，提供給與該合併個體有利害關係的人士或單位(如：股東、債權人等)以及對該合併個體有興趣的人士或單位(如：潛在投資人、財務分析評比機構等)，以做為制定相關決策之參考。

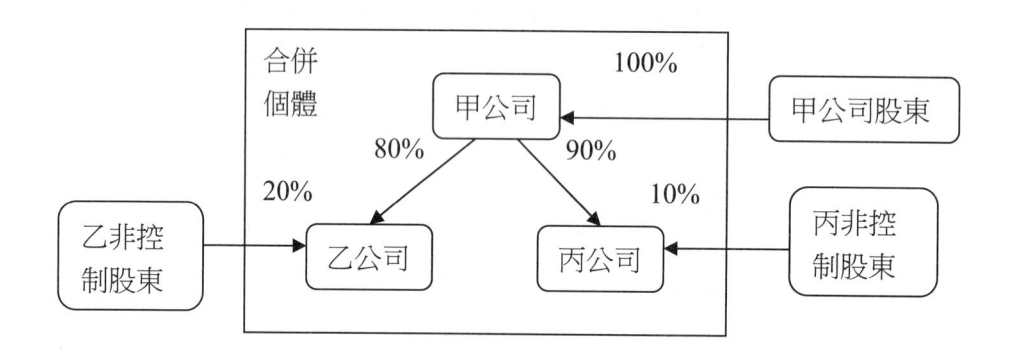

六、合併財務報表之表達及其豁免

無論投資者參與被投資者營運之性質為何，一旦投資者依準則規定確定對被投資者存在控制，則投資者即為母公司。而個體係母公司者，依準則規定應提出合併財務報表，但下列所述者除外，IFRS 10 適用於所有個體：

<u>豁免</u>：母公司<u>若符合下列所有情況</u>，<u>無須提出合併財務報表</u>。
(1) 其係由另一個體完全擁有之子公司或部分擁有之子公司，而其所有其他業主(包括無表決權之業主)已被告知且不反對母公司不提出合併財務報表。
(2) 其債務或權益工具未於公開市場(國內或國外證券交易所或店頭市場，包括當地及區域性市場)交易。
(3) 其未因欲於公開市場發行任何形式之工具，而向證券委員會或其他主管機關申報財務報表，或正在申報之程序中。

(4) 其最終母公司或任何中間母公司已依國際財務報導準則編製財務報表供大眾使用，於該等財務報表中子公司係依本準則之規定納入合併財務報表或透過損益按公允價值衡量。

當母公司符合上列所有情況時，<u>可豁免</u>編製並提出合併財務報表，此時母公司有<u>兩種選擇</u>：(a)母公司仍可選擇提出合併財務報表；(b)母公司選擇不提出合併財務報表，而僅提出單獨財務報表，並以單獨財務報表作為其唯一財務報表。

另外，母公司或其子公司可能為關聯企業之投資者，如下圖兩個情況，故除了須依前述原則編製及表達合併財務報表外，亦須遵循IAS 28「投資關聯企業」之規定處理對關聯企業的股權投資。

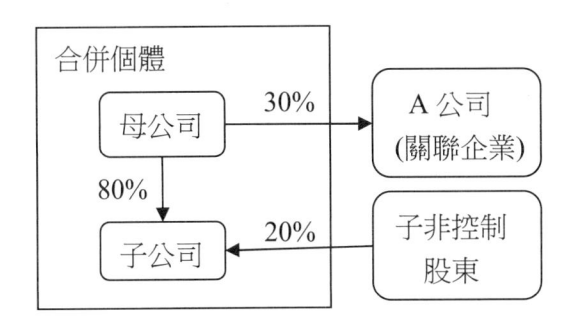

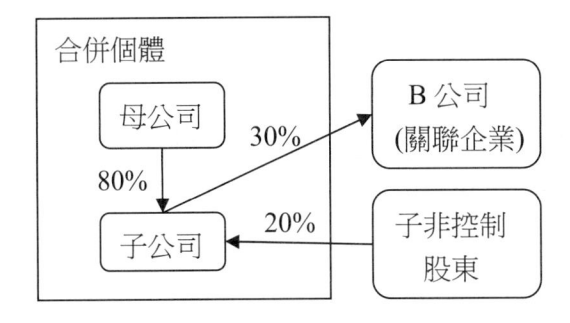

```
合併個體
┌──────────────┐
│  ┌────┐  30%  ┌──────────┐
│  │母公司│─────→│ A 公司    │
│  └────┘       │(關聯企業) │
│    │80%       └──────────┘
│    ↓          
│  ┌────┐  20%  ┌──────────┐
│  │子公司│←─────│ 子非控制  │
│  └────┘       │  股東     │
└──────────────┘ └──────────┘
```

```
合併個體
┌──────────────┐
│  ┌────┐       ┌──────────┐
│  │母公司│       │ B 公司    │
│  └────┘  30%→│(關聯企業) │
│    │80%       └──────────┘
│    ↓          
│  ┌────┐  20%  ┌──────────┐
│  │子公司│←─────│ 子非控制  │
│  └────┘       │  股東     │
└──────────────┘ └──────────┘
```

七、單獨財務報表

單獨財務報表<u>係指</u>"合併財務報表"<u>或</u>"無投資子公司但有投資投資關聯企業或合資之投資者依 IAS 28 對投資關聯企業及合資採用權益法處理之財務報表"<u>以外</u>，另行提出之財務報表。國際財務報導準則<u>並未規定</u>那些企業應編製單獨財務報表供大眾使用，因此參酌上段「六、合併財務報表之表達及其豁免」，得出

母公司可能提出單獨財務報表之情況為：
(1) 母公司依準則規定提出合併財務報表外，可另行提出單獨財務報表。
(2) 母公司符合豁免提出合併財務報表之條件，但選擇提出合併財務報表，同時亦可另行提出單獨財務報表。
(3) 母公司符合豁免提出合併財務報表之條件，且選擇不提出合併財務報表，而僅提出單獨財務報表，並以單獨財務報表作為其唯一財務報表。

惟須注意，企業如無子公司或關聯企業或未在聯合控制個體中擁有合資控制者權益，其財務報表非屬單獨財務報表。簡言之，「單獨財務報表」係相對於須編製合併財務報表或須編製對投資關聯企業或合資採用權益法處理之財務報表而言，若無需編製合併財務報表或財務報表無需適用權益法時，則所謂單獨財務報表無存在及考量的空間。

企業編製單獨財務報表時，對投資子公司、合資及關聯企業之會計處理，應依下列方式之一：(a)按成本，(b)依 IFRS 9 之規定，或 (c)採用 IAS 28 所述之權益法。另企業對每一投資種類應適用相同之會計處理。若按成本處理或採用權益法之投資被分類為待出售或待分配(或包括於分類為待出售或待分配之處分群組中)，則該等投資應依 IFRS 5「待出售非流動資產及停業單位」之規定處理；而投資之衡量依 IFRS 9 規定處理者，在此等情況下其會計處理不變。

我國金管會對於「財務報告名稱」之使用，彙述如下：

財務報告 vs. 財務報表	財務報告	係指由財務報表、重要會計項目明細表及其他有助於使用人決策之揭露事項及說明所組成之文件。
	財務報表	係指由資產負債表、綜合損益表、權益變動表、現金流量表及其附註或附表所組成之文件。
財務報告名稱	合併財務報告	係表達母公司及子公司合併後財務狀況及財務績效之財務報告，依主管機關規定企業須對外提出此財務報告。
	個體財務報告	係表達母公司本身財務狀況及財務績效之財務報告，母公司編製個體財務報告對於長期股權投資應採權益法評價，依主管機關規定企業須對外提出此財務報告。
	單獨財務報告	係表達母公司本身財務狀況及財務績效之財務報告，此種財務報告與個體財務報告的差別是母公司對於長期股權投資不採權益法評價，非屬主管機關規定須對外提出之財務報告。
	個別財務報告	公司若無子公司，其所編製之財務報告稱為個別財務報告，依主管機關規定企業須對外提出此財務報告。

八、母、子公司會計年度之起訖日不一致

原則上,母公司會計年度的起迄日即是集團合併財務報表會計年度的起迄日,因此集團的報導期間結束日與母公司的報導期間結束日相同。換言之,用以編製合併財務報表之母公司及其子公司財務報表,應有相同的會計年度起迄日及報導期間結束日。但若母公司的報導期間結束日與子公司的報導期間結束日不同時,則依下列原則處理:

(1) 除非實務上不可行,如為合併報表之目的,子公司應編製與母公司財務報表日同日之額外財務資訊,以使母公司能合併子公司之財務資訊。

(2) 當實務上子公司另行編製與母公司財務報表日同日之額外財務資訊為不可行時,則用於編製合併財務報表之子公司財務報表日將與母公司財務報表日不同,此時母公司應使用子公司最近財務報表,先調整"該等財務報表日與合併財務報表日之間所發生重大交易或事項之影響",再以"調整後之子公司最近財務報表"進行合併財務報表的編製。

(3) 在任何情況下,子公司財務報表日與合併財務報表日之差異不得超過三個月,且"報導期間之長度"及"財務報表日間之差異"應每期相同(一致性)。

(4) 彙述以上三點處理原則,如下:

「子公司另行編製與母公司財務報表日同日之額外財務資訊」的可行性?	子公司 與 母公司 的 報導期間結束日之 差 異 期 間 (M)	
	M > 三個月	M ≦ 三個月
(A) 實務上可行	子公司另行編製與母公司財務報表日同日之額外財務資訊	(同左)
(B) 實務上不可行	(同上) [因上述(3)之規定]	不另行編製與母公司財務報表日同日之額外財務資訊,但須按上述(2)調整子公司最近財務報表。

例如:母公司(甲)會計年度採曆年制,而子公司(乙)會計年度的起迄日是每年 2 月 1 日至次年 1 月 31 日,另一子公司(丙)會計年度的起迄日是每年 5 月 1 日至次年 4 月 30 日。若編製甲、乙、丙三家公司 20x8 年合併財務報表,則須:

(1) 先將丙公司 20x7 年(20x7/ 5/ 1～20x8/ 4/30)財務報表的後四個月營業結果與 20x8 年(20x8/ 5/ 1～20x9/ 4/30)財務報表的前八個月營業結果合計，得出丙公司 20x8/ 1/ 1～20x8/12/31 財務報表。

(2) 若乙公司 20x8/ 1/ 1～20x8/ 1/31 或 20x9/ 1/ 1～20x9/ 1/31 之間，發生重大交易或事件，則須將其影響調整乙公司 20x8 年(20x8/ 2/ 1～20x9/ 1/31)財務報表。調整方式是：
   (a) 將 20x8/ 1/ 1～20x8/ 1/31 間所發生之重大交易或事件的影響，<u>納入</u>乙公司 20x8 年(20x8/ 2/ 1～20x9/ 1/31)財務報表。
   (b) 將 20x9/ 1/ 1～20x9/ 1/31 間所發生之重大交易或事件的影響，從乙公司 20x8 年(20x8/ 2/ 1～20x9/ 1/31)財務報表中<u>排除</u>。

(3) 再以甲公司 20x8 年(20x8/ 1/ 1～20x8/12/31)財務報表、乙公司 20x8 年(20x8/ 2/ 1～20x9/ 1/31)財務報表[已考量上述(2)之影響]、丙公司 20x8/ 1/ 1～20x8/12/31 財務報表[上述(1)所得之財務報表]等三份報表，編製甲、乙、丙三家公司 20x8 年合併財務報表。彙述如下：

	母公司(甲)	子公司(乙)	子公司(丙)	合併財務報表
會計年度之起迄日	每年 1/ 1～次年 12/31	每年 2/ 1～次年 1/31	每年 5/ 1～次年 4/30	每年 1/ 1～次年 12/31
參與編製 20x8 年度合併財務報表之集團成員的會計年度起迄日	20x8/ 1/ 1 ～ 20x8/12/31	20x8/ 2/ 1 ～ 20x9/ 1/31 (已適當調整)	20x7/ 5/ 1～20x8/ 4/30 後 4 個月的營業結果，與 20x8/ 5/ 1～20x9/ 4/30 前 8 個月的營業結果合計。	20x8/ 1/ 1 ～ 20x8/12/31 附註揭露(＊)
＊：附註揭露：「乙公司 20x8 年財務報表起迄日(20x8/ 2/ 1～20x9/ 1/31)與 20x8 年合併財務報表起迄日(20x8/ 1/ 1～20x8/12/31)相差一個月。惟已將 20x8/ 1/ 1 日～20x8/ 1/31 間乙公司所發生重大交易或事件的影響，<u>納入</u>乙公司 20x8 年(20x8/ 2/ 1～20x9/ 1/31)財務報表，且將 20x9/ 1/ 1 日～20x9/ 1/31 間乙公司所發生的重大交易或事件的影響，從乙公司 20x8 年(20x8/ 2/ 1～20x9/ 1/31)財務報表中<u>排除</u>。」				

九、會計政策一致性

　　合併財務報表之編製，應對類似情況下之相似交易及事項採用一致之會計政策。若集團中成員對類似情況下之相似交易及事項所採用之會計政策，與合併財

務報表所採用者不同，則編製合併財務報表時，應對該集團成員之財務報表予以適當調整，以確保遵循集團會計政策。意即<u>以合併財務報表所採用的會計政策為依歸</u>，若集團中任一成員(可能是母公司或子公司或兩者)對相似情況下之類似交易及事件所採用之會計政策，與合併財務報表所採用者不同時，應先將該集團成員財務報表予以適當調整，再據以納入合併財務報表之編製。

例如：母公司財務報表及合併財務報表對於存貨均採加權平均法之成本流動假設，而子公司對於存貨係採先進先出法之成本流動假設，則編製合併財務報表時，須先將子公司採先進先出法之財務報表調整為加權平均法下之財務報表，再據以與母公司財務報表進行合併財務報表之編製。

十、合併財務狀況表的基本觀念

合併財務報表<u>包括</u>合併綜合損益表、合併權益變動表、合併財務狀況表及合併現金流量表。除了合併現金流量表外，合併綜合損益表、合併權益變動表、合併財務狀況表等三張報表可利用合併工作底稿一次完成編製工作。本章先介紹合併財務狀況表的基本觀念，第四章再說明如何利用合併工作底稿，一次完成三張合併財務報表的編製，待這三張合併財務報表完成後，才有足夠資料編製合併現金流量表。第四章後半部段落將說明合併現金流量表的編製過程。

所謂合併財務報表，就是<u>結合</u>母公司及其子公司之資產、負債、權益、收益、費損及現金流量之會計項目，並將「母公司對各子公司股權投資之帳面金額」<u>與</u>「母公司於各子公司所占之權益」<u>互抵(銷除)</u>。簡言之，即是將母公司財務報表內各組成項目與子公司財務報表內相對應的各組成項目，逐項合計，但有少數項目例外。以合併財務狀況表為例，由於母公司已適用權益法，亦即將子公司總淨值(以收購日公允價值衡量)屬於控制權益的部份，以一個彙總金額(即「採用權益法之投資」餘額)納入母公司財務狀況表中，已達到單線合併的效果。而今編製的合併財務狀況表，只是將原已納入母公司財務狀況表的"子公司總淨值(以收購日公允價值衡量)屬於控制權益部份的彙總金額"，<u>改為</u>子公司各項資產及各項負債的詳細金額，並逐項與母公司相對應的各資產項目及各負債項目合計，亦即「放棄彙總金額之單線合併效果，改為以財務報表詳細組成項目及金額表達之合併財務報表」，故須將母公司對各子公司股權投資之帳面金額與母公司於各子公司所占之權益互抵(銷除)。

由於合併財務報表是要表達合併個體(集團，包括母公司及其所有子公司)的營業結果與財務狀況，故不論母公司持有子公司的表決權是否為100%，都必須將子公司的各項資產及負債與母公司各該項的資產及負債合計，才能編製出代表合併個體(集團)財務狀況的合併財務狀況表。因此當母公司持有子公司股權比例低於100%時，表示尚有其他非控制股東擁有子公司權益，故必須將非控制股東對子公司之權益，即非控制權益，表達在合併財務狀況表之權益項下。

非控制股東與控制股東一樣，都是股東，都能擁有法律上股東應有的權利，按個體理論，非控制權益與控制權益皆是合併財務狀況表中權益的一部分。若以會計恆等式表達合併財務狀況表，其內容為：合併資產＝合併負債＋合併權益(控制權益＋非控制權益)，如下：

合併財務狀況表	
資產：	負債：
母資產＋子資產	母負債＋子負債
[放棄「採用權益法之投資」之單線合併]	權益：
	控制權益 (母公司股東之權益)
	非控制權益 (非控制股東之權益)

十一、非控制權益

非控制權益，係指子公司之權益中非直接或間接歸屬於母公司的部分。簡言之，即子公司整體淨值歸屬於非控制股東的部份，其衡量原則如下：

(一) 非控制權益在收購日之金額，應按下列方式衡量：
(1) 非控制權益組成部分中，<u>屬現時所有權權益，且其持有者有權於清算發生時按比例份額享有企業淨資產者</u>，收購者應於收購日以下列方式之一衡量：
(a) 公允價值；或
(b) 現時所有權工具對被收購者可辨認淨資產之已認列金額所享有之比例份額。
(2) 非控制權益之<u>所有其他組成部分</u>，應按其收購日公允價值衡量，除非國際財務報導準則規定另一衡量基礎。

(二) 非控制權益所享有自收購日起權益變動之份額：

企業應將綜合損益總額(包含損益及其他綜合損益各組成部分)歸屬於母公司業主及非控制權益，即使因而導致非控制權益發生虧損餘額。

上述(一)(1)中(a)及(b)是兩種衡量"收購日非控制權益金額"的方法，其計算基礎原則上相似，唯一差別是，當被收購者有未入帳商譽存在時，(a)法的「收購日被收購者之總公允價值」會包含該項未入帳商譽，而(b)法的「收購日被收購者可辨認淨資產之公允價值」不會包含該項未入帳商譽。請參閱第一章「十一、認列與衡量商譽或廉價購買利益」及第一章釋例九。本書為舉例及解題之便，除另有說明外，均採上述「(一)(1)(a)公允價值」衡量非控制權益於收購日之金額。

十二、基本釋例

釋例一： (期末收購，編製收購日合併財務狀況表)

甲公司於 20x5 年 12 月 31 日以 $72 取得乙公司 90%股權，並對乙公司存在控制。當日乙公司帳列資產及負債之帳面金額分別為 $100 及 $40，皆等於公允價值，且乙公司無未入帳可辨認資產或負債。非控制權益係以收購日公允價值衡量。同日甲公司及乙公司合併財務狀況表如下：

甲公司 財務狀況表 20x5 年 12 月 31 日			乙公司 財務狀況表 20x5 年 12 月 31 日			甲及其子公司 合併財務狀況表 20x5 年 12 月 31 日	
採用權益法之投資 72	各項負債 300	+	各項資產 100	各項負債 40	=>	各項資產 928+100	各項負債 300+40
其他資產 928	權益 700			權益 60		商譽 20	權益 控制權益 700 非控制權益 8
1,000	1,000		100	100		1,048	1,048

基本觀念說明：

(1) 甲公司以$72 取得乙公司 90%股權，非控制權益係以收購日公允價值衡量，惟釋例<u>未提供</u>非控制權益於收購日之公允價值，故以移轉對價及甲公司持股比例<u>設算</u>乙公司於收購日之總公允價值為$80，$72÷90%＝$80。因乙公司帳列資產及負債之帳面金額皆等於公允價值，且無未入帳可辨認資產及負債，而乙公司於收購日之總公允價值$80 超過乙公司可辨認資產減負債後之淨值的公允價值$60 (亦是帳面淨值$60＝資產$100－負債$40)，超過之數$20，即為商譽，須納入合併財務狀況表中。

(2) 「放棄彙總金額之單線合併效果，改為以財務報表詳細組成項目及金額表達之合併財務報表」，故「採用權益法之投資」$72，不再計入合併財務狀況表中，改將乙公司各項資產及負債納入合併財務狀況表中。其他各項資產合併金額＝甲其他各項資產$928＋乙各項資產$100＝$1,028，各項負債合併金額＝甲各項負債$300＋乙各項負債$40＝$340。

(3) 權益＝資產－負債，乙權益＝乙資產$100－乙負債$40＝$60，其中$100 及$40 已透過「說明(2)」納入合併財務狀況表中。另由甲公司財務狀況表來看，甲公司擁有「採用權益法之投資」$72，已等同甲權益已包含代表乙公司 90%權益的$72，故乙權益$60 不可再與甲權益$700(普通股股本$500＋保留盈餘$200＝權益$700)合計，以免重覆計算。因此我們稱甲公司「採用權益法之投資」科目與構成乙權益之相關科目為"<u>相對科目</u>(reciprocal accounts)"。在編製合併財務報表時，相對科目須沖銷，不能列入合併財務報表中，而其他"<u>非相對科目</u>(nonreciprocal accounts)"則應合計，詳下述「說明(5)」。

(4) 因釋例未提供非控制權益於收購日之公允價值，故以「說明(1)」所設算之乙公司於收購日總公允價值$80 來<u>推算</u>非控制權益於收購日之公允價值。非控制權益＝乙公司於收購日總公允價值$80×非控制股東持有乙公司股權比例10%＝$80×10%＝$8，應列入合併財務狀況表權益項下，並與母公司業主之控制權益分開列報。

(5) 可利用合併工作底稿有效率地完成財務報表的合併任務，格式如表 3-1：
[表 3-1，請詳次頁]

※ <u>表 3-1 合併工作底稿之編製步驟：</u>

(I) 將甲公司及乙公司之財務狀況表資料分別填入(a)欄及(b)欄。

表 3-1　合併工作底稿－財務狀況表

<table>
<tr><td colspan="6">甲公司及其子公司
合併工作底稿－財務狀況表
20x5 年 12 月 31 日</td></tr>
<tr><td></td><td>(a) ＋</td><td>(b) ±</td><td colspan="2">(c) ＝</td><td>(d)</td></tr>
<tr><td></td><td>甲公司</td><td>90%
乙公司</td><td colspan="2">調整／沖銷
借　方　　貸　方</td><td>合併財務
狀況表</td></tr>
<tr><td>採用權益法之投資</td><td>$ 72</td><td>$ －</td><td></td><td>72</td><td>$ －</td></tr>
<tr><td>其他各項資產</td><td>928</td><td>100</td><td></td><td></td><td>1,028</td></tr>
<tr><td>商　　譽</td><td>－</td><td>－</td><td>20</td><td></td><td>20</td></tr>
<tr><td>　總 資 產</td><td>$1,000</td><td>$100</td><td></td><td></td><td>$1,048</td></tr>
<tr><td>各項負債</td><td>$ 300</td><td>$ 40</td><td></td><td></td><td>$ 340</td></tr>
<tr><td>普通股股本</td><td>500</td><td>45</td><td>45</td><td></td><td>500</td></tr>
<tr><td>保留盈餘</td><td>200</td><td>15</td><td>15</td><td></td><td>200</td></tr>
<tr><td>　總負債及權益</td><td>$1,000</td><td>$100</td><td></td><td></td><td></td></tr>
<tr><td>非控制權益</td><td></td><td></td><td></td><td>8</td><td>8</td></tr>
<tr><td>　總負債及權益</td><td></td><td></td><td></td><td></td><td>$1,048</td></tr>
</table>

(II) 按上述基本觀念「說明(1)～(4)」，將該納入合併報表的金額或須從合併報表中排除之金額，依該項目之性質配合借貸法則依序填入「調整/沖銷」欄的借方或貸方。為確定填入「調整/沖銷」欄借方或貸方之金額是否借貸平衡，可將這些金額寫成會計人員最熟悉的分錄格式，稱為「合併工作底稿上之調整或沖銷分錄」，列示如下。「合併工作底稿上之調整或沖銷分錄」<u>不是</u>須記入甲公司或乙公司帳冊上之交易分錄，只是借用分錄格式以便確認「調整/沖銷」欄中之金額是否借貸平衡。

<table>
<tr><td rowspan="5">沖
銷
分
錄</td><td>普通股股本</td><td>45</td><td></td></tr>
<tr><td>保留盈餘</td><td>15</td><td></td></tr>
<tr><td>商　　譽</td><td>20</td><td></td></tr>
<tr><td>　採用權益法之投資</td><td></td><td>72</td></tr>
<tr><td>　非控制權益</td><td></td><td>8</td></tr>
</table>

● 乙公司權益$60，不再計入合併財務狀況表，以免重覆，故借記；
● 乙公司未入帳商譽$20，應納入合併財務狀況表，故借記；
● 採用權益法之投資$72，是須放棄的彙總金額，故貸記；
● 非控制權益$8，應納入合併財務狀況表，故貸記。

(III) 待「調整/沖銷」金額填入適當欄位(借方或貸方)後,按合併工作底稿由上而下之順序,將每一項目橫向合計,即 (a)+(b)±(c)=(d),(c)欄須視項目性質及「調整/沖銷」金額係在借方或貸方,再決定是應加計或減除。例如:資產項目之「調整/沖銷」欄,若借方有金額,是加項;貸方有金額,是減項;其他項目,以此類推。

(IV) 將(d)欄各項資產縱向合計,各項負債及權益亦縱向合計,若這兩個合計數相等,則合併財務狀況表之工作底稿即告完成,最後再根據(d)欄資料編製合併財務狀況表。

釋例二: (編製收購後次期期末之合併財務狀況表)

延續釋例一,甲公司收購乙公司後,經過一年營運,乙公司 20x6 年淨利為 $20,並於 20x6 年 12 月 15 日宣告現金股利$10,發放日為 20x7 年 1 月 20 日,故截至 20x6 年 12 月 31 日,乙公司淨值為$70,$60+$20－$10＝$70,而甲公司帳列「採用權益法之投資」餘額為$81,$72+($20×90%)－($10×90%)＝$81,相關項目異動如下: (假設 20x6 年期末,經評估得知商譽價值未減損。)

	20x6/1/1	20x6 年	20x6/12/31
乙－權 益	$60	＋$20－$10	$70
權益法:			
甲－採用權益法之投資	$72	＋$18－$9	$81
合併財務報表:			
商 譽	$20		$20
非控制權益	$8	＋$2－$1	$9

驗 算: (20x6/12/31)
(乙權益$70＋乙未入帳商譽$20)×90%＝$81＝乙總淨值歸屬於控制權益的部份
　　　　＝甲帳列「採用權益法之投資」餘額
(乙權益$70＋乙未入帳商譽$20)×10%＝$9＝乙總淨值歸屬於非控制權益的部份
　　　　＝合併財務狀況表上「非控制權益」應表達之金額

甲公司及乙公司 20x6 年 12 月 31 日之財務狀況表資料,已填入下列合併工作底稿(表 3-2)的(a)欄及(b)欄。

表 3-2

甲公司及其子公司
合併工作底稿－財務狀況表
20x6 年 12 月 31 日

	(a) 甲公司	(b) 90% 乙公司	(c) 調整／沖銷 借方	(c) 調整／沖銷 貸方	(d) 合併財務狀況表
採用權益法之投資	$ 81	$ —		(i) 81	$ —
應收股利	9	—		(ii) 9	—
其他各項資產	1,030	120			1,150
商 譽	—	—	(i) 20		20
總 資 產	$1,120	$120			$1,170
應付股利	$ —	$ 10	(ii) 9		$ 1
各項負債	360	40			400
普通股股本	500	45	(i) 45		500
保留盈餘	260	25	(i) 25		260
總負債及權益	$1,120	$120			
非控制權益				(i) 9	9
總負債及權益					$1,170

基本觀念說明：

(1) 商譽價值未減損，故商譽繼續以$20納入合併財務狀況表中。

(2) 乙公司帳列「應付股利」$10，其中$9是應付甲公司之現金股利(即甲公司帳列之「應收股利」$9)，性質上屬於合併個體內部之債務及債權，對外並無這$9之債務及債權，故不應包含在合併財務狀況表中，所以利用合併工作底稿將「應付股利」$9及「應收股利」$9互相沖銷，該二科目亦是所謂"相對科目(reciprocal accounts)"。

(3) 「放棄彙總金額之單線合併效果，改為以財務報表詳細組成項目及金額表達之合併財務報表」，故「採用權益法之投資」$81，不再計入合併財務狀況表中，改將乙公司各項資產及負債納入合併財務狀況表中。其他各項資產合併金額＝甲其他各項資產$1,030＋乙其他各項資產$120＝$1,150，各項負債合併金額＝甲各項負債$360＋乙各項負債$40＝$400。

(4) 權益＝資產－負債，乙權益＝乙資產$120－乙負債$50＝$70，其中$120 及$50 已透過「說明(2)」及「說明(3)」納入合併財務狀況表中。另由甲公司財務狀況表來看，甲公司擁有「採用權益法之投資」$81，已等同甲權益中已包含代表乙公司90%權益的$81，故乙權益$70 不可再與甲權益$760(普通股股本$500＋保留盈餘$260＝權益$760)合計，以免重覆計算，即甲公司「採用權益法之投資」科目與構成乙權益的相關科目是「相對科目」，在編製合併財務報表時，相對科目須沖銷，不可列入合併財務報表中，而其他「非相對科目(nonreciprocal accounts)」則應合計，詳下述「說明(7)」。

(5) 非控制權益＝乙公司總淨值之公允價值(乙帳列淨值之公允價值$70＋乙未入帳商譽$20)×非控制股東持有乙公司股權比例 10%＝$90×10%＝$9，應列入合併財務狀況表權益項下，並與母公司業主之控制權益分開列報。

(6) 將 20x6 年 12 月 31 日合併工作底稿之「調整/沖銷」金額寫成分錄的格式，以便確認其借貸總金額是否相等，如下：

沖銷分錄(i)	普通股股本 45 保留盈餘 25 商　譽 20 　採用權益法之投資 81 　非控制權益 9	
	● 乙公司權益$70，不再計入合併財務狀況表，以免重覆，故借記； ● 乙公司未入帳商譽$20，應納入合併財務狀況表，故借記； ● 採用權益法之投資$81，是須放棄的彙總金額，故貸記； ● 非控制權益$9，應納入合併財務狀況表，故貸記。	
沖銷(ii)	應付股利 9 　應收股利 9	

(7) 待「調整/沖銷」金額填入適當欄位(借方或貸方)後，按合併工作底稿由上而下之順序，將每一項目橫向合計，即合併工作底稿上之欄位代號：(a)＋(b)±(c)＝(d)，「(c)欄」須視項目性質及「調整/沖銷」金額係在借方或貸方，再決定是應加計或減除。

(8) 將「(d)欄」資產縱向合計為$1,170，負債及權益縱向合計亦為$1,170，若這兩個合計數相等，則合併財務狀況表之工作底稿即告完成，最後再根據「(d)欄」資料編製合併財務狀況表。

釋例三： （延續釋例一及釋例二）

資料同釋例一及釋例二，非控制權益係以收購日公允價值$7 衡量。

說 明：

(1) 甲公司以$72 取得乙公司 90%股權，且已知非控制權益於收購日之公允價值$7，故乙公司於收購日之總公允價值$79，$72＋$7＝$79。因乙公司帳列資產及負債之帳面金額皆等於公允價值，且無未入帳可辨認資產及負債，而乙公司於收購日之總公允價值$79 超過乙公司可辨認資產減負債後之淨值的公允價值$60 (亦是帳面淨值$60＝資產$100－負債$40)，超過之數$19，即為商譽，$79－$60＝$19，須納入合併財務狀況表中。

(2) 20x5 年 12 月 31 日，甲公司及乙公司合併財務狀況表所需之合併工作底稿沖銷分錄：

沖銷分錄	普通股股本	45	
	保留盈餘	15	
	商　譽	19	
	採用權益法之投資		72
	非控制權益		7

(3) 20x6 年間，相關項目異動如下：

(假設 20x6 年期末，經評估得知商譽價值未減損。)

	20x6/1/1	20x6 年	20x6/12/31
乙－權　益	$60	＋$20－$10	$70
權益法：			
甲－採用權益法之投資	$72	＋$18－$9	$81
合併財務報表：			
商　譽	$19		$19
非控制權益	$7	＋$2－$1	$8

驗　算： (20x6/12/31)

乙權益$70＋乙未入帳商譽$19＝$89

＝ 乙總淨值歸屬於控制權益的部份$81 [甲帳列「採用權益法之投資」]
　＋ 乙總淨值歸屬於非控制權益的部份$8
　　[合併財務狀況表上「非控制權益」應表達之金額]

(4) 20x6 年 12 月 31 日，甲公司及乙公司合併財務狀況表所需之合併工作底稿沖銷分錄：

沖銷分錄 (i)	普通股股本	45	
	保留盈餘	25	
	商　譽	19	
	採用權益法之投資		81
	非控制權益		8
沖銷 (ii)	應付股利	9	
	應收股利		9

釋例四： （延續釋例一及釋例二）

資料同釋例一及釋例二，惟非控制權益係以收購日對乙公司可辨認淨資產(公允價值)所享有之比例份額衡量。

說　明：

(1) 非控制權益於收購日之金額＝[乙公司帳列資產減負債後淨值之公允價值$60(亦是帳列淨值之帳面金額$60＝資產$100－負債$40)＋未入帳可辨認資產$0－未入帳可辨認負債$0]×10%＝$6，故商譽＝($72＋$6)－($100－$40＋$0－$0)＝$78－$60＝$18，須納入合併財務狀況表中。

(2) 20x5 年 12 月 31 日，甲公司及乙公司合併財務狀況表所需之合併工作底稿沖銷分錄：

沖銷分錄	普通股股本	45	
	保留盈餘	15	
	商　譽	18	
	採用權益法之投資		72
	非控制權益		6

(3) 20x6 年間，相關項目異動如下：
(假設 20x6 年期末，經評估得知商譽價值未減損。)

	20x6/1/1	20x6 年	20x6/12/31
乙－權　益	$60	＋$20－$10	$70
權益法：			
甲－採用權益法之投資	$72	＋$18－$9	$81
合併財務報表：			
商　譽	$18		$18
非控制權益	$6	＋$2－$1	$7

驗　算：(20x6/12/31)

乙權益$70＋乙未入帳商譽$18)＝$88

＝ 乙總淨值歸屬於控制權益的部份$81 [甲帳列「採用權益法之投資」]

　＋ 乙總淨值歸屬於非控制權益的部份$7

　　[合併財務狀況表上「非控制權益」應表達之金額]

(4) 20x6 年 12 月 31 日，甲公司及乙公司合併財務狀況表所需之合併工作底稿沖銷分錄：

沖銷分錄(i)	普通股股本	45	
	保留盈餘	25	
	商　譽	18	
	採用權益法之投資		81
	非控制權益		7
沖銷(ii)	應付股利	9	
	應收股利		9

十三、收購日子公司帳列淨值高(低)估數，於編製合併財務狀況表時之處理

　　母公司係以收購日子公司總公允價值觀點進行收購交易，並按移轉對價借記「採用權益法之投資」；而子公司則繼續按國際財務報導準則既有的衡量基礎，以帳面金額觀點處理其日常交易，並不因其股權在不同股東間移轉而有所改變。又納入合併財務報表之子公司收益及費損應以收購日合併財務報表所認列資產及負債之金額為基礎，故於收購日若「子公司總公允價值」與「子公司帳列淨值之帳面金額」不相等時，須分析差額原因及其相關金額，並保留分析結果，將來在各報導期間結束日，母公司適用權益法認列投資損益及編製合併財務報表時，這些差額分析結果將成為母公司認列投資損益之調整項目及合併工作底稿上之

調整或沖銷項目,亦即須以收購日子公司總公允價值觀點應用於後續各期投資損益之認列及合併財務報表之編製。

編製合併財務報表,意即「放棄彙總金額之單線合併效果,改為以財務報表詳細組成項目及金額表達之合併財務報表」,其中所放棄之彙總金額是收購日子公司總公允價值觀點,當改為詳細資產及負債金額表達時,為了<u>等額替代</u>,須將子公司帳列資產及負債之帳面金額改按收購日公允價值衡量,此時就須仰賴上段所述之"收購日差額分析結果"的幫忙。

收購日,合併財務狀況表上之資產/負債
＝收購日母帳列資產/負債之帳面金額 ＋ 子<u>所有</u>資產/負債於收購日之公允價值
＝收購日母帳列資產/負債之帳面金額 ＋ [子帳列資產/負債於收購日之公允價值
　　　　　　　　　　　　　　　　　＋ 子未入帳可辨認資產/負債於收購日之公允價值
　　　　　　　　　　　　　　　　　＋ 子未入帳不可辨認資產(商譽)於收購日之公允價值]
＝收購日母帳列資產/負債之帳面金額 ＋ 子帳列資產/負債於收購日之帳面金額
　　　　　　　　　　　　　　　　　± 收購日子帳列淨值低(高)估數

可知合併財務狀況表組成內容的衡量基礎為:母公司部分是帳面金額,子公司部分是收購日公允價值。此與某企業以$10,000 取得一項資產(如設備)後所編製該企業的財務狀況表是相同的衡量基礎,因現金減少$10,000,設備增加$10,000(取得日設備之公允價值),其他帳列資產及負債仍繼續保持原帳面金額。惟企業合併係收購一家子公司,非只取得一項設備,但基本原理是相同的。另若以控制權益及非控制權益的觀點來看,子公司整體價值歸屬於控制權益及非控制權益之金額,其衡量基礎是一致的,皆是以收購日子公司總公允價值為衡量基礎,是符合「個體理論」強調"公平地對待子公司全體股東"的論點。

釋例五: (期末收購,編製收購日合併財務狀況表)

甲公司於20x5年12月31日以$3,200,000現金及發行100,000股甲公司普通股(每股面額$10,每股市價$40)以取得乙公司90%流通在外普通股,並對乙公司存在控制。同日,支付合併相關成本$300,000及發行股份相關支出$200,000。非控制權益係以收購日公允價值衡量。未包含上述收購相關交易,甲公司及乙公司20x5年12月31日帳列資產及負債如下: (單位:千元)

	甲公司		乙公司	
	帳面金額	公允價值	帳面金額	公允價值
現　金	$ 5,600	$ 5,600	$ 220	$ 220
應收帳款－淨額	900	900	310	310
存　貨	1,000	1,300	520	600
其他流動資產	700	900	400	400
土　地	1,500	11,500	600	900
房屋及建築－淨額	8,200	15,200	4,100	5,100
辦公設備－淨額	7,300	9,300	2,000	1,600
總　資　產	$25,200	$44,700	$8,150	$9,130
應付帳款	$ 2,000	$ 2,000	$ 850	$ 850
長期應付票據(20x7/12/31 到期)	─	─	1,400	1,360
長期應付票據(20x8/ 6/30 到期)	4,000	3,800	─	─
普通股股本	10,000		4,000	
資本公積－普通股股票溢價	5,000		1,000	
保留盈餘	4,200		900	
總負債 及 權益	$25,200		$8,150	

甲公司股權投資之分錄：

20x5/12/31	採用權益法之投資　　　　　　　　　7,200,000
	現　金　　　　　　　　　　　　　　　　　3,200,000
	普通股股本　　　　　　　　　　　　　　　1,000,000
	資本公積－普通股股票溢價　　　　　　　　3,000,000
	$40×100,000 股＝$4,000,000，$3,200,000＋$4,000,000＝$7,200,000
12/31	企業合併費用　　　　　　　　　　　　300,000
	資本公積－普通股股票溢價　　　　　　200,000
	現　金　　　　　　　　　　　　　　　　　500,000
註：上述兩個分錄過帳後，甲公司相關科目餘額異動如下：	
	現金＝$5,600,000－$3,200,000－$500,000＝$1,900,000
	採用權益法之投資＝$0＋$7,200,000＝$7,200,000
	普通股股本＝$10,000,000＋$1,000,000＝$11,000,000
	資本公積＝$5,000,000＋$3,000,000－$200,000＝$7,800,000
	保留盈餘＝$4,200,000－$300,000＝$3,900,000

非控制權益係以收購日公允價值衡量，惟釋例中未提及該公允價值，故設算之。
收購日，乙公司總公允價值＝$7,200,000÷90%＝$8,000,000
乙公司帳列淨值低估數＝$8,000,000－($8,150,000－$850,000－$1,400,000)
　　　　　　　　　＝$8,000,000－$5,900,000＝$2,100,000
非控制權益＝收購日乙公司總公允價值$8,000,000×10%＝$800,000

分析乙公司帳列淨值低估數$2,100,000 的原因及相關金額：

	乙淨值低估數
(1) 存貨低估：($600,000－$520,000)	$ 80,000
(2) 土地低估：($900,000－$600,000)	300,000
(3) 房屋及建築低估：($5,100,000－$4,100,000)	1,000,000
(4) 辦公設備高估：($1,600,000－$2,000,000)	(400,000)
(5) 長期應付票據高估：($1,400,000－$1,360,000)	40,000
	$1,020,000
(6) 未入帳商譽：($2,100,000－$1,020,000＝$1,080,000)	1,080,000
	$2,100,000

利用合併工作底稿完成財務狀況表的合併任務，如下：

表 3-3

甲 公 司 及 其 子 公 司
合併工作底稿－財務狀況表
20x5 年 12 月 31 日　　　　(單位：千元)

	甲公司	90% 乙公司	調整／沖銷 借方	調整／沖銷 貸方	合併財務狀況表
現　金	$1,900	$ 220			$2,120
應收帳款－淨額	900	310			1,210
存　貨	1,000	520	(1) 80		1,600
其他流動資產	700	400			1,100
採用權益法之投資	7,200	－		(1) 7,200	－
土　地	1,500	600	(1) 300		2,400
房屋及建築－淨額	8,200	4,100	(1) 1,000		13,300
辦公設備－淨額	7,300	2,000		(1) 400	8,900
商　譽	－	－	(1) 1,080		1,080
總資產	$28,700	$8,150			$31,710

	甲公司	90% 乙公司	調整／沖銷 借　方	調整／沖銷 貸　方	合併財務 狀況表
應付帳款	$ 2,000	$ 850			$ 2,850
長期應付票據	4,000	1,400	(1) 40		5,360
普通股股本	11,000	4,000	(1) 4,000		11,000
資本公積－普通 　股股票溢價	7,800	1,000	(1) 1,000		7,800
保留盈餘	3,900	900	(1) 900		3,900
總負債及權益	$28,700	$8,150			
非控制權益				(1) 800	800
總負債及權益					$31,710

　　將 20x5 年 12 月 31 日合併工作底稿之「調整/沖銷」金額以分錄格式呈現，以便確認其借貸總金額是否相等，如下：（單位：千元）

沖銷分錄(1)	普通股股本	4,000,000	
	資本公積－普通股股票溢價	1,000,000	
	保留盈餘	900,000	
	存　貨	80,000	
	土　地	300,000	
	房屋及建築－淨額	1,000,000	
	長期應付票據	40,000	
	商　譽	1,080,000	
	辦公設備－淨額		400,000
	採用權益法之投資		7,200,000
	非控制權益		800,000

釋例六：　（編製收購日後次期期末合併財務狀況表工作底稿之沖銷分錄）

　　延續釋例五，若乙公司 20x6 及 20x7 年之淨利分別為$1,000,000 及 $1,300,000，且於 20x6 及 20x7 年 11 月宣告並發放現金股利$400,000 及$500,000。乙公司對於收購日帳列淨值高估或低估之項目的後續處理為：(a)存貨於 20x6 年中出售；(b)截至 20x7 年 12 月 31 日，土地無任何交易或異動；(c)房屋估計可再使用 25 年；(d)辦公設備估計可再使用 10 年；(e)應付票據將於 20x7 年 12 月 31 日到期。假設採直線法計提折舊及攤銷應付票據之折、溢價。

分析乙公司帳列淨值低估數$2,100,000 的原因及相關金額,及其在 20x6 及 20x7 年適用權益法時須調整之金額: (單位:千元)

	乙淨值低估數	處 分年 度	20x6	20x7
(1) 存貨低估:($600－$520)	$ 80	20x6	$ 80	$ －
(2) 土地低估:($900－$600)	300	－	－	－
(3) 房屋及建築低估:($5,100－$4,100)	1,000	÷25 年	40	40
(4) 辦公設備高估:($1,600－$2,000)	(400)	÷10 年	(40)	(40)
(5) 長期應付票據高估:($1,400－$1,360)	40	÷2 年	20	20
	$1,020			
(6) 未入帳商譽:($2,100－$1,020＝$1,080)	1,080			
	$2,100		$100	$20

按權益法精神,相關項目異動如下: (單位:千元)

	20x5/12/31	20x6 年	20x6/12/31	20x7 年	20x7/12/31
乙－權 益	$5,900	＋$1,000 －$400	$6,500	＋$1,300 －$500	$7,300
權益法:					
甲－採用權益法之投資	$7,200	＋$810 －$360	$7,650	＋$1,152 －$450	$8,352
合併財務報表:					
存 貨	$ 80	－$ 80	$ －	$ －	$ －
土 地	300	－	300	－	300
房屋及建築－淨額	1,000	－40	960	－40	920
辦公設備－淨額	(400)	－(40)	(360)	－(40)	(320)
長期應付票據	40	－20	20	－20	－
商 譽	1,080		1,080		1,080
	$2,100	－$100	$2,000	－$20	$1,980
非控制權益	$800	＋$90 －$40	$850	＋$128 －$50	$928

20x6:甲按權益法應認列之投資收益＝($1,000－$100)×90%＝$810
　　　非控制權益淨利＝($1,000－$100)×10%＝$90
20x7:甲按權益法應認列之投資收益＝ ($1,300－$20)×90%＝$1,152
　　　非控制權益淨利＝($1,300－$20)×10%＝$128

驗算：
20x6/12/31：
 (乙權益$6,500＋尚存之乙淨值低估數$2,000)×90%＝$7,650
  ＝乙總淨值歸屬於控制權益的部份＝甲帳列「採用權益法之投資」餘額
 (乙權益$6,500＋尚存之乙淨值低估數$2,000)×10%＝$850
  ＝乙總淨值歸屬於非控制權益的部份
  ＝合併財務狀況表上「非控制權益」應表達之金額
20x7/12/31：
 ($7,300＋$1,980)×90%＝$8,352＝甲帳列「採用權益法之投資」餘額
 ($7,300＋$1,980)×10%＝$928＝合併財務狀況表上「非控制權益」應表達之金額

將 20x6 年 12 月 31 日及 20x7 年 12 月 31 日合併工作底稿之「調整/沖銷」金額寫成分錄的格式，以便確認其借貸總金額是否相等，如下：

		20x6/12/31	20x7/12/31
沖銷分錄(1)	普通股股本	4,000,000	4,000,000
	資本公積－普通股發行溢價	1,000,000	1,000,000
	保留盈餘	1,500,000	2,300,000
	土　地	300,000	300,000
	房屋及建築－淨額	960,000	920,000
	長期應付票據	20,000	—
	商　譽	1,080,000	1,080,000
	辦公設備－淨額	360,000	320,000
	採用權益法之投資	7,650,000	8,352,000
	非控制權益	850,000	928,000

補充：

(1) 本例未提及商譽價值減損，故假設商譽價值未減損。
(2) 若已知乙公司未入帳商譽於 20x7 年價值減損$50,000，則
 20x7 年，甲公司應認列之投資收益＝($1,300,000－$20,000－$50,000)×90%
       ＝$1,107,000
 20x7 年，非控制權益淨利＝($1,300,000－$20,000－$50,000)×10%＝$123,000

十四、有關商譽之說明與規定

商譽係指有關特定企業所有正面的、好的特質(favorable attributes)之總稱，例如：優秀的管理團隊、具優勢的銷售組織網絡、良好和諧的勞資關係、優越的信用評等、高品質且具競爭力的產品或勞務、極佳的地理位置等，這些正面特質對特定企業而言都是具有未來經濟效益的資源，只是不易量化，進而列示在財務報表內。不過擁有這些正面特質的企業在獲利表現上常優於規模相當的其他同業在獲利上的平均水準，會計上稱為「超額盈餘(excess earnings)」，就會計觀念而言，相較於前面對商譽的文詞敘述，若以「企業未來超額盈餘的折現值」來衡量特定企業的商譽金額，不但符合資產的會計意涵，亦可使"衡量商譽"一事變得具體。因此可引用中級會計學裏介紹的數種「將企業未來超額盈餘資本化」的方法，來評估被收購者的商譽金額，進而決定被收購者的總公允價值，做為企業合併談判協商的依據與參考，而談判協商的最後結果才是企業合併交易的內容與事實，亦是會計處理的根據與標的。

(一) 商譽的認列與衡量：

從第一章「十一、認列與衡量商譽會廉價購買利益」及釋例九已知，商譽是「被收購者於收購日總公允價值」超過「被收購者於收購日可辨認淨值之公允價值」的部分，而後者「被收購者於收購日可辨認淨值之公允價值」=「被收購者於收購日帳列淨值之公允價值」+「被收購者於收購日未入帳可辨認資產之公允價值」-「被收購者於收購日未入帳可辨認負債之公允價值」，亦即按企業合併交易的內容與事實及準則規定，才能算出被收購者的商譽金額。因此被收購者帳列資產及負債的公允價值及未入帳可辨認資產及負債的公允價值，若有任何一項衡量不當，都將導致商譽金額不適切。而此項按準則規定計得之商譽金額<u>不必然等於</u>上段所述收購者對被收購者商譽金額的評估結果。

(二) 商譽的減損測試：(依 IAS 36「資產減損」之規定)

企業應於每一報導期間結束日評估是否有任何跡象顯示資產可能已減損。若有任一該等跡象存在，企業應估計該資產之可回收金額，以評估該資產是否已減損？惟下列兩項資產，無論是否有相關減損跡象，企業仍應每年定期地進行減損測試：

(1) 不確定使用年限(indefinite useful life)或尚未可供使用之無形資產,藉由其帳面金額與可回收金額之比較,每年定期地進行減損測試。此項減損測試得於年度中任一時點進行,但每年測試時點應相同。不同無形資產得於不同時點進行減損測試。惟若該無形資產係於某年度原始認列,則應於原始認列年度結束前進行減損測試。
(2) 企業合併所取得之商譽,依 IAS 36 規定,應每年定期地進行減損測試。

　　為減損測試目的,企業合併所取得之商譽,應自收購日起分攤至收購者預期會因該合併綜效而受益之各現金產生單位或現金產生單位群組,而無論被收購者其他資產或負債是否分派到該等單位或單位群組。每一受攤商譽之單位或單位群組應:
(1) 代表為內部管理目的監管商譽之企業內最低層級;且
(2) 不大於彙總前之營運部門。(如 IFRS 8「營運部門」第 5 段所定義。)

　　由於商譽無法獨立於其他資產或資產群組而產生現金流量,且其通常對多個現金產生單位之現金流量有貢獻,因此商譽有時無法以非武斷之基礎(on a non-arbitrary basis)分攤至個別現金產生單位,而僅能分攤至現金產生單位群組。進而導致"為內部管理目的監管商譽之企業內最低層級"有時亦包含數個與商譽有關但又無法受攤該商譽之現金產生單位。又"為減損測試目的之受攤商譽現金產生單位"可能與依 IAS 21「匯率變動之影響」之規定為衡量外幣損益目的而受攤商譽之層級不同。

　　企業合併所取得商譽之原始分攤,若無法於企業合併生效之當年年底前完成,則應於收購日後開始之第一年年度結束前完成。例如:企業合併之原始會計處理,到合併生效之當年年底尚未完成,致某些項目僅能以暫定金額衡量,故因合併而認列之商譽的原始分攤也無法完成。請參閱第一章「十三、衡量期間」。

　　當商譽與某一現金產生單位有關,但無法分攤至該單位時,只要有跡象顯示該單位可能已減損,則應藉由"不含任何商譽之該單位帳面金額"與其可回收金額之比較,進行該單位之減損測試。

　　受攤商譽之現金產生單位應每年(及有跡象顯示該單位可能已減損時)藉由"包含商譽之該單位帳面金額"與其可回收金額之比較,進行該單位之減損測試。若該單位可回收金額超過其帳面金額,則該單位及分攤至該單位之商譽皆應視為未減損。但若該單位帳面金額超過其可回收金額,則企業應認列減損損失。

受攤商譽之現金產生單位每年得於年度中任一時點進行減損測試,但每年測試之時點應相同,不同現金產生單位得於不同時點進行減損測試。惟若分攤至現金產生單位之部分或全部之商譽係本年度企業合併所取得,則該單位應於本年度結束前進行減損測試。

受攤商譽之現金產生單位進行減損測試時,可能有跡象顯示該單位(含商譽)內之某項資產已減損,則企業應先對該項資產進行減損測試,並就該資產認列所有減損損失,再就該現金產生單位(含商譽)進行減損測試。同樣地,可能有跡象顯示現金產生單位群組(含商譽)內之某一現金產生單位已減損,則企業應先對該現金產生單位進行減損測試,並就該現金產生單位認列所有減損損失,再就受攤商譽之現金產生單位群組進行減損測試。

受攤商譽之現金產生單位於前一期已作可回收金額之最近詳細計算,在符合下列所有條件時,得用於本期該單位之減損測試:
(1) 構成該現金產生單位之資產及負債,自可回收金額之最近計算後,並未顯著變動;
(2) 該現金產生單位可回收金額之最近計算所產生之金額大幅超過其帳面金額;
(3) 基於可回收金額之最近計算後已發生事項及已變動情況之分析,當期所決定之該現金產生單位可回收金額小於其帳面金額之可能性極低。

企業僅於現金產生單位(受攤商譽或共用資產之最小現金產生單位群組)之可回收金額低於其帳面金額時,始應認列該現金產生單位(單位群組)之減損損失。此減損損失應依下列順序分攤,以減少該單位(單位群組)內資產之帳面金額:
(1) 首先,減少該現金產生單位(單位群組)受攤商譽之帳面金額;
(2) 其次,依該單位(單位群組)內其他各資產帳面金額之比例減少各該資產帳面金額。

此等帳面金額之減少,應作為該等個別資產減損損失處理,且立即認列於損益,除非該資產係依其他準則之規定以重估價金額列報。另針對(2)分攤減損損失時,企業不得將資產帳面金額減至低於下列最高者:(a)公允價值減處分成本(若可衡量時);(b)使用價值(若可決定時);(c)零。若因而未得分攤至該資產之減損損失金額,應再依帳面金額之比例分攤至該單位(單位群組)之其他資產。

因 IAS 38「無形資產」禁止認列內部產生之商譽,商譽可回收金額於減損損失認列後各期間之任何增加,可能係內部產生商譽之增加,而非收購商譽之已認列減損損失之迴轉,故已認列之商譽減損損失,不得於後續期間迴轉。

釋例七：

甲公司於 20x5 年 1 月 1 日以現金按每股市價$62 取得乙公司 80%股權，並對乙公司存在控制。當日，甲公司支付收購相關成本$40,000。於收購日，乙公司權益為$6,000,000，，發行並流通在外普通股為 100,000 股，每股面額$10，其帳列資產及負債之帳面金額皆等於公允價值，且無未入帳可辨認資產及負債。非控制權益係以收購日公允價值衡量。乙公司 20x5 年淨利為$500,000，並於 20x5 年 12 月 31 日宣告且發放現金股利$200,000。已知 20x5 年 12 月 31 日乙公司普通股每股市價為並$64.8。假設對甲公司而言，乙公司是商譽歸屬的最小現金產生單位，故以乙公司整體執行商譽減損測試。

說 明：

20x5/ 1/ 1：非控制權益係以收購日公允價值衡量，惟釋例中未提及該公允價值，故設算之。甲公司移轉對價之公允價值＝80,000 股×$62＝$4,960,000
　　　　　乙公司總公允價值＝$4,960,000÷80%＝$6,200,000
　　　　　乙公司未入帳商譽＝$6,200,000－$6,000,000＝$200,000
　　　　　非控制權益＝$6,200,000×20%＝$1,240,000
20x5 年，甲公司應認列之投資收益＝$500,000×80%＝$400,000
　　　　　非控制權益淨利＝$500,000×20%＝$100,000
20x5/12/31：甲公司收到之現金股利＝$200,000×80%＝$160,000
　　　　　非控制權益收到之現金股利＝$200,000×20%＝$40,000

20x5/12/31，商譽價值減損測試：
　乙公司帳列金額(含商譽)＝($6,000,000＋$500,000－$200,000)＋$200,000
　　　　　　　　＝$6,500,000
　乙公司整體公允價值(含商譽)－處分成本$0＝乙公司可回收金額
　＝100,000 股×$64.8＝$6,480,000 ＜ 乙公司帳列金額(含商譽)＝$6,500,000
　乙公司資產減損損失＝$6,480,000－$6,500,000＝－$20,000
　首先，由商譽開始減損，$200,000－$20,000＝$180,000

甲公司之分錄：

20x5/ 1/ 1	採用權益法之投資	4,960,000	
	企業合併費用	40,000	
	現　金		5,000,000

20x5/12/31	採用權益法之投資	400,000	
	採用權益法認列之子公司、關聯企業		
	及合資利益之份額		400,000
12/31	現　　金	160,000	
	採用權益法之投資		160,000
12/31	無形資產減損損失－商譽	16,000	
	採用權益法之投資		16,000
	商譽減損損失$20,000×80%＝$16,000		

亦可將第二及第四分錄合併，如下：(參閱本章 P.29 補充)

12/31	採用權益法之投資	384,000	
	採用權益法認列之子公司、關聯企業		
	及合資利益之份額		384,000
	甲公司投資收益＝($500,000－$20,000)×80%＝$384,000		
	非控制權益淨利＝($500,000－$20,000)×20%＝$96,000		

按權益法精神，相關項目異動如下：

	20x5/ 1/ 1	20x5 年	20x5/12/31
乙－權　益	$6,000,000	＋$500,000－$200,000	$6,300,000
權益法：			
甲－採用權益法 　之投資	$4,960,000	＋$400,000－$160,000 －$16,000	$5,184,000
合併財務報表：			
商　　譽	$200,000	－$20,000	$180,000
非控制權益	$1,240,000	＋$100,000－$40,000 －$4,000	$1,296,000
驗　算：			
20x5/12/31：($6,300,000＋$180,000)×80%＝$5,184,000			
($6,300,000＋$180,000)×20%＝$1,296,000			

20x5 年，甲公司及乙公司合併工作底稿之調整/沖銷分錄，請詳本書第四章之附錄二。

十五、反向收購－合併財務報表之編製與表達

反向收購後，每屆報導期間結束日所編製之母公司及其子公司合併財務報表，係以「法律上母公司(會計上被收購者)」的名義發布，但須於附註中敘明，該等合併財務報表為「法律上子公司(會計上收購者)」財務報表之延續，並應追溯調整「法律上子公司(會計上收購者)」之法定資本，以反映「法律上母公司(會計上被收購者)」之法定資本。同理，該等合併財務報表中所列示之比較資訊亦應追溯調整，以反映「法律上母公司(會計上被收購者)」之法定資本。

因合併財務報表係代表「法律上子公司(會計上收購者)」財務報表之延續(除權益結構外)，故合併財務報表係反映：
(1)「法律上子公司(會計上收購者)」按合併前帳面金額認列與衡量之資產及負債。
(2)「法律上母公司(會計上被收購者)」依 IFRS 3 認列與衡量之資產及負債。
(3)「法律上子公司(會計上收購者)」企業合併前之保留盈餘及其他權益餘額。
(4) 合併財務報表中認列為已發行權益之金額，係以「法律上子公司(會計上收購者)」於企業合併前發行流通在外之已發行權益，加上「法律上母公司(會計上被收購者)」之公允價值。惟權益結構(即發行權益之數量及種類)係反映「法律上母公司(會計上被收購者)」之權益結構，包括「法律上母公司(會計上被收購者)」為達成企業合併所發行之權益。因此「法律上子公司(會計上收購者)」之權益結構應按合併協議確立之換股比例重編，以反映「法律上母公司(會計上被收購者)」於反向收購中發行之股數。
(5) 非控制權益對「法律上子公司(會計上收購者)」合併前保留盈餘及其他權益帳面金額所享有之比例份額，如下段所述。

反向收購中，「法律上被收購者(會計上收購者)」之部分業主可能未以其權益交換「法律上收購者(會計上被收購者)」之權益。因該等未以其權益交換「法律上收購者(會計上被收購者)」權益之「法律上被收購者(會計上收購者)」業主，僅對「法律上被收購者」(而非對被合併個體，即非對會計上被收購者)之經營結果及淨資產擁有權益，故此類業主在反向收購後之合併財務報表中被視為非控制權益。

由於「法律上被收購者(會計上收購者)」之資產及負債於合併財務報表中係按合併前帳面金額認列及衡量，詳上述(1)。因此反向收購之非控制權益係反映非控制股東持有之權益對「法律上被收購者(會計上收購者)」合併前淨資產帳面

金額所享有之權益份額,即使於其他合併形式下之非控制權益係按收購日之公允價值衡量。

釋例八: (反向收購:100%持股,無非控制權益)

乙公司(法律上子公司)於 20x6 年 1 月 1 日以反向收購方式,收購甲公司(發行權益工具之公司,為法律上母公司)。甲公司與乙公司於企業合併前之財務狀況表如下:

	甲公司 (法律上母公司) (會計上被收購者)	乙公司 (法律上子公司) (會計上收購者)
流動資產	$10,000	$14,000
非流動資產	26,000	60,000
資產總額	$36,000	$74,000
流動負債	$ 6,000	$12,000
非流動負債	8,000	22,000
負債總額	$14,000	$34,000
權　益		
普通股股本,200 股	$ 2,000	$ —
普通股股本,120 股	—	1,200
資本公積	4,000	10,800
保留盈餘	16,000	28,000
權益總額	$22,000	$40,000
負債及權益總額	$36,000	$74,000

其他資料:
(1) 20x6 年 1 月 1 日,甲公司發行 2.5 股普通股交換乙公司普通股 1 股,乙公司所有股東皆交換其持有之乙公司普通股,因此甲公司發行 300 股(2.5 股×120 股=300 股)以交換乙公司全部 120 股普通股。
(2) 20x6 年 1 月 1 日,甲公司普通股公開市場報價為每股$160。
(3) 20x6 年 1 月 1 日,甲公司帳列流動資產及負債之帳面金額皆等於公允價值,帳列非流動資產之公允價值為$30,000,甲公司無未入帳可辨認資產或負債。

說　明:

本書第一章「十八、反向收購」已說明：反向收購中，通常是由「會計上被收購者(例如甲公司)」發行股份予「會計上收購者(例如乙公司)」之業主，以交換乙股東手中之乙普通股，而「會計上收購者(乙)」通常不會移轉對價予「會計上被收購者(甲)」。因此「會計上收購者(乙)」為取得「會計上被收購者(甲)」權益而支付之移轉對價於收購日之公允價值應如何衡量呢？依準則規定，係採一種<u>假設性的計算</u>，即假設「法律上子公司(會計上收購者)」須發行多少權益數量，<u>以使「法律上母公司(會計上被收購者)」之業主擁有「法律上子公司(會計上收購者)」之權益比例等於反向收購中「法律上子公司(會計上收購者)」之業主擁有「法律上母公司(會計上被收購者)」之權益比例"。</u>」

(1) 甲發行300股(＝2.5股×120股)普通股<u>交換</u>乙全部120股普通股，
  乙原股東對甲之持股比例＝300股÷(200股＋300股)＝60%。

  設算移轉對價～計算乙假設發行X股之公允價值：
  假設乙應發行股數為X，以使甲對乙之持股比例為60%，
  令 60%＝120股÷(120股＋X股)，X＝80股，
  收購日，乙假設發行80股之公允價值＝(80股×2.5股)×$160＝$32,000。

(2) 有效移轉對價之公允價值須基於最可靠之衡量基礎。而公允價值之最佳證據係活絡市場之公開報價。已知甲公司普通股公開市場報價為每股$160，而乙公司普通股並無公開市場報價，惟可估計其每股價值為$400，2.5股×$160＝$400。相較之下，公開市場報價可提供更可靠之基礎以衡量有效移轉對價，故乙公司設算移轉對價之公允價值＝(80股×2.5股)×$160＝$32,000。

(3) 商譽＝乙公司移轉對價之公允價值－甲公司可辨認淨值之公允價值
  ＝$32,000－(流動資產$10,000＋非流動資產$30,000－負債$14,000)
  ＝$6,000

(4) 20x6年1月1日，甲公司與乙公司之合併財務狀況表：

	合併數	(BV：帳面金額，FV：公允價值)
流動資產	$ 24,000	＝乙BV$14,000＋甲FV$10,000
非流動資產	90,000	＝乙BV$60,000＋甲FV$30,000
商 譽	6,000	[上述(3)]
資產總額	$120,000	

(續次頁)

	合併數	(BV：帳面金額，FV：公允價值)
流動負債	$18,000	＝乙 BV$12,000＋甲 FV$6,000
非流動負債	30,000	＝乙 BV$22,000＋甲 FV$8,000
負債總額	$48,000	
權　益		
普通股股本	$5,000	＝$10×(200 股＋300 股)　[上述(1)]
資本公積	39,000	(※)
保留盈餘	28,000	乙合併前保留盈餘$28,000
權益總額	$72,000	
負債及權益總額	$120,000	

※：合併財務報表所呈現之權益結構(所發行權益之數量及種類)，須反映「法律上母公司(甲)」之權益結構，包括「法律上母公司(甲)」為進行合併而發行之權益，200 股＋300 股＝500 股；而合併財務報表中認列為發行權益之金額($5,000 及$39,000)，係由「法律上子公司(乙)」合併前之發行權益($1,200 及$10,800)，加計有效移轉對價之公允價值($32,000)而得。
即 ($1,200＋$10,800)＋$32,000＝$44,000＝股本$5,000＋資本公積
∴ 資本公積＝$39,000

釋例九：　(反向收購：90%持股，非控制權益 10%)

延續釋例八，20x6 年 1 月 1 日，甲公司發行 2.5 股普通股交換乙公司普通股 1 股，惟乙公司 120 股普通股中只交換 108 股，另有 12 股之普通股未交換，因此持有這 12 股之乙公司原股東，即成為合併個體之非控制股東。而甲公司只須發行 270 股即可交換 108 股乙公司普通股，2.5 股×108 股＝270 股。

說　明：

(1) 甲發行 270 股(＝2.5 股×108 股)普通股交換乙 108 股普通股，
　　乙原股東對甲之持股比例＝270 股÷(200 股＋270 股)＝57.447%。

　　設算移轉對價～計算乙假設發行 X 股之公允價值：
　　假設乙應發行股數為 X，以使甲對乙之持股比例為 57.447%，
　　令 57.447%＝108 股÷(120 股＋X 股)，X＝68 股，
　　收購日，乙假設發行 68 股之公允價值＝(68 股×2.5 股)×$160＝$27,200

(2) 非控制權益,即乙公司發行並流通在外普通股 120 股中的 12 股,持股比例 10%,12 股÷120 股＝10%,應以乙公司<u>合併前淨值之帳面金額</u>的 10%表達在合併財務狀況表中,故金額為$4,000,$40,000×10%＝$4,000。

(3) 商譽＝乙移轉對價之公允價值－甲公司可辨認淨值之公允價值
　　　＝$27,200－(流動資產$10,000＋非流動資產$30,000－負債$14,000)
　　　＝$1,200

(5) 20x6 年 1 月 1 日,甲公司與乙公司之合併財務狀況表:

	合 併 數	(BV:帳面金額,FV:公允價值)
流動資產	$ 24,000	＝乙 BV$14,000＋甲 FV$10,000
非流動資產	90,000	＝乙 BV$60,000＋甲 FV$30,000
商　譽	1,200	[上述(3)]
資產總額	$115,200	
流動負債	$ 18,000	＝乙 BV$12,000＋甲 FV$6,000
非流動負債	30,000	＝乙 BV$22,000＋甲 FV$8,000
負債總額	$ 48,000	
權　益		
普通股股本	$ 4,700	＝$10×(200 股＋270 股)　[上述(1)]
資本公積	33,300	(※)
保留盈餘	25,200	＝乙合併前保留盈餘$28,000×90%
非控制權益	4,000	＝$40,000×10%　[上述(2)]
權益總額	$ 67,200	
負債及權益總額	$115,200	

※：合併財務報表所呈現之權益結構(所發行權益之數量及種類),須<u>反映</u>「法律上母公司(甲)」之權益結構,包括「法律上母公司(甲)」為進行合併而發行之權益,200 股＋270 股＝470 股;而合併財務報表中認列為發行權益之金額($4,700 及$33,300),係由「法律上子公司(乙)」合併前之發行權益($1,200 及$10,800)歸屬控制權益部分($1,080 及$9,720)(90%),加計有效移轉對價之公允價值($27,200)而得。
　即 ($1,200＋$10,800)×90%＋$27,200＝$38,000＝股本$4,700＋資本公積
　∴ 資本公積＝$33,300

十六、投資個體：合併報表之例外規定

當投資個體取得對另一個體之控制時，<u>不應</u>將其子公司納入合併報表或適用 IFRS 3。反之，投資個體應對投資子公司依 IFRS 9 之規定透過損益按公允價值衡量。<u>但有一例外</u>，若投資活動有一子公司，該子公司本身非投資個體且主要目的及活動係提供與該投資個體之投資活動相關之服務，該投資個體應依 IFRS 10 之規定，將該子公司納入合併報表並適用 IFRS 3 之規定於所有此類子公司之收購。而<u>投資個體之母公司</u>，應將其控制之所有個體 (包括透過投資個體子公司所控制者) 納入合併報表，除非母公司本身係投資個體。因此母公司應先決定其是否為投資個體？ [投資活動：詳第 B85C 至 B85E 段。]

投資個體係指一個體，具下列三要素：
(1) 為提供投資者投資管理之目的而自一個或多個投資者取得資金；
(2) 向投資者承諾其經營目的係純為來自資本增值、投資收益或兩者之報酬而進行投資；且
(3) 以公允價值基礎衡量及評估其幾乎所有投資之績效。
[應用指引：第 B85A 至 B85M 段。]
當母公司依 IFRS 10 之規定決定其為一投資個體時，該投資個體應揭露作成其係屬投資個體決定之重大判斷與假設之有關資訊。

一個體評估其是否符合投資個體之定義時，應考量其是否具有下列投資個體之典型特性：
(a) 其有超過一項投資 (詳第 B85O 及 B85P 段)；
(b) 其有超過一個投資者 (詳第 B85Q 至 B85S 段)；
(c) 其有非屬該個體關係人之投資者 (詳第 B85T 及 B85U 段)；及
(d) 其有以權益或類似權益為形式之所有權權益 (詳第 B85V 及 B85W 段)。
缺乏任一此等典型特性，<u>未必</u>會導致一個體不符合被分類為投資個體。若<u>未具有所有</u>此等典型特性之投資個體<u>仍</u>作出其為投資個體之結論，則該投資個體應揭露其作出結論之<u>理由</u>。

若事實及情況顯示，構成投資個體定義之三要素或投資個體之典型特性中有一項或多項改變，母公司<u>應重新評估</u>其是否為投資個體。一母公司<u>不再為</u>投資個體或<u>成為</u>投資個體，應自狀態變動發生之日起，<u>推延處理</u>其狀態之變動(詳第 B100 及 B101 段)。

十七、合併財務報表應揭露事項

依 IFRS 12「對其他個體之權益之揭露」的規定,有關合併財務報表應揭露事項,說明如下:

(1) 企業應揭露"於判定下列事項時所作之有關重大判斷與假設(及該等判斷及假設之變動)"之資訊:
   (a) 其擁有對另一個體(即 IFRS 10「合併財務報表」所述之被投資者)之控制。
   (b) 其對協議具有聯合控制或對另一個體具有重大影響。
   (c) 當聯合協議係透過單獨載具所建構時,該聯合協議之類型(即聯合營運或合資。

(2) 依上述(1)之規定揭露之重大判斷與假設,包括當事實及情況改變,以致企業對於是否具有控制、聯合控制或重大影響之結論於報導期間發生變動時,其所作之重大判斷與假設。

(3) 為遵循上述(1)之規定,企業應揭露,例如於判定下列事項時,所作之重大判斷與假設:
   (a) 其未控制另一個體,即使其持有該其他個體超過半數之表決權。
   (b) 其控制另一個體,即使其持有該其他個體少於半數之表決權。
   (c) 其為代理人或主理人。
   (d) 其對另一個體不具重大影響,即使其持有該另一個體 20%以上之表決權。
   (e) 其對另一個體具重大影響,即使其持有該另一個體少於 20%之表決權。

(4) 企業應揭露資訊,俾使其合併財務報表使用者能:
   (a) 了解:(i) 集團之組成。
          (ii) 非控制權益對集團活動與現金流量所擁有之權益。
   (b) 評估:(i) 企業取得或使用集團資產及清償集團負債之能力所受重大限制之性質與範圍。
          (ii) 與企業對納入合併報表之結構型個體之權益相關之風險之性質及變動。
          (iii) 企業對子公司之所有權權益變動未導致喪失控制時之後果。
          (iv) 於報導期間喪失對子公司控制時之後果。

(5) 當用以編製合併財務報表之子公司財務報表日期或期間,與合併財務報表日期或期間不同時,企業應揭露:
   (a) 該子公司財務報表報導期間結束日
   (b) 使用不同日期或期間之理由。

(6) 企業對每一具有對報導企業具重大性之非控制權益之子公司,應揭露:
   (a) 子公司之名稱。
   (b) 子公司之主要營業場所(及公司註冊之國家,若與主要營業場所不同時)。
   (c) 非控制權益所持有所有權權益之比例。
   (d) 非控制權益所持有表決權之比例(若與所持有之所有權權益比例不同)。
   (e) 於報導期間分配予子公司非控制權益之損失。
   (f) 報導期間結束日子公司之累積非控制權益。
   (g) 有關子公司之彙總性財務資訊。

(7) 母公司對子公司所有權權益之變動,未導致喪失控制者,企業應列報附表以顯示該變動對歸屬於母公司業主之權益之影響。

(8) 於報導期間喪失對子公司控制時,企業應揭露依 IFRS 10 第 25 段計算之利益或損失(如有時),以及:
   (a) 按喪失控制日之公允價值衡量,歸屬於對前子公司之剩餘投資之利益或損失部分。
   (b) 認列利益或損失之損益單行項目(若未單獨表達時)。

(9) 有關集團之重大限制的性質與範圍,企業應揭露:
   (a) 對其取得或使用集團資產及清償集團負債之能力之重大限制(如法令、合約性及管制之限制),諸如:
      (i) 對母公司或其子公司將現金或其他資產移轉至(或自)集團內其他個體之能力之限制。
      (ii) 可能限制股利及其他資本分配之支付,或限制放款及墊款之辦理或償還,至(或自)集團內其他個體之保證或其他規定。
   (b) 可重大限制企業取得或使用集團資產及清償集團負債能力之非控制權益之保障性權利之性質及範(諸如當母公司有義務於清償其本身負債前先清償子公司負債時,或取得子公司資產或清償子公司負債時須經非控制權益之核准。
   (c) 適用該等限制之資產及負債於合併財務報表中之帳面金額。

(10) 依 IFRS 10,投資個體若適用合併報表之例外規定,而採透過損益按公允價值衡量以處理其對子公司之投資,應揭露該事實。

(11) 投資個體對未納入合併財務報表之每一子公司,應揭露:
(a) 公司之名稱。
(b) 子公司之主要營業場所(及公司註冊之國家,若與主要營業場所不同時)。
(c) 該投資個體持有所有權權益之比例及表決權之比例(若兩者不同時)。

附 錄－IFRS 10 有關「控制」之說明

於何種情境下,投資者始控制被投資者?其判斷原則是:「當投資者暴露於來自對被投資者之參與之變動報酬或對該等變動報酬享有權利,且透過其對被投資者之權力有能力影響該等報酬時,投資者控制被投資者。」(An investor controls an investee when the investor is exposed, or has rights, to variable returns from its involvement with the investee **and** has the ability to affect those returns through its power over the investee.) 換言之,於且僅於投資者具有下列所有各項時,投資者始控制被投資者:

(a) 對被投資者之權力。
(b) 來自對被投資者之參與之變動報酬之暴險或權利。
(c) 使用其對被投資者之權力以影響投資者報酬金額之能力。

針對上述三項控制要素,說明如下:

(一) 權力:(對被投資者之權力)

(1) 情境:當投資者具有賦予其現時能力以主導攸關活動(即重大影響被投資者報酬之活動)之既存權利時,該投資者對被投資者具有權力。
可知,權力來自於權利,而可能賦予投資者權力之權利可因被投資者而有所不同。

(2) 權利(不論個別或相互結合)能賦予投資者權力之例包括(但不限於):
   (a) 以被投資者表決權(或潛在表決權)之形式之權利。
   (b) 任命、重新指派或罷黜被投資者具有能力以主導攸關活動之主要管理人員成員之權利。
   (c) 任命或罷黜主導攸關活動之另一個體之權利。
   (d) 主導被投資者為投資者之利益進行交易或否決對交易之任何變動之權利。
   (e) 賦予持有者能力以主導攸關活動之其他權利(例如明定於管理合約之決策權)。

(3) 一般而言,當被投資者具有很多重大影響被投資者報酬之營運及財務活動,且當針對該等活動須持續作實質性決策時,則賦予投資者權力者為表決權或類似權利(不論個別或與其他協議相互結合)。

(4) 評估權力有時相對單純,如當對被投資者之權力係直接且完全透過諸如股份之權益工具所賦予之表決權取得,並可藉由考量該等持股之表決權予以評估時。但在其他情況下,此一評估將更複雜且須考量超過一個因素,例如當權力來自於一個或多個合約協議時。

(5) 於較複雜之情況中決定投資者是否控制被投資者,可能必須考量下列之部分或全部之其他因素,可協助作成該決定:
(a) 被投資者之目的及設計。
(b) 攸關活動為何及有關該等攸關活動之決策如何制定。
(c) 投資者之權利是否賦予其現時能力以主導攸關活動。
(d) 投資者是否暴露於來自對被投資者之參與之變動報酬或對該等變動報酬享有權利。
(e) 投資者是否具有使用其對被投資者之權力以影響投資者報酬金額之能力。

(6) 當考量被投資者之目的及設計時,即可能清楚看出被投資者係透過權益工具(該權益工具賦予持有者按比例表決權,例如被投資者之普通股)之方式而被控制。於此情況下,在無任何能改變決策之額外協議時,控制之評估聚焦於哪一方(若有時)能行使足夠表決權以決定被投資者之營運及財務政策。在最單純之情況下,若無任何其他因素,則持有多數該等表決權之投資者控制該被投資者。

(7) 被投資者可能被設計致使表決權並非決定誰控制被投資者之支配因素,例如當所有表決權僅與行政事務相關,而攸關活動係以合約協議之方式主導。在此情況下,投資者對被投資者之目的及設計之考量,亦應包括被投資者被設計所將暴露之風險、被設計將轉嫁予參與被投資者之各方之風險,以及投資者是否暴露於該等風險之部分或全部。風險之考量不僅包括不利風險,亦包括可能之有利情況。

(8) 若兩個以上投資者各自具有賦予其單方能力以主導不同攸關活動之既存權利,具有現時能力以主導最重大影響被投資者報酬之活動之投資者,對被投資者具有權力。

(續次頁)

(9) 在某些情況下，<u>特定之一組情況產生或事項發生前後之活動</u>可能均屬攸關活動。當<u>兩個以上</u>投資者具有現時能力以主導攸關活動，且該等活動發生於<u>不同時點</u>，投資者應決定<u>哪一投資者能夠與同步決策權之處理一致地主導最能重大影響該等報酬之活動</u> (which investor is able to direct the activities that most significantly affect those returns consistently with the treatment of concurrent decision-making rights)。隨時間經過，若攸關事實或情況變動，投資者應重新考量此評估。(參閱應用釋例一)

(10) 投資者對被投資者可具有權力，即使其他個體具有賦予其現時能力以參與主導攸關活動之既存權利，例如當另一個體具有重大影響時。即當甲公司對丙公司具有權力甚至控制丙公司時，乙公司對丙公司亦具有重大影響。惟僅持有保障性權利之投資者對被投資者並不具有權力(因只考量<u>實質性權利</u>及非屬保障性之權利)，因此未控制被投資者。

(11) 權利要具有<u>實質性</u>，持有者必須具有<u>實際能力</u>以行使該權利，且當需要作有關攸關活動方向之決策時，權利亦須可行使，通常權利必須<u>目前可行使</u>；惟有時即使權利目前不可行使，權利亦可具實質性。(參閱應用釋例二)

(12) 決定<u>權利是否具實質性</u>須考量<u>所有事實及情況</u>加以判斷。作成該決定所考量之因素包括(但不限於)：
  (a) 是否存有<u>妨礙</u>持有者行使權利之任何障礙(經濟面或其他)。該等障礙之例包括(但不限於)：
    (i) 會妨礙(或制止)持有者行使其權利之財務罰款及誘因。
    (ii) 會產生財務障礙以妨礙(或制止)持有者行使其權利之行使或轉換價格。
    (iii) 使權利不太可能被行使之條款及條件，例如狹幅限制其行使時點之條件。
    (iv) 於被投資者之設立文件或於所適用法令中欠缺允許持有者行使其權利之明確、合理機制。
    (v) 權利之持有者無法取得行使其權利之必要資訊。
    (vi) 會妨礙(或制止)持有者行使其權利之營運障礙或誘因(例如缺乏其他經理人有意願或能夠提供專門服務或提供該服務並承擔現職經理人所持有之其他利益)。
    (vii) 妨礙持有者行使其權利之法令規定(例如禁止國外投資者行使其權利)。

(b) 當權利之行使須有一方以上之同意,或當權利由一方以上持有時,若各方選擇集體行使其權利時,是否有一機制存在能提供各方實際能力以集體行使其權利。欠缺此種機制為"權利可能不具實質性"之一種指標。行使權利所需同意之各方愈多,該等權利愈不可能具實質性。惟董事會(其董事獨立於決策者)可能充當眾多投資者集體行動以行使其權利之機制。因此可由獨立之董事會行使之罷黜權利相較於若相同權利可由很多投資者個別行使,可能較具實質性。

(c) 持有權利之各方是否會自行使該等權利受益。例如被投資者潛在表決權之持有者應考量金融工具之行使或轉換價格。當金融工具係價內,或投資者因其他理由(例如藉由實現投資者及被投資者間之綜效)會自金融工具之行使或轉換受益時,潛在表決權之條款及條件可能更具實質性。

(13) 因保障性權利係被設計用以保障持有者之權益,而不賦予該方對與該等權利相關之被投資者之權力,僅持有保障性權利之投資者無法具有對被投資者之權力或無法妨礙另一方具有對被投資者之權力。

(14) 保障性權利之例包括(但不限於):
    (a) 債權人限制債務人進行可能重大改變債務人信用風險並對債權人有所損害之活動之權利。
    (b) 持有被投資者非控制權益之一方,核准資本支出大於正常營業過程所必要者之權利,或核准發行權益或債務工具之權利。
    (c) 若債務人未符合明定之借款償還條件,債權人扣留債務人資產之權利。

(15) 有關投資者是否具有權力之判定,取決於攸關活動、攸關活動決策之制定方式,以及投資者與他方所具有與被投資者有關之權利。

(16) 投資者通常透過表決權或類似權利而具有現時能力以主導攸關活動。若被投資者之攸關活動係透過表決權主導,則:
    (甲) 具多數表決權之權力:
        除有下述(乙)之適用者外,持有被投資者超過半數表決權之投資者於下列情況具有權力:
        (a) 攸關活動係由具多數表決權持有人之表決所主導,或
        (b) 主導攸關活動之治理單位多數成員,係由多數表決權持有人之表決所任命。

(乙) 具多數表決權，但無權力：
  (a) 為使持有被投資者超過半數表決權之投資者對被投資者具有權力，投資者之表決權必須具實質性，且必須提供投資者現時能力以主導攸關活動(通常係透過決定營運及財務政策)。若另一個體具有既存權利，該既存權利能提供該個體權利以主導被投資者之攸關活動，且該個體非為投資者之代理人時，投資者對被投資者不具有權力(雖然投資者持有被投資者超過半數表決權)。
  (b) 即使投資者持有被投資者多數表決權，當該等表決權不具實質性時，投資者對被投資者不具有權力。例如，若攸關活動受政府、法院、管理人、接管人、清算人或主管機關主導，持有被投資者超過半數表決權之投資者不具有權力。

(丙) 不具多數表決權之權力：
  即使投資者持有少於多數之被投資者表決權，仍可具有權力。投資者僅有少於多數之被投資者表決權仍可具有權力，例如透過：
  (a) 投資者與其他表決權持有人間之合約協議。[詳下述(17)]
  (b) 由其他合約協議所產生之權利。[詳下述(18)]
  (c) 投資者之表決權。[詳下述(19)、(20)、應用釋例三～七]
  (d) 潛在表決權。[詳下述(21)～(24)、應用釋例八、九]
  (e) (a)至(d)之組合。

(17) 即使投資者在無合約協議之情況下不具有足夠表決權以賦予其權力，投資者與其他表決權持有人間之合約協議，可賦予投資者權利以行使足夠表決權以賦予投資者權力。惟合約協議可能確保投資者可主導足夠之其他表決權持有人如何表決，以使投資者能制定攸關活動之決策。

(18) 其他決策權與表決權相互結合時，可賦予投資者現時能力以主導攸關活動。例如，合約協議所明定之權利與表決權相互結合時，可能足以賦予投資者現時能力以主導被投資者之製造過程或主導重大影響被投資者報酬之被投資者其他營運或財務活動。惟在無任何其他權利之情況下，被投資者對投資者之經濟依賴(如供應商與其主要客戶之關係)並不導致投資者對被投資者具有權力。

(19) 當持有少於多數表決權之投資者具有實際能力以單方主導攸關活動時，該投資者具有足以賦予其權力之權利。

(20) 當評估投資者之表決權是否足以賦予其權力時，投資者應考量所有事實及情況，包括：
(a) 投資者所持有表決權之多寡相對於其他表決權持有人所持有者之多寡及分佈，參見下列：
(i) 投資者持有之表決權愈多，投資者愈可能具有賦予其現時能力以主導攸關活動之既存權利。
(ii) 投資者相對於其他表決權持有人持有之表決權愈多，投資者愈可能具有賦予其現時能力以主導攸關活動之既存權利。
(iii) 須一起行動以票數勝過投資者之各方愈多，投資者愈可能具有賦予其現時能力以主導攸關活動之既存權利。
(b) 投資者、其他表決權持有人或其他方所持有之潛在表決權。
(c) 由其他合約協議所產生之權利。
(d) 顯示"每當需要作決策時，投資者具有或不具有現時能力以主導攸關活動"之任何額外事實及情況(包括先前股東會之表決型態)。

(21) 當評估控制時，投資者考量其潛在表決權及由其他方持有之潛在表決權，以決定其是否具有權力。潛在表決權係取得被投資者表決權之權利，諸如來自可轉換工具或選擇權者，包括來自遠期合約者。該等潛在表決權僅於該權利具實質性時，始予考量。

(22) 當考量潛在表決權時，投資者應考量該工具之目的及設計，以及投資者對被投資者之任何其他參與之目的及設計。此包括對該工具各種條款及條件之評估，以及投資者同意該等條款及條件之明顯預期、動機及理由。

(23) 若投資者亦具有與被投資者活動有關之表決權或其他決策權，投資者須評估該等權利(與潛在表決權相互結合)是否賦予投資者權力。

(24) 實質性潛在表決權單獨或與其他權利相互結合，均可賦予投資者現時能力以主導攸關活動。例如，當投資者持有被投資者 40%之表決權，且持有另外取得 20%表決權之選擇權所產生之實質性權利，即可能屬此種情況。

(續次頁)

(二) 報酬：(來自對被投資者之參與之變動報酬之暴險或權利)

(1) 當投資者來自對被投資者之參與之報酬有可能因被投資者之績效而變動時，投資者暴露於來自對被投資者之參與之變動報酬或對該等變動報酬享有權利。投資者之報酬可能僅為正值、僅為負值或正負兼具。

(2) 雖然僅有一個投資者可控制被投資者，但超過一方可分享被投資者之報酬。例如，非控制權益之持有人亦可分享被投資者之利潤或分配。

(3) 變動報酬係非固定且有可能因被投資者之績效而變動之報酬，可能僅為正值、僅為負值或正負兼具。投資者基於協議之實質(無論報酬之法律形式為何)，評估來自被投資者之報酬是否屬變動，及該等報酬變動之程度為何。
例如：投資者可持有<u>支付固定利息之債券</u>。就本國際財務報導準則之目的而言，固定利息支付屬<u>變動報酬</u>，因其受<u>違約風險</u>之影響並使投資者暴露於債券發行人之信用風險。變異性之金額(即該等報酬變動之程度為何)取決於該<u>債券之信用風險</u>。
又如：管理被投資者資產之<u>固定績效收費屬變動報酬</u>，因其使投資者暴露於<u>被投資者之績效風險</u>。變異性之金額取決於被投資者產生足夠收益以支付該收費之能力。

(4) 報酬之釋例包括：
(a) 股利、來自被投資者經濟利益之其他分配(例如來自被投資者發行之債務證券之利息)及投資者對該被投資者之投資價值變動。
(b) 服務被投資者資產或負債之酬勞、來自提供信用或流動性支持之收費及提供該等支持所產生損失之暴險、於被投資者清算時對被投資者資產及負債之剩餘權益、所得稅利益及取得來自投資者對被投資者之參與所產生之未來流動性。
(c) 其他權益持有人無法取得之報酬。例如，投資者可能將其資產與被投資者之資產相互結合使用(諸如合併營運功能以達到規模經濟、成本節省、取得稀有產品、獲得專有知識或限制某些營運或資產)，以提升投資者其他資產之價值。

(續次頁)

(三) 權力及報酬之連結：
(使用其對被投資者之權力以影響投資者報酬金額之能力)

(1) 若投資者<u>不僅具有</u>對被投資者之權力<u>及</u>來自對被投資者之參與之變動報酬之暴險或權利，<u>且亦具有</u>使用其權力以影響投資者來自對被投資者之參與之報酬之能力，則投資者控制被投資者。因此，具決策權之投資者應決定其係屬<u>主理人</u>或<u>代理人</u>，亦應決定<u>是否有</u>另一具決策權之個體擔任投資者之代理人。係屬代理人之投資者，當其行使被授予之決策權時，並不控制被投資者。

(2) 代理人為主要代另一方或多方(主理人)並為渠等之利益而從事行動之一方，因而於其行使決策職權時並不控制被投資者。因此，主理人之權力<u>有時可能</u>由代理人持有並行使，但係為主理人之利益。具決策權之投資者(決策者)並不會僅因其他方亦能自其所作之決策受益即為代理人。

(3) 投資者可能就<u>某些特定議題</u>或<u>所有攸關活動</u>，將其<u>決策職權</u>授予代理人。於評估投資者是否控制被投資者時，投資者應將授予其代理人之決策權<u>當作由其直接持有</u>。當有超過一個主理人之情況，每一主理人均應評估其對被投資者是否具有權力。

(4) 決策者於決定其是否為代理人時，應考量其自身、被管理之被投資者及參與被投資者之其他方間之整體關係，評估下列所有因素，<u>除非單一方</u>持有罷黜決策者之實質性權利(罷黜權利)<u>且</u>能無須理由罷黜決策者：
 (a) 其對被投資者之決策職權之範圍。
 (b) 其他方持有之權利。
 (c) 其依酬勞協議而有權取得之酬勞。[詳下述(5)～(7)]
 (d) 決策者來自其對被投資者持有之其他權益之報酬變動性之暴險。
 <u>每一該等因素</u>應以<u>特定事實及情況</u>為基礎而適用<u>不同之權重</u>。

(5) 決策者之酬勞<u>相對於</u>預期來自被投資者活動之報酬，其<u>幅度</u>及其<u>相關之變異性愈大</u>，決策者<u>愈有可能</u>為主理人。

(6) 決策者於判定其係屬主理人或代理人時亦應考量是否存在下列情況：
 (a) 決策者之酬勞與其所提供勞務相稱。
 (b) 酬勞協議僅包括於公平基礎下協商類似勞務及技術程度之協議通常存在之條款、條件或金額。

(7) 除非上述(6)之(a)及(b)情況存在，決策者<u>不可能</u>為代理人。惟單符合該等情況<u>不足以</u>作出決策者為代理人之結論。

應用釋例一：

兩投資者成立一被投資者以開發及行銷醫療產品。<u>一投資者負責開發及取得主管機關對醫療產品之核准－該責任包括具有單方能力以制定有關產品之開發及取得主管機關核准之所有決策。一旦主管機關核准該產品，另一投資者將製造及行銷該產品－此投資者具有單方能力以制定有關製造及行銷產品之所有決策。若所有活動(醫療產品之開發及取得主管機關核准，以及製造及行銷)屬攸關活動，每一投資者須決定其是否能主導最能重大影響被投資者報酬之活動</u>。據此，<u>每一投資者須考量醫療產品之開發及取得主管機關核准或製造及行銷何者屬最能重大影響被投資者報酬之活動，以及其是否能主導該活動</u>。

於決定哪一投資者具有權力，投資者會考量：
(a) 被投資者之目的及設計。
(b) 決定被投資者利潤率、收入及價值以及醫療產品價值之因素。
(c) 每一投資者因對(b)所述因素之決策職權，所產生對被投資者報酬之影響。
(d) 投資者對報酬變動性之暴險。

於此特定釋例中，投資者亦會考量：
(e) 取得主管機關核准之不確定性及所需之努力(考量投資者醫療產品成功開發及取得主管機關核准之紀錄)。
(f) 一旦發展階段成功，哪一投資者控制醫療產品。

應用釋例二：

被投資者有年度股東會，於該會中主導制定攸關活動之決策。下次排定之股東會距今尚有八個月。惟個別或集體持有至少5%表決權之股東可召開一特別會議以改變對攸關活動之既有政策，但給予其他股東通知之規定，意指至少30日不能舉行此會議。對於攸關活動之政策僅能於特別或排定之股東會中變更。此包括資產重大出售之核准及重要投資之執行或處分。前述事實型態適用於下列四個情況，每一情況係單獨考量。

情況 1：
某投資者對被投資者持有多數表決權。該投資者之表決權具實質性，因當需要制定攸關活動方向之決策時，該投資者有能力制定。投資者需時 30 日始能行使其表決權之事實，不能阻止投資者自取得其持股時具有現時能力以主導攸關活動。

情況 2：
某投資者係遠期合約之一方，該合約係為取得被投資者之多數股份。該遠期合約之交割日距今尚有 25 日。因特別會議至少 30 日不能舉行，而於該時點遠期合約早已交割，故現有股東無法改變對攸關活動之既有政策。因此，該投資者具有實質上等同於情況 1 多數股份之股東之權利(即當需要制定攸關活動方向之決策時，該持有遠期合約之投資者有能力制定)。該投資者之遠期合約係一實質性權利，賦予該投資者現時能力(即使於該遠期合約交割前)以主導攸關活動。

情況 3：
某投資者持有於 25 日可行使且係深價內之實質性選擇權，以取得被投資者之多數股份。此可作成與情況 2 相同之結論。

情況 4：
某投資者係遠期合約之一方，該合約係為取得被投資者之多數股份，且對被投資者無其他相關權利。該遠期合約之交割日距今尚有六個月。相對於情況 2，該投資者並不具有現時能力以主導攸關活動。現有股東仍具有現時能力以主導攸關活動，因於遠期合約交割前，現有股東仍可改變對攸關活動之既有政策。

應用釋例三：

　　某投資者取得被投資者 48%之表決權。剩餘表決權係由成千之股東所持有，沒有股東個別持有超過 1%之表決權。沒有股東有諮詢任何其他股東或作集體決策之任何協議。當以其他持股之相對大小為基礎評估所須取得表決權之比例時，投資者判定 48%之權益將足以賦予其控制。在此情況下，投資者即可以其持股之絕對大小及其他持股之相對大小為基礎，作出其具有足夠之優勢表決權益以符合權力條件之結論，而無須考量權力之任何其他證據。

(續次頁)

應用釋例四：

　　A 投資者持有被投資者 40%之表決權，且其他十二位投資者各持有被投資者 5%之表決權。一項股東協議給予 A 投資者有任命、罷黜負責主導攸關活動之管理階層及設定其酬勞之權利。改變協議須經股東之三分之二多數決。在此情況下，A 投資者斷定，僅依投資者持股之絕對大小及其他持股之相對大小，以判定投資者是否具有足夠權利以賦予其權力，並非絕對。惟 A 投資者判定其任命、罷黜管理階層及設定其酬勞之合約權利即足以作出<u>對被投資者具有權力</u>之結論。而評估 A 投資者是否具有權力時，A 投資者可能尚未行使此權利之事實或 A 投資者行使其權利以遴選、任命或罷黜管理階層之可能性，不應被考量。

應用釋例五：

　　A 投資者持有被投資者 45%之表決權。其他兩位投資者各持有被投資者 26%之表決權。剩餘表決權係由其他三位股東所持有，各持有 1%。沒有影響決策之其他協議。在此情況下，A 投資者表決權益之多寡及其相對於其他持股之多寡，足以作出 <u>A 投資者不具有權力</u>之結論。僅須其他兩位投資者合作，即可阻卻 A 投資者主導被投資者之攸關活動。

應用釋例六：

　　某投資者持有被投資者 45%之表決權。其他十一位投資者各持有被投資者 5%之表決權。沒有股東有諮詢任何其他股東或制定集體決策之合約協議。在此情況下，僅依投資者持股之絕對大小及其他持股之相對大小，對判定投資者是否具有足夠權利以賦予其對被投資者之權力<u>並非絕對</u>。<u>其他可能提供投資者具有或不具有權力之證據之額外事實及情況，應予以考量</u>。

應用釋例七：

　　某投資者持有被投資者 35%之表決權。其他三位投資者各持有被投資者 5%之表決權。剩餘表決權係由其他眾多股東所持有，沒有股東個別持有超過 1%之表決權。沒有股東有諮詢任何其他股東或制定集體決策之協議。有關被投資者攸關活動之決策，須有攸關之股東會多數表決權（於最近攸關之股東會，被投資者

之表決權有 75%投票) 通過。在此情況下，最近股東會其他股東之積極參與顯示投資者將不具有實際能力以單方主導攸關活動，無論投資者是否因足夠數量之其他股東之表決與投資者相同而曾主導過攸關活動。

應用釋例八：

　　A 投資者持有被投資者 70%之表決權。B 投資者具有被投資者 30%之表決權及可取得 A 投資者半數表決權之選擇權。該選擇權於兩年內可按深價外 (並預期於該兩年之期間仍然如此) 之固定價格行使。A 投資者一直在行使其表決權且積極主導被投資者之攸關活動。在此情況下，A 投資者很可能符合權力條件，因其似乎具有現時能力以主導攸關活動。雖然 B 投資者目前持有可購買額外表決權之可行使選擇權 (若被行使，將賦予 B 投資者對被投資者之多數表決權)，但與該等選擇權相關之條款及條件使選擇權不被認為具實質性，因其係深價外。

註：價平：當選擇權的履約價格等於市價，此履約價格即稱為價平。
　　　　　(跟買入或賣出無關)
　　價內：表示該履約價是屬於有內含價值的。對買權(call)而言，履約價低於市價，且非最接近價平的履約價即可稱為「價內履約價之買權」；對賣權(put)而言，履約價高於市價，且非最接近價平的履約價即可稱為「價內之賣權」。
　　價外：表示該履約價的價格全部屬於時間價值，而並沒有任何內含價值的，一旦時間流逝，價格極可能歸零。以買權而言，履約價高於市價，且非最接近價平的履約價即可稱為「價外履約價之買權」；對賣權而言，履約價低於市價，且非最接近價平的履約價即可稱為「價外之賣權」。

應用釋例九：

　　A 投資者與其他兩位投資者各持有被投資者三分之一之表決權。被投資者之經營活動與 A 投資者緊密關聯。除權益工具外，A 投資者亦持有可隨時以價外(但非深價外)之固定價格轉換為被投資者普通股之債務工具。若債務被轉換，A 投資者將持有被投資者 60%之表決權。若債務工具轉換為普通股，A 投資者會自實現綜效中受益。A 投資者對被投資者具有權力，因其所持有被投資者之表決權連同實質性潛在表決權賦予其現時能力以主導攸關活動。

習 題

(一) (期初收購，編製當期期末合併財務狀況表)

甲公司於 20x6 年 1 月 1 日以現金$392,000 取得乙公司 80%股權，並對乙公司存在控制。當日乙公司權益包括普通股股本$300,000 及保留盈餘$100,000。乙公司除下列三項資產外，其餘帳列資產及負債的帳面金額皆等於公允價值，且無其他未入帳資產或負債。非控制權益係以收購日公允價值衡量。

(1) 存貨價值低估$20,000，該項存貨於 20x6 年度中出售。
(2) 設備價值低估$40,000，於收購日預估該項設備可再使用 8 年。
(3) 有一項未入帳專利權，預估經濟效益尚有 5 年。

乙公司 20x6 年淨利$50,000，20x6 年宣告現金股利$10,000。下列是甲公司及乙公司 20x6 年 12 月 31 日之財務狀況表：

	甲公司	乙公司
現　金	$ 330,000	$ 70,000
應收帳款－淨額	220,000	100,000
應收甲公司款項	—	9,000
應收股利	8,000	—
存　貨	200,000	160,000
採用權益法之投資	(a)	—
土　地	100,000	150,000
辦公設備－淨額	350,000	120,000
總資產	$　　(b)	$609,000
應付帳款	$ 150,000	$ 39,000
應付乙公司款項	9,000	—
應付股利	20,000	10,000
長期負債	300,000	120,000
普通股股本	600,000	300,000
保留盈餘	(c)	140,000
總負債及權益	$　　(b)	$609,000

(續次頁)

試作：
(1) 上述財務狀況表中空格(a)、(b)、(c)之金額。
(2) 20x6 年 12 月 31 日甲公司及其子公司合併財務狀況表之合併工作底稿。
(3) 將合併工作底稿上「調整/沖銷」欄之金額以分錄格式表達。

解答：

(1) 非控制權益係以收購日公允價值衡量，惟題意中未提及該公允價值，故設算之。收購日，乙公司總公允價值＝$392,000÷80%＝$490,000
乙公司帳列淨值低估數＝$490,000－($300,000＋$100,000)
　　　　　　　　　＝$490,000－$400,000＝$90,000
非控制權益＝乙公司總公允價值$490,000×20%＝$98,000

分析乙公司帳列淨值低估數$90,000 的原因及相關金額，及其在 20x6 年適用權益法時須調整之金額：

(i)	存貨價值低估$20,000	20x6 年度中出售	$20,000
(ii)	辦公設備價值低估$40,000	$40,000÷8 年＝$5,000	5,000
(iii)	未入帳專利權$30,000 (反推)	$90,000－($20,000＋$40,000)＝$30,000，$30,000÷5 年＝$6,000	6,000
20x6 年適用權益法時須調整之金額			$31,000

20x6 年：
甲按權益法應認列之投資收益＝($50,000－$31,000)×80%＝$15,200
非控制權益淨利＝($50,000－$31,000)×20%＝$3,800

(a) 甲公司帳列「採用權益法之投資」餘額
　　　　＝$392,000＋$15,200－($10,000×80%)＝$399,200
(b) 總資產＝$330,000＋$220,000＋$8,000＋$200,000＋$399,200
　　　　＋$100,000＋$350,000＝$1,607,200
(c) 甲公司帳列保留盈餘＝$1,607,200－$150,000－$9,000－$20,000
　　　　　　　　　－$300,000－$600,000＝$528,200
非控制權益＝$98,000＋$3,800－($10,000×20%)＝$99,800

(2) （詳次頁）

甲公司及其子公司
合併工作底稿－財務狀況表
20x6 年 12 月 31 日

	甲公司	80% 乙公司	調整／沖銷 借方	調整／沖銷 貸方	合併財務 狀況表
現　金	$330,000	$70,000			$400,000
應收帳款－淨額	220,000	100,000			320,000
應收甲公司款項	－	9,000		(ii) 9,000	－
應收股利	8,000	－		(iii) 8,000	－
存　貨	200,000	160,000			360,000
採用權益法之投資	399,200	－		(i) 399,200	－
土　地	100,000	150,000			250,000
辦公設備－淨額	350,000	120,000	(i) 35,000		505,000
專利權	－	－	(i) 24,000		24,000
總資產	$1,607,200	$609,000			$1,859,000
應付帳款	$150,000	$39,000			$189,000
應付乙公司款項	9,000	－	(ii) 9,000		－
應付股利	20,000	10,000	(iii) 8,000		22,000
長期負債	300,000	120,000			420,000
普通股股本	600,000	300,000	(i) 300,000		600,000
保留盈餘	528,200	140,000	(i) 140,000		528,200
總負債及權益	$1,607,200	$609,000			
非控制權益				(i) 99,800	99,800
總負債及權益					$1,859,000

甲公司及其子公司
合併財務狀況表
20x6 年 12 月 31 日

現　金	$400,000	應付帳款	$189,000
應收帳款－淨額	320,000	應付股利	22,000
存　貨	360,000	長期負債	420,000
土　地	250,000		$631,000
辦公設備－淨額	505,000	普通股股本	$600,000
專利權	24,000	保留盈餘	528,200
		非控制權益	99,800
			$1,228,000
資產總額	$1,859,000	負債及權益總額	$1,859,000

(3) 合併工作底稿上之調整/沖銷分錄：

沖銷分錄 (i)	普通股股本	300,000	
	保留盈餘	140,000	
	辦公設備－淨額	35,000	
	專利權	24,000	
	採用權益法之投資		399,200
	非控制權益		99,800
沖(ii)	應付乙公司款項	9,000	
	應收甲公司款項		9,000
沖(iii)	應付股利	8,000	
	應收股利		8,000

(二) (廉價購買利益，期初收購，收購日之合併財務狀況表，當期及次期期末合併財務狀況表工作底稿之沖銷分錄)

甲公司於20x6年1月1日以現金$2,400,000取得乙公司80%股權，並對乙公司存在控制。非控制權益係以收購日公允價值衡量。下列為甲公司及乙公司20x5年12月31日之財務狀況表及相關公允價值資料：

	甲公司 帳面金額	甲公司 公允價值	乙公司 帳面金額	乙公司 公允價值
現金	$4,000,000	$4,000,000	$60,000	$60,000
應收帳款－淨額	800,000	800,000	200,000	200,000
存貨	1,100,000	1,200,000	400,000	500,000
其他流動資產	900,000	900,000	150,000	200,000
土地	3,100,000	4,000,000	500,000	600,000
房屋及建築－淨額	6,000,000	8,000,000	1,000,000	1,800,000
辦公設備－淨額	3,500,000	4,500,000	800,000	600,000
資產總額	$19,400,000	$23,400,000	$3,110,000	$3,960,000
應付帳款	$400,000	$400,000	$200,000	$200,000
其他負債	1,500,000	1,600,000	610,000	560,000
普通股股本(面額$10)	15,000,000		2,000,000	
保留盈餘	2,500,000		300,000	
負債及權益總額	$19,400,000		$3,110,000	

其他資料：

(1) 存貨於 20x6 年間出售，其他流動資產亦於 20x6 年間處分。
(2) 截至 20x7 年 12 月 31 日，乙公司仍持有收購日帳列之土地。
(3) 從收購日起算，「房屋及建築」及「辦公設備」分別可再使用 20 年及 10 年。
(4) 其他負債係附息之債務，將於 20x7 年 12 月 31 日到期清償，假設採直線法攤銷附息負債之折、溢價。

試作：(1) 收購日甲公司及其子公司之合併財務狀況表。
(2) 乙公司 20x6 及 20x7 年淨利分別為$300,000 及$350,000，宣告並發放現金股利分別為$100,000 及$120,000。請以分錄格式分別表達 20x6 年 12 月 31 日及 20x7 年 12 月 31 日合併財務狀況表工作底稿上應有之調整及/或沖銷金額。

解答：

非控制權益係以收購日公允價值衡量，惟題意中未提及該公允價值，故設算之。
收購日，乙公司總公允價值＝$2,400,000÷80%＝$3,000,000
乙公司帳列淨值低估數＝$3,000,000－($2,000,000＋$300,000) ＝$700,000
非控制權益＝乙公司總公允價值$3,000,000×20%＝$600,000

乙公司帳列淨值低估$700,000 之原因與相關金額，及其在 20x6 及 20x7 年適用權益法時須調整之金額：

	淨值低估數	20x6	20x7
(1) 存貨低估：($500,000－$400,000)	$100,000	$100,000	$ —
(2) 其他流動資產低估：($200,000－$150,000)	50,000	50,000	—
(3) 土地低估：($600,000－$500,000)	100,000	—	—
(4) 房屋及建築低估：($1,800,000－$1,000,000) $800,000÷20 年＝$40,000	800,000	40,000	40,000
(5) 辦公設備高估：($600,000－$800,000) $200,000÷10 年＝$20,000	(200,000)	(20,000)	(20,000)
(6) 其他負債高估：($610,000－$560,000) $50,000÷2 年＝$25,000	50,000	25,000	25,000
	$900,000	$195,000	$45,000
(7) 廉價購買利益：（反推） ($700,000－$900,000＝－$200,000)	(200,000)		
	$700,000		

甲公司有關股權投資分錄：

20x6/ 1/ 1	採用權益法之投資	2,400,000	
	現　金		2,400,000
1/ 1	採用權益法之投資	200,000	
	廉價購買利益		200,000

註：上述兩個分錄過帳後，甲公司相關科目餘額異動如下：
　　現金＝$4,000,000－$2,400,000＝$1,600,000
　　採用權益法之投資＝$0＋$2,400,000＋$200,000＝$2,600,000
　　保留盈餘＝$2,500,000＋$200,000＝$2,700,000

(1) 利用合併工作底稿進行合併財務狀況表的編製任務，如下：

甲 公 司 及 其 子 公 司
合併工作底稿－財務狀況表
20x6 年 1 月 1 日　　　（單位：千元）

	甲公司	80% 乙公司	調整/沖銷 借　方	調整/沖銷 貸　方	合併財務 狀況表
現　金	$1,600	$ 60			$1,660
應收帳款－淨額	800	200			1,000
存　貨	1,100	400	(a) 100		1,600
其他流動資產	900	150	(a) 50		1,100
採用權益法之投資	2,600	－		(a) 2,600	－
土　地	3,100	500	(a) 100		3,700
房屋及建築－淨額	6,000	1,000	(a) 800		7,800
辦公設備－淨額	3,500	800		(a) 200	4,100
總 資 產	$19,600	$3,110			$20,960
應付帳款	$ 400	$ 200			$ 600
其他負債	1,500	610	(a) 50		2,060
普通股股本	15,000	2,000	(a) 2,000		15,000
保留盈餘	2,700	300	(a) 300		2,700
總負債及權益	$19,600	$3,110			
非控制權益				(a) 600	600
總負債及權益					$20,960

將 20x6/1/1 合併工作底稿之「調整/沖銷」金額以分錄格式表達：

沖銷分錄(a)	普通股股本	2,000,000	
	保留盈餘	300,000	
	存　貨	100,000	
	其他流動資產	50,000	
	土　地	100,000	
	房屋及建築－淨額	800,000	
	其他負債	50,000	
	辦公設備－淨額		200,000
	採用權益法之投資		2,600,000
	非控制權益		600,000

甲公司及其子公司
合併財務狀況表
20x6 年 1 月 1 日

現　金	$1,660,000	應付帳款	$ 600,000
應收帳款－淨額	1,000,000	其他負債	2,060,000
存　貨	1,600,000		$2,660,000
其他流動資產	1,100,000	普通股股本(面額$10)	$15,000,000
土　地	3,700,000	保留盈餘	2,700,000
房屋及建築－淨額	7,800,000	非控制權益	600,000
辦公設備－淨額	4,100,000		$18,300,000
資產總額	$20,960,000	負債及權益總額	$20,960,000

(2) 20x6 年：

　　甲按權益法應認列之投資收益＝($300,000－$195,000)×80%＝$84,000

　　非控制權益淨利＝($300,000－$195,000)×20%＝$21,000

　　甲公司收自乙公司之現金股利＝$100,000×80%＝$80,000

　　非控制權益收自乙公司之現金股利＝$100,000×20%＝$20,000

20x7 年：

甲按權益法應認列之投資收益＝($350,000－$45,000)×80%＝$244,000

非控制權益淨利＝($350,000－$45,000)×20%＝$61,000

甲公司收自乙公司之現金股利＝$120,000×80%＝$96,000

非控制權益收自乙公司之現金股利＝$120,000×20%＝$24,000

相關項目異動如下：（單位：千元）

	20x6/1/1	20x6	20x6/12/31	20x7	20x7/12/31
乙－權益	$2,300	＋$300－$100	$2,500	＋$350－$120	$2,730
權益法：					
甲－採用權益法之投資	$2,600	＋$84 －$80	$2,604	＋$244 －$96	$2,752
合併財務報表：					
存　貨	$100	－$100	$ －	$ －	$ －
其他流動資產	50	－50	－	－	－
土　地	100	－	100	－	100
房屋及建築	800	－40	760	－40	720
辦公設備	(200)	－(20)	(180)	－(20)	(160)
其他負債	50	－25	25	－25	－
	$900	－$195	$705	－$45	$660
非控制權益	$600	＋$21－$20	$601	＋$61－$24	$638

驗　算：

20x6/12/31：（乙權益$2,500＋尚餘之乙淨值低估數$705－廉價購買利益$200）×80%
　　　　　　＋廉價購買利益$200＝$2,604＝乙總淨值歸屬於控制權益的部份
　　　　　　　　　　　＝甲帳列「採用權益法之投資」餘額

　　　　　（$2,500＋$705－$200）×20%＝$601＝乙總淨值歸屬於非控制權益的部份
　　　　　　　　　　　＝合併財務狀況表上之「非控制權益」

20x7/12/31：
　　　　　（$2,730＋$660－$200）×80%＋$200＝$2,752＝甲帳列「採用權益法之投資」餘額
　　　　　（$2,730＋$660－$200）×20%＝$638＝合併財務狀況表上之「非控制權益」

將 20x6 年 12 月 31 日及 20x7 年 12 月 31 日合併工作底稿之「調整/沖銷」金額以分錄格式分別表達，以確認其借貸總金額是否相等，如下：

		20x6/12/31	20x7/12/31
沖銷分錄(a)	普通股股本	2,000,000	2,000,000
	保留盈餘	500,000	730,000
	土　地	100,000	100,000
	房屋及建築－淨額	760,000	720,000
	其他負債	25,000	－
	辦公設備－淨額	180,000	160,000
	採用權益法之投資	2,604,000	2,752,000
	非控制權益	601,000	638,000

(三) (反推移轉對價，分析差額，重建合併工作底稿之沖銷分錄)

下列是甲公司及其持股80%子公司(乙公司)於20x6年12月31日之合併財務狀況表：

甲 公 司 及 其 子 公 司
合 併 財 務 狀 況 表
20x6 年 12 月 31 日

現　　金	$126,000	負　債	$120,000
存　　貨	100,000	普通股股本	$400,000
其他流動資產	50,000	保留盈餘	120,000
辦公設備－淨額	382,000	非控制權益	78,000
專利權	60,000		$598,000
資產總額	$718,000	負債及權益總額	$718,000

甲公司係於20x3年1月1日取得乙公司80%股權，並對乙公司存在控制。當日乙公司權益包括普通股股本$200,000及保留盈餘$30,000。同日，乙公司帳列資產及負債之帳面金額皆等於公允價值，且除下段相關資料外，並無其他未入帳資產或負債。非控制權益係以收購日對乙公司可辨認淨資產(公允價值)所享有之比例份額衡量。從20x3年1月1日至20x6年12月31日，甲、乙兩家公司流通在外普通股股數皆無異動。甲公司採權益法處理對乙公司之股權投資。

上述合併財務狀況表中專利權及設備之相關資料如下：

(1)「專利權」，係20x3年1月1日前已存在之乙公司未入帳資產，由該日起算，尚有10年使用年限。

(2)「辦公設備－淨額」$382,000，其分屬甲公司及乙公司帳列金額分別為$300,000及$70,000。20x3年1月1日，乙公司辦公設備的帳列金額低估，且由該日起算，該項辦公設備尚有6年使用年限。

試作：(1) 20x6年12月31日，乙公司權益總額及其組成會計科目餘額。
　　　(2) 20x6年12月31日，甲公司帳列「採用權益法之投資」餘額。
　　　(3) 甲公司於20x3年1月1日取得乙公司80%股權之移轉對價。
　　　(4) 20x6年12月31日，甲公司之權益總額及其組成會計科目餘額。
　　　(5) 以分錄格式表達20x6年12月31日合併財務狀況表工作底稿上應有之調整/沖銷金額。

解答：

(1) 專利權：$60,000÷(10 年－4 年)＝$10,000 (乙未入帳專利權之每年攤銷數)

$10,000×10 年＝$100,000 (收購日乙未入帳專利權)

辦公設備：

$382,000(合併數)－$300,000(甲帳面金額)－$70,000(乙帳面金額)

＝$12,000 (乙辦公設備價值低估數截至 20x6/12/31 尚未提列折舊部份)

$12,000÷(6 年－4 年)＝$6,000 (乙辦公設備價值低估數之每年折舊金額)

$6,000×6 年＝$36,000 (收購日乙辦公設備價值低估數)

20x6/12/31：

非控制權益$78,000＝(乙淨值之帳面金額＋$10,000×6 年＋$6,000×2 年)×20%

乙淨值之帳面金額＝$318,000，已知乙公司普通股股本＝$200,000

∴ 乙公司保留盈餘＝$318,000－$200,000＝$118,000

(2) 20x6/12/31，甲公司帳列「採用權益法之投資」

＝(乙淨值之帳面金額$318,000＋$60,000＋$12,000)×80%

＝$390,000×80%＝$312,000

(3) 20x3/ 1/ 1：

乙公司可辨認淨資產(公允價值)＝乙淨值之帳面金額($200,000＋$30,000)

＋$100,000＋$36,000＝$366,000＝甲取得乙 80%股權之移轉對價÷80%

∴ 甲取得乙 80%股權之移轉對價＝$366,000×80%＝$292,800

非控制權益＝$366,000×20%＝$73,200

或 甲公司 20x3/ 1/ 1 帳列「採用權益法之投資」＋ 乙淨值 4 年之淨增加數

[($318,000－$200,000－$30,000)－($10,000＋$6,000)×4 年] × 80%

＝甲公司 20x6/12/31 帳列「採用權益法之投資」$312,000 [詳上述(2)]

甲公司 20x3/ 1/ 1 帳列「採用權益法之投資」＋$19,200＝$312,000

∴ 甲公司 20x3/ 1/ 1 帳列「採用權益法之投資」＝$292,800

(4) 20x6/12/31，甲公司之權益總額

＝普通股股本$400,000＋保留盈餘$120,000＝$520,000

(5) 相關項目異動如下：

	20x3/1/1	20x3～20x6	20x6/12/31
乙－權 益	$230,000	淨＋$88,000	$318,000
權益法：			
甲－採用權益法之投資	$292,800	淨＋$19,200	$312,000
合併財務報表：			
辦公設備－淨額	$ 36,000	－$6,000×4年	$12,000
專利權	100,000	－$10,000×4年	60,000
	$136,000		$72,000
非控制權益	$73,200	淨＋$4,800	$78,000

將 20x6 年 12 月 31 日合併工作底稿之調整/沖銷金額以分錄格式表達：

沖銷分錄	普通股股本	200,000	
	保留盈餘	118,000	
	辦公設備－淨額	12,000	
	專利權	60,000	
	採用權益法之投資		312,000
	非控制權益		78,000

(四)　(期末評估商譽是否減損)

　　甲公司於兩年前取得乙公司 80%股權並對乙公司存在控制，非控制權益係以收購日公允價值衡量。於收購日，乙公司帳列資產及負債之帳面金額皆等於公允價值，且無未入帳可辨認資產或負債。時至 20x6 年 12 月 31 日，甲公司帳列「採用權益法之投資」餘額中尚包含乙公司未入帳商譽$10,000,000，甲公司須評估商譽是否減損？假設乙公司係以公司整體作資產減損測試。20x6 年 12 月 31 日，按當日乙公司普通股市價計算，乙公司總市值為$58,000,000，乙公司可辨認資產及負債之帳面金額與公允價值資料如下：

	帳面金額	公允價值
流動資產	$22,200,000	$22,400,000
不動產、廠房及設備	86,000,000	89,000,000
專利權	8,000,000	8,800,000
流動負債	(18,000,000)	(18,000,000)
非流動負債	(52,000,000)	(52,000,000)
淨 資 產	$46,200,000	$50,200,000

試作：
(1) 20x6 年 12 月 31 日，甲公司帳列「採用權益法之投資」之金額。
(2) 20x6 年 12 月 31 日，甲公司應認列商譽減損損失嗎？若需認列，請編製甲公司認列商譽減損損失分錄，並列示計算過程。

解答：

(1) 非控制權益係以收購日公允價值衡量，惟題意中未提及該公允價值，故設算之。因此，乙公司未入帳商譽為$12,500,000，$10,000,000÷80%＝$12,500,000
    20x6/12/31，甲公司帳列「採用權益法之投資」
    ＝($46,200,000×80%)＋$10,000,000＝$46,960,000
    或 ($46,200,000＋$12,500,000)×80%＝$58,700,000×80%＝$46,960,000

(2) 20x6/12/31，商譽價值減損測試：
    乙公司帳列金額(含商譽)＝$58,700,000
    乙公司整體公允價值(含商譽)－處分成本$0＝乙公司可回收金額
         ＝$58,000,000 ＜ 乙公司帳列金額(含商譽)＝$58,700,000
    乙公司發生資產減損損失＝$58,000,000－$58,700,000＝－$700,000
    由商譽開始減損，$12,500,000－$700,000＝$11,800,000
    甲公司須認列之商譽減損損失＝$700,000×80%＝$560,000

甲公司應作之分錄：

20x6/12/31	無形資產減損損失－商譽	560,000	
	採用權益法之投資		560,000

(五) **(109 會計師考題改編)**

甲公司於 20x2 年 1 月 1 日發行 135,000 股普通股以交換乙公司全部發行在外普通股 100,000 股的 90%，另合計持有乙公司 10,000 股乙股東不願接受該股份交換條件，甲公司未以現金或其他對價收購乙公司剩餘 10%股權。甲公司為上市公司，其普通股於 20x2 年 1 月 1 日之每股市價為$30，乙公司為公開發行公司，其普通股無活絡市場公開報價，於 20x2 年 1 月 1 日之估計每股公允價值為$48。20x1 年 12 月 31 日甲公司帳列淨資產之帳面金額為$1,800,000，包括普通股股本$900,000(每股面額$10)、資本公積$500,000 與保留盈餘$400,000，除有

未入帳專利權$50,000 外,帳列資產及負債之帳面金額均等於公允價值,且無其他未入帳可辨認資產或負債。20x1 年 12 月 31 日乙公司帳列淨資產之帳面金額為$3,500,000,包括普通股股本$1,000,000(每股面額$10)、資本公積$1,500,000 與保留盈餘$1,000,000,除土地低估$800,000 外,其餘帳列資產及負債之帳面金額均等於公允價值,且無未入帳可辨認資產或負債。

試作:(1) 就前項收購之交易實質,設算收購移轉對價之金額。
　　　(2) 20x2 年 1 月 1 日合併資產負債表中下列各項目之金額:
　　　　　(a)可辨認淨資產　　(b)商譽　　　　(c)普通股股本
　　　　　(d)資本公積　　　　(e)保留盈餘　　(f)非控制權益

參考答案: [請參閱本章釋例八及釋例九]

(A) 本題為「反向收購」情況,甲、乙間關係如下:

	甲公司	乙公司	
法律上	母公司	子公司	甲持有乙 90,000 股 (100,000 股×90%)
會計上	被收購者	收購者	

原持有乙公司 90,000 股普通股之乙股東換股後持有甲公司 135,000 股普通股,持股比例為 60%,135,000 股÷[($900,000÷$10)股＋135,000 股]＝135,000 股÷225,000 股＝60%。

設算移轉對價～計算乙假設發行 Y 股之公允價值:
假設乙應發行股數為 Y,以使甲對乙之持股比例為 60%,
令 60%＝90,000 股÷(100,000 股＋Y 股), Y 股＝50,000 股,
收購日,假設乙發行 50,000 股之公允價值
　　＝50,000 股×交換比例(135,000 股÷90,000 股)×甲普通股每股市價
　　　$30(因乙普通股無活絡市場公開報價)＝$2,250,000

收購日,非控制權益,即持有 10,000 股乙公司普通股之乙股東所擁有 10%之權益,10,000 股÷100,000 股＝10%,應以乙公司合併前帳列淨值之帳面金額的 10%表達在合併財務狀況表,故金額為$350,000 (＝$3,500,000×10%)。

商譽＝乙公司移轉對價之公允價值－甲公司可辨認淨值之公允價值
　　　＝$2,250,000－($1,800,000＋未入帳專利權$50,000)＝$400,000

(B) 甲公司應作之分錄：

20x2/ 1/ 1	採用權益法之投資	2,250,000	
	普通股股本		1,350,000
	資本公積－普通股股票溢價		900,000
	股本＝135,000 股×$10＝$1,350,000		
	資本公積＝設算移轉對價$2,250,000－$1,350,000＝$900,000		

(C) 20x2 年 1 月 1 日，甲公司與乙公司之合併財務狀況表如下：

註：為方便解說，假設甲、乙兩家公司皆無負債。		
	合併數	(乙帳面金額)＋(甲公允價值)
其他資產	$5,300,000	＝$3,500,000＋$1,800,000
專利權	50,000	＝$0　　　＋$50,000
商　譽	400,000	＝$0　　　＋$400,000
資產總額	$5,750,000	
權　益		
普通股股本（※）	$2,250,000	＝$10×(90,000 股＋135,000 股)
資本公積（※）	2,250,000	＝($1,000,000＋$1,500,000)×90%＋移轉對價$2,250,000－$2,250,000(股本)
保留盈餘	900,000	＝乙合併前保留盈餘$1,000,000×90%
非控制權益	350,000	[詳上述(A)]
權益總額	$5,750,000	

※：合併財務報表所呈現之權益結構(所發行權益之數量及種類)，須反映「法律上母公司(甲)」之權益結構，包括「法律上母公司(甲)」為進行合併而發行之權益，90,000 股＋135,000 股＝225,000 股；而合併財務報表中認列為發行權益之金額($2,250,000 及$2,250,000)，係由「法律上子公司(乙)」合併前之發行權益($1,000,000 及$1,500,000)歸屬控制權益部分($900,000 及 $1,350,000)(90%)，加計有效移轉對價之公允價值($2,250,000)而得。

(1) 就前項收購之交易實質，設算收購移轉對價＝$2,250,000
(2) 20x2 年 1 月 1 日合併資產負債表中下列各項目之金額：
 (a) 可辨認淨資產＝$5,750,000　(b) 商譽＝$400,000
 (c) 普通股股本＝$2,250,000　(d) 資本公積＝$2,250,000
 (e) 保留盈餘＝$900,000　(f) 非控制權益＝$350,000

(六) **(102 會計師考題改編)**

甲公司於20x7年1月1日以換發新股方式合併乙公司,換股比例為每0.4股乙公司普通股換發甲公司普通股1股。當日甲公司普通股市價為每股$68,乙公司股票並無活絡市場公開報價。因部分乙公司股東不願意進行股份交換,故甲公司實際只取得乙公司2,700股普通股。甲、乙二公司合併前之財務狀況表與相關公允價值資料如下:

	甲公司 帳面金額	甲公司 公允價值	乙公司 帳面金額	乙公司 公允價值
流動資產	$100,000	$120,000	$210,000	$220,000
非流動資產	140,000	150,000	150,000	200,000
資產總額	$240,000	$270,000	$360,000	$420,000
流動負債	$ 40,000	$ 50,000	$ 80,000	$ 86,000
非流動負債	100,000	110,000	130,000	134,000
負債總額	$140,000	$160,000	$210,000	$220,000
普通股股本(每股面額$10)	$ 25,000		$ 30,000	
資本公積	60,000		50,000	
保留盈餘	15,000		70,000	
權益總額	$100,000		$150,000	
負債與權益總額	$240,000		$360,000	

試作:(1) 該企業合併之移轉對價。
(2) 20x7年1月1日,甲公司應作之分錄。
(3) 20x7年1月1日之合併財務狀況表。

參考答案: [請參閱本章釋例八及釋例九]

(1) 本題為「反向收購」情況,甲、乙間關係如下:

	甲公司	乙公司	
法律上	母公司	子公司(90%)	2,700 股÷3,000 股＝90%
會計上	被收購者	收購者	2,700 股÷0.4 股＝6,750 股

原持有乙公司2,700股普通股之乙股東換股後持有甲公司6,750股普通股,持股比例為72.973%,6,750 股÷(2,500 股＋6,750 股)＝6,750 股÷9,250 股＝72.973%。

設算移轉對價～計算乙假設發行 Y 股之公允價值：
假設乙應發行股數為 Y，以使甲對乙之持股比例為 72.973%，
令 72.973%＝2,700 股÷(3,000 股＋Y 股)， Y 股＝700 股，
收購日，假設乙發行 700 股之公允價值
　　　　＝(700 股÷換股比例 0.4 股)×甲普通股每股市價$68＝$119,000

收購日，非控制權益，即持有 300 股乙公司普通股之乙股東所擁有 10%之權益，3,000 股－300 股＝2,700 股，300 股÷3,000 股＝10%，應以乙公司合併前帳列淨值之帳面金額的 10%表達在合併財務狀況表，故金額為$15,000 (＝$150,000×10%)。

商譽＝乙公司移轉對價之公允價值－甲公司可辨認淨值之公允價值
　　＝$119,000－($270,000－$160,000)＝$9,000

(2) 甲公司應作之分錄：

20x7/ 1/ 1	採用權益法之投資　　　　　　　　　　119,000	
	普通股股本	67,500
	資本公積－普通股股票溢價	51,500
	股本＝6,750 股×$10＝$67,500	
	資本公積＝設算移轉對價$119,000－$67,500＝$51,500	

(3) 20x7 年 1 月 1 日，甲公司與乙公司之合併財務狀況表：

	合併數	(乙帳面金額)＋(甲公允價值)
流動資產	$330,000	＝$210,000＋$120,000
非流動資產	300,000	＝$150,000＋$150,000
商　譽	9,000	＝$0　　　＋$9,000
資產總額	$639,000	
流動負債	$130,000	＝$80,000　＋$50,000
非流動負債	240,000	＝$130,000＋$110,000
負債總額	$370,000	
權　益		
普通股股本（※）	$ 92,500	＝$10×(2,500 股＋6,750 股)
資本公積（※）	98,500	＝($30,000＋$50,000)×90%＋移轉對價$119,000－$92,500(股本)

保留盈餘	63,000	＝乙合併前保留盈餘$70,000×90%
非控制權益	15,000	[詳上述(1)]
權益總額	$269,000	
負債與權益總額	$639,000	

※：合併財務報表所呈現之權益結構(所發行權益之數量及種類)，須反映「法律上母公司(甲)」之權益結構，包括「法律上母公司(甲)」為進行合併而發行之權益，2,500 股＋6,750 股＝9,250 股；而合併財務報表中認列為發行權益之金額($92,500 及$98,500)，係由「法律上子公司(乙)」合併前之發行權益($30,000 及$50,000)歸屬控制權益部分($27,000 及$45,000)(90%)，加計有效移轉對價之公允價值($119,000)而得。

(七) (97 會計師考題改編)

甲公司於 20x5 年初發行 60,000 股普通股(每股面值$10、市價$24)以取得乙公司 90%股權，並對乙公司存在控制。非控制權益係以收購日公允價值衡量。乙公司於收購日之財務狀況表如下：

	帳面金額	公允價值		帳面金額	公允價值
現　金	$ 25,000	$ 25,000	應付帳款	$ 850,000	$ 800,000
應收帳款	1,400,000	1,550,000	長期負債	1,500,000	1,500,000
存　貨	610,000	600,000		$2,350,000	$2,300,000
辦公設備－淨額	990,000	1,100,000	普通股股本	$ 450,000	
專利權	80,000	120,000	資本公積	250,000	
			保留盈餘	55,000	
				$ 755,000	
	$3,105,000	$3,395,000		$3,105,000	

試作：(1) 甲公司取得乙公司 90%股權之分錄。
(2) 收購日合併財務狀況表上之商譽金額。
(3) 收購日合併工作底稿上應有之沖銷分錄。

參考答案：

(1)

20x5/初	採用權益法之投資	1,440,000	
	普通股股本		600,000
	資本公積－普通股股票溢價		840,000
	$24×60,000 股＝$1,440,000，$10×60,000 股＝$600,000		
	($24－$10)×60,000 股＝$840,000		

(2) 非控制權益係以收購日公允價值衡量，惟題意中未提及該公允價值，故設算之。收購日，乙公司總公允價值＝$1,440,000÷90%＝$1,600,000

乙公司帳列淨值低估數＝$1,600,000－($450,000＋$250,000＋$55,000)
　　　　　　　　　＝$1,600,000－$755,000＝$845,000

非控制權益＝乙公司總公允價值$1,600,000×10%＝$160,000

乙公司帳列淨值低估$845,000 之原因及相關金額：

	乙淨值低估數
(1) 應收帳款低估：($1,550,000－$1,400,000)	$ 150,000
(2) 存貨高估：($600,000－$610,000)	(10,000)
(3) 辦公設備低估：($1,100,000－$990,000)	110,000
(4) 專利權低估：($120,000－$80,000)	40,000
(5) 應付帳款高估：($850,000－$800,000)	50,000
	$ 340,000
(6) 未入帳商譽：($845,000－$340,000＝$505,000)	505,000
	$845,000

(3) 收購日合併工作底稿上之沖銷分錄：

沖銷分錄	普通股股本	450,000	
	資本公積	250,000	
	保留盈餘	55,000	
	應收帳款	150,000	
	辦公設備－淨額	110,000	
	專利權	40,000	
	商　譽	505,000	
	應付帳款	50,000	
	存　貨		10,000
	採用權益法之投資		1,440,000
	非控制權益		160,000

(八) (94會計師考題改編)

20x6年7月1日台北公司發行1,000,000股普通股(每股市價$14.4，面額$10)以取得台南公司90%流通在外普通股，並對台南公司存在控制。非控制權益係以收購日公允價值衡量。台北公司另於當天支付企業合併相關支出$300,000，其中80%為發起人酬勞，其餘20%為發行股票之登記費用。台北與台南兩公司合併前之財務狀況表如下：

	台北公司與台南公司 財務狀況表 20x6年6月30日	
	台北公司	台南公司
現　金	$3,500,000	$2,000,000
應收帳款－淨額	4,000,000	2,000,000
存　貨	6,000,000	4,000,000
不動產、廠房及設備－淨額	13,000,000	10,000,000
資產總額	$26,500,000	$18,000,000
流動負債	$8,000,000	$4,000,000
非流動負債	－	1,000,000
普通股股本 (面額$10)	12,000,000	5,000,000
保留盈餘	6,500,000	8,000,000
負債及權益總額	$26,500,000	$18,000,000

台南公司下列資產之公允價值與帳面金額不同，其公允價值為：

存　貨	$4,600,000
不動產、廠房及設備－淨額	$12,000,000
非流動負債	$900,000

試作：

(1) 簡單說明何謂公允價值？金融資產之公允價值如何衡量？
(2) 按收購法編製台北公司與台南公司收購日之合併財務狀況表工作底稿以及相關之沖銷分錄。

參考答案：

(1) 請參考本書第一章附錄二「公允價值」。

(2)

20x6/ 7/ 1	採用權益法之投資	14,400,000	
	普通股股本		10,000,000
	資本公積－普通股股票溢價		4,400,000
	$14.4×1,000,000$ 股＝$14,400,000，$10×1,000,000$ 股＝$10,000,000		
	($14.4－$10)×1,000,000 股＝$4,400,000		
7/ 1	企業合併費用	240,000	
	資本公積－普通股股票溢價	60,000	
	現　　金		300,000
	$300,000×80\%＝$240,000，$300,000×20\%＝$60,000		
註：上述兩個分錄過帳後，台北公司相關科目餘額異動如下：			
現金＝$3,500,000－$300,000＝$3,200,000			
採用權益法之投資＝$0＋$14,400,000＝$14,400,000			
普通股股本＝$12,000,000＋$10,000,000＝$22,000,000			
資本公積＝$0＋$4,400,000－$60,000＝$4,340,000			
保留盈餘＝$6,500,000－$240,000＝$6,260,000			

非控制權益係以收購日公允價值衡量，惟題意中未提及該公允價值，故設算之。

收購日，台南公司總公允價值＝$14,400,000÷90%＝$16,000,000

台南公司帳列淨值低估數＝$16,000,000－($5,000,000＋$8,000,000)

　　　　　　　　　＝$16,000,000－$13,000,000

非控制權益＝乙公司總公允價值$16,000,000×10%＝$1,600,000

台南公司帳列淨值低估$3,000,000 之原因及相關金額：

	淨值低估數
(1) 存貨低估：($4,600,000－$4,000,000)	$ 600,000
(2) 不動產、廠房及設備低估：($12,000,000－$10,000,000)	2,000,000
(3) 非流動負債高估：($1,000,000－$900,000)	100,000
	$2,700,000
(4) 未入帳商譽：($3,000,000－$2,700,000＝$300,000)	300,000
	$3,000,000

(續次頁)

收購日,合併工作底稿上之沖銷分錄:

沖銷分錄 (a)	普通股股本	5,000,000	
	保留盈餘	8,000,000	
	存　貨	600,000	
	不動產、廠房及設備－淨額	2,000,000	
	商　譽	300,000	
	非流動負債	100,000	
	採用權益法之投資		14,400,000
	非控制權益		1,600,000

台北公司與台南公司
合併工作底稿－財務狀況表
20x6 年 7 月 1 日　　　　(單位:千元)

	台北公司	90% 台南公司	調整/沖銷 借方	調整/沖銷 貸方	合併財務狀況表
現　金	$ 3,200	$ 2,000			$ 5,200
應收帳款－淨額	4,000	2,000			6,000
存　貨	6,000	4,000	(a) 600		10,600
採用權益法之投資	14,400	－		(a) 14,400	－
不動產、廠房及設備－淨額	13,000	10,000	(a) 2,000		25,000
商　譽	－	－	(a) 300		300
總資產	$40,600	$18,000			$47,100
流動負債	$ 8,000	$ 4,000			$12,000
非流動負債	－	1,000	(a) 100		900
普通股股本	22,000	5,000	(a) 5,000		22,000
資本公積－普通股股票溢價	4,340	－			4,340
保留盈餘	6,260	8,000	(a) 8,000		6,260
總負債及權益	$40,600	$18,000			
非控制權益				(a) 1,600	1,600
總負債及權益					$47,100

(九) **(複選題：近年會計師考題改編)**

(1) **(考選部公告之範例題)**

(B、C、E)

下列何種狀況下，子公司仍應編入合併報表？
- (A) 子公司已宣告破產
- (B) 母公司收購子公司係以出售為目的
- (C) 母子公司之營業性質不同
- (D) 子公司受政府控制
- (E) 母子公司之會計政策不一致

說明：子公司除受政府、法院(如：子公司宣告破產)等控制外，均應編入合併財務報表。

(2) **(考選部公告之範例題)**

(A、C、D)

甲公司於20x6年 9月 1日以換發新股方式吸收合併乙公司，甲公司為存續公司，換股比例為每1股乙公司股票，換發甲公司股票2股。合併前甲公司有10,000股普通股流通在外並有活絡市場公開報價，每股市價$100。合併前乙公司有45,000股普通股流通在外，無活絡市場公開報價，但估計之公允價值為每股$230。20x6年 8月31日，甲公司之權益包括普通股股本$100,000、資本公積$250,000及保留盈餘$660,000，除存貨低估$20,000及設備高估$60,000外，其他可辨認資產、負債之帳面金額均等於公允價值，此二家公司普通股之面額均為$10。若該項合併之會計處理係延續會計上收購者之帳冊，則下列敘述何者正確？
- (A) 此企業合併之設算移轉對價為$1,000,000
- (B) 20x6年 9月 1日合併後財務狀況表中「普通股股本」為$900,000
- (C) 此企業合併產生「商譽」$30,000
- (D) 此企業合併增加「資本公積」$450,000
- (E) 此企業合併之收購分錄應借記「採用權益法之投資－乙公司」$970,000

說明：
(1) 甲發行 90,000 股(＝2 股×45,000 股)以交換乙全部 45,000 股普通股，乙原股東對甲之持股比例＝90,000 股÷(10,000 股＋90,000 股)＝90%。

(續次頁)

設算移轉對價～計算乙假設發行 X 股之公允價值：
假設乙應發行股數為 X，以使甲對乙之持股比例為 90%，
令 90%＝45,000 股÷(45,000 股＋X 股)，X＝5,000 股，
收購日，假設乙發行 5,000 股之公允價值(設算之移轉對價)
　　＝(5,000 股×2 股)×$100＝$1,000,000

(2) 甲公司應作之分錄：

20x6/ 9/ 1	採用權益法之投資－乙公司	1,000,000	
	普通股股本		900,000
	資本公積－普通股股票溢價		100,000
	設算移轉對價＝$1,000,000，股本＝90,000 股×$10＝$900,000		
	資本公積＝$1,000,000－$67,500＝$51,500		

20x6/ 9/ 1，合併後財務狀況表中「普通股股本」
　　＝$100,000＋$900,000＝$1,000,000

(3) 20x6/ 8/31，甲公司可辨認淨資產之公允價值
　　＝($100,000＋$250,000＋$660,000＋$20,000－$60,000)
　　＝$970,000
企業合併產生之「商譽」＝$1,000,000－$970,000＝$30,000

(4) 合併後，甲公司財務報表所呈現之權益結構(所發行權益之數量及種類)，須反映「法律上母公司(甲)」之權益結構，包括「法律上母公司(甲)」為進行合併而發行之權益，10,000 股＋90,000 股＝100,000 股；而甲公司財務報表中認列為發行權益之金額(股本$1,000,000 及資本公積 Z)，係由「法律上子公司(乙)」合併前之發行權益(股本$450,000 及資本公積 Y)，加計有效移轉對價之公允價值($1,000,000)而得。
∴ $1,000,000＋Z＝($450,000＋Y)＋$1,000,000(移轉對價)
　(合併後)資本公積Z＝$450,000＋(合併前)乙資本公積Y
　因此，企業合併增加之「資本公積」＝$450,000

(十) (單選題：近年會計師考題改編)

(1) (111 會計師考題)

(B) 20x2 年 7 月 1 日，甲公司以發行新股交換方式吸收合併乙公司，且合併後乙公司消滅，甲公司為存續公司。甲公司與乙公司約定換股比例為每 0.4 股乙公司普通股換發甲公司新發行普通股 1 股。合併前甲公司與乙公司流通在外普通股分別為 30,000 股與 36,000 股；且兩家公司自 20x1 年 1 月 1 日至 20x2 年 6 月 30 日之流通在外股數沒有異動。20x1 年度甲公司與乙公司之淨利分別為$490,000 與$558,900；20x2 年度甲公司之淨利為$793,800。甲公司 20x2 年比較合併綜合損益表中，20x1 年與 20x2 年之每股盈餘金額分別為何？

(A) $5.44 與 $8.22　　(B) $6.21 與 $7.56
(C) $8.74 與 $6.62　　(D) $16.33 與 $10.58

說明：

(1) 甲公司以換發新股方式吸收合併乙公司係反向收購，甲公司是「法律上收購者(會計上被收購者)」，而乙公司是「法律上被收購者(會計上收購者)」。

(2) 乙公司原股東對甲公司之持股比例＝(36,000 股÷0.4)÷[30,000 股＋(36,000 股÷0.4)]＝75%。假設乙公司應發行之股數為 Y，以使甲公司對乙公司持股比例為 75%，故令 75%＝36,000 股÷(36,000 股＋Y 股)，Y＝12,000 股。

(3) 為比較之目的，20x1 年乙公司流通在外普通股為 36,000 股，相當於甲公司加權平均流通在外 90,000 股，36,000 股÷0.4(換股比率)＝90,000 股，故甲公司「20x2 年比較綜合損益表」上之 20x1 年每股盈餘＝$558,900÷90,000 股＝$6.21。

(4) 20x2 年初，乙公司流通在外普通股為 36,000 股，由上述(2)知假設乙公司於 20x2/ 7/ 1 發行 12,000 股，相當於甲公司加權平均流通在外 105,000 股，[36,000＋12,000×(6/12)]÷0.4(換股比率)＝105,000 股，故甲公司「20x2 年比較綜合損益表」上之 20x2 年每股盈餘＝$793,800÷105,000 股＝$7.56。

(2) (111 會計師考題)

(C) 在下列何種情況下不得編製合併報表？
  (A) 子公司移轉資金給母公司之能力受到長期嚴重之限制
  (B) 母公司與子公司皆非投資個體，且其營業性質不同
  (C) 母公司及子公司皆為投資個體
  (D) 購入之子公司擬於 12 個月內出售

  說明：請詳 P.40「十六、投資個體：合併報表之例外規定」。

(3) (110 會計師考題)

(A) 甲公司收購乙公司，根據 IFRS 3 之規定，若甲公司為法律上之母公司，乙公司為會計上之母公司，則在收購日之合併報表上：
  (A) 甲公司之可辨認資產及負債應按公允價值衡量
  (B) 乙公司之可辨認資產及負債應按公允價值衡量
  (C) 甲公司及乙公司之可辨認資產及負債均應按公允價值衡量
  (D) 甲公司及乙公司之可辨認資產及負債均不能按公允價值衡量

  說明：請詳 P.35「十五、反向收購」，其中(2)「法律上母公司(會計上被收購者)」依 IFRS 3 認列與衡量之資產及負債，其中(1)「法律上子公司(會計上收購者)」按合併前帳面金額認列與衡量之資產及負債。

(4) (107 會計師考題)

(C) 20x6年 1月1日甲公司以發行新股方式交換乙公司全部發行流通在外股份20,000股，雙方協議之換股比例為每0.5股乙公司股票交換甲公司1股股票。甲公司股票並未於股票市場交易，但估計20x6年 1月 1日之公允價值每股$92；乙公司股票於活絡股票市場交易，20x6年 1月 1日之市價每股$182；甲公司與乙公司之普通股每股面額皆為$10。20x6年 1月 1日合併前，甲公司與乙公司之財務狀況表與資產負債之公允價值如下：

	甲公司 帳面金額	甲公司 公允價值	乙公司 帳面金額	乙公司 公允價值
資產總額	$900,000	$950,000	$1,200,000	$1,280,000
負債總額	$150,000	$165,000	$300,000	$330,000

普通股股本	$100,000		$200,000	
資本公積	375,000		200,000	
保留盈餘	275,000		500,000	
權益總額	$750,000		$900,000	
負債與權益總額	$900,000		$1,200,000	

有關 20x6 年 1 月 1 日甲公司與乙公司之合併財務狀況表，下列敘述何者正確？

(A) 資產總額為$2,180,000　　(B) 權益總額為$1,685,000
(C) 資本公積為$810,000　　　(D) 商譽金額為$135,000

說明：

(1) 換股比例為每 0.5 股乙公司股票交換甲公司 1 股股票，故甲公司需發行 40,000 股普通股交換乙公司 20,000 股普通股。

(2) 設算移轉對價～計算乙假設發行 X 股之公允價值：

乙公司原股東對甲公司之持股比例＝40,000 股÷(10,000 股＋40,000 股)＝80%，假設乙公司應發行之股數為 X，以使甲公司對乙公司之持股比例為 80%，故令 80%＝20,000 股÷(20,000 股＋X 股)，X＝5,000 股。

20x6/ 1/ 1，乙公司移轉對價之公允價值＝5,000 股×$182＝$910,000，因 $182 係乙公司股票於活絡股票市場的報價。

(3) 商譽＝乙公司移轉對價之公允價值－甲公司可辨認淨值之公允價值
　　＝$910,000－($950,000－$165,000)＝$125,000

(4) 20x6 年 1 月 1 日，甲公司與乙公司之合併財務狀況表如下：

	合 併 數	
資產總額 (商譽除外)	$2,150,000	＝乙 BV$1,200,000＋甲 FV$950,000
商　譽	125,000	
資產總額	$2,275,000	
負債總額	$ 465,000	＝乙 BV$300,000＋甲 FV$165,000
普通股股本	$ 500,000	＝$10×50,000 股＝$500,000
資本公積	810,000	＝($200,000＋$200,000)＋$910,000 －$500,000(股本)＝$810,000
保留盈餘	500,000	乙 R/E $500,000
	$1,810,000	
負債及權益總額	$2,275,000	

(5) (106 會計師考題)

(D) 甲公司於20x5年 4月 1日以換發新股方式吸收合併乙公司，換股比例為每2股乙公司流通在外股票，換發甲公司新發行股票1股。當日甲、乙兩公司各項可辨認資產、負債帳面金額與公允價值相同，亦未產生合併商譽。20x4年12月31日甲公司及乙公司流通在外之普通股分別為150股及500股；20x4年淨利分別為$1,050及$3,000，20x5年甲公司淨利$5,800。有關甲公司20x5年比較綜合損益表上之20x4年及20x5年每股盈餘資訊，下列何者正確？
(A) 20x4年為$7　　(B) 20x4年為$10.125
(C) 20x5年為$5.87　(D) 20x5年為$16

說明：
(1) 甲公司以換發新股方式吸收合併乙公司係反向收購，甲公司是「法律上收購者(會計上被收購者)」，而乙公司是「法律上被收購者(會計上收購者)」。
(2) 乙公司原股東對甲公司之持股比例＝(500 股÷2)÷[150 股＋(500 股÷2)]＝62.5%。假設乙公司應發行之股數為 Y，以使甲公司對乙公司持股比例為 62.5%，故令 62.5%＝500 股÷(500 股＋Y 股)，Y＝300 股。
(3) 為比較之目的，20x4 年乙公司流通在外普通股為 500 股，相當於甲公司加權平均流通在外 250 股，500 股÷2(換股比率)＝250 股，故「比較綜合損益表」上之 20x4 年每股盈餘＝$3,000÷250 股＝$12。
(4) 20x5 年初，乙公司流通在外普通股為 500 股，由上述(2)知假設乙公司於 20x5/ 4/ 1 發行 300 股，相當於甲公司加權平均流通在外 362.5 股，[500＋300×(9/12)]÷2(換股比率)＝362.5 股，故「比較綜合損益表」上之 20x5 年每股盈餘＝$5,800÷362.5 股＝$16。

(6) (106 會計師考題)

(C) 甲公司在20x7年 5月31日以換發新股方式吸收合併乙公司、丙公司及丁公司，並以甲公司為存續公司。合併前甲公司已發行9,000 股普通股流通在外，且合併前各消滅公司普通股之發行情形及合併時換股比例如下：

消滅公司	普通股之發行股數	換 股 比 例
乙公司	45,000 股	每 4.5 股乙公司股票，換發甲公司股票 1 股
丙公司	28,000 股	每 0.7 股丙公司股票，換發甲公司股票 1 股
丁公司	12,000 股	每 0.2 股丁公司股票，換發甲公司股票 1 股

下列敘述何者正確？

(A) 會計上之收購者為甲公司
(B) 法律上之收購者為丙公司
(C) 合併後須以丁公司以前年度之報表為比較對象，編製比較性財務報表
(D) 合併後甲公司普通股總發行股數為94,000股

說明：

消滅公司	消滅公司原股東換得甲普通股股數	
	甲合併前原已發行 9,000 股	甲是「法律上收購者」
乙公司	45,000 股÷4.5＝10,000 股 甲股票	
丙公司	28,000 股÷0.7＝40,000 股 甲股票	
丁公司	12,000 股÷0.2＝60,000 股 甲股票	丁是「會計上收購者」
	共計 119,000 股	60,000÷119,000＝50.42%

(7) (102 會計師考題)

(D) 甲公司於 20x5 年初以$360,000 取得乙公司 60%股權，並對乙公司存在控制。甲公司採權益法處理該項股權投資，並以公允價值$240,000 衡量非控制權益。於收購日，乙公司權益為$450,000。甲公司另於 20x8 年初以$200,000 自非控制股東取得乙公司 20%股權，當時乙公司權益為$700,000。乙公司 20x8 年初權益較 20x5 年初權益增加，全因保留盈餘增加所致。兩次取得股權時，乙公司帳列資產及負債帳面金額均等於公允價值，且無未入帳可辨認資產或負債。試問 20x8 年底合併財務報表列示之商譽為何？

(A) $0　　(B) $60,000　　(C) $100,000　　(D) $150,000

說明：20x5/ 1/ 1，乙公司總公允價值＝$360,000＋$240,000＝$600,000
乙公司帳列淨值低估數＝$600,000－$450,000＝$150,000
因乙公司各項可辨認資產及負債帳面金額均等於公允價值，
故$150,000＝乙公司未入帳商譽，20x5/ 1/ 1 是收購日。
至於 20x8 年初甲公司又取得乙公司 20%股權，則為甲公司對乙公司的額外股權投資，請詳 P.5「三、透過股權取得以完成企業合併」。

(8) (101 會計師考題)

(B) 甲公司於 20x6 年 4 月 1 日以換發新股方式吸收合併乙公司，甲公司為存續公司，換股比例為每 1 股乙公司股票，換發甲公司股票 2 股。20x6 年 3 月 31 日甲公司及乙公司流通在外之普通股分別為 20,000 股及 40,000 股。甲公司 20x6 年之淨利為$950,000，該公司 20x6 年每股盈餘為何？
(A) $8.53　　(B) $10　　(C) $11.25　　(D) $12

說明：
(1) 甲公司以換發新股方式吸收合併乙公司係反向收購。
(2) 乙公司原股東對甲公司之持股比例
　　　＝(40,000 股×2)÷[20,000 股＋(40,000 股×2)]＝80%
假設乙公司應發行之股數為 Y，以使甲公司對乙公司持股比例為 80%，故令 80%＝40,000 股÷(40,000 股＋Y 股)，Y＝10,000 股。
(3) 20x6 年初，乙公司流通在外普通股為 40,000 股，由上述(2)知假設乙公司於 20x6/ 4/ 1 發行 10,000 股，相當於甲公司加權平均流通在外 95,000 股，[40,000＋10,000×(9/12)]×2(換股比率)＝95,000 股，故 20x6 年甲公司綜合損益表上之每股盈餘＝$950,000÷95,000 股＝$10

(9) (100 會計師考題)

(D) 甲公司以帳面金額$100,000(公允價值$510,000)的不動產取得乙公司 70% 股權，並對乙公司存在控制。當時乙公司權益之帳面金額為$620,000(其公允價值為$710,000)，則收購日合併財務報表上之非控制權益金額為何？
(A)$213,000　　(B)$186,000　　(C) $153,000　　(D) $218,571

說明：$510,000＋非控制權益 X＝乙總公允價值
　　　＝$710,000＋乙未入帳可辨認資產或負債 Y＋乙未入帳商譽 Z
收購日，非控制權益有兩種衡量方法：
(1) 510,000＋X＝710,000＋Y＋Z 且 X＝(710,000＋Y＋Z)×30%
　　得出 Y＋Z＝18,571　　∴ X＝(710,000＋18,571)×30%＝218,571
(2) 510,000＋X＝710,000＋Y＋Z
　　且 X＝(710,000＋Y)×30%
　　且 Z＝510,000－(710,000＋Y)×70%
　　無法解出最終答案，只知 X＝(710,000＋Y)×30%。

(10) (100 會計師考題)

(D) 甲公司於 20x6 年 1 月 1 日以$900,000 取得乙公司 90%股權，並對乙公司存在控制。當日乙公司淨資產帳面金額為$900,000，除土地低估$150,000 及存貨高估$50,000 外，乙公司帳列資產與負債之帳面金額皆等於公允價值，且無未入帳資產或負債。假設乙公司於 20x6 年 12 月 31 日仍持有上述價值低估之土地並使用於營運中，而價值高估之存貨於 20x6 年間已售予合併個體以外單位。非控制權益係以收購日公允價值衡量。若乙公司 20x6 年淨利為$200,000，宣告並發放現金股利$100,000，則 20x6 年 12 月 31 日甲公司及乙公司合併財務狀況表上之非控制權益金額為何？

(A)$90,000　　(B)$100,000　　(C) $110,000　　(D) $115,000

說明：非控制權益係以收購日公允價值衡量，惟題意中未提及該公允價值，故設算之。收購日，乙公司總公允價值＝$900,000÷90%＝$1,000,000
乙公司帳列淨值低估數＝$1,000,000－$900,000＝$100,000
$100,000＝(a)土地低估$150,000－(b)存貨高估$50,000
20x6/12/31，非控制權益
＝($1,000,000×10%)＋($200,000＋$50,000)×10%－($100,000×10%)
＝$115,000

(11) (99 會計師考題)

(A) 甲公司於 20x6 年 1 月 1 日以$600,000 取得乙公司 80%股權，並對乙公司存在控制。當日乙公司淨資產帳面金額為$550,000，除下列項目及乙公司帳列商譽$60,000 外，乙公司帳列資產及負債之帳面金額皆等於公允價值：

	帳面金額	公允價值
存　貨	$ 80,000	$100,000
機器設備 (可再使用 4 年)	100,000	140,000
土　地	120,000	150,000

已知乙公司有未入帳專利權(公允價值$50,000)，尚有 10 年經濟年限，存貨已於 20x6 年售予合併個體以外單位。非控制權益係以收購日公允價值衡量。20x6 年 1 月 1 日甲公司與乙公司合併財務狀況表上之商譽金額為何？

(A) $120,000　　(B) $48,000　　(C) $58,000　　(D) $88,000

說明：非控制權益係以收購日公允價值衡量，惟題意中未提及該公允價值，故設算之。乙公司總公允價值＝$600,000÷80%＝$750,000

乙公司帳列淨值低估＝$750,000－$550,000＝$200,000

低估原因：(1) 存貨：$100,000－$80,000＝$20,000
(2) 機器設備：$140,000－$100,000＝$40,000
(3) 土地：$150,000－$120,000＝$30,000
(4) 帳列商譽：$0－$60,000＝($60,000)
(5) 未入帳專利權：$50,000
(6) 未入帳商譽：(反推) $120,000

未入帳商譽＝$200,000－[(1)至(5)合計數]＝$120,000

(12) (98 會計師考題)

(C) 20x6 年 7 月 31 日，甲公司發行 200,000 股普通股(每股市價$40)交換取得乙公司 80%流通在外普通股，並對乙公司存在控制。當日乙公司淨資產帳面金額為$7,200,000，無未入帳可辨認資產或負債，帳列資產及負債之帳面金額及公允價值如下：

	帳面金額	公允價值
流動資產	$ 2,600,000	$ 2,600,000
不動產、廠房及設備	10,000,000	12,000,000
其他資產	1,200,000	1,360,000
流動負債	1,600,000	1,400,000
非流動負債	5,000,000	5,200,000

試問 20x6 年 7 月 31 日合併財務狀況表中商譽及非控制權益之金額？

(A) $512,000、$1,440,000　　(B) $512,000、$1,872,000
(C) $640,000、$2,000,000　　(D) $2,240,000、$1,872,000

說明：收購日之非控制權益有兩種衡量方法：

(1) 若非控制權益係以收購日公允價值衡量，惟題意中未提及該公允價值，故設算之。乙公司總公允價值＝(200,000 股×$40)÷80%＝$10,000,000

非控制權益＝$10,000,000×20%＝$2,000,000

	帳面金額	公允價值	淨值低(高)估
流動資產	$ 2,600,000	$ 2,600,000	$ —
不動產、廠房及設備	10,000,000	12,000,000	2,000,000

其他資產	1,200,000	1,360,000	160,000
流動負債	1,600,000	1,400,000	200,000
非流動負債	5,000,000	5,200,000	(200,000)
	$ 7,200,000	$ 9,360,000	$ 2,160,000

乙公司淨值低估＝$10,000,000－$7,200,000＝$2,800,000

乙公司未入帳商譽＝$2,800,000－$2,160,000＝$640,000 → 答案(C)

(2) 若非控制權益係以對被收購者可辨認淨資產所享有之比例份額衡量。

非控制權益＝($9,360,000＋$0 無未入帳可辨認資產或負債)×20%
　　　　＝$1,872,000

乙公司總公允價值＝(200,000 股×$40)＋$1,872,000＝$9,872,000

乙公司帳列淨值低估＝$9,872,000－$7,200,000＝$2,672,000

乙公司未入帳商譽＝$2,672,000－$2,160,000＝$512,000 → 答案(B)

(13) (96 會計師考題)

(D) 20x5 年初，甲公司取得乙公司 90%股權，因企業合併所產生之商譽為 $65,000。20x5 年底，甲公司有關此項商譽價值減損測試之相關資料如下：

商譽所屬現金產生單位之使用價值	$340,000
商譽所屬現金產生單位之帳面金額（包括商譽）	355,000
商譽所屬現金產生單位之公允價值減出售成本	330,000

20x5 年底，商譽應調整減少之金額為何？

(A) $50,000　　(B) $10,000　　(C) $25,000　　(D) $15,000

說明：

(1)「商譽所屬現金產生單位之使用價值$340,000」與「商譽所屬現金產生單位之公允價值減處分成本$330,000」，二者選高者$340,000 為「商譽所屬現金產生單位之可回收金額」。

(2)「商譽所屬現金產生單位之可回收金額$340,000」＜「商譽所屬現金產生單位之帳面金額(包括商譽)$355,000」，故應認列「商譽所屬現金產生單位」之減損損失$15,000，並減少該單位內資產之帳面金額$15,000。而減少該單位內資產之帳面金額$15,000,應先從該現金產生單位受攤商譽之帳面金額開始減少，減少後商譽之帳面金額為$50,000，$65,000－$15,000＝$50,000。

(14) (95 會計師考題)

(C) 甲公司以帳面金額$1,000,000(公允價值$960,000)之非現金資產取得乙公司80%股權，並對乙公司存在控制。當日乙公司權益為$900,000，已知除土地價值低估$220,000 外，乙公司帳列資產及負債之帳面金額皆等於公允價值，且無未入帳可辨認資產或負債。試問收購日合併財務狀況表之非控制權益金額為何？

　　(A) $180,000　　(B) $192,000　　(C) $224,000　　(D) $250,000

說明：收購日之非控制權益有兩種衡量方法：
(1) 若非控制權益係以對被收購者可辨認淨資產所享有之比例份額衡量。
　　非控制權益＝($900,000＋$220,000＋$0)×20%＝$224,000 → 選項(C)
　　乙未入帳商譽＝($960,000＋$224,000)－($900,000＋$220,000＋$0)
　　　　　　　＝$64,000
(2) 若非控制權益係以收購日公允價值衡量，惟題意中未提及該公允價值，則乙公司總公允價值＝$960,000÷80%＝$1,200,000
　　非控制權益＝$1,200,000×20%＝$240,000 → 無適當選項
　　乙公司帳列淨值低估數＝$1,200,000－$900,000＝$300,000
　　$300,000＝乙土地價值低估$220,000＋乙未入帳商譽
　　∴ 乙未入帳商譽＝$80,000

(15) (94 會計師考題)

(C) 甲公司長期股權投資以下四家公司：
　(一) 持有 A 公司 20%具表決權股份，唯甲公司與 A 公司之另一投資公司約定共同執行表決權，該投資公司持有 A 公司 35%具表決權股份。
　(二) 持有 B 公司 25%具表決權股份，唯甲公司與 B 公司之另一投資公司約定，而共同有權主導 B 公司董事會超過半數之投票權。
　(三) 持有 C 公司 27%具表決權股份，唯甲公司與 C 公司之另一投資公司約定，而共同有權任免 C 公司董事會超過半數之成員。
　(四) 持有 D 公司 60%具表決權股份，唯甲公司現已將該投資之半數售予 E 公司，並同時向 E 公司購入 D 公司股份買權，該買權可隨時執行並以市價加一定金額全數買回 D 公司該具表決權之股份，而使持股比例回復為 60%。

試問甲公司與那些公司構成母、子公司關係？
(A) A 公司、B 公司　　(B) A 公司、C 公司　　(C) A 公司、D 公司
(D) A 公司、B 公司、C 公司　　(E) B 公司、C 公司、D 公司
(F) A 公司、B 公司、C 公司、D 公司

說明：IFRS 10 並非以"持有被投資者 50%(或以上)股權"作為判斷對被投資者存在控制的唯一依據，本題說明如下：
(一) 20%＋35%＝55% ＞ 50%，故對 A 存在控制。
(二) 須與 B 公司之另一投資公司約定，才能共同有權主導 B 公司董事會超過半數之投票權，故對 B 不存在控制。
(三) 須與 C 公司之另一投資公司約定，才能共同有權任免 C 公司董事會超過半數之成員，故對 C 不存在控制。
(四) 甲公司擁有買權(「潛在表決權」)，該買權可隨時執行並以市價加一定金額全數買回 D 公司該具表決權之股份，而使持股比例回復為 60% ＞ 50%，故對 D 存在控制。

(16)　(94 會計師考題)

(A)　甲公司及乙公司分別持有丙公司 60%及 40%之具表決權股份。乙公司亦持有丙公司發行之附認股權公司債，可隨時認購丙公司具表決權之股份，惟乙公司之管理當局評估須籌措重大資金以支付認購價款。已知乙公司若執行該認購，將使甲公司及乙公司之持比例變為 45%及 55%。試問下列敘述何者正確？
(A) 乙公司對丙公司存在控制
(B) 乙公司行使該認購後，對丙公司存在控制
(C) 甲公司對丙公司存在控制
(D) 乙公司須提出其具籌資以支付認購價款之能力，方對丙公司存在控制

說明：考量潛在表決權時，應檢視所有影響潛在表決權之事實及情況(包括個別或綜合考量潛在表決權執行之條款及任何其他合約之安排)，但無須考量管理階層執行或轉換之意圖及企業之財務能力。請詳第二章「三、重大影響」，P.11。

(17) (93、92 會計師考題)

(C) 合併財務報表的理論基礎為何？
    (A) 形式上，將參與合併之企業視為一體；實質上，則視為分開之個體
    (B) 不論形式或實質，將參與合併之企業皆視為一體
    (C) 形式上，將參與合併之企業視為分開之個體；實質上，則視為一體
    (D) 不論形式或實質，將參與合併之企業皆視為分開之個體

(18) (92 會計師考題)

(D) 甲公司於 20x5 年初以現金取得乙公司 80%股權，並對乙公司存在控制。於收購日，乙公司帳列資產及負債之帳面金額皆等於公允價值，除有一項未入帳專利權(尚有 5 年經濟年限)外，並無其他未入帳之資產或負債。乙公司 20x5 年淨利為$500,000，甲公司依權益法認列$352,000 投資收益。試問甲公司與乙公司 20x5 年 12 月 31 日合併財務狀況表上專利權之金額？
    (A) $200,000   (B) $50,000   (C) $250,000   (D) 以上皆非

說明：($500,000－未入帳專利權之每年攤銷數)×80％＝$352,000
      未入帳專利權之每年攤銷數＝$60,000
      20x5/12/31，未入帳專利權＝$60,000×(5－1)年＝$240,000

(19) (91 會計師考題)

(B) 乙公司及丙公司分別持有甲公司 70%及 30%股權。此外這三家公司相互間無其他投資關係存在。試問下列敘述何者不正確？
    (A) 甲公司為子公司   (B) 甲公司、乙公司及丙公司為關聯企業
    (C) 乙公司為母公司   (D) 丙公司為非控制權益

說明：甲公司是子公司，乙公司為母公司，丙公司為合併個體之非控制權益，本題並無關聯企業。

(20)　(92 會計師考題)

(C)　甲公司數年前以現金取得乙公司 80%股權，並對乙公司存在控制。非控制權益係以收購日公允價值衡量。於收購日，乙公司帳列資產及負債之帳面金額皆等於公允價值,且無未入帳可辨認資產或負債。甲公司與乙公司 20x6 年 12 月 31 日之財務狀況表如下：

	甲公司	乙公司
流動資產	$ 700,000	$ 300,000
採用權益法之投資－乙	2,800,000	－
不動產、廠房及設備	5,000,000	3,000,000
資產總額	$8,500,000	$3,300,000
負債總額	$ 500,000	$ 300,000
普通股股本	5,000,000	2,000,000
保留盈餘	3,000,000	1,000,000
負債及權益總額	$8,500,000	$3,300,000

試問甲公司與乙公司 20x6 年 12 月 31 日合併財務狀況表上將列報：

(A)　非控制權益$600,000　　(B)　保留盈餘$4,000,000

(C)　商譽$500,000　　(D)「採用權益法之投資－乙」$2,800,000

說明：(1) 若於收購日，乙有未入帳商譽，則

(乙權益$3,000,000＋乙未入帳商譽截至 20x6/12/31 之金額)
×80%＝$2,800,000，∴ 乙未入帳商譽＝$500,000 → 選項(C)

非控制權益＝($3,000,000＋$500,000)×20%＝$700,000

(2) 若於收購日，產生「廉價購買利益」，則

(乙權益$3,000,000－廉價購買利益)×80%＋廉價購買利益
＝$2,800,000　∴ 廉價購買利益＝$2,000,000

非控制權益＝($3,000,000－廉價購買利益$2,000,000)×20%
＝$200,000

惟上述選項中並無適合此種情況之答案。

(3) 選項(B)，20x6 年 12 月 31 日之合併財務狀況表上將列報之保留盈餘為$3,000,000，即甲公司在權益法下之期末保留盈餘。

(4) 選項(D)，20x6 年 12 月 31 日之合併財務狀況表上不可能報導「採用權益法之投資－乙」$2,800,000，因合併財務報表是詳細項目之合併，故須放棄彙總式之單線合併。

(21) (92 會計師考題)

(C) 甲公司於 20x5 年初取得乙公司 70%股權，並對乙公司存在控制。於收購日，乙公司除帳列設備價值低估外，其餘帳列資產及負債之帳面金額皆等於公允價值，且無未入帳之資產或負債。該項價值低估之設備尚有 5 年使用年限，其帳面金額及公允價值分別為$500,000 及$700,000。20x5 年底甲公司帳列設備之帳面金額及公允價值分別為$1,000,000 及$1,100,000，乙公司帳列設備之帳面金額及公允價值分別為$400,000 及$580,000。試問甲公司及乙公司 20x5 年底合併財務狀況表上設備之金額？

(A) $1,660,000　　(B) $1,580,000　　(C) $1,560,000　　(D) $1,680,000

說明：20x5 年初，乙公司帳列設備價值低估數＝$700,000－$500,000
　　　　　　＝$200,000，　每年折舊額＝$200,000÷5 年＝$40,000
　　20x5 年底，甲公司及乙公司合併財務狀況表上之設備
　　　　＝$1,000,000＋$400,000＋($200,000－$40,000)
　　　　＝$1,560,000

(22) (92 會計師考題)

(B) 甲公司於 20x5 年 6 月 30 日以現金$500,000 及發行 50,000 股普通股(每股市價$30)以取得乙公司 80%股權，並對乙公司存在控制。當日乙公司部分財務狀況表如下：

	帳面金額	公允價值
現　金	$ 160,000	$ 160,000
存　貨	850,000	900,000
不動產、廠房及設備	1,500,000	1,700,000
資產總額	$2,510,000	$2,760,000
負債總額	$ 200,000	$ 200,000

試問乙公司之「不動產、廠房及設備」應以何金額納入 20x5 年 6 月 30 日甲公司及乙公司之合併財務狀況表？

(A) $1,500,000　　(B) $1,700,000　　(C) $1,640,0000　　(D) 以上皆非

說明：乙公司之資產及負債皆以收購日公允價值衡量，並納入 20x5 年 6 月 30 日甲公司及乙公司之合併財務狀況表。　→　選項(B)

第四章　合併財務報表編製技術與程序

　　第三章介紹合併財務狀況表的內容及其編製方法與邏輯，本章將說明如何利用合併工作底稿同時編製合併綜合損益表、合併權益變動表(＊)，合併財務狀況表等三張合併財務報表，至於合併現金流量表則在本章稍後部分再行介紹其編製方法與邏輯。

[＊：為解說之便，課文釋例及習題通常假設母、子公司均為公司組織之企業個體，且常以「當期損益」、「宣告並發放現金股利」為影響母、子公司權益項目之交易，致「合併保留盈餘表」的內容等同「合併權益變動表」的內容，故本書直接敘以「合併保留盈餘表」，特此說明。]

　　首先必須說明，本書所介紹編製合併財務報表的方法與邏輯並非唯一的方法，只是本法淺顯易懂，使用者眾；至於其他編製合併財務報表方法，只要能編製出符合準則規定正確的母、子公司合併財務報表，都是可行的編製方法。

　　母公司平時處理對子公司股權投資交易時，可能：(1)因疏忽或誤用，雖明知母公司對子公司存在控制時須適用權益法，但實際應用時並未正確地適用權益法(有稱之為「不完全權益法」)，或 (2)因疏忽或不知母公司對子公司存在控制時須採用權益法，而採用了權益法以外的方法處理該項股權投資交易，導致母公司財務報表中「採用權益法之投資」餘額不正確。另外，母公司及子公司會計人員對於股權投資以外的其他日常交易事項，也可能有帳務處理不當或發生錯誤之情況。若然，則母公司及(或)子公司的財務報表將隱含誤述。

　　因此，若使用隱含誤述的母公司及(或)子公司財務報表資料編製母、子公司合併財務報表時，須特別小心，應利用合併工作底稿中的「調整/沖銷」欄，先將誤述的母公司及(或)子公司財務報表資料做更正或調整後，再按本章的合併邏輯與方法沖銷相對科目餘額，合計非相對科目餘額，以便得出符合準則規定正確的母公司及其子公司合併財務報表。茲將前文彙述於次頁表4-1：

(續次頁)

表 4-1　合併工作底稿基本架構

財務報表	母公司	子公司	調整/沖銷 借方	調整/沖銷 貸方	合併財務報表
綜合損益表 權益變動表 (保留盈餘表) 財務狀況表	(1)正確適用權益法 (2)未正確適用權益法 (3)未適用權益法 (4)其他誤述	(a)正確 (b)誤述	左列(1)(2)(3)(4)與(a)(b)共有八種組合情況，(1)(a)組合即是第四至十一章介紹基本合併邏輯與方法的前提；其他組合則含有誤述或不適當金額，須先調整，再按(1)(a)組合的邏輯與方法進行合併。		符合準則規定之正確合併財務報表

一、合併綜合損益表的基本觀念

　　第三章已說明合併財務報表是將母公司財務報表內各組成項目與子公司財務報表內相對應之各組成項目，逐項合計而成，但有少數項目例外。以合併綜合損益表為例，由於母公司適用權益法，已經將子公司的營業結果按母公司對子公司的約當持股比例，以一個彙總金額(「投資收益」或「投資損失」)納入母公司的綜合損益表中，達到單線合併的效果。

　　同理，合併綜合損益表是將原來納入母公司綜合損益表的子公司營業結果彙總金額(「投資收益」或「投資損失」)，改為各項收入、成本、費用、利得、損失等項目的詳細金額，並逐項與母公司的收入、成本、費用、利得、損失等項目合計，亦即「放棄彙總金額之單線合併效果，改為以詳細損益金額表達之合併財務報表」。因此，在合併工作底稿中若欲將「投資收益」沖銷，則須在「調整/沖銷」欄之借方填入「投資收益」金額，如表 4-3 之投資收益$32；反之，若欲將「投資損失」沖銷，則須在「調整/沖銷」欄之貸方填入「投資損失」金額。

(續次頁)

> 會計科目說明：
>
> 　　上段提及「投資收益」及「投資損失」，按金管會「證券發行人財務報告編製準則」及證交所最新公告之「一般行業 IFRSs 會計科目及代碼」，其會計科目名稱如下：
> (1)「採用權益法認列之子公司、關聯企業及合資利益之份額」
> (2)「採用權益法認列之子公司、關聯企業及合資損失之份額」
> 　　為免冗繁，本書除正式帳簿記錄及財務報表將使用完整會計科目名稱外，其餘的課文解說及計算過程仍視情況以「投資損益」敘述。

　　企業應自對子公司取得控制之日起至終止控制之日止，將子公司之收益及費損包含於合併財務報表。子公司之收益及費損應以收購日合併財務報表所認列資產及負債之金額為基礎。例如，收購日後於合併綜合損益表中認列之子公司折舊費用，應以收購日合併財務報表中所認列子公司折舊性資產之公允價值為基礎。

　　合併財務報表是要表達合併個體(集團＝母公司及其子公司)的營業結果與財務狀況，故不論母公司持有子公司的股權是否為100%，都必須將子公司各項收入、成本、費用、利得、損失等項目與母公司各該項收入、成本、費用、利得、損失等項目合計，才能編製出代表合併個體(集團)營業結果的合併綜合損益表。因此，當母公司持有子公司的股權低於100%時，表示尚有非控制股東將分享子公司的營業結果，故必須將下列兩項皆表達在合併綜合損益表上：

(1)「非控制權益損益(Non-controlling Interest Share)」
　　＝ 歸屬於非控制權益之子公司損益
(2)「控制權益損益(Controlling Interest Share)、母公司業主損益」
　　＝ 歸屬於控制權益之子公司損益＋母公司未含投資損益前之個別損益

如此才符合「個體理論」的精神(公平地對待全體股東)及 IFRS 10 如下之規定。

　　IFRS 10 規定：企業應將損益及其他綜合損益各組成部分歸屬於母公司業主及非控制權益。企業亦應將綜合損益總額歸屬於母公司業主及非控制權益，即使因而導致非控制權益發生虧損餘額。

　　「非控制權益損益(Non-controlling Interest Share)」及「控制權益損益(Controlling Interest Share)、母公司業主損益」在合併綜合損益表上的表達方式有兩種，詳下述「(A)表達方式」及「(B)表達方式」。無論那種表達方式，皆可

由合併綜合損益表中看出：(1)「綜合損益總額(Total Comprehensive Income)(＊)」係由那些本期損益項目及綜合損益項目所組成，(2)「綜合損益總額」中歸屬於非控制權益的金額及歸屬於控制權益的金額各為何。

[＊：因課文、釋例和習題常以「淨利」為題，而非「淨損」，也常無「綜合損益項目」，故「綜合損益總額」常以「總合併淨利(Total Consolidated Net Income)」代替。]

(A) 表達方式：

將合併綜合損益表中本期損益的組成項目合計後，得出「總合併淨利」，再減「非控制權益損益」，即得「控制權益損益、母公司業主損益」，格式請詳下列表 4-2。因此，「非控制權益損益」在合併綜合損益表中是「一個減項(a deduction item)」，若是「非控制權益淨利」，則須在合併工作底稿中「調整/沖銷」欄之借方填入非控制權益淨利金額；反之，若是「非控制權益淨損」，則須在合併工作底稿中「調整/沖銷」欄之貸方填入非控制權益淨損金額，請詳次頁表 4-3。

另由表 4-3 得知，若母公司正確地適用權益法對「採用權益法之投資」作會計處理，則合併綜合損益表中的控制權益淨利 [(d)欄，$337]，必等於母公司綜合損益表在正確權益法下之淨利 [(a)欄，$337]。

表 4-2

母 公 司 及 其 子 公 司
合 併 綜 合 損 益 表
(某 特 定 期 間)

銷貨收入 (Sales)	$1,100
銷貨成本 (Cost of Goods Sold)	(540)
銷貨毛利 (Gross Profit)	$ 560
各項營業費用 (Operating Expenses)	(220)
營業利益 (Operating Income)	$ 340
營業外收入及支出	
其他收益及利得 (Other Income & Gains)	20
其他費用及損失 (Other Expenses & Losses)	(15)
總合併淨利 (Total Consolidated Net Income)	$ 345
減：非控制權益淨利 (Non-controlling Interest Share)	(8)
控制權益淨利 (Controlling Interest Share)	$ 337

表 4-3　(本書所列之合併工作底稿，採此種格式。)

會計科目	(a) 母公司	(b) 80%子公司	(c) 調整/沖銷 借方	(c) 調整/沖銷 貸方	(d) 合併財務報表	
銷貨收入	$1,000	$100			$1,100	母收入＋子收入
銷貨成本	(500)	(40)			(540)	(母成本＋子成本)
營業費用	(200)	(20)			(220)	(母費用＋子費用)
	$300	$40			$340	
處分不動產、廠房及設備利益	20	—			20	(母收益/利得＋子收益/利得)
利息費用	(15)	—			(15)	(母費損＋子費損)
採用權益法認列之子公司、關聯企業及合資利益之份額	32	—	32		—	
淨　利	$337	$40				
總合併淨利					$345	(※) 母個別淨利＋子個別淨利
非控制權益淨利			8		(8)	(非控制權益淨利)
控制權益淨利					$337	控制權益淨利
	$305＋$32 ＝母＋0.8子		CI：$32 NCI：$8			控制權益淨利、母公司業主淨利 ＝母公司股東應分享之集團淨利

※：「母個別淨利＋子個別淨利」＝「合併個體整體淨利」或「總合併淨利」$345，$1,100－$540－$220＋$20－$15＝$345，其中$8是非控制權益應分享之子公司淨利($40×20%＝$8)，其餘$337是控制權益(母公司業主)淨利，而$337則包括：母公司個別淨利$305及母公司分享子公司淨利$32 ($40×80%＝$32)，故$337亦是母公司業主應分享之淨利。

(B) 表達方式：

　　按「個體理論」精神，合併綜合損益表的"最末項(the bottom line)"應是「總合併淨利(Total Consolidated Net Income)」，已表達集團整體營業結果，故在「總合併淨利」下方另外表達「總合併淨利」的歸屬情況，即分別列示「總合併淨利」歸屬於控制權益(或母公司業主)之金額為何，而歸屬於非控制權益之金額又為何，格式請詳次頁表4-4。

表 4-4

<table>
<tr><td colspan="2" align="center">母 公 司 及 其 子 公 司
合 併 綜 合 損 益 表
(某 特 定 期 間)</td></tr>
<tr><td>銷貨收入 (Sales)</td><td>$1,100</td></tr>
<tr><td>銷貨成本 (Cost of Goods Sold)</td><td>(540)</td></tr>
<tr><td>銷貨毛利 (Gross Profit)</td><td>$ 560</td></tr>
<tr><td>各項營業費用 (Operating Expenses)</td><td>(220)</td></tr>
<tr><td>營業利益 (Operating Income)</td><td>$ 340</td></tr>
<tr><td>營業外收入及支出</td><td></td></tr>
<tr><td>　其他收益及利得 (Other Income & Gains)</td><td>20</td></tr>
<tr><td>　其他費用及損失 (Other Expenses & Losses)</td><td>(15)</td></tr>
<tr><td>總合併淨利 (Total Consolidated Net Income)</td><td>$ 345</td></tr>
<tr><td></td><td></td></tr>
<tr><td>總合併淨利歸屬於：</td><td></td></tr>
<tr><td>　控制權益淨利 (Controlling Interest Share)</td><td>$ 337</td></tr>
<tr><td>　非控制權益淨利 (Non-controlling Interest Share)</td><td>8</td></tr>
<tr><td></td><td>$ 345</td></tr>
</table>

二、合併保留盈餘表的基本觀念

保留盈餘表，係彙述特定期間內會計個體的保留盈餘金額從期初到期末的變動情形。由於適用權益法，在單線合併效果下，子公司淨值已融入母公司淨值中，若合併綜合損益表採用上述「(A)表達方式」，則更易看出，當母公司正確地適用權益法時，母公司保留盈餘表的內容即為合併保留盈餘表的內容，而「合併(或母公司)保留盈餘」期末金額連同「合併(或母公司)普通股股本」期末金額及「合併(或母公司)資本公積」期末金額，即構成合併財務狀況表權益項下之「控制權益」，且與「非控制權益」分別列示。換言之，合併保留盈餘表內容與正確權益法下母公司保留盈餘表內容相同，前者是基於詳細合併的精神，後者是按彙總式單線合併而得。編表過程中，有下列四點須說明：(以次頁表 4-5 為解說釋例)

(1) 期初保留盈餘，是前一會計期間的期末保留盈餘。沖銷子公司期初保留盈餘 $300，是第三章已說明之相對科目沖銷，只不過本章因須加入當期損益之合併，故改以期初餘額將相對科目沖銷。

表 4-5

會計科目	(a) 母公司	+ (b) 80%子公司	± (c) 調整/沖銷 借方	貸方	= (d) 合併財務報表	
期初保留盈餘	$1,700	$300	300		$1,700	母公司期初保留盈餘
加：淨　利	337	40			337	控制權益淨利
減：股　利	(60)	(15)		12 3	(60)	(母公司分配予 母公司股東之股利)
期末保留盈餘	$1,977	$325			$1,977	母公司期末保留盈餘
		股利：CI：$12 NCI：$3				

(2) 按財務報表的編製邏輯，合併保留盈餘表中「淨利」列之金額係來自合併綜合損益表的控制權益淨利$337(詳表 4-3)，非橫向合計而得。

(3) 合併保留盈餘表中的「股利」列，在「調整/沖銷」欄之貸方填入$12，係為沖銷子公司分配予母公司之現金股利$12，$15×80％＝$12。以合併個體觀點，子公司分配予母公司$12 現金股利交易係屬內部交易，因該股利並未對外分配，故須沖銷。另在「調整/沖銷」欄之貸方填入$3，係為轉列子公司分配予非控制股東之現金股利$3，$15×20％＝$3。以合併個體觀點，子公司分配予非控制股東之$3 現金股利雖已對外分配，非屬內部交易，但該項股利須用來計算非控制權益期末應有金額，並表達在合併財務狀況表權益項下，故貸記轉列為非控制權益當期淨變動數之組成項目。

(4) 由表 4-5 可得知，母公司對於「採用權益法之投資」的會計處理若正確地適用權益法，則合併保留盈餘表的內容[(d)欄]，即為母公司在正確權益法下保留盈餘表的內容[(a)欄]。

　　按準則規定，須編製合併權益變動表時，其合併邏輯與程序同上述之合併保留盈餘表，不再贅述。

釋例一： （期初收購，編製當期期末合併財務報表）

　　甲公司於 20x5 年 1 月 1 日以$231,000 取得乙公司 70%股權，並對乙公司存在控制。當日乙公司權益包括普通股股本$200,000 及保留盈餘$100,000，且乙公司帳列資產及負債之帳面金額皆等於公允價值，乙公司除有一項未入帳專利權，預估尚有 5 年使用年限外，無其他未入帳資產或負債。非控制權益係以收購日公允價值衡量。

因題目未提供非控制權益於收購日之公允價值，故以甲公司移轉對價設算乙公司於收購日之總公允價值。　∴ 乙公司總公允價值＝$231,000÷70%＝$330,000
乙公司帳列淨值低估數＝$330,000－($200,000＋$100,000)＝$30,000
　　　　　　＝乙公司未入帳專利權
乙公司未入帳專利權之每年攤銷數＝$30,000÷5 年＝$6,000
非控制權益＝乙公司總公允價值$330,000×30%＝$99,000

補充(1)： 若已知非控制權益於收購日之公允價值，例如$91,000，則
　　　　　乙公司總公允價值＝$231,000＋$91,000＝$322,000
　　　　　乙公司帳列淨值低估數＝$322,000－($200,000＋$100,000)＝$22,000
　　　　　　　　　＝乙公司未入帳專利權
　　　　　乙公司未入帳專利權之每年攤銷數＝$22,000÷5 年＝$4,400

補充(2)： 若非控制權益係按「對乙公司可辨認淨資產(公允價值)所享有之比例份額」衡量，則
　　　　　假設：X＝非控制權益於收購日之金額
　　　　　　　　Y＝乙公司帳列淨值低估數＝乙公司未入帳專利權
　　　　　因此，($231,000＋X)－($200,000＋$100,000)＝Y -----方程式①
　　　　　　且，X＝[($200,000＋$100,000)＋Y]×30% ------------方程式②
　　　　　解聯立方程式，得出：
　　　　　　X＝非控制權益於收購日之金額＝$99,000
　　　　　　Y＝乙公司帳列淨值低估數＝乙公司未入帳專利權＝$30,000

20x5 及 20x6 年，乙公司帳列淨利分別為$80,000 及$100,000，宣告並發放之現金股利分別為$30,000 及$40,000。

按權益法精神，相關項目異動彙述如下：

	20x5/1/1	20x5年	20x5/12/31	20x6年	20x6/12/31
乙－權　益	$300,000	＋$80,000 －$30,000	$350,000	＋$100,000 －$40,000	$410,000
權益法：					
甲－採用權益法 　之投資	$231,000	＋$51,800 －$21,000	$261,800	＋$65,800 －$28,000	$299,600
合併財務報表：					
專利權	$30,000	－$6,000	$24,000	－$6,000	$18,000
非控制權益	$99,000	＋$22,200 －$9,000	$112,200	＋$28,200 －$12,000	$128,400
20x5年：甲公司應認列之投資收益＝($80,000－$6,000)×70％＝$51,800 　　　　非控制權益淨利＝($80,000－$6,000)×30％＝$22,200 20x6年：甲公司應認列之投資收益＝($100,000－$6,000)×70％＝$65,800 　　　　非控制權益淨利＝($100,000－$6,000)×30％＝$28,200					
驗　算： 20x5/12/31：甲帳列「採用權益法之投資」 　　　　　＝(乙權益$350,000＋未攤銷之未入帳專利權$24,000)×70％＝$261,800 　　　　合併財務狀況表上之「非控制權益」＝($350,000＋$24,000)×30％＝$112,200 20x6/12/31： 　　　　甲帳列「採用權益法之投資」＝($410,000＋$18,000)×70％＝$299,600 　　　　合併財務狀況表上之「非控制權益」＝($410,000＋$18,000)×30％＝$128,400					

甲公司及乙公司20x5年財務報表資料，已分別列入合併工作底稿，如下：

表4-6

甲公司及其子公司
合併工作底稿
20x5年1月1日至20x5年12月31日

	甲公司	70% 乙公司	調整／沖銷 借方	調整／沖銷 貸方	合併 財務報表
綜合損益表：					
銷貨收入	$800,000	$200,000			$1,000,000
採用權益法認列之 子公司、關聯企業 及合資利益之份額	51,800	－	(1) 51,800		－
各項費用	(600,000)	(120,000)	(4) 6,000		(726,000)

淨　利	$251,800	$ 80,000			
總合併淨利					$ 274,000
非控制權益淨利			(2) 22,200		(22,200)
控制權益淨利					$ 251,800
保留盈餘表：					
期初保留盈餘	$500,000	$100,000	(3) 100,000		$500,000
加：淨　利	251,800	80,000			251,800
減：股　利				(1) 21,000	
	(100,000)	(30,000)		(2) 9,000	(100,000)
期末保留盈餘	$651,800	$150,000			$651,800
財務狀況表：					
現　金	$ 200,000	$ 30,000			$ 230,000
其他流動資產	300,000	110,000			410,000
採用權益法之投資	261,800	—		(1) 30,800	
				(3) 231,000	—
不動產、廠房及設備	1,200,000	400,000			1,600,000
減：累計折舊	(200,000)	(120,000)			(320,000)
專利權	—	—	(3) 30,000	(4) 6,000	24,000
總資產	$1,761,800	$420,000			$1,944,000
各項負債	$ 110,000	$ 70,000			$ 180,000
普通股股本	1,000,000	200,000	(3) 200,000		1,000,000
保留盈餘	651,800	150,000			651,800
總負債及權益	$1,761,800	$420,000			
非控制權益－1/1				(3) 99,000	
非控制權益 　－當期增加數				(2) 13,200	
非控制權益－12/31					112,200
總負債及權益					$1,944,000

說　明：

(A) 將 20x5 年合併工作底稿中「調整/沖銷」欄之金額以分錄格式呈現，共區分為四個分錄，如下：

沖 (1)	採用權益法認列之子公司、關聯 　　　企業及合資利益之份額　　51,800 　　股　利　　　　　　　　　　　　　21,000 　　採用權益法之投資　　　　　　　　30,800	詳下述**(B)**

沖(2)	非控制權益淨利	22,200		詳下述**(C)**
	股　　利		9,000	
	非控制權益		13,200	
沖(3)	普通股股本	200,000		詳下述**(D)**
	保留盈餘	100,000		
	專　利　權	30,000		
	採用權益法之投資		231,000	
	非控制權益		99,000	
沖(4)	攤銷費用	6,000		詳下述**(E)**
	專　利　權		6,000	

(B) 沖銷分錄**(1)**：

(a) 「放棄彙總金額之單線合併效果，改為以詳細金額表達之合併財務報表」，意即放棄原已納入母公司綜合損益表的投資收益(係子公司營業結果歸屬母公司的部分)，改以子公司各項收入、成本、費用、利得、損失等項目的詳細金額，並逐項與母公司的收入、成本、費用、利得、損失等項目合計。因此，在合併工作底稿「採用權益法認列之子公司、關聯企業及合資利益之份額」列之「調整/沖銷」欄的借方填入$51,800，以沖銷投資收益這個彙總金額。

(b) 貸記股利$21,000，即在合併工作底稿「股利」列之「調整/沖銷」欄的貸方填入$21,000，以沖銷子公司分配予母公司之股利$21,000，$30,000×70%＝$21,000，因為以合併個體觀點，該交易係屬合併個體之內部交易，$21,000股利並未對外分配，故貸記沖銷之。

(c) 至此，沖銷分錄(1)之借貸金額並未平衡，貸方差額$30,800，$51,800－$21,000＝$30,800，此金額正是甲公司帳列「採用權益法之投資」當期之淨增加數，即因認列投資收益增加$51,800，收到現金股利減少$21,000，故以差額貸記「採用權益法之投資」$30,800。因此「採用權益法之投資」之餘額只剩期初餘額$231,000 未沖銷。

回想第三章編製合併財務狀況表時，在「放棄彙總金額之單線合併效果，改為以詳細金額表達之合併財務報表」的邏輯下，「採用權益法之投資」科目餘額務必消除，不可包含在合併財務狀況表中。但因本章加入當期綜合損益表之合併，故「採用權益法之投資」科目餘額改分為兩階段沖銷。於沖銷分錄(1)，先貸記沖銷該科目之當期淨增加數($30,800)，另期初餘額($231,000)則於沖銷分錄(3)，再行貸記沖銷。

(C) 沖銷分錄(2)：

(a) 將子公司的各項收入、成本、費用、利得、損失與母公司各該項的收入、成本、費用、利得、損失合計，才能編製出代表合併個體(集團＝母公司及其子公司)營業結果的合併綜合損益表。但當母公司持有子公司的股權低於 100%時，表示尚有非控制股東將分享子公司的營業結果，故在合併工作底稿上，將「非控制權益淨利」列為「總合併淨利」的減項，以得出歸屬控制權益的淨利，即「控制權益淨利、母公司業主淨利」。因此，須在合併工作底稿中增列「非控制權益淨利」，並在其「調整/沖銷」欄的借方填入$22,200，使之出現在合併綜合損益表中，並成為一個減項。

(b) 貸記股利$9,000，即在合併工作底稿「股利」列之「調整/沖銷」欄之貸方填入$9,000，係為轉列子公司分配予非控制股東之現金股利$9,000，$30,000×30％＝$9,000。以合併個體觀點，該現金股利雖已對外分配，<u>非屬內部交易</u>，但該項股利須用來計算「非控制權益」期末應有金額，並表達在合併財務狀況表之權益項下，故貸記以轉列為「非控制權益」當期淨變動數之組成項目，詳下段**(C)**(c)及**(D)**之說明。

(c) 至此，沖銷分錄(2)之借貸金額並未平衡，貸方差額$13,200，$22,200－$9,000＝$13,200，此金額是「非控制權益」當期之淨增加數。回想第三章編製合併財務狀況表時，當母公司持有子公司的股權低於 100%時，表示尚有非控制股東擁有子公司的股權淨值，故必須將「非控制權益」表達在合併財務狀況表之權益項下。但因本章加入當期綜合損益表之合併，故「非控制權益」期末金額改分為兩個金額合計而成。於沖銷分錄(2)，先貸記「非控制權益」當期淨增加數($13,200)，另期初金額($99,000)則於沖銷分錄(3)再行貸記增列。

(D) 沖銷分錄(3)：

(a) 沖銷分錄(3)即第三章介紹的相對科目之沖銷。將代表母公司持有子公司淨值之「採用權益法之投資」(期初餘額$231,000)與子公司權益相關科目(普通股股本期初餘額$200,000 及保留盈餘期初餘額$100,000，合計$300,000)對沖，乙公司於收購日淨值高估或低估數，則按其原因借記或貸記資產及(或)負債科目，並同時增列「非控制權益」期初金額$99,000。

(b) 須特別注意,因本章加入當期綜合損益表之合併,故本沖銷分錄之金額是期初金額,而非第三章所介紹的期末金額。意即,此處貸記「採用權益法之投資」(期初餘額$231,000),係配合上述**(B)**(c)已沖銷其當期淨增加數($30,800),此二步驟恰可將「採用權益法之投資」的期末餘額($261,800)沖銷完畢。又所增列之「非控制權益」期初金額($99,000),係配合上述**(C)**(c)已貸記其當期淨增加數($13,200),恰可得「非控制權益」期末金額($112,200)並表達在合併財務狀況表之權益項下。

(E) 沖銷分錄(4):

因沖銷分錄(3)係以期初金額處理(沖銷「採用權益法之投資」或增列「非控制權益」「非控制權益」),故**(D)**(a)中針對乙公司於收購日淨值高估或低估數,已按其原因借記或貸記資產及(或)負債科目的部份,亦是期初金額,而非期末金額,因此須按其性質將期初金額調整為期末金額,才能列示在合併財務狀況表上。本例乙公司於收購日帳列淨值低估係因乙公司有一項未入帳專利權,尚有5年使用年限,故將$30,000分5年攤銷,每年攤銷數$6,000。

(F) 待將沖銷分錄金額填入「調整/沖銷」欄之適當借方或貸方後,按合併工作底稿由上而下之順序,將每一項目橫向合計,即「母公司帳列金額(a)欄」+「子公司帳列金額(b)欄」±「調整/沖銷欄借記及(或)貸記之金額(c)」=「合併財務報表欄之金額(d)」,(c)欄須視該項目之性質及其調整/沖銷金額是填在借方或貸方,再決定是應加計或減除。

其中「總合併淨利」與「期末合併保留盈餘」之金額,按其性質係縱向合計而得,非橫向合計而來,請讀者特別注意。另須將合併綜合損益表中「控制權益淨利」金額($251,800),抄錄到合併保留盈餘表中之「淨利」欄位;再將合併保留盈餘表中「期末保留盈餘」金額($651,800),抄錄到合併財務狀況表中之「期末保留盈餘」欄位。

(G) 將合併財務狀況表中之各項資產縱向合計,再將各項負債及權益縱向合計,若這兩個合計數相等,則合併工作底稿即告完成,最後再根據合併工作底稿(d)欄的資料編製三張合併財務報表,即合併綜合損益表、合併保留盈餘表及合併財務狀況表。

(H) 以表4-6為例,將完成合併工作底稿的步驟與過程列示於本章附錄一。

甲公司及乙公司 20x6 年財務報表資料,已分別列入合併工作底稿,如下:

表 4-7

<table>
<tr><td colspan="6" align="center">甲 公 司 及 其 子 公 司
合 併 工 作 底 稿
20x6 年 1 月 1 日 至 20x6 年 12 月 31 日</td></tr>
<tr><td></td><td rowspan="2">甲公司</td><td>70%
乙公司</td><td colspan="2">調整／沖銷</td><td rowspan="2">合 併
財務報表</td></tr>
<tr><td></td><td></td><td>借 方</td><td>貸 方</td></tr>
<tr><td>綜合損益表：</td><td></td><td></td><td></td><td></td><td></td></tr>
<tr><td>銷貨收入</td><td>$900,000</td><td>$230,000</td><td></td><td></td><td>$1,130,000</td></tr>
<tr><td>採用權益法認列之子公司、關聯企業及合資利益之份額</td><td>65,800</td><td>—</td><td>(1) 65,800</td><td></td><td>—</td></tr>
<tr><td>各項費用</td><td>(670,000)</td><td>(130,000)</td><td>(4) 6,000</td><td></td><td>(806,000)</td></tr>
<tr><td>淨 利</td><td>$295,800</td><td>$100,000</td><td></td><td></td><td></td></tr>
<tr><td>總合併淨利</td><td></td><td></td><td></td><td></td><td>$ 324,000</td></tr>
<tr><td>非控制權益淨利</td><td></td><td></td><td>(2) 28,200</td><td></td><td>(28,200)</td></tr>
<tr><td>控制權益淨利</td><td></td><td></td><td></td><td></td><td>$ 295,800</td></tr>
<tr><td>保留盈餘表：</td><td></td><td></td><td></td><td></td><td></td></tr>
<tr><td>期初保留盈餘</td><td>$651,800</td><td>$150,000</td><td>(3) 150,000</td><td></td><td>$651,800</td></tr>
<tr><td>加：淨 利</td><td>295,800</td><td>100,000</td><td></td><td></td><td>295,800</td></tr>
<tr><td>減：股 利</td><td>(120,000)</td><td>(40,000)</td><td></td><td>(1) 28,000
(2) 12,000</td><td>(120,000)</td></tr>
<tr><td>期末保留盈餘</td><td>$827,600</td><td>$210,000</td><td></td><td></td><td>$827,600</td></tr>
<tr><td>財務狀況表：</td><td></td><td></td><td></td><td></td><td></td></tr>
<tr><td>現 金</td><td>$ 334,000</td><td>$ 90,000</td><td></td><td></td><td>$ 424,000</td></tr>
<tr><td>其他流動資產</td><td>365,000</td><td>130,000</td><td></td><td></td><td>495,000</td></tr>
<tr><td>採用權益法之投資</td><td>299,600</td><td>—</td><td></td><td>(1) 37,800
(3) 261,800</td><td>—</td></tr>
<tr><td>不動產、廠房及設備</td><td>1,200,000</td><td>400,000</td><td></td><td></td><td>1,600,000</td></tr>
<tr><td>減：累計折舊</td><td>(250,000)</td><td>(150,000)</td><td></td><td></td><td>(400,000)</td></tr>
<tr><td>專利權</td><td>—</td><td>—</td><td>(3) 24,000</td><td>(4) 6,000</td><td>18,000</td></tr>
<tr><td>總 資 產</td><td>$1,948,600</td><td>$470,000</td><td></td><td></td><td>$2,137,000</td></tr>
<tr><td>各項負債</td><td>$ 121,000</td><td>$ 60,000</td><td></td><td></td><td>$ 181,000</td></tr>
<tr><td>普通股股本</td><td>1,000,000</td><td>200,000</td><td>(3) 200,000</td><td></td><td>1,000,000</td></tr>
<tr><td>保留盈餘</td><td>827,600</td><td>210,000</td><td></td><td></td><td>827,600</td></tr>
<tr><td>總負債及權益</td><td>$1,948,600</td><td>$470,000</td><td></td><td></td><td></td></tr>
</table>

	甲公司	70% 乙公司	調整／沖銷		合 併 財務報表
			借 方	貸 方	
非控制權益－ 1/1				(3) 112,200	
非控制權益 －當期增加數				(2) 16,200	
非控制權益－12/31					128,400
總負債及權益					$2,137,000

依上述之合併邏輯,將 20x6 年合併工作底稿中「調整/沖銷」欄之金額以分錄格式呈現,共區分為四個分錄,如下:

沖 (1)	採用權益法認列之子公司、關聯 　　企業及合資利益之份額　　65,800 　　股　　利　　　　　　　　　　　　　28,000 　　採用權益法之投資　　　　　　　　37,800	理同 20x5 年度 合併工作底稿 之說明**(B)**
沖 (2)	非控制權益淨利　　　　　　　28,200 　　股　　利　　　　　　　　　　　　　12,000 　　非控制權益　　　　　　　　　　　　16,200	理同 20x5 年度 合併工作底稿 之說明**(C)**
沖 (3)	普通股股本　　　　　　　　200,000 保留盈餘　　　　　　　　　150,000 專　利　權　　　　　　　　24,000 　　採用權益法之投資　　　　　　　　261,800 　　非控制權益　　　　　　　　　　　112,200	理同 20x5 年度 合併工作底稿 之說明**(D)**
沖 (4)	攤銷費用　　　　　　　　　　6,000 　　專　利　權　　　　　　　　　　　　6,000	理同 20x5 年度 合併工作底稿 之說明**(E)**

三、合併工作底稿上之調整/沖銷金額

為編製正確的母公司及其子公司合併財務報表,利用合併工作底稿之「調整/沖銷」欄可達到三個效果:**(i)** 更正母公司及子公司財務報表中之誤述金額,**(ii)** 消除不應重覆出現在合併財務報表上之金額,**(iii)** 讓應出現在合併財務報表上之金額現身。因此按上述沖銷邏輯與觀念,可知合併工作底稿上「調整/沖銷」欄及其金額,已成為一種合理易懂的調整/沖銷方式,又為確定「調整/沖銷」欄內借方總金額與貸方總金額是否相等,另以分錄格式呈現,以便確認借貸平衡。茲

歸納說明如下：

(1) 合併工作底稿上母公司及子公司各自財務報表若有錯誤與疏漏，先行調整或更正。

(2) 沖銷母、子公司間或子公司之間內部交易所產生的未實現損益。該未實現損益須遞延到實現時始可認列，此原則不論是在適用權益法認列投資損益(單線合併)時，或在編製合併財務報表時皆然。有關內部交易、未實現損益或已實現損益及其對編製合併財務報表之影響等議題，將於第五、六、七章說明。

(3) 沖銷母公司認列之投資損益(借記「採用權益法認列之子公司、關聯企業及合資利益之份額」，或貸記「採用權益法認列之子公司、關聯企業及合資損失之份額」)，及沖銷母公司收自子公司之現金股利(貸記「股利」)，借、貸方差額則借記或貸記「採用權益法之投資」。又該借、貸方差額恰為「採用權益法之投資」之當期淨變動數，因此本沖銷分錄將使「採用權益法之投資」只剩期初餘額尚未沖銷，而該期初餘額將留至下述(5)再行沖銷。

(4) 於合併工作底稿上之合併綜合損益表中增列「非控制權益淨利」，且在合併財務狀況表中增列「非控制權益」。先在「調整/沖銷」欄借記「非控制權益淨利」，並沖銷非控制股東收自子公司之現金股利(貸記「股利」)，借、貸方差額則是「非控制權益」在當期之淨變動數(可能借記或貸記)，故應列為「非控制權益」的一部分。另「非控制權益」期初金額，則透過下述(5)予以增列(貸記)。

(5) 分三項說明：(a)按期初金額，沖銷母公司帳列「採用權益法之投資」(貸記)與子公司權益相關科目(借記)，(b)子公司於收購日淨值高估或低估數，依其原因借記或貸記資產及(或)負債科目，金額為期初金額，(c)增列「非控制權益」期初金額(貸記)。

(6) 上述(5)是按期初金額處理，故上述(5)(b)針對乙公司於收購日淨值高估或低估數，已按其原因借記或貸記資產及(或)負債的部份，是期初金額，非期末金額，因此尚須按其性質將期初金額調整為期末金額，才能列示在合併財務狀況表上。例如：子公司淨值高估或低估原因若是存貨價值高(低)估，且該存貨已於當期出售，則應調整銷貨成本；又如子公司淨值高估或低估原因若是不動產、廠房及設備價值高(低)估，且該折舊性資產確於當期營業過程中使用，則應調整相關之折舊費用與累計折舊；以此類推。

(7) 其餘的相對科目，若因母、子公司間或子公司之間發生內部交易而出現的會計科目，只須按其性質彼此互相對沖即可。例如：母公司帳列之應收股利與子公司帳列之應付股利對沖，又如：應收母(子)公司款項／應付子(母)公司款項，應收利息／應付利息，利息費用／利息收入等亦同。

四、合併工作底稿借、貸方無法平衡時之檢查步驟

由釋例一已知，完成合併工作底稿的最後一個步驟，是將合併財務狀況表中之各項資產縱向合計，再將各項負債及權益縱向合計，若這兩個合計數相等，則合併工作底稿即告完成,最後再根據合併工作底稿上之合併財務報表欄的資料編製合併財務報表即可。但若這兩個合計數不相等，則表示編製合併工作底稿過程中發生錯誤，此時可按下列<u>建議步驟</u>，依完成合併工作底稿邏輯順序的相反方向，逐步地逆向檢查，以發現錯誤並修正之：

(1) 將合併財務報表欄 [(d)欄] 之資料再縱向合計一遍，因為導致最後合併財務狀況表借、貸方不平衡，有時只是不小心計算錯誤，故先再驗算一遍或兩遍。若確定合併財務狀況表中之各項資產合計數與各項負債及權益合計數不相等，則進入步驟(2)。

(2) 檢查每一橫列會計科目之金額是否皆納入合併財務報表欄 [(d)欄]，當然「控制權益淨利」及「合併保留盈餘之期末金額」除外。其中最常被忽略，而忘記將之納入合併財務報表欄 [(d)欄] 的項目是「非控制權益淨利」(應列在合併綜合損益表上)及「非控制權益之期末金額」(應列在合併財務狀況表上)，因為這兩個項目是單一企業財務報表上所沒有的項目，故常被遺忘。若檢查後並未發現有任何項目被遺漏，則進入步驟(3)。

(3) 驗算每一橫列項目之橫向合計數，即「母公司帳列金額(a)欄」+「子公司帳列金額(b)欄」±「調整/沖銷欄借記及(或)貸記之金額(c)」=「合併財務報表欄之金額(d)」，(c)欄須視該項目之性質及其調整/沖銷金額是填在借方或貸方，再決定是應加計或減除。若驗算後仍無誤，則進入步驟(4)。

(4) 逐一檢查「調整/沖銷」欄上借記及貸記金額的合理性，並分別合計該欄之借方金額總數及貸方金額總數，以確定其借、貸方總金額是否平衡。

按此檢查步驟，通常可順利發現疏漏錯誤之所在，更正後便可編製出正確的母公司及其子公司合併財務報表。

五、試算表格式之合併工作底稿(Trial Balance Approach)

有時母公司在期末適用權益法或編製母、子公司合併財務報表前，只取得子公司期末試算表，而非整套財務報表。遇此，有兩種處理方式：

(1) 先將子公司試算表編製成三張財務報表，再利用前述「財務報表格式的合併工作底稿(Financial Statement Approach)」，編製母、子公司合併財務報表。

(2) 直接利用子公司試算表，按釋例二介紹的「試算表格式的合併工作底稿(Trial Balance Approach)」編製程序，仍可編出正確的母、子公司合併財務報表。

合併工作底稿上「調整/沖銷」欄中所須借記或貸記的項目與金額，不會因合併工作底稿格式的不同而有異，意即合併的邏輯與方法不會因合併工作底稿格式的不同而有所改變。

釋例二： (期初收購，編製當期期末之合併財務報表)

沿用釋例一資料，假設甲公司係取得乙公司 20x6 年 12 月 31 日試算表，則將甲公司及乙公司之試算表資料，分別列入試算表格式之合併工作底稿，如下：

甲公司及其子公司
合併工作底稿－試算表格式
20x6 年 1 月 1 日至 20x6 年 12 月 31 日　　(單位：千元)

	(a)　　　+	(b)　　　±	(c)		=	(d)	
	甲公司	70% 乙公司	調整 / 沖銷 借方	貸方	合併綜合 損益表	合併保留 盈餘表	合併財務 狀況表
借方：							
現　　金	$ 334	$ 90					$ 424
其他流動資產	365	130					495
採用權益法 　之投資	299.6	—	(1) 37.8 (3)261.8				—
不動產、廠房 　及設備	1,200	400					1,600
各項費用	670	130	(4)　6		$(806)		
股　　利	120	40	(1) 28 (2) 12			$(120)	

	甲公司	70%乙公司	調整/沖銷 借方	調整/沖銷 貸方	合併綜合損益表	合併保留盈餘表	合併財務狀況表
借　方：(續)							
非控制權益淨利	—	—	(2)28.2		(28.2)		
專利權	—	—	(3) 24	(4) 6			18
合　計	$2,988.6	$790					$2,537
貸　方：							
累計折舊	$　250	$150					$　400
各項負債	121	60					181
普通股股本	1,000	200	(3) 200				1,000
保留盈餘－1/1	651.8	150	(3) 150			651.8	
銷貨收入	900	230			1,130		
採用權益法認列之子公司、關聯企業及合資利益之份額	65.8	—	(1)65.8				
合　計	$2,988.6	$790					
非控制權益－1/1				(3)112.2			
非控制權益－當期增加數				(2)16.2			
非控制權益－12/31							128.4
控制權益淨利					$ 295.8	295.8	
保留盈餘－12/31						$827.6	827.6
合　計							$2,537

說　明：

(1) 試算表格式之合併工作底稿上「調整/沖銷」欄中所須借記或貸記之金額，與財務報表格式的合併工作底稿上「調整/沖銷」欄中所須借記或貸記之金額完全相同。

(2) 待「調整/沖銷」金額填入適當欄位後，按合併工作底稿由上而下之順序，將每一橫列項目橫向合計，即「母公司帳列金額(a)欄」＋「子公司帳列金額(b)欄」±「調整/沖銷欄借記及(或)貸記之金額(c)」＝「合併財務報表欄之金額(d)」，(c)欄須視該項目之性質及其調整/沖銷金額是填在借方或貸方，再決定是應加計或減除。合計數(d)按該會計科目之性質，直接填入「合併綜合損益表」、「合併保留盈餘表」或「合併財務狀況表」中之適當欄位。

(3) 縱向合計「合併綜合損益表」欄中之金額，合計數為「控制權益淨利」($295,800)。將「控制權益淨利」金額，抄錄到「合併保留盈餘表」中，作為加項。

(4) 縱向合計「合併保留盈餘表」欄中之金額，合計數為「期末合併保留盈餘」($827,600)。將「期末合併保留盈餘」，抄錄到「合併財務狀況表」中，作為貸方的加項。

(5) 縱向合計「合併財務狀況表」中借方欄位之金額，再縱向合計「合併財務狀況表」中貸方欄位之金額，若借方總金額與貸方總金額相等，則合併工作底稿即告完成，最後再根據(d)項三欄資料編製母、子公司合併財務報表。

六、收購日子公司帳列淨值高(低)估數，於編製合併財務報表時之處理

　　有關收購日子公司帳列淨值高估或低估數於編製合併財務狀況表時之處理，已於第三章說明，該合併邏輯與原則同樣適用於本章利用合併工作底稿同時編製三張合併財務報表之情況。唯一不同的是，為配合按期初金額將母公司帳列「採用權益法之投資」與子公司權益相關科目對沖之故，因而同時增列之「非控制權益」項目亦是期初金額。另針對子公司於收購日帳列淨值高估或低估數，已按其原因借記或貸記資產及(或)負債科目的部份，是期初金額，非期末金額，因此尚須按其性質將期初金額調整為期末金額，才能列示在合併財務狀況表上。請詳上述釋例一之說明(D)[沖銷分錄(3)]及說明(E)[沖銷分錄(4)]。

　　於第三章已說明，母公司係以收購日子公司總公允價值觀點進行收購交易，並按移轉對價借記「採用權益法之投資」；而子公司則繼續按國際財務報導準則既有的衡量基礎，以帳面金額觀點處理其日常交易，並不因其股權在不同股東間移轉而有所改變。又納入合併財務報表之子公司收益及費損應以收購日合併財務報表所認列資產及負債之金額為基礎，故於收購日若「子公司總公允價值」與「子公司帳列淨值之帳面金額」不相等時，須分析差額原因及其相關金額，並保留分析結果，將來在各報導期間結束日，母公司適用權益法認列投資損益及編製合併財務報表時，這些差額分析結果將成為母公司認列投資損益之調整項目及合併工作底稿上之調整或沖銷項目，亦即須以收購日子公司總公允價值觀點應用於後續各期投資損益之認列及合併財務報表之編製。

編製合併財務報表，意即「放棄彙總金額之單線合併效果，改為以財務報表詳細組成項目及金額表達之合併財務報表」，其中所放棄之彙總金額是收購日子公司總公允價值觀點，當改為詳細資產及負債金額表達時，為了<u>等額替代</u>，須將子公司帳列資產及負債之帳面金額改按收購日公允價值衡量，此時就須仰賴上段所述之"收購日差額分析結果"的幫忙。

釋例三：

沿用<u>第三章釋例五及釋例六</u>之資料與假設。甲公司於 20x5 年 12 月 31 日以 $3,200,000 現金及發行 100,000 股甲公司普通股(每股面額$10，每股市價$40)以取得乙公司 90%流通在外普通股，並對乙公司存在控制。同日，支付合併相關成本$300,000 及發行股份相關支出$200,000。非控制權益係以收購日公允價值衡量。未包含上述收購相關交易，甲公司及乙公司 20x5 年 12 月 31 日帳列資產及負債如下： (單位：千元)

	甲公司		乙公司	
	帳面金額	公允價值	帳面金額	公允價值
現　　金	$ 5,600	$ 5,600	$ 220	$ 220
應收帳款－淨額	900	900	310	310
存　　貨	1,000	1,300	520	600
其他流動資產	700	900	400	400
土　　地	1,500	11,500	600	900
房屋及建築－淨額	8,200	15,200	4,100	5,100
辦公設備－淨額	7,300	9,300	2,000	1,600
資 產 總 額	$25,200	$44,700	$8,150	$9,130
應付帳款	$ 2,000	$ 2,000	$ 850	$ 850
長期應付票據(20x7/12/31 到期)	—	—	1,400	1,360
長期應付票據(20x8/ 6/30 到期)	4,000	3,800	—	—
普通股股本	10,000		4,000	
資本公積－普通股股票溢價	5,000		1,000	
保留盈餘	4,200		900	
負債及權益總額	$25,200		$8,150	

甲公司股權投資之分錄：

(續次頁)

20x5/12/31	採用權益法之投資	7,200,000	
	現　金		3,200,000
	普通股股本		1,000,000
	資本公積－普通股股票溢價		3,000,000
	$40×100,000 股＝$4,000,000，$3,200,000＋$4,000,000＝$7,200,000		
12/31	企業合併費用	300,000	
	資本公積－普通股股票溢價	200,000	
	現　金		500,000

註：上述兩個分錄過帳後，甲公司相關科目餘額異動如下：
　　現金＝$5,600,000－$3,200,000－$500,000＝$1,900,000
　　採用權益法之投資＝$0＋$7,200,000＝$7,200,000
　　普通股股本＝$10,000,000＋$1,000,000＝$11,000,000
　　資本公積＝$5,000,000＋$3,000,000－$200,000＝$7,800,000
　　保留盈餘＝$4,200,000－$300,000＝$3,900,000

非控制權益係以收購日公允價值衡量，惟釋例中未提及該公允價值，故設算之。
收購日，乙公司總公允價值＝$7,200,000÷90%＝$8,000,000
乙公司帳列淨值低估數＝$8,000,000－($8,150,000－$850,000－$1,400,000)
　　　　　　　　　　＝$8,000,000－$5,900,000＝$2,100,000
非控制權益＝收購日乙公司總公允價值$8,000,000×10%＝$800,000

分析乙公司帳列淨值低估數$2,100,000 的原因及相關金額：

	乙淨值低估數
(1) 存貨低估：($600,000－$520,000)	$　　80,000
(2) 土地低估：($900,000－$600,000)	300,000
(3) 房屋及建築低估：($5,100,000－$4,100,000)	1,000,000
(4) 辦公設備高估：($1,600,000－$2,000,000)	(400,000)
(5) 長期應付票據高估：($1,400,000－$1,360,000)	40,000
	$1,020,000
(6) 未入帳商譽：($2,100,000－$1,020,000＝$1,080,000)	1,080,000
	$2,100,000

　　利用合併工作底稿完成財務狀況表的合併任務，詳次頁表 4-8。至於合併綜合損益表及合併保留盈餘表，即是甲公司 20x5 年綜合損益表及保留盈餘表，無須將乙公司 20x5 年之營業結果納入，係因乙公司 20x5 年之營業結果已結帳至財

務狀況表且被甲公司於 20x5 年 12 月 31 日以取得 90%股權的方式納入甲公司財務報表中,即乙公司 20x5 年之營業結果已融入 20x5 年底的乙公司淨值中,且被甲公司"收購",並非是在甲公司管控下之營業結果。

將 20x5 年 12 月 31 日合併工作底稿之「調整/沖銷」金額以分錄格式呈現,以便確認其借貸總金額是否相等,如下:(單位:千元)

沖銷分錄(1)	普通股股本	4,000,000	
	資本公積－普通股股票溢價	1,000,000	
	保留盈餘	900,000	
	存　貨	80,000	
	土　地	300,000	
	房屋及建築－淨額	1,000,000	
	長期應付票據	40,000	
	商　譽	1,080,000	
	辦公設備－淨額		400,000
	採用權益法之投資		7,200,000
	非控制權益		800,000

表 4-8

甲公司及其子公司
合併工作底稿－財務狀況表
20x5 年 12 月 31 日　　　(單位:千元)

	甲公司	90%乙公司	調整/沖銷 借方	調整/沖銷 貸方	合併財務狀況表
現　金	$1,900	$220			$2,120
應收帳款－淨額	900	310			1,210
存　貨	1,000	520	(1) 80		1,600
其他流動資產	700	400			1,100
採用權益法之投資	7,200	－		(1) 7,200	－
土　地	1,500	600	(1) 300		2,400
房屋及建築－淨額	8,200	4,100	(1) 1,000		13,300
辦公設備－淨額	7,300	2,000		(1) 400	8,900
商　譽	－	－	(1) 1,080		1,080
總資產	$28,700	$8,150			$31,710

(續次頁)

	甲公司	90% 乙公司	調整／沖銷 借　方	調整／沖銷 貸　方	合併財務 狀況表
應付帳款	$ 2,000	$ 850			$ 2,850
長期應付票據	4,000	1,400	(1) 40		5,360
普通股股本	11,000	4,000	(1) 4,000		11,000
資本公積 　－普通股股票溢價	7,800	1,000	(1) 1,000		7,800
保留盈餘	3,900	900	(1) 900		3,900
總負債及權益	$28,700	$8,150			
非控制權益				(1) 800	800
總負債及權益					$31,710

　　從 20x6 年 1 月 1 日起，乙公司在甲公司管控下以其原有的法律形式繼續經營。若乙公司 20x6 及 20x7 年之淨利分別為$1,000,000 及$1,300,000，且於 20x6 及 20x7 年 11 月宣告並發放現金股利$400,000 及$500,000。乙公司對於收購日帳列淨值高估或低估之項目的後續處理為：(a)存貨於 20x6 年中出售；(b)截至 20x7 年 12 月 31 日，土地無任何交易或異動；(c)房屋估計可再使用 25 年；(d)辦公設備估計可再使用 10 年；(e)應付票據將於 20x7 年 12 月 31 日到期。假設採直線法計提折舊及攤銷應付票據之折、溢價。

　　分析乙公司帳列淨值低估數$2,100,000 的原因及相關金額，及其在 20x6 及 20x7 年適用權益法時須調整之金額：（單位：千元）

	乙淨值 低估數	處　分 年　度	20x6	20x7
(1) 存貨低估：($600－$520)	$ 80	20x6	$ 80	$ －
(2) 土地低估：($900－$600)	300	－	－	－
(3) 房屋及建築低估：($5,100－$4,100)	1,000	÷25 年	40	40
(4) 辦公設備高估：($1,600－$2,000)	(400)	÷10 年	(40)	(40)
(5) 長期應付票據高估：($1,400－$1,360)	40	÷2 年	20	20
	$1,020			
(6) 未入帳商譽：($2,100－$1,020＝$1,080)	1,080			
	$2,100		$100	$20

按權益法精神，相關項目異動如下：（單位：千元）

	20x5/12/31	20x6 年	20x6/12/31	20x7 年	20x7/12/31
乙－權　益	$5,900	＋$1,000 －$400	$6,500	＋$1,300 －$500	$7,300
權益法：					
甲－採用權益法 　之投資	$7,200	＋$810 －$360	$7,650	＋$1,152 －$450	$8,352
合併財務報表：					
存　貨	$ 80	－$ 80	$ －	$ －	$ －
土　地	300	－	300	－	300
房屋及建築－淨額	1,000	－40	960	－40	920
辦公設備－淨額	(400)	－(40)	(360)	－(40)	(320)
長期應付票據	40	－20	20	－20	－
商　譽	1,080	－	1,080	－	1,080
	$2,100	－$100	$2,000	－$20	$1,980
非控制權益	$800	＋$90 －$40	$850	＋$128 －$50	$928

20x6：甲按權益法應認列之投資收益＝($1,000－$100)×90%＝$810
　　　　非控制權益淨利＝($1,000－$100)×10%＝$90
20x7：甲按權益法應認列之投資收益＝($1,300－$20)×90%＝$1,152
　　　　非控制權益淨利＝($1,300－$20)×10%＝$128

驗算：
20x6/12/31：
　　(乙權益$6,500＋尚存之乙淨值低估數$2,000)×90%＝$7,650
　　　　＝乙總淨值歸屬於控制權益的部份＝甲帳列「採用權益法之投資」餘額
　　(乙權益$6,500＋尚存之乙淨值低估數$2,000)×10%＝$850
　　　　＝乙總淨值歸屬於非控制權益的部份
　　　　＝合併財務狀況表上「非控制權益」應表達之金額
20x7/12/31：
　　($7,300＋$1,980)×90%＝$8,352＝甲帳列「採用權益法之投資」餘額
　　($7,300＋$1,980)×10%＝$928＝合併財務狀況表上「非控制權益」應表達之金額

甲公司及乙公司 20x6 年財務報表資料，已分別列入合併工作底稿，如下：

表 4-9

甲 公 司 及 其 子 公 司
合 併 工 作 底 稿
20x6 年 1 月 1 日至 20x6 年 12 月 31 日　　(單位：千元)

	甲公司	90% 乙公司	調整/沖銷 借方	調整/沖銷 貸方	合併 財務報表
綜合損益表：					
銷貨收入	$10,000	$5,000			$15,000
採用權益法認列之子公司、關聯企業及合資利益之份額	810	—	(1) 810		—
銷貨成本	(6,000)	(2,500)	(3) 80		(8,580)
折舊費用	(580)	(200)	(5) 40	(6) 40	(780)
其他營業費用	(2,324)	(1,240)			(3,564)
利息費用	(160)	(60)	(7) 20		(240)
處分不動產、廠房及設備利益	50	—			50
淨　利	$1,796	$1,000			
總合併淨利					$1,886
非控制權益淨利			(2) 90		(90)
控制權益淨利					$1,796
保留盈餘表：					
期初保留盈餘	$3,900	$900	(3) 900		$3,900
加：淨利	1,796	1,000			1,796
減：股利	(600)	(400)		(1) 360 (2) 40	(600)
期末保留盈餘	$5,096	$1,500			$5,096
財務狀況表：					
現　金	$1,990	$760			$2,750
應收帳款－淨額	1,180	450			1,630
應收股利	360	—		(8) 360	—
存　貨	1,240	600	(3) 80	(4) 80	1,840
其他流動資產	680	390			1,070
採用權益法之投資	7,650	—		(1) 450 (3) 7,200	—

(續次頁)

	甲公司	90% 乙公司	調整/沖銷借方	調整/沖銷貸方	合併財務報表
財務狀況表：(續)					
土　　地	1,600	800	(3)　300		2,700
房屋及建築－淨額	8,000	4,000	(3)　1,000	(5)　40	12,960
辦公設備－淨額	7,000	1,900	(6)　40	(3)　400	8,540
商　　譽	－	－	(3)　1,080		1,080
總資產	$29,700	$8,900			$32,570
應付帳款	$ 2,104	$ 600			$ 2,704
應付票據 (20x7/12/31 到期)	－	1,400	(3)　40	(7)　20	1,380
應付股利	－	400	(8)　360		40
長期應付票據 (20x8/ 6/30 到期)	3,700	－			3,700
普通股股本	11,000	4,000	(3)　4,000		11,000
資本公積 －普通股股票溢價	7,800	1,000	(3)　1,000		7,800
保留盈餘	5,096	1,500			5,096
總負債及權益	$29,700	$8,900			
非控制權益－ 1/1				(3)　800	
非控制權益 －當期增加數				(2)　50	
非控制權益－12/31					850
總負債及權益					$32,570

　　甲公司及乙公司 20x7 年合併工作底稿不再舉例，讀者可參考 20x6 年合併工作底稿之編製過程，自行假設金額練習。茲將 20x6 年 12 月 31 日及 20x7 年 12 月 31 日合併工作底稿之「調整/沖銷」金額以分錄格式呈現，如下：

沖銷分錄：		20x6/12/31		20x7/12/31	
(1)	採用權益法認列之子公司、關聯 　　企業及合資利益之份額	810,000		1,152,000	
	股　　利		360,000		450,000
	採用權益法之投資		450,000		702,000
(2)	非控制權益淨利	90,000		128,000	
	股　　利		40,000		50,000
	非控制權益		50,000		78,000

(3)	普通股股本	4,000,000		4,000,000	
	資本公積－普通股股票溢價	1,000,000		1,000,000	
	保留盈餘	900,000		1,500,000	
	存　貨	80,000		－	
	土　地	300,000		300,000	
	房屋及建築－淨額	1,000,000		960,000	
	應付票據（#）	40,000		20,000	
	商　譽	1,080,000		1,080,000	
	辦公設備－淨額		400,000		360,000
	採用權益法之投資		7,200,000		7,650,000
	非控制權益		800,000		850,000
(4)	銷貨成本	80,000		X	
	存　貨		80,000		
(5)	折舊費用	40,000		40,000	
	房屋及建築－淨額		40,000		40,000
(6)	辦公設備－淨額	40,000		40,000	
	折舊費用		40,000		40,000
(7)	利息費用	20,000		20,000	
	應付票據（#）		20,000		20,000
(8)	應付股利	360,000		450,000	
	應收股利		360,000		450,000
#	原為「長期應付票據」，惟截至 20x6/12/31，應重分類為流動負債「應付票據」。本例若使用「應付票據－淨額」或「應付票據折價」科目皆係屬合宜。但國際會計準則並未規定是否應設相關之折價或溢價科目，故使用「應付票據」或更簡便，即不另設相關之折價或溢價科目。				

補充：

(1) 本例未提及商譽價值減損，故假設商譽價值未減損。

(2) 若已知乙公司未入帳商譽於 20x7 年價值減損$50,000，則

20x7 年，甲公司應認列之投資收益＝($1,300,000－$20,000－$50,000)×90%
　　　　　　　　　　＝$1,107,000。

20x7 年，非控制權益淨利＝($1,300,000－$20,000－$50,000)×10%＝$123,000

(續次頁)

按權益法精神，相關項目部分異動需修改如下： (單位：千元)

	20x5/12/31	20x6 年	20x6/12/31	20x7 年	20x7/12/31
權益法：					
甲－採用權益法之投資	$7,200	+$810 -$360	$7,650	+$1,107 -$450	$8,307
合併財務報表：					
存　貨	$ 80	-$ 80	$ —	$ —	$ —
：	：	：	：	：	：
商　譽	1,080	—	1,080	(50)	1,030
	$2,100	-$100	$2,000	-$70	$1,930
非控制權益	$800	+$90 -$40	$850	+$123 -$50	$923

另 20x6 年 12 月 31 日及 20x7 年 12 月 31 日合併工作底稿之「調整/沖銷」金額以分錄格式呈現時，20x7 年 12 月 31 日之沖銷分錄(1)及(2)的金額需修改，且需多加一個沖銷分錄(9)，如下：

沖銷分錄：		20x6/12/31	20x7/12/31
(1)	採用權益法認列之子公司、關聯企業及合資利益之份額	810,000	1,107,000
	股　　利	360,000	450,000
	採用權益法之投資	450,000	657,000
(2)	非控制權益淨利	90,000	123,000
	股　　利	40,000	50,000
	非控制權益	50,000	73,000
：	：		
(9)	無形資產減損損失－商譽	X	50,000
	商　　譽		50,000

七、母(子)公司財務報表存有誤述，於編製合併財務報表時之處理

　　母公司及子公司對於日常交易事項(除股權投資交易外)的帳務處理，可能有處理不當或發生錯誤之情況，例如：誤用會計原則、遺漏交易未入帳、計算錯誤等，導致母公司及(或)子公司財務報表隱含誤述。另母公司平時處理對子公司股

權投資交易時，可能：(1)因疏忽或誤用，雖明知母公司對子公司存在控制時須適用權益法，但實際應用時並未正確地適用權益法(有稱之為「不完全權益法」)，或 (2)因疏忽或不知母公司對子公司存在控制時須採用權益法，而採用了權益法以外的方法處理該項股權投資交易，導致母公司財務報表中「採用權益法之投資」餘額不正確。

因此，若使用隱含誤述的母公司及(或)子公司財務報表資料編製母、子公司合併財務報表時，應利用合併工作底稿中的「調整/沖銷」欄，先將誤述的母公司及(或)子公司財務報表做更正或調整後，再按本章的合併邏輯與方法沖銷相對科目餘額，合計非相對科目餘額，以便得出符合準則規定正確的母公司及其子公司合併財務報表。

釋例四：

沿用釋例三資料與假設。另假設甲公司及乙公司於 20x6 及 20x7 年發生下列三項帳務處理不當之情況：

(1) 甲公司於 20x6 年第四季向乙公司借$100,000，並開立一張同額之無息票據予乙公司，票據到期日為 20x6 年 12 月 31 日。甲公司已於 20x6 年 12 月 31 日寄出一張即期支票予乙公司以清償該項借款，惟乙公司遲至 20x7 年 1 月 5 日才收到該張支票並入帳。
(2) 甲公司於期末針對「採用權益法之投資」適用權益法認列投資損益時，忽略了"應調整收購日子公司帳列淨值低估原因及其相關金額"一事。
(3) 由於乙公司於 20x6 年 11 月及 20x7 年 11 月宣告之現金股利係於 20x7 年 1 月 20 日及 20x8 年 1 月 20 日發放，致甲公司忘記須分別於 20x6 及 20x7 年間應計此筆交易。

因此，甲公司帳列資料如下：
20x6 年，甲認列之投資收益＝$1,000,000×90%＝$900,000
20x6/12/31，「採用權益法之投資」＝$7,200,000＋$900,000＝$8,100,000
20x7 年，甲認列之投資收益＝$1,300,000×90%＝$1,170,000
20x7/12/31，「採用權益法之投資」
　　　　　＝$8,100,000－$360,000 (收到 20x6 年股利)＋$1,170,000
　　　　　＝$8,910,000

甲公司及乙公司 20x6 年財務報表資料，已分別列入合併工作底稿，如下：

表 4-10

甲 公 司 及 其 子 公 司
合 併 工 作 底 稿
20x6 年 1 月 1 日至 20x6 年 12 月 31 日　（單位：千元）

	甲公司	90% 乙公司	調整/沖銷 借方	調整/沖銷 貸方	合併 財務報表
綜合損益表：					
銷貨收入	$10,000	$5,000			$15,000
採用權益法認列之子公司、關聯企業及合資利益之份額	900	—	調(b)　90 (1)　810		—
銷貨成本	(6,000)	(2,500)	(3)　80		(8,580)
折舊費用	(580)	(200)	(5)　40	(6)　40	(780)
其他營業費用	(2,324)	(1,240)			(3,564)
利息費用	(160)	(60)	(7)　20		(240)
處分不動產、廠房及設備利益	50	—			50
淨　利	$1,886	$1,000			
總合併淨利					$1,886
非控制權益淨利			(2)　90		(90)
控制權益淨利					$1,796
保留盈餘表：					
期初保留盈餘	$3,900	$900	(3)　900		$3,900
加：淨利	1,886	1,000			1,796
減：股利	(600)	(400)		(1)　360 (2)　40	(600)
期末保留盈餘	$5,186	$1,500			$5,096
財務狀況表：					
現　金	$1,990	$660	調(a)　100		$2,750
應收帳款－淨額	1,180	450			1,630
應收票據－甲公司	—	100		調(a)　100	—
應收股利	—	—	調(c)　360	(8)　360	—
存　貨	1,240	600	(3)　80	(4)　80	1,840
其他流動資產	680	390			1,070

(續次頁)

	甲公司	90%乙公司	調整/沖銷 借方	調整/沖銷 貸方	合併財務報表
財務狀況表：(續)					
採用權益法之投資	8,100	—		調(b) 90 調(c) 360 (1) 450 (3) 7,200	—
土　地	1,600	800	(3) 300		2,700
房屋及建築－淨額	8,000	4,000	(3) 1,000	(5) 40	12,960
辦公設備－淨額	7,000	1,900	(6) 40	(3) 400	8,540
商　譽	—	—	(3) 1,080		1,080
總資產	$29,790	$8,900			$32,570
應付帳款	$ 2,104	$ 600			$ 2,704
應付票據 (20x7/12/31 到期)	—	1,400	(3) 40	(7) 20	1,380
應付股利	—	400	(8) 360		40
長期應付票據 (20x8/ 6/30 到期)	3,700	—			3,700
普通股股本	11,000	4,000	(3) 4,000		11,000
資本公積 －普通股股票溢價	7,800	1,000	(3) 1,000		7,800
保留盈餘	5,186	1,500			5,096
總負債及權益	$29,790	$8,900			
非控制權益－ 1/1				(3) 800	
非控制權益 －當期增加數				(2) 50	
非控制權益－12/31					850
總負債及權益					$32,570

　　茲將 20x6 年 12 月 31 日及 20x7 年 12 月 31 日合併工作底稿之「調整/沖銷」金額以分錄格式呈現，如下：

		20x6/12/31	20x7/12/31
調整分錄：			
(a)	現　金 　應收票據－甲公司	100,000 　　　　100,000	無分錄 (乙已收到甲支票並入帳，無須再調整)

		20x6/12/31	20x7/12/31
調整分錄：**(續)**			
(b)	採用權益法認列之子公司、關聯企業及合資利益之份額	90,000	18,000
	採用權益法之投資	90,000	18,000
		$810,000－$900,000 ＝－$90,000	$1,152,000－$1,170,000 ＝－$18,000
(c)	應收股利	360,000	450,000
	採用權益法之投資	360,000	450,000
(d)	保留盈餘	X	90,000
	採用權益法之投資		90,000
			調整 20x6 年投資收益高計之數，詳上述調(b)。
沖銷分錄：同 P.27～28 之沖銷分錄(1)～(8)，不再贅述。		

釋例五：

沿用釋例三資料與假設。另假設甲公司及乙公司於 20x6 及 20x7 年發生下列兩項帳務處理不當之情況：

(1) 甲公司於 20x6 年第四季向乙公司借$100,000，並開立一張同額之無息票據予乙公司，票據到期日為 20x6 年 12 月 31 日。甲公司已於 20x6 年 12 月 31 日寄出一張即期支票予乙公司以清償該項借款，惟乙公司遲至 20x7 年 1 月 5 日才收到該張支票並入帳。

(2) 甲公司忽略了對乙公司存在控制之事實，故未採用權益法處理其對乙公司之股權投資。甲公司係於 20x6 年 11 月及 20x7 年 11 月乙公司宣告現金股利時，借記：應收股利$360,000 及$450,000，貸記：股利收入$360,000 及$450,000，並將對乙公司之股權投資分類為「透過損益按公允價值衡量之金融資產」。

甲公司及乙公司 20x6 年財務報表資料，已分別列入合併工作底稿，如下：

(續次頁)

表 4-11

甲公司及其子公司
合併工作底稿
20x6年1月1日至20x6年12月31日　　（單位：千元）

	甲公司	90% 乙公司	調整／沖銷 借　方	調整／沖銷 貸　方	合　併 財務報表
綜合損益表：					
銷貨收入	$10,000	$5,000			$15,000
股利收入	360	—	調(d)　360		—
採用權益法認列之子公司、關聯企業及合資利益之份額	—	—	(1)　810	調(c)　810	—
銷貨成本	(6,000)	(2,500)	(3)　80		(8,580)
折舊費用	(580)	(200)	(5)　40	(6)　40	(780)
其他營業費用	(2,324)	(1,240)			(3,564)
利息費用	(160)	(60)	(7)　20		(240)
處分不動產、廠房及設備利益	50	—			50
淨　利	$1,346	$1,000			
總合併淨利					$1,886
非控制權益淨利			(2)　90		(90)
控制權益淨利					$1,796
保留盈餘表：					
期初保留盈餘	$3,900	$900	(3)　900		$3,900
加：淨　利	1,346	1,000			1,796
減：股　利	(600)	(400)		(1)　360 (2)　40	(600)
期末保留盈餘	$4,646	$1,500			$5,096
財務狀況表：					
現　金	$1,990	$660	調(b)　100		$2,750
強制透過損益按公允價值衡量之金融資產	7,200	—		調(a) 7,200	—
應收帳款－淨額	1,180	450			1,630
應收票據－甲公司	—	100		調(b)　100	—
應收股利	360	—		(8)　360	—
存　貨	1,240	600	(3)　80	(4)　80	1,840
其他流動資產	680	390			1,070

	甲公司	90%乙公司	調整/沖銷 借方	調整/沖銷 貸方	合併財務報表
財務狀況表：(續)					
採用權益法之投資	—	—	調(a) 7,200 調(c) 810	調(d) 360 (1) 450 (3) 7,200	—
土　地	1,600	800	(3) 300		2,700
房屋及建築－淨額	8,000	4,000	(3) 1,000	(5) 40	12,960
辦公設備－淨額	7,000	1,900	(6) 40	(3) 400	8,540
商　譽	—	—	(3) 1,080		1,080
總資產	$29,250	$8,900			$32,570
應付帳款	$ 2,104	$ 600			$ 2,704
應付票據 (20x7/12/31 到期)	—	1,400	(3) 40	(7) 20	1,380
應付股利	—	400	(8) 360		40
長期應付票據 (20x8/6/30 到期)	3,700	—			3,700
普通股股本	11,000	4,000	(3) 4,000		11,000
資本公積 　－普通股股票溢價	7,800	1,000	(3) 1,000		7,800
保留盈餘	4,646	1,500			5,096
總負債及權益	$29,250	$8,900			
非控制權益－1/1				(3) 800	
非控制權益 　－當期增加數				(2) 50	
非控制權益－12/31					850
總負債及權益					$32,570

　　茲將 20x6 年 12 月 31 日及 20x7 年 12 月 31 日合併工作底稿之「調整/沖銷」金額以分錄格式呈現，如下：

		20x6/12/31	20x7/12/31
調整分錄：			
(a)	現　金 　應收票據－甲公司	100,000 　　　100,000	無分錄 (乙已收到甲支票並入帳，無須再調整)
(b)	採用權益法之投資 　強制透過損益按公允價值 　　衡量之金融資產	7,200,000 　　　7,200,000	7,200,000 　　　7,200,000

		20x6/12/31	20x7/12/31
調整分錄：**(續)**			
(c)	採用權益法之投資 　　採用權益法認列之子公司、 　　關聯企業及合資利益之份額	810,000 　　　　810,000	1,152,000 　　　　1,152,000
(d)	股利收入 　　採用權益法之投資	360,000 　　　　360,000	450,000 　　　　450,000
(e)	採用權益法之投資 　　保留盈餘	X	450,000 　　　　450,000
			調整：20x7年上述調(c)及調(d)之合計誤述。 $810,000 - $360,000 = $450,000
沖銷分錄：同 P.27~28 之沖銷分錄(1)~(8)，不再贅述。				

八、合併現金流量表的基本觀念

　　在初(中)會課程中已學會編製單一企業個體現金流量表的邏輯與方法，也知悉編製現金流量表所須的相關資料，包括：期初與期末的財務狀況表、當期綜合損益表、當期權益變動表(或保留盈餘表)、當期重要的投資及籌資交易之相關資料等。同理，編製母公司及其子公司合併現金流量表所須的相關資料，包括：<u>期初與期末的母公司及其子公司合併財務狀況表</u>、<u>當期合併綜合損益表</u>、<u>當期合併權益變動表(或合併保留盈餘表)</u>、<u>當期母公司及子公司重要的投資及籌資交易之相關資料等</u>。

　　可知，母公司及其子公司合併現金流量表<u>並非</u>與合併財務狀況表、合併綜合損益表及合併保留盈餘表，利用合併工作底稿同時編製出四張合併財務報表；<u>亦非將母公司現金流量表與子公司現金流量表並列於合併工作底稿上，逐列橫向加總而得</u>。<u>而是</u>先編製母公司及其子公司合併財務狀況表、合併綜合損益表及合併保留盈餘表，再配合當期母公司及子公司重要的投資及籌資交易之相關資料，按初(中)會課程中已學會編製單一企業現金流量表的邏輯與方法，再加入合併財務報表的基本觀念，即可著手編製母公司及其子公司合併現金流量表。

合併現金流量表，係用來解釋合併個體在某特定會計期間內有關現金及約當現金的變動情形，亦即分析及表達合併個體在某特定會計期間內發生那些與現金及約當現金有關的交易，並導致現金及約當現金從期初餘額異動為期末餘額的過程，提供有關合併個體之現金及約當現金的歷史性變動資訊。

IAS 7「現金流量表」對於本主題相關用詞定義如下：
(1) 現金：包括庫存現金及活期存款。
(2) 約當現金：係指短期並具高度流動性之投資，該投資可隨時轉換成定額現金且價值變動之風險甚小。
(3) 現金流量：係指現金及約當現金的流入與流出。
(4) 營業活動：係指企業主業營收活動及非屬投資及籌資之其他活動。
(5) 投資活動：係指對長期資產及非屬約當現金之其他投資之取得與處分。
(6) 籌資活動：係指導致企業之投入權益及借款之規模及組成項目發生變動之活動。

由於在某特定會計期間內會影響現金及約當現金的交易實屬眾多，無法直接有效率地從現金及約當現金的分類帳中逐一列出，加以解讀且分類。所幸透過複式簿記之借貸平衡觀念，採逆向操作方式，改由分析"除了現金及約當現金以外的所有其他會計科目"之異動著手，進而去瞭解影響現金及約當現金的本期交易，並將之區分為三類活動，分別是「營業活動(Operating Activities)」、「投資活動(Investing Activities)」、「籌資活動(Financing Activities)」，而該三類活動即為現金流量表的主要內容。

已知"除了現金及約當現金以外的所有其他會計科目"是構成合併財務狀況表、合併綜合損益表及合併保留盈餘表的主要內容，故可從分析該三張合併財務報表上所有會計科目(除了現金及約當現金以外)在該會計期間內的變化原因及其異動金額著手，只要找出導致前述會計科目異動的交易及其金額，並按該交易的性質歸類為「營業活動」或「投資活動」或「籌資活動」，即可編製出正確的合併現金流量表。

如何分辨及歸類三類現金流量活動？原則是：先定義「投資活動」及「籌資活動」，其他無法歸入「投資活動」及「籌資活動」之現金流量交易則仍列為「營業活動」，亦即不直接狹義地按名稱字面上的意義去定義「營業活動」，而將之視為"最後的表達空間"。例如：市區交通繁忙停車位難尋，母公司送貨卡車因在送貨過程中違規停車被開罰單，母公司因而所繳之交通違規罰款，其性質既非「投

資活動」，亦非「籌資活動」，當然也不是營業上的必要支出，但按前述之分類原則，則仍將所繳交通違規罰款之現金流出列為「營業活動」。

有時會出現第四類與現金流量有關的活動，過去稱為「不影響現金流量之投資及籌資活動」，IAS 7 稱之為「非現金交易(Non-cash items)」。例如：簽發一張長期應付票據以支付取得設備之款項。就交易性質而言，簽發長期應付票據是籌資活動的現金流入，取得設備是投資活動的現金流出，只是金額相同，同額的現金流入與現金流出相抵，故不影響現金流量，因此理應不必列示在現金流量表中。惟 IAS 7 規定：「現金流量表應排除無須動用現金或約當現金之投資及籌資交易，此類交易應於財務報表之其他部分揭露，並以能提供所有與該等投資及籌資活動攸關資訊之方式表達。」故可能的表達方式有二：(1)在現金流量表的下方單獨列示，即不在現金流量表的本表內列示，或 (2)以附註的方式揭露。

有關「利息及股利交易」的分類，相較於過去 GAAP(適用 IFRS 之前)的分類觀念，IAS 7 有較寬鬆的分類方式，如下：

		過去 GAAP	IAS 7	理　由
(1)	收取利息	營業活動	營業、投資活動	詳說明(a)、(b)
(2)	支付利息	營業活動	營業、籌資活動	
(3)	收取股利	營業活動	營業、投資活動	
(4)	支付股利	籌資活動	營業、籌資活動	詳說明(a)、(c)

說明(a)：利息及股利收付之現金流量應單獨揭露，且應以各期一致之方式分類為營業、投資或籌資活動。

說明(b)：對金融機構而言，通常將支付之利息及收取之利息與股利分類為營業現金流量。惟對其他企業而言，此類現金流量的分類方式並無共識。由於支付利息及收取利息與股利是損益決定之一部分，故得分類為營業現金流量。此外，支付之利息是取得財務資源的成本，收取之利息與股利是投資的報酬，因此亦得分別分類為籌資現金流量及投資現金流量。

說明(c)：因支付之股利是取得財務資源的成本，故得分類為籌資現金流量。此外，為幫助資訊使用者評估企業以營業現金流量支付股利之能力，因此支付之股利亦得分類為營業活動現金流量。

有關「所得稅」現金流量的分類及表達方式，IAS 7 的規定為：

(1) 來自所得稅之現金流量應單獨揭露，且應分類為來自營業活動之現金流量，除非其可明確辨認屬於籌資及投資活動。

(2) 所得稅係由現金流量表中分類為營業、投資或籌資活動現金流量之交易所致。所得稅費用可能可以立即辨認係與投資或籌資活動有關，但相關所得稅現金流量之辨認經常在實務上不可行，且可能發生於與相關交易現金流量不同之期間。因此支付所得稅通常被分類為營業活動之現金流量。惟當實務上可辨認所得稅之現金流量與產生分類為投資或籌資活動現金流量之個別交易有關時，則應將所得稅現金流量適當地分類為投資或籌資活動。當所得稅現金流量分攤至超過一類之活動時，則應揭露所得稅支付之總額。

茲將構成合併財務狀況表、合併綜合損益表、合併保留盈餘表的常見會計科目(除現金及約當現金外)，做如下的分類：

(一) 合併財務狀況表：

(1)	原則上，會使「非流動資產科目」變動之交易，應屬「投資活動」。		
(2)	原則上，會使「非流動負債科目」及「權益科目」變動之交易，應屬「籌資活動」。		
(3)	因此，原則上不屬於上述(1)及(2)的交易，應屬「營業活動」；亦即會使「流動資產、流動負債科目」變動之交易，應屬「營業活動」。		
(4)	但在上述(1)、(2)及(3)的原則下，仍有少數例外：		
	(a)	流動資產中的「短期投資」、「借出款項」	使其發生變動之交易應屬「投資活動」，而非「營業活動」。
		例外：IAS 7 規定，自持有供自營或交易目的(held for trading)之合約(＊)的現金收取及支付，仍分類為「營業活動」。企業可能因自營或交易目的而持有證券及放款，其與為專供再出售而取得之存貨類似。因此，來自取得及出售自營或交易目的證券之現金流量被分類為「營業活動」。	
		＊：若按 IFRS 9 規定，係分類為「透過損益按公允價值衡量之金融資產」。惟須注意，若非持有供自營或交易目的(not held for trading)之合約，雖分類為「透過損益按公允價值衡量之金融資產」，仍應列為「投資活動」。	

(4)(續)	(b)	流動負債中的「借入款項」	使其發生變動之交易應屬「籌資活動」，而非「營業活動」。
	(c)	非流動資產中的「遞延所得稅資產」	使其發生變動之交易應屬「營業活動」，而非「投資活動」。
	(d)	非流動負債中的「遞延所得稅負債」	使其發生變動之交易應屬「營業活動」，而非「籌資活動」。
	(e)	權益中的「保留盈餘」	詳下述(三)「合併保留盈餘表」。

(二) 合併綜合損益表：

銷貨收入　————→	原則上，構成這些損益項目的交易，
(銷貨成本)　————→	皆屬「營業活動」。
(各項營業費用)　———→	
營業利益(損失)	
其他收益及利得　———→	按其交易性質列入「投資活動」或「籌資活動」。
(其他費用及損失)　—→	若無法歸入該二類活動，則仍列為「營業活動」。
(所得稅費用)　————→	除非可明確辨認屬於「投資活動」或「籌資活動」外，所得稅之現金支付與退回，應列為「營業活動」。
繼續經營部門利益(損失)	
停業部門利益(損失)　—→	按其交易性質列入「投資活動」或「籌資活動」，若無法歸入該二類活動，則仍列為「營業活動」。
總合併淨利(損)　———→	若採間接法，係「來自營業活動現金流量」的編製起點。
減(加)：非控制權益淨利(損)	
控制權益淨利(損)	

(三) 合併保留盈餘表：

期初保留盈餘	
加(減)：會計政策變動	
累積影響數　—→	按其交易性質列入「投資活動」或「籌資活動」，
加(減)：前期損益調整　—→	若無法歸入該二類活動，則仍列為「營業活動」。
調整後期初保留盈餘	
加(減)：控制權益淨利(損)	其組成，詳上述(二)「合併綜合損益表」。
減　：股　利	屬於「籌資活動」。
期末保留盈餘	

九、合併現金流量表之格式

合併現金流量表之格式如下:

	表　首	
1.	營業活動之現金流量－－→	將當期不屬於投資及籌資活動之現金流量交易*彙總列示*，彙總方法:(1)間接法,(2)直接法。
2.	投資活動之現金流量－－→	將當期屬於投資及籌資活動之現金流量交易
3.	籌資活動之現金流量－－→	*逐項列示*。
+	現金及約當現金淨變動數 期初現金及約當現金	
=	期末現金及約當現金	
4.	非現金交易　－－－－→	將當期不影響現金流量，但屬於投資及(或)籌資活動之非現金交易*逐項列示*。

例如:某合併個體在特定會計期間內共發生 1,000 筆交易，其中 950 筆交易會產生現金流量，另 50 筆交易不產生現金流量，經按前述分類原則，如下:

1,000 筆交易	950 筆現金流量交易	營業活動:900 筆交易		彙總列示於 1.「營業活動」
		投資活動: 30 筆交易		逐項列示於 2.「投資活動」
		籌資活動: 20 筆交易		逐項列示於 3.「籌資活動」
	50 筆非現金流量交易	營業活動: 40 筆交易		(無須表達在現金流量表)
		投資活動及(或)籌資活動:	10 筆交易	逐項列示於 4.「非現金交易」

十、合併現金流量表－間接法

　　特定期間內,屬於營業活動的現金流量交易常是構成企業當期交易的最大一部分,因此若要逐項列示在合併現金流量表上是不經濟也不可行的作法,遂採彙總列示的方式表達在合併現金流量表上。而彙總的方法有二:(1)間接法,(2)直接法。又因合併綜合損益表包含很多屬於營業活動的交易,故兩種彙總方式皆從合併綜合損益表為起點,雖彙總的方法與邏輯稍有不同,但殊途同歸皆可得出正確的「來自營業活動之現金流量」。

當合併現金流量表的「來自營業活動之現金流量」係採「間接法」彙總相關現金流量交易時,須先將「控制權益淨利(損)」加上「非控制權益淨利(損)」得出「總合併淨利(損)」,亦即以「總合併淨利(損)」為計算「來自營業活動之現金流量」的起點,而須調節的項目約略區分為五類,請詳「表 4-12」之(1)~(5)。以「總合併淨利(損)」為調節的起點係因其為合併個體的總淨利(損),而合併現金流量表就是要表達合併個體在特定期間內現金流量的異動情形,故以「總合併淨利(損)」為調節的起點始能得出正確的「來自營業活動之現金流量」。

例如:下列兩張合併綜合損益表,左邊產生「總合併淨利」,右邊產生「總合併淨損」,若以間接法編製合併現金流量表的「來自營業活動之現金流量」,則須先將「控制權益淨利(損)」加上「非控制權益淨利(損)」得出「總合併淨利(損)」。

合併綜合損益表		合併綜合損益表	
銷貨收入	$1,000	銷貨收入	$1,000
銷貨成本	(600)	銷貨成本	(750)
各項營業費用	(300)	各項營業費用	(350)
總合併淨利	$ 100	總合併淨損	($100)
減:非控制權益淨利	(20)	減:非控制權益淨損	20
控制權益淨利	$ 80	控制權益淨損	($ 80)

合併現金流量表－間接法		合併現金流量表－間接法	
控制權益淨利	$ 80	控制權益淨損	($ 80)
加:非控制權益淨利	20	加:非控制權益淨損	(20)
總合併淨利	$100	總合併淨損	($100)
:	:	:	:

採用「間接法」,從總合併淨利(損)為調節的起點,經調節下列五類項目後,得出「來自營業活動之現金流量」:

(1) 將合併綜合損益表中非屬營業活動之損益項目排除,所得之金額即為由營業活動之交易所構成的損益。例如:處分不動產、廠房及設備損益,權益法下所認列之投資損益,處分投資損益等。但並非所有營業活動之交易皆會產生現金流量,因此進入下述(2)及(3)之調節項目。

(2) 加回不產生現金流出之營業費用。例如：折舊費用、攤銷費用、折耗等。因其為費用項目，在應計基礎下，於合併綜合損益表中列為減項(營業費用、銷貨成本)，表示在得出總合併淨利(損)前，該營業費用或銷貨成本項目已被減除，但因其不產生現金流出，故予以加回。又如：當利息費用及利息收入分類為營業活動之損益項目時，則應付公司債折價攤銷數及債券投資溢價攤銷數亦應加回。

(3) 減除不產生現金流入之其他收益、加回不產生現金流出之其他損失。例如：遞延收益實現時轉列為收益。因其為收益項目，在應計基礎下，於合併綜合損益表中列為加項，表示在得出總合併淨利(損)前，該收益項目已被加計，但因其不會產生現金流入，故予以減除。又如：當利息費用及利息收入分類為營業活動之損益項目時，則應付公司債溢價攤銷數及債券投資折價攤銷數亦應減除。

(4) IAS 7 規定，須單獨列示下列項目之現金流量於現金流量表內之適當類別。因此計算「營運產生之現金流量」時，先排除下列(a)～(d)四項，另外單獨列示於「表 4-12」之(6)，如下：

	會計科目	現金流量	現金流量表內分類
(a)	所得稅費用	所得稅付現數	營業活動
(b)	利息費用	利息付現數	營業、籌資活動
(c)	利息收入	利息收現數	營業、投資活動
(d)	股利收入	股利收現數	營業、投資活動
(e)	(現金)股利	發放現金股利	營業、籌資活動

(5) 調節至此，所得之金額應是會產生現金流量之營業活動交易所構成的損益，但合併綜合損益表是應計基礎的產物，故尚須將調節至此之金額從應計基礎改為現金基礎，才是「營運產生之現金流量」。因此，必須配合相關流動資產及流動負債科目當期之異動情形，予以適當調節。例如：當應收帳款在特定會計期間內係淨增加，則該淨增加數代表當期賒銷所認列之銷貨收入(應計基礎)大於當期從應收帳款收到之現金數(現金基礎)，故當期應收帳款之淨增加數應從包含於總合併淨利(損)的銷貨收入中減除，以得出當期從應收帳款收到之現金數，故列為調節減項，其他項目則以此類推。

茲將按「間接法」編製合併現金流量表的「來自營業活動之現金流量」所須調節的五類項目，彙述於次頁「表 4-12」：

表 4-12　合併現金流量表中「來自營業活動之現金流量」～ 間接法

加	控制權益淨利 　非控制權益淨利 　　　總 合 併 淨 利	請詳 P.40 之說明。
(1) 加 (減)	排除"非屬營業活動之損益項目" 如：處分不動產、廠房及設備損(益)、 　　權益法下所認列之投資損(益)、 　　處分投資損(益)、 　　提前清償長期債務損(益)、 　　停業單位損(益) 等	按交易性質列入「投資活動」或「籌資活動」。若無法歸入該二類活動，則仍列為「營業活動」。
(2) 加	不產生現金流出之營業費用 如：折舊費用、攤銷費用 等 如：折耗轉列為銷貨成本	
(3) 減	不產生現金流入之其他收益 如：遞延收益轉列為收益	
(4) 加 (減)	所得稅費用、利息費用 (利息收入)、(股利收入)	為單獨列示於下述(6)，故先排除。
(5) 加 (減)	(a) 除現金、短期投資、短期借出款、預付利息、預付所得稅外之流動資產的淨變動數 (b) 除短期借入款、應付利息、應付所得稅外之流動負債的淨變動數	將應計基礎改為現金基礎，計算方式，請詳次頁[註二]。
	營運產生之現金流量	
(6) 單獨 列示 (減) 加	(所得稅付現數)、(利息付現數) 利息收現數、股利收現數 　　[註一]	配合 應收所得稅退稅款、預付所得稅、本期所得稅負債、遞延所得稅資產(或負債)、預付利息、應付利息、預收利息、應收利息、應收股利等科目之異動而計得。
	來自營業活動之現金流量	

註一：「利息付現數」亦可列在「籌資活動之現金流量」項下；

「利息收現數」及「股利收現數」亦可列在「投資活動之現金流量」項下。

註二：當流動資產項目之餘額在特定會計期間內係淨增加，則該淨增加金額應在「表 4-12」之(5)調節項目中做為減項，其餘請類推如下：

	淨增加	淨減少
流動資產	－(減項)	＋(加項)
流動負債	＋(加項)	－(減項)

例如：賒銷所認列之合併銷貨收入$900，已包含在總合併淨利內，應收帳款之期初與期末餘額分別為$120 及$130，表示當期應收帳款淨增加$10 ($130－$120＝$10)。因此欲從"包含合併銷貨收入$900 的總合併淨利"調節到"收自應收帳款客戶之現金$890"的計算過程為：

加	控制權益淨利	$xxx
	非控制權益淨利	xxx
	總 合 併 淨 利	含 $900
(5)加(減)	(a) 通常是除下列括號內項目外之流動資產的淨變動數 [現金及約當現金、短期投資、短期借出款、預付所得稅、預付利息、應收利息、應收股利等]	(a) 應收帳款淨增加數 (10)
	(b) 通常是除下列括號內項目外之流動負債的淨變動數 [短期借入款、本期所得稅負債、應付利息、預收利息等]	(b) －
	來自營業活動之現金流量	含 $890

此計算邏輯亦可從應收帳款 T 帳戶的變化中印證，如下：

應 收 帳 款

期初餘額	120	當期收現	Y
當期賒銷	900		
期末餘額	130		

$120＋$900－Y＝$130
∴ Y＝$890

十一、合併現金流量表－直接法

所謂「直接法」，係直接從綜合損益表的組成項目著手，逐項檢視其性質並將之調節為現金基礎下之現金流量金額，以得出「來自營業活動之現金流量」，故名之。下表係以常見的綜合損益表內容為例，逐項解說並調節之。其中「↑」係指當期淨增加數，「↓」係指當期淨減少數。

合併綜合損益表	±	常見的調節項目	=	合併現金流量表
銷貨收入		－應收帳款↑　＋應收帳款↓ ＋預收貨款↑　－預收貨款↓ (因賒銷產生的應收票據， 　其處理方式同應收帳款。)		收自顧客之現金 (Cash Received from Customers)
(銷貨成本)		－存貨↑　　　＋存貨↓ ＋應付帳款↑　－應付帳款↓ －預付貨款↑　＋預付貨款↓ (因賒購產生的應付票據， 　其處理方式同應付帳款。)		(付予供應商之現金) (Cash Paid to Suppliers)
(各項營業費用) [折舊、攤銷等不動 現金之費用除外]		－相應之預付費用↑ ＋相應之預付費用↓ ＋相應之應付費用↑ －相應之應付費用↓		(各項營業費用付現數) (Cash Payment for Operating Expenses)
例如：薪資費用(80) 　　　租金費用(60)		＋應付薪資 ↑6 －預付租金 ↑3		支付員工薪資 (74) 支付租金 (63)
(折舊、攤銷費用)				X
其他收入及利得		按其性質轉列為「投資活動」或「籌資活動」。 若無法歸入該二類活動，則仍列為「營業活動」。 再按上述收入、成本及費用的調節方式來調節。		
(其他費用及損失)				
停業單位(損)益				
總合併淨利(損)				
(非控制權益淨利)				X
控制權益淨利				來自營業活動之現金流量

十二、合併現金流量表－釋例

沿用本章釋例三之資料與假設。甲公司於 20x5 年 12 月 31 日以$7,200,000 取得乙公司 90%股權，並對乙公司存在控制。其他與編製 20x6 年合併現金流量表有關之資料如下：

(1) 20x6 年間，甲公司發行附息(公平利率)長期應付票據$100,000，取得土地。另乙公司以現金$200,000 購入一筆土地。
(2) 20x6 年間，甲公司清償長期應付票據$400,000。假設 20x5 年 12 月 31 日甲公司及乙公司帳列之長期應付票據皆為向金融機構借款而開立之本票。
(3) 20x6 年，房屋及建築科目之異動皆因提列折舊費用所致。
(4) 20x6 年間，甲公司處分部分辦公設備得款$450,000，另以現金$480,000 購入他項辦公設備。除此，20x6 年其他有關辦公設備科目之異動皆因提列折舊費用所致。

下列為甲公司及其子公司 20x5 年 12 月 31 日及 20x6 年 12 月 31 日之合併財務狀況表，20x6 年合併綜合損益表與合併保留盈餘表：（單位：千元）

甲公司及其子公司 合併綜合損益表 20x6 年度 （單位：千元）	
銷貨收入	$15,000
銷貨成本	(8,580)
折舊費用	(780)
其他營業費用	(3,504)
利息費用	(240)
處分不動產、廠房及設備利益	50
所得稅費用	(60)
總合併淨利	$1,886
減：非控制權益淨利	(90)
控制權益淨利	$1,796

甲公司及其子公司 合併保留盈餘表 20x6 年度 （單位：千元）	
期初保留盈餘	$3,900
加：控制權益淨利	1,796
減：股　利	(600)
期末保留盈餘	$5,096

(續次頁)

甲公司及其子公司
合併財務狀況表
20x5年12月31日及20x6年12月31日　　(單位：千元)

	20x6/12/31	20x5/12/31	20x6年淨增(減)數
現　金	$ 2,750	$ 2,120	$ 630
應收帳款－淨額	1,630	1,210	420
存　貨	1,840	1,600	240
其他流動資產	1,070	1,100	(30)
土　地	2,700	2,400	300
房屋及建築－淨額	12,960	13,300	(340)
辦公設備－淨額	8,540	8,900	(360)
商　譽	1,080	1,080	－
資產總額	$32,570	$31,710	$ 860
應付帳款	$ 2,670	$ 2,800	($ 130)
應付票據(20x7/12/31到期)	1,380	－	1,380
應付股利	40	－	40
本期所得稅負債	34	50	(16)
長期應付票據(20x8/6/30到期)	3,700	5,360	(1,660)
普通股股本	11,000	11,000	－
資本公積－普通股股票溢價	7,800	7,800	－
保留盈餘	5,096	3,900	1,196
非控制權益	850	800	50
負債及權益總額	$32,570	$31,710	$ 860

說　明：

「長期應付票據」之異動：

	甲	乙	高估	合併數
期初餘額	$4,000	$ 1,400	$ (40)	$ 5,360
當期清償	(400)	－	－	(400)
購買土地	100	－	－	100
折價攤銷	－	－	20	20
轉列為流動負債	－	(1,400)	20	(1,380)
期末餘額	$3,700	$　－	$　－	$ 3,700

「土地」之異動：

	甲	乙	低估	合併數
期初餘額	$1,500	$600	$300	$2,400
購買土地	100	200	—	300
期末餘額	$1,600	$800	$300	$2,700

「房屋及建築－淨額」之異動：

	甲	乙	低估	合併數
期初餘額	$8,200	$4,100	$1,000	$13,300
提列折舊	(200)	(100)	(40)	(340)
期末餘額	$8,000	$4,000	$960	$12,960

「辦公設備－淨額」之異動：

	甲	乙	高估	合併數
期初餘額	$7,300	$2,000	($400)	$8,900
出售辦公設備	(400)	—	—	(400)
購買辦公設備	480	—	—	480
提列折舊	(380)	(100)	40	(440)
期末餘額	$7,000	$1,900	($360)	$8,540

驗算：20x6 年折舊費用＝$340(房屋)＋$440(設備)＝$780

「非控制權益」之異動：

期初餘額	$800
非控制權益淨利	90
非控制權益股利	(40)
期末餘額	$850

「應付股利」之異動：

	甲	乙	沖銷	合併數
期初餘額	$ —	$ —	$ —	$ —
宣告現金股利	600	400	(360)	640
支付現金股利 (&)	(600)	(—)	—	(600)
期末餘額	$ —	$ 400	($360)	$ 40

&：標註於下述之現金流量表中。

以「間接法」編製之甲公司及乙公司 20x6 年合併現金流量表：

甲 公 司 及 其 子 公 司 合 併 現 金 流 量 表 20x6 年 度 (單位：千元)			
營業活動之現金流量			
控制權益淨利			$1,796
加：非控制權益淨利			90
總合併淨利			$1,886
減：處分不動產、廠房及設備利益			(50)
加：折舊費用			780
加：利息費用			240
加：所得稅費用			60
減：應收帳款增加數			(420)
減：存貨增加數			(240)
加：其他流動資產減少數			30
減：應付帳款減少數			(130)
營運產生之現金流入			$2,156
減：利息付現數（※）			(220)
減：所得稅付現數（#）			(76)
來自營業活動之現金流量			$1,860
投資活動之現金流量			
乙公司購買土地		($200)	
甲公司出售辦公設備		450	
甲公司購買辦公設備		(480)	
來自投資活動之現金流量			(230)
籌資活動之現金流量			
甲公司清償長期應付票據		($400)	
發放現金股利－甲公司股東（&）		(600)	
來自籌資活動之現金流量			(1,000)
本期現金及約當現金淨增加數			$　630
加：期初現金及約當現金餘額			2,120
期末現金及約當現金餘額			$2,750
非現金交易			
甲公司發行長期應付票據取得土地			$100
※：支付利息$220＝－$220＝利息費用$240－長期應付票據折價攤銷$20			
＃：支付所得稅$76＝－$76＝期初本期所得稅負債$50＋所得稅費用$60 　　　　－期末本期所得稅負債$34			

以「直接法」編製之甲公司及乙公司 20x6 年合併現金流量表：

甲 公 司 及 其 子 公 司
合 併 現 金 流 量 表
20x6 年 度　　　　　　(單位：千元)

營業活動之現金流量		
收自顧客之現金 (註一)		$14,580
付予供應商之現金 (註二)		(8,950)
各項營業費用付現數 (註三)		(3,474)
利息付現數 (註四)		(220)
所得稅付現數 (註五)		(76)
來自營業活動之現金流量		$ 1,860
投資活動之現金流量		
乙公司購買土地	($200)	
甲公司出售辦公設備	450	
甲公司購買辦公設備	(480)	
來自投資活動之現金流量		(230)
籌資活動之現金流量		
甲公司清償長期應付票據	($400)	
發放現金股利－甲公司股東 (&)	(600)	
來自籌資活動之現金流量		(1,000)
本期現金及約當現金淨增加數		$ 630
加：期初現金及約當現金餘額		2,120
期末現金及約當現金餘額		$ 2,750
非現金交易		
甲公司發行長期應付票據取得土地		$100

註一：銷貨收入$15,000－應收帳款增加數$420＝$14,580
註二：銷貨成本[－$8,580]－存貨增加數$240－應付帳款減少數$130＝－$8,950
註三：折舊除外之其他營業費用[－$3,504]＋其他流動資產減少數$30＝－$3,474
註四：利息費用[－$240]＋長期應付票據折價攤銷數$20＝－$220
註五：所得稅費用[－$60]－本期所得稅負債減少數$16＝－$76

附錄一：完成合併工作底稿之步驟

以「釋例一」之「表4-6」為例，將完成合併工作底稿分為五個步驟，如下：

步驟一： 填入甲公司及乙公司財務報表資料。

甲 公 司 及 其 子 公 司
合 併 工 作 底 稿
20x5年 1 月 1 日 至 20x5 年 12 月 31 日

	甲公司	70% 乙公司	調整/沖銷 借方	調整/沖銷 貸方	合併 財務報表
綜合損益表：					
銷貨收入	$800,000	$200,000			
採用權益法認列之子公司、關聯企業及合資利益之份額	51,800	—			
各項費用	(600,000)	(120,000)			
淨　利	$251,800	$80,000			
總合併淨利					
非控制權益淨利					
控制權益淨利					
保留盈餘表：					
期初保留盈餘	$500,000	$100,000			
加：淨　利	251,800	80,000			
減：股　利	(100,000)	(30,000)			
期末保留盈餘	$651,800	$150,000			
財務狀況表：					
現　金	$200,000	$30,000			
其他流動資產	300,000	110,000			
採用權益法之投資	261,800	—			
不動產、廠房及設備	1,200,000	400,000			
減：累計折舊	(200,000)	(120,000)			
專利權	—	—			
總　資　產	$1,761,800	$420,000			

(續次頁)

	甲公司	70% 乙公司	調整／沖銷 借方	調整／沖銷 貸方	合併 財務報表
財務狀況表：					
各項負債	$ 110,000	$ 70,000			
普通股股本	1,000,000	200,000			
保留盈餘	651,800	150,000			
總負債及權益	$1,761,800	$420,000			
非控制權益－1/1					
非控制權益 　－當期增加數					
非控制權益－12/31					
總負債及權益					

步驟二： 填入調整/沖銷相關金額。

甲　公　司　及　其　子　公　司
合　併　工　作　底　稿
20x5 年 1 月 1 日 至 20x5 年 12 月 31 日

	甲公司	70% 乙公司	調整／沖銷 借方	調整／沖銷 貸方	合併 財務報表
綜合損益表：					
銷貨收入	$800,000	$200,000			
採用權益法認列之 子公司、關聯企業 及合資利益之份額	51,800	－	(1) 51,800		
各項費用	(600,000)	(120,000)	(4) 6,000		
淨　利	$251,800	$ 80,000			
總合併淨利					
非控制權益淨利			(2) 22,200		
控制權益淨利					
保留盈餘表：					
期初保留盈餘	$500,000	$100,000	(3) 100,000		
加：淨　利	251,800	80,000			
減：股　利	(100,000)	(30,000)		(1) 21,000 (2) 9,000	
期末保留盈餘	$651,800	$150,000			

(續次頁)

	甲公司	70% 乙公司	調整／沖銷 借方	調整／沖銷 貸方	合併 財務報表
財務狀況表：					
現　金	$ 200,000	$ 30,000			
其他流動資產	300,000	110,000			
採用權益法之投資	261,800	—		(1) 30,800 (3) 231,000	
不動產、廠房及設備	1,200,000	400,000			
減：累計折舊	(200,000)	(120,000)			
專利權	—	—	(3) 30,000	(4) 6,000	
總資產	$1,761,800	$420,000			
各項負債	$ 110,000	$ 70,000			
普通股股本	1,000,000	200,000	(3) 200,000		
保留盈餘	651,800	150,000			
總負債及權益	$1,761,800	$420,000			
非控制權益－1/1				(3) 99,000	
非控制權益 －當期增加數				(2) 13,200	
非控制權益－12/31					
總負債及權益					

步驟三： 橫向合計，得出大部分的「合併財務報表」金額。

甲公司及其子公司
合併工作底稿
20x5年1月1日至20x5年12月31日

	甲公司	70% 乙公司	調整／沖銷 借方	調整／沖銷 貸方	合併 財務報表
綜合損益表：					
銷貨收入	$800,000	$200,000			$1,000,000
採用權益法認列之 子公司、關聯企業 及合資利益之份額	51,800		(1) 51,800		—
各項費用	(600,000)	(120,000)	(4) 6,000		(726,000)
淨　利	$251,800	$ 80,000			

(續次頁)

	甲公司	70% 乙公司	調整／沖銷		合　併 財務報表
			借　方	貸　方	
綜合損益表：					
總合併淨利					
非控制權益淨利			(2) 22,200		(22,200)
控制權益淨利					
保留盈餘表：					
期初保留盈餘	$500,000	$100,000	(3) 100,000		$500,000
加：淨　利	251,800	80,000			
減：股　利				(1) 21,000	
	(100,000)	(30,000)		(2) 　9,000	(100,000)
期末保留盈餘	$651,800	$150,000			
財務狀況表：					
現　金	$ 200,000	$ 30,000			$ 230,000
其他流動資產	300,000	110,000			410,000
採用權益法之投資	261,800	—		(1) 30,800	
				(3) 231,000	—
不動產、廠房及設備	1,200,000	400,000			1,600,000
減：累計折舊	(200,000)	(120,000)			(320,000)
專利權	—	—	(3) 30,000	(4) 　6,000	24,000
總　資　產	$1,761,800	$420,000			
各項負債	$ 110,000	$ 70,000			$ 180,000
普通股股本	1,000,000	200,000	(3) 200,000		1,000,000
保留盈餘	651,800	150,000			
總負債及權益	$1,761,800	$420,000			
非控制權益－1/1				(3) 99,000	
非控制權益 　－當期增加數				(2) 13,200	
非控制權益－12/31					112,200
總負債及權益					

步驟四：

(1) 縱向合計「合併綜合損益表」，得出「控制權益淨利」金額。

(2) 將「控制權益淨利」金額抄寫於「合併保留盈餘表」之「淨利」。

(3) 縱向合計「合併保留盈餘表」，得出「期末合併保留盈餘」金額。

(4) 將「期末合併保留盈餘」金額抄寫於「合併財務狀況表」之「保留盈餘」。

甲公司及其子公司
合併工作底稿
20x5年1月1日至20x5年12月31日

	甲公司	70% 乙公司	調整/沖銷 借方	調整/沖銷 貸方	合併財務報表
綜合損益表：					
銷貨收入	$800,000	$200,000			$1,000,000
採用權益法認列之子公司、關聯企業及合資利益之份額	51,800	—	(1) 51,800		—
各項費用	(600,000)	(120,000)	(4) 6,000		(726,000)
淨　利	$251,800	$80,000			
總合併淨利					$ 274,000
非控制權益淨利			(2) 22,200		(22,200)
控制權益淨利					$ 251,800
保留盈餘表：					
期初保留盈餘	$500,000	$100,000	(3) 100,000		$500,000
加：淨　利	251,800	80,000			251,800
減：股　利	(100,000)	(30,000)		(1) 21,000 (2) 9,000	(100,000)
期末保留盈餘	$651,800	$150,000			$651,800
財務狀況表：					
現　金	$ 200,000	$ 30,000			$ 230,000
其他流動資產	300,000	110,000			410,000
採用權益法之投資	261,800	—		(1) 30,800 (3) 231,000	—
不動產、廠房及設備	1,200,000	400,000			1,600,000
減：累計折舊	(200,000)	(120,000)			(320,000)
專利權	—	—	(3) 30,000	(4) 6,000	24,000
總　資　產	$1,761,800	$420,000			
各項負債	$ 110,000	$ 70,000			$ 180,000
普通股股本	1,000,000	200,000	(3) 200,000		1,000,000
保留盈餘	651,800	150,000			651,800
總負債及權益	$1,761,800	$420,000			

(續次頁)

	甲公司	70% 乙公司	調整／沖銷		合 併 財務報表
			借 方	貸 方	
財務狀況表：					
非控制權益－1/1				(3) 99,000	
非控制權益 －當期增加數				(2) 13,200	
非控制權益－12/31					112,200
總負債及權益					

步驟五：

(1) 縱向合計「合併財務狀況表」之資產，得出「總資產」金額。

(2) 縱向合計「合併財務狀況表」之負債及權益，得出「總負債及權益」金額。

(3) 若(1)及(2)之合計金額相等，即可依「合併財務報表」欄之金額編製「合併綜合損益表」、「合併保留盈餘表」及「合併財務狀況表」。

甲 公 司 及 其 子 公 司
合 併 工 作 底 稿
20x5 年 1 月 1 日 至 20x5 年 12 月 31 日

	甲公司	70% 乙公司	調整／沖銷		合 併 財務報表
			借 方	貸 方	
綜合損益表：					
銷貨收入	$800,000	$200,000			$1,000,000
採用權益法認列之子公司、關聯企業及合資利益之份額	51,800	—	(1) 51,800		—
各項費用	(600,000)	(120,000)	(4) 6,000		(726,000)
淨 利	$251,800	$ 80,000			
總合併淨利					$ 274,000
非控制權益淨利			(2) 22,200		(22,200)
控制權益淨利					$ 251,800
保留盈餘表：					
期初保留盈餘	$500,000	$100,000	(3) 100,000		$500,000
加：淨 利	251,800	80,000			251,800
減：股 利	(100,000)	(30,000)		(1) 21,000 (2) 9,000	(100,000)
期末保留盈餘	$651,800	$150,000			$651,800

(承上頁)

	甲公司	70% 乙公司	調整／沖銷 借方	調整／沖銷 貸方	合併 財務報表
財務狀況表：					
現　金	$ 200,000	$ 30,000			$ 230,000
其他流動資產	300,000	110,000			410,000
採用權益法之投資	261,800	—		(1) 30,800 (3) 231,000	—
不動產、廠房及設備	1,200,000	400,000			1,600,000
減：累計折舊	(200,000)	(120,000)			(320,000)
專利權	—	—	(3) 30,000	(4) 6,000	24,000
總資產	$1,761,800	$420,000			$1,944,000
各項負債	$ 110,000	$ 70,000			$ 180,000
普通股股本	1,000,000	200,000	(3) 200,000		1,000,000
保留盈餘	651,800	150,000			651,800
總負債及權益	$1,761,800	$420,000			
非控制權益－1/1				(3) 99,000	
非控制權益 　－當期增加數				(2) 13,200	
非控制權益－12/31					112,200
總負債及權益					$1,944,000

附錄二：第三章釋例七之補充說明

釋例七：

甲公司於 20x5 年 1 月 1 日以現金按每股市價$62 取得乙公司 80%股權，並對乙公司存在控制。當日，甲公司支付收購相關成本$40,000。於收購日，乙公司權益為$6,000,000，發行並流通在外普通股為 100,000 股，每股面額$10，其帳列資產及負債之帳面金額皆等於公允價值，且無未入帳可辨認資產或負債。非控制權益係以收購日公允價值衡量。乙公司 20x5 年淨利$500,000，並於 20x5 年 12 月 31 日宣告且發放現金股利$200,000。已知 20x5 年 12 月 31 日乙公司普通股每股市價為$64.8。假設對甲公司而言，乙公司是商譽歸屬的最小現金產生單位，故以乙公司整體執行商譽減損測試。

補充說明： 20x5 年，甲公司及乙公司合併工作底稿之調整/沖銷分錄。

按權益法精神，相關項目異動如下：

	20x5/1/1	20x5 年	20x5/12/31
乙－權　益	$6,000,000	+$500,000－$200,000	$6,300,000
權益法：			
甲－採用權益法之投資	$4,960,000	+$400,000－$160,000 －$16,000	$5,184,000
合併財務報表：			
商　譽	$200,000	－$20,000	$180,000
非控制權益	$1,240,000	+$100,000－$40,000 －$4,000	$1,296,000
驗　算： 20x5/12/31：($6,300,000＋$180,000)×80%＝$5,184,000 　　　　　　($6,300,000＋$180,000)×20%＝$1,296,000			

(續次頁)

20x5 年,合併工作底稿上之調整/沖銷分錄:

(1)	採用權益法認列之子公司、關聯企業		
	及合資利益之份額	400,000	
	股　利		160,000
	採用權益法之投資		240,000
(2)	採用權益法之投資	16,000	
	無形資產減損損失－商譽		16,000
	迴轉甲公司認列之商譽減損損失。		
(3)	非控制權益淨利	96,000	
	股　利		40,000
	非控制權益		56,000
	非控制權益淨利＝$100,000－$4,000＝$96,000 (淨額)		
(4)	普通股股本	1,000,000	
	資本公積－普通股股票溢價 (假設金額)	2,000,000	
	保留盈餘 (假設金額)	3,000,000	
	商　譽	200,000	
	採用權益法之投資		4,960,000
	非控制權益		1,240,000
(5)	無形資產減損損失－商譽	20,000	
	商　譽		20,000
	於合併報表上表達商譽減損損失。		

習 題

(一) (合併工作底稿調整/沖銷分錄，兩年度，
權益法，未正確地適用權益法，未採用權益法)

甲公司於 2017 年 1 月 1 日以現金$3,000,000 取得乙公司 60%股權，並對乙公司存在控制。非控制權益係以收購日公允價值衡量。下列是收購日乙公司之相關資料：

	帳面金額	公允價值	備註
現　　金	$ 400,000	$ 400,000	
應收帳款－淨額	700,000	700,000	
存　　貨	1,000,000	1,200,000	於 2017 年間出售
其他流動資產	200,000	200,000	
土　　地	900,000	1,700,000	
房屋及建築－淨額	1,500,000	2,100,000	尚有 10 年使用年限
辦公設備－淨額	1,200,000	600,000	尚有 6 年使用年限
資 產 總 額	$5,900,000	$6,900,000	
應付帳款	$ 800,000	$ 800,000	
其他流動負債	200,000	200,000	
應付公司債－淨額	1,000,000	1,100,000	應付公司債，將於 2022/1/1 到期，假設採直線法攤銷折、溢價
普通股股本，面額$10	3,000,000		
保留盈餘	900,000		
負債及權益總額	$5,900,000		

於收購日，乙公司帳列淨值低估原因有二：(1)由上表得知，乙公司某些帳列資產或負債是高估或低估，(2)乙公司有一項未入帳專利權，預估尚有 10 年使用年限。乙公司 2017 及 2018 年淨利及宣告並發放現金股利之資料如下：

	2017 年	2018 年
淨　利	$1,200,000	$1,300,000
現金股利	500,000	600,000

(續次頁)

下列是甲公司與乙公司截止於 2017 年 12 月 31 日之 2017 年度財務報表：

	甲公司	乙公司
綜合損益表：		
銷貨收入	$9,000,000	$3,000,000
採用權益法認列之子公司、關聯企業及合資利益之份額 或 股利收入	?	—
銷貨成本	(3,700,000)	(1,000,000)
各項營業費用	(2,400,000)	(800,000)
淨　利	$　?	$1,200,000
保留盈餘表：		
保留盈餘－2017/1/1	$3,000,000	$ 900,000
加：淨　利	?	1,200,000
減：股　利	(1,000,000)	(500,000)
保留盈餘－2017/12/31	$　?	$1,600,000
財務狀況表：		
現　金	$1,600,000	$1,030,000
應收帳款－淨額	1,100,000	950,000
存　貨	2,000,000	1,150,000
其他流動資產	600,000	240,000
採用權益法之投資 或 強制透過損益按公允價值衡量之金融資產	?	—
土　地	2,000,000	900,000
房屋及建築－淨額	3,900,000	1,400,000
辦公設備－淨額	2,600,000	1,050,000
總　資　產	$　?	$6,720,000
應付帳款	$1,060,000	$ 850,000
其他流動負債	540,000	270,000
應付公司債	2,000,000	1,000,000
普通股股本，面額$10	8,000,000	3,000,000
保留盈餘	?	1,600,000
總負債及權益	$　?	$6,720,000

試作：

(A) 假設甲公司對乙公司之股權投資係採權益法處理，試作：

　　(1) 編表分析收購日乙公司帳列淨值低估之原因及其相關金額。

　　(2) 甲公司應分別認列之 2017 及 2018 年投資損益。

(3) 甲公司帳列「採用權益法之投資」於 2017 年 12 月 31 日及 2018 年 12 月 31 日之餘額。

(4) 2017 年甲公司及其子公司合併工作底稿上之調整/沖銷分錄。

(5) 2018 年甲公司及其子公司合併工作底稿上之調整/沖銷分錄。

(6) 2017 年甲公司及其子公司之合併工作底稿。

(B) 假設甲公司對乙公司之股權投資係採權益法處理，惟忽略了"應調整收購日乙公司淨值低估原因及其相關金額"一事，致甲公司財務報表相關科目餘額有誤。請編製 2017 及 2018 年甲公司及其子公司合併工作底稿上之調整/沖銷分錄。

(C) 假設甲公司忽略其對乙公司存在控制之事實，故未採用權益法處理其對乙公司之股權投資，而係於乙公司宣告現金股利時認列股利收入，並將對乙公司之股權投資分類為「透過損益按公允價值衡量之金融資產」。請編製 2017 及 2018 年甲公司及其子公司合併工作底稿上之調整/沖銷分錄。

解答：

(A) (1)：非控制權益係以收購日公允價值衡量，惟題意中未提及該公允價值，故設算之。收購日，乙公司總公允價值＝$3,000,000÷60%＝$5,000,000

乙公司帳列淨值低估數＝$5,000,000－($3,000,000＋$900,000)
　　　　　　　　　　＝$1,100,000 (詳細原因及其金額，請詳下表)

非控制權益＝乙公司總公允價值$5,000,000×40%＝$2,000,000

分析乙公司帳列淨值低估數$1,100,000 的原因及相關金額，及其在 2017 及 2018 年適用權益法時須調整之金額： (單位：千元)

	淨值低估數	處分年度	2017 年	2018 年
(a) 存貨低估：($1,200－$1,000)	$ 200	2017 年	$200	$ －
(b) 土地低估：($1,700－$900)	800	未處分	－	－
(c) 房屋及建築低估：($2,100－$1,500)	600	÷10 年	60	60
(d) 辦公設備高估：($600－$1,200)	(600)	÷6 年	(100)	(100)
(e) 應付公司債低估：($1,000－$1,100)	(100)	÷5 年	(20)	(20)
	$ 900			
(f) 未入帳專利權：($1,100－$900＝$200)	200	÷10 年	20	20
	$1,100		$160	($40)

(A) (2)及(3)：按權益法精神，相關項目異動如下： （單位：千元）

	2017/1/1	2017年	2017/12/31	2018年	2018/12/31
乙－權益	$3,900	+$1,200 －$500	$4,600	+$1,300 －$600	$5,300
權益法：					
甲－採用權益法 　之投資	$3,000	+$624 －$300	$3,324	+$804 －$360	$3,768
合併財務報表：					
存　貨	$ 200	－$200	$ －	$ －	$ －
土　地	800	－	800	－	800
房屋及建築－淨額	600	－60	540	－60	480
辦公設備－淨額	(600)	－(100)	(500)	－(100)	(400)
應付公司債	(100)	－(20)	(80)	－(20)	(60)
專利權	200	－20	180	－20	160
	$1,100	－$160	$940	－($40)	$980
非控制權益	$2,000	+$416 －$200	$2,216	+$536 －$240	$2,512

2017年：甲認列之投資收益＝($1,200－$160)×60%＝$624
　　　　非控制權益淨利＝($1,200－$160)×40%＝$416
2018年：甲認列之投資收益＝($1,300＋$40)×60%＝$804
　　　　非控制權益淨利＝($1,300＋$40)×40%＝$536

驗　算：
2017/12/31：甲帳列「採用權益法之投資」＝($4,600＋$940)×60%＝$3,324
　　　　　　合併財務狀況表上之「非控制權益」＝($4,600＋$940)×40%＝$2,216
2018/12/31：甲帳列「採用權益法之投資」＝($5,300＋$980)×60%＝$3,768
　　　　　　合併財務狀況表上之「非控制權益」＝($5,300＋$980)×40%＝$2,512

(A) (4)及(5)：將 2017 年 12 月 31 日及 2018 年 12 月 31 日合併工作底稿之調整/
　　　　　　　沖銷金額以分錄格式呈現，如下：

沖銷分錄：		2017/12/31	2018/12/31
(a)	採用權益法認列之子公司、關聯 　企業及合資利益之份額	624,000	804,000
	股　利	300,000	360,000
	採用權益法之投資	324,000	444,000

沖銷分錄：(續)		2017/12/31	2018/12/31
(b)	非控制權益淨利	416,000	536,000
	股　利	200,000	240,000
	非控制權益	216,000	296,000
(c)	普通股股本	3,000,000	3,000,000
	保留盈餘	900,000	1,600,000
	存　貨	200,000	－
	土　地	800,000	800,000
	房屋及建築－淨額	600,000	540,000
	專利權	200,000	180,000
	辦公設備－淨額	600,000	500,000
	應付公司債	100,000	80,000
	採用權益法之投資	3,000,000	3,324,000
	非控制權益	2,000,000	2,216,000
(d)	銷貨成本	200,000	X
	存　貨	200,000	
(e)	折舊費用	60,000	60,000
	房屋及建築－淨額	60,000	60,000
(f)	辦公設備－淨額	100,000	100,000
	折舊費用	100,000	100,000
(g)	應付公司債	20,000	20,000
	利息費用	20,000	20,000
(h)	攤銷費用	20,000	20,000
	專利權	20,000	20,000

(A)(6)：2017年甲公司及其子公司之合併工作底稿：

甲 公 司 及 其 子 公 司
合 併 工 作 底 稿
2017年1月1日至2017年12月31日　　（單位：千元）

	甲公司	60%乙公司	調整／沖銷 借方	調整／沖銷 貸方	合併財務報表
綜合損益表：					
銷貨收入	$9,000	$3,000			$12,000
採用權益法認列之子公司、關聯企業及合資利益之份額	624	－	(a) 624		－

(續次頁)

銷貨成本	(3,700)	(1,000)	(d)	200			(4,900)	
各項營業費用			(e)	60	(f)	100		
	(2,400)	(800)	(h)	20	(g)	20	(3,160)	
淨　利	$3,524	$1,200						
總合併淨利							$ 3,940	
非控制權益淨利			(b)	416			(416)	
控制權益淨利							$ 3,524	
保留盈餘表：								
期初保留盈餘	$3,000	$900	(c)	900			$3,000	
加：淨　利	3,524	1,200					3,524	
減：股　利					(a)	300		
	(1,000)	(500)			(b)	200	(1,000)	
期末保留盈餘	$5,524	$1,600					$5,524	
財務狀況表：								
現　金	$ 1,600	$1,030					$ 2,630	
應收帳款－淨額	1,100	950					2,050	
存　貨	2,000	1,150	(c)	200	(d)	200	3,150	
其他流動資產	600	240					840	
採用權益法之投資	3,324	—			(a)	324		
					(c)	3,000	—	
土　地	2,000	900	(c)	800			3,700	
房屋及建築－淨額	3,900	1,400	(c)	600	(e)	60	5,840	
辦公設備－淨額	2,600	1,050	(f)	100	(c)	600	3,150	
專利權	—	—	(c)	200	(h)	20	180	
總資產	$17,124	$6,720					$21,540	
應付帳款	$ 1,060	$ 850					$ 1,910	
其他流動負債	540	270					810	
應付公司債	2,000	1,000	(g)	20	(c)	100	3,080	
普通股股本	8,000	3,000	(c)	3,000			8,000	
保留盈餘	5,524	1,600					5,524	
總負債及權益	$17,124	$6,720						
非控制權益－1/1					(c)	2,000		
非控制權益 －當期增加數					(b)	216		
非控制權益－12/31							2,216	
總負債及權益							$21,540	

(B)、(C)：相關項目異動如下： (單位：千元)

	2017/1/1	2017年	2017/12/31	2018年	2018/12/31
乙－權 益	$3,900	＋$1,200 －$500	$4,600	＋$1,300 －$600	$5,300
權益法：					
甲－採用權益法 　　之投資	$3,000	＋$624 －$300	$3,324	＋$804 －$360	$3,768
未正確地適用權益法：					
甲－採用權益法 　　之投資	$3,000	＋$720 －$300	$3,420	＋$780 －$360	$3,840
2017：投資收益＝$1,200×60%＝$720， 2018：投資收益＝$1,300×60%＝$780					
未採用權益法：					
甲－強制透過損益按 　　公允價值衡量之 　　金融資產	$3,000	股利收入 $300	$3,000	股利收入 $300	$3,000

(B) 甲公司及其子公司 2017 及 2018 年合併工作底稿上之調整/沖銷分錄：

調整分錄：		2017/12/31	2018/12/31
調(a)	採用權益法認列之子公司、關聯企業 　　　　　　及合資利益之份額 　　採用權益法之投資	96,000 　　　96,000	X
調(b)	保留盈餘 　　採用權益法之投資	X	96,000 　　　96,000
調(c)	採用權益法之投資 　　採用權益法認列之子公司、關聯 　　企業及合資利益之份額	X	24,000 　　　24,000
2017：「採用權益法認列之子公司、關聯企業及合資利益之份額」應調降數 　　　＝$624,000－$720,000＝－$96,000 　　「採用權益法之投資」應調降數＝$3,324,000－$3,420,000＝－$96,000 2018：「採用權益法認列之子公司、關聯企業及合資利益之份額」應調增數 　　　＝$804,000－$780,000＝$24,000 　　「採用權益法之投資」應調降數＝$3,768,000－$3,840,000＝－$72,000 　　　　　　　　　　　　　　　＝－$96,000＋$24,000＝－$72,000			
沖銷分錄：			
(a)～(h)	同(A)(4)及(5)之沖銷分錄(a)～(h)。		

(C) 甲公司及其子公司 2017 及 2018 年合併工作底稿上之調整/沖銷分錄：

調整分錄：		2017/12/31	2018/12/31
調(a)	採用權益法之投資	3,000,000	3,000,000
	強制透過損益按公允價值		
	衡量之金融資產	3,000,000	3,000,000
調(b)	採用權益法之投資	324,000	444,000
	股利收入	300,000	360,000
	採用權益法認列之子公司、		
	關聯企業及合資利益之份額	624,000	804,000
調(c)	採用權益法之投資	X	324,000
	保留盈餘		324,000
2017：採用權益法之投資：$3,324,000－$3,000,000＝$324,000			
2018：採用權益法之投資：$3,768,000－$3,000,000＝$768,000＝$444,000＋$324,000			
沖銷分錄：			
(a)～(h)	同(A)(4)及(5)之沖銷分錄(a)～(h)。		

(二) (反推相關金額及資料)

下列係甲公司及其子公司(乙公司)截止於 20x6 年 12 月 31 日之 20x6 年合併工作底稿上之調整/沖銷分錄： (假設兩家公司皆按直線法計提折舊及攤銷)

(a)	普通股股本	700,000	
	保留盈餘	300,000	
	辦公設備	220,000	
	專利權	40,000	
	採用權益法之投資		1,020,000
	非控制權益		180,000
	累計折舊－辦公設備		60,000
(b)	折舊費用	20,000	
	攤銷費用	8,000	
	累計折舊－辦公設備		20,000
	專利權		8,000

試問：(1) 甲公司對乙公司之持股比例為何？
　　　(2) 甲公司係於何時取得乙公司股權並對乙公司存在控制？

(3) 於收購日，乙公司之未入帳專利權金額為何？

(4) 於收購日，乙公司之未入帳專利權，其攤銷之使用年限為何？

解答：

(1) 非控制權益之持股比例＝$180,000÷($1,020,000＋$180,000)＝15%

　　甲公司對乙公司之持股比例＝$1,020,000÷($1,020,000＋$180,000)＝85%

(2) 期初「累計折舊－辦公設備」$60,000÷每年提列折舊$20,000＝3 年

　　故甲公司係於 20x2 年底或 20x3 年初取得乙公司 85%股權。

(3) $8,000×3 年＝$24,000，$40,000＋$24,000＝$64,000

(4) $64,000÷$8,000＝8 年

(三) (反推相關金額及資料)

甲公司於 20x3 年 1 月 1 日收購乙公司。下列是 20x3 年 12 月 31 日合併工作底稿上之部分調整/沖銷分錄： (假設兩家公司皆按直線法計提折舊)

(a)	普通股股本	xxx	
	保留盈餘	xxx	
	存　貨	40,000	
	土　地	80,000	
	辦公設備	30,000	
	採用權益法之投資		xxx
	非控制權益		xxx
(b)	銷貨成本	40,000	
	折舊費用	6,000	
	存　貨		40,000
	累計折舊－辦公設備		6,000

試作：請按各題指示編製合併工作底稿的部分相關調整/沖銷分錄。

(1) 假設截至 20x5 年 12 月 31 日，乙公司尚未處分題意中的土地及辦公設備，請編製 20x5 年 12 月 31 日合併工作底稿的部分相關調整/沖銷分錄。

(2) 假設截至 20x8 年 12 月 31 日，乙公司尚未處分題意中的土地及辦公設備，請編製 20x8 年 12 月 31 日合併工作底稿的部分相關調整/沖銷分錄。

(3) 假設乙公司於 20x9 年處分題意中的土地及辦公設備，請編製 20x9 年 12 月 31 日合併工作底稿的部分相關調整/沖銷分錄。

(4) 假設乙公司於 20x7 年處分題意中的土地及辦公設備，請編製 20x9 年 12 月 31 日合併工作底稿的部分相關調整/沖銷分錄。

解答：

(1)	普通股股本	xxx		$30,000÷$6,000＝5 年，辦公設備分 5 年提列折舊，截至 20x4/12/31，已提列 2 年折舊，故 $6,000×2 年＝$12,000。
	保留盈餘	xxx		
	土　地	80,000		
	辦公設備	30,000		
	累計折舊－辦公設備		12,000	
	採用權益法之投資		xxx	
	非控制權益		xxx	
	折舊費用	6,000		提列 20x5 年折舊
	累計折舊－辦公設備		6,000	
(2)	普通股股本	xxx		截至 20x7/12/31，辦公設備已提列折舊完畢，但因尚未處分，故相關金額仍應表達在合併財務報表上。
	保留盈餘	xxx		
	土　地	80,000		
	辦公設備	30,000		
	累計折舊－辦公設備		30,000	
	採用權益法之投資		xxx	
	非控制權益		xxx	
(3)	普通股股本	xxx		若乙公司處分題意中的土地及辦公設備係產生利益，則左列沖銷分錄須借記「處分不動產、廠房及設備利益」。反之，則為損失。
	保留盈餘	xxx		
	土　地	80,000		
	辦公設備	30,000		
	累計折舊－辦公設備		30,000	
	採用權益法之投資		xxx	
	非控制權益		xxx	
	處分不動產、廠房及設備利益	80,000		
	(處分不動產、廠房及設備損失)			
	土　地		80,000	
	累計折舊－辦公設備	30,000		
	辦公設備		30,000	
(4)	普通股股本	xxx		
	保留盈餘	xxx		
	採用權益法之投資		xxx	
	非控制權益		xxx	

(四)　(投資損失，編製調整/沖銷分錄)

　　　甲公司於 20x6 年 1 月 1 日以現金$918,000 取得乙公司 90%股權，並對乙公司存在控制。非控制權益係以收購日公允價值衡量。於收購日，乙公司權益包括普通股股本$400,000、資本公積－普通股股票溢價$200,000 及保留盈餘$120,000，且已知乙公司帳列淨值低估，原因如下：
(1) $5,000 係因乙公司帳列存貨價值低估所致，該項存貨已於 20x6 年中出售。
(2) $90,000 係因乙公司帳列土地價值低估所致，該項土地已於 20x6 年中出售，並認列處分不動產、廠房及設備利益$170,000。
(3) $60,000 係因乙公司帳列辦公設備價值低估所致，該辦公設備預估可再使用 10 年，以直線法計提折舊。
(4) $45,000 係因乙公司帳列長期應付票據價值變動(因市場利率變高)所致。針對此項目，於認列 20x6 年投資損益時應調整之金額為$9,000。
(5) 乙公司無未入帳之可辨認資產或負債。
假設乙公司 20x6 年之淨利為$70,000，未宣告並發放現金股利。

試作：
(1) 甲公司 20x6 年對乙公司股權投資之所有必要分錄。
(2) 甲公司及乙公司 20x6 年合併工作底稿的調整/沖銷分錄。

解答：

20x6/ 1/ 1，乙公司權益＝$400,000＋$200,000＋$120,000＝$720,000
20x6/ 1/ 1，非控制權益係以收購日公允價值衡量，惟題意中未提及該公允價值，
　　　　　　故設算之。乙公司總公允價值＝$918,000÷90%＝$1,020,000
　　　　　　乙公司帳列淨值低估數＝$1,020,000－$720,000＝$300,000
　　　　　　非控制權益＝$1,020,000×10%＝$102,000

分析乙公司帳列淨值低估數$200,000 的原因及相關金額：

			處 分 年 度	20x6 年度
1.	存　貨	$　5,000	20x6 年度	$　5,000
2.	土　地	90,000	20x6 年度	90,000
3.	辦公設備	60,000	$60,000÷10 年＝$6,000	6,000
4.	長期應付票據	45,000	(題目已給資料)	9,000
5.	商譽 (倒算)	100,000	(不攤銷，採定期評估)	－
		$300,000		$110,000

(1) 甲公司應作之股權投資分錄：

20x6/ 1/ 1	採用權益法之投資	918,000	
	現　　金		918,000
12/31	採用權益法認列之子公司、關聯企業及		
	合資損失之份額	36,000	
	採用權益法之投資		36,000
	甲公司之投資損失：($70,000－$110,000)×90%＝－$36,000		
	非控制權益淨損：($70,000－$110,000)×10%＝－$4,000		

(2) 20x6 年合併工作底稿上之調整/沖銷分錄：

(a)	採用權益法之投資	36,000	
	採用權益法認列之子公司、關聯企業		
	及合資損失之份額		36,000
(b)	非控制權益	4,000	
	非控制權益淨損		4,000
(c)	普通股股本	400,000	
	資本公積－普通股股票溢價	200,000	
	保留盈餘	120,000	
	存　　貨	5,000	
	土　　地	90,000	
	辦公設備	60,000	
	長期應付票據	45,000	
	商　　譽	100,000	
	採用權益法之投資		918,000
	非控制權益		102,000
(d)	銷貨成本	5,000	
	存　　貨		5,000
(e)	處分不動產、廠房及設備利益	90,000	
	土　　地		90,000
(f)	折舊費用	6,000	
	累計折舊－辦公設備		6,000
(g)	利息費用	9,000	
	長期應付票據		9,000

(五) (合併工作底稿，母公司未正確地適用權益法，廉價購買利益)

甲公司於 20x5 年 1 月 1 日以現金$504,000 取得乙公司 60%股權，並對乙公司存在控制，另支付與股權取得相關之成本$36,000。非控制權益係以收購日公允價值衡量。下列是收購日乙公司之財務狀況資料：

	帳面金額	公允價值	備　註
現　金	$ 124,000	$ 124,000	
應收帳款－淨額	266,000	266,000	
存　貨	280,000	290,000	於 20x5 年間出售
土　地	780,000	780,000	
房屋及設備－淨額	600,000	675,000	尚有 15 年使用年限
專利權	40,000	190,000	尚有 6 年使用年限
商　譽	10,000	－	不確定使用年限
資產總額	$2,100,000	$2,325,000	
流動負債	$ 380,000	$ 380,000	
非流動負債－淨額	1,200,000	1,080,000	非流動負債將於
普通股股本	200,000		20x9/ 1/ 1 到期，假設採
保留盈餘	320,000		直線法攤銷折、溢價。
負債及權益總額	$2,100,000		

註：乙公司採直線法計提折舊。

甲公司<u>欲採</u>權益法處理其對乙公司之股權投資，但甲公司帳列「採用權益法之投資」科目於 20x5 年中只借記投資金額及貸記收自乙公司所宣告並發放之現金股利。下列是甲公司及乙公司 20x5 年財務報表：

	甲公司	乙公司
綜合損益表：		
銷貨收入	$9,000,000	$ 870,000
銷貨成本	(5,000,000)	(470,000)
各項營業費用	(2,800,000)	(190,000)
淨　利	$1,200,000	$ 210,000
財務狀況表：		
現　金	$ 689,000	$ 188,000
應收帳款－淨額	840,000	270,000
存　貨	1,200,000	560,000
採用權益法之投資	471,000	－

	甲公司	乙公司
財務狀況表：(續)		
土　　地	1,000,000	780,000
房屋及設備－淨額	3,100,000	660,000
專利權	300,000	32,000
商　　譽	－	10,000
資產總額	$7,600,000	$2,500,000
流動負債	$1,100,000	$ 625,000
非流動負債－淨額	2,600,000	1,200,000
普通股股本	2,000,000	200,000
保留盈餘	1,900,000	475,000
負債及權益總額	$7,600,000	$2,500,000
20x5年宣告並發放之現金股利	$900,000	$55,000

試作：(A) 分析收購日乙公司非流動負債淨值低估之原因及其相關金額。

(B) 按權益法，甲公司20x5年應認列之投資損益。

(C) 按權益法，甲公司20x5年投資乙公司股權之所有必要分錄。

(D) 按權益法，甲公司「採用權益法之投資」於20x5年12月31日餘額。

(E) 按甲公司的會計處理方式，甲公司「採用權益法之投資」於20x5年12月31日餘額。

(F) 甲公司及乙公司截止於20x5年12月31日之20x5年度合併工作底稿。

解答：

(A) 非控制權益係以收購日公允價值衡量，惟題意中未提及該公允價值，故設算之。收購日，乙公司總公允價值＝$504,000÷60%＝$840,000

乙公司帳列淨值低估數＝$840,000－($200,000＋$320,000)＝$320,000

非控制權益＝乙公司總公允價值$840,000×40%＝$336,000

分析乙公司帳列淨值低估數$320,000的原因及相關金額，及其在20x5年適用權益法時須調整之金額：（單位：千元）

	淨值低估數	處分年度	20x5年
(1) 存貨低估：($290,000－$280,000)	$ 10,000	20x5年	$10,000
(2) 房屋及設備低估：($675,000－$600,000)	75,000	÷15年	5,000
(3) 專利權低估：($190,000－$40,000)	150,000	÷6年	25,000

(4) 商　譽 (不考慮，詳※)：($0－$10,000)	(10,000)	※	※
(5) 非流動負債高估：($1,200,000－$1,080,000)	120,000	÷4年	30,000
	$345,000		
(6) 廉價購買利益：($345,000－$320,000＝$25,000)	(25,000)		－
	$320,000		$70,000

※：甲公司收購乙公司時，不考慮乙公司帳列原有之商譽，而係以收購日乙公司總公允價值去評估：(a)乙公司帳列淨值是否高(低)估，(b)乙公司是否有未入帳資產或負債，(c)再決定乙公司是否有未入帳商譽或廉價收購利益。而原帳列商譽會持續表達在乙公司財務狀況表中，除非乙公司針對原帳列商譽認列減損損失，因此每屆報導期間結束日編製甲公司及乙公司合併財務報表時，須透過合併工作底稿之沖銷分錄，將乙公司原帳列商譽沖銷。

(B) 甲公司應認列之投資收益＝($210,000－$70,000)×60%＝$84,000
　　非控制權益淨利＝($210,000－$70,000)×40%＝$56,000

(C) 詳次頁。

(D)及(E) 相關項目異動如下：

	20x5/1/1	20x5年	20x5/12/31
乙－權　益	$520,000	＋$210,000－$55,000	$675,000
甲－採用權益法之投資 (權益法)	$529,000	＋$84,000－$33,000	$580,000
甲－採用權益法之投資 (甲帳列數)	$504,000	－$33,000	$471,000
合併財務報表：			
存　貨	$ 10,000	－$10,000	$　－
房屋及設備－淨額	75,000	－5,000	70,000
專利權	150,000	－25,000	125,000
商　譽 (乙帳上原有)	(10,000)	－	(10,000)
非流動負債－淨額	120,000	－30,000	90,000
	$345,000	－$70,000	$275,000
非控制權益	$336,000	＋$56,000－$22,000	$370,000

驗　算：20x5/12/31：
甲帳列「採用權益法之投資」＝(乙權益$675,000＋尚餘之乙淨值低估數$275,000－廉價購買利益$25,000)×60%＋廉價購買利益$25,000＝$580,000
「非控制權益」＝($675,000＋$275,000－$25,000)×40%＝$370,000

(C) 按權益法，甲公司 20x5 年投資乙公司股權之所有必要分錄：

20x5/ 1/ 1	採用權益法之投資	529,000	
	企業合併費用	36,000	
	現　　金		540,000
	廉價購買利益		25,000
12/31	採用權益法之投資	84,000	
	採用權益法認列之子公司、關聯企業		
	及合資利益之份額		84,000
20x5/ 收股利日	現　　金	33,000	
	採用權益法之投資		33,000

(F) 甲公司及乙公司 20x5 年合併工作底稿之調整/沖銷分錄：

調整分錄：			
(a)	採用權益法之投資	84,000	
	採用權益法認列之子公司、關聯企業		
	及合資利益之份額		84,000
(b)	採用權益法之投資	25,000	
	廉價購買利益		25,000
沖銷分錄：			
(1)	採用權益法認列之子公司、關聯企業		
	及合資利益之份額	84,000	
	股　　利		33,000
	採用權益法之投資		51,000
(2)	非控制權益淨利	56,000	
	股　　利		22,000
	非控制權益		34,000
(3)	普通股股本	200,000	
	保留盈餘	320,000	
	存　貨	10,000	
	房屋及設備－淨額	75,000	
	專利權	150,000	
	非流動負債－淨額	120,000	
	商　譽		10,000
	採用權益法之投資		529,000
	非控制權益		336,000

(續次頁)

(4)	銷貨成本	10,000	
	存　貨		10,000
(5)	折舊費用	5,000	
	房屋及設備－淨額		5,000
(6)	攤銷費用	25,000	
	專利權		25,000
(7)	利息費用	30,000	
	非流動負債－淨額		30,000

甲公司及乙公司 20x5 年合併工作底稿：

甲 公 司 及 其 子 公 司
合 併 工 作 底 稿
20x5 年 1 月 1 日至 20x5 年 12 月 31 日　　（單位：千元）

	甲公司	60% 乙公司	調整／沖銷 借　方	調整／沖銷 貸　方	合　併 財務報表
綜合損益表：					
銷貨收入	$9,000	$870			$9,870
採用權益法認列之 　子公司、關聯企業 　及合資利益之份額	—	—	(1)　84	調(a)　84	—
廉價購買利益	—	—		調(b)　25	25
銷貨成本	(5,000)	(470)	(4)　10		(5,480)
各項營業費用	(2,800)	(190)	(5)　5 (6)　25		(3,020)
利息費用	—	—	(7)　30		(30)
淨　　利	$1,200	$210			
總合併淨利					$1,365
非控制權益淨利			(2)　56		(56)
控制權益淨利					$1,309
保留盈餘表：					
期初保留盈餘	$1,600	$320	(3)　320		$1,600
加：淨　利	1,200	210			1,309
減：股　利				(1)　33	
	(900)	(55)		(2)　22	(900)
期末保留盈餘	$1,900	$475			$2,009

（續次頁）

	甲公司	60% 乙公司	調整／沖銷 借方	調整／沖銷 貸方	合併 財務報表
財務狀況表：					
現　　金	$ 689	$188			$ 877
應收帳款－淨額	840	270			1,110
存　　貨	1,200	560	(3) 10	(4) 10	1,760
採用權益法之投資	471	－	調(a) 84 調(b) 25	(1) 51 (3) 529	－
土　　地	1,000	780			1,780
房屋及設備－淨額	3,100	660	(3) 75	(5) 5	3,830
專利權	300	32	(3) 150	(8) 25	457
商　　譽	－	10		(3) 10	－
總資產	$7,600	$2,500			$9,814
流動負債	$ 1,100	$ 625			$ 1,725
非流動負債－淨額	2,600	1,200	(3) 120	(7) 30	3,710
普通股股本	2,000	200	(3) 200		2,000
保留盈餘	1,900	475			2,009
總負債及權益	$7,600	$2,500			
非控制權益－1/1				(3) 336	
非控制權益 －當期增加數				(2) 34	
非控制權益－12/31					370
總負債及權益					$9,814

(六)　(合併工作底稿，母公司未採用權益法)

　　甲公司於20x3年1月1日以現金$115,000取得乙公司普通股作為長期股權投資，並對乙公司存在控制。非控制權益係以收購日公允價值$26,000衡量。當日乙公司權益包括普通股股本$50,000及保留盈餘$30,000，已知乙公司帳列淨值低估，原因如下：
(1) $9,000係因乙公司帳列存貨價值高估所致，該存貨於20x3年出售。
(2) $40,000係因乙公司帳列辦公設備價值低估所致，該辦公設備預估可再使用8年，以直線法計提折舊。
(3) 乙公司有一項未入帳專利權，尚有5年使用年限。

假設從收購日至 20x6 年 12 月 31 日，甲公司及乙公司之普通股股本皆無異動。20x6 年 1 月 1 日，乙公司開立長期票據向甲公司借款$100,000，按年利率 4%計息，每年 1 月 1 日及 7 月 1 日付息，故下列乙公司財務報表中之利息費用及甲公司財務報表中之利息收入皆源自此項借款交易。甲公司及乙公司 20x6 年度財務報表已列入下述之合併工作底稿中。

試作：因甲公司會計人員疏忽，致從收購日至 20x6 年 12 月 31 日，甲公司皆未採用權益法處理其對乙公司之股權投資，只在乙公司宣告現金股利時認列股利收入，並將對乙公司之股權投資分類為「透過損益按公允價值衡量之金融資產」。在此情況下，請完成下列甲公司及乙公司 20x6 年合併工作底稿，以利 20x6 年合併財務報表之編製並滿足外部財務報導之需求。

甲公司及其子公司
合併工作底稿
20x6 年度

	甲公司	乙公司	調整/沖銷 借方	調整/沖銷 貸方	合併財務報表
綜合損益表：					
銷貨收入	$500,000	$250,000			
股利收入	40,000	—			
利息收入	4,000	—			
銷貨成本	(280,000)	(110,000)			
各項營業費用	(150,000)	(66,000)			
利息費用	—	(4,000)			
淨　利	$114,000	$70,000			
保留盈餘表：					
保留盈餘－20x6/1/1	$150,000	$90,000			
加：淨　利	114,000	70,000			
減：股　利	(80,000)	(50,000)			
保留盈餘－20x6/12/31	$184,000	$110,000			
財務狀況表：					
現　金	$65,000	$48,000			
強制透過損益按公允價值衡量之金融資產	115,000	—			
應收帳款－淨額	98,000	73,000			
應收股利	12,000	—			
應收利息	2,000	—			

其他流動資產	40,000	21,000			
長期應收票據,8%	100,000	—			
不動產、廠房及設備	310,000	220,000			
減：累計折舊	(72,000)	(60,000)			
總資產	$670,000	$302,000			
應付帳款	$ 66,000	$ 25,000			
應付股利	20,000	15,000			
應付利息	—	2,000			
長期應付票據,8%	—	100,000			
普通股股本	400,000	50,000			
保留盈餘	184,000	110,000			
總負債及權益	$670,000	$302,000			

解答：

甲公司股利收入$40,000÷乙公司宣告之股利$50,000＝80%

收購日(20x3/1/1)乙公司總公允價值＝$115,000＋$26,000＝$141,000

乙公司帳列淨值低估數＝$141,000－($50,000＋$30,000)＝$61,000

乙公司帳列淨值低估數$61,000的原因及金額，及其在20x6年適用權益法時須調整之金額：

	淨值 低估數	處分 年度	(收購日後第4年) 20x6年
(1) 存貨價值高估	($ 9,000)	20x3年	$ —
(2) 辦公設備價值低估	40,000	÷8年	5,000
(3) 未入帳專利權	30,000	÷5年	6,000
	$61,000		$11,000

<u>20x3～20x5 (三年)</u>：

歸屬控制權益之乙公司淨值淨變動數
　　＝[($50,000＋$90,000)－($50,000＋$30,000)＋$9,000(存貨)
　　　－$5,000(設備)×3年－$6,000(專利權)×3年]×80%＝$28,800

歸屬非控制權益之乙公司淨值變動數
　　＝[($50,000＋$90,000)－($50,000＋$30,000)＋$9,000(存貨)
　　　－$5,000(設備)×3年－$6,000(專利權)×3年]×20%＝$7,200

<u>20x6 年：</u>　甲公司應認列之投資收益＝($70,000－$11,000)×80％＝$47,200
　　　　　非控制權益淨利＝($70,000－$11,000)×20％＝$11,800

按權益法及未按權益法，相關項目異動如下：

	20x3/1/1	20x3～20x5	20x5/12/31	20x6 年	20x6/12/31
乙－權　益	$80,000	淨＋$60,000	$140,000	＋$70,000 －$50,000	$160,000
採用權益法：					
甲－採用權益法 　之投資	$115,000	淨＋$28,800	$143,800	＋$47,200 －$40,000	$151,000
合併財務報表：					
存　貨	($9,000)	－($9,000)	$ －	$ －	$ －
辦公設備	40,000	－5,000×3 年	25,000	－5,000	20,000
專利權	30,000	－6,000×3 年	12,000	－6,000	6,000
	$61,000	－$24,000	$37,000	－$11,000	$26,000
合併財務報表：					
非控制權益	$26,000	淨＋$7,200	$33,200	＋$11,800 －$10,000	$35,000
未採用權益法：					
甲－強制透過損益 　按公允價值衡量 　之金融資產	$115,000	股利收入 ？	$115,000	股利收入 $40,000	$115,000

20x6 年甲公司及其子公司之合併工作底稿調整/沖銷分錄：

調整分錄：			
(a)	採用權益法之投資	115,000	
	強制透過損益按公允價值衡量之金融資產		115,000
(b)	採用權益法之投資	28,800	
	保留盈餘		28,800
(c)	採用權益法之投資	47,200	
	採用權益法認列之子公司、關聯企業 　　　　及合資利益之份額		47,200
(d)	股利收入	40,000	
	採用權益法之投資		40,000

(續次頁)

沖銷分錄：			
(1)	採用權益法認列之子公司、關聯企業及合資利益之份額	47,200	
	股　利		40,000
	採用權益法之投資		7,200
(2)	非控制權益淨利	11,800	
	股　利		10,000
	非控制權益		1,800
(3)	普通股股本	50,000	
	保留盈餘	90,000	
	不動產、廠房及設備	40,000	
	專利權	12,000	
	累計折舊－不動產、廠房及設備		15,000
	採用權益法之投資		143,800
	非控制權益		33,200
(4)	折舊費用	5,000	
	累計折舊－不動產、廠房及設備		5,000
(5)	攤銷費用	6,000	
	專利權		6,000
(6)	長期應付票據	100,000	
	長期應收票據		100,000
(7)	利息收入	4,000	
	利息費用		4,000
(8)	應付利息	2,000	
	應收利息		2,000
(9)	應付股利	12,000	
	應收股利		12,000

20x6 年甲公司及其子公司之合併工作底稿：

甲 公 司 及 其 子 公 司
合 併 工 作 底 稿
20x6 年 度

	甲公司	80% 乙公司	調整 / 沖銷 借方	調整 / 沖銷 貸方	合併 財務報表
綜合損益表：					
銷貨收入	$500,000	$250,000			$750,000
股利收入	40,000	—	調(d)40,000		—

	甲公司	80%乙公司	調整／沖銷 借方	調整／沖銷 貸方	合併財務報表
利息收入	4,000	—	(7) 4,000		—
採用權益法認列之子公司、關聯企業及合資利益之份額	—	—	(1) 47,200	調(c)47,200	—
銷貨成本	(280,000)	(110,000)			(390,000)
各項營業費用	(150,000)	(66,000)	(4) 5,000 (5) 6,000		(227,000)
利息費用	—	(4,000)		(7) 4,000	—
淨　利	$114,000	$70,000			
總合併淨利					$133,000
減：非控制權益淨利			(2) 11,800		(11,800)
控制權益淨利					$121,200
保留盈餘表：					
保留盈餘－20x6/1/1	$150,000	$90,000	(3) 90,000	調(b)28,800	$178,800
加：淨　利	114,000	70,000			121,200
減：股　利	(80,000)	(50,000)		(1) 40,000 (2) 10,000	(80,000)
保留盈餘－20x6/12/31	$184,000	$110,000			$220,000
財務狀況表：					
現　金	$65,000	$48,000			$113,000
強制透過損益按公允價值衡量之金融資產	115,000	—		調(a)115,000	—
應收帳款－淨額	98,000	73,000			171,000
應收股利	12,000	—		(9) 12,000	—
應收利息	2,000	—		(8) 2,000	—
其他流動資產	40,000	21,000			61,000
長期應收票據，8%	100,000	—		(6)100,000	—
採用權益法之投資	—	—	調(a)115,000 調(b)28,800 調(c)47,200	調(d)40,000 (1) 7,200 (3)143,800	—
不動產、廠房及設備	310,000	220,000	(3) 40,000		570,000
減：累計折舊	(72,000)	(60,000)		(3) 15,000 (4) 5,000	(152,000)
專利權	—	—	(3) 12,000	(5) 6,000	6,000
總　資　產	$670,000	$302,000			$769,000

	甲公司	乙公司	借　方	貸　方	合併財務報表
應付帳款	$66,000	$25,000			$91,000
應付股利	20,000	15,000	(9) 12,000		23,000
應付利息	—	2,000	(8) 2,000		—
長期應付票據，8%	—	100,000	(6)100,000		—
普通股股本	400,000	50,000	(3) 50,000		400,000
保留盈餘	184,000	110,000			220,000
總負債及權益	$670,000	$302,000			
非控制權益－1/1				(3) 33,200	
非控制權益 　－當期增加數				(2) 1,800	
非控制權益－12/31					35,000
總負債及權益					$769,000

(七)　(反推相關金額，調整/沖銷分錄)

　　甲公司於 20x6 年 1 月 1 日收購乙公司。非控制權益係以收購日公允價值衡量。假設所有可辨認無形資產皆按 10 年攤銷。下列是甲公司與乙公司 20x6 年 12 月 31 日之個體財務狀況表、甲公司及乙公司同日之合併財務狀況表、甲公司及乙公司 20x6 年合併綜合損益表：

甲　公　司　及　其　子　公　司
合　併　財　務　狀　況　表
20x6 年 12 月 31 日

	甲公司	乙公司	合併個體
流動資產	$ 40,000	$ 37,000	$ 67,000
採用權益法之投資	70,000	—	—
其他非流動資產－淨額	200,000	100,000	300,000
專利權	—	—	9,000
資產總額	$310,000	$137,000	$376,000
流動負債	$ 35,000	$ 21,000	$ 46,000
應付公司債	50,000	25,000	75,000
普通股股本	100,000	50,000	100,000
保留盈餘	125,000	41,000	125,000
非控制權益	—	—	30,000
負債及權益總額	$310,000	$137,000	$376,000

甲 公 司 及 其 子 公 司		
合 併 綜 合 損 益 表		
20x6 年 1 月 1 日至 12 月 31 日		
銷貨收入		$300,000
銷貨成本	$130,000	
各項營業費用	75,000	(205,000)
總合併淨利		$ 95,000
減：非控制權益淨利		(15,000)
控制權益淨利		$ 80,000

試作：(1) 甲公司對乙公司之持股比例。

(2) 乙公司 20x6 年淨利。

(3) 假設乙公司於 20x6 年宣告並發放現金股利$20,000，則

    (a) 20x6 年 1 月 1 日合併財務狀況表上之非控制權益金額。

    (b) 甲公司於 20x6 年 1 月 1 日收購乙公司股權的移轉對價。

(4) 甲公司和乙公司於 20x6 年 12 月 31 日帳上有應收或應付對方的款項嗎？ 若有，金額為何？

(5) 甲公司及乙公司 20x6 年合併工作底稿上之調整/沖銷分錄。

解答：

(1) 非控制權益$30,000÷(乙帳列淨值$91,000＋未攤銷之未入帳專利權$9,000)
    ＝$30,000÷$100,000＝30%

    甲公司對乙公司之持股比例＝100%－30%＝70%

(2) 專利權：$9,000÷(10 年－1 年)＝$1,000 (每年攤銷數)

    收購日，乙公司未入帳專利權＝$1,000×10 年＝$10,000

    非控制權益淨利$15,000＝(乙公司 20x6 年淨利－$1,000)×30%

    ∴ 乙公司 20x6 年淨利＝$51,000

(3) (a) 非控制權益：期初金額＋$15,000－($20,000×30%)＝期末金額$30,000

           ∴ 期初非控制權益＝$21,000

   (b) 非控制權益係以收購日公允價值衡量，惟題意中未提及該公允價值，故設算之。因此，$21,000÷30%＝$70,000＝乙公司 20x6/ 1/ 1 總公允價值

                 ＝甲公司 20x6/ 1/ 1 移轉對價÷70%

    ∴ 甲公司 20x6/ 1/ 1 之移轉對價＝$49,000

(4) 合併流動資產＝甲流動資產＋乙流動資產－流動資產沖銷數

$67,000 = $40,000 + $37,000 －流動資產沖銷數

∴ 流動資產沖銷數＝$10,000

合併流動負債＝甲流動負債＋乙流動負債－流動負債沖銷數

$46,000 = $35,000 + $21,000 －流動負債沖銷數

∴ 流動負債沖銷數＝$10,000

可知，甲公司和乙公司於 20x6 年 12 月 31 日帳上有應收或應付對方的款項 $10,000。

(5) 甲公司及乙公司 20x6 年合併工作底稿上之調整/沖銷分錄：

(a)	採用權益法認列之子公司、 關聯企業及合資利益之份額	35,000		($51,000－$1,000)×70% ＝$35,000
	股　利		14,000	$20,000×70%＝$14,000
	採用權益法之投資		21,000	
(b)	非控制權益淨利	15,000		($51,000－$1,000)×30% ＝$15,000
	股　利		6,000	$20,000×30%＝$6,000
	非控制權益		9,000	
(c)	普通股股本	50,000		保留盈餘：
	保留盈餘	10,000		期初＋$51,000－$20,000
	專利權	10,000		＝期末$41,000
	採用權益法之投資		49,000	∴ 期初＝$10,000
	非控制權益		21,000	
(d)	攤銷費用	1,000		
	專利權		1,000	
(e)	流動負債	10,000		
	流動資產		10,000	

(八)　(計算相關金額，編製合併財務報表)

下列是甲公司及乙公司截止於 20x6 年 12 月 31 日之 20x6 年財務報表資料：

	甲公司	乙公司
銷貨收入	$400,000	$100,000
採用權益法認列之子公司、關聯企業 　　　　及合資利益之份額	?	—

	甲公司	乙公司
銷貨成本	250,000	50,000
各項營業費用	100,000	26,000
淨　利	?	24,000
保留盈餘－1/1	177,000	34,000
股　利	50,000	16,000
現　金	33,200	15,000
應收帳款－淨額	48,000	20,000
應收股利	7,200	－
應收票據	－	6,000
存　貨	80,000	10,000
採用權益法之投資	?	－
土　地	85,000	30,000
房屋及建築－淨額	170,000	80,000
辦公設備－淨額	130,000	72,000
應付帳款	75,000	33,000
應付票據	6,000	－
應付股利	－	8,000
普通股股本，面額$10	500,000	150,000
保留盈餘－12/31	?	?

其他資料：

(1) 甲公司於 20x5 年 1 月 1 日以$180,000 取得乙公司 13,500 股普通股，並對乙公司存在控制。當日乙公司權益包括普通股股本$150,000 及保留盈餘$20,000。非控制權益係以收購日公允價值衡量。

(2) 於收購日，乙公司除帳列土地價值低估$20,000 外，其餘帳列資產及負債之帳面金額皆等於公允價值，另乙公司有一項未入帳專利權，公允價值為$40,000，預計尚有 10 年使用年限。

(3) 假設：(a) 乙公司之可折舊資產及無形資產，預估尚有 10 年使用年限。
　　　　 (b) 20x5 及 20x6 年間並無有關乙公司土地之交易發生。

(4) 乙公司帳列應付帳款中有$5,000 係賒欠甲公司之帳款；而甲公司帳列應付票據係賒欠乙公司之負債。

試作：(1) 分析於收購日乙公司帳列淨值高估或低估之原因及其相關金額。
　　　(2) 按權益法，甲公司 20x6 年應認列之投資收益。
　　　(3) 20x6 年 12 月 31 日，甲公司「採用權益法之投資」之金額。

(4) 甲公司及乙公司 20x6 年合併工作底稿上之調整/沖銷分錄。

(5) 甲公司及乙公司截止於 20x6 年 12 月 31 日之 20x6 年合併財務報表。

解答：

(1) 20x5/1/1：乙公司普通股股本$150,000÷$10＝15,000 股

　　　　　　甲取得 13,500 股，持股比率＝13,500 股÷15,000 股＝90%

非控制權益係以收購日公允價值衡量，惟題意中未提及該公允價值，故設算之。乙公司總公允價值＝$180,000÷90%＝$200,000

乙公司帳列淨值低估數＝$200,000－($150,000＋$20,000)＝$30,000

非控制權益＝$200,000×10%＝$20,000

分析乙公司淨值低估數$30,000 的原因及金額，及其在 20x6 年適用權益法時須調整之金額：

	淨值低估數	處分年度	20x5 年	20x6 年
(a) 土地價值低估	$20,000		$ －	$ －
(b) 未入帳專利權	40,000	÷10 年	4,000	4,000
	$60,000			
(c) 廉價購買利益 ($30,000－$60,000＝－$30,000)	(30,000)		－	－
	$30,000		$4,000	$4,000

(2)、(3) 按權益法，相關項目異動如下：

	20x5/1/1	20x5 年	20x5/12/31	20x6 年	20x6/12/31
乙－權益	$170,000	淨＋$14,000	$184,000	＋$24,000 －$16,000	$192,000
權益法：					
甲－採用權益法之投資	(*) $210,000	淨＋$9,000	$219,000	＋$18,000 －$14,400	$222,600
合併財務報表：					
土　地	$20,000	$ －	$20,000	$ －	$20,000
專利權	40,000	－4,000	36,000	－4,000	32,000
	$60,000	－$4,000	$56,000	－$4,000	$52,000
非控制權益	$20,000	淨＋$1,000	$21,000	＋$2,000 －$1,600	$21,400

(承上頁)

＊：廉價購買利益：$30,000 歸屬控制權益，$180,000＋$30,000＝$210,000	
20x5/ 1/ 1 甲公司投資分錄：借記「採用權益法之投資」$210,000， 貸記「現金」$180,000 及「廉價購買利益」$30,000	
20x5 年	甲公司應認列之投資收益＝(淨＋$14,000－$4,000)×90%＝淨＋$9,000
	非控制權益淨利＝(淨＋$14,000－$4,000)×10%＝淨＋$1,000
20x6 年	甲公司應認列之投資收益＝($24,000－$4,000)×90%＝$18,000
	非控制權益淨利＝($24,000－$4,000)×10%＝$2,000

(4) 甲公司及乙公司 20x6 年合併工作底稿上之調整/沖銷分錄：

(a)	採用權益法認列之子公司、關聯企業 及合資利益之份額	18,000	
	股　利		14,400
	採用權益法之投資		3,600
(b)	非控制權益淨利	2,000	
	股　利		1,600
	非控制權益		400
(c)	普通股股本	150,000	
	保留盈餘	34,000	
	土　地	20,000	
	專利權	36,000	
	採用權益法之投資		219,000
	非控制權益		21,000
(d)	攤銷費用	4,000	
	專利權		4,000
(e)	應付帳款	5,000	
	應收帳款		5,000
(f)	應付票據	6,000	
	應收票據		6,000
(g)	應付股利	7,200	
	應收股利		7,200

(續次頁)

(5)

甲公司及其子公司 合併綜合損益表 20x6 年度			
銷貨收入		$500,000	$400,000＋$100,000＝$500,000
銷貨成本	$300,000		$250,000＋$50,000＝$300,000
各項營業費用	130,000	(430,000)	$100,000＋$26,000
總合併淨利		$ 70,000	＋$4,000[沖(d)]＝$130,000
減：非控制權益淨利		(2,000)	沖銷分錄(b)
控制權益淨利		$ 68,000	

甲公司及其子公司 合併保留盈餘表 20x6 年度		
保留盈餘－1/1	$177,000	$177,000＋$34,000－$34,000[沖(c)]＝$177,000
加：控制權益淨利	68,000	詳「合併綜合損益表」。
減：股　利	(50,000)	$50,000＋$16,000－$14,400[沖(a)]
保留盈餘－12/31	$195,000	－$1,600[沖(b)]＝$50,000

甲公司及其子公司 合併財務狀況表 20x6 年 12 月 31 日			
現　　金	$ 48,200	應付帳款	$103,000
應收帳款－淨額	63,000	應付股利	800
存　　貨	90,000		$103,800
土　　地	135,000	普通股股本	$500,000
房屋及建築－淨額	250,000	保留盈餘	195,000
辦公設備－淨額	202,000	非控制權益	21,400
專利權	32,000		$716,400
資產總額	$820,200	負債及權益總額	$820,200

(續次頁)

有關「合併財務狀況表」組成項目金額之計算如下：

```
現    金＝$33,200＋$15,000＝$48,200
應收帳款－淨額＝$48,000＋$20,000－$5,000[沖(e)]＝$63,000
應收股利＝$7,200－$7,200[沖(g)]＝$0
應收票據＝$0＋$6,000－$6,000[沖(f)]＝$0
存    貨＝$80,000＋$10,000＝$90,000
採用權益法之投資＝$222,600－$3,600[沖(a)]－$219,000[沖(c)]＝$0
土    地＝$85,000＋$30,000＋$20,000[沖(c)]＝$135,000
房屋及建築－淨額＝$170,000＋$80,000＝$250,000
辦公設備－淨額＝$130,000＋$72,000＝$202,000
專利權＝$36,000[沖(c)]－$4,000[沖(d)]＝$32,000
應付帳款＝$75,000＋$33,000－$5,000[沖(e)]＝$103,000
應付票據＝$6,000＋$0－$6,000[沖(f)]＝$0
應付股利＝$0＋$8,000－$7,200[沖(g)]＝$800
普通股股本＝$500,000＋$150,000－$150,000[沖(c)]＝$500,000
保留盈餘：詳「合併保留盈餘表」。
非控制權益＝$400[沖(b)]＋$21,000[沖(c)]＝$21,400
```

(九)　(重建合併工作底稿上之調整/沖銷分錄)

　　甲公司於 20x7 年 1 月 1 日以取得股權方式收購乙公司。下列是截止於 20x7 年 12 月 31 日之 20x7 年甲公司個體財務報表、乙公司個別財務報表、甲公司及其子公司合併財務報表：（單位：千元）

	甲公司	乙公司	合併個體
綜合損益表：			
銷貨收入	$2,000	$800	$2,800
採用權益法認列之子公司、關聯企業及合資利益之份額	135	—	—
銷貨成本	(1,000)	(400)	(1,430)
各項營業費用	(750)	(200)	(970)
淨　利	$　385	$ 200	
總合併淨利			$　400
非控制權益淨利			(15)
控制權益淨利			$　385

(承上頁)

	甲公司	乙公司	合併個體
保留盈餘表：			
保留盈餘－20x7/1/1	$700	$300	$700
加：淨 利	385	200	385
減：股 利	(200)	(100)	(200)
保留盈餘－20x7/12/31	$885	$400	$885
財務狀況表：			
現 金	$ 330	$ 50	$ 380
應收帳款－淨額	260	100	350
存 貨	500	320	820
採用權益法之投資	945	—	—
不動產、廠房及設備－淨額	1,000	600	1,700
專利權	—	—	50
資 產 總 額	$3,035	$1,070	$3,300
應付帳款	$ 250	$ 170	$ 410
普通股股本，面額$10	1,400	200	1,400
資本公積－普通股股票溢價	500	300	500
保留盈餘	885	400	885
非控制權益	—	—	105
負債及權益總額	$3,035	$1,070	$3,300

試作：假設專利權從收購日起算，估計尚有 6 年使用年限。請編製甲公司及乙公司 20x7 年合併工作底稿上之調整/沖銷分錄。

解答：

(1) 專利權：

$50,000÷(6 年－1 年)＝$10,000 (每年攤銷數)

$0(甲)＋$0(乙)＋N(收購日乙帳列淨值低估原因之一)＝$50,000(合併數)

N＝$50,000＝乙公司未攤銷之未入帳專利權

故收購日乙公司未入帳專利權為$60,000，$50,000＋$10,000＝$60,000

(2) 各項營業費用：$750,000＋$200,000＋$10,000(專利權攤銷)＋X＝$970,000

X＝$10,000 (透過沖銷分錄而增加之營業費用)

(3) 不動產、廠房及設備－淨額：

$1,000,000＋$600,000＋Y(收購日乙帳列淨值低估原因之一)＝$1,700,000

Y＝$100,000，配合 X＝$10,000 (透過沖銷分錄而增加之營業費用)

所以 X＝$10,000＝乙帳列「不動產、廠房及設備－淨額」低估金額之每年攤銷數，$100,000÷$10,000＝10 年，還要再提列 10 年折舊，已提列 1 年折舊費用，故收購日乙公司帳列「不動產、廠房及設備－淨額」低估金額為$110,000，$100,000＋$10,000＝$110,000。

(4) 銷貨成本：

$1,000,000＋$400,000＋M(透過沖銷分錄而增加之銷貨成本)＝$1,430,000

M＝$30,000＝乙公司收購日存貨低估金額且該存貨已於 20x7 年間出售。

(5) 非控制權益淨利$15,000 ÷ (乙公司淨利$200,000－未入帳專利權之攤銷數$10,000－不動產、廠房及設備低估金額之折舊額$10,000－已售存貨低估金額$30,000)＝$15,000÷$150,000＝10%

故知非控制權益對乙公司之持股比例為 10%，而甲公司對乙公司之持股比例為 90%，100%－10%＝90%。

因此甲公司應認列之投資收益＝$150,000×90%＝$135,000

(6) 收購日：乙公司帳列淨值＝$200,000＋$300,000＋$300,000＝$800,000

收購日乙公司淨值低估金額

＝存貨$30,000＋房屋及設備$110,000＋未入帳專利權$60,000

＝$200,000

收購日乙公司總公允價值＝$800,000＋$200,000＝$1,000,000

甲公司之移轉對價÷90%＝$1,000,000，∴ 甲公司之移轉對價＝$900,000

由此可知，本題非控制權益不論是以收購日公允價值衡量(須設算)，或是以對乙公司可辨認淨資產所享有之比例份額衡量，其金額相同。

(7) 應收帳款：$260,000＋$100,000－應收帳款沖銷數＝$350,000

∴ 應收帳款沖銷數＝$10,000

(8) 應付帳款：$250,000＋$170,000－應付帳款沖銷數＝$410,000

∴ 應付帳款沖銷數＝$10,000 [詳上述(7)]

(9) 按權益法，相關項目異動如下：

	20x7/1/1	20x7年	20x7/12/31
乙－權　益	$800,000	＋$200,000－$100,000	$900,000
權益法：			
甲－採用權益法之投資	$900,000	＋$135,000－$90,000	$945,000
合併財務報表：			
存　貨	$ 30,000	－$30,000	$　－
不動產、廠房及設備	110,000	－10,000	100,000
專利權	60,000	－10,000	50,000
	$200,000	－$50,000	$150,000
非控制權益	$100,000	＋$15,000－$10,000	$105,000

驗算：20x7/12/31：
　甲帳列「採用權益法之投資」餘額
　　＝(乙權益$900,000＋尚存之乙淨值低估數$150,000)×90%＝$945,000
　合併財務狀況表上「非控制權益」＝($900,000＋$150,000)×10%＝$105,000

(10) 20x7年12月31日合併工作底稿之調整/沖銷分錄：

(a)	採用權益法認列之子公司、關聯企業		
	及合資利益之份額	135,000	
	股　利		90,000
	採用權益法之投資		45,000
(b)	非控制權益淨利	15,000	
	股　利		10,000
	非控制權益		5,000
(c)	普通股股本	200,000	
	資本公積－普通股股票溢價	300,000	
	保留盈餘	300,000	
	存　貨	30,000	
	不動產、廠房及設備－淨額	110,000	
	專利權	60,000	
	採用權益法之投資		900,000
	非控制權益		100,000
(d)	銷貨成本	30,000	
	存　貨		30,000
(e)	折舊費用	10,000	
	不動產、廠房及設備－淨額		10,000

(f)	攤銷費用	10,000	
	專利權		10,000
(g)	應付帳款	10,000	
	應收帳款		10,000

(十)　(來自營業活動之現金流量－間接法)

依下列資料，請按：(A)間接法，(B)直接法，編製 20x6 年合併現金流量表中「來自營業活動之現金流量」，並計算母公司對子公司之持股比例。假設母公司係以權益法處理其對子公司及關聯企業之股權投資。

母公司淨利	$240,000	預付租金減少數	3,000
子公司淨利	100,000	應付公司債溢價攤銷數	1,000
應付帳款減少數	10,000	本期所得稅負債增加數	4,000
應付股利增加數	6,000	非控制權益股利	10,000
應收帳款增加數	51,000	其他採權益法之股權投資	
存貨減少數	22,000	20x6 年度的未分配利潤	6,000
應付薪資減少數	2,000		

母公司及其子公司
合併綜合損益表
20x6 年度

銷貨收入	$888,000
銷貨成本	(410,000)
折舊費用	(70,000)
專利權攤銷費用	(5,000)
其他營業費用	(180,000)
採用權益法認列之關聯企業及合資利益之份額	10,000
利息費用	(8,000)
處分不動產、廠房及設備利益	50,000
所得稅費用	(10,000)
總合併淨利	$265,000
減：非控制權益淨利	(25,000)
控制權益淨利	$240,000

解答：

(1) 非控制權益對子公司之持股比例
　　　＝非控制權益淨利÷子公司淨利＝$25,000÷$100,000＝25%
　　母公司對子公司之持股比例＝100%－25%＝75%

(2) (A)間接法，20x6年部分合併現金流量表：

來自營業活動之現金流量：	
控制權益淨利	$240,000
加：非控制權益淨利	25,000
總合併淨利	$265,000
加：專利權攤銷費用	5,000
加：折舊費用	70,000
減：處分不動產、廠房及設備利益	(50,000)
加：利息費用	8,000
加：所得稅費用	10,000
減：應付帳款減少數	(10,000)
減：應收帳款增加數	(51,000)
加：存貨減少數	22,000
減：應付薪資減少數	(2,000)
加：預付租金減少數	3,000
減：其他採權益法之股權投資 20x6年的未分配利潤	(6,000)
營運產生之現金流量	$264,000
減：利息付現數 (註一)	(9,000)
減：所得稅付現數 (註二)	(6,000)
來自營業活動之現金流量	$249,000
註一：利息付現數$9,000＝－$9,000　＝利息費用[－$8,000]－應付公司債溢價攤銷$1,000	
註二：所得稅付現數$6,000＝－$6,000　＝所得稅費用[－$10,000]＋本期所得稅負債增加數$4,000	

(續次頁)

(2) (B)直接法，20x6 年部分合併現金流量表：

來自營業活動之現金流量：	
收自顧客之現金 (註三)	$837,000
付予供應商之現金 (註四)	(398,000)
其他營業費用付現數 (註五)	(179,000)
收自關聯企業之現金股利 (註六)	4,000
利息付現數 (註一)	(9,000)
所得稅付現數 (註二)	(6,000)
來自營業活動之現金流量	$249,000

註一：同前頁 (A)間接法 之 註一。
註二：同前頁 (A)間接法 之 註二。
註三：銷貨收入$888,000－應收帳款增加數$51,000＝$837,000
註四：銷貨成本[－$410,000]＋存貨減少數$22,000
　　　　－應付帳款減少數$10,000＝－$398,000
註五：其他營業費用[－$180,000]＋預付租金減少數$3,000
　　　　－應付薪資減少數$2,000＝－$179,000
註六：採用權益法認列之關聯企業及合資利益之份額$10,000
　　　　－收自關聯企業之現金股利
　　　　＝其他採權益法之股權投資 20x6 年度的未分配利潤$6,000
　　　　∴ 收自關聯企業之現金股利＝$4,000

(十一) (合併現金流量表－間接法、直接法)

甲公司於 20x5 年 12 月 31 日取得乙公司 80%股權，並對乙公司存在控制。他資料如下：
(1) 乙公司於 20x6 年以$70,000 出售一筆帳面金額為$50,000 之土地。
(2) 甲公司於 20x6 年 1 月 2 日發行一張附息長期應付票據$600,000 以取得新設備，該票據之票面利率與市場利率相同，兩年到期。
(3) 甲公司於 20x6 年 12 月 31 日完成房屋大修，付現$250,000。
(4) 於收購日，乙公司帳列淨值低估係因：(a) 帳列辦公設備價值低估$170,000，尚有 5 年使用年限，無殘值，按直線法計提折舊；(b) 有一項未入帳專利權，每年攤銷金額為$50,000。
(5) 乙公司於 20x6 年宣告並發放現金股利。

(6) 不動產、廠房及設備相關科目不明原因之異動，皆假設為提列折舊費用。

(7) 丙公司是甲公司投資的關聯企業，20x6 年甲公司收自丙公司之現金股利為 $20,000。

下列是甲公司及其子公司 20x6 年合併綜合損益表、20x6 年合併保留盈餘表、及截止於 12 月 31 日之 20x5 年與 20x6 年比較合併財務狀況表，金額以千元計：

甲公司及其子公司 合併綜合損益表 20x6 年 度		甲公司及其子公司 合併保留盈餘表 20x6 年 度	
銷貨收入	$1,700	期初保留盈餘	$1,200
採用權益法認列之關聯企業及合資利益之份額	30	加：控制權益淨利	450
銷貨成本	(740)	減：股　利	(220)
薪資費用	(108)	期末保留盈餘	$1,430
折舊費用	(230)		
攤銷費用	(50)		
其他營業費用	(60)		
利息費用	(48)		
處分不動產、廠房及設備利益	20		
所得稅費用	(14)		
總合併淨利	$ 500		
減：非控制權益淨利	(50)		
控制權益淨利	$ 450		

甲 公 司 及 其 子 公 司 合 併 財 務 狀 況 表 20x5 年 12 月 31 日及 20x6 年 12 月 31 日			
	20x6/12/31	20x5/12/31	20x6 年淨增(減)數
現　金	$ 340	$ 360	($ 20)
應收帳款－淨額	750	540	210
存　貨	500	410	90
採用權益法之投資－丙	200	190	10
土　地	150	200	(50)
房屋及建築－淨額	660	440	220
辦公設備－淨額	1,600	1,200	400
專利權	150	200	(50)

	20x6/12/31	20x5/12/31	20x6年淨增(減)數
資產總額	$4,350	$3,540	$810
應付帳款	$ 475	$ 520	($ 45)
應付股利	50	40	10
本期所得稅負債	15	20	(5)
長期應付票據 (20x8/1/2到期)	600	—	600
普通股股本	1,000	1,000	—
資本公積－普通股股票溢價	600	600	—
保留盈餘	1,430	1,200	230
非控制權益	180	160	20
負債及權益總額	$4,350	$3,540	$810

試作：請分別以：(1)間接法，(2)直接法，編製甲公司及其子公司20x6年合併現金流量表。

解答：

不動產、廠房及設備相關科目及專利權之異動： (千元)

	土 地	房屋及建築－淨	辦公設備－淨 (註)	專利權
期初餘額	$200	$440	$1,200 (含低估$170)	$200
出 售	(50)	—	—	—
大修或購買	—	250	600	—
提列折舊或攤銷	—	(30)	(200) (含低估$34)	(50)
期末餘額	$150	$660	$1,600 (含低估$136)	$150
註：乙公司帳列辦公設備價值低估$170，$170÷5年=$34			
驗算：20x6年折舊費用＝$30(房屋及建築)＋$200(辦公設備)＝$230			

採用權益法之投資－丙、長期應付票據、非控制權益之異動： (千元)

	採用權益法之投資－丙		長期應付票據		非控制權益
期初餘額	$190	期初餘額	$ —	期初餘額	$160
投資收益	30	新發行	600	非控制權益淨利	50
收到現金股利	(20)	期末餘額	$600	非控制權益股利	(Y)
期末餘額	$200			期末餘額	$180
註：倒算「非控制權益股利Y」＝$160＋$50－$180＝$30 (籌資活動之現金流出)					

(1) 甲公司及乙公司 20x6 年合併現金流量表 ～「間接法」

甲 公 司 及 其 子 公 司 合 併 現 金 流 量 表 20x6 年 度		(單位：千元)
營業活動之現金流量		
控制權益淨利		$450
加：非控制權益淨利		50
總合併淨利		$500
減：處分不動產、廠房及設備利益		(20)
加：折舊費用		230
加：攤銷費用		50
減：採用權益法認列之關聯企業利益之份額		(30)
加：利息費用		48
加：所得稅費用		14
減：應收帳款增加數		(210)
減：存貨增加數		(90)
減：應付帳款減少數		(45)
營運產生之現金流量		$447
加：收自關聯企業之現金股利		20
減：利息付現數		(48)
減：所得稅付現數 (註一)		(19)
來自營業活動之現金流量		$400
投資活動之現金流量		
乙公司出售土地	$ 70	
甲公司大修房屋及建築	(250)	
來自投資活動之現金流量		(180)
籌資活動之現金流量		
發放現金股利－甲公司股東 (註二)	($210)	
發放現金股利－非控制股東	(30)	
來自籌資活動之現金流量		(240)
本期現金及約當現金淨增加數		($ 20)
加：期初現金及約當現金餘額		360
期末現金及約當現金餘額		$340
非現金交易		
甲公司發行長期應付票據取得設備		$600
註一：所得稅付現數[－$19]＝所得稅費用[－$14]－本期所得稅負債減少數$5		
註二：股利支付數$210＝宣告股利$220－應付股利增加數$10		

(2) 甲公司及乙公司 20x6 年合併現金流量表 ～「直接法」

<table>
<tr><td colspan="3" align="center">甲 公 司 及 其 子 公 司
合 併 現 金 流 量 表
20x6 年 度　　　　　　（單位：千元）</td></tr>
<tr><td colspan="3">營業活動之現金流量</td></tr>
<tr><td colspan="2">　收自顧客之現金 (註一)</td><td>$1,490</td></tr>
<tr><td colspan="2">　收自關聯企業(丙)之現金股利</td><td>20</td></tr>
<tr><td colspan="2">　付予供應商之現金 (註二)</td><td>(875)</td></tr>
<tr><td colspan="2">　薪資費用付現數</td><td>(108)</td></tr>
<tr><td colspan="2">　其他營業費用付現數</td><td>(60)</td></tr>
<tr><td colspan="2">　利息付現數</td><td>(48)</td></tr>
<tr><td colspan="2">　所得稅付現數 (註三)</td><td>(19)</td></tr>
<tr><td colspan="2">　　來自營業活動之現金流量</td><td>$　400</td></tr>
<tr><td colspan="3">投資活動之現金流量</td></tr>
<tr><td colspan="2">　乙公司出售土地</td><td>$ 70</td></tr>
<tr><td colspan="2">　甲公司大修房屋及建築</td><td>(250)</td></tr>
<tr><td colspan="2">　　來自投資活動之現金流量</td><td>(180)</td></tr>
<tr><td colspan="3">籌資活動之現金流量</td></tr>
<tr><td colspan="2">　發放現金股利－甲公司股東</td><td>($210)</td></tr>
<tr><td colspan="2">　發放現金股利－非控制股東</td><td>(30)</td></tr>
<tr><td colspan="2">　　來自籌資活動之現金流量</td><td>(240)</td></tr>
<tr><td colspan="2">本期現金及約當現金淨增加數</td><td>($ 20)</td></tr>
<tr><td colspan="2">加：期初現金及約當現金餘額</td><td>360</td></tr>
<tr><td colspan="2">期末現金及約當現金餘額</td><td>$　340</td></tr>
<tr><td colspan="3">非現金交易</td></tr>
<tr><td colspan="2">　甲公司發行長期應付票據取得設備</td><td>$600</td></tr>
<tr><td colspan="3">註一：銷貨收入$1,700－應收帳款增加數$210＝$1,490</td></tr>
<tr><td colspan="3">註二：銷貨成本[－$740]－存貨增加數$90－應付帳款減少數$45＝－$875</td></tr>
<tr><td colspan="3">註三：所得稅付現數[－$19]＝所得稅費用[－$14]－本期所得稅負債減少數$5</td></tr>
</table>

(十二)　(合併現金流量表－間接法、直接法)

　　下列是甲公司及其持股80%子公司(乙公司)截止於12月31日之20x5及20x6年比較合併財務報表，金額以千元計：

合併綜合損益表：	20x6	20x5
銷貨收入	$4,000	3,600
採用權益法認列之關聯企業及合資利益之份額	100	80
銷貨成本	(2,200)	(2,000)
薪資費用	(200)	(190)
租金費用	(180)	(170)
折舊費用	(300)	(300)
攤銷費用	(20)	(20)
其他營業費用	(500)	(440)
利息收入	130	120
利息費用	(200)	(180)
所得稅費用	(110)	(100)
總合併淨利	$ 520	$ 400
減：非控制權益淨利	(70)	(50)
控制權益淨利	$ 450	$ 350
合併財務狀況表：	**20x6/12/31**	**20x5/12/31**
現　金	$ 650	$ 450
應收帳款－淨額	990	840
應收利息	70	80
存　貨	950	1,000
預付租金	110	90
採用權益法之投資－丙公司	600	540
辦公設備－淨額	1,200	1,300
專利權	280	300
資 產 總 額	$4,850	$4,600
應付帳款	$ 900	$1,140
應付利息	－	30
應付股利	60	55
本期所得稅負債	40	25
長期應付票據 (20x8/ 5/10 到期)	300	－
普通股股本	1,500	1,500
資本公積－普通股股票溢價	500	500
保留盈餘	1,200	1,050
非控制權益	350	300
負債及權益總額	$ 4,850	$ 4,600

其他資料：

(1) 丙公司是甲公司投資的關聯企業。甲公司按權益法認列 20x6 年投資收益及處理從丙公司收到之現金股利。
(2) 辦公設備之異動係因 20x6 年提列折舊費用及購置新辦公設備。
(3) 專利權之異動係因 20x6 年提列攤銷費用。
(4) 假設「應付股利」科目 20x6 年期初及期末餘額中，各有五分之一係屬乙公司已宣告但尚未發放之現金股利。

試作：請分別以：(1)間接法，(2)直接法，編製甲公司及其子公司 20x6 年合併現金流量表。

解答：

採用權益法之投資－丙、長期應付票據、非控制權益之異動：

	採用權益法之投資－丙		長期應付票據		非控制權益
期初餘額	$540	期初餘額	$ —	期初餘額	$300
投資收益	100	新發行	Z	非控制權益淨利	70
收到現金股利	(Y)	期末餘額	$300	非控制權益股利	(W)
期末餘額	$600			期末餘額	$350

推算：Y＝$40，Z＝$300，W＝$20

「應付股利」期初及期末餘額內容分析：

	餘　額	屬於乙公司	屬於甲公司	
期初餘額	$ 55	$ 11	$ 44	$55×(1/5)＝11
宣告現金股利－甲	300	—	300	上述，M＝$300
宣告現金股利－乙	100	100	—	W$20÷20%＝$100
沖銷：內部股利	(80)	(80)	—	$100×80%＝$80
發放現金股利－甲	(A)	—	(A)	∴A＝$296
發放現金股利－乙	(B)	(B)	—	∴B＝$19
期末餘額	$ 60	$ 12	$ 48	$60×(1/5)＝12

辦公設備、專利權及保留盈餘之異動：

	辦公設備－淨	專利權		保留盈餘
期初餘額	$1,300	$300	期初餘額	$1,050
購買	X	—	控制權益淨利	450
提列折舊或攤銷	(300)	(20)	控制權益股利	(M)
期末餘額	$1,200	$280	期末餘額	$1,200

推算：X＝$200，M＝$300

(1) 甲公司及乙公司 20x6 年合併現金流量表 ～「間接法」

甲 公 司 及 其 子 公 司
合 併 現 金 流 量 表
20x6 年 度 (單位：千元)

營業活動之現金流量	
控制權益淨利	$450
加：非控制權益淨利	70
總合併淨利	$520
減：採用權益法認列之關聯企業及合資利益之份額	(100)
加：折舊費用	300
加：攤銷費用	20
減：利息收入	(130)
加：利息費用	200
加：所得稅費用	110
減：應收帳款增加數	(150)
加：存貨減少數	50
減：預付租金增加數	(20)
減：應付帳款減少數	(240)
營運產生之現金流量	$560
加：收自關聯企業之現金股利	40
加：利息收現數 (註一)	140
減：利息付現數 (註二)	(230)
減：所得稅付現數 (註三)	(95)
來自營業活動之現金流量	$415
投資活動之現金流量	
購置辦公設備	($200)
來自投資活動之現金流量	(200)

籌資活動之現金流量		
發行長期應付票據	$300	
發放現金股利－甲公司股東	(296)	
發放現金股利－非控制股東	(19)	
來自籌資活動之現金流量		(15)
本期現金及約當現金淨增加數		$200
加：期初現金及約當現金餘額		450
期末現金及約當現金餘額		$650

註一：利息收現數$140＝利息收入$130＋應收利息減少數$10
註二：利息付現數$230＝－$230＝利息費用[－$200]－應付利息減少數$30
註三：所得稅付現數[－$95]＝所得稅費用[－$110]－本期所得稅負債增加數$15

(2) 甲公司及乙公司 20x6 年合併現金流量表 ～「直接法」

甲 公 司 及 其 子 公 司
合 併 現 金 流 量 表
20x6 年 度　　　　　　（單位：千元）

營業活動之現金流量		
收自顧客之現金 (註一)		$3,850
付予供應商之現金 (註二)		(2,390)
薪資費用付現數		(200)
租金費用付現數 (註三)		(200)
其他各項營業費用付現數		(500)
收自關聯企業(丙)之現金股利		40
利息收現數		140
利息付現數		(230)
所得稅付現數		(95)
來自營業活動之現金流量		$ 415
投資活動之現金流量		
購置辦公設備	($200)	
來自投資活動之現金流量		(200)
籌資活動之現金流量		
發行長期應付票據	$300	
發放現金股利－甲公司股東	(296)	
發放現金股利－非控制股東	(19)	
來自籌資活動之現金流量		(15)

本期現金及約當現金淨增加數	$200
加:期初現金及約當現金餘額	450
期末現金及約當現金餘額	$650
註一:銷貨收入$4,000－應收帳款增加數$150＝$3,850	
註二:銷貨成本[－$2,200]＋存貨減少數$50－應付帳款減少數$240＝－$2,390	
註三:租金費用付現數$200＝－$200＝租金費用[－$180]－預付租金增加數$20	

(十三) **(期中收購,編製收購當年之合併現金流量表)**

甲公司於20x6年6月30日以現金$916,000取得乙公司80%股權,並對乙公司存在控制。非控制權益係以收購日公允價值衡量。當日乙公司帳列資產及負債之帳面金額如下:

現　　金	$ 60,000	房屋及建築－淨額	$175,000
應收帳款－淨額	127,000	辦公設備－淨額	300,000
存　　貨	203,000	應付帳款	(35,000)
土　　地	65,000		

於收購日,乙公司帳列淨值低估原因如下:(1) 帳列辦公設備價值低估$100,000,預計尚有5年使用年限,無殘值,按直線法計提折舊;(2) 有一項未入帳專利權,預計尚有10年使用年限,按直線法攤銷。

下列是甲公司20x5年12月31日個體財務狀況表、甲公司及其子公司20x6年12月31日合併財務狀況表、甲公司及其子公司20x6年合併綜合損益表:

	甲公司 財務狀況表 20x5/12/31	甲公司及其子公司 合併財務狀況表 20x6/12/31
現　　金	$　 43,000	$　 318,100
應收帳款－淨額	362,000	485,400
存　　貨	415,000	670,000
土　　地	300,000	425,000
房屋及建築－淨額	245,000	370,000
辦公設備－淨額	1,800,000	2,040,000
專利權	－	142,500
資 產 總 額	$3,165,000	$4,451,000

應付帳款	$ 80,000	$ 107,000
應付公司債	400,000	1,305,000
普通股股本	1,800,000	1,800,000
保留盈餘	885,000	990,000
非控制權益	—	249,000
負債及權益總額	$3,165,000	$4,451,000

甲公司及其子公司
合併綜合損益表
20x6 年度

銷貨收入	$1,210,000
銷貨成本	(730,000)
折舊費用	(210,000)
攤銷費用	(7,500)
其他費用	(14,500)
利息費用	(15,000)
總合併淨利	$ 233,000
減：非控制權益淨利	(28,000)
控制權益淨利	$ 205,000

其他資料：

(1) 乙公司於 20x6 年 12 月 1 日宣告並發放現金股利$40,000，甲公司於 20x6 年中宣告並發放現金股利$100,000。

(2) 甲公司於 20x6 年以折價$100,000 發行面額$1,000,000 之公司債。

(3) 甲公司於 20x6 年除增購土地及取得乙公司股權外，並未發生其他取得及處分不動產、廠房及設備之交易。

試作：以「間接法」編製母公司及其子公司 20x6 年合併現金流量表。

解答：

20x6/ 6/30：非控制權益係以收購日公允價值衡量，惟題意中未提及該公允價值，故設算之。乙公司總公允價值＝$916,000÷80%＝$1,145,000
　　　　　非控制權益＝$1,145,000×20%＝$229,000

20x6/ 6/30：乙公司帳列淨值＝$60,000＋$127,000＋$203,000＋$65,000
　　　　　＋$175,000＋$300,000－$35,000＝$895,000

20x6/6/30：乙公司淨值低估數＝$1,145,000－$895,000＝$250,000
　　　　　　　　　　＝(a)辦公設備價值低估$100,000＋(b)未入帳專利權$150,000
辦公設備價值低估：$100,000÷5 年＝$20,000，$20,000×6/12＝$10,000
未入帳專利權：$150,000÷10 年＝$15,000，$15,000×6/12＝$7,500

驗 算：

20x6/12/31，合併保留盈餘＝$885,000＋$205,000－$100,000＝$990,000
20x6/12/31，非控制權益＝$229,000＋$28,000－($40,000×20%)＝$249,000

甲公司及其子公司 合併現金流量表 20x6 年度		
營業活動之現金流量		
控制權益淨利		$205,000
加：非控制權益淨利		28,000
總合併淨利		$233,000
加：折舊費用		210,000
加：攤銷費用		7,500
加：利息費用		15,000
加：應收帳款減少數 (註二)		3,600
減：存貨增加數 (註三)		(52,000)
減：應付帳款減少數 (註四)		(8,000)
營運產生之現金流量		$409,100
減：利息付現數 (註一)		(10,000)
來自營業活動之現金流量		$399,100
投資活動之現金流量		
甲公司購買土地 (註五)	($60,000)	
甲公司取得乙公司股權	(916,000)	
來自投資活動之現金流量		(976,000)
籌資活動之現金流量		
甲公司折價發行公司債 (註一)	$900,000	
發放現金股利－甲公司股東	(100,000)	
發放現金股利－非控制股東 (註六)	(8,000)	
來自籌資活動之現金流量		792,000
本期現金及約當現金淨增加數		$215,100
加：期初現金及約當現金餘額 (註七)		103,000
期末現金及約當現金餘額		$318,100

註一：$400,000+($1,000,000－折價$100,000)+折價攤銷數＝$1,305,000

發行債券實收額＝面額$1,000,000－折價$100,000＝$900,000

∴折價攤銷數＝$5,000

利息付現數$10,000＝利息費用(－$15,000)＋折價攤銷$5,000＝－$10,000

註二：應收帳款減少數＝$485,400－($362,000＋$127,000)＝－$3,600

註三：存貨增加數＝$670,000－($415,000＋$203,000)＝$52,000

註四：應付帳款減少數＝$107,000－($80,000＋$35,000)＝－$8,000

註五：$300,000＋購買土地＋$65,000＝$425,000　　∴購買土地＝$60,000

註六：$40,000×20%＝$8,000

註七：$43,000(甲)＋$60,000(乙)＝$103,000

(十四)　(104會計師考題改編)

甲公司於20x6年1月1日以現金$350,000及發行10,000股(每股面額$10，市價$14)普通股以取得乙公司70%股權，並對乙公司存在控制。非控制權益係以收購日對乙公司可辨認淨資產(公允價值)所享有之比例份額衡量。另在合併過程中發生股票登記及印刷成本$15,000及會計師顧問費$20,000。

於收購日，乙公司權益包括股本$400,000以及保留盈餘$200,000，除房屋及建築高估$30,000、土地低估$60,000以及應付票據高估$20,000外，其他帳列資產與負債之帳面金額均與公允價值相等，亦無未入帳可辨認資產及負債。前述價值高估之房屋及建築預估可再使用5年，無殘值，按直線法計提折舊，且於20x6年間並無資產減損情形；價值低估之土地於20x6年底仍為乙公司持有並使用於營運中；而價值高估之應付票據將於20x9年12月31日到期。

甲公司20x6年個別淨利(不含投資收益或股利收入)為$250,000，宣告並發放現金股利$120,000。乙公司20x6年淨利$50,000，宣告並發放現金股利$20,000。

試作：(1) 20x6年1月1日甲公司取得乙公司股權之分錄。

(2) 20x6年度合併財務報表中下列項目之金額：
(a) 商譽，(b) 控制權益淨利，(c) 非控制權益

(3) 20x6年12月31日，甲公司帳列「採用權益法之投資」之餘額。

參考答案：

(1) 甲公司應作之分錄：

20x6/1/1	採用權益法之投資　　　　　　　　490,000
	現　金　　　　　　　　　　　　　　350,000
	普通股股本　　　　　　　　　　　　100,000
	資本公積－普通股股票溢價　　　　　40,000
	(10,000×$14)＋$350,000＝$490,000
	10,000×$10＝$100,000，10,000×($14－$10)＝$40,000
1/1	企業合併費用　　　　　　　　　　20,000
	資本公積－普通股股票溢價　　　　15,000
	現　金　　　　　　　　　　　　　　35,000

(2) 收購日(20x6/1/1)：

　　乙公司可辨認淨資產公允價值＝($400,000＋$200,000)－$30,000＋$60,000
　　　　　　　　　　　　　　　　＋$20,000＝$650,000

　　非控制權益＝乙公司可辨認淨資產公允價值$650,000×30%＝$195,000

　　乙公司總公允價值＝$490,000＋$195,000＝$685,000

　　乙公司未入帳商譽＝$685,000－$650,000＝$35,000

　　按權益法精神，相關項目異動如下：

	20x6/1/1	20x6年	20x6/12/31
乙－權益	$600,000	＋$50,000－$20,000	$630,000
權益法：			
甲－採用權益法之投資	$490,000	＋$35,700－$14,000	$511,700
合併財務報表：			
土　地	$60,000		$60,000
房屋及建築	(30,000)	－($6,000)	(24,000)
應付票據	20,000	－$5,000	15,000
商　譽	35,000		35,000
	$85,000	－($1,000)	$86,000
非控制權益	$195,000	＋$15,300－$6,000	$204,300

20x6年度：甲公司應認列之投資收益＝($50,000＋$1,000)×70%＝$35,700
　　　　　非控制權益淨利＝($50,000＋$1,000)×70%＝$15,300

驗　算：20x6/12/31：
　　乙帳列權益$630,000＋乙淨值低估之未攤銷數$86,000＝$716,000
　　＝甲「採用權益法之投資」$511,700＋「非控制權益」$204,300

(2) (a) 商譽＝$35,000

(b) 控制權益淨利＝$250,000＋$35,700＝$285,700

(c) 非控制權益＝$204,300

(3) 20x6/12/31，甲公司帳列「採用權益法之投資」＝$511,700

(十五)　(97 會計師考題改編)

　　甲公司於 20x7 年 1 月 1 日發行 16,200 股普通股以取得乙公司 90%股權，並對乙公司存在控制。非控制權益係以收購日公允價值衡量。甲、乙兩公司 20x6 年底財務狀況表如下：

	甲公司	乙公司
現　金	$ 92,700	$112,200
應收帳款(淨額)	102,600	27,300
存　貨	68,700	48,300
辦公設備	600,000	150,000
減：累計折舊－辦公設備	(63,000)	(30,000)
專利權	－	30,000
資　產　總　額	$801,000	$337,800
應付帳款	$ 12,000	$ 19,800
應付公司債，10%	300,000	－
普通股股本，面額$10	300,000	150,000
資本公積－普通股股票溢價	45,000	45,000
保留盈餘	144,000	123,000
負債及權益總額	$801,000	$337,800

收購日，甲公司帳列分錄如下：

20x7/ 1/ 1	採用權益法之投資－乙　　　　361,800	
	普通股股本	162,000
	資本公積－普通股股票溢價	199,800

收購日，甲公司及乙公司之合併財務狀況表如下：

甲公司及其子公司
合併財務狀況表
20x7 年 1 月 1 日

現　　金	$ 204,900	應付帳款	$ 31,800
應收帳款－淨額	129,900	應付公司債	300,000
存　　貨	119,700	普通股股本	462,000
辦公設備－淨額	678,600	資本公積－普通股股票溢價	244,800
專利權	38,100	保留盈餘	144,000
商　　譽	51,600	非控制權益	40,200
資產總額	$1,222,800	負債及權益總額	$1,222,800

甲、乙兩家公司 20x7 年綜合損益資料如下：

	甲公司 (不包含投資收益)	乙公司
銷貨收入	$400,000	$200,000
銷貨成本	160,000	80,000
營業費用		
折舊費用－辦公設備	23,000	18,000
攤銷費用－專利權	－	12,000
其他營業費用	17,000	15,000
利息費用	5,000	－

　　乙公司 20x6 年 12 月 31 日應收帳款帳列金額於 20x7 年底前皆已收現；存貨於 20x7 年底仍有十分之一尚未出售；辦公設備預估可再使用 8 年，無殘值，採直線法提列折舊；專利權預估尚有 5 年使用年限；應付帳款於 20x7 年底前已全數清償。甲公司與乙公司於 20x7 年度無任何集團內個體間交易發生。

試作：
(1) 20x7 年 1 月 1 日乙公司存貨之公允價值。
(2) 按權益法，甲公司 20x7 年應認列之投資損益。
(3) 已知甲公司於 20x7 年間宣告並發放現金股利$100,000，乙公司亦於 20x7 年底宣告現金股利$30,000 並預計於 20x8 年 2 月發放。請編製甲公司及乙公司 20x7 年合併工作底稿上之調整/沖銷分錄。
(4) 甲公司與乙公司 20x7 年之合併綜合損益表。

參考答案：

20x7/1/1：非控制權益係以收購日公允價值衡量，惟題意中未提及該公允價值，
故設算之。乙公司總公允價值＝$361,800÷90%＝$402,000
乙公司淨值低估數＝$402,000－($150,000＋$45,000＋$123,000)
　　　　　　　　＝$402,000－$318,000＝$84,000
非控制權益＝$402,000×10%＝$40,200

透過 20x7/1/1 甲、乙公司財務狀況表，及同日之甲公司及乙公司合併財務狀況表，得知：
(a) 現　　金：$97,200＋$112,200＝$204,900
(b) 應收帳款－淨額：$102,600＋$27,300＝$129,900
(c) 存　　貨：$68,700＋$48,300＋收購日乙存貨低估數＝$119,700
　　∴ 收購日乙存貨低估數＝$2,700
(d) 辦公設備－淨額：
　　($600,000－$63,000)＋($150,000－$30,000)＋收購日乙辦公設備低估數
　　＝$678,600　　∴ 收購日乙辦公設備低估數＝$21,600
(e) 專利權：$0＋$30,000＋收購日乙專利權低估數＝$38,100
　　∴ 收購日乙專利權低估數＝$8,100
(f) 應付帳款：$12,000＋$19,800＝$31,800
(g) 應付公司債：$300,000＋$0＝$300,000

分析乙公司帳列淨值低估數$84,000 的原因及金額，及其在 20x7 年適用權益法時須調整之金額：

	淨值低估數	處分年度	20x7 年
(i) 存貨低估	$ 2,700	20x7 年出售 9/10	$2,430
(ii) 辦公設備低估	21,600	÷8 年	2,700
(iii) 專利權低估	8,100	÷5 年	1,620
	$32,400		
(iv) 未入帳商譽 ($84,000－$32,400＝$51,600)	(51,600)		－
	$84,000		$6,750

(1) 20x7/ 1/ 1，乙公司存貨公允價值＝$48,300＋$2,700＝$51,000

(2) 乙公司 20x7 年淨利＝$200,000－$80,000－($18,000＋$12,000＋$15,000)
  ＝$75,000

  甲公司應認列之投資收益＝($75,000－$6,750)×90%＝$61,425

  非控制權益淨利＝($75,000－$6,750)×10%＝$6,825

(3) 20x7 年 12 月 31 日合併工作底稿之調整/沖銷分錄：

(a)	採用權益法認列之子公司、關聯企業及合資利益之份額	61,425	
	股　利		27,000
	採用權益法之投資		34,425
(b)	非控制權益淨利	6,825	
	股　利		3,000
	非控制權益		3,825
(c)	普通股股本	150,000	
	資本公積－普通股股票溢價	45,000	
	保留盈餘	123,000	
	存　貨	2,700	
	辦公設備－淨額	21,600	
	專利權	8,100	
	商　譽	51,600	
	採用權益法之投資		361,800
	非控制權益		40,200
(d)	銷貨成本	2,430	
	存　貨		2,430
(e)	折舊費用	2,700	
	辦公設備－淨額		2,700
(f)	攤銷費用	1,620	
	專利權		1,620
(g)	應付股利	27,000	
	應收股利		27,000

(4) 按權益法，甲公司淨利
  ＝$400,000－$160,000－($23,000＋$17,000＋$5,000)＋$61,425＝$256,425

(續次頁)

甲公司及其子公司 合併綜合損益表 20x7 年 度		
銷貨收入	$600,000	$400,000＋$200,000
銷貨成本	(242,430)	$160,000＋$80,000＋$2,430
銷貨毛利	$357,570	
營業費用		
折舊費用－設備	(43,700)	$23,000＋$18,000＋$2,700
攤銷費用－專利權	(13,620)	$0＋$12,000＋$1,620
其他營業費用	(32,000)	$17,000＋$15,000
利息費用	(5,000)	$5,000＋$0
總合併淨利	$263,250	
減：非控制權益淨利	(6,825)	
控制權益淨利	$256,425	

(十六)　(102 高考三級會計學改編)

回答下列有關合併現金流量表的兩個問題。

(1) 甲公司於 20x5 年 6 月 30 日以$900($300 現金及市值$600 甲公司普通股)取得乙公司 100%股權。當日乙公司帳列淨資產之帳面金額如下：

現　金	$ 80
約當現金	100
應收帳款	150
存　貨	230
不動產、廠房及設備	500
應付帳款	(100)
非流動負債	(300)
淨 資 產	$650

　　試問：上述交易於甲公司及其子公司 20x5 年合併現金流量表中，係屬那一類活動之現金流量？該交易使現金及約當現金流出或流入金額為何？

(2) 甲公司於 20x5 年 10 月 30 日以$8,000,000 認購其持股 80%子公司$10,000,000 增資案之 80%。

　　試問：上述交易於甲公司及其子公司 20x5 年合併現金流量表中，係屬那一類活動之現金流量？該交易使現金及約當現金流出或流入金額為何？

參考答案：

(1) (a) 甲公司以移轉對價$900 取得乙公司 100%股權，屬投資活動之現金流量，移轉對價$900 中包含現金流出$300，而取得乙公司帳列淨值$650 中包括現金$80 及約當現金$100，故共計現金及約當現金流出$120，－$300＋$80＋$100＝－$120。

(b) 至於甲公司移轉對價$900 中的"市值$600 甲公司股票"，係為收購乙公司而發行的甲公司股票，屬甲公司籌資活動之現金流入，亦是甲公司投資活動之現金流出，IFRS 稱之為「非現金交易(Non-cash items)」，依規定：「現金流量表應排除無須動用現金或約當現金之投資及籌資交易，此類交易應於財務報表之其他部分揭露，並以能提供所有與該等投資及籌資活動攸關資訊之方式表達。」故可參考過去的表達方式：(1)在現金流量表的下方單獨列示，即不在現金流量表的本表內列示，或(2)以附註的方式揭露。

(2) (a) 個體增資發行新股，屬籌資活動之現金流量，不論該個體係單一公司或是合併個體。

(b) 本題分兩部分說明：

(i) $8,000,000 部分對合併個體而言，係非現金交易(Non-cash item)。子公司增資發行新股對合併個體而言，屬籌資活動之現金流入$8,000,000，恰由甲公司認購，此舉對合併個體而言，屬投資活動之現金流出$8,000,000，因此依上述(1)(b)之說明，無須表達在甲公司及其子公司20x5 年度合併現金流量表中。

(ii) $2,000,000 部分對合併個體而言，屬籌資活動之現金流入，資金來源係合併個體以外的單位。

(iii) 綜合(i)及(ii)，本題係屬籌資活動之現金流入$2,000,000。

(十七) **(單選題:近年會計師考題改編)**

(1) (111 會計師考題)

(C) 甲公司於20x6年初以現金取得乙公司80%股權,並對乙公司存在控制。當日乙公司權益為$700,000,除有一幢房屋低估$100,000外,其餘帳列資產及負債之帳面金額皆等於公允價值,且無其他未入帳之可辨認資產或負債,該幢房屋尚有10年使用年限,無殘值,採直線法計提折舊。非控制權益以收購日公允價值$160,000衡量。已知乙公司20x6年度淨利為$80,000,宣告並發放現金股利$20,000,甲公司依權益法認列$32,000之投資收益 (包含合併商譽於20x6年度減損三分之一金額)。下列敘述何者正確?
(A) 20x6 年 12 月 31 日甲公司帳列「採用權益法之投資」餘額為$732,000
(B) 20x6 年 12 月 31 日之合併資產負債表上「非控制權益」為$175,000
(C) 20x6 年 12 月 31 日之合併資產負債表上「商譽」為$48,000
(D) 20x6 年度合併綜合損益表上「商譽減損損失」為$30,000

說明:
(C) 於收購日,歸屬於非控制權益之商譽
　　　＝$160,000－($700,000＋$100,000)×20%＝$0,可知商譽全屬於甲。
　甲公司按權益法認列 20x6 年之投資收益$32,000
　　　　＝[$80,000－($100,000÷10 年)]×80%－(1/3)×商譽＝$32,000
　∴ 收購日之商譽＝$72,000
　20x6 年商譽減損三分之一金額＝$72,000×(1/3)＝$24,000 → (D)
　20x6/12/31 合併資產負債表上「商譽」＝$72,000－$24,000＝$48,000
(A) 於收購日,(移轉對價＋$160,000)－($700,000＋$100,000)＝商譽$72,000
　∴ 收購日之移轉對價＝$712,000
　20x6/12/31 甲公司帳列「採用權益法之投資」
　　　　＝$712,000＋$32,000－($20,000×80%)＝$728,000
(B) 20x6/12/31 合併資產負債表上「非控制權益」
　　　　＝$160,000＋[$80,000－($100,000÷10 年)]×20%－($20,000×20%)
　　　　＝$170,000

(2) (110 會計師考題)

(D) 20x1年 6月30日乙公司可辨認淨資產之帳面金額為$125,000，流通在外普通股62,500股。20x1年7月1日乙公司新發行普通股187,500股，全數由甲公司以$375,000購入而對乙公司取得控制，並依可辨認淨資產之比例份額衡量非控制權益。收購日乙公司除存貨高估$5,000、土地低估$20,000、機器低估$45,000外，其他各項可辨認資產、負債之公允價值均與帳面金額相等。上述存貨於20x1年10月1日出售，機器自收購日起尚可使用3年，無殘值，採用直線法提列折舊。乙公司20x1年淨利為$70,000，係全年度平均賺得，並於20x1年10月30日發放現金股利$12,000。20x1年底合併資產負債表上非控制權益之金額為何？
(A) $139,500　　(B) $143,250　　(C) $144,500　　(D) $145,125

說明：20x1/7/1，乙公司發行普通股187,500股後：
(1) 甲持有乙187,500股，持股比率＝187,500÷(62,500＋187,500)＝75%
(2) 乙可辨認淨資產之公允價值
　　＝($125,000＋$375,000)－$5,000＋$20,000＋$45,000＝$560,000
(3) 機器低估$45,000，($45,000－殘值$0)÷3年＝$15,000
(4) 20x1年底合併資產負債表上非控制權益
　　＝($560,000×25%)＋[$70,000×(6/12)＋$5,000－$15,000×(6/12)]×25%
　　　－($12,000×25%)＝$145,125

(3) (109 會計師考題)

(C) 甲公司於20x4年初購入乙公司90%股權而對乙公司存在控制，並依乙公司可辨認淨資產之比例份額衡量非控制權益。當日乙公司各項可辨認資產及負債之帳面金額均與公允價值相等。20x4年12月26日，乙公司宣告現金股利$50,000，截至20x4年底尚未支付，而甲公司亦未於20x4年12月31日前記錄該筆應收股利。有關20x4年12月31日編製合併工作底稿時沖銷及調整之敘述，下列何者正確？
(A) 編製合併資產負債表時應增加應收股利$50,000
(B) 編製合併資產負債表時應增加應收股利$45,000
(C) 編製合併資產負債表時應減少應付股利$45,000
(D) 編製合併資產負債表時應減少應付股利$50,000

說明：$50,000×90%＝$45,000，應沖銷應收股利及應付股利$45,000。

(4) (109會計師考題)

(C) 甲公司20x8年初以現金$800,000購買乙公司100%股權,而對乙公司存在控制。當日乙公司權益包括股本$400,000及保留盈餘$150,000,各項可辨認資產及負債資料如下:

	帳面金額	公允價值
現　　金	$ 50,000	$ 50,000
存　　貨	150,000	160,000
土　　地	150,000	170,000
房屋(淨額)	400,000	450,000
負　　債	(200,000)	(200,000)
淨　資　產	$550,000	$630,000

此交易對20x8年合併現金流量表中投資活動淨現金流量之影響金額若干?
(A) $670,000　　(B) $720,000　　(C) $750,000　　(D) $800,000

說明:甲公司以現金$800,000購入乙公司100%股權,屬投資活動之現金流出,而取得乙公司淨資產中包括現金$50,000,故共計現金及約當現金流出$750,000,－$800,000＋$50,000＝－$750,000。

(5) (108會計師考題)

(A) 甲公司持有乙公司80%股權,20x7年合併淨利為$600,000、非控制權益淨利為$150,000,合併資產負債表中部分項目於20x7年之變動情形如下:

普通股股本增加	$300,000	非控制權益增加	$90,000
資本公積增加	$150,000	保留盈餘增加	$210,000

若支付股利歸類為籌資活動,且當年度未發放股票股利,則20x7年合併現金流量表中籌資活動之淨現金流入金額為何?
(A) $150,000　　(B) $210,000　　(C) $600,000　　(D) $750,000

說明:(1) 20x7年初非控制權益X＋非控制權益淨利$150,000－20x7年非控制權益股利＝20x7年末非控制權益(X＋$90,000)
∴ 20x7年非控制權益股利＝$60,000
(2) 20x7年初保留盈餘Y＋控制權益淨利($600,000－$150,000)－20x7年控制權益股利＝20x7年末保留盈餘(Y＋$210,000)
∴ 20x7年控制權益股利＝$240,000

(3) 甲公司發行新股之現金流入$450,000
＝普通股股本增加$300,000＋資本公積增加$150,000
(4) 20x7 年合併現金流量表中籌資活動之淨現金流入
＝(3)$450,000－(2)$240,000－(1) $60,000＝$150,000

(6) (107 會計師考題)

(A) 甲公司於20x6年 7月 1日購入乙公司70%股權，並對乙公司存在控制，且依公允價值$200,000衡量非控制權益。當時乙公司可辨認淨資產之帳面金額為$120,000，除辦公設備高估$100,000外，其餘各項可辨認資產及負債之帳面金額均等於公允價值，辦公設備自收購日起尚可使用10年，無殘值，採直線法提列折舊。乙公司20x6年淨利為$120,000，係於全年中平均地賺得，並於20x6年10月 1日宣告且發放現金股利$70,000。試問20x6年12月31日合併財務狀況表上非控制權益為何？
(A) $198,500　　(B) $218,000　　(C) $219,500　　(D) $239,000

說明：辦公設備高估$100,000÷10年＝$10,000＝辦公設備高估每年折舊額
非控制權益淨利＝($120,000＋$10,000)×(6/12)×30%＝$19,500
20x6/12/31，非控制權益＝$200,000＋$19,500－($70,000×30%)
＝$198,500

(7) (106 會計師考題)

(A) 甲公司於20x5年 6月 1日以$350,000取得乙公司70%股權，並對乙公司存在控制。非控制權益係按對乙公司可辨認淨資產所享有之比例份額衡量。當日乙公司權益為$500,000，帳列資產及負債之帳面金額均等於公允價值，且無未入帳之資產及負債。20x5年乙公司淨利$150,000，係於全年中平均地賺得，並於 9月中宣告且發放現金股利$75,000。試問20x5年度合併綜合損益表上非控制權益淨利為何？
(A) $26,250　　(B) $40,500　　(C) $45,000　　(D) $62,500

說明：$150,000×(7/12)×30%＝$26,250

(8)　(106會計師考題)

(C) 甲公司於20x2年初以$800,000取得乙公司80%股權,並對乙公司存在控制。非控制權益係按對乙公司可辨認淨資產所享有之比例份額衡量。於收購日,乙公司淨資產之帳面金額為$800,000,除土地低估$120,000,存貨低估$60,000(20x2年出售半數),負債低估$30,000(20x2年全數償付)外,其餘帳列資產及負債之帳面金額皆等於公允價值,且無其他未入帳之可辨認資產或負債。乙公司20x2年淨利為$100,000,並宣告且發放現金股利$50,000。試問20x2年底合併財務狀況表上非控制權益為何?
(A) $0　(B) $160,000　(C) $200,000　(D) $210,000

說明:20x2年初,乙可辨認淨資產之公允價值
　　　　＝$800,000＋$120,000＋$60,000－$30,000＝$950,000
　　20x2年,非控制權益淨利
　　　　＝[$100,000－($60,000×1/2)＋$30,000]×20%＝$20,000
　　20x2年末,非控制權益
　　　　＝($950,000×20%)＋$20,000－($50,000×20%)＝$200,000

(9)　(106會計師考題)

(B) 20x5年1月1日甲公司以$90,000取得乙公司80%股權,並對乙公司存在控制。非控制權益係以收購日公允價值衡量。於收購日,乙公司權益包括普通股股本$60,000及保留盈餘$40,000,其可辨認淨資產之帳面金額與其公允價值間之差額係源自辦公設備,且無合併商譽。該辦公設備尚有10年使用年限,無殘值,甲公司與乙公司皆採直線法提列折舊。20x5年乙公司發生經營虧損$10,000,致該年未宣告或發放股利。20x5年12月31日乙公司尚有一筆應付甲公司帳款$18,000。甲公司20x5年本身淨利(不含投資收益及股利收入)$150,000。試問20x5年合併綜合損益表上控制權益淨利為何?
(A) $140,000　(B) $141,000　(C) $142,000　(D) $150,000

說明:設算乙於收購日總公允價值＝$90,000÷80%＝$112,500
　　辦公設備低估數＝$112,500－($60,000＋$40,000)＝$12,500
　　辦公設備低估數之每年折舊額＝$12,500÷10年＝$1,250
　　20x5年合併綜合損益表上控制權益淨利
　　　＝$150,000＋(－$10,000－$1,250)×80%＝$141,000

(10) (103 會計師考題)

(A) 甲公司於20x6年初支付$1,600,000取得乙公司80%股權，並對乙公司存在控制。非控制權益係按對乙公司可辨認淨資產所享有之比例份額衡量。於收購日，乙公司權益為$2,250,000，除有一幢房屋價值低估外，其餘帳列資產及負債之帳面金額皆等於公允價值，且無其他未入帳資產或負債，該房屋可再使用10年，無殘值，採直線法計提折舊。若甲公司20x6年按權益法對乙公司股權投資認列$300,000投資收益,則甲公司與乙公司合併綜合損益表上之非控制權益淨利為何？

(A) $75,000　　(B) $67,500　　(C) $60,000　　(D) $40,000

說明：(1) [$1,600,000＋($2,250,000＋房屋價值低估數)×20%]－$2,250,000
　　　　　＝$0　∴ 房屋價值低估數＝$1,000,000
　　　　　　　　每年折舊金額＝$1,000,000÷10 年＝$100,000
　　　∵ 甲公司 20x6 年投資收益$300,000
　　　　　　＝(乙公司 20x6 年淨利－$100,000)×80%
　　　∴ 乙公司 20x6 年淨利＝$475,000
　　　20x6 年非控制權益淨利＝($475,000－$100,000)×20%＝$75,000

(2) 本題快速解法：
　　　∵ 甲公司 20x6 年投資收益$300,000
　　　　　　＝(乙公司 20x6 年淨利－$100,000)×80%
　　　∴ 20x6 年非控制權益淨利
　　　　　　＝(乙公司 20x6 年淨利－$100,000)×20%
　　　　　　＝$300,000×(20%÷80%)＝$75,000

(11) (102 會計師考題) 【請參閱習題(十六)】

(D) 母公司直接從子公司現金增資購買新股以增加持股比例，合併現金流量表應如何表達？

(A) 列於營業活動項下　　(B) 列於投資活動項下
(C) 列於籌資活動項下　　(D) 無須於合併現金流量表中表達

說明：對母公司而言，此交易屬投資活動之現金流出；對子公司而言，此交易屬籌資活動之現金流入；對集團而言，因同額的現金流入與現金流出相抵，致此交易不影響現金流量，屬國際財務報導準則所稱

之「非現金交易(Non-cash items)」。

國際財務報導準則規定:「現金流量表應排除無須動用現金或約當現金之投資及籌資交易,此類交易應於財務報表之其他部分揭露,並以能提供所有與該等投資及籌資活動攸關資訊之方式表達。」

(12) (100 會計師考題)

(A) 甲公司於 20x7 年 1 月 1 日以$250,000 取得乙公司 60%股權,並對乙公司存在控制。當日乙公司權益為$300,000,除了辦公設備價值低估$30,000(尚可使用 5 年,無殘值,並改採年數合計法計提折舊)及運輸設備價值高估$20,000(尚可使用 8 年,無殘值,採直線法計提折舊)外,其餘帳列資產及負債之帳面金額皆等於公允價值,且無未入帳資產或負債。20x7 年 12 月 31 日,甲公司及乙公司帳列「運輸設備－淨額」各為$160,000 及$120,000,帳列「辦公設備－淨額」各為$100,000 及$60,000。試問 20x7 年 12 月 31 日合併財務狀況表中之「運輸設備－淨額」及「辦公設備－淨額」各為何?

(A) $262,500 及$180,000　　(B) $269,500 及$172,000
(C) $269,500 及$180,000　　(D) $262,500 及$172,000

說明:辦公設備價值低估:$30,000×(5/15)＝$10,000
　　　運輸設備價值高估:($20,000)÷8＝($2,500)
　　　20x7/12/31,合併財務狀況表中之:
　　　「運輸設備－淨額」＝$160,000＋$120,000－$20,000＋$2,500
　　　　　　　　　　　＝$262,500
　　　「辦公設備－淨額」＝$100,000＋$60,000＋$30,000－$10,000
　　　　　　　　　　　＝$180,000

(13) (98 會計師考題)

(B) 下列何項目不應列入採間接法編製之合併現金流量表?
(A) 控制權益淨利　　　　　(B) 子公司分配給母公司之現金股利
(C) 母公司所分配之現金股利　(D) 非控制權益淨利

(14) (93、91 會計師考題)

(A) 甲公司擁有乙公司及丙公司各 40%及 80%股權，甲公司對這兩家公司的股權投資均正確地採用權益法處理，但編製合併財務報表時僅納入丙公司。請問下列何者為真？
(A) 總合併淨利數會與若將乙公司納入合併財務報表的結果一樣
(B) 合併財務狀況表上不會有「採用權益法之投資－乙公司」科目
(C) 合併綜合損益表上之薪資費用係三家公司薪資費用之合計數
(D) 合併保留盈餘中不含對乙公司之投資收益

說明：(A) 只要母公司對子公司之股權投資正確地採用權益法處理，即單線合併，則「彙總式的合併－單線合併」與「詳細式的合併－合併報表」，其結果會一樣。
(B) 因甲對乙之股權投資 40%，係投資關聯企業(除非有證據顯示甲公司對乙公司存在控制)，採權益法處理，不納入合併，故甲與丙的合併財務狀況表上仍會有「採用權益法之投資－乙公司」科目。
(C) 合併綜合損益表上之薪資費用，係甲與丙兩家公司薪資費用之合計數。乙不納入合併，理由詳(B)。
(D) 因甲對乙之股權投資 40%，採權益法處理，甲應認列對乙之投資收益，故合併保留盈餘中會包含對乙公司之投資收益。

(15) (92 會計師考題)

(D) 下列項目是否應列為合併現金流量表中「籌資活動之現金流量」？

	子公司付給母公司之股利	子公司付給非控制股東之股利	母公司付給母公司股東之股利
(A)	是	是	是
(B)	否	否	是
(C)	是	是	否
(D)	否	是	是

說明：請參閱 P.47「十二、合併現金流量表－釋例」。

(16)　(92 會計師考題)

(C)　甲公司於 20x6 年初以$1,206,000 取得乙公司 90%股權，並對乙公司存在控制。非控制權益係以收購日公允價值衡量。於收購日，乙公司除有一項未入帳專利權外，其餘帳列資產及負債之帳面金額皆等於公允價值，且無未入帳資產或負債，該項未入帳專利權尚有 5 年使用年限。乙公司從 20x5 年初成立以來，普通股股本皆為$1,000,000，而其保留盈餘之變動如下：

保　留　盈　餘

20x5/ 9/ 1 宣告股利 $200,000	20x5 年 淨利 $500,000
20x6/ 9/ 1 宣告股利 $500,000	20x6 年 淨利 $600,000
20x7/ 9/ 1 宣告股利 $800,000	20x7 年 淨利 $750,000

試問 20x7 年 12 月 31 日甲公司帳列「採用權益法之投資」餘額為何？
(A) $1,250,000　(B) $1,284,000　(C) $1,236,600　(D) $1,233,000

說明：$1,000,000－$200,000＋$500,000＝$1,300,000
　　　設算乙總公允價值＝$1,206,000÷90%＝1,340,000
　　　乙未入帳專利權＝$1,340,000－$1,300,000＝$40,000
　　　乙未入帳專利權之每年攤銷數＝$40,000÷5 年＝$8,000
　　　「採用權益法之投資」
　　　＝$1,206,000＋($600,000＋$750,000－$500,000－$800,000
　　　　－$8,000×2 年)×90%＝$1,206,000＋$30,600＝$1,236,600

(17)　(90 會計師考題)

(D)　採間接法編製合併現金流量表時，非控制權益淨利以及子公司支付予非控制權益之股利，應分別列為：
(A) 營業活動現金流量的加項 / 營業活動現金流量的減項
(B) 營業活動現金流量的減項 / 營業活動現金流量的減項
(C) 營業活動現金流量的加項 / 投資活動現金流量項下減項
(D) 營業活動現金流量的加項 / 籌資活動現金流量項下減項

說明：請參閱 P.47「十二、合併現金流量表－釋例」。

第五章 合併個體內部交易－進貨與銷貨

　　當投資者依國際會計準則評估其對被投資者存在控制，則投資者為母公司，被投資者為子公司，且母公司擁有能主導子公司財務及營運政策決策之權力，故實質上已達到企業合併的效果與目的。此時，母公司與子公司雖仍保持其原法律形式，各自繼續經營，但實質上兩個企業個體所擁有的一切資源及所承擔的負債與義務皆在母公司管理當局的管控之下，至於子公司管理當局則是在母公司管理當局的管控下執行日常營運事務，亦即子公司管理當局對於日常營運、理財、股利、人事等政策會採納或聽命於母公司管理當局的意見。因此，母公司及子公司除了與社會上其他企業、團體、組織、個人等單位發生交易外，母公司與子公司之間或子公司彼此間也可能在母公司管理當局的控制下發生交易事項。

　　以法律觀點而言，發生在母公司與子公司之間或子公司彼此間的交易事項，如同母公司及子公司與經濟環境中的其他企業、團體、組織、個人等單位發生的交易事項一樣，是「企業個體間之交易(intercompany transactions)」。但若以合併個體觀點來看，發生在母公司與子公司之間或子公司彼此間的交易事項，是「合併個體的內部交易(intracompany transactions)」，國際財務報導準則稱此類交易為「集團內個體間之交易(intragroup transactions)」。

　　例如：某一會計年度，母公司發生 1,000 筆交易，其中 5 筆係與子公司間發生的交易，同年度子公司發生 600 筆交易，其中 5 筆係與母公司間發生的交易。以法律觀點而言，1,000 筆交易(600 筆交易)係母公司(子公司)與其他企業、團體、組織、個人等發生的「企業個體間之交易(intercompany transactions)」，而其中 5 筆係母公司與子公司間發生的交易，以合併個體觀點則稱「合併個體的內部交易(intracompany transactions)」，應於編製母、子公司合併財務報表時加以消除。因此，母、子公司合併財務報表應表達合併個體與其他企業、團體、組織、個人等發生的 1,590 筆交易，(1,000 筆－5 筆內部交易)＋(600 筆－5 筆內部交易)＝1,590 筆。

　　此等內部交易所產生的損益雖已被記錄在母公司及(或)子公司帳上，但以合併個體觀點來看，該損益並未實現，故須於編製母、子公司合併財務報表時加以消除，就好像這些內部交易沒有發生過一樣，直到該損益實現時再納入母、

子公司合併財務報表中。這個"內部交易未(已)實現損益"的觀點也同樣適用在單線合併(權益法)上,亦即母公司認列投資損益時,須排除內部交易所產生之未實現損益,且計入內部交易之已實現損益。

集團內個體間的交易事項種類繁多,在初(中)會所學過的交易事項都有可能成為合併個體的內部交易,不勝枚舉,故擬以較常見的交易事項作為解說釋例,如:(a)進貨與銷貨交易、(b)買賣不動產、廠房及設備與其折舊提列交易、(c)發行公司債及買回公司債當作投資等交易,並分別於第五、六、七章中闡述,至於未被例舉說明之交易種類則可按第五、六、七章所學之合併觀念與邏輯,自行類推即可。

國際財務報導準則對於「集團內個體間交易」之規定為:

(1) 與「集團內個體間交易」有關的集團內資產、負債、權益、收益、費損及現金流量,應全數銷除。
(2) 「集團內個體間交易」所產生的損益而認列於資產(例如存貨及固定資產)者,應全數銷除。
(3) 「集團內個體間交易」所產生的損失<u>可能顯示</u>已發生減損,而應於合併財務報表中認列減損損失。
(4) 集團內個體間交易損益之銷除所產生之暫時性差異,應適用 IAS 12「所得稅」之規定。

一、合併個體內部進、銷貨交易之基本觀念

有關企業收入之認列須依國際財務報導準則第 15 號「客戶合約之收入 (Revenue from Contracts with Customers)」之規定,讀者理當於初(中)會學過,不再贅述,茲將 IFRS 15 有關收入認列之原則性規定,簡述於本章附錄。

以一般銷貨交易而言,通常在商品所有權移轉予買方時,應可滿足準則對於認列收入之規定,賣方遂於帳上認列銷貨收入及相關的銷貨成本及營業費用。同理,買方於買進之商品存貨驗收無誤後,認定進貨交易成立,並隨即記錄該項進貨交易。

若一般進、銷貨交易係發生在集團內個體間,則買賣雙方將按前述之會計原則與觀念各自記錄進貨及銷貨交易,編製各自的年度財務報表。但若以合併個體而言,該項進、銷貨交易係屬合併個體內部交易,商品存貨只是在合併個體內部不同單位間移轉,如同將商品存貨從甲倉庫搬到乙倉庫,稱不上是銷貨交易及進貨交易,故賣方的毛利(損)在內部交易發生當時並未實現,但由於賣(買)方已將該項銷(進)貨交易入帳並納入年度財務報表中,因此編製當年合併財務報表時,必須消除該項內部進貨及銷貨交易以及其所產生的未實現利益(損失),待買方把該項商品存貨售予合併個體以外單位時,原賣方的毛利(損)才算實現,才能在外售年度的合併財務報表中認列為已實現利益(損失)。

同理,母公司適用權益法(單線合併)時,亦須將當年合併個體內部進、銷貨交易之未實現損益排除,同時計入當年已實現損益,始能得出正確的投資損益。

二、沖銷合併個體內部之進、銷貨交易

合併綜合損益表係為表達合併個體在某特定期間的營業結果,因此合併銷貨收入及合併銷貨成本係指在某特定期間合併個體對外之銷貨收入及其相關之銷貨成本,故發生在集團內個體間之進、銷貨交易,雖已分別記入母公司及子公司帳上,但編製母、子公司合併財務報表時,應利用合併工作底稿之「調整/沖銷」欄予以消除,以得出合併個體由外進貨及對外銷貨之正確合併損益。

釋例一:

甲公司於20x5年底成立乙公司並擁有乙公司100%股權,從20x6年開始由乙公司負責經銷甲公司某些商品,因此乙公司之商品存貨皆由甲公司提供,並以甲公司進貨成本加成20%做為甲公司銷貨予乙公司之價格,再由乙公司按對外售價將商品存貨售予合併個體以外的單位。

假設20x6年間,甲公司將成本$100,000之商品存貨以$120,000售予乙公司,$100,000×(1＋20%)＝$120,000,乙公司再以$150,000將該商品存貨售予合併個體以外單位,則甲、乙兩家公司帳列記錄如下:
(假設甲、乙兩家公司皆採永續盤存制)

	甲 公 司	乙 公 司
甲公司向 供應商進貨	存　貨　　100,000 　　應付帳款　　　100,000	X
甲公司 銷貨予 乙公司	應收帳款　120,000 　　銷貨收入　　　120,000 銷貨成本　100,000 　　存　貨　　　　100,000	存　貨　　120,000 　　應付帳款　　　120,000 X
乙公司 銷貨予 合併個體 以外單位	X X	應收帳款　150,000 　　銷貨收入　　　150,000 銷貨成本　120,000 　　存　貨　　　　120,000

20x6 年底合併工作底稿部分資料如下：

	甲公司	100% 乙公司	調整/沖銷 借方	調整/沖銷 貸方	合併 財務報表
綜合損益表：					
銷貨收入	$120,000	$150,000	(1)　120,000		$150,000
銷貨成本	(100,000)	(120,000)		(1)　120,000	(100,000)
銷貨毛利	$ 20,000	$ 30,000			$ 50,000

　　以合併個體而言，20x6 年向供應商進貨$100,000 且全數以$150,000 售予合併個體以外單位，故合併綜合損益表應表達合併銷貨收入$150,000 及合併銷貨成本$100,000，即合併銷貨毛利為$50,000，$150,000－$100,000＝$50,000。因此須利用合併工作底稿之「調整/沖銷」欄，將內部進、銷貨交易$120,000 予以消除。銷貨收入要沖銷$120,000，故在「調整/沖銷」欄的借方填入$120,000，同時銷貨成本也要沖銷$120,000，故在「調整/沖銷」欄的貸方填入$120,000。將上述沖銷項目及金額以分錄格式呈現，以便確定借貸平衡，如下：

沖銷分錄(1)	銷貨收入　　　　120,000 　　銷貨成本　　　　　　120,000

三、沖銷期末存貨中的未實現利益

　　集團內個體間發生進、銷貨交易，當買方尚未將當期之內部進貨全數售予合併個體(集團)以外單位時，買方期末存貨中會包含內部進貨商品，由於該商品

存貨係賣方以「內部交易價格」(＝從合併個體以外單位購入商品存貨之進貨成本＋賣方毛利)售予買方,故以合併個體而言,該項包含在買方期末存貨中之內部進貨商品,其金額是高估的,高估之數即是「賣方毛利」,因內部進貨商品尚未售予合併個體以外單位,故該「賣方毛利」屬未實現利益,應利用合併工作底稿之「調整/沖銷」欄加以消除。

釋例二:

沿用釋例一資料,但假設 20x6 年間,甲公司將成本$100,000 之商品存貨以$120,000 售予乙公司,乙公司再以$113,000 將成本(內部交易價格)$90,000 的商品存貨售予合併個體以外單位,則甲、乙兩家公司帳列記錄如下:

	甲 公 司	乙 公 司
甲公司向 供應商進貨	存　貨　　100,000 　　應付帳款　　　100,000	X
甲公司 銷貨予 乙公司	應收帳款　120,000 　　銷貨收入　　　120,000 銷貨成本　100,000 　　存　貨　　　　100,000	存　貨　　120,000 　　應付帳款　　　120,000 X
乙公司 銷貨予 合併個體 以外單位	X X	應收帳款　113,000 　　銷貨收入　　　113,000 銷貨成本　　90,000 　　存　貨　　　　90,000

因此乙公司尚有$30,000($120,000－$90,000＝$30,000)期末存貨係來自內部交易。茲將此筆內部進、銷貨交易區分為兩部分:「內部銷貨且已外售」及「內部銷貨尚未外售」,如下表,以瞭解其成本及利潤的組合情形:

	甲成本	＋	甲加價 甲毛利	＝	甲銷貨收入 乙進貨成本	＋	乙加價 乙毛利	＝	合併銷貨收入 乙銷貨收入
內部銷貨且已外售	*$ 75*		$ 15		$ 90		$23		*$113*
內部銷貨尚未外售	25		5		30				
	$100		$20		$120				
合併銷貨收入＝$113,合併銷貨成本＝$75,期末存貨＝$25									
合併銷貨毛利＝$113－$75＝$38＝甲已實現之毛利$15＋乙已實現之毛利$23									
乙期末存貨$30 中包含未實現利益$5。									

配合下列 20x6 年底合併工作底稿部分資料,可更清楚沖銷的邏輯。

	甲公司	100% 乙公司	調整/沖銷 借方	調整/沖銷 貸方	合併 財務報表
綜合損益表:					
銷貨收入	$120,000	$113,000	(1) 120,000		$113,000
銷貨成本	(100,000)	(90,000)	(2) 5,000	(1) 120,000	(75,000)
銷貨毛利	$ 20,000	$ 23,000			$ 38,000
財務狀況表:					
存　貨	$　－	$30,000		(2) 5,000	$25,000

　　以合併個體而言,按釋例一之解說,須利用合併工作底稿之「調整/沖銷」欄,將內部進銷貨交易$120,000 予以消除。銷貨收入要沖銷$120,000,故在「調整/沖銷」欄的借方填入$120,000,同時銷貨成本也要沖銷$120,000,故在「調整/沖銷」欄的貸方填入$120,000。不過本例沖銷$120,000 銷貨成本明顯過多,因本期內部進銷貨之商品並未全數售予合併個體以外單位,而釋例一沖銷$120,000 銷貨成本是假設本期所有內部進貨之商品已全數外售,故當本期內部進貨之商品並未全數外售時,沖銷$120,000 銷貨成本明顯過多,因此需加回$5,000,以使合併銷貨成本金額正確。

　　另從下列計算亦可得知,本期外售之商品存貨當初由合併個體以外單位購入時,其進貨成本應該是$75,000,$100,000×($90,000÷$120,000)=$75,000,而合併工作底稿上甲銷貨成本$100,000＋乙銷貨成本$90,000－沖銷(1)$120,000＝$70,000,比正確合併銷貨成本$75,000 少$5,000,因此須於合併工作底稿銷貨成本列之「調整/沖銷」欄的借方填入$5,000,以得出正確之合併銷貨成本$75,000,而填入「調整/沖銷」欄借方的$5,000 恰等於乙公司期末存貨金額所含之未實現利益,$30,000÷(1＋20%)＝$25,000,$30,000－$25,000＝$5,000。

　　又乙公司之期末存貨$30,000 也高估,因乙公司期末存貨係甲公司當初由合併個體以外單位以$25,000 購入的,$100,000×($30,000÷$120,000)＝$25,000,故高估$5,000,此高估金額恰為甲公司加計到內部銷貨交易售價中的毛利,即進貨成本$25,000×20%＝$5,000,因此須於合併工作底稿存貨列之「調整/沖銷」欄的貸方填入$5,000,以得出正確的合併期末存貨$25,000。將上述沖銷項目及金額以分錄格式呈現,以便確定借貸平衡,如下:

沖銷分錄(1)	銷貨收入	120,000	
	銷貨成本		120,000
沖銷分錄(2)	銷貨成本	5,000	
	存　貨		5,000

四、認列期初存貨中的已實現利益

每一會計期間的期末存貨是下一會計期間的期初存貨。若上期期末存貨中含有未實現利益，則該未實現利益已從上期合併財務報表中消除，待這些上期期末存貨成為本期期初存貨，並於本期售予合併個體以外單位時，其所含之未實現利益就會隨著商品存貨外售而實現，故應於本期合併財務報表中認列。

釋例三：

沿用釋例一的基本資料及釋例二的假設資料，再假設 20x7 年間，甲公司繼續將成本$200,000 商品存貨以$240,000 售予乙公司，$200,000×(1＋20%)＝$240,000，乙公司以$39,000 將成本(內部交易價格)$30,000 的期初存貨售予合併個體以外單位，也以$250,000 將 20x7 年向甲公司進貨之商品存貨的 80%售予合併個體以外單位，則甲、乙兩家公司帳列記錄如下：

	甲　公　司	乙　公　司
甲公司向 供應商進貨	存　貨　　200,000 　應付帳款　　　200,000	X
甲公司 銷貨予 乙公司	應收帳款　240,000 　銷貨收入　　　240,000 銷貨成本　200,000 　存　貨　　　　200,000	存　貨　　240,000 　應付帳款　　　240,000 X
乙公司 銷貨予 合併個體 以外單位	X X	應收帳款　289,000 　銷貨收入　　　289,000 $39,000＋$250,000＝$289,000 銷貨成本　222,000 　存　貨　　　　222,000 $30,000＋($240,000×80%)＝$222,000

因此乙公司尚有期末存貨$48,000，$240,000×20%＝$48,000。茲將此筆內部進、銷貨交易區分為三部分：「期初存貨已外售」、「內部銷貨且已外售」及「內部銷貨尚未外售」，如下表，以瞭解其成本及利潤的組合情形：

	甲成本	＋	甲加價 甲毛利	＝	甲銷貨收入 乙進貨成本	＋	乙加價 乙毛利	＝	合併銷貨收入 乙銷貨收入
期初存貨已外售	$25		$5		$30		$9		$39
內部銷貨且已外售	$160		$32		$192		$58		$250
內部銷貨尚未外售	40		8		48				
	$200		$40		$240				

合併銷貨收入＝$39＋$250＝$289，合併銷貨成本＝$25＋$160＝$185
期末存貨＝$40，合併銷貨毛利＝$289－$185＝$104
　　　　＝甲已實現之毛利($5＋$32)＋乙已實現之毛利($9＋$58)
乙期末存貨$48中包含未實現利益$8。

配合下列20x7年底合併工作底稿部分資料，可更清楚沖銷的邏輯。

	甲公司	100% 乙公司	調整／沖銷 借　方	調整／沖銷 貸　方	合　併 財務報表
綜合損益表：					
銷貨收入	$240,000	$289,000	(1)　240,000		$289,000
銷貨成本	(200,000)	(222,000)	(2)　　8,000	(1)　240,000 (3)　　5,000	(185,000)
銷貨毛利	$ 40,000	$ 67,000			$104,000
財務狀況表：					
存　貨	$　　－	$48,000		(2)　　8,000	$40,000

　　以合併個體而言，按釋例一之解說，須利用合併工作底稿之「調整/沖銷」欄，將內部進銷貨交易$240,000予以消除。銷貨收入要沖銷$240,000，故在「調整/沖銷」欄的借方填入$240,000，同時銷貨成本也要沖銷$240,000，故在「調整/沖銷」欄的貸方填入$240,000。不過本例沖銷$240,000銷貨成本明顯過多，同釋例二之解說，因本期內部進銷貨之商品並未全數售予合併個體以外單位。

　　另從下列計算亦可得知，本期外售的商品存貨當初由合併個體以外單位購入時，其進貨成本係由下列兩部分所構成：(a)期初存貨：$30,000×($100,000÷$120,000)＝$25,000，(b)本期進貨：$200,000×80%＝

$160,000，共計$185,000，故甲銷貨成本$200,000＋乙銷貨成本$222,000－沖銷(1)$240,000＝$182,000，比正確合併銷貨成本$185,000 少$3,000。從釋例二已知，須於合併工作底稿銷貨成本列之「調整/沖銷」欄的借方填入$8,000 (期末存貨所含之未實現利益)，加回沖銷過多的銷貨成本。再於「調整/沖銷」欄的貸方填入$5,000 (期初存貨所含之已實現利潤)，因為期初存貨已由乙公司於本期售予合併個體以外單位，其成本(內部交易價格)已列入銷貨成本中，因該成本(內部交易價格)含有甲公司加計之毛利(成本×20%)，會使合併銷貨成本高估，故於「調整/沖銷」欄的貸方填入$5,000，以得出正確之合併銷貨成本$185,000。

又乙公司期末存貨$48,000 也高估，因乙公司期末存貨係甲公司當初以$40,000 從合併個體以外之單位購入的，其進貨成本應該是$40,000，$200,000×($48,000÷$240,000)＝$40,000，故高估$8,000，此高估金額恰為甲公司加計到內部銷貨交易售價中之毛利，即進貨成本$40,000×20%＝$8,000，因此須於合併工作底稿存貨列之「調整/沖銷」欄的貸方填入$8,000，以得出正確合併期末存貨$40,000。將上述沖銷項目及金額以分錄格式呈現，以便確定借貸平衡，如下：

沖銷分錄(1)	銷貨收入　　　　　240,000
	銷貨成本　　　　　　　240,000
沖銷分錄(2)	銷貨成本　　　　　　8,000
	存　貨　　　　　　　　　8,000
沖銷分錄(3)	(暫不說明)　　　　　5,000
	銷貨成本　　　　　　　　5,000
	應列入借方之會計科目，請詳釋例五、六。

五、順流銷貨、逆流銷貨、側流銷貨

前文為了講解集團內個體間進、銷貨交易之基本觀念，包括該類交易對母、子公司合併財務報表的影響，以及如何在編製合併財務報表的過程中加以消除或計入，因此釋例一、釋例二及釋例三是最單純的集團內個體間進貨及銷貨交易，即母公司銷貨予子公司，稱為「順流銷貨(downstream sales)」。不過這只是集團內個體間三種進貨及銷貨交易中的一種，另有「逆流銷貨(upstream sales)」及「側流銷貨」。因此「集團內個體間之交易」包括下列三種型態：

(1) 順流交易：係指投資者銷售商品、勞務或其他資產予被投資者之交易。
(2) 逆流交易：係指被投資者銷售商品、勞務或其他資產予投資者之交易。
(3) 側流交易：係指被投資者間銷售商品、勞務或其他資產之交易，亦即交易雙方均為被投資者。

這三種型態的「集團內個體間交易」可能發生在各種交易標的上，例如本章係指買賣商品存貨、第六章則是買賣不動產、廠房及設備、而第七章是公司債的發行與買回投資。

原則上，不論那一種型態的集團內個體間進貨及銷貨交易，母公司皆應依前述的基本觀念去適用權益法及編製合併財務報表。而對被投資者具重大影響之投資者，則只須於適用權益法時，排除內部交易所產生之未實現損益，且計入內部交易之已實現損益。又不同的銷貨方向會使未實現損益出現在集團內不同個體的帳冊上(可能是母公司、子公司、投資者或被投資者的帳冊上)，因此需按不同的銷貨方向逐項說明，故彙述重要觀念於「表 5-1」及「表 5-2」：(為方便說明，兩表皆假設子公司或關聯企業當年度係產生淨利，非淨損。)

表 5-1　順流銷貨 vs. 逆流銷貨

		順　　流	逆　　流
(1)	「未實現利益」隱含在何處？	(a) 母公司(投資者)的綜合損益表內 (表現在：銷貨收入高估、銷貨成本高估、毛利高估)	(a) 子公司(被投資者)的綜合損益表內 (表現在：銷貨收入高估、銷貨成本高估、毛利高估)
		(b) 子公司(被投資者)的期末存貨內	(b) 母公司(投資者)的期末存貨內
	「未實現損失」？	(a)、(b) 皆同上，惟毛利低估。	(a)、(b) 皆同上，惟毛利低估。
(2)	子公司已實現利益 (Realized Income of Subsidiary, SRI)＝？	SRI ＝ SNI [子公司帳列淨利] (Net Income of Subsidiary, SNI)	SRI ＝ SNI －未實現利益＋已實現利益 ＋未實現損失－已實現損失

表 5-1　順流銷貨 vs. 逆流銷貨 (續)

		順　　流	逆　　流
(3)	(母對子存在控制) 母公司適用權益法時，應認列之投資收益 (Income from Subsidiary, IFS)＝？	投資收益 (IFS) ＝SRI × 母約當% 　－未實現利益＋已實現利益 　＋未實現損失－已實現損失 ＝SNI × 母約當% 　－未實現利益＋已實現利益 　＋未實現損失－已實現損失	投資收益 (IFS) ＝SRI × 母約當% ＝(SNI－未實現利益 　＋已實現利益 　＋未實現損失 　－已實現損失) × 母約當%
		母約當%：母公司於當期對子公司之約當持股比例。	
(※)	(投資者對關聯企業具重大影響) 投資者適用權益法時，應認列之投資收益 (Income from Associate, IFA)＝？	ANI：Net Income of Associate，關聯企業帳列淨利。 ARI：Realized Income of Associate，關聯企業已實現利益。	
		投資收益 (IFA) ＝ARI × 投約當% 　＋(－未實現利益＋已實現利益 　　＋未實現損失－已實現損失)×投期末% ＝ANI × 投約當% 　＋(－未實現利益＋已實現利益 　　＋未實現損失－已實現損失)×投期末%	投資收益 (IFA) ＝ARI × 投約當% ＝(ANI－未實現利益 　＋已實現利益 　＋未實現損失 　－已實現損失) 　× 投約當%
		投約當%：投資者於當期對被投資者之約當持股比例。 投期末%：投資者於期末對被投資者之持股比例。	
(4)	非控制權益淨利 (Non-controlling Interest Share, NCI Share)＝？	非控制權益淨利 (NCI Share) 　＝ SRI × 非控期末% 　＝ SNI × 非控期末%	非控制權益淨利 (NCI Share) ＝SRI × 非控期末% ＝(SNI－未實現利益＋已實現利益 　＋未實現損失－已實現損失) 　× 非控期末%
		非控期末%：非控制股東於期末對子公司之持股比例。	
※：請詳本章「十一、投資者與關聯企業間之交易」。			

表 5-2　側流銷貨

	側　流　[假設：由子公司(乙)銷貨予子公司(丙)]	
	子公司 (乙)	子公司 (丙)
(1)「未實現利潤」隱含在何處？	子公司(乙)的綜合損益表內 (表現在：銷貨收入高估、 　　　　銷貨成本高估、毛利高估)	子公司(丙)的期末存貨內
「未實現損失」隱含在何處？	同上，惟毛利低估。	(同　上)
(2) 子公司已實現利益(SRI)＝？	乙 SRI ＝乙 SNI－未實現利益＋已實現利益 　　　　＋未實現損失－已實現損失	丙 SRI ＝ 丙 SNI [子公司帳列淨利]
(3)(母對子存在控制) 母公司適用權益法時，應認列之投資收益(IFS)＝？	「投資收益－乙」(Income from 乙) ＝乙 SRI × 母對乙約當% ＝(乙 SNI－未實現利益＋已實現利益 　　　＋未實現損失－已實現損失) 　× 母對乙約當%	「投資收益－丙」 (Income from 丙) ＝丙 SRI 　× 母對丙約當% ＝丙 SNI 　× 母對丙約當%
(※) (投資者對<u>關聯企業</u>具重大影響) 投資者適用權益法時，應認列之投資收益(IFA)＝？	[假設：由關聯企業(乙)銷貨予關聯企業(丙)]	
	「投資收益－乙」(Income from 乙) ＝(乙 ANI × 母對乙約當%) 　＋ (－未實現利益＋已實現利益 　　　＋未實現損失－已實現損失) 　× 母對乙約當% × 母對丙約當%	「投資收益－丙」 (Income from 丙) ＝丙 ARI 　× 母對丙約當% ＝丙 ANI 　× 母對丙約當%
(4) 非控制權益淨利 (Non-controlling Interest Share，NCI Share)＝？	「非控制權益淨利－乙」 (NCI Share－乙) ＝乙 SRI × 乙非控期末% ＝(乙 SNI－未實現利益＋已實現利益 　　　＋未實現損失－已實現損失) 　× 乙非控期末%	「非控制權益淨利－丙」 (NCI Share－丙) ＝丙 SRI × 丙非控期末% ＝丙 SRI × 丙非控期末%
※：請詳本章「十一、投資者與關聯企業間之交易」。		

基本上，母公司對於側流銷貨的"賣方子公司"，不論就適用權益法或編製合併工作底稿上之調整/沖銷分錄而言，皆等同逆流銷貨的子公司之情況；而母公司對於側流銷貨的"買方子公司"，於適用權益法及編製合併工作底稿上之調整/沖銷分錄時，就如同沒有內部進、銷貨交易發生的情況。

本章內容主要係針對合併個體發生內部進、銷貨交易時，應如何適用權益法及如何編製母、子公司合併財務報表，至於投資者對被投資者(關聯企業)具重大影響的情況 [表 5-1 的※及表 5-2 的※]，則請詳本章「十一、投資者與關聯企業間之交易」。為比較順流銷貨、逆流銷貨及側流銷貨三種合併個體內部進、銷貨交易之異同，茲以釋例四說明之。

釋例四：　　(順流銷貨、逆流銷貨、順流及逆流銷貨同期發生、側流銷貨)

甲公司分別持有乙公司及丙公司股權 80%及 70%數年，並對乙公司及丙公司存在控制。於收購日，乙公司及丙公司帳列資產及負債的帳面金額皆等於公允價值，且無未入帳資產或負債。20x6 年，甲公司、乙公司及丙公司間發生進、銷貨交易$100,000，該項商品存貨成本為$60,000，截至 20x6 年 12 月 31 日，內部進貨公司尚有四分之一商品存貨$25,000，$100,000×1/4＝$25,000，仍未售予合併個體以外單位，即期末存貨$25,000 包含未實現利益$10,000，($100,000－$60,000)×1/4＝$10,000。甲公司、乙公司及丙公司皆採永續盤存制。

20x6 年，甲公司、乙公司及丙公司之個別淨利(未加計投資損益前之淨利)及宣告並發放之現金股利，如下：

	甲公司	乙公司	丙公司
銷貨收入	$700,000	$600,000	$550,000
銷貨成本	(300,000)	(290,000)	(280,000)
銷貨毛利	$400,000	$310,000	$270,000
各項營業費用	(210,000)	(150,000)	(130,000)
個別淨利	$190,000	$160,000	$140,000
現金股利	$30,000	$20,000	$18,000

試作：依下列六種獨立情況，編製甲公司、乙公司及丙公司有關合併綜合損益表之部分合併工作底稿：

(A) 若內部進、銷貨交易$100,000是甲公司銷貨予乙公司之順流交易。
(B) 若內部進、銷貨交易$100,000是乙公司銷貨予甲公司之逆流交易。
(C) 若20x6年間，上述(A)及(B)之順流銷貨與逆流銷貨各發生$100,000。
(D) 若內部進、銷貨交易$100,000是乙公司銷貨予丙公司之側流交易。
(E) 若內部進、銷貨交易$100,000是丙公司銷貨予乙公司之側流交易。
(F) 若20x6年間，上述(D)及(E)之側流銷貨各發生$100,000。

說 明：

甲公司按權益法應認列之投資損益、非控制權益損益：

		甲公司按權益法應認列之投資收益	非控制權益淨利
(A)	甲銷貨予乙之順流交易	乙：$160,000×80%－$10,000 ＝$118,000	乙：$160,000×20%＝$32,000
		丙：$140,000×70%＝$98,000	丙：$140,000×30%＝$42,000
(B)	乙銷貨予甲之逆流交易	乙：($160,000－$10,000)×80% ＝$120,000	乙：($160,000－$10,000)×20% ＝$30,000
		丙：[同(A)]	丙：[同(A)]
(C)	同期發生(A)及(B)	乙：($160,000－$10,000)×80% －$10,000＝$110,000	乙：($160,000－$10,000)×20% ＝$30,000
		丙：[同(A)]	丙：[同(A)]
(D)	乙銷貨予丙之側流交易	乙：[同(B)]	乙：[同(B)]
		丙：[同(A)]	丙：[同(A)]
(E)	丙銷貨予乙之側流交易	乙：$160,000×80%＝$128,000	乙：$160,000×20%＝$32,000
		丙：($140,000－$10,000)×70% ＝$91,000	丙：($140,000－$10,000)×30% ＝$39,000
(F)	同期發生(D)及(E)	乙：[同(B)]	乙：[同(B)]
		丙：[同(E)]	丙：[同(E)]

甲公司及非控制股東收自乙公司及丙公司之現金股利：

	甲公司收到之現金股利	非控制股東收到之現金股利
收自乙	$20,000×80%＝$16,000	$20,000×20%＝$4,000
收自丙	$18,000×70%＝$12,600	$18,000×30%＝$5,400

甲公司按權益法認列投資收益及收到現金股利之分錄：（單位：千元）

		(A)	(B)	(C)	(D)	(E)	(F)
認列投資收益	採用權益法之投資－乙	118	120	110	(同B)	128	(同B)
	採用權益法認列之子公司、關聯企業及合資利益之份額－乙	118	120	110		128	
	採用權益法之投資－丙	98	(同A)	(同A)	(同A)	91	(同E)
	採用權益法認列之子公司、關聯企業及合資利益之份額－丙	98				91	
收到現金股利	現　金	16	(同A)	(同A)	(同A)	(同A)	(同A)
	採用權益法之投資－乙	16					
	現　金	12.6	(同A)	(同A)	(同A)	(同A)	(同A)
	採用權益法之投資－丙	12.6					

甲公司及其子公司 20x6 年合併工作底稿之沖銷分錄：（單位：千元）

		(A)	(B)	(C)	(D)	(E)	(F)
		順流(甲→乙)	逆流(乙→甲)	(A)及(B)同期發生	側流(乙→丙)	側流(丙→乙)	(D)及(E)同期發生
(1)	銷貨收入	100	100	200	100	100	200
	銷貨成本	100	100	200	100	100	200
(2)	銷貨成本	10	10	20	10	10	20
	存　貨	10	10	20	10	10	20
(3)	(暫不說明)	(N/A)	(N/A)	(N/A)	(N/A)	(N/A)	(N/A)
	銷貨成本						
(4)(a)	採用權益法認列之子公司、關聯企業及合資利益之份額－乙	118	120	110	(同B)	128	(同B)
	股　利	16	16	16		16	
	採用權益法之投資－乙	102	104	94		112	
(4)(b)	採用權益法認列之子公司、關聯企業及合資利益之份額－丙	98	(同A)	(同A)	(同A)	91	(同E)
	股　利	12.6				12.6	
	採用權益法之投資－丙	85.4				78.4	

(承上頁)	(A) 順流 (甲→乙)	(B) 逆流 (乙→甲)	(C) (A)及(B) 同期發生	(D) 側流 (乙→丙)	(E) 側流 (丙→乙)	(F) (D)及(E) 同期發生
(5)(a) 非控制權益淨利(乙) 　　　股　利 　　　非控制權益(乙)	32 4 28	30 4 26	(同B)	(同B)	(同A)	(同B)
(5)(b) 非控制權益淨利(丙) 　　　股　利 　　　非控制權益(丙)	42 5.4 36.6	(同A)	(同A)	(同A)	39 5.4 33.6	(同E)
(6)(a) (乙權益科目) 　　採用權益法 　　　之投資－乙 　　　非控制權益(乙)	X 0.8X 0.2X	(同A)	(同A)	(同A)	(同A)	(同A)
(6)(b) (丙權益科目) 　　採用權益法 　　　之投資－丙 　　　非控制權益(丙)	Y 0.7Y 0.3Y	(同A)	(同A)	(同A)	(同A)	(同A)

依上述六種獨立情況，相關部分合併工作底稿及其說明如下：

(A) 順流(甲→乙)之部分合併工作底稿：　(單位：千元)

	甲	乙	丙	調整／沖銷 借方	調整／沖銷 貸方	合併 財務報表
綜合損益表：						
銷貨收入	$700	$600	$550	(1) 100		$1,750
銷貨成本	(300)	(290)	(280)	(2) 10	(1) 100	(780)
各項營業費用	(210)	(150)	(130)			(490)
採用權益法認列之子公司、關聯企業及合資利益之份額－乙	118	—	—	(4)(a) 118		—
採用權益法認列之子公司、關聯企業及合資利益之份額－丙	98	—	—	(4)(b) 98		—
淨　利	$406	$160	$140			
總合併淨利						$ 480
非控制權益淨利(乙)				(5)(a) 32		(32)
非控制權益淨利(丙)				(5)(b) 42		(42)

控制權益淨利						$ 406
保留盈餘表：						
減：股利	$(30)	$(20)	$(18)	(4)(a) 16 (4)(b) 12.6 (5)(a) 4 (5)(b) 5.4		$(30)
財務狀況表：						
存　貨	$ －	$ M	$ －		(2) 10	$M－10

甲公司銷貨收入$700,000 及銷貨成本$300,000 中，含有銷貨予乙公司之銷貨收入$100,000 及銷貨成本$60,000，因截至 20x6 年 12 月 31 日，乙公司尚有四分之一向甲公司進貨之商品存貨仍未外售，即甲公司內部銷貨毛利$40,000 中，$100,000－$60,000＝$40,000，隱含未實現利益$10,000，$40,000×1/4＝$10,000，故甲公司在適用權益法時，須將未實現利益$10,000 從本來應是$128,000 的「採用權益法認列之子公司、關聯企業及合資利益之份額－乙」中扣除，$160,000×80%＝$128,000，使甲公司認列之「採用權益法認列之子公司、關聯企業及合資利益之份額－乙」為$118,000，$160,000×80%－$10,000＝$118,000，進而使甲公司在權益法下之淨利為$406,000，以符合權益法(單線合併)精神。

若以合併個體觀點檢視甲公司在權益法(單線合併)下之綜合損益表，可知其銷貨收入高估$100,000、銷貨成本也高估(因內部銷貨之商品存貨並未全數由乙公司外售)、銷貨毛利高估$10,000，若不處理這高估毛利$10,000，必然會使甲公司淨利高估$10,000，假設暫不考慮其他因素。因此為使甲公司在權益法(單線合併)下之淨利是正確的，遂利用認列投資收益時，將未實現利益$10,000 扣除。

(B) 逆流(乙→甲)之部分合併工作底稿：　(單位：千元)

	甲	乙	丙	調整／沖銷 借方	調整／沖銷 貸方	合　併 財務報表
綜合損益表：						
銷貨收入	$700	$600	$550	(1) 100		$1,750
銷貨成本	(300)	(290)	(280)	(2) 10	(1) 100	(780)
各項營業費用	(210)	(150)	(130)			(490)
採用權益法認列之子公司、關聯企業及合資利益之份額－乙	120	－	－	(4)(a) 120		－

				調整/沖銷	
				(4)(b) 98	
採用權益法認列之子公司、關聯企業及合資利益之份額－丙	98	－	－		－
淨　利	$408	$160	$140		
總合併淨利					$ 480
非控制權益淨利(乙)				(5)(a) 30	(30)
非控制權益淨利(丙)				(5)(b) 42	(42)
控制權益淨利					$ 408
保留盈餘表：					
減：股　利	$(30)	$(20)	$(18)	(4)(a) 16 (4)(b) 12.6 (5)(a) 4 (5)(b) 5.4	$(30)
財務狀況表：					
存　貨	$ M	$ －	$ －	(2) 10	$M－10

　　乙公司銷貨收入$600,000及銷貨成本$290,000中，含有銷貨予甲公司之銷貨收入$100,000及銷貨成本$60,000，因截至20x6年12月31日，甲公司尚有四分之一向乙公司進貨之商品存貨仍未外售，即乙公司內部銷貨毛利$40,000及淨利$160,000中皆隱含未實現利益$10,000，$40,000×1/4＝$10,000，故甲公司在適用權益法時，須將未實現利益$10,000從乙公司帳列淨利中扣除，也就是按乙公司已實現利益的80%認列投資收益，($160,000－$10,000)×80%＝$120,000，以使甲公司在權益法(單線合併)下之淨利$408,000是正確的。

　　若以合併個體觀點檢視甲公司在權益法(單線合併)下之綜合損益表，其內容皆是外售商品存貨所產生的損益項目，故只要按前述方法認列正確投資收益，則甲公司在權益法(單線合併)下之淨利就是正確的。

(C) 同期發生(A)及(B) (甲→乙、乙→甲)之部分合併工作底稿：　(單位：千元)

	甲	乙	丙	調整/沖銷 借方	調整/沖銷 貸方	合併財務報表
綜合損益表：						
銷貨收入	$700	$600	$550	(1) 200		$1,650
銷貨成本	(300)	(290)	(280)	(2) 20	(1) 200	(690)
各項營業費用	(210)	(150)	(130)			(490)
採用權益法認列之子						

採用權益法認列之子公司、關聯企業及合資利益之份額－乙	110	－	－	(4)(a) 110		－
採用權益法認列之子公司、關聯企業及合資利益之份額－丙	98	－	－	(4)(b) 98		－
淨　利	$398	$160	$140			
總合併淨利						$ 470
非控制權益淨利(乙)				(5)(a) 30		(30)
非控制權益淨利(丙)				(5)(b) 42		(42)
控制權益淨利						$ 398
保留盈餘表：						
減：股　利	$(30)	$(20)	$(18)	(4)(a) 16 (4)(b) 12.6 (5)(a) 4 (5)(b) 5.4		$(30)
財務狀況表：						
存　貨	$ M	$ M	$ －		(2) 20	$2M－20

甲公司銷貨收入$700,000 及銷貨成本$300,000 中，含有銷貨予乙公司之銷貨收入$100,000 及銷貨成本$60,000，同時乙公司銷貨收入$600,000 及銷貨成本$290,000 中，也含有銷貨予甲公司之銷貨收入$100,000 及銷貨成本$60,000，因截至 20x6 年 12 月 31 日，乙公司尚有四分之一向甲公司進貨之商品存貨仍未外售，甲公司亦尚有四分之一向乙公司進貨之商品存貨仍未外售，即甲公司內部銷貨毛利$40,000 中隱含未實現利益$10,000，$40,000×1/4＝$10,000，且乙公司內部銷貨毛利$40,000 及淨利$160,000 中亦皆隱含未實現利益$10,000，故甲公司在適用權益法時，不但要按乙公司已實現利益的 80%認列投資收益，尚須扣除順流銷貨交易之未實現利益$10,000，即($160,000－$10,000)×80%－$10,000＝$110,000，以使甲公司在權益法(單線合併)下之淨利$398,000 是正確的。

(D) 側流(乙→丙)之部分合併工作底稿： （單位：千元）

	甲	乙	丙	調整／沖銷借方	調整／沖銷貸方	合併財務報表
綜合損益表：						
銷貨收入	$700	$600	$550	(1) 100		$1,750
銷貨成本	(300)	(290)	(280)	(2) 10	(1) 100	(780)
各項營業費用	(210)	(150)	(130)			(490)

採用權益法認列之子公司、關聯企業及合資利益之份額－乙	120	—	—	(4)(a) 120	—
採用權益法認列之子公司、關聯企業及合資利益之份額－丙	98	—	—	(4)(b) 98	—
淨　利	$408	$160	$140		
總合併淨利					$ 480
非控制權益淨利(乙)				(5)(a) 30	(30)
非控制權益淨利(丙)				(5)(b) 42	(42)
控制權益淨利					$ 408
保留盈餘表：					
減：股　利	$(30)	$(20)	$(18)	(4)(a) 16 (4)(b) 12.6 (5)(a) 4 (5)(b) 5.4	$(30)
財務狀況表：					
存　貨	$ —	$ —	$ M	(2) 10	$M－10

　　乙公司銷貨收入$600,000 及銷貨成本$290,000 中，含有銷貨予丙公司之銷貨收入$100,000 及銷貨成本$60,000，因截至 20x6 年 12 月 31 日，丙公司尚有四分之一向乙公司進貨之商品存貨仍未外售，即乙公司內部銷貨毛利$40,000 及淨利$160,000 中皆隱含未實現利益$10,000，$40,000×1/4＝$10,000，故甲公司在適用權益法時，須將未實現利益$10,000 從乙公司帳列淨利中扣除，也就是按乙公司已實現利益的 80%認列投資收益，($160,000－$10,000)×80%＝$120,000，以使甲公司在權益法(單線合併)下之淨利$408,000 是正確的。

　　若以合併個體觀點檢視甲公司在權益法(單線合併)下之綜合損益表，其內容皆是外售商品存貨所產生的損益項目，故只要按前述方法認列正確投資收益，則甲公司在權益法(單線合併)下之淨利就是正確的。

(E) 側流(丙→乙)之部分合併工作底稿： (單位：千元)

(續次頁)

	甲	乙	丙	調整／沖銷 借方	調整／沖銷 貸方	合併財務報表
綜合損益表：						
銷貨收入	$700	$600	$550	(1) 100		$1,750
銷貨成本	(300)	(290)	(280)	(2) 10	(1) 100	(780)
各項營業費用	(210)	(150)	(130)			(490)
採用權益法認列之子公司、關聯企業及合資利益之份額－乙	128	－	－	(4)(a) 128		－
採用權益法認列之子公司、關聯企業及合資利益之份額－丙	91	－	－	(4)(b) 91		－
淨　利	$409	$160	$140			
總合併淨利						$ 480
非控制權益淨利(乙)				(5)(a) 32		(32)
非控制權益淨利(丙)				(5)(b) 39		(39)
控制權益淨利						$ 409
保留盈餘表：						
減：股 利	$(30)	$(20)	$(18)	(4)(a) 16 (4)(b) 12.6 (5)(a) 4 (5)(b) 5.4		$(30)
財務狀況表：						
存　貨	$ －	$ M	$ －		(2) 10	$M－10

丙公司銷貨收入$550,000 及銷貨成本$280,000 中，含有銷貨予乙公司之銷貨收入$100,000 及銷貨成本$60,000，因截至 20x6 年 12 月 31 日，乙公司尚有四分之一向丙公司進貨之商品存貨仍未外售，即丙公司內部銷貨毛利$40,000 及淨利$140,000 中皆隱含未實現利益$10,000，$40,000×1/4＝$10,000，故甲公司在適用權益法時，須將未實現利益$10,000 從丙公司帳列淨利中扣除，也就是按丙公司已實現利益的 80%認列投資收益，($140,000－$10,000)×70%＝$91,000，以使甲公司在權益法(單線合併)下之淨利$409,000 是正確的。

若以合併個體觀點檢視甲公司在權益法(單線合併)下之綜合損益表，其內容皆是外售商品存貨所產生的損益項目，故只要按前述方法認列正確投資收益，則甲公司在權益法(單線合併)下之淨利就是正確的。

(F) 同期發生(D)及(E)兩種側流(乙→丙、丙→乙)之部分合併工作底稿：
(單位：千元)

	甲	乙	丙	調整／沖銷 借方	調整／沖銷 貸方	合併財務報表
綜合損益表：						
銷貨收入	$700	$600	$550	(1) 200		$1,650
銷貨成本	(300)	(290)	(280)	(2) 20	(1) 200	(690)
各項營業費用	(210)	(150)	(130)			(490)
採用權益法認列之子公司、關聯企業及合資利益之份額－乙	120	—	—	(4)(a) 120		—
採用權益法認列之子公司、關聯企業及合資利益之份額－丙	91	—	—	(4)(b) 91		—
淨　利	$401	$160	$140			
總合併淨利						$ 470
非控制權益淨利(乙)				(5)(a) 30		(30)
非控制權益淨利(丙)				(5)(b) 39		(39)
控制權益淨利						$ 401
保留盈餘表：						
減：股利	$(30)	$(20)	$(18)		(4)(a) 16 (4)(b) 12.6 (5)(a) 4 (5)(b) 5.4	$(30)
財務狀況表：						
存　貨	$ —	$ M	$ M		(2) 20	$2M−20

　　乙公司銷貨收入$600,000 及銷貨成本$290,000 中，含有銷貨予丙公司之銷貨收入$100,000 及銷貨成本$60,000，丙公司銷貨收入$550,000 及銷貨成本$280,000 中，含有銷貨予乙公司之銷貨收入$100,000 及銷貨成本$60,000，因截至20x6年12月31日，丙公司尚有四分之一向乙公司進貨之商品存貨仍未外售，乙公司亦尚有四分之一向丙公司進貨之商品存貨仍未外售，即乙公司內部銷貨毛利$40,000 及淨利$160,000 中皆隱含未實現利益$10,000，$40,000×1/4＝$10,000，且丙公司內部銷貨毛利$40,000 及淨利$140,000 中皆隱含未實現利益$10,000，$40,000×1/4＝$10,000，故甲公司在適用權益法時，不但要按乙公司已實現利益的80%認列投資收益(乙)，($160,000－$10,000)×80%＝$120,000，也要

按丙公司已實現利益的 70%認列投資收益(丙)，($140,000 － $10,000)×70%＝$91,000，以使甲公司在權益法(單線合併)下之淨利$401,000 是正確的。

若以合併個體觀點檢視甲公司在權益法(單線合併)下之綜合損益表，其內容皆是外售商品存貨所產生的損益項目，故只要按前述方法認列正確投資收益，則甲公司在權益法(單線合併)下之淨利就是正確的。

由釋例四可知，若同期內發生順流及逆流之內部進、銷貨交易，切勿以為順流銷貨交易與逆流銷貨交易對於適用權益法與編製合併財務報表的影響會自動抵銷，因而母公司在適用權益法及編製合併財務報表時，就可以忽略該二項內部交易。相反地，必須將順流銷貨交易與逆流銷貨交易視為兩項內部進、銷貨交易，並逐一考慮其對適用權益法及編製合併財務報表的影響。子公司彼此間在同期內發生不同方向側流之內部進、銷貨交易亦同理。

另外，也可能在同期內發生：(a) 順流與側流之內部進、銷貨交易，(b) 逆流與側流之內部進、銷貨交易，或是 (c) 順流、逆流與側流之內部進、銷貨交易，無論那一種情況，都必須逐一考慮其對適用權益法及編製合併財務報表的影響，因為該影響絕對不會互相抵銷。

釋例五：　　(順流銷貨)

甲公司持有乙公司 90%股權數年並對乙公司存在控制。於收購日，乙公司帳列資產及負債的帳面金額皆等於公允價值，亦無未入帳資產或負債。20x6 年間，甲公司銷貨$50,000 予乙公司，該項商品存貨成本為$30,000，截至 20x6 年 12 月 31 日乙公司已將上述內部進貨的 80%商品售予合併個體以外單位，其餘 20%商品則於 20x7 年才外售。乙公司 20x6 及 20x7 年之淨利分別為$60,000 及 $70,000，乙公司於 20x6 及 20x7 年度均未宣告或發放現金股利。甲公司及乙公司皆採永續盤存制。

試作：(1) 甲公司應認列 20x6 及 20x7 年之投資損益。
　　　(2) 20x6 及 20x7 年之非控制權益損益。
　　　(3) 20x6 及 20x7 年甲公司及子公司合併工作底稿之沖銷分錄。

說　明：

內部順流銷貨之總毛利＝$50,000－$30,000＝$20,000

20x6 年已實現之毛利＝$20,000×80%＝$16,000

20x6 年未實現之毛利＝$20,000×20%＝$4,000，將於 20x7 年實現。

(1)、(2)：

	甲公司應認列之投資收益	非控制權益淨利
20x6 年	$60,000×90%－$4,000＝$50,000	$60,000×10%＝$6,000
20x7 年	$70,000×90%＋$4,000＝$67,000	$70,000×10%＝$7,000

按權益法精神，相關項目異動如下：

	20x6/1/1	20x6 年	20x6/12/31	20x7 年	20x7/12/31
乙－權　益	$　Y	＋$60,000	$Y＋$60,000	＋$70,000	$Y＋$130,000
權益法：					
甲－採用權益法之投資	$ 0.9Y	＋$50,000	$0.9Y＋$50,000	＋$67,000	$0.9Y＋$117,000
合併財務報表：					
非控制權益	$ 0.1Y	＋$6,000	$0.1Y＋$6,000	＋$7,000	$0.1Y＋$13,000

　　20x6 年 1 月 1 日，甲公司帳列「採用權益法之投資」餘額是乙公司權益的 90%，非控制權益金額是乙公司權益的 10%。甲公司按權益法認列 20x6 年投資收益時，將本年度順流內部銷貨交易之未實現利益$4,000 扣除，導致 20x6 年 12 月 31 日，甲公司帳列「採用權益法之投資」餘額($0.9Y＋$50,000)與乙公司權益的 90%，($Y＋$60,000)×90%＝$0.9Y＋$54,000，不再相等，前者較後者少$4,000；非控制權益金額($0.1Y＋$6,000)則不受順流內部銷貨交易的影響，仍為乙公司權益的 10%，($Y＋$60,000)×10%＝$0.1Y＋$6,000。

　　時至 20x7 年 12 月 31 日，由於 20x6 年未外售之順流內部進貨商品已於 20x7 年外售，即 20x6 年未實現利益$4,000 已於 20x7 年實現，甲公司按權益法認列 20x7 年投資收益時，會將於 20x7 年實現之 20x6 年未實現利益$4,000 列為投資收益的一部分，如此不但能使甲公司 20x7 年淨利在權益法觀念下是正確的，也使 20x7 年 12 月 31 日甲公司帳列「採用權益法之投資」餘額($0.9Y＋$117,000)，與乙公司權益的 90%，($Y＋$130,000)×90%＝$0.9Y＋$117,000，回復為相等的情況，即重建相對科目間之「對稱性」，而非控制權益金額($0.1Y＋$13,000)則仍不受順流內部銷貨交易的影響，仍為乙公司權益的 10%，($Y＋$130,000)×10%＝$0.1Y＋$13,000。

基於上段說明，20x7 年合併工作底稿中沖銷分錄(3) [請詳下表]，須借記「採用權益法之投資」$4,000，才能使沖銷分錄(6)之相對科目 [子公司權益科目與母公司帳列「採用權益法之投資」及合併報表上表達之非控制權益] 呈現對等的關係，以利沖銷「採用權益法之投資」的期初餘額，也同時增列「非控制權益」的期初金額。並配合沖銷分錄(4)，沖銷「採用權益法之投資」當期之淨變動數，而達成將單線合併觀念下之「採用權益法之投資」期末餘額全數沖銷之目的。另配合沖銷分錄(5)，增列「非控制權益」當期之淨變動數，而達成將「非控制權益」期末金額呈現在合併財務狀況表上之目的。藉由本段之解說，補充說明本章「四、認列期初存貨中的已實現利潤」，釋例三之沖銷分錄(3)『暫不說明』的部分。

甲公司及其子公司 20x6 及 20x7 年合併工作底稿之調整/沖銷分錄：

		20x6 年		20x7 年	
(1)	銷貨收入 　　銷貨成本	50,000	50,000	X	X
(2)	銷貨成本 　　存　貨	4,000	4,000	X	X
(3)	採用權益法之投資 　　銷貨成本	X	X	4,000	4,000
(4)	採用權益法認列之子公司、關聯企業及合資利益之份額 　　採用權益法之投資	50,000	50,000	67,000	67,000
(5)	非控制權益淨利 　　非控制權益	6,000	6,000	7,000	7,000
(6)	(子公司權益科目) 　　採用權益法之投資 　　非控制權益	Y	0.9Y 0.1Y	Y＋60,000　（※） 	0.9Y＋54,000 0.1Y＋6,000

※：20x7/12/31：
(i)「採用權益法之投資」帳列餘額($0.9Y＋$117,000)＋沖銷分錄(3) $4,000
　　　－沖銷分錄(4) $67,000－沖銷分錄(6) ($0.9Y＋$54,000)＝$0
(ii) 沖銷分錄(5) $7,000 係「非控制權益」當期淨增加數
　　＋透過沖銷分錄(6)增列 20x7 年初「非控制權益」期初金額($0.1Y＋$6,000)
　　＝應表達在期末合併財務狀況表上之「非控制權益」金額($0.1Y＋$13,000)

釋例六： （逆流銷貨）

延用釋例五資料，惟將順流內部進銷貨交易改為逆流內部進銷貨交易。

試作：(1) 甲公司應認列 20x6 及 20x7 年之投資損益。
　　　(2) 20x6 及 20x7 年之非控制權益損益。
　　　(3) 20x6 及 20x7 年甲公司及子公司合併工作底稿之沖銷分錄。

說 明：

內部順流銷貨之總毛利＝$50,000－$30,000＝$20,000
20x6 年已實現之毛利＝$20,000×80％＝$16,000
20x6 年未實現之毛利＝$20,000×20％＝$4,000，將於 20x7 年實現。

(1)、(2)：

	甲公司應認列之投資收益	非控制權益淨利
20x6 年	($60,000－$4,000)×90％＝$50,400	($60,000－$4,000)×10％＝$5,600
20x7 年	($70,000＋$4,000)×90％＝$66,600	($70,000＋$4,000)×10％＝$7,400

按權益法精神，相關項目異動如下：

	20x6/1/1	20x6 年	20x6/12/31	20x75 年	20x75/12/31
乙－權益	$ Y	＋$60,000	$Y＋$60,000	＋$70,000	$Y＋$130,000
權益法：					
甲－採用權益法之投資	$ 0.9Y	＋$50,400	$0.9Y＋$50,400	＋$66,600	$0.9Y＋$117,000
合併財務報表：					
非控制權益	$ 0.1Y	＋$5,600	$0.1Y＋$5,600	＋$7,400	$0.1Y＋$13,000

20x6 年 1 月 1 日，甲公司帳列「採用權益法之投資」餘額是乙公司權益的 90％，非控制權益金額是乙公司權益的 10％。甲公司按權益法認列 20x6 年投資收益時，將本年度逆流內部銷貨交易之未實現利益$3,600 扣除，$4,000×90％＝$3,600，導致 20x6 年 12 月 31 日甲公司帳列「採用權益法之投資」餘額($0.9Y＋$50,400)與乙公司權益的 90％，($Y＋$60,000)×90％＝$0.9Y＋$54,000，不再相等，前者較後者少$3,600；非控制權益金額($0.1Y＋$5,600)與乙公司權益的 10％，($Y＋$60,000)×10％＝$0.1Y＋$6,000，也不相等，前者較後者少$400。

時至 20x7 年 12 月 31 日，由於 20x6 年未外售之逆流內部進貨商品已於 20x7 年外售，即 20x6 年未實現利益$3,600 已於 20x7 年實現，則乙公司之已實現利益為乙公司帳列淨利$70,000 加上已實現逆流銷貨利益$4,000，共計$74,000。甲公司按權益法認列 20x7 年投資收益為$66,600，$74,000×90％＝$66,600，非控制權益淨利為$7,400，$74,000×10％＝$7,400，不但能使甲公司 20x7 年淨利在權益法觀念下是正確的，也使 20x7 年 12 月 31 日甲公司帳列「採用權益法之投資」餘額($0.9Y＋$117,000)，與乙公司權益的 90％，($Y＋$130,000)×90％＝$0.9Y＋$117,000，回復為相等的情況，而非控制權益金額($0.1Y＋$13,000)，也與乙公司權益的 10％，($Y＋$130,000)×10％＝$0.1Y＋$13,000，回復為相等的情況，即重建相對科目間之「對稱性」。

基於上段的說明，20x7 年合併工作底稿中沖銷分錄(3) [請詳下表]，須借記「採用權益法之投資」$3,600 及借記「非控制權益」$400，才能使沖銷分錄(6)之相對科目 [子公司權益科目與母公司帳列「採用權益法之投資」及合併報表上表達之非控制權益] 呈現對等的關係，以利沖銷「採用權益法之投資」的期初餘額，也同時增列「非控制權益」的期初金額。並配合沖銷分錄(4)，沖銷「採用權益法之投資」當期之淨變動數，而達成將單線合併觀念下之「採用權益法之投資」期末餘額全數沖銷之目的。另配合沖銷分錄(5)，增列「非控制權益」當期之淨變動數，而達成將「非控制權益」期末金額呈現在合併財務狀況表上的目的。

甲公司及其子公司 20x6 及 20x7 年合併工作底稿之調整/沖銷分錄：

		20x6 年		20x7 年	
(1)	銷貨收入	50,000		X	
	銷貨成本		50,000		X
(2)	銷貨成本	4,000		X	
	存　貨		4,000		X
(3)	採用權益法之投資	X		3,600	
	非控制權益		X	400	
	銷貨成本				4,000
(4)	採用權益法認列之子公司、關聯企業及合資利益之份額	50,400		66,600	
	採用權益法之投資		50,400		66,600
(5)	非控制權益淨利	5,600		7,400	
	非控制權益		5,600		7,400

		20x6 年	20x7 年
(6)	(子公司權益科目)	Y	Y＋60,000　　　(※)
	採用權益法之投資	0.9Y	0.9Y＋54,000
	非控制權益	0.1Y	0.1Y＋6,000

※：20x7/12/31：
(i)「採用權益法之投資」帳列餘額($0.9Y＋$117,000)＋沖銷分錄(3) $3,600
　　－沖銷分錄(4) $66,600－沖銷分錄(6) ($0.9Y＋$54,000)＝$0
(ii) 沖銷分錄(3)－$400＋沖銷分錄(5) $7,400 係「非控制權益」當期淨增加數
　　＋沖銷分錄(6)增列 20x7 年初「非控制權益」期初金額($0.1Y＋$6,000)
　　＝應表達在期末合併財務狀況表上之「非控制權益」金額($0.1Y＋$13,000)

六、順流銷貨－綜合釋例

　　甲公司於 20x3 年 7 月 1 日以現金$396,000 取得乙公司 90%股權，並對乙公司存在控制。當日乙公司權益包括普通股股本$300,000 及保留盈餘$120,000，且其帳列資產及負債之帳面金額皆等於公允價值，乙公司除有一項未入帳專利權(估計尚有 10 年使用年限)外，並無其他未入帳之資產或負債。非控制權益係以收購日公允價值衡量。從 20x3 年 7 月 1 日起，甲公司經常按外售價格銷貨予乙公司，有關 20x6 年合併個體內部進、銷貨交易資料如下：

20x6 年間，甲公司銷貨予乙公司之金額 (成本$60,000)	$80,000
於 20x5/12/31，乙公司期末存貨中所含之未實現利益	8,000
於 20x6/12/31，乙公司期末存貨中所含之未實現利益	10,000
於 20x6/12/31，乙公司帳列「應付帳款－甲」之餘額	40,000

　　甲公司及乙公司皆採永續盤存制。甲公司及乙公司 20x6 年綜合損益表及保留盈餘表，以及 20x6 年 12 月 31 日財務狀況表，已列入表 5-4、表 5-5 及表 5-6 之合併工作底稿中。茲分下列三種獨立情況說明，如何透過合併工作底稿完成 20x6 年甲公司及其子公司合併財務報表的編製。
(A) 甲公司正確地適用權益法處理其對乙公司之股權投資。
(B) 甲公司適用權益法處理其對乙公司之股權投資時，忽略合併個體內部順流銷貨交易對適用權益法及編製合併財務報表的影響。
(C) 甲公司未採用權益法處理其對乙公司之股權投資，而係於乙公司宣告現金股利時認列股利收入，並將該股權投資分類為「透過損益按公允價值衡量之金融資產」。

說 明：

20x3/ 7/ 1 (收購日)：

　　非控制權益係以收購日公允價值衡量，惟釋例中未提及該公允價值，故設算之。乙公司總公允價值＝$396,000÷90%＝$440,000

　　乙公司帳列淨值低估數＝$440,000－$420,000＝$20,000(乙未入帳專利權)

　　乙公司未入帳專利權之每年攤銷數＝$20,000÷10 年＝$2,000

　　非控制權益＝乙公司總公允價值$440,000×10%＝$44,000

20x3/ 7/ 1～20x5/12/31：

乙公司帳列淨值之淨變動數＝($300,000＋$280,000)－$420,000＝淨＋$160,000

針對(A)、(B)、(C)三種獨立情況，計算相關金額如下：

甲公司帳列「採用權益法之投資」之淨變動數	前兩年半 (20x3/ 7/ 1 ～ 20x5/12/31)	(A) [淨＋$160,000－(2.5 年×$2,000)]×90%－$8,000 ＝淨＋$131,500
		(B) [淨＋$160,000－(2.5 年×$2,000)]×90%＝淨＋$139,500
		(C) 淨＋$0
甲公司應認列之投資損益	20x6 年	(A) ($120,000－$2,000)×90%＋$8,000－$10,000＝$104,200
		(B) ($120,000－$2,000)×90%＝$106,200
		(C) $0，但認列股利收入$40,000×90%＝$36,000
非控制權益之淨變動數	前兩年半 (20x3/ 7/ 1～ 20x5/12/31)	(A)、(B)、(C)： [淨＋$160,000－(2.5 年×$2,000)]×10%＝淨＋$15,500
非控制權益淨利	20x6 年	(A)、(B)、(C)： ($120,000－$2,000)×10%＝$11,800

20x6 年，甲公司有關對乙公司股權投資之分錄：

			(A)	(B)	(C)
期末認列投資損益	採用權益法之投資		104,200	106,200	X
	採用權益法認列之子公司、關聯企業及合資利益之份額		104,200	106,200	
乙公司宣告並發放現金股利	現　金		36,000	36,000	36,000
	採用權益法之投資		36,000	36,000	－
	股利收入		－	－	36,000

表 5-3　相關項目異動如下：（單位：千元）

	20x3/7/1	2 年半	20x5/12/31	20x6 年	20x6/12/31
乙－權　益	$420	淨＋$160	$580	＋$120－$40	$660
權益法：					
甲－採用權益法之投資	$396	淨＋$131.5	$527.5	＋$104.2－$36	$595.7
合併財務報表：					
專利權	$20	－$2×2.5 年	$15	－$2	$13
非控制權益	$44	淨＋$15.5	$59.5	＋$11.8－$4	$67.3
未正確地適用權益法：					
甲－採用權益法之投資	$396	淨＋$139.5	$535.5	＋$106.2－$36	$605.7
未採用權益法：					
甲－強制透過損益按公允價值衡量之金融資產	$396		$396	股利收入$36	$396

驗　算：(正確地適用權益法)

20x5/12/31：甲帳列「採用權益法之投資」餘額
　　　　　　＝(乙權益$580＋未攤銷之乙淨值低估數$15)×90%－未實現利益$8
　　　　　　＝$527.5
　　　　　合併財務狀況表上之「非控制權益」＝($580＋$15)×10%＝$59.5

20x6/12/31：甲帳列「採用權益法之投資」餘額＝($660＋$13)×90%－$10＝$595.7
　　　　　　合併財務狀況表上之「非控制權益」＝($660＋$13)×10%＝$67.3

(A) 正確地適用權益法，20x6 年甲公司及其子公司合併工作底稿之沖銷分錄：

(1)	銷貨收入	80,000	
	銷貨成本		80,000
(2)	銷貨成本	10,000	
	存　貨		10,000
(3)	採用權益法之投資	8,000	
	銷貨成本		8,000
(4)	採用權益法認列之子公司、關聯企業及合資利益之份額	104,200	
	股　利		36,000
	採用權益法之投資		68,200
(5)	非控制權益淨利	11,800	
	股　利		4,000
	非控制權益		7,800

(6)	普通股股本	300,000	
	保留盈餘	280,000	
	專利權	15,000	
	採用權益法之投資		535,500
	非控制權益		59,500
(7)	攤銷費用	2,000	
	專利權		2,000
(8)	應付帳款	40,000	
	應收帳款		40,000

甲公司及乙公司 20x6 年財務報表資料，已分別列入合併工作底稿，如下：

表 5-4

甲 公 司 及 其 子 公 司
合 併 工 作 底 稿
20x6 年 1 月 1 日至 20x6 年 12 月 31 日

	甲公司	90% 乙公司	調整/沖銷 借方	調整/沖銷 貸方	合併財務報表
綜合損益表：					
銷貨收入	$4,000,000	$1,200,000	(1) 80,000		$5,120,000
採用權益法認列之子公司、關聯企業及合資利益之份額	104,200	—	(4) 104,200		—
銷貨成本	(2,200,000)	(800,000)	(2) 10,000	(1) 80,000	
				(3) 8,000	(2,922,000)
各項營業費用	(1,400,000)	(280,000)	(7) 2,000		(1,682,000)
淨　利	$ 504,200	$ 120,000			
總合併淨利					$ 516,000
非控制權益淨利			(5) 11,800		(11,800)
控制權益淨利					$ 504,200
保留盈餘表：					
期初保留盈餘	$ 771,500	$280,000	(6) 280,000		$ 771,500
加：淨　利	504,200	120,000			504,200
減：股　利				(4) 36,000	
	(200,000)	(40,000)		(5) 4,000	(200,000)
期末保留盈餘	$1,075,700	$360,000			$1,075,700

(續次頁)

	甲公司	90% 乙公司	調整/沖銷 借 方	調整/沖銷 貸 方	合 併 財務報表
財務狀況表：					
現　金	$ 400,000	$ 20,000			$ 420,000
應收帳款－淨額	180,000	80,000		(8) 40,000	220,000
存　貨	260,000	180,000		(2) 10,000	430,000
其他流動資產	156,000	40,000			196,000
採用權益法之投資	595,700	－	(3) 8,000	(4) 68,200 (6)535,500	－
不動產、廠房 　及設備－淨額	3,200,000	480,000			3,680,000
專利權	－	－	(6) 15,000	(7) 2,000	13,000
總 資 產	$4,791,700	$800,000			$4,959,000
應付帳款	$ 320,000	$ 60,000	(8) 40,000		$ 340,000
其他負債	196,000	80,000			276,000
普通股股本	3,200,000	300,000	(6)300,000		3,200,000
保留盈餘	1,075,700	360,000			1,075,700
總負債及權益	$4,791,700	$800,000			
非控制權益－ 1/1				(6) 59,500	
非控制權益 　－當期增加數				(5) 7,800	
非控制權益－12/31					67,300
總負債及權益					$4,959,000

(B) 未正確地適用權益法，20x6 年甲公司及其子公司合併工作底稿之調整/沖銷分錄：

調整分錄：			
(a)	保留盈餘	8,000	
	採用權益法之投資		8,000
	(表 5-3)　20x3/ 7/ 1～20x5/12/31(兩年半)高估投資收益， 　　　　　故調整保留盈餘，從$139,500 調整為$131,500， 　　　　　減少$8,000。		
(b)	採用權益法認列之子公司、關聯企業 　　　　　　及合資利益之份額	2,000	
	採用權益法之投資		2,000

(續次頁)

(b)	(表 5-3)	20x6 年,高估投資收益,故調整投資收益,
(續)		從$106,200 調整為$104,200,減少$2,000。
	(表 5-3)	採用權益法之投資:
		$605,700－$8,000(a)－$2,000(b)＝$595,700

沖銷分錄：

在合併工作底稿上填入上述兩個調整分錄後,即與(A)權益法下之結果一樣,故接著只要將上述(A)權益法下八個沖銷分錄[(1)～(8)]填入合併工作底稿,橫向合計再縱向合計,即可得出正確的合併財務報表,請詳表 5-5 之合併工作底稿。

甲公司及乙公司 20x6 年財務報表資料,已分別列入合併工作底稿,如下：

表 5-5

甲 公 司 及 其 子 公 司
合 併 工 作 底 稿
20x6 年 1 月 1 日至 20x6 年 12 月 31 日

	甲公司	90% 乙公司	調整/沖銷 借方	調整/沖銷 貸方	合 併 財務報表
綜合損益表：					
銷貨收入	$4,000,000	$1,200,000	(1) 80,000		$5,120,000
採用權益法認列之子公司、關聯企業及合資利益之份額	106,200	－	調(b) 2,000 (4) 104,200		－
銷貨成本	(2,200,000)	(800,000)	(2) 10,000	(1) 80,000 (3) 8,000	(2,922,000)
各項營業費用	(1,400,000)	(280,000)	(7) 2,000		(1,682,000)
淨　利	$ 506,200	$ 120,000			
總合併淨利					$ 516,000
非控制權益淨利			(5) 11,800		(11,800)
控制權益淨利					$ 504,200
保留盈餘表：					
期初保留盈餘（註）	$ 779,500	$280,000	調(a) 8,000 (6) 280,000		$ 771,500
加：淨　利	506,200	120,000			504,200
減：股　利	(200,000)	(40,000)		(4) 36,000 (5) 4,000	(200,000)
期末保留盈餘	$1,085,700	$ 360,000			$1,075,700

	甲公司	90% 乙公司	調整/沖銷 借方	調整/沖銷 貸方	合併 財務報表
財務狀況表：					
現　金	$ 400,000	$ 20,000			$ 420,000
應收帳款－淨額	180,000	80,000		(8) 40,000	220,000
存　貨	260,000	180,000		(2) 10,000	430,000
其他流動資產	156,000	40,000			196,000
採用權益法之投資	605,700	—	(3) 8,000	調(a) 8,000 調(b) 2,000 (4) 68,200 (6) 535,500	—
不動產、廠房 及設備－淨額	3,200,000	480,000			3,680,000

	甲公司	90% 乙公司	調整/沖銷 借方	調整/沖銷 貸方	合併 財務報表
專利權	—	—	(6) 15,000	(7) 2,000	13,000
總資產	$4,801,700	$800,000			$4,959,000
應付帳款	$ 320,000	$ 60,000	(8) 40,000		$ 340,000
其他負債	196,000	80,000			276,000
普通股股本	3,200,000	300,000	(6) 300,000		3,200,000
保留盈餘	1,085,700	360,000			1,075,700
總負債及權益	$4,801,700	$800,000			
非控制權益－1/1				(6) 59,500	
非控制權益 －當期增加數				(5) 7,800	
非控制權益－12/31					67,300
總負債及權益					$4,959,000

註：未正確地適用權益法時，甲公司期初保留盈餘為$779,500
　　＝ 權益法下，甲公司期初保留盈餘$771,500
　　　－ 權益法下，前兩年半「採用權益法之投資」科目之淨增加數$131,500
　　　＋ 未正確地適用權益法時，前兩年半「採用權益法之投資」科目之
　　　　淨增加數$139,500

(續次頁)

(C) 未採用權益法，20x6 年甲公司及其子公司合併工作底稿之調整/沖銷分錄：

調整分錄：			
(a)	採用權益法之投資	396,000	
	強制透過損益按公允價值衡量之金融資產		396,000
	轉列為適當會計科目。		
(b)	採用權益法之投資	131,500	
	保留盈餘		131,500
	(表 5-3) 20x3/7/1～20x5/12/31(兩年半)未認列乙淨值淨增加數屬於甲的部份，故調整保留盈餘，從$0 調整為$131,500，增加$131,500。		
(c)	股利收入	36,000	
	採用權益法之投資		36,000
	(表 5-3) 20x6 年所收之現金股利，應減少「採用權益法之投資」，而非認列為股利收入，故調整減少股利收入$36,000。		
(d)	採用權益法之投資	104,200	
	採用權益法認列之子公司、關聯企業及合資利益之份額		104,200
	(表 5-3) 20x6 年，未認列投資收益，故調整投資收益，從$0 調整為$104,200，增加$104,200。		
	(表 5-3) 採用權益法之投資： $396,000＋$131,500(a)－$36,000(b)＋$104,200(c)＝$595,700		
沖銷分錄：			
在合併工作底稿上填入上述四個調整分錄後，即與(A)權益法下之結果一樣，故接著只要將上述(A)權益法下八個沖銷分錄 [(1)～(8)] 填入合併工作底稿，橫向合計再縱向合計，即可得出正確的合併財務報表，請詳表 5-6 之合併工作底稿。			

甲公司及乙公司 20x6 年財務報表資料，已分別列入合併工作底稿，如下：

(續次頁)

表 5-6

甲公司及其子公司
合併工作底稿
20x6 年 1 月 1 日至 20x6 年 12 月 31 日

	甲公司	90% 乙公司	調整/沖銷 借方	調整/沖銷 貸方	合併 財務報表
綜合損益表：					
銷貨收入	$4,000,000	$1,200,000	(1) 80,000		$5,120,000
股利收入	36,000		調(c) 36,000		—
採用權益法認列之子公司、關聯企業及合資利益之份額	—	—	(4) 104,200	調(d) 104,200	—
銷貨成本	(2,200,000)	(800,000)	(2) 10,000	(1) 80,000 (3) 8,000	(2,922,000)
各項營業費用	(1,400,000)	(280,000)	(7) 2,000		(1,682,000)
淨　利	$ 436,000	$ 120,000			
總合併淨利					$ 516,000
非控制權益淨利			(5) 11,800		(11,800)
控制權益淨利					$ 504,200
保留盈餘表：					
期初保留盈餘（註）	$ 640,000	$280,000	(6) 280,000	調(b) 131,500	$ 771,500
加：淨利	436,000	120,000			504,200
減：股利	(200,000)	(40,000)		(4) 36,000 (5) 4,000	(200,000)
期末保留盈餘	$ 876,000	$360,000			$1,075,700
財務狀況表：					
現　金	$ 400,000	$ 20,000			$ 420,000
強制透過損益按公允價值衡量之金融資產	396,000	—		調(a)396,000	—
應收帳款－淨額	180,000	80,000		(8) 40,000	220,000
存　貨	260,000	180,000		(2) 10,000	430,000
其他流動資產	156,000	40,000			196,000
採用權益法之投資	—	—	調(a)396,000 調(b) 131,500 調(d) 104,200 (3) 8,000	調(c) 36,000 (4) 68,200 (6) 535,500	—

(續次頁)

	甲公司	90% 乙公司	調整／沖銷 借　方	調整／沖銷 貸　方	合　併 財務報表
財務狀況表：(續)					
不動產、廠房 　及設備－淨額	3,200,000	480,000			3,680,000
專利權	－	－	(6) 15,000	(7) 2,000	13,000
總　資　產	$4,592,000	$800,000			$4,959,000
應付帳款	$ 320,000	$ 60,000	(8) 40,000		$ 340,000
其他負債	196,000	80,000			276,000
普通股股本	3,200,000	300,000	(6)300,000		3,200,000
保留盈餘	876,000	360,000			1,075,700
總負債及權益	$4,592,000	$800,000			
非控制權益－ 1/1				(6) 59,500	
非控制權益 　－當期增加數				(5) 7,800	
非控制權益－12/31					67,300
總負債及權益					$4,959,000
註：未採用權益法時，甲公司期初保留盈餘$640,000 　＝ 權益法下，甲公司期初保留盈餘$771,500 　　－ 權益法下，前兩年半「採用權益法之投資」科目之淨增加數$131,500					

　　比對上述三種情況下之合併工作底稿 [表 5-4、表 5-5 及表 5-6] 最右邊欄位(合併財務報表金額)後得知，不論甲公司是否正確地適用權益法處理對乙公司之股權投資，透過合併工作底稿上的調整與沖銷過程，皆可編製出正確的甲公司及其子公司合併財務報表。

七、逆流銷貨－綜合釋例

　　沿用前述「順流銷貨－綜合釋例」基本資料，改編為逆流銷貨之釋例。甲公司於 20x3 年 7 月 1 日以現金$396,000 取得乙公司 90%股權，並對乙公司存在控制。當日乙公司權益包括普通股股本$300,000 及保留盈餘$120,000，且其帳列資產及負債之帳面金額皆等於公允價值，乙公司除有一項未入帳專利權(估計尚有 10 年使用年限)外，並無其他未入帳之資產或負債。非控制權益係以收購日公允價值衡量。從 20x3 年 7 月 1 日起，乙公司經常按外售價格銷貨予甲公司，

有關 20x6 年合併個體內部進、銷貨交易資料如下：

20x6 年間，乙公司銷貨予甲公司之金額 (成本$60,000)	$80,000
於 20x5/12/31，甲公司期末存貨中所含之未實現利潤	8,000
於 20x6/12/31，甲公司期末存貨中所含之未實現利潤	10,000
於 20x6/12/31，甲公司帳列「應付帳款－乙」之餘額	40,000

　　甲公司及乙公司皆採永續盤存制。甲公司及乙公司 20x6 年綜合損益表及保留盈餘表，以及 20x6 年 12 月 31 日財務狀況表，已列入表 5-4、表 5-5 及表 5-6 之合併工作底稿中。茲分下列三種獨立情況說明，如何透過合併工作底稿完成 20x6 年甲公司及其子公司合併財務報表的編製。

(A) 甲公司正確地適用權益法處理其對乙公司之股權投資。

(B) 甲公司適用權益法處理其對乙公司之股權投資時，忽略合併個體內部順流銷貨交易對適用權益法及編製合併財務報表的影響。

(C) 甲公司未採用權益法處理其對乙公司之股權投資，而係於乙公司宣告現金股利時認列股利收入，並將該股權投資分類為「透過損益按公允價值衡量之金融資產」。

說　明：

20x3/ 7/ 1 (收購日)：
　　非控制權益係以收購日公允價值衡量，惟釋例中未提及該公允價值，故設算之。乙公司總公允價值＝$396,000÷90%＝$440,000
　　乙公司帳列淨值低估數＝$440,000－$420,000＝$20,000(乙未入帳之專利權)
　　乙公司未入帳專利權之每年攤銷數＝$20,000÷10 年＝$2,000
　　非控制權益＝乙公司總公允價值$440,000×10%＝$44,000

20x3/ 7/ 1～20x5/12/31：
乙公司帳列淨值之淨變動數＝($300,000＋$280,000)－$420,000＝淨＋$160,000

針對(A)、(B)、(C)三種獨立情況，計算相關金額如下：

甲公司帳列「採用權益法之投資」之淨變動數	前兩年半 (20x3/ 7/ 1 ～ 20x5/12/31)	(A) [淨＋$160,000－(2.5 年×$2,000)－$8,000]×90% ＝淨＋$132,300
		(B) [淨＋$160,000－(2.5 年×$2,000)]×90%＝淨＋$139,500
		(C) 淨＋$0

(續次頁)

甲公司 應認列之 投資損益	20x6年	(A) ($120,000－$2,000＋$8,000－$10,000)×90％＝$104,400 (B) ($120,000－$2,000)×90％＝$106,200 (C) $0，但認列股利收入$40,000×90％＝$36,000
非控制權益 之淨變動數	前兩年半 (20x3/7/1～ 20x5/12/31)	(A)、(B)、(C)： [淨＋$160,000－(2.5年×$2,000)－$8,000]×10％ 　　　＝淨＋$14,700
非控制權益 淨利	20x6年	(A)、(B)、(C)： ($120,000－$2,000＋$8,000－$10,000)×10％＝$11,600

20x6年，甲公司有關對乙公司股權投資之分錄：

		(A)	(B)	(C)
期末認列 投資損益	採用權益法之投資 　　採用權益法認列之 　　子公司、關聯企業 　　及合資利益之份額	104,400 104,400	106,200 106,200	 X
乙公司 宣告並發放 現金股利	現　金 　　採用權益法之投資 　　股利收入	36,000 36,000 —	36,000 36,000 —	36,000 — 36,000

表5-7　相關科目餘額及金額之異動如下：（單位：千元）

	20x3/7/1	2年半	20x5/12/31	20x6年	20x6/12/31
乙－權益	$420	淨＋$160	$580	＋$120－$40	$660
權益法：					
甲－採用權益法之投資	$396	淨＋$132.3	$528.3	＋$104.4－$36	$596.7
合併財務報表：					
專利權	$20	－$2×2.5年	$15	－$2	$13
非控制權益	$44	淨＋$14.7	$58.7	＋$11.6－$4	$66.3
未正確地適用權益法：					
甲－採用權益法之投資	$396	淨＋$139.5	$535.5	＋$106.2－$36	$605.7
未採用權益法：					
甲－強制透過損益按公允 　　價值衡量之金融資產	$396		$396	股利收入$36	$396

(續次頁)

> **驗 算：(正確地適用權益法)**
> 20x5/12/31：
>   甲帳列「採用權益法之投資」餘額
>   ＝(乙權益$580＋未攤銷之乙淨值低估數$15－未實現利益$8)×90%＝$528.3
>   合併財務狀況表上之「非控制權益」＝($580＋$15－$8)×10%＝$58.7
> 20x6/12/31：
>   甲帳列「採用權益法之投資」餘額＝($660＋$13－$10)×90%＝$596.7
>   合併財務狀況表上之「非控制權益」＝($660＋$13－$10)×10%＝$66.3

(A) 正確地適用權益法，20x6 年甲公司及其子公司合併工作底稿之沖銷分錄：

(1)	銷貨收入	80,000	
	銷貨成本		80,000
(2)	銷貨成本	10,000	
	存　貨		10,000
(3)	採用權益法之投資	7,200	
	非控制權益	800	
	銷貨成本		8,000
(4)	採用權益法認列之子公司、關聯企業及合資利益之份額	104,400	
	股　利		36,000
	採用權益法之投資		68,400
(5)	非控制權益淨利	11,600	
	股　利		4,000
	非控制權益		7,600
(6)	普通股股本	300,000	
	保留盈餘	280,000	
	專利權	15,000	
	採用權益法之投資		535,500
	非控制權益		59,500
(7)	攤銷費用	2,000	
	專利權		2,000
(8)	應付帳款	40,000	
	應收帳款		40,000

甲公司及乙公司 20x6 年財務報表資料，已列入合併工作底稿，如下：

表 5-8

甲公司及其子公司
合併工作底稿
20x6年1月1日至20x6年12月31日

	甲公司	90% 乙公司	調整/沖銷 借方	調整/沖銷 貸方	合併 財務報表
綜合損益表：					
銷貨收入	$4,000,000	$1,200,000	(1) 80,000		$5,120,000
採用權益法認列之子公司、關聯企業及合資利益之份額	104,400	—	(4) 104,400		—
銷貨成本	(2,200,000)	(800,000)	(2) 10,000	(1) 80,000 (3) 8,000	(2,922,000)
各項營業費用	(1,400,000)	(280,000)	(7) 2,000		(1,682,000)
淨　利	$ 504,400	$ 120,000			
總合併淨利					$ 516,000
非控制權益淨利			(5) 11,600		(11,600)
控制權益淨利					$ 504,400
保留盈餘表：					
期初保留盈餘（註）	$ 772,300	$280,000	(6) 280,000		$ 772,300
加：淨　利	504,400	120,000			504,400
減：股　利	(200,000)	(40,000)		(4) 36,000 (5) 4,000	(200,000)
期末保留盈餘	$1,076,700	$360,000			$1,076,700
財務狀況表：					
現　金	$ 400,000	$ 20,000			$ 420,000
應收帳款－淨額	180,000	80,000		(8) 40,000	220,000
存　貨	260,000	180,000		(2) 10,000	430,000
其他流動資產	156,000	40,000			196,000
採用權益法之投資	596,700	—	(3) 7,200	(4) 68,400 (6)535,500	—
不動產、廠房及設備－淨額	3,200,000	480,000			3,680,000
專利權	—	—	(6) 15,000	(7) 2,000	13,000
總資產	$4,792,700	$800,000			$4,959,000
應付帳款	$ 320,000	$ 60,000	(8) 40,000		$ 340,000
其他負債	196,000	80,000			276,000

	甲公司	90% 乙公司	調整／沖銷 借方	調整／沖銷 貸方	合併 財務報表
財務狀況表：(續)					
普通股股本	3,200,000	300,000	(6)300,000		3,200,000
保留盈餘	1,076,700	360,000			1,076,700
總負債及權益	$4,792,700	$800,000			
非控制權益－1/1			(3)　　800	(6)　59,500	
非控制權益 －當期增加數				(5)　7,600	
非控制權益－12/31					66,300
總負債及權益					$4,959,000

註：內部逆流銷貨時，甲公司期初保留盈餘$772,300
　＝ 內部順流銷貨時，甲公司期初保留盈餘$771,500
　　－ 內部順流銷貨時，前兩年半「採用權益法之投資」科目之淨增加數$131,500
　　＋ 內部逆流銷貨時，前兩年半「採用權益法之投資」科目之淨增加數$132,300

(B) 未正確地適用權益法，20x6年甲公司及其子公司合併工作底稿之調整/沖銷分錄：

調整分錄：
(a)　保留盈餘　　　　　　　　　　　　　　　7,200 　　　　採用權益法之投資　　　　　　　　　　　　7,200
(表5-7)　20x3/7/1～20x5/12/31(兩年半)高估投資收益， 　　　　　故調整保留盈餘，從$139,500調整為$132,300， 　　　　　減少$7,200。
(b)　採用權益法認列之子公司、關聯企業 　　　　　　及合資利益之份額　　　1,800 　　　　採用權益法之投資　　　　　　　　　　　　1,800
(表5-7)　20x6年，高估投資收益，故調整投資收益， 　　　　　從$106,200調整為$104,400，減少$1,800。
(表5-7)　採用權益法之投資： 　　　　　$605,700－$7,200(a)－$1,800(b)＝$596,700
沖銷分錄：
在合併工作底稿上填入上述兩個調整分錄後，即與(A)權益法下之結果一樣，故接著只要將上述(A)權益法下八個沖銷分錄[(1)～(8)]填入合併工作底稿，橫向合計再縱向合計，即可得出正確的合併財務報表，請詳表5-9之合併工作底稿。

甲公司及乙公司 20x6 年財務報表資料，已分別列入合併工作底稿，如下：

表 5-9

甲 公 司 及 其 子 公 司
合 併 工 作 底 稿
20x6 年 1 月 1 日至 20x6 年 12 月 31 日

	甲公司	90% 乙公司	調整／沖銷 借 方	調整／沖銷 貸 方	合 併 財務報表
綜合損益表：					
銷貨收入	$4,000,000	$1,200,000	(1) 80,000		$5,120,000
採用權益法認列之子公司、關聯企業及合資利益之份額	106,200	—	調(b) 1,800 (4) 104,400		—
銷貨成本	(2,200,000)	(800,000)	(2) 10,000	(1) 80,000 (3) 8,000	(2,922,000)
各項營業費用	(1,400,000)	(280,000)	(7) 2,000		(1,682,000)
淨　利	$ 506,200	$ 120,000			
總合併淨利					$ 516,000
非控制權益淨利			(5) 11,600		(11,600)
控制權益淨利					$ 504,400
保留盈餘表：					
期初保留盈餘（註）	$ 779,500	$280,000	調(a) 7,200 (6) 280,000		$ 772,300
加：淨　利	506,200	120,000			504,400
減：股　利	(200,000)	(40,000)		(4) 36,000 (5) 4,000	(200,000)
期末保留盈餘	$1,085,700	$360,000			$1,076,700
財務狀況表：					
現　金	$ 400,000	$ 20,000			$ 420,000
應收帳款－淨額	180,000	80,000		(8) 40,000	220,000
存　貨	260,000	180,000		(2) 10,000	430,000
其他流動資產	156,000	40,000			196,000
採用權益法之投資	605,700	—	(3) 7,200	調(a) 7,200 調(b) 1,800 (4) 68,400 (6) 535,500	—

(續次頁)

	甲公司	90% 乙公司	調整／沖銷 借方	調整／沖銷 貸方	合併 財務報表
財務狀況表：(續)					
不動產、廠房 　及設備－淨額	3,200,000	480,000			3,680,000
專利權	—	—	(6) 15,000	(7) 2,000	13,000
總 資 產	$4,801,700	$800,000			$4,959,000
應付帳款	$ 320,000	$ 60,000	(8) 40,000		$ 340,000
其他負債	196,000	80,000			276,000
普通股股本	3,200,000	300,000	(6)300,000		3,200,000
保留盈餘	1,085,700	360,000			1,076,700
總負債及權益	$4,801,700	$800,000			
非控制權益－1/1			(3)　　800	(6) 59,500	
非控制權益 　－當期增加數				(5)　7,600	
非控制權益－12/31					66,300
總負債及權益					$4,959,000

註：未正確地適用權益法時，甲公司期初保留盈餘$779,500
　＝　權益法下，甲公司期初保留盈餘$772,300
　　　－ 權益法下，前兩年半「採用權益法之投資」科目之淨增加數$132,300
　　　＋ 未正確地適用權益法時，前兩年半「採用權益法之投資」科目之
　　　　 淨增加數$139,500

(C) 未採用權益法，20x6年甲公司及其子公司合併工作底稿之調整/沖銷分錄：

調整分錄：			
(a)	採用權益法之投資	396,000	
	強制透過損益按公允價值衡量之金融資產		396,000
	轉列為適當會計科目。		
(b)	採用權益法之投資	132,300	
	保留盈餘		132,300
	(表5-7)　20x3/7/1～20x5/12/31(兩年半)未認列乙淨值淨增加數 　　　　　屬於甲的部份，故調整保留盈餘，從$0調整為$132,300， 　　　　　增加$132,300。		
(c)	股利收入	36,000	
	採用權益法之投資		36,000

(續次頁)

(c)(續)	(表 5-7) 20x6 年所收之現金股利，應減少「採用權益法之投資」，而非認列為股利收入，故調整減少股利收入$36,000。
(d)	採用權益法之投資　　　　　　　　　　　104,400 　　採用權益法認列之子公司、關聯企業 　　　　　　及合資利益之份額　　　　　　104,400
	(表 5-7) 20x6 年，未認列投資收益，故調整投資收益，從$0 調整為$104,400，增加$104,400。
	(表 5-7) 採用權益法之投資： $396,000＋$132,300(a)－$36,000(b)＋$104,400(c)＝$596,700

沖銷分錄：

在合併工作底稿上填入上述四個調整分錄後，即與(A)權益法下之結果一樣，故接著只要將上述(A)權益法下八個沖銷分錄 [(1)～(8)] 填入合併工作底稿，橫向合計再縱向合計，即可得出正確的合併財務報表，請詳表 5-10 之合併工作底稿。

甲公司及乙公司 20x6 年財務報表資料，已分別列入合併工作底稿，如下：

表 5-10

甲公司及其子公司
合併工作底稿
20x6 年 1 月 1 日至 20x6 年 12 月 31 日

	甲公司	90% 乙公司	調整/沖銷 借方	調整/沖銷 貸方	合併 財務報表
綜合損益表：					
銷貨收入	$4,000,000	$1,200,000	(1) 80,000		$5,120,000
股利收入	36,000		調(c) 36,000		—
採用權益法認列之子公司、關聯企業及合資利益之份額	—	—	(4) 104,400	調(d) 104,400	—
銷貨成本	(2,200,000)	(800,000)	(2) 10,000	(1) 80,000 (3) 8,000	(2,922,000)
各項營業費用	(1,400,000)	(280,000)	(7) 2,000		(1,682,000)
淨利	$ 436,000	$ 120,000			
總合併淨利					$ 516,000
非控制權益淨利			(5) 11,600		(11,600)
控制權益淨利					$ 504,400

(續次頁)

	甲公司	90% 乙公司	調整／沖銷 借　方	調整／沖銷 貸　方	合　併 財務報表
保留盈餘表：					
期初保留盈餘（註）	$ 640,000	$280,000	(6) 280,000	調(b) 132,300	$ 772,300
加：淨　利	436,000	120,000			504,400
減：股　利	(200,000)	(40,000)		(4) 36,000 (5) 4,000	(200,000)
期末保留盈餘	$ 876,000	$360,000			$1,076,700
財務狀況表：					
現　金	$ 400,000	$ 20,000			$ 420,000
強制透過損益按公允價值衡量之金融資產	396,000	—		調(a)396,000	—
應收帳款－淨額	180,000	80,000		(8) 40,000	220,000
存　貨	260,000	180,000		(2) 10,000	430,000
其他流動資產	156,000	40,000			196,000
採用權益法之投資	—	—	調(a)396,000 調(b) 132,300 調(d) 104,400 (3) 7,200	調(c) 36,000 (4) 68,400 (6) 535,500	—
不動產、廠房及設備－淨額	3,200,000	480,000			3,680,000
專利權	—	—	(6) 15,000	(7) 2,000	13,000
總資產	$4,592,000	$800,000			$4,959,000
應付帳款	$ 320,000	$ 60,000	(8) 40,000		$ 340,000
其他負債	196,000	80,000			276,000
普通股股本	3,200,000	300,000	(6)300,000		3,200,000
保留盈餘	876,000	360,000			1,076,700
總負債及權益	$4,592,000	$800,000			
非控制權益－1/1			(3) 800	(6) 59,500	
非控制權益－當期增加數				(5) 7,600	
非控制權益－12/31					66,300
總負債及權益					$4,959,000

註：未採用權益法時，甲公司期初保留盈餘$640,000
　　＝權益法下，甲公司期初保留盈餘$772,300
　　　－權益法下，前兩年半「採用權益法之投資」科目之淨增加數$132,300

比對上述三種情況下之合併工作底稿 [表 5-8、表 5-9 及表 5-10] 最右邊欄位(合併財務報表金額)後得知,不論甲公司是否正確地適用權益法處理對乙公司之股權投資,透過合併工作底稿上的調整與沖銷過程,皆可編製出正確的甲公司及其子公司合併財務報表。

八、側流銷貨－綜合釋例

沿用前述「順流銷貨－綜合釋例」基本資料,改編為側流銷貨之釋例。甲公司於 20x3 年 7 月 1 日以現金$396,000 取得乙公司 90%股權,並對乙公司存在控制。當日乙公司權益包括普通股股本$300,000 及保留盈餘$120,000,且其帳列資產及負債之帳面金額皆等於公允價值,乙公司除有一項未入帳專利權(估計尚有 10 年使用年限)外,並無其他未入帳之資產或負債。非控制權益係以收購日公允價值衡量。

甲公司於 20x4 年 1 月 1 日以現金$255,500 取得丙公司 70%股權,並對丙公司存在控制。當日丙公司權益包括普通股股本$250,000 及保留盈餘$100,000,除一項辦公設備價值低估外,其餘帳列資產及負債之帳面金額皆等於公允價值,且無未入帳資產或負債。該項價值低估之辦公設備估計尚有 5 年使用年限,無殘值,按直線法計提折舊。非控制權益係以收購日公允價值衡量。

從 20x4 年 1 月 1 日起,乙公司經常按外售價格銷貨予丙公司,有關 20x6 年合併個體內部進、銷貨交易資料如下:

20x6 年間,乙公司銷貨予丙公司之金額 (成本$60,000)	$80,000
於 20x5/12/31,丙公司期末存貨中所含之未實現利潤	8,000
於 20x6/12/31,丙公司期末存貨中所含之未實現利潤	10,000
於 20x6/12/31,丙公司帳列「應付帳款－乙」之餘額	40,000

甲公司、乙公司及丙公司皆採永續盤存制。甲公司、乙公司及丙公司 20x6 年綜合損益表及保留盈餘表,以及 20x6 年 12 月 31 日財務狀況表,已列入表 5-12、表 5-13 及表 5-14 之合併工作底稿中。茲分下列三種獨立情況說明,如何透過合併工作底稿完成 20x6 年甲公司及其子公司合併財務報表的編製。

(A) 甲公司正確地適用權益法處理其對乙公司及丙公司之股權投資。
(B) 甲公司適用權益法處理其對乙公司及對丙公司之股權投資時,忽略合併個體內部側流銷貨交易對適用權益法及編製合併財務報表的影響。

(C) 甲公司未採用權益法處理其對乙公司及對丙公司之股權投資,而係於乙公司及丙公司宣告現金股利時認列股利收入,並將該等股權投資分類為「透過損益按公允價值衡量之金融資產」。

說明:

20x3/ 7/ 1 (收購日):
 非控制權益係以收購日公允價值衡量,惟題意中未提及該公允價值,故設算之。乙公司總公允價值＝$396,000÷90%＝$440,000
 乙公司帳列淨值低估數＝$440,000－$420,000＝$20,000(乙未入帳專利權)
 乙公司未入帳專利權之每年攤銷數＝$20,000÷10 年＝$2,000
 非控制權益(乙)＝乙公司總公允價值$440,000×10%＝$44,000

20x4/ 1/ 1 (收購日):
 非控制權益係以收購日公允價值衡量,惟題意中未提及該公允價值,故設算之。丙公司總公允價值＝$255,500÷70%＝$365,000
 丙公司帳列淨值低估數＝$365,000－$350,000＝$15,000(辦公設備價值低估)
 丙公司帳列辦公設備價值低估數之每年折舊額＝$15,000÷5 年＝$3,000
 非控制權益(丙)＝乙公司總公允價值$365,000×30%＝$109,500

20x3/ 7/ 1～20x5/12/31:
乙公司帳列淨值之淨變動數＝($300,000＋$280,000)－$420,000＝淨＋$160,000
20x4/ 1/ 1～20x5/12/31:
丙公司帳列淨值之淨變動數＝($250,000＋$190,000)－$350,000＝淨＋$90,000

針對(A)、(B)、(C)三種獨立情況,計算相關金額如下:

(甲公司 → 乙公司)

甲公司帳列「採用權益法之投資」之淨變動數	前兩年半 (20x3/ 7/ 1 ～ 20x5/12/31)	(A) [淨＋$160,000－(2.5 年×$2,000)－$8,000]×90%＝淨＋$132,300
		(B) [淨＋$160,000－(2.5 年×$2,000)]×90%＝淨＋$139,500
		(C) 淨＋$0
甲公司應認列之投資損益	20x6 年	(A) ($120,000－$2,000＋$8,000－$10,000)×90%＝$104,400
		(B) ($120,000－$2,000)×90%＝$106,200
		(C) $0,但認列股利收入$40,000×90%＝$36,000

(續次頁)

非控制權益之淨變動數	前兩年半 (20x3/7/1～ 20x5/12/31)	(A)、(B)、(C)： [淨＋$160,000－(2.5 年×$2,000)－$8,000]×10% 　＝淨＋$14,700
非控制權益淨利	20x6 年	(A)、(B)、(C)： ($120,000－$2,000＋$8,000－$10,000)×10%＝$11,600

(甲公司 → 丙公司)

甲公司帳列 「採用權益 法之投資」 之淨變動數	前兩年 (20x4/1/1 ～ 20x5/12/31)	(A)、(B)： 　[淨＋$90,000－(2 年×$3,000)]×70%＝淨＋$58,800
		(C) 淨＋$0
甲公司 應認列之 投資損益	20x6 年	(A)、(B)： ($60,000－$3,000)×70%＝$39,900
		(C) $0，但認列股利收入$20,000×70%＝$14,000
非控制權益之淨變動數	前兩年 (20x4/1/1～ 20x5/12/31)	(A)、(B)、(C)： [淨＋$90,000－(2 年×$3,000)]×30%＝淨＋$25,200
非控制權益淨利	20x6 年	(A)、(B)、(C)： ($60,000－$3,000)×30%＝$17,100

20x6 年，甲公司對乙公司及丙公司股權投資之分錄：

			(A)	(B)	(C)
期末認列投資損益		採用權益法之投資－乙 　採用權益法認列之子公 　司、關聯企業及合資利 　益之份額－乙	104,400 104,400	106,200 106,200	X X
		採用權益法之投資－丙 　採用權益法認列之子公 　司、關聯企業及合資利 　益之份額－丙	39,900 39,900	39,900 39,900	X
乙、丙公司宣告並發放現金股利	現	金 　採用權益法之投資－乙 　股利收入	36,000 36,000 —	36,000 36,000 —	36,000 — 36,000
	現	金 　採用權益法之投資－丙 　股利收入	14,000 14,000 —	14,000 14,000 —	14,000 — 14,000

表 5-11　甲公司對乙公司股權投資之相關項目異動如下：（單位：千元）

	20x3/7/1	2 年半	20x5/12/31	20x6 年	20x6/12/31
乙－權　益	$420	淨＋$160	$580	＋$120－$40	$660
權益法：					
甲－「採用權益法之投資－乙」	$396	淨＋$132.3	$528.3	＋$104.4－$36	$596.7
合併財務報表：					
專利權	$20	－$2×2.5 年	$15	－$2	$13
非控制權益－乙	$44	淨＋$14.7	$58.7	＋$11.6－$4	$66.3
未正確地適用權益法：					
甲－「採用權益法之投資－乙」	$396	淨＋$139.5	$535.5	＋$106.2－$36	$605.7
未採用權益法：					
甲－「強制透過損益按公允價值衡量之金融資產－乙」	$396		$396	股利收入$36	$396
驗　算：(正確地適用權益法)					

20x5/12/31：
　　甲帳列「採用權益法之投資－乙」
　　　＝(乙權益$580＋未攤銷之乙淨值低估數$15－未實現利益$8)×90％＝$528.3
　　合併財務狀況表上之「非控制權益－乙」＝($580＋$15－$8)×10％＝$58.7
20x6/12/31：
　　甲帳列「採用權益法之投資－乙」＝($660＋$13－$10)×90％＝$596.7
　　合併財務狀況表上之「非控制權益－乙」＝($660＋$13－$10)×10％＝$66.3

(續次頁)

表 5-12　甲公司對丙公司股權投資之相關項目異動如下：　(單位：千元)

	20x4/1/1	2 年	20x5/12/31	20x6 年	20x6/12/31
丙－權　益	$350	淨＋$90	$440	＋$60－$20	$480
權益法 (未正確地適用權益法)：					
甲－「採用權益法 　　之投資－丙」	$255.5	淨＋$58.8	$314.3	＋$39.9－$14	$340.2
合併財務報表：					
辦公設備	$15	－$3×2 年	$9	－$3	$6
非控制權益－丙	$109.5	淨＋$25.2	$134.7	＋$17.1－$6	$145.8
未採用權益法：					
甲－「強制透過損益 　　按公允價值衡量 　　之金融資產－丙」	$255.5		$255.5	股利收入$14	$255.5
驗　算：(正確地適用權益法)					
20x5/12/31：甲帳列「採用權益法之投資－丙」 　　　　　＝(丙權益$440＋未折舊丙淨值低估數$9)×70%＝$314.3 　　　　合併財務狀況表上之「非控制權益－丙」 　　　　　＝(丙權益$440＋未折舊之丙淨值低估數$9)×30%＝$134.7 20x6/12/31：甲帳列「採用權益法之投資－丙」＝($480＋$6)×70%＝$340.2 　　　　合併財務狀況表上之「非控制權益－丙」＝($480＋$6)×30%＝$145.8					

(續次頁)

(A) 正確地適用權益法,20x6 年甲公司及其子公司合併工作底稿之沖銷分錄:

(1)	銷貨收入	80,000	
	銷貨成本		80,000
(2)	銷貨成本	10,000	
	存　貨		10,000
(3)	採用權益法之投資－乙	7,200	
	非控制權益－乙	800	
	銷貨成本		8,000
(4a)	採用權益法認列之子公司、關聯企業 　　　　及合資利益之份額－乙	104,400	
	股　利		36,000
	採用權益法之投資－乙		68,400
(4b)	採用權益法認列之子公司、關聯企業 　　　　及合資利益之份額－丙	39,900	
	股　利		14,000
	採用權益法之投資－丙		25,900
(5a)	非控制權益淨利	11,600	
	股　利		4,000
	非控制權益－乙		7,600
(5b)	非控制權益淨利	17,100	
	股　利		6,000
	非控制權益－丙		11,100
(6a)	普通股股本	300,000	
	保留盈餘	280,000	
	專利權	15,000	
	採用權益法之投資－乙		535,500
	非控制權益－乙		59,500
(6b)	普通股股本	250,000	
	保留盈餘	190,000	
	不動產、廠房及設備－淨額	9,000	
	採用權益法之投資－丙		314,300
	非控制權益－丙		134,700
(7a)	攤銷費用	2,000	
	專利權		2,000
(7b)	折舊費用	3,000	
	不動產、廠房及設備－淨額		3,000
(8)	應付帳款	40,000	
	應收帳款		40,000

甲公司、乙公司及丙公司 20x6 年財務報表資料，已列入合併工作底稿，如下：

表 5-13

甲公司及其子公司
合併工作底稿
20x6 年 1 月 1 日至 20x6 年 12 月 31 日　（單位：千元）

	甲公司	90% 乙公司	70% 丙公司	調整／沖銷 借方	調整／沖銷 貸方	合併 財務報表
綜合損益表：						
銷貨收入	$4,000.0	$1,200.0	$1,000.0	(1)　80.0		$6,120.0
採用權益法認列之子公司、關聯企業及合資利益之份額－乙	104.4	—	—	(4a)　104.4		—
採用權益法認列之子公司、關聯企業及合資利益之份額－丙	39.9	—	—	(4b)　39.9		—
銷貨成本	(2,200.0)	(800.0)	(730.0)	(2)　10.0	(1)　80.0 (3)　8.0	(3,652.0)
各項營業費用	(1,400.0)	(280.0)	(210.0)	(7a)　2.0 (7b)　3.0		(1,895.0)
淨　利	$ 544.3	$ 120.0	$ 60.0			
總合併淨利						$ 573.0
非控制權益淨利				(5a)　11.6 (5b)　17.1		(28.7)
控制權益淨利						$ 544.3
保留盈餘表：						
期初保留盈餘（註一）	$ 831.1	$280.0	$190.0	(6a)　280.0 (6b)　190.0		$ 831.1
加：淨　利	544.3	120.0	60.0			544.3
減：股　利	(200.0)	(40.0)	(20.0)		(4a)　36.0 (4b)　14.0 (5a)　4.0 (5b)　6.0	(200.0)
期末保留盈餘	$1,175.4	$360.0	$230.0			$1,175.4

(續次頁)

	甲公司	90% 乙公司	70% 丙公司	調整／沖銷 借方	調整／沖銷 貸方	合併 財務報表
財務狀況表：						
現　金 (註二)	$158.5	$20.0	$30.0			$208.5
應收帳款－淨額	180.0	80.0	75.0		(8) 40.0	295.0
存　貨	260.0	180.0	120.0		(2) 10.0	550.0
其他流動資產	156.0	40.0	25.0			221.0
採用權益法 　之投資－乙	596.7	－	－	(3) 7.2	(4a) 68.4 (6a) 535.5	－
採用權益法 　之投資－丙	340.2	－	－		(4b) 25.9 (6b) 314.3	－
不動產、廠房 　及設備－淨額	3,200.0	480.0	350.0	(6b) 9.0	(7b) 3.0	4,036.0
專利權	－	－	－	(6a) 15.0	(7a) 2.0	13.0
總資產	$4,891.4	$800.0	$600.0			$5,323.5
應付帳款	$320.0	$60.0	$55.0	(8) 40.0		$395.0
其他負債	196.0	80.0	65.0			341.0
普通股股本	3,200.0	300.0	250.0	(6a) 300.0 (6b) 250.0		3,200.0
保留盈餘	1,175.4	360.0	230.0			1,175.4
總負債及權益	$4,891.4	$800.0	$600.0			
非控制權益－1/1				(3) 0.8	(6a) 59.5 (6b) 134.7	
非控制權益 　－當期增加數					(5a) 7.6 (5b) 11.1	
非控制權益－12/31						212.1
總負債及權益						$5,323.5

註一：逆流綜合釋例$772.3
　　　＋增加20x4及20x5年丙淨值淨增加數屬於甲的部份$58.8＝$831.1
註二：逆流綜合釋例$400.0－20x4年對丙投資現金流出$255.5
　　　＋20x6年收自丙之現金股利$14.0＝$158.5

(續次頁)

(B) 未正確地適用權益法，20x6 年甲公司及其子公司合併工作底稿之調整/沖銷分錄：

調整分錄：			
(a)	保留盈餘	7,200	
	採用權益法之投資－乙		7,200
	(表 5-11)　20x3/ 7/ 1～20x5/12/31(兩年半)高估投資收益，故調整保留盈餘，從$139,500 調整為$132,300，減少$7,200。		
(b)	採用權益法認列之子公司、關聯企業 　　　　　及合資利益之份額－乙　　1,800		
	採用權益法之投資－乙		1,800
	(表 5-11)　20x6 年，高估投資收益，故調整投資收益，從$106,200 調整為$104,400，減少$1,800。		
	(表 5-11)　採用權益法之投資－乙： 　　$605,700－$7,200(a)－$1,800(b)＝$596,700		
沖銷分錄：			
在合併工作底稿上填入上述兩個調整分錄後，即與(A)權益法下之結果一樣，故接著只要將上述(A)權益法下 12 個沖銷分錄 [(1)～(8)] 填入合併工作底稿，橫向合計再縱向合計，即可得出正確的合併財務報表，請詳表 5-14 之合併工作底稿。			

(續次頁)

甲公司、乙公司及丙公司 20x6 年財務報表資料，已列入合併工作底稿，如下：

表 5-14

甲 公 司 及 其 子 公 司
合 併 工 作 底 稿
20x6 年 1 月 1 日至 20x6 年 12 月 31 日　　(單位：千元)

	甲公司	90% 乙公司	70% 丙公司	調整／沖銷 借　方	調整／沖銷 貸　方	合　併 財務報表
綜合損益表：						
銷貨收入	$4,000.0	$1,200.0	$1,000.0	(1)　80.0		$6,120.0
採用權益法認列之子公司、關聯企業及合資利益之份額－乙	106.2	－	－	調(b)　1.8 (4a) 104.4		－
採用權益法認列之子公司、關聯企業及合資利益之份額－丙	39.9	－	－	(4b) 39.9		－
銷貨成本	(2,200.0)	(800.0)	(730.0)	(2)　10.0	(1)　80.0 (3)　 8.0	(3,652.0)
各項營業費用	(1,400.0)	(280.0)	(210.0)	(7a)　2.0 (7b)　3.0		(1,895.0)
淨　　利	$ 546.1	$ 120.0	$　60.0			
總合併淨利						$ 573.0
非控制權益淨利				(5a) 11.6 (5b) 17.1		(28.7)
控制權益淨利						$ 544.3
保留盈餘表：						
期初保留盈餘 　(註一)	$ 838.3	$280.0	$190.0	調(a)　7.2 (6a) 280.0 (6b) 190.0		$ 831.1
加：淨　利	546.1	120.0	60.0			544.3
減：股　利	(200.0)	(40.0)	(20.0)		(4a) 36.0 (4b) 14.0 (5a)　4.0 (5b)　6.0	(200.0)
期末保留盈餘	$1,184.4	$360.0	$230.0			$1,175.4

(續次頁)

	甲公司	90% 乙公司	70% 丙公司	調整／沖銷 借方	調整／沖銷 貸方	合併 財務報表
財務狀況表：						
現　金（註二）	$158.5	$20.0	$30.0			$208.5
應收帳款－淨額	180.0	80.0	75.0		(8) 40.0	295.0
存　貨	260.0	180.0	120.0		(2) 10.0	550.0
其他流動資產	156.0	40.0	25.0			221.0
採用權益法 　之投資－乙	605.7	－		(3) 7.2	調(a) 7.2 調(b) 1.8 (4a) 68.4 (6a) 535.5	－
採用權益法 　之投資－丙	340.2	－	－		(4b) 25.9 (6b) 314.3	－
不動產、廠房 　及設備－淨額	3,200.0	480.0	350.0	(6b) 9.0	(7b) 3.0	4,036.0
專利權	－	－	－	(6a) 15.0	(7a) 2.0	13.0
總資產	$4,900.4	$800.0	$600.0			$5,323.5
應付帳款	$320.0	$60.0	$55.0	(8) 40.0		$395.0
其他負債	196.0	80.0	65.0			341.0
普通股股本	3,200.0	300.0	250.0	(6a) 300.0 (6b) 250.0		3,200.0
保留盈餘	1,184.4	360.0	230.0			1,175.4
總負債及權益	$4,900.4	$800.0	$600.0			
非控制權益－1/1				(3) 0.8	(6a) 59.5 (6b) 134.7	
非控制權益 　－當期增加數					(5a) 7.6 (5b) 11.1	
非控制權益－12/31						212.1
總負債及權益						$5,323.5

註一：未正確地適用權益法時，甲公司期初保留盈餘$838.3
　　　＝權益法下，甲公司期初保留盈餘$831.1
　　　　－權益法下，前兩年半「採用權益法之投資－乙」科目之淨增加數$132.3
　　　　＋未正確地適用權益法時，前兩年半「採用權益法之投資－乙」科目之
　　　　　淨增加數$139.5

註二：逆流綜合釋例$400.0－20x4年對丙投資現金流出$255.5
　　　　　　　　＋20x6年收自丙之現金股利$14.0＝$158.5

(C) 未採用權益法，20x6 年甲公司及其子公司合併工作底稿之調整/沖銷分錄：

調整分錄：			
(a)	採用權益法之投資－乙	396,000	
	強制透過損益按公允價值衡量之金融資產－乙		396,000
	轉列為適當會計科目。		
(b)	採用權益法之投資－丙	255,500	
	強制透過損益按公允價值衡量之金融資產－丙		255,500
	轉列為適當會計科目。		
(c)	採用權益法之投資－乙	132,300	
	保留盈餘		132,300
	(表 5-11) 20x3/7/1～20x5/12/31(兩年半)未認列乙淨值淨增加數屬於甲的部份，故調整保留盈餘，從$0 調整為$132,300，增加$132,300。		
(d)	股利收入	36,000	
	採用權益法之投資－乙		36,000
	(表 5-11) 20x6 年所收之現金股利，應減少「採用權益法之投資－乙」，而非認列為股利收入，故調整減少股利收入$36,000。		
(e)	採用權益法之投資－乙	104,400	
	採用權益法認列之子公司、關聯企業及合資利益之份額－乙		104,400
	(表 5-11) 20x6 年，未認列投資收益，故調整投資收益，從$0 調整為$104,400，增加$104,400。		
	(表 5-11) 採用權益法之投資－乙： $396,000＋$132,300(a)－$36,000(b)＋$104,400(c)＝$596,700		
(f)	採用權益法之投資－丙	58,800	
	保留盈餘		58,800
	(表 5-12) 保留盈餘：從$0 調到$58,800，增加$58,800。		
(g)	股利收入	14,000	
	採用權益法之投資－丙		14,000
	(表 5-12) 股利收入：從$14,000 調到$0，減少$14,000。		
(h)	採用權益法之投資－丙	39,900	
	採用權益法認列之子公司、關聯企業及合資利益之份額－丙		39,900
	(表 5-12) 投資收益：從$0 調到$39,900，增加$39,900。		
	(表 5-12) 採用權益法之投資－丙： $255,500＋$58,800(d)－$14,000(e)＋$39,900(f)＝$340,200		

(續次頁)

> **沖銷分錄：**
> 在合併工作底稿上填入上述八個調整分錄後，即與(A)權益法下之結果一樣，故接著只要將上述(A)權益法下 12 個沖銷分錄 [(1)～(8)] 填入合併工作底稿，橫向合計再縱向合計，即可得出正確的合併財務報表，請詳表 5-15 之合併工作底稿。

甲公司、乙公司及丙公司 20x6 年財務報表資料，已列入合併工作底稿，如下：

表 5-15

甲 公 司 及 其 子 公 司
合 併 工 作 底 稿
20x6 年 1 月 1 日至 20x6 年 12 月 31 日　　(單位：千元)

	甲公司	90% 乙公司	70% 丙公司	調整/沖銷 借方	調整/沖銷 貸方	合併 財務報表
綜合損益表：						
銷貨收入	$4,000.0	$1,200.0	$1,000.0	(1)　80.0		$6,120.0
股利收入－乙	36.0				調(d) 36.0	－
股利收入－丙	14.0				調(g) 14.0	－
採用權益法認列之子公司、關聯企業及合資利益之份額－乙	－	－	－	(4a) 104.4	調(e) 104.4	－
採用權益法認列之子公司、關聯企業及合資利益之份額－丙	－	－	－	(4b) 39.9	調(h) 39.9	－
銷貨成本	(2,200.0)	(800.0)	(730.0)	(2)　10.0	(1)　80.0 (3)　8.0	(3,652.0)
各項營業費用	(1,400.0)	(280.0)	(210.0)	(7a)　2.0 (7b)　3.0		(1,895.0)
淨　　利	$ 450.0	$ 120.0	$ 60.0			
總合併淨利						$ 573.0
非控制權益淨利				(5a)　11.6 (5b)　17.1		(28.7)
控制權益淨利						$ 544.3

(續次頁)

	甲公司	90% 乙公司	70% 丙公司	調整／沖銷 借方	調整／沖銷 貸方	合併 財務報表
保留盈餘表：						
期初保留盈餘 　(註一)	$640.0	$280.0	$190.0	(6a) 280.0 (6b) 190.0	調(c) 132.3 調(f) 58.8	$831.1
加：淨　利	450.0	120.0	60.0			544.3
減：股　利	(200.0)	(40.0)	(20.0)		(4a) 36.0 (4b) 14.0 (5a) 4.0 (5b) 6.0	(200.0)
期末保留盈餘	$890.0	$360.0	$230.0			$1,175.4
財務狀況表：						
現　金 (註二)	$158.5	$20.0	$30.0			$208.5
強制透過損益按 　公允價值衡量 　之金融資產－乙	396.0	—	—		調(a)396.0	—
強制透過損益按 　公允價值衡量 　之金融資產－丙	255.5	—	—		調(b)255.5	—
應收帳款－淨額	180.0	80.0	75.0		(8) 40.0	295.0
存　貨	260.0	180.0	120.0		(2) 10.0	550.0
其他流動資產	156.0	40.0	25.0			221.0
採用權益法 　之投資－乙	—	—	—	調(a) 396.0 調(c) 132.3 調(e) 104.4 (3) 7.2	調(d) 36.0 (4a) 68.4 (6a) 535.5	—
採用權益法 　之投資－丙	—	—	—	調(b) 255.5 調(f) 58.8 調(h) 39.9	調(g) 14.0 (4b) 25.9 (6b) 314.3	—
不動產、廠房 　及設備－淨額	3,200.0	480.0	350.0	(6b) 9.0	(7b) 3.0	4,036.0
專利權	—	—	—	(6a) 15.0	(7a) 2.0	13.0
總　資　產	$4,606.0	$800.0	$600.0			$5,323.5
應付帳款	$320.0	$60.0	$55.0	(8) 40.0		$395.0
其他負債	196.0	80.0	65.0			341.0
普通股股本	3,200.0	300.0	250.0	(6a) 300.0 (6b) 250.0		3,200.0

(續次頁)

	甲公司	90% 乙公司	70% 丙公司	調整／沖銷		合併 財務報表
				借　方	貸　方	
財務狀況表：(續)						
保留盈餘	890.0	360.0	230.0			1,175.4
總負債及權益	$4,606.0	$800.0	$600.0			
非控制權益－1/1				(3)　　0.8	(6a)　59.5 (6b)　134.7	
非控制權益 　－當期增加數					(5a)　7.6 (5b)　11.1	
非控制權益－12/31						212.1
總負債及權益						$5,323.5

註一：未採用權益法時，甲公司期初保留盈餘$640
　　＝權益法下，甲公司期初保留盈餘$831.1
　　　－權益法下，前兩年半「採用權益法之投資－乙」之淨增加數$132.3
　　　－權益法下，前兩年「採用權益法之投資－丙」之淨增加數$58.8
註二：逆流綜合釋例$400.0－20x4年對丙投資現金流出$255.5
　　　　＋20x6年收自丙之現金股利$14.0＝$158.5

因此，不論甲公司是否正確地適用權益法處理其對乙公司及對丙公司之股權投資，透過合併工作底稿上的調整與沖銷過程，皆可編製出正確的甲公司及其子公司合併財務報表。

九、期末存貨按成本與淨變現價值孰低評價，對合併財務報表的影響

合併個體之內部進、銷貨交易中，買方公司於期末針對尚未外售之內部進貨商品，按「成本與淨變現價值孰低」評價，因而認列存貨跌價損失，此舉對於編製母公司及其子公司合併財務報表及母公司適用權益法時各有何影響？又該如何處理呢？茲以釋例七及釋例八說明之。

另有關集團內部交易之交易標的減損問題，會計準則規定：「當順流交易提供即將出售或投入之資產之淨變現價值減少或該等資產減損損失之證據時，該等損失應由投資者全數認列。當逆流交易提供即將購入之資產之淨變現價值減少或該等資產減損損失之證據時，投資者應認列其對該等損失之份額。」茲以釋例九說明之。

釋例七：

母公司於 20x5 年將成本$20,000 商品存貨以$35,000 售予子公司，截至 20x5 年期末子公司尚未將該商品存貨售予合併個體以外單位。又母公司及子公司對期末存貨(包含上述之內部進貨商品)按「成本與淨變現價值孰低」評價。若該內部進貨商品於 20x5 年期末之淨變現價值為$28,000，低於其帳面金額$35,000，故子公司認列存貨跌價損失$7,000，分錄如下：

假設：母公司及子公司皆採永續盤存制。		
20x5 年期末子公司帳列分錄	存貨跌價損失　　　　　　　　　7,000	
	存　貨 (或 備抵存貨跌價)　　　　7,000	
	淨變現價值$28,000－帳列金額$35,000＝損失$7,000	
	貸記：(a)存貨，(b)備抵存貨跌價。	
	註：依國際會計準則之規定，「存貨跌價損失」應計入當期銷貨成本。	

由於該商品存貨當初由合併個體以外單位購入時之成本為$20,000，仍低該存貨於 20x5 年期末的淨變現價值$28,000，以合併個體而言，子公司已入帳之存貨跌價損失$7,000 是未實現損失，無須表達在合併財務報表中，因此須透過合併工作底稿加以消除，故與內部交易相關之沖銷分錄如下：

		上述子公司帳列分錄係貸記：	
		(a) 存　貨	(b)備抵存貨跌價
(1)	銷貨收入	35,000	35,000
	銷貨成本	35,000	35,000
(2)	銷貨成本	15,000	15,000
	備抵存貨跌價	－	7,000
	存　貨	8,000	15,000
	存貨跌價損失	7,000	7,000

說　明：

(A) 沖銷分錄(2)，借記銷貨成本$15,000，係期末存貨中的未實現利益，$35,000－$20,000＝$15,000，以彌補沖銷分錄(1)貸記銷貨成本$35,000 使銷貨成本沖銷過多，因 20x5 年內部進貨並未外售。

(B) 沖銷分錄(2)，貸記存貨跌價損失$7,000，係因該商品存貨原始從外購入之成本$20,000，仍低於其期末淨變現價值$28,000，以合併個體立場而言，子公司已入帳之存貨跌價損失$7,000並未發生，故無須表達在合併財務報表中，因此須加以消除。

(C) 沖銷分錄(2)(a)，貸記存貨$8,000，係因子公司帳列期末存貨$35,000(評價前)，於期末因認列存貨跌價損失，貸記存貨$7,000，故子公司帳列期末存貨為$28,000(評價後)，$35,000－$7,000＝$28,000，而該存貨原始從外購入之成本為$20,000，故應於合併工作底稿上減少存貨$8,000，使合併數回復為原始購入成本$20,000。但若子公司期末認列存貨跌價損失，是貸記「備抵存貨跌價」，則需依沖銷分錄(2)(b)，將「存貨」從$35,000 降為$20,000，將「備抵存貨跌價」從貸餘$7,000 降為貸餘$0，即以成本$20,000 表達在合併財務狀況表上。

　　母公司於20x5年適用權益法認列投資收益及非控制權益淨利之計算如下：(假設子公司20x5年是淨利)

* 投資收益 　＝子公司已實現利益(SRI)× 母公司對子公司於20x5年之約當持股比例 　　　－未實現(順流銷貨)利益$15,000 　＝[子公司帳列淨利(SNI)＋未實現(存貨跌價)損失$7,000]× 母公司對 　　　子公司於20x5年之約當持股比例－未實現(順流銷貨)利益$15,000
註：子公司帳列淨利(SNI)已包含期末認列之存貨跌價損失$7,000。
* 非控制權益淨利 　＝子公司已實現利益(SRI)×非控制權益對子公司於20x5年期末之持股比例 　＝[子公司帳列淨利(SNI)＋未實現(存貨跌價)損失$7,000] 　　　× 非控制股東對子公司於20x5年期末之持股比例

母公司及子公司20x5年之部分合併工作底稿 (<u>只顯示內部交易資料</u>)，表5-16：

(續次頁)

表 5-16

母公司及其子公司
合併工作底稿
20x5 年 1 月 1 日至 20x5 年 12 月 31 日

	母公司	子公司	調整/沖銷 借方	調整/沖銷 貸方	合併財務報表
綜合損益表：					
銷貨收入	$35,000	$ —	(1) 35,000		$ —
銷貨成本	(20,000)	—	(2) 15,000	(1) 35,000	
銷貨毛利	$15,000	$ —			$ —
各項費用	—	—			
存貨跌價損失	—	(7,000)		(2) 7,000	—
淨利	$15,000	($7,000)			—
總合併淨利					$ —
⋮					⋮
財務狀況表：		(a)			
存 貨		$28,000		(2)(a) 8,000	$20,000
財務狀況表：		(b)			
存 貨		$35,000		(2)(b)15,000	$20,000
減：備抵存貨跌價		(7,000)	(2)(b) 7,000		(—)
		$28,000			$20,000

釋例八：

　　沿用釋例七資料，惟該內部進貨商品於 20x5 年期末之淨變現價值為 $19,000，而非釋例七之$28,000，則因子公司期末存貨帳列金額為$35,000，故子公司應認列存貨跌價損失$16,000，分錄如下：

假設：母公司及子公司皆採永續盤存制。	
20x5 年 期末 子公司 帳列分錄	存貨跌價損失　　　　　　　　16,000　　　　　存 貨 (或 備抵存貨跌價)　　　　　16,000
	淨變現價值$19,000－帳列金額$35,000＝損失$16,000
	貸記：(a)存貨，(b)備抵存貨跌價。
	註：依國際會計準則之規定，「存貨跌價損失」應計入當期銷貨成本。

由於該商品存貨當初由合併個體以外單位購入時之成本為$20,000，高於該存貨於 20x5 年期末的淨變現價值$19,000，故合併財務報表中應表達之存貨跌價損失為$1,000，$19,000－$20,000＝－$1,000，又子公司已入帳之存貨跌價損失是$16,000，因此須透過合併工作底稿消除存貨跌價損失$15,000，故與內部交易相關之沖銷分錄如下：

		上述子公司帳列分錄係貸記：	
---	--------	(a) 存 貨	(b)備抵存貨跌價
(1)	銷貨收入	35,000	35,000
	銷貨成本	35,000	35,000
(2)	銷貨成本	15,000	15,000
	存貨跌價損失	15,000	15,000
(3)	備抵存貨跌價	－	15,000
	存　貨	－	15,000

說 明：

(A) 沖銷分錄(2)，借記銷貨成本$15,000，係期末存貨中的未實現利益，$35,000－$20,000＝$15,000，以彌補沖銷分錄(1)貸記銷貨成本$35,000 使銷貨成本沖銷過多，因 20x5 年內部進貨並未外售。

(B) 沖銷分錄(2)，貸記存貨跌價損失$15,000，係因期末存貨帳列金額已降低為淨變現價值$19,000，而其原始外購成本為$20,000，故合併財務報表上應表達存貨跌價損失$1,000，但在子公司帳上已認列存貨跌價損失$16,000，故須利用合併工作底稿將損失降為$1,000，因此貸記存貨跌價損失$15,000。

(C) 無需沖銷分錄(3)(a)，係因子公司帳列期末存貨$35,000，透過子公司期末存貨的評價過程，已認列存貨跌價損失$16,000，並將期末存貨帳列金額降低為淨變現價值$19,000，故無須再對期末存貨做任何異動。但若子公司期末認列存貨跌價損失，是貸記「備抵存貨跌價」，則需再加一沖銷分錄(3)(b)，將「存貨」從$35,000 降為$20,000，將「備抵存貨跌價」從貸餘$16,000 降為貸餘$1,000，即以淨變現價值$19,000 表達在合併財務狀況表上。

　　母公司於 20x5 年適用權益法認列投資收益及非控制權益淨利之計算如下：(假設子公司 20x5 年是淨利)

* 投資收益
    = 子公司已實現利益(SRI) × 母公司對子公司於 20x5 年之約當持股比例
        − 未實現(順流銷貨)利益$15,000
    = [子公司帳列淨利(SNI) + 未實現(存貨跌價)損失$15,000] × 母公司對
        子公司於 20x5 年之約當持股比例 − 未實現(順流銷貨)利益$15,000

註：子公司帳列淨利(SNI)已包含期末認列之存貨跌價損失$16,000。

* 非控制權益淨利
    = 子公司已實現利益(SRI) × 非控制股東對子公司於 20x5 年期末之持股比例
    = [子公司帳列淨利(SNI) + 未實現(存貨跌價)損失$15,000]
        × 非控制股東對子公司於 20x5 年期末之持股比例

母公司及子公司 20x5 年之部分合併工作底稿 (只顯示內部交易資料)，如下：

表 5-17

母公司及其子公司
合併工作底稿
20x5 年 1 月 1 日至 20x5 年 12 月 31 日

	母公司	子公司	調整/沖銷 借方	調整/沖銷 貸方	合併財務報表
綜合損益表：					
銷貨收入	$35,000	$ —	(1) 35,000		$ —
銷貨成本	(20,000)	—	(2) 15,000	(1) 35,000	—
銷貨毛利	$15,000	$ —			$ —
各項費用	—	—			
存貨跌價損失	—	(16,000)		(2) 15,000	(1,000)
淨　利	$15,000	($16,000)			
總合併淨利					$ —
：					：
財務狀況表：		(a)			
存　貨		$19,000			$19,000
財務狀況表：		(b)			
存　貨		$35,000		(2)(b)15,000	$20,000
減：備抵存貨跌價		(16,000)	(2)(b)15,000		(1,000)
		$19,000			$19,000

釋例九：

母公司於 20x5 年將成本$20,000 商品存貨以$17,000 售予子公司，截至 20x5 年期末子公司尚未將該商品存貨售予合併個體以外單位。又母公司及子公司對期末存貨(包含上述之內部進貨商品)按「成本與淨變現價值孰低」評價。若該內部進貨商品存貨於內部銷貨時及 20x5 年期末時的淨變現價值分別為$17,000 及$15,000，即公允價值$17,000(或$15,000)－處分成本$0(假設)＝$17,000(或$15,000)，則母公司於內部銷貨前應認列存貨跌價損失$3,000，分錄如下：

假設：母公司及子公司皆採永續盤存制。		
母公司於 內部銷貨前	存貨跌價損失　　　　　　　　3,000 　　存　貨 (或 備抵存貨跌價)　　　　　　3,000	
	$17,000(淨變現價值)－$20,000(成本)＝－$3,000	
母公司 內部銷貨	應收帳款　　　　　　　　　　17,000 　　銷貨收入　　　　　　　　　　　　　17,000	
	銷貨成本　　　　　　　　　　17,000 　　存　貨　　　　　　　　　　　　　　17,000	
或	銷貨成本　　　　　　　　　　17,000 備抵存貨跌價　　　　　　　　3,000 　　存　貨　　　　　　　　　　　　　　20,000	
子公司 內部進貨	存　貨　　　　　　　　　　　17,000 　　應付帳款　　　　　　　　　　　　　17,000	
20x5 年 期末 子公司 帳列分錄	存貨跌價損失　　　　　　　　2,000 　　存　貨 (或 備抵存貨跌價)　　　　　　2,000	
	$15,000(淨變現價值)－$17,000(帳列金額)＝－$2,000	
	貸記：(a)存貨，(b)備抵存貨跌價。	
	註：依國際會計準則之規定，「存貨跌價損失」 　　應計入當期銷貨成本。	

該商品存貨於 20x5 年由合併個體以外單位購入時成本為$20,000，於內部銷貨前淨變現價值只有$17,000，故母公司應認列存貨跌價損失$3,000，且須表達在當年度合併財務報表中。內部順流銷貨收入為$17,000，內部順流銷貨成本亦為$17,000，無毛利(即無未實現損益)，故只需下列沖銷分錄(1)，請詳次頁。

(續次頁)

另子公司期末存貨帳列金額原為$17,000(評價前)，透過期末存貨評價過程，子公司認列存貨跌價損失$2,000，將期末存貨帳列金額降低為淨變現價值$15,000，故無須再對期末存貨做任何異動。惟若子公司認列存貨跌價損失$2,000係貸記「備抵存貨跌價」$2,000，則需下列沖銷分錄(2)，將「存貨」$17,000及「備抵存貨跌價」$2,000回復為$20,000及$5,000。

而母公司及子公司分別認列存貨跌價損失$3,000及$2,000，合計為$5,000，即為當年度合併財務報表中所需表達之存貨跌價損失$5,000，$15,000(期末淨變現價值)－$20,000(外購成本)＝跌價損失$5,000，故與內部交易相關之沖銷分錄如下：

		上述子公司帳列分錄係貸記：	
		(a) 存 貨	(b)備抵存貨跌價
(1)	銷貨收入 　　銷貨成本	17,000 　　　17,000	17,000 　　　17,000
(2)	存　貨 　　備抵存貨跌價	－ 　　　－	3,000 　　　3,000

母公司於20x5年適用權益法認列投資收益及非控制權益淨利之計算如下：(假設子公司20x5年是淨利)

* 投資收益
　＝ 子公司已實現利益(SRI) × 母公司對子公司於20x5年之約當持股比例
　＝ 子公司帳列淨利(SNI) × 母公司對子公司於20x5年之約當持股比例
* 非控制權益淨利
　＝ 子公司已實現利益(SRI) × 非控制權益對子公司20x5年期末之持股比例
　＝ 子公司帳列淨利(SNI) × 非控制股東對子公司20x5年期末之持股比例

母公司及子公司20x5年之部分合併工作底稿 (只顯示內部交易資料)，如下：

(續次頁)

表 5-18

母公司及其子公司
合併工作底稿
20x5 年 1 月 1 日至 20x5 年 12 月 31 日

	母公司	子公司	調整/沖銷 借方	調整/沖銷 貸方	合併財務報表
綜合損益表：					
銷貨收入	$17,000	$ —	(1) 17,000		$ —
銷貨成本	(17,000)	—		(1) 17,000	—
銷貨毛利	$ —	$ —			$ —
各項費用	—	—			—
存貨跌價損失	(3,000)	(2,000)			(5,000)
淨　利	($3,000)	($2,000)			—
總合併淨利					($5,000)
：					：
財務狀況表：		(a)			
存　貨		$15,000			$15,000
財務狀況表：		(b)			
存　貨		$17,000	(2)(b) 3,000		$20,000
減：備抵存貨跌價		(2,000)		(2)(b) 3,000	(5,000)
		$15,000			$15,000

十、合併個體內部進、銷貨交易之買方，持有內部進貨商品超過一個會計年度

　　合併個體內部進、銷貨交易之買方公司通常會在內部交易當期或下一個會計年度中，將購自集團內其他個體之商品存貨售予合併個體以外單位；不過偶有買方公司持有該商品存貨更長時間，直到內部進貨交易發生後的第二個會計年度或之後才將該商品存貨外售。若然，則對編製母公司及其子公司合併財務報表及母公司適用權益法各有何影響？又該如何處理呢？茲以釋例十(順流銷貨)及釋例十一(逆流銷貨)說明之。

釋例十：

母公司持有子公司 80%股權數年。當初收購時，子公司帳列資產及負債的帳面金額皆等於公允價值，且無未入帳資產或負債。20x5 年母公司將成本$70,000 之商品存貨以$100,000 售予子公司，子公司直到 20x7 年才將該商品存貨售予合併個體以外單位。此項內部順流銷貨交易之隱含利潤為$30,000，$100,000－$70,000＝$30,000，於 20x5 及 20x6 年度皆是未實現利益，直到 20x7 年商品存貨外售時，此項未實現利益才告實現。假設母公司及子公司皆採永續盤存制。

母公司適用權益法應認列之投資收益及非控制權益淨利的計算如下：
(假設子公司 20x5、20x6 及 20x7 年皆是淨利)

	母公司應認列之投資收益	非控制權益淨利
20x5 年	子公司帳列淨利(SNI)×80%－$30,000	子公司帳列淨利(SNI)×20%
20x6 年	子公司帳列淨利(SNI)×80%	子公司帳列淨利(SNI)×20%
20x7 年	子公司帳列淨利(SNI)×80%＋$30,000	子公司帳列淨利(SNI)×20%

20x5、20x6 及 20x7 年，母公司及其子公司合併工作底稿中與內部交易相關之沖銷分錄如下：

		20x5	20x6	20x7
(1)	銷貨收入 　　銷貨成本	100,000 　　100,000	X	X
(2)	銷貨成本 　　存　貨	30,000 　　30,000	X	X
(3)	採用權益法之投資 　　存　貨	X	30,000 　　30,000	X
(4)	採用權益法之投資 　　銷貨成本	X	X	30,000 　　30,000

說　明：

(A) 20x6 年及 20x7 年沖銷分錄，借記「採用權益法之投資」$30,000，係因母公司於 20x5 年認列投資收益時，已扣除未實現利益$30,000，導致 20x6 年初，母公司帳列「採用權益法之投資」餘額較子公司淨值歸屬於控制權益部分少 $30,000，故須先補上此差額$30,000 (借記「採用權益法之投資」)，建立該二項目之「對稱性」，以利後續相對科目之沖銷，而後續相對科目之沖銷為：(a)

借記子公司權益相關科目期初餘額，(b)貸記母公司「採用權益法之投資」，金額為"期初帳列餘額＋前述補上之差額$30,000"，(c)貸記非控制權益之期初金額(子公司淨值歸屬於非控制權益部分)。

(B) 20x6 年沖銷分錄，貸記存貨$30,000，係因子公司帳列期末存貨中隱含未實現利益$30,000，較其原始外購成本多$30,000，故應減少(貸記)存貨$30,000，使20x6年底合併財務狀況表上之期末存貨係以原始外購成本表達。

(C) 20x7 年沖銷分錄，貸記銷貨成本$30,000，係因子公司已將該項商品存貨外售，並按其原始外購成本加上未實現利益(現已成為"已實現利益")轉列為銷貨成本。但對合併個體而言，該項銷貨成本高估$30,000，高估金額即是已外售之內部進貨商品中所隱含的未實現利益(現已成為"已實現利益")，故須透過合併工作底稿降低高估的銷貨成本。

釋例十一：

沿用釋例十資料，但假設內部交易係由子公司銷貨予母公司。

母公司適用權益法應認列之投資收益及非控制權益淨利的計算如下：
(假設子公司 20x5、20x6 及 20x7 年皆是淨利)

	母公司應認列之投資收益	非控制權益淨利
20x5 年	[子公司帳列淨利－$30,000]×80%	[子公司帳列淨利－$30,000]×20%
20x6 年	子公司帳列淨利×80%	子公司帳列淨利×20%
20x7 年	[子公司帳列淨利＋$30,000]×80%	[子公司帳列淨利＋$30,000]×20%

20x5、20x6 及 20x7 年，母公司及其子公司合併工作底稿中與內部交易相關之沖銷分錄如下：

		20x5	20x6	20x7
(1)	銷貨收入	100,000	X	X
	銷貨成本		100,000	
(2)	銷貨成本	30,000	X	X
	存　貨		30,000	
(3)	採用權益法之投資	X	24,000	X
	非控制權益		6,000	
	存　貨			30,000

		20x5	20x6	20x7
(4)	採用權益法之投資	X	X	24,000
	非控制權益			6,000
	銷貨成本			30,000

說明：

(A) 20x6 年及 20x7 年沖銷分錄，借記「採用權益法之投資」$24,000，係因母公司於 20x5 年認列投資收益時，已扣除未實現利益$24,000，導致 20x6 年初，母公司帳列「採用權益法之投資」餘額較子公司淨值歸屬於控制權益部分少$24,000，故須先補上此差額$24,000 (借記「採用權益法之投資」)，建立該二項目之「對稱性」，以利後續相對科目之沖銷，而後續相對科目之沖銷為：(a)借記子公司權益相關科目期初餘額，(b)貸記母公司「採用權益法之投資」，金額為"期初帳列餘額＋前述補上之差額$24,000"，(c)貸記非控制權益之期初金額(子公司淨值歸屬於非控制權益部分)。

(B) 20x6 年及 20x7 年沖銷分錄，借記非控制權益$6,000，理由同(A)，係因 20x5 年計算非控制權益淨利時，已扣除未實現利潤$6,000，故 20x6 年初，應表達在合併財務狀況表上的非控制權益金額較子公司淨值歸屬於非控制權益部分少$6,000，因此先減除此差額$6,000 (借記非控制權益)，以利後續相對科目之沖銷，而後續相對科目之沖銷，請詳(A)最後 4 行之說明。

(C) 20x6 年沖銷分錄，貸記存貨$30,000，係因子公司帳列期末存貨中隱含未實現利益$30,000，較其原始外購成本多$30,000，故應減少(貸記)存貨$30,000，使 20x6 年底合併財務狀況表上之期末存貨係以原始外購成本表達。

(D) 20x7 年沖銷分錄，貸記銷貨成本$30,000，係因子公司已將該項商品存貨外售，並按其原始外購成本加上未實現利益(現已成為"已實現利益")轉列為銷貨成本。但對合併個體而言，該項銷貨成本高估$30,000，高估金額即是已外售之內部進貨商品中所隱含的未實現利益(現已成為"已實現利益")，故須透過合併工作底稿降低高估的銷貨成本。

十一、投資者與關聯企業間之交易

企業(包括其合併子公司)與其關聯企業或合資間涉及不構成業務(如 IFRS 3 所定義)之資產之「逆流」及「順流」交易所產生的利益及損失，僅在非關係人投資者對關聯企業或合資之權益範圍內，認列於企業財務報表。舉例而言，「逆流」交易為關聯企業或合資出售資產予投資者，企業對由此等交易所產生之關聯企業或合資之利益或損失之份額應予銷除。而「順流」交易為投資者出售或投入資產予其關聯企業或其合資。

例如：甲公司持有乙公司 40%股權並對乙公司具重大影響。若甲公司銷貨予乙公司產生毛利$10,000，則$10,000×40%＝$4,000，$4,000 毛利應予銷除，僅$6,000 ($10,000×60%) 可認列於甲公司財務報表，60%即是「非關係人投資者對關聯企業或合資之權益」。茲將「銷除比例」彙總如下：

順流交易	未實現損益應按期末持股比例予以全部消除
逆流交易	未實現損益應按當期約當持股比例予以全部消除
側流交易	未實現損益應按投資者持有各關聯企業之約當持股比例相乘後比例消除。

釋例十二：

甲公司持有丙公司 35%股權數年並對丙公司具重大影響。截至 20x6 年 1 月 1 日，甲公司帳列「採用權益法之投資－丙」餘額等於其所擁有丙公司股權淨值，無投資差額。甲公司於 20x6 年 1 月 1 日及 20x6 年 7 月 1 日，分別以等於各該日乙公司股權淨值之成本各取得乙公司 20%股權，並對乙公司具重大影響。

20x6 年間，甲公司、乙公司及丙公司之間發生進、銷貨交易$100,000，該項商品存貨之成本為$60,000。截至 20x6 年 12 月 31 日，進貨公司尚有四分之一商品存貨仍未售予合併個體以外單位，$100,000×1/4＝$25,000，因此$25,000 期末存貨中包含未實現利益$10,000，($100,000－$60,000)×1/4＝$10,000。假設甲公司、乙公司及丙公司皆採永續盤存制。

甲公司、乙公司及丙公司 20x6 年之個別淨利(未計入投資損益前之淨利)，以及 20x6 年 12 月宣告並發放之現金股利如下：

	甲公司	乙公司	丙公司
個別淨利	$190,000	$160,000	$140,000
現金股利	$30,000	$20,000	$18,000

試作：依下列四個獨立情況，編製甲公司適用權益法認列投資收益及收到現金股利之分錄。若上述進、銷貨交易$100,000 是：
(1) 甲公司銷貨予乙公司之順流交易。
(2) 乙公司銷貨予甲公司之逆流交易。
(3) 乙公司銷貨予丙公司之側流交易。
(4) 丙公司銷貨予乙公司之側流交易。

說 明：

甲公司對乙公司 20x6 年之約當持股比例＝20%＋(20%×6/12)＝30%
甲公司對乙公司 20x6 年底之持股比例＝20%＋20%＝40%
甲公司對丙公司 20x6 年之約當持股比例＝35%×12/12＝35%
甲公司對丙公司 20x6 年底之持股比例＝35%

甲公司適用權益法應認列之投資收益：

		採用權益法認列之關聯企業及合資利益之份額－乙	採用權益法認列之關聯企業及合資利益之份額－丙
(1)	甲銷貨予乙	$160,000×30%－$10,000×40% ＝$48,000－$4,000＝$44,000	$140,000×35%＝$49,000
(2)	乙銷貨予甲	($160,000－$10,000)×30% ＝$160,000×30%－$10,000×30% ＝$48,000－$3,000＝$45,000	$140,000×35%＝$49,000
(3)	乙銷貨予丙	$160,000×30%－$10,000×30%×35% ＝$48,000－$1,050＝$46,950	$140,000×35%＝$49,000
(4)	丙銷貨予乙	$160,000×30%＝$48,000	$140,000×35%－$10,000×35%×30% ＝$49,000－$1,050＝$47,950

甲公司收自乙公司及丙公司之現金股利：

收自乙公司	$20,000×40％＝$8,000
收自丙公司	$18,000×35％＝$6,300

甲公司按權益法認列投資收益及收到現金股利之分錄：

		(1)	(2)	(3)	(4)
認列投資收益	採用權益法之投資－乙	44,000	45,000	46,950	48,000
	採用權益法認列之子公司、關聯企業及合資利益之份額－乙	44,000	45,000	46,950	48,000
	採用權益法之投資－丙	49,000			47,950
	採用權益法認列之子公司、關聯企業及合資利益之份額－丙	49,000	(同　左)	(同　左)	47,950
收到現金股利	現　　金	8,000			
	採用權益法之投資－乙	8,000	(同　左)	(同　左)	(同　左)
	現　　金	6,300			
	採用權益法之投資－丙	6,300	(同　左)	(同　左)	(同　左)

附錄－簡述 IFRS 15 客戶合約之收入

國際財務報導準則第 15 號「客戶合約之收入(Revenue from Contracts with Customers)」，有關收入認列之原則性規定，簡述如下：

(一) 核心原則：
企業認列收入以描述對客戶所承諾之商品或勞務之移轉，該收入之金額反映該等商品或勞務換得之預期有權取得之對價。
(Recognize revenue to depict the transfer of goods or services to customers in an amount that reflects the consideration that the company receives, or expects to receive, in exchange for these goods or services.)

(二) 企業依核心原則認列收入，應適用下列<u>五個步驟</u>：

(I)	辨認客戶合約 (Identify the contract with customers.)
(II)	辨認合約中之履約義務 (Identify the separate performance obligations in the contract.)
(III)	決定交易價格 (Determine the transaction price.)
(IV)	將交易價格分攤至合約中之履約義務 (Allocate the transaction price to the separate performance obligations.)
(V)	於(或隨)企業滿足履約義務時認列收入 (Recognize revenue when each performance obligation is satisfied.)

(三) 針對(二)的步驟(I)「辨認客戶合約」，說明如下：
    (1) 合約：係兩方或多方間之協議，該協議產生可執行之權利或義務。
    (2) 僅於符合下列<u>所有條件</u>時，企業始應處理屬本準則範圍內之客戶合約：
        (a) 合約之各方已經以書面、口頭或依其他商業實務慣例核准該合約，且已承諾履行各自之義務。
        (b) 企業能辨認每一方對將移轉之商品或勞務之權利。
        (c) 企業對將移轉之商品或勞務能辨認付款條件。
        (d) 該合約具商業實質(亦即，因該合約而預期企業未來現金流量之風險、時點或金額會改變)。

(e) 企業移轉商品或勞務予客戶以換得有權取得之對價,很有可能將收取。評估對價金額之收現性是否係很有可能時,企業應僅考量已可自客戶收取時客戶支付該對價金額之能力及意圖。若對價為變動,企業有權取得之對價金額可能小於合約明定之價格,因企業可能提供客戶價格減讓。
(3) 本準則適用於已與客戶商定且符合特定條件之每一合約。
(4) 本準則規定於某些情況下,企業應合併合約,並將該等合約以單一合約處理。
(5) 本準則對合約修改之會計處理提供規定。

(四) 針對(二)的步驟(II)「辨認合約中之履約義務」,說明如下:
(1) 合約含有移轉商品或勞務予客戶之各項承諾。
(2) 若該等商品或勞務係可區分,該等承諾即為應分別處理之履約義務。
(3) 若客戶可自該商品或勞務本身或連同客戶輕易可得之其他資源獲益,且企業移轉該等商品及勞務予客戶之承諾可與該合約中之其他承諾單獨辨認,則該商品或勞務係可區分。

(五) 針對(二)的步驟(III)「決定交易價格」,說明如下:
(1) 交易價格係合約中企業移轉所承諾之商品或勞務予客戶以換得之預期有權取得之對價金額。
(2) 交易價格可能為客戶對價之一固定金額,惟有時可能包括變動對價或非現金形式之對價。
(3) 企業應調整交易價格以反映貨幣時間價值之影響(若該合約含有重大財務組成部分)及付給客戶之對價。
(4) 若對價為變動,企業應估計以所承諾之商品或勞務換得之將有權取得之對價金額。
(5) 計入交易價格中之變動對價估計金額,其範圍僅限於與變動價格相關之不確定性於後續消除時,所認列之累計收入金額高度很有可能不會發生重大迴轉之部分。

(六) 針對(二)的步驟(IV)「將交易價格分攤至合約中之履約義務」，說明如下：
    (1) 企業通常以合約中所承諾之每一可區分商品或勞務之相對單獨售價為基礎，將交易價格分攤至每一履約義務。
    (2) 若單獨售價係不可觀察，企業應估計之。
    (3) 有時，交易價格包含僅與合約之一部分相關之折扣或變動對價。本準則敘明何時企業應將折扣或變動對價分攤至合約中一個或多個(但非所有)履約義務(或可區分之商品或勞務)。

(七) 針對(二)的步驟(V)「於企業滿足履約義務時認列收入」，說明如下：
    (1) 於(或隨)企業將所承諾之商品或勞務移轉予客戶(即客戶取得對該商品或勞務之控制)而滿足履約義務時，企業應認列收入。
    (2) 所認列之收入金額，係分攤至已履行之履約義務之金額。
    (3) 履約義務可能於某一時點滿足(通常為移轉商品予客戶之承諾)或隨時間逐步滿足(通常為移轉勞務予客戶之承諾)。
    (4) 對於隨時間逐步滿足之履約義務，企業應選擇適當方法衡量該履約義務之完成程度，隨時間逐步認列收入

習　題

(一)　(基本觀念－順流銷貨)

　　甲公司於數年前取得乙公司 80%股權並對乙公司存在控制。於收購日，乙公司帳列資產及負債之帳面金額皆等於公允價值，且無未入帳資產或負債。假設甲公司及乙公司 20x5 年只發生下列進、銷貨交易，即甲公司向合併個體以外單位進貨$40,000，並將其中$30,000 商品存貨以$48,000 售予乙公司。已知乙公司 20x5 年銷貨收入為$67,000，20x5 年底之期末存貨為$16,000，且甲公司及乙公司皆無期初存貨。

試求：(1) 20x5 年甲公司及其子公司合併綜合損益表上之下列金額：
　　　　　(a) 銷貨成本　(b) 總合併淨利　(c) 非控制權益淨利
　　(2) 20x5 年 12 月 31 日甲公司及其子公司合併財務狀況表上之存貨。
　　(3) 按權益法，甲公司應認列 20x5 年之投資損益。
　　(4) 甲公司及其子公司 20x5 年合併綜合損益表上之控制權益淨利。
　　(5) 編製甲公司及其子公司 20x5 年綜合損益表之合併工作底稿。

解答：

(1) (a) 乙公司內部進貨之外售比例＝1－($16,000÷$48,000)＝1－1/3＝2/3
　　　 合併銷貨成本＝$30,000×2/3＝$20,000
　(b) 總合併淨利＝合併銷貨收入$67,000－合併銷貨成本$20,000＝$47,000
　(c) 乙公司淨利＝$67,000－($48,000×2/3)＝$67,000－$32,000＝$35,000
　　　 非控制權益淨利＝$35,000×20%＝$7,000

(2) 乙公司期末存貨包含未實現利益＝($48,000－$30,000)×1/3＝$6,000
　　合併財務狀況表上之期末存貨
　　　　＝甲($40,000－$30,000)＋乙($16,000－未實現利益$6,000)＝$20,000

(3) 甲公司應認列之投資收益＝($35,000×80%)－$6,000＝$22,000

(4) 控制權益淨利＝$47,000－$7,000＝$40,000
　　或＝(甲銷貨收入$48,000－甲銷貨成本$30,000)＋投資收益$22,000＝$40,000

(5) 甲公司及其子公司 20x5 年綜合損益表之合併工作底稿：

	甲公司	乙公司	調整／沖銷 借方	調整／沖銷 貸方	合併財務報表
綜合損益表：					
銷貨收入	$48,000	$67,000	(1) 48,000		$67,000
銷貨成本	(30,000)	(32,000)	(2) 6,000	(1) 48,000	(20,000)
銷貨毛利	$18,000	$35,000			$47,000
採用權益法認列之子公司、關聯企業及合資利益之份額	22,000	—	(3) 22,000		—
淨　利	$40,000	$35,000			
總合併淨利					$47,000
非控制權益淨利			(4) 7,000		(7,000)
控制權益淨利					$40,000
財務狀況表：					
存　貨	$10,000	$16,000		(2) 6,000	$20,000

(二) **(基本觀念－逆流銷貨)**

甲公司於數年前取得乙公司 60%股權並對乙公司存在控制。於收購日，乙公司帳列資產及負債之帳面金額皆等於公允價值，且無未入帳資產或負債。假設甲公司及乙公司 20x6 年只發生下列進、銷貨交易，即乙公司向合併個體以外單位進貨$20,000，並將全數商品存貨以$28,000 售予甲公司。已知甲公司 20x6 年銷貨收入為$40,000，20x6 年底之期末存貨為$7,000，且甲公司及乙公司皆無期初存貨。

試求：(1) 20x6 年甲公司及其子公司合併綜合損益表上之下列金額：
　　　　(a) 銷貨成本　(b) 總合併淨利　(c) 非控制權益淨利
(2) 20x6 年 12 月 31 日甲公司及其子公司合併財務狀況表上之存貨。
(3) 按權益法，20x6 年甲公司應認列之投資損益。
(4) 甲公司及其子公司 20x6 年合併綜合損益表上之控制權益淨利。
(5) 編製甲公司及其子公司 20x6 年綜合損益表之合併工作底稿。

解答：

(1) (a) 甲公司內部進貨之外售比例＝1－($7,000÷$28,000)＝1－1/4＝3/4
合併銷貨成本＝$20,000×3/4＝$15,000
(b) 總合併淨利＝合併銷貨收入$40,000－合併銷貨成本$15,000＝$25,000
(c) 乙公司淨利＝$28,000－$20,000＝$8,000
非控制權益淨利＝($8,000－$2,000)×40%＝$2,400

(2) 甲公司期末存貨包含未實現利益＝($28,000－$20,000)×1/4＝$2,000
合併財務狀況表上之期末存貨
＝甲($7,000－未實現利潤$2,000)＋乙($20,000－$20,000)＝$5,000

(3) 甲公司應認列之投資收益＝($8,000－$2,000)×60%＝$3,600

(4) 控制權益淨利＝$25,000－$2,400＝$22,600
或＝甲銷貨收入$40,000－甲銷貨成本($28,000×3/4)＋投資收益$3,600
＝$22,600

(5) 甲公司及其子公司 20x6 年綜合損益表之合併工作底稿：

	甲公司	乙公司	調整／沖銷 借方	調整／沖銷 貸方	合併財務報表
綜合損益表：					
銷貨收入	$40,000	$28,000	(1) 28,000		$40,000
銷貨成本	(21,000)	(20,000)	(2) 2,000	(1) 28,000	(15,000)
銷貨毛利	$19,000	$ 8,000			$25,000
採用權益法認列之子公司、關聯企業及合資利益之份額	3,600	—	(3) 3,600		—
淨　利	$22,600	$ 8,000			
總合併淨利					$25,000
非控制權益淨利			(4) 2,400		(2,400)
控制權益淨利					$22,600
財務狀況表：					
存　貨	$7,000	—		(2) 2,000	$5,000

(三) (基本觀念－順流銷貨、逆流銷貨)

　　甲公司於數年前取得乙公司 80%股權並對乙公司存在控制。於收購日，乙公司帳列資產及負債之帳面金額皆等於公允價值，且無未入帳資產或負債。20x5 及 20x6 年間發生下列合併個體內部進、銷貨交易：

	成　本	售　價	截至期末仍未外售比例
20x5 年內部進銷貨交易	$80,000	$112,000	30%
20x6 年內部進銷貨交易	$90,000	$126,000	40%
假設所有期末存貨皆在下一個會計年度售予合併個體以外單位。			

甲公司及乙公司 20x5 及 20x6 年部分綜合損益表：

	20x5 年度		20x6 年度	
	甲公司	乙公司	甲公司	乙公司
銷貨收入	$1,200,000	$640,000	$1,160,000	$890,000
銷貨成本	(640,000)	(310,000)	(600,000)	(360,000)
各項營業費用	(200,000)	(178,000)	(260,000)	(342,000)
個別淨利 (註)	$360,000	$152,000	$300,000	$188,000
宣告並支付現金股利	$38,000	─	$32,000	$10,000
註：個別淨利，係指尚未計入投資損益前之淨利。				

試作：假設 20x5 及 20x6 年間所發生的內部進、銷貨交易是：(A)順流交易，(B) 逆流交易，請計算下表內之金額。

	(A) 順流銷貨		(B) 逆流銷貨
(1)	20x5 年之合併銷貨收入？	(1)	20x6 年之合併銷貨收入？
(2)	20x5 年因內部進、銷貨交易而產生之未實現損益？	(2)	20x6 年因內部進、銷貨交易而產生之未實現損益？
(3)	20x5 年因內部進、銷貨交易而產生之已實現損益？	(3)	20x6 年因內部進、銷貨交易而產生之已實現損益？
(4)	20x5 年之合併銷貨成本？	(4)	20x6 年之合併銷貨成本？
(5)	20x5 年之總合併淨利？	(5)	20x6 年之總合併淨利？
(6)	20x5 年非控制權益淨利？	(6)	20x6 年非控制權益淨利？
(7)	20x5 年甲公司之投資損益？	(7)	20x6 年甲公司之投資損益？
(8)	20x5 年控制權益淨利？	(8)	20x6 年控制權益淨利？

解答：

(A) 20x5 年：

(1) 合併銷貨收入＝$1,200,000＋$640,000－$112,000＝$1,728,000

(2) 未實現利益＝($112,000－$80,000)×30%＝$9,600

(3) 已實現利益＝($112,000－$80,000)×70%＝$22,400

(4) 合併銷貨成本＝$640,000＋$310,000－$112,000＋$9,600＝$847,600

(5) 總合併淨利＝合併銷貨收入$1,728,000－合併銷貨成本$847,600
　　　　　　　－合併各項營業費用($200,000＋$178,000)＝$502,400
(6) 非控制權益淨利＝$152,000×20%＝$30,400
(7) 甲公司之投資收益＝$152,000×80%－$9,600＝$112,000
(8) 控制權益淨利＝$502,400－$30,400＝$472,000
　　　　　　　或＝甲個別淨利$360,000＋投資收益$112,000＝$472,000

(B) 20x6 年：
(1) 合併銷貨收入＝$1,160,000＋$890,000－$126,000＝$1,924,000
(2) 未實現利益＝($126,000－$90,000)×40%＝$14,400
(3) 已實現利益＝($126,000－$90,000)×60%＋$9,600＝$31,200
(4) 合併銷貨成本＝$600,000＋$360,000－$126,000＋$14,400－$9,600
　　　　　　　＝$838,800
(5) 總合併淨利＝合併銷貨收入$1,924,000－合併銷貨成本$838,800
　　　　　　　－合併各項營業費用($260,000＋$342,000)＝$483,200
(6) 非控制權益淨利＝($188,000＋$9,600－$14,400)×20%＝$36,640
(7) 甲公司之投資收益＝($188,000＋$9,600－$14,400)×80%＝$146,560
(8) 控制權益淨利＝$483,200－$36,640＝$446,560
　　　　　　　或＝甲個別淨利$300,000＋投資收益$146,560＝$446,560

(四) (順流銷貨－投資損益、沖銷分錄)

　　母公司於 20x5 年 1 月 2 日以$180,000 取得子公司 90%股權。當日子公司權益包括普通股股本$100,000 及保留盈餘$100,000，且子公司帳列資產及負債之帳面金額皆等於公允價值，亦無未入帳資產或負債。非控制權益係以收購日公允價值衡量。母公司及子公司 20x5 年及 20x6 年之淨利如下：

	20x5 年	20x6 年
母公司	$60,000	$80,000
子公司	$20,000	$30,000

　　母公司於 20x5 年銷貨$16,000 予子公司，毛利$6,000，子公司持有該批商品存貨直至 20x6 年始售予合併個體以外單位。母、子公司存貨皆採永續盤存制。

試作：(A) 母公司按權益法認列 20x5 及 20x6 年投資收益之分錄。
　　　(B) 母公司及子公司 20x5 及 20x6 年合併工作底稿上之沖銷分錄。

解答：

(A) 20x5/1/2：非控制權益係以收購日公允價值衡量，惟題意中未提及該公允價值，故設算之。子公司總公允價值＝$180,000÷90%＝$200,000
＝子公司帳列淨值＝$100,000＋$100,000＝$200,000
∴ 非控制權益＝$200,000×10%＝$20,000

按權益法，相關項目異動如下：

	20x5/1/2	20x5年	20x5/12/31	20x6年	20x6/12/31
子－權　益	$200,000	＋$20,000	$220,000	＋$30,000	$250,000
權益法：					
母－採用權益法之投資	$180,000	＋$12,000	$192,000	＋$33,000	$225,000
合併財務報表：					
非控制權益	$20,000	＋$2,000	$22,000	＋$3,000	$25,000

	母公司應認列之投資收益	非控制權益淨利
20x5年	($20,000×90%)－$6,000＝$12,000	$20,000×10%＝$2,000
20x6年	($30,000×90%)＋$6,000＝$33,000	$30,000×10%＝$3,000

母公司按權益法認列投資收益之分錄：

		20x5年	20x6年
12/31	採用權益法之投資	12,000	33,000
	採用權益法認列之子公司、關聯企業		
	及合資利益之份額	12,000	33,000

(B) 20x5及20x6年，合併工作底稿上之沖銷分錄：

		20x5年	20x6年
(1)	銷貨收入	16,000	X
	銷貨成本	16,000	
(2)	銷貨成本	6,000	X
	存　貨	6,000	
(3)	採用權益法之投資	X	6,000
	銷貨成本		6,000

第84頁 (第五章 合併個體內部交易－進貨與銷貨)

		20x5 年	20x6 年
(4)	採用權益法認列之子公司、關聯企業 　　　及合資利益之份額 　　採用權益法之投資	12,000 12,000	33,000 33,000
(5)	非控制權益淨利 　　非控制權益	2,000 2,000	3,000 3,000
(6)	普通股股本 保留盈餘 　　採用權益法之投資 　　非控制權益	100,000 100,000 180,000 20,000	100,000 120,000 198,000 22,000
驗　算： 20x6/12/31： 「採用權益法之投資」餘額$225,000＋沖(3)$6,000－沖(4)$33,000－沖(6)$198,000＝$0 合併財務狀況表上之「非控制權益」＝沖(5)$3,000＋沖(6)$22,000＝$25,000

(五)　(逆流銷貨－投資損益、沖銷分錄)

　　　沿用前題(四)基本資料，並將內部進、銷貨交易，改為子公司銷貨予母公司。

試作：(A) 母公司按權益法認列 20x5 及 20x6 年投資收益之分錄。
　　　(B) 母公司及子公司 20x5 及 20x6 年合併工作底稿上之沖銷分錄。

解答：

(A) 20x5/ 1/ 2：非控制權益係以收購日公允價值衡量，惟題意中未提及該公允價
　　　　　　　 值，故設算之。子公司總公允價值＝$180,000÷90%＝$200,000
　　　　　　　 ＝子公司帳列淨值＝$100,000＋$100,000＝$200,000
　　　　　　　 ∴ 非控制權益＝$200,000×10%＝$20,000

按權益法，相關項目異動如下：

	20x5/ 1/ 2	20x5 年	20x5/12/31	20x6 年	20x6/12/31
子－權　益	$200,000	＋$20,000	$220,000	＋$30,000	$250,000
權益法：					
母－採用權益法 　 之投資	$180,000	＋$12,600	$192,600	＋$32,400	$225,000
合併財務報表：					
非控制權益	$20,000	＋$1,400	$21,400	＋$3,600	$25,000

	母公司應認列之投資收益	非控制權益淨利
20x5 年	($20,000－$6,000)×90%＝$12,600	($20,000－$6,000)×10%＝$1,400
20x6 年	($30,000＋$6,000)×90%＝$32,400	($30,000＋$6,000)×10%＝$3,600

母公司按權益法認列投資收益之分錄：

		20x5 年	20x6 年
12/31	採用權益法之投資	12,600	32,400
	採用權益法認列之子公司、關聯企業		
	及合資利益之份額	12,600	32,400

(B) 20x5 及 20x6 年，合併工作底稿上之沖銷分錄：

		20x5 年	20x6 年
(1)	銷貨收入	16,000	X
	銷貨成本	16,000	
(2)	銷貨成本	6,000	X
	存　貨	6,000	
(3)	採用權益法之投資	X	5,400
	非控制權益		600
	銷貨成本		6,000
(4)	採用權益法認列之子公司、關聯企業	12,600	32,400
	及合資利益之份額		
	採用權益法之投資	12,600	32,400
(5)	非控制權益淨利	1,400	3,600
	非控制權益	1,400	3,600
(6)	普通股股本	100,000	100,000
	保留盈餘	100,000	120,000
	採用權益法之投資	180,000	198,000
	非控制權益	20,000	22,000

驗算：20x6/12/31：
「採用權益法之投資」$225,000＋沖(3)$5,400－沖(4)$32,400－沖(6)$198,000＝$0
合併財務狀況表上之「非控制權益」＝沖(3)[－$600]＋沖(5)$3,600＋沖(6)$22,000
　　　　　　　　＝$25,000

(六) **(順流銷貨及逆流銷貨、兩家子公司)**

甲公司於 20x5 年間取得乙公司 70%股權並對乙公司存在控制。於收購日，乙公司帳列資產及負債之帳面金額皆等於公允價值，且無未入帳資產或負債。甲公司於 20x6 年 1 月 1 日取得丙公司 80%股權並對丙公司存在控制。於收購日，丙公司除帳列存貨價值低估$5,000 外，其餘帳列資產及負債之帳面金額皆等於公允價值，且無未入帳資產或負債。母公司及子公司 20x6 年及 20x7 年之淨利如下：

	20x6	20x7
乙公司淨利	$40,000	$50,000
丙公司淨利	$45,000	$55,000

甲、乙及丙三家公司間經常發生進、銷貨交易。假設甲、乙及丙三家公司每年期初存貨皆於當年年底前出售。下列是甲、乙及丙三家公司20x6年底及20x7年底期末存貨金額：

	20x6/12/31	20x7/12/31
甲公司存貨	$40,000	$36,000
乙公司存貨	$19,375	$15,625
丙公司存貨	$12,000	$18,000

甲公司按成本加價 25%銷貨予乙公司，而丙公司則以成本加價 60%銷貨予甲公司。甲公司 20x7 年期初及期末存貨中，分別有 40%及 50%的商品係購自丙公司，而乙公司的存貨則全數購自甲公司。又甲公司銷售予乙公司的商品存貨皆係購自合併個體以外單位。

試作：
(1) 20x6 年 12 月 31 日合併財務狀況表上之存貨金額。
(2) 20x7 年 12 月 31 日合併財務狀況表上之存貨金額。
(3) 20x6 及 20x7 年，甲公司應分別認列對乙公司之投資損益及對丙公司之投資損益、非控制權益應分享之乙公司淨利、非控制權益應分享之丙公司淨利。
(4) 若甲、乙及丙三家公司 20x7 年之進貨總額分別為$90,000、$85,000 及 $75,000，又 20x7 年間甲公司銷貨$45,000 予乙公司，丙公司銷貨$30,000 予甲公司。編製甲公司及其子公司 20x7 年合併工作底稿上之沖銷分錄。
(5) 續(4)，20x7 年合併銷貨成本？

解答：

甲公司存貨：

20x6/12/31	$40,000	(1) 40%購自丙公司：$16,000　($16,000÷160%＝$10,000) (成本$10,000，加成$6,000)
		(2) 60%購自外部：$24,000
20x7/12/31	$36,000	(1) 50%購自丙公司：$18,000　($18,000÷160%＝$11,250) (成本$11,250，加成$6,750)
		(2) 50%購自外部：$18,000

乙公司存貨：

20x6/12/31	$19,375	100%購自甲公司：$19,375　($19,375÷125%＝$155,000) (成本$15,500，加成$3,875)
20x7/12/31	$15,625	100%購自甲公司：$15,625　($15,625÷125%＝$12,500) (成本$12,500，加成$3,125)

丙公司存貨：

20x6/12/31	$12,000	100%購自外部：$12,000
20x7/12/31	$18,000	100%購自外部：$18,000

(1) ($10,000＋$24,000)＋$15,500＋$12,000＝$61,500

(2) ($11,250＋$18,000)＋$12,500＋$18,000＝$59,750

(3)

20x6 年	投資收益－乙：($40,000×70%)－$3,875＝$24,125
	投資收益－丙：($45,000－$5,000－$6,000)×80%＝$27,200
	非控制權益應分享之乙公司淨利：$40,000×30%＝$12,000
	非控制權益應分享之丙公司淨利：($45,000－$5,000－$6,000)×20%＝$6,800
20x7 年	投資收益－乙：($50,000×70%)＋$3,875－$3,125＝$35,750
	投資收益－丙：($55,000＋$6,000－$6,750)×80%＝$43,400
	非控制權益應分享之乙公司淨利：$50,000×30%＝$15,000
	非控制權益應分享之丙公司淨利：($55,000＋$6,000－$6,750)×20%＝$10,850

(4) 甲公司及其子公司 20x7 年合併工作底稿上之沖銷分錄：

(a)	銷貨收入	75,000	
	銷貨成本		75,000
	$45,000＋$30,000＝$75,000		

(b)	銷貨成本	9,875	
	存　貨		9,875
	$3,125+$6,750＝$9,875		
(c)	採用權益法之投資－乙	3,875	
	銷貨成本		3,875
(d)	採用權益法之投資－丙	4,800	
	非控制權益－丙	1,200	
	銷貨成本		6,000
	$6,000×80%＝$4,800，$6,000×80%＝$4,800		
(e)	採用權益法認列之子公司、關聯企業 　　　　及合資利益之份額－乙	35,750	
	採用權益法之投資－乙		35,750
(f)	採用權益法認列之子公司、關聯企業 　　　　及合資利益之份額－丙	43,400	
	採用權益法之投資－丙		43,400
(g)	非控制權益淨利－乙	15,000	
	非控制權益－乙		15,000
(h)	非控制權益淨利－丙	10,850	
	非控制權益－丙		10,850
(i)	(乙期初權益)	Y	
	採用權益法之投資－乙		0.7 Y
	非控制股權－乙		0.3 Y
(j)	(丙期初權益)	Z	
	採用權益法之投資－丙		0.8 Z
	非控制股權－丙		0.2 Z

(5) 20x7 年：

	甲公司	乙公司	丙公司
期初存貨	$40,000	$19,375	$12,000
本期進貨	90,000	85,000	75,000
期末存貨	(36,000)	(15,625)	(18,000)
銷貨成本	$94,000	$88,750	$69,000

20x7 年合併銷貨成本
＝($94,000＋$88,750＋$69,000)－$75,000＋$9,875－($3,875＋$6,000)
＝$176,750

(七)　(逆流銷貨，子淨值低估 → 採用權益法、未採用權益法)

甲公司於 20x4 年 1 月 1 日以$504,000 取得乙公司 90%股權，並對乙公司存在控制。當日乙公司權益包括普通股股本$400,000 及保留盈餘$100,000，且帳列資產及負債之帳面金額皆等於公允價值，除有一項未入帳專利權(估計尚有 10 年使用年限)外，無其他未入帳資產或負債。非控制權益係以收購日公允價值衡量。

從 20x4 年 1 月 1 日起，甲公司及乙公司垂直整合其製造與行銷功能，由乙公司負責製造商品，並按製造成本的140%將全數商品售予甲公司，再由甲公司按其進貨價格的 150%將商品銷售予合併個體以外單位。已知乙公司 20x6 及 20x7 年銷貨收入分別為$400,000 及$500,000，甲公司及乙公司 20x6 及 20x7 年之期末存貨金額如下：

	20x6/12/31	20x7/12/31	
甲公司	$56,000	$84,000	全數購自乙公司
乙公司	$70,000	$90,000	

截至 20x6 年 12 月 31 日，乙公司權益包括普通股股本$400,000 及保留盈餘$140,000。乙公司 20x7 年淨利為$100,000，係全年平均地賺得，且宣告並發放$30,000 現金股利。

試求：(A)　下列應表達在甲公司財務報表上之金額：
　　　　(1) 20x6 年 12 月 31 日「採用權益法之投資」餘額。
　　　　(2) 20x7 年甲公司應認列的投資損益或股利收入。
　　　　(3) 20x7 年 12 月 31 日「採用權益法之投資」餘額。
　　　(B)　應表達在 20x6 年 12 月 31 日及 20x7 年 12 月 31 日甲公司及其子公司合併財務狀況表上之非控制權益。
　　　(C)　編製甲公司及其子公司 20x7 年合併工作底稿上之調整/沖銷分錄。
　　　(D)　若甲公司未採用權益法處理其對乙公司之股權投資，而係於乙公司宣告現金股利時認列股利收入，並將該股權投資分類為「透過損益按公允價值衡量之金融資產」，請重覆(C)的要求。

解答：

20x4/ 1/ 1：非控制權益係以收購日公允價值衡量，惟題意中未提及該公允價值，
　　　　　　故設算之。乙公司總公允價值＝$504,000÷90%＝$560,000
　　　　　　未入帳專利權＝$560,000－($400,000＋$100,000)＝$60,000

未入帳專利權之每年攤銷數＝$60,000÷10 年＝$6,000

非控制權益＝$560,000×10%＝$56,000

甲公司 20x6 年期末存貨中所含之未實現利益
＝$56,000－($56,000÷140%)＝$56,000－$40,000＝$16,000

甲公司 20x7 年期末存貨中所含之未實現利益
＝$84,000－($84,000÷140%)＝$84,000－$60,000＝$24,000

按權益法計算投資損益：

20x4 ~ 20x6	「採用權益法之投資」淨增加數 ＝[($400,000＋$140,000)－($400,000＋$100,000)－專利權攤銷數$6,000×3 年 －未實現利益$16,000]×90%＝$5,400 「非控制權益」淨增加數 ＝[($400,000＋$140,000)－($400,000＋$100,000)－專利權攤銷數$6,000×3 年 －未實現利益$16,000]×10%＝$600
20x7	投資收益＝($100,000－專利權攤銷數$6,000＋已實現利益$16,000 －未實現利益$24,000)×90%＝$77,400 非控制權益淨利＝($100,000－專利權攤銷數$6,000＋已實現利益$16,000 －未實現利益$24,000)×10%＝$8,600

相關項目異動如下：(單位：千元)

	20x4/1/1	20x4~20x6	20x6/12/31	20x7	20x7/12/31
乙－權 益	$500	淨＋$40	$540	＋$100－$30	$610
權益法：					
甲－採用權益法之投資	$504	淨＋$5.4	$509.4	＋$77.4－$27	$559.8
合併財務報表：					
專利權	$60	－$6×3 年	$42	－$6	$36
非控制權益	$56	淨＋$0.6	$56.6	＋$8.6－$3	$62.2
未採用權益法：					
甲－強制透過損益按公允價值衡量之金融資產	$504		$504	股利收入$27	$504
驗 算：					
20x6/12/31：「採用權益法之投資」＝($540＋$42－$16)×90%＝$509.4 非控制權益＝($540＋$42－$16)×10%＝$56.6 20x7/12/31：「採用權益法之投資」＝($610＋$36－$24)×90%＝$559.8 非控制權益＝($610＋$36－$24)×10%＝$62.2					

(A) (1) 20x6 年 12 月 31 日,「採用權益法之投資」餘額＝$509,400
　　(2) 甲公司認列 20x7 年投資收益＝$77,400
　　(3) 20x7 年 12 月 31 日,「採用權益法之投資」餘額＝$559,800

(B) 20x6 年 12 月 31 日,合併財務狀況表上之「非控制權益」＝$56,600
　　20x7 年 12 月 31 日,合併財務狀況表上之「非控制權益」＝$62,200

(C) 20x7 年,甲公司及其子公司合併工作底稿上之沖銷分錄:

(1)	銷貨收入	500,000	
	銷貨成本		500,000
(2)	銷貨成本	24,000	
	存　貨		24,000
(3)	採用權益法之投資	14,400	
	非控制權益	1,600	
	銷貨成本		16,000
	$16,000×90%＝$14,400,$16,000×10%＝$1,600		
(4)	採用權益法認列之子公司、關聯企業 　　　　　及合資利益之份額	77,400	
	股　利		27,000
	採用權益法之投資		50,400
(5)	非控制權益淨利	8,600	
	股　利		3,000
	非控制權益		5,600
(6)	普通股股本	400,000	
	保留盈餘	140,000	
	專利權	42,000	
	採用權益法之投資		523,800
	非控制股權		58,200
(7)	攤銷費用	6,000	
	專利權		6,000

(D) 20x7 年,甲公司及其子公司合併工作底稿上之調整/沖銷分錄:

調整分錄:			
(a)	採用權益法之投資	504,000	
	強制透過損益按公允價值衡量之金融資產		504,000
(b)	採用權益法之投資	5,400	
	保留盈餘		5,400

(c)	股利收入	27,000	
	採用權益法之投資		27,000
(d)	採用權益法之投資	77,400	
	採用權益法認列之子公司、關聯企業		
	及合資利益之份額		77,400
	採用權益法之投資：$504,000+$5,400(a)−$27,000(b)+$77,400(c)=$559,800		
沖銷分錄：	同(C)沖銷分錄(1)～(7)。		

(八) (基本觀念、反推相關金額)

下列係甲公司及其持股 60%子公司(乙公司)20x6 年個體綜合損益表、個別綜合損益表及其合併綜合損益表：

	甲公司	乙公司	合併個體
銷貨收入	$120,000	$100,000	$200,000
採用權益法認列之子公司、關聯企業及合資利益之份額	17,000	—	—
銷貨成本	(70,000)	(50,000)	(101,000)
各項營業費用	(30,000)	(20,000)	(50,000)
淨　利	$ 37,000	$ 30,000	—
總合併淨利			$ 49,000
減：非控制權益淨利			(12,000)
控制權益淨利			$ 37,000

試作：

(1) 甲公司是否正確地適用權益法處理對乙公司之股權投資？請說明理由。

(2) 甲公司及乙公司於 20x6 年曾發生進、銷貨交易，請問賣方的銷貨毛利中是否隱含未實現利益(或損失)？如果是，請問該未實現利益(或損失)金額為何？

(3) 甲公司及乙公司於 20x6 年所發生的進、銷貨交易，請問是順流銷貨？或是逆流銷貨？該等內部進、銷貨金額為何？

(4) 甲公司及乙公司於 20x6 年所發生的進、銷貨交易，是以外購進貨成本為內部進、銷貨交易的價格嗎？請說明理由。

解答：

(1) 甲公司已正確地適用權益法處理其對乙公司之股權投資，因只有當甲公司正確地適用權益法時，甲公司綜合損益表的淨利才會等於合併綜合損益表上之

控制權益淨利。題目中,甲公司綜合損益表的淨利＝$37,000＝合併綜合損益表上之控制權益淨利,故知甲公司採用正確的權益法。

(2) 賣方的銷貨毛利隱含未實現利益。
    投資收益＝$30,000×60%－未實現利益＝$17,000　∴ 未實現利益＝$1,000
    或 銷貨收入：$120,000＋$100,000－內部銷貨交易金額＝$200,000
    　　　　　　　∴ 內部銷貨交易金額＝$20,000
    　銷貨成本：$70,000＋$50,000－內部銷貨交易金額$20,000＋未實現利益
    　　　　　＝$101,000　　∴ 未實現利益＝$1,000

(3) 是順流銷貨交易,因為非控制權益淨利＝$30,000×40%＝$12,000
    亦可參考上(2)之說明,內部進、銷貨金額＝$20,000。

(4) 內部順流銷貨交易之銷售價格<u>不是</u>外購之進貨成本,因有未實現利益,故知內部順流銷貨交易之銷售價格<u>高於</u>外購之進貨成本。

(九)　(順流銷貨、逆流銷貨)

甲公司持有乙公司 80%股權並對乙公司存在控制。甲公司及乙公司 20x6 年部分營業資料及期末存貨金額如下：

	甲公司	乙公司
銷貨收入 (包含內部銷貨金額)	$660,800	$510,000
甲公司銷貨予乙公司	140,000	—
乙公司銷貨予甲公司	—	240,000
淨　利	?	20,000
營業利益 (尚未包含投資損益)	70,000	
20x6/12/31 之存貨 (購自乙公司)	48,000	—
20x6/12/31 之存貨 (購自甲公司)	—	42,000

其他資料：

(1)	甲公司係按進貨成本加成 40%的價格銷售商品。
(2)	乙公司係按進貨成本加成 20%的價格銷售商品。
(3)	甲公司及乙公司銷售給對方的商品存貨皆購自合併個體以外單位。
(4)	甲公司及乙公司於 20x6 年 1 月 1 日皆無存貨。

試作：(A) 甲公司及其子公司 20x6 年合併綜合損益表上之下列金額：
(1) 合併銷貨收入　　(2) 合併銷貨成本　　(3) 非控制權益淨利
(4) 控制權益淨利　　(5) 總合併淨利
(B) 甲公司及其子公司 20x6 年 12 月 31 日合併財務狀況表上之存貨。
(C) 編製甲公司及其子公司 20x6 年合併綜合損益表。

解答：

(A) (1) 合併銷貨收入＝$660,800＋$510,000－($140,000＋$240,000)＝$790,800

(2) 甲期末存貨：成本＝$48,000÷120%＝$40,000，未實現利益＝$8,000
乙期末存貨：成本＝$42,000÷140%＝$30,000，未實現利益＝$12,000
合併銷貨成本＝($660,800÷140%)＋($510,000÷120%)
　　　　　　－($140,000＋$240,000)＋($12,000＋$8,000)
　　　　　　＝$472,000＋$425,000－$380,000＋$20,000＝$537,000

(3) 非控制權益淨利＝($20,000－$8,000)×20%＝$2,400

(4) 控制權益淨利＝$70,000＋甲投資損益
　　　　　　　＝$70,000＋[($20,000－$8,000)×80%－$12,000]
　　　　　　　＝$70,000－$2,400(投資損失)＝$67,600

(5) 總合併淨利＝控制權益淨利$67,600＋非控制權益淨利$2,400＝$70,000

(B) 合併財務狀況表上之存貨＝$40,000＋$30,000＝$70,000

(C)

甲公司及其子公司 合併綜合損益表 20x6 年 度	
銷貨收入	$ 790,800
銷貨成本	(537,000)
銷貨毛利	$ 253,800
各項營業費用（反推）	(183,800)
總合併淨利	$ 70,000
減：非控制權益淨利	(2,400)
控制權益淨利	$ 67,600

(十) (課文順流銷貨綜合釋例之延伸)

　　甲公司於20x3年7月1日以現金$396,000取得乙公司90%股權,並對乙公司存在控制。當日乙公司權益包括普通股股本$300,000及保留盈餘$120,000,且其帳列資產及負債之帳面金額皆等於公允價值,惟有一項未入帳專利權,估計尚有10年使用年限。非控制權益係以收購日公允價值衡量。

　　從20x3年7月1日起,甲公司經常按外售價格銷貨予乙公司,有關20x6年合併個體內部進、銷貨交易資料如下:

20x6年間,甲公司銷貨予乙公司之金額 (成本$60,000)	$80,000
於20x5/12/31,乙公司期末存貨中所含之未實現利潤	8,000
於20x6/12/31,乙公司期末存貨中所含之未實現利潤	10,000
於20x6/12/31,乙公司帳列「應付帳款－甲」之餘額	40,000

　　乙公司20x5及20x6年廠房及設備的折舊費用分別多計$30,000及低計$10,000,而甲公司於各期期末認列投資損益時不知乙公司財務報表上有上列誤述。甲公司及乙公司皆採永續盤存制。

試作:為編製甲公司及其子公司20x6年正確合併財務報表,請按下列三種獨立情況,分別編製:(1) 截至20x6年12月31日之20x6年合併工作底稿上之調整/沖銷分錄,(2) 甲公司及乙公司20x6年合併工作底稿。

(A) 甲公司正確地適用權益法處理其對乙公司之股權投資。
(B) 甲公司適用權益法處理其對乙公司之股權投資,惟忽略合併個體內部銷貨交易對適用權益法及編製合併財務報表的影響。
(C) 甲公司未採用權益法處理其對乙公司之股權投資,而係於乙公司宣告現金股利時認列股利收入,並將該股權投資分類為「透過損益按公允價值衡量之金融資產」。

下列是(A)、(B)及(C)三種獨立情況下,甲公司及乙公司20x6年綜合損益表與保留盈餘表以及20x6年12月31日財務狀況表資料: (單位:千元)

(續次頁)

	(A)		(B)		(C)	
	甲公司	乙公司	甲公司	乙公司	甲公司	乙公司
綜合損益表：						
銷貨收入	$4,000.0	$1,200.0	$4,000.0	$1,200.0	$4,000.0	$1,200.0
股利收入	—	—	—	—	36.0	—
採用權益法認列之子公司、關聯企業及合資利益之份額	104.2	—	106.2	—	—	—
銷貨成本	(2,200.0)	(800.0)	(2,200.0)	(800.0)	(2,200.0)	(800.0)
各項營業費用	(1,400.0)	(280.0)	(1,400.0)	(280.0)	(1,400.0)	(280.0)
淨　利	$504.2	$120.0	$506.2	$120.0	$436.0	$120.0
保留盈餘表：						
期初保留盈餘	$771.5	$280.0	$779.5	$280.0	$640.0	$280.0
加：淨　利	504.2	120.0	506.2	120.0	436.0	120.0
減：股　利	(200.0)	(40.0)	(200.0)	(40.0)	(200.0)	(40.0)
期末保留盈餘	$1,075.7	$360.0	$1,085.7	$360.0	$876.0	$360.0
財務狀況表：						
現　金	$400.0	$20.0	$400.0	$20.0	$400.0	$20.0
強制透過損益按公允價值衡量之金融資產	—	—	—	—	396.0	—
應收帳款－淨額	180.0	80.0	180.0	80.0	180.0	80.0
存　貨	260.0	180.0	260.0	180.0	260.0	180.0
其他流動資產	156.0	40.0	156.0	40.0	156.0	40.0
採用權益法之投資	595.7	—	605.7	—	—	—
不動產、廠房及設備－淨額	3,200.0	480.0	3,200.0	480.0	3,200.0	480.0
總資產	$4,791.7	$800.0	$4,801.7	$800.0	$4,592.0	$800.0
應付帳款	$320.0	$60.0	$320.0	$60.0	$320.0	$60.0
其他負債	196.0	80.0	196.0	80.0	196.0	80.0
普通股股本	3,200.0	300.0	3,200.0	300.0	3,200.0	300.0
保留盈餘	1,075.7	360.0	1,085.7	360.0	876.0	360.0
總負債及權益	$4,791.7	$800.0	$4,801.7	$800.0	$4,592.0	$800.0

說明：

20x3/7/1：非控制權益係以收購日公允價值衡量，惟題意中未提及該公允價值，故設算之。乙公司總公允價值＝$396,000÷90%＝$440,000

乙公司未入帳專利權＝$440,000－$420,000＝$20,000

未入帳專利權之每年攤銷數＝$20,000÷10 年＝$2,000

非控制權益＝乙總公允價值$440,000×10%＝$44,000

20x3/7/1～20x5/12/31：

乙帳列淨值之淨變動數＝($300,000＋$280,000)－$420,000＝淨＋$160,000

按(A)、(B)、(C)三種獨立情況，分別計算相關金額：

甲公司帳列「採用權益法之投資」之淨變動數	前兩年半 (20x3/7/1～20x5/12/31)	正確：[淨＋$160,000＋折舊多計$30,000－(2.5 年×$2,000)]×90%－$8,000＝淨＋$158,500
		(A) 帳列：[淨＋$160,000－(2.5 年×$2,000)]×90%－$8,000＝淨＋$131,500
		(B) 帳列：[淨＋$160,000－(2.5 年×$2,000)]×90%＝淨＋$139,500
		(C) 帳列：淨＋$0
甲公司應認列之投資損益	20x6 年	正確：($120,000－折舊少計$10,000－$2,000)×90%＋$8,000－$10,000＝$95,200
		(A) 帳列：($120,000－$2,000)×90%＋$8,000－$10,000＝$104,200
		(B) 帳列：($120,000－$2,000)×90%＝$106,200
		(C) 帳列：$0，但認列股利收入$40,000×90%＝$36,000
非控制權益之淨變動數	前兩年半 (20x3/7/1～20x5/12/31)	(A)、(B)、(C)：（正確）[淨＋$160,000＋折舊多計$30,000－(2.5 年×$2,000)]×10%＝淨＋$18,500
非控制權益淨利	20x6 年	(A)、(B)、(C)：（正確）($120,000－折舊少計$10,000－$2,000)×10%＝$10,800

20x6 年，甲公司對乙公司股權投資之分錄：

		(A)	(B)	(C)
期末認列投資損益	採用權益法之投資	104,200	106,200	
	採用權益法認列之子公司、關聯企業及合資利益之份額	104,200	106,200	X
乙公司宣告並發放現金股利	現　金	36,000	36,000	36,000
	採用權益法之投資	36,000	36,000	—
	股利收入	—	—	36,000

相關項目異動如下(表A)：

表A　(單位：千元)

	20x3/7/1	2年半	20x5/12/31	20x6年	20x6/12/31
乙－權　益 (帳列)	$420	淨＋$160	$580	＋$120－$40	$660
乙－權　益 (正確)	$420	淨＋$190	$610	＋$110－$40	$680
權益法：					
甲－用採權益法之投資 (帳列)	$396	淨＋$131.5	$527.5	＋$104.2－$36	$595.7
甲－用採權益法之投資 (正確)	$396	淨＋$158.5	$554.5	＋$95.2－$36	$613.7
合併財務報表：					
專利權	$20	－$2×2.5年	$15	－$2	$13
非控制權益(正確)	$44	淨＋$18.5	$62.5	＋$10.8－$4	$69.3
未正確地適用權益法：					
甲－採用權益法之投資	$396	淨＋$139.5	$535.5	＋$106.2－$36	$605.7
未採用權益法：					
甲－強制透過損益按公允價值衡量之金融資產	$396		$396	股利收入$36	$396

驗　算：(正確地適用權益法並更正乙公司財務報表誤述)

20x5/12/31：
　　甲帳列「採用權益法之投資」＝($610＋$15)×90%－未實現利益$8＝$554.5
　　合併財務狀況表上之「非控制權益」＝($610＋$15)×10%＝$62.5

20x6/12/31：
　　甲帳列「採用權益法之投資」＝($680＋$13)×90%－未實現利益$10＝$613.7
　　合併財務狀況表上之「非控制權益」＝($680＋$13)×10%＝$69.3

(A)(1) 正確地適用權益法，甲公司及其子公司20x6年合併工作底稿之調整/沖銷分錄：

調整分錄：		
(a)	不動產、廠房及設備－淨額　　　　　　30,000	
	(或　累計折舊－不動產、廠房及設備)	
	保留盈餘　　　　　　　　　　　　　　　　　　　　　30,000	
	20x5年折舊費用多計$30,000。	

調整分錄：(續)

(b)	折舊費用	10,000	
	不動產、廠房及設備－淨額		10,000
	(或　累計折舊－不動產、廠房及設備)		
	20x6年折舊費用少計$10,000。		
(c)	採用權益法之投資	18,000	
	採用權益法認列之子公司、關聯企業		
	及合資利益之份額	9,000	
	保留盈餘		27,000
	因上述(a)、(b)之誤述，致保留盈餘及投資收益誤計如下：		
	20x5/12/31，保留盈餘少計＝$30,000×90%＝$27,000		
	20x6年，投資收益多計＝$10,000×90%＝$9,000		

沖銷分錄：

(1)	銷貨收入	80,000	
	銷貨成本		80,000
(2)	銷貨成本	10,000	
	存　貨		10,000
(3)	採用權益法之投資	8,000	
	銷貨成本		8,000
(4)	採用權益法認列之子公司、關聯企業		
	及合資利益之份額	95,200	
	股　利		36,000
	採用權益法之投資		59,200
(5)	非控制權益淨利	10,800	
	股　利		4,000
	非控制權益		6,800
(6)	普通股股本	300,000	
	保留盈餘	310,000	
	專利權	15,000	
	採用權益法之投資		562,500
	非控制權益		62,500
(7)	攤銷費用	2,000	
	專利權		2,000
(8)	應付帳款	40,000	
	應收帳款		40,000

(A) (2) 甲公司及乙公司 20x6年合併工作底稿：

	甲公司	90% 乙公司	調整/沖銷 借方	調整/沖銷 貸方	合併 財務報表
綜合損益表：					
銷貨收入	$4,000,000	$1,200,000	(1) 80,000		$5,120,000
採用權益法認列之子公司、關聯企業及合資利益之份額	104,200	—	調(c) 9,000 (4) 95,200		—
銷貨成本	(2,200,000)	(800,000)	(2) 10,000	(1) 80,000 (3) 8,000	(2,922,000)
各項營業費用	(1,400,000)	(280,000)	調(b)10,000 (7) 2,000		(1,692,000)
淨　利	$ 504,200	$ 120,000			
總合併淨利					$ 506,000
非控制權益淨利			(5) 10,800		(10,800)
控制權益淨利					$ 495,200
保留盈餘表：					
期初保留盈餘	$ 771,500	$280,000	(6) 310,000	調(a)30,000 調(c)27,000	$ 798,500
加：淨利	504,200	120,000			495,200
減：股利	(200,000)	(40,000)		(4) 36,000 (5) 4,000	(200,000)
期末保留盈餘	$1,075,700	$360,000			$1,093,700
財務狀況表：					
現　金	$ 400,000	$ 20,000			$ 420,000
應收帳款－淨額	180,000	80,000		(8) 40,000	220,000
存　貨	260,000	180,000		(2) 10,000	430,000
其他流動資產	156,000	40,000			196,000
採用權益法之投資	595,700	—	調(c)18,000 (3) 8,000	(4) 59,200 (6)562,500	—
不動產、廠房及設備－淨額	3,200,000	480,000	調(a)30,000	調(b)10,000	3,700,000
專利權	—	—	(6) 15,000	(7) 2,000	13,000
總資產	$4,791,700	$800,000			$4,979,000

	甲公司	90% 乙公司	調整/沖銷 借方	調整/沖銷 貸方	合併 財務報表
財務狀況表：(續)					
應付帳款	$ 320,000	$ 60,000	(8) 40,000		$ 340,000
其他負債	196,000	80,000			276,000
普通股股本	3,200,000	300,000	(6)300,000		3,200,000
保留盈餘	1,075,700	360,000			1,093,700
總負債及權益	$4,791,700	$800,000			
非控制權益－1/1				(6) 62,500	
非控制權益 －當期增加數				(5) 6,800	
非控制權益－12/31					69,300
總負債及權益					$4,979,000

(B) (1) 未正確地適用權益法，甲公司及其子公司 20x6 年合併工作底稿之調整/沖銷分錄：

調整分錄：			
(a)	不動產、廠房及設備－淨額　　　　　　　　30,000 (或　累計折舊－不動產、廠房及設備) 　　保留盈餘　　　　　　　　　　　　　　　　　　　　　30,000		
	20x3 年折舊費用多計$30,000。		
(b)	折舊費用　　　　　　　　　　　　　　　　10,000 　　不動產、廠房及設備－淨額　　　　　　　　　　　　10,000 　　(或　累計折舊－不動產、廠房及設備)		
	20x4 年折舊費用少計$10,000。		
註	因上述(a)、(b)之誤述，及未正確地適用權益法，致保留盈餘及投資收益誤計，一併調整於下述(c)、(d)。		
(c)	採用權益法之投資　　　　　　　　　　　19,000 　　保留盈餘　　　　　　　　　　　　　　　　　　　　　19,000		
	(表 A) 保留盈餘：從$139,500 調到$158,500，增加$19,000。		
(d)	採用權益法認列之子公司、關聯企業 　　　　　及合資利益之份額　　　　　　　11,000 　　採用權益法之投資　　　　　　　　　　　　　　　　11,000		
	(表 A) 投資收益：從$106,200 調到$95,200，減少$11,000。		
	(表 A) 採用權益法之投資： 　　$605,700＋$19,000(c)－$11,000(d)＝$613,700		

> 沖銷分錄：
> 在合併工作底稿上填入上述四個調整分錄後，即與(A)權益法下之結果一樣，故接著只要將上述(A)權益法下八個沖銷分錄 [(1)～(8)] 填入合併工作底稿，橫向合計再縱向合計，即可得出正確的合併財務報表，請詳下列之合併工作底稿。

(B) (2) 甲公司及乙公司 20x6 年合併工作底稿：

甲 公 司 及 其 子 公 司
合 併 工 作 底 稿
20x6 年 1 月 1 日至 20x6 年 12 月 31 日

	甲公司	90% 乙公司	調整/沖銷 借方	調整/沖銷 貸方	合併 財務報表
綜合損益表：					
銷貨收入	$4,000,000	$1,200,000	(1) 80,000		$5,120,000
採用權益法認列之子公司、關聯企業及合資利益之份額	106,200	—	調(d)11,000 (4) 95,200		—
銷貨成本	(2,200,000)	(800,000)	(2) 10,000	(1) 80,000 (3) 8,000	(2,922,000)
各項營業費用	(1,400,000)	(280,000)	調(b)10,000 (7) 2,000		(1,692,000)
淨　　利	$ 506,200	$ 120,000			
總合併淨利					$ 506,000
非控制權益淨利			(5) 10,800		(10,800)
控制權益淨利					$ 495,200
保留盈餘表：					
期初保留盈餘	$ 779,500	$280,000	(6) 310,000	調(a)30,000 調(c)19,000	$ 798,500
加：淨　利	506,200	120,000			495,200
減：股　利	(200,000)	(40,000)		(4) 36,000 (5) 4,000	(200,000)
期末保留盈餘	$1,085,700	$360,000			$1,093,700
財務狀況表：					
現　金	$ 400,000	$ 20,000			$ 420,000
應收帳款－淨額	180,000	80,000		(8) 40,000	220,000
存　貨	260,000	180,000		(2) 10,000	430,000

第 103 頁 (第五章 合併個體內部交易－進貨與銷貨)

	甲公司	90% 乙公司	調整／沖銷 借　方	調整／沖銷 貸　方	合　併 財務報表
財務狀況表：(續)					
其他流動資產	156,000	40,000			196,000
採用權益法之投資	605,700	－	調(c)19,000 (3)　8,000	調(d)11,000 (4) 59,200 (6)562,500	－
不動產、廠房 　及設備－淨額	3,200,000	480,000	調(a)30,000	調(b)10,000	3,700,000
專利權	－	－	(6) 15,000	(7)　2,000	13,000
總　資　產	$4,801,700	$800,000			$4,979,000
應付帳款	$ 320,000	$ 60,000	(8) 40,000		$　340,000
其他負債	196,000	80,000			276,000
普通股股本	3,200,000	300,000	(6)300,000		3,200,000
保留盈餘	1,085,700	360,000			1,093,700
總負債及權益	$4,801,700	$800,000			
非控制權益－ 1/1				(6) 62,500	
非控制權益 　－當期增加數				(5)　6,800	
非控制權益－12/31					69,300
總負債及權益					$4,979,000

(C) (1) 未採權益法，甲公司及其子公司 20x6 年合併工作底稿之調整/沖銷分錄：

調整分錄：			
(a)	不動產、廠房及設備－淨額　　　　　　　　　30,000 (或　累計折舊－不動產、廠房及設備) 　保留盈餘　　　　　　　　　　　　　　　　　　　　　30,000		
	20x3 年折舊費用多計$30,000。		
(b)	折舊費用　　　　　　　　　　　　　　　　　10,000 　不動產、廠房及設備－淨額　　　　　　　　　　　　10,000 (或　累計折舊－不動產、廠房及設備)		
	20x4 年折舊費用少計$10,000。		
註	因上述(a)、(b)之誤述，及未採用權益法，致保留盈餘及投資收益 誤計，一併調整於下述(c)、(d)、(e)、(f)。		
(c)	採用權益法之投資　　　　　　　　　　　　396,000 　強制透過損益按公允價值衡量之金融資產　　　　　　396,000		
	轉列為適當會計科目。		

			調整／沖銷		
(d)	採用權益法之投資		158,500		
	保留盈餘			158,500	
	(表A) 保留盈餘：從$0調到$158,500，增加$158,500。				
(e)	股利收入		36,000		
	採用權益法之投資			36,000	
	(表A) 股利收入：從$36,000調到$0，減少$36,000。				
(f)	採用權益法之投資		95,200		
	採用權益法認列之子公司、關聯企業				
	及合資利益之份額			95,200	
	(表A) 投資收益：從$0調到$95,200，增加$95,200。				
	(表A) 採用權益法之投資：				
	$396,000＋$158,500(d)－$36,000(e)＋$95,200(f)＝$613,700				

沖銷分錄：

在合併工作底稿上填入上述六個調整分錄後，即與(A)權益法下之結果一樣，故接著只要將上述(A)權益法下八個沖銷分錄 [(1)～(8)] 填入合併工作底稿，橫向合計再縱向合計，即可得出正確的合併財務報表，請詳下列之合併工作底稿。

(C) (2) 甲公司及乙公司 20x6 年合併工作底稿：

甲公司及其子公司
合併工作底稿
20x6年1月1日至20x6年12月31日

	甲公司	90%乙公司	調整／沖銷 借方	調整／沖銷 貸方	合併財務報表
綜合損益表：					
銷貨收入	$4,000,000	$1,200,000	(1) 80,000		$5,120,000
股利收入	36,000	—	調(e)36,000		—
採用權益法認列之子公司、關聯企業及合資利益之份額	—	—	(4) 95,200	調(f) 95,200	—
銷貨成本	(2,200,000)	(800,000)	(2) 10,000	(1) 80,000 (3) 8,000	(2,922,000)
各項營業費用	(1,400,000)	(280,000)	調(b)10,000 (7) 2,000		(1,692,000)
淨　利	$ 436,000	$ 120,000			

(續次頁)

	甲公司	90% 乙公司	調整/沖銷 借方	調整/沖銷 貸方	合併 財務報表
總合併淨利					$ 506,000
非控制權益淨利			(5) 10,800		(10,800)
控制權益淨利					$ 495,200
保留盈餘表：					
期初保留盈餘	$ 640,000	$280,000	(6) 310,000	調(a)30,000 調(d)158,500	$ 798,500
加：淨　利	436,000	120,000			495,200
減：股　利	(200,000)	(40,000)		(4) 36,000 (5) 4,000	(200,000)
期末保留盈餘	$ 876,000	$360,000			$1,093,700
財務狀況表：					
現　金	$ 400,000	$ 20,000			$ 420,000
強制透過損益按公允價值衡量之金融資產	396,000	—		調(c)396,000	—
應收帳款－淨額	180,000	80,000		(8) 40,000	220,000
存　貨	260,000	180,000		(2) 10,000	430,000
其他流動資產	156,000	40,000			196,000
採用權益法之投資	—	—	調(c)396,000 調(d)158,500 調(f) 95,200 (3) 8,000	調(e)36,000 (4) 59,200 (6)562,500	—
不動產、廠房及設備－淨額	3,200,000	480,000	調(a)30,000	調(b)10,000	3,700,000
專利權	—	—	(6) 15,000	(7) 2,000	13,000
總資產	$4,592,000	$800,000			$4,979,000
應付帳款	$ 320,000	$ 60,000	(8) 40,000		$ 340,000
其他負債	196,000	80,000			276,000
普通股股本	3,200,000	300,000	(6)300,000		3,200,000
保留盈餘	876,000	360,000			1,093,700
總負債及權益	$4,592,000	$800,000			
非控制權益－1/1				(6) 62,500	
非控制權益－當期增加數				(5) 6,800	
非控制權益－12/31					69,300
總負債及權益					$4,979,000

(十一) (逆流：子公司提供勞務予母公司)

甲公司持有乙公司 80%股權並對乙公司存在控制。乙公司的主要業務是提供管理諮詢服務，故經常提供管理諮詢服務予甲公司並收費。20x6 年，乙公司共提供價值$150,000 之管理諮詢服務予甲公司，並開立帳單向甲公司收費，但截至 20x6 年 12 月 31 日，甲公司尚有$30,000 乙公司帳單仍未付清。

20x6 年，乙公司為提供甲公司管理諮詢服務而發生的專業人力成本及其他相關成本共計$110,000。甲公司 20x6 年加計投資收益前之淨利為$2,340,000，而乙公司 20x6 年淨利為$630,000。

試作：(1) 甲公司適用權益法應認列 20x6 年對乙公司之投資損益。
(2) 甲公司及乙公司 20x6 年總合併淨利。
(3) 編製甲公司及乙公司 20x6 年合併工作底稿之調整/沖銷分錄。

解答：

以合併個體觀點，分析甲公司及乙公司 20x6 年損益：

	甲公司	乙公司
個別淨利 (含內部交易)	$2,340,000	$630,000
消除(甲)內部費用 / 消除(乙)內部收益	150,000	(150,000)
計入(甲)真實費用 / 消除(乙)內部費用	(110,000)	110,000
已實現淨利	$2,380,000	$590,000
乙公司淨利歸屬甲公司 (＊)	472,000	(472,000)
乙公司淨利歸屬非控制權益 (＊)	－	$118,000
甲公司淨利	$2,852,000	

＊：$590,000×80%＝$472,000，$590,000×20%＝$118,000
總合併淨利＝甲已實現淨利$2,380,000＋乙已實現淨利$590,000
　　　　　＝$2,970,000
　　　　　＝控制權益淨利$2,852,000＋非控制權益淨利$118,000

(1) 甲公司應認列之投資收益
＝($630,000－$150,000＋$110,000)×80%＋$150,000(甲帳列費用)
　－$110,000(甲權益法下之費用)＝$590,000×80%＋$150,000－$110,000
＝$512,000

$\quad$ 甲公司淨利＝控制權益淨利＝\$2,340,000＋\$512,000＝\$2,852,000

$\quad$ 非控制權益淨利＝(\$630,000－\$150,000＋\$110,000)×20%＝\$118,000

(2) 20x6 年，總合併淨利＝\$2,852,000＋\$118,000＝\$2,970,000

(3) 甲公司及乙公司 20x6 年合併工作底稿之調整/沖銷分錄：

(a)	管理諮詢服務收入	150,000	
	$\quad$ 管理諮詢服務費用		150,000
(b)	應付管理諮詢服務費	30,000	
	$\quad$ 應收管理諮詢服務費		30,000
(c)	採用權益法認列之子公司、關聯企業		
	$\qquad$ 及合資利益之份額	512,000	
	$\quad$ 採用權益法之投資		512,000
(d)	非控制權益淨利	118,000	
	$\quad$ 非控制權益		118,000
(e)	(乙公司權益科目)	(20x6 年初餘額)	
	$\quad$ 採用權益法之投資		(20x6 年初餘額)
	$\quad$ 非控制權益		

(十二) **(95 會計師考題改編)**

$\quad$ 榮光公司持有大光公司、中光公司及小光公司股權多年，持股比例分別為 80%、60%及 40%，並對大光公司及中光公司存在控制，以及對小光公司具重大影響。假設於收購日及股權取得日，子公司及關聯企業帳列資產及負債之帳面金額皆等於公允價值，且無未入帳資產或負債。非控制權益係以收購日公允價值衡量。榮光公司對前述股權投資採權益法處理。

$\quad$ 20x6 年，榮光公司將一批成本\$30,000 的商品存貨以\$50,000 售予大光公司，大光公司又於 20x6 年稍後將該批商品存貨以\$70,000 售予中光公司。截至 20x6 年底，中光公司尚有\$35,000 購自大光公司之商品仍未售予合併個體以外單位。

$\quad$ 20x6 年，榮光公司將一批成本\$50,000 的商品存貨以\$80,000 售予小光公司，小光公司又於 20x6 年稍後將該批商品存貨以\$100,000 售予中光公司。截至 20x6 年底，中光公司尚有\$25,000 購自小光公司之商品仍未售予合併個體以外單位。

20x6 年，中光公司將一批成本$20,000 的商品存貨以$40,000 售予大光公司。截至 20x6 年底，大光公司仍未將該批商品售予合併個體以外單位。榮光公司、大光公司、中光公司均採永續盤存制。20x6 年，大光公司、中光公司及小光公司之淨利分別為$100,000、$80,000 及$50,000。

試作：(1) 按權益法，榮光公司 20x6 年對大光公司、中光公司及小光公司應認列之投資收益。
(2) 編製榮光公司及其子公司 20x6 年合併工作底稿之<u>部分</u>沖銷分錄。只需編製與上述四家公司間進、銷貨交易相關之沖銷分錄。
(3) 榮光公司及其子公司 20x6 年合併綜合損益表上之非控制權益淨利。

參考答案：

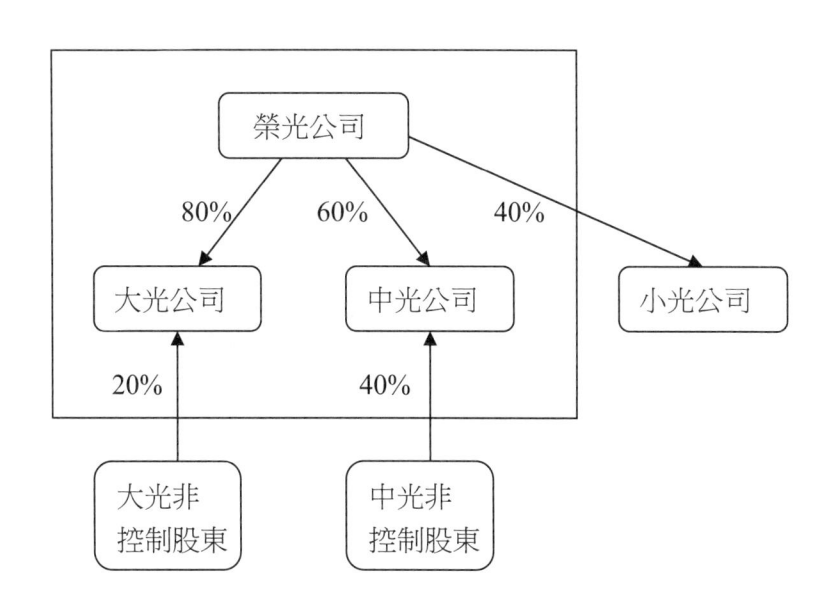

```
                    榮光公司
            80%     60%      40%
         大光公司  中光公司   小光公司
           ↑20%    ↑40%
        大光非    中光非
        控制股東  控制股東
```

榮光 ⟶ 大光 ⟶ 中光
$30,000 （順） $50,000 （側） $70,000

榮光 ⟶ 小光 ⟶ 中光
$50,000 （順） $80,000 （側） $100,000

中光 ⟶ 大光
$20,000 （側） $40,000

未實現利益：

(a) 順流：($50,000－$30,000)×($35,000÷$70,000)＝$20,000×(1/2)＝$10,000
(b) 側流：($70,000－$50,000)×(1/2)＝$10,000
(a)＋(b)＝$10,000＋$10,000＝$20,000，亦可計算如下：
　　　　($70,000－$30,000)×($35,000÷$70,000)＝$40,000×(1/2)＝$20,000

(c) 順流：($80,000－$50,000)×($25,000÷$100,000)＝$30,000×(1/4)＝$7,500
(d) 側流：($100,000－$80,000)×(1/4)＝$5,000
(c)＋(d)＝$7,500＋$5,000＝$12,500，亦可計算如下：
　　　　($100,000－$50,000)×($25,000÷$100,000)＝$50,000×(1/4)＝$12,500

(e) 側流：($40,000－$20,000)×100%＝$20,000

「非控制權益淨利－大光」＝[$100,000－(b)$10,000]×20%＝$18,000
「非控制權益淨利－中光」＝[$80,000－(e)$20,000]×40%＝$24,000
「非控制權益淨利」(合計)＝$18,000＋$24,000＝$42,000
小光公司非合併個體成員，不必納入合併，榮光對小光仍適用權益法。

榮光公司 20x6 年對大光公司、中光公司及小光公司應認列之投資收益：

大光	[$100,000－(b)$10,000]×80%－(a)$10,000＝$72,000－$10,000＝$62,000
中光	[$80,000－(e)$20,000]×60%＝$36,000
小光	$50,000×40%－(d)$5,000×40%×60%－(c)$7,500×40%＝$15,800

甲公司分錄：

20x6/ 12/31	採用權益法之投資－大光	62,000	
	採用權益法認列之子公司、關聯企業及合資		
	利益之份額－大光		62,000
12/31	採用權益法之投資－中光	36,000	
	採用權益法認列之子公司、關聯企業及合資		
	利益之份額－中光		36,000
12/31	採用權益法之投資－小光	15,800	
	採用權益法認列之關聯企業及合資利益之份額－小光		15,800

榮光公司及其子公司 20x6 年合併工作底稿之<u>部分</u>沖銷分錄：

		榮 → 大 → 中	中 → 大
(1)	銷貨收入	120,000	40,000
	銷貨成本	120,000	40,000
		($50,000＋$70,000)	
(2)	銷貨成本	20,000	20,000
	存　貨	20,000	20,000
		($10,000＋$10,000)	
		對大光公司	對中光公司
(3)	採用權益法認列之子公司、關聯企業 　　　　及合資利益之份額	62,000	36,000
	採用權益法之投資－大光	62,000	－
	採用權益法之投資－中光	－	36,000
(4)	非控制權益淨利	18,000	24,000
	非控制權益－大光	18,000	－
	非控制權益－中光	－	24,000
(5)	(大光權益相關科目)	(Y＝20x6 初餘額)	
	採用權益法之投資－大光	(Y)×80%	X
	非控制權益－大光	(Y)×20%	
	(中光權益相關科目)		(Z＝20x6 初餘額)
	採用權益法之投資－中光	X	(Z)×60%
	非控制權益－中光		(Z)×40%

(十三)　(單選題：近年會計師考題改編)

(1)　(111 會計師考題)

(A)　甲公司持有乙公司80%股權，且兩家公司之主要業務相同。對於存貨之成本公式(成本流動假設)，甲公司採加權平均法，乙公司採先進先出法，甲公司及乙公司合併財務報表採加權平均法。20x8年間，乙公司將購入成本為$100,000之商品按成本加計50%的價格售予甲公司，截至20x8年底，該批商品尚有30%未售予集團外其他單位。20x8年，甲公司期末存貨及未加計投資損益前淨利分別為$120,000及$1,000,000，乙公司期末存貨及淨利分別為$70,000及$600,000。已知乙公司對於存貨若採加權平均之成本公式，則期末存貨為$60,000。試問20x8年合併財務報表上之控制權益淨利為何？
(A) $1,460,000　　(B) $1,468,000　　(C) $1,473,000　　(D) $1,476,000

說明：(a) 逆流/未實利＝[$100,000×(1＋50%)－$100,000]×30%＝$15,000
　　　(b) 乙公司採先進先出法，期末存貨為$70,000，若採加權平均，期末存貨則為$60,000，減少$10,000，因此淨利將從$600,000減少$10,000而為$590,000。
　　　(c) 20x8年，控制權益淨利＝$1,000,000＋($590,000－$15,000)×80%
　　　　　＝$1,460,000

(2)　(108 會計師考題)

(A)　甲公司持有子公司(乙公司)流通在外55%股權。20x1年，乙公司出售商品予甲公司，並作下列分錄：(借)應收帳款$40,000、(貸)銷貨收入$40,000，乙公司係以商品成本加價25%作為銷售價格。截至20x1年12月31日，甲公司尚有四分之一上述商品仍未售予集團以外單位。甲公司20x1年合併工作底稿應如何沖銷與調整此筆交易所產生的未實現(損)益？
(A)減少甲公司期末存貨餘額$2,000　　(B)增加甲公司期末存貨餘額$2,500
(C)減少甲公司期末存貨餘額$8,000　　(D)增加甲公司期末存貨餘額$10,000

說明：未實現利益＝[$40,000－$40,000÷(1＋25%)]×(1/4)＝$2,000

沖銷分錄(1)	銷貨收入	40,000	
	銷貨成本		40,000
沖銷分錄(2)	銷貨成本	2,000	
	存　　貨		2,000

(3) (107 會計師考題)

(B) 甲公司持有子公司(乙公司)80%股權。於收購日,乙公司帳列資產及負債之帳面金額皆等於公允價值,無未入帳可辨認資產或負債,亦無合併商譽。20x1年,甲公司與乙公司之損益如下:

	甲公司	乙公司
銷貨收入	$600,000	$320,000
銷貨成本	(320,000)	(155,000)
營業費用	(100,000)	(89,000)
淨 利	$180,000	$ 76,000
支付現金股利	$19,000	—

20x1年間甲公司以$50,000將成本$40,000商品售予乙公司,除30%商品至20x2年才售予集團以外單位外,另70%商品於20x1年即售予集團以外單位。試問20x1年合併淨利為何?

(A) $180,000　　(B) $253,000　　(C) $256,000　　(D) $259,000

說明:順流銷貨,未實現利益＝($50,000－$40,000)×30％＝$3,000
　　　甲應認列之投資收益＝($76,000×80％)－$3,000＝$57,800
　　　非控制權益淨利＝$76,000×20％＝$15,200
　　　控制權益淨利＝$180,000＋$57,800＝$237,800
　　　20x1年合併淨利＝$237,800＋$15,200＝$253,000

亦可:20x1年合併工作底稿之沖銷分錄:

(a)	銷貨收入	50,000	
	銷貨成本		50,000
(b)	銷貨成本	3,000	
	存　貨		3,000

合併銷貨收入＝$600,000＋$320,000－$50,000＝$870,000
合併銷貨成本＝$320,000＋$155,000－$50,000＋$3,000＝$428,000
合併營業費用＝$100,000＋$89,000＝$189,000
20x1年合併淨利＝$870,000－$428,000－$189,000＝$253,000

(4) (107 會計師考題)

(C) 20x1年 1月 1日，甲公司取得子公司(乙公司)90%股權，同時取得關聯企業(丙公司)20%股權。甲公司對乙、丙兩家公司之股權投資皆採權益法。20x1年 3月 1日，乙公司銷售商品存貨予甲公司，20x1年12月31日前甲公司已將該批商品全數售予集團以外單位。另20x1年10月 1日，甲公司銷售商品存貨予丙公司，截至20x1年12月31日，丙公司仍持有該批商品尚未售予集團以外單位。有關20x1年甲公司與子公司年度合併財務報表之敘述，下列何者正確？

(A) 合併財務狀況表不會出現權益法投資科目之金額
(B) 甲公司銷貨予丙公司之銷貨毛利在合併財務報表中應已全數銷除
(C) 乙公司銷售存貨予甲公司之銷貨收入在合併財務報表中應已全數銷除
(D) 甲公司銷售存貨予丙公司之銷貨毛利應列入非控制權益淨利之計算

說明：(A) 甲帳列「採用權益法之投資－丙」仍會出現在甲與乙之合併財務狀況表，因丙非屬甲與乙集團成員。
　　　(B) 甲銷貨予丙之銷貨毛利中之未實現利益的20%在合併財務報表中應予銷除，請參閱P.73。
　　　(D) 甲銷售存貨予丙之銷貨毛利不應列入非控制權益淨利之計算。
　　　　　非控制權益淨利＝乙已實現淨利×10%

(5) (106 會計師考題)

(A) 20x6年 1月 1日甲公司取得子公司(乙公司)85%股權。於收購日，乙公司帳列資產及負債之帳面金額皆等於公允價值，無未入帳可辨認資產或負債，亦無合併商譽。20x6年 7月 1日甲公司將成本$240,000之商品以$288,000售予乙公司，截至20x6年12月31日，該批商品尚有八分之一仍未售予集團以外單位，該未出售商品之淨變現價值為$33,600。試問20x6年甲公司與乙公司之合併綜合損益表中應認列之存貨跌價損失為何？

(A) $0　　(B) $2,400　　(C) $3,600　　(D) $4,800

說明：納入合併財務狀表「存貨」之金額＝$240,000×1/8＝$30,000，
　　　而成本$30,000 ＜ 淨變現價值$33,600，
　　　故合併綜合損益表中無須認列存貨跌價損失。

(6) (106 會計師考題)

(B) 20x1年 1月 1日甲公司取得子公司(乙公司)80%股權。於收購日,乙公司帳列資產及負債之帳面金額皆等於公允價值,無未入帳可辨認資產或負債,亦無合併商譽。20x1年間甲公司以$86,000出售成本$70,000之商品予乙公司,該批商品至20x1年12月31日尚有四分之三仍未售予集團以外單位。甲公司20x1年綜合損益表列示:銷貨收入$180,000、銷貨成本$120,000、營業費用$17,000。乙公司20x1年綜合損益表列示:銷貨收入$160,000、銷貨成本$90,000、營業費用$21,000。甲公司及其子公司20x1年合併綜合損益表上銷貨成本金額為何?

(A) $120,000　　(B) $136,000　　(C) $148,000　　(D) $210,000

說明:順流銷貨,未實現利益=($86,000-$70,000)×3/4=$12,000

20x1年合併工作底稿之沖銷分錄:

(a)	銷貨收入	86,000	
	銷貨成本		86,000
(b)	銷貨成本	12,000	
	存　貨		12,000

20x1年合併綜合損益表上銷貨成本
=$120,000+$90,000-$86,000+$12,000=$136,000

(7) (105 會計師考題)

(C) 甲公司於 20x5 年初以現金$360,000 子公司(乙公司)60%股權。於收購日,乙公司帳列淨資產之帳面金額等於公允價值$600,000,無未入帳可辨認資產或負債,亦無合併商譽。非控制權益係以收購日公允價值$240,000 衡量。20x5 年間,乙公司將成本$600,000 商品以$800,000 售予甲公司,截至 20x5 年底,甲公司尚有$200,000 購自乙公司之商品仍未售予集團以外單位。20x5 年甲公司與乙公司的個別淨利(不含投資收益或股利收入)分別為$300,000 與$150,000。20x6 年間,乙公司將成本$900,000 商品以$1,200,000 售予甲公司,截至 20x6 年底,甲公司尚有$400,000 購自乙公司之商品仍未售予集團以外單位。20x6 年甲公司與乙公司的個別淨利(不含投資收益或股利收入)分別為$400,000 與$250,000。20x5 年至 20x6 年間,甲公司和乙公司均無宣放並發放現金股利。試問 20x6 年底甲公司帳列「採用權益法之投資-乙公司」餘額為何?

(A) $360,000　　(B) $500,000　　(C) $540,000　　(D) $600,000

說明：20x5 年初(收購日)，乙總公允價值＝$360,000＋$240,000＝$600,000，
恰等於乙帳列淨資產之帳面金額(亦是公允價值)$600,000，即乙帳列
資產及負債無高或低估情況，乙亦無未入帳之資產及負債。

20x5 年，未實現利益＝($800,000－$600,000)×($200,000/$800,000)
＝$50,000，將於 20x6 年實現

20x6 年，未實現利益＝($1,200,000－$900,000)×($400,000/$1,200,000)
＝$100,000，將於 20x7 年實現

因此，甲公司應認列之投資收益為：
20x5 年，($150,000－$50,000)×60%＝$60,000
20x6 年，($250,000＋$50,000－$100,000)×60%＝$$120,000

故 20x6 年底甲公司帳上「採用權益法之投資－乙公司」
＝$360,000＋$60,000＋$120,000＝$540,000

(8)　(104 會計師考題)

(B)　甲公司數年前取得子公司(乙公司)90%股權。20x8 年，甲公司以$19,000 出售一批商品給乙公司，該筆內部銷貨之毛利率與甲公司 20x8 年平均毛利率相同。乙公司已於 20x8 年出售該批商品予集團以外單位，且無期末存貨。甲公司及乙公司 20x8 年之銷貨資料如下：

	甲公司	乙公司
銷貨收入	$400,000	$60,000
銷貨成本	(250,000)	(25,000)
銷貨毛利	$150,000	$35,000

試問 20x8 年合併綜合損益表上之銷貨成本為何？
(A) $250,000　　(B) $256,000　　(C) $263,125　　(D) $275,000

說明：20x8 年合併工作底稿上之部分沖銷分錄：

(1)	銷貨收入　　　　19,000	
	銷貨成本　　　　　　　19,000	
(2)	銷貨成本　　　　　－	乙已將內部交易商品外售
	存　貨　　　　　　　　－	，故無未實現損益。

20x8 年合併綜合損益表上銷貨成本
＝$250,000＋$25,000－$19,000＝$256,000

(9) (104 會計師考題)

(D) 承上題，試問 20x8 年合併綜合損益表上之銷貨毛利為何？
(A) $113,750　　(B) $150,000　　(C) $177,875　　(D) $185,000

說明：合併銷貨收入＝$400,000＋$60,000－$19,000＝$441,000
　　　合併銷貨毛利＝$441,000－$256,000＝$185,000

(10) (102 會計師考題)

(C) 甲公司及其持股80%子公司(乙公司)20x6年未加計投資損益前之淨利分別為$1,000,000及$850,000。甲公司常將商品以成本的120%售予乙公司。20x5年及20x6年，甲公司銷貨予乙公司的金額分別為$3,400,000及$3,600,000。截至20x5年底及20x6年底，乙公司期末存貨中分別尚有購自甲公司的商品$720,000及$480,000仍未售予集團以外單位。試問20x6年甲公司及乙公司合併綜合損益表上之控制權益淨利為何？
(A) $720,000　　(B) $1,712,000　　(C) $1,720,000　　(D) $1,850,000

說明：20x6 年，順流銷貨之已實現利益
　　　　＝[$3,400,000－($3,400,000÷120%)]×($720,000÷$3,400,000)
　　　　＝$120,000
　　　20x6 年，順流銷貨之未實現利益
　　　　＝[$3,600,000－($3,600,000÷120%)]×($480,000÷$3,600,000)
　　　　＝$80,000
　　　20x6年，甲公司按權益法應認列之投資收益
　　　　＝($850,000×80%)＋$120,000－$80,000＝$720,000
　　　20x6年，甲公司及乙公司合併綜合損益表上之控制權益淨利
　　　　＝甲公司適用權益法之淨利
　　　　＝甲公司個別淨利＋甲公司之投資收益
　　　　＝$1,000,000＋$720,000＝$1,720,000

(11) (101 會計師考題)

(D) 甲公司定期銷售商品予其持股 90%之子公司(乙公司)。乙公司 20x5 年底及 20x6 年底期末存貨中分別包含未實現銷貨毛利$40,000 及$30,000。下列敘述何者正確？
(A) 20x6 年，甲公司和乙公司個別銷貨成本的合計數將小於合併銷貨成本
(B) 20x6 年，甲公司和乙公司個別銷貨收入的合計數將小於合併銷貨收入
(C) 20x6 年底，甲公司和乙公司個別存貨的合計數將小於合併存貨
(D) 20x6 年，甲公司和乙公司個別銷貨毛利的合計數將小於合併銷貨毛利

說明：由下列三個 20x6 年沖銷分錄即可推知答案為(D)。

沖銷分錄(1)	銷貨收入　　　　　　　Y
	銷貨成本　　　　　　　　　Y
沖銷分錄(2)	銷貨成本　　　　30,000
	存　貨　　　　　　　30,000
沖銷分錄(3)	採用權益法之投資　40,000
	銷貨成本　　　　　　　40,000

甲和乙「個別銷貨收入合計數」－Y＝「合併銷貨收入」，
甲和乙「個別銷貨成本合計數」－(Y＋$10,000)＝「合併銷貨成本」，
故 甲和乙「個別銷貨毛利合計數」＋$10,000＝「合併銷貨毛利」，
即 甲和乙「個別銷貨毛利合計數」較「合併銷貨毛利」少$10,000。

(12) (100 會計師考題)

(A) 甲公司於 20x1 年初取得子公司(乙公司)70%股權。甲公司 20x6 年期初存貨中有$8,000 之 A 商品係購自乙公司(A 商品外購成本為$6,000)，A 商品已於 20x6 年售予集團以外單位。20x6 年 8 月 1 日，乙公司將成本$36,000 之 B 商品以$48,000 售予甲公司，而甲公司於 20x6 年僅售出該批 B 商品的 70% 予集團以外單位。此外甲公司於 20x6 年 11 月 30 日將成本$150,000 之 C 商品以$180,000 售予乙公司，而乙公司於 20x6 年僅售出該批 C 商品的 60% 予集團以外單位。若 20x6 年甲公司及乙公司之銷貨成本分別為$420,000 及 $360,000，則 20x6 年甲公司及乙公司合併綜合損益表上之銷貨成本為何？
(A) $565,600　　(B) $560,000　　(C) $567,600　　(D) $780,000

說明：期初存貨(逆流)：$8,000－$6,000＝$2,000 (已實現利益)

　　　20x6 逆流銷貨：未實現利益＝($48,000－$36,000)×30%＝$3,600

　　　20x6 順流銷貨：未實現利益＝($180,000－$150,000)×40%＝$12,000

沖銷分錄(1)	銷貨收入　　　　　　228,000
	銷貨成本　　　　　　　　　228,000
	$48,000＋$180,000＝$228,000
沖銷分錄(2)	銷貨成本　　　　　　15,600
	存　　貨　　　　　　　　　15,600
	$3,600＋$12,000＝$15,600
沖銷分錄(3)	採用權益法之投資　　2,000
	銷貨成本　　　　　　　　　2,000

20x6 年之合併銷貨成本
＝$420,000＋$360,000－$228,000＋$15,600－$2,000＝$565,600

(13)　(99 會計師考題)

(A)　丙公司於 20x5 年 1 月 1 日以帳列淨值取得子公司(丁公司) 90%股權。當日丁公司帳列資產及負債皆等於公允價值，且無未入帳之資產或負債。20x5年，丙公司將成本$56,000 的商品按$80,000 售予丁公司，該商品至 20x5 年底尚有 50%包含在丁公司期末存貨中。20x6 年丙公司將成本$72,000 的商品按$90,000 售予丁公司，該商品至 20x6 年底尚有 40%包含在丁公司期末存貨中。丙公司及丁公司 20x6 年之銷貨資料如下：

	丙公司	丁公司
銷貨收入	$750,000	$550,000
銷貨成本	450,000	330,000
銷貨毛利	$300,000	$220,000

試問 20x6 年丙公司與丁公司合併綜合損益表上之銷貨成本應為何？
(A) $685,200　　(B) $690,000　　(C) $694,800　　(D) $775,200

說明：20x5：未實現利益＝($80,000－$56,000)×50%＝$12,000

　　　20x6：已實現利益＝$12,000

　　　　　　未實現利益＝($90,000－$72,000)×40%＝$7,200

　　　20x6 年合併銷貨成本＝$450,000＋$330,000－$90,000＋$7,200
　　　　　　　　　　　　　－$12,000＝$685,200

(14)　(99、91 會計師考題)

(D)　東榮公司持有甲、乙及丙公司各 80%、60%及 40%股權，並對甲公司及乙公司存在控制，且對丙公司具重大影響。當初收購子公司及投資關聯企業時，子公司及關聯企業之帳列資產及負債的帳面金額皆等於公允價值，且無未入帳資產或負債。20x6 年，乙公司將成本$30,000 的 A 商品以$50,000 售予甲公司，至 20x6 年底甲公司尚未出售該批 A 商品予集團以外單位。20x6 年，丙公司以$60,000 將成本$40,000 之 B 商品售予乙公司，至 20x6 年底乙公司尚未出售該批 B 商品予集團以外單位。若 20x6 年甲、乙和丙公司未加計投資損益前之淨利分別為$100,000、$80,000 和$50,000，則 20x6 年東榮公司按權益法應認列對乙公司及對丙公司之投資收益各為何？

	乙公司	丙公司
(A)	$38,400	$15,200
(B)	$38,400	$12,000
(C)	$36,000	$12,000
(D)	$36,000	$15,200

說明：(a)　側流(乙→甲)：未實現利益＝$50,000－$30,000＝$20,000
　　　(b)　側流(丙→乙)：未實現利益＝$60,000－$40,000＝$20,000
　　　　　投資收益(乙)＝[$80,000－$20,000(a)]×60%＝$36,000
　　　　　　　　　　　[乙公司是東榮公司的子公司]
　　　　　投資收益(丙)＝$50,000×40%－$20,000(b)×40%×60%＝$15,200
　　　　　　　　　　　[丙公司是東榮公司的關聯企業]

(15)　(96 會計師考題)

(C)　20x5 年 1 月 1 日，甲公司以現金$900,000 取得子公司(乙公司)90%股權。當日乙公司權益包括普通股股本$600,000 及保留盈餘$200,000，除機器設備價值低估$50,000 及有一項未入帳專利權外，其餘帳列資產及負債皆等於公允價值，亦無其他未入帳之資產或負債。該項價值低估之機器設備估計可再使用 5 年，無殘值，按直線法計提折舊，而專利權估計尚有 10 年使用年限。非控制權益係以收購日公允價值衡量。20x5 年間，乙公司對甲公司銷貨$150,000，毛利$50,000，至 20x5 年底，尚有五分之一商品包含於甲公司之期末存貨中。若乙公司 20x5 年淨利為$200,000，並宣告及發放現金股利$100,000，則甲公司 20x5 年之投資收益為何？

(A) $157,500　　(B) $150,300　　(C) $148,500　　(D) $148,000

說明：非控制權益係以收購日公允價值衡量，惟題意中未提及該公允價值，
　　　故設算之。$900,000÷90%＝$1,000,000
　　　$1,000,000－($600,000＋$200,000)＝$200,000
　　　機器設備低估數之每年折舊額＝$50,000÷5 年＝$10,000
　　　未入帳專利權之每年攤銷數＝($200,000－$50,000)÷10 年＝$15,000
　　　逆流/存貨：未實現利益＝$50,000×1/5＝$10,000
　　　20x5 年，甲公司之投資收益
　　　　＝($200,000－$10,000－$15,000－$10,000)×90%＝$148,500

(16)　(96 會計師考題)

(B)　甲公司持有子公司(乙公司)80%股權。20x6 及 20x7 年中，甲公司及乙公司間發生之進、銷貨交易如下：

	20x6	20x7
母、子公司間銷貨收入	$40,000	$60,000
母、子公司間銷貨成本	24,000	39,000
期末存貨中來自集團內部交易之商品	5,000	12,000
未計入投資損益前之淨利：甲公司		80,000
乙公司		20,000

若甲、乙公司間銷貨是順流銷貨，則 20x7 年之控制權益淨利為何？
(A) $92,160　　(B) $93,800　　(C) $94,240　　(D) $97,800

說明：

	20x6		20x7	
母、子公司間銷貨收入	$40,000	100%	$60,000	100%
母、子公司間銷貨成本	24,000	60%	39,000	65%
母、子公司間銷貨毛利	$16,000	40%	$21,000	35%

20x7 年，已實現利益＝$5,000×40%＝$2,000
20x7 年，未實現利益＝$12,000×35%＝$4,200
20x7 年，甲公司之投資收益＝($20,000×80%)＋$2,000－$4,200＝$13,800
20x7 年，控制權益淨利＝$80,000＋$13,800＝$93,800

(17) (95 會計師考題)

(C) 甲公司持有子公司(乙公司)90%股權。20x5 年 7 月 1 日,乙公司將一批成本$27,000 的商品以$42,000 售予甲公司,截至 20x5 年 12 月 31 日尚餘 40% 的商品仍未售予集團以外單位而包含在甲公司期末存貨中。若 20x5 年甲公司及乙公司帳列銷貨成本分別為$85,000 及$45,000,則 20x5 年合併綜合損益表中之銷貨成本金額應為何?
(A) $136,000　　(B) $116,000　　(C) $94,000　　(D) $74,000

說明:逆流銷貨,未實現利益=($42,000－$27,000)×40%=$6,000
　　　20x5 年合併銷貨成本=$85,000＋$45,000－$42,000＋$6,000
　　　　　　　　　　　=$94,000

(18) (93 會計師考題)

(B) 甲公司持有子公司(乙公司)90%股權。20x6 年間乙公司將一批成本$40,000 的商品以$50,000 售予甲公司,截至 20x6 年 12 月 31 日甲公司只售出該批商品的 60%予集團以外單位,其餘商品則於 20x7 年才售予集團以外單位。試問上述甲公司及乙公司間之進、銷貨交易對 20x7 年之合併銷貨成本有何影響?
(A) 增加$6,000　　(B) 減少$4,000　　(C) 增加$3,600　　(D) 減少$5,400

說明:20x6 年未實現利益=($50,000－$40,000)×(1－60%)=$4,000
　　　20x7 年已實現利益=$4,000,使 20x7 年合併銷貨成本減少$4,000

(19) (93 會計師考題)

(D) 母子公司間發生進、銷貨交易致有未實現利益時,非控制權益淨利應如何計算?
(A) 子公司帳列淨利調整順流交易未(已)實現利益後×非控制權益比例
(B) 子公司帳列淨利×非控制權益比例
(C) 子公司帳列淨利調整順、逆流交易未(已)實現利益後×非控制權益比例
(D) 子公司帳列淨利調整逆流交易未(已)實現利益後×非控制權益比例

(20) **(92會計師考題)**

(B) 甲公司於20x5年1月1日取得子公司(乙公司)90%股權。當日乙公司除有一項未入帳專利權外，其餘帳列資產及負債之帳面金額皆等於公允價值，亦無其他未入帳之資產或負債。該項未入帳專利權每年之攤銷數為$50,000。平時乙公司依成本的120%出售商品予甲公司，甲公司20x5年底及20x6年底的存貨中分別有$360,000及$480,000的商品係購自乙公司。甲公司與乙公司20x6年綜合損益表資料如下：

	甲公司	乙公司
銷貨收入	$3,000,000	$1,800,000
銷貨成本	(1,800,000)	(1,200,000)
銷貨毛利	$1,200,000	$ 600,000
營業費用	(600,000)	(300,000)
個別淨利	$ 600,000	$ 300,000

試問甲公司與乙公司20x6年合併綜合損益表中之總合併淨利為何？
(A) $900,000　　(B) $830,000　　(C) $850,000　　(D) $802,000

說明：20x5：未實現利益＝$360,000－($360,000÷120%)＝$60,000
　　　20x6：已實現利益＝$60,000
　　　　　　未實現利益＝$480,000－($480,000÷120%)＝$80,000
　　　20x6，甲公司應認列之投資收益
　　　　　＝($300,000－$50,000＋$60,000－$80,000)×90%＝$207,000
　　　20x6，非控制權益淨利＝($300,000－$50,000＋$60,000－$80,000)
　　　　　　　　　　　　　×10%＝$23,000
　　　總合併淨利＝($600,000＋$207,000)＋$23,000＝$830,000
　　　　或＝(甲$600,000＋乙$300,000)－專攤$50,000
　　　　　　＋已實利$60,000－未實利$80,000＝$830,000

(21) **(91會計師考題)**

(C) 母、子公司間有進、銷貨交易發生時，合併財務報表中下列那一項目之金額將不因順流或逆流交易而有不同？
(A) 控制權益淨利　　(B) 非控制權益淨利
(C) 總合併淨利　　　(D) 合併保留盈餘

(22)　(91 會計師考題)

(C)　甲公司持有子公司(乙公司)80%股權數年。當初收購時，乙公司帳列資產及負債皆等於公允價值，且無未入帳資產或負債。20x6 年，乙公司將成本$80,000 之 A 商品以$100,000 售予甲公司，至 20x6 年底甲公司尚有 30%之 A 商品仍未售予集團以外單位。20x7 年，甲公司將成本$100,000 之 B 以$150,000 售予乙公司，至 20x7 年底乙公司尚有 20%之 B 商品仍未售予集團以外單位。甲公司 20x6 及 20x7 年帳列銷貨成本分別為$400,000 及$350,000；而乙公司 20x6 及 20x7 年帳列銷貨成本皆為$250,000。試問 20x6 及 20x7 年合併綜合損益表上之銷貨成本各為何？

(A) $544,000 及$446,000　　　(B) $564,000 及$496,000
(C) $556,000 及$454,000　　　(D) $576,000 及$504,000

說明：20x6：逆流：($100,000－$80,000)×30%＝$6,000
　　　　20x7：順流：($150,000－$100,000)×20%＝$10,000
　　　　合併綜合損益表上之銷貨成本：
　　　　20x6：($400,000＋$250,000)－$100,000＋$6,000＝$556,000
　　　　20x7：($350,000＋$250,000)－$150,000＋$10,000－$6,000＝$454,000

(23)　(91 會計師考題)

(C)　甲公司於 20x5 年初取得子公司(乙公司)80%股權。於收購日，乙公司帳列資產及負債之帳面金額皆等於公允價值，且無未入帳資產或負債。20x6 年底甲公司帳列「採用權益法之投資」為$600,000，雖然甲公司採用權益法處理其對乙公司之股權投資，卻忽略內部交易的影響。乙公司係以成本加價 20%作為商品售價，若甲公司 20x5 及 20x6 年底期末存貨中分別有$150,000 及$240,000 係於各該年購自乙公司，則 20x6 年底甲公司帳列「採用權益法之投資」之正確餘額為何？

(A) $588,000　　(B) $585,000　　(C) $568,000　　(D) $560,000

說明：未實現利益＝$240,000－[$240,000÷(1＋20%)]＝$40,000
　　　$600,000－($40,000×80%)＝$568,000

(24) (91 會計師考題)

(A) 甲公司持有子公司(乙公司)70%股權。20x5 年 3 月甲公司將成本$75,000 商品以$87,000 售予乙公司,乙公司於 20x5 年 5 月將該商品以$94,500 售予集團以外單位。若 20x5 年甲公司及乙公司之銷貨毛利分別為$15,000 及$9,000,則甲公司及乙公司 20x5 年合併綜合損益表中之銷貨毛利為何?
(A) $24,000　(B) $15,000　(C) $19,500　(D) $18,750

說明:因該商品已於 20x5 年間售予合併個體以外單位,故無未實現利益。因此,合併銷貨毛利＝$15,000＋$9,000＝$24,000。

(25) (91 會計師考題)

(D) 甲公司持有子公司(乙公司)80%股權及子公司(丙公司)60%股權多年。20x6 年發生兩筆內部交易:(1)甲公司將成本$60,000 之 A 商品以$75,000 售予乙公司,而乙公司期末存貨中之 A 商品共計$18,750。(2)丙公司將成本$80,000 之 B 商品以$120,000 售予甲公司,甲公司期末存貨中之 B 商品共計$60,000。若編製 20x6 年合併財務報表前,甲公司及乙公司之合計資產總額為$450,000,則處理上述兩筆內部交易對合併財務報表之影響後,合併資產總額為何?
(A) $434,250　(B) $450,000　(C) $371,250　(D) $426,250

說明:順:未實現利益＝($75,000－$60,000)×($18,750÷$75,000)＝$3,750
　　　逆:未實現利益＝($120,000－$80,000)×($60,000÷$120,000)＝$20,000
　　　合併資產總額＝$450,000－$3,750－$20,000＝$426,250

(26) (90 會計師考題)

(A) 甲公司於 20x6 年初取得子公司(乙公司)80%股權。於收購日,乙公司帳列資產及負債之帳面金額皆等於公允價值,且無未入帳資產或負債。20x6 及 20x7 年間,乙公司以成本的 125%將其生產之全部產品售予甲公司。甲公司對存貨係採先進先出的成本公式(成本流動假設),20x6 及 20x7 年底期末存貨中分別有$7,500 及$10,000 是購自乙公司。甲公司雖採用權益法處理其對乙公司之股權投資,惟忽略內部交易之影響。試問此項疏忽將造成 20x7 年甲公司所認列之投資損益:

(A) 高估$400　　(B) 低估$400　　(C) 高估$500　　(D) 低估$500

說明：20x6 年：未實現利益＝$7,500－($7,500÷125%)＝$1,500

20x7 年：已實現利益＝$1,500

未實現利益＝$10,000－($10,000÷125%)＝$2,000

20x7 年，甲公司應認列之投資收益

＝(乙帳列淨利＋$1,500－$2,000)×80%

＝(乙帳列淨利×80%)－$400

但 20x7 年甲公司已認列之投資收益＝乙帳列淨利×80%

故 20x7 年甲公司所認列之投資收益是高估$400

第六章　合併個體內部交易
　　　－不動產、廠房及設備

　　延續第五章集團內個體間交易的議題，本章將探討有關集團內個體間買賣不動產、廠房及設備以及相關折舊提列等交易。

一、合併個體內部買賣不動產、廠房及設備之基本觀念

　　第五章所述之合併個體內部進、銷貨交易，買方公司通常會在進貨當期或下一個會計年度，將買進之商品存貨售予合併個體以外的單位，即本期內部交易所產生的未實現損益通常會在下一個會計期間透過商品存貨的外售而實現，但本章所述之買賣「不動產、廠房及設備」交易則有些不同。

　　買進商品存貨是為了將之外售而獲利，但買進「不動產、廠房及設備」是為了營業上使用之目的，希望透過使用「不動產、廠房及設備」讓日常營運更有效率，間接達到獲利目的，而不是將「不動產、廠房及設備」轉售予合併個體以外的單位而獲利。既然「不動產、廠房及設備」係用於營業上，其經濟效益將隨著「不動產、廠房及設備」的使用狀況而逐漸消耗，因此必須提列折舊，將「不動產、廠房及設備」中已耗用之經濟效益轉列為當期製造成本、營業費用或損失，以符合成本與收益配合原則。因此集團內個體間買賣「不動產、廠房及設備」所產生的未實現損益，是透過該項「不動產、廠房及設備」於營業上使用致經濟效益消耗而提列折舊，才逐期實現。唯一例外的是土地，土地的經濟效益不因使用而消耗，故無須提列折舊，因此合併個體內部買賣土地所產生的未實現損益，須等到該筆土地將來售予合併個體以外單位時始能實現，理由類似內部進、銷貨交易。

　　初(中)會已學過處分「不動產、廠房及設備」交易，若以"買賣"為例，賣方除了將所出售「不動產、廠房及設備」之成本及相關累計折舊及累計減損除列外，尚須將出售「不動產、廠房及設備」之實收額(net proceeds)與所出售「不動產、廠房及設備」帳面金額的差額列為「處分不動產、廠房及設備損益」。而買方則按取得成本借記「不動產、廠房及設備」，日後再依其估計使用年限及估計殘值，並按"與其經濟效益消耗型態吻合"之適當折舊方法，逐期提列折舊費用。

若此等買賣「不動產、廠房及設備」交易發生在集團內個體間(母、子公司之間或子公司彼此間)，則買賣雙方按前述會計原則與觀念，將取得「不動產、廠房及設備」交易及處分「不動產、廠房及設備」交易列記在各自帳冊上，並編製各自年度財務報表。惟以合併個體而言，上述處分「不動產、廠房及設備」交易係屬合併個體之內部交易，該項被買賣之「不動產、廠房及設備」只是在合併個體內部不同單位間移轉，故賣方所列記的「處分不動產、廠房及設備損益」在內部交易發生當時並未實現，由於買賣雙方已將該筆內部交易分別入帳並納入各自年度財務報表中，因此編製當年度母、子公司合併財務報表時，<u>須消除</u>內部買賣「不動產、廠房及設備」交易<u>及</u>其所產生的未實現損益，就好像這些內部交易從沒發生過一樣，待買方日後實際將該項「不動產、廠房及設備」用於營業上，致其經濟效益消耗而提列折舊時，前述之未實現損益才會逐期實現，並於實現年度的合併財務報表中認列為已實現損益。

　　同理，母公司適用權益法(單線合併)時，亦須將當年合併個體內部買賣「不動產、廠房及設備」交易所產生的未實現損益排除，同時計入當年之已實現損益，始能得出正確投資損益。

　　茲將上述說明彙集如下，請詳次頁：

(續次頁)

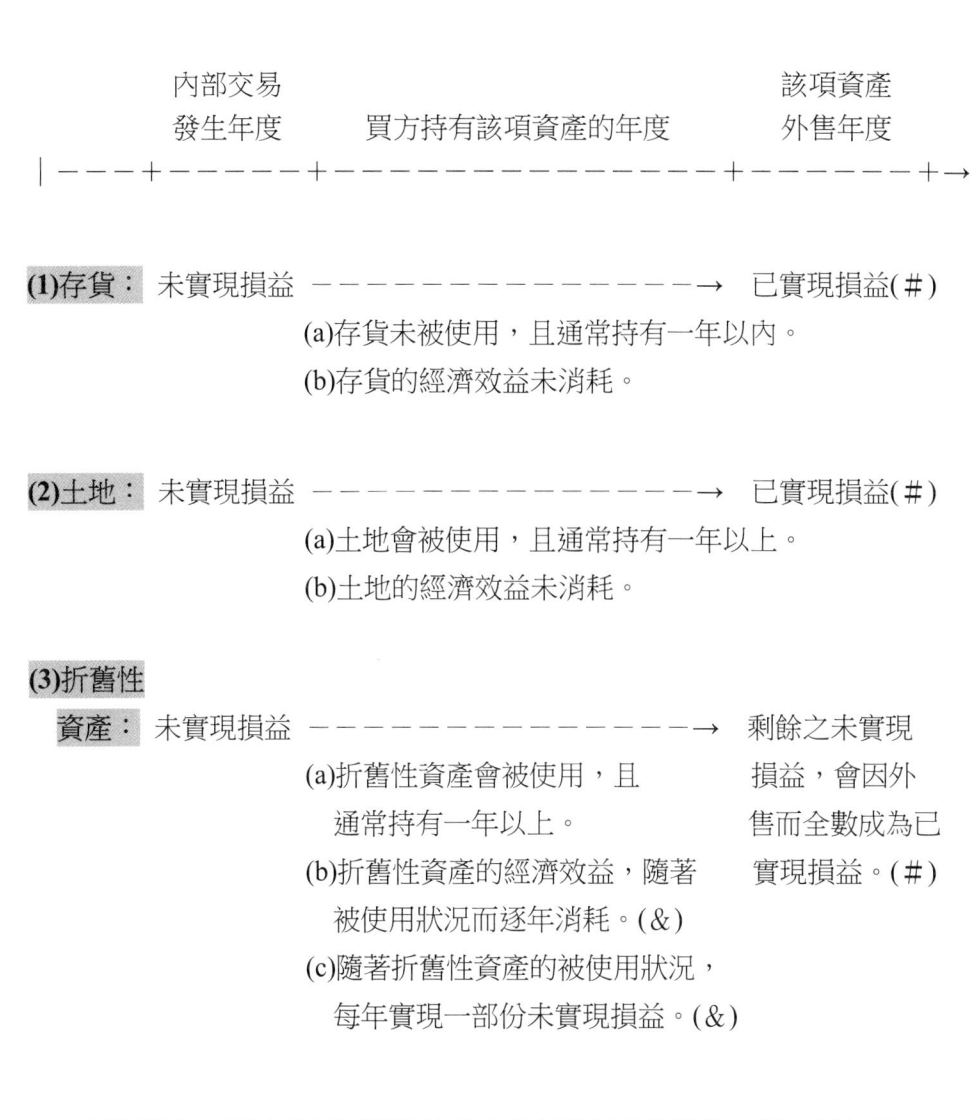

```
         內部交易                                該項資產
         發生年度      買方持有該項資產的年度       外售年度
|―――+――――――+―――――――――――――+――――――+→
```

(1)存貨： 未實現損益 ――――――――――――→ 已實現損益(#)
　　　　　(a)存貨未被使用，且通常持有一年以內。
　　　　　(b)存貨的經濟效益未消耗。

(2)土地： 未實現損益 ――――――――――――→ 已實現損益(#)
　　　　　(a)土地會被使用，且通常持有一年以上。
　　　　　(b)土地的經濟效益未消耗。

(3)折舊性
　資產： 未實現損益 ――――――――――――→ 剩餘之未實現
　　　　　(a)折舊性資產會被使用，且　　　　　　損益，會因外
　　　　　　通常持有一年以上。　　　　　　　　售而全數成為已
　　　　　(b)折舊性資產的經濟效益，隨著　　　實現損益。(#)
　　　　　　被使用狀況而逐年消耗。(&)
　　　　　(c)隨著折舊性資產的被使用狀況，
　　　　　　每年實現一部份未實現損益。(&)

#：透過外售，經濟效益瞬間移轉予合併個體以外的單位，對合併個體而言，其經濟效益瞬間消失。

&：折舊性資產的經濟效益，隨著該折舊性資產的被使用狀況而逐年消耗，因此每年會實現一部份未實現損益。<u>亦可想像為</u>：每年"出售一部分折舊性資產"予合併個體以外的單位，因此每年應就當年出售之比例"實現一部分未實現損益"。用"想像"一詞係因並非真的"出售一部分折舊性資產"，而是透過"使用"導致折舊性資產消耗部分經濟效益，其結果與"出售一部分折舊性資產"相同。

透過上述之說明，本章擬按下列分類，逐類舉例說明之。

※ 非折舊性之「不動產、廠房及設備」－土地：

	順流	逆流	側流
買方於買入土地數年後，將該土地售予合併個體以外的單位	(一)	(二)	(三)

※ 折舊性之「不動產、廠房及設備」：

		期末時發生內部交易			期初時發生內部交易		
		順流	逆流	側流	順流	逆流	側流
(A)	買方使用該折舊性資產至其耐用年限終了	(四)	(六)	(八)	(五)	(七)	(九)
(B)	買方未使用該折舊性資產至其耐用年限終了，即將之售予合併個體以外的單位：						
	(1) 期末時外售	(四)延伸	(六)延伸	自行推論	自行推論	自行推論	自行推論
	(2) 期初時外售						

原則上，不論面對那一種集團內個體間買賣「不動產、廠房及設備」交易，母公司(或投資者)皆應依前面介紹的基本觀念去適用權益法及編製母、子公司合併財務報表。惟不同的銷售方向會使未實現損益出現在集團內不同個體的帳上(可能是母公司、子公司、投資者或關聯企業的帳上)，因此需按不同的銷售方向逐項說明，故彙述說明於「表 6-1」及「表 6-2」，除表中第(1)項外，「表 6-1」及「表 6-2」的其餘內容與第五章的「表 5-1」及「表 5-2」相同，不再贅述。
(為方便說明，皆假設子公司或關聯企業當年度係產生淨利，非淨損。)

(續次頁)

表 6-1

		順　　流	逆　　流
(1)	「未實現損益」隱含在何處？	(a) 母公司(投資者)的綜合損益表內 (處分不動產、廠房及設備利益或損失皆高估)	(a) 子公司(被投資者)的綜合損益表內 (處分不動產、廠房及設備利益或損失皆高估)
		(b) 子公司(被投資者) 帳列「不動產、廠房及設備」內	(b) 母公司(投資者) 帳列「不動產、廠房及設備」內

表 6-2

		側　流　[假設：由子公司(乙)出售「不動產、廠房及設備」予子公司(丙)]	
		子公司(乙)	子公司(丙)
(1)	「未實現損益」隱含在何處？	子公司(乙)的綜合損益表內 (處分不動產、廠房及設備利益或損失皆高估)	子公司(丙) 帳列「不動產、廠房及設備」內

二、合併個體內部買賣土地交易－順流

釋例一：

甲公司持有乙公司 90%股權數年並對乙公司存在控制。當初收購時，乙公司帳列資產及負債的帳面金額皆等於公允價值，且無未入帳資產或負債。截至 20x5 年 1 月 1 日，甲公司帳列「採用權益法之投資」為$450,000，當日乙公司權益包括普通股股本$300,000 及保留盈餘$200,000，而非控制權益之金額為$50,000。

20x5 年，甲公司將一筆營業上使用且帳面金額為$100,000 之土地以$150,000 售予乙公司。乙公司將該筆土地列為「不動產、廠房及設備」，直到 20x7 年，

乙公司才以$180,000將該筆土地售予合併個體以外的單位。假設乙公司20x5、20x6及20x7年之淨利分別為$60,000、$70,000及$80,000，且皆未宣告並發放現金股利。

有關上述土地買賣交易，甲公司及乙公司各自帳列分錄：

甲	20x5/某日	現　　金　　　　　　　　　　　　150,000
		土　　地　　　　　　　　　　　　　　　100,000
		處分不動產、廠房及設備利益　　　　　　50,000
乙	(同上)	土　　地　　　　　　　　　　　　150,000
		現　　金　　　　　　　　　　　　　　　150,000
乙	20x7/某日	現　　金　　　　　　　　　　　　180,000
		土　　地　　　　　　　　　　　　　　　100,000
		處分不動產、廠房及設備利益　　　　　　30,000

20x5、20x6及20x7年，甲公司應認列之投資損益及非控制權益淨利：

	甲公司應認列之投資損益	非控制權益淨利
20x5年	$60,000×90%－$50,000＝$4,000	$60,000×10%＝$6,000
20x6年	$70,000×90%＝$63,000	$70,000×10%＝$7,000
20x7年	$80,000×90%＋$50,000＝$122,000	$80,000×10%＝$8,000

甲公司按權益法認列投資收益之分錄：

	20x5/12/31	20x6/12/31	20x7/12/31
採用權益法之投資	4,000	63,000	122,000
採用權益法認列之子公司、關聯企業及合資利益之份額	4,000	63,000	122,000

(續次頁)

按權益法,相關項目異動如下: (單位:千元)

	20x5/1/1	20x5	20x5/12/31	20x6	20x6/12/31	20x7	20x7/12/31
乙－權益	$500	＋$60	$560	＋$70	$630	＋$80	$710
權益法:							
甲－採用權益法之投資	$450	＋$4	$454	＋$63	$517	＋$122	$639
合併財務報表:							
非控制權益	$50	＋$6	$56	＋$7	$63	＋$8	$71

驗算:
20x5/12/31:甲帳列「採用權益法之投資」＝(乙權益$560×90%)－未實現利益$50＝$454
合併財務狀況表上之「非控制權益」＝乙權益$560×10%＝$56
20x6/12/31:($630×90%)－$50＝$517, $630×10%＝$63
20x7/12/31:$710×90%＝$639, $710×10%＝$71

(A) 內部交易發生年度(20x5年),母公司及其子公司部分合併工作底稿:

	甲公司	90% 乙公司	調整／沖銷 借 方	調整／沖銷 貸 方	合 併 財務報表
綜合損益表:					
銷貨收入	$500,000	$200,000			$700,000
銷貨成本	(280,000)	(100,000)			(380,000)
各項營業費用	(120,000)	(40,000)			(160,000)
處分不動產、廠房及設備利益	50,000	－	(1) 50,000		－
採用權益法認列之子公司、關聯企業及合資利益之份額	4,000	－	(2) 4,000		－
淨 利	$154,000	$60,000			
總合併淨利					$160,000
非控制權益淨利			(3) 6,000		(6,000)
控制權益淨利					$154,000
財務狀況表:					
採用權益法之投資	$454,000	$ －		(2) 4,000 (4) 450,000	$ －
土 地	$ －	$150,000		(1) 50,000	$100,000
非控制權益				(3) 6,000 (4) 50,000	$56,000

第7頁 (第六章 合併個體內部交易－不動產、廠房及設備)

20x5 年，甲公司將一筆營業上使用多年的土地售予乙公司，乙公司亦將該筆土地用於營業上。以合併個體而言，土地仍在合併個體內部，仍是合併個體的資產，且為營業上使用之非流動資產，並未外售，土地的經濟效益亦未因使用而消耗，故甲公司所認列「處分不動產、廠房及設備利益」$50,000 係屬未實現利益，須在合併工作底稿「處分不動產、廠房及設備利益」列之「調整/沖銷」欄的借方填入$50,000，予以消除。

　　另外，土地原在甲公司帳上的帳面金額為$100,000，故須在合併工作底稿「土地」列之「調整/沖銷」欄的貸方填入$50,000，使土地從$150,000 回復為原帳面金額$100,000，並以$100,000 表達在合併財務狀況表上。將上述沖銷項目及金額以分錄格式呈現 [表 6-3，沖銷分錄(1)]，以確定借貸平衡，另附上在第四章所學的其他必要沖銷分錄 [表 6-3，沖銷分錄(2)～(4)]，如下：

表 6-3

沖銷分錄(1)	處分不動產、廠房及設備利益　　　　　　50,000
	土　地　　　　　　　　　　　　　　　　　　　50,000
沖銷分錄(2)	採用權益法認列之子公司、關聯企業
	及合資利益之份額　　　　　　4,000
	採用權益法之投資　　　　　　　　　　　　　4,000
沖銷分錄(3)	非控制權益淨利　　　　　　　　　　　　6,000
	非控制權益　　　　　　　　　　　　　　　　　6,000
沖銷分錄(4)	普通股股本　　　　　　　　　　　　　300,000
	保留盈餘　　　　　　　　　　　　　　200,000
	採用權益法之投資　　　　　　　　　　　　450,000
	非控制權益　　　　　　　　　　　　　　　　50,000

　　以權益法(單線合併)觀點而言，甲公司20x5年營業利益是$100,000，$500,000－$280,000－$120,000＝$100,000，另有「處分不動產、廠房及設備利益」$50,000係屬未實現利益，不應計入淨利，但甲公司已將該利益記入帳冊中，為使甲公司淨利符合權益法(單線合併)精神，遂從原本應是$54,000 的投資收益中扣除$50,000，$60,000×90%＝$54,000，只認列$4,000 投資收益。

(續次頁)

(B) 買方持有土地年度(20x6 年)，母公司及其子公司部分合併工作底稿：

	甲公司	90% 乙公司	調整／沖銷		合 併 財務報表
			借 方	貸 方	
綜合損益表：					
銷貨收入	$600,000	$240,000			$840,000
銷貨成本	(320,000)	(120,000)			(440,000)
各項營業費用	(160,000)	(50,000)			(210,000)
採用權益法認列之子公司、關聯企業及合資利益之份額	63,000	—	(2) 63,000		—
淨 利	$183,000	$ 70,000			
總合併淨利					$190,000
非控制權益淨利			(3) 7,000		(7,000)
控制權益淨利					$183,000
財務狀況表：					
採用權益法之投資	$517,000	$ —	(1) 50,000	(2) 63,000 (4) 504,000	$ —
土 地	$ —	$150,000		(1) 50,000	$100,000
非控制權益				(3) 7,000 (4) 56,000	$63,000

　　20x6 年並無內部交易發生，乙公司繼續持有並使用該筆於 20x5 年購入之土地於營業上。以合併個體而言，土地仍在合併個體內部，仍是合併個體的資產，且為營業上使用之非流動資產，並未外售，土地的經濟效益亦未因使用而消耗，故 20x5 年之未實現利益(「處分不動產、廠房及設備利益」$50,000)至今仍未實現，尚不能認列為已實現利益。另外，仍須在合併工作底稿「土地」列之「調整/沖銷」欄的貸方填入$50,000，使土地從$150,000 回復為原帳面金額$100,000，並以$100,000 表達在合併財務狀況表上。

　　由於 20x5 年甲公司所認列的投資收益是扣除未實現利益$50,000 後的金額，遂導致 20x5 年 12 月 31 日甲公司帳列「採用權益法之投資」餘額$454,000 較「乙公司權益的 90%」$504,000 少$50,000，$560,000×90%＝$504,000，故須在合併工作底稿「採用權益法之投資」列之「調整/沖銷」欄的借方填入$50,000，重建該二相對科目間 90%的比例關係，以利後續相對科目的沖銷 [表 6-4，沖銷分錄(4)]。將上述沖銷項目及金額以分錄格式呈現 [表 6-4，沖銷分錄(1)]，以確定借貸平衡，另附上在第四章所學的其他必要沖銷分錄 [表 6-4，沖銷分錄(2)～

(4)]，如下：

表 6-4

沖銷分錄(1)	採用權益法之投資　　　　　　　　　50,000	
	土　地	50,000
沖銷分錄(2)	採用權益法認列之子公司、關聯企業	
	及合資利益之份額　　　63,000	
	採用權益法之投資	63,000
沖銷分錄(3)	非控制權益淨利　　　　　　　　　7,000	
	非控制權益	7,000
沖銷分錄(4)	普通股股本　　　　　　　　　　300,000	
	保留盈餘　　　　　　　　　　　260,000	
	採用權益法之投資	504,000
	非控制權益	56,000

(C) 買方將土地外售年度(20x7 年)，母公司及其子公司部分合併工作底稿：

	甲公司	90% 乙公司	調整／沖銷 借方	調整／沖銷 貸方	合併 財務報表
綜合損益表：					
銷貨收入	$650,000	$250,000			$900,000
銷貨成本	(340,000)	(140,000)			(480,000)
各項營業費用	(170,000)	(60,000)			(230,000)
處分不動產、廠房及設備利益	─	30,000		(1) 50,000	80,000
採用權益法認列之子公司、關聯企業及合資利益之份額	122,000	─	(2)122,000		─
淨　利	$262,000	$ 80,000			
總合併淨利					$270,000
非控制權益淨利			(3) 8,000		(8,000)
控制權益淨利					$262,000
財務狀況表：					
採用權益法之投資	$639,000	$ ─	(1) 50,000	(2)122,000 (4) 567,000	$ ─
土　地	$ ─	$ ─			$ ─
非控制權益				(3) 8,000 (4) 63,000	$71,000

20x7 年，乙公司將該筆於 20x5 年購入之土地售予合併個體以外的單位。以合併個體而言，土地已外售，土地的經濟效益瞬間移轉予合併個體以外的買方，故 20x5 年之未實現利益(「處分不動產、廠房及設備利益」$50,000)於 20x7 年實現，應認列為已實現利益，因此在合併工作底稿「處分不動產、廠房及設備利益」列之「調整/沖銷」欄的貸方填入$50,000，連同乙公司帳上已認列「處分不動產、廠房及設備利益」$30,000，使合併個體「處分不動產、廠房及設備利益」為$80,000，外售價格$180,000－土地原在甲公司帳上的帳面金額$100,000＝處分不動產、廠房及設備利益$80,000。

由於 20x5 年甲公司所認列的投資收益是扣除未實現利益$50,000 後的金額，遂導致 20x6 年 12 月 31 日甲公司帳列「採用權益法之投資」餘額$517,000 較「乙公司權益的 90%」$567,000 少$50,000，$630,000×90%＝$567,000，故須在合併工作底稿「採用權益法之投資」列之「調整/沖銷」欄的借方填入$50,000，重建該二相對科目間 90%的比例關係，以利後續相對科目的沖銷 [表 6-5，沖銷分錄(4)]。將上述沖銷項目及金額以分錄格式呈現 [表 6-5，沖銷分錄(1)]，以確定借貸平衡，另附上在第四章所學的其他必要沖銷分錄 [表 6-5，沖銷分錄(2)～(4)]，如下：

表 6-5

沖銷分錄(1)	採用權益法之投資	50,000	
	處分不動產、廠房及設備利益		50,000
沖銷分錄(2)	採用權益法認列之子公司、關聯企業及合資利益之份額	122,000	
	採用權益法之投資		122,000
沖銷分錄(3)	非控制權益淨利	8,000	
	非控制權益		8,000
沖銷分錄(4)	普通股股本	300,000	
	保留盈餘	330,000	
	採用權益法之投資		567,000
	非控制權益		63,000

(續次頁)

三、合併個體內部買賣土地交易－逆流

釋例二：

沿用釋例一資料，惟土地係由乙公司售予甲公司。假設乙公司 20x5、20x6 及 20x7 年之淨利分別為$110,000、$70,000 及$50,000，且皆未宣告並發放現金股利。

有關上述土地買賣交易，甲公司及乙公司各自帳列分錄：

乙	20x5/ 某日	現　　金 　　土　地 　　處分不動產、廠房及設備利益	150,000	100,000 50,000
甲	(同上)	土　地 　　現　　金	150,000	150,000
甲	20x7/ 某日	現　　金 　　土　地 　　處分不動產、廠房及設備利益	180,000	100,000 30,000

20x5、20x6 及 20x7 年，甲公司應認列之投資損益及非控制權益淨利：

	甲公司應認列之投資損益	非控制權益淨利
20x5 年	($110,000－$50,000)×90%＝$54,000	($110,000－$50,000)×10%＝$6,000
20x6 年	$70,000×90%＝$63,000	$70,000×10%＝$7,000
20x7 年	($50,000＋$50,000)×90%＝$90,000	($50,000＋$50,000)×10%＝$10,000

甲公司按權益法認列投資收益之分錄：

	20x5/12/31	20x6/12/31	20x7/12/31
採用權益法之投資 　　採用權益法認列之子公司、 　　關聯企業及合資利益之份額	54,000 54,000	63,000 63,000	90,000 90,000

按權益法,相關項目異動如下: (單位:千元)

	20x5/1/1	20x5	20x5/12/31	20x6	20x6/12/31	20x7	20x7/12/31
乙－權 益	$500	+$110	$610	+$70	$680	+$50	$730
權益法:							
甲－採用權益法之投資	$450	+$54	$504	+$63	$567	+$90	$657
合併財務報表:							
非控制權益	$50	+$6	$56	+$7	$63	+$10	$73

驗 算:
20x5/12/31:甲帳列「採用權益法之投資」=(乙權益$610－未實現利益$50)×90%=$504
　　　　　合併財務狀況表上之「非控制權益」=($610－$50)×10%=$56
20x6/12/31:($680－$50)×90%=$567, ($680－$50)×10%=$63
20x7/12/31:$730×90%=$657, $730×10%=$73

(A) 內部交易發生年度(20x5年),母公司及其子公司部分合併工作底稿:

	甲公司	90% 乙公司	調整/沖銷 借方	調整/沖銷 貸方	合併 財務報表
綜合損益表:					
銷貨收入	$500,000	$200,000			$700,000
銷貨成本	(280,000)	(100,000)			(380,000)
各項營業費用	(120,000)	(40,000)			(160,000)
處分不動產、廠房及設備利益	－	50,000	(1) 50,000		－
採用權益法認列之子公司、關聯企業及合資利益之份額	54,000	－	(2) 54,000		－
淨 利	$154,000	$110,000			
總合併淨利					$160,000
非控制權益淨利			(3) 6,000		(6,000)
控制權益淨利					$154,000
財務狀況表:					
採用權益法之投資	$504,000	$ －	(2) 54,000 (4) 450,000		$ －
土 地	$150,000	$ －		(1) 50,000	$100,000
非控制權益				(3) 6,000 (4) 50,000	$56,000

20x5 年，乙公司將一筆營業上使用多年的土地售予甲公司，甲公司將該筆土地用於營業上。以合併個體而言，土地仍在合併個體內部，仍是合併個體的資產，且為營業上使用之非流動資產，並未外售，土地的經濟效益亦未因使用而消耗，故乙公司所認列「處分不動產、廠房及設備利益」$50,000 係屬未實現利益，須在合併工作底稿「處分不動產、廠房及設備利益」列之「調整/沖銷」欄的借方填入$50,000，予以消除。

　　另外，土地原在乙公司帳上的帳面金額為$100,000，故亦須在合併工作底稿「土地」列之「調整/沖銷」欄的貸方填入$50,000，使土地從$150,000 回復為原帳面金額$100,000，並以$100,000 表達在合併財務狀況表上。將上述沖銷項目及金額以分錄格式呈現 [表 6-6，沖銷分錄(1)]，以確定借貸平衡，另附上在第四章所學的其他必要沖銷分錄 [表 6-6，沖銷分錄(2)～(4)]，如下：

表 6-6

沖銷分錄(1)	處分不動產、廠房及設備利益　　　　　　　　50,000
	土　地　　　　　　　　　　　　　　　　　　　　　50,000
沖銷分錄(2)	採用權益法認列之子公司、關聯企業
	及合資利益之份額　　　　　　54,000
	採用權益法之投資　　　　　　　　　　　　　　54,000
沖銷分錄(3)	非控制權益淨利　　　　　　　　　　　　　　6,000
	非控制權益　　　　　　　　　　　　　　　　　　　6,000
沖銷分錄(4)	普通股股本　　　　　　　　　　　　　　　　300,000
	保留盈餘　　　　　　　　　　　　　　　　　　200,000
	採用權益法之投資　　　　　　　　　　　　　450,000
	非控制權益　　　　　　　　　　　　　　　　　　50,000

　　以權益法(單線合併)觀點而言，甲公司20x5年營業利益是$100,000，$500,000－$280,000－$120,000＝$100,000，加上投資收益$54,000，故甲公司在權益法下淨利為$154,000。其中所認列之投資收益$54,000 是符合權益法精神，係以乙公司之已實現淨利$60,000 乘以 90%而得，乙公司帳列淨利$110,000－未實現利益$50,000＝乙公司已實現淨利$60,000。

(續次頁)

(B) 買方持有土地年度(20x6年)，母公司及其子公司部分合併工作底稿：

	甲公司	90% 乙公司	調整／沖銷 借方	調整／沖銷 貸方	合併 財務報表
綜合損益表：					
銷貨收入	$600,000	$240,000			$840,000
銷貨成本	(320,000)	(120,000)			(440,000)
各項營業費用	(160,000)	(50,000)			(210,000)
採用權益法認列之子公司、關聯企業及合資利益之份額	63,000	—	(2) 63,000		—
淨　利	$183,000	$70,000			
總合併淨利					$190,000
非控制權益淨利			(3) 7,000		(7,000)
控制權益淨利					$183,000
財務狀況表：					
採用權益法之投資	$567,000	$ —	(1) 45,000	(2) 63,000 (4) 549,000	$ —
土　地	$150,000	$ —		(1) 50,000	$100,000
非控制權益			(1) 5,000	(3) 7,000 (4) 61,000	$63,000

　　20x6年並無內部交易發生，甲公司繼續持有並使用該筆於20x5年購入之土地於營業上。以合併個體而言，土地仍在合併個體內部，仍是合併個體的資產，且為營業上使用之非流動資產，並未外售，土地的經濟效益亦未因使用而消耗，故20x5年之未實現利益（「處分不動產、廠房及設備利益」$50,000）至今仍未實現，故不能認列為已實現利益。另外，仍須在合併工作底稿「土地」列之「調整/沖銷」欄的貸方填入$50,000，使土地從$150,000回復為原帳面金額$100,000，並以$100,000表達在合併財務狀況表上。

　　由於20x5年甲公司所認列的投資收益，是以乙公司帳列淨利扣除未實現利益$50,000後的已實現淨利去求算的，非控制權益淨利亦是，遂導致20x5年12月31日甲公司帳列「採用權益法之投資」餘額$504,000較「乙公司權益的90%」$549,000 少$45,000，$610,000×90%＝$549,000，同時也使「非控制權益期初金額」$56,000較「乙公司權益的10%」$61,000 少$5,000，$610,000×10%＝$61,000，故須在合併工作底稿「採用權益法之投資」列及「非控制權益－期初金額」列

之「調整/沖銷」欄的借方分別填入$45,000 及$5,000，重建該二項目與乙公司淨值間 90%及 10%的比例關係，以利後續相對科目的沖銷與非控制權益的增列 [表 6-7，沖銷分錄(4)]。將上述沖銷項目及金額以分錄格式呈現 [表 6-7，沖銷分錄(1)]，以確定借貸平衡，另附上在第四章所學的其他必要沖銷分錄 [表 6-7，沖銷分錄(2)～(4)]，如下：

表 6-7

沖銷分錄(1)	採用權益法之投資	45,000	
	非控制權益	5,000	
	土　　地		50,000
沖銷分錄(2)	採用權益法認列之子公司、關聯企業 　　　　及合資利益之份額	63,000	
	採用權益法之投資		63,000
沖銷分錄(3)	非控制權益淨利	7,000	
	非控制權益		7,000
沖銷分錄(4)	普通股股本	300,000	
	保留盈餘	310,000	
	採用權益法之投資		549,000
	非控制權益		61,000

(C) 買方將土地外售年度(20x7 年)，母公司及其子公司部分合併工作底稿：

	甲公司	90% 乙公司	調整／沖銷 借　方	調整／沖銷 貸　方	合　併 財務報表
綜合損益表：					
銷貨收入	$650,000	$250,000			$900,000
銷貨成本	(340,000)	(140,000)			(480,000)
各項營業費用	(170,000)	(60,000)			(230,000)
處分不動產、廠房 　及設備利益	30,000	—	(1) 50,000		80,000
採用權益法認列之 子公司、關聯企業 及合資利益之份額	90,000	—	(2) 90,000		—
淨　　利	$260,000	$ 50,000			
總合併淨利					$270,000
非控制權益淨利			(3) 10,000		(10,000)
控制權益淨利					$260,000

(承上頁)

	甲公司	90% 乙公司	調整／沖銷		合 併 財務報表
			借　方	貸　方	
財務狀況表：					
採用權益法之投資	$657,000	$　－	(1) 45,000	(2) 90,000 (4) 612,000	$　－
土　　地	$　－	$　－			$　－
非控制權益			(1)　5,000	(3) 10,000 (4) 68,000	$73,000

　　20x7 年，甲公司將該筆於 20x5 年購入之土地售予合併個體以外的單位。以合併個體而言，土地已外售，土地的經濟效益瞬間移轉予合併個體以外的買方，故 20x5 年之未實現利益(「處分不動產、廠房及設備利益」$50,000)於 20x7 年實現，應認列為已實現利益，因此在合併工作底稿「處分不動產、廠房及設備利益」列之「調整/沖銷」欄的貸方填入$50,000，連同甲公司帳上已認列「處分不動產、廠房及設備利益」$30,000，使合併個體的「處分不動產、廠房及設備利益」為$80,000，外售價格$180,000－土地原在乙公司帳上的帳面金額$100,000＝處分不動產、廠房及設備利益$80,000。

　　由於 20x5 年甲公司所認列的投資收益，是以乙公司帳列淨利扣除未實現利益($50,000)後的已實現淨利去求算的，非控制權益淨利亦是，遂導致 20x6 年 12 月 31 日甲公司帳列「採用權益法之投資」餘額($567,000)較「乙公司權益的 90%」($680,000×90%＝$612,000)少$45,000，同時使非控制權益期初金額($63,000)較「乙公司權益的 10%」($680,000×10%＝$68,000)少$5,000，故須在合併工作底稿「採用權益法之投資」列及「非控制權益－期初金額」列之「調整/沖銷」欄的借方分別填入$45,000 及$5,000，重建該二項目與乙公司淨值間 90%及 10%的比例關係，以利後續相對科目的沖銷與非控制權益的增列 [表 6-8，沖銷分錄(4)]。將上述沖銷項目及金額以分錄格式呈現 [表 6-8，沖銷分錄(1)]，以確定借貸平衡，另附上在第四章所學的其他必要沖銷分錄 [表 6-8，沖銷分錄(2)~(4)]，如下：

表 6-8

沖銷分錄(1)	採用權益法之投資	45,000	
	非控制權益	5,000	
	處分不動產、廠房及設備利益		50,000

(承上頁)

沖銷分錄(2)	採用權益法認列之子公司、關聯企業 及合資利益之份額	90,000	
	採用權益法之投資		90,000
沖銷分錄(3)	非控制權益淨利	10,000	
	非控制權益		10,000
沖銷分錄(4)	普通股股本	300,000	
	保留盈餘	380,000	
	採用權益法之投資		612,000
	非控制權益		68,000

四、合併個體內部買賣土地交易－側流

釋例三：

甲公司持有乙公司 90%股權及丙公司 80%股權數年，並對乙公司及丙公司存在控制。當初收購時，乙公司及丙公司帳列資產及負債的帳面金額皆等於公允價值，且無未入帳資產或負債。截至 20x5 年 1 月 1 日，甲公司帳列「採用權益法之投資－乙」及「採用權益法之投資－丙」餘額分別為$450,000 及$320,000，而乙公司非控制權益及丙公司非控制權益之金額分別為$50,000 及$80,000。當日乙公司及丙公司之權益如下：

	乙公司	丙公司
普通股股本	$300,000	$250,000
保留盈餘	200,000	150,000

20x5 年，乙公司將一筆營業上使用且帳面金額為$100,000 之土地以$150,000 售予丙公司。丙公司將該筆土地列為「不動產、廠房及設備」，直到 20x7 年，丙公司才以$180,000 將該筆土地售予合併個體以外的單位。假設乙公司及丙公司 20x5、20x6 及 20x7 年之淨利如下，且兩家公司皆未宣告發放現金股利。

	20x5 年	20x6 年	20x7 年
乙公司	$110,000	$70,000	$50,000
丙公司	$40,000	$50,000	$90,000

有關上述土地買賣交易，乙公司及丙公司各自帳列分錄：

乙	20x5/某日	現　金　　　　　　　　　　　　　150,000
		土　地　　　　　　　　　　　　　100,000
		處分不動產、廠房及設備利益　　　 50,000
丙	(同上)	土　地　　　　　　　　　　　　　150,000
		現　金　　　　　　　　　　　　　150,000
丙	20x7/某日	現　金　　　　　　　　　　　　　180,000
		土　地　　　　　　　　　　　　　100,000
		處分不動產、廠房及設備利益　　　 30,000

20x5、20x6 及 20x7 年，甲公司應認列之投資損益及非控制權益淨利：

	甲公司應認列之投資損益	非控制權益淨利
20x5 年	乙：($110,000－$50,000)×90%＝$54,000	乙：($110,000－$50,000)×10%＝$6,000
	丙：$40,000×80%＝$32,000	丙：$40,000×20%＝$8,000
20x6 年	乙：$70,000×90%＝$63,000	乙：$70,000×10%＝$7,000
	丙：$50,000×80%＝$40,000	丙：$50,000×20%＝$10,000
20x7 年	乙：($50,000＋$50,000)×90%＝$90,000	乙：($50,000＋$50,000)×10%＝$10,000
	丙：$90,000×80%＝$72,000	丙：$90,000×20%＝$18,000

甲公司按權益法認列投資收益之分錄：

	20x5/12/31	20x6/12/31	20x7/12/31
採用權益法之投資－乙	54,000	63,000	90,000
採用權益法認列之子公司、關聯企業及合資利益之份額－乙	54,000	63,000	90,000
採用權益法之投資－丙	32,000	40,000	72,000
採用權益法認列之子公司、關聯企業及合資利益之份額－丙	32,000	40,000	72,000

(續次頁)

按權益法，相關項目異動如下 (甲→乙)： (單位：千元)

	20x5/1/1	20x5	20x5/12/31	20x6	20x6/12/31	20x7	20x7/12/31
乙－權 益	$500	+$110	$610	+$70	$680	+$50	$730
權益法：							
甲－採用權益法之投資－乙	$450	+$54	$504	+$63	$567	+$90	$657
合併財務報表：							
非控制權益	$50	+$6	$56	+$7	$63	+$10	$73
驗 算：							

20x5/12/31：甲帳列「採用權益法之投資－乙」
　　　　　　　＝(乙權益$610－未實現利益$50)×90%＝$504
　　　　　合併財務狀況表上之「非控制權益－乙」
　　　　　　　＝(乙權益$610－未實現利益$50)×10%＝$56
20x6/12/31：($680－$50)×90%＝$567，($680－$50)×10%＝$63
20x7/12/31：$730×90%＝$657，　$730×10%＝$73

按權益法，相關項目異動如下 (甲→丙)： (單位：千元)

	20x5/1/1	20x5	20x5/12/31	20x6	20x6/12/31	20x7	20x7/12/31
丙－權 益	$400	+$40	$440	+$50	$490	+$90	$580
權益法：							
甲－採用權益法之投資－丙	$320	+$32	$352	+$40	$392	+$72	$464
合併財務報表：							
非控制權益	$80	+$8	$88	+$10	$98	+$18	$116
驗 算：							

20x5/12/31：甲帳列「採用權益法之投資－丙」＝丙權益$440×80%＝$352
　　　　　合併財務狀況表上之「非控制權益－丙」＝丙權益$440×20%＝$88
20x6/12/31：$490×80%＝$392，　$490×20%＝$98
20x7/12/31：$580×80%＝$464，　$580×20%＝$116

(續次頁)

(A) 內部交易發生年度(20x5 年)，母公司及其子公司部分合併工作底稿：
(單位：千元)

	甲公司	90% 乙公司	80% 丙公司	調整／沖銷 借方	調整／沖銷 貸方	合併 財務報表
綜合損益表：						
銷貨收入	$500	$200	$150			$850
銷貨成本	(280)	(100)	(80)			(460)
各項營業費用	(120)	(40)	(30)			(190)
處分不動產、廠房及設備利益	–	50	–	(1)　50		–
採用權益法認列之子公司、關聯企業及合資利益之份額－乙	54	–	–	(2)(a)　54		–
採用權益法認列之子公司、關聯企業及合資利益之份額－丙	32	–	–	(2)(b)　32		–
淨　　利	$186	$110	$40			
總合併淨利						$200
非控制權益淨利				(3)(a)　6 (3)(b)　8		(14)
控制權益淨利						$186
財務狀況表：						
採用權益法之投資－乙	$504	$ –	$ –		(2)(a)　54 (4)(a)　450	$ –
採用權益法之投資－丙	$352	$ –	$ –		(2)(a)　32 (4)(b)　320	$ –
土　　地	$ –	$ –	$150		(1)　50	$100
非控制權益－乙					(3)(a)　6 (4)(a)　50	$ 56
非控制權益－丙					(3)(b)　8 (4)(b)　80	$ 88

　　20x5 年，乙公司將一筆營業上使用多年的土地售予丙公司，丙公司將該筆土地用在營業上。以合併個體而言，土地仍在合併個體內部，仍是合併個體的資產，且為營業上使用之非流動資產，並未外售，土地的經濟效益亦未因使用而消耗，故乙公司所認列「處分不動產、廠房及設備利益」$50,000 係屬未實現利益，須在合併工作底稿「處分不動產、廠房及設備利益」列之「調整/沖銷」

欄的借方填入$50,000，予以消除。

另外，土地原在乙公司帳上的帳面金額為$100,000，故亦須在合併工作底稿之「調整/沖銷」欄的貸方填入$50,000，使土地從$150,000 回復為原帳面金額$100,000，並以$100,000 表達在合併財務狀況表上。將上述沖銷項目及金額以分錄格式呈現 [表 6-9，沖銷分錄(1)]，以確定借貸平衡，另附上在第四章所學的其他必要沖銷分錄 [表 6-9，沖銷分錄(2)~(4)]，如下：

表 6-9

沖銷分錄(1)	處分不動產、廠房及設備利益	50,000	
	土　　地		50,000
沖銷分錄(2)(a)	採用權益法認列之子公司、關聯企業		
	及合資利益之份額－乙	54,000	
	採用權益法之投資－乙		54,000
沖銷分錄(2)(b)	採用權益法認列之子公司、關聯企業		
	及合資利益之份額－丙	32,000	
	採用權益法之投資－丙		32,000
沖銷分錄(3)(a)	非控制權益淨利－乙	6,000	
	非控制權益－乙		6,000
沖銷分錄(3)(b)	非控制權益淨利－丙	8,000	
	非控制權益－丙		8,000
沖銷分錄(4)(a)	普通股股本	300,000	
	保留盈餘	200,000	
	採用權益法之投資－乙		450,000
	非控制權益－乙		50,000
沖銷分錄(4)(b)	普通股股本	250,000	
	保留盈餘	150,000	
	採用權益法之投資－丙		320,000
	非控制權益－丙		80,000

以權益法(單線合併)觀點而言，甲公司20x5年營業利益是$100,000，$500,000－$280,000－$120,000＝$100,000，加上來自乙公司之投資收益$54,000 及來自丙公司之投資收益$32,000，故甲公司在權益法下淨利為$186,000。其中認列來自乙公司之投資收益$54,000 是符合權益法精神，係以乙公司之已實現淨利$60,000乘以 90%而得，乙公司帳列淨利$110,000－未實現利益$50,000＝乙公司已實現淨利$60,000。另認列來自丙公司之投資收益$32,000 亦符合權益法精神，係以丙公司之已實現淨利(亦是帳列淨利)$40,000 乘以 80%而得。

(B) 買方持有土地年度(20x6年)，母公司及其子公司部分合併工作底稿：
(單位：千元)

	甲公司	90% 乙公司	80% 丙公司	調整／沖銷 借　方	調整／沖銷 貸　方	合併 財務報表
綜合損益表：						
銷貨收入	$600	$240	$180			$1,020
銷貨成本	(320)	(120)	(90)			(530)
各項營業費用	(160)	(50)	(40)			(250)
採用權益法認列之子公司、關聯企業及合資利益之份額－乙	63	—	—	(2)(a)　63		—
採用權益法認列之子公司、關聯企業及合資利益之份額－丙	40	—	—	(2)(b)　40		—
淨　　利	$223	$70	$50			
總合併淨利						$240
非控制權益淨利				(3)(a)　7 (3)(b)　10		(17)
控制權益淨利						$223
財務狀況表：						
採用權益法 　之投資－乙	$567	$ —	$ —	(1)　45	(2)(a)　63 (4)(a)　549	$ —
採用權益法 　之投資－丙	$392	$ —	$ —		(2)(a)　40 (4)(b)　352	$ —
土　　地	$ —	$ —	$150		(1)　50	$100
非控制權益－乙				(1)　5	(3)(a)　7 (4)(a)　61	$ 63
非控制權益－丙					(3)(b)　10 (4)(b)　88	$ 98

　　20x6年並無內部交易發生，丙公司繼續持有並使用該筆於20x5年購入之土地於營業上。以合併個體而言，土地仍在合併個體內部，仍是合併個體的資產，且為營業上使用之非流動資產，並未外售，土地的經濟效益亦未因使用而消耗，故20x5年之未實現利益(「處分不動產、廠房及設備利益」$50,000)至今仍未實現，故不能認列為已實現利益。另外，仍須在合併工作底稿「土地」列之「調整／沖銷」欄的貸方填入$50,000，使土地從$150,000回復為原帳面金額$100,000，並以$100,000表達在合併財務狀況表上。

由於 20x5 年甲公司所認列的投資收益，是以乙公司帳列淨利扣除未實現利益後的已實現淨利去求算的，非控制權益淨利亦是，遂導致 20x5 年 12 月 31 日甲公司帳列「採用權益法之投資－乙」餘額$504,000 較「乙公司權益的 90%」$549,000 少$45,000，$610,000×90%＝$549,000，同時也使「非控制權益期初金額」$56,000 較「乙公司權益的 10%」$61,000 少$5,000，$610,000×10%＝$61,000，故須在合併工作底稿「採用權益法之投資－乙」列及「非控制權益－期初金額」列之「調整/沖銷」欄的借方分別填入$45,000 及$5,000，重建該二項目與乙公司淨值間 90%及 10%的比例關係，以利後續相對科目的沖銷與非控制權益的增列 [表 6-10，沖銷分錄(4)]。將上述沖銷項目及金額以分錄格式呈現 [表 6-10，沖銷分錄(1)]，以確定借貸平衡，另附上在第四章所學的其他必要沖銷分錄 [表 6-10，沖銷分錄(2)～(4)]，如下：

表 6-10

沖銷分錄(1)	採用權益法之投資－乙	45,000	
	非控制權益－乙	5,000	
	土　　地		50,000
沖銷分錄(2)(a)	採用權益法認列之子公司、關聯企業及合資利益之份額－乙	63,000	
	採用權益法之投資－乙		63,000
沖銷分錄(2)(b)	採用權益法認列之子公司、關聯企業及合資利益之份額－丙	40,000	
	採用權益法之投資－丙		40,000
沖銷分錄(3)(a)	非控制權益淨利－乙	7,000	
	非控制權益－乙		7,000
沖銷分錄(3)(b)	非控制權益淨利－丙	10,000	
	非控制權益－丙		10,000
沖銷分錄(4)(a)	普通股股本	300,000	
	保留盈餘	310,000	
	採用權益法之投資－乙		549,000
	非控制權益－乙		61,000
沖銷分錄(4)(b)	普通股股本	250,000	
	保留盈餘	190,000	
	採用權益法之投資－丙		352,000
	非控制權益－丙		88,000

(C) 買方將土地外售年度(20x7年)，母公司及其子公司部分合併工作底稿：

(單位：千元)

	甲公司	90% 乙公司	80% 丙公司	調整／沖銷 借　方	調整／沖銷 貸　方	合　併 財務報表
綜合損益表：						
銷貨收入	$650	$250	$210			$1,110
銷貨成本	(340)	(140)	(100)			(580)
各項營業費用	(170)	(60)	(50)			(280)
處分不動產、廠房及設備利益	—	—	30		(1)　　50	80
採用權益法認列之子公司、關聯企業及合資利益之份額－乙	90	—	—	(2)(a)　90		—
採用權益法認列之子公司、關聯企業及合資利益之份額－丙	72	—	—	(2)(b)　72		—
淨　利	$302	$50	$90			
總合併淨利						$330
非控制權益淨利				(3)(a)　10 (3)(b)　18		(28)
控制權益淨利						$302
財務狀況表：						
採用權益法之投資－乙	$657	$—	$—	(1)　　45	(2)(a)　90 (4)(a)　612	$—
採用權益法之投資－丙	$464	$—	$—		(2)(a)　72 (4)(b)　392	$—
土　地	$—	$—	$—			$—
非控制權益－乙				(1)　　　5	(3)(a)　10 (4)(a)　68	$73
非控制權益－丙					(3)(b)　18 (4)(b)　98	$116

20x7年，甲公司將該筆於20x5年購入之土地售予合併個體以外的單位。以合併個體而言，土地已外售，土地的經濟效益瞬間移轉予合併個體以外的買方，故20x5年之未實現利益（「處分不動產、廠房及設備利益」$50,000）於20x7年實現，應認列為已實現利益，因此在合併工作底稿「處分不動產、廠房及設備利

益」列之「調整/沖銷」欄的貸方填入$50,000,連同甲公司帳上已認列的「處分不動產、廠房及設備利益」$30,000,使合併個體的「處分不動產、廠房及設備利益」為$80,000,外售價格$180,000－土地原在乙公司帳上的帳面金額$100,000＝處分不動產、廠房及設備利益$80,000。

由於20x5年甲公司所認列的投資收益,是以乙公司帳列淨利扣除未實現利益後的已實現淨利去求算的,非控制權益淨利亦是,遂導致20x6年12月31日甲公司帳列「採用權益法之投資－乙」餘額$567,000 較「乙公司權益的 90%」$612,000 少$45,000,$680,000×90%＝$612,000,同時也使「非控制權益期初金額」$63,000 較「乙公司權益的 10%」$68,000 少$5,000,$680,000×10%＝$68,000,故須在合併工作底稿「採用權益法之投資－乙」列及「非控制權益－期初金額」列之「調整/沖銷」欄的借方分別填入$45,000 及$5,000,重建該二項目與乙公司淨值間 90%及 10%的比例關係,以利後續相對科目的沖銷與非控制權益的增列 [表 6-11,沖銷分錄(4)]。將上述沖銷項目及金額以分錄格式呈現 [表 6-11,沖銷分錄(1)],以確定借貸平衡,另附上在第四章所學的其他必要沖銷分錄 [表 6-11,沖銷分錄(2)～(4)],如下:

表 6-11

沖銷分錄(1)	採用權益法之投資－乙	45,000	
	非控制權益－乙	5,000	
	處分不動產、廠房及設備利益		50,000
沖銷分錄(2)(a)	採用權益法認列之子公司、關聯企業		
	及合資利益之份額－乙	90,000	
	採用權益法之投資－乙		90,000
沖銷分錄(2)(b)	採用權益法認列之子公司、關聯企業		
	及合資利益之份額－丙	72,000	
	採用權益法之投資－丙		72,000
沖銷分錄(3)(a)	非控制權益淨利－乙	10,000	
	非控制權益－乙		10,000
沖銷分錄(3)(b)	非控制權益淨利－丙	18,000	
	非控制權益－丙		18,000
沖銷分錄(4)(a)	普通股股本	300,000	
	保留盈餘	380,000	
	採用權益法之投資－乙		612,000
	非控制權益－乙		68,000

(續次頁)

沖銷分錄(4)(b)	普通股股本	250,000	
	保留盈餘	240,000	
	採用權益法之投資－丙		392,000
	非控制權益－丙		98,000

五、合併個體內部買賣折舊性資產交易－順流/期末

釋例四：

　　甲公司持有乙公司 80%股權數年並對乙公司存在控制。當初收購時，乙公司帳列資產及負債的帳面金額皆等於公允價值，且無未入帳資產或負債。截至 20x3 年 1 月 1 日，甲公司帳列「採用權益法之投資」為$240,000，當日乙公司權益包括普通股股本$200,000 及保留盈餘$100,000，而非控制權益之金額為$60,000。

　　甲公司於 20x3 年 12 月 31 日以$51,000 將一部營業上使用之機器售予乙公司，該機器成本$70,000，截至出售日之累計折舊為$40,000。乙公司估計該機器可再使用 3 年，無殘值，採直線法計提折舊，並將機器使用於營業上，直到 20x7 年 1 月 1 日才以$2,000 將機器售予合併個體以外的單位。假設乙公司 20x3、20x4、20x5 及 20x6 年之淨利皆為$50,000，且該四年皆未宣告並發放現金股利。

有關上述機器買賣交易，甲公司及乙公司各自帳列分錄：

甲	20x3/12/31	現　金	51,000	
		累計折舊－機器設備	40,000	
		機器設備		70,000
		處分不動產、廠房及設備利益		21,000
乙	20x3/12/31	機器設備	51,000	
		現　金		51,000
乙	20x4/12/31	折舊費用	17,000	
	20x5/12/31	累計折舊－機器設備		17,000
	20x6/12/31	($51,000－$0)÷3 年＝$17,000		
乙	20x7/ 1/ 1	現　金	2,000	
		累計折舊－機器設備	51,000	
		機器設備		51,000
		處分不動產、廠房及設備利益		2,000

20x3 年 12 月 31 日，甲公司出售機器予乙公司之未實現利益為：
未實現利益＝$51,000－($70,000－$40,000)＝$21,000
該項未實現利益將於 20x4、20x5 及 20x6 年中，逐年實現三分之一(即$7,000)。

20x3、20x4、20x5 及 20x6 年，甲公司應認列之投資損益及非控制權益淨利：

	甲公司應認列之投資損益	非控制權益淨利
20x3 年	$50,000×80%－$21,000＝$19,000	$50,000×20%＝$10,000
20x4、20x5、20x6 年	$50,000×80%＋$7,000＝$47,000	$50,000×20%＝$10,000

表 6-12，按權益法，相關項目異動如下： (單位：千元)

	20x3/1/1	20x3	20x3/12/31	20x4	20x4/12/31	20x5	20x5/12/31	20x6	20x6/12/31
乙－權 益	$300	＋$50	$350	＋$50	$400	＋$50	$450	＋$50	$500
權益法：									
甲－採用權益法之投資	$240	＋$19	$259	＋$47	$306	＋$47	$353	＋$47	$400
合併財務報表：									
非控制權益	$60	＋$10	$70	＋$10	$80	＋$10	$90	＋$10	$100

驗 算：
20x3/12/31：甲帳列「採用權益法之投資」＝(乙權益$350×80%)－未實現利益$21＝$259
　　　　　　合併財務狀況表上之「非控制權益」＝(乙權益$350×20%)＝$70
20x4/12/31：甲帳列「採用權益法之投資」＝(乙權益$400×80%)－未實現利益$21
　　　　　　　　　　　　　　　　　　　　＋已實現利益$7＝$306
　　　　　　合併財務狀況表上之「非控制權益」＝(乙權益$400×20%)＝$80
20x5/12/31：($450×80%)－$21＋$14＝$353，　$450×20%＝$90
20x6/12/31：($500×80%)－$21＋$21＝$400，　$500×20%＝$100

甲公司按權益法認列投資收益之分錄：

	20x3/12/31	20x4/12/31	20x5/12/31	20x6/12/31
採用權益法之投資	19,000	47,000	47,000	47,000
採用權益法認列之子公司、關聯企業及合資利益之份額	19,000	47,000	47,000	47,000

乙公司帳列有關機器之資料： **(甲表)**

	20x3/12/31	20x4/12/31	20x5/12/31	20x6/12/31
機器設備	$51,000	$51,000	$51,000	$51,000
減：累計折舊	(－)	(17,000)	(34,000)	(51,000)
	$51,000	$34,000	$17,000	$ －
折舊費用	$ －	$17,000	$17,000	$17,000

由於合併財務報表上應表達之資訊是"好像內部交易沒有發生過"的情況下之合併金額，亦即合併財務報表上應表達之資訊是"如果甲公司未將機器售予乙公司，則該機器繼續留在甲公司帳上的情況下應有之金額"，如下：

	20x3/12/31	20x4/12/31	20x5/12/31	20x6/12/31
機器設備	$70,000	$70,000	$70,000	$70,000
減：累計折舊	(40,000)	(50,000)	(60,000)	(70,000)
	$30,000	$20,000	$10,000	$ －
折舊費用	$10,000	$10,000	$10,000	$10,000

因此每年底編製合併財務報表時，皆須回溯上述甲公司帳列之原始資料，再決定相關沖銷分錄之內容，以20x3年12月31日之合併財務報表為例，機器須從$51,000調為$70,000，累計折舊須從$0調為$40,000，且須沖銷「處分不動產、廠房及設備利益」$21,000 (因此項利益尚未實現)，故沖銷分錄如下表。此作法立意雖好，但稍嫌繁瑣。

沖銷分錄：			
20x3/12/31	處分不動產、廠房及設備利益	21,000	
	機器設備	19,000	
	累計折舊－機器設備		40,000

因此學者建議<u>另一種較簡易的處理方式</u>，把內部交易發生後的三年當作該機器的"另一段"耐用年限，將20x3年12月31日機器之帳面金額$30,000當作未來三年提列折舊的起點，如次頁**乙表**，則可省去每年回溯甲公司帳列原始資料的步驟，且按此作法所表達之機器帳面金額也與上述回溯作法相同，是較簡易省時的處理方式，故本章及後續相關議題皆採此種簡易方式處理。故「機器設備」須從$51,000調為$30,000，「累計折舊－機器設備」皆為$0不必調整，故沖銷分錄改為：借記「處分不動產、廠房及設備利益」$21,000，貸記「機器設備」$21,000，從$51,000調為$30,000。

(乙表)

	20x3/12/31	20x4/12/31	20x5/12/31	20x6/12/31
機器設備	$30,000	$30,000	$30,000	$30,000
減：累計折舊	(－)	(10,000)	(20,000)	(30,000)
	$30,000	$20,000	$10,000	$ －
折舊費用	$10,000	$10,000	$10,000	$10,000

20x3、20x4、20x5 及 20x6 年，合併工作底稿之沖銷分錄：

表 6-13　[從甲表金額 調/沖到 乙表金額]　（單位：千元）

	20x3	20x4	20x5	20x6
(1)	處分不動產、廠房及設備利益　21 　　機器設備　21	採用權益法之投資　21 　　機器設備　21	採用權益法之投資　14 累計折舊－機器設備　7 　　機器設備　21	採用權益法之投資　7 累計折舊－機器設備　14 　　機器設備　21
(2)	X	累計折舊－機器設備　7 　　折舊費用　7	7 　　7	7 　　7

		20x3	20x4	20x5	20x6
(3)	採用權益法認列之子公司、關聯企業及合資利益之份額 　　採用權益法之投資	19 　　19	47 　　47	47 　　47	47 　　47
(4)	非控制權益淨利 　　非控制權益	10 　　10	10 　　10	10 　　10	10 　　10
(5)	普通股股本 保留盈餘 　　採用權益法之投資 　　非控制權益	200 100 　　240 　　60	200 150 　　280 　　70	200 200 　　320 　　80	200 250 　　360 　　90

各年度合併工作底稿之沖銷分錄說明：

(a) 20x4 年起，乙公司開始每年提列折舊$17,000，但甲公司原始折舊費用為每年$10,000，故透過沖銷分錄(2)，每年減少折舊費用及累計折舊$7,000。

(b) 沖銷分錄(1)的借方，從 20x4 年起無須再借記「處分不動產、廠房及設備利益」$21,000，因該利益科目只出現在內部交易發生的年度(20x3 年)。至於該借記那個(些)科目，請詳下列(d)的說明。

(c) 沖銷分錄(3)、(4)、(5)，已於第四章中說明，即「採用權益法之投資」科目餘額分兩階段沖銷，當期淨變動數於沖銷分錄(3)沖銷，期初餘額於沖銷分錄(5)沖銷；而「非控制權益」金額分兩階段增列，當期淨變動數於沖銷分錄(4)中增列，期初金額於沖銷分錄(5)中增列，合計即為期末金額，進而表達在合併財務狀況表上。

(d) 若按上述(c)的解說，沖銷分錄(5)從 20x4 年起就無法借貸平衡，因 20x3 年甲公司適用權益法認列投資收益時，已將未實現之「處分不動產、廠房及設備利益」$21,000 扣除，故 20x4 年初「採用權益法之投資」餘額$259,000(詳表 6-12)較「乙公司權益的 80%」$280,000 少$21,000，$350,000×80%＝$280,000，為使沖銷分錄(5)能夠順利將相對科目對沖，所以在沖銷分錄(1)的借方先補上「採用權益法之投資」$21,000。

同理，因 20x4 年甲公司適用權益法認列投資收益時，認列已實現「處分不動產、廠房及設備利益」$7,000，故 20x5 年初「採用權益法之投資」餘額$306,000(詳表 6-12)較「乙公司權益的 80%」$320,000 少$14,000，$400,000×80%＝$320,000。為使沖銷分錄(5)能夠順利將相對科目對沖，所以在沖銷分錄(1)的借方先補上「採用權益法之投資」$14,000。另 20x4 年乙公司已提列之折舊費用較合併金額多出$7,000，即 20x5 年初之「累計折舊－機器設備」餘額較合併金額多出$7,000，故須在沖銷分錄(1)的借方先減少「累計折舊－機器設備」$7,000。

20x6 年沖銷分錄(1)的說明，同上段 20x5 年沖銷分錄(1)的說明。因 20x5 年甲公司適用權益法認列投資收益時，認列已實現之「處分不動產、廠房及設備利益」$7,000，故 20x6 年初「採用權益法之投資」餘額$353,000(詳表 6-12)較「乙公司權益的 80%」$360,000 少$7,000，$450,000×80%＝$360,000。為使沖銷分錄(5)能夠順利將相對科目對沖，所以在沖銷分錄(1)的借方先補上「採用權益法之投資」$7,000。另 20x4 及 20x5 年乙公司已提列之折舊費用較合併金額多出$14,000，$7,000×2 年＝$14,000，即 20x6 年初之「累計折舊－機器設備」餘額較合併金額多出$14,000，故須在沖銷分錄(1)的借方先減少「累計折舊－機器設備」$14,000。

(續次頁)

延伸一：

　　假設乙公司將該機器使用於營業上，原估計可再使用 3 年，但乙公司只使用 2 年，於 20x5 年 12 月 31 日以$15,000 將該機器售予合併個體以外的單位。

　　20x5 年 12 月 31 日，乙公司帳列機器成本$51,000，累計折舊$34,000，故乙公司帳上認列「處分不動產、廠房及設備損失」$2,000。但以合併個體的觀點來看，該機器的帳面金額是$10,000，以$15,000 出售，應表達「處分不動產、廠房及設備利益」$5,000 在 20x5 年合併綜合損益表上。

　　另甲公司 20x5 年應認列之投資收益，應包含原擬於 20x6 年透過使用機器才實現的「處分不動產、廠房及設備利益」$7,000，現因外售致提早於 20x5 年實現。而甲公司 20x6 年應認列之投資收益，則不再受此內部交易之影響。計算如下：
20x5 年，甲公司應認列之投資收益＝($50,000×80%)
　　　　　　＋$7,000(20x5 年因使用)＋$7,000(20x6 年因外售)＝$54,000
20x6 年，甲公司應認列之投資收益＝$50,000×80%＝$40,000
20x5 及 20x6 年，非控制權益淨利＝$50,000×20%＝$10,000

20x5 及 20x6 年合併工作底稿之沖銷分錄應修改為：(請對照「表 6-13」)

		20x5	20x6
沖銷分錄 (1)(2) 合併	採用權益法之投資　　　　處分不動產、廠房及設備損失　　　　處分不動產、廠房及設備利益　　　　折舊費用	14,000　　　2,000　　　5,000　　　7,000	X
沖銷分錄 (3)	採用權益法認列之子公司、關聯企業　　　　及合資利益之份額　　　　採用權益法之投資	54,000　　　54,000	40,000　　　40,000
沖銷分錄(4)、(5)：同「表 6-13」沖銷分錄(4)、(5)。			

延伸二：

　　假設乙公司將該機器使用於營業上，原估計可再使用 3 年，但乙公司只使用 2 年，於 20x6 年 1 月 1 日以$15,000 將該機器售予合併個體以外的單位。

20x6 年 1 月 1 日,乙公司帳列機器成本$51,000,累計折舊$34,000,故乙公司帳上認列「處分不動產、廠房及設備損失」$2,000。但以合併個體的觀點來看,該機器的帳面金額是$10,000,以$15,000 出售,應表達「處分不動產、廠房及設備利益」$5,000 在 20x6 年合併綜合損益表上。

另甲公司 20x5 及 20x6 年應認列之投資收益,計算如下:
20x5 年,甲公司應認列之投資收益＝($50,000×80%)＋$7,000(因使用)＝$47,000
20x6 年,甲公司應認列之投資收益＝($50,000×80%)＋$7,000(因外售)＝$47,000
20x5 及 20x6 年,非控制權益淨利＝$50,000×20%＝$10,000

20x5 及 20x6 年合併工作底稿上之沖銷分錄應修改為:(請對照「表 6-13」)

	20x5	20x6
沖(1)	採用權益法之投資　14,000 　累計折舊－機器設備　7,000 　　機器設備　　　　　　21,000	採用權益法之投資　7,000 　處分不動產、廠房 　　及設備損失　　　2,000 　處分不動產、廠房 　　及設備利益　　　5,000
沖(2)	累計折舊－機器設備　7,000 　機器設備　　　　　　7,000	X
沖銷分錄(3)、(4)、(5):同「表 6-13」沖銷分錄(3)、(4)、(5)。		

六、合併個體內部買賣折舊性資產交易－順流/期初

釋例五:

沿用釋例四資料,只將內部交易時間更動為期初,即甲公司係於 20x4 年 1 月 1 日將一部營業上使用之機器售予乙公司。因此有關該筆買賣機器交易,甲公司及乙公司帳列記錄只須異動內部交易發生時間即可。

(續次頁)

有關上述機器買賣交易，甲公司及乙公司各自帳列分錄：

甲	20x4/1/1	現　　金	51,000	
		累計折舊－機器設備	40,000	
		機器設備		70,000
		處分不動產、廠房及設備利益		21,000
乙	20x4/1/1	機器設備	51,000	
		現　　金		51,000
乙	20x4/12/31	折舊費用	17,000	
	20x5/12/31	累計折舊－機器設備		17,000
	20x6/12/31	($51,000－$0)÷3年＝$17,000		
乙	20x7/1/1	現　　金	2,000	
		累計折舊－機器設備	51,000	
		機器設備		51,000
		處分不動產、廠房及設備利益		2,000

20x4年1月1日，甲公司出售機器予乙公司之未實現利益為：
未實現利益＝$51,000－($70,000－$40,000)＝$21,000
該項未實現利益將於20x4、20x5及20x6年中，逐年實現三分之一(即$7,000)。

20x3、20x4、20x5及20x6年，甲公司應認列之投資損益及非控制權益淨利：

	甲公司應認列之投資損益	非控制權益淨利
20x3年	$50,000×80%＝$40,000	$50,000×20%＝$10,000
20x4年	$50,000×80%－$21,000＋$7,000＝$26,000	$50,000×20%＝$10,000
20x5、20x6年	$50,000×80%＋$7,000＝$47,000	$50,000×20%＝$10,000

表6-14，按權益法，相關項目異動如下： (單位：千元)

	20x3/1/1	20x3	20x3/12/31	20x4	20x4/12/31	20x5	20x5/12/31	20x6	20x6/12/31
乙－權　益	$300	＋$50	$350	＋$50	$400	＋$50	$450	＋$50	$500
權益法：									
甲－採用權益法之投資	$240	＋$40	$280	＋$26	$306	＋$47	$353	＋$47	$400
合併財務報表：									
非控制權益	$60	＋$10	$70	＋$10	$80	＋$10	$90	＋$10	$100

(續次頁)

甲公司按權益法認列投資收益之分錄：

	20x3/12/31	20x4/12/31	20x5/12/31	20x6/12/31
採用權益法之投資	40,000	26,000	47,000	47,000
採用權益法認列之子公司、關聯企業及合資利益之份額	40,000	26,000	47,000	47,000

乙公司帳列有關機器之資料：

	20x4/1/1	20x4/12/31	20x5/12/31	20x6/12/31
機器設備	$51,000	$51,000	$51,000	$51,000
減：累計折舊	（－）	(17,000)	(34,000)	(51,000)
	$51,000	$34,000	$17,000	$　－
折舊費用	$　－	$17,000	$17,000	$17,000

　　採較簡易的處理方式,把內部交易發生後的三年當作該機器的"另一段"耐用年限,將20x4年1月1日機器之帳面金額$30,000當作未來三年提列折舊的起點,如下表。因此「機器設備」須從$51,000 調為$30,000,「累計折舊－機器設備」皆為$0不必調整,故沖銷分錄改為：借記「處分不動產、廠房及設備利益」$21,000,貸記「機器設備」$21,000,從$51,000 調為$30,000。

	20x4/1/1	20x4/12/31	20x5/12/31	20x6/12/31
機器設備	$30,000	$30,000	$30,000	$30,000
減：累計折舊	（－）	(10,000)	(20,000)	(30,000)
	$30,000	$20,000	$10,000	$　－
折舊費用	$　－	$10,000	$10,000	$10,000

20x3、20x4、20x5及20x6年,合併工作底稿之沖銷分錄：

表6-15　　(單位：千元)

	20x3	20x4	20x5	20x6
(1)	X	處分不動產、廠房及設備利益　21 　　機器設備　　21	採用權益法之投資　14 累計折舊－機器設備　7 　　機器設備　　21	7 14 　21
(2)	X	累計折舊－機器設備　7 　　折舊費用　　7	7 　7	7 　7

		20x3	20x4	20x5	20x6
(3)	採用權益法認列之子公司、關聯企業及合資利益之份額	40	26	47	47
	採用權益法之投資	40	26	47	47
(4)	非控制權益淨利	10	10	10	10
	非控制權益	10	10	10	10
(5)	普通股股本	200	200	200	200
	保留盈餘	100	150	200	250
	採用權益法之投資	240	280	320	360
	非控制權益	60	70	80	90

各年度合併工作底稿之沖銷分錄說明：

(a)、(b)、(c)：同釋例四之(a)、(b)、(c)。

(d) 若按上述(c)的解說，沖銷分錄(5)從 20x5 年起就無法借貸平衡，因 20x4 年甲公司適用權益法認列投資收益時，已扣除未實現之「處分不動產、廠房及設備利益」$21,000，同時加回已實現之「處分不動產、廠房及設備利益」$7,000，故 20x5 年初「採用權益法之投資」餘額$306,000(詳表 6-14)較「乙公司權益的 80%」$320,000 少$14,000，$400,000×80%＝$320,000。為使沖銷分錄(5)能夠順利將相對科目對沖，所以在沖銷分錄(1)的借方先補上「採用權益法之投資」$14,000。另 20x4 年乙公司已提列之折舊費用較合併金額多出$7,000，即 20x5 年初之「累計折舊－機器設備」科目餘額較合併金額多出$7,000，故須在沖銷分錄(1)的借方先減少「累計折舊－機器設備」$7,000。

20x6 年沖銷分錄(1)的說明，同上段 20x5 年沖銷分錄(1)的說明，因 20x5 年甲公司適用權益法認列投資收益時，加回已實現之「處分不動產、廠房及設備利益」$7,000，故 20x6 年初「採用權益法之投資」餘額$353,000(詳表 6-14)較「乙公司權益的 80%」$360,000 少$7,000，$450,000×80%＝$360,000。為使沖銷分錄(5)能夠順利將相對科目對沖，所以在沖銷分錄(1)的借方先補上「採用權益法之投資」$7,000。另 20x4 及 20x5 年乙公司已提列之折舊費用較合併金額多出$14,000，$7,000×2 年＝$14,000，即 20x6 年初之「累計折舊－機器設備」科目餘額較合併金額多出$14,000，故須在沖銷分錄(1)的借方先減少「累計折舊－機器設備」$14,000。

七、合併個體內部買賣折舊性資產交易－逆流/期末

釋例六：

沿用釋例四資料，只將內部交易方向更動為逆流，即乙公司於 20x3 年 12 月 31 日將一部營業上使用之機器售予甲公司。

有關上述機器買賣交易，甲公司及乙公司各自帳列分錄：

乙	20x3/12/31	現　　金	51,000	
		累計折舊－機器設備	40,000	
		機器設備		70,000
		處分不動產、廠房及設備利益		21,000
甲	20x3/12/31	機器設備	51,000	
		現　　金		51,000
甲	20x4/12/31	折舊費用	17,000	
	20x5/12/31	累計折舊－機器設備		17,000
	20x6/12/31	($51,000－$0)÷3 年＝$17,000		
甲	20x7/ 1/ 1	現　　金	2,000	
		累計折舊－機器設備	51,000	
		機器設備		51,000
		處分不動產、廠房及設備利益		2,000

20x3 年 12 月 31 日，乙公司出售機器予甲公司之未實現利益為：
未實現利益＝$51,000－($70,000－$40,000)＝$21,000
該項未實現利益將於 20x4、20x5 及 20x6 年中，逐年實現三分之一(即$7,000)。

20x3、20x4、20x5 及 20x6 年，甲公司應認列之投資損益及非控制權益淨利：

	甲公司應認列之投資損益	非控制權益淨利
20x3 年	($50,000－$21,000)×80%＝$23,200	($50,000－$21,000)×20%＝$5,800
20x4、20x5、20x6 年	($50,000＋$7,000)×80%＝$45,600	($50,000＋$7,000)×20%＝$11,400

表 6-16，按權益法，相關項目異動如下： (單位：千元)

	20x3/1/1	20x3	20x3/12/31	20x4	20x4/12/31	20x5	20x5/12/31	20x6	20x6/12/31
乙－權 益	$300	+$50	$350	+$50	$400	+$50	$450	+$50	$500
權益法：									
甲－採用權益法之投資	$240	+$23.2	$263.2	+$45.6	$308.8	+$45.6	$354.4	+$45.6	$400
合併財務報表：									
非控制權益	$60	+$5.8	$65.8	+$11.4	$77.2	+$11.4	$88.6	+$11.4	$100

驗 算：

20x3/12/31：甲帳列「採用權益法之投資」＝(乙權益$350－未實現利益$21)×80%＝$263.2
　　　　　　合併財務狀況表上之「非控制權益」＝($350－$21)×20%＝$65.8
20x4/12/31：甲帳列「採用權益法之投資」
　　　　　　＝(乙權益$400－未實現利益$21＋已實現利益$7)×80%＝$308.8
　　　　　　合併財務狀況表上之「非控制權益」＝($400－$21＋$7)×20%＝$77.2
20x5/12/31：($450－$21＋$14)×80%＝$354.4，　($450－$21＋$14)×20%＝$88.6
20x6/12/31：($500－$21＋$21)×80%＝$400，　($500－$21＋$21)×20%＝$100

甲公司按權益法認列投資收益之分錄：

	20x3/12/31	20x4/12/31	20x5/12/31	20x6/12/31
採用權益法之投資	23,200	45,600	45,600	45,600
採用權益法認列之子公司、關聯企業及合資利益之份額	23,200	45,600	45,600	45,600

20x3、20x4、20x5 及 20x6 年，合併工作底稿之沖銷分錄：

表 6-17　(單位：千元)

	20x3	20x4	20x5	20x6
(1)	處分不動產、廠房及設備利益　21 　　機器設備　　　　　　　　　　21	採用權益法之投資　16.8 非控制權益　　　　4.2 累計折舊－機器設備　　— 　　機器設備　　　　　　21	11.2 2.8 7.0 21	5.6 1.4 14.0 21
(2)	X	累計折舊－機器　7 　　折舊費用　　　　　7	7 7	7 7

		20x3	20x4	20x5	20x6
(3)	採用權益法認列之子公司、關聯企業 　　　及合資利益之份額 　採用權益法之投資	23.2 　　23.2	45.6 　　45.6	45.6 　　45.6	45.6 　　45.6
(4)	非控制權益淨利 　非控制權益	5.8 　　5.8	11.4 　　11.4	11.4 　　11.4	11.4 　　11.4
(5)	普通股股本 保留盈餘 　採用權益法之投資 　非控制權益	200 100 　240 　60	200 150 　280 　70	200 200 　320 　80	200 250 　360 　90

各年度合併工作底稿之沖銷分錄說明：

(a) 20x4 年起，甲公司開始每年提列折舊$17,000，但乙公司原始折舊費用為每年$10,000，故透過沖銷分錄(2)，每年減少折舊費用及累計折舊$7,000。

(b) 沖銷分錄(1)的借方，從 20x4 年起無須再借記「處分不動產、廠房及設備利益」$21,000，因該利得科目只出現在內部交易發生的年度(20x3 年)。至於該借記那個(些)科目，請詳下列(d)的說明。

(c) 沖銷分錄(3)、(4)、(5)，已於第四章中說明。即「採用權益法之投資」科目餘額分兩階段沖銷，當期淨變動數於沖銷分錄(3)沖銷，期初餘額於沖銷分錄(5)沖銷；而「非控制權益」金額分兩階段增列，當期淨變動數於沖銷分錄(4)中增列，期初金額於沖銷分錄(5)中增列，合計即為期末金額，進而表達在合併財務狀況表上。

(d) 若按上述(c)的解說，沖銷分錄(5)從 20x4 年起就無法借貸平衡，因 20x3 年甲公司適用權益法認列投資收益及計算非控制權益淨利時，係以乙公司之已實現淨利(已扣除未實現之「處分不動產、廠房及設備利益」$21,000)為計算基礎，導致 20x4 年初「採用權益法之投資」餘額$263,200(詳表 6-16)較「乙公司權益的 80%」$280,000 少$16,800，$350,000×80%＝$280,000，「非控制權益期初金額」$65,800 亦較「乙公司權益的 20%」$70,000 少$4,200，$350,000×20%＝$70,000。為使沖銷分錄(5)能夠順利將相對科目對沖，所以在沖銷分錄(1)的借方先補上「採用權益法之投資」$16,800 及「非控制權益」$4,200，重建該二項目與乙公司淨值間 80%及 20%的比例關係。

同理，因 20x4 年甲公司適用權益法認列投資收益及計算非控制權益淨利時，係以乙公司之已實現淨利(即加回已實現之「處分不動產、廠房及設備利益」$7,000)為計算基礎，故 20x5 年初「採用權益法之投資」餘額$308,800(詳表 6-16)較「乙公司權益的 80%」$320,000 少$11,200，$400,000×80%＝$320,000，「非控制權益期初金額」$77,200 亦較「乙公司權益的 20%」$80,000 少$2,800，$400,000×20%＝$80,000。為使沖銷分錄(5)能夠順利將相對科目對沖，所以在沖銷分錄(1)的借方先補上「採用權益法之投資」$11,200 及「非控制權益」$2,800，重建該二項目與乙公司淨值間 80%及 20%的比例關係。另 20x4 年乙公司已提列之折舊費用較合併金額多出$7,000，即 20x5 年初之「累計折舊－機器設備」科目餘額較合併金額多出$7,000，故須在沖銷分錄(1)的借方先減少「累計折舊－機器設備」$7,000。

20x6 年沖銷分錄(1)的說明，同上段 20x5 年沖銷分錄(1)的說明，因 20x5 年甲公司適用權益法認列投資收益及計算非控制權益淨利時，係以乙公司之已實現淨利(即加回已實現之「處分不動產、廠房及設備利益」$7,000)為計算基礎，故 20x6 年初「採用權益法之投資」科目餘額$354,400(詳表 6-16)較「乙公司權益的 80%」$360,000 少$5,600，$450,000×80%＝$360,000，「非控制權益期初金額」$88,600 亦較「乙公司權益的 20%」$90,000 少$1,400，$450,000×20%＝$90,000。為使沖銷分錄(5)能夠順利將相對科目對沖，所以在沖銷分錄(1)的借方先補上「採用權益法之投資」$5,600 及「非控制權益」$1,400，重建該二項目與乙公司淨值間 80%及 20%的比例關係。另 20x4 及 20x5 年乙公司已提列之折舊費用較合併金額多出$14,000，$7,000×2 年＝$14,000，即 20x6 年初之「累計折舊－機器設備」科目餘額較合併金額多出$14,000，故須在沖銷分錄(1)的借方先減少「累計折舊－機器設備」$14,000。

延伸一：

假設甲公司將該機器使用於營業上，原估計可再使用 3 年，但甲公司只使用 2 年，於 20x5 年 12 月 31 日以$15,000 將該機器售予合併個體以外的單位。

20x5 年 12 月 31 日，甲公司帳列機器成本$51,000，累計折舊$34,000，故甲公司帳上認列「處分不動產、廠房及設備損失」$2,000。但以合併個體的觀點來看，該機器的帳面金額是$10,000，以$15,000 出售，應表達「處分不動產、廠房及設備利益」$5,000 在 20x5 年合併綜合損益表上。

另甲公司 20x5 年應認列之投資收益,應包含原擬於 20x6 年透過使用機器才實現的「處分不動產、廠房及設備利益」$7,000×80%,現因外售致提早於 20x5 年實現;非控制權益淨利的計算,亦應包含原擬於 20x6 年透過使用機器才實現的「處分不動產、廠房及設備利益」$7,000×20%。而 20x6 年甲公司應認列之投資收益及非控制權益淨利,則皆不再受此內部交易之影響。計算如下:

20x5 年,甲公司應認列之投資收益
= [$50,000＋$7,000(20x5 年因使用)＋$7,000(20x6 年因外售)]×80%
= $51,200

20x5 年,非控制權益淨利
= [$50,000＋$7,000(20x5 年因使用)＋$7,000(20x6 年因外售)]×20%
= $12,800

20x6 年,甲公司應認列之投資收益＝$50,000×80%＝$40,000
20x6 年,非控制權益淨利＝$50,000×20%＝$10,000

20x5 及 20x6 年合併工作底稿上之沖銷分錄應修改為:(請對照:表 6-17)

		20x5	20x6
沖銷分錄(1)(2)合併	採用權益法之投資	11,200	
	非控制權益	2,800	
	處分不動產、廠房及設備損失	2,000	X
	處分不動產、廠房及設備利益	5,000	
	折舊費用	7,000	
沖(3)	採用權益法認列之子公司、關聯企業及合資利益之份額	51,200	40,000
	採用權益法之投資	51,200	40,000
沖(4)	非控制權益淨利	12,800	10,000
	非控制權益	12,800	10,000
沖(5)	普通股股本	200,000	200,000
	保留盈餘	200,000	250,000
	採用權益法之投資	320,000	360,000
	非控制權益	80,000	90,000

延伸二:

假設甲公司將該機器使用於營業上,原估計可再使用 3 年,但甲公司只使用 2 年,於 20x6 年 1 月 1 日以$15,000 將該機器售予合併個體以外的單位。

20x6 年 1 月 1 日,甲公司帳列機器成本$51,000,累計折舊$34,000,故甲公司帳上認列「處分不動產、廠房及設備損失」$2,000。但以合併個體的觀點來看,該機器的帳面金額是$10,000,以$15,000 出售,應表達「處分不動產、廠房及設備利益」$5,000 在 20x6 年度的合併綜合損益表上。

另甲公司 20x5 及 20x6 年應認列之投資收益,計算如下:

20x5 年,甲公司應認列之投資收益
   =[$50,000＋$7,000(因使用)]×80％＝$45,600
20x6 年,甲公司應認列之投資收益
   =[$50,000＋$7,000(因外售)]×80％＝$45,600
20x5 年,非控制權益淨利＝[$50,000＋$7,000(因使用)]×20％＝$11,400
20x6 年,非控制權益淨利＝[$50,000＋$7,000(因外售)]×20％＝$11,400

20x5 及 20x6 年合併工作底稿上之沖銷分錄應修改為:(對照「表 6-17」)

		20x5		20x6	
(1)	採權益法之投資	11,200		5,600	
	非控制權益	2,800		1,400	
	累計折舊－機器設備	7,000		處分不動產、廠房	
	機器設備		21,000	及設備損失	2,000
				處分不動產、廠房	
				及設備利益	5,000
(2)	累計折舊－機器設備	7,000		X	
	折舊費用		7,000		

		20x5	20x6
(3)	採用權益法認列之子公司、關聯企業		
	及合資利益之份額	45,600	45,600
	採用權益法之投資	45,600	45,600
(4)	非控制權益淨利	11,400	11,400
	非控制權益	11,400	11,400
(5)	普通股股本	200,000	200,000
	保留盈餘	200,000	250,000
	採用權益法之投資	320,000	360,000
	非控制權益	80,000	90,000

八、合併個體內部買賣折舊性資產交易－逆流/期初

釋例七：

　　沿用釋例六資料，只將內部交易時間更動，即乙公司於 20x4 年 1 月 1 日將一部營業上使用之機器售予甲公司。因此有關該筆買賣機器交易，甲公司及乙公司帳列記錄只須異動內部交易發生時間即可。

有關上述機器買賣交易，甲公司及乙公司各自帳列分錄：

乙	20x4/1/1	現　　金　　　　　　　　　　　　51,000	
		累計折舊－機器設備　　　　　　　40,000	
		機器設備	70,000
		處分不動產、廠房及設備利益	21,000
甲	20x4/1/1	機器設備　　　　　　　　　　　　51,000	
		現　　金	51,000
甲	20x4/12/31	折舊費用　　　　　　　　　　　　17,000	
	20x5/12/31	累計折舊－機器設備	17,000
	20x6/12/31	($51,000－$0)÷3 年＝$17,000	
甲	20x7/1/1	現　　金　　　　　　　　　　　　 2,000	
		累計折舊－機器設備　　　　　　　51,000	
		機器設備	51,000
		處分不動產、廠房及設備利益	2,000

20x4 年 1 月 1 日，乙公司出售機器予甲公司之未實現利益為：
未實現利益＝$51,000－($70,000－$40,000)＝$21,000
該項未實現利益將於 20x4、20x5 及 20x6 年中，逐年實現三分之一(即$7,000)。

20x3、20x4、20x5 及 20x6 年，甲公司應認列之投資損益及非控制權益淨利：

	甲公司應認列之投資損益	非控制權益淨利
20x3 年	$50,000×80%＝$40,000	$50,000×20%＝$10,000
20x4 年	($50,000－$21,000＋$7,000)×80% ＝$28,800	($50,000－$21,000＋$7,000)×20% ＝$7,200
20x5、20x6 年	($50,000＋$7,000)×80%＝$45,600	($50,000＋$7,000)×20%＝$11,400

甲公司按權益法認列投資收益之分錄：

	20x3/12/31	20x4/12/31	20x5/12/31	20x6/12/31
採用權益法之投資	40,000	28,800	45,600	45,600
採用權益法認列之子公司、 　關聯企業及合資利益之份額	40,000	28,800	45,600	45,600

表 6-18，按權益法，相關項目異動如下：（單位：千元）

	20x3/1/1	20x3	20x3/12/31	20x4	20x4/12/31	20x5	20x5/12/31	20x6	20x6/12/31
乙－權　益	$300	＋$50	$350	＋$50	$400	＋$50	$450	＋$50	$500
權益法：									
甲－採用權益 　法之投資	$240	＋$40	$280	＋$28.8	$308.8	＋$45.6	$354.4	＋$45.6	$400
合併財務報表：									
非控制權益	$60	＋$10	$70	＋$7.2	$77.2	＋$11.4	$88.6	＋$11.4	$100

驗　算：

20x3/12/31：甲帳列「採用權益法之投資」＝乙權益$350×80%＝$280
　　　　　　合併財務狀況表上之「非控制權益」＝乙權益$350×20%＝$70

20x4/12/31：甲帳列「採用權益法之投資」
　　　　　　＝(乙權益$400－未實現利益$21＋已實現利益$7)×80%＝$308.8
　　　　　　合併財務狀況表上之「非控制權益」＝($400－$21＋$7)×20%＝$77.2

20x5/12/31：($450－$21＋$14)×80%＝$354.4，　($450－$21＋$14)×20%＝$88.6

20x6/12/31：($500－$21＋$21)×80%＝$400，　($500－$21＋$21)×20%＝$100

20x3、20x4、20x5 及 20x6 年，合併工作底稿之沖銷分錄：

表 6-19　（單位：千元）

	20x3	20x4	20x5	20x6
(1)	X	處分不動產、 　廠房及設備利益　21 　　機器設備　　　　　21	採權益法之投資　11.2 非控制權益　　　 2.8 累計折舊－機器　 7.0 　　機　器　　　　　21	5.6 1.4 14.0 21
(2)	X	累計折舊－機器設備　7 　折舊費用　　　　　　7	7 　　7	7 　　7

		20x3	20x4	20x5	20x6
(3)	採用權益法認列之子公司、關聯企業 及合資利益之份額	40	28.8	45.6	45.6
	採用權益法之投資		40	28.8	45.6	45.6
(4)	非控制權益淨利	10	7.2	11.4	11.4
	非控制權益		10	7.2	11.4	11.4
(5)	普通股股本	200	200	200	200
	保留盈餘	100	150	200	250
	採用權益法之投資		240	280	320	360
	非控制權益		60	70	80	90

各年度合併工作底稿之沖銷分錄說明：

(a)、(b)、(c)：同釋例六之(a)、(b)、(c)。

(d) 若按上述(c)的解說，沖銷分錄(5)從 20x5 年起就無法借貸平衡，因 20x4 年甲公司適用權益法認列投資收益及計算非控制權益淨利時，係以乙公司之已實現淨利(即扣除未實現之「處分不動產、廠房及設備利益」$21,000，同時加回已實現之「處分不動產、廠房及設備利益」$7,000)為計算基礎，導致 20x5 年初「採用權益法之投資」餘額$308,800(詳表 6-18)較「乙公司權益的 80%」$320,000 少$11,200，$400,000×80％＝$320,000，「非控制權益期初金額」$77,200 亦較「乙公司權益的 20%」$80,000 少$2,800，$400,000×20％＝$80,000。為使沖銷分錄(5)能夠順利將相對科目對沖，所以在沖銷分錄(1)的借方先補上「採用權益法之投資」$11,200 及「非控制權益」$2,800，重建該二項目與乙公司淨值間 80%及 20%的比例關係。另 20x4 年乙公司已提列之折舊費用較合併金額多出$7,000，即 20x5 年初之「累計折舊－機器設備」科目餘額較合併金額多出$7,000，故須在沖銷分錄(1)的借方先減少「累計折舊－機器設備」$7,000。

20x6 年沖銷分錄(1)的說明，同上段 20x5 年沖銷分錄(1)的說明，因 20x5 年甲公司適用權益法認列投資收益及計算非控制權益淨利時，係以乙公司之已實現淨利(即加回已實現之「處分不動產、廠房及設備利益」$7,000)為計算基礎，故 20x6 年初「採用權益法之投資」餘額$354,400(詳表 6-18)較「乙公司權益的 80%」$360,000 少$5,600，$450,000×80％＝$360,000，「非控制權益期初金額」$88,600 亦較「乙公司權益的 20%」$90,000 少$1,400，$450,000×20％

＝$90,000。為使沖銷分錄(5)能夠順利將相對科目對沖，所以在沖銷分錄(1)的借方先補上「採用權益法之投資」$5,600 及「非控制權益」$1,400，重建該二項目與乙公司淨值間80%及20%的比例關係。另20x4 及 20x5 年乙公司已提列之折舊費用較合併金額多出$14,000，$7,000×2 年＝$14,000，即 20x6 年初之「累計折舊－機器設備」科目餘額較合併金額多出$14,000，故須在沖銷分錄(1)的借方先減少「累計折舊－機器設備」$14,000。

九、合併個體內部買賣折舊性資產交易－側流/期末

釋例八：

甲公司持有乙公司 80%股權及丙公司 70%股權已數年，並對乙公司及丙公司存在控制。當初收購時，乙公司及丙公司帳列資產及負債的帳面金額皆等於公允價值，且無未入帳資產或負債。截至 20x3 年 1 月 1 日，甲公司帳列「採用權益法之投資－乙」及「採用權益法之投資－丙」餘額分別為$240,000 及$175,000，而乙公司非控制權益及丙公司非控制權益之金額分別為$60,000 及$75,000。當日乙公司及丙公司之權益如下：

	乙公司	丙公司
普通股股本	$200,000	$150,000
保留盈餘	100,000	100,000

乙公司於 20x3 年 12 月 31 日以$51,000 將一部營業上使用之機器售予丙公司，該機器之成本$70,000，截至出售日之累計折舊$40,000。丙公司估計該機器可再使用 3 年，無殘值，採直線法計提折舊，將該機器使用於營業上，直到 20x7 年 1 月 1 日才以$2,000 將機器售予合併個體以外的單位。假設乙公司及丙公司 20x3、20x4、20x5 及 20x6 年之淨利皆分別為$50,000 及$40,000，且該四年兩家公司皆未宣告並發放現金股利。

有關上述機器買賣交易，乙公司及丙公司各自帳列分錄：

乙	20x3/12/31	現　金	51,000	
		累計折舊－機器設備	40,000	
		機器設備		70,000
		處分不動產、廠房及設備利益		21,000

丙	20x3/12/31	機器設備	51,000	
		現　金		51,000
丙	20x4/12/31	折舊費用	17,000	
	20x5/12/31	累計折舊－機器設備		17,000
	20x6/12/31	($51,000－$0)÷3 年＝$17,000		
丙	20x7/ 1/ 1	現　金	2,000	
		累計折舊－機器設備	51,000	
		機器設備		51,000
		處分不動產、廠房及設備利益		2,000

20x3 年 12 月 31 日，乙公司出售機器予丙公司之未實現利益為：
未實現利益＝$51,000－($70,000－$40,000)＝$21,000
該項未實現利益將於 20x4、20x5 及 20x6 年中，逐年實現三分之一(即$7,000)。

20x3、20x4、20x5 及 20x6 年，甲公司應認列之投資損益及非控制權益淨利：

	甲公司應認列之投資損益	非控制權益淨利
20x3 年	乙：($50,000－$21,000)×80%＝$23,200	乙：($50,000－$21,000)×20%＝$5,800
	丙：$40,000×70%＝$28,000	丙：$40,000×30%＝$12,000
20x4、20x5、20x6 年	乙：($50,000＋$7,000)×80%＝$45,600	乙：($50,000＋$7,000)×20%＝$11,400
	丙：$40,000×70%＝$28,000	丙：$40,000×30%＝$12,000

表 6-20，按權益法，相關項目異動如下：　(單位：千元)

	20x3/ 1/ 1	20x3	20x3/12/31	20x4	20x4/12/31	20x5	20x5/12/31	20x6	20x6/12/31
乙－權　益	$300	＋$50	$350	＋$50	$400	＋$50	$450	＋$50	$500
權益法：									
甲－採用權益法之投資－乙	$240	＋$23.2	$263.2	＋$45.6	$308.8	＋$45.6	$354.4	＋$45.6	$400
合併財務報表：									
非控制權益	$60	＋$5.8	$65.8	＋$11.4	$77.2	＋$11.4	$88.6	＋$11.4	$100

驗　算：同釋例六，「表 6-16」。

(續次頁)

表 6-21，按權益法，相關項目異動如下： （單位：千元）

	20x3/1/1	20x3	20x3/12/31	20x4	20x4/12/31	20x5	20x5/12/31	20x6	20x6/12/31
丙－權　益	$250	+$40	$290	+$40	$330	+$40	$370	+$40	$410
權益法：									
甲－採用權益法之投資－丙	$175	+$28	$203	+$28	$231	+$28	$259	+$28	$287
合併財務報表：									
非控制權益	$75	+$12	$87	+$12	$99	+$12	$111	+$12	$123

驗　算： 20x3/12/31：甲帳列「採用權益法之投資－丙」＝丙權益$290×70%＝$203
　　　　　　　　合併財務狀況表上之「非控制權益」＝丙權益$290×30%＝$87
　　　 20x4/12/31：$330×70%＝$231， $330×30%＝$99
　　　 20x5/12/31：$370×70%＝$259， $370×30%＝$111
　　　 20x6/12/31：$410×70%＝$287， $410×30%＝$123

20x3、20x4、20x5、20x6 年合併工作底稿之沖銷分錄：

(A) 內部交易的相關沖銷分錄及其說明，同釋例六，「表 6-17」，沖銷分錄(1)、(2)。

(B) 甲公司對乙公司股權投資的相關沖銷分錄及其說明，同釋例六，「表 6-17」，沖銷分錄(3)、(4)、(5)。

(C) 甲公司對丙公司股權投資的相關沖銷分錄：

表 6-22 （單位：千元）

		20x3	20x4	20x5	20x6
(6)	採用權益法認列之子公司、關聯企業及合資利益之份額－丙	28	28	28	28
	採用權益法之投資－丙	28	28	28	28
(7)	非控制權益淨利－丙	12	12	12	12
	非控制權益－丙	12	12	12	12
(8)	普通股股本	150	150	150	150
	保留盈餘	100	140	180	220
	採用權益法之投資－丙	175	203	231	259
	非控制權益－丙	75	87	99	111

十、合併個體內部買賣折舊性資產交易－側流/期初

釋例九：

沿用釋例八資料，只將內部交易時間更動，即乙公司於20x4年1月1日將一部營業上使用之機器售予丙公司。因此有關該筆機器買賣，乙公司及丙公司帳列記錄只須異動內部交易發生時間即可。

有關上述機器買賣交易，甲公司及乙公司各自帳列分錄：

乙	20x4/1/1	現　金　　　　　　　　　　　　　　51,000	
		累計折舊－機器設備　　　　　　　　40,000	
		機器設備	70,000
		處分不動產、廠房及設備利益	21,000
丙	20x4/1/1	機器設備　　　　　　　　　　　　　51,000	
		現　金	51,000
丙	20x4/12/31	折舊費用　　　　　　　　　　　　　17,000	
	20x5/12/31	累計折舊－機器設備	17,000
	20x6/12/31	($51,000－$0)÷3年＝$17,000	
丙	20x7/1/1	現　金　　　　　　　　　　　　　　 2,000	
		累計折舊－機器設備　　　　　　　　51,000	
		機器設備	51,000
		處分不動產、廠房及設備利益	2,000

20x4年1月1日，乙公司出售機器予丙公司之未實現利益為：
未實現利益＝$51,000－($70,000－$40,000)＝$21,000
該項未實現利益將於20x4、20x5及20x6年中，逐年實現三分之一(即$7,000)。

20x3、20x4、20x5及20x6年，甲公司應認列之投資損益及非控制權益淨利：

	甲公司應認列之投資損益	非控制權益淨利
20x3年	乙：$50,000×80%＝$40,000	乙：$50,000×20%＝$10,000
	丙：$40,000×70%＝$28,000	丙：$40,000×30%＝$12,000
20x4年	乙：($50,000－$21,000＋$7,000)×80% 　　＝$28,800	乙：($50,000－$21,000＋$7,000)×20% 　　＝$7,200
	丙：$40,000×70%＝$28,000	丙：$40,000×30%＝$12,000
20x5、 20x6年	乙：($50,000＋$7,000)×80%＝$45,600	乙：($50,000＋$7,000)×20%＝$11,400
	丙：$40,000×70%＝$28,000	丙：$40,000×30%＝$12,000

按權益法,相關項目異動如下: (單位:千元)

	20x3/1/1	20x3	20x3/12/31	20x4	20x4/12/31	20x5	20x5/12/31	20x6	20x6/12/31
乙－權 益	$300	+$50	$350	+$50	$400	+$50	$450	+$50	$500
權益法:									
甲－採用權益法之投資－乙	$240	+$40	$280	+$28.8	$308.8	+$45.6	$354.4	+$45.6	$400
合併財務報表:									
非控制權益	$60	+$10	$70	+$7.2	$77.2	+$11.4	$88.6	+$11.4	$100
驗 算:	同釋例七,「表 6-18」。								

按權益法,相關項目異動如下: (單位:千元)

	20x3/1/1	20x3	20x3/12/31	20x4	20x4/12/31	20x5	20x5/12/31	20x6	20x6/12/31
丙－權 益	$250	+$40	$290	+$40	$330	+$40	$370	+$40	$410
權益法:									
甲－採用權益法之投資－丙	$175	+$28	$203	+$28	$231	+$28	$259	+$28	$287
合併財務報表:									
非控制權益	$75	+$12	$87	+$12	$99	+$12	$111	+$12	$123
驗 算:	同釋例八,「表 6-21」。								

20x3、20x4、20x5、20x6 年合併工作底稿之沖銷分錄:

(A) 內部交易的相關沖銷分錄及其說明,同釋例七,「表 6-19」,沖銷分錄(1)、(2)。
(B) 甲公司對乙公司股權投資的相關沖銷分錄及其說明,同釋例七,「表 6-19」,沖銷分錄(3)、(4)、(5)。
(C) 甲公司對丙公司股權投資的相關沖銷分錄,同釋例八,「表 6-22」,沖銷分錄(6)、(7)、(8)。

十一、投資者與關聯企業間買賣折舊性資產交易

有關如何消除投資者與關聯企業間交易所產生之未實現損益,已於第五章「十一、投資者與關聯企業間之交易」中說明。另投資者對關聯企業認列投資損益之計算原則,也已彙述在第五章表 5-1 之※及表 5-2 之※,故不再贅述,茲將觀念與原則應用於釋例十。

釋例十：

　　甲公司持有丙公司 35%股權數年，並對丙公司具重大影響。截至 20x6 年 1月 1 日，甲公司帳列「採用權益法之投資－丙」餘額等於其所擁有丙公司之帳列淨值，無投資差額。20x6 年 1 月 1 日，甲公司以等於乙公司帳列淨值之成本取得乙公司 20%股權，並對乙公司具重大影響，又於 20x6 年 7 月 1 日以等於乙公司帳列淨值之成本取得乙公司 20%股權，對乙公司仍具重大影響。

　　於 20x6 年 1 月 1 日，甲公司、乙公司及丙公司間發生買賣營業上使用之機器的交易，當日賣方帳列該機器成本$100,000，累計折舊$60,000，賣方係以$52,000 將機器售予買方。買方預計該機器可再使用 4 年，無殘值，按直線法計提折舊。

　　甲公司、乙公司及丙公司 20x6 年之個別淨利(未加計投資損益前之淨利)及於 20x6 年 12 月宣告並發放之現金股利如下：

	甲公司	乙公司	丙公司
個別淨利	$190,000	$160,000	$140,000
現金股利	$30,000	$20,000	$18,000

試作：依下列(A)～(F)六個獨立情況，計算兩項金額：
　　(1) 甲公司按權益法認列之投資損益　　(2) 甲公司收到之現金股利

(A)	若上述機器係由甲公司售予乙公司(順流交易)。
(B)	若上述機器係由乙公司售予甲公司(逆流交易)。
(C)	若於 20x6 年 1 月 1 日，上述(A)及(B)交易同時發生。
(D)	若上述機器係由乙公司售予丙公司(側流交易)。
(E)	若上述機器係由丙公司售予乙公司(側流交易)。
(F)	若於 20x6 年 1 月 1 日，上述(D)及(E)交易同時發生。

說　明：

20x6 年，甲公司對乙公司之約當持股比例＝20%＋(20%×6/12)＝30%
20x6 年底，甲公司對乙公司之持股比例＝20%＋20%＝40%
20x6 年，甲公司對丙公司之約當持股比例＝35%×12/12＝35%
20x6 年底，甲公司對丙公司之持股比例＝35%

出售機器之未實現利益＝$52,000－($100,000－$60,000)＝$12,000

未實現利益$12,000，將於 20x6、20x7、20x8 及 20x9 等四年中，每年實現$3,000。

(1) 六個獨立情況，20x6 年甲公司按權益法應認列之投資收益：

		對乙公司應認列之投資收益	對丙公司應認列之投資收益
(A)	甲出售機器予乙	($160,000×30%)－($12,000×40%)＋($3,000×40%)＝$44,400	$140,000×35%＝$49,000
(B)	乙出售機器予甲	($160,000－$12,000＋$3,000)×30%＝$45,300	[同(A)]
(C)	同時發生(A)及(B)	($160,000－$12,000＋$3,000)×30%－($12,000×40%)＋($3,000×40%)＝$41,700	[同(A)]
(D)	乙出售機器予丙	($160,000×30%)－($12,000×30%×35%)＋($3,000×30%×35%)＝$47,055	[同(A)]
(E)	丙出售機器予乙	$160,000×30%＝$48,000	($140,000×35%)－($12,000×35%×30%)＋($3,000×35%×30%)＝$48,055
(F)	同時發生(D)及(E)	[同(D)]	[同(E)]

(2) 甲公司收自乙公司及丙公司之現金股利：

收自乙公司	$20,000×40%＝$8,000
收自丙公司	$18,000×35%＝$6,300

十二、綜合釋例

甲公司於 20x3 年 1 月 1 日以$400,000 取得乙公司 80%股權，並對乙公司存在控制。當日乙公司權益包括普通股股本$300,000 及保留盈餘$200,000，且其帳列資產及負債的帳面金額皆等於公允價值，且無未入帳資產或負債。非控制權益係以收購日公允價值$100,000 衡量。20x3、20x4 及 20x5 年間，甲公司與乙公司發生下列三筆內部交易：

(1) 20x3 年 10 月 1 日,甲公司出售一筆營業上使用之土地予乙公司,獲利 $50,000。乙公司將該筆土地列為「不動產、廠房及設備」,時至 20x5 年,乙公司將該筆土地售予合併個體以外的單位,並發生處分不動產、廠房及設備損失$2,000。

(2) 20x4 年 1 月 2 日,乙公司出售一項營業上使用之辦公設備予甲公司,獲利 $40,000。甲公司將該辦公設備列為「不動產、廠房及設備」,預計可再使用 4 年,無殘值,按直線法計提折舊。截至 20x5 年 12 月 31 日,甲公司仍使用該辦公設備於營業上。

(3) 20x5 年 1 月 3 日,甲公司出售一棟營業上使用之房屋予乙公司,獲利 $70,000。乙公司將該棟房屋列為「不動產、廠房及設備」,預計可再使用 10 年,無殘值,按直線法計提折舊。截至 20x5 年 12 月 31 日,乙公司仍使用該棟房屋於營業上。

(4) 乙公司 20x3、20x4 及 20x5 年之淨利及宣告並發放之現金股利:

	20x3	20x4	20x5
淨　利	$70,000	$80,000	$90,000
現金股利	$20,000	$25,000	$30,000

說　明:

內部交易之損益資料:

		20x3	20x4	20x5
(1)	土地(順流)	未實現利益$50,000	—	已實現利益$50,000
(2)	辦公設備(逆流)	—	未實現利益$40,000	—
		—	已實現利益$10,000	已實現利益$10,000
(3)	房屋(順流)	—	—	未實現利益$70,000
		—	—	已實現利益$7,000

甲公司應認列之投資收益及非控制權益淨利:

		20x3	20x4	20x5
	甲公司之投資收益:			
	乙公司淨利×80%	$70,000×80%	$80,000×80%	$90,000×80%
(1)	土地(順流)	($50,000)	—	$50,000
(2)	辦公設備(逆流)	—	($40,000×80%)	—
		—	$10,000×80%	$10,000×80%

		20x3	20x4	20x5
(3)	房屋(順流)	—	—	($70,000)
		—	—	$7,000
		$6,000	$40,000	$67,000
非控制權益淨利：				
乙公司淨利×20%		$70,000×20%	$80,000×20%	$90,000×20%
(2)	辦公設備(逆流)	—	($40,000×20%)	—
		—	$10,000×20%	$10,000×20%
		$14,000	$10,000	$20,000

按權益法，相關項目異動如下： (單位：千元)

	20x3/1/1	20x3	20x3/12/31	20x4	20x4/12/31	20x5	20x5/12/31
乙－權 益	$500	+$70－$20	$550	+$80－$25	$605	+$90－$30	$665
權益法：							
甲－採用權益法之投資	$400	+$6－$16	$390	+$40－$20	$410	+$67－$24	$453
合併財務報表：							
非控制權益	$100	+$14－$4	$110	+$10－$5	$115	+$20－$6	$129
驗 算： 20x3/12/31： 　　甲帳列「採用權益法之投資」＝(乙權益$550×80%)－未實現利益$50＝$390 　　合併財務狀況表上之「非控制權益」＝乙權益$550×20%＝$110 　20x4/12/31： 　　甲帳列「採用權益法之投資」＝(乙權益$605－未實現利益$40+已實現利益$10)×80% 　　　　　　　　　　　　　　　－未實現利益$50＝$410 　　合併財務狀況表上之「非控制權益」＝($605－$40+$10)×20%＝$115 　20x5/12/31： 　　甲帳列「採用權益法之投資」＝(乙權益$665－未實利$40+已實利$20)×80% 　　　　　　　　　　－未實利$50+已實利$50－未實利$70+已實利$7＝$453 　　合併財務狀況表上之「非控制權益」＝($665－$40+$20)×20%＝$129							

甲公司正確地適用權益法，20x3、20x4 及 20x5 年合併工作底稿之沖銷分錄：
　　表 6-23　（單位：千元）

(續次頁)

表 6-23　(單位：千元)

	20x3	20x4	20x5
(1)	處分不動產、廠房及設備利益　50 　　土　地　　50	採用權益法之投資　50 　　土　地　　50	採用權益法之投資　50 　　處分不動產、廠房及設備損失　2 　　處分不動產、廠房及設備利益　48
(2)	X	處分不動產、廠房及設備利益　40 　　辦公設備　40	採用權益法之投資　24 非控制權益　6 累計折舊－辦公設備　10 　　辦公設備　40
(3)	X	累計折舊－辦公設備　10 　　折舊費用　10	累計折舊－辦公設備　10 　　折舊費用　10
(4)	X	X	處分不動產、廠房及設備利益　70 　　房屋及建築　70
(5)	X	X	累計折舊－房屋及建築　7 　　折舊費用　7

		20x3	20x4	20x5
(6)	採用權益法認列之子公司、關聯企業及合資利益之份額 採用權益法之投資 　　股　利 　　採用權益法之投資	6 10 16 －	40 － 20 20	67 － 24 43
(7)	非控制權益淨利 　　股　利 　　非控制權益	14 4 10	10 5 5	20 6 14
(8)	普通股股本 保留盈餘 　　採用權益法之投資 　　非控制權益	300 200 400 100	300 250 440 110	300 305 484 121

(續次頁)

延伸一：

　　沿用綜合釋例基本資料，再分別加入下列兩個獨立情況後，則合併工作底稿上之調整/沖銷分錄應如何修改，始可編製出正確的 20x3、20x4 及 20x5 年合併財務報表？

情況(1)：甲公司按權益法處理其對乙公司股權投資時，忽略合併個體內部交易對適用權益法及編製合併財務報表的影響。

情況(2)：甲公司未採用權益法處理其對乙公司之股權投資，而係於乙公司宣告現金股利時認列股利收入，並將該股權投資分類為「透過損益按公允價值衡量之金融資產」。

說　明：

若遇上述兩項獨立情況，則應在合併工作底稿上補記下列調整分錄，即可得到與正確地適用權益法時相同的結果，再填入「表 6-23」之沖銷分錄，則可編製出正確的合併財務報表。

(單位：千元)

合併工作底稿之調整分錄：

	20x3	20x4	20x5
(1)未正確適用權益法	採用權益法認列之子公司、關聯企業及合資利益之份額　50　　採用權益法之投資　50	保留盈餘　50　　採用權益法之投資　50	74　　74
		採用權益法認列之子公司、關聯企業及合資利益之份額　24　　採用權益法之投資　24	5　　5
	土地：－$50	設備：(－$40＋$10)×80%＝－$24	設備：＋$10×80%＝＋$8房屋：－$70＋$7＝－$63土地：＋$50，合計：－$5

(續次頁)

(單位：千元)

合併工作底稿之調整分錄：(續)

		20x3		20x4		20x5	
(2) 未採用權益法	採用權益法之投資	400		400		400	
	強制透過損益按公允						
	價值衡量之金融資產		400		400		400
		X		保留盈餘	10	採用權益法之投資	10
				採用權益法之投資	10	保留盈餘	10
				保留盈餘		長投＝－$10＋$20＝$10	
				＝－$16＋$6＝－$10		保留盈餘＝－$10－$20	
						＋$40＝$10	
	股利收入	16		股利收入	20		24
	採用權益法之投資		10	採用權益法之投資	20		43
	採用權益法認列之			採用權益法認列之			
	子公司、關聯企業			子公司、關聯企業			
	及合資利益之份額		6	及合資利益之份額	40		67

延伸二：

沿用綜合釋例基本資料，再同時加入下列兩個情況後，則甲公司 20x6 年合併工作底稿之調整/沖銷分錄為何？

情況(1)：20x6 年 1 月 1 日，甲公司將購自乙公司之辦公設備售予合併個體以外的單位，且認列「處分不動產、廠房及設備損失」$3,000。

情況(2)：20x6 年 1 月 1 日，乙公司將購自甲公司的房屋售予合併個體以外的單位，且認列「處分不動產、廠房及設備利益」$2,000。

說 明：

(a) 因甲公司將辦公設備外售，故有關辦公設備之未實現利益$20,000，全數於 20x6 年實現，$40,000－$10,000×2 年＝$20,000。

(b) 因乙公司將房屋外售，故有關房屋之未實現利益$63,000，全數於 20x6 年實現，$70,000－$7,000×1 年＝$63,000。

(c) 20x6 年，甲公司應認列之投資收益＝(乙帳列淨利＋$20,000)×80%＋$63,000
20x6 年，非控制權益淨利＝(乙公司帳列淨利＋$20,000)×20%

20x6 年合併工作底稿有關內部交易之沖銷分錄，下表右欄：(單位：千元)

	若辦公設備及房屋於 20x6 年繼續被使用，並未外售 (參考用)	若辦公設備及房屋於 20x6 年 1 月 1 日外售 (本題答案)
(1)	採用權益法之投資　　　16 非控制權益　　　　　　4 　累計折舊－辦公設備　　20 　　辦公設備　　　　　　　40	採用權益法之投資　　　16 非控制權益　　　　　　4 　處分不動產、廠房及設備損失　　3 　　處分不動產、廠房及設備利益　　17
(2)	累計折舊－辦公設備　　10 　折舊費用　　　　　　　10	X
(3)	採用權益法之投資　　　63 累計折舊－房屋及建築　7 　房屋及建築　　　　　　70	採用權益法之投資　　　63 　處分不動產、廠房及設備利益　　63
(4)	累計折舊－房屋及建築　7 　折舊費用　　　　　　　7	X

因此，20x6 年合併綜合損益表上須表達「處分不動產、廠房及設備利益」為 $82,000，原帳列數$2,000＋[沖(1)] $17,000＋[沖(3)]$63,000＝$82,000。

驗　算：

假設內部交易發生時，辦公設備在賣方(乙)帳上之帳面金額為 Y，房屋在賣方(甲)帳上之帳面金額為 Z，則截至外售當日(20x6/ 1/ 1)，辦公設備及房屋在買方(甲)帳上之帳面金額如下：

20x6/ 1/ 1，甲 帳 上		20x6/ 1/ 1，乙 帳 上	
辦公設備	$Y＋$40,000	房屋及建築	$Z＋$70,000
減：累計折舊	[(1/4Y＋$10,000)×2 年]	減：累計折舊	[(1/10Z＋$7,000)×1 年]
	$2/4Y＋$20,000		$9/10Z＋$63,000

(1) 已知辦公設備外售產生損失$3,000，因此帳面金額$2/4Y＋$20,000－損失$3,000＝外售價格$2/4Y＋$17,000，故就合併個體而言，出售辦公設備應有利益$17,000，($2/4Y＋$17,000)－($2/4Y)＝$17,000。

(2) 已知房屋外售產生利益$2,000，因此帳面金額$9/10Z＋$63,000＋利益$2,000＝外售價格$9/10Z＋$65,000，故就合併個體而言，出售房屋應有利益$65,000，($9/10Z＋$65,000)－($9/10Z)＝$65,000。

(3) $17,000＋$65,000＝$82,000

故上述 20x6 年合併工作底稿有關內部交易之沖銷分錄是正確的。

延伸三：

　　沿用綜合釋例基本資料，再同時加入下列兩個情況後，則甲公司20x6年合併工作底稿之調整/沖銷分錄為何？

情況(1)：20x6年12月31日，甲公司將購自乙公司之辦公設備售予合併個體以外的單位，且認列「處分不動產、廠房及設備損失」$3,000。

情況(2)：20x6年12月31日，乙公司將購自甲公司的房屋售予合併個體以外的單位，且認列「處分不動產、廠房及設備利益」$2,000。

說明：

(a) 因甲公司將辦公設備外售，故有關辦公設備之未實現利益$10,000，全數於20x6年實現，$40,000－$10,000×3年＝$10,000。

(b) 因乙公司將房屋外售，故有關房屋之未實現利益$56,000，全數於20x6年實現，$70,000－$7,000×2年＝$56,000。

(c) 20x6年，甲公司應認列之投資收益
　　　＝(乙帳列淨利＋$10,000因使用＋$10,000因外售)×80%＋$63,000
20x6年，非控制權益淨利＝(乙帳列淨利＋$10,000＋$10,000)×20%

20x6年合併工作底稿有關內部交易之沖銷分錄，下表右欄：(單位：千元)

	若辦公設備及房屋於20x6年繼續被使用，且未於20x6年12月31日外售 (參考用)	若辦公設備及房屋於20x6年繼續被使用，並於20x6年12月31日外售 (本題答案)
(1)	採用權益法之投資　　16 非控制權益　　　　　4 累計折舊－辦公設備　20 　　辦公設備　　　　　　40	採用權益法之投資　　　　16 非控制權益　　　　　　　4 　處分不動產、廠房及設備損失　3 　處分不動產、廠房及設備利益　7
(2)	累計折舊－辦公設備　10 　　折舊費用　　　　　10	折舊費用　　　　　　　　10
(3)	採用權益法之投資　　63 累計折舊－房屋及建築　7 　　房屋及建築　　　　　70	採用權益法之投資　　　　63 　處分不動產、廠房及設備利益　56 　折舊費用　　　　　　　　7
(4)	累計折舊－房屋及建築　7 　　折舊費用　　　　　7	

因此,20x6 年合併綜合損益表上須表達「處分不動產、廠房及設備利益」為 $82,000,原帳列數$2,000＋[沖(1)(2)] $7,000＋[沖(3)(4)]$56,000＝$65,000。

驗算：

假設內部交易發生時,辦公設備在賣方(乙)帳上之帳面金額為 Y,房屋在賣方(甲)帳上之帳面金額為 Z,則截至外售當日(20x6/12/31),辦公設備及房屋在買方(甲)帳上之帳面金額如下：

20x6/12/31,甲 帳 上		20x6/12/31,乙 帳 上	
辦公設備	$Y＋$40,000	房屋及建築	$Z＋$70,000
減：累計折舊	[(1/4Y＋$10,000)×3 年]	減：累計折舊	[(1/10Z＋$7,000)×2 年]
	$1/4Y＋$10,000		$8/10Z＋$56,000

(1) 已知辦公設備外售產生損失$3,000,因此帳面金額$1/4Y＋$10,000－損失$3,000＝外售價格$1/4Y＋$7,000,故就合併個體而言,出售辦公設備應有利益$7,000,($1/4Y＋$7,000)－($1/4Y)＝$7,000。
(2) 已知房屋外售產生利益$2,000,因此帳面金額$8/10Z＋$56,000＋利益$2,000＝外售價格$8/10Z＋$58,000,故就合併個體而言,出售房屋應有利益$58,000,($8/10Z＋$58,000)－($8/10Z)＝$58,000。
(3) $7,000＋$58,000＝$65,000

故上述 20x6 年合併工作底稿有關內部交易之沖銷分錄是正確的。

十三、合併個體內部買賣不動產、廠房及設備交易－發生損失

以上有關集團內個體間不動產、廠房及設備之內部交易所舉釋例皆是產生利益的情況。但若相反,係發生損失時,則須先確認「內部交易金額」是否與「買賣標的資產的可回收金額」相同,並依國際財務報導準則對於「集團內個體間之交易」的規定處理,如下：

(1) 與「集團內個體間交易」有關的集團內資產、負債、權益、收益、費損及現金流量,應全數銷除。
(2) 「集團內個體間交易」所產生的損益而認列於資產(例如存貨及固定資產)者,應全數銷除。

(3) 「集團內個體間交易」所產生的損失<u>可能顯示</u>已發生減損,而應於合併財務報表中認列減損損失。
(4) 集團內個體間交易損益之銷除所產生之暫時性差異,應適用 IAS 12「所得稅」之規定。

茲以釋例十一的兩種情況分別說明。

釋例十一:

甲公司持有乙公司 90%股權數年並對乙公司存在控制。當初收購時,乙公司帳列資產及負債的帳面金額皆等於公允價值,且無未入帳資產或負債。20x5 年 1 月 1 日,甲公司將一部營業上使用之機器以$21,000 售予乙公司,該機器之成本$80,000,累計折舊$50,000。乙公司估計該機器可再使用 3 年,無殘值,採直線法計提折舊。假設乙公司 20x5、20x6 及 20x7 年之每年淨利皆為$500,000,並於 20x8 年 1 月 1 日將機器報廢。

(一) 若該機器之可回收金額為$21,000:

內部交易金額$21,000＝機器可回收金額$21,000＜機器帳面金額$30,000(＝$80,000－$50,000),依準則規定 [詳前頁之(3)],甲公司應於 20x5 年 1 月 1 日先認列機器之減損損失＝可回收金額$21,000－帳面金額$30,000＝－$9,000,再做處分機器記錄。甲公司及乙公司各自帳列分錄:

甲	20x5/1/1	不動產、廠房及設備減損損失　　　　9,000　　　　　　　　　累計減損－機器設備　　　　　　　　　　　　9,000
甲	1/1	現　　金　　　　　　　　　　　　21,000　　累計折舊－機器設備　　　　　　　50,000　　累計減損－機器設備　　　　　　　 9,000　　　　　機器設備　　　　　　　　　　　　　　80,000
乙	20x5/1/1	機器設備　　　　　　　　　　　　21,000　　　　　現　　金　　　　　　　　　　　　　　21,000
乙	20x5/12/31 20x6/12/31 20x7/12/31	折舊費用　　　　　　　　　　　　 7,000　　　　　累計折舊－機器設備　　　　　　　　　 7,000　($21,000－$0)÷3 年＝$7,000
乙	20x8/1/1	累計折舊－機器設備　　　　　　　21,000　　　　　機器設備　　　　　　　　　　　　　　21,000

20x5、20x6 及 20x7 年，甲公司應認列之投資損益及非控制權益淨利：

	甲公司應認列之投資損益	非控制權益淨利
20x5、20x6、20x7 年	$500,000×90%＝$450,000	$500,000×10%＝$50,000

20x5、20x6 及 20x7 年，合併工作底稿上有關內部交易之沖銷分錄：

	20x5	20x6	20x7
(1)	(針對買賣機器之內部交易，無須沖銷分錄)	(同左)	(同左)

(二) 若該機器之可回收金額為$30,000：

內部交易金額$21,000＜機器可回收金額$30,000＝機器帳面金額$30,000，機器價值未減損，但卻以較低價格出售，說明如下：

(1) 若甲公司管理當局明知機器之可回收金額為$30,000，卻以$21,000 出售，則甲公司此行為會使利害關係人(甲公司股東)產生質疑。因甲公司低價出售機器將蒙受不當損失，而乙公司的非控制權益(非控制股東)卻獲益，詳下段(2)。

(2) 乙公司因低價買入機器，在未來三年內折舊費用合計低估$9,000，即乙公司淨利合計高估$9,000；故甲公司認列投資收益合計高估$9,000×90%＝$8,100。甲公司出售機器損失$9,000＞甲公司認列投資收益合計高估$8,100，故甲公司管理當局可能被歸咎未盡善良管理人責任。

(3) 甲公司於 20x5/1/1 出售機器之未實現損失＝$21,000－$30,000＝－$9,000
該項未實現損失將於 20x5、20x6 及 20x7 三年中逐年實現三分之一($3,000)

甲公司及乙公司各自帳列分錄：

甲	20x5/1/1	現　金	21,000	
		累計折舊－機器設備	50,000	
		處分不動產、廠房及設備損失	9,000	
		機器設備		80,000
乙	20x5/1/1	機器設備	21,000	
		現　金		21,000
乙	20x5/12/31	折舊費用	7,000	
	20x6/12/31	累計折舊－機器設備		7,000
	20x7/12/31	($21,000－$0)÷3 年＝$7,000		

乙	20x8/1/1	累計折舊－機器設備	21,000	
		機器設備		21,000

20x5、20x6 及 20x7 年，甲公司應認列之投資損益及非控制權益淨利：

	甲公司應認列之投資損益	非控制權益淨利
20x5 年	$500,000×90％＋$9,000－$3,000＝$456,000	$500,000×10％＝$50,000
20x6、20x7 年	$500,000×90％－$3,000＝$447,000	$500,000×10％＝$50,000

20x5、20x6 及 20x7 年，合併工作底稿有關內部交易之沖銷分錄：(單位：千元)

	20x5	20x6	20x7
(1)	機　器　　　　　　9 　處分不動產、廠房 　　及設備損失　　　　9	機　器　　　　　　9 　累計折舊－機器設備　3 　採用權益法之投資　　6	9 6 3
(2)	折舊費用　　　　　3 　累計折舊－機器設備　3	折舊費用　　　　　3 　累計折舊－機器設備　3	3 3

十四、內部交易對賣方是銷貨交易，對買方是取得不動產、廠房及設備交易

　　有時集團內個體間所發生的交易，對賣方而言是出售商品存貨的銷貨交易，但對買方而言是取得「不動產、廠房及設備」的資產取得交易，亦即兼具第五章及本章之內部交易屬性。若然，則母公司在適用權益法認列投資損益及期末編製母公司及其子公司合併財務報表時，應如何處理呢？

　　直覺上這種內部交易好像比較複雜，其實仍可按第五章及本章所學的權益法觀念及合併邏輯來處理。既然是合併個體的內部交易，因此內部交易本身及其所產生之未實現損益，無論在適用權益法或編製合併財務報表時，皆須加以消除，宛如這些內部交易不曾發生過一樣。茲以順流交易及逆流交易，於釋例十二及釋例十三中說明。

釋例十二：　　（順流交易）

甲公司持有乙公司 80%股權數年並對乙公司存在控制。當初收購時，乙公司帳列資產及負債的帳面金額皆等於公允價值，且無未入帳資產或負債。截至 20x3 年 1 月 1 日，甲公司帳列「採用權益法之投資」為$400,000，當日乙公司權益包括普通股股本$300,000 及保留盈餘$200,000，而非控制權益之金額為$100,000。

甲公司主要業務是買賣桌上型電腦，而乙公司預計於 20x3 年初重置營業上使用之桌上型電腦，遂於 20x3 年 1 月 2 日以$342,000 向甲公司現購數台桌上型電腦，估計該批電腦可使用 4 年，殘值$2,000，採直線法計提折舊。該批電腦係甲公司的商品存貨，成本為$302,000。假設乙公司 20x3、20x4、20x5 及 20x6 年之淨利皆為$60,000，且該四年皆未宣告並發放現金股利。乙公司於 20x7 年 1 月 2 日將該批電腦按帳面金額售予合併個體以外的單位。

有關上述電腦買賣交易，甲公司及乙公司各自帳列分錄：

甲	20x3/1/2	現　　金　　　　　　　　　　　342,000　　　　銷貨收入　　　　　　　　　　　　　342,000
甲	1/2	銷貨成本　　　　　　　　　　　302,000　　　　存　　貨　　　　　　　　　　　　　302,000
乙	20x3/1/2	辦公設備　　　　　　　　　　　342,000　　　　現　　金　　　　　　　　　　　　　342,000
乙	20x3/12/31 20x4/12/31 20x5/12/31 20x6/12/31	折舊費用　　　　　　　　　　　 85,000　　　　累計折舊－辦公設備　　　　　　　　85,000 ($342,000－$2,000)÷4 年＝$85,000
乙	20x7/1/2	現　　金　　　　　　　　　　　　2,000 累計折舊－辦公設備　　　　　340,000 　　　辦公設備　　　　　　　　　　　342,000

甲公司 20x3 年 1 月 2 日出售電腦予乙公司之未實現利益為：
未實現利益＝$342,000－$302,000＝$40,000
該項未實現利益將於 20x3、20x4、20x5 及 20x6 年中，逐年實現四分之一($10,000)。

20x3、20x4、20x5 及 20x6 年，甲公司應認列之投資損益及非控制權益淨利：

	甲公司應認列之投資損益	非控制權益淨利
20x3 年	$60,000×80%－$40,000＋$10,000 ＝$18,000	$60,000×20%＝$12,000
20x4、20x5、20x6 年	$60,000×80%＋$10,000＝$58,000	$60,000×20%＝$12,000

表 6-24，按權益法，相關項目異動如下：（單位：千元）

	20x3/1/1	20x3	20x3/12/31	20x4	20x4/12/31	20x5	20x5/12/31	20x6	20x6/12/31
乙－權 益	$500	＋$60	$560	＋$60	$620	＋$60	$680	＋$60	$740
權益法：									
甲－採用權益 　法之投資	$400	＋$18	$418	＋$58	$476	＋$58	$534	＋$58	$592
合併財務報表：									
非控制權益	$100	＋$12	$112	＋$12	$124	＋$12	$136	＋$12	$148

驗　算：　20x3/12/31：
　　甲帳列「採用權益法之投資」＝(乙權益$560×80%)－未實利$40＋已實利$10＝$418
　　合併財務狀況表上之「非控制權益」＝乙權益$560×20%＝$112
　　20x4/12/31：($620×80%)－$40＋$20＝$476，　$620×20%＝$124
　　20x5/12/31：($680×80%)－$40＋$30＝$534，　$680×20%＝$136
　　20x6/12/31：($740×80%)－$40＋$40＝$592，　$740×20%＝$148

甲公司按權益法認列投資收益之分錄：

	20x3/12/31	20x4/12/31	20x5/12/31	20x6/12/31
採用權益法之投資	18,000	58,000	58,000	58,000
採用權益法認列之 　　子公司、關聯企業 　　及合資利益之份額	18,000	58,000	58,000	58,000

20x3、20x4、20x5 及 20x6 年，甲公司及其子公司合併工作底稿之沖銷分錄：
(單位：千元)

	20x3	20x4	20x5	20x6
(1)	銷貨收入　　342 　　銷貨成本　　　342	X	X	X

(續次頁)

		20x3		20x4		20x5	20x6
(2)	銷貨成本	40		採用權益法之資	30	20	10
	辦公設備		40	累計折舊－辦公設備	10	20	30
				辦公設備	40	40	40
(3)	累計折舊－辦公設備	10		累計折舊－辦公設備	10	10	10
	折舊費用		10	折舊費用	10	10	10

		20x3	20x4	20x5	20x6
(4)	採用權益法認列之子公司、關聯企業				
	及合資利益之份額	18	58	58	58
	採用權益法之投資	18	58	58	58
(5)	非控制權益淨利	12	12	12	12
	非控制權益	12	12	12	12
(6)	普通股股本	300	300	300	300
	保留盈餘	200	260	320	380
	採用權益法之投資	400	448	496	544
	非控制權益	100	112	124	136

說明：

(a) 沖銷分錄(1)： 同第五章之沖銷邏輯，將內部銷貨交易消除。

(b) 沖銷分錄(2)：

20x3 年：

借記銷貨成本$40,000，同第五章之沖銷邏輯，因沖銷分錄(1)之貸方已將銷貨成本消除$342,000，但該筆內部銷貨交易之銷貨成本只有$302,000，即沖銷分錄(1)貸記過多的銷貨成本，$342,000－$302,000＝$40,000，故於沖銷分錄(2)予以借記(加回)$40,000，使之正確。貸記辦公設備$40,000，可使乙公司帳列辦公設備成本從$342,000 回復到甲公司從外購入商品存貨之成本$302,000。

20x4 年：

為使沖銷分錄(6)能順利地將相對科目對沖，預先將「採用權益法之投資」的期初餘額$418,000(詳表 6-24)加上(借記)$30,000，恰等於當日「乙公司權益的80%」$448,000，$560,000×80%＝$448,000，以重建 20x4 年初相對科目的對稱性。另以合併個體而言，20x4 年初乙公司帳列「累計折舊－辦公設備」餘額係高估$10,000，$10,000×1 年＝$10,000，故借記之。

20x5、20x6 年：理同 20x4 年，讀者自行推演，不再贅述。

(c) 沖銷分錄(3)：

以合併個體而言，乙公司 20x3 至 20x6 年每年提列的折舊費用應是$75,000，($302,000－$2,000)÷4 年＝$75,000，而非乙公司帳列的$85,000，故減少$10,000 的折舊費用與累計折舊。

釋例十三： (逆流交易)

沿用釋例十二資料，惟將順流交易改為逆流交易，即乙公司將商品存貨(桌上型電腦)出售予甲公司，其他資料不變。

有關上述電腦買賣交易，甲公司及乙公司各自帳列分錄：

乙	20x3/ 1/ 2	現　金	342,000	
		銷貨收入		342,000
乙	1/ 2	銷貨成本	302,000	
		存　貨		302,000
甲	20x3/ 1/ 2	辦公設備	342,000	
		現　金		342,000
甲	20x3/12/31	折舊費用	85,000	
	20x4/12/31	累計折舊－辦公設備		85,000
	20x5/12/31	($342,000－$2,000)÷4 年＝$85,000		
	20x6/12/31			
甲	20x7/ 1/ 2	現　金	2,000	
		累計折舊－辦公設備	340,000	
		辦公設備		342,000

乙公司 20x3 年 1 月 2 日出售電腦予甲公司之未實現利益為：
未實現利益＝$342,000－$302,000＝$40,000
該項未實現利益將於20x3、20x4、20x5 及 20x6 年中，逐年實現四分之一($10,000)。

(續次頁)

20x3、20x4、20x5 及 20x6 年,甲公司應認列之投資損益及非控制權益淨利:

	甲公司應認列之投資損益	非控制權益淨利
20x3 年	($60,000－$40,000＋$10,000) ×80％＝$24,000	($60,000－$40,000＋$10,000) ×20％＝$6,000
20x4、20x5 、20x6 年	($60,000＋$10,000)×80％ ＝$56,000	($60,000＋$10,000)×20％ ＝$14,000

表 6-25,按權益法,相關項目異動如下: (單位:千元)

	20x3/1/1	20x3	20x3/12/31	20x4	20x4/12/31	20x5	20x5/12/31	20x6	20x6/12/31
乙－權 益	$500	＋$60	$560	＋$60	$620	＋$60	$680	＋$60	$740
權益法:									
甲－採用權益 　法之投資	$400	＋$24	$424	＋$56	$480	＋$56	$536	＋$56	$592
合併財務報表:									
非控制權益	$100	＋$6	$106	＋$14	$120	＋$14	$134	＋$14	$148

驗 算: 20x3/12/31:

甲帳列「採用權益法之投資」＝(乙權益$560－未實利$40＋已實利$10)×80％＝$424
合併財務狀況表上之「非控制權益」＝($560－$40＋$10)×20％＝$106
20x4/12/31:($620－$40＋$20)×80％＝$480, ($620－$40＋$20)×20％＝$120
20x5/12/31:($680－$40＋$30)×80％＝$536, ($680－$40＋$30)×20％＝$134
20x6/12/31:($740－$40＋$40)×80％＝$592, ($740－$40＋$40)×20％＝$148

甲公司按權益法認列投資收益之分錄:

	20x3/12/31	20x4/12/31	20x5/12/31	20x6/12/31
採用權益法之投資	24,000	56,000	56,000	56,000
採用權益法認列之子公司、 　　關聯企業及合資利益之份額	24,000	56,000	56,000	56,000

20x3、20x4、20x5 及 20x6 年,甲公司及其子公司合併工作底稿之沖銷分錄:
(單位:千元)

	20x3	20x4	20x5	20x6
(1)	銷貨收入　　　342 　銷貨成本　　　　　342	X	X	X

第六章 合併個體內部交易－不動產、廠房及設備

		20x3	20x4	20x5	20x6
(2)	銷貨成本　　　　40			16	8
	辦公設備　　　　　40	採用權益法之投資　24			
		非控制權益　　　　6		4	2
		累計折舊－辦公設備　10		20	30
		辦公設備　　　　　40		40	40
(3)	累計折舊－辦公設備　10	累計折舊－辦公設備　10	10	10
	折舊費用　　　　　10	折舊費用　　　　　10	10	10

		20x3	20x4	20x5	20x6
(4)	採用權益法認列之子公司、關聯企業及合資利益之份額	24	56	56	56
	採用權益法之投資	24	56	56	56
(5)	非控制權益淨利	6	14	14	14
	非控制權益	6	14	14	14
(6)	普通股股本	300	300	300	300
	保留盈餘	200	260	320	380
	採用權益法之投資		400	448	496	544
	非控制權益		100	112	124	136

說 明：

(a) 沖銷分錄(1)： 同第五章之沖銷邏輯，將內部銷貨交易消除。

(b) 沖銷分錄(2)：

20x3 年：

借記銷貨成本$40,000，同第五章之沖銷邏輯，因沖銷分錄(1)之貸方已將銷貨成本消除$342,000，但該筆內部銷貨交易之銷貨成本只有$302,000，即沖銷分錄(1)貸記過多的銷貨成本，$342,000－$302,000＝$40,000，故於沖銷分錄(2)予以借記(加回)$40,000，使之正確。貸記辦公設備$40,000，可使乙公司帳列辦公設備成本從$342,000 回復到甲公司從外購入商品存貨之成本$302,000。

20x4 年：

為使沖銷分錄(6)順利地相對科目對沖，預先將「採用權益法之投資」的期初餘額$424,000(詳表 6-25)加上(借記)$24,000，恰等於當日「乙公司權益的 80%」$448,000，$560,000×80%＝$448,000；並將「非控制權益」減少(借記)$6,000，待沖銷分錄(6)的非控制權益增列貸方$112,000，$560,000×20%＝$112,000，

兩者合計，−$6,000＋$112,000＝$106,000，即為 20x4 年初非控制權益應表達在合併財務狀況表上之金額(詳表 6-25)；皆為重建 20x4 年初相對科目的對稱性。另以合併個體而言，20x4 年初甲公司帳列之「累計折舊－辦公設備」餘額係高估$10,000，$10,000×1 年＝$10,000，故貸記之。

20x5、20x6 年：理同 20x4 年，讀者自行推演，不再贅述。

(c) 沖銷分錄(3)：

以合併個體而言，甲公司 20x3 至 20x6 年每年提列的折舊費用應是$75,000，($302,000 − $2,000)÷4 年＝$75,000，而非甲公司帳列的$85,000，故減少$10,000 的折舊費用與相關的累計折舊。

十五、自建資產售予合併個體內其他成員

有時企業因營運上的需要而自己建造「不動產、廠房及設備」，如辦公室、廠房、各種機器或設備。若集團內某一個體為集團內其他個體建造其營運上所需之「不動產、廠房及設備」，完工後再將該項資產售予需用個體去使用，就形成另一種「不動產、廠房及設備」內部交易。就建造者而言，帳上會認列「工程收入」、「工程成本」、「合約資產」等科目；就使用者而言，帳上會認列「不動產、廠房及設備」、「累計折舊」、「折舊費用」等科目；但就合併財務報表而言，可能須表達「不動產、廠房及設備」、「累計折舊」、「折舊費用」、「未完工程及待驗設備」等科目；因此在編製合併財務報表時，應如何沖銷呢？茲以釋例十四說明。

釋例十四： (自建設備)

甲公司於 20x3 年 12 月 31 日以現金$180,000 取得乙公司 80%股權，並對乙公司存在控制。當日乙公司權益包括普通股股本$100,000 及保留盈餘$100,000，且其帳列資產及負債之帳面金額皆等於公允價值，惟有一項未入帳專利權，估計尚有 4 年耐用年限。非控制權益係以收購日公允價值$40,000 衡量。

20x4 年，乙公司與甲公司簽訂兩項合約，約定由乙公司為甲公司建造設備。第一項合約是建造辦公設備，於 20x4 年 1 月 15 日開始建造，乙公司共發生

$150,000 建造成本，於 20x4 年 4 月 20 日完工並由甲公司驗收無誤，乙公司於驗收日按約定的合約價格開立$180,000 帳單予甲公司，甲公司於 20x4 年 5 月 10 日支付乙公司$180,000。

第二項合約是建造機器設備，於 20x4 年 6 月 20 日開始建造，預計將於 20x5 年 5 月底完工。截至 20x4 年 12 月 31 日，乙公司共發生$90,000 建造成本，估計至完工尚需再投入$60,000 成本。本合約售價為$190,000，乙公司已於 20x4 年 12 月 10 日依合約開立$98,000 帳單予甲公司，並於 20x4 年 12 月 25 日收到甲公司帳款$98,000。乙公司對上述兩項合約皆採<u>完成百分比法</u>。

甲公司對所有設備皆估計 10 年使用年限，無殘值，按直線法計提折舊，並於取得設備當年及未來處分設備年度各提列半年折舊費用。20x4 年甲公司及乙公司尚未計入投資損益前之淨利分別為$100,000 與$80,000。

試作：(1) 甲公司及乙公司 20x4 年應作之分錄。
(2) 20x4 年合併綜合損益表之非控制權益淨利。
(3) 20x4 年合併綜合損益表之總合併淨利。
(4) 甲公司及乙公司 20x4 年合併工作底稿之沖銷分錄。

說 明：

20x3/12/31：乙公司總公允價值＝$180,000＋$40,000＝$220,000
　　　　　　乙公司未入帳專利權＝$220,000－($100,000＋$100,000)＝$20,000
　　　　　　未入帳專利權之每年攤銷數＝$20,000÷4 年＝$5,000

<u>逆流／自建設備</u>：

合約 1：$180,000(工程收入)－$150,000(工程成本)＝$30,000(工程利益)
　　　　未實現工程利益$30,000，將於設備 10 年使用期間內分年實現，
　　　　每年實現利益＝$30,000÷10 年＝$3,000
　　　　20x4 年實現利益(半年)＝$3,000×(6/12)＝$1,500

合約 2：完成百分比＝$90,000÷($90,000＋$60,000)＝60%
　　　　故乙公司認列工程利益＝[$190,000－($90,000＋$60,000)]×60%
　　　　　　　　　　　　　　＝$24,000 (未實現利益)
　　　　即，工程收入＝$190,000×60%＝$114,000，工程成本＝$90,000

(1) 甲公司及乙公司 20x4 年應作之分錄：

	甲　公　司	乙　公　司
20x4/ 1～4 月間投入成本	X	工程成本　　　　　150,000 　　現金、各種應付款等　150,000
20x4/ 4/20	辦公設備　　　　180,000 　　應付設備款　　　　180,000	合約資產　　　　　180,000 　　工程收入　　　　　180,000
	X	應收帳款　　　　　180,000 　　合約資產　　　　　180,000
20x4/ 5/10	應付設備款　　　180,000 　　現　金　　　　　　180,000	現　金　　　　　　180,000 　　應收帳款　　　　　180,000
20x4/ 6～12 月間投入成本	X	工程成本　　　　　90,000 　　現金、各種應付款等　90,000
20x4/12/10	X	合約資產　　　　　114,000 　　工程收入　　　　　114,000
	預付設備款　　　98,000 　　應付設備款　　　　98,000	應收帳款　　　　　98,000 　　合約資產　　　　　98,000
		合約資產＝$114,000－$98,000＝$16,000
20x4/12/25	應付設備款　　　98,000 　　現　金　　　　　　98,000	現　金　　　　　　98,000 　　應收帳款　　　　　98,000
20x4/12/31	折舊費用　　　　　9,000 　　累計折舊－辦公設備　9,000	X
	$180,000÷10 年×6/12＝$9,000	

註：以下分錄係補充說明完成第二項合約的後續交易。

20x5/ 1 月至完工所投入成本	X	工程成本　　　　　60,000 　　現金、各種應付款等　60,000 假設實際成本與預估成本相同。
20x5/完工日	X	合約資產　　　　　76,000 　　工程收入　　　　　76,000 $190,000－$114,000＝$76,000
20x5/ 開立且 發出帳單日	預付設備款　　　92,000 　　應付設備款　　　　92,000	應收帳款　　　　　92,000 　　合約資產　　　　　92,000
	機器設備　　　　190,000 　　預付設備款　　　　190,000	$190,000－$98,000＝$92,000 合約資產＝$16,000＋$76,000－$92,000 　　　　＝$0
	$98,000＋$92,000＝$190,000	
20x5/ 收(付)款日	應付設備款　　　92,000 　　現　金　　　　　　92,000	現　金　　　　　　92,000 　　應收帳款　　　　　92,000

20x5/12/31	折舊費用　　　　　　　　　　27,500	
	累計折舊－辦公設備　　18,000	X
	累計折舊－機器設備　　　9,500	
	$180,000÷10 年＝$18,000	
	($190,000÷10 年×6/12)＝$9,500	

(2) 甲公司應認列之投資收益
　　　＝($80,000－專攤$5,000－30,000＋$1,500－$24,000)×80%＝$18,000
　　非控制權益淨利＝($80,000－$5,000－$30,000＋$1,500－$24,000)×20%
　　　　　　　　　＝$4,500

(3) 控制權益淨利＝$100,000＋$18,000＝$118,000
　　總合併淨利＝$118,000＋$4,500＝$122,500
　　　　　　　＝($100,000＋$80,000)－專攤$5,000－$30,000＋$1,500－$24,000

(4) 甲公司及乙公司 20x4 年合併工作底稿之沖銷分錄：

(a)	工程收入	180,000	
	工程成本		150,000
	辦公設備		30,000
(b)	累計折舊－辦公設備	1,500	
	折舊費用		1,500
(c)	工程收入	114,000	
	未完工程及待驗設備－機器設備	90,000	
	工程成本		90,000
	合約資產		16,000
	預付設備款		98,000
(d)	採用權益法認列之子公司、關聯企業		
	及合資利益之份額	18,000	
	採用權益法之投資		18,000
(e)	非控制權益淨利	4,500	
	非控制權益		4,500
(f)	普通股股本	100,000	
	保留盈餘	100,000	
	專利權	20,000	
	採用權益法之投資		180,000
	非控制權益		40,000

(i)	攤銷費用	5,000	
	專利權		5,000

十六、出租不動產、廠房及設備予合併個體內其他成員

　　有時企業因營運上需要而向合併個體其他成員租用「不動產、廠房及設備」。租賃方式可分為：(1)營業租賃，(2)融資租賃。若是<u>營業租賃</u>，就<u>出租人</u>而言，帳上認列租金收入、預收租金等科目；就<u>承租人</u>而言，帳上認列租金費用、預付租金等科目。在編製合併財務報表時，只須將租金收入與租金費用對沖，將預收租金與預付租金對沖即可。由於實務上租金通常採預收(付)方式進行，較少有應收(付)租金之情況，若偶遇時則將之對沖即可。請詳釋例十五之說明。

　　但若是<u>融資租賃</u>，則須先將出租人之現金流量按隱含利率折算現值，始能入帳，其詳細會計處理請參考「中級會計學」相關章節說明，擬以釋例十六示範合併工作底稿之沖銷分錄及權益法之適用。

釋例十五：　　(營業租賃)

　　甲公司持有乙公司 80%股權數年並對乙公司存在控制。當初收購時，乙公司帳列資產及負債的帳面金額皆等於公允價值，且無未入帳資產或負債。20x6 年 5 月 1 日，甲公司與乙公司簽訂一項為期三年的租賃辦公設備合約，每月租金$10,000，簽約日即預收未來三個月租金$30,000，下次預收租金日為 20x6 年 8 月 1 日，以此類推。已知該租賃合約屬營業租賃，且 20x6 年度甲公司未加計投資損益前之淨利為$700,000，20x6 年乙公司淨利為$400,000。

試作：(1) 20x6 年 1 月 1 日甲公司及乙公司應作之分錄。
　　　(2) 20x6 年甲公司按權益法應認列之投資收益。
　　　(3) 20x6 年合併綜合損益表之非控制權益淨利。
　　　(4) 甲公司及乙公司 20x6 年合併工作底稿之沖銷分錄。

說明：

(1) 甲公司及乙公司 20x6 年應作之分錄：

	甲　公　司	乙　公　司
20x6/ 5/ 1	現　金　　　　　　30,000 　　預收收入－租金　　　30,000	預付租金　　　30,000 　　現　金　　　　　　30,000
	20x6/ 8/ 1 及 20x6/11/ 1 分錄同上。	
5/31	預收收入－租金　　　10,000 　　租金收入　　　　　10,000	租金費用　　　10,000 　　預付租金　　　　　10,000
	20x6/ 6/30、7/31、8/31、9/30、10/31、11/30 及 12/31 分錄同上。	
20x6 年度	甲帳列「租金收入」$80,000	乙帳列「租金費用」$80,000
20x6/12/31	甲帳列「預收收入－租金」$10,000	乙帳列「預付租金」$10,000

(2) 20x6 年，甲公司應認列之投資收益
　　　　＝($400,000＋乙租金費用$80,000)×80%－甲租金收入$80,000
　　　　＝$384,000－$80,000＝$304,000

(3) 20x6 年，非控制權益淨利＝($400,000＋$80,000)×20%＝$76,000

(4) 甲公司及乙公司 20x6 年合併工作底稿有關內部交易之沖銷分錄：

(a)	租金收入　　　　　　　　　　80,000	
	租金費用	80,000
(b)	預收收入－租金　　　　　　　10,000	
	預付租金	10,000

釋例十六：　　**(融資租賃)**

　　甲公司持有乙公司 90%股權數年並對乙公司存在控制。當初收購時，乙公司帳列資產及負債的帳面金額皆等於公允價值，且無未入帳資產或負債。20x7 年 1 月 1 日，甲公司出租一部機器予乙公司，租期 5 年，5 年後無償移轉機器所有權予乙公司，預估機器使用年限 5 年，無殘值，按直線法計提折舊。已知該租賃合約係屬融資租賃，且甲公司是該機器的製造商及經銷商，因此對甲公司而言是銷售型租賃。

租約開始時，甲公司帳列該機器(係甲公司的商品存貨)之帳面金額為 $1,150,000。乙公司須自 20x7 年 1 月 1 日起，每年支付甲公司$300,000，已知甲公司隱含利率為 9%，乙公司增額借款利率亦為 9%。乙公司 20x7 年之淨利為 $180,000。 (普通年金現值：$P_{4,9\%}$=3.2397，$P_{5,9\%}$=3.8897)

試作：(1) 20x7 年 1 月 1 日甲公司及乙公司應作之分錄。
　　　(2) 20x7 年甲公司按權益法應認列之投資收益。
　　　(3) 20x7 年合併綜合損益表之非控制權益淨利。
　　　(4) 甲公司及乙公司 20x7 年合併工作底稿之沖銷分錄。

說明：

租賃合約之公允價值＝$300,000×(1＋3.2397)＝$1,271,910
未實現利益＝$1,271,910－$1,150,000＝$121,910，分 5 年實現
每年已實現利益＝$121,910÷5 年＝$24,382

(1) 有關上述機器租賃交易，甲公司及乙公司各自帳列分錄：

甲	20x4/1/1	應收融資租賃款	1,271,910	
		銷貨成本	1,150,000	
		銷貨收入		1,271,910
		存　貨		1,150,000
甲	1/1	現　金	300,000	
		應收融資租賃款		300,000
甲	12/31	應收融資租賃款	87,472	
		利息收入		87,472
		($1,271,910－$300,000)×9%＝$87,472		
乙	20x4/1/1	使用權資產－機器設備	1,271,910	
		租賃負債		1,271,910
乙	1/1	租賃負債	300,000	
		現　金		300,000
乙	12/31	折舊費用	254,382	
		累計折舊－使用權資產		254,382
		$1,271,910÷5 年＝$254,382		
乙	12/31	利息費用	87,472	
		租賃負債		87,472
		($1,271,910－$300,000)×9%＝$87,472		

(2) 20x7 年，甲公司應認列之投資收益
$$=\$180,000\times90\%-\$121,910+\$24,382=\$64,472$$

(3) 20x7 年，非控制權益淨利＝$180,000×10%＝$18,000

(4) 甲公司及乙公司 20x7 年合併工作底稿有關內部交易之沖銷分錄：

(a)	銷貨收入	1,271,910	
	銷貨成本		1,150,000
	使用權資產－機器設備		121,910
	使用權資產：從公允價值($1,271,910)調回原帳面金額($1,150,000)，故減少$121,910。		
(b)	租賃負債	1,059,382	
	應收融資租賃款		1,059,382
	$1,271,910－$300,000＋$87,472＝$1,059,382		
(c)	累計折舊－使用權資產(機器設備)	24,382	
	折舊費用		24,382
	以合併個體而言，應按原帳面金額$1,150,000 計提折舊，$1,150,000÷5 年＝$230,000，故從$254,382 減少$24,382，成為$230,000。		
(d)	利息收入	87,472	
	利息費用		87,472

習 題

(一) (土地，逆流交易 / 勞務，順流交易)

20x6 年 1 月 1 日，甲公司以現金$400,000 取得乙公司 80%股權，並對乙公司存在控制，而非控制權益係以收購日公允價值$100,000 衡量。當日乙公司權益包括普通股股本$300,000 及保留盈餘$200,000，且帳列資產及負債之帳面金額皆等於公允價值，亦無未入帳資產或負債。

甲公司主要業務是提供快遞運輸服務。20x6 年甲公司提供快遞運輸服務予乙公司，金額為$31,000，甲公司帳列「快遞服務收入」，乙公司帳列「快遞服務費用」。已知該項快遞運輸服務之成本為$15,000。同年甲公司以$80,000 向乙公司購買一筆土地，作為快遞車輛的停車場，該筆土地係乙公司於 20x4 年間以$60,000 向合併個體以外單位購得。甲公司 20x6 年加計投資損益前之淨利為$100,000，未宣告並發放現金股利；乙公司 20x6 年淨利為$50,000，且宣告並發放$10,000 現金股利。

試作：
(1) 甲公司 20x6 年按權益法應認列之投資損益。
(2) 甲公司及其子公司 20x6 年合併綜合損益表上之總合併淨利。
(3) 甲公司及其子公司 20x6 年合併工作底稿之沖銷分錄。
(4) 假設 20x7 年，甲公司繼續提供快遞運輸服務予乙公司，金額為$35,000，且截至 20x7 年 12 月 31 日上述土地仍由甲公司使用於營業中，請編製甲公司及其子公司 20x7 年合併工作底稿有關內部交易之沖銷分錄。

解答：

20x6/ 1/ 1：乙公司總公允價值＝$400,000＋$100,000＝$500,000
　　　　　＝乙公司帳列淨值＝$300,000＋$200,000＝$500,000
逆流(土地)：未實現利益＝$80,000－$60,000＝$20,000
順流(勞務)：甲未實現收益＝$31,000，甲未實現費用＝$15,000
　　　　　　乙未實現費用＝$31,000，乙已實現費用＝$15,000

以合併個體觀點分析甲公司及乙公司 20x6 年之損益：

	甲公司	乙公司
個別淨利(含內部交易)	$100,000	$50,000
減：未實現利益 (逆流出售土地)		(20,000)
消除(甲)未實現收益／消除(乙)未實現費用	(31,000)	31,000
消除(甲)未實現費用／計入(乙)已實現費用	15,000	(15,000)
已實現淨利	$ 84,000	$46,000
甲公司分享之乙公司淨利（＊）	36,800	(36,800)
非控制權益分享之乙公司淨利（＊）		$ 9,200
甲公司淨利	$120,800	
＊：$46,000×80％＝$36,800，$46,000×20％＝$9,200			
總合併淨利＝甲已實現淨利$84,000＋乙已實現淨利$46,000＝$130,000 　　　　　＝控制權益淨利$120,800＋非控制權益淨利$9,200＝$130,000			

(1) 甲公司應認列之投資收益
　　　　＝($50,000－$20,000＋$31,000－$15,000)×80％
　　　　　　－(甲帳列收入$31,000－甲帳列費用$15,000)＝$20,800
　　非控制權益淨利＝($50,000－$20,000＋$31,000－$15,000)×20％＝$9,200
　　甲公司淨利＝控制權益淨利＝$100,000＋$20,800＝$120,800

(2) 總合併淨利＝$120,800＋$9,200＝$130,000

按權益法，相關項目異動如下：

	20x6/ 1/ 1	20x6	20x6/12/31
乙－權　益	$500,000	＋$50,000－$10,000	$540,000
權益法：			
甲－採用權益法之投資	$400,000	＋$20,800－$8,000	$412,800
合併財務報表：			
非控制權益	$100,000	＋$9,200－$2,000	$107,200
驗　算：20x6/12/31： 　甲帳列「採用權益法之投資」 　　＝(乙權益$540,000－逆流未實現利益$20,000＋未實現費用$31,000 　　　　－已實現費用$15,000)×80％－順流未實現利益($31,000－$15,000) 　　＝$412,800 　「非控制權益」＝($540,000－$20,000＋$31,000－$15,000)×20％＝$107,200			

(3) 甲公司及其子公司 20x6 年合併工作底稿之沖銷分錄：

(a)	快遞服務收入	31,000	
	快遞服務費用		31,000
(b)	處分不動產、廠房及設備利益	20,000	
	土　　地		20,000
(c)	採用權益法認列之子公司、關聯企業 　　　　　　　及合資利益之份額	20,800	
	股　　利		8,000
	採用權益法之投資		12,800
(d)	非控制權益淨利	9,200	
	股　　利		2,000
	非控制權益		7,200
(e)	普通股股本	300,000	
	保留盈餘	200,000	
	採用權益法之投資		400,000
	非控制權益		100,000

(4) 甲公司及其子公司 20x7 年合併工作底稿有關內部交易之沖銷分錄：

(a)	快遞服務收入	35,000	
	快遞服務費用		35,000
(b)	採用權益法之投資	16,000	
	非控制權益	4,000	
	土　　地		20,000

(二) (土地，逆流交易，在多家子公司間轉售)

甲公司持有下列三家子公司股權。當初收購時，乙公司、丙公司及丁公司之帳列資產及負債之帳面金額皆等於公允價值，亦無未入帳資產或負債。乙公司、丙公司及丁公司 20x5 年之淨利如下：

	持股比例	20x5 年度帳列淨利
乙公司	75%	$200,000
丙公司	60%	$300,000
丁公司	80%	$100,000

在甲公司之管理策略下，20x5 年 1 月，乙公司以$100,0000 向合併個體以外單位購入一筆土地，於營業上使用。兩週後，乙公司將該土地以$180,000 售予丙公司。20x5 年 3 月，丙公司再將該筆土地以$300,000 售予丁公司。最後在 20x5 年 11 月，丁公司將該筆土地以$270,000 售予甲公司。截至 20x5 年 12 月 31 日，甲公司仍持有該筆土地並使用於營業中。

試作：

(1) 甲公司及其子公司 20x5 年合併綜合損益表應表達之「處分不動產、廠房及設備損益」。
(2) 甲公司及其子公司 20x5 年底合併財務狀況表應表達之土地金額。
(3) 甲公司 20x5 年對乙公司、對丙公司、對丁公司分別應認列之投資損益。
(4) 若甲公司 20x5 年加計投資損益前之淨利為$400,000，則 20x5 年甲公司淨利為何？甲公司及其子公司 20x5 年合併綜合損益表之總合併淨利又為何？
(5) 甲公司及其子公司 20x5 年合併工作底稿之沖銷分錄。
(6) 甲公司及其子公司 20x6 年合併工作底稿有關內部交易之沖銷分錄。
(7) 若甲公司於 20x6 年將該筆土地以$340,000 售予合併個體以外單位，編製甲公司及其子公司 20x6 年合併工作底稿有關內部交易之沖銷分錄。
(8) 延續(7)之情況，則甲公司及其子公司 20x6 年合併綜合損益表應表達之「處分不動產、廠房及設備損益」為何？

解答：

(1) $0，因該筆土地仍在合併個體內部，為甲公司持有並使用於營業中。

(2) $100,000，即土地原始購入合併個體之成本。

(3)、(4)：

以合併個體觀點而言，下列三項利益或損失皆是未實現利益(損失)：
乙公司帳列之「處分不動產、廠房及設備利益」＝$180,000－$100,000＝$80,000
丙公司帳列之「處分不動產、廠房及設備利益」＝$300,000－$180,000＝$120,000
丁公司帳列之「處分不動產、廠房及設備損失」＝$270,000－$300,000＝－$30,000

(續次頁)

	乙公司	丙公司	丁公司	甲公司	合併個體
帳列淨利/營業利益	$200,000	$300,000	$100,000	$400,000	$1,000,000
減：未實現利益	(80,000)	(120,000)	—	—	(200,000)
加：未實現損失	—	—	30,000	—	30,000
已實現利益	$120,000	$180,000	$130,000	$400,000	$ 830,000
乘以 持股比例	× 75%	× 60%	× 80%		
投資收益	$ 90,000	$108,000	$104,000	302,000	
非控制權益淨利	$ 30,000	$ 72,000	$ 26,000		(128,000)
甲公司淨利				$702,000	
控制權益淨利					$ 702,000
總合併淨利＝$830,000					

(5) 甲公司及其子公司 20x5 年合併工作底稿之沖銷分錄：

(a)	處分不動產、廠房及設備利益	200,000	
	處分不動產、廠房及設備損失		30,000
	土　　地		170,000
(b)	採用權益法認列之子公司、關聯企業		
	及合資利益之份額	302,000	
	採用權益法之投資－乙		90,000
	採用權益法之投資－丙		108,000
	採用權益法之投資－丁		104,000
(c)	非控制權益淨利	128,000	
	非控制權益－乙		30,000
	非控制權益－丙		72,000
	非控制權益－丁		26,000
(d)	普通股股本(乙)	(20x4 年	
	保留盈餘(乙)	初金額)	
	採用權益法之投資－乙		(20x4 年
	非控制權益－乙		初金額)
(e)	普通股股本(丙)	(20x4 年	
	保留盈餘(丙)	初金額)	
	採用權益法之投資－丙		(20x4 年
	非控制權益－丙		初金額)
(f)	普通股股本(丁)	(20x4 年	
	保留盈餘(丁)	初金額)	
	採用權益法之投資－丁		(20x4 年
	非控制權益－丁		初金額)

(6) 甲公司及其子公司 20x6 年合併工作底稿有關內部交易之沖銷分錄：

(a)	採用權益法之投資－乙	60,000	
	非控制權益－乙	20,000	
	採用權益法之投資－丙	72,000	
	非控制權益－丙	48,000	
	採用權益法之投資－丁		24,000
	非控制權益－丁		6,000
	土　　地		170,000
乙：未實現利益$80,000×75%＝$60,000，$80,000×25%＝$20,000			
丙：未實現利益$120,000×60%＝$72,000，$120,000×40%＝$48,000			
丁：未實現損失－$30,000×80%＝－$24,000，－$30,000×20%＝－$6,000			

(7) 甲公司及其子公司 20x6 年合併工作底稿有關內部交易之沖銷分錄：

(a)	採用權益法之投資－乙	60,000	
	非控制權益－乙	20,000	
	採用權益法之投資－丙	72,000	
	非控制權益－丙	48,000	
	採用權益法之投資－丁		24,000
	非控制權益－丁		6,000
	處分不動產、廠房及設備利益		170,000
甲帳列「處分不動產、廠房及設備利益」＝$340,000－$270,000＝$70,000			
合併財務報表應表達之「處分不動產、廠房及設備利益」			
＝$340,000－$100,000＝$240,000			
故透過沖銷分錄再增列「處分不動產、廠房及設備利益」$170,000，			
$240,000－$70,000＝$170,000，即未實現損益$170,000 於 20x5 年度實現，			
$80,000＋$120,000－$30,000＝$170,000。			

(8) 20x6 年合併綜合損益表應表達之「處分不動產、廠房及設備利益」
　　＝甲帳列「處分不動產、廠房及設備利益」$70,000 [$340,000－$270,000]
　　　　＋合併工作底稿之沖銷分錄$170,000 [詳上述(7)]＝$240,000
　＝外售價格$340,000－原始購入合併個體之成本$100,000
　＝$240,000

(三) **(投資差額，土地及設備之內部交易)**

甲公司於20x4年1月2日取得乙公司80%股權，並對乙公司存在控制。20x4年間，甲公司及乙公司發生三筆買賣存貨、土地及辦公設備之交易，已知土地及辦公設備皆於營業上使用。下列是甲公司及乙公司20x4年合併工作底稿之部分沖銷分錄：

(1)	銷貨收入　　　　　　　　　　200,000			乙公司出售商品
	銷貨成本		200,000	存貨予甲公司
(2)	銷貨成本　　　　　　　　　　15,000			至期末尚未實現
	存　貨		15,000	之內部銷貨利益
(3)	土　地　　　　　　　　　　　50,000			乙公司出售一筆
	處分不動產、廠房及設備損失		50,000	土地予甲公司
(4)	處分不動產、廠房及設備利益　30,000			甲公司出售一項
	辦公設備		30,000	辦公設備予乙公司
(5)	累計折舊－辦公設備　　　　　6,000			按直線法計提
	折舊費用		6,000	折舊
(6)	存　貨　　　　　　　　　　　40,000			
	(未攤銷投資差額)		40,000	
(7)	銷貨成本　　　　　　　　　　40,000			
	存　貨		40,000	

試按下列各獨立情況，編製各該年度合併工作底稿之相關沖銷分錄：

(1) 截至20x5年12月31日，甲公司仍持有該筆土地且乙公司仍持有該項辦公設備，編製20x5年合併工作底稿有關內部交易之沖銷分錄。

(2) 截至20x6年12月31日，甲公司仍持有該筆土地且乙公司仍持有該項辦公設備，編製20x6年合併工作底稿有關內部交易之沖銷分錄。

(3) 20x9年間，甲公司將該筆土地售予合併個體以外單位，認列「處分不動產、廠房及設備利益」$200,000；但截至20x9年12月31日，乙公司仍持有該項辦公設備。編製20x9年合併工作底稿有關內部交易之沖銷分錄。

(4) 20x7年初，乙公司將該項辦公設備售予合併個體以外單位，認列「處分不動產、廠房及設備損失」$4,000；但截至20x7年12月31日，甲公司仍持有該筆土地。編製20x7年合併工作底稿有關內部交易之沖銷分錄。

(5) 20x7年底，乙公司將該項辦公設備售予合併個體以外單位，認列「處分不動產、廠房及設備損失」$4,000；但截至20x7年12月31日，甲公司仍持有該筆土地。編製20x7年合併工作底稿有關內部交易之沖銷分錄。

解答：

(1)、(2)：未實現之出售辦公設備利益$30,000÷每年實現之利益$6,000＝5 年，
從 20x4 年 1 月 2 日起算，辦公設備可再使用 5 年。

各小題之合併工作底稿有關內部交易之沖銷分錄：(單位：千元)

		12 月 31 日				
		20x5 (1)	20x6 (2)	20x7	20x8	20x9
(a)	採用權益法之投資	12				
	非控制權益	3	X	X	X	X
	銷貨成本		15			
(b)	土　地	50	50	50	50	50
	採用權益法之投資		40	40	40	40	40
	非控制權益		10	10	10	10	10
(c)	採用權益法之投資	24	18	12	6	—
	累計折舊－辦公設備	6	12	18	24	30
	辦公設備		30	30	30	30	30
(d)	累計折舊－辦公設備	6	6	6	6	
	折舊費用		6	6	6	6	X

(3) 20x9 年合併工作底稿有關內部交易之沖銷分錄：

(a)	處分不動產、廠房及設備利益	50,000	
	採用權益法之投資		40,000
	非控制權益		10,000
	以合併個體觀點而言，外售土地利益為$150,000，$-50,000+$200,000=150,000$，故沖銷「處分不動產、廠房及設備利益」$50,000。		
(b)	累計折舊－辦公設備	30,000	
	辦公設備		30,000

下列(4)、(5)之驗算，可參閱本章「十二、綜合釋例」之說明。

(續次頁)

(4) 20x7 年合併工作底稿有關內部交易之沖銷分錄：

(a)	土　　地	50,000	
	採用權益法之投資		40,000
	非控制權益		10,000
(b)	採用權益法之投資	12,000	
	處分不動產、廠房及設備損失		4,000
	處分不動產、廠房及設備利益		8,000
	應於 20x7 及 20x8 年實現之「處分不動產、廠房及設備利益」$12,000，$6,000×2 年＝$12,000，因辦公設備外售，故全數在 20x7 年實現。因此將帳列「處分不動產、廠房及設備損失」$4,000 沖銷，並補列「處分不動產、廠房及設備利益」$8,000。		

(5) 20x7 年合併工作底稿有關內部交易之沖銷分錄：

(a)	土　　地	50,000	
	採用權益法之投資		40,000
	非控制權益		10,000
(b)	採用權益法之投資	12,000	
	處分不動產、廠房及設備損失		4,000
	處分不動產、廠房及設備利益		8,000
	應於 20x8 年實現之「處分不動產、廠房及設備利益」$6,000，因辦公設備外售，而提早在 20x7 年實現，故將帳列「處分不動產、廠房及設備損失」$4,000 沖銷，並補列「處分不動產、廠房及設備利益」$2,000，沖(b)$8,000－沖(c)$6,000＝$2,000。另以合併個體而言，20x7 年乙公司已提列之折舊費用高估 $6,000，亦須修正如下述(c)。		
(c)	處分不動產、廠房及設備利益	6,000	
	折舊費用		6,000

(續次頁)

(四)　(房屋及設備之內部交易)

下列是甲公司及其子公司(乙公司)20x5年合併工作底稿之部分沖銷分錄：

(a)	採用權益法之投資	39,200		內部交易發生後，該項辦公設備以成本 $170,000 列記在買方帳上。假設該辦公設備無殘值，且買賣雙方皆採直線法計提折舊。
	非控制權益	16,800		
	累計折舊－辦公設備	24,000		
	辦公設備		80,000	
(b)	累計折舊－辦公設備	8,000		
	折舊費用		8,000	
(c)	房屋及建築	1,000,000		
	累計折舊－房屋及建築		1,000,000	

試作：

(A) 針對上述沖銷分錄(a)及(b)，回答下列問題：
  (1) 甲公司與乙公司間買賣辦公設備交易係發生於何日？
  (2) 目前是甲公司或乙公司擁有該項辦公設備？
  (3) 甲公司與乙公司間買賣辦公設備的交易價格為何？
  (4) 內部交易發生前，該項辦公設備於賣方帳上的帳面金額為何？
  (5) 該項辦公設備在 20x5 年 12 月 31 日合併財務狀況表上應表達之成本為何？累計折舊又為何？
  (6) 甲公司對乙公司的持股比例為何？

(B) 針對上述沖銷分錄(c)，回答下列問題：
  (1) 沖銷分錄(c)是一個正確的沖銷分錄嗎？
  (2) 如果沖銷分錄(c)是正確的，請解釋係在何種情況下沖銷分錄(c)才是一個必要的沖銷分錄？ 如果上述(1)的答案是否定的，則無須解釋。

解答：

(A) (1) 沖銷分錄(a)，借記「累計折舊－辦公設備」$24,000，$24,000÷$8,000[沖銷分錄(b)]＝3 年，因此該內部交易係三年前發生的，本年度(20x5 年)為內部交易發生後的第四年，故內部交易係在20x2年初或20x1年底發生的。

  (2) 由沖銷分錄(a)的借方同時借記「採用權益法之投資」及「非控制權益」即可得知，該內部交易為逆流交易，故甲公司目前擁有該項辦公設備。

  (3) $170,000

  (4) $170,000－X＝利得$80,000 [沖銷分錄(a)之貸方]， X＝$90,000

(5) $80,000 [沖銷分錄(a)之貸方] ÷ $8,000 [沖銷分錄(b)] ＝ 10 年，買方預估此辦公設備可再使用 10 年，因此，[上述(4)$90,000－$0]÷10 年＝$9,000，$9,000×4 年＝$36,000，故在 20x5 年 12 月 31 日合併財務狀況表上：
「辦公設備」$90,000－「累計折舊」$36,000＝帳面金額$54,000

(6) $39,200÷[$39,200 (母公司)＋$16,800 (非控制股東)]＝70%

(B) (1) 沖銷分錄(c)是正確的。

(2) 在下述情況中，沖銷分錄(c)是必要的。
當初內部交易發生時產生「處分不動產、廠房及設備損失」，且該房屋已由買方使用至耐用年限終了，惟目前尚未作進一步處分。

(五)　(收購日子公司運輸設備帳面金額低估，逆流出售機器設備)

甲公司於20x1年 1月 1日以現金$2,500,000取得乙公司90%股權，並對乙公司存在控制，而非控制權益係以收購日公允價值$300,000衡量。當日乙公司帳列淨值之帳面金額為$2,900,000，除帳列運輸設備低估$80,000外，其餘帳列資產及負債之帳面金額皆等於公允價值，亦無其他未入帳之可辨認資產或負債。該價值低估之運輸設備預估可再使用4年，無殘值，以直線法提列折舊。

乙公司於20x2年 1月 1日以$120,000將機器設備售予甲公司，當日該機器設備成本與累計折舊分別為$200,000與$120,000。甲公司估計該機器設備可再使用5年，無殘值，採用直線法提列折舊。

試問：題目中之機器設備在甲公司與乙公司20x3年底合併財務狀況表中應表達之帳面金額為何？

說明：

(A) 快速解法：20x2/ 1/ 1，機器設備帳面金額＝$200,000－$120,000＝$80,000
　　　　　　　$80,000÷5年＝$16,000
　　　　　20x3/12/31，機器設備帳面金額＝$80,000－($16,000×2年)
　　　　　　　　　　　　　　　　　　　　＝$48,000

(B) 補充相關資訊：

20x1/1/1：乙總公允價值＝$2,500,000＋$300,000＝$2,800,000

乙可辨認淨資產之公允價值＝$2,900,000＋$80,000＝$2,980,000

廉價購買利益＝$2,800,000－$2,980,000＝－$180,000

20x1/1/1	採用權益法之投資	2,680,000	
	現　金		2,500,000
	廉價購買利益		180,000

20x2/1/1：未實現利益＝售價$120,000－帳面金額$80,000＝$40,000

20x2～20x6，每年已實現利益＝$40,000÷5年＝$8,000

20x2年至20x6年合併工作底稿有關內部交易之沖銷分錄：（單位：千元）

	20x2		20x3		20x4	20x5	20x6
(1)	處分不動產、		採權益法之投資	28.8	21.6	14.4	7.2
	廠房及設備利益	40	非控制權益	3.2	2.4	1.6	0.8
	機器設備	40	累計折舊－機器	8.0	16.0	24.0	32.0
			機　器	40	40	40	40
(2)	累計折舊－機器設備	8		8	8	8	8
	折舊費用	8		8	8	8	8

20x3年底：機器設備＝售價$120,000－20x2沖(1)$40,000＝$80,000

累計折舊＝($120,000×2/5)－20x3沖(1)$8,000－20x3沖(2)$8,000＝$32,000

帳面金額＝$80,000－$32,000＝$48,000

(六) **(期中順流出售辦公設備)**

　　甲公司持有乙公司80%股權數年並對乙公司存在控制。甲公司於20x5年7月1日將一項辦公設備以$56,000售予乙公司。該項辦公設備是甲公司於20x3年1月1日以$60,000購入，估計使用年限6年，無殘值。甲公司及乙公司皆以直線法計提折舊。下列是甲公司及乙公司20x5及20x6年之損益資料：

	20x5	20x6
甲公司加計投資損益前之淨利	$170,000	$200,000
乙公司淨利	$40,000	$45,000

試作：

(1) 計算下列金額：

	20x5	20x6
按權益法，甲公司應認列之投資收益		
非控制權益淨利		
總合併淨利		

(2) 20x5 及 20x6 年甲公司及其子公司合併工作底稿有關內部交易之沖銷分錄。

(3) 假設甲公司於 20x5 年 7 月 1 日將該項辦公設備以$28,000 售予乙公司，且該項辦公設備之公允價值與其帳面金額相等，請重覆上述(1)及(2)之要求。

解答：

(1) ($60,000－$0)÷6 年＝$10,000，$10,000×2.5 年＝$25,000

發生內部交易時之帳面金額＝$60,000－$25,000＝$35,000

未實現利益＝$56,000－$35,000＝$21,000

每年之已實現利益＝$21,000÷(6－2.5)年＝$6,000

20x5 年，甲公司應認列之投資收益
　　　　＝($40,000×80%)－$21,000＋($6,000×6/12)＝$14,000

20x5 年，非控制權益淨利＝$40,000×20%＝$8,000

20x5 年，總合併淨利＝($170,000＋$14,000)＋$8,000＝$192,000

　　或＝$170,000＋$40,000－$21,000＋($6,000×6/12)＝$192,000

20x6 年，甲公司應認列之投資收益＝($45,000×80%)＋$6,000＝$42,000

20x6 年，非控制權益淨利＝$45,000×20%＝$9,000

20x6 年，總合併淨利＝($200,000＋$42,000)＋$9,000＝$251,000

　　或＝$200,000＋$45,000＋$6,000＝$251,000

	20x5	20x6
按權益法，甲公司應認列之投資收益	$14,000	$42,000
非控制權益淨利	$8,000	$9,000
總合併淨利	$192,000	$251,000

(2) 20x5 及 20x6 年甲公司及其子公司合併工作底稿有關內部交易之沖銷分錄：

	20x5	20x6
(a)	處分不動產、 廠房及設備利益　　21,000 　　辦公設備　　　　　　　21,000	採用權益法之投資　18,000 累計折舊－辦公設備　3,000 　　辦公設備　　　　　　21,000
(b)	累計折舊－辦公設備　3,000 　　折舊費用　　　　　　3,000	累計折舊－辦公設備　6,000 　　折舊費用　　　　　　6,000

(3) 發生內部交易時，該辦公設備之公允價值＝帳面金額，故其價值未減損。

未實現損失＝$28,000－$35,000＝－$7,000

每年之已實現損失＝－$7,000÷(6－2.5)年＝－$2,000

20x5 年，甲公司應認列之投資收益
　　　　　＝($40,000×80%)＋$7,000－($2,000×6/12)＝$38,000

20x5 年，非控制權益淨利＝$40,000×20%＝$8,000

20x5 年，總合併淨利＝($170,000＋$38,000)＋$8,000＝$216,000
　　　或＝$170,000＋$40,000＋$7,000－($2,000×6/12)＝$216,000

20x6 年，甲公司應認列之投資收益＝($45,000×80%)－$2,000＝$34,000

20x6 年，非控制權益淨利＝$45,000×20%＝$9,000

20x6 年，總合併淨利＝($200,000＋$34,000)＋$9,000＝$243,000
　　　或＝$200,000＋$45,000－$2,000＝$243,000

	20x5	20x6
按權益法，甲公司應認列之投資收益	$38,000	$34,000
非控制權益淨利	$8,000	$9,000
總合併淨利	$216,000	$243,000

20x5 及 20x6 年甲公司及其子公司合併工作底稿有關內部交易之沖銷分錄：

	20x5	20x6
(a)	辦公設備　　　　　　7,000 　　處分不動產、廠房 　　　及設備損失　　　7,000	辦公設備　　　　　　7,000 　　累計折舊－辦公設備　1,000 　　採用權益法之投資　6,000
(b)	折舊費用　　　　　　1,000 　　累計折舊－辦公設備　1,000	折舊費用　　　　　　2,000 　　累計折舊－辦公設備　2,000

(七) **(期末發生出售機器之內部交易，採年數合計法及直線法計提折舊)**

甲公司持有乙公司 80%股權數年並對乙公司存在控制。當初收購時，乙公司帳列資產及負債的帳面金額皆等於公允價值，且無未入帳資產或負債。截至 20x4 年 1 月 1 日，甲公司帳列「採用權益法之投資」為$480,000，乙公司權益為$600,000。乙公司於 20x4 年 12 月 31 日以$130,000 將一部機器售予甲公司，該機器是乙公司於 20x3 年 1 月 1 日以$210,000 購入，估計使用年限 6 年，無殘值。甲公司將該機器列為「不動產、廠房及設備」，估計可再使用 4 年，無殘值。甲公司於 20x9 年 1 月 1 日以$2,000 將機器售予合併個體以外的單位。

試作：(1) 若甲公司及乙公司皆採年數合計法計提折舊，編製甲公司及其子公司 20x4、20x5、20x6、20x7 及 20x8 年合併工作底稿有關內部交易之沖銷分錄。

(2) 若乙公司於 20x4 年 12 月 31 日係以$160,000 將機器售予甲公司，且乙公司採直線法計提折舊，而甲公司採年數合計法計提折舊，編製甲公司及其子公司 20x4、20x5、20x6、20x7 及 20x8 年合併工作底稿有關內部交易之沖銷分錄。

解答：

(1) 年數合計法之分母＝1＋2＋3＋4＋5＋6＝21

($210,000－$0)×(6/21＋5/21)＝$110,000

發生內部交易時機器之帳面金額＝$210,000－$110,000＝$100,000

20x4：未實現利益＝$130,000－$100,000＝$30,000

未來 4 年，年數合計法之分母＝1＋2＋3＋4＝10

因此，未實現利益$30,000 於未來 4 年內各年之實現金額：

20x5：$30,000×(4/10)＝$12,000， 20x6：$30,000×(3/10)＝$9,000

20x7：$30,000×(2/10)＝$6,000， 20x8：$30,000×(1/10)＝$3,000

(單位：千元)

	20x4	20x5	20x6	20x7	20x8
(1)	處分不動產、廠房及設備利益 30 機器設備 30	採用權益法之投資 24 非控制權益 6 累計折舊－機器設備 — 機器設備 30	14.4 3.6 12.0 30	7.2 1.8 21.0 30	2.4 0.6 27.0 30

(單位：千元)

	20x4	20x5	20x6	20x7	20x8
(2)	X	累計折舊－機器設備　12 　　折舊費用　　　　　　12	9 9	6 6	3 3

(2) ($210,000－$0)÷6年＝$35,000，$35,000×2年＝$70,000

發生內部交易時機器之帳面金額＝$210,000－$70,000＝$140,000

未實現利益＝$160,000－$140,000＝$20,000

若未發生此項出售機器之內部交易，則乙公司未來4年每年之折舊費用仍為$35,000；惟內部交易已發生，甲公司未來4年每年之折舊費用如下：

未來4年，年數合計法之分母＝1＋2＋3＋4＝10

20x5：$160,000×(4/10)＝$64,000，20x6：$160,000×(3/10)＝$48,000

20x7：$160,000×(2/10)＝$32,000，20x8：$160,000×(1/10)＝$16,000

因此，未實現利益$20,000於未來4年內各年之實現金額：

20x5：$64,000－$35,000＝$29,000，　20x6：$48,000－$35,000＝$13,000

20x7：$32,000－$35,000＝－$3,000，20x8：$16,000－$35,000＝－$19,000

(單位：千元)

	20x4	20x5
(1)	處分不動產、 廠房及設備利益　20 　　機器設備　　　　20	採用權益法之投資　　16 非控制權益　　　　　4 累計折舊－機器設備　－ 　　機器設備　　　　　　20
(2)	X	累計折舊－機器設備　29 　　折舊費用　　　　　　29

(續上表)

	20x6	20x7	20x8
(1)	累計折舊－機器設備　29 　　機器設備　　　　　20.0 　　採用權益法之投資　7.2 　　非控制權益　　　　1.8	累計折舊－機器設備　42 　　機器設備　　　　　20.0 　　採用權益法之投資　17.6 　　非控制權益　　　　4.4	39 20.0 15.2 3.8
(2)	累計折舊－機器設備　13 　　折舊費用　　　　　　13	折舊費用　　　　　　3 　　累計折舊－機器設備　3	19 19

(八) (期中逆流交易，賣方出售商品，買方取得不動產、廠房及設備)

甲公司持有乙公司 90%股權數年並對乙公司存在控制。當初收購時，乙公司帳列淨值低估係因乙公司有未入帳商譽所致，該商譽經定期評估，於 20x4 及 20x5 年底其價值皆未減損。非控制權益係以對被收購者可辨認淨資產所享有之比例份額衡量。截至 20x4 年 1 月 1 日，甲公司帳列「採用權益法之投資」為 $1,900,000，乙公司權益包括普通股股本$1,000,000 及保留盈餘$1,000,000。

乙公司係以買賣桌上型電腦為主要業務的公司。20x4 年 4 月 1 日，乙公司以$200,000 出售數台桌上型電腦(成本$150,000)予甲公司。甲公司買進桌上型電腦係供會計部處理帳務之用，預估可使用 5 年，無殘值，採直線法計提折舊。下列是 20x4 及 20x5 年甲公司及乙公司未計入投資損益前之淨利：

	20x4	20x5
甲公司	$950,000	$1,100,000
乙公司	$500,000	$650,000

試作：(1) 按權益法，甲公司 20x4 及 20x5 年應認列之投資收益。
　　　(2) 甲公司及其子公司 20x4 及 20x5 年合併綜合損益表之下列金額：
　　　　　(a) 非控制權益淨利　　(b) 總合併淨利
　　　(3) 甲公司及其子公司 20x4 及 20x5 年合併工作底稿之沖銷分錄。

解答：

20x4/ 1/ 1：非控制權＝($1,000,000＋$1,000,000)×10%＝$200,000
　　　　　　$1,900,000＝($2,000,000×90%)＋乙未入帳商譽，∴ 商譽＝$100,000

(1) 未實現利益＝$200,000－$150,000＝$50,000，$50,000÷5 年＝$10,000
　　未實現利益$10,000 於未來 5 年內各年之實現金額：
　　20x4 年：$10,000×9/12＝$7,500，20x5 年～20x8 年：每年實現$10,000
　　20x9 年：$10,000×3/12＝$2,500
　　20x4 年：投資收益＝($500,000－$50,000＋$7,500)×90%＝$411,750
　　20x5 年：投資收益＝($650,000＋$10,000)×90%＝$594,000

(2) (a) 20x4 年：非控制權益淨利＝($500,000－$50,000＋$7,500)×10%＝$45,750
　　　　20x5 年：非控制權益淨利＝($650,000＋$10,000)×10%＝$66,000

(b) 20x4 年：總合併淨利＝($950,000＋$411,750)＋$45,750＝$1,407,500

　　或　＝(甲個別損益$950,000＋乙個別損益$500,000)

　　　　－消除內部銷貨收入$200,000＋消除內部銷貨成本$150,000

　　　　＋內部交易已實現利益$7,500＝$1,407,500

20x5 年：總合併淨利＝($1,100,000＋$594,000)＋$66,000＝$1,760,000

　　或　＝($1,100,000＋$650,000)＋$10,000＝$1,760,000

(3)

		20x4	20x5
(a)	銷貨收入	200,000	X
	銷貨成本	200,000	
(b)	銷貨成本	50,000	X
	辦公設備	50,000	
(c)	採用權益法之投資		38,250　(註1)
	非控制權益	X	4,250
	累計折舊－辦公設備		7,500
	辦公設備		50,000
(d)	累計折舊－辦公設備	7,500	10,000
	折舊費用	7,500	10,000
(e)	採用權益法認列之子公司、關聯企業及合資利益之份額	411,750	594,000
	採用權益法之投資	411,750	594,000
(f)	非控制權益淨利	45,750	66,000
	非控制權益	45,750	66,000
(g)	普通股股本	1,000,000	1,000,000
	保留盈餘	1,000,000	1,500,000
	商　譽	100,000	100,000
	採用權益法之投資	1,900,000	(註2)　2,350,000
	非控制權益	200,000	(註3)　　250,000

註1：($50,000－$7,500)×90%＝$38,250，($50,000－$7,500)×10%＝$4,250

註2：截至 20x5 年 12 月 31 日，甲帳列「採用權益法之投資」為$2,905,750，

　　即 $1,900,000＋$411,750＋$594,000＝$2,905,750。

　　驗算：$2,905,750＋沖(c)$38,250－沖(e)$594,000－沖(g)$2,350,000＝$0

註3：截至 20x5 年 12 月 31 日，應表達在合併財務狀況表上之金額為$311,750，

　　即 $200,000＋$45,750＋$66,000＝$311,750。

　　驗算：－沖(c)$4,250＋沖(e)$66,000＋沖(g)$250,000＝$311,750

(九) (順流、逆流：存貨、土地、機器、設備等之內部交易)

甲公司於 20x4 年 1 月 1 日以現金$486,000 取得乙公司 90%股權，並對乙公司存在控制。當日乙公司權益包括普通股股本$300,000 及保留盈餘$180,000，除有一項未入帳專利權(尚有 10 年使用年限)外，其餘帳列資產及負債之帳面金額皆等於公允價值，且無其他未入帳之資產或負債。非控制權益係以收購日公允價值衡量。

截至 20x5 年 1 月 1 日，乙公司權益包括普通股股本$300,000 及保留盈餘$240,000。乙公司 20x5 年淨利為$160,000，係於年度中平均地賺得，且於 20x5 年 7 月 1 日宣告並發放$60,000 現金股利。下列是甲公司及乙公司間所發生的內部交易：

(1)	甲公司於 20x4 及 20x5 年中，分別出售$200,000 及$320,000 之商品存貨(YY)予乙公司。截至 20x4 年 12 月 31 日及 20x5 年 12 月 31 日，乙公司仍有部分商品(YY)尚未售予合併個體以外單位，因此乙公司於上述日期之期末存貨中含有未實現利益，金額分別為$60,000 及$50,000。
(2)	乙公司於 20x4 及 20x5 年中，分別出售$120,000 及$144,000 之商品存貨(ZZ)予甲公司。截至 20x4 年 12 月 31 日及 20x5 年 12 月 31 日，甲公司仍有部分商品(ZZ)尚未售予合併個體以外單位，因此甲公司於上述日期之期末存貨中含有未實現利益，金額分別為$20,000 及$24,000。
(3)	甲公司於 20x4 年 1 月 1 日以$56,000 將一部營業上使用之機器(帳面金額$70,000)售予乙公司，當時該機器之可回收金額為$70,000。乙公司估計該機器可再使用 7 年，無殘值，採直線法計提折舊。截至 20x5 年 12 月 31 日，乙公司仍持有該機器並使用於營業中。
(4)	乙公司於 20x4 年 7 月 1 日以$52,000 將一項營業上使用之辦公設備(帳面金額$40,000)售予甲公司。甲公司估計該項辦公設備可再使用 3 年，無殘值，採直線法計提折舊。截至 20x5 年 12 月 31 日，甲公司仍持有該項辦公設備並使用於營業中。
(5)	甲公司於 20x4 年間以$40,000 將一筆營業上使用之土地(帳面金額$30,000)售予乙公司。截至 20x5 年 12 月 31 日止，乙公司仍持有該筆土地並使用於營業中。

| (6) | 乙公司於 20x5 年間以$120,000 將一筆營業上使用之土地(帳面金額$100,000)售予甲公司。本筆土地並非前述(5)購自甲公司之土地。截至20x5 年 12 月 31 日,甲公司仍持有該筆土地並使用於營業中。 |

試作:

(A) 甲公司按權益法處理其對乙公司之股權投資,請計算下列金額:
　　(a) 20x4 年 12 月 31 日,甲公司帳列「採用權益法之投資」餘額。
　　(b) 甲公司 20x5 年應認列之投資損益。
　　(c) 20x5 年 12 月 31 日,甲公司帳列「採用權益法之投資」餘額。

(B) 下列有關甲公司及乙公司 20x4 及 20x5 年合併財務報表之金額:
　　(a) 20x4 年 12 月 31 日之非控制權益金額。
　　(b) 20x5 年之非控制權益淨利。
　　(c) 20x5 年 12 月 31 日之非控制權益金額。

(C) 甲公司及其子公司 20x5 年合併工作底稿之沖銷分錄。

(D) 若甲公司按權益法處理其對乙公司之股權投資時,忽略內部交易對適用權益法及編製合併財務報表之影響。編製甲公司及其子公司 20x5 年合併工作底稿之必要調整分錄。

(E) 若甲公司未按權益法處理其對乙公司之股權投資,而係於乙公司宣告現金股利時認列股利收入,並將該股權投資分類為「透過損益按公允價值衡量之金融資產」。製甲公司及其子公司 20x5 年合併工作底稿之必要調整分錄。

解答:

20x4/ 1/ 1:非控制權益係以收購日公允價值衡量,惟題意中未提及該公允價值,
　　　　　故設算之。乙公司總公允價值＝$486,000÷90%＝$540,000
　　　　　乙公司未入帳專利權＝$540,000－($300,000＋$180,000)＝$60,000
　　　　　乙公司未入帳專利權之每年攤銷數＝$60,000÷10 年＝$6,000
　　　　　非控制權益＝$540,000×10%＝$54,000

20x4 及 20x5 年內部交易之未實現損益及已實現損益:

	20x4	20x5
(1) 存貨－順流	未實利$60,000	已實利$60,000,未實利$50,000
(2) 存貨－逆流	未實利$20,000	已實利$20,000,未實利$24,000

(續次頁)

		20x4	20x5
(3)	機器－順流	$56,000－$70,000＝－$14,000，－$14,000÷7 年＝－$2,000	
		未實損$14,000，已實損$2,000	已實損$2,000
(4)	辦公設備－逆流	$52,000－$40,000＝$12,000，$12,000÷3 年＝$4,000	
		未實利$12,000	已實利$4,000
		已實利＝$4,000×6/12＝$2,000	
(5)	土地－順流	$40,000－$30,000＝$10,000	
		未實利$10,000	
(6)	土地－逆流		$120,000－$100,000＝$20,000
			未實利$20,000

按權益法，投資損益及非控制權益淨利：

	20x4	20x5
乙公司淨值之淨增加數	淨＋($240,000－$180,000)	
乙公司帳列淨利	－	$160,000
減：專利權攤銷數	－6,000	－6,000
(2) 存貨－逆	－20,000	＋20,000－24,000
(4) 辦公設備－逆 (3 年)	－12,000＋2,000	＋4,000
(6) 土地－逆	－	－20,000
乙已實現淨值之淨增加數	淨＋$24,000	
乙公司已實現淨利		$134,000
控制權益分享乙淨值(利)	淨＋$21,600	$120,600
非控制權益淨值(利)	淨＋$2,400	$13,400
控制權益分享乙淨值(利)	淨＋$21,600	$120,600
(1) 存貨－順	－60,000	＋60,000－50,000
(3) 機器－順 (7 年)	＋14,000－2,000	－2,000
(5) 土地－順	－10,000	－
甲應認列之投資損益	淨－$36,400	$128,600

若甲公司未正確地適用權益法(忽略內部交易)：
　　20x4：[淨＋($240,000－$180,000)－$6,000]×90%＝淨＋$48,600
　　20x5：($160,000－$6,000)×90%＝$138,600
若甲公司未採用權益法，只認列股利收入：
　　20x4：無
　　20x5：$60,000×90%＝$54,000 (股利收入)

按權益法，相關項目異動如下：

	20x4/1/1	20x4	20x4/12/31	20x5	20x5/12/31
乙－權 益	$480,000	淨＋$60,000	$540,000	＋$160,000－$60,000	$640,000
權益法：					
甲－採用權益法之投資	$486,000	淨－$36,400	$449,600	＋$128,600－$54,000	$524,200
合併財務報表：					
專利權	$60,000	－$6,000	$54,000	－$6,000	$48,000
非控制權益	$54,000	淨＋$2,400	$56,400	＋$13,400－$6,000	$63,800
未正確地適用權益法：					
甲－採用權益法之投資	$486,000	淨＋$48,600	$534,600	＋$138,600－$54,000	$619,200
未採用權益法：					
甲－強制透過損益按公允價值衡量之金融資產	$486,000		$486,000	股利收入 $54,000	$486,000

(A)　(a) $449,600　(b) $128,600　(c) $524,200

(B)　(a) $56,400　(b) $13,400　(c) $63,800

(C) 20x5 年合併工作底稿之沖銷分錄：

(1)	銷貨收入	464,000		順$320,000＋逆$144,000
	銷貨成本		464,000	＝464,000
(2)	銷貨成本	74,000		順$50,000＋逆$24,000
	存　貨		74,000	＝$74,000
(3)	採用權益法之投資	78,000		順：$60,000 ($60,000，$0)
	非控制權益	2,000		逆：$20,000 ($18,000，$2,000)
	銷貨成本		80,000	$60,000＋$18,000＝$78,000
(4)	機器設備	14,000		順流：
	累計折舊－機器設備		2,000	未實損＝－$14,000＋$2,000
	採用權益法之投資		12,000	＝－$12,000
(5)	折舊費用	2,000		
	累計折舊－機器設備		2,000	
(6)	採用權益法之投資	9,000		逆流：未實利＝$12,000
	非控制權益	1,000		－$2,000＝$10,000
	累計折舊－辦公設備	2,000		$10,000×90%＝$9,000
	辦公設備		12,000	$10,000×10%＝$1,000

(7)	累計折舊－辦公設備	4,000		
	折舊費用		4,000	
(8)	採用權益法之投資	10,000		
	土　地		10,000	
(9)	處分不動產、廠房及設備利益	20,000		
	土　地		20,000	
(10)	採用權益法認列之子公司、 關聯企業及合資利益之份額	128,600		
	股　利		54,000	
	採用權益法之投資		74,600	
(11)	非控制權益淨利	13,400		
	股　利		6,000	
	非控制權益		7,400	採用權益法之投資：
(12)	普通股股本	300,000		末$524,200＋沖(3)$78,000
	保留盈餘	240,000		－沖(4)$12,000＋沖(6)$9,000
	專利權	54,000		＋沖(8)$10,000－沖(10)$74,600
	採用權益法之投資		534,600	＝初$534,600
	非控制權益		59,400	非控制權益：
(13)	攤銷費用	6,000		沖(12)$59,400－沖(3)$2,000
	專利權		6,000	－沖(6)$1,000＝初$56,400

(D)、(E)：20x5 年合併工作底稿之必要調整分錄：

(D)	保留盈餘	85,000	
	採用權益法認列之子公司、關聯企業 　　　　及合資利益之份額	10,000	
	採用權益法之投資		95,000
	－$36,400－$48,600＝－$85,000，　$128,600－$138,600＝－$10,000 $524,200－$619,200＝－$95,000			
(E)	採用權益法之投資	486,000	
	強制透過損益按公允價值衡量之金融資產		486,000
	保留盈餘	36,400	
	股利收入	54,000	
	採用權益法之投資	38,200	
	採用權益法認列之子公司、關聯企業 　　　　　及合資利益之份額		128,600
	增列保留盈餘$36,400，增列投資收益$128,600，沖轉(不應認列)股利 收入$54,000，將「投資」從$486,000 調整到$524,200，即增加$38,200。			

(十) (求算或反推相關金額)

甲公司於 20x6 年 1 月 1 日收購乙公司。當日乙公司帳列資產及負債之帳面金額皆等於公允價值，且除有一項專利權未入帳外，無其他未入帳之資產或負債。下列是 20x7 年相關財務報表資料：

	甲公司 個體財務報表	乙公司 個別財務報表	甲公司及乙公司 合併財務報表
綜合損益表：			
銷貨收入	$1,000,000	$600,000	$1,432,000
採用權益法認列之子公司、關聯企業及合資利益之份額	34,800	—	—
處分不動產、廠房及設備利益	40,000	—	—
銷貨成本	(400,000)	(300,000)	(550,000)
折舊費用	(120,000)	(80,000)	(190,000)
其他營業費用	(154,000)	(120,000)	(282,000)
淨　利	$ 400,800	$100,000	
總合併淨利			$ 410,000
非控制股權淨利			(9,200)
控制股權淨利			$ 400,800
保留盈餘表：			
保留盈餘－20x7/ 1/ 1	$500,800	$240,000	$500,800
加：淨 利	400,800	100,000	400,800
減：股 利	(200,000)	(60,000)	(200,000)
保留盈餘－20x7/12/31	$701,600	$280,000	$701,600
財務狀況表：			
現金及約當現金	$ 35,000	$ 70,000	$ 105,000
應收帳款－淨額	100,000	60,000	140,000
應收股利	27,000	—	—
存　貨	180,000	120,000	272,000
其他流動資產	140,000	80,000	220,000
土　地	100,000	40,000	140,000
房屋及建築－淨額	200,000	100,000	300,000
辦公設備－淨額	600,000	530,000	1,100,000
採用權益法之投資	611,600	—	?
專利權	—	—	64,000
資　產　總　額	$1,993,600	$1,000,000	$　　　?

	甲公司 個體財務報表	乙公司 個別財務報表	甲公司及乙公司 合併財務報表
財務狀況表：(續)			
應付帳款	$ 120,000	$ 100,000	$ 200,000
應付股利	—	30,000	?
其他負債	172,000	190,000	362,000
普通股股本，面額$10	1,000,000	400,000	1,000,000
保留盈餘	701,600	280,000	701,600
非控制權益	—	—	?
負債及權益總額	$1,993,600	$1,000,000	$?

回答下列問題：

(1) 甲公司對乙公司的持股比例為何？請列示計算過程。

(2) 甲公司是否正確地適用權益法？需說明理由。

(3) 20x7 年甲公司及乙公司間曾發生內部交易嗎？需說明理由。

(4) 甲公司或乙公司之期末存貨中隱含未實現損益嗎？若有隱含，則未實現損益金額為何？請列示計算過程。

(5) 請列示計算過程解釋：甲公司銷貨成本與乙公司銷貨成本的合計數，為何不等於合併銷貨成本金額？

(6) 請列示計算過程解釋：甲公司「辦公設備－淨額」餘額與乙公司「辦公設備－淨額」餘額的合計數，為何不等於合併財務狀況表中「辦公設備－淨額」之金額？

(7) 甲公司及乙公司之間有相對之應收(付)款項嗎？若有，請計算該金額。

(8) 20x7 年 12 月 31 日合併財務狀況表中「非控制權益」之金額？

(9) 20x6 年 12 月 31 日合併財務狀況表中「專利權」之金額？又該專利權於收購日所估計的使用年限為何？

(10) 請解釋：20x7 年 12 月 31 日「採用權益法之投資」餘額為何是$611,600？

(11) 重建甲公司及乙公司 20x7 年合併工作底稿之調整/沖銷分錄。

分析如下：

(a) 合併銷貨收入＝$1,000,000＋$600,000－沖銷數＝$1,432000

∴ 沖銷數＝$168,000

故有內部進銷貨$168,000，加上(e)之說明，確定為內部順流銷貨交易。

(b) 「處分不動產、廠房及設備利益」$40,000 全數沖銷,可知該未實現利益係由內部交易所產生的。

合併折舊費用＝$120,000＋$80,000－沖銷數＝$190,000,∴沖銷數＝$10,000
但因題目未說明此「沖銷數$10,000」究係 20x7 年全年的沖銷金額?或是 20x7 年中數個月的沖銷金額?亦即未說明內部交易係發生在 20x7 年初?或是 20x7 年間某日? 故筆者自行假設為前者,即內部交易係發生在 20x7 年初。因此,未實現「處分不動產、廠房及設備利益」$40,000÷20x7 年折舊費用之沖銷數$10,000＝4(年),即該辦公設備從 20x7 年初起算可再使用 4 年。

(c) 合併「存貨」＝$180,000＋$120,000－沖銷數＝$272,000
∴ 沖銷數＝$28,000＝期末存貨中所隱含之未實現利益
合併「銷貨成本」＝$400,000＋$300,000－$168,000＋$28,000－X＝$550,000
∴ X＝$10,000＝期初存貨中所隱含之已實現利益

(d) 合併「其他營業費用」＝$154,000＋$120,000＋Y＝$282,000,Y＝$8,000
∴ Y＝$8,000＝專利權之每年攤銷數
20x7 年期末專利權$64,000÷專利權每年之攤銷數$8,000＝8 年
該項專利權於 20x6 年 1 月 1 日的原估計使用年限＝8 年＋2 年＝10 年

(e) 非控制權益淨利$9,200÷(乙公司淨利$100,000－專利權之每年攤銷數$8,000)
＝10%,故知非控制權益為 10%,因此甲公司持有乙公司 90%股權。

(f) 合併「應收帳款」＝$100,000＋$60,000－沖銷數＝$140,000,沖銷數＝$20,000
合併「應付帳款」＝$120,000＋$100,000－沖銷數＝$200,000,沖銷數＝$20,000
可知甲公司及乙公司之間有相對之應收(付)帳款$20,000。

(g) 甲公司之應收股利$27,000＝乙公司之應付股利$30,000×90%
合併「應付股利」＝$0＋$30,000－沖銷數$27,000＝$3,000

解答：

(1) 90%,詳分析(e)。
(2) 甲公司適用正確的權益法。
　　∵ 投資收益＝(乙淨利$100,000－專攤$8,000)×90%＋存貨已實利$10,000
　　　　　　　－存貨未實利$28,000－辦公設備未實利$40,000
　　　　　　　＋辦公設備已實利$10,000＝$34,800

(3) 有，詳分析(a)、(b)、(c)。
(4) 有，詳分析(c)。
(5) 合併「銷貨成本」＝$400,000＋$300,000－$168,000 [詳(11)沖(a)]
    ＋$28,000 [詳(11)沖(b)]－$10,000 [詳(11)沖(c)]＝$550,000
(6) 詳分析(b)。
    合併財務狀況表中「辦公設備－淨額」＝$1,100,000
    ＝$600,000＋$530,000－$40,000[詳(11)沖(d)]＋$10,000[詳(11)沖(e)]
(7) 甲公司及乙公司之間有相對之應收(付)款項$20,000，詳分析(f)。
(8) 20x7/1/1，乙公司權益＝$400,000＋$240,000＝$640,000
    20x7/12/31，非控制權益＝($680,000＋$64,000)×10%＝$74,400
    或 ＝($640,000＋$72,000)×10%＋$9,200－($60,000×10%)＝$74,400
(9) 詳分析(d)。
    20x6/12/31，合併財務狀況表之「專利權」＝$64,000＋$8,000＝$72,000

(10) 20x7/12/31，乙公司權益＝$400,000＋$280,000＝$680,000

(乙權益＋未攤銷專利權)×90%＝[($680,000＋$64,000)×90%]	$669,600
減：買賣辦公設備之未實現利益 ($40,000－$10,000)	(30,000)
減：期末存貨中之未實現利益	(28,000)
20x7/12/31，採用權益法之投資	$611,600

(11)

(a)	銷貨收入	168,000	
	銷貨成本		168,000
(b)	銷貨成本	28,000	
	存　貨		28,000
(c)	採用權益法之投資	10,000	
	銷貨成本		10,000
(d)	處分不動產、廠房及設備利益	40,000	
	辦公設備－淨額		40,000
(e)	辦公設備－淨額	10,000	
	折舊費用		10,000
(f)	採用權益法認列之子公司、關聯企業		
	及合資利益之份額	34,800	
	採用權益法之投資	19,200	
	股　利		54,000

(g)	非控制權益淨利	9,200	
	股　利		6,000
	非控制權益		3,200
(h)	普通股股本	400,000	
	保留盈餘	240,000	
	專利權	72,000	
	採用權益法之投資		640,800
	非控制權益		71,200
(i)	攤銷費用	8,000	
	專利權		8,000
(j)	應付帳款	20,000	
	應收帳款		20,000
(k)	應付股利	27,000	
	應收股利		27,000

(十一)　(錯誤更正／順流、逆流)

　　甲公司於數年前取得乙公司 70%股權並對乙公司存在控制。當日乙公司帳列資產及負債之帳面金額皆等於公允價值，且無未入帳資產或負債。20x6 年 1 月 5 日，甲公司及乙公司已編妥 20x5 年合併綜合損益表(下表 A 欄)且皆結帳完畢，才發現甲公司與乙公司間曾在 20x5 年 1 月 1 日發生一筆買賣營業上使用之辦公設備的交易，該筆交易產生「處分不動產、廠房及設備利益」$40,000，且該項辦公設備預估可再使用 4 年。截至 20x5 年 12 月 31 日，該辦公設備仍為甲公司及乙公司所構成的合併個體所擁有並於營業中使用。

試按指示，完成下列表格。
A 欄：如題意所述，係忽略「母、子公司間買賣辦公設備交易」之情況下，所編製之甲公司及乙公司 20x5 年合併綜合損益表。
B 欄：若買賣辦公設備是順流交易，編製 20x5 年正確之合併綜合損益表。
C 欄：若買賣辦公設備是逆流交易，編製 20x5 年正確之合併綜合損益表。

(續次頁)

甲公司及其子公司 合併綜合損益表 20x5年度			
	A欄 忽略內部交易	B欄 假設順流	C欄 假設逆流
銷貨收入	$2,000,000	$2,000,000	$2,000,000
銷貨成本	(900,000)	(900,000)	(900,000)
銷貨毛利	$1,100,000	$1,100,000	$1,100,000
營業費用	(600,000)	?	?
營業利益	$ 500,000	?	?
處分不動產、廠房及設備利益	40,000	?	?
總合併淨利	$ 540,000	?	?
非控制權益淨利	(48,000)	?	?
控制權益淨利	$ 492,000	?	?

解答：（省略表首）

	A欄 忽略內部交易	B欄 假設順流	C欄 假設逆流
銷貨收入	$2,000,000	$2,000,000	$2,000,000
銷貨成本	(900,000)	(900,000)	(900,000)
銷貨毛利	$1,100,000	$1,100,000	$1,100,000
營業費用	(600,000)	(590,000)	(590,000)
營業利益	$ 500,000	$ 510,000	$ 510,000
處分不動產、廠房及設備利益	40,000	—	—
總合併淨利	$ 540,000	$ 510,000	$ 510,000
非控制權益淨利	(48,000)	(48,000)	(39,000)
控制權益淨利	$ 492,000	$ 462,000	$ 471,000

營業費用：$600,000－($40,000÷4年)＝$590,000

忽略內部交易時之非控制權益淨利$48,000÷30%

　　　＝$160,000＝乙公司20x5年帳列淨利

順流：非控制權益淨利＝$160,000×30%＝$48,000

　　　控制權益淨利＝總合併淨利$510,000－$48,000＝462,000

逆流：非控制權益淨利＝($160,000－$40,000＋$10,000)×30%＝$39,000

　　　控制權益淨利＝總合併淨利$510,000－$39,000＝471,000

(十二) (母公司未採用權益法處理對子公司之股權投資)

甲公司於 20x6 年 1 月 1 日發行 60,000 股普通股(面額$10，市價$15)交換乙公司 90%股權，並對乙公司存在控制。甲公司將其對乙公司股權投資分類為「透過損益按公允價值衡量之金融資產」。非控制權益係以收購日公允價值衡量。甲公司及乙公司會計年度皆截止於每年 12 月 31 日，下列是甲公司及乙公司 20x6 年財務報表：

	甲公司	乙公司
綜合損益表：		
銷貨收入	$4,560,000	$1,800,000
股利收入	43,200	—
處分不動產、廠房及設備利益	36,000	—
銷貨成本	(2,832,000)	(1,044,000)
各項營業費用	(1,320,000)	(528,000)
淨　利	$ 487,200	$ 228,000
保留盈餘表：		
保留盈餘－20x6/1/1	$ 528,000	$ 180,000
加：淨利	487,200	228,000
減：股利	—	(48,000)
保留盈餘－20x6/12/31	$1,015,200	$ 360,000
財務狀況表：		
現金及約當現金	$ 679,200	$ 172,800
強制透過損益按公允價值衡量之金融資產	900,000	—
應收帳款－淨額	1,032,000	420,000
存　貨	1,272,000	492,000
不動產、廠房及設備	1,584,000	816,000
減：累計折舊	(444,000)	(252,000)
資　產　總　額	$5,023,200	$1,648,800
應付帳款	$1,208,000	$ 412,800
其他應計費用	400,000	300,000
普通股股本，面額$10	2,040,000	480,000
資本公積－普通股股票溢價	360,000	96,000
保留盈餘	1,015,200	360,000
負債及權益總額	$5,023,200	$1,648,800

(續次頁)

其他資料：

1.	除上述甲公司為取得乙公司90%股權而發行60,000股普通股外，20x6年間，甲公司及乙公司之普通股股本及資本公積未異動。
2.	20x6年1月1日(收購日)，乙公司除有一項帳列機器價值低估$84,000(預估可再使用6年)外，其餘帳列資產及負債之帳面金額皆等於公允價值，另乙公司除有一項未入帳專利權(估計有8年使用年限)外，無其他未入帳之資產或負債。
3.	20x6年7月1日，甲公司以$154,800將一間營業用倉庫售予乙公司，當日倉庫之帳面金額為：土地部分$39,600、建築物部分$79,200。根據專業不動產商估價，總售價$154,800中，屬於土地部分為$51,600，屬於建築物部分為$103,200。乙公司係根據此專業估價當作入帳基礎，並估計倉庫可再使用4年，無殘值，採直線法計提折舊。
4.	20x6年間，甲公司向乙公司進貨多次，金額共計$216,000，此金額係乙公司按向外部供應商進貨成本加計60%計得。截至20x6年12月31日，甲公司尚欠乙公司$100,000貨款，並尚有$43,200購自乙公司之商品包含在甲公司期末存貨中，直到20x7年才售予合併個體以外單位。

試作：甲公司及乙公司20x6年合併工作底稿之調整/沖銷分錄。

解答：

甲公司帳列分錄 (未按權益法)：

20x6/ 1/ 1	強制透過損益按公允價值衡量之金融資產　　900,000	
	普通股股本	600,000
	資本公積－普通股股票溢價	300,000
	60,000股×$15＝$900,000，60,000股×$10＝$500,000	
	$900,000－$600,000＝$300,000	
20x6年間收到股利	現　金　　　　　　　　　　　　　　　　43,200	
	股利收入	43,200
20x6/12/31	(無分錄)	

甲公司帳列分錄 (若按權益法)：

20x6/1/1	採用權益法之投資	900,000	
	普通股股本		600,000
	資本公積－普通股股票溢價		300,000
	60,000 股×$15＝$900,000，60,000 股×$10＝$500,000		
	$900,000－$600,000＝$300,000		
20x6 年間收到股利	現　金	43,200	
	採用權益法之投資		43,200
20x6/12/31	採用權益法之投資	127,020	
	採用權益法認列之子公司、關聯企業		
	及合資利益之份額		127,020
	詳下述之說明及計算。		

20x6/1/1：非控制權益係以收購日公允價值衡量，惟題意中未提及該公允價值，故設算之。乙公司總公允價值＝$900,000÷90%＝$1,000,000

非控制權益＝$1,000,000×10%＝$100,000

乙公司權益＝$480,000＋$96,000＋$180,000＝$756,000

乙公司帳列淨值低估＝$1,000,000－$756,000＝$244,000

乙淨值低估$244,000 之原因：
(1) 機器價值低估$84,000，$84,000÷6 年＝$14,000
(2) 未入帳專利權$160,000，$244,000－$84,000＝$160,000
　　未入帳專利權之每年攤銷數＝$160,000÷8 年＝$20,000

20x6 年間，存貨(逆流)：
　　$216,000÷(1＋60%)＝$135,000，$216,000－$135,000＝$81,000
　　未實現利益＝$81,000×($43,200÷$216,000)＝$16,200

20x6/7/1，倉庫(順流)：
(1) 土地：未實現利益＝$51,600－$39,600＝$12,000
(2) 建築物：未實現利益＝$103,200－$79,200＝$24,000
　　　　$24,000÷4 年＝$6,000，20x6 年＝$6,000×6/12＝$3,000

20x6 年，甲公司應認列之投資收益
＝($228,000－機器低估之折舊額$14,000－未入帳專利權之攤銷數$20,000
　　　　－逆流銷貨之未實現利益$16,200) × 90%
　－順流土地之未實現利益$12,000－順流建築物之未實現利益$24,000
　＋順流建築物之已實現利益$3,000＝$127,020

20x6 年,非控制權益淨利＝($228,000－$14,000－$20,000－$16,200)×10%
＝$17,780

相關項目異動如下:

	20x6/1/1	20x6	20x6/12/31
乙－權　益	$756,000	＋$228,000－$48,000	$936,000
採用權益法:			
甲－採用權益法之投資	$900,000	＋$127,020－$43,200	$983,820
合併財務報表:			
機器設備	$ 84,000	－$14,000	$ 70,000
專利權	160,000	－ 20,000	140,000
	$244,000	－$34,000	$210,000
非控制權益	$100,000	＋$17,780－$4,800	$112,980
未採用權益法:			
甲－強制透過損益按公允價值衡量之金融資產	$900,000	股利收入$43,200	$900,000

驗　算: 20x6/12/31:
甲帳列「採用權益法之投資」
＝(乙權益$936,000＋尚餘之淨值低估數$210,000－逆流銷貨之未實利$16,200)
　×90%－順流土地之未實利$12,000－順流建築物之未實利$24,000
　＋順流建築物之已實利$3,000＝$983,820
「非控制權益」＝($936,000＋$210,000－$16,200)×10%＝$112,980

甲公司及乙公司 20x6 年合併工作底稿之調整/沖銷分錄:

調整分錄:			
(a)	採用權益法之投資	900,000	
	強制透過損益按公允價值衡量之金融資產		900,000
	採用權益法之投資	83,820	
	股利收入	43,200	
	採用權益法認列之子公司、關聯企業		
	及合資利益之份額		127,020
	採用權益法之投資:從$900,000 調到$983,820,增加$83,820;		
	沖轉(不應認列)股利收入$43,200;增列投資收益$127,020。		

(續次頁)

沖銷分錄：			
(1)	銷貨收入	216,000	
	銷貨成本		216,000
(2)	銷貨成本	16,200	
	存　　貨		16,200
(3)	處分不動產、廠房及設備利益	36,000	
	土　　地		12,000
	房屋及建築		24,000
(4)	累計折舊－房屋及建築	3,000	
	折舊費用		3,000
(5)	採用權益法認列之子公司、關聯企業 　　　　　及合資利益之份額	127,020	
	股　　利		43,200
	採用權益法之投資		83,820
(6)	非控制權益淨利	17,780	
	股　　利		4,800
	非控制權益		12,980
(7)	普通股股本	480,000	
	資本公積－普通股股票溢價	96,000	
	保留盈餘	180,000	
	機器設備	84,000	
	專利權	160,000	
	採用權益法之投資		900,000
	非控制權益		100,000
(8)	折舊費用	14,000	
	累計折舊－機器設備		14,000
(9)	攤銷費用	20,000	
	專利權		20,000
(10)	應付帳款	100,000	
	應收帳款－淨額		100,000

(十三)　(111 會計師考題改編)

　　甲公司持有子公司(乙公司)70%股權已數年。乙公司於 20x2 年 7 月 1 日以$150,000 將一部營業上使用之機器售予甲公司，該機器係乙公司於 20x1 年 7 月 1 日以$168,000 購入，預估使用年限 6 年，6 年後無殘值。甲公司將該機器列為「不動產、廠房及設備」，估計該機器可再使用 5 年，5 年後無殘值。甲公司直到 20x7 年 7 月 1 日才將機器售予合併個體以外的單位。假設甲公司採直線法計提折舊，而乙公司採年數合計法計提折舊。

試作：(1) 甲公司及其子公司 20x2、20x3 及 20x4 年合併工作底稿有關內部交易之調整及沖銷分錄。
　　　(2) 假設乙公司係以買賣上述機器為主要業務的公司。20x2 年 4 月 1 日，乙公司以$180,000 出售上述機器予甲公司，編製甲公司及其子公司 20x2、20x3 及 20x4 年合併工作底稿有關內部交易之調整/沖銷分錄。

參考答案：

(1) 年數合計法之分母＝1＋2＋3＋4＋5＋6＝21
　　($168,000－$0)×(6/21)＝$48,000
　　20x2/ 7/ 1：機器之帳面金額＝$168,000－$48,000＝$120,000
　　　　　　　未實現利益＝$150,000－$120,000＝$30,000

若未發生出售機器之內部交易，則乙公司 20x2、20x3、20x4 之折舊費用為：
20x2 後半年：$168,000×(5/21)×(6/12)＝$20,000
20x3：$168,000×(5/21)×(6/12)＋$168,000×(4/21)×(6/12)＝$36,000
20x4：$168,000×(4/21)×(6/12)＋$168,000×(3/21)×(6/12)＝$28,000

乙公司 20x2、20x3、20x4 之折舊費用，亦可計算如下：
未來 5 年，年數合計法之分母＝1＋2＋3＋4＋5＝15
20x2 後半年：$120,000×(5/15)×(6/12)＝$20,000
20x3：$120,000×(5/15)×(6/12)＋$120,000×(4/15)×(6/12)＝$36,000
20x4：$120,000×(4/15)×(6/12)＋$120,000×(3/15)×(6/12)＝$28,000

而甲公司 20x2、20x3、20x4 帳列之折舊費用為：
20x2 後半年：$150,000÷5×(6/12)＝$30,000×(6/12)＝$15,000
20x3：$30,000，　20x4：$30,000

未實現利益$30,000 於 20x2、20x3、20x4 各年之實現金額為：
20x2：$15,000－$20,000＝－$5,000
20x3：$30,000－$36,000＝－$6,000
20x4：$30,000－$28,000＝$2,000

	20x2		
(a)	處分不動產、廠房及設備利益	30,000	
	機器設備		30,000
(b)	折舊費用	5,000	
	累計折舊－機器設備		5,000
	20x3		
(a)	採用權益法之投資	24,500	
	非控制權益	10,500	
	機器設備		30,000
	累計折舊－機器設備		5,000
(b)	折舊費用	6,000	
	累計折舊－機器設備		6,000
	20x4		
(a)	採用權益法之投資	28,700	
	非控制權益	12,300	
	機器設備		30,000
	累計折舊－機器設備		11,000
(b)	累計折舊－機器設備	2,000	
	折舊費用		2,000

(2)

	20x2		
(a)	銷貨收入	180,000	
	銷貨成本		168,000
	機器設備		12,000
(b)	累計折舊－機器設備	1,800	
	折舊費用		1,800
	未實現利益＝$180,000－168,000＝$12,000		
	每年實現利益＝$12,000÷5 年＝$2,400		
	將於 20x2 年實現$1,800，$2,400×(9/12)＝$1,800		

(續次頁)

	20x3		
(a)	採用權益法之投資	7,140	
	非控制權益	3,060	
	累計折舊－機器設備	1,800	
	機器設備		12,000
	($12,000－$1,800)×70%＝$7,140		
	($12,000－$1,800)×30%＝$3,060		
(b)	累計折舊－機器設備	2,400	
	折舊費用		2,400
	20x4		
(a)	採用權益法之投資	5,460	
	非控制權益	2,340	
	累計折舊－機器設備	4,200	
	機器設備		12,000
	$1,800 (20x2)＋$2,400 (20x3)＝$4,200		
	($12,000－$1,800)×70%＝$7,140		
	($12,000－$1,800)×30%＝$3,060		
(b)	累計折舊－機器設備	2,400	
	折舊費用		2,400

(十四)　　(107 會計師考題改編)

　　甲公司於 20x1 年 10 月 1 日以$1,600,000 取得乙公司 80%股權，並對乙公司存在控制。當日乙公司權益包含普通股股本$1,000,000 及保留盈餘$600,000，除辦公設備價值低估$400,000 外，其餘帳列資產及負債的帳面金額均等於公允價值，且無其他未入帳之資產或負債。該價值低估之辦公設備估計可再使用 8 年，無殘值，採直線法提列折舊。非控制權益係以對乙公司可辨認淨資產已認列金額所享有之比例份額衡量。

　　20x2 年 7 月 1 日，乙公司出售廠房給甲公司獲利$21,000，該廠房估計可再使用 7 年，無殘值，採直線法提列折舊。甲公司 20x2 年和 20x3 年不含投資收益或股利收入前之淨利分別為$120,000 及$170,000，乙公司 20x2 及 20x3 年保留盈餘變動如下：

	20x2 年	20x3 年
期初保留盈餘	$660,000	$730,000
加：淨利	100,000	160,000
減：股利	(30,000)	(80,000)
期末保留盈餘	$730,000	$810,000

試作：(1) 依權益法，甲公司 20x3 年應認列之投資損益。
(2) 20x3 年 12 月 31 日，甲公司帳列「採用權益法之投資」餘額。
(3) 甲公司及子公司 20x3 年合併綜合損益表中之控制權益淨利。
(4) 甲公司及子公司 20x3 年合併綜合損益表中之非控制權益淨利。
(5) 甲公司及子公司 20x3 年 12 月 31 日合併財務狀況表中之非控制權益。

<u>參考答案：</u>

收購日，乙公司可辨認淨資產之公允價值
　　　＝($1,000,000＋$600,000)＋設備價值低估$400,000＝$2,000,000
收購日，非控制權益＝$2,000,000×20%＝$400,000
辦公設備價值低估$400,000÷8 年＝每年折舊金額$50,000
20x2/ 7/ 1 逆流出售廠房未實現利益$21,000÷7 年＝每年實現利益$3,000

按權益法，甲公司各年應認列之投資利益：
20x1 年後三個月：[($660,000－$600,000)－($50,000×3/12)]×80%＝$38,000
20x2 年：[($100,000－$50,000)－$21,000＋($3,000×6/12)]×80%＝$24,400
20x3 年：($160,000－$50,000＋$3,000)×80%＝$90,400

各年合併綜合損益表中之非控制權益淨利：
　20x1 年：[($660,000－$600,000)－($50,000×3/12)]×20%＝$9,500
　20x2 年：[($100,000－$50,000)－$21,000＋($3,000×6/12)]×20%＝$6,100
　20x3 年：($160,000－$50,000＋$3,000)×20%＝$22,600

(續次頁)

按權益法,相關項目異動如下: (單位:千元)

	20x1/10/1	20x1 後三個月	20x1/12/31	20x2	20x2/12/31	20x3	20x3/12/31
乙－權　益	$1,600	+$60	$1,660	+$100−$30	$1,730	+$160−$80	$1,810
權益法:							
甲－採用權益法之投資	$1,600	+$38	$1,638	+$24.4 −$24	$1,638.4	+$90.4 −$64	$1,664.8
合併財務報表:							
辦公設備	$400	−$12.5	$387.5	−$50	$337.5	−$50	$287.5
非控制權益	$400	+$9.5	$409.5	+$6.1−$6	$409.6	+$22.6−$16	$416.2

(1) 依權益法,甲公司 20x3 年應認列之投資損益＝$90,400
(2) 20x3 年 12 月 31 日,甲公司帳列「採用權益法之投資」餘額＝$1,664,800
(3) 20x3 年合併綜合損益表中之控制權益淨利＝$170,000＋$90,400＝$260,400
(4) 20x3 年合併綜合損益表中之非控制權益淨利＝$22,600
(5) 20x3 年 12 月 31 日合併財務狀況表中之非控制權益＝$416,200

(十五)　(100 會計師考題改編)

甲公司於 20x1 年 1 月 1 日以現金$640,000 購入乙公司 80%股權,並對乙公司存在控制。甲公司將該股權投資分類為「透過損益按公允價值衡量之金融資產」。當日乙公司權益包括普通股股本$300,000、資本公積$300,000 及保留盈餘$100,000,除有一項未入帳專利權(估計尚有 10 年使用年限)外,帳列資產及負債之帳面金額皆等於公允價值,亦無其他未入帳之資產或負債。非控制權益係以收購日公允價值衡量。甲、乙兩公司 20x5 年 12 月 31 日之試算表如下:

	甲公司	乙公司
現　金	$ 125,260	$ 106,000
強制透過損益按公允價值衡量之金融資產	640,000	－
存　貨	90,000	70,000
應收融資租賃款	－	408,000
房屋及建築	320,000	120,000
出租資產－機器設備	－	420,000
使用權資產－機器設備	34,670	－
銷貨成本	140,000	90,000

	甲公司	乙公司
折舊費用	41,000	23,000
租金費用	11,000	—
利息費用	6,200	—
銷管費用	70,000	38,000
合　計	$1,478,130	$1,275,000
累計折舊－房屋及建築	$ 70,000	$ 18,000
累計折舊－出租資產－機器設備	—	80,000
累計折舊－使用權資產－機器設備	10,790	—
應付帳款	130,000	182,000
應付利息	4,000	—
租賃負債	24,560	—
普通股股本	300,000	300,000
資本公積	360,000	300,000
保留盈餘	278,780	225,600
銷貨收入	300,000	130,000
租金收入	—	34,000
利息收入	—	5,400
合　計	$1,478,130	$1,275,000

其他資料：

(1) 20x3 年 1 月 1 日，乙公司購入一幢房屋$120,000，並以營業租賃方式出租予甲公司，租期 5 年，每年年初支付當年租金$11,000，該房屋估計可使用 20 年，無殘值，以直線法計提折舊。

(2) 20x4 年 1 月 1 日，乙公司以現金$14,000 購入一部機器，並以融資租賃方式出租予甲公司，租期 4 年，每年年初支付租金$5,000，4 年後的優惠承購價格為$2,000，機器的公允價值為$17,560，出租人隱含利率為 15% (已考慮優惠承購價格)，甲公司以直線法計提折舊，估計使用年限 6 年，無殘值。已知乙公司是該項機器設備的經銷商，因此該融資租賃對乙公司而言是銷售型租賃。

(3) 20x5 年，甲公司及乙公司已分別認列有關租賃之利息費用及利息收入。

試作：(1) 甲公司及乙公司 20x5 年合併工作底稿之沖銷分錄。
　　　(2) 20x5 年合併綜合損益表中之總合併淨利(損)？非控制權益淨利(損)？

分析：

20x1/1/1：非控制權益係以收購日公允價值衡量，惟題意中未提及該公允價值，故設算之。乙公司總公允價值＝$640,000÷80%＝$800,000

$\quad$ 乙未入帳專利權＝$800,000－($300,000＋$300,000＋$100,000)
$\quad\quad\quad\quad\quad\quad\quad$＝$100,000

$\quad$ 乙未入帳專利權之每年攤銷數＝$100,000÷10 年＝$10,000

$\quad$ 非控制權益＝$800,000×20%＝$160,000

20x3 年開始，每年乙公司認列租金收入$11,000，甲公司認列租金費用$11,000。

20x4/1/1：機器公允價值$17,560＝未來現金流入折現值
$\quad\quad\quad\quad\quad\quad\quad\quad\quad$＝[$5,000×(1＋$P_{3/15\%}$)]＋($2,000×$p_{4/15\%}$)

$\quad$ 逆流融資租賃之未實現利益＝$17,560－$14,000＝$3,560

$\quad$ 該未實現利益$3,560，將在 20x4 至 20x9 年(6 年)內，每年實現$593，$3,560÷6 年＝$593，因調整尾差$2，20x9 年實現$595。

乙公司(出租人)分錄：

20x4/1/1	存　貨	14,000	
	現　金		14,000
20x4/1/1	應收融資租賃款	17,560	
	銷貨成本	14,000	
	存　貨		14,000
	銷貨收入		17,560

	應收租賃款 (初) (1)	現金收入 (2)	應收租賃款 (3)=(1)-(2)	利息收入 (4)=(3)×15%	應收租賃款 末(5)=(3)+(4)
20x4/1/1	$17,560	$5,000	$12,560	—	—
12/31	—	—	—	$1,884	$14,444
20x5/1/1	$14,444	$5,000	$9,444	—	—
12/31	—	—	—	$1,417	$10,861
20x6/1/1	$10,861	$5,000	$5,861	—	—
12/31	—	—	—	$879	$6,740
20x7/1/1	$6,740	$5,000	$1,740	—	—
12/31	—	—	—	(尾差$1) $260	$2,000

乙公司(出租人)分錄：

		20x4	20x5	20x6	20x7	20x8
每年 1/1	現　金	5,000	5,000	5,000	5,000	2,000
	應收融資租賃款	5,000	5,000	5,000	5,000	2,000
每年 12/31	應收融資租賃款	1,884	1,417	879	260	X
	利息收入	1,884	1,417	879	260	

甲公司(承租人)分錄：

20x4/1/1	使用權資產－機器設備　　17,560
	租賃負債　　　　　　　　　　　17,560

甲公司(承租人)分錄：

		20x4	20x5	20x6	20x7	20x8
每年 1/1	租賃負債	5,000	5,000	5,000	5,000	2,000
	現　金	5,000	5,000	5,000	5,000	2,000
每年 12/31	利息費用	1,884	1,417	879	260	X
	租賃負債	1,884	1,417	879	260	

		20x4～20x8	20x9
每年 12/31	折舊費用	2,927	2,925
	累計折舊－使用權資產－機器設備	2,927	2,925

註：每年折舊金額＝$17,560÷6年＝$2,927，
　　因調整尾差$2，第6年(20x9)折舊金額為$2,925。

20x1～20x4：
乙帳列淨值淨增加數＝$825,600－($300,000＋$300,000＋$100,000)＝$125,600
甲若採權益法，帳列「採用權益法之投資」之淨增加數
　＝($125,600－專攤$10,000×4年－租金收入$11,000×2年－$3,560＋$593)×80%
　　＋(租金費用$11,000×2年)＝$70,506
「非控制權益」之淨增加數
　　＝($125,600－$10,000×4年－$11,000×2年－$3,560＋$593)×20%＝$12,127

20x5：
乙淨利＝$130,000＋$34,000＋$5,400－$90,000－$23,000－$38,000＝$18,400
甲若採權益法，應認列之投資收益
　　　　＝($18,400－$10,000－$11,000＋$593)×80%＋$11,000＝$9,394
非控制權益淨損＝($18,400－$10,000－$11,000＋$593)×20%＝－$401

相關項目異動如下：

	20x1/1/1	20x1~20x4	20x4/12/31	20x5	20x5/12/31
乙－權　益	$700,000	淨＋$125,600	$825,600	＋$18,400	$844,000
權益法：					
甲－採用權益法之投資	$640,000	淨＋$70,506	$710,506	＋$9,394	$719,900
合併財務報表：					
專利權	$100,000	－$10,000×4年	$60,000	－$10,000	$50,000
非控制權益	$160,000	淨＋$12,127	$172,127	－$401	$171,726
甲公司帳列 (未採用權益法)：					
甲－強制透過損益按公允價值衡量之金融資產	$640,000		$640,000		$640,000

驗　算：(權益法) 20x5/12/31：
　甲帳列「採用權益法之投資」
　　＝[$844,000＋$50,000－$11,000×3年－($3,560－$593×2年)]×80%＋$11,000×3年
　　＝$858,626×80%＋$33,000＝$719,901 (尾差多$1)
　「非控制權益」＝$858,626×20%＝$171,725 (尾差少$1)

20x4、20x5 及 20x6 年，合併工作底稿之調整/沖銷分錄：

	20x4	20x5	20x6	20x7
調整分錄：				
(a)	採用權益法之投資　640,000 　強制透過損益按公允價值衡量之金融資產　640,000	採用權益法之投資　640,000 　強制透過損益按公允價值衡量之金融資產　640,000	(同　左)	(同　左)
(b)	採用權益法之投資　70,506 　保留盈餘　　　　M 　採用權益法認列之子公司、關聯企業及合資利益之份額　N M＋N＝70,506	採用權益法之投資　79,900 　保留盈餘　　　70,506 　採用權益法認列之子公司、關聯企業及合資利益之份額　9,394	(視每年損益自行推衍)	(視每年損益自行推衍)

	20x4	20x5	20x6	20x7
沖銷分錄：				
(1)	租金收入　11,000 　　租金費用　11,000	租金收入　11,000 　　租金費用　11,000	(同左) (至20x8)	(同左) (至20x8)
(2)	租賃負債　14,444 　　應收融資租賃款　14,444	10,861 10,861	6,740 6,740	2,000 2,000
(3)	利息收入　1,884 　　利息費用　1,884	利息收入　1,417 　　利息費用　1,417	879 879	260 260
(4)	銷貨收入　17,560 　　銷貨成本　14,000 　　使用權資產 　　　－機器設備　3,560	累計折舊－使用權資產 　　－機器設備　593 採用權益法之投資　2,374 非控制權益　593 　　使用權資產 　　　－機器設備　3,560	1,186 1,900 474 3,560	1,779 1,425 356 3,560
(5)	累計折舊－使用權資產－機器設備　593 　　折舊費用　593	(20x5～20x9，同左， 惟20x9年金額為$595，因尾差$2)		
(6)	採用權益法認列之 子公司、關聯企業 及合資利益之份額　？ 　　採用權益法之投資　？	採用權益法認列之 子公司、關聯企業 及合資利益之份額　9,394 　　採用權益法之投資　9,394	(視每年損益 自行推衍)	(視每年損益 自行推衍)
(7)	非控制權益淨利　？ 　　非控制權益　？	非控制權益　401 　　非控制權益淨損　401	(視每年損益 自行推衍)	(視每年損益 自行推衍)
(8)	普通股股本　300,000 資本公積　300,000 保留盈餘　？ 專利權　70,000 　　採用權益法 　　　之投資　？ 　　非控制權益　？	普通股股本　300,000 資本公積　300,000 保留盈餘　225,600 專利權　60,000 　　採用權益法 　　　之投資　712,880 　　非控制權益　172,720	(視每年損益 自行推衍)	(視每年損益 自行推衍)
(9)	攤銷費用　10,000 　　專利權　10,000	攤銷費用　10,000 　　專利權　10,000	(同左) (至20x+10)	(同左) (至20x+10)

參考答案：

(1) 請詳上表 20x5 年之調整/沖銷分錄。

(2) (b) 非控制權益淨損＝－$401，請詳上述分析。

(2) (a) 按權益法，甲公司淨利＝控制權益淨利＝甲個別淨利＋投資收益
　　　　＝($300,000－$140,000－$41,000－$11,000－$6,200－$70,000)＋$9,394
　　　　＝$31,800＋$9,394＝$41,194

　　20x5 年，總合併淨利＝$41,194－$401＝$40,793

　　亦可從 20x5 年合併綜合損益表得到驗證：

銷貨收入	$430,000	＝$300,000＋$130,000
租金收入	23,000	＝$0＋$34,000－沖(1)$11,000
利息收入	3,983	＝$0＋$5,400－沖(3)$1,417
銷貨成本	(230,000)	＝$140,000＋$90,000
折舊費用	(63,407)	＝$41,000＋$23,000－沖(5)$593
租金費用	—	＝$11,000＋$0－沖(1)$11,000
利息費用	(4,783)	＝$6,200＋$0－沖(3)$1,417
銷管費用	(118,000)	＝$70,000＋$38,000＋沖(9)$10,000
總合併淨利	$ 40,793	
非控制權益淨損	401	
控制權益淨利	$ 41,194	

(十六)　(98 會計師考題改編)

　　甲公司於 20x5 年 6 月 30 日以現金$180,000 取得乙公司 80%股權，並對乙公司存在控制。當日乙公司權益包括普通股股本$100,000 及保留盈餘$100,000，帳列資產及負債之帳面金額皆等於公允價值，除有一項未入帳專利權(估計尚有 10 年使用年限)外，無其他未入帳之資產或負債。非控制權益係以收購日公允價值衡量。

　　20x6 年，甲公司和乙公司間發生下列交易：
(1) 收購日後，甲公司常以成本加成 15%將商品售予乙公司。乙公司於 20x6 年 1 月 1 日及 20x6 年 12 月 31 日之存貨中分別有$46,000 及$34,500 的商品是購自甲公司。
(2) 甲公司於 20x5 年 10 月 2 日以$120,000 將營業上使用之土地(帳面價值$100,000)售予乙公司。乙公司於 20x6 年 7 月 15 日以$130,000 將該筆土地售予合併個體以外單位。

(3) 甲公司與乙公司簽訂兩項合約，約定由乙公司為甲公司建造設備。

第一項合約：建造辦公設備，於 20x6 年 1 月 15 日開始建造，乙公司共發生 $150,000 建造成本，於 20x6 年 4 月 20 日完工並由甲公司驗收無誤，乙公司於驗收日按約定的合約價格開立$180,000 帳單予甲公司，甲公司於 20x6 年 5 月 10 日支付乙公司$180,000。

第二項合約：建造機器設備，於 20x6 年 6 月 20 日開始建造，預計將於 20x7 年 5 月底完工。截至 20x6 年 12 月 31 日止，乙公司共發生$90,000 建造成本，估計至完工預計尚需再投入$60,000 成本。本合約售價為$190,000，乙公司已於 20x6 年 12 月 10 日依合約開立$98,000 帳單予甲公司，並於 20x6 年 12 月 25 日收到甲公司帳款$98,000。乙公司對上述兩項合約皆採完工比例法。

(4) 甲公司對所有設備皆估計 10 年耐用年限，無殘值，按直線法計提折舊，並於取得設備當年提列半年折舊。

(5) 20x6 年甲公司及乙公司未計入投資損益前之淨利分別為$100,000 與$80,000。

試作：(1) 20x6 年非控制權益淨利。
(2) 20x6 年總合併淨利。
(3) 20x6 年合併工作底稿有關內部交易之沖銷分錄。

參考答案： (建議：先閱讀課文釋例十四)

20x5/ 6/30：非控制權益係以收購日公允價值衡量，惟題意中未提及該公允價值，故設算之。乙公司總公允價值＝$180,000÷80%＝$225,000
乙公司未入帳專利權＝$225,000－($100,000＋$100,000)＝$25,000
未入帳之專利權之每年攤銷數＝$25,000÷10 年＝$2,500
非控制權益＝$225,000×20%＝$45,000

順流/存貨：期初：$46,000÷115%＝$40,000，已實利＝$46,000－$40,000＝$6,000
期末：$34,500÷115%＝$30,000，未實利＝$34,500－$30,000＝$4,500
順流/土地：已實現利益＝$120,000－$100,000＝$20,000
逆流/自建設備：
合約 1：$180,000(工程收入)－$150,000(工程成本)＝$30,000(工程利益)
未實現工程利益$30,000，將於設備 10 年使用期間內分年實現，
每年實現利益＝$30,000÷10 年＝$3,000
20x5 年實現利益(半年)＝$3,000×(6/12)＝$1,500

合約 2：完工比例＝$90,000÷($90,000＋$60,000)＝60%
　　　　故乙公司認列工程利益＝[$190,000－($90,000＋$60,000)]×60%
　　　　　　　　　　　　　＝$24,000 (未實現利益)
　　　　即 工程收入＝$190,000×60%＝$114,000，工程成本＝$90,000

(1) 甲公司之投資收益＝[乙淨利$80,000－專攤$2,500－(約1)未 $30,000
　　　　　　　　　　　＋(約1)已$1,500－(約2)未 $24,000] × 80%
　　　　　　　　　　　＋已$6,000－未$4,500＋已$20,000＝$41,500
　　非控制權益淨利＝($80,000－$2,500－$30,000＋$1,500－$24,000)×20%
　　　　　　　　　＝$5,000

(2) 控制權益淨利＝$100,000＋$41,500＝$141,500
　　總合併淨利＝$141,500＋$5,000＝$146,500
　　　　或　＝($100,000＋$80,000)－$2,500－($30,000－$1,500)－$24,000
　　　　　　＋$6,000－$4,500＋$20,000＝$146,500

(3) 甲公司及乙公司 20x6 年合併工作底稿之沖銷分錄：

(a)	銷貨收入	(題目未提供金額)	
	銷貨成本		
(b)	銷貨成本	4,500	
	存　貨		4,500
(c)	採用權益法之投資	6,000	
	銷貨成本		6,000
(c)	採用權益法之投資	20,000	
	處分不動產、廠房及設備利益		20,000
(d)	工程收入	180,000	
	工程成本		150,000
	辦公設備		30,000
(e)	累計折舊－辦公設備	1,500	
	折舊費用		1,500
(f)	工程收入	114,000	
	未完工程及待驗設備－機器設備	90,000	
	工程成本		90,000
	合約資產		16,000
	預付設備款		98,000

(十七) **(複選題：近年會計師考題改編)**

(1) (103 會計師考題) (B、C、E)

甲公司於20x4年取得子公司(乙公司)90%股權，並採權益法處理其對乙公司之股權投資。於收購日，乙公司帳列資產及負債之帳面金額皆等於公允價值，無未入帳可辨認資產或負債，亦未產生合併商譽。20x5年，甲公司與乙公司間發生土地買賣交易，以$145,000出售帳面金額$120,000之土地，該筆土地至20x6年底尚未售予合併個體以外單位。20x5年及20x6年甲公司及乙公司相關資料如下：(個別淨利係指未計入投資收益或股利收入前之淨利)

	20x5年	20x6年
甲公司個別淨利	$500,000	$600,000
乙公司個別淨利	235,000	320,000
乙公司12月31日之權益	2,350,000	2,500,000

下列敘述何者正確？

(A) 若該筆土地係由甲公司售予乙公司，則20x5年之非控制權益淨利為$21,000
(B) 若該筆土地係由甲公司售予乙公司，則20x6年12月31日甲公司帳列「採用權益法之投資－乙」為$2,225,000
(C) 若該筆土地係由乙公司售予甲公司，則20x6年合併綜合損益表上之控制權益淨利為$888,000
(D) 若該筆土地係由乙公司售予甲公司，則20x6年12月31日合併財務狀況表上非控制權益為$250,000
(E) 無論該筆土地交易之賣方為甲公司或乙公司，20x6年甲公司帳列之投資收益均為$288,000

說明：內部交易之未實現利益＝$145,000－$120,000＝$25,000

(A) 順流，20x5年之非控制權益淨利＝$235,000×10%＝$23,500
(B) 順流，20x6/12/31甲公司帳列「採用權益法之投資－乙」餘額
　　　＝($2,500,000×90%)－未實現利益$25,000＝$2,225,000
(C) 逆流，20x6年之控制權益淨利
　　　＝$600,000＋($320,000×90%)＝$888,000
(D) 逆流，20x6/12/31合併財務狀況表上非控制權益
　　　＝($2,500,000－未實現利益$25,000)×10%＝$247,500
(E) 順/逆流，20x6年甲公司之投資收益＝$320,000×90%＝$288,000

(十八) **(單選題：近年會計師考題改編)**

(1) **(111 會計師考題)**

(D) 甲公司於數年前收購子公司(乙公司)80%股權。當初收購時，乙公司帳列資產及負債之帳面金額均等於公允價值，且無未入帳知可辨認資產或負債，亦無合併商譽。20x5 年 1 月 1 日，乙公司將其生產製造之機器出租給甲公司，其製造成本為$100,000，雙方約定租期 3 年，每年初給付租金$49,410，租期屆滿時乙公司將機器之所有權移轉給甲公司，20x5 年初機器的公允價值為$140,000。該機器之估計耐用年限為 4 年，無殘值，以直線法提列折舊，乙公司隱含利率為 6%。若乙公司 20x5 年淨利為$400,000，則甲公司採權益法應認列子公司之損益份額若干？
(A) $280,000　　(B) $285,652　　(C) $290,000　　(D) $296,000

說明：未實現利益＝$140,000－$100,000＝$40,000
　　　每年實現利益＝$40,000÷4 年＝$10,000
　　　甲公司應認列 20x5 投資收益＝($400,000－$40,000＋$10,000)×80%
　　　　　　　　　　　　　　　　＝$296,000

(2) **(111 會計師考題)** **(資產價值減損)**

(A) 甲公司持有子公司(乙公司)90%股權。20x6 年期末，兩家公司發生買賣機器設備交易，交易金額即為該機器設備當時之可回收金額，且小於其出售前之帳面金額。兩家公司皆將該機器設備列為「不動產、廠房及設備」。下列敘述何者正確？
　　(A) 編製 20x6 年度合併財務報表時，並無與上述交易相關之沖銷分錄
　　(B) 應利用 20x6 年度合併工作底稿之「調整／沖銷」欄減少「不動產、廠房及設備」之金額
　　(C) 應利用 20x6 年度合併工作底稿之「調整／沖銷」欄增加「折舊費用」及「累計折舊」之金額
　　(D) 20x6 年度合併財務報表上應表達處分不動產、廠房及設備損失

說明：請詳「十三、合併個體內部買賣不動產、廠房及設備交易－發生損失」，
　　　P.60～62。

(3) (110 會計師考題)

(A) 甲公司持有子公司(乙公司)90%股權。甲公司於 20x1 年初將帳面金額$75,000 之設備以$100,000 出售予乙公司。乙公司估計該設備尚可使用 5 年，無殘值。甲乙二家公司均採直線法提列折舊，且對設備之後續衡量均採成本模式。20x1 年底，甲公司與乙公司帳列設備和累計折舊資料如下：

	甲公司	乙公司
設　備	$521,200	$277,400
減：累計折舊	(295,200)	(250,500)
設備淨額	$226,000	$ 26,900

試問20x1年底合併資產負債表上，設備及累計折舊之金額分別為何？
(A) $773,600 及$540,700　　(B) $773,600 及$545,700
(C) $798,600 及$540,700　　(D) $798,600 及$545,700

說明：未實現利益＝$100,000－$75,000＝$25,000，$25,000÷5 年＝$5,000
　　　設備＝($521,200＋$277,400)－$25,000＝$773,600
　　　累計折舊＝($295,200＋$250,500)－$5,000＝$540,700

(4) (108 會計師考題)

(D) 乙公司為甲公司100%持有之子公司。20x1年 1月 1日，甲公司以$20,000將一輛帳面金額為$15,000之卡車售予乙公司，該卡車尚可使用5年，無殘值。甲、乙兩家公司皆採直線法提列折舊。除該卡車外，甲公司與乙公司皆無其他折舊性資產。試問甲公司20x1年合併財務報表上折舊費用及卡車之帳面金額各為多少？
(A) 折舊費用$4,000、卡車之帳面金額$16,000
(B) 折舊費用$5,000、卡車之帳面金額$15,000
(C) 折舊費用$3,000、卡車之帳面金額$17,000
(D) 折舊費用$3,000、卡車之帳面金額$12,000

說明：折舊費用＝期初帳面金額$15,000÷5 年＝$3,000
　　　期末帳面金額＝期初帳面金額$15,000－$3,000＝$12,000

(5) (107會計師考題)

(C) 20x1年 1月 1日，甲公司以現金$2,500,000取得乙公司90%股權，並對乙公司存在控制。當日乙公司除運輸設備帳面金額低估$80,000外，其餘帳列資產及負債之帳面金額皆等於公允價值，亦無其他未入帳之資產或負債，且乙公司可辨認淨資產之公允價值為$2,900,000。該運輸設備預估可再使用4年，無殘值，以直線法提列折舊。非控制權益係以收購日公允價值$300,000衡量。乙公司於20x2年 1月 1日以$120,000出售機器設備予甲公司，當日該機器設備之成本與累計折舊分別為$200,000與$120,000，該機器設備預估可再使用5年，無殘值，以直線法提列折舊。試問有關前述交易對甲公司與乙公司合併財務報表之影響，下列敘述何者錯誤？

(A) 編製20x1年合併財務報表時應調整增加之折舊費用合計為$20,000
(B) 編製20x2年合併財務報表時應調整增加之折舊費用合計為$12,000
(C) 編製20x3年合併財務報表時應調整增加「不動產、廠房及設備」淨額為$92,000
(D) 20x3年底合併財務報表該機器設備淨額為$48,000

說明：廉價購買利益＝($2,500,000＋$300,000)－$2,900,000＝－$100,000
運輸設備帳面金額低估$80,000÷4年＝每年折舊金額$20,000
20x2年，逆流出售機器未實現利益
　　　　＝$120,000－($200,000－$120,000)＝$40,000
每年實現利益＝$40,000÷5年＝$8,000

(A) 20x1年合併財務報表，應調增$20,000折舊費用(運輸設備)
(B) 20x2年合併財務報表，應調增$12,000折舊費用，
運輸設備(＋$20,000)＋機器設備(－$8,000)＝＋$12,000
(C) 20x3年合併財務報表，應調降不動產、廠房及設備淨額$4,000，
運輸設備：＋$80,000－($20,000×3年)＝＋$20,000
機器設備：－$40,000－($8,000×2年)＝－$24,000
運輸設備(＋$20,000)＋機器設備(－$24,000)＝－$4,000
(D) 20x3年底合併財務報表，機器設備淨額為$48,000，
機器設備：$200,000－$120,000＝$80,000
　　　　　$80,000－($80,000÷5年)×2年＝$48,000

(6) (107 會計師考題)

(B) 甲公司於20x1年1月1日取得乙公司70%股權並對乙公司存在控制。當日乙公司帳列資產及負債之帳面金額皆等於公允價值，且無其他未入帳之資產或負債。20x2年1月1日，乙公司以$80,000將一棟建築物售予甲公司，當日該建築物之帳面金額為$60,000，估計可再使用5年，無殘值。甲公司與乙公司皆採直線法提列折舊。20x2年乙公司淨利為$200,000。試問甲公司及其子公司20x2年合併綜合損益表中之非控制權益淨利為何？

(A) $54,000　　(B) $55,200　　(C) $60,000　　(D) $128,800

說明：逆流出售建築物未實現利益＝$80,000－$60,000＝$20,000
　　　每年實現利益＝$20,000÷5年＝$4,000
　　　($200,000－$20,000＋$4,000)×30%＝$55,200

(7) (106 會計師考題)

(D) 甲公司於20x2年1月1日取得乙公司80%股權，並對乙公司存在控制。甲公司於20x3年1月1日以$45,000出售機器設備予乙公司，當日該機器設備之成本與累計折舊分別為$80,000與$40,000；該機器設備原估計之耐用年限為8年，無殘值，以直線法提列折舊；同日該機器設備之可回收金額為$35,000。乙公司於20x3年1月1日自甲公司購入機器設備時，評估其耐用年限為5年，無殘值，以直線法提列折舊。試問20x3年甲公司與乙公司之合併財務報表應認列該機器設備之折舊費用為何？

(A) $10,000　　(B) $9,000　　(C) $8,000　　(D) $7,000

說明：機器設備於出售前之帳面金額＝$80,000－$40,000＝$40,000
　　　機器設備於出售前，甲應認列機器設備減損損失$5,000，可回收金額$35,000－帳面金額$40,000＝－$5,000。因此，$35,000÷5年＝$7,000＝合併財務報表應認列該機器設備之折舊費用，即"好像內部交易不曾發生"所計得之折舊費用。

(8) (105 會計師考題)

(D) 甲公司於 20x4 年底以$150,000 出售機器予其持股 80%子公司(乙公司)。該機器成本$200,000，出售時帳面金額$120,000，已知該機器尚有 5 年耐用年限，採直線法提列折舊。試問此一母、子公司間交易對 20x4 年的合併淨資產及合併淨利之影響為何？

(A) 合併淨資產增加$30,000，合併淨利增加$30,000
(B) 合併淨資產增加$30,000，合併淨利減少$30,000
(C) 合併淨資產減少$30,000，合併淨利減少$30,000
(D) 均無影響

說明：出售機器內部交易之未實現利益＝$150,000－$120,000＝$30,000，甲公司於 20x4 年認列投資收益時減除$30,000。該未實現利益$30,000 將於 20x5 年至 20x9 年之五年中，每年實現$6,000 利益，甲公司於 20x5 年至 20x9 年，每年認列投資收益時加回$6,000。惟內部交易對 20x4 年至 20x9 年之合併淨資產及合併淨利皆無影響，因合併財務報表上應表達之資訊是"好像內部交易沒有發生過"的情況下之合併金額，亦即合併財務報表上應表達之資訊是"如果甲公司未將機器出售予乙公司，則該機器繼續留在甲公司帳上的情況下應有之金額"。

(9) (104 會計師考題)

(B) 甲公司持有子公司(乙公司)80%股權數年。20x8 年 1 月 1 日甲公司將 20x6 年 1 月 1 日購入之機器賣給乙公司。甲公司於 20x6 年 1 月 1 日估計該機器之使用年限為 6 年，按直線法提列折舊。此交易在甲公司帳上所作之分錄為：

現　金	64,000	
累計折舊－機器設備	28,000	
機器設備		88,000
處分不動產、廠房及設備利益		4,000

若乙公司不改變該機器設備之估計耐用年限、殘值及折舊方法，則 20x8 年合併財務報表上該機器設備之期末帳面金額及折舊費用分別為何？

(A) $46,000 及 $12,000　　(B) $46,000 及 $14,000
(C) $60,000 及 $12,000　　(D) $60,000 及 $14,000

說明：甲公司已計提2年(20x6及20x7年)折舊費用，共$28,000

故 $28,000＝($88,000－估計殘值)÷6年×2年，估計殘值＝$4,000

20x8年，乙公司提列之折舊費用

$$=(\$64,000-\$4,000) \div (6年-2年) = \$15,000$$

20x8年甲公司及乙公司合併工作底稿上部分沖銷分錄：

(a)	處分不動產、廠房及設備利益	4,000		
	機器設備		4,000	
(b)	累計折舊－機器設備	1,000		$4,000÷(6－2) 年
	折舊費用		1,000	＝$1,000

20x8/12/31，合併財務狀況表：

機器設備之帳面金額＝($64,000－$4,000)－($15,000－$1,000)
＝$60,000－$14,000＝$46,000

20x8年，合併綜合損益表：折舊費用＝$15,000－$1,000＝$14,000

或 已知合併財務報表應表達之數，即"好像內部交易不曾發生"所計得之金額，因此20x8年合併綜合損益表之折舊費用＝[($88,000－$28,000)－殘值$4,000]÷(6年－2年)＝$14,000，20x8/12/31合併財務狀況表機器設備之帳面金額＝($88,000－$28,000)－$14,000＝$46,000。

(10) (104會計師考題)

(C) 甲公司持有子公司(乙公司)70%股權數年。乙公司於20x8年1月1日將一部帳面金額$320,000之機器以可回收金額$280,000售予甲公司，甲公司估計該機器尚可再用4年，無殘值，採直線法提列折舊。試問20x8年度合併綜合損益表上屬於該機器之折舊費用為何？

(A) $56,000　　(B) $65,000　　(C) $70,000　　(D) $80,000

說明：機器帳面金額$320,000＜機器可回收金額$280,000，發生減損損失，故乙公司應：

(1) 先認列資產減損損失$40,000，$280,000－$320,000＝－$40,000，
(2) 再作處分機器分錄，詳次頁。

另詳本章「十三、合併個體內部買賣不動產、廠房及設備交易－發生損失」之說明。

(續次頁)

(1)	不動產、廠房及設備減損損失	40,000	
	累計減損－機器設備		40,000
(2)	現　金	280,000	
	累計折舊－機器設備	Y	
	累計減損－機器設備	40,000	
	機器設備		320,000＋Y

20x8年合併綜合損益表上屬該機器之折舊費用
＝甲公司20x8年所提列之折舊費用＝($280,000－$0)÷4年＝$70,000

(11) (102會計師考題)

(A) 甲公司於20x2年間以$21,000將帳面金額$18,000的土地售予其持股80%之子公司(乙公司)。20x6年間乙公司以$22,000將該筆土地售予合併個體以外單位。試問此筆母、子公司間交易將使甲公司：

	20x2年之投資收益	20x6年之投資收益
(A)	減少 $3,000	增加 $3,000
(B)	增加 $3,000	減少$3,000
(C)	增加 $3,000	減少$2,000
(D)	減少 $2,400	增加$1,600

說明：$21,000－$18,000＝$3,000，$3,000是母、子公司間內部交易發生年度(20x2年)之未實現利益，亦是子公司將土地外售年度(20x6年)之已實現利益，故甲公司於20x2年認列投資收益時應減除未實現利益$3,000，並於20x6年認列投資收益時應加回已實現利益$3,000。

(12) (101會計師考題)

(A) 甲公司於20x4年底以$150,000出售機器予其持股80%的子公司(乙公司)。甲公司帳列該機器成本$200,000，出售時帳面金額$120,000，乙公司預估該機器可再使用5年，無殘值，採直線法提列折舊。甲公司對按權益法處理其對乙公司的股權投資。試問此一母、子公司間交易對甲公司20x4年的投資收益及帳列淨利之影響為何？

(A) 投資收益減少$30,000，不影響甲公司帳列淨利
(B) 投資收益與甲公司帳列淨利同時減少$30,000
(C) 投資收益減少$24,000，甲公司帳列淨利增加$6,000
(D) 投資收益減少$24,000，甲公司帳列淨利增加$24,000

說明：此一母、子公司間交易發生在20x4年底，未實現利益為$30,000＝售價$150,000－機器帳面金額$120,000，應於未來5年(20x5至20x9)內，每年實現五分之一，$30,000÷5年＝$6,000。故甲公司於認列20x4年之投資收益時應減除此項未實現利益$30,000，因此不影響甲公司帳列淨利，並於合併工作底稿上將已入帳之「處分不動產、廠房及設備利益」$30,000沖銷，以使20x4年之總合併淨利金額正確，宛如未發生此筆母、子公司間交易。

(13) (100會計師考題)

(D) 甲公司於20x4年1月1日按帳列淨值取得乙公司90%股權並對乙公司存在控制。20x5年1月1日，乙公司以$100,000將帳面金額$50,000的辦公設備售予甲公司，甲公司估計該辦公設備可再使用5年，無殘值，採直線法計提折舊。若乙公司20x5年淨利為$120,000，則甲公司20x5年按權益法應認列之投資損益為何？

(A) $58,000　　(B) $63,000　　(C) $68,000　　(D) $72,000

說明：未實現利益＝$100,000－$50,000＝$50,000
　　　將於20x5至20x9年間，每年實現$10,000，$50,000÷5年＝$10,000
　　　甲公司20x5年度之投資收益
　　　　　＝($120,000－$50,000＋$10,000)×90%＝$72,000

(14) (99會計師考題)

(A) 甲公司持有子公司(乙公司)100%普通股數年。20x5年1月1日，甲公司以現金$60,000將帳面金額$30,000之機器設備售予乙公司，乙公司採直線法按5年無殘值為該項機器設備提列折舊。試問上述交易對20x5及20x6年甲公司按權益法應認列之投資損益的淨影響數分別是增加(或減少)多少？

	20x5	20x6
(A)	($24,000)	$6,000
(B)	($24,000)	$0
(C)	($30,000)	$6,000
(D)	($30,000)	$0

說明：順流：未實現利益＝$60,000－$30,000＝$30,000
　　　　每年實現利益數＝$30,000÷5 年＝$6,000
　20x5：－$30,000＋$6,000＝－$24,000
　20x6：＋$6,000

(15) (98 會計師考題)

(C) 甲公司持有子公司(乙公司)70%股權數年，採權益法處理該項股權投資。乙公司於 20x4 年 1 月 1 日以現金$500,000 購入一部機器，估計耐用年限為 5 年，殘值$50,000，採年數合計法計提折舊。乙公司於 20x6 年 12 月 31 日以$200,000 將該機器售予甲公司。乙公司 20x6 年淨利為$300,000，則編製 20x6 年合併報表時，應沖銷之未實現損益金額為何？
(A) $42,000　　(B) $51,000　　(C) $60,000　　(D) $70,000

說明：20x4 至 20x6 年提列之折舊費用
　　　　＝($500,000－$50,000)×(5/15＋4/15＋3/15)＝$360,000
　20x6/12/31，機器之帳面金額＝$500,000－$360,000＝$140,000
　應沖銷之未實現利益＝$200,000－$140,000＝$60,000

(16) (97 會計師考題)

(A) 甲公司持有子公司(乙公司)90%股權數年。當初收購時，乙公司帳列資產及負債的帳面金額皆等於公允價值，且無未入帳資產或負債。20x6 年 1 月 1 日，甲公司與乙公司簽訂一項為期 5 年之租賃設備合約，該設備耐用年限為 5 年，無殘值。若該租賃合約係屬融資租賃，且對甲公司而言是銷售型租賃。租約開始時，該設備於甲公司帳冊上之帳面金額為$1,150,000。乙公司須自 20x6 年 1 月 1 日起，每年支付甲公司$300,000，甲公司隱含利率為9%，乙公司的增額借款利率亦為 9%，乙公司對此設備係採直線法提列折

舊。若乙公司20x6年之淨利為$180,000，則20x6年甲公司投資收益金額為多少？(普通年金現值：$P_{4,9\%}$=3.2397，$P_{5,9\%}$=3.8897)

(A) $64,472　　(B) $65,978　　(C) $127,562　　(D) $154,562

說明：(建議：先閱讀課文釋例十六)

租賃合約之公允價值＝$300,000×(1＋3.2397)＝$1,271,910

未實現利益＝$1,271,910－$1,150,000＝$121,910，分5年實現

每年已實現利益＝$121,910÷5年＝$24,382

20x6年甲公司投資收益＝$180,000×90%－$121,910＋$24,382
　　　　　　　　　＝$64,472

(17)　(91會計師考題)

(A) 甲公司持有子公司(乙公司)80%股權數年，兩家公司皆以直線法計提折舊。甲公司及其子公司20x6年12月31日合併工作底稿中有一沖銷分錄如下：

採用權益法之投資	25,200	
非控制權益	6,300	
累計折舊－機器設備	31,500	
機器設備		54,000
折舊費用		9,000

請問此內部交易發生於何時？

(A) 20x3年 7月 1日　　(B) 20x6年 1月 1日
(C) 20x4年 7月 1日　　(D) 20x4年 1月 1日

說明：$31,500÷$9,000＝3.5年，內部交易發生於20x3年 7月 1日。

(18)　(90會計師考題)

(D) 甲公司持有子公司(乙公司)80%股權數年。20x6 年間，兩家公司發生土地買賣交易，賣方因而產生「處分不動產、廠房及設備損失」。20x7年底，買方仍持有該土地。此筆內部交易對20x7年度非控制權益淨利之影響為何？
(A) 若該內部交易是順流交易，則無影響；逆流交易則增加
(B) 若該內部交易是順流交易，則無影響；逆流交易則減少
(C) 不論順流或逆流交易，皆增加
(D) 不論順流或逆流交易，皆無影響

說明：內部交易發生在20x6年，而題目是問對20x7年度非控制權益淨利之影響，且土地無須提列折舊，故無影響。

補充：若題目改為：「此筆內部交易對20x6年度非控制權益淨利之影響為何？」，則答案為(A)，說明如下：
(1) 若該內部交易是順流交易，則
　　20x6年度非控制權益淨利＝乙帳列淨利×20%，故無影響。
(2) 若該內部交易是逆流交易，則
　　20x6年度非控制權益淨利＝(乙帳列淨利＋未實現損失)×20%，故增加。

(19) (90會計師考題)

(B) 甲公司於20x3年1月1日以$600,000取得乙公司60%股權，並對乙公司存在控制。當日乙公司權益為$900,000，其帳列資產及負債之帳面金額皆等於公允價值，惟有一項未入帳專利權(估計尚有5年使用年限)外，無其他未入帳之資產或負債。非控制權益係以收購日公允價值衡量。20x4年6月1日，甲公司將一筆土地以低於帳面金額$40,000的價格賣給乙公司，而該售價亦是土地的可回收金額，至20x5年底，乙公司仍使用該筆土地於營業中。20x5年初，乙公司將一項設備以高於帳面金額$20,000的價格賣給甲公司，當時估計該設備可再使用4年，無殘值，兩家公司皆採直線法計提折舊。乙公司20x5年12月31日帳列權益為$1,200,000，且20x3至20x5年間未曾增資。試問在權益法下甲公司20x5年12月31日帳列「採用權益法之投資」餘額為何？

(A) $775,000　　(B) $735,000　　(C) $695,000　　(D) $689,000

說明：20x3/1/1：非控制權益係以收購日公允價值衡量，惟題意中未提及該公允價值，故設算之。
　　　乙公司總公允價值＝$600,000÷60%＝$1,000,000
　　　乙公司未入帳專利權＝$1,000,000－$900,000＝$100,000
　　　未入帳專利權，每年攤銷數＝$100,000÷5年＝$20,000

　　20x4年，順流/土地，甲公司處分土地前須先認列土地減損損失$40,000，再以等於新帳面金額(可回收金額)之售價出售土地，故無處分損益。

20x5 初,逆流/設備,未實現利益＝$20,000

20x5～20x8 年的四年間,每年實現利益數＝$20,000÷4 年＝$5,000

20x3～20x5 年的三年間:

 乙公司權益淨增加$300,000＝$1,200,000－$900,000

 按權益法,甲公司帳列「採用權益法之投資」應隨之淨增加
  $135,000,($300,000－專利權攤銷$20,000×3 年－逆流設備
  $20,000＋$5,000)×60%＝$135,000

20x5/12/31:

 甲公司「採用權益法之投資」＝$600,000＋$135,000＝$735,000

第七章　合併個體內部交易
　　　　－債券發行與投資

　　延續第五章及第六章合併個體內部交易的議題，本章將探討有關集團內個體間發行債券、買回債券投資、認列相關利息費用與利息收入、債券折(溢)價攤銷的內部交易。

一、企業資金的來源

　　發行債券是企業獲取資金(籌資)的方式之一，為瞭解本章所討論之內部交易性質，須先說明企業獲取資金的方式。從財務狀況表的內容，即可看出端倪，「負債」及「權益」是企業取得資金的方式(資金來源)，而「資產」則是企業使用資金的展現(資金用途)。若以合併個體而言，其獲取資金的方式如下：

(一) 權益：包括母(子)公司成立之初原始股東出資、後續增資及公司歷年來的經營結果(盈虧累積數，即保留盈餘或累積虧損)。

(二) 負債：

(A)	債權人為合併個體以外的單位：		
	(1)	債權人為特定單位或對象：	
		例如：母公司及(或)子公司向金融機構(如銀行)借款、向其他特定個人借款或向地下錢莊借款等。	
		以合併個體而言，是合併財務狀況表上之「負債」。	
		例如：母公司帳列負債，「銀行借款－A 銀行」$2,000,000，子公司帳列負債，「銀行借款－B 銀行」$1,600,000，合併財務報表之負債，「銀行借款」$3,600,000。	
	(2)	債權人為不特定單位或對象：	
		例如：經主管機關核准，向社會大眾發行公司債、票券等，募集資金。	
		(a)	於債券初級市場內，母公司或子公司所發行之債券全部由合併個體以外的單位購買及投資。
			以合併個體而言，是合併財務狀況表上之「負債」。
			例如：母公司帳列「應付公司債」$3,000,000，該公司債之持有人(債權人)為合併個體以外單位，故合併財務報表之負債，「應付公司債」$3,000,000。

(二) 負債：(續)

(A) (續)	(2) (續)	(b)	於債券次級市場內，母公司或子公司所發行之債券在次級市場流通一段時間後可能形成：	
			(i)	一部分債券由合併個體以外的單位持有。 以合併個體而言，是合併財務狀況表上之「負債」。
			(ii)	另一部分債券由合併個體內其他成員(集團內發行債券公司以外的其他個體)持有。若以合併個體觀點來看，該部分被集團內其他成員持有之債券，已經「視同清償(constructive retirement)」或「推定贖回」。
				因已「視同清償」，故發行債券公司帳列「應付公司債」不是合併財務狀況表之負債，投資債券之集團成員帳列「債券投資」亦非合併財務狀況表之資產，故須利用合併程序將之消除，也是本章要探討的主題。
			例如： 母公司帳列「應付公司債」$4,000,000，五年到期，該公司債發行時，持有人(債權人)原全為合併個體以外單位，經過兩年，子公司於公開市場買回該公司債半數，帳列「按攤銷後成本衡量之金融資產」$2,000,000。因此，該公司債發行後第一、二年合併財務報表之負債，「應付公司債」為$4,000,000，而第三～五年合併財務報表之負債，「應付公司債」為$2,000,000。	
(B)	債權人為合併個體內除債務人以外的其他成員：			
	(1)	母公司或子公司向合併個體內的其他成員借款，屬於「直接借貸(direct loans)」，即母、子公司間或子公司彼此間之借貸。		
		以合併個體而言，不是合併財務狀況表上之「負債」。		
		例如：子公司向母公司借款$700,000，母公司帳列「應收借出款－子公司」$700,000，子公司帳列「應付借入款－母公司」$700,000，係合併個體內部借貸交易，對外並無此債權及債務，故合併財務報表無此資產及負債。		
	(2)	若母公司或子公司於初級市場內新發行債券時，有一部份債券係由合併個體內其他成員(集團內發行債券公司以外的其他個體)承購，即上述(A)(2)(a)中，所發行債券並非全部由合併個體以外的單位購買及投資，其中由合併個體內其他成員所承購的新發行債券，如同(B)(1)母公司或子公司向合併個體內其他成員借款，亦屬「直接借貸(direct loans)」，請詳本章習題一。		

(B)(續)	(2)(續)	以合併個體而言,<u>不是</u>合併財務狀況表上之「負債」。
		例如:母公司帳列「應付公司債」$4,000,000,五年到期,該公司債發行時,$3,500,000由合併個體以外單位認購,另$500,000由子公司認購,帳列「按攤銷後成本衡量之金融資產」,則該公司債發行後第一~五年合併財務報表之負債,「應付公司債」皆為$3,500,000。
		集團成員間直接借貸,係屬合併個體內部交易。債務人帳列之「應付款項、應付公司債、應付利息」<u>不是</u>合併財務狀況表之「負債」,債權人帳列之「應收款項、債券投資、應收利息」<u>不是</u>合併財務狀況表之資產,雙方帳列之利息費用、利息收入<u>亦非</u>合併綜合損益表之利息費用、利息收入,故須利用合併程序將之消除,惟此部分相關的合併工作底稿沖銷分錄已於第三、四章中說明,不再贅述。

二、公司債發行的基本觀念

先複習有關公司債發行的基本觀念,再導入本章要探討之主題:

(1) 企業發行公司債是為了向社會大眾募集資金,基於公平交易原理,企業於公司債發行日所能借到的現金理應<u>等於</u>將來須歸還債權人現金的折現值,故理論上,公司債的<u>發行價格</u>(即公司債在實際發行日之現值)<u>應等於</u>"按公司債合約約定,須於未來支付予債權人之各期現金利息(按票面金額及票面利率計算)及到期之票面金額,以<u>公司債實際發行日</u>之<u>有效利率</u>折算之現值"。

由於公司債實際發行日之有效利率可能等於、大於或小於公司債票面利率,使公司債的發行價格可能等於、小於或大於公司債票面金額,因此公司債可能是「平價發行」、「折價發行」或「溢價發行」。

(2) 公司債是「平價發行」、「折價發行」或「溢價發行」時,表示債務人每期的利息負擔(即債務人應認列之利息費用)是等於、大於或小於其每期支付予債權人的現金利息,因此每期的「利息費用」與「所支付之現金利息」之差額,即為發行公司債總折價金額或總溢價金額於各該期之攤銷數。

依利息的計算邏輯,每期應認列之利息費用=該期期初公司債之帳面金額(本金)×實際發行日之有效利率×該期之適當期間;而按公司債合約約定,每期

所支付之現金利息＝公司債票面金額×票面利率×該期之適當期間；這種計算方式符合會計上有關利息費用的計算邏輯，亦是國際財務報導準則所明訂的計算方法，稱為「<u>有效利息法</u>」。

(3) 針對上述(2)利息費用(或利息收入)的計算方式，實務上有另一種較簡單的算法，即先將發行公司債總折價金額或總溢價金額平均地分攤在該公司債流通在外期間，再將每期所支付之現金利息加上(減除)每期折(溢)價攤銷數，而得出各期應認列之利息費用，會計上稱為「<u>直線法</u>」。此法並不符合利息費用的計算邏輯，故不為一般公認會計原則所接受，國際財務報導準則亦未提及。

<u>惟過去我國實務上在適用財務會計準則時，基於重大性原則，當「直線法」的處理結果與「有效利息法」的處理結果差異不大時，是允許採用「直線法」。</u>因此，本章釋例及習題，若未特別指定，均按國際財務報導準則規定，採用「有效利息法」來攤銷應付公司債及債券投資之折(溢)價金額。為讓讀者有完整觀念，本章附錄另以「直線法」說明「釋例一」，供讀者比較參考。

(4) 當母公司或子公司所發行之公司債，由合併個體內的其他成員(集團內發行債券公司以外的其他個體)，於債券流通市場中購買及投資時 [前述一、(二)(A) (2) (b) (ii)]，該項<u>公司債投資之金額</u>(即投資日該公司債之現值)<u>應等於</u>"按公司債合約約定，將於未來收到之各期現金利息(按票面金額及票面利率計算)及到期之票面金額，以<u>投資公司債當日</u>之<u>有效利率</u>折算之現值"。

由於有效利率經常變動，投資公司債當日之有效利率<u>不必然等於</u>公司債實際發行日之有效利率，因此投資公司債當日之投資金額<u>不必然等於</u>該項公司債同日在發行公司帳上之帳面金額，兩者之<u>差額</u>，若以<u>合併個體立場</u>來看，應是「<u>視同清償債券損益</u>(※)」或「<u>推定贖回債券損益</u>」，因為合併個體對外之應付公司債<u>已不包括</u>被合併個體成員持有並當作債券投資的部分。

※ 視同清償債券利益，Gain on Constructive Retirement of Bonds
視同清償債券損失，Loss on Constructive Retirement of Bonds

三、本章之計算邏輯及分類

以合併個體立場而言，被集團成員(除債券發行公司以外)持有並當作債券投資的公司債(係由母公司或子公司於更早之前所發行)已經「視同清償」，形式上雖尚未清償(發行公司帳上仍列為負債，投資債券之其他集團成員帳上仍列為資產)，但實質上已形同清償，故上段(4)中所述之「視同清償債券損益」是一項<u>已實現損益</u>，<u>須於集團成員取得債券投資的年度在合併財務報表中認列及表達，而不是在該公司債到期前之各年度分年認列</u>(其理由將於後敘之釋例說明)，故本章之計算邏輯與第五章及第六章不同，列表說明如下：

假設內部交易發生在 20x5 年期初。
(「未」：指未實現損益，「已」：指已實現損益。)

			20x5	20x6	20x7	20x8
第五章	順流：母公司財務報表上		$100 未	—	—	—
	逆流：子公司財務報表上		$100 未	—	—	—
	合併財務報表上		—	$100 已	—	—
第六章	順流：母公司財務報表上		$100 未	—	—	—
	逆流：子公司財務報表上		$100 未	—	—	—
	合併財務報表上	土地 (假設 20x8 外售)	—	—	—	$100 已
		折舊性資產(假設直線法)	$25 已	$25 已	$25 已	$25 已
第七章	類似順流：母公司財務報表上		$25 已	$25 已	$25 已	$25 已
	類似逆流：子公司財務報表上		$25 已	$25 已	$25 已	$25 已
	合併財務報表上		$100 已			

「視同清償債券損益」既是一項已實現損益，應由誰來認列呢？是發行公司債之合併個體成員？或是買回公司債當作債券投資之合併個體其他成員呢？有兩種說法：

(一) 面值理論 (Par Value Thoery)：

以公司債面值(票面金額)當作畫分「視同清償債券損益」的判斷點，這是一種簡單區分損益的方法，並無學理上論點支持，故實務上少採用。例如：20x3 年初，母公司以$1,045,798 溢價發行面額$1,000,000 公司債，票面利率 4%，每年底付息，到期日為 20x8 年 1 月 1 日，有效利率 3%。20x5 年 1 月 1 日，子公司在公開市場上以$389,108 折價買進母公司所發行面額$400,000 之公司債當作債券投資，有效利率 5%。

20x3 年，應付公司債之溢價攤銷數＝$1,000,000×4%－$1,045,798×3%＝$8,626

20x3/12/31，母公司帳列應付公司債之帳面金額
$$=\$1,045,798-\$8,626=\$1,037,172$$

20x4 年，應付公司債之溢價攤銷數＝$1,000,000×4%－$1,037,172×3%＝$8,885

20x4/12/31，母公司帳列應付公司債之帳面金額
$$=\$1,037,172-\$8,885=\$1,028,287$$

20x4/12/31，屬於面額$400,000 部分的帳面金額
$$=\$1,028,287\times(\$400,000/\$1,000,000)=\$411,315$$

20x5/1/1，子公司之債券投資金額為$389,108，故應於 20x5 年之合併財務報表上表達「視同清償債券利益」＝$411,315－$389,108＝$22,207

其中利益$11,315 由母公司(債券發行者)認列，$411,315－$400,000＝$11,315；其餘利益$10,892 由子公司(債券投資者)認列，$400,000－$389,108＝$10,892。

(二) 代理理論 (Agency Theory)：

仍以(一)面值理論之釋例為說明標的。既然母公司對子公司存在控制，可見子公司是在母公司指示下，於公開市場買回母公司發行之公司債當作債券投資，亦即「代理理論」認為子公司是代理母公司(債券發行公司)於公開市場買回母公司發行之公司債當作債券投資，雖該項公司債(面額$400,000)形式上並未實際清償，但當有效利率變動時(本例有效利率由 3%上升為 5%)，被實際買回當作債券投資的$400,000 面額公司債，實質上其價值已異動(本例公司債價值已下降)，因此產生已實現之「視同清償債券利益」，應全數由債券發行公司認列(本例是母公司)，子公司(acts as an agent)只是<u>代理母公司執行"買回債券"(即"視同清償")</u>的動作。基於交易實質重於形式的精神，代理理論較為合理，實務上廣為採用，本書亦採用此理論。

因此上述(一)面值理論之釋例，其所產生之「視同清償債券利益」$22,207 將全數由母公司認列，故母公司於期末適用權益法時，其投資收益＝(子公司已實現損益×母對子之約當持股比例)＋已實現之視同清償利益$22,207。這種計算邏輯類似第五章及第六章中所稱「順流交易」的計算邏輯，故：

(1) 當母公司發行之公司債由子公司買回當作債券投資時,「視同清償債券損益」全數由母公司(公司債發行公司)認列,期末適用權益法認列投資損益時,則以「類似順流交易」的觀念計算,即

母公司應認列之投資損益＝(子公司已實現損益 × 母對子之約當持股比例)
　　　　　　　　　　　＋ 已實現之視同清償債券利益$22,207

(2) 當子公司所發行之公司債由母公司或其他子公司買回當作債券投資時,「視同清償債券損益」全數由子公司(公司債發行公司)認列,而母公司期末適用權益法認列投資損益時,則以「類似逆流(或測流)交易」的觀念計算,即

母公司應認列之投資損益＝(子公司未含已實現視同清償債券利益$22,207 前之已實現損益＋已實現之視同清償債券利益$22,207)× 母對子之約當持股比例

透過上述說明,本章擬按表 7-1 之分類,逐類舉例說明。筆者建議,先熟悉表 7-1 中「(A)類」四種基本情況,再據以推論「(B)類」各種變化情況,會較具學習效果與效率。

表 7-1

		期末發生內部交易		期初發生內部交易	
		類似順流	類似逆流	類似順流	類似逆流
(A)	買回債券投資的集團成員持有該債券至到期日	(一)	(三)	(二)	(四)
(B)	買回債券投資的集團成員未持有該債券至到期日,即將之售予合併個體以外的單位。				
	(1) 期初外售	自行推論	自行推論	自行推論	自行推論
	(2) 期末外售	自行推論	自行推論	(五)	自行推論

註：類似側流交易,對於發行公司債之子公司而言,當母公司在適用權益法認列投資損益及編製合併工作底稿之沖銷分錄時,其計算及沖銷邏輯與"類似逆流交易"情況相似,請讀者自行類推,不再贅述。

四、子公司期末買回母公司所發行公司債當作債券投資 [表7-1，(一)]

釋例一：

　　甲公司持有子公司(乙公司)80%股權數年。當初收購時，乙公司帳列資產及負債之帳面金額皆等於公允價值，且無未入帳資產或負債。時至20x3年12月31日，在未考慮下段所述內部交易前，甲公司帳列「採用權益法之投資」為$2,400,000，當日乙公司權益包括普通股股本$2,000,000及保留盈餘$1,000,000。

　　20x3年12月31日，甲公司帳列應付公司債$517,729，該公司債面額$500,000，票面利率6%，20x8年1月1日到期，每年1月1日付息，當初發行時有效利率5%。同日，乙公司於公開市場以$193,226 (另加計應收利息$12,000)買回上述面額$200,000公司債當作債券投資，並分類為「按攤銷後成本衡量之金融資產」(★)，有效利率7%。

★：按IFRS 9，會計科目為「按攤銷後成本衡量之金融資產」。為免冗繁，本書除正式帳簿記錄及財務報表上將使用完整會計科目名稱外，其餘的課文解說及計算過程筆者仍視情況以「長期債券投資」敘述。

甲公司應付公司債溢價攤銷如下： (表7-2)

日 期	每年支付之現金利息 (a)	每年認列之利息費用 (b)	每年之溢價攤銷數 (c)	應付公司債之帳面金額 (d)
20x3/12/31	(應付$30,000)			$517,729
20x4/ 1/ 1	$30,000			
20x4/12/31	(應付$30,000)	$25,886	$4,114	$513,615
20x5/ 1/ 1	$30,000			
20x5/12/31	(應付$30,000)	$25,681	$4,319	$509,296
20x6/ 1/ 1	$30,000			
20x6/12/31	(應付$30,000)	$25,465	$4,535	$504,761
20x7/ 1/ 1	$30,000			
20x7/12/31	(應付$30,000)	(*) $25,239	(*) $4,761	$500,000
20x8/ 1/ 1	$30,000			
		$102,271	$17,729	

(a)：每年支付之現金利息＝$500,000×6%×12/12＝$30,000
(b)：每年認列之利息費用＝每年期初應付公司債之帳面金額×5%×12/12
(c)＝(a)－(b)， (d)＝前期(d)－(c)， （＊）尾差 $1。

甲公司應付公司債之分錄：（表 7-3）

		20x4	20x5	20x6	20x7	20x8
1/1	應付利息	30,000	30,000	30,000	30,000	30,000
	現　金	30,000	30,000	30,000	30,000	30,000
1/1	應付公司債	X	X	X	X	500,000
	現　金					500,000
12/31	利息費用	25,886	25,681	25,465	25,239	
	應付公司債(註)	4,114	4,319	4,535	4,761	X
	應付利息	30,000	30,000	30,000	30,000	

註：國際財務報導準則<u>未提及</u>是否須另設「應付公司債折價」或「應付公司債溢價」等會計科目，作為「應付公司債」的減項或加項。惟為配合「有效利息法」計算利息費用及應付公司債折(溢)價之攤銷，若以單一會計科目「應付公司債」表達該負債之帳面金額，將更符合國際財務報導準則「公允價值」之精神。而我國證交所公告之「一般行業 IFRSs 會計科目及代碼」仍設有「應付公司債溢價」及「應付公司債折價」科目，故上述分錄亦可借記「應付公司債溢價」。

乙公司長期債券投資折價攤銷如下：（表 7-4）

日　期	每年收取之現金利息 (a)	每年認列之利息收入 (b)	每年之折價攤銷數 (c)	債券投資之帳面金額 (d)
20x3/12/31	(應收$12,000)			$193,226
20x4/ 1/ 1	$12,000			
20x4/12/31	(應收$12,000)	$13,526	$1,526	$194,752
20x5/ 1/ 1	$12,000			
20x5/12/31	(應收$12,000)	$13,633	$1,633	$196,385
20x6/ 1/ 1	$12,000			
20x6/12/31	(應收$12,000)	$13,747	$1,747	$198,132
20x7/ 1/ 1	$12,000			
20x7/12/31	(應收$12,000)	（＊）$13,868	（＊）$1,868	$200,000
20x8/ 1/ 1	$12,000			
		$54,774	$6,774	

(a)：每年收取之現金利息＝$200,000×6%×12/12＝$12,000
(b)：每年認列之利息收入＝每年期初債券投資之帳面金額×7%×12/12
(c)＝(b)－(a)， (d)＝前期(d)＋(c)， (＊) 尾差 $1。

乙公司長期債券投資之分錄：(表7-5)

20x3/12/31	按攤銷後成本衡量之金融資產 應收利息 現　金	193,226 12,000			205,226
		20x4	20x5	20x6	20x7	20x8
1/1	現　金　　　　應收利息	12,000 12,000	12,000 12,000	12,000 12,000	12,000 12,000	12,000 12,000
1/1	現　金　　　　按攤銷後成本　　　　衡量之金融資產	X	X	X	X	200,000 200,000
12/31	應收利息　　　　按攤銷後成本　　　　衡量之金融資產　　　　利息收入(#)	12,000 1,526 13,526	12,000 1,633 13,633	12,000 1,747 13,747	12,000 1,868 13,868	X
	#：按我國證交所公告之「一般行業IFRSs會計科目及代碼」所設之會計科目為「按攤銷後成本衡量之金融資產利息收入」。					

　　20x3 年 12 月 31 日，甲公司帳列應付公司債之帳面金額為$517,729。同日，乙公司以$193,226 買回甲公司所發行面額$200,000 公司債當作債券投資，因此買回投資之應付公司債帳面金額為$207,092，$517,729×($200,000/$500,000)＝$207,092。以<u>合併個體觀點</u>而言，該部分被買回投資之應付公司債，已不再流通在外，不再是欠合併個體以外單位之負債，而是欠合併個體內部其他成員之負債，故該部分被買回投資之應付公司債已經「視同清償」，因此其所產生的「視同清償債券利益」$13,866 已經實現，買回價格$193,226－應付公司債帳面金額$207,092＝利益$13,866，須於 20x3 年甲公司及乙公司合併財務報表中認列，而不是在 20x4 年至 20x7 年間(共四年)分年實現，金額分別為：$3,172、$3,361、$3,561、$3,772，計算過程，請詳下段(次頁)。

此項「分年實現的利益」係透過下列前兩項損益的合計效果而達成：

(1) 甲公司面額$200,000 應付公司債之每年利息費用較每年實付之現金利息少，其差額如下：(詳表 7-2)
    20x4：($30,000×2/5)－($25,886×2/5)＝$12,000－$10,354＝$1,646
        亦是當期應付公司債之溢價攤銷數的 2/5，$4,114×(2/5)＝$1,646
    20x5：$4,319×(2/5)＝$1,728
    20x6：$4,535×(2/5)＝$1,814
    20x7：$4,761×(2/5)＝$1,904

(2) 乙公司長期債券投資之每年利息收入較每年實收之現金利息多，其差額即為長期債券投資折價之攤銷數：(詳表 7-4)
    20x4：$1,526 ／ 20x5：$1,633 ／ 20x6：$1,747 ／ 20x7：$1,868

(3) 就合併個體立場而言，每年的利息費用因應付公司債溢價攤銷而較實付利息金額少，而每年的利息收入因長期債券投資折價攤銷而較實收利息金額多，故使整體利益增加，其各年金額如下：

	20x4	20x5	20x6	20x7	合　計
利息費用較利息實付數少	$1,646	$1,728	$1,814	$1,904	$ 7,092
利息收入較利息實收數多	1,526	1,633	1,747	1,868	6,774
視同清償債券利益	$3,172	$3,361	$3,561	$3,772	$13,866
註：就面額$200,000 之公司債而言，利息的實付數＝利息的實收數。

以合併個體觀點而言，20x4 年至 20x7 年(四年)間，甲公司每期支付予乙公司之現金利息是$12,000，本身亦是一筆內部交易，因而所產生的相對科目包括：利息費用、利息收入、應付利息、及應收利息等，於期末編製甲公司及乙公司合併財務報表時皆須相互沖銷。但由上述甲公司及乙公司帳列分錄得知，每年底之應付利息$12,000 及應收利息$12,000 可以相互沖銷，$30,000×2/5＝$12,000；而四年合計之利息費用$40,908 (詳表 7-2，$102,271×2/5＝$40,908) 及利息收入$54,774 (詳表 7-4) 卻無法完全相互沖銷，相差$13,866，原因即是上段所述公司債(折)溢價攤銷所導致，故「分年實現的利益」亦是下列前兩項金額之差額：

(a) 公司債發行公司(甲)之利息費用×買回成數＝$102,271(表 7-2)×2/5＝$40,908
(b) 買回公司債當作投資之公司(乙)的利息收入$54,774 (表 7-4)。

(c) 利息費用$40,908，利息收入$54,774，故使整體利益多$13,866，其各年金額如下：

	20x4	20x5	20x6	20x7	合 計
利息費用（全部）	$25,886	$25,681	$25,465	$25,239	$102,271
利息費用（2/5）	$10,354	$10,272	$10,186	$10,096	$40,908
利息收入	13,526	13,633	13,747	13,868	54,774
視同清償債券利益	$ 3,172	$ 3,361	$ 3,561	$ 3,772	$13,866

假設乙公司 20x4 及 20x5 年之淨利分別為$330,000 及$400,000，且於 20x4 及 20x5 年宣告並發放之現金股利分別為$30,000 及$50,000，則甲公司適用權益法每年應認列之投資收益及非控制權益淨利如下：

甲公司適用正確權益法：（表 7-6）

	甲公司應認列之投資收益	非控制權益淨利
20x3 年	乙公司已實現淨利×80%＋$13,866	乙公司已實現淨利×20%
20x4 年	$330,000×80%－$3,172＝$260,828	$330,000×20%＝$66,000
20x5 年	$400,000×80%－$3,361＝$316,639	$400,000×20%＝$80,000
20x6 年	乙公司已實現淨利×80%－$3,561	乙公司已實現淨利×20%
20x7 年	乙公司已實現淨利×80%－$3,772	乙公司已實現淨利×20%

甲公司適用權益法時，忽略內部交易之影響：（表 7-7）

	甲公司應認列之投資收益	非控制權益淨利
20x3 年	乙公司已實現淨利×80%	（同表 7-6）
20x4 年	$330,000×80%＝$264,000	
20x5 年	$400,000×80%＝$320,000	
20x6 年	乙公司已實現淨利×80%	
20x7 年	乙公司已實現淨利×80%	

相關項目異動如下：

	20x3/12/31	20x4	20x4/12/31	20x5	20x5/12/31
乙－權　益	$3,000,000	+$330,000 －$30,000	$3,300,000	+$400,000 －$50,000	$3,650,000
權益法：					
甲－採用權益法 　　之投資	(#) $2,413,866	+$260,828 －$24,000	$2,650,694	+$316,639 －$40,000	$2,927,333

＃：$2,400,000＋$13,866＝$2,413,866

合併財務報表：					
非控制權益	(&) $600,000	+$66,000 －$6,000	$660,000	+$80,000 －$10,000	$730,000

&：本例之「非控制權益」不論 (i)按收購日公允價值衡量，或 (ii)按對乙公司可辨
　　認淨資產所享有之比例份額衡量，金額相同。
　　(i) 設算：(採用權益法之投資$2,400,000÷80%)×20%＝$600,000
　　(ii) 乙權益$3,000,000×20%＝$600,000

未正確地適用權益法：					
甲－採用權益法 　　之投資	$2,400,000	+$264,000 －$24,000	$2,640,000	+$320,000 －$40,000	$2,920,000

未採用權益法：

假設：甲公司多年前取得乙公司 80%股權之移轉對價為 Y，
　　　並將該股權投資分類為「透過損益按公允價值衡量之金融資產」。

甲－強制透過損益 　按公允價值衡量 　之金融資產	$　Y	股利收入 $24,000	$　Y	股利收入 $40,000	$　Y

驗　算：(正確地適用權益法)
20x4/12/31：甲帳列「採用權益法之投資」＝(乙權益$3,300,000×80%)＋分年(20x5、
　　　　　　20x6、20x7)認列之視同清償利益($3,361＋$3,561＋$3,772)＝$2,650,694
　　　　　　合併財務狀況表上之「非控制權益」＝($3,300,000×20%)＝$660,000
20x5/12/31：甲帳列「採用權益法之投資」＝(乙權益$3,650,000×80%)＋分年(20x6、
　　　　　　20x7)認列之視同清償利益($3,561＋$3,772)＝$2,927,333
　　　　　　合併財務狀況表上之「非控制權益」＝($3,650,000×20%)＝$730,000

甲公司正確地適用權益法時，20x3 年至 20x7 年甲公司及乙公司合併工作底稿之沖銷分錄： (表 7-8)

	20x3	20x4	20x5	20x6	20x7
(1) 應付公司債	207,092				
按攤銷後成本衡量之金融資產	193,226	X	X	X	X
視同清償債券利益	13,866				
應付公司債（＊）		205,446	203,718	201,904	200,000
按攤銷後成本衡量之金融資產	X	194,752	196,385	198,132	200,000
採用權益法之投資		10,694	7,333	3,772	—
(2) 利息收入		13,526	13,633	13,747	13,868
利息費用（＃）	X	10,354	10,272	10,186	10,096
採用權益法之投資		3,172	3,361	3,561	3,772
(3) 應付利息	12,000	12,000	12,000	12,000	12,000
應收利息	12,000	12,000	12,000	12,000	12,000
(4) 採用權益法認列之子公司、關聯企業及合資利益之份額	xxx	260,828	316,639	xxx	xxx
股　利	xx	24,000	40,000	xx	xx
採用權益法之投資	xxx	236,828	276,639	xxx	xxx
(5) 非控制權益淨利	xxx	66,000	80,000	xxx	xxx
股　利	xx	6,000	10,000	xx	xx
非控制權益	xxx	60,000	70,000	xxx	xxx
(6) 普通股股本	xxx	2,000,000	2,000,000	xxx	xxx
保留盈餘	xxx	1,000,000	1,300,000	xxx	xxx
採用權益法之投資（&）	xxx	2,400,000	2,640,000	xxx	xxx
非控制權益(☆)	xxx	600,000	660,000	xxx	xxx

＊　(表 7-2) 20x4/12/31：$513,615×(2/5)＝$205,446， 20x5/12/31：$509,296×(2/5)＝$203,718
　　　　　　20x6/12/31：$504,761×(2/5)＝$201,904， 20x7/12/31：$500,000×(2/5)＝$200,000

(續次頁)

(表 7-8，續)

#	(表 7-2) 20x4：$25,886×(2/5)=$10,354， 20x5：$25,681×(2/5)=$10,272 　　　　20x6：$25,465×(2/5)=$10,186， 20x7：$25,239×(2/5)=$10,096
&	20x4/12/31： 　期末餘額$2,650,694－沖(1)$10,694－沖(2)$3,172－沖(4)$236,828－沖(6)$2,400,000＝$0 20x5/12/31： 　期末餘額$2,927,333－沖(1)$7,333－沖(2)$3,361－沖(4)$276,639－沖(6)$2,640,000＝$0
☆	20x4/12/31：沖(5)$60,000＋沖(6)$600,000＝應表達在合併財務狀況表上之金額$660,000 20x5/12/31：沖(5)$70,000＋沖(6)$660,000＝應表達在合併財務狀況表上之金額$730,000

若甲公司適用權益法時忽略內部交易之影響，或甲公司未採用權益法處理其對乙公司之股權投資，而係於乙公司宣告現金股利時認列股利收入。遇此，則先在甲公司及乙公司合併工作底稿上填入下述之調整分錄(表 7-9)，再填入正確適用權益法下之沖銷分錄(表 7-8)，即可編製出甲公司及乙公司正確之合併財務報表。

表 7-9　甲公司及乙公司合併工作底稿上之調整分錄

	\multicolumn{5}{c	}{未 正 確 地 適 用 權 益 法}
	20x3	20x4	20x5	20x6	20x7
以前年度	X	採用權益法 之投資　　13,866 　保留盈餘(＊) 13,866	10,694 10,694	7,333 7,333	3,772 3,772
當年度	採用權益法 之投資　　13,866 　採用權益法認列之 　子公司、關聯企業 　及合資利益之份額 　　　　　　13,866	採用權益法認列之 子公司、關聯企業 及合資利益之份額 　　　　　　3,172 　採用權益法 　之投資　　3,172	3,361 3,361	3,561 3,561	3,772 3,772
	$2,413,866－$2,400,000 ＝$13,866	20x4：$260,828－$264,000＝－$3,172 20x5：$316,639－$320,000＝－$3,361		20x6、20x7，詳 表 7-6、表 7-7。	
＊	\multicolumn{5}{l	}{20x4：20x4 之前，收益低估$13,866，故貸記保留盈餘。 20x5：20x5 之前，$13,866－$3,172＝$10,694，收益低估$10,694，故貸記保留盈餘。 20x6：20x6 之前，$10,694－$3,361＝$7,333，收益低估$7,333，故貸記保留盈餘。 20x7：20x7 之前，$7,333－$3,561＝$3,772，收益低估$3,772，故貸記保留盈餘。}

(續次頁)

		未 採 用 權 益 法			
	20x3	20x4	20x5	20x6	20x7
以前年度	採用權益法之投資　　Y 　強制透過損益按 　公允價值衡量之 　金融資產　　　　Y	Y Y	Y Y	Y Y	Y Y
	採用權益法 之投資　　　　　M 　保留盈餘　　　　M	(M＋N－P) (M＋N－P)	(M＋N－P ＋236,828) (M＋N－P ＋236,828)	(M＋N－P ＋513,467) (M＋N－P ＋513,467)	(金額視 各科目 餘額變 化而定)
當年度	採用權益法 　之投資　　　N－P 股利收入　　　　　P 採用權益法認列之 　子公司、關聯企業 　及合資利益之份額 　　　　　　　　N	236,828 24,000 260,828	276,639 40,000 316,639	(金額視各 科目餘額 變化而定)	(金額視 各科目 餘額變 化而定)
代號說明	M＝(甲取得乙80%股權後至20x3年初止，乙淨值之淨變動數)×80% N＝(乙公司20x3年度已實現淨利×80%)＋$13,866 P＝乙公司20x3年度宣告並發放之現金股利×80%				

五、子公司期初買回母公司所發行公司債當作債券投資 [表 7-1，(二)]

釋例二：

　　甲公司持有子公司(乙公司)80%股權數年。當初收購時，乙公司帳列資產及負債之帳面金額皆等於公允價值，且無未入帳資產或負債。時至 20x3 年 12 月 31 日，在未考慮下段所述內部交易前，甲公司帳列「採用權益法之投資」為 $2,400,000，當日乙公司權益包括普通股股本$2,000,000 及保留盈餘$1,000,000。

　　20x4年 1月 1日，甲公司帳列應付公司債$517,729，該公司債面額 $500,000，票面利率6%，20x8 年 1月 1日到期，每年 1月 1日付息，當初發行時有效利率5%。同日，乙公司於公開市場以$193,226買回上述面額$200,000公司債當作債券投資，並分類為「按攤銷後成本衡量之金融資產」，有效利率7%。

甲公司應付公司債溢價攤銷,同釋例一之「表 7-2」。
甲公司應付公司債之分錄,同釋例一之「表 7-3」。

乙公司長期債券投資折價攤銷如下: (表 7-10)

日 期	每年收取之現金利息 (a)	每年認列之利息收入 (b)	每年之折價攤銷數 (c)	債券投資之帳面金額 (d)
20x4/ 1/ 1				$193,226
20x4/12/31	(應收$12,000)	$13,526	$1,526	$194,752
20x5/ 1/ 1	$12,000			
20x5/12/31	(應收$12,000)	$13,633	$1,633	$196,385
20x6/ 1/ 1	$12,000			
20x6/12/31	(應收$12,000)	$13,747	$1,747	$198,132
20x7/ 1/ 1	$12,000			
20x7/12/31	(應收$12,000)	(＊) $13,868	(＊) $1,868	$200,000
20x8/ 1/ 1	$12,000			
		$54,774	$6,774	

(a):每年收取之現金利息＝$200,000×6%×12/12＝$12,000
(b):每年認列之利息收入＝每年期初債券投資之帳面金額×5%×12/12
(c)＝(b)－(a), (d)＝前期(d)＋(c), (＊) 尾差 $1。

乙公司長期債券投資之分錄: (表 7-11)

20x4/ 1/ 1	按攤銷後成本衡量之金融資產 193,226 現　金 193,226				
		20x4	20x5	20x6	20x7	20x8
1/ 1	現　金 　應收利息	X	12,000 12,000	12,000 12,000	12,000 12,000	12,000 12,000
1/ 1	現　金 　按攤銷後成本 　衡量之金融資產	X	X	X	X	200,000 200,000
12/31	應收利息 按攤銷後成本 衡量之金融資產 　利息收入	12,000 1,526 13,526	12,000 1,633 13,633	12,000 1,747 13,747	12,000 1,868 13,868	X

20x4 年 1 月 1 日，甲公司帳列應付公司債之帳面金額為$517,729。同日，乙公司以$193,226 買回甲公司所發行面額$200,000 公司債當作債券投資，因此買回投資之應付公司債的帳面金額為$207,092，$517,729×($200,000/$500,000)＝$207,092。以<u>合併個體觀點</u>而言，該部分被買回投資之應付公司債，已不再流通在外，不再是欠合併個體以外單位之負債，而是欠合併個體內部其他成員之負債，故該部分被買回投資之應付公司債已經「視同清償」，因此其所產生的「視同清償債券利益」$13,866 已經實現，買回價格$193,226－應付公司債帳面金額$207,092＝利益$13,866，須於 20x4 年度甲公司及乙公司合併財務報表中認列，而不是在 20x4 年至 20x7 年間(共四年)分年實現，金額分別為：$3,172、$3,361、$3,561、$3,772，計算過程，同釋例一。

　　假設乙公司 20x4 及 20x5 年之淨利分別為$330,000 及$400,000，且於 20x4 及 20x5 年宣告並發放之現金股利分別為$30,000 及$50,000，則甲公司適用權益法每年應認列之投資收益及非控制權益淨利如下：

甲公司適用正確權益法：(表 7-12)

	甲公司應認列之投資收益	非控制權益淨利
20x3 年	乙公司已實現淨利×80%	乙公司已實現淨利×20%
20x4 年	$330,000×80%＋$13,866－$3,172＝$274,694	$330,000×20%＝$66,000
20x5 年	$400,000×80%－$3,361＝$316,639	$400,000×20%＝$80,000
20x6 年	乙公司已實現淨利×80%－$3,561	乙公司已實現淨利×20%
20x7 年	乙公司已實現淨利×80%－$3,772	乙公司已實現淨利×20%

甲公司適用權益法時，忽略內部交易之影響：(表 7-13)

	甲公司應認列之投資收益	非控制權益淨利
20x3 年	乙公司已實現淨利×80%	(同表 7-12)
20x4 年	$330,000×80%＝$264,000	
20x5 年	$400,000×80%＝$320,000	
20x6 年	乙公司已實現淨利×80%	
20x7 年	乙公司已實現淨利×80%	

(續次頁)

相關項目異動如下：

	20x3/12/31	20x4	20x4/12/31	20x5	20x5/12/31
乙－權　益	$3,000,000	+$330,000 －$30,000	$3,300,000	+$400,000 －$50,000	$3,650,000
權益法：					
甲－採用權益法 　之投資	$2,400,000	+$274,694 －$24,000	$2,650,694	+$316,639 －$40,000	$2,927,333
合併財務報表：					
非控制權益	(同例一) $600,000	+$66,000 －$6,000	$660,000	+$80,000 －$10,000	$730,000
未正確地適用權益法：					
甲－採用權益法 　之投資	$2,400,000	+$264,000 －$24,000	$2,640,000	+$320,000 －$40,000	$2,920,000
未採用權益法：					
假設： 甲公司多年前取得乙公司80%股權之移轉對價為Y， 　　　　並將該股權投資分類為「透過損益按公允價值衡量之金融資產」。					
甲－強制透過損益 　按公允價值衡量 　之金融資產	$ Y	股利收入 $24,000	$ Y	股利收入 $40,000	$ Y
驗　算： 同釋例一。					

甲公司正確地適用權益法時，20x3年至20x7年甲公司及乙公司合併工作底稿之沖銷分錄： (表7-14)

		20x3	20x4	20x5	20x6	20x7
(1)	應付公司債 (＊)		205,446			
	按攤銷後成本衡 　量之金融資產	X	194,752	X	X	X
	視同清償債券 　利益		10,694			
	應付公司債 (＊)			203,718	201,904	200,000
	按攤銷後成本衡 　量之金融資產	X	X	196,385	198,132	200,000
	採用權益法 　之投資			7,333	3,772	－

		20x3	20x4	20x5	20x6	20x7
(2)	利息收入 　利息費用（#） 　視同清償債券 　　利益	 X 	13,526 10,354 3,172	 X 	 X 	 X
	利息收入 　利息費用（#） 　採用權益法 　　之投資	 X 	 X 	13,633 10,272 3,361	13,747 10,186 3,561	13,868 10,096 3,772
(3)	應付利息 　應收利息	X	12,000 12,000	12,000 12,000	12,000 12,000	12,000 12,000
(4)	採用權益法認列之 子公司、關聯企業 及合資利益之份額 　股　利 　採用權益法 　　之投資	xxx xx xxx	274,694 24,000 250,694	316,639 40,000 276,639	xxx xx xxx	xxx xx xxx
(5)	非控制權益淨利 　股　利 　非控制權益	xxx xx xxx	66,000 6,000 60,000	80,000 10,000 70,000	xxx xx xxx	xxx xx xxx
(6)	普通股股本 保留盈餘 　採用權益法 　　之投資（&） 　非控制權益(☆)	xxx xxx xxx xxx	2,000,000 1,000,000 2,400,000 600,000	2,000,000 1,300,000 2,640,000 660,000	xxx xxx xxx xxx	xxx xxx xxx xxx
＊	(表 7-2) 20x4/12/31：$513,615×(2/5)＝$205,446， 20x5/12/31：$509,296×(2/5)＝$203,718 　　　　　20x6/12/31：$504,761×(2/5)＝$201,904， 20x7/12/31：$500,000×(2/5)＝$200,000					
＃	(表 7-2) 20x4：$25,886×(2/5)＝$10,354， 20x5：$25,681×(2/5)＝$10,272 　　　　 20x6：$25,465×(2/5)＝$10,186， 20x7：$25,239×(2/5)＝$10,096					
＆	20x4/12/31：期末餘額$2,650,694－沖(4)$250,694－沖(6)$2,400,000＝$0 20x5/12/31： 　期末餘額$2,927,333－沖(1)$7,333－沖(2)$3,361－沖(4)$276,639－沖(6)$2,640,000＝$0					
☆	20x4/12/31：沖(5)$60,000＋沖(6)$600,000＝應表達在合併財務狀況表上之金額$660,000 20x5/12/31：沖(5)$70,000＋沖(6)$660,000＝應表達在合併財務狀況表上之金額$730,000					

　　若甲公司適用權益法時忽略內部交易之影響，或甲公司未採用權益法處理其對乙公司之股權投資，而係於乙公司宣告現金股利時認列股利收入。遇此，則先在甲公司及乙公司合併工作底稿上填入下述之調整分錄(表 7-15)，再填入正

確適用權益法下之沖銷分錄(表7-14)，即可編製出甲公司及乙公司正確之合併財務報表。

表7-15　甲公司及乙公司合併工作底稿上之調整分錄

	\multicolumn{5}{c}{未 正 確 地 適 用 權 益 法}
	20x3	20x4	20x5	20x6	20x7
以前年度	X	X	採用權益法 之投資　　10,694 　保留盈餘(＊)　10,694	7,333 7,333	3,772 3,772
當年度	X	採用權益法 之投資　　10,694 　採用權益法認列之 　子公司、關聯企業 　及合資利益之份額 　　　　　　10,694	採用權益法認列之 子公司、關聯企業 及合資利益之份額 　　　　　3,361 　採用權益法 　之投資　　3,361	3,561 3,561	3,772 3,772
		20x4：$274,694－$264,000＝$10,694 20x5：$316,639－$320,000＝－$3,361		20x6、20x7，詳 表7-12、表7-13。	
＊	\multicolumn{5}{l}{20x5：20x5之前，收益低估$10,694，故貸記保留盈餘。 20x6：20x6之前，$10,694－$3,361＝$7,333，收益低估$7,333，故貸記保留盈餘。 20x7：20x7之前，$7,333－$3,561＝$3,772，收益低估$3,772，故貸記保留盈餘。}
	\multicolumn{5}{c}{未 採 用 權 益 法}
	20x3	20x4	20x5	20x6	20x7
以前年度	採用權益法之投資　Y 　強制透過損益按 　公允價值衡量之 　金融資產　　　Y	Y Y	Y Y	Y Y	Y Y
	採用權益法 之投資　　　M 　保留盈餘　　M	(M＋Q－P) (M＋Q－P)	(M＋Q－P ＋250,694) (M＋Q－P ＋250,694)	(M＋Q－P ＋527,333) (M＋Q－P ＋527,333)	(金額視 各科目 餘額變 化而定)
當年度	採用權益法 　之投資　Q－P 　股利收入　　P 　　採用權益法認列之 　　子公司、關聯企業 　　及合資利益之份額 　　　　　　　Q	250,694 24,000 274,694	276,639 40,000 316,639	(金額視各 科目餘額 變化而定)	(金額視 各科目 餘額變 化而定)

(表 7-15,續)

| 代號說明 | M＝(甲取得乙 80%股權後至 20x3 年初止,乙淨值之淨變動數)×80%
Q＝乙公司 20x3 年度已實現淨利×80%
P＝乙公司 20x3 年度宣告並發放之現金股利×80% |

六、母公司期末買回子公司所發行公司債當作債券投資 [表 7-1,(三)]

釋例三:

甲公司持有子公司(乙公司)80%股權數年。當初收購時,乙公司帳列資產及負債之帳面金額皆等於公允價值,且無未入帳資產或負債。時至 20x3 年 12 月 31 日,在未考慮下段所述內部交易前,甲公司帳列「採用權益法之投資」為$2,400,000,當日乙公司權益包括普通股股本$2,000,000 及保留盈餘$1,000,000。

20x3 年 12 月 31 日,乙公司帳列應付公司債$517,729,該公司債面額$500,000,票面利率6%,20x8年 1 月 1日到期,每年 1 月 1 日付息,當初發行時有效利率5%。同日,甲公司於公開市場以$193,226(另加計應收利息$12,000)買回上述面額$200,000公司債當作債券投資,並分類為「按攤銷後成本衡量之金融資產」,有效利率7%。

乙公司應付公司債溢價攤銷,同釋例一之「表 7-2」。
乙公司應付公司債之分錄,同釋例一之「表 7-3」。
甲公司長期債券投資折價攤銷,同釋例一之「表 7-4」。
甲公司長期債券投資之分錄,同釋例一之「表 7-5」。

20x3 年 12 月 31 日,乙公司帳列應付公司債之帳面金額為$517,729。同日,甲公司以$193,226 買回乙公司所發行面額$200,000 公司債當作債券投資,因此買回投資之應付公司債的帳面金額為$207,092,$517,729×($200,000/$500,000)＝$207,092。以合併個體觀點而言,該部分被買回投資之應付公司債,已不再流通在外,不再是欠合併個體以外單位之負債,而是欠合併個體內部其他成員之負債,故該部分被買回投資之應付公司債已經「視同清償」,因此其所產生的「視同清償債券利益」$13,866 已經實現,買回價格$193,226－應付公司債帳面金額

$207,092＝利益$13,866，須於20x3年度甲公司及乙公司合併財務報表中認列，而不是在20x4年至20x7年間(共四年)分年實現，金額分別為：$3,172、$3,361、$3,561、$3,772，計算過程，請詳下段。

此項「分年實現的利益」係透過下列前兩項損益的合計效果而達成：

(1) 乙公司面額$200,000 應付公司債之每年利息費用較每年實付之現金利息少，其差額如下：(詳表7-2)
   20x4：($30,000×2/5)－($25,886×2/5)＝$12,000－$10,354＝$1,646
   　　　亦是當期應付公司債之溢價攤銷數的2/5，$4,114×(2/5)＝$1,646
   20x5：$4,319×(2/5)＝$1,728，
   20x6：$4,535×(2/5)＝$1,814，　20x7：$4,761×(2/5)＝$1,904

(2) 甲公司長期債券投資之每年利息收入較每年實收之現金利息多，其差額即為長期債券投資折價之攤銷數：(詳表7-4)
   20x4：$1,526　/　20x5：$1,633　/　20x6：$1,747　/　20x7：$1,868

(3) 就合併個體立場而言，每年的利息費用因應付公司債溢價攤銷而較實付利息金額少，而每年的利息收入因長期債券投資折價攤銷而較實收利息金額多，故使整體利益增加，其各年金額如下：

	20x4	20x5	20x6	20x7	合　計
利息費用較利息實付數少	$1,646	$1,728	$1,814	$1,904	$7,092
利息收入較利息實收數多	1,526	1,633	1,747	1,868	6,774
視同清償債券利益	$3,172	$3,361	$3,561	$3,772	$13,866
註：就面額$200,000之公司債而言，利息的實付數＝利息的實收數

以合併個體觀點而言，20x4年至20x7年(四年)間，乙公司每期支付予甲公司之現金利息是$12,000，本身亦是一筆內部交易，因而所產生的相對科目包括：利息費用、利息收入、應付利息、及應收利息等，於期末編製甲公司及乙公司合併財務報表時皆須相互沖銷。但由上述甲公司及乙公司帳列分錄得知，每年底之應付利息$12,000 及應收利息$12,000 可以相互沖銷，$30,000×2/5＝$12,000；而四年合計之利息費用$40,908 (詳表7-2，$102,271×2/5＝$40,908) 及利息收入$54,774 (詳表7-4) 卻無法完全相互沖銷，相差$13,866，原因即是上段所述公司債(折)溢價攤銷所導致，故「分年實現的利益」亦是下列前兩項金額之差額：

(a) 公司債發行公司(乙)之利息費用×買回成數＝$102,271(表 7-2)×2/5＝$40,908
(b) 買回公司債當作投資之公司(甲)的利息收入$54,774，表 7-4。
(c) 利息費用$40,908，利息收入$54,774，故使整體利益多$13,866，其各年金額如下：

	20x4	20x5	20x6	20x7	合　計
利息費用 (全部)	$25,886	$25,681	$25,465	$25,239	$102,271
利息費用 (2/5)	$10,354	$10,272	$10,186	$10,096	$40,908
利息收入	13,526	13,633	13,747	13,868	54,774
視同清償債券利益	$ 3,172	$ 3,361	$ 3,561	$ 3,772	$13,866

　　假設乙公司 20x4 及 20x5 年之淨利分別為$330,000 及$400,000，且於 20x4 及 20x5 年宣告並發放之現金股利分別為$30,000 及$50,000，則甲公司適用權益法每年應認列之投資收益及非控制權益淨利如下：

甲公司適用正確權益法：（表 7-16）

	甲公司應認列之投資收益	非控制權益淨利
20x3 年	(乙公司考慮內部債券交易前之已實現淨利＋$13,866)×80%	(乙公司考慮內部債券交易前之已實現淨利＋$13,866)×20%
20x4 年	($330,000－$3,172)×80%＝$261,462	($330,000－$3,172)×20%＝$65,366
20x5 年	($400,000－$3,361)×80%＝$317,311	($400,000－$3,361)×20%＝$79,328
20x6 年	(乙公司考慮內部債券交易前之已實現淨利－$3,561)×80%	(乙公司考慮內部債券交易前之已實現淨利－$3,561)×20%
20x7 年	(乙公司考慮內部債券交易前之已實現淨利－$3,772)×80%	(乙公司考慮內部債券交易前之已實現淨利－$3,772)×20%

甲公司適用權益法時，忽略內部交易之影響：（表 7-17）

	甲公司應認列之投資收益	非控制權益淨利
20x3 年	乙公司考慮內部債券交易前之已實現淨利×80%	（同表 7-16）
20x4 年	$330,000×80%＝$264,000	
20x5 年	$400,000×80%＝$320,000	
20x6 年	乙公司考慮內部債券交易前之已實現淨利×80%	
20x7 年	乙公司考慮內部債券交易前之已實現淨利×80%	

相關項目異動如下：

	20x3/12/31	20x4	20x4/12/31	20x5	20x5/12/31
乙－權　益	$3,000,000	+$330,000 -$30,000	$3,300,000	+$400,000 -$50,000	$3,650,000
權益法：					
甲－採用權益法 　　之投資	(#) $2,411,093	+$261,462 -$24,000	$2,648,555	+$317,311 -$40,000	$2,925,866
合併財務報表：					
非控制權益	(#) $602,773	+$65,366 -$6,000	$662,139	+$79,328 -$10,000	$731,467

#：$2,400,000+($13,866×80%)=$2,411,093，
　$600,000(同釋例一)+($13,866×20%)=$602,773

未正確地適用權益法：					
甲－採用權益法 　　之投資	$2,400,000	+$264,000 -$24,000	$2,640,000	+$320,000 -$40,000	$2,920,000

未採用權益法：					

假設：甲公司多年前取得乙公司80%股權之移轉對價為Y，
　　　並將該股權投資分類為「透過損益按公允價值衡量之金融資產」。

甲－強制透過損益 　　按公允價值衡量 　　之金融資產	$ Y	股利收入 $24,000	$ Y	股利收入 $40,000	$ Y

驗　算：(正確地適用權益法)
20x4/12/31：甲帳列「採用權益法之投資」=[乙權益$3,300,000+分年(20x5、20x6、
　　　　　20x7)認列之視同清償利益($3,361+$3,561+$3,772)]×80%=$2,646,555
　　　　　合併財務狀況表上之「非控制權益」
　　　　　　　=[$3,300,000+($3,361+$3,561+$3,772)]×20%=$662,139
20x5/12/31：甲帳列「採用權益法之投資」=[乙權益$3,650,000+分年(20x6、20x7)
　　　　　　認列之視同清償利益($3,561+$3,772)]×80%=$2,925,866
　　　　　合併財務狀況表上之「非控制權益」
　　　　　　　=[$3,650,000+($3,561+$3,772)]×20%=$731,467

(續次頁)

甲公司正確地適用權益法時，20x3 年至 20x7 年甲公司及乙公司合併工作底稿之沖銷分錄：（表 7-18）

	20x3	20x4	20x5	20x6	20x7
(1) 應付公司債	207,092				
按攤銷後成本衡量之金融資產	193,226	X	X	X	X
視同清償債券利益	13,866				
應付公司債（*）		205,446	203,718	201,904	200,000
按攤銷後成本衡量之金融資產	X	194,752	196,385	198,132	200,000
採用權益法之投資		8,555	5,866	3,017	—
非控制權益		2,139	1,467	755	—
20x4：$205,446－$194,752＝$10,694，$10,694×80%＝$8,555，$10,694×20%＝$2,139 20x5：$203,718－$196,385＝$7,333，$7,333×80%＝$5,866，$7,333×20%＝$1,467 20x6：($201,904－$198,132)×80%＝$3,018，配合下列沖銷分錄(2)，調尾差$1，故為$3,017。						
(2) 利息收入		13,526	13,633	13,747	13,868
利息費用（#）		10,354	10,272	10,186	10,096
採用權益法之投資	X	2,538	2,689	2,849	3,018
非控制權益		634	672	712	754
20x4：$13,526－$10,354＝$3,172，$3,172×80%＝$2,538，$3,172×20%＝$634 20x5、20x6、20x7：請自行驗算。						
	20x3	20x4	20x5	20x6	20x7
(3) 應付利息	12,000	12,000	12,000	12,000	12,000
應收利息	12,000	12,000	12,000	12,000	12,000
(4) 採用權益法認列之子公司、關聯企業及合資利益之份額	xxx	261,462	317,311	xxx	xxx
股　利	xx	24,000	40,000	xx	xx
採用權益法之投資	xxx	237,462	277,311	xxx	xxx
(5) 非控制權益淨利	xxx	65,366	79,328	xxx	xxx
股　利	xx	6,000	10,000	xx	xx
非控制權益	xxx	59,366	69,328	xxx	xxx

（續次頁）

(表 7-18，續)

		20x3	20x4	20x5	20x6	20x7
(6)	普通股股本	xxx	2,000,000	2,000,000	xxx	xxx
	保留盈餘	xxx	1,000,000	1,300,000	xxx	xxx
	採用權益法之投資（&）	xxx	2,400,000	2,640,000	xxx	xxx
	非控制權益(☆)	xxx	600,000	660,000	xxx	xxx
*	(表 7-2) 20x4/12/31：$513,615×(2/5)＝$205,446, 20x5/12/31：$509,296×(2/5)＝$203,718 20x6/12/31：$504,761×(2/5)＝$201,904, 20x7/12/31：$500,000×(2/5)＝$200,000						
#	(表 7-2) 20x4：$25,886×(2/5)＝$10,354, 20x5：$25,681×(2/5)＝$10,272 20x6：$25,465×(2/5)＝$10,186, 20x7：$25,239×(2/5)＝$10,096						
&	20x4/12/31： 期末餘額$2,648,555－沖(1)$8,555－沖(2)$2,538－沖(4)$237,462－沖(6)$2,400,000＝$0 20x5/12/31： 期末餘額$2,925,866－沖(1)$5,866－沖(2)$2,689－沖(4)$277,311－沖(6)$2,640,000＝$0						
☆	20x4/12/31：沖(1)$2,139＋沖(2)$634＋沖(5)$59,366＋沖(6)$600,000 ＝應表達在合併財務狀況表上之金額$662,139 20x5/12/31：沖(1)$1,467＋沖(2)$672＋沖(5)$69,328＋沖(6)$660,000 ＝應表達在合併財務狀況表上之金額$731,467						

若甲公司適用權益法時忽略內部交易之影響，或甲公司未採用權益法處理其對乙公司之股權投資，而係於乙公司宣告現金股利時認列股利收入。遇此，則先在甲公司及乙公司合併工作底稿上填入下述之調整分錄(表 7-19)，再填入正確適用權益法下之沖銷分錄(表 7-18)，即可編製出甲公司及乙公司正確之合併財務報表。

表 7-19　甲公司及乙公司合併工作底稿上之調整分錄

	未 正 確 地 適 用 權 益 法				
	20x3	20x4	20x5	20x6	20x7
以前年度	X	採用權益法之投資　11,093 保留盈餘(*)　11,093	8,555 8,555	5,866 5,866	3,018 3,018

(續次頁)

未正確地適用權益法 (續)					
	20x3	20x4	20x5	20x6	20x7
當年度	採用權益法 之投資　　11,093 　採用權益法認列之 　子公司、關聯企業 　及合資利益之份額 　　　　　　11,093	採用權益法認列之 子公司、關聯企業 及合資利益之份額 　　　　　　2,538 　採用權益法 　之投資　　2,538	2,689 2,689	2,849 2,849	3,018 3,018
	$2,411,093－$2,400,000 ＝$11,093	20x4：$261,462－$264,000＝－$2,538 20x5：$317,311－$320,000＝－$2,689 20x6：－$3,561×80%＝－$2,849 20x7：－$3,772×80%＝－$3,018			20x6、20x7， 詳表7-16、 及表7-17。
*	20x4：20x4之前，收益低估$11,093，故貸記保留盈餘。 20x5：20x5之前，$11,093－$2,538＝$8,555，收益低估$8,555，故貸記保留盈餘。 20x6：20x6之前，$8,555－$2,689＝$5,866，收益低估$5,866，故貸記保留盈餘。 20x7：20x7之前，$5,866－($3,561×80%)＝$3,017，尾差 $1，收益低估$3,018， 　　　故貸記保留盈餘。				
未採用權益法					
	20x3	20x4	20x5	20x6	20x7
以前年度	採用權益法之投資　　Y 　強制透過損益按 　公允價值衡量之 　金融資產　　　　Y	Y Y	Y Y	Y Y	Y Y
	採用權益法 之投資　　　　　　M 　保留盈餘　　　　M	(M＋R－P) (M＋R－P)	(M＋R－P ＋237,462) (M＋R－P ＋237,462)	(M＋R－P ＋514,773) (M＋R－P ＋514,773)	(金額視 各科目 餘額變 化而定)
當年度	採用權益法 　之投資　　　R－P 股利收入　　　　　P 　採用權益法認列之 　子公司、關聯企業 　及合資利益之份額 　　　　　　　　　R	237,462 24,000 261,462	277,311 40,000 317,311	(金額視各 科目餘額 變化而定)	(金額視 各科目 餘額變 化而定)
代號說明	M＝(甲取得乙80%股權後至20x3年初止，乙淨值之淨變動數)×80% R＝(乙公司20x3年度考慮內部債券交易前之已實現淨利＋$13,866)×80% P＝乙公司20x3年度宣告並發放之現金股利×80%				

七、母公司期初買回子公司所發行公司債當作債券投資
[表 7-1，(四)]

釋例四：

　　甲公司持有子公司(乙公司)80%股權數年。當初收購時，乙公司帳列資產及負債之帳面金額皆等於公允價值，且無未入帳資產或負債。時至 20x3 年 12 月 31 日，在未考慮下段所述內部交易前，甲公司帳列「採用權益法之投資」為 $2,400,000，當日乙公司權益包括普通股股本$2,000,000 及保留盈餘$1,000,000。

　　20x4 年 1 月 1 日，乙公司帳列應付公司債$517,729，該公司債面額$500,000，票面利率6%，20x8年 1 月 1日到期，每年 1 月 1 日付息，當初發行時有效利率5%。同日，甲公司於公開市場以$193,226 (另加計應收利息$12,000)買回上述面額$200,000公司債當作債券投資，並分類為「按攤銷後成本衡量之金融資產」，有效利率7%。

乙公司應付公司債溢價攤銷，同釋例一之「表 7-2」。
乙公司應付公司債之分錄，同釋例一之「表 7-3」。
甲公司長期債券投資折價攤銷，同釋例二之「表 7-10」。
甲公司長期債券投資之分錄，同釋例二之「表 7-11」。

　　20x4 年 1 月 1 日，乙公司帳列應付公司債之帳面金額為$517,729。同日，甲公司以$193,226 買回甲公司所發行面額$200,000 公司債當作債券投資，因此買回投資之應付公司債的帳面金額為$207,092，$517,729×($200,000/$500,000)＝$207,092。以合併個體觀點而言，該部分被買回投資之應付公司債，已不再流通在外，不再是欠合併個體以外單位之負債，而是欠合併個體內部其他成員之負債，故該部分被買回投資之應付公司債已經「視同清償」，因此其所產生的「視同清償債券利益」$13,866 已經實現，買回價格$193,226－應付公司債帳面金額$207,092＝利益$13,866，須於 20x4 年度甲公司及乙公司合併財務報表中認列，而不是在 20x4 年至 20x7 年間(共四年)分年實現，金額分別為：$3,172、$3,361、$3,561、$3,772，計算過程，同釋例三。

假設乙公司 20x4 及 20x5 年之淨利分別為$330,000 及$400,000，且於 20x4 及 20x5 年宣告並發放之現金股利分別為$30,000 及$50,000，則甲公司適用權益法每年應認列之投資收益及非控制權益淨利如下：

甲公司適用正確權益法：（表 7-20）

	甲公司應認列之投資收益	非控制權益淨利
20x3 年	乙公司已實現淨利×80%	乙公司已實現淨利×20%
20x4 年	($330,000＋$13,866－$3,172)×80%＝$272,555	($330,000＋$13,866－$3,172)×20%＝$68,139
20x5 年	($400,000－$3,361)×80%＝$317,311	($400,000－$3,361)×20%＝$79,328
20x6 年	(乙公司考慮內部債券交易前之已實現淨利－$3,561)×80%	(乙公司考慮內部債券交易前之已實現淨利－$3,561)×20%
20x7 年	(乙公司考慮內部債券交易前之已實現淨利－$3,772)×80%	(乙公司考慮內部債券交易前之已實現淨利－$3,772)×20%

甲公司適用權益法時，忽略內部交易之影響：（表 7-21）

	甲公司應認列之投資收益	非控制權益淨利
20x3 年	乙公司已實現淨利×80%	（同表 7-20）
20x4 年	$330,000×80%＝$264,000	
20x5 年	$400,000×80%＝$320,000	
20x6 年	乙公司考慮內部債券交易前之已實現淨利×80%	
20x7 年	乙公司考慮內部債券交易前之已實現淨利×80%	

相關項目異動如下：

	20x3/12/31	20x4	20x4/12/31	20x5	20x5/12/31
乙－權 益	$3,000,000	＋$330,000 －$30,000	$3,300,000	＋$400,000 －$50,000	$3,650,000
權益法：					
甲－採用權益法之投資	$2,400,000	＋$272,555 －$24,000	$2,648,555	＋$317,311 －$40,000	$2,925,866
合併財務報表：					
非控制權益	（同釋例一）$600,000	＋$68,139 －$6,000	$662,139	＋$79,328 －$10,000	$731,467

(承上頁)

	20x3/12/31	20x4	20x4/12/31	20x5	20x5/12/31
未正確地適用權益法：					
甲－採用權益法之投資	$2,400,000	+$264,000 −$24,000	$2,640,000	+$320,000 −$40,000	$2,920,000
未採用權益法：					
假設：甲公司多年前取得乙公司80%股權之移轉對價為Y，並將該股權投資分類為「透過損益按公允價值衡量之金融資產」。					
甲－強制透過損益按公允價值衡量之金融資產	$ Y	股利收入 $24,000	$ Y	股利收入 $40,000	$ Y
驗 算：同釋例三。					

甲公司正確地適用權益法時，20x3年至20x7年甲公司及乙公司合併工作底稿之沖銷分錄： (表7-22)

		20x3	20x4	20x5	20x6	20x7
(1)	應付公司債（＊）		205,446			
	按攤銷後成本衡量之金融資產	X	194,752	X	X	X
	視同清償債券利益		10,694			
	應付公司債（＊）			203,718	201,904	200,000
	按攤銷後成本衡量之金融資產	X	X	196,385	198,132	200,000
	採用權益法之投資			5,866	3,017	—
	非控制權益			1,467	755	—

20x5：$203,718−$196,385＝$7,333，$7,333×80%＝$5,866，$7,333×20%＝$1,467
20x6：($201,904−$198,132)×80%＝$3,018，配合下列沖銷分錄(2)，調尾差$1，故為$3,017。

		20x3	20x4	20x5	20x6	20x7
(2)	利息收入		13,526			
	利息費用（#）	X	10,354	X	X	X
	視同清償債券利益		3,172			

(續次頁)

(表 7-22，續)

		20x3	20x4	20x5	20x6	20x7
(2)	利息收入			13,633	13,747	13,868
	利息費用（#）			10,272	10,186	10,096
	採用權益法	X	X			
	之投資			2,689	2,849	3,018
	非控制權益			672	712	754
	20x5：$13,633－$10,272＝$3,361，$3,361×80%＝$2,689，$3,361×20%＝$672					
	20x6、20x7：請自行驗算。					
(3)	應付利息	X	12,000	12,000	12,000	12,000
	應收利息		12,000	12,000	12,000	12,000
(4)	採用權益法認列之					
	子公司、關聯企業					
	及合資利益之份額	xxx	272,555	317,311	xxx	xxx
	股　利	xx	24,000	40,000	xx	xx
	採用權益法					
	之投資	xxx	248,555	277,311	xxx	xxx
(5)	非控制權益淨利	xxx	68,139	79,328	xxx	xxx
	股　利	xx	6,000	10,000	xx	xx
	非控制權益	xxx	62,139	69,328	xxx	xxx
(6)	普通股股本	xxx	2,000,000	2,000,000	xxx	xxx
	保留盈餘	xxx	1,000,000	1,300,000	xxx	xxx
	採用權益法					
	之投資（&）	xxx	2,400,000	2,640,000	xxx	xxx
	非控制權益(☆)	xxx	600,000	660,000	xxx	xxx

*	(表 7-2) 20x4/12/31：$513,615×(2/5)＝$205,446，　20x5/12/31：$509,296×(2/5)＝$203,718
	20x6/12/31：$504,761×(2/5)＝$201,904，　20x7/12/31：$500,000×(2/5)＝$200,000
#	(表 7-2)　20x4：$25,886×(2/5)＝$10,354，　　20x5：$25,681×(2/5)＝$10,272
	20x6：$25,465×(2/5)＝$10,186，　　20x7：$25,239×(2/5)＝$10,096
&	20x4/12/31：期末餘額$2,648,555－沖(4)$248,555－沖(6)$2,400,000＝$0
	20x5/12/31：
	期末餘額$2,925,866－沖(1)$5,866－沖(2)$2,689－沖(4)$277,311－沖(6)$2,640,000＝$0
☆	20x4/12/31：沖(5)$62,139＋沖(6)$600,000＝應表達在合併財務狀況表上之金額$662,139
	20x5/12/31：沖(1)$1,467＋沖(2)$672＋沖(5)$69,328＋沖(6)$660,000
	＝應表達在合併財務狀況表上之金額$731,467

若甲公司適用權益法時忽略內部交易之影響，或甲公司未採用權益法處理其對乙公司之股權投資，而係於乙公司宣告現金股利時認列股利收入，遇此，則先在甲公司及乙公司合併工作底稿上填入下述之調整分錄(表 7-23)，再填入正確適用權益法下之沖銷分錄(表 7-22)，即可編製出甲公司及乙公司正確之合併財務報表。

表 7-23　甲公司及乙公司合併工作底稿上之調整分錄

	未正確地適用權益法				
	20x3	20x4	20x5	20x6	20x7
以前年度	X	X	採用權益法之投資　8,555 　保留盈餘(＊)　　　8,555	5,866 5,866	3,018 3,018
當年度	X	採用權益法之投資　8,555 　採用權益法認列之子公司、關聯企業及合資利益之份額　　8,555	採用權益法認列之子公司、關聯企業及合資利益之份額　2,689 　採用權益法之投資　2,689	2,849 2,849	3,018 3,018
		20x4：$272,555－$264,000＝$8,555 20x5：$317,311－$320,000＝－$2,689 20x6：－$3,561×80%＝－$2,849 20x7：－$3,772×80%＝－$3,018		20x6、20x7，詳表 7-20、表 7-21。	
＊	20x5：20x5 之前，收益低估$8,555，故貸記保留盈餘。 20x6：20x6 之前，$8,555－$2,689＝$5,866，收益低估$5,866，故貸記保留盈餘。 20x7：20x7 之前，$5,866－$2,849＝$3,017，尾差 $1，收益低估$3,018， 　　　　故貸記保留盈餘。				
	未採用權益法				
	20x3	20x4	20x5	20x6	20x7
以前年度	採用權益法之投資　Y 　強制透過損益按公允價值衡量之金融資產　Y	Y Y	Y Y	Y Y	Y Y
	採用權益法之投資　M 　保留盈餘　　　　M	(M＋Q－P) (M＋Q－P)	(M＋Q－P ＋248,555) (M＋Q－P ＋248,555)	(M＋Q－P ＋525,866) (M＋Q－P ＋525,866)	(金額視各科目餘額變化而定)

(續次頁)

		未 採 用 權 益 法 (續)				
		20x3	20x4	20x5	20x6	20x7
當年度	採用權益法 之投資　　Q－P 股利收入　　　P 採用權益法認列之 子公司、關聯企業 及合資利益之份額 　　　　　　　Q		248,555 24,000 272,555	277,311 40,000 317,311	(金額視各科目餘額變化而定)	(金額視各科目餘額變化而定)
代號說明	M＝(甲取得乙 80%股權後至 20x3 年初止，乙淨值之淨變動數)×80% Q＝乙公司 20x3 年度已實現淨利×80% P＝乙公司 20x3 年度宣告並發放之現金股利×80%					

八、子公司期初買回母公司所發行公司債當作債券投資，但未持有該債券至到期日，即將之外售(期末發生) [表 7-1，(五)]

釋例五：

　　沿用釋例二資料。假設乙公司於 20x6 年 12 月 31 日，將投資甲公司的公司債於公開市場以$199,061 出售，另加計應收利息$12,000，有效利率 6.5%。乙公司 20x6、20x7 及 20x8 年之淨利及宣告並發放之現金股利如下：

	20x6	20x7	20x8
淨　利	$470,000	$550,000	$640,000
現金股利	$60,000	$70,000	$80,000

針對下列三個問題進行分析：

(A) 20x6 年 12 月 31 日，乙公司處分長期債券投資之分錄。
　　[假設處分長期債券投資之損益未包含在乙公司 20x6 年淨利$470,000 中。]
(B) 按權益法，甲公司於 20x6、20x7 及 20x8 年應認列之投資收益。
　　20x6、20x7 及 20x8 年合併綜合損益表中之非控制權益淨利。
(C) 甲公司及乙公司 20x6、20x7 及 20x8 年合併工作底稿之調整/沖銷分錄。

說 明：

(A) 20x6 年 12 月 31 日(應計當年利息收入後)，乙公司帳上「按攤銷後成本衡量之金融資產」為$198,132 (詳表 7-10)，於公開市場以$199,061 的價格出售，因此產生已實現處分長期債券投資利益$929。本筆交易共收現金$211,061，包括：債券出售價款$199,061 及應計利息$12,000。乙公司處分長期債券投資分錄如下：

20x6/12/31	現　　金　　　　　　　　　　　　　　　211,061
	按攤銷後成本衡量之金融資產　　　　　　　　198,132
	應收利息　　　　　　　　　　　　　　　　　 12,000
	處分投資利益　　　　　　　　　　　　　　　　　929

(B) 以合併個體立場而言，乙公司將所投資的"甲公司發行之公司債"於公開市場出售，即是將"視同清償的公司債"再發行。

20x6 年：

乙公司淨利＝帳列已實現利益$470,000＋處分長期債券投資利益$929
　　　　　＝$470,000－下述(a) $2,843(未實現損失)(類似順流)
　　　　　　　　＋下述(b) $3,772(已實現利益)(類似順流)＝$470,929

(a) $2,843(未實現損失)(類似順流)：
　　再發行之折價＝$199,061－甲帳上應付公司債之帳面金額$504,761×(2/5)
　　　　　　　　＝$199,061－$201,904＝－$2,843(未實現損失)
　　未實現損失$2,843，將於公司債到期前分年實現，仍按有效利息法計算公司債折、溢價之攤銷，本例只剩一年。

(b) $3,772(已實現利益)(類似順流)：
　　＝ $201,904 (甲帳列「應付公司債」之帳面金額)
　　　－$198,132 (乙帳列「按攤銷後成本衡量之金融資產」之帳面金額)

甲公司應認列之投資收益
　　＝($470,000×80%)－$3,561(20x6 年)－$3,772(20x7 年)
　　　＋上述(b)$3,772(已實現利益)(類似順流，由發行公司甲認列)＝$372,439

非控制權益淨利＝$470,000×20%＝$94,000

20x7 年：

甲公司應認列之投資收益
　　＝($550,000×80%)－$2,843(已實現損失)(類似順流)＝$437,157
非控制權益淨利＝$550,000×20%＝$110,000

20x8 年： 甲公司應認列之投資收益＝$640,000×80%＝$512,000
　　　　　　非控制權益淨利＝$640,000×20%＝$128,000

相關項目異動如下：

	20x3/12/31	20x4	20x4/12/31	20x5	20x5/12/31
乙－權　益	$3,000,000	＋$330,000 －$30,000	$3,300,000	＋$400,000 －$50,000	$3,650,000
權益法：					
甲－採用權益法之投資	$2,400,000	＋$274,694 －$24,000	$2,650,694	＋$316,639 －$40,000	$2,927,333
合併財務報表：					
非控制權益	(同釋例一) $600,000	＋$66,000 －$6,000	$660,000	＋$80,000 －$10,000	$730,000
驗　算： 同釋例一。					

(延續上表)

	20x5/12/31	20x6	20x6/12/31	20x7	20x7/12/31	20x8	20x8/12/31
乙－權　益	$3,650,000	＋$470,929 －$60,000	$4,060,929	＋$550,000 －$70,000	$4,540,929	＋$640,000 －$80,000	$5,100,929
權益法：							
甲－採用權益法之投資	$2,927,333	＋$372,439 －$48,000	$3,251,772	＋$437,157 －$56,000	$3,632,929	＋$512,000 －$64,000	$4,080,929
合併財務報表：							
非控制權益	$730,000	＋$94,000 －$12,000	$812,000	＋$110,000 －$14,000	$908,000	＋$128,000 －$16,000	$1,020,000

(C) 甲公司適用正確權益法時，20x6、20x7 及 20x8 年甲公司及乙公司合併工作底稿之沖銷分錄：

		20x6	20x7	20x8
(1) 註一	處分投資利益　　　929 應付公司債　　　2,843 　採用權益法之投資　3,772		保留盈餘　　　929 利息費用　　　2,843 　採用權益法之投資　3,772	929 — 　　929
(2) 註二	利息收入　　　13,747 　利息費用　　　10,186 　採用權益法之投資　3,561		X	X
(3) 註二	應付利息　　　12,000 　應收利息　　　12,000		X	X

		20x6	20x7	20x8
(4)	採用權益法認列之 子公司、關聯企業 及合資利益之份額 　股　利 　採用權益法之投資	372,439 48,000 324,439	473,157 56,000 381,157	512,000 64,000 448,000
(5)	非控制權益淨利 　股　利 　非控制權益	94,000 12,000 82,000	110,000 14,000 96,000	128,000 16,000 112,000
(6)	普通股股本 保留盈餘 　採用權益法 　　之投資（&） 　非控制權益（☆）	2,000,000 1,650,000 2,920,000 730,000	2,000,000 2,060,000 3,248,000 812,000	2,000,000 2,540,000 3,632,000 908,000
&	20x6/12/31：期末餘額$3,251,772－沖(1)$3,772－沖(2)$3,561 　　　　　　　　　－沖(4)$324,439－沖(6)$2,920,000＝$0 20x7/12/31： 　期末餘額$3,632,929－沖(1)$3,772－沖(4)$381,157－沖(6)$3,248,000＝$0 20x8/12/31： 　期末餘額$4,080,929－沖(1)$929－沖(4)$448,000－沖(6)$3,632,000＝$0		
☆	20x6/12/31： 　　沖(5)$82,000＋沖(6)$730,000＝應表達在合併財務狀況表上之金額$812,000 20x6/12/31： 　　沖(5)$96,000＋沖(6)$812,000＝應表達在合併財務狀況表上之金額$908,000 20x6/12/31： 　　沖(5)$112,000＋沖(6)$908,000＝應表達在合併財務狀況表上之金額$1,020,000		

註一：

20x6 年：

(1) 貸記「採用權益法之投資」$3,772，係調整甲公司 20x4 年於投資收益中認列已實現利益$13,866，其中屬於 20x7 年的部分$3,772，以建立「採用權益法之投資」與「乙公司權益」間的對稱性。

(2) 乙公司購買甲公司所發行之公司債當作債券投資是「視同清償」，乙公司之後賣出該項公司債是「視同發行」。以合併個體觀點而言，在 20x6 年 12 月 31 日，有五分之三的應付公司債是溢價$2,857，$504,761×3/5＝$302,857，另五分之二的應付公司債原是溢價$1,904，$504,761×2/5＝$201,904，現在是折價$939，因以$199,061 價格外售，等同按折價$939 再發行，並於剩餘年限中攤銷，本例只剩 20x7 年一年。因此把五分之二應付公司債的未攤銷溢價$1,904 沖銷，並計入再發行之折價$939，共計$2,843，借記應付公司債。

(3) 就乙公司而言，20x4 年 1 月 1 日買回債券投資時市價$193,226，經過 3 年，該公司債市價增值為$199,061，共增值$5,835，其中$4,906 ($198,132－$193,226) 係於 3 年中透過折價攤銷，列為利息收入，另$929 則是處分長期債券投資之利益。但以合併個體而言，此利益$929 並未實現，因公司債又再發行並流通在外，故在沖銷分錄(1)中借記消除之。

20x7 年：

(1) 乙公司帳上已無利息收入，但 20x6 年認列之處分長期債券投資利益$929 會結轉至保留盈餘，使 20x6 年 12 月 31 日乙公司權益增加$929，故需減少(借記)保留盈餘$929。

(2) 借記利息費用，係公司債再發行之折價，於 20x7 年之攤銷數$2,843。以合併個體觀點，利息費用＝[$300,000×6%－$2,857 (溢價攤銷)]＋[$200,000×6%＋$939 (折價攤銷)]＝$15,143＋$12,939＝$28,082，而甲公司帳列利息費用為$25,239，故利息費用須增加$2,843，$28,082－$25,239＝$2,843。

(3) 貸記「採用權益法之投資」$3,772，係調整甲公司 20x4 年於投資收益中認列已實現利益$13,866，其中屬於 20x7 年的部分$3,772，以建立「採用權益法之投資」與「乙公司權益」間的對稱性。

20x8 年：

(1) 20x6 年認列之處分長期債券投資利益$929 會結轉至保留盈餘，使 20x6 年 12 月 31 日之乙公司權益增加$929，故需減少(借記)保留盈餘$929。

(2) 貸記「採用權益法之投資」$929，係調整甲公司 20x6 年於投資收益中認列已實現利益$929，$3,772－$2,843＝$929，以建立「採用權益法之投資」與「乙公司權益」間的對稱性。

註二：

20x6 年： 同「表 7-14」。

20x7 年、20x8 年： 乙公司帳上已無利息收入。另就合併個體觀點，已無甲、乙公司間交易存在，故無須沖銷分錄。

附 錄－以直線法攤銷公司債之折、溢價

釋例一： (以直線法攤銷公司債之折、溢價)

甲公司持有子公司(乙公司)80%股權數年。當初收購時，乙公司帳列資產及負債之帳面金額皆等於公允價值，且無未入帳資產或負債。時至 20x3 年 12 月 31 日，在未考慮下段所述內部交易前，甲公司帳列「採用權益法之投資」為 $2,400,000，當日乙公司權益包括普通股股本$2,000,000 及保留盈餘$1,000,000。

20x3 年 12 月 31 日，甲公司帳列應付公司債$517,729，該公司債面額$500,000，票面利率6%，20x8 年 1 月 1 日到期，每年 1 月 1 日付息，當初發行時有效利率5%。同日，乙公司於公開市場以$193,226 (另加計應收利息$12,000) 買回上述面額$200,000公司債當作債券投資，並分類為「按攤銷後成本衡量之金融資產」，有效利率7%。

甲公司每年支付之現金利息＝$500,000×6%×12/12＝$30,000
甲公司應付公司債溢價之每年攤銷數＝($517,729－$500,000)÷4 年＝$4,432
乙公司每年收到之現金利息＝$200,000×6%×12/12＝$12,000
乙公司長期債券投資折價之每年攤銷數＝($200,000－$193,226)÷4 年＝$1,694

甲公司應付公司債之溢價攤銷： (表 7-24，請詳次頁)

甲公司應付公司債之分錄：

		20x4	20x5	20x6	20x7	20x8
1/1	應付利息	30,000	30,000	30,000	30,000	30,000
	現　金	30,000	30,000	30,000	30,000	30,000
1/1	應付公司債	X	X	X	X	500,000
	現　金					500,000
12/31	利息費用	25,568	25,568	25,568	25,567	
	應付公司債	4,432	4,432	4,432	4,433	X
	應付利息	30,000	30,000	30,000	30,000	

甲公司應付公司債溢價攤銷如下：（表 7-24）

日 期	每年支付之現金利息 (a)	每年認列之利息費用 (b)	每年之溢價攤銷數 (c)	應付公司債之帳面金額 (d)
20x3/12/31	(應付$30,000)			$517,729
20x4/ 1/ 1	$30,000			
20x4/12/31	(應付$30,000)	$25,568	$4,432	$513,297
20x5/ 1/ 1	$30,000			
20x5/12/31	(應付$30,000)	$25,568	$4,432	$508,865
20x6/ 1/ 1	$30,000			
20x6/12/31	(應付$30,000)	$25,568	$4,432	$504,433
20x7/ 1/ 1	$30,000			
20x7/12/31	(應付$30,000)	$25,567	(＊) $4,433	$500,000
20x8/ 1/ 1	$30,000			
		$102,271	$17,729	

每年認列之利息費用(b)＝每年支付之現金利息(a)－每年溢價攤銷數(c)
(d)＝前期(d)－(c)，　　(＊) 尾差 $1。

乙公司長期債券投資折價攤銷如下：（表 7-25）

日 期	每年收取之現金利息 (a)	每年認列之利息收入 (b)	每年之折價攤銷數 (c)	債券投資之帳面金額 (d)
20x3/12/31	(應收$12,000)			$193,226
20x4/ 1/ 1	$12,000			
20x4/12/31	(應收$12,000)	$13,694	$1,694	$194,920
20x5/ 1/ 1	$12,000			
20x5/12/31	(應收$12,000)	$13,694	$1,694	$196,614
20x6/ 1/ 1	$12,000			
20x6/12/31	(應收$12,000)	$13,694	$1,694	$198,308
20x7/ 1/ 1	$12,000			
20x7/12/31	(應收$12,000)	$13,692	(＊) $1,692	$200,000
20x8/ 1/ 1	$12,000			
		$54,774	$6,774	

每年認列之利息收入(b)＝每年收到之現金利息(a)＋每年折價攤銷數(c)
(d)＝前期(d)＋(c)，　　(＊) 尾差 $2。

乙公司長期債券投資之分錄：

20x3/12/31	按攤銷後成本衡量之金融資產　193,226 應收利息　12,000　　　現　金　　　　205,226					
		20x4	20x5	20x6	20x7	20x8
1/1	現　金　　　　　　　　　　應收利息	12,000　12,000	12,000　12,000	12,000　12,000	12,000　12,000	12,000　12,000
1/1	現　金　　　按攤銷後成本　　衡量之金融資產	X	X	X	X	200,000　　　　200,000
12/31	應收利息　　按攤銷後成本　　衡量之金融資產　　利息收入	12,000　1,694　13,694	12,000　1,694　13,694	12,000　1,694　13,694	12,000　1,692　13,692	X

　　20x3 年 12 月 31 日，甲公司帳列應付公司債之帳面金額為$517,729。同日，乙公司以$193,226 買回甲公司所發行面額$200,000 公司債當作債券投資，因此買回投資之應付公司債的帳面金額為$207,092，$517,729×($200,000/$500,000)＝$207,092。以合併個體觀點而言，該部分被買回投資之應付公司債，已不再流通在外，不再是欠合併個體以外單位之負債，而是欠合併個體內部其他成員之負債，故該部分被買回投資之應付公司債已經「視同清償」，因此其所產生的「視同清償債券利益」$13,866 已經實現，買回價格$193,226－應付公司債帳面金額$207,092＝利益$13,866，須於 20x3 年度甲公司及乙公司合併財務報表中認列，而不是在 20x4 年至 20x7 年間(共四年)分年實現，每年實現$3,467，$13,866÷4 年＝$3,467。

　　此項「分年實現的利益」係透過下列前兩項損益的合計效果而達成：

(1) 甲公司面額$200,000 應付公司債之每年利息費用較每年實付之現金利息少$1,773，因面額$200,000 應付公司債每年溢價攤銷數為$4,432×(2/5)＝$1,773。

(2) 乙公司長期債券投資之每年利息收入較每年實收之現金利息多$1,694，因每年長期債券投資折價攤銷數為$1,694。

(3) 就合併個體立場而言，每年的利息費用因應付公司債溢價攤銷而較實付利息金額少$1,773，而每年的利息收入因長期債券投資折價攤銷而較實收利息金額多$1,694，故使整體利益增加$3,467，$1,773＋$1,694＝$3,467，20x7 年須注意尾差問題。

以合併個體觀點而言，20x4 年至 20x7 年(四年)間，甲公司每期支付予乙公司之現金利息是$12,000，本身亦是一筆內部交易，因而所產生的相對科目包括：利息費用、利息收入、應付利息、及應收利息等，於期末編製甲公司及乙公司合併財務報表時皆須相互沖銷。但由上述甲公司及乙公司帳列分錄得知，每年底之應付利息$12,000 及應收利息$12,000 可以相互沖銷，$30,000×2/5＝$12,000，而四年合計之利息費用$40,908 (詳表 7-24，$102,271×2/5＝$40,908) 及利息收入$54,774 (詳表 7-25) 卻無法完全相互沖銷，相差$13,866，原因即是上段所述公司債(折)溢價攤銷所導致，故「分年實現的利益」亦是下列前兩項金額之差額：

(a) 公司債發行公司(甲)之利息費用×買回成數＝$102,271(表 7-24)×2/5＝$40,908
(b) 買回公司債當作投資之公司(乙)的利息收入$54,774，表 7-25。
(c) 利息費用$40,908，利息收入$54,774，故使整體利益多$13,866，其各年金額如下：

	20x4	20x5	20x6	20x7	合 計
利息費用 (全部)	$25,568	$25,568	$25,568	$25,567	$102,271
利息費用 (2/5)	$10,227	$10,227	$10,227	$10,227	$40,908
利息收入	13,694	13,694	13,694	13,692	54,774
視同清償債券利益	$ 3,467	$ 3,467	$ 3,467	$3,465	$13,866

假設乙公司 20x4 及 20x5 年之淨利分別為$330,000 及$400,000，且於 20x4 及 20x5 年宣告並發放之現金股利分別為$30,000 及$50,000，則甲公司適用權益法每年應認列之投資收益及非控制權益淨利如下：

甲公司適用正確權益法： (表 7-26)

	甲公司應認列之投資收益	非控制權益淨利
20x3 年	乙公司已實現淨利×80%＋$13,866	乙公司已實現淨利×20%
20x4 年	$330,000×80%－$3,467＝$260,533	$330,000×20%＝$66,000
20x5 年	$400,000×80%－$3,467＝$316,533	$400,000×20%＝$80,000
20x6 年	乙公司已實現淨利×80%－$3,467	乙公司已實現淨利×20%
20x7 年	乙公司已實現淨利×80%－$3,465	乙公司已實現淨利×20%

甲公司適用權益法時，忽略內部交易之影響：(表 7-27)

	甲公司應認列之投資收益	非控制權益淨利
20x3 年	乙公司已實現淨利×80%	
20x4 年	$330,000×80%＝$264,000	
20x5 年	$400,000×80%＝$320,000	(同表 7-26)
20x6 年	乙公司已實現淨利×80%	
20x7 年	乙公司已實現淨利×80%	

相關項目異動如下：

	20x3/12/31	20x4	20x4/12/31	20x5	20x5/12/31
乙－權　益	$3,000,000	＋$330,000 －$30,000	$3,300,000	＋$400,000 －$50,000	$3,650,000
權益法：					
甲－採用權益法 　　之投資	(＃) $2,413,866	＋$260,533 －$24,000	$2,650,399	＋$316,533 －$40,000	$2,926,932

＃：$2,400,000＋$13,866＝$2,413,866

合併財務報表：					
非控制權益	(同釋例一) $600,000	＋$66,000 －$6,000	$660,000	＋$80,000 －$10,000	$730,000
未正確地適用權益法：					
甲－採用權益法 　　之投資	$2,400,000	＋$264,000 －$24,000	$2,640,000	＋$320,000 －$40,000	$2,920,000
未採用權益法：					

假設：甲公司多年前取得乙公司 80%股權之移轉對價為 Y，
　　　並將該股權投資分類為「透過損益按公允價值衡量之金融資產」。

甲－強制透過損益 　按公允價值衡量 　之金融資產	＄Ｙ	股利收入 $24,000	＄Ｙ	股利收入 $40,000	＄Ｙ

驗　算：(正確地適用權益法)

20x4/12/31：甲帳列「採用權益法之投資」＝(乙權益$3,300,000×80%)＋分年(20x5、
　　　　　　20x6、20x7)認列之視同清償利益($3,467＋$3,467＋$3,465)＝$2,650,399
　　　　　　合併財務狀況表上之「非控制權益」＝($3,300,000×20%)＝$660,000

20x5/12/31：甲帳列「採用權益法之投資」＝(乙權益$3,650,000×80%)＋分年(20x6、
　　　　　　20x7)認列之視同清償利益($3,467＋$3,465)＝$2,926,932
　　　　　　合併財務狀況表上之「非控制權益」＝($3,650,000×20%)＝$730,000

當甲公司正確地適用權益法時，20x3 年至 20x7 年甲公司及乙公司合併工作底稿之沖銷分錄：

表 7-28

	20x3	20x4	20x5	20x6	20x7
(1) 應付公司債	207,092				
按攤銷後成本衡量之金融資產	193,226	X	X	X	X
視同清償債券利益	13,866				
應付公司債（＊）		205,319	203,546	201,773	200,000
按攤銷後成本衡量之金融資產	X	194,920	196,614	198,308	200,000
採用權益法之投資		10,399	6,932	3,465	―
(2) 利息收入		13,694	13,694	13,694	13,692
利息費用（＃）	X	10,227	10,227	10,227	10,227
採用權益法之投資		3,467	3,467	3,467	3,465
(3) 應付利息	12,000	12,000	12,000	12,000	12,000
應收利息	12,000	12,000	12,000	12,000	12,000
(4) 採用權益法認列之子公司、關聯企業及合資利益之份額	xxx	260,533	316,533	xxx	xxx
股　利	xx	24,000	40,000	xx	xx
採用權益法之投資	xxx	236,533	276,533	xxx	xxx
(5) 非控制權益淨利	xxx	66,000	80,000	xxx	xxx
股　利	xx	6,000	10,000	xx	xx
非控制權益	xxx	60,000	70,000	xxx	xxx
(6) 普通股股本	xxx	2,000,000	2,000,000	xxx	xxx
保留盈餘	xxx	1,000,000	1,300,000	xxx	xxx
採用權益法之投資（&）	xxx	2,400,000	2,640,000	xxx	xxx
非控制權益(☆)	xxx	600,000	660,000	xxx	xxx

(續次頁)

(表 7-28，續)

＊	(表 7-24) 20x4/12/31：$513,297×(2/5)＝$205,319， 20x5/12/31：$508,865×(2/5)＝$203,546 　　　　20x6/12/31：$504,433×(2/5)＝$201,773， 20x7/12/31：$500,000×(2/5)＝$200,000
＃	(表 7-24)　20x4～20x6：$25,568×(2/5)＝$10,227，　20x7：$25,567×(2/5)＝$10,227
＆	20x4/12/31： 　期末餘額$2,650,399－沖(1)$10,399－沖(2)$3,467－沖(4)$236,533－沖(6)$2,400,000＝$0 20x5/12/31： 　期末餘額$2,926,932－沖(1)$6,932－沖(2)$3,467－沖(4)$276,533－沖(6)$2,640,000＝$0
☆	20x4/12/31：沖(5)$60,000＋沖(6)$600,000＝應表達在合併財務狀況表上之金額$660,000 20x5/12/31：沖(5)$70,000＋沖(6)$660,000＝應表達在合併財務狀況表上之金額$730,000

若甲公司適用權益法時忽略內部交易之影響，或甲公司未採用權益法處理其對乙公司之股權投資，而係於乙公司宣告現金股利時認列股利收入。遇此，則先在甲公司及乙公司合併工作底稿上填入下述之調整分錄(表 7-29)，再填入正確適用權益法下之沖銷分錄(表 7-28)，即可編製出甲公司及乙公司正確之合併財務報表。

表 7-29　甲公司及乙公司合併工作底稿上之調整分錄

	\multicolumn{5}{c}{未 正 確 地 適 用 權 益 法}
	20x3	20x4	20x5	20x6	20x7
以前年度	X	採用權益法 之投資　　13,866 　保留盈餘(＊) 13,866	10,399 10,399	6,932 6,932	3,465 3,465
當年度	採用權益法 之投資　　13,866 　採用權益法認列之 　子公司、關聯企業 　及合資利益之份額 　　　　　　13,866	採用權益法認列之 子公司、關聯企業 及合資利益之份額 　　　　　3,467 　採用權益法 　之投資　　3,467	3,467 3,467	3,467 3,467	3,465 3,465
	$2,413,866－$2,400,000 ＝$13,866	20x4：$260,533－$264,000＝－$3,467 20x5：$316,533－$320,000＝－$3,467		\multicolumn{2}{l}{20x6、20x7，詳表 7-26、表 7-27。}
＊	\multicolumn{5}{l}{20x4：20x4 之前，收益低估$13,866，故貸記保留盈餘。 20x5：20x5 之前，$13,866－$3,467＝$10,399，收益低估$10,399，故貸記保留盈餘。 20x6：20x6 之前，$10,399－$3,467＝$6,932，收益低估$6,932，故貸記保留盈餘。 20x7：20x7 之前，$6,932－$3,467＝$3,465，收益低估$3,465，故貸記保留盈餘。}

(表 7-29,續)

	未 採 用 權 益 法				
	20x3	20x4	20x5	20x6	20x7
以前年度	採用權益法之投資　Y 　強制透過損益按 　公允價值衡量之 　金融資產　　　Y	Y Y	Y Y	Y Y	Y Y
	採用權益法 之投資　　　　M 　保留盈餘　　　M	(M＋N－P) (M＋N－P)	(M＋N－P ＋236,533) (M＋N－P ＋236,533)	(M＋N－P ＋513,066) (M＋N－P ＋513,066)	(金額視 各科目 餘額變 化而定)
當年度	採用權益法 　之投資　　 N－P 股利收入　　　　P 　採用權益法認列之 　子公司、關聯企業 　及合資利益之份額 　　　　　　　　N	236,533 24,000 260,533	276,533 40,000 316,533	(金額視各 科目餘額 變化而定)	(金額視 各科目 餘額變 化而定)
代號說明	M＝(甲取得乙 80%股權後至 20x3 年初止,乙淨值之淨變動數)×80% N＝(乙公司 20x3 年度已實現淨利×80%)＋$13,866 P＝乙公司 20x3 年度宣告並發放之現金股利×80%				

習　題

(一)　(子公司發行公司債，部分由母公司承購)

　　甲公司持有子公司(乙公司)70%股權數年。20x4 年 1 月 1 日，乙公司以$925,617 發行面額$1,000,000，票面利率 5%，十年期公司債，每年 1 月 1 日及 7 月 1 日付息，有效利率 6%。該公司債的五分之一係由甲公司認購，其餘五分之四則由社會大眾認購。甲公司將所認購之乙公司公司債分類為「按攤銷後成本衡量之金融資產」。（金額，請四捨五入計算至整數位。）

試作：(1) 乙公司 20x4 年發行公司債及其支付或應計利息費用之分錄。
　　　(2) 甲公司 20x4 年投資乙公司公司債及收取或應計利息收入之分錄。
　　　(3) 甲公司及乙公司 20x4 年合併工作底稿有關公司債發行及長期債券投資之沖銷分錄。
　　　(4) 應表達在甲公司及乙公司 20x4 年合併財務報表有關公司債之利息費用及應付利息。

解答：

乙公司應付公司債折價攤銷如下：

日　期	每期支付之現金利息 (a)	每期認列之利息費用 (b)	每期之折價攤銷數 (c)	應付公司債之帳面金額 (d)
20x4/ 1/ 1				$925,617
20x4/ 7/ 1	$25,000	$27,769	$2,769	$928,386
20x4/12/31	(應付$25,000)	$27,852	$2,852	$931,238
20x5/ 1/ 1	$25,000			
20x5/ 7/ 1	：	：	：	：
(a)：每期支付之現金利息＝$1,000,000×5%×6/12＝$25,000				
(b)：每期認列之利息費用＝每期期初應付公司債之帳面金額×6%×6/12				
(c)＝(b)－(a)，　　(d)＝前期(d)＋(c)				

甲公司長期債券投資折價攤銷如下：(投資金額＝$925,617×1/5＝$185,123)

日　期	每期收取之現金利息 (a)	每期認列之利息收入 (b)	每期之折價攤銷數 (c)	債券投資之帳面金額 (d)
20x4/ 1/ 1				$185,123
20x4/ 7/ 1	$5,000	$5,554	$554	$185,677
20x4/12/31	(應收 $5,000)	$5,570	$570	$186,247
20x5/ 1/ 1	$5,000			
20x5/ 7/ 1	:	:	:	:

(a)：每期收取之現金利息＝$200,000×5%×6/12＝$5,000
(b)：每期認列之利息收入＝每期期初債券投資之帳面金額×6%×12/12
(c)＝(b)－(a)，　　(d)＝前期(d)＋(c)

(1) 乙公司 20x4 年與發行公司債相關之分錄：

20x4/ 1/ 1	現　　金　　　　　　　　925,617	
	應付公司債	925,617
20x4/ 7/ 1	利息費用　　　　　　　　27,769	
	應付公司債	2,769
	現　　金	25,000
20x4/12/31	利息費用　　　　　　　　27,852	
	應付公司債	2,852
	應付利息	25,000

(2) 甲公司 20x4 年與投資乙公司公司債相關之分錄：

20x4/ 1/ 1	按攤銷後成本衡量之金融資產－乙　185,123	
	現　　金	185,123
20x4/ 7/ 1	現　　金　　　　　　　　　　　　5,000	
	按攤銷後成本衡量之金融資產－乙　　554	
	利息收入	5,554
20x4/12/31	應收利息　　　　　　　　　　　　5,000	
	按攤銷後成本衡量之金融資產－乙　　570	
	利息收入	5,570

(3) 甲公司及乙公司 20x4 年合併工作底稿有關公司債之沖銷分錄：

(a)	應付公司債　　　　　　　　　186,247	$931,238×(1/5)＝$186,247
	按攤銷後成本衡量之	
	金融資產－乙　　　　　　　　　　186,247	
(b)	利息收入　　　　　　　　　　11,124	$5,554＋$5,570＝$11,124
	利息費用　　　　　　　　　　　　　　11,124	＝($27,769＋$27,852)×(1/5)
(c)	應付利息　　　　　　　　　　 5,000	
	應收利息　　　　　　　　　　　　　　 5,000	

(4) 20x4 年，合併綜合損益表中之利息費用
　　　　　＝($27,769＋$27,852)－$11,124＝$44,497
　　20x4 年底，合併財務狀況表中之應付利息＝$25,000－$5,000＝$20,000

(二)　(債券－類似順流)

　　　甲公司持有子公司(乙公司)80%股權數年。20x4 年 5 月 1 日，乙公司於公開市場以$52,708 取得甲公司面額$50,000 之公司債，有效利率 6%。乙公司將該項債券投資分類為「按攤銷後成本衡量之金融資產」。該公司債係甲公司於數年前發行，面額$100,000，票面利率 8%，每年 5 月 1 日及 11 月 1 日付息，到期日為 20x7 年 5 月 1 日，發行時有效利率 10%。20x4 年 5 月 1 日甲公司帳列應付公司債之帳面金額為$94,925。 (金額，請四捨五入計算至整數位。)

試作：(1) 20x4 年 12 月 31 日，乙公司帳列「按攤銷後成本衡量之金融資產－甲」
　　　　之帳面金額。
　　　(2) 20x4 年 12 月 31 日，甲公司帳列「應付公司債」之帳面金額。
　　　(3) 若乙公司 20x4 年淨利為$30,000，則：
　　　　(a) 甲公司按權益法應認列之 20x4 年投資收益。
　　　　(b) 甲公司及乙公司 20x4 年合併財務報表之非控制權益淨利。
　　　(4) 若乙公司 20x5 年淨利為$40,000，則甲公司按權益法應認列之 20x5 年
　　　　投資收益。
　　　(5) 甲公司及乙公司在下列三個日期合併工作底稿有關公司債內部交易之
　　　　沖銷分錄：(a) 20x4 年 5 月 1 日
　　　　　　　　　(b) 20x4 年 12 月 31 日
　　　　　　　　　(c) 20x5 年 12 月 31 日

解答：

(1) 乙公司長期債券投資溢價攤銷如下：

(市場%＝6%＜8%＝票面%，故債券投資為溢價投資。)

日　期	每期收取之現金利息 (a)	每期認列之利息收入 (b)	每期之溢價攤銷數 (c)	債券投資之帳面金額 (d)
20x4/ 5/ 1				$52,708
20x4/11/ 1	$2,000	$1,581	$419	$52,289
20x5/ 5/ 1	$2,000	$1,569	$431	$51,858
20x5/11/ 1	$2,000	$1,556	$444	$51,414
20x6/ 5/ 1	$2,000	$1,542	$458	$50,956
20x6/11/ 1	$2,000	$1,529	$471	$50,485
20x7/ 5/ 1	$2,000	$1,515	$485	$50,000
(a)：每期收取之現金利息＝$50,000×8%×6/12＝$2,000			
(b)：每期認列之利息收入＝每期期初債券投資之帳面金額×6%×6/12			
(c)＝(a)－(b)，　(d)＝前期(d)－(c)			

20x4/12/31：乙公司帳列「按攤銷後成本衡量之金融資產－甲」之帳面金額
　　　　　＝$52,289－($431×2/6)＝$52,289－$144＝$52,145

(2) 甲公司應付公司債折價攤銷如下：

(市場%＝10%＞8%＝票面%，故應付公司債為折價發行。)

日　期	每期支付之現金利息 (a)	每期認列之利息費用 (b)	每期之折價攤銷數 (c)	應付公司債之帳面金額 (d)
20x4/ 5/ 1	：	：	：	$94,925
20x4/11/ 1	$4,000	$4,746	$746	$95,671
20x5/ 5/ 1	$4,000	$4,784	$784	$96,455
20x5/11/ 1	$4,000	$4,823	$823	$97,278
20x6/ 5/ 1	$4,000	$4,864	$864	$98,142
20x6/11/ 1	$4,000	$4,907	$907	$99,049
20x7/ 5/ 1	$4,000	(＊) $4,951	(＊) $951	$100,000
(a)：每期支付之現金利息＝$100,000×8%×6/12＝$4,000			
(b)：每期認列之利息費用＝每期期初應付公司債之帳面金額×10%×6/12			
(c)＝(b)－(a)，　(d)＝前期(d)＋(c)，　(＊)：尾差 $1。			

20x4/12/31：甲公司帳列「應付公司債」之帳面金額
$$= \$95{,}671 + (\$784 \times 2/6) = \$95{,}671 + \$261 = \$95{,}932$$

(3) 視同清償債券損失 $= \$52{,}708 - [\$94{,}925 \times (\$50{,}000/\$100{,}000)]$
$$= \$52{,}708 - \$47{,}463 = \$5{,}245$$

須於 20x4 年適用權益法及合併財務報表內，認列「視同清償債券損失」$5,245，而非於 20x4/ 5/ 1 至 20x7/ 5/ 1 的三年內，分 6 期認列。

20x4/ 5/ 1～20x4/12/31：$(\$419 + \$144) + [(\$746 + \$261) \times (5/10)] = \$1{,}066$

20x5 年：$[(\$431 - \$144) + \$444 + (\$458 \times 2/6)] + [(\$784 - \$261) + \$823$
$\qquad + (\$864 \times 2/6)] \times (5/10) = \$884 + \$817 = \$1{,}701$

20x4 年，甲公司按權益法應認列之投資收益
$$= \$30{,}000 \times 80\% - \$5{,}245 + \$1{,}066 = \$19{,}821$$

20x4 年，非控制權益淨利 $= \$30{,}000 \times 20\% = \$6{,}000$

(4) 20x5 年，甲公司按權益法應認列之投資收益
$$= \$40{,}000 \times 80\% + \$1{,}701 = \$33{,}701$$

(5) 甲公司及乙公司合併工作底稿有關公司債內部交易之沖銷分錄：

(a) 20x4/ 5/ 1：				
(i)	應付公司債	47,463		
	視同清償債券損失	5,245		
	按攤銷後成本衡量之金融資產－甲		52,708	
(b) 20x4/ 12 / 31：				
(i)	應付公司債	47,966		$\$95{,}932 \times (5/10)$
	視同清償債券損失	4,179		$= \$47{,}966$
	按攤銷後成本衡量之金融資產－甲		52,145	
(ii)	利息收入	2,104		$\$1{,}581 + (\$1{,}569 \times 2/6) = \$2{,}104$
	視同清償債券損失	1,066		$[\$4{,}746 + (\$4{,}784 \times 2/6)] \times (5/10)$
	利息費用		3,170	$= \$3{,}170$
(iii)	應付利息	667		$\$50{,}000 \times 8\% \times (2/12) = \$667$
	應收利息		667	

(續次頁)

(c) 20x5/ 12 / 31：

(i)	應付公司債	48,783		$97,278+($864×2/6)=$97,566
	採用權益法之投資	2,478		$97,566×(5/10)=$48,783
	按攤銷後成本衡量之			$51,414-($458×2/3)=$51,261
	金融資產－甲		51,261	
(ii)	利息收入	3,116		(詳#)
	採用權益法之投資	1,701		
	利息費用		4,817	
	#：($1,569×4/6)+$1,556+($1,542×2/6)=$3,116			
	[($4,784×4/6)+$4,823+($4,864×2/6)]×(5/10)=$4,817			
(iii)	應付利息	667		$50,000×8%×(2/12)=$667
	應收利息		667	

(三) (債券－類似逆流)

　　乙公司於 20x4 年 1 月 1 日以$626,712 發行面額$600,000 公司債，票面利率 5%，5 年期，每年 1 月 1 日付息，到期日為 20x9 年 1 月 1 日，發行時有效利率 4%。甲公司持有子公司(乙公司)80%股權數年，於 20x6 年 4 月 1 日在公開市場以$195,074 (另加計應收利息) 取得乙公司面額$200,000 公司債作為債券投資，有效利率 6%。甲公司將該項債券投資分類為「按攤銷後成本衡量之金融資產」。20x6 年 12 月 31 日，甲公司帳列長期債券投資之帳面金額為$196,334。(金額，請四捨五入計算至整數位。)

試作：(1) 甲公司 20x6 年 4 月 1 日取得乙公司公司債之分錄。
　　　(2) 甲公司 20x6 年 12 月 31 日應計債券投資利息收入及折價攤銷之分錄。
　　　(3) 甲公司及乙公司在下列三個日期合併工作底稿有關公司債內部交易之沖銷分錄：(a) 20x6 年 4 月 1 日
　　　　　　　　　　　　　　　　　　　　(b) 20x6 年 12 月 31 日
　　　　　　　　　　　　　　　　　　　　(c) 20x7 年 12 月 31 日

(續次頁)

解答：

(1) 甲公司取得乙公司公司債之分錄：

20x6/ 4/ 1	按攤銷後成本衡量之金融資產－乙	195,074	
	應收利息	2,500	
	現　金		197,574
$200,000×5%×3/12＝$2,500 (加計三個月應收利息)			

(2) 甲公司應計債券投資利息收入及折價攤銷之分錄：

20x6/12/31	應收利息	7,500	
	按攤銷後成本衡量之金融資產－乙	1,260	
	利息收入		8,760
$200,000×5%×9/12＝$7,500，$196,334－$195,074＝$1,260			

(3) 乙公司應付公司債溢價攤銷如下：

(市場%＝4%＜5%＝票面%，故應付公司債為溢價發行。)

日　期	每年支付之現金利息 (a)	每年認列之利息費用 (b)	每年之溢價攤銷數 (c)	應付公司債之帳面金額 (d)
20x4/ 1/ 1				$626,712
20x4/12/31	(應付$30,000)	$25,068	$4,932	$621,780
20x5/ 1/ 1	$30,000			
20x5/12/31	(應付$30,000)	$24,871	$5,129	$616,651
20x6/ 1/ 1	$30,000			
20x6/12/31	(應付$30,000)	$24,666	$5,334	$611,317
20x7/ 1/ 1	$30,000			
20x7/12/31	(應付$30,000)	$24,453	$5,547	$605,770
20x8/ 1/ 1	$30,000			
20x8/12/31	(應付$30,000)	(＊) $24,230	(＊) $5,770	$600,000
20x9/ 1/ 1	$30,000			
		$123,288	$26,712	

(a)：每年支付之現金利息＝$600,000×5%×12/12＝$30,000
(b)：每年認列之利息費用＝每年期初應付公司債之帳面金額×4%×12/12
(c)＝(a)－(b)，　(d)＝前期(d)－(c)，　(＊)：尾差 $1。

甲公司長期債券投資折價攤銷如下：

(市場%＝6%＞5%＝票面%，故債券投資為折價投資。)

日　期	每年收取之現金利息 (a)	每年認列之利息收入 (b)	每年之折價攤銷數 (c)	債券投資之帳面金額 (d)
20x6/ 4/ 1	(應收 $2,500)			$195,074
20x6/12/31	(應收 $7,500)	$8,760	$1,260	$196,334
20x7/ 1/ 1	$10,000			
20x7/12/31	(應收$10,000)	$11,780	$1,780	$198,114
20x8/ 1/ 1	$10,000			
20x8/12/31	(應收$10,000)	(＊) $11,886	(＊) $1,886	$200,000
20x9/ 1/ 1	$10,000			
		$32,426	$4,926	

(a)：每年收取之現金利息＝$200,000×5%×12/12＝$10,000
(b)：每年認列之利息收入＝每年期初債券投資之帳面金額×6%×12/12
(c)＝(b)－(a)，　　(d)＝前期(d)＋(c)，　　(＊)：尾差 $1。

甲公司及乙公司合併工作底稿有關公司債內部交易之沖銷分錄：

(a) 20x6/ 4/ 1：			
(i)	應付公司債　　　　　　　　205,106		$616,651－($5,334×3/12)
	按攤銷後成本衡量之		＝$615,318
	金融資產－乙	195,074	$615,318×($200,000/$600,000)
	視同清償債券利益	10,032	＝$205,106
(ii)	應付利息　　　　　　　　　　2,500		$200,000×5%×(3/12)＝$2,500
	應收利息	2,500	
(b) 20x6/ 12 / 31：			
(i)	應付公司債　　　　　　　　203,772		$611,317×(2/6)＝$203,772
	按攤銷後成本衡量之		
	金融資產－乙	196,334	
	視同清償債券利益	7,438	
(ii)	利息收入　　　　　　　　　　8,760		$24,666×(9/12)×(2/6)＝$6,166
	利息費用	6,166	驗算：$7,438＋$2,594
	視同清償債券利益	2,594	＝$10,032
(iii)	應付利息　　　　　　　　　10,000		$200,000×5%×(12/12)
	應收利息	10,000	＝$10,000

(c) 20x7/ 12 / 31：

(i)	應付公司債	201,923	$605,770×(2/6)＝$201,923
	按攤銷後成本衡量之		$201,923－$198,114＝$3,809
	金融資產－乙	198,114	$3,809×80%＝$3,047
	採用權益法之投資	3,047	$3,809×20%＝$762
	非控制權益	762	
(ii)	利息收入	11,780	$24,453×(2/6)＝$8,151
	利息費用	8,151	$11,780－$8,151＝$3,629
	採用權益法之投資	2,903	$3,629×80%＝$2,903
	非控制權益	726	$3,629×20%＝$726
(iii)	應付利息	10,000	$200,000×5%×(12/12)
	應收利息	10,000	＝$10,000

(四)　(債券－類似逆流)

　　甲公司持有子公司(乙公司)70%股權數年。當初收購時，乙公司帳列資產及負債之帳面金額皆等於公允價值，且無未入帳資產或負債。20x4 年 1 月 1 日，甲公司於公開市場取得乙公司所發行面額$300,000 公司債作為債券投資。該公司債是乙公司於 20x1 年 1 月 1 日發行的十年期公司債，面額$900,000，票面利率 6%，每年 1 月 1 日付息。甲公司將該項債券投資分類為「按攤銷後成本衡量之金融資產」。假設甲公司及乙公司皆採<u>直線法</u>攤銷有關長期債券投資及應付公司債之折、溢價。下列是甲公司及乙公司 20x4 年 12 月 31 日合併工作底稿有關公司債內部交易之沖銷分錄：

沖	應付公司債	?	
銷	視同清償債券損失	?	
分	利息收入	?	
錄	應付利息	?	
	按攤銷後成本衡量之金融資產－乙		327,000
	利息費用		15,000
	應收利息		?

試作：(1) 20x4 年 1 月 1 日，乙公司帳列應付公司債之帳面金額。

　　　(2) 甲公司於 20x4 年 1 月 1 日在公開市場取得乙公司面額$300,000 公司債的價格。

(3) 甲公司及乙公司 20x4 年合併綜合損益表之視同清償債券損益。
(4) 若乙公司 20x4 年淨利為$90,000，則甲公司及乙公司 20x4 年合併綜合損益表之非控制權益淨利。
(5) 若乙公司 20x5 年淨利為$120,000，甲公司應認列 20x5 年投資收益。
(6) 乙公司每年 12 月 31 日應計公司債利息費用之分錄。
(7) 甲公司每年 12 月 31 日應計投資乙公司公司債利息收入之分錄。
(8) 完成題目所列之公司債內部交易沖銷分錄。

解答：

(1) 針對甲公司買回投資之乙公司應付公司債(面額$300,000)而言，
   (a) 現金利息＝$300,000×6%×12/12＝$18,000，利息費用＝$15,000(已知)
   (b) 溢價每期之攤銷數＝$18,000－$15,000＝$3,000
   (c) 於 20x4/12/31 之帳面金額＝$300,000＋($3,000×6 年)＝$318,000
   (d) 於 20x4/ 1/ 1 之帳面金額＝$300,000＋($3,000×7 年)＝$321,000
   (e) 故 20x4/ 1/ 1，乙公司「應付公司債」之帳面金額
       ＝$321,000×($900,000/$300,000)＝$963,000

(2) (a) 20x4/12/31，長期債券投資之溢價＝$327,000－$300,000＝$27,000
   (b) 長期債券投資溢價之每期攤銷數＝$27,000÷(10 年－4 年)＝$4,500
   (c) 20x4/ 1/ 1，甲公司投資乙公司公司債之金額
       ＝$327,000＋$4,500＝$331,500

(3) 視同清償債券損失＝$331,500－$321,000＝$10,500

(4) 20x4 年，非控制權益淨利＝[$90,000－$10,500＋($10,500÷7 年)]×30%
       ＝[$90,000－$10,500＋$1,500]×30%＝$24,300

(5) 甲公司應認列 20x5 年投資利益＝($120,000＋$1,500)×70%＝$85,050

(6)

xx/12/31	利息費用	45,000	
	應付公司債	9,000	
	應付利息		54,000
	$900,000×6%×12/12＝$54,000		
	$3,000×($900,000/$300,000)＝$9,000		

(7)

xx/12/31	應收利息	18,000	
	按攤銷後成本衡量之金融資產－乙		4,500
	利息收入		13,500
$300,000×6%×12/12＝$18,000			

(8) 20x4 年 12 月 31 日，合併工作底稿有關公司債內部交易之沖銷分錄：

沖銷分錄	應付公司債	318,000	
	視同清償債券損失	10,500	
	利息收入	13,500	
	應付利息	18,000	
	按攤銷後成本衡量之金融資產－乙		327,000
	利息費用		15,000
	應收利息		18,000

(五)　(債券－類似順流)

下列是甲公司及乙公司 20x4 年各自綜合損益表及其合併綜合損益表：

	甲公司	乙公司	合併個體
銷貨收入	$1,000,000	$200,000	$1,200,000
採用權益法認列之子公司、關聯企業及合資利益之份額	39,800	－	－
公司債利息收入	－	12,000	－
視同清償債券利益	－	－	6,000
總　收　益	$1,039,800	$212,000	$1,206,000
銷貨成本	$ 560,000	$100,000	$ 660,000
公司債利息費用	18,000	－	7,200
其他費用	241,800	62,000	303,800
總成本及費用	$ 819,800	$162,000	$ 971,000
淨　　利	$ 220,000	$ 50,000	
總合併淨利			$ 235,000
減：非控制權益淨利			15,000
控制權益淨利			$ 220,000

有關利息收入及利息費用之沖銷金額，係因部分已發行流通在外之公司債於 20x4 年 1 月 1 日被合併個體中其他成員買回當作債券投資所致。該公司債當初係按面額發行，票面利率 9%，到期日為 20x9 年 1 月 1 日。假設甲公司及乙公司皆採直線法攤銷有關應付公司債及長期債券投資之折、溢價。

試求：(1) 題目所述之公司債係由甲公司或乙公司發行？
　　　(2) 「視同清償公司債」一事影響 20x4 年總合併淨利之金額。
　　　(3) 以合併個體而言，截至 20x4 年 12 月 31 日尚流通再外之公司債。
　　　(4) 請以計算式說明甲公司 20x4 年投資收益$39,800 的計算過程。

解答：

(1) 甲公司帳列「公司債利息費用」，乙公司帳列「公司債利息收入」，可知甲公司是公司債的發行公司，故此筆內部債券交易係「類似順流交易」。

(2) 非控制權益淨利$15,000÷乙公司淨利$50,000＝30%，可知甲公司持有乙公司70%股權。投資收益$39,800＝($50,000×70%)＋$6,000－Y，Y＝$1,200，故「視同清償公司債」一事對 20x4 年總合併淨利之影響為增加淨利$4,800 [$6,000－$1,200＝$4,800]。

亦可由「視同清償債券利益」$6,000÷5 年＝$1,200 (分年實現清償利益數)，其中「÷5 年」係因買回公司債是在 20x4/ 1/ 1，公司債到期日是 20x9/ 1/ 1，又採直線法攤銷折(溢)價，故除以 5 年。

(3) 公司債利息費用：$7,200÷$18,000＝40%，所以尚有 40%的公司債流通在外，亦即買回 60%的公司債。

(4) 投資收益$39,800＝($50,000×70%)＋$6,000－$1,200

(六)　(債券－類似逆流)

甲公司持有子公司(乙公司)80%股權數年。20x4 年 1 月 1 日，甲公司於公開市場取得乙公司先前發行之部分公司債作為債券投資，並將之分類為「按攤銷後成本衡量之金融資產」。該公司債發行總面額為$800,000，票面利率 6%，每年 1 月 1 日付息。假設甲公司及乙公司皆採直線法攤銷有關長期債券投資及應付公司債之折、溢價。下列是甲公司及乙公司 20x4 年各自財務報表及其合併財務報表之部分資料：

	甲公司	乙公司	合併金額
按攤銷後成本衡量之金融資產－乙	$488,000	—	—
應付公司債	—	$832,000	$312,000
視同清償債券(損)益	—	—	?
公司債利息費用	—	$40,000	?

試作：(1) 乙公司每年 12 月 31 日應計利息費用之分錄。

(2) 甲公司每年 12 月 31 日應計利息收入之分錄。

(3) 20x4 年 1 月 1 日，甲公司於公開市場取得乙公司部分公司債的價格。

(4) 題目所述之公司債的到期日。

(5) 甲公司及乙公司在下列兩個日期的合併工作底稿有關公司債內部交易之沖銷分錄：(a) 20x4 年 12 月 31 日，(b) 20x5 年 12 月 31 日

解答：

(1)	利息費用　　　　　　40,000	$800,000×6％＝$48,000
	應付公司債　　　　　 8,000	$48,000－$40,000＝$8,000(每年溢價攤銷數)
	應付利息　　　　　　　　48,000	溢價$32,000÷每年溢價攤銷數$8,000＝4 年
(2)	應收利息　　　　　　30,000	$800,000－Y＝$300,000，Y＝$500,000
	按攤銷後成本衡量之	$500,000×6％×12/12＝$30,000
	金融資產－乙　　　 3,000	折價＝$500,000－$488,000＝$12,000
	利息收入　　　　　　　　33,000	$12,000÷4 年＝$3,000
(3)	X＋$3,000＝$488,000，X＝$485,000	
(4)	從 20x4 年 12 月 31 日起算，尚有 4 年到期，故到期日為 20x9 年 1 月 1 日。	
(5)(a)	應付公司債　　　　　520,000	$832,000－$312,000＝$520,000
	按攤銷後成本衡量之	或 溢價$32,000×(5/8)＝$20,000
	金融資產－乙　　　　 488,000	視同清償債券利益
	視同清償債券利益　　　　32,000	＝$485,000－[($800,000＋$32,000
	利息收入　　　　　　33,000	＋$8,000)×(5/8)]＝$40,000
	利息費用　　　　　　　　25,000	＝$32,000＋$8,000
	視同清償債券利益　　　　 8,000	利息費用：$40,000×(5/8)＝$25,000
	應付利息　　　　　　30,000	應收利息$30,000，請詳上述(2)。
	應收利息　　　　　　　　30,000	
(5)(b)	應付公司債　　　　　515,000	溢價：($32,000－$8,000)×(5/8)
	按攤銷後成本衡量之	＝$15,000
	金融資產－乙　　　　 491,000	按攤銷後成本衡量之金融資產：
	採用權益法之投資　　　　19,200	$488,000＋$3,000＝$491,000
	非控制權益　　　　　　　 4,800	視同清償利益導致「採用權益法

(5)	利息收入	33,000		之投資」及「非控制權益」與乙
(b)	利息費用		25,000	權益間之對稱性出現差異：
(續)	採用權益法之投資		6,400	$40,000-($40,000\div 5$ 年$)=$32,000
	非控制權益		1,600	控制：$32,000\times 80\%=$25,600
	應付利息	30,000		$=$19,200+$6,400$
	應收利息		30,000	非控制：$32,000\times 20\%=$6,400
				$=$4,800+$1,600$

(七)　(存貨→順流，債券→類似逆流)

　　甲公司於 20x3 年 1 月 1 日以$198,000 取得乙公司 60%股權且對乙公司存在控制。當日乙公司權益包括普通股股本$200,000 及保留盈餘$100,000，且乙公司除帳列房屋價值低估$30,000 外，其餘帳列資產及負債之帳面金額皆等於公允價值，亦無未入帳資產或負債。該價值低估之房屋尚有 10 年使用年限，無殘值，採直線法計提折舊。非控制權益係以收購日公允價值衡量。從 20x3 年 1 月 1 日至 20x6 年 1 月 1 日，乙公司帳列保留盈餘淨增加$40,000。下列係甲公司及乙公司 20x6 及 20x7 年之營業結果：

	甲公司之營業利益	乙公司淨利
20x6 年	$200,000	$80,000
20x7 年	$240,000	$60,000

　　收購日後，乙公司經常向甲公司進貨。20x6 及 20x7 年間，乙公司向甲公司進貨總金額分別為$70,000 及$190,000，且乙公司 20x6 年 12 月 31 日及 20x7 年 12 月 31 日期末存貨中分別包含$4,000 及$11,000 的未實現利益。

　　20x4 年 1 月 1 日，乙公司以$555,837 發行面額$600,000，票面利率 5%，十年期公司債，每年 1 月 1 日付息，有效利率 6%。20x6 年 1 月 1 日，甲公司於公開市場以$176,115 取得乙公司面額$200,000 公司債作為債券投資，有效利率 7%，並將之分類為「按攤銷後成本衡量之金融資產」。
(金額，請四捨五入計算至整數位。)

試作：(1) 20x6 及 20x7 年甲公司按權益法應認列之投資收益。
　　　(2) 20x6 及 20x7 年甲公司及乙公司合併報表之非控制權益淨利。

(3) 甲公司及乙公司在下列兩個日期之合併工作底稿之沖銷分錄：
    (a) 20x6 年 12 月 31 日，(b) 20x7 年 12 月 31 日

解答：

20x3/ 1/ 1 (收購日)：

非控制權益係以收購日公允價值衡量，惟題意中未提及該公允價值，故設算之。乙公司總公允價值＝$198,000÷60%＝$330,000

非控制權益＝$330,000×40%＝$132,000

乙帳列淨值低估＝$330,000－($200,000＋$100,000)＝$30,000
　　　　　　＝房屋價值低估數

乙房屋價值低估數之每年折舊額＝$30,000÷10 年＝$3,000

存貨(順流)：20x6 年：未實現利益$4,000
　　　　　　20x7 年：已實現利益$4,000，未實現利益$11,000

債券(類似逆流)：

乙公司應付公司債折價攤銷如下：

日　期	每年支付之現金利息 (a)	每年認列之利息費用 (b)	每年之折價攤銷數 (c)	應付公司債之帳面金額 (d)
20x4/ 1/ 1				$555,837
20x4/12/31	(應付$30,000)	$33,350	$3,350	$559,187
20x5/ 1/ 1	$30,000			
20x5/12/31	(應付$30,000)	$33,551	$3,551	$562,738
20x6/ 1/ 1	$30,000			
20x6/12/31	(應付$30,000)	$33,764	$3,764	$566,502
20x7/ 1/ 1	$30,000			
20x7/12/31	(應付$30,000)	$33,990	$3,990	$570,492
20x8/ 1/ 1	$30,000			
20x8/12/31	：	：	：	：

(a)：每年支付之現金利息＝$600,000×5%×12/12＝$30,000
(b)：每年認列之利息費用＝每年期初應付公司債之帳面金額×6%×12/12
(c)＝(b)－(a)，　　(d)＝前期(d)＋(c)

甲公司長期債券投資折價攤銷如下：

日 期	每年收取之現金利息 (a)	每年認列之利息收入 (b)	每年之折價攤銷數 (c)	債券投資之帳面金額 (d)
20x6/ 1/ 1				$176,115
20x6/12/31	(應收$10,000)	$12,328	$2,328	$178,443
20x7/ 1/ 1	$10,000			
20x7/12/31	(應收$10,000)	$12,491	$2,491	$180,934
20x8/ 1/ 1	$10,000			
20x8/12/31	:	:	:	:

(a)：每年收取之現金利息＝$200,000×5%×12/12＝$10,000
(b)：每年認列之利息收入＝每年期初債券投資之帳面金額×7%×12/12
(c)＝(b)－(a)， (d)＝前期(d)＋(c)

20x6/ 1/ 1：視同清償債券利益＝[$562,738×(2/6)]－$176,115
　　　　　　　　　　　　　＝$187,579－$176,115＝$11,464
　　　　　全數已實現，應於20x6年合併財務報表上認列，非分年實現並認列

20x6：分年實現之利益＝$2,328 利息收入增加－[$3,764×(2/6)]利息費用增加
　　　　　　　　　　＝$2,328－$1,255＝$1,073
20x7：分年實現之利益＝$2,491 利息收入增加－[$3,990×(2/6)]利息費用增加
　　　　　　　　　　＝$2,491－$1,330＝$1,161

(1)、(2) 各年之投資損益及非控制權益淨利：

20x3 ~ 20x5	「採用權益法之投資」淨增加數 　＝[淨＋$40,000－($3,000×3 年)]×60%＝淨＋$18,600 「非控制權益」淨增加數 　＝[淨＋$40,000－($3,000×3 年)]×40%＝淨＋$12,400
20x6	甲之投資收益＝[$80,000－$3,000(房/折)＋$11,464(類逆/債)－$1,073(類逆/債)] 　　　　　　×60%－$4,000(順/存)＝$48,435 非控制股權淨利＝($80,000－$3,000＋$11,464－$1,073)×40%＝$34,956
20x7	甲之投資收益＝[$60,000－$3,000(房/折)－$1,161(類逆/債)]×60% 　　　　　　＋$4,000(順/存)－$11,000(順/存)＝$26,503 非控制股權淨利＝($60,000－$3,000－$1,161)×40%＝$22,336

相關項目異動如下：

	20x3/1/1	20x3~20x5	20x5/12/31	20x6	20x6/12/31	20x7	20x7/12/31
乙－權　益	$300,000	淨＋$40,000	$340,000	＋$80,000	$420,000	＋$60,000	$480,000
權益法：							
甲－採用權益法之投資	$198,000	淨＋$18,600	$216,600	＋$48,435	$265,035	＋$26,503	$291,538
合併財務報表：							
房屋及建築	$30,000	－$3,000×3	$21,000	－$3,000	$18,000	－$3,000	$15,000
非控制權益	$132,000	淨＋$12,400	$144,400	＋$34,956	$179,356	＋$22,336	$201,692

驗　算：20x7/12/31：
　甲公司帳列「採用權益法之投資」
　　＝(乙帳列淨值$480,000＋尚餘之乙淨值低估數$15,000＋已實現視同清償利益
　　　$11,464－$1,073－$1,161)×60％－存貨順流未實現利益$11,000＝$291,538
　「非控制權益」＝($480,000＋$15,000＋$11,464－$1,073－$1,161)×40％＝$201,692

(3) 甲公司及乙公司合併工作底稿沖銷分錄：

		(a) 20x6/12/31		(b) 20x7/12/31	
1.	銷貨收入	70,000		190,000	
	銷貨成本		70,000		190,000
2.	銷貨成本	4,000		11,000	
	存　貨		4,000		11,000
3.	採用權益法之投資	X		4,000	
	銷貨成本				4,000
4.	應付公司債	188,834		190,164	
	按攤銷後成本衡量之				
	金融資產－乙		178,443		180,934
	視同清償債券利益		10,391		－
	採用權益法之投資		－		5,538
	非控制權益		－		3,692
		$566,502×(2/6)=$188,834		$570,492×(2/6)=$190,164	
5.	利息收入	12,328		12,491	
	利息費用		11,255		11,330
	視同清償債券利益		1,073		－
	採用權益法之投資		－		697
	非控制權益		－		464
		$33,764×(2/6)=$11,255		$33,990×(2/6)=$11,330	

	(a) 20x6/12/31	(b) 20x7/12/31
6. 應付利息 　　應收利息	10,000 　　　10,000	10,000 　　　10,000
7. 採用權益法認列之子公司、 　關聯企業及合資利益之份額 　　採用權益法之投資	 48,435 　　　48,435	 26,503 　　　26,503
8. 非控制權益淨利 　　非控制權益	34,956 　　　34,956	22,336 　　　22,336
9. 普通股股本 　保留盈餘 　房屋及建築－淨額 　　採用權益法之投資 　　非控制權益	200,000 140,000 21,000 　　　216,600 　　　144,400	200,000 220,000 18,000 　　　262,800 　　　175,200
10. 折舊費用 　　房屋及建築－淨額	3,000 　　　3,000	3,000 　　　3,000

驗　算：20x6/12/31：

　　採用權益法之投資：期末餘額$265,035－(沖7)$48,435－(沖9)$216,600＝$0

　　非控制權益：(沖8)$34,956＋(沖9)$144,400＝$179,356

20x7/12/31：

　　採用權益法之投資：期末餘額$291,538＋(沖3)$4,000－(沖4)$5,538
　　　　　　　　　　－(沖5)$697－(沖7)$26,503－(沖9)$262,800＝$0

　　非控制權益：(沖4)$3,692＋(沖5)$464＋(沖8)$22,336＋(沖9)$175,200
　　　　　　　＝$201,692

(八)　(兩家子公司，存貨→順流及逆流，債券→類似順流)

　　甲公司於20x2年1月1日取得乙公司80%股權且對乙公司存在控制，當日乙公司帳列資產及負債之帳面金額皆等於公允價值，且無未入帳資產或負債。甲公司於20x3年1月1日取得丙公司90%股權且對丙公司存在控制，當日丙公司帳列資產及負債之帳面金額皆等於公允價值，且無未入帳資產或負債。

　　從20x3年1月1日起，甲公司經常銷貨予乙公司，售價是甲公司向集團以外單位進貨之成本加成25%，而丙公司則經常銷貨予甲公司，售價是丙公司向集團以外單位進貨之成本加成20%。甲公司20x3年12月31日及20x4年12月31日之帳列存貨中各有40%及25%係購自丙公司。而乙公司帳列存貨則皆購自甲公司，且甲公司售予乙公司的商品存貨皆購自集團以外單位。下列係三家

公司間進、銷貨金額及帳列期末存貨金額：

	20x3	20x4		20x3/12/31	20x4/12/31
甲銷貨予乙	$250,000	$300,000	甲公司存貨	$54,000	$60,000
丙銷貨予甲	$350,000	$400,000	乙公司存貨	$31,250	$38,750
			丙公司存貨	$24,000	$36,000

20x4 年 1 月 1 日，甲公司帳列應付公司債$2,084,250，該公司債面額$2,000,000，票面利率7%，每年 1 月 1 日付息，到期日為 20x9 年 1 月 1 日，發行時有效利率 6%。同日乙公司於公開市場以$480,035 取得甲公司面額$500,000 公司債作為債券投資，有效利率8%，並將之分類為「按攤銷後成本衡量之金融資產」。又乙公司及丙公司皆未發行公司債。
(金額，請四捨五入計算至整數位。)

試作：(1) 甲公司及其子公司 20x3 年 12 月 31 日及 20x4 年 12 月 31 日合併財務狀況表之存貨金額。
(2) 甲公司及其子公司 20x4 年合併綜合損益表中之視同清償債券損益。
(3) 若乙公司及丙公司 20x4 年之淨利分別為$200,000 及$100,000，則 20x4 年甲公司按權益法對乙公司及丙公司分別應認列之投資收益。
(4) 延續(3)，20x4 年合併綜合損益表應表達之「非控制權益淨利」，包括「非控制權益淨利－乙」及「非控制權益淨利－丙」。
(5) 於下列兩個日期合併工作底稿有關內部進、銷貨交易之沖銷分錄：
(a) 20x3 年 12 月 31 日，(b) 20x4 年 12 月 31 日
(6) 於下列三個日期合併工作底稿有關公司債內部交易之沖銷分錄：
(a) 20x4 年 12 月 31 日   (b) 20x5 年 12 月 31 日
(c) 20x6 年 12 月 31 日

解答：

	20x3 年	20x4 年
甲期末存貨 (逆流： 丙→甲)	未實現利益： ($54,000×40%÷120%)×20% =$3,600	已現實利益：$3,600 未實利：($60,000×25%÷120%)×20% =$2,500
	成本=$54,000－$3,600=$50,400	成本=$60,000－$2,500=$57,500
乙期末存貨 (順流： 甲→乙)	未實現利益： ($31,250÷125%)×25%=$6,250	已現實利益：$6,250 未實利：($38,750÷125%)×25%=$7,750
	成本=$31,250－$6,250=$25,000	成本=$38,750－$7,750=$31,000

	20x3 年	20x4 年
債 券 (類似順流)	X	視同清償債券利益： $480,035 - [$2,084,250 \times ($500,000/$2,000,000)]$ $= $480,035 - $521,062 = $41,027$

甲公司應付公司債溢價攤銷如下：

日 期	每年支付之 現金利息 (a)	每年認列之 利息費用 (b)	每年之溢價 攤銷數 (c)	應付公司債之 帳面金額 (d)
20x4/ 1/ 1	$140,000			$2,084,250
20x4/12/31	(應付$140,000)	$125,055	$14,945	$2,069,305
20x5/ 1/ 1	$140,000			
20x5/12/31	(應付$140,000)	$124,158	$15,842	$2,053,463
20x6/ 1/ 1	$140,000			
20x6/12/31	(應付$140,000)	$123,208	$16,792	$2,036,671
20x7/ 1/ 1	:	:	:	:

(a)：每年支付之現金利息＝$2,000,000×7%×12/12＝$140,000
(b)：每年認列之利息費用＝每年期初應付公司債之帳面金額×6%×12/12
(c)＝(a)－(b)，　(d)＝前期(d)－(c)

乙公司長期債券投資折價攤銷如下：

日 期	每年收取之 現金利息 (a)	每年認列之 利息收入 (b)	每年之折價 攤銷數 (c)	債券投資之 帳面金額 (d)
20x4/ 1/ 1				$480,035
20x4/12/31	(應收 $35,000)	$38,403	$3,403	$483,438
20x5/ 1/ 1	$35,000			
20x5/12/31	(應收 $35,000)	$38,675	$3,675	$487,113
20x6/ 1/ 1	$35,000			
20x6/12/31	(應收 $35,000)	$38,969	$3,969	$491,082
20x7/ 1/ 1	:	:	:	:

(a)：每年收取之現金利息＝$500,000×7%×12/12＝$35,000
(b)：每年認列之利息收入＝每年期初債券投資之帳面金額×8%×12/12
(c)＝(b)－(a)，　(d)＝前期(d)＋(c)

(1) (a) 20x3/12/31：$50,400＋$25,000＋$24,000＝$99,400
    (b) 20x4//12/31：$57,500＋$31,000＋$36,000＝$124,500

(2) 視同清償債券利益＝$480,035－[$2,084,250×($500,000/$2,000,000)]
                  ＝$480,035－$521,062＝$41,027

(3) 20x4 年，甲公司按權益法對乙公司應認列之投資收益
    ＝($200,000×80%)＋$6,250(順/存)－$7,750(順/存)＋$41,027(類順/債)
      －[$3,403＋$14,945×(5/20)](順/債)
    ＝$160,000＋$6,250－$7,750＋$41,027－$7,139＝$192,388

    20x4 年，甲公司按權益法對丙公司應認列之投資收益
    ＝[$100,000＋$3,600(逆/存)－$2,500(逆/存)]×90%＝$90,990

(4) 「非控制權益淨利－乙」＝$200,000×20%＝$40,000
    「非控制權益淨利－丙」＝($100,000＋$3,600－$2,500)×10%＝$10,110
    「非控制權益淨利」＝$40,000＋$10,110＝$50,110

(5) 合併工作底稿有關內部進、銷貨交易之沖銷分錄：

		(a) 20x3/12/31	(b) 20x4/12/31
(i)	銷貨收入 　　銷貨成本	600,000 　　　　600,000	700,000 　　　　700,000
(ii)	銷貨成本 　　存　貨	9,850 　　　　9,850	10,250 　　　　10,250
(iii)	採用權益法之投資 非控制權益 　　銷貨成本	X	9,490 360 　　　　9,850

說明：
(i) 內部銷貨收入：20x3：$250,000＋$350,000＝$600,000
                 20x4：$300,000＋$400,000＝$700,000
(ii) 期末存貨中之未實現利益：20x3：$3,600＋$6,250＝$9,850
                            20x4：$2,500＋$7,750＝$10,250
(iii) 期初存貨中之已實現利益：20x3：$0　/　20x4：$9,850
    $9,850 中，順流$6,250，逆流$3,600 (控制：$3,240，非控：$360)
    合計，$9,850 中，控制：$6,250＋$3,240＝$9,490，非控：$360

(6) 合併工作底稿上有關公司債內部交易之沖銷分錄：

		(a) 20x4/12/31	(b) 20x5/12/31	(c) 20x6/12/31
(i)	應付公司債 (註一)	517,326	513,366	509,168
	按攤銷後成本衡量之金融資產－甲	483,438	487,113	491,082
	視同清償債券利益 (註三)	33,888	—	—
	採用權益法之投資	—	26,253	18,086
(ii)	利息收入	38,403	38,675	38,969
	利息費用 (註二)	31,264	31,040	30,802
	視同清償債券利益 (註三)	7,139	—	—
	採用權益法之投資	—	7,635	8,167
(iii)	應付利息	35,000	35,000	35,000
	應收利息	35,000	35,000	35,000

註一：20x4/12/31：$2,069,305×($500,000/$2,000,000)=$517,326
　　　20x5/12/31：$2,053,463×($500,000/$2,000,000)=$513,366
　　　20x6/12/31：$2,036,671×($500,000/$2,000,000)=$509,168

註二：20x4：$125,055×($500,000/$2,000,000)=$31,264
　　　20x5：$124,158×($500,000/$2,000,000)=$31,040
　　　20x6：$123,208×($500,000/$2,000,000)=$30,802

註三：驗算：視同清償債券利益＝(沖 i) $33,888＋(沖 ii) $7,139＝$41,027

(九) (存貨→逆流，債券→類似逆流)

甲公司於 20x2 年 1 月 1 日以$240,000 取得乙公司 80%股權並對乙公司存在控制。當日乙公司權益包括普通股股本$200,000 及保留盈餘$50,000，乙公司除帳列房屋價值低估$30,000 外，其餘帳列資產及負債之帳面金額皆等於公允價值，且乙公司除有一項未入帳專利權(預估尚有 5 年耐用年限)外，無其他未入帳資產或負債。該價值低估之房屋尚有 10 年耐用年限，無殘值，採直線法計提折舊。非控制權益係以收購日公允價值衡量。

收購日後，甲公司經常向乙公司進貨。20x4 年間，甲公司向乙公司共進貨$70,000(該商品存貨成本為$50,000)，其中 70%商品存貨於 20x4 年間由甲公司售予合併個體以外單位，其餘 30%商品存貨則於 20x5 年才外售。20x4 年 1 月 1 日，甲公司期初存貨中包含未實現利益$2,000。

20x4 年 1 月 1 日，甲公司於公開市場以$95,788 取得乙公司面額$100,000 公司債作為債券投資，有效利率 6%，並將之分類為「按攤銷後成本衡量之金融資產」。該公司債係乙公司於數年前發行，票面利率 5%，每年 1 月 1 日付息，到期日為 20x9 年 1 月 1 日，發行時有效利率 4%，截至 20x4 年 1 月 1 日，乙公司帳列應付公司債之帳面金額為$208,904。

下列是甲公司及乙公司 20x4 年 12 月 31 日之試算表：

會計科目	甲公司 借方	甲公司 貸方	乙公司 借方	乙公司 貸方
現　金	$188,720		$　？	
應收利息	？		—	
存　貨	200,000		180,000	
不動產、廠房及設備	500,000		400,000	
按攤銷後成本衡量之金融資產－乙	？			
採用權益法之投資	？		—	
銷貨成本	220,000		140,000	
折舊及攤銷費用	50,000		30,000	
利息費用	24,000		16,000	
其他費用	16,000		14,000	
股　利	20,000		15,000	
累計折舊－不動產、廠房及設備		$250,000		$180,000
流動負債		100,000		50,000
應付公司債		400,000		？
普通股股本		300,000		200,000
保留盈餘		？		100,000
銷貨收入		300,000		240,000
其他收入		35,920		—
採用權益法認列之子公司、關聯企業及合資利益之份額		？		—
	？	？	？	？

試作：（金額，請四捨五入計算至整數位。）

(A) 甲公司及乙公司 20x4 年 12 月 31 日合併工作底稿之沖銷分錄。

(B) 計算下列金額：

| (1) | 甲公司帳列源自投資乙公司公司債之利息收入。 |

(2)	甲公司及乙公司 20x4 年 12 月 31 日合併財務狀況表之下列金額：		
	(a) 存貨	(b) 專利權	(c) 非控制權益
(3)	甲公司及乙公司 20x4 年合併綜合損益表之下列金額：		
	(a) 銷貨成本	(b) 利息費用	(c) 折舊及攤銷費用
	(d) 視同清償債券損益	(e) 控制權益淨利	
	(f) 非控制權益淨利	(g) 總合併淨利	

解答：

<u>20x2/ 1/ 1：</u>
非控制權益係以收購日公允價值衡量，惟題意中未提及該公允價值，故設算之。
乙公司總公允價值＝$240,000÷80%＝$300,000
非控制權益＝$300,000×20%＝$60,000
乙公司帳列淨值低估數＝$300,000－($200,000＋$50,000)＝$50,000
乙公司帳列淨值低估$50,000：
　　(1) 房屋：低估$30,000，$30,000÷10 年＝$3,000
　　(2) 專利權：$50,000－$30,000＝$20,000，$20,000÷5 年＝$4,000

<u>20x4 年：</u>　存貨(逆流)：$70,000－$50,000＝$20,000
　　　　　　未實現利益＝$20,000×30%＝$6,000，已實現利益＝$2,000

<u>20x4/ 1/ 1：</u>　公司債(類似逆流)：
視同清償債券利益＝($208,904×1/2)－$95,788＝$104,452－$95,788＝$8,664
乙公司之利息費用(20x4 年)＝$208,904×4%×12/12＝$8,356
乙公司支付之現金利息＝$200,000×5%×12/12＝$10,000
乙公司應付公司債溢價攤銷數(20x4 年)＝$10,000－$8,356＝$1,644
乙公司應付公司債於 20x4/12/31 之帳面金額＝$208,904－1,644＝$207,260
甲公司之利息收入(20x4 年)＝$95,788×6%×12/12＝$5,747
甲公司收到之現金利息＝$100,000×5%×12/12＝$5,000
甲公司長期債券投資折價攤銷數(20x4 年)＝$5,747－$5,000＝$747
甲公司長期債券投資於 20x4/12/31 之帳面金額＝$95,788＋$747＝$96,535

<u>20x2 及 20x3 年</u>，甲公司帳列「採用權益法之投資」之淨增(減)數：
[乙保留盈餘淨增加數($100,000－$50,000)－($3,000 房屋價值低估之折舊額×2 年)
　－($4,000 未入帳專利權之攤銷數×2 年)－$2,000 逆流銷貨未實現利益]×80%
＝淨＋$27,200

<u>20x2 及 20x3 年</u>,「非控制權益」之淨增(減)數：
[乙保留盈餘淨增加數($100,000－$50,000)－($3,000 房屋價值低估之折舊額×2 年)
　－($4,000 未入帳專利權之攤銷數×2 年)－$2,000 逆流銷貨未實現利益]×20%
＝淨＋$6,800

<u>20x4 年</u>：
乙公司淨利＝$240,000－$140,000－$30,000－$16,000－$14,000＝$40,000
甲公司採權益應認列之投資收益
　　＝[$40,000－$3,000(房/折)－$4,000(專/攤)＋$2,000(逆/存)－$6,000(逆/存)
　　　＋$8,664(類逆/債)－($1,644×1/2＋$747)(類逆/債)]×80%＝$28,876
非控制權益淨利＝[$40,000－$3,000－$4,000＋$2,000－$6,000＋$8,664
　　　　　　　－($1,644×1/2＋$747)]×20%＝$7,219

按權益法，相關項目異動如下：

	20x2/1/1	20x2～20x3	20x3/12/31	20x4	20x4/12/31
乙－權　益	$250,000	淨＋$50,000	$300,000	＋$40,000 －$15,000	$325,000
權益法：					
甲－採用權益法之投資	$240,000	淨＋$27,200	$267,200	＋$28,876 －$12,000	$284,076
合併財務報表：					
房屋及設備	$30,000	－$3,000×2	$24,000	－$3,000	$21,000
專利權	20,000	－4,000×2	12,000	－4,000	8,000
	$50,000	－$14,000	$36,000	－$7,000	$29,000
非控制權益	$60,000	淨＋$6,800	$66,800	＋$7,219 －$3,000	$71,019

驗　算：20x4/12/31：
甲公司帳列「採用權益法之投資」
　　＝[乙權益$325,000＋尚餘之乙淨值低估數$29,000＋視同清償利益$8,664
　　　－逆流銷貨未實現利益$6,000－分年實現之清償利益($1,644×1/2＋$747)]
　　　×80%＝$355,095×80%＝$284,076
「非控制權益」＝[$325,000＋$29,000＋$8,664－$6,000－($1,644×1/2＋$747)]×20%
　　　　　　　＝$355,095×20%＝$71,019

(A) 甲公司及乙公司 20x4 年合併工作底稿之沖銷分錄：

(1)	銷貨收入	70,000		
	銷貨成本		70,000	
(2)	銷貨成本	6,000		
	存　貨		6,000	
(3)	採用權益法之投資	1,600		
	非控制權益	400		
	銷貨成本		2,000	
(4)	應付公司債	103,630		$207,260×1/2
	按攤銷後成本衡量之金融資產－乙		96,535	＝$103,630
	視同清償債券利益		7,095	
(5)	利息收入	5,747		$8,356×1/2＝$4,178
	利息費用		4,178	驗算：視同清償債券利益
	視同清償債券利益		1,569	＝$7,095＋$1,569＝$8,664
(6)	應付利息	5,000		$100,000×5%×12/12
	應收利息		5,000	＝$5,000
(7)	採用權益法認列之子公司、			
	關聯企業及合資利益之份額	28,876		
	股　利		12,000	
	採用權益法之投資		16,876	
(8)	非控制權益淨利	7,219		
	股　利		3,000	
	非控制權益		4,219	
(9)	普通股股本	200,000		
	保留盈餘	100,000		
	不動產、廠房及設備	24,000		
	專利權	12,000		
	採用權益法之投資		268,800	
	非控制權益		67,200	
(10)	折舊費用	3,000		
	累計折舊		3,000	
(11)	攤銷費用	4,000		
	專利權		4,000	

驗算：甲公司帳列「採用權益法之投資」
　　　＝期末餘額$284,076＋沖(3)$1,600－沖(7)$16,876－沖(9)$268,800＝$0
　　　合併財務狀況表上之「非控制權益」
　　　＝－沖(3)$400＋沖(8)$4,219＋沖(9)$67,200＝$71,019

(B)

(1)	$5,747，詳上述說明及計算。
(2) (a)	$200,000＋$180,000－$6,000 未實現利益＝$374,000
(b)	$8,000，詳上述說明及計算。
(c)	$71,019，詳上述說明及計算。
(3) (a)	$220,000＋$140,000－$70,000＋$6,000－$2,000＝$294,000
(b)	$24,000＋$16,000－$4,178 [沖銷分錄(5)]＝$35,822
(c)	$50,000＋$30,000＋$3,000 [沖(10)]＋$4,000 [沖(11)]＝$87,000
(d)	視同清償債券利益＝$8,664，詳上述說明及計算。
(e)	($300,000＋$35,920－$220,000－$50,000－$24,000－$16,000)＋$28,876＝$25,920＋$28,876＝$54,796
(f)	$7,219，詳上述說明及計算。
(g)	$54,796＋$7,219＝$62,015

(十) **(106 會計師考題改編)**

甲公司於20x1年 1月 1日取得乙公司80%股權並對乙公司存在控制。當日乙公司帳列資產及負債之帳面金額皆等於公允價值，且無未入帳資產或負債。甲公司採權益法處理該項股權投資。非控制權益係以收購日公允價值衡量。

20x3年 9月 1日，乙公司於公開市場以$596,160加計利息取得甲公司部分公司債，並將之分類為「按攤銷後成本衡量之金融資產」，該公司債於20x8年 1月 1日到期，每年 1月 1日及 7月 1日付息。假設採直線法攤銷折、溢價。甲公司與乙公司20x3年未加計投資損益前之淨利分別為$1,250,000 與 $350,000。20x3年12月31日，甲公司和乙公司帳列與上述公司債相關之資料如下：

	甲公司	乙公司
應收利息	－	$　　？
按攤銷後成本衡量之金融資產－甲	－	591,840
應付利息	$　97,200	－
應付公司債 (利率 9%，面額$2,160,000)	2,192,400	－
利息收入	－	11,880
利息費用	186,300	－

試作：(1) 乙公司取得甲公司公司債之比例。
(2) 20x3年合併綜合損益表之視同清償債券損益。
(3) 20x3年12月31日合併財務狀況表之應付利息及應付公司債。
(4) 20x3年合併綜合損益表之控制權益淨利。

參考答案：

乙公司之債券投資：

溢價於 20x3/9/1 至 20x3/12/31 之攤銷數＝$596,160－$591,840＝$4,320

溢價之每月攤銷數＝$4,320÷4月＝$1,080

20x3/12/31 至債券到期日(20x8/1/1)尚有 48 個月，$1,080×48 月＝$51,840

債券投資之面額＝$591,840－$51,840＝$540,000

乙公司取得甲公司公司債之比例＝$540,000÷$2,160,000＝25%

20x3 年，乙公司長期債券投資之分錄：

20x3/9/1	按攤銷後成本衡量之金融資產－甲　　596,160	
	應收利息　　　　　　　　　　　　　　8,100	
	現　金	604,260
$540,000×9%×2/12＝$8,100		
12/31	應收利息　　　　　　　　　　　　　16,200	
	按攤銷後成本衡量之金融資產－甲	4,320
	利息收入	11,880
$540,000×9%×4/12＝$16,200，　$1,080×4 個月＝$4,320		

甲公司之應付公司債：

溢價於 20x3/12/31 至債券到期日(20x8/1/1)之攤銷數
　　＝$2,192,400－$2,160,000＝$32,400

溢價之每月攤銷數＝$32,400÷48 月＝$675

於 20x3/9/1 之帳面金額＝$2,192,400＋($675×4 個月)＝$2,195,100

視同清償債券損失＝$596,160＋($2,195,100×25%)＝－$47,385

20x3 年，甲公司應付公司債之分錄：

20x3/1/1	應付利息　　　　　　　　　　　　　97,200	
	現　金	97,200
$2,160,000×9%×6/12＝$97,200		

20x3/ 7/ 1	利息費用	93,150	
	應付公司債	4,050	
	現　　金		97,200
	$675×6 個月＝$4,050		
12/31	利息費用	93,150	
	應付公司債	4,050	
	應付利息		97,200

甲公司及乙公司合併工作底稿之沖銷分錄：

(a)	應付公司債	548,100		$2,192,400×25%＝$548,100
	視同清償債券損失	43,740		$591,840－$548,100＝$43,740
	按攤銷後成本衡量之			
	金融資產－甲		591,840	
(b)	利息收入	11,880		$93,150×25%×4/6＝$15,525
	視同清償債券損失	3,645		$15,525－$11,880＝$3,645
	利息費用		15,525	
	驗算：視同清償債券損失＝$43,740＋$3,645＝$47,385			
(c)	應付利息	24,300		$97,200×25%＝$24,300
	應收利息		24,300	$8,100＋$16,200＝$24,300

(1) 乙公司取得甲公司公司債之比例＝25%
(2) 視同清償債券損失＝$47,385
(3) 20x3 年 12 月 31 日合併財務狀況表之：
　① 應付利息＝$97,200－$24,300＝$72,900
　② 應付公司債＝$2,192,400－$548,100＝$1,644,300
(4) 甲公司應認列 20x3 年投資收益
　　＝($350,000×80%)－$47,385＋$47,385×[4 個月÷(4＋48)]＝$236,260
　20x3 年合併報表之控制權益淨利＝$1,250,000＋$236,260＝$1,486,260

(十一)　(103 會計師考題改編)

　　甲公司持有子公司(乙公司)90%股權數年。20x2年 4月 1日，乙公司以$123,280取得甲公司面額$115,000公司債。該公司債每年 4月 1日及10月 1日付息，到期日為20x5年 4月 1日。兩家公司皆以<u>直線法</u>攤銷公司債之折、溢價。

甲公司及乙公司20x2年部分會計科目及金額如下：

	甲公司	乙公司
應收利息	—	$ 2,300
按攤銷後成本衡量之金融資產－甲	—	121,210
應付利息	$ 4,600	—
應付公司債 (利率8%，面額$230,000)	225,860	—
利息收入	—	4,830
利息費用	20,240	—

試求：(1) 20x2年合併綜合損益表之視同清償債券損益。
(2) 20x2年合併工作底稿關於公司間債券交易之調整/沖銷分錄。
(3) 20x2年合併綜合損益表之利息收入及利息費用。
(4) 20x2年12月31日合併財務狀況表之應收利息及應付利息。

參考答案：

(1) 甲公司每年支付之現金利息＝$230,000×8%×12/12＝$18,400
　　甲公司 20x2 年應付公司債之折價攤銷數＝$20,240－$18,400＝$1,840
　　20x2/4/1，甲公司應付公司債之帳面金額
　　　　＝$225,860－[($1,840÷4 季)×3 季]＝$224,480
　　∴視同清償債券損失＝$123,280－($224,480×$115,000÷$230,000)
　　　　＝$123,280－($224,480×1/2)＝$11,040

(2) 甲公司及乙公司 20x2 年合併工作底稿之沖銷分錄：

(a)	應付公司債	112,930		$225,860×1/2＝$112,930
	視同清償債券損失	8,280		$121,210－$112,930＝$8,280
	按攤銷後成本衡量之			
	金融資產－甲		121,210	
(b)	利息收入	4,830		$20,240×1/2×9/12＝$7,590
	視同清償債券損失	2,760		$7,590－$4,830＝$2,760
	利息費用		7,590	
	驗算：視同清償債券損失＝$8,280＋$2,760＝$11,040			
(c)	應付利息	2,300		$115,000×8%×3/12＝$2,300
	應收利息		2,300	

(3) 20x2 年合併綜合損益表：

　　利息收入＝$4,830－沖(b)$4,830＝$0

　　利息費用＝$20,240－沖(b)$7,590＝$12,650

　　　　　　[＝($20,240×1/2×12/12)＋($20,240×1/2×3/12)＝$12,650]

(4) 20x2 年 12 月 31 日合併財務狀況表：

　　應收利息＝$2,300－沖(c)$2,300＝$0

　　利息費用＝$4,600－沖(c)$2,300＝$2,300

(十二)　　(94 會計師檢覈考題改編)

　　甲公司於 20x1 年 1 月 1 日以現金$600,000 取得乙公司 30,000 股普通股，並對乙公司存在控制。當日乙公司權益包括普通股股本$500,000(每股面額$10)及保留盈餘$300,000，其帳列資產及負債之帳面金額皆等於公允價值，除有一項未入帳專利權(估計尚有 20 年使用年限)外，無其他未入帳資產或負債。。非控制權益係以收購日公允價值衡量。

　　甲公司及乙公司 20x5 年綜合損益表如下：

	甲公司	乙公司
銷貨收入	$920,000	$378,000
利息收入	—	17,250
股利收入	18,000	—
處分不動產、廠房及設備利益	—	50,000
銷貨成本	(354,000)	(202,200)
折舊費用	(158,500)	(60,300)
利息費用	(23,650)	—
其他費用	(32,300)	(105,250)
淨　利	$369,550	$ 77,500

其他資料：

(1) 20x5 年 4 月 1 日，乙公司以$250,000 將帳面金額$200,000 之辦公設備售予甲公司，甲公司開立 3 年期、面額$250,000、利率 6%之票據支付設備款。該辦公設備估計可再使用 5 年，甲公司及乙公司皆採直線法計提折舊。

(2) 20x4年1月1日,乙公司於公開市場以$52,226購入半數甲公司面額$100,000之公司債,有效利率 4%。乙公司將該債券投資分類為「按攤銷後成本衡量之金融資產」。該公司債票面利率5%,每年1月1日付息,到期日為20x8年12月31日,甲公司發行公司債時有效利率為6%。20x4年1月1日,甲公司帳列應付公司債之帳面金額為$95,788。

(3) 甲公司於取得乙公司30,000股普通股後,只於乙公司宣告現金股利時認列股利收入,並將該股權投資分類為「透過損益按公允價值衡量之金融資產」。乙公司20x5年初保留盈餘為$420,000,20x1年至20x5年間未發行新股或收回已發行股份。(金額,請四捨五入計算至整數位。)

試作：(1) 按權益法,20x5年甲公司應認列之投資收益。
　　　(2) 按權益法,20x5年底甲公司帳列「採用權益法之投資」之餘額。
　　　(3) 20x5年合併工作底稿之必要調整分錄。
　　　(4) 20x5年合併綜合損益表之下列金額：
　　　　　　(a) 折舊費用　(b) 利息費用　(c) 非控制權益淨利

參考答案：

20x1/ 1/ 1：甲公司持有乙公司之股權比例＝30,000股÷($500,000÷$10)股＝60%
　非控制權益係以收購日公允價值衡量,惟題意中未提及該公允價值,故設算之。乙公司總公允價值＝$600,000÷60%＝$1,000,000
　乙公司未入帳專利權＝$1,000,000－($500,000＋$300,000)＝$200,000
　乙未入帳專利權之每年攤銷數＝$200,000÷20年＝$10,000

20x5/ 4/ 1,逆流買賣辦公設備,未實現利得＝$250,000－$200,000＝$50,000
20x5年,已實現利得＝($50,000÷5年)×9/12＝$7,500

20x4/ 1/ 1,類似順流之公司債內部交易：
　　　　視同清償債券損失＝$52,226－($95,788×5/10)＝$4,332
20x4年,認列視同清償債券損失$4,332,非於20x4至20x8(5年)中分年認列。

由下列(次頁)兩張攤銷表得知,分年認列損失之金額為：
20x4：($747×1/2)＋$411＝$785，　20x5：($792×1/2)＋$427＝$823

甲公司應付公司債折價攤銷如下：

日 期	每年支付之現金利息 (a)	每年認列之利息費用 (b)	每年之折價攤銷數 (c)	應付公司債之帳面金額 (d)
20x4/ 1/ 1	$5,000			$95,788
20x4/12/31	(應付 $5,000)	$5,747	$747	$96,535
20x5/ 1/ 1	$5,000			
20x5/12/31	(應付 $5,000)	$5,792	$792	$97,327
20x6/ 1/ 1	:	:	:	:

(a)：每年支付之現金利息＝$100,000×5%×12/12＝$5,000
(b)：每年認列之利息費用＝每年期初應付公司債之帳面金額×6%×12/12
(c)＝(b)－(a)，　　(d)＝前期(d)＋(c)

乙公司長期債券投資溢價攤銷如下：

日 期	每年收取之現金利息 (a)	每年認列之利息收入 (b)	每年之溢價攤銷數 (c)	債券投資之帳面金額 (d)
20x4/ 1/ 1				$52,226
20x4/12/31	(應收 $2,500)	$2,089	$411	$51,815
20x5/ 1/ 1	$2,500			
20x5/12/31	(應收 $2,500)	$2,073	$427	$51,388
20x6/ 1/ 1	:	:	:	:

(a)：每年收取之現金利息＝$50,000×5%×12/12＝$2,500
(b)：每年認列之利息收入＝每年期初債券投資之帳面金額×4%×12/12
(c)＝(a)－(b)，　　(d)＝前期(d)－(c)

(1) [$77,500－$10,000(專/攤)－$50,000(逆/設)＋$7,500(逆/設)]×60%
　　＋[($792×1/2)＋$427](類順/債)＝$15,823

(2) 20x1/ 1/ 1～20x5/ 1/ 1：
　　乙公司權益淨增加數＝$420,000－$300,000＝$120,000
　　權益法下，甲公司「採用權益法之投資」應淨增加$44,453。
　　$44,453＝($120,000－$10,000×4 年)×60%－$4,332＋[($747×1/2)＋$411]
　　20x5/12/31，甲公司「採用權益法之投資」之應有餘額
　　　＝($600,000＋$44,453)＋$15,823－$18,000(股利)＝$642,276

(3) 20x5 年合併工作底稿之必要調整分錄：

調整分錄	採用權益法之投資	600,000	
	強制透過損益按公允價值衡量之金融資產		600,000
	採用權益法之投資	42,276	
	股利收入	18,000	
	保留盈餘		44,453
	採用權益法認列之子公司、關聯企業		
	及合資利益之份額		15,823

(4) (a) $158,500＋$60,300－$7,500＝$211,300

　　(b) $23,650－($5,792×5/10)－($250,000×6%×9/12)＝$9,504

　　(c) [$77,500－$10,000(專/攤)－$50,000(逆/設)＋$7,500(逆/設)]×40%＝$10,000

(十三) **(93 會計師檢覈考題改編)**

　　大安公司於 20x4 年 1 月 1 日以$990,000 取得仁和公司 90%股權並對仁和公司存在控制。當日仁和公司權益為$850,000，除帳列辦公設備價值低估$200,000 外，其餘帳列資產及負債之帳面金額皆等於公允價值，且仁和公司除有一項未入帳專利權(預估尚有 5 年使用年限)外，無其他未入帳資產或負債。該價值低估之辦公設備預估尚有 10 年使用年限，無殘值，按直線法計提折舊。非控制權益係以收購日公允價值衡量。

　　大安公司於 20x4 年 1 月 1 日在公開市場以$208,425 取得 40%仁和公司發行面額$500,000 之公司債，有效利率為 6%，當時仁和公司帳列應付公司債之帳面金額為$543,297。該公司債票面利率 7%，每年 1 月 1 日付息，到期日為 20x9 年 1 月 1 日，當初發行時有效利率為 5%。大安公司將該債券投資分類為「按攤銷後成本衡量之金融資產」。仁和公司 20x4 年淨利$250,000，宣告並發放現金股利$100,000。 (金額，請四捨五入計算至整數位。)

試作：(1) 大安公司取得仁和公司公司債之交易對 20x4 年合併綜合損益表之總合併淨利的影響金額。

　　　(2) 按權益法，20x4 年 12 月 31 日大安公司帳列「採用權益法之投資－仁和」之餘額。

　　　(3) 20x4 年 12 月 31 日，合併財務狀況表之應付公司債金額。

　　　(4) 20x4 年 12 月 31 日，合併財務狀況表之非控制權益金額。

參考答案：

20x4/1/1：非控制權益係以收購日公允價值衡量，惟題意中未提及該公允價值，故設算之。仁和公司總公允價值＝$990,000÷90%＝$1,100,000

　　非控制權益＝$1,100,000×10%＝$110,000
　　仁和帳列淨值低估數＝$1,100,000－$850,000＝$250,000
　　仁和帳列淨值低估$250,000：
　　　　(a)辦公設備低估$200,000，$200,000÷10年＝$20,000
　　　　(b)未入帳專利權：$250,000－$200,000＝$50,000，$50,000÷5年＝$10,000

20x4/1/1，類似逆流之公司債內部交易：
　　視同清償債券利益＝($543,297×40%)－$208,425＝$8,894
　　應於20x4年合併財務報表中認列視同清償債券利益$8,894，而非於20x4至20x8的5年中分年認列。

20x4年：大安公司帳列之利息收入＝$208,425×6%×12/12＝$12,506
　　　　大安公司收到之現金利息＝$200,000×7%×12/12＝$14,000
　　　　大安公司長期債券投資之溢價攤銷數＝$14,000－$12,506＝$1,494
　　　　仁和公司帳列之利息費用＝$543,297×5%×12/12＝$27,165
　　　　仁和公司支付之現金利息＝$500,000×7%×12/12＝$35,000
　　　　仁和公司應付公司債之溢價攤銷數＝$35,000－$27,165＝$7,835

20x4/12/31：
　　大安公司「按攤銷後成本衡量之金融資產－仁和」之金額
　　　　＝$208,425－$1,494＝$206,931
　　仁和公司「應付公司債」之金額＝$543,297－$7,835＝$535,462

(1)　＋$8,894－($7,835×40%－$1,494)＝＋$7,254，使總合併淨利增加$7,254
　　或　＋$8,894－($12,506－$27,165×40%)＝＋$8,894－$1,640＝＋$7,254

(2)　投資收益＝[$250,000－$20,000(設/折)－$10,000(專/攤)＋$8,894(逆/債)
　　　　　　　－$1,640(類逆/債)]×90%＝$204,529
　　非控制權益淨利＝($250,000－$20,000－$10,000＋$8,894－$1,640)×10%
　　　　　　　　　＝$22,725
　　20x4/12/31，大安公司「採用權益法之投資－仁和」餘額
　　　　　＝$990,000＋$204,529－($100,000×90%)＝$1,104,529

(3) 合併財務狀況表之「應付公司債」＝$535,462×(1－40%)＝$321,277
(4) 合併財務狀況表之「非控制權益」＝$110,000＋$22,725－($100,000×10%)
　　　　　　　　　　　　　　　　＝$122,725

(十四)　　**(92 會計師考題改編)**

　　仁愛公司於 20x2 年 12 月 31 日以$2,400,000 取得信義公司 80%股權並對信義公司存在控制。當日信義公司權益包括普通股股本$2,000,000 及保留盈餘$500,000，除帳列辦公設備價值低估$200,000 外，其餘帳列資產及負債之帳面金額皆相等公允價值，且信義公司除有一項未入帳專利權(估計尚有 10 年使用年限)外，無其他未入帳資產或負債。該價值低估之辦公設備估計尚有 5 年使用年限，無殘值，按直線法計提折舊。非控制權益係以收購日公允價值衡量。信義公司 20x3 及 20x4 年之淨利及股利如下：

	20x3 年	20x4 年
淨　　利	$400,000	$500,000
現金股利	$200,000	$200,000
股票股利	每 1,000 股配 100 股	無

20x3 及 20x4 年間，兩家公司發生下列公平交易：
(1) 20x3 年，仁愛公司將成本$150,000 商品以$200,000 售予信義公司，20x3 年底信義公司存貨中有$60,000 係購自仁愛公司，該等存貨於 20x4 年全部售予合併個體以外單位。仁愛公司及信義公司皆採永續盤存制。
(2) 20x4 年，信義公司將成本$250,000 商品以$300,000 售予仁愛公司，20x4 年底仁愛公司存貨中有$180,000 係購自信義公司。
(3) 20x3 年 12 月 31 日，仁愛公司將帳面金額$100,000 之機器以$130,000 售予信義公司，該機器預估可再使用五年，無殘值，採年數合計法提列折舊，至 20x4 年底信義公司仍使用於營業中。
(4) 20x4 年 12 月 31 日，信義公司於公開市場以$110,000 取得仁愛公司面額$100,000 之公司債。該公司債係仁愛公司於數年前平價發行，票面利率 8%，每年 6 月 30 日及 12 月 31 日付息，到期日為 20x8 年 12 月 31 日。信義公司將該項債券投資分類為「按攤銷後成本衡量之金融資產」。

試作：
(1) 按權益法，20x3 年仁愛公司對信義公司股權投資之所有相關分錄。
(2) 仁愛公司及其子公司 20x4 年合併工作底稿之調整/沖銷分錄。

參考答案：

20x2/12/31：非控制權益係以收購日公允價值衡量，惟題意中未提及該公允價值，故設算之。信義總公允價值＝$2,400,000÷80%＝$3,000,000
　　非控制權益＝$3,000,000×20%＝$600,000
　　信義帳列淨值低估數＝$3,000,000－$2,500,000＝$500,000
　　信義帳列淨值低估$500,000：
　　　　(a) 辦公設備價值低估$200,000，$200,000÷5 年＝$40,000
　　　　(b) 未入帳專利權：$500,000－$200,000＝$300,000
　　　　　　　　$300,000÷10 年＝$30,000

20x3 年：順流/存貨：$200,000－$150,000＝$50,000
　　　20x3 年：未實現利益＝$50,000×($60,000÷$200,000)＝$15,000
　　　20x4 年：已實現利益＝$15,000

20x4 年：逆流/存貨：$300,000－$250,000＝$50,000
　　　20x4 年：未實現利益＝$50,000×($180,000÷$300,000)＝$30,000

20x3/12/31：順流/機器：
　　　　20x3 年：未實現利益＝$130,000－$100,000＝$30,000
　　　　20x4 年：年數合計＝1＋2＋3＋4＋5＝(1＋5)×5÷2＝15
　　　　　　已實現利益＝$30,000×(5/15)＝$10,000

20x4/12/31：類似順流/債券：
　　　　視同清償債券損失＝$110,000－$100,000＝$10,000，應於 20x4 年合併財務報表中認列，而非分 4 年(20x5～20x8)，逐年認列損失。

20x3 年，投資收益＝[$400,000－$40,000(設/折)－$30,000(專/攤)]×80%
　　　　　　　　－$15,000(順/存)－$30,000(順/機)＝$219,000

20x3 年，非控制權益淨利＝($400,000－$40,000－$30,000)×20%＝$66,000

20x4 年，投資收益＝[$500,000－$40,000(設/折)－$30,000(專/攤)
　　　　　　　　－$30,000(逆/存)]×80％＋$15,000(順/存)＋$10,000(順/機)
　　　　　　　　－$10,000(類順/債)＝$335,000

20x4 年，非控制權益淨利＝($500,000－$40,000－$30,000－$30,000)×20％
　　　　　　　　　　　＝$80,000

(1) 20x3 年，仁愛公司對信義公司股權投資之所有相關分錄：

20x3/某日 (信義宣告並發放現金股利)	現　金　　　　　　　　　　　　　　　　160,000　　　　　　採用權益法之投資　　　　　　　　　　　160,000　$200,000×80％＝$160,000
20x3/某日 (信義宣告股票股利)	備忘記錄：收到10％股票股利，計 xx 股，共計持有 xxx 股，持股比例仍維持80％。
20x3/12/31	採用權益法之投資　　　　　　　　　　　219,000　　　　　　採用權益法認列之子公司、關聯企業　　　　　　　　　　　及合資利益之份額　　　　　　　219,000

(2) 按權益法，相關項目異動如下：

	20x3/1/1	20x3	20x3/12/31	20x4	20x4/12/31
信義－權　益：					
普通股股本	$2,000,000	＋$200,000	$2,200,000		$2,200,000
保留盈餘	500,000	＋$400,000 －$200,000 －$200,000	500,000	＋$500,000 －$200,000	800,000
	$2,500,000		$2,700,000		$3,000,000
仁愛－採用權益法之投資	$2,400,000	＋$219,000 －$160,000	$2,459,000	＋$335,000 －$160,000	$2,634,000
合併財務報表：					
辦公設備	$200,000	－$40,000	$160,000	－$40,000	$120,000
專利權	300,000	－$30,000	270,000	－$30,000	240,000
	$500,000	$70,000	$430,000	$70,000	$360,000
非控制權益	$600,000	＋$66,000 －$40,000	$626,000	＋$80,000 －$40,000	$666,000

(續次頁)

驗算：20x3/12/31：
　　仁愛帳列「採用權益法之投資」＝(信義權益$2,700,000＋尚餘之信義淨值低估數
　　　　　　　　$430,000)×80%－$15,000(順/存)－$30,000(順/機)＝$2,459,000
　「非控制權益」＝($2,700,000＋$430,000)×20%＝$626,000
20x4/12/31：
　　仁愛帳列「採用權益法之投資」
　　　　＝[信義權益$3,000,000＋尚餘之信義淨值低估數$360,000－$30,000(逆/存)]
　　　　　　×80%－$20,000(順/機)－$10,000 (類順/債)＝$2,634,000
　「非控制權益」＝[$3,000,000＋$360,000－$30,000(逆/存)]×20%＝$666,000

20x4 年合併工作底稿之沖銷分錄： (並列 20x3 年，以供參考)

		20x3		20x4	
(1)	銷貨收入	200,000		300,000	
	銷貨成本		200,000		300,000
(2)	銷貨成本	15,000		30,000	
	存　貨		15,000		30,000
(3)	採用權益法之投資			15,000	
	銷貨成本	X			15,000
(4)	處分不動產、廠房及設備利益	30,000		—	
	採用權益法之投資	—		30,000	
	不動產、廠房及設備		30,000		30,000
(5)	累計折舊－不動產、廠房及設備			10,000	
	折舊費用	X			10,000
(6)	應付公司債			100,000	
	視同清償債券損失			10,000	
	按攤銷後成本衡量之金融資產	X			
	－仁愛				110,000
(7)	採用權益法認列之子公司、				
	關聯企業及合資利益之份額	219,000		335,000	
	股　利		160,000		160,000
	採用權益法之投資		59,000		175,000
(8)	非控制權益淨利	66,000		80,000	
	股　利		40,000		40,000
	非控制權益		26,000		40,000

(續次頁)

		20x3	20x4
(9)	普通股股本	2,200,000（&）	2,200,000
	保留盈餘	300,000（&）	500,000
	不動產、廠房及設備	200,000	160,000
	專利權	300,000	270,000
	採用權益法之投資	2,400,000	2,504,000
	非控制權益	600,000	626,000
	&：20x3 年信義公司宣告發放股票股利，故 20x3/12/31 沖銷分錄(9)借方的信義公司權益組成項目，須以"期初金額再考慮股票股利後的金額"與仁愛公司之「採用權益法之投資」之期初金額對沖，細節請詳第八章之「六、子公司於年度中宣告發放股票股利、執行股票分割」。 20x3/12/31 普通股股本＝期初$2,000,000＋股票股利$200,000＝$2,200,000 20x3/12/31 保留盈餘＝期初$500,000－股票股利$200,000＝$300,000		
	「採用權益法之投資」： 20x3/12/31：期末金額$2,459,000－沖(7)$59,000－沖(9)$2,400,000＝$0 20x4/12/31：期末金額$2,634,000＋沖(3)$15,000＋沖(4)$30,000－沖(7)$175,000 　　　　　　－沖(9)$2,504,000＝$0		
(10)	折舊費用	40,000	40,000
	累計折舊－不動產、廠房及設備	40,000	40,000
(11)	攤銷費用	30,000	30,000
	專利權	30,000	30,000

(十五) **(選擇題：近年會計師考題改編)**

(1) **(111 會計師考題)**

(D) 甲公司於 20x2 年 12 月 31 日以$240,000 取得乙公司 80%股權，並對乙公司存在控制。當日乙公司權益為$270,000，除有一項帳列設備價值低估外，其餘帳列資產及負債之帳面金額皆等於公允價值，亦無其他未入帳之資產或負債，該項設備尚有 5 年使用年限，無殘值，採直線法計提折舊。非控制權益係以收購日公允價值$50,000 衡量。乙公司於 20x5 年 7 月 1 日以$101,400 購得甲公司於 20x4 年 1 月 1 日以$105,000 發行之面額$100,000 五年期公司債，每年 1 月 1 日付息。已知甲、乙兩家公司對公司債折、溢價皆採直線法攤銷。假設甲公司採權益法處理其對乙公司之股權投資，惟忽略收購時乙公司帳列淨值低估及公司債內部交易之影響。試問：編製 20x7 年合併財務報表時，甲公司期初保留盈餘應調整金額為何？

(A) 增加$1,200　(B) 增加$1,500　(C) 減少$11,300　(D) 減少$11,600

說明：收購日，乙公司總公允價值＝$240,000＋$50,000＝$290,000

乙總公允價值$290,000－(乙權益$270,000＋乙帳列設備價值低估數)
＝$0　∴ 乙帳列設備價值低估數＝$20,000，$20,000÷5 年＝$4,000

應付公司債溢價之每年攤銷數＝($105,000－$100,000)÷5 年＝$1,000

20x5/ 7/ 1，應付公司債之帳面金額
　　　＝$105,000－($1,000×1.5 年)＝$103,500

20x5/ 7/ 1，視同清償債券利益＝$103,500－$101,400＝$2,100

20x7 年，甲公司期初保留盈餘應調整金額
＝(－$4,000×4 年)×80％＋$2,100－$2,100×[(1.5 年)÷(5 年－1.5 年)]
＝－$11,600

(2) **(108 會計師考題)**

(D) 甲公司於 20x2 年 1 月 1 日以$現金$1,800,000 取得乙公司 80%股權，並對乙公司存在控制。當日乙公司可辨認淨資產之公允價值為$2,100,000，除設備帳面金額低估$100,000 外，其餘帳列資產及負債之帳面金額皆等於公允價值，亦無未入帳之可辨認資產或負債，該項價值低估之設備自收購日起估計可再使用 5 年，無殘值，按直線法提列折舊。非控制權益係按對乙公司可辨認淨資產所享有之比例份額衡量。乙公司於 20x2 年 1 月 1 日以

$1,452,451 發行四年期公司債,面額$1,500,000,票面利率 9%,每年 12 月 31 日付息,發行時市場利率 10%。甲公司於 20x2 年 12 月 31 日在公開市場以$500,000 加計利息買入乙公司三分之一流通在外公司債,作為「透過其他綜合損益按公允價值衡量之金融資產」投資。甲公司之債券投資與乙公司之應付公司債皆以有效利率法攤銷溢、折價。乙公司 20x2 年與 20x3 年之淨利分別為$1,000,000 與$1,250,000,兩年度均未發放股利。下列敘述何者錯誤?

(A) 甲公司 20x2 年個體財務報表應認列之投資乙公司損益份額為$774,052
(B) 20x2 年合併綜合損益表應認列公司債推定收回損失為$12,435
(C) 20x3 年底合併資產負債表之非控制權益為$860,264
(D) 編製 20x3 年合併財務報表時,應沖銷之利息費用與利息收入差額為$5,635

說明:合併商譽=($1,800,000+$2,100,000×20%)−$2,100,000=$120,000
價值低估設備之每年折舊額=$100,000÷5 年=$20,000
20x2 年底乙公司應付公司債之帳面金額
　　=$1,452,451+($1,452,451×10%−$1,500,000×9%)
　　=$1,452,451+$10,245=$1,462,696
20x3 年底乙公司應付公司債之帳面金額
　　=$1,462,696+($1,462,696×10%−$1,500,000×9%)
　　=$1,462,696+($146,270−$135,000)=$1,473,966
20x2 年合併綜合損益表應認列之公司債推定收回損失
　　=$500,000−($1,462,696×1/3)=**$12,435 (B)**
甲公司 20x2 年應認列之投資乙公司利益份額
　　=($1,000,000−$20,000−$12,435)×80%=**$774,052 (A)**
20x2 年底合併資產負債表之非控制權益
　　=($2,100,000×20%)+($1,000,000−$20,000−$12,435)×20%
　　=$420,000+$193,513=$613,513
20x3 年合併財務報表時應沖銷之利息費用與利息收入差額
　　=($146,270×1/3)−($500,000×9%)=$48,757−$45,000
　　=**$3,757 (D)**
20x3 年底合併資產負債表之非控制權益
　　=$613,513+($1,250,000−$20,000+$3,757)×20%
　　=$613,513+$246,751=**$860,264 (C)**

(3) **(107 會計師考題)**

(D) 甲公司持有子公司(乙公司)80%股權。20x1 年 1 月 1 日，甲公司以$391,000購買乙公司所發行面額$400,000、利率3%的公司債，乙公司當日流通在外的公司債面額為$1,000,000，到期日為 20x5 年 4 月 1 日。20x1 年 1 月 1 日乙公司應付公司債之帳面金額為$1,045,000。甲公司與乙公司皆採直線法攤銷公司債折、溢價。試問甲公司 20x1 年合併綜合損益表之視同清償債券損益為何？

(A) 視同清償債券損失$14,000　　(B) 視同清償債券損失$21,600
(C) 視同清償債券利益$23,000　　(D) 視同清償債券利益$27,000

說明：20x1/ 1/ 1，視同清償應付公司債之帳面金額
$$=\$1,045,000\times(\$400,000\div\$1,000,000)=\$418,000$$
20x1 年合併綜合損益表上之視同清償債券利益
$$=\$391,000-\$418,000=-\$27,000$$

(4) **(104 會計師考題)**

(C) 甲公司持有子公司(乙公司)90%股權。20x7 年 12 月 31 日，乙公司於公開市場以$695,000 購入甲公司面額$700,000 公司債，該公司債每年 1 月 1 日及 7 月 1 日付息、票面利率 8%、到期日為 20x9 年 12 月 31 日。20x7 年 1 月 1 日，甲公司帳列「應付公司債」$1,000,000，「應付公司債溢價」$15,000。試問 20x7 年合併綜合損益表之視同清償債券利益為何？

(A) $0　　(B) $5,000　　(C) $12,000　　(D) $15,500

說明：題目未提供發行公司債時之有效利率，故只能按直線法攤銷應付公司債溢價。依 IFRS 規定，應按「有效利息法」。
每期應付公司債溢價之攤銷數＝$15,000÷(3 年×2 期)＝$2,500
20x7/12/31，應付公司債之帳面金額
$$=\$1,000,000+[\$15,000-(\$2,500\times2\text{ 期})]=\$1,010,000$$
20x7/12/31，視同清償應付公司債之帳面金額
$$=\$1,010,000\times(\$700,000\div\$1,000,000)=\$707,000$$
20x7 年合併綜合損益表上之視同清償債券利益
$$=\$695,000-\$707,000=-\$12,000$$

(5) (102 會計師考題)

(A) 20x1年 1月 1日大樑公司的長期負債包含面額$900,000、利率10%、20x5年 1月 1日到期的應付公司債,未攤銷溢價為$48,000,付息日為 1月 1日及 7月 1日,採直線法攤銷公司債折、溢價。大樑公司持有小叮公司80%股權並對小叮公司存在控制。20x1年 1月 2日,小叮公司於公開市場以$612,000購買大樑公司流通在外面額$600,000公司債。大樑公司及小叮公司20x1年合併綜合損益表之視同清償債券損益為何?
(A) 利得$20,000　　(B) 利得$36,000　　(C) 損失$8,000　　(D) 損失$20,000

說明:20x1/ 1/ 1,應付公司債之帳面金額=$900,000+$48,000=$948,000
　　　20x1/ 1/ 1,視同清償應付公司債之帳面金額
　　　　　=$948,000×($600,000÷$900,000)=$632,000
　　　20x1 年,合併綜合損益表上,視同清償債券利益
　　　　　=$632,000－$612,000=$20,000

(6) (102 會計師考題)

(B) 承上題,大樑公司及小叮公司20x2年12月31日合併財務狀況表之「應付公司債」的帳面金額應為:
(A) $300,000　　(B) $308,000　　(C) $312,000　　(D) $316,000

說明:以合併個體觀點,20x1/ 1/ 2,流通在外公司債之每期溢價攤銷數
　　　　　=$48,000×($300,000÷$900,000)÷(4 年×2 期)=$2,000
　　　截至 20x2/12/31,流通在外公司債之未攤銷溢價
　　　　　=$48,000×(3/9)－($2,000×4 期)=$16,000－$8,000=$8,000
　　　∴ 20x2/12/31,合併財務狀況表之「應付公司債」的帳面金額
　　　　　=$300,000+$8,000=$308,000

(7) (100 會計師考題)

(B) 母公司持有子公司 100%股權。20x5 年 1月 1日,子公司流通在外之應付公司債面額為$100,000、票面利率 8%、未攤銷折價為$5,000(將採直線法分 5 年攤銷)。同日,母公司以現金$99,000 取得子公司所有流通在外公司債,折價亦採直線法攤銷。試問此項公司債交易對 20x5 年控制權益淨利之淨影響數為何?

(A) －$4,000　　(B) －$3,200　　(C) －$800　　(D) $0

說明：20x5/ 1/ 1，視同清償債券損失＝$99,000－($100,000－$5,000)＝$4,000。在母公司及子公司個別帳上，透過：(a)應付公司債折價攤銷使每年利息費用增加$1,000，$5,000÷5 年＝$1,000，(b)長期債券投資折價攤銷使每年利息收入增加$200，$1,000÷5 年＝$200；合計使整體利益減少$800，$1,000－$200＝$800。快速計算：視同清償債券損失$4,000÷5 年＝$800。因此，對 20x5 年控制權益淨利之淨影響數＝(－$4,000 視同清償債券損失＋$800 已於母公司及子公司個別帳上認列之整體利益減少數)×100%＝－$3,200。

(8) (99 會計師考題)

(D) 母公司持有子公司 80%股權。20x4 年 1 月 1 日，子公司流通在外之應付公司債面額為$100,000、票面利率 6%、未攤銷折價為$7,000(將採直線法分 5 年攤銷)。同日，母公司以現金$96,000 取得子公司所有流通在外公司債，折價亦採直線法攤銷。試問此項公司債交易對 20x4 年控制權益淨利之淨影響數為何？

(A) $(5,600)　　(B) $(3,000)　　(C) $(2,400)　　(D) $(1,920)

說明：20x4/ 1/ 1，視同清償債券損失＝$96,000－($100,000－$7,000)＝$3,000。在母公司及子公司個別帳上，透過：(a)應付公司債折價攤銷使每年利息費用增加$1,400，$7,000÷5 年＝$1,400，(b)長期債券投資折價攤銷使每年利息收入增加$800，$4,000÷5 年＝$800；合計使整體利益減少$600，$1,400－$800＝$600。快速計算：視同清償債券損失$3,000÷5 年＝$600。因此，對 20x4 年控制權益淨利之淨影響數＝(－$3,000 視同清償債券損失＋$600 已於母公司及子公司個別帳上認列之整體利益減少數)×80%＝－$1,920。

補充：原題問：「此項公司債交易對 20x4 年合併淨利之淨影響數為多少？」
答案為：－$3,000 視同清償債券損失＋$600 已於母公司及子公司個別帳上認列之整體利益減少數＝－$2,400。

(9) (98 會計師考題)

(C) 甲公司持有子公司(乙公司)60%之股權。20x3 年 1 月 1 日乙公司帳列應付公司債$300,000(平價發行)，利率 8%，每年 12 月 31 日付息，尚有 5 年到期。甲公司在該日以$80,000 購買該公司債的三分之一。若 20x3 年 12 月 31 日甲公司帳列應付公司債為$500,000(面額$520,000)，公司債折、溢價係以直線法攤銷。試問 20x3 年 12 月 31 日合併財務狀況表中之應付公司債帳面金額為何？
(A) $820,000　　(B) 800,000　　(C) $700,000　　(D) $500,000

說明：視同清償債券利益＝($300,000×1/3)－$80,000＝$20,000
　　　　應付公司債合併數＝$500,000＋($300,000×2/3)＝$700,000

(10) (92 會計師考題)

(B) 母公司持有子公司 90%股權。於 20x3 年 12 月 31 日，子公司於公開市場以$800,000 購入母公司面額$900,000 五年後到期之公司債。當時該公司債之帳面金額為$850,000。假設採代理理論，試問此項母、子公司間債券交易對 20x3 年母公司之投資收益有何影響？
(A) 不變　　(B) 增加　　(C) 減少　　(D) 無法判斷

說明：視同清償債券利益＝$850,000－$800,000＝$50,000
　　　　母公司應認列之投資收益＝(子公司已實現淨利×90%)＋$50,000

(11) (91 會計師考題)

(B) 甲公司於 20x2 年 12 月 31 日以$196,000 取得乙公司 80%股權，並對乙公司存在控制。當日乙公司權益為$200,000，其帳列資產及負債之帳面金額皆等於公允價值，除有一項未入帳專利權(尚有 6 年耐用年限)外，無其他未入帳之資產或負債。非控制權益係以收購日公允價值衡量。乙公司於 20x6 年 12 月 31 日以$86,000 購得甲公司於 20x5 年 1 月 1 日以$93,000 發行之面額$90,000 六年期公司債。該公司債於每年 12 月 31 日付息。甲、乙兩家公司皆採直線法攤銷公司債折、溢價。甲公司按權益法處理其對乙公司之股權投資，惟忽略收購時乙公司帳列淨值低估及內部交易之影響，因此編製 20x8 年合併財務報表時，合併期初保留盈餘應調整(增或減)多少金額？

(A)減少$30,000　　(B)減少$25,500　　(C)減少$24,000　　(D)增加$4,500

說明：非控制權益係以收購日公允價值衡量，惟題意中未提及該公允價值，
故設算之。乙總公允價值＝$196,000÷80%＝$245,000
乙未入帳專利權＝$245,000－$200,000＝$45,000
乙未入帳專利權之每年攤銷數＝$45,000÷6年＝$7,500
應付公司債溢價之每年攤銷數＝($93,000－$90,000)÷6年＝$500
視同清償債券利益＝($93,000－$500×2年)－$86,000＝$6,000
應於20x6年合併財務報表上認列視同清償債券利益$6,000，
而非分4年於甲、乙公司個別帳上認列，$6,000÷4年＝$1,500。
故20x8年初，合併期初保留盈餘應調整(減少)
　　＝(－$7,500×5年)×80%＋$6,000－$1,500＝－$25,500

(12)　(91會計師考題)

(C)　甲公司持有子公司(乙公司)80%股權。20x3年12月31日，甲公司帳列應付公司債$618,000，該公司債票面利率6%，於每年1月1日及7月1日付息，到期日為20x8年1月1日。20x5年1月1日，乙公司於公開市場以$98,950購入甲公司面額$100,000之公司債。甲、乙兩家公司皆採直線法攤銷公司債折、溢價，則20x5年底有關公司債內部交易於甲公司及乙公司帳上尚未認列之視同清償債券損益為何？
(A) $0　　(B) 利益$3,300　　(C) 利益$2,200　　(D) 利益$1,100

說明：$18,000÷(4年×2期)＝$2,250，$618,000－($2,250×2期)＝$613,500，
視同清償債券利益＝[$613,500×($100,000÷$600,000)]－$98,950＝
$3,300，應於20x5年合併財務報表上認列視同清償債券利益
$3,300，而非分3年於20x5、20x6、20x7於甲、乙公司個別帳上認
列，故於20x5年底尚有$2,200之視同清償債券利益尚未於個別公司
帳上認列，$3,300÷3年＝$1,100，$3,300－$1,100＝$2,200。

(13)　(90會計師考題)

(A)　20x4年1月1日，子公司以$210,000於公開市場取得母公司所發行面額$200,000之公司債。當時該公司債的折價金額為$5,000，採直線法攤銷，公司債到期日為20x8年12月31日。針對此筆交易，母公司應如何調整其

20x4 及 20x5 年之投資收益？

	20x4 年	20x5 年
(A)	減少 $12,000	增加 $3,000
(B)	增加 $12,000	減少 $3,000
(C)	減少 $4,000	增加 $1,000
(D)	增加 $4,000	減少 $1,000

說明：視同清償債券損失＝$210,000－($200,000－$5,000)＝$15,000

$15,000÷5 年＝$3,000

20x4 年：－$15,000＋$3,000＝－$12,000

20x5 年：＋$3,000

(14) (90 會計師考題)

(D) 子公司於 20x3 年 1 月 1 日發行面額$500,000、票面利率 12%、五年期公司債，發行時折價$40,000，於每年 12 月 31 日付息。20x4 年 12 月 31 日，母公司於公開市場以$250,000 購入子公司面額$250,000 之公司債。甲、乙兩家公司皆採直線法攤銷公司債折、溢價。試問 20x4 及 20x5 年合併綜合損益表中應付公司債之利息費用各為若干？(假設上述公司債是合併個體所發行唯一的公司債，且截至 20x5 年底母公司仍持有該項公司債投資。)

	20x4 年	20x5 年
(A)	$26,000	$26,000
(B)	$34,000	$34,000
(C)	$52,000	$26,000
(D)	$68,000	$34,000

說明：折價每年攤銷數＝$40,000÷5 年＝$8,000

公司債每年現金利息支付數＝$500,000×12%＝$60,000

子公司每年度之利息費用＝$60,000＋$8,000＝$68,000

20x4 年，合併綜合損益表中應付公司債之利息費用為$68,000

20x4/12/31，母公司買回一半面額的公司債當作債券投資，故 20x5、20x6 及 20x7 年合併綜合損益表中應付公司債之利息費用皆為$34,000 ($68,000×1/2＝$34,000)。

第八章 股權變動之財表合併程序

本章將針對母公司持有子公司股權於年度中發生變化的各種情況，詳加介紹編製該年度母、子公司合併財務報表的合併邏輯與程序。惟進入主題前，須先瞭解那些交易事項將導致母公司持有子公司股權發生變化？遂將導致母公司持有子公司股權發生變化的交易事項區分為下列兩大類，再分段循序說明：

(一) 母公司進行的交易：
例如：母公司於期中收購子公司[母對子的持股比例增加]、母公司分批取得子公司股權[母對子的持股比例增加]、母公司部分處分子公司股權[母對子的持股比例減少]等。而類似這三種情況的期中投資關聯企業、分次取得關聯企業股權、處分或部分處分關聯企業股權，已於第二章詳述應如何適用權益法，請參閱本書第二章「十一」、「十二」、「十三」三個主題。

(二) 子公司進行的交易：
例如：子公司發行新股、子公司買回庫藏股、子公司宣告並發放股票股利、子公司執行股票分割等，該等交易皆可能使母公司持有子公司股權發生增減變化。

母公司對子公司之持股比例可能因上述交易而增加、減少或不變。本章將依此分類，逐項說明各該情況下母、子公司財務報表的合併邏輯與程序。

一、母公司於期中收購子公司

所謂「期中取得(interim acquisition)」，係指投資者於年度中的某一天(通常不是指極接近期初或期末的時日、亦非期初或期末當天)取得對關聯企業的股權投資。第二章已介紹過，投資者若於期中取得關聯企業股權，其在期末適用權益法認列投資損益時所須注意之事項。但若母公司係於期中取得對子公司存在控制之股權，則為「期中收購」，即收購日是年度中的某一天，而母公司期中收購子公司當年，其對子公司的股權投資時間不滿一年。雖然母公司在期末適用權益法時，可在"子公司全年度損益係很平均地賺得"的假設下，按子公司全年度損益等比例地認列投資損益，不過期末時母公司及其子公司合併財務報表的編製，仍需解決"收購當年度之投資時間不滿一年"的合併技術問題。

說明如何解決上述問題前，先介紹兩個將用於下述第(二)法的名詞，「收購前利益(Preacquisition Earnings)」及「收購前股利(Preacquisition Dividends)」。「收購前利益」係指在期中收購情況下，從期初到母公司取得對子公司存在控制股權為止(從期初到收購日為止)，子公司已賺得之利益。此利益會成為子公司權益的一部分，待母公司以移轉對價收購子公司時，此「收購前利益」即"被購得"，亦有稱其為"被買來的利益(Purchased Income)"。同理，「收購前股利」係指在期中收購情況下，從期初到收購日止，子公司已宣告之現金股利。

針對"收購當年度之投資時間不滿一年"的合併技術問題，有下列兩種方法可用來編製母、子公司合併綜合損益表，惟其各有優缺點，國際財務報導準則未作相關規定，美國財務會計準則(FASB Statement No.160)採用第(一)法。茲以下段簡例說明期中收購當年度母、子公司合併綜合損益表之編製邏輯。

母公司於20x5年6月1日取得對子公司存在控制之90%股權，子公司20x5年淨利為Y(假設係於年度中平均地賺得)，相關資料如下：

	20x5年1~5月		20x5年6~12月		20x5年度
子公司淨利		$(5/12) \times Y$		$(7/12) \times Y$	Y
控制權益 (90%)	A	$(5/12) \times Y \times 90\%$	B	$(7/12) \times Y \times 90\%$	$Y \times 90\%$
非控制權益 (10%)	C	$(5/12) \times Y \times 10\%$	D	$(7/12) \times Y \times 10\%$	$Y \times 10\%$

第(一)法：

將收購日後(20x5/6/1~20x5/12/31)的子公司淨利(B＋D)納入合併綜合損益表中，故包含在總合併淨利中的部分子公司淨利是(B＋D)，再減除同期間的非控制權益淨利(D)，因此包含在控制權益淨利中的部分子公司淨利是(B)，亦即母公司收購子公司後的投資收益。

第(二)法：

將子公司20x5年全年度損益(A＋B＋C＋D)皆納入合併綜合損益表中，減除「收購前利益－控制權益部分」(A)，故包含在總合併淨利中的部分子公司淨利是(B＋C＋D)，再減除全年度非控制權益淨利(C＋D)，因此包含在控制權益淨利中的部分子公司淨利是(B)，亦即母公司收購子公司後的投資收益。

將兩種方法彙述如下，表 8-1：

	第 (一) 法		第 (二) 法	
	子損益納入合併的方式	合併金額	子損益納入合併的方式	合併金額
銷貨收入	收購日～期末	母全年損益 +B+D	全 年	母全年損益+ A+B+C+D
銷貨成本及各項費用	收購日～期末		全 年	
減：收購前利益－控制權益部分		－	期初～收購日	(A)
總合併淨利		母全年損益 +B+D	(※)	母全年損益 +B+C+D
減：非控制權益淨利	收購日～期末	(D)	全 年 (#)	(C+D)
控制權益淨利		母全年損益+B		母全年損益+B

※：第(二)法，「母全年損益＋B＋C＋D」並非 20x5 年的「總合併淨利」，因「C」是「收購前利益－非控制權益部分」，是「收購前利益」的一部分。

#：若為配合「銷貨收入」及「銷貨成本及各項費用」皆為"母全年損益＋子全年損益"的邏輯，「C＋D」可算是 20x5 年的「非控制權益淨利」；惟「非控制權益」係於 20x5/ 6/ 1 因母公司收購子公司才出現的權益名稱，在收購日前不存在所謂的「非控制權益」或「控制權益」；且「C」是「收購前利益」的一部分。

　　IFRS 規定，企業應自對子公司取得控制之日起至終止控制之日止，將子公司之收益及費損包含於合併財務報表，詳 P.33～34 之(2)。因此整體而言，按第(一)法的合併綜合損益表較第(二)法更能忠實表述期中收購的交易實況，也較符合目前的合併觀念與邏輯，請詳表 8-1 的※及＃說明。另外，母公司收購子公司的移轉對價，就是反映收購日子公司所擁有資產及負債的公允價值，且子公司會在收購日結算從期初至收購日前一天的損益，得出被收購前一刻的財務狀況，即子公司「收購前利益」已內化為收購日子公司所擁有淨值公允價值的一部份，故無須強調"母公司購買「收購前利益」"一事，詳 P.2 第一段。

　　但第(一)法的「銷貨收入」、「銷貨成本」及「各項費用」等構成合併綜合損益表主要部分之項目，其內容只包括：母公司全年損益及子公司收購日至期末的損益，無法顯示母公司及子公司收購當年度全年完整的損益資訊，故若欲以收購當年度的合併綜合損益表資訊，作為預測"未來年度合併綜合損益表上相應金額"的合理基礎，是有所不足的，亦即第(一)法合併綜合損益表的會計資訊品

質較缺乏預測價值，而這卻是第(二)法的優點，因第(二)法的「銷貨收入」、「銷貨成本」及「各項費用」等項目，其內容是包括：母公司全年損益及子公司全年損益，可作為預測"未來年度合併綜合損益表上相應金額"的合理基礎。

綜合上述說明，**本書將採第(一)法**。茲以釋例一說明母公司期中收購子公司時，如何編製收購當年度母公司及其子公司之合併財務報表。

釋例一：

甲公司於 20x6 年 5 月 1 日以$928,000 取得乙公司 80%股權，並對乙公司存在控制。當日乙公司帳列資產及負債之帳面金額皆等於公允價值，除有一項未入帳專利權(尚有 5 年使用年限)外，並無其他未入帳資產或負債。非控制權益係以收購日公允價值衡量。乙公司 20x5 年 12 月 31 日之權益為$1,000,000，包括普通股股本$600,000 及保留盈餘$400,000。

乙公司 20x6 年 1 月至 4 月之淨利為$120,000，5 月至 12 月之淨利為$400,000，並於 20x6 年 3 月及 9 月間分別宣告且發放現金股利$20,000 及$50,000，其損益組成及股利資料如下：

	1/1－4/30	5/1－12/31	1/1－12/31
銷貨收入	$760,000	$1,540,000	$2,300,000
銷貨成本及各項費用	(640,000)	(1,140,000)	(1,780,000)
淨　利	$120,000	$ 400,000	$ 520,000
股　利	$20,000	$50,000	$70,000

說　明：

20x6/ 5/ 1：非控制權益係以收購日公允價值衡量，惟釋例中未提及該公允價值，故設算之。乙公司總公允價值＝$928,000÷80%＝$1,160,000
　　　　　　非控制權益＝$1,160,000×20%＝$232,000
　　　　　　乙公司帳列權益＝$1,000,000＋$120,000－$20,000＝$1,100,000
　　　　　　乙公司未入帳專利權＝$1,160,000－$1,100,000＝$60,000
　　　　　　未入帳專利權之每年攤銷數＝$60,000÷5 年＝$12,000

20x6 年：甲應認列之投資收益＝[$400,000－($12,000×8/12)]×80%＝$313,600
　　　　　非控制權益淨利＝[$400,000－($12,000×8/12)]×20%＝$78,400

20x6 年：甲公司收到之現金股利＝$50,000×80%＝$40,000
　　　　　非控制權益收到之現金股利＝$50,000×20%＝$10,000

按權益法，相關項目異動如下：　(單位：千元)

	20x6/1/1	1/1～4/30	20x6/5/1	5/1～12/31	20x6/12/31
乙－權　益	$1,000	＋$120－$20	$1,100	＋$400－$50	$1,450
權益法：					
甲－採用權益法之投資			$928	＋$313.6 －$40	$1,201.6
合併財務報表：					
專利權			$60	－$8	$52
非控制權益			$232	＋$78.4－$10	$300.4
驗　算：　20x6/12/31： 甲帳列「採用權益法之投資」＝(乙權益$1,450＋未攤銷專利權$52)×80%＝$1,201.6 合併財務狀況表之「非控制權益」＝($1,450＋$52)×20%＝$300.4					

甲公司及其子公司 20x6 年合併工作底稿之沖銷分錄：

(1)	採用權益法認列之子公司、關聯企業 及合資利益之份額	313,600	
	股　利		40,000
	採用權益法之投資		273,600
(2)	非控制權益淨利	78,400	
	股　利		10,000
	非控制權益		68,400
(3)	***普通股股本 (1/1)***	***600,000***	
	保留盈餘 (1/1)	***400,000***	
	專利權 (5/1)	60,000	
	銷貨收入 (1/1～4/30)	***760,000***	
	銷貨成本及各項費用 (1/1～4/30)		***640,000***
	股　利 (1/1～4/30)		***20,000***
	採用權益法之投資 (5/1)		928,000
	非控制權益 (5/1)		232,000
	網底五項目合計數＝20x6/5/1 乙公司帳列權益 ＝$600,000＋$400,000＋$760,000－$640,000－$20,000＝$1,100,000		
(4)	攤銷費用	8,000	
	專利權		8,000

沖銷分錄(1)：

　　同第四章之合併沖銷邏輯，借方沖銷投資收益$313,600，放棄原已納入甲公司綜合損益表的乙公司營業結果彙總金額（「採用權益法認列之子公司、關聯企業及合資利益之份額」），改以乙公司各項收入、成本、費用、利益、損失等項目的詳細金額，納入合併綜合損益表。貸方沖銷之股利$40,000是甲公司於收購日後至期末(共8個月內)收自乙公司之現金股利。「採用權益法之投資」期末餘額為$1,201,600，貸方沖銷$273,600後，尚有$928,000，是20x6/5/1的投資金額(移轉對價)，而非20x6/1/1餘額，因期初時甲公司尚未收購乙公司。至於前4個月(1/1～4/30)內，乙公司所宣告並發放之現金股利(收購前股利)，應如何沖銷呢？請詳下列沖銷分錄(3)。

沖銷分錄(2)：

　　同第四章之合併沖銷邏輯，並按前述第(一)法，非控制權益淨利$78,400須在合併綜合損益表中當作減項，故列在沖消分錄的借方，而貸方沖銷之股利$10,000是非控制權益在收購日後至期末(共8個月內)收自乙公司之現金股利，借貸差額即是非控制權益當年度之淨增加數$68,400。至於前4個月(1/1～4/30)內，乙公司所宣告並發放之現金股利(收購前股利)，應如何沖銷呢？請詳下列沖銷分錄(3)。

沖銷分錄(3)：

　　按第四章之合併沖銷邏輯，應以20x6/1/1的餘額作為本沖銷分錄之基礎：(a)沖銷相對科目(乙公司權益科目及甲公司「採用權益法之投資」)、(b)增列未入帳專利權之期初金額、(c)增列非控制權益之期初金額。不過甲公司是在20x6/5/1收購乙公司，並非在20x6/1/1，因此改以20x6/5/1的餘額進行相關沖銷或增列。

　　另外，為了按前述第(一)法將乙公司收購日後之損益納入合併綜合損益表，加上合併工作底稿"乙公司欄位"之金額是乙公司全年度損益，於是須透過沖銷分錄將乙公司前4個月的損益排除，故借方沖銷銷貨收入$760,000，貸方沖銷銷貨成本及各項費用$640,000，同時貸方沖銷股利$20,000，將前4個月(1/1～4/30)內乙公司所宣告並發放之現金股利沖銷。因此期初(20x6/1/1)乙公司權益$1,000,000(普通股股本$600,000及保留盈餘$400,000)，加上前4個月銷貨收入$760,000，減除前4個月銷貨成本及各項費用$640,000，再減除前4個月內乙公

司所宣告並發放之現金股利$20,000，即為收購日(20x6/ 5/ 1)乙公司權益$1,100,000，即可達成"改以 20x6/ 5/ 1 的餘額進行相關沖銷或增列"之目的。

<u>沖銷分錄(4)</u>： 專利權在 20x6 年只須提列 8 個月攤銷費用。

甲公司及乙公司 20x6 年財務報表資料已分別列入合併工作底稿，如下：

甲 公 司 及 其 子 公 司
合 併 工 作 底 稿
20x6 年 1 月 1 日至 20x6 年 12 月 31 日

	甲公司	80% 乙公司	調整／沖銷 借方	調整／沖銷 貸方	合併財務報表
綜合損益表：					
銷貨收入	$3,800,000	$2,300,000	(3) 760,000		$5,340,000
採用權益法認列之子公司、關聯企業及合資利益之份額	313,600	—	(1) 313,600		—
各項成本及費用	(2,962,000)	(1,780,000)	(4) 8,000	(3) 640,000	(4,110,000)
淨　利	$1,151,600	$ 520,000			
總合併淨利					$1,230,000
非控制權益淨利			(2) 78,400		(78,400)
控制權益淨利					$1,151,600
保留盈餘表：					
期初保留盈餘	$2,500,000	$400,000	(3) 400,000		$2,500,000
加：淨　利	1,151,600	520,000			1,151,600
減：股　利	(600,000)	(70,000)		(1) 40,000 (2) 10,000 (3) 20,000	(600,000)
期末保留盈餘	$3,051,600	$850,000			$3,051,600
財務狀況表：					
現　金	$ 530,000	$ 230,000			$ 760,000
其他流動資產	780,000	510,000			1,290,000
採用權益法之投資	1,201,600	—		(1) 273,600 (3) 928,000	—
不動產、廠房及設備	2,800,000	1,700,000			4,500,000
減：累計折舊	(860,000)	(620,000)			(1,480,000)
專利權	—	—	(3) 60,000	(4) 8,000	52,000
總資產	$4,451,600	$1,820,000			$5,122,000

(承上頁)

	甲公司	80% 乙公司	調整/沖銷 借方	調整/沖銷 貸方	合併 財務報表
財務狀況表：(續)					
各項負債	$ 400,000	$ 370,000			$ 770,000
普通股股本	1,000,000	600,000	(3) 600,000		1,000,000
保留盈餘	3,051,600	850,000			3,051,600
總負債及權益	$4,451,600	$1,820,000			
非控制權益－ 5/1				(3) 232,000	
非控制權益 －當期增加數				(2) 68,400	
非控制權益－12/31					300,400
總負債及權益					$5,122,000

二、母公司分次取得子公司股權－分次(批)收購

第二章已談過此主題，當投資者係以分批多次取得關聯企業股權方式，逐漸地對關聯企業具有重大影響。在分次取得股權的初期，投資者對被投資者尚不具重大影響，故前者對後者的股權投資依第二章之「四、股權投資之後續會計處理－不具重大影響」處理即可；但隨著持股比例的增加，當投資者對關聯企業具有重大影響時，就必須按權益法處理，其會計處理細節已於第二章「十二、投資關聯企業－分次取得」中敘明。

但若投資者的持股比例持續增加到對關聯企業存在控制時，此時「關聯企業」應改稱「子公司」，而「投資者」即為「母公司」，除了繼續按權益法處理股權投資外，期末尚須編製母、子公司合併財務報表。國際財務報導準則稱這種合併方式為「分階段達成之企業合併 (a business combination achieved in stages)」，亦有稱「分次(批)收購 (a step acquisition)」。

當投資者係以分次取得股權方式進行投資，則投資者(或母公司)對關聯企業(或子公司)的持股比例會逐次上升，因此相關的股權投資會計處理也可能隨之異動，茲將可能的情況彙集於表8-2：

表 8-2

	原股權投資狀態 → 再取得股權後	舉 例	相關章節
甲	不具重大影響 → 具重大影響 　　　　　　　　　(權益法)	10%＋20%＝30%	第二章 　釋例六
乙	不具重大影響 → 具重大影響 (權益法) → 存在控制 (權益法＋合併報表)	10%＋20%＋40% ＝70% [下述(1)(2)]	第八章 　釋例二
丙	不具重大影響 → 不具重大影響 → 存在控制 (權益法＋合併報表)	10%＋5%＋45% ＝60% [下述(1)(2)]	第八章 　釋例三
丁	不具重大影響 → 存在控制 　　　　　　　　(權益法＋合併報表)	10%＋70%＝80% [下述(3)(1)(2)]	第八章 　釋例四
戊	具重大影響 → 存在控制 (權益法)　　(權益法＋合併報表)	30%＋60%＝90% [下述(3)(1)(2)]	第八章 　釋例五
己	存在控制 → 存在控制 (權益法＋合併報表)	80%＋10%＝90%	第八章 　釋例六

由表 8-2 可知，所謂「分階段達成之企業合併」或「分次(批)收購」應是指乙情況及丙情況，至於丁情況及戊情況仍屬「一次收購」，惟其仍有"收購前已持有被收購者之權益"，故仍須按次頁(1)及(2)的相關規定處理。而己情況其實與「分次(批)收購」這個議題無關，但因易與乙、丙、丁、戊情況混淆，故並列以茲區別。

IFRS 3「企業合併」規定：「於分階段達成之企業合併中，收購者應以收購日之公允價值再衡量其先前已持有被收購者之權益，若因而產生任何利益或損失，則認列為損益或其他綜合損益(以適當者)。於先前報導期間，收購者可能已於其他綜合損益中認列被收購者之權益價值變動。若然，其他綜合損益中已認列之金額應按與收購者若直接處分其先前已持有權益之相同基礎認列。」其相關會計處理，請參閱第二章「十三、處分對關聯企業之股權投資」之說明。

從上段規定的最後一句：「若然，其他綜合損益中已認列之金額應按與收購者若直接處分其先前已持有權益之相同基礎認列。」可推知制定準則的權威機構係假設：「將收購者先前已持有被收購者之權益處分，再重新取得存在控制股權」。因此，在分階段達成之企業合併中(例如：原已持有30%，於收購日再取得40%)，國際財務報導準則的會計處理邏輯是：於收購日，

(1) 假設將收購者先前已持有被收購者之權益(如30%)處分，其帳面金額與公允價值間之差額認列為損益或其他綜合損益(以適當者，優先採用)。

　　筆者建議：可依收購者對"先前已持有被收購者之權益"的分類分式，來決定其帳面金額與公允價值之差額係認列為損益或其他綜合損益較適當？彙述如下：

	收購者對 "先前已持有被收購者之權益" 的分類分式	"再衡量"產生之損益，係認列為 損益 或 其他綜合損益？	參　考 釋　例
1.	透過損益按公允價值衡量之金融資產	損　益	釋例三
2.	透過其他綜合損益按公允價值衡量 之金融資產	其他綜合損益	釋例四
3.	採用權益法之投資	損　益	釋例二、五

(2) 針對於先前報導期間，收購者可能已於其他綜合損益中認列被收購者之權益價值變動部份，則應按照"假設收購者將其先前已持有被收購者之權益處分時，其帳列相關之其他綜合損益應有的處理方式"處理之，亦即須視被收購者權益價值變動的原因而定，請詳本書第二章「十三、處分對關聯企業之股權投資」。

(3) 若於收購日取得對被收購者存在控制之股權(例如：50%、50%以上、或雖低於50%但可證明該次收購即存在控制)，交易性質屬一次收購，可按一次收購的相關規定處理(請詳第一章)，惟其仍有"收購前已持有被收購者之權益"，故仍須按上述(1)及(2)的相關規定處理。

　　擬以釋例二、釋例三、釋例四及釋例五說明分次(批)進行股權投資時，應如何適用權益法以及編製當年度母公司及其子公司合併財務報表。

釋例二：

　　甲公司於 20x6 年 1 月 1 日以現金$650,000 取得乙公司 10%股權，經評估對乙公司不具重大影響。當日乙公司發行且流通在外普通股為 100,000 股，權益為$6,000,000。甲公司依 IFRS 9 及其管理金融資產之經營模式，將該股權投資分類為「透過損益按公允價值衡量之金融資產」。乙公司於 20x6 年 11 月 30 日宣告並發放現金股利$200,000。20x6 年 12 月 31 日，乙公司普通股每股市價為$75。

甲公司又於 20x7 年 1 月 1 日以現金$1,500,000 取得乙公司 20%股權，經評估對乙公司已具重大影響。當日乙公司權益為$7,000,000，其帳列資產及負債之帳面金額皆等於公允價值，除有一項未入帳專利權(尚有 5 年使用年限)外，並無其他未入帳資產或負債。乙公司 20x7 年淨利為$1,400,000，係於年度中平均地賺得，且於 20x7 年 11 月 30 日宣告並發放現金股利$300,000。假設乙公司於 20x7 年底，對其帳列土地進行重估價，增值金額為$100,000(暫不考慮相關稅負)。

　　甲公司另於 20x8 年 7 月 1 日以現金$3,639,600 取得乙公司 40%股權，經評估對乙公司存在控制。當日乙公司帳列資產及負債之帳面金額皆等於公允價值，除有一項未入帳專利權(尚有 3.5 年使用年限)外，並無其他未入帳資產或負債。非控制權益係以收購日公允價值衡量。乙公司 20x8 年淨利為$1,300,000，包括：銷貨收入$4,200,000、銷貨成本及各項費用$2,900,000，係於年度中平均地賺得，並於 20x8 年 5 月 1 日及 11 月 1 日分別宣告且發放現金股利$150,000 及$250,000。

說　明：

(1) 20x6 年 1 月 1 日，甲公司取得乙公司 10%股權，經評估對乙公司不具重大影響。20x7 年 1 月 1 日，甲公司又取得乙公司 20%股權，持股比例增為 30%，經評估對乙公司已具重大影響，即日起應按權益法處理對乙公司之股權投資。時至 20x8 年 7 月 1 日，甲公司再取得乙公司 40%股權，持股比例已達 70%，經評估對乙公司存在控制，甲公司不但要繼續適用權益法，且須於期末編製甲公司及乙公司之合併財務報表。

(2) 甲公司之分錄：

20x6/ 1/ 1	強制透過損益按公允價值衡量之金融資產	650,000	
	現　金		650,000
11/30	現　金	20,000	
	股利收入		20,000
	$200,000×10%＝$20,000		
12/31	強制透過損益按公允價值衡量之金融資產評價調整	100,000	
	透過損益按公允價值衡量之金融資產(負債)利益		100,000
	評價調整：($75×10,000 股)－$650,000＝$100,000(借餘)		
20x7/ 1/ 1	採用權益法之投資	1,500,000	
	現　金		1,500,000

	1/1	採用權益法之投資　　　　　　　　　　　　　750,000	
		強制透過損益按公允價值衡量之金融資產	650,000
		強制透過損益按公允價值衡量之金融資產評價調整	100,000
		以$1,500,000 取得乙公司 20%股權(20,000 股)，即每股公允價值$75，同 20x6/12/31 之評價，故原持股 10%之公允價值仍為$750,000。	
		針對甲公司持有乙公司 30%股權部分： ($750,000＋$1,500,000)－[$7,000,000×(10%＋20%)]＝$150,000 ＝乙公司未入帳專利權，每年攤銷數＝$150,000÷5 年＝$30,000	
20x7/11/30		現　金　　　　　　　　　　　　　　　　　　90,000	
		採用權益法之投資	90,000
		$300,000×30%＝$90,000	
	12/31	採用權益法之投資　　　　　　　　　　　　　390,000	
		採用權益法認列之關聯企業及合資利益之份額	390,000
		($1,400,000×30%)－$30,000＝$390,000	
	12/31	採用權益法之投資　　　　　　　　　　　　　30,000	
		其他綜合損益－關聯企業及合資之不動產重估增值	30,000
		土地重估增值$100,000×30%＝$30,000	
註：	截至 20x7/12/31， 「其他權益－不動產重估增值－採用權益法之關聯企業及合資」貸餘$30,000。		
20x8/5/1		現　金　　　　　　　　　　　　　　　　　　45,000	
		採用權益法之投資	45,000
		$150,000×30%＝$45,000	
	7/1	採用權益法之投資　　　　　　　　　　　　3,639,600	
		現　金	3,639,600
	7/1	採用權益法之投資　　　　　　　　　　　　　180,000	
		採用權益法認列之關聯企業及合資利益之份額	180,000
		($1,300,000×6/12×30%)－($30,000×6/12)＝$180,000	

(3) 20x8/7/1：

假設已知：(a)甲對乙原持股(30%)，(b)非控制權益(30%)，於收購日之公允價值皆為 $2,729,700，則乙公司總公允價值＝$3,639,600＋$2,729,700＋$2,729,700＝$9,099,000。

若無法得知(a)及(b)於收購日之公允價值，則設算乙公司總公允價值＝$3,639,600÷40%＝$9,099,000。甲對乙原持股(30%)之公允價值＝$9,099,000×30%＝$2,729,700，非控制權益＝$9,099,000×30%＝$2,729,700。

[註：前兩段結論相同，係筆者為行文方便而做的安排，實務上常不相同。]

乙公司權益＝(20x7 期初$7,000,000＋20x7 淨利$1,400,000＋20x7 重估增值
　　　　　　$100,000－20x7 股利$300,000)＋(20x8 淨利$1,300,000×6/12)
　　　　　－(20x8/ 5/ 1 股利$150,000)＝$8,700,000

乙公司未入帳專利權＝$9,099,000－$8,700,000＝$399,000
乙公司未入帳專利權之每年攤銷數＝$399,000÷3.5 年＝$114,000

甲對乙原持股(30%)於收購日之公允價值為$2,729,700，因此須將甲帳列「採用權益法之投資」餘額$2,715,000 [甲原對乙持股 30%部分，詳表 8-3] 調整為公允價值$2,729,700，認列$14,700「利益」或「其他綜合損益」(以適當者)。筆者選擇將$14,700 列為「利益」，惟按金管會「證券發行人財務報告編製準則」及證交所最新公告之「一般行業 IFRSs 會計科目及代碼」，並無適當科目可供引用，筆者遂依準則用詞將該利益之會計科目設為「分階段合併前持有關聯企業權益之利益」。

(4) 20x8 後半年：

甲應認列之投資收益＝($1,300,000×6/12－$114,000×6/12)×70%＝$415,100
非控制權益淨利＝($1,300,000×6/12－$114,000×6/12)×30%＝$177,900

(5) 甲公司之分錄：

20x8/ 7/ 1	採用權益法之投資　　　　　　　　　　　　14,700
	分階段合併前持有關聯企業權益之利益　　　　　14,700
	甲對乙之原持股(30%)調為收購日之公允價值。
7/ 1	其他權益－不動產重估增值－採用權益法之 　　　　　關聯企業及合資　　　　　30,000
	保留盈餘　　　　　　　　　　　　　　　　　30,000
	於先前報導期間，收購者可能已於其他綜合損益中認列被收購者之權益價值變動部份，則應按照"假設收購者將其先前已持有被收購者之權益(30%)處分時，其帳列相關之其他綜合損益應有的處理方式"處理之。
11/ 1	現　　金　　　　　　　　　　　　　　　　175,000
	採用權益法之投資　　　　　　　　　　　　　175,000
	$250,000×70%＝$175,000
12/31	採用權益法之投資　　　　　　　　　　　　415,100
	採用權益法認列之子公司、關聯企業 　　　　　及合資利益之份額　　　　　415,100

(6) 相關項目異動如下,表 8-3: (單位:千元)

	20x6/1/1	20x6 年	20x6/12/31	20x7 年	20x7/12/31
乙－權　益	$6,000	+$1,200 －$200	$7,000	+$1,400 +$100－$300	$8,200
按公允價值衡量:					
甲－強制透過損益 　　按公允價值衡 　　量之金融資產	$650	股利收入 $20	$650 20x7/1/1 轉列「採用權 益法之投資」		
甲－強制透過損益 　　按公允價值衡 　　量之金融資產 　　評價調整	$0	+$100	$100 20x7/1/1 轉列「採用權 益法之投資」		
權益法:					
甲－採用權益法 　　之投資			$750+$1,500 ＝$2,250	+$390+$30 －$90	$2,580
甲－ 「其他綜合損益－ 　關聯企業及合資之 　不動產重估增值」			$0	+$30	$30 20x7/12/31 結轉 「其他權益」
甲－「其他權益」 　　(#)					$30
投資差額:					
專利權			$150	－$30	$120
#:甲帳列「其他權益－不動產重估增值－採用權益法之關聯企業及合資」。				
驗　算: 20x7/12/31:專利權＝$2,580－($8,200×30%)＝$120				

(延續上表)

	20x7/12/31	1~6月	20x8/7/1	7~12月	20x8/12/31
乙－權　益	$8,200	+$650 －$150	$8,700	+$650 －$250	$9,100
權益法:					
甲－採用權益法 　　之投資	$2,580	+$180 －$45	$2,715 ＋$14.7 +$3,639.6 ＝$6,369.3	+$415.1 －$175	$6,609.4

(續次頁)

	20x7/12/31	1～6月	20x8/7/1	7～12月	20x8/12/31
甲－「其他權益」(＃)	$30		$30 轉入「保留盈餘」		$0
投資差額：					
專利權	$120	－$30×6/12	$105		
合併財務報表：					
專利權			$399 (重新計算)	－$114×6/12	$342
非控制權益			$2,729.7	＋$177.9－$75	$2,832.6

(7) 甲公司及乙公司 20x8 年合併工作底稿之沖銷分錄：

(a)	採用權益法認列之子公司、關聯企業 　　　　　及合資利益之份額　　　　415,100 　　股　利　　　　　　　　　　　　　　　175,000 　　採用權益法之投資　　　　　　　　　240,100
	在收購日後(20x8/7/1之後)，才能將乙公司營業結果納入合併綜合損益表，故前半年甲公司投資乙公司(關聯企業)所認列之「採用權益法認列之關聯企業及合資利益之份額」$180,000 不沖銷，仍會表達在 20x8 年合併綜合損益表中。
(b)	非控制權益淨利　　　　　　　　　　177,900 　　股　利　　　　　　　　　　　　　　　75,000 　　非控制權益　　　　　　　　　　　　102,900
(c)	*普通股股本 (1/1)*　　　　　　　　***1,000,000*** *保留盈餘 (1/1)*　　　　　　　　　　***7,100,000*** *其他權益－不動產重估增值 (1/1)*　　***100,000*** 專利權 (7/1)　　　　　　　　　　　　399,000 *銷貨收入 (1/1～6/30)*　　　　　　***2,100,000*** 　　*銷貨成本及各項費用 (1/1～6/30)*　　***1,450,000*** 　　*股　利 (1/1～6/30)*　　　　　　　***150,000*** 　　採用權益法之投資 (7/1)　　　　　　6,369,300 　　非控制權益 (7/1)　　　　　　　　　2,729,700
	採用權益法之投資＝($2,715,000＋$14,700)＋$3,639,600＝$6,369,300 銷貨收入＝$4,200,000×(6/12)＝$2,100,000 銷貨成本及各項費用＝$2,900,000×(6/12)＝$1,450,000 *網底六項目*之合計數＝20x8/7/1 乙公司帳列權益 　＝($1,000,000＋$7,100,000＋$100,000)＋($2,100,000－$1,450,000) 　　－$150,000＝$8,700,000

(d)	攤銷費用	57,000	
	專利權		57,000
$114,000×6/12＝$57,000			

釋例三：

甲公司於 20x6 年 1 月 1 日以現金$650,000 取得乙公司 10%股權，經評估對乙公司不具重大影響。當日乙公司發行且流通在外普通股為 100,000 股，權益為$6,000,000。甲公司依 IFRS 9 及其管理金融資產之經營模式，將該股權投資分類為「透過損益按公允價值衡量之金融資產」。乙公司於 20x6 年 11 月 30 日宣告並發放現金股利$200,000。20x6 年 12 月 31 日，乙公司普通股每股市價為$75。

甲公司又於 20x7 年 1 月 1 日以現金$350,000 再取得乙公司 5%股權，經評估對乙公司仍不具重大影響，甲公司仍將該股權投資分類為「透過損益按公允價值衡量之金融資產」。當日乙公司權益為$7,000,000。乙公司 20x7 年淨利為$1,400,000，並於 20x7 年 11 月 30 日宣告且發放現金股利$300,000。20x7 年 12 月 31 日，乙公司普通股每股市價為$72。

甲公司另於 20x8 年 7 月 1 日以現金$3,951,000 取得乙公司 45%股權，經評估對乙公司存在控制。當日乙公司帳列資產及負債之帳面金額皆等於公允價值，除有一項未入帳專利權(尚有 3.5 年使用年限)外，無其他未入帳資產或負債。非控制權益係以收購日公允價值衡量。乙公司 20x8 年淨利為$1,300,000，包括：銷貨收入$4,200,000、銷貨成本及各項費用$2,900,000，係於年度中平均地賺得，並於 20x8 年 5 月 1 日及 11 月 1 日分別宣告且發放現金股利$150,000 及$250,000。

說　明：

(1) 20x6 年 1 月 1 日，甲公司取得乙公司 10%股權，經評估對乙公司不具重大影響。20x7 年 1 月 1 日，甲公司又取得乙公司 5%股權，持股比例增為 15%，經評估對乙公司仍不具重大影響。時至 20x8 年 7 月 1 日，甲公司再取得乙公司 45%股權，持股比例已達 60%，經評估對乙公司存在控制，即日起應按權益法處理對乙公司之股權投資，且須於期末編製甲公司及乙公司之合併財務報表。

(2) 甲公司之分錄：

20x6/ 1/ 1	強制透過損益按公允價值衡量之金融資產	650,000	
	現　金		650,000
11/30	現　金	20,000	
	股利收入		20,000
	$200,000×10%＝$20,000		
12/31	強制透過損益按公允價值衡量之金融資產評價調整	100,000	
	透過損益按公允價值衡量之金融資產(負債)利益		100,000
	評價調整：($75×10,000 股)－$650,000＝$100,000(借餘)		
20x7/ 1/ 1	強制透過損益按公允價值衡量之金融資產	350,000	
	現　金		350,000
11/30	現　金	45,000	
	股利收入		45,000
	$300,000×15%＝$45,000		
12/31	透過損益按公允價值衡量之金融資產(負債)損失	20,000	
	強制透過損益按公允價值衡量之金融資產評價調整		20,000
	評價調整：($72×15,000 股)－($650,000＋$350,000)＝$80,000(借餘)		
	$80,000－$100,000＝－$20,000(減少數)		
20x8/ 5/ 1	現　金	22,500	
	股利收入		22,500
	$150,000×15%＝$22,500		
7/ 1	採用權益法之投資	3,951,000	
	現　金		3,951,000

(3) 20x8/ 7/ 1：

　　假設已知：(a)甲對乙原持股(15%)，(b)非控制權益(40%)，於收購日之公允價值分別為$1,317,000 及$3,512,000，則乙公司總公允價值＝$3,951,000＋$1,317,000＋$3,512,000＝$8,780,000。

　　若無法得知(a)及(b)於收購日之公允價值，則設算乙公司總公允價值＝$3,951,000÷45%＝$8,780,000。甲對乙原持股(15%)之公允價值＝$8,780,000×15%＝$1,317,000，非控制權益＝$8,780,000×40%＝$3,512,000。

　　乙公司權益＝(20x7 期初$7,000,000＋20x7 淨利$1,400,000
　　　　　　　－20x7 股利$300,000)＋(20x8 淨利$1,300,000×6/12)
　　　　　　　－(20x8/ 5/ 1 股利$150,000)＝$8,600,000

乙公司未入帳專利權＝$8,780,000－$8,600,000＝$180,000

乙公司未入帳專利權之每年攤銷數＝$180,000÷3 年＝$60,000

甲對乙原持股(15%)於收購日之公允價值為$1,317,000，因此須將甲帳列「強制透過損益按公允價值衡量之金融資產」(淨額) $1,080,000 [甲原對乙持股15%部分，詳表 8-4] 調整為公允價值$1,317,000，認列$237,000「利益」或「其他綜合損益」(以適當者)。因甲將此股權投資分類為「透過損益按公允價值衡量之金融資產」，故筆者選擇將$237,000 列為「利益」，會計科目為「透過損益按公允價值衡量之金融資產(負債)利益」。

(4) 20x8 後半年：

甲應認列之投資收益＝($1,300,000×6/12－$60,000×6/12)×60%＝$372,000

非控制權益淨利＝($1,300,000×6/12－$60,000×6/12)×40%＝$248,000

(5) 甲公司之分錄：

20x8/ 7/ 1	強制透過損益按公允價值衡量之金融資產評價調整　　　　237,000
	透過損益按公允價值衡量之金融資產(負債)利益　　　　　237,000
	甲對乙之原持股(15%)調整為收購日之公允價值。
7/ 1	採用權益法之投資　　　　　　　　　　　　　　　　1,317,000
	強制透過損益按公允價值衡量之金融資產　　　　　　　1,000,000
	強制透過損益按公允價值衡量之金融資產評價調整　　　　317,000
	評價調整：$80,000＋$237,000＝$317,000(借餘)
11/ 1	現　　金　　　　　　　　　　　　　　　　　　　　　150,000
	採用權益法之投資　　　　　　　　　　　　　　　　　　150,000
	$250,000×60%＝$150,000
20x8/12/31	採用權益法之投資　　　　　　　　　　　　　　　　　372,000
	採用權益法認列之子公司、關聯企業
	及合資利益之份額　　　　　　　　　　　　　　372,000

(6) 相關項目異動如下，表 8-4： (單位：千元)

	20x6/ 1/ 1	20x6 年	20x6/12/31	20x7 年	20x7/12/31
乙－權　益	$6,000	＋$1,200 －$200	$7,000	＋$1,400 －$300	$8,100
按公允價值衡量：					
甲－(*)	$650	股利收入$20	$650	＋$350 股利收入$45	$1,000

	20x6/1/1	20x6年	20x6/12/31	20x7年	20x7/12/31
甲－(＊＊)	$0	＋$100	$100	－$20	$80

＊：甲帳列「強制透過損益按公允價值衡量之金融資產」。

＊＊：甲帳列「強制透過損益按公允價值衡量之金融資產評價調整」。

(延續上表)

	20x7/12/31	1～6月	20x8/7/1	7～12月	20x8/12/31
乙－權益	$8,100	＋$650 －$150	$8,600	＋$650 －$250	$9,000
按公允價值衡量：					
甲－(＊)	$1,000	股利收入 $22.5	$1,000 轉列 「採用權益法之投資」		
甲－(＊＊)	$80		$80 ＋$237 ＝$317 轉列 「採用權益法之投資」		
權益法：					
甲－採用權益法之投資			$1,317 ＋$3,951 ＝$5,268	＋$372 －$150	$5,490
合併財務報表：					
專利權			$180	－$60×6/12	$150
非控制權益			$3,512	＋$248－$100	$3,660

驗　算：20x8/12/31：

甲帳列「採用權益法之投資」＝(乙權益$9,000＋未攤銷未入帳專利權$150)×60%
　　　　　　　　　　　　　＝$5,490

合併財務狀況表之「非控制權益」＝($9,000＋$150)×40%＝$3,660

(7) 甲公司及乙公司 20x8 年合併工作底稿之沖銷分錄：

(a)	採用權益法認列之子公司、關聯企業 　　　　　及合資利益之份額　　　　372,000	
	股　　利　　　　　　　　　　　　　　150,000	
	採用權益法之投資　　　　　　　　　　222,000	
	在收購日後(20x8/7/1 之後)，才能將乙公司營業結果納入合併綜合損益表，故前半年甲公司投資乙公司(15%股權)所認列之「股利收入」$22,500 不沖銷，仍會表達在 20x8 年合併綜合損益表中。	

(b)	非控制權益淨利	248,000	
	股　利		100,000
	非控制權益		148,000
(c)	*普通股股本 (1/1)*	***1,000,000***	
	保留盈餘 (1/1)	***7,100,000***	
	專利權 (7/1)	180,000	
	銷貨收入 (1/1～6/30)	***2,100,000***	
	銷貨成本及各項費用 (1/1～6/30)		***1,450,000***
	股　利 (1/1～6/30)		***150,000***
	採用權益法之投資 (7/1)		5,268,000
	非控制權益 (7/1)		3,512,000
	採用權益法之投資 　＝($1,080,000＋增值$237,000)＋再投資$3,951,000＝$5,268,000		
	銷貨收入＝$4,200,000×(6/12)＝$2,100,000		
	銷貨成本及各項費用＝$2,900,000×(6/12)＝$1,450,000		
	*網底五項目*之合計數＝20x8/ 7/ 1 乙公司帳列權益 　＝($1,000,000＋$7,100,000)＋($2,100,000－$1,450,000)－$150,000 　＝$8,600,000		
(d)	攤銷費用	30,000	
	專利權		30,000
	$60,000×6/12＝$30,000		

釋例四：

甲公司於 20x6 年 1 月 1 日以現金$650,000 取得乙公司 10%股權，經評估對乙公司不具重大影響。當日乙公司發行且流通在外普通股為 100,000 股，權益為$6,000,000。甲公司依 IFRS 9 及其管理金融資產之經營模式，視該股權投資為"非持有供交易"，且於原始認列時作一不可撤銷之選擇，將其後續公允價值變動列報於其他綜合損益中，故該股權投資分類為「透過其他綜合損益按公允價值衡量之金融資產」。乙公司於 20x6 年 11 月 30 日宣告並發放現金股利$200,000。20x6 年 12 月 31 日，乙公司普通股每股市價為$62。

甲公司又於 20x7 年 7 月 1 日以現金$5,390,000 取得乙公司 70%股權，經評估對乙公司存在控制。當日乙公司帳列資產及負債之帳面金額皆等於公允價值，且無未入帳可辨認資產或負債。非控制權益係以收購日公允價值衡量。乙公司 20x7 年淨利為$1,300,000，包括：銷貨收入$4,200,000、銷貨成本及各項費用

$2,900,000，係於年度中平均地賺得，並於20x7年5月1日及11月1日分別宣告且發放現金股利$150,000及$250,000。

說明：

(1) 20x6年1月1日，甲公司取得乙公司10%股權，經評估對乙公司不具重大影響。20x7年7月1日，甲公司又取得乙公司70%股權，持股比例達80%，經評估對乙公司存在控制，即日起應按權益法處理對乙公司之股權投資，且須於期末編製甲公司及乙公司之合併財務報表。

(2) 乙公司於收購日(20x7/7/1)帳列資產及負債之帳面金額皆等於公允價值，且無未入帳可辨認資產或負債，故若乙公司淨值低估，則皆係乙公司未入帳商譽所致。

(3) 甲公司之分錄：

20x6/1/1	透過其他綜合損益按公允價值衡量之權益工具投資	650,000	
	現　金		650,000
11/30	現　金 ($200,000×10%＝$20,000)	20,000	
	股利收入		20,000
12/31	其他綜合損益－透過其他綜合損益按公允價值衡量 　　　　　之權益工具投資未實現評價損益	30,000	
	透過其他綜合損益按公允價值衡量之權益工具投資 　　　　　評價調整		30,000
	評價調整：($62×10,000股)－$650,000＝－$30,000(貸餘)		
12/31	※ 為免繁冗，本書省略「其他綜合損益」當年度發生數結轉至「其他權益」科目之分錄，下列結轉分錄只作示範：		
	其他權益－透過其他綜合損益按公允價值衡量 　　　　　之權益工具投資未實現評價損益	30,000	
	其他綜合損益－透過其他綜合損益按公允價值衡量 　　　　　之權益工具投資未實現評價損益		30,000
註：	截至20x6/12/31，「其他權益－透過其他綜合損益按公允價值衡量 　　　　　之權益工具投資未實現評價損益」借餘$30,000。		
20x7/5/1	現　金 ($150,000×10%＝$15,000)	15,000	
	股利收入		15,000
7/1	採用權益法之投資	5,390,000	
	現　金		5,390,000

(4) 20x7/ 7/ 1：

 假設已知：(a)甲對乙原持股(10%)，(b)非控制權益(20%)，於收購日之公允價值分別為$770,000 及$1,540,000，則乙公司總公允價值＝$5,390,000＋$770,000＋$1,540,000＝$7,700,000。

 若無法得知(a)及(b)於收購日之公允價值，則設算乙公司總公允價值＝$5,390,000÷70%＝$7,700,000。甲對乙原持股(10%)之公允價值＝$7,700,000×10%＝$770,000，非控制權益＝$7,700,000×20%＝$1,540,000。

 乙公司權益＝$7,000,000＋($1,300,000×6/12)－$150,000(20x6/ 5/ 1 股利)
   ＝$7,500,000
 乙公司未入帳商譽＝$7,700,000－$7,500,000＝$200,000

 甲對乙原持股(10%)於收購日之公允價值為$770,000，因此須將甲帳列「透過其他綜合損益按公允價值衡量之權益工具投資」(淨額) $620,000 [甲原對乙持股 10%部分，詳表 8-5] 調整為公允價值$770,000，認列$150,000「利益」或「其他綜合損益」(以適當者)。因甲將此股權投資分類為「透過其他綜合損益按公允價值衡量之金融資產」，故筆者選擇將$150,000 列為「其他綜合損益」，會計科目為「其他綜合損益－透過其他綜合損益按公允價值衡量之權益工具投資未實現評價損益」。

(5) 20x7 後半年：甲公司應認列之投資收益＝$1,300,000×6/12×80%＝$520,000
      非控制權益淨利＝$1,300,000×6/12×20%＝$130,000

(6) 甲公司之分錄：

20x7/ 7/ 1	透過其他綜合損益按公允價值衡量之權益工具投資		
	評價調整	150,000	
	其他綜合損益－透過其他綜合損益按公允價值衡量		
	之權益工具投資未實現評價損益		150,000
	甲對乙之原持股(10%)調整為收購日之公允價值。		
7/ 1	採用權益法之投資	770,000	
	透過其他綜合損益按公允價值衡量之權益工具投資		650,000
	透過其他綜合損益按公允價值衡量之權益工具投資		
	評價調整		120,000
	評價調整：－$30,000＋$150,000＝$120,000(借餘)		

7/1	其他權益－透過其他綜合損益按公允價值衡量		
	之權益工具投資未實現評價損益	120,000	
	（權益科目，如：保留盈餘）		120,000
	IFRS 規定，非持有供交易權益工具投資於原始認列時，可作一不可撤銷之選擇，選擇將其後續公允價值變動，列報於其他綜合損益中，而該列報於其他綜合損益之累積利益或損失，後續<u>不得移轉至損益，但可於權益內移轉</u>該金額。筆者建議轉入保留盈餘，請詳第二章「表 2-1」及其註七。		
11/1	現　　金	200,000	
	採用權益法之投資		200,000
	$250,000×80\%＝\$200,000$		
12/31	採用權益法之投資	520,000	
	採用權益法認列之子公司、關聯企業		
	及合資利益之份額		520,000

註：20x7/ 7/ 1，「其他綜合損益－透過其他綜合損益按公允價值衡量之權益工具投資未實現評價損益」$150,000，結轉「其他權益」，故截至 20x7/ 7/ 1，「其他權益－透過其他綜合損益按公允價值衡量之權益工具投資未實現評價損益」＝20x6/12/31 借餘$30,000＋20x7/ 7/ 1 結轉貸記$150,000＋20x7/ 7/ 1 借記$120,000＝$0

(7) 相關項目異動如下，表 8-5：（單位：千元）

（假設：20x6 及 20x7 年期末，經評估得知商譽價值未減損。）

	20x6/ 1/ 1	20x6	20x6/12/31	1～6 月	20x7/ 7/ 1
乙－權　益	$6,000	+$1,200 -$200	$7,000	+$650 -$150	$7,500
按公允價值衡量：					
甲－透過其他綜合損益按公允價值衡量之權益工具投資	$650	股利收入 $20	$650	股利收入 $15	$650 轉列「採用權益法之投資」
甲－透過其他綜合損益按公允價值衡量之權益工具投資評價調整	$0	-$30	($30)		($30) 轉列「採用權益法之投資」

(續次頁)

	20x6/1/1	20x6	20x6/12/31	1～6月	20x7/7/1
甲－「其他綜合損益－透過其他綜合損益按公允價值衡量之權益工具投資未實現評價損益」	$0	－$30	－$30 20x6/12/31 結轉 「其他權益」	＋$150	$150 20x7/7/1 結轉 「其他權益」
甲－「其他權益－透過其他綜合損益按公允價值衡量之權益工具投資未實現評價損益」			－$30		－$30 ＋$150 －$120 ＝ $0
權益法：					
甲－採用權益法之投資					$770 ＋$5,390 ＝$6,160
合併財務報表：					
商　譽					$200
非控制權益					$1,540

(延續上表)

	20x7/7/1	7～12月	20x7/12/31		
乙－權　益	$7,500	＋$650－$250	$7,900		
權益法：					
甲－採用權益法之投資	$6,160	＋$520－$200	$6,480		
合併財務報表：					
商　譽	$200		$200		
非控制權益	$1,540	＋$130－$50	$1,620		

驗　算： 20x7/12/31：

　　甲帳列「採用權益法之投資」＝(乙權益$7,900＋未入帳之商譽$200)×80％＝$6,480

　　合併財務狀況表之「非控制權益」＝($7,900＋$200)×20％＝$1,620

(8) 甲公司及乙公司20x7年合併工作底稿之沖銷分錄：

(a)	採用權益法認列之子公司、關聯企業 　　　　　及合資利益之份額　　　520,000	
	股　　利	200,000
	採用權益法之投資	320,000

	在收購日後(20x7/7/1之後)，才能將乙公司營業結果納入合併綜合損益表，故前半年甲公司投資乙公司(10%股權)所認列之「股利收入」$15,000不沖銷，仍會表達在20x年合併綜合損益表中。		
(b)	非控制權益淨利	130,000	
	股　　利		50,000
	非控制權益		80,000
(c)	*普通股股本 (1/1)*	**1,000,000**	
	保留盈餘 (1/1)	**6,000,000**	
	商　　譽 (7/1)	200,000	
	銷貨收入 (1/1～6/30)	**2,100,000**	
	銷貨成本及各項費用 (1/1～6/30)		**1,450,000**
	股　　利 (1/1～6/30)		**150,000**
	採用權益法之投資 (7/1)		6,160,000
	非控制權益 (7/1)		1,540,000
	採用權益法之投資＝原投資(10%)$770,000＋再投資(70%)$5,390,000 　　　　　　　　＝$6,160,000		
	銷貨收入＝$4,200,000×(6/12)＝$2,100,000		
	銷貨成本及各項費用＝$2,900,000×(6/12)＝$1,450,000		
	*網底五項目*之合計數＝20x7/7/1乙公司帳列權益 　＝($1,000,000＋$6,000,000)＋($2,100,000－$1,450,000)－$150,000 　＝$7,500,000		

釋例五：

甲公司於20x6年1月1日以現金$2,130,000取得乙公司30%股權，經評估對乙公司具重大影響。當日乙公司發行且流通在外普通股為100,000股(每股面額$10)，權益為$7,000,000，其帳列資產及負債之帳面金額皆等於公允價值，並無未入帳之可辨認資產或負債。乙公司20x6年淨利為$1,400,000，係於年度中平均地賺得，並於20x6年11月30日宣告且發放現金股利$300,000。

甲公司另於20x7年7月1日以現金$5,232,000取得乙公司60%股權，經評估對乙公司存在控制。當日乙公司帳列資產及負債之帳面金額皆等於公允價值，亦無未入帳可辨認資產或負債。非控制權益係以收購日公允價值衡量。乙公司20x7年淨利為$1,300,000，包括：銷貨收入$4,200,000、銷貨成本及各項費用$2,900,000，係於年度中平均地賺得，並於20x7年5月1日及11月1日分別宣告且發放現金股利$150,000及$250,000。

說 明：

(1) 20x6 年 1 月 1 日，甲公司取得乙公司 30%股權，經評估對乙公司具重大影響，應按權益法處理對乙公司之股權投資。甲公司又於 20x7 年 7 月 1 日取得乙公司 60%股權，持股比例已達 90%，經評估對乙公司存在控制，甲公司不但要繼續採用權益法，且須於期末編製甲公司及乙公司之合併財務報表。

(2) 乙公司於股權取得日(20x6/ 1/ 1)及收購日(20x7/ 7/ 1)，其帳列資產及負債之帳面金額皆等於公允價值，亦無未入帳可辨認資產或負債，故於股權取得日(20x6/ 1/ 1)甲公司之投資成本若超過其所取得之股權淨值，或於收購日(20x7/ 7/ 1)若乙公司帳列淨值低估，則皆係乙公司未入帳商譽所致。

(3) 20x6/ 1/ 1 (30%)：商譽＝$2,130,000－($7,000,000×30%)＝$30,000
　　20x6 年：甲公司應認列之投資收益＝$1,400,000×30%＝$420,000

(4) 20x7/ 5/ 1：甲公司收到乙公司之現金股利＝$150,000×30%＝$45,000
　　20x7 前半年：甲公司應認列之投資收益＝$1,300,000×6/12×30%＝$195,000

　　20x7/ 7/ 1：
　　假設已知：(a)甲對乙原持股(30%)，(b)非控制權益(10%)，於收購日之公允價值分別為$2,616,000 及$872,000，則乙公司總公允價值＝$5,232,000＋$2,616,000＋$872,000＝$8,720,000。
　　若無法得知(a)及(b)於收購日之公允價值，則設算乙公司總公允價值＝$5,232,000÷60%＝$8,720,000。甲對乙原持股(30%)之公允價值＝$8,720,000×30%＝$2,616,000，非控制權益＝$8,720,000×10%＝$872,000。

　　乙公司權益＝($7,000,000＋$1,400,000－$300,000)＋($1,300,000×6/12)
　　　　　　　－$150,000 (20x7/ 5/ 1 股利)＝$8,600,000
　　乙公司未入帳商譽＝$8,720,000－$8,600,000＝$120,000

　　甲對乙原持股(30%)於收購日之公允價值為$2,616,000，因此須將甲帳列「採用權益法之投資」餘額 $2,610,000 [甲原對乙持股 30%部分，詳表 8-6] 調整為公允價值$2,616,000，認列$6,000「利益」或「其他綜合損益」(以適當者)。筆者選擇將$6,000 列為「利益」，惟按金管會「證券發行人財務報告編製準則」及證交所最新公告之「一般行業 IFRSs 會計科目及代碼」，並無適當科

目可供引用，筆者遂依準則用詞將該利益之會計科目設為「分階段合併前持有關聯企業權益之利益」。

(5) 20x7 後半年：甲公司應認列之投資收益＝$1,300,000×6/12×90％＝$585,000
　　　　　　　　非控制權益淨利＝$1,300,000×6/12×10％＝$65,000

(6) 甲公司之分錄：

20x6/ 1/ 1	採用權益法之投資	2,130,000	
	現　金		2,130,000
11/30	現　金	90,000	
	採用權益法之投資		90,000
	$300,000×30％＝$90,000		
12/31	採用權益法之投資	420,000	
	採用權益法認列之關聯企業及合資利益之份額		420,000
	$1,400,000×30％＝$420,000		
20x7/ 5/ 1	現　金	45,000	
	採用權益法之投資		45,000
	$150,000×30％＝$45,000		
7/ 1	採用權益法之投資	5,232,000	
	現　金		5,232,000
7/ 1	採用權益法之投資	195,000	
	採用權益法認列之關聯企業及合資利益之份額		195,000
7/ 1	採用權益法之投資	6,000	
	分階段合併前持有關聯企業權益之利益		6,000
11/30	現　金	225,000	
	採用權益法之投資		225,000
	$250,000×90％＝$225,000		
12/31	採用權益法之投資	585,000	
	採用權益法認列之子公司、關聯企業		
	及合資利益之份額		585,000

(7) 相關項目異動如下，表 8-6： （單位：千元）
　　（假設：20x6 及 20x7 年期末，經評估得知商譽價值未減損。）

　　（續次頁）

	20x6/1/1	20x6	20x6/12/31		
乙－權　益	$7,000	＋$1,400－$300	$8,100		
權益法：					
甲－採用權益法之投資	$2,130	＋$420－$90	$2,460		
投資差額：					
商　譽	$30		$30		
驗　算：20x6/12/31：商譽＝$2,460－($8,100×30%)＝$30

(延續上表)

	20x6/12/31	1～6月	20x7/7/1	7～12月	20x7/12/31
乙－權　益	$8,100	＋$650 －$150	$8,600	＋$650 －$250	$9,000
權益法：					
甲－採用權益法之投資	$2,460	＋$195 －$45	$2,610 ＋$6 ＋$5,232 ＝$7,848	＋$585－$225	$8,208
投資差額：			合併財務報表：		
商　譽	$30		$30		
			$120 (重新計算)		$120
非控制權益			$872	＋$65－$25	$912
驗　算：20x7/12/31： 甲帳列「採用權益法之投資」＝(乙權益$9,000＋未入帳商譽$120)×90%＝$8,208 合併財務狀況表之「非控制權益」＝($9,000＋$120)×10%＝$912

(8) 甲公司及乙公司20x7年合併工作底稿之沖銷分錄：

(a)	採用權益法認列之子公司、關聯企業 及合資利益之份額　　　585,000
	股　利　　　　　　　　　　　　　　　225,000
	採用權益法之投資　　　　　　　　　　360,000
	在收購日後(20x7/7/1之後)，才能將乙公司營業結果納入合併綜合損益表，故前半年甲公司投資乙公司(關聯企業)所認列之「採用權益法認列之關聯企業及合資利益之份額」$195,000不沖銷，仍會表達在20x7年合併綜合損益表中。
(b)	非控制權益淨利　　　　　　　　65,000
	股　利　　　　　　　　　　　　　　　25,000
	非控制權益　　　　　　　　　　　　　40,000

(c)	普通股股本 *(1/1)*		*1,000,000*
	保留盈餘 *(1/1)*		*7,100,000*
	商　譽 (7/1)	120,000	
	銷貨收入 *(1/1～6/30)*		*2,100,000*
	銷貨成本及各項費用 *(1/1～6/30)*	*1,450,000*	
	股　利 *(1/1～6/30)*	*150,000*	
	採用權益法之投資 (7/1)	7,848,000	
	非控制權益 (7/1)		872,000
採用權益法之投資＝原投資(30%)$2,616,000＋再投資(60%)$5,232,000			
＝$7,848,000			
銷貨收入＝$4,200,000×(6/12)＝$2,100,000			
銷貨成本及各項費用＝$2,900,000×(6/12)＝$1,450,000			
*網底五項目*之合計數＝20x7/7/1 乙公司帳列權益			
＝($1,000,000＋$7,100,000)＋($2,100,000－$1,450,000)－$150,000			
＝$8,600,000			

釋例六：

甲公司於 20x3 年 1 月 1 日以$390,000 取得乙公司 80%股權，並對乙公司存在控制。當日乙公司權益包括普通股股本$300,000 及保留盈餘$100,000，且乙公司帳列資產及負債之帳面金額皆等於公允價值，除有一項未入帳專利權(公允價值$50,000，尚有 5 年使用年限)外，無其他未入帳可辨認資產或負債。非控制權益係以對乙公司可辨認淨資產已認列金額所享有之比例份額衡量。

乙公司於20x5年初以$120,000將帳面金額$100,000之辦公設備售予甲公司。甲公司估計該辦公設備可再使用4年，無殘值，按直線法計提折舊。截至20x5年12月31日，乙公司權益包含普通股股本$300,000及保留盈餘$320,000。甲公司另於20x6年 4 月 1日以$70,000取得乙公司10%股權。20x6年乙公司淨利為$72,000，係於全年平均賺得，並於20x6年 7 月 1日宣告且發放現金股利$40,000。

說　明：

(1) 20x3/1/1：非控制權益＝[($300,000＋$100,000)＋$50,000]×20%＝$90,000
　　　　　乙總公允價值＝$390,000＋$90,000＝$480,000
　　　　　乙未入帳商譽＝$480,000－($400,000＋$50,000)＝$30,000
　　　　　乙未入帳專利權之每年攤銷數＝$50,000÷5年＝$10,000

(2) 20x5/初：逆流/設備：未實利＝$120,000－$100,000＝$20,000

　　　　　　　　　每年已實利＝$20,000÷4 年＝$5,000

(3) 20x3～20x5：

　　乙帳列淨值淨變動數＝($300,000＋$320,000)－$400,000＝淨＋$220,000

　　甲「採用權益法之投資」淨變動數

　　　　＝(淨＋$220,000－專攤$10,000－$20,000＋$5,000)×80%＝淨＋$156,000

　　「非控制權益」淨變動數＝(淨＋$220,000－$10,000－$20,000＋$5,000)×20%

　　　　　　　　　　　　　＝淨＋$39,000

(4) 相關項目異動如下：（單位：千元）

（假設：20x3～20x6 年期末，經評估得知商譽價值未減損。）

	20x3/1/1	20x3～20x5	20x5/12/31
乙－權　益	$400	淨＋$220	$620
權益法：			
甲－採用權益法之投資	$390	淨＋$156	$546
合併財務報表：			
專利權	$50	－$10	$40
商　譽	30		30
	$80		$70
非控制權益	$90	淨＋$39	$129
驗算： 20x5/12/31：			
採用權益法之投資$546＝(乙權益$620＋專利權$40－未實利$15)×80%＋商譽$30			
非控制權益$129＝(乙權益$620＋專利權$40－未實利$15)×20%			

(5) 甲公司 20x6 年前 3 個月應認列之投資收益

　　　＝[($72,000－專攤$10,000＋已實利$5,000)×(3/12)]×80%＝$13,400

　　20x6 前 3 個月之非控制權益淨利

　　　＝[($72,000－$10,000＋$5,000)×(3/12)]×20%＝$3,350

　　20x6/4/1：甲再買乙 10%股權，($129,000＋$3,350)×(10%÷20%)＝$66,175

　　甲公司分錄：

20x6/4/1	採用權益法之投資	66,175	
	資本公積－實際取得或處分子公司		
	股權價格與帳面價值差額	3,825	
	現　金		70,000

第 30 頁 (第八章 股權變動之財表合併程序)

註：借記「資本公積－實際取得或處分子公司股權價格與帳面價值差額」，該會計科目適用於兩種情況，如科目所述，「取得」及「處分」子公司股權，本例係「再取得」子公司股權。另本章釋例十係「部分處分」子公司股權。

(6) 甲公司 20x6 年後 9 個月應認列之投資收益
　　　　＝[($72,000－$10,000＋$5,000)×(9/12)]×90%＝$45,225

　　20x6 年後 9 個月之非控制權益淨利
　　　　＝[($72,000－$10,000＋$5,000)×(9/12)]×10%＝$5,025

	20x5/12/31	1～3月	20x6/4/1	4～12月	20x6/12/31
乙－權　益	$620	＋$18	$638	＋$54－$40	$652
權益法：					
甲－採用權益法之投資	$546	＋$13.4	$559.4 ＋$66.175 ＝$625.575	＋$45.225 －$36	$634.8
合併財務報表：					
專利權	$40	－$2.5	$37.5	－$7.5	$30
商　譽	30		30.0		30
	$70		$67.5		$60
非控制權益	$129	＋$3.35	$132.35 －$66.175 ＝$66.175	＋$5.025 －$4	$67.2

驗算：20x6/12/31：
採用權益法之投資$634.8＝(乙權益$652＋專利權$30－未實利$10)×90%＋商譽$30
非控制權益$67.2＝(乙權益$652＋專利權$30－未實利$10)×10%

(7) 甲公司及乙公司 20x6 年合併工作底稿之沖銷分錄：

(a)	採用權益法之投資	12,000	
	非控制權益	3,000	
	累計折舊－辦公設備	5,000	
	辦公設備		20,000
(b)	累計折舊－辦公設備	5,000	
	折舊費用		5,000
(c)	採用權益法認列之子公司、關聯企業及合資利益之份額	58,625	
	股　利		36,000
	採用權益法之投資		22,625

(d)	非控制權益淨利	8,375	
	股　利		4,000
	非控制權益		4,375
(e)	普通股股本	300,000	
	保留盈餘	320,000	
	專利權	40,000	
	商　譽	30,000	
	採用權益法之投資		624,175
	非控制權益		65,825
(f)	攤銷費用	10,000	
	專利權		10,000

三、母公司部分處分子公司股權

　　當投資者(或母公司)處分其對某一關聯企業(或子公司)部分股權投資時，由於投資者(或母公司)對關聯企業(或子公司)的持股比例下降，故有關剩餘股權投資的後續會計處理可能有所異動，茲將可能的情況彙集於「表8-7」(詳次頁)。

茲分八項說明如下：

(1) 部分處分的股權投資帳面金額，而除列之金額應按下列方式決定：
  (a) 若當初投資者的股權投資係一次取得，則等比例除列，即
　　除列之金額＝「所處分股權投資占對該被投資者全部股權投資之比例」
　　　　　　　× 處分日股權投資之帳面金額。
  (b) 若當初投資者的股權投資係分次取得，則每次取得股權之每股單位成本不必然相等，故：
    (i) 若能以經濟可行方式，明確辨認所處分的部分股權投資究係於何時以多少成本取得，則採個別辨認法決定所處分股權投資的帳面金額，並貸記之。
    (ii) 但若無法以經濟可行方式明確辨認時，則只能以成本公式(成本流動假設：加權平均法、先進先出法)來決定所處分股權投資的帳面金額，並貸記之。

　　註：本段「(1)(b)(i)個別辨認法」及「(1)(b)(ii)先進先出法」較不適用於<u>(A)及(D)情況</u>，因該二情況已適用權益法，致股權投資帳面金額已歷經增減

異動而非當初股權取得成本，故不方便決定部分處分的股權投資帳面金額，筆者建議按「(1)(a)」或「(1)(b)(ii)加權平均法」決定應除列之帳面金額，較為簡單可行。

表 8-7

部分處分 股權投資 前	部 分 處 分 股 權 投 資 後		
	存在控制	具重大影響	不具重大影響
存在控制	(A) 釋例十	(B) 釋例七	(C) 釋例八、九
具重大影響	—	(D) 第二章	(E) 第二章
不具重大影響	—	—	(F) 第二章

(A)、(D)、(F)：因投資者對被投資者的影響狀況不變，故繼續適用原來的會計處理方法，但須將部分處分的股權投資帳面金額除列，請詳下列說明(1)。

(A)：繼續適用權益法，期末仍須編製母、子公司合併財務報表。
有關母公司對子公司所有權權益之變動，請詳下列說明(1)、(7)。
另請詳下列「說明(4)之例一情況(3)、例二情況(3)、例三情況(3)」。

(B)：繼續適用權益法，但期末不必編製母、子公司合併財務報表。
請詳下列說明(2)、(3)、(4)、(5)、(6)、(8)。

(C)：停止適用權益法，且期末不必編製母、子公司合併財務報表。
請詳下列說明(2)、(3)、(4)、(5)、(6)、(8)。

(D)：繼續適用權益法。請詳第二章之說明。

(E)：停止適用權益法。請詳第二章之說明。

(2) 企業應自對子公司<u>取得控制之日</u>起至<u>終止控制之日</u>止，將子公司之收益及費損包含於合併財務報表。茲分兩種情況說明：

(a) 若"母公司喪失對子公司控制"係<u>發生在期初</u>，例如 20x5 年 1 月 1 日，則 20x4 年母公司(甲公司)對子公司(乙公司)仍存在控制，故須編製母公司(甲公司)及子公司合併財務報表；但 20x5 年則只須編製甲公司財務報表即可，若對前子公司仍有剩餘投資，則按說明(3)、(4)及(5)之規定表達在甲公司財務報表中。

(b) 若"母公司喪失對子公司控制"係<u>發生在期中</u>，例如 20x5 年 6 月 1 日，則 20x4 年及 20x5 年第一季甲公司對乙公司仍存在控制，故須編製甲公司及其子公司合併財務報表；但到 20x5 年第二季末、第三季末及 20x5

年底，已無須編製甲公司及其子公司合併財務報表，只須分別編製甲公司財務報表及乙公司財務報表即可，而甲公司對前子公司(乙公司)若仍有剩餘投資，則按說明(3)、(4)及(5)之規定表達在甲公司財務報表中。惟子公司(乙公司)20x5 年 1 月至 5 月之收益及費損應如何納入甲公司 20x5 年財務報表中，以符合上述準則規定，並實質表達 20x5 年 1 月至 5 月甲公司對乙公司存在控制時的集團營業結果呢？擬以釋例九說明之。

(3) 若母公司喪失對子公司之控制，母公司應：

(a) 除列子公司之資產(包含任何商譽*)及負債於喪失控制日之帳面金額。

補充說明：

(i)	*：IFRS規定。筆者認為若將(a)做如下修改，敘述將更完整。 **：筆者看法。 「除列子公司之資產及負債(包含未入帳資產及負債**)於喪失控制日之帳面金額。」 → 係指自合併財務狀況表中除列前子公司之資產及負債。
(ii)	上述(a)係以母公司觀點而言，係指收購日子公司資產及負債(包含未入帳資產及負債**)的公允價值截至喪失控制日止之金額，亦即與"截至喪失控制日止母公司帳列「採用權益法之投資」之帳面金額"相同衡量基礎，而非指喪失控制日子公司所擁有資產及負債之帳面金額。
(iii)	除非是處分對子公司全部股權投資，否則上述(a)所述「除列之帳面金額」係指「採用權益法之投資」中已部分處分的股權投資帳面金額，而非「採用權益法之投資」全部帳面金額。
(iv)	母公司對前子公司之任何保留投資，應按下述(c)(iii)認列，後續則依保留投資對被投資者"是否具重大影響"而做適當會計處理。因此將保留投資依喪失控制日之公允價值列記為「採用權益法之投資」或其他適當之金融資產科目，請詳說明(5)。

(b) 除列前子公司之任何非控制權益(包括歸屬於非控制權益之任何其他綜合損益組成部分)於喪失控制日之帳面金額。
→ 係指從合併財務報表中除列前子公司之任何非控制權益。因已無編製母、子公司合併財務報表之需求，故除列。

(c) 認列：
   (i) 導致喪失控制之交易、事件或情況所收取對價(如有收取)之公允價值。
   (ii) 導致喪失控制之交易、事件或情況，如涉及子公司分配股份予業主(以其業主之身分)，其股份分配。
   (iii) 對前子公司之任何保留投資於喪失控制日之公允價值。

(d) 依說明(4)，將其他綜合損益中所認列與該子公司有關之金額<u>重分類為損益</u>，或依其他國際財務報導準則之規定<u>直接轉入保留盈餘</u>。

(e) 將所產生之<u>差額</u>於<u>損益</u>中認列為歸屬於母公司之利益或損失。故母公司因處分對子公司股權投資而喪失控制時，應認列之「處分投資損益」是下列(甲)與(乙)之差額：

(甲)	下列三項之合計數 (1.＋2.＋3.)：
	1. 母公司處分對子公司股權投資所收對價之公允價值 → (c)(i)
	2. 母公司對前子公司之保留投資於喪失控制日之公允價值 → (c)(iii)
	3. 前子公司之非控制權益於喪失控制日之帳面金額 → (b)
(乙)	子公司之資產(包含商譽*)及負債於喪失控制日之帳面金額 → (a)
	按上述(a)(i)，筆者修改為： 「子公司之資產及負債(包含未入帳資產及負債**)於喪失控制日之帳面金額」→ (a)

(4) 若母公司<u>喪失對子公司之控制</u>，母公司對於<u>其他綜合損益中先前所認列與該子公司有關之所有金額</u>，其會計處理之基礎<u>應與母公司若直接處分相關資產或負債所必須遵循之基礎相同</u>。因此，

(a) 如先前認列為其他綜合損益之<u>利益或損失</u>，於<u>處分</u>相關資產或負債時將被重分類為損益，則當母公司喪失對子公司之控制時，亦應將該利益或損失<u>自權益重分類為損益(重分類調整)</u>。
例如，子公司具有與國外營運機構有關之累計兌換差額，當母公司喪失對子公司控制時，母公司應將與該國外營運機構相關而先前認列於其他綜合損益之利益或損失，重分類為損益。

(b) 如先前認列於其他綜合損益之<u>重估增值</u>，於<u>處分</u>相關資產時將被直接轉入保留盈餘，則當母公司喪失對子公司控制時，亦應將重估增值<u>直接轉入保留盈餘</u>。

例一：

母公司(A)持有子公司(B)80%股權，又 B 公司持有 C 公司 10%股權投資。假設 B 依 IFRS 9 及其管理金融資產之經營模式，視其對 C 的 10%股權投資為"非持有供交易"，且於原始認列時作一不可撤銷之選擇，將其後續公允價值變動列報於其他綜合損益中，故該股權投資分類為「透過其他綜合損益按公允價值衡量之金融資產」，會計科目為「透過其他綜合損益按公允價值衡量之權益工具投資」。

B 於期末(20x6/12/31)對其帳列「透過其他綜合損益按公允價值衡量之權益工具投資」按公允價值評價，假設該金融資產公允價值較其帳面金額高$2,000，故 B 貸記「其他綜合損益－透過其他綜合損益按公允價值衡量之權益工具投資未實現評價損益」$2,000，期末結轉至其他權益，會計科目為「其他權益－透過其他綜合損益按公允價值衡量之權益工具投資未實現評價損益」貸餘$2,000。

而 A 於期末(20x6/12/31)按權益法，借記「採用權益法之投資」$1,600，$2,000×80%＝$1,600，貸記「其他綜合損益－子公司、關聯企業及合資之透過其他綜合損益按公允價值衡量之權益工具投資未實現評價損益」$1,600，期末結轉至其他權益，會計科目為「其他權益－透過其他綜合損益按公允價值衡量之權益工具投資未實現評價損益－採用權益法之子公司」貸餘$1,600。

20x6/12/31，B 公司之分錄：

B 公司	透過其他綜合損益按公允價值衡量之權益工具投資		
	評價調整	2,000	
	其他綜合損益－透過其他綜合損益按公允價值衡量		
	之權益工具投資未實現評價損益		2,000
B 公司	※「其他綜合損益」當年度發生數結轉至「其他權益」：		
	其他綜合損益－透過其他綜合損益按公允價值衡量		
	之權益工具投資未實現評價損益	2,000	
	其他權益－透過其他綜合損益按公允價值衡量		
	之權益工具投資未實現評價損益		2,000
註：	截至 20x6/12/31，「其他權益－透過其他綜合損益按公允價值衡量		
	之權益工具投資未實現評價損益」貸餘$2,000。		

20x6/12/31，A 公司之分錄：

A 公司	採用權益法之投資　　　　　　　　　　　　　　　　1,600
	其他綜合損益－子公司、關聯企業及合資之
	透過其他綜合損益按公允價值衡量之
	權益工具投資未實現評價損益　　　　　　　　1,600
A 公司	※「其他綜合損益」當年度發生數結轉至「其他權益」：
	其他綜合損益－子公司、關聯企業及合資之
	透過其他綜合損益按公允價值衡量之
	權益工具投資未實現評價損益　　　　　　　　1,600
	其他權益－透過其他綜合損益按公允價值衡量之
	權益工具投資未實現評價損益
	－採用權益法之子公司　　　　　　　　　　　1,600
註：	截至 20x6/12/31，「其他權益－透過其他綜合損益按公允價值衡量之權益工具投資未實現評價損益－採用權益法之子公司」貸餘$1,600。

情況(1)：

若 A 於 20x7/ 1/ 1 出售對 B 的 70%股權投資，持股降為 10%(假設經評估 A 對 B 不存在控制，亦不具重大影響)，則 A 應將「其他權益－透過其他綜合損益按公允價值衡量之權益工具投資未實現評價損益－採用權益法之子公司」全數($1,600)移轉至權益科目(如：保留盈餘)。其中 70%($1,400)係因部分處分股權投資而轉列，另保留投資 10%($200)則比照部分處分股權投資(70%)而轉列，就好像 若 A 處分該項對 B 之 10%保留投資，而須將「其他權益」($200)移轉至權益科目(如：保留盈餘)一樣。這樣才符合準則所要求的：「若母公司喪失對子公司之控制，母公司對於其他綜合損益中先前所認列與該子公司有關之所有金額，其會計處理之基礎應與母公司若直接處分相關資產或負債所必須遵循之基礎相同。」

情況(2)：

若 A 於 20x7/ 1/ 1 出售對 B 的 50%股權投資，持股降為 30%(假設經評估 A 對 B 不存在控制，但仍具重大影響)，則 A 應將「其他權益－透過其他綜合損益按公允價值衡量之權益工具投資未實現評價損益－採用權益法之子公司」由原 80%的份額降為 30%，所減少 50%份額($1,600×50/80＝$1,000)移轉至權益科目(如：保留盈餘)，並將剩餘 30%($1,600×30/80＝$600)之其他權益改列適當會計科目，即「其他權益－透過其他綜合損益按公允價值衡量之權益工具投資未實現評價損益－採用權益法之關聯企業及合資」。IFRS 10 雖

未明確規定，但可按其會計處理邏輯類推，請參閱 IAS 28 相關規定，及第二章「十三、處分對關聯企業之股權投資」。

情況(3)：

若 A 於 20x7/1/1 出售對 B 的 20%股權投資，持股降為 60%(假設經評估 A 對 B 仍存在控制)，則 A 應將「其他權益－透過其他綜合損益按公允價值衡量之權益工具投資未實現評價損益－採用權益法之子公司」由原 80%的份額降為 60%，所減少 20%份額 ($1,600×20/80＝$400)重新歸屬予 B 的非控制權益(因目前非控制股東持有 B 40%股權)，係屬表 8-7 之(A)情況，請詳說明(7)。

例 二：

母公司(A)持有子公司(B)80%股權，B 於 20x6/12/31 對帳列「不動產、廠房及設備」之土地進行重估價，增值$1,000，因此 B 借記「土地－重估增值」$1,000，貸記「其他綜合損益－不動產重估增值」$1,000 (暫不考慮相關稅負)，期末結轉至其他權益，會計科目為「其他權益－不動產重估增值」貸餘$1,000。

而 A 於期末按權益法，借記「採用權益法之投資」$800，$1,000×80%＝$800，貸記「其他綜合損益－子公司、關聯企業及合資之不動產重估增值」$800，期末結轉至其他權益，則會計科目為「其他權益－不動產重估增值－採用權益法之子公司」貸餘$800。

情況(1)：

若 A 於 20x7/1/1 出售對 B 的 70%股權投資，持股降為 10%(假設經評估 A 對 B 不存在控制，亦不具重大影響)，則 A 應將帳列「其他權益－不動產重估增值－採用權益法之子公司」全數($800)直接轉入保留盈餘。其中 70%($700)係因部分處分股權投資而轉列，另保留投資 10%($100)則比照部分處分股權投資(70%)而轉列，就好像 若 A 處分該項對 B 之 10%保留投資，而須將「其他權益」($100)轉列保留盈餘一樣。這樣才符合準則所要求的：「若母公司喪失對子公司之控制，母公司對於其他綜合損益中先前所認列與該子公司有關之所有金額，其會計處理之基礎應與母公司若直接處分相關資產或負債所必須遵循之基礎相同。」

情況(2)：

若 A 於 20x7/1/1 出售對 B 的 50%股權投資，持股降為 30%(假設經評估 A 對 B 不存在控制，但仍具重大影響)，則 A 應將帳列「其他權益－不動產重

估增值－採用權益法之子公司」由原 80%的份額降為 30%，所減少 50%份額($800×50/80＝$500)直接轉入保留盈餘，並將剩餘 30%($800×30/80＝$300)之其他權益改列適當會計科目，即「其他權益－不動產重估增值－採用權益法之關聯企業及合資」。IFRS 10 雖未明確規定，但可按其會計處理邏輯類推，請參閱 IAS 28 相關規定，及第二章「十三、處分對關聯企業之股權投資」。

情況(3)：

若 A 於 20x7/ 1/ 1 出售對 B 的 20%股權投資，持股降為 60%(假設經評估 A 對 B 仍存在控制)，則 A 應將帳列「其他權益－不動產重估增值－採用權益法之子公司」由原 80%的份額降為 60%，所減少 20%份額($800×20/80＝$200)重新歸屬予 B 的非控制權益(因目前非控制股東持有 B 40%股權)，係屬表 8-7 之(A)情況，請詳說明(7)及釋例十。

例 三： (本例屬本書下冊第十四章範圍)

母公司(A)持有子公司(B)80%股權，B 係一國外營運機構。若 B 的「當地貨幣(local currency)」就是「功能性貨幣(functional currency)」，但不是「表達貨幣(presentation currency)」。因此期末時(20x6/12/31)，B 的功能性貨幣財務報表須換算為表達貨幣財務報表，致產生國外營運機構財務報表換算之兌換差額，假設為貸餘$2,000(表達貨幣)，會計科目為「其他綜合損益－國外營運機構財務報表換算之兌換差額」。

而 A 的「當地貨幣」就是「功能性貨幣」亦是「表達貨幣」，於期末(20x6/12/31)按權益法，借記「採用權益法之投資」$1,600，$2,000×80%＝$1,600，貸記「其他綜合損益－子公司、關聯企業及合資之國外營運機構財務報表換算之兌換差額」$1,600，結轉至其他權益，會計科目為「其他權益－國外營運機構財務報表換算之兌換差額－採用權益法之子公司」貸餘$1,600。

情況(1)：

若 A 於 20x7/ 1/ 1 出售對 B 的 70%股權投資，持股降為 10%(假設經評估 A 對 B 不存在控制，亦不具重大影響)，則 A 應將「其他綜合損益－子公司、關聯企業及合資之國外營運機構財務報表換算之兌換差額」全數($1,600)重分類為損益(處分投資利益)，做重分類調整，即將之納入處分投資損益之計算。其中 70%($1,400)係因部分處分股權投資而重分類為損益，另保留投資 10%($200)則比照部分處分股權投資(70%)而重分類為損益，就好像 若 A 處分該項對 B 之 10%保留投資，而須做重分類調整一樣。這樣才符合準則所要

求的:「若母公司喪失對子公司之控制,母公司對於其他綜合損益中先前所認列與該子公司有關之所有金額,其會計處理之基礎應與母公司若直接處分相關資產或負債所必須遵循之基礎相同。」

情況(2):
若 A 於 20x7/1/1 出售對 B 的 50%股權投資,持股降為 30%(假設經評估 A 對 B 不存在控制,但仍具重大影響),則 A 應將「其他綜合損益－子公司、關聯企業及合資之國外營運機構財務報表換算之兌換差額」由原 80%的份額降為 30%,所減少 50%份額($1,600×50/80＝$1,000)重分類為損益(處分投資利益),並將剩餘 30%($1,600×30/80＝$600)之其他綜合損益改列適當會計科目,即「其他綜合損益－關聯企業及合資之國外營運機構財務報表換算之兌換差額」。IFRS 10 雖未明確規定,但可按其會計處理邏輯類推,請參閱 IAS 28 相關規定,及第二章「十三、處分對關聯企業之股權投資」。

情況(3):
若 A 於 20x7/1/1 出售對 B 的 20%股權投資,持股降為 60%(假設經評估 A 對 B 仍存在控制),則 A 應將「其他綜合損益－子公司、關聯企業及合資之國外營運機構財務報表換算之兌換差額」由原 80%的份額降為 60%,所減少 20%份額($1,600×20/80＝$400)重新歸屬予 B 之非控制權益(因目前非控制股東持有 B 40%股權),係屬表 8-7 之(A)情況,請詳說明(7)。

(5) 母公司一旦對子公司喪失控制,對前子公司之任何保留投資及對前子公司之任何應收或應付款項,應自喪失控制日起,依其他國際財務報導準則之規定處理。其中對前子公司之任何保留投資於喪失控制日之公允價值,應視為依 IFRS 9「金融工具」之規定原始認列金融資產之公允價值(不具重大影響力),或於適當時,視為原始認列投資關聯企業或合資之成本(仍具重大影響力)。

(6) 若發布比較合併財務報表時,須重編以前年度合併財務報表,亦即將前期合併財務報表改按「本期合併個體(集團)的組成個體」重編,並充分揭露合併個體變動的性質、理由及其對綜合損益與每股盈餘的影響。

例如:20x5 年合併個體之成員為甲、乙、丙三家公司,20x6 年甲部分處分對丙之股權投資,致甲喪失對丙之控制,故 20x6 年合併個體之成員只剩甲與乙,因此當發布 20x5 及 20x6 年之比較合併財務報表時,應將 20x5 年合併財務報表由去年發布的甲、乙、丙合併個體組合重編為甲與乙的合併個體

組合,並於附註並充分揭露合併個體變動的性質、理由及其對綜合損益與每股盈餘的影響。

(7) 母公司對子公司所有權權益之變動,未導致母公司喪失對子公司之控制者,為權益交易,作為與業主(以其業主之身分)間之交易。換言之,當非控制權益所持有之權益比例變動時,企業應調整控制權益與非控制權益之帳面金額以反映其於子公司相對權益之變動。企業應將非控制權益之調整金額與所支付或收取對價之公允價值間之差額直接認列於權益且歸屬於母公司業主。

(8) 若因交易涉及採權益法處理之關聯企業或合資,而使母公司對不含業務(如I國際財務報導準則第3號所定義)之子公司喪失控制,母公司應依國際財務報導準則第10號第B98至B99段之規定決定利益或損失。該交易所生之利益或損失(包括依第B99段之規定將被重分類為損益之先前所認列其他綜合損益金額),僅在非關係人投資者對關聯企業或合資之權益範圍內,認列於母公司損益。該利益之剩餘部分應自該投資關聯企業或合資之帳面金額中銷除。

　此外,若母公司保留對前子公司之投資,且該前子公司現為採權益法處理之關聯企業或合資,母公司應將對前子公司之保留投資按公允價值再衡量所產生之利益或損失,僅在非關係人投資者對該新關聯企業或合資之權益範圍內,認列於損益。該利益之剩餘部分應自對該前子公司之保留投資之帳面金額中銷除。若母公司保留對前子公司之投資,且現依IFRS 9之規定處理該投資,對前子公司之保留投資按公允價值再衡量所產生之利益或損失,應全額認列於母公司損益。

例如:

甲公司持有一不含業務之子公司(乙公司)100%權益。甲公司將乙公司70%權益出售予其持有20%權益之關聯企業(丙公司),該交易使甲公司喪失對乙公司之控制。出售前乙公司淨資產之帳面金額為$100,所售權益之帳面金額為$70,甲公司收取對價之公允價值為$210,該金額亦是所售權益之公允價值。出售後對乙公司之保留投資係採權益法處理,且該保留投資之公允價值為$90。

　　在依第B99A段規定銷除利益之前,原依第B98至B99段規定所決定之利益為$200,(出售乙70%權益所收取對價之公允價值$210+保留投資之公允價值$90) 乙淨資產之帳面金額$100=利益$200,該利益之組成內容有二:

(1) 出售乙公司(子公司)70%權益予丙公司(關聯企業)所產生之利益$140。

　　出售乙70%權益所收對價之公允價值$210－所售乙70%權益之帳面金額($100×70%)＝$210－$70＝利益$140。依第B99A段之規定，母公司(甲)將歸屬於"既有關聯企業(丙)之非關係人投資者權益(除甲以外之丙股東擁有之丙權益)"之利益金額認列於損益，其係此利益之80%，亦即母公司(甲)認列利益$112 ($140×80%＝$112)，並將剩餘20%利益$28 ($140×20%＝$28)自對既有關聯企業(丙)之投資的帳面金額中銷除。

(2) 對乙公司之直接保留投資按公允價值再衡量所產生之利益$60。

　　對乙公司(前子公司)保留投資之公允價值$90－該保留投資之帳面金額($100×30%)＝$90－$30＝利益$60。依第B99A段之規定，母公司(甲)將歸屬於"新關聯企業(乙)之非關係人投資者權益(除甲以外之丙股東間接擁有之乙權益)"之利益金額認列於損益，其係此利益之56% (80%×70%＝56%)，亦即母公司(甲)認列利益$34 ($60×56%＝$34)，並將剩餘44%利益$26 ($60×44%＝$26) 自對前子公司(乙)保留投資之帳面金額中銷除。

(1) 出售 70%	$210－($100×70%)＝利益$140	丙80%股東：80%，$112，甲貸記：「利益」 丙20%股東(甲)：20%，$28，甲貸記：「投資－丙」
(2) 保留 30%	$90－($100×30%)＝利益$60	丙80%股東間接持有：(80%×70%＝56%) 　　　　　　56%，$34，甲貸記：「利益」 甲持有：[直接30%＋間接14%(＝20%×70%)] 　　　　　　44%，$26，甲貸記：「投資－乙」

甲公司之分錄：

(1) 出售乙公司 70%權益	現　　金　　　　　　　　　　　　210 　　採用權益法之投資－乙公司　　　　　70 　　處分投資利益　　　　　　　　　　112 　　採用權益法之投資－丙公司　　　　　28
(2) 再衡量對乙 公司之保留 投資	採用權益法之投資－乙公司　　　　60 　　處分投資利益　　　　　　　　　　34 　　採用權益法之投資－乙公司　　　　26 (2) 亦可： 採用權益法之投資－乙公司　　　　34 　　處分投資利益　　　　　　　　　　34

補充： 若甲公司出售對乙公司70%持股後，經評估對乙公司已不具重大影響，致對乙公司之保留投資(30%)應依IFRS 9之規定處理，因此對前子公司(乙公司)之保留投資按公允價值($90)再衡量所產生之利益($60)，應全額($60)認列於母公司損益。因此上述甲公司分錄(2)應修改為：

| (2) 保留投資
再衡量 | 強制透過損益按公允價值衡量之金融資產　90
　　處分投資利益　　　　　　　　　　　　　60
　　採用權益法之投資－乙公司　　　　　　　30 |

釋例七：

甲公司持有一國外營運機構(乙公司)70%股權數年並對乙公司存在控制。於20x5年12月31日，甲公司帳列「採用權益法之投資」為$5,950,000，及「其他權益－國外營運機構財務報表換算之兌換差額－採用權益法之子公司」為貸餘$140,000(＊)，係按權益法處理對乙公司之股權投資而認列。同日乙公司權益為$8,000,000。當初甲公司收購乙公司時，乙公司帳列資產及負債之帳面金額皆等於公允價值，除有未入帳商譽外，無其他未入帳資產或負債。該商譽經定期評估，價值未減損。非控制權益係以收購日公允價值衡量。

＊：歷年結轉自「其他綜合損益－子公司、關聯企業及合資之國外營運機構財務報表換算之兌換差額」。

甲公司於20x6年1月1日以$2,700,000出售對乙公司30%股權投資，保留40%股權投資。經評估甲公司對乙公司喪失控制，但仍具重大影響，繼續適用權益法，惟自20x6年起，期末不須編製甲公司及乙公司合併財務報表。乙公司20x6年淨利為$1,200,000，並於20x6年11月30日宣告且發放現金股利$400,000。

說　明：

計算方法一：

假設採加權平均法，所出售股權投資之帳面金額＝$5,950,000×(3/7)＝$2,550,000
甲部分處分對乙股權投資之處分利益＝$2,700,000－$2,550,000＝$150,000
甲對乙保留投資之帳面金額＝$5,950,000×(4/7)＝$3,400,000
甲對乙保留投資之公允價值(設算)＝$2,700,000×(4/3)＝$3,600,000

[因題目未提供甲對乙保留投資之公允價值資訊，故設算之。]
甲對乙保留投資之評價利益＝$3,600,000－$3,400,000＝$200,000
甲公司應認列之處分投資利益＝$150,000＋$200,000＝$350,000
甲公司帳列其他綜合損益中包含累計兌換差額貸餘$140,000，
其屬於出售部分＝$140,000×(30%÷70%)＝$60,000，應轉列為處分投資利益；
另屬於未售部分＝$140,000×(40%÷70%)＝$80,000，應轉列為適當之會計科目。

計算方法二： 應認列之損益是下列(A)與(B)之差額：

(A)	下列三項之合計數：	
	1. 母公司出售對子公司股權投資所收對價之公允價值	$2,700,000
	2. 母公司對前子公司之保留投資於喪失控制日之公允價值 [設算：$2,700,000×(4/3)＝$3,600,000]	3,600,000
	3. 前子公司之非控制權益於喪失控制日之帳面金額 [假設金額為 Y]	Y
	合　計	$6,300,000+Y
(B)	子公司之資產(包含商譽)及負債於喪失控制日之帳面金額	5,950,000+Y
(A)－(B)＝應認列之投資利益(損失)		$ 350,000

甲公司之分錄：

20x6/1/1	現　金　　　　　　　　　　　　　　　　2,700,000	
	採用權益法之投資　　　　　　　　　　　200,000	
	採用權益法之投資　　　　　　　　　　　　　　　2,550,000	
	處分投資利益　　　　　　　　　　　　　　　　　　350,000	
1/1	其他綜合損益－子公司、關聯企業及合資之	
	國外營運機構財務報表換算之兌換差額　140,000	
	處分投資利益　　　　　　　　　　　　　　　　　　　　60,000	
	其他綜合損益－關聯企業及合資之國外營運機構	
	財務報表換算之兌換差額　　　　　　　　　　　　80,000	
1/1	※「其他綜合損益」結轉至「其他權益」之示範分錄：	
	其他權益－國外營運機構財務報表換算之兌換差額	
	－採用權益法之子公司　　　　　　　　140,000	
	其他綜合損益－子公司、關聯企業及合資之	
	國外營運機構財務報表換算之兌換差額　　　　　140,000	

(續次頁)

1/1	※「其他綜合損益」結轉至「其他權益」之示範分錄：		
	其他綜合損益－關聯企業及合資之		
	國外營運機構財務報表換算之兌換差額	80,000	
	其他權益－國外營運機構財務報表換算之兌換差額		
	－採用權益法之關聯企業及合資		80,000
11/30	現　　金	160,000	
	採用權益法之投資		160,000
	$400,000×40％＝$160,000		
12/31	採用權益法之投資	480,000	
	採用權益法認列之關聯企業及合資利益之份額		480,000
	$1,200,000×40％＝$480,000		
註1：	20x6/1/1,「其他綜合損益－子公司、關聯企業及合資之國外營運機構財務報表換算之兌換差額」借餘$140,000，結轉「其他權益」，故截至20x6/1/1,「其他權益－國外營運機構財務報表換算之兌換差額－採用權益法之子公司」＝20x5/12/31貸餘$140,000＋20x6/1/1結轉借記$140,000＝$0。		
註2：	截至20x6/1/1,「其他權益－國外營運機構財務報表換算之兌換差額－採用權益法之關聯企業及合資」貸餘$80,000。		

延伸一：

若將原題目修改下列兩項資料：(1)乙公司並非國外營運機構，(2)甲公司帳列「其他權益－不動產重估增值－採用權益法之子公司」貸餘$140,000(＃)，係按權益法處理對乙公司之股權投資而認列(因乙公司土地重估增值)。其他資料不變，則甲公司分錄如下：

＃：結轉自「其他綜合損益－子公司、關聯企業及合資之不動產重估增值」。

20x6/1/1	(同原題分錄)		
1/1	其他權益－不動產重估增值－採用權益法之子公司	140,000	
	保留盈餘		60,000
	其他權益－不動產重估增值－採用權益法之		
	關聯企業及合資		80,000
	甲公司雖喪失對乙公司之控制，但仍具重大影響，故繼續適用權益法，惟須減少對乙之所有權權益，故「其他權益－不動產重估增值－採用權益法之子公司」依比例(3/7)轉列為保留盈餘，$140,000×(30％÷70％)＝$60,000；另屬於未售部分(4/7)，$140,000×(40％÷70％)＝$80,000，應轉列適當會計科目。		

	11/30	(同原題分錄)
	12/31	(同原題分錄)
註：	截至 20x6/ 1/ 1， 「其他權益－不動產重估增值－採用權益法之子公司」餘額為$0； 「其他權益－不動產重估增值－採用權益法之關聯企業及合資」餘額為$80,000。	

延伸二：

若將原題目修改下列三項資料：(1)乙公司並非國外營運機構，(2)乙公司帳列非持有供交易之股權投資(假設投資丙公司 5%股權)，於原始認列時已作一不可撤銷之選擇，將該股權投資分類為「透過其他綜合損益按公允價值衡量之金融資產」，會計科目為「透過其他綜合損益按公允價值衡量之權益工具投資」，並於以前年度期末按公允價值評價時，認列「其他綜合損益－透過其他綜合損益按公允價值衡量之權益工具投資未實現評價損益」(貸餘)，(3)甲公司帳列「其他權益－透過其他綜合損益按公允價值衡量之權益工具投資未實現評價損益－採用權益法之子公司」貸餘$140,000(＆)，係按權益法處理對乙公司之股權投資而認列。其他資料不變，則甲公司分錄如下：

＆：歷年結轉自「其他綜合損益－子公司、關聯企業及合資之透過其他綜合損益按公允價值衡量之權益工具投資未實現評價損益」。

20x6/ 1/ 1	(同原題分錄)
1/1	其他權益－透過其他綜合損益按公允價值衡量之權益工具 　　　　投資未實現評價損益－採用權益法之子公司　　140,000 　　(權益項目，如：保留盈餘)　　　　　　　　　　　　　60,000 　　其他權益－透過其他綜合損益按公允價值衡量之 　　　　權益工具投資未實現評價損益 　　　　－採用權益法之關聯企業及合資　　　　　　　　　80,000
	IFRS 規定，非持有供交易之權益工具投資於原始認列時，可作一不可撤銷之選擇，選擇將其後續公允價值變動，列報於其他綜合損益中，而該列報於其他綜合損益之累積利益或損失，後續不得移轉至損益，但可於權益內移轉該金額。筆者建議轉入保留盈餘，詳第二章「表 2-1」及其註七。

(續次頁)

1/1 (續)	甲公司雖喪失對乙公司之控制,但仍具重大影響,故繼續適用權益法,惟須減少對乙之權益,故「其他權益－透過其他綜合損益按公允價值衡量之權益工具投資未實現評價損益－採用權益法之子公司」依比例(3/7)移轉至權益項目(如:保留盈餘),$140,000×(30%÷70%)＝$60,000;另屬於未售部分(4/7),$140,000×(40%÷70%)＝$80,000,應轉列適當會計科目。
11/30	(同原題分錄)
12/31	(同原題分錄)

註1: 截至20x6/1/1,「其他權益－透過其他綜合損益按公允價值衡量之權益工具投資未實現評價損益－採用權益法之子公司」＝20x5/12/31 貸餘$140,000＋20x6/1/1借記$140,000＝$0。

註2: 截至20x6/1/1,「其他權益－透過其他綜合損益按公允價值衡量之權益工具投資未實現評價損益－採用權益法之關聯企業及合資」貸餘$80,000。

釋例八:

沿用釋例七第一段資料。甲公司於20x6年1月1日以$5,049,000出售對乙公司55%股權投資,只保留15%。經評估甲公司對乙公司喪失控制且不具重大影響,故應停止適用權益法,自20x6年起,期末亦不須編製甲公司及乙公司合併財務報表。甲公司依IFRS 9及其管理金融資產之經營模式,將該15%股權投資分類為「透過損益按公允價值衡量之金融資產」,當日所保留15%股權投資之公允價值為$1,360,000。

乙公司20x6年淨利為$1,200,000,並於20x6年11月30日宣告且發放現金股利$400,000。20x6年12月31日,甲公司對乙公司股權投資(15%)的公允價值為$1,380,000。

說 明:

計算方法一:

假設採加權平均法,所出售股權投資之帳面金額
　　　　　＝$5,950,000×(55/70)＝$4,675,000
甲部分處分對乙股權投資之處分利益＝$5,049,000－$4,675,000＝$374,000
甲對乙保留投資之帳面金額＝$5,950,000×(15/70)＝$1,275,000
甲對乙保留投資之公允價值(已知)＝$1,360,000

甲對乙保留投資之評價利益＝$1,360,000－$1,275,000＝$85,000

甲公司應認列之處分投資利益＝$374,000＋$85,000＝$459,000

甲公司帳列其他綜合損益中包含$140,000 累計兌換差額(貸餘)，因甲公司對乙公司已不具重大影響，停止適用權益法，故全數$140,000 轉列為處分投資利益。

計算方法二：應認列之損益是下列(A)與(B)之差額：

(A)	下列三項之合計數：	
	1. 母公司出售對子公司股權投資所收對價之公允價值	$5,049,000
	2. 母公司對前子公司之保留投資於喪失控制日之公允價值 (已知)	1,360,000
	3. 前子公司之非控制權益於喪失控制日之帳面金額 [假設金額為 Y]	Y
	合　計	$6,409,000+Y
(B)	子公司之資產(包含商譽)及負債於喪失控制日之帳面金額	5,950,000+Y
(A)－(B)＝應認列之利益(損失)		$ 459,000

甲公司之分錄：

20x6/ 1/ 1	現　金　　　　　　　　　　　　　　　　　　5,049,000	
	強制透過損益按公允價值衡量之金融資產　　1,360,000	
	採用權益法之投資　　　　　　　　　　　　　　5,950,000	
	處分投資利益　　　　　　　　　　　　　　　　　459,000	
1/ 1	其他綜合損益－子公司、關聯企業及合資之國外	
	營運機構財務報表換算之兌換差額　　140,000	
	處分投資利益　　　　　　　　　　　　　　　　　140,000	
1/ 1	※「其他綜合損益」結轉至「其他權益」之示範分錄：	
	其他權益－國外營運機構財務報表換算之兌換差額	
	－採用權益法之子公司　　　　　140,000	
	其他綜合損益－子公司、關聯企業及合資之國外	
	營運機構財務報表換算之兌換差額　　　　140,000	
11/30	現　金　　　　　　　　　　　　　　　60,000	
	股利收入　　　　　　　　　　　　　　　　　60,000	
	$400,000×15%＝$60,000	
12/31	強制透過損益按公允價值衡量之金融資產評價調整　20,000	
	透過損益按公允價值衡量之金融資產(負債)利益　　20,000	
	$1,380,000－$1,360,000＝$20,000	

註： 20x6/1/1,「其他綜合損益－子公司、關聯企業及合資之國外營運機構財務報表換算之兌換差額」借餘$140,000，結轉「其他權益」，故截至20x6/1/1,「其他權益－國外營運機構財務報表換算之兌換差額－採用權益法之子公司」＝20x5/12/31貸餘$140,000＋20x6/1/1結轉借記$140,000＝$0。

釋例九：

甲公司持有子公司(乙公司)60%股權數年並對乙公司存在控制。於20x6年12月31日，甲公司帳列「採用權益法之投資」為$523,800，乙公司權益為$810,000。當初甲公司收購乙公司時，乙公司帳列資產及負債之帳面金額皆等於公允價值，除有一項未入帳專利權外，無其他未入帳資產或負債，若以20x6年12月31日起算，該專利權尚有7年使用年限。非控制權益係以對乙公司可辨認淨資產已認列金額所享有之比例份額衡量。乙公司20x7年淨利為$120,000，係於年度中平均地賺得，並於20x7年4月1日及10月1日分別宣告且發放現金股利$30,000及$20,000。

甲公司於20x7年5月1日以$480,000出售其對乙公司持股的六分之五，即60%×(5/6)＝50%，只保留10%。經評估甲公司對乙公司喪失控制且不具重大影響，因此甲公司依IFRS 9及其管理金融資產之經營模式，將保留之股權投資(10%)分類為「透過損益按公允價值衡量之金融資產」。已知保留之股權投資(10%)其公允價值：於20x7年5月1日為$90,000，於20x7年12月31日為$85,000。

說 明：

(1) 20x6/12/31：(乙權益$810,000＋未攤銷之乙未入帳專利權)×60%＝$523,800
∴ 未攤銷之乙未入帳專利權＝$63,000
乙未入帳專利權之每年攤銷數＝$63,000÷7年＝$9,000
非控制權益＝($810,000＋$63,000)×40%＝$349,200

(2) 20x7年1月至4月：
甲公司應認列之投資收益＝[($120,000－$9,000)×(4/12)]×60%＝$22,200
非控制權益淨利＝[($120,000－$9,000)×(4/12)]×40%＝$14,800

(3) 20x7/5/1：甲公司帳列「採用權益法之投資」餘額
＝$523,800＋$22,200－($30,000×60%)＝$528,000
非控制權益＝$349,200＋$14,800－($30,000×40%)＝$352,000

(4) 20x7/ 5/ 1，計算處分投資損益：

計算方法一：

假設採加權平均法，甲出售股權投資之帳面金額＝$528,000×(5/6)＝$440,000

甲部分處分對乙股權投資之處分利益＝$480,000－$440,000＝$40,000

甲對乙保留投資之帳面金額＝$528,000×(1/6)＝$88,000

甲對乙保留投資之公允價值＝$90,000

甲對乙保留投資之評價利益＝$90,000－$88,000＝$2,000

甲公司應認列之處分投資利益＝$40,000＋$2,000＝$42,000

計算方法二： 應認列之損益是下列(A)與(B)之差額：

(A)	下列三項之合計數：	
	1. 母公司出售對子公司股權投資所收對價之公允價值	$480,000
	2. 母公司對前子公司之保留投資於喪失控制日之公允價值	90,000
	3. 前子公司之非控制權益於喪失控制日之帳面金額 [假設金額為 X]	X
	合　計	$570,000+X
(B)	子公司之資產(包含專利權)及負債於喪失控制日之帳面金額	528,000+X
	(A)－(B)＝應認列之利益(損失)	$ 42,000

(5) 甲公司之分錄：

20x7/ 4/ 1	現　金	18,000	
	採用權益法之投資		18,000
	$30,000×60%＝$18,000		
5/ 1	採用權益法之投資	22,200	
	採用權益法認列之子公司、關聯企業		
	及合資利益之份額		22,200
5/ 1	現　金	480,000	
	強制透過損益按公允價值衡量之金融資產	90,000	
	採用權益法之投資		528,000
	處分投資利益		42,000
10/ 1	現　金	2,000	
	股利收入		2,000
	$20,000×10%＝$2,000		

20x7/12/31	透過損益按公允價值衡量之金融資產(負債)損失	5,000	
	強制過損益按公允價值衡量之金融資產評價調整		5,000
$85,000-$90,000=-$5,000			

(6) 20x7 年，相關項目異動如下：

	20x6/12/31	1～4月	20x7/5/1	5～12月	20x7/12/31
乙－權　益	$810,000	－$30,000	＋$120,000	－$20,000	$880,000
乙－權　益	$810,000	＋$40,000 －$30,000	$820,000	＋$80,000 －$20,000	$880,000
權益法：					
甲－採用權益 　　法之投資	$523,800	＋$22,200 －$18,000	$528,000 (－$440,000) $88,000		
按公允價值衡量：					
甲－強制透過損益 　　按公允價值 　　衡量 　　之金融資產			$90,000	股利收入 $2,000	$90,000
甲－強制透過損益 　　按公允價值衡量 　　之金融資產 　　評價調整			$0	－$5,000	($5,000)
合併財務報表：(截至處分股權投資前)					
專利權	$63,000	－$3,000	$60,000		
非控制權益	$349,200	＋$14,800 －$12,000	$352,000		

(7) 甲公司及乙公司 20x7 年之個別損益資料：

	甲公司	乙公司	
		1～12月	1～4月
銷貨收入	$1,000,000	$480,000	$160,000
投資收益	22,200	－	－
股利收入	2,000	－	－
銷貨成本	(570,000)	(270,000)	(90,000)
各項營業費用	(200,000)	(90,000)	(30,000)
處分投資利益	42,000	－	－
淨　　利	$296,200	$120,000	$40,000

(a) 20x7 年底，只須<u>分別</u>編製甲公司財務報表<u>及</u>乙公司財務報表即可，惟 20x7 年 1 月至 4 月子公司(乙公司)之收益及費損應納入截止於 20x7 年 12 月 31 日之 20x7 年甲公司財務報表中，以符合準則之規定，並實質表達 20x7 年 1 月至 4 月甲公司對子公司(乙公司)存在控制時的集團營業結果，故先分析投資收益$22,200 的組成內容，再將投資收益$22,200 的組成內容分別納入甲公司財務報表的各相關項目即可達成準則的要求。

20x7 年 1 月至 4 月之投資收益$22,200
＝[(乙全年淨利$120,000－乙未入帳專利權之攤銷數$9,000)×(4/12)]×60%
＝(乙 1 月至 4 月銷貨收入$160,000－乙 1 月至 4 月銷貨成本$90,000
　　－乙 1 月至 4 月各項營業費用$30,000
　　－乙未入帳專利權 1 月至 4 月攤銷費用$3,000)×60%
＝乙 1 月至 4 月銷貨收入$96,000－乙 1 月至 4 月銷貨成本$54,000
　　－乙 1 月至 4 月各項營業費用$19,800
＝歸屬於甲公司之乙公司 20x7 年 1 月至 4 月的營業結果

故將乙公司 20x7 年 1 月至 4 月之銷貨收入$96,000、銷貨成本$54,000、各項營業費用$19,800 分別與甲公司的銷貨收入、銷貨成本、各項營業費用合計，即成為甲公司 20x7 年之綜合損益表，如下：

	甲公司 (A)	乙公司 1 月至 4 月營業結果，歸屬於甲公司的部分 (B)	甲公司 (A)＋(B)
銷貨收入	$1,000,000	$96,000	$1,096,000
投資收益	22,200	—	—
股利收入	2,000	—	2,000
銷貨成本	(570,000)	(54,000)	(624,000)
各項營業費用	(200,000)	(19,800)	(219,800)
處分投資利益	42,000	—	42,000
淨　利	$296,200	$22,200	$296,200

甲公司 20x7 年保留盈餘表、20x7 年 12 月 31 日財務狀況表，以及乙公司 20x7 年綜合損益表、20x7 年保留盈餘表、20x7 年 12 月 31 日財務狀況表，則分別根據其調整後分類帳餘額編製。

(b) 另一說法，20x7 年底，仍可編製甲公司及乙公司 20x7 年合併綜合損益表，以符合準則之規定並實質表達 20x7 年 1 月至 4 月甲公司對子公司(乙公司)存在控制時的集團營業結果，至於權益變動表(或保留盈餘表)、財務狀況表、現金流量表，則由甲公司及乙公司分別編製即可。若然，則甲公司及乙公司 20x7 年合併綜合損益表如下：

	甲公司 (A)	乙公司1月至4月之營業結果 (B)	說 明 (C)	甲及乙合併綜合損益表 (A)+(B)±(C)
銷貨收入	$1,000,000	$160,000		$1,160,000
投資收益	22,200	—	沖銷 22,200	—
股利收入	2,000	—		2,000
銷貨成本	(570,000)	(90,000)		(660,000)
各項營業費用	(200,000)	(30,000)	專利權攤銷 9,000×4/12	(233,000)
處分投資利益	42,000	—		42,000
淨 利	$296,200	$40,000		
總合併淨利				$311,000
減：非控制權益淨利			14,800	(14,800)
控制權益淨利				$296,200

甲公司 20x7 年保留盈餘表、20x7 年 12 月 31 日財務狀況表，以及乙公司 20x7 年保留盈餘表、20x7 年 12 月 31 日財務狀況表，則分別根據其調整後分類帳餘額編製。

釋例十：

甲公司持有子公司(乙公司)80%股權數年並對乙公司存在控制。於 20x5 年 12 月 31 日，甲公司帳列「採用權益法之投資」為$424,000。同日乙公司權益為$500,000，包括普通股股本$300,000 及保留盈餘$200,000。當初甲公司收購乙公司時，乙公司帳列資產及負債之帳面金額皆等於公允價值，除有一項未入帳專利權，無其他未入帳之資產或負債。若以 20x5 年 12 月 31 日起算，該專利權尚有 6 年使用年限。非控制權益係以對乙公司可辨認淨資產已認列金額所享有之比例份額衡量。乙公司 20x6 年淨利為$80,000，係於年度中平均地賺得，並於 20x6 年 12 月 31 日宣告且發放現金股利$30,000。

甲公司於 20x6 年間，以$60,000 出售其對乙公司持股的八分之一，即 80%×(1/8)＝10%，按下列(一)及(二)兩種情況，分別說明：

(一) 若甲公司於<u>期初</u>部分處分對乙公司之股權投資，如：20x6 年 1 月 1 日。
(二) 若甲公司於<u>期中</u>部分處分對乙公司之股權投資，如：20x6 年 4 月 1 日。

(一) 於 20x6 年 1 月 1 日(期初)出售：

(1) 20x5/12/31：(乙權益$500,000＋未攤銷之乙未入帳專利權)×80%＝$424,000
　　　　∴ 未攤銷之乙未入帳專利權＝$30,000
　　　乙未入帳專利權之每年攤銷數＝$30,000÷6 年＝$5,000
　　　非控制權益＝($500,000＋$30,000)×20%＝$106,000

(2) 母公司對子公司所有權權益之變動，<u>未導致</u>母公司<u>喪失</u>對子公司之控制者，為<u>權益交易</u>，作為與業主(以其業主之身分)間之交易。換言之，當非控制權益所持有之權益比例變動時，企業<u>應調整</u>控制權益與非控制權益之帳面金額以反映其於子公司相對權益之變動。企業應將非控制權益之調整金額<u>與</u>所支付或收取對價之公允價值間之<u>差額</u>直接認列於<u>權益</u>且<u>歸屬於母公司業主</u>。

甲出售股權投資之帳面金額＝$424,000×(1/8)＝$53,000，將$53,000 由控制權益轉列為非控制權益，且$53,000 與出售股權所收現金$60,000 之差額$7,000，應直接認列為權益且歸屬於母公司業主。甲公司分錄如下：

20x6/ 1/ 1	現　　金　　　　　　　　　　　　　　　　　60,000	
	採用權益法之投資　　　　　　　　　　　　　　　　53,000	
	資本公積－實際取得或處分子公司	
	股權價格與帳面價值差額　　　　　　　　　　7,000	
註：貸記「資本公積－實際取得或處分子公司股權價格與帳面價值差額」，該會計科目適用於兩種情況，如科目所述，「取得」及「處分」子公司股權，本例係「部分處分」子公司股權，而，本章釋例六係「再取得」子公司股權。		

補充：　若甲公司於 20x5 年 12 月 31 日，帳列除「採用權益法之投資」為$424,000 外，尚有「其他權益－不動產重估增值－採用權益法之子公司」貸餘$40,000(＃)，係按權益法處理對乙公司之股權投資而認列(因乙公司土地重估增值)，且同日乙公司權益為$500,000，包括普

通股股本$300,000、保留盈餘$150,000 及「其他權益－不動產重估增值」$50,000，則甲公司於 20x6 年 1 月 1 日出售其對乙公司持股的八分之一時，針對「其他權益」應作之分錄如下：

＃：結轉自「其他綜合損益－子公司、關聯企業及合資之不動產重估增值」。

20x6/ 1/ 1	其他權益－不動產重估增值	
	－採用權益法之子公司	5,000
	資本公積－實際取得或處分子公司	
	股權價格與帳面價值差額	5,000
$40,000×(1/8)＝$5,000		

(3) 20x6/ 1/ 1 出售後：

甲公司「採用權益法之投資」＝$424,000－$53,000＝$371,000

非控制權益＝$106,000＋$53,000＝$159,000

驗算： 控制權益＝($500,000＋$30,000)×(80%－10%)＝$371,000

　　　　　非控制權益＝($500,000＋$30,000)×(20%＋10%)＝$159,000

(4) 20x6 年：甲公司應認列之投資收益＝($80,000－$5,000)×70%＝$52,500

　　　　　非控制權益淨利＝($80,000－$5,000)×30%＝$22,500

(5) 20x6/12/31：甲收自乙之現金股利＝$30,000×70%＝$21,000

　　　　　非控制權益收自乙之現金股利＝$30,000×30%＝$9,000

(6) 部分處分對乙公司之股權投資後，相關項目異動如下：

	20x6/ 1/ 1	20x6	20x6/12/31
乙－權　益	$500,000	＋$80,000－$30,000	$550,000
權益法：			
甲－採用權益法之投資	$371,000	＋$52,500－$21,000	$402,500
合併財務報表：			
專利權	$30,000	－$5,000	$25,000
非控制權益	$159,000	＋$22,500－$9,000	$172,500
驗算： 20x6/12/31：($550,000＋$25,000)×70%＝$402,500			
($550,000＋$25,000)×30%＝$172,500			

(7) 甲公司及乙公司 20x6 年合併工作底稿之沖銷分錄：

(a)	採用權益法認列之子公司、關聯企業		
	及合資利益之份額	52,500	
	股　利		21,000
	採用權益法之投資		31,500
(b)	非控制權益淨利	22,500	
	股　利		9,000
	非控制權益		13,500
(c)	普通股股本	300,000	
	保留盈餘	200,000	
	專利權	30,000	
	採用權益法之投資		371,000
	非控制權益		159,000
(d)	攤銷費用	5,000	
	專利權		5,000

(8) 甲公司及乙公司 20x6 年財務報表資料已分別列入合併工作底稿：

甲公司及其子公司
合併工作底稿
20x6 年 1 月 1 日至 20x6 年 12 月 31 日

	甲公司	70% 乙公司	調整/沖銷 借方	調整/沖銷 貸方	合併 財務報表
綜合損益表：					
銷貨收入	$800,000	$200,000			$1,000,000
採用權益法認列之子公司、關聯企業及合資利益之份額	52,500	—	(a) 52,500		—
各項成本及費用	(567,500)	(120,000)	(d) 5,000		(692,500)
淨　利	$285,000	$ 80,000			
總合併淨利					$ 307,500
非控制權益淨利			(b) 22,500		(22,500)
控制權益淨利					$ 285,000
保留盈餘表：					
期初保留盈餘	$300,000	$200,000	(c) 200,000		$300,000
加：淨　利	285,000	80,000			285,000

(續次頁)

	甲公司	70% 乙公司	調整／沖銷 借方	調整／沖銷 貸方	合併 財務報表
保留盈餘表：(續)					
減：股　利	(100,000)	(30,000)		(a) 21,000 (b) 9,000	(100,000)
期末保留盈餘	$485,000	$250,000			$485,000
財務狀況表：					
現　金	$ 227,500	$130,000			$ 357,500
其他流動資產	340,000	210,000			550,000
採用權益法之投資	402,500	—		(a) 31,500 (c) 371,000	—
不動產、廠房及設備	1,242,000	400,000			1,642,000
減：累計折舊	(300,000)	(120,000)			(420,000)
專利權	—	—	(c) 30,000	(d) 5,000	25,000
總　資　產	$1,912,000	$620,000			$2,154,500
各項負債	$ 220,000	$ 70,000			$ 290,000
普通股股本	1,000,000	300,000	(c) 300,000		1,000,000
資本公積	207,000	—			207,000
保留盈餘	485,000	250,000			485,000
總負債及權益	$1,912,000	$620,000			
非控制權益－1/1				(c) 159,000	
非控制權益 　－當期增加數				(b) 13,500	
非控制權益－12/31					172,500
總負債及權益					$2,154,500

(二) 於 20x6 年 4 月 1 日(期中)出售：

甲公司在 20x6 年 4 月 1 日(期中)出售部分對乙公司之股權投資，原則上有兩種處理方式：

(A) 假設甲公司係於 20x6 年 1 月 1 日(期初)出售部分對乙公司之股權投資。
(B) 按實際出售日(20x6 年 4 月 1 日)處理。

(A) 假設於 20x6 年 1 月 1 日(期初)出售：

(1) 因假設甲公司係於20x6年1月1日(期初)出售部分對乙公司之股權投資，故其處理程序及結果與上述情況(一)相同，不再贅述。此方式係一權宜之計，取其簡單方便。至於作此假設之理由，請詳後述(C)段之說明。

(2) 既做假設，故20x6年全年度非控制權益對乙公司的持股比例為30%。

(3) 甲公司出售部分對乙公司之股權投資前(20x6/ 1/ 1～20x6/ 3/31)，若乙公司曾宣告並發放現金股利(或發生其他有關權益之交易，亦同，請類推)，則針對甲公司在20x6年4月1日出售之部分股權投資所收到的現金股利，於計算調整控制權益與非控制權益之帳面金額時須納入考慮，詳上述(一) (2)，另期末相關的財務報表合併程序亦須一併調整。因為實際交易(收到現金股利)已發生，不因會計處理時所作的權宜假設而改變。請參閱<u>習題(七)</u>。

(B) <u>按實際出售日(20x6年4月1日)處理：</u>

(1) 20x6年1～3月：
　　甲公司應認列之投資收益＝[($80,000－$5,000)×(3/12)]×80%＝$15,000
　　非控制權益淨利＝[($80,000－$5,000)×(3/12)]×20%＝$3,750

(2) 20x6/ 4/ 1：
　　甲公司帳列「採用權益法之投資」餘額＝$424,000＋$15,000＝$439,000
　　甲出售股權投資之帳面金額＝$439,000×(1/8)＝$54,875，將$54,875由控制權益轉列為非控制權益，$54,875與出售股權投資所收現金$60,000之差額$5,125，應直接認列為權益且歸屬於母公司業主。甲公司分錄如下：

20x6/ 4/ 1	現　金　　　　　　　　　　　　　　　　60,000	
	採用權益法之投資	54,875
	資本公積－實際取得或處分子公司	
	股權價格與帳面價值差額	5,125

(3) 出售後：甲公司「採用權益法之投資」＝$439,000－$54,875＝$384,125
　　　　　　非控制權益＝$106,000＋$3,750＋$54,875＝$164,625
　　<u>驗算：</u>
　　控制權益＝[($500,000＋$80,000×3/12)＋($30,000－$5,000×3/12)]×70%
　　　　　　＝($520,000＋$28,750)×70%＝$384,125
　　非控制權益＝($520,000＋$28,750)×30%＝$164,625

(4) 20x6 年 4～12 月：

甲公司應認列之投資收益＝[($80,000－$5,000)×(9/12)]×70％＝$39,375

非控制權益淨利＝[($80,000－$5,000)×(9/12)]×30％＝$16,875

(5) 20x6/12/31：甲收自乙之現金股利＝$30,000×70％＝$21,000

　　　　　　　非控制權益收自乙之現金股利＝$30,000×30％＝$9,000

(6) 20x6 年，相關項目異動如下：

	20x6/1/1	1～3月	20x6/4/1	4～12月	20x6/12/31
乙－權 益	$500,000		＋$80,000	－$30,000	$550,000
乙－權 益	$500,000	＋$20,000	$520,000	＋$60,000－$30,000	$550,000
權益法：					
甲－採用權益法之投資	$424,000	＋$15,000	$439,000 －$54,875 ＝$384,125	＋$39,375－$21,000	$402,500
合併財務報表：					
專利權	$30,000	－$1,250	$28,750	－$3,750	$25,000
非控制權益	$106,000	＋$3,750	$109,750 ＋$54,875 ＝$164,625	＋$16,875－$9,000	$172,500
驗 算：	20x6/12/31：($550,000＋$25,000)×70％＝$402,500 　　　　　　($550,000＋$25,000)×30％＝$172,500				

(7) 甲公司及乙公司 20x6 年合併工作底稿之沖銷分錄：

(a)	採用權益法認列之子公司、關聯企業 　　　　及合資利益之份額　　54,375 　　股　利　　　　　　　　　　21,000 　　採用權益法之投資　　　　　33,375	$15,000 ＋$39,375 ＝$54,375
(b)	非控制權益淨利　　　　　　　20,625 　　股　利　　　　　　　　　　 9,000 　　非控制權益　　　　　　　　11,625	$3,750 ＋$16,875 ＝$20,625
(c)	普通股股本　　　　　　　　 300,000 保留盈餘　　　　　　　　　 200,000 專利權　　　　　　　　　　　30,000 　　採用權益法之投資　　　　369,125 　　非控制權益－1/1　　　　 106,000 　　非控制權益－4/1　　　　　54,875	$424,000 －$54,875 ＝$369,125

(d) 攤銷費用	5,000		$1,250+$3,750
專利權		5,000	＝$5,000

(8) 甲公司及乙公司 20x6 年財務報表資料已分別列入合併工作底稿：

甲 公 司 及 其 子 公 司
合 併 工 作 底 稿
20x6 年 1 月 1 日至 20x6 年 12 月 31 日

	甲公司	70% 乙公司	調整／沖銷 借方	調整／沖銷 貸方	合併 財務報表
綜合損益表：					
銷貨收入	$800,000	$200,000			$1,000,000
採用權益法認列之子公司、關聯企業及合資利益之份額	54,375	─	(a) 54,375		─
各項成本及費用	(567,500)	(120,000)	(d) 5,000		(692,500)
淨　利	$286,875	$ 80,000			
總合併淨利					$ 307,500
非控制權益淨利			(b) 20,625		(20,625)
控制權益淨利					$ 286,875
保留盈餘表：					
期初保留盈餘	$300,000	$200,000	(c) 200,000		$300,000
加：淨　利	286,875	80,000			286,875
減：股　利	(100,000)	(30,000)		(a) 21,000 (b) 9,000	(100,000)
期末保留盈餘	$486,875	$250,000			$486,875
財務狀況表：					
現　金	$ 227,500	$130,000			$ 357,500
其他流動資產	340,000	210,000			550,000
採用權益法之投資	402,500	─		(a) 33,375 (c) 369,125	─
不動產、廠房及設備	1,242,000	400,000			1,642,000
減：累計折舊	(300,000)	(120,000)			(420,000)
專利權	─	─	(c) 30,000	(d) 5,000	25,000
總　資　產	$1,912,000	$620,000			$2,154,500

(續次頁)

	甲公司	70% 乙公司	調整／沖銷 借方	調整／沖銷 貸方	合併 財務報表
財務狀況表：(續)					
各項負債	$ 220,000	$ 70,000			$ 290,000
普通股股本	1,000,000	300,000	(c) 300,000		1,000,000
資本公積	205,125	—			205,125
保留盈餘	486,875	250,000			486,875
總負債及權益	$1,912,000	$620,000			
非控制權益－1/1				(c) 106,000	
非控制權益－4/1				(c) 54,875	
非控制權益－當期增加數 (除4/1外)				(b) 11,625	
非控制權益－12/31					172,500
總負債及權益					$2,154,500

(C) 比較(A)及(B)兩種處理方式之結果：

(1) 20x6 年 12 月 31 日，甲公司「採用權益法之投資」皆為$402,500。

(2) 產生相同的現金流入，即$60,000＋$21,000＝$81,000。

(3) 對甲公司淨值的影響相同，皆使甲公司淨值增加$59,500。

 (A)法：$7,000(增加資本公積)＋$52,500(投資收益)＝$59,500

 (B)法：$5,125(增加資本公積)＋$54,375(投資收益)＝$59,500

(4) 從合併工作底稿內容可知，對總合併淨利的影響相同，且合併財務狀況表上的總資產也相同。

(5) 採用(A)法，計算上既簡單又方便，也較實際可行。因若採(B)法，在 20x6 年 4 月 1 日須得知乙公司 20x6 年第一季淨利資料，始可適用，例如：乙公司發布經會計師核閱之 20x6 年第一季財務報表。但實務上，此項淨利資料可能無法及時地在 20x6 年 4 月間取得。

(續次頁)

四、子公司發行新股

當子公司在母公司的管控下發行新股,則子公司總資產、股本、權益皆會增加,營業規模也擴大。此時,母公司對子公司的持股比例及所有權權益有可能隨之增減異動;同理,非控制權益也可能隨之增減異動。至於是增加?或是減少?變動幅度大小?則須視兩個因素而定:(1)子公司發行新股的發行價格高低,(2)母公司有無認購子公司所發行的新股。

第一項因素,子公司發行新股的發行價格高低,是指「新股的發行價格(a)」與「發行新股前子公司普通股每股淨值(b)」相比較而言。而後者「發行新股前子公司普通股每股淨值(b)」=「收購日子公司之資產及負債(包含未入帳資產及負債)的公允價值延續至發行新股前之總淨值」÷「發行新股前子公司普通股流通在外股數」,可知「發行新股前子公司普通股每股淨值」係以母公司觀點且按收購日公允價值為基礎所作的計算,而非子公司普通股每股帳面淨值(Book value per share)。

若「新股的發行價格(a)」大於「發行新股前子公司普通股每股淨值(b)」,表示新股發行後會提高後者(b)的金額;反之,若(a)<(b),則會降低後者(b)的金額。因此目前子公司股東所擁有的權益(包括:「母擁有子之權益」與「非控制權益」)都有可能受到影響,惟須再加上第二項因素以組合出各種情況,作綜合研判,才能得知「子公司股東所擁有的權益」將受到如何的影響?茲將可能的情況分類如下,再逐項舉例說明。

(A) 子公司發行新股前,母公司持有子公司100%股權,則子公司所發行新股可能的認購組合如下:

	母公司	合併個體以外的單位	釋 例
(1)	全數認購	－	(參考釋例十一)
(2)	－	全數認購	(參考釋例十二)
(3)	部份認購	部份認購	(參考釋例十三)

(B) 子公司發行新股前,母公司持有子公司之股權低於100%,則子公司所發行新股可能的認購組合如下:

	母公司	非控制權益	除母公司與非控制權益以外的單位	釋 例
(1)	全數認購	—	—	(釋例十一)
(2)	—	全數認購	—	(釋例十二)
(3)	—	—	全數認購	
(4)	部份認購	部份認購	—	(參考釋例十三)
(5)	部份認購	—	部份認購	
(6)	—	部份認購	部份認購	(釋例十二)
(7)	部份認購	部份認購	部份認購	(參考釋例十三)

釋例十一： (請另行參閱本章附錄)

甲公司持有子公司(乙公司)80%股權數年並對乙公司存在控制。於 20x5 年 12 月 31 日，甲公司帳列「採用權益法之投資」為$176,000。同日乙公司權益為$200,000，包括普通股股本$100,000(每股面額$10，發行並流通在外 10,000 股)及保留盈餘$100,000。當初甲公司收購乙公司時，乙公司帳列淨值低估係因乙公司有未入帳商譽。已知該商譽經定期評估，價值未減損。非控制權益係以收購日公允價值衡量。

乙公司於 20x6 年 1 月 1 日現金增資發行 2,000 股普通股，全數由甲公司認購，而發行價格分別為：(a)$22 (等於每股淨值※)，(b)$30 (大於每股淨值※)，(c)$16 (小於每股淨值※)。乙公司 20x6 年淨利為$78,000，並於 20x6 年 12 月間宣告且發放現金股利$31,200。

※：題目中的「每股淨值」=「發行新股前子公司普通股每股淨值」
 =「收購日子公司之資產及負債(包含未入帳資產及負債)的公允價值延續至發行新股前之總淨值」÷「發行新股前子公司普通股流通在外股數」

說 明：

(1) 20x5/12/31：非控制權益係以收購日公允價值衡量，惟題意中未提及該公允價值，故以「設算」基礎計算截至本日之非控制權益金額。
 (乙公司權益$200,000＋乙公司未入帳商譽)×80%＝$176,000
 (乙公司權益$200,000＋乙公司未入帳商譽)×20%＝非控制權益
 ∴ 乙公司未入帳商譽＝$20,000

非控制權益＝($200,000＋$20,000)×20%＝$44,000

乙公司普通股每股淨值(收購日之公允價值基礎)

＝($200,000＋$20,000)÷10,000 股＝$22

(2) 乙公司 20x6 年 1 月 1 日發行新股分錄：

	(a) $22	(b) $30	(c) $16
現　　金	44,000	60,000	32,000
普通股股本	20,000	20,000	20,000
資本公積－普通股股票溢價	24,000	40,000	12,000
乙公司權益＝$200,000　——→	增為$244,000	增為$260,000	增為$232,000

(3) 甲公司擁有乙公司股權之持股比例由 80%增加為 83.333% (或 5/6)。

[(10,000 股×80%)＋2,000 股]÷(10,000 股＋2,000 股)

＝10,000 股÷12,000 股＝5/6＝83.333%

母公司對子公司所有權權益之變動，未導致母公司喪失對子公司之控制者，為權益交易，作為與業主(以其業主之身分)間之交易。換言之，當非控制權益所持有之權益比例變動時，企業應調整控制權益與非控制權益之帳面金額以反映其於子公司相對權益之變動。企業應將非控制權益之調整金額與所支付或收取對價之公允價值間之差額直接認列於權益且歸屬於母公司業主。

乙公司增資發行 2,000 股普通股全數由甲公司認購，使甲公司對乙公司之持股比例增為 83.333%，且對乙公司仍存在控制，此項所有權權益之變動，應作為權益交易處理，故不影響乙公司未入帳商譽$20,000 之金額。

(4)「甲擁有乙之權益」與「非控制權益」之相對異動如下：

	發行新股前	發行新股後 (a) $22	(b) $30	(c) $16
乙權益	$200,000	$244,000	$260,000	$232,000
加：乙未入帳商譽	20,000	20,000	20,000	20,000
	$220,000	$264,000	$280,000	$252,000
甲對乙之持股比例	× 80%	× 5/6	× 5/6	× 5/6
甲擁有乙之權益 (C)	$176,000	$220,000	$233,333	$210,000
甲擁有乙之權益(C)之增加數，借記「採用權益法之投資」(A)		$ 44,000	$ 57,333	$ 34,000

甲認購新股之付現數，貸記「現金」(B)	($44,000)	($60,000)	($32,000)
(A)與(B)之差額，借(貸)記「資本公積」	$ —	$ 2,667	($ 2,000)
非控制權益之增(減)數	$ —	$ 2,667	($ 2,000)

(a)：發行新股價格＝乙公司普通股每股淨值(收購日之公允價值基礎)，
則「甲擁有乙之權益」與「非控制權益」間相對權益無異動。

(b)：發行新股價格＞乙公司普通股每股淨值(收購日之公允價值基礎)，
則甲公司以較高的代價認購乙公司發行之新股，會提高乙公司普通股每股淨值(收購日之公允價值基礎)，進而使非控制權益增加，相對地，「甲擁有乙之權益」就同額減少，故甲公司借記「資本公積」。

(c)：發行新股價格＜乙公司普通股每股淨值(收購日之公允價值基礎)，
則甲公司以較低的代價認購乙公司發行之新股，會降低乙公司普通股每股淨值(收購日之公允價值基礎)，進而使非控制權益減少，相對地，「甲擁有乙之權益」就同額增加，故甲公司貸記「資本公積」。

(5) 甲公司 20x6 年 1 月 1 日認購乙公司新發行 2,000 股普通股之分錄：

(a) $22	採用權益法之投資　　　　　　　　　　　　44,000
	現　金　　　　　　　　　　　　　　　　　　　　　　44,000
	採用權益法之投資：由$176,000 增為$220,000
(b) $30	採用權益法之投資　　　　　　　　　　　　57,333
	資本公積－認列對子公司所有權權益變動數　 2,667
	現　金　　　　　　　　　　　　　　　　　　　　　　60,000
	採用權益法之投資：由$176,000 增為$233,333
(c) $16	採用權益法之投資　　　　　　　　　　　　34,000
	現　金　　　　　　　　　　　　　　　　　　　　　　32,000
	資本公積－認列對子公司所有權權益變動數　　　　　 2,000
	採用權益法之投資：由$176,000 增為$210,000

(續次頁)

(6) 以(a)為例，乙公司以$22 發行新股，相關項目異動如下：
(假設：20x6 年期末，經評估得知商譽價值未減損。)

	20x5/12/31	發行新股	20x6/1/1	20x6	20x6/12/31
乙－權 益	$200,000	＋$44,000	$244,000	＋$78,000－$31,200	$290,800
權益法：					
甲－採用權益法之投資	$176,000	＋$44,000	$220,000	＋$65,000 －$26,000	$259,000
合併財務報表：	(80%)		(83.333%或 5/6)		
商　譽	$20,000		$20,000		$20,000
非控制權益	$44,000		$44,000	＋$13,000－$5,200	$51,800
	(20%)		(16.667%或 1/6)		

20x6：甲應認列之投資收益＝$78,000×(5/6)＝$65,000
　　　非控制權益淨利＝$78,000×(1/6)＝$13,000
20x6：甲收自乙之現金股利＝$31,200×(5/6)＝$26,000
　　　非控制權益收自乙之現金股利＝$31,200×(1/6)＝$5,200
20x6/1/1 (發行新股後)：採用權益法之投資＝($244,000＋$20,000)×(5/6)＝$220,000
　　　　　　　　　　　非控制權益＝($244,000＋$20,000)×(1/6)＝$44,000
20x6/12/31：採用權益法之投資＝($290,800＋$20,000)×(5/6)＝$259,000
　　　　　　非控制權益＝($290,800＋$20,000)×(1/6)＝$51,800

(7) 以(b)為例，乙公司以$30 發行新股，相關項目異動如下：
(假設：20x6 年期末，經評估得知商譽價值未減損。)

	20x5/12/31	發行新股	20x6/1/1	20x6	20x6/12/31
乙－權 益	$200,000	＋$60,000	$260,000	＋$78,000－$31,200	$306,800
權益法：					
甲－採用權益法之投資	$176,000	＋$57,333	$233,333	＋$65,000 －$26,000	$272,333
合併財務報表：	(80%)		(83.333%或 5/6)		
商　譽	$20,000		$20,000		$20,000
非控制權益	$44,000	＋$2,667	$46,667	＋$13,000－$5,200	$54,467
	(20%)		(16.667%或 1/6)		

20x6/1/1 (發行新股後)：採用權益法之投資＝($260,000＋$20,000)×(5/6)＝$233,333
　　　　　　　　　　　非控制權益＝($260,000＋$20,000)×(1/6)＝$46,667
20x6/12/31：採用權益法之投資＝($306,800＋$20,000)×(5/6)＝$272,333
　　　　　　非控制權益＝($306,800＋$20,000)×(1/6)＝$54,467

(8) 以(c)為例，乙公司以$16發行新股，相關項目異動如下：
(假設：20x6年期末，經評估得知商譽價值未減損。)

	20x5/12/31	發行新股	20x6/1/1	20x6	20x6/12/31
乙－權　益	$200,000	＋$32,000	$232,000	＋$78,000－$31,200	$278,800
權益法：					
甲－採用權益法之投資	$176,000	＋$34,000	$210,000	＋$65,000 －$26,000	$249,000
合併財務報表：	(80%)		(83.333%或5/6)		
商　譽	$20,000		$20,000		$20,000
非控制權益	$44,000	－$2,000	$42,000	＋$13,000－$5,200	$49,800
	(20%)		(16.667%或1/6)		

20x6/1/1 (發行新股後)：採用權益法之投資＝($232,000＋$20,000)×(5/6)＝$210,000
　　　　　　　　　　　　　非控制權益＝($232,000＋$20,000)×(1/6)＝$42,000
20x6/12/31：採用權益法之投資＝($278,800＋$20,000)×(5/6)＝$249,000
　　　　　　非控制權益＝($278,800＋$20,000)×(1/6)＝$49,800

(9) 甲公司及乙公司20x6年合併工作底稿之沖銷分錄：

		(a) $22	(b) $30	(c) $16
(i)	採用權益法認列之子公司、關聯企業及合資利益之份額	65,000	65,000	65,000
	股　利	26,000	26,000	26,000
	採用權益法之投資	39,000	39,000	39,000
(ii)	非控制權益淨利	13,000	13,000	13,000
	股　利	5,200	5,200	5,200
	非控制權益	7,800	7,800	7,800
(iii)	普通股股本	120,000	120,000	120,000
	資本公積－普通股股票溢價	24,000	40,000	12,000
	保留盈餘	100,000	100,000	100,000
	商　譽	20,000	20,000	20,000
	採用權益法之投資	220,000	233,333	210,000
	非控制權益	44,000	46,667	42,000
註：	普通股股本	$100,000＋$20,000 ＝$120,000	$100,000＋$20,000 ＝$120,000	$100,000＋$20,000 ＝$120,000

註：	資本公積 －普通股股票溢價	$0＋$24,000 ＝$24,000	$0＋$40,000 ＝$40,000	$0＋$12,000 ＝$12,000
	採用權益法之投資	$176,000＋$44,000 ＝$220,000	$176,000＋$57,333 ＝$233,333	$176,000＋$34,000 ＝$210,000
	非控制權益	$44,000	$44,000＋$2,667 ＝$46,667	$44,000－$2,000 ＝$42,000

(10) 若本例之非控制權益係以「對被收購者可辨認淨資產之已認列金額所享有之比例份額」衡量，則相關說明請詳附錄。

釋例十二：

沿用釋例十一資料，惟乙公司在 20x6 年 1 月 1 日現金增資發行 2,000 股普通股，全數由非控制股東或其他社會大眾認購，母公司未參與認購。

說 明：

(1)、(2)：同釋例十一之說明(1)、(2)。

(3) 甲公司擁有乙公司股權之持股比例由 80%下降為 66.667% (或 2/3)。

(10,000 股×80%)÷(10,000 股＋2,000 股)＝8,000 股÷12,000 股＝2/3＝66.667%

乙公司增資發行 2,000 股普通股全數由甲公司以外的單位認購，使甲公司對乙公司之持股比例降為 66.667%，但對乙公司仍存在控制，此項所有權權益之變動，應作為權益交易處理，故不影響乙公司未入帳商譽$20,000 之金額。

(4)「甲擁有乙之權益」與「非控制權益」之相對異動如下：

	發行新股前	發行新股後		
		(a) $22	(b) $30	(c) $16
乙權益	$200,000	$244,000	$260,000	$232,000
加：乙未入帳商譽	20,000	20,000	20,000	20,000
	$220,000	$264,000	$280,000	$252,000
甲對乙之持股比例	× 80%	× 2/3	× 2/3	× 2/3
甲擁有乙之權益	$176,000	$176,000	$186,667	$168,000
甲擁有乙之權益之增加數，借記「採用權益法之投資」	$ —	$ —	$ 10,667	($ 8,000)
相對會計科目，貸(借)記「資本公積」	$ —	$ —	$ 10,667	($ 8,000)
非控制權益之增(減)數	$ —	$ —	($10,667)	$ 8,000

(a)：發行新股價格＝乙公司普通股每股淨值(收購日之公允價值基礎)，
則「甲擁有乙之權益」與「非控制權益」間相對權益無異動。

(b)：發行新股價格＞乙公司普通股每股淨值(收購日之公允價值基礎)，
則甲公司以外的單位以較高的代價認購乙公司發行之新股,會提高乙公司普通股每股淨值(收購日之公允價值基礎),進而使「甲擁有乙之權益」增加,故甲公司貸記「資本公積」,相對地,非控制權益就同額減少。

(c)：發行新股價格＜乙公司普通股每股淨值(收購日之公允價值基礎)，
則甲公司以外的單位以較低的代價認購乙公司發行之新股,會降低乙公司普通股每股淨值(收購日之公允價值基礎),進而使「甲擁有乙之權益」減少,故甲公司借記「資本公積」,相對地,非控制權益就同額增加。

(5) 甲公司 20x6 年 1 月 1 日未認購乙公司之新股，但仍須作如下分錄：

(a) $22	無分錄。	
	採用權益法之投資：仍為$176,000，無異動。	
(b) $30	採用權益法之投資	10,667
	資本公積－認列對子公司所有權權益變動數	10,667
	採用權益法之投資：由$176,000 增為$186,667	
(c) $16	資本公積－認列對子公司所有權權益變動數	8,000
	採用權益法之投資	8,000
	採用權益法之投資：由$176,000 減為$168,000	

(6) 以(a)為例，乙公司以$22 發行新股，相關項目異動如下：
(假設：20x6 年期末，經評估得知商譽價值未減損。)

	20x5/12/31	發行新股	20x6/1/1	20x6	20x6/12/31
乙－權益	$200,000	＋$44,000	$244,000	＋$78,000－$31,200	$290,800
權益法：					
甲－採用權益法之投資	$176,000		$176,000	＋$52,000 －$20,800	$207,200
合併財務報表：	(80%)		(66,667%或 2/3)		
商　譽	$20,000		$20,000		$20,000
非控制權益	$44,000	＋$44,000	$88,000	＋$26,000－$10,400	$103,600
	(20%)		(33.333%或 1/3)		
20x6：甲應認列之投資收益＝$78,000×(2/3)＝$52,000					
非控制權益淨利＝$78,000×(1/3)＝$26,000					

20x6：甲收自乙之現金股利＝$31,200×(2/3)＝$20,800
非控制權益收自乙之現金股利＝$31,200×(1/3)＝$10,400
20x6/ 1/ 1 (發行新股後)：採用權益法之投資＝($244,000＋$20,000)×(2/3)＝$176,000
非控制權益＝($244,000＋$20,000)×(1/3)＝$88,000
20x6/12/31：採用權益法之投資＝($290,800＋$20,000)×(2/3)＝$207,200
非控制權益＝($290,800＋$20,000)×(1/3)＝$103,600

(7) 以(b)為例，乙公司以$30 發行新股，相關項目異動如下：
　　(假設：20x6 年期末，經評估得知商譽價值未減損。)

	20x5/12/31	發行新股	20x6/ 1/ 1	20x6	20x6/12/31
乙－權　益	$200,000	＋$60,000	$260,000	＋$78,000－$31,200	$306,800
權益法：					
甲－採用權益法之投資	$176,000	＋$10,667	$186,667	＋$52,000 －$20,800	$217,867
合併財務報表：	(80%)		(66,667%或 2/3)		
商　譽	$20,000		$20,000		$20,000
非控制權益	$44,000	＋$60,000 －$10,667	$93,333	＋$26,000－$10,400	$108,933
	(20%)		(33.333%或 1/3)		

20x6/ 1/ 1 (發行新股後)：採用權益法之投資＝($260,000＋$20,000)×(2/3)＝$186,667
　　　　　　　　　　　非控制權益＝($260,000＋$20,000)×(1/3)＝$93,333
20x6/12/31：採用權益法之投資＝($306,800＋$20,000)×(2/3)＝$217,867
　　　　　　非控制權益＝($306,800＋$20,000)×(1/3)＝$108,933

(8) 以(c)為例，乙公司以$16 發行新股，相關項目異動如下：
　　(假設：20x6 年期末，經評估得知商譽價值未減損。)

	20x5/12/31	發行新股	20x6/ 1/ 1	20x6	20x6/12/31
乙－權　益	$200,000	＋$32,000	$232,000	＋$78,000－$31,200	$278,800
權益法：					
甲－採用權益法之投資	$176,000	－$8,000	$168,000	＋$52,000 －$20,800	$199,200
合併財務報表：	(80%)		(66,667%或 2/3)		
商　譽	$20,000		$20,000		$20,000
非控制權益	$44,000	＋$32,000 ＋$8,000	$84,000	＋$26,000－$10,400	$99,600
	(20%)		(33.333%或 1/3)		

20x6/1/1(發行新股後)：採用權益法之投資＝($232,000＋$20,000)×(2/3)＝$168,000
　　　　　　　　　　非控制權益＝($232,000＋$20,000)×(1/3)＝$84,000
20x6/12/31：採用權益法之投資＝($278,800＋$20,000)×(2/3)＝$199,200
　　　　　　 非控制權益＝($278,800＋$20,000)×(1/3)＝$99,600

(9) 甲公司及乙公司 20x6 年合併工作底稿之沖銷分錄：

		(a) $22	(b) $30	(c) $16
(i)	採用權益法認列之子公司、關聯企業及合資利益之份額	52,000	52,000	52,000
	股　利	20,800	20,800	20,800
	採用權益法之投資	31,200	31,200	31,200
(ii)	非控制權益淨利	26,000	26,000	26,000
	股　利	10,400	10,400	10,400
	非控制權益	15,600	15,600	15,600
(iii)	普通股股本	120,000	120,000	120,000
	資本公積－普通股股票溢價	24,000	40,000	12,000
	保留盈餘	100,000	100,000	100,000
	商　譽	20,000	20,000	20,000
	採用權益法之投資	176,000	186,667	168,000
	非控制權益	88,000	93,333	84,000
註：	普通股股本	$100,000＋$20,000＝$120,000	$100,000＋$20,000＝$120,000	$100,000＋$20,000＝$120,000
	資本公積－普通股股票溢價	$0＋$24,000＝$24,000	$0＋$40,000＝$40,000	$0＋$12,000＝$12,000
	採用權益法之投資	$176,000	$176,000＋$10,667＝$186,667	$176,000－$8,000＝$168,000
	非控制權益	$44,000＋$44,000＝$88,000	$44,000＋$60,000－$10,667＝$93,333	$44,000＋$32,000＋$8,000＝$84,000

釋例十三：

　　沿用釋例十一資料，惟乙公司在 20x6 年 1 月 1 日現金增資發行 2,000 股普通股，部分由甲公司認購，其餘由非控制股東或其他社會大眾認購。由於組合

情況很多,不勝枚舉,本例假設甲公司按原持股比例 80%認購 1,600 股(2,000 股×80%),其餘 400 股則由乙公司非控制股東或其他社會大眾認購。

說 明:

(1)、(2):同釋例十一之說明(1)、(2)。

(3) 甲公司擁有乙公司股權之持股比例仍是 80%,無異動。
   [(10,000 股×80%)+1,600 股]÷(10,000 股+2,000 股)
   　　　　=9,600 股÷12,000 股=4/5=80%

乙公司增資發行 2,000 股普通股,甲公司按原持股比例 80%認購 1,600 股(2,000 股×80%),其餘 400 股則由乙公司非控制股東或其他社會大眾認購,甲公司對乙公司之持股比例仍為 80%,無異動,且對乙公司仍存在控制,亦不影響乙公司未入帳商譽$20,000 之金額。

(4)「甲擁有乙之權益」與「非控制權益」之相對異動如下:

	發行新股前	發行新股後		
		(a) $22	(b) $30	(c) $16
乙權益	$200,000	$244,000	$260,000	$232,000
加:乙未入帳商譽	20,000	20,000	20,000	20,000
	$220,000	$264,000	$280,000	$252,000
甲對乙之持股比例	× 80%	× 80%	× 80%	× 80%
甲擁有乙之權益 (C)	$176,000	$211,200	$224,000	$201,600
甲擁有乙之權益(C)之增加數,借記「採用權益法之投資」(A)		$ 35,200	$ 48,000	$ 25,600
甲認購新股之付現數,貸記「現金」(B)		($35,200)	($48,000)	($25,600)
(A)與(B)之差額,借(貸)記「資本公積」		$ －	$ －	$ －
非控制權益之增(減)數		$ －	$ －	$ －

(a):發行新股價格=乙公司普通股每股淨值(收購日之公允價值基礎),則「甲擁有乙之權益」與「非控制權益」間相對權益無異動。

(b):發行新股價格>乙公司普通股每股淨值(收購日之公允價值基礎),則甲公司及甲公司以外之其他單位,皆按原持股比例以較高的代價認購乙公司發行之新股,雖會提高乙公司普通股每股淨值(收購日之公允價值基礎),卻不影響「甲擁有乙之權益」與「非控制權益」,主要是因該兩大權益係按其原持股比例認購乙公司發行之新股。

(c)：發行新股價格＜乙公司普通股每股淨值(收購日之公允價值基礎)，
則甲公司及甲公司以外之其他單位，皆按原持股比例以較低的代價認購乙公司發行之新股，雖會降低乙公司普通股每股淨值(收購日之公允價值基礎)，卻不影響「甲擁有乙之權益」與「非控制權益」，主要是因該兩大權益係按其原持股比例認購乙公司發行之新股。

(5) 甲公司 20x6 年 1 月 1 日認購乙公司新發行 1,600 股普通股之分錄：

	(a) $22	(b) $30	(c) $16
採用權益法之投資	35,200	48,000	25,600
現　　金		35,200		48,000		25,600
採用權益法之投資＝$176,000	增為$211,200	增為$224,000	增為$201,600

(6) 以(a)為例，乙公司以$22 發行新股，相關項目異動如下：
(假設：20x6 年期末，經評估得知商譽價值未減損。)

	20x5/12/31	發行新股	20x6/ 1/ 1	20x6	20x6/12/31
乙－權　益	$200,000	＋$44,000	$244,000	＋$78,000－$31,200	$290,800
權益法：					
甲－採用權益法之投資	$176,000	＋$35,200	$211,200	＋$62,400 －$24,960	$248,640
合併財務報表：	(80%)		(80%)		
商　譽	$20,000		$20,000		$20,000
非控制權益	$44,000	＋$8,800	$52,800	＋$15,600－$6,240	$62,160
	(20%)		(20%)		

20x6：甲應認列之投資收益＝$78,000×(80%)＝$62,400
非控制權益淨利＝$78,000×(20%)＝$15,600
20x6：甲收自乙之現金股利＝$31,200×(80%)＝$24,960
非控制權益收自乙之現金股利＝$31,200×(20%)＝$6,240
20x6/ 1/ 1 (發行新股後)：採用權益法之投資＝($244,000＋$20,000)×(80%)＝$211,200
非控制權益＝($244,000＋$20,000)×(20%)＝$52,800
20x6/12/31：採用權益法之投資＝($290,800＋$20,000)×(80%)＝$248,640
非控制權益＝($290,800＋$20,000)×(20%)＝$62,160

(續次頁)

(7) 以(b)為例，乙公司以$30 發行新股，相關項目異動如下：
   (假設：20x6 年期末，經評估得知商譽價值未減損。)

	20x5/12/31	發行新股	20x6/1/1	20x6	20x6/12/31
乙－權　益	$200,000	+$60,000	$260,000	+$78,000－$31,200	$306,800
權益法：					
甲－採用權益法之投資	$176,000	+$48,000	$224,000	+$62,400 －$24,960	$261,440
合併財務報表：	(80%)		(80%)		
商　譽	$20,000		$20,000		$20,000
非控制權益	$44,000	+$12,000	$56,000	+$15,600－$6,240	$65,360
	(20%)		(20%)		

20x6/1/1 (發行新股後)：採用權益法之投資＝($260,000＋$20,000)×(80%)＝$224,000
　　　　　　　　　　　　非控制權益＝($260,000＋$20,000)×(20%)＝$56,000
20x6/12/31：採用權益法之投資＝($306,800＋$20,000)×(80%)＝$261,440
　　　　　　非控制權益＝($306,800＋$20,000)×(20%)＝$65,360

(8) 以(c)為例，乙公司以$16 發行新股，相關項目異動如下：
   (假設：20x6 年期末，經評估得知商譽價值未減損。)

	20x5/12/31	發行新股	20x6/1/1	20x6	20x6/12/31
乙－權　益	$200,000	+$32,000	$232,000	+$78,000－$31,200	$278,800
權益法：					
甲－採用權益法之投資	$176,000	+$25,600	$201,600	+$62,400 －$24,960	$239,040
合併財務報表：	(80%)		(80%)		
商　譽	$20,000		$20,000		$20,000
非控制權益	$44,000	+$6,400	$50,400	+$15,600－$6,240	$59,760
	(20%)		(20%)		

20x6/1/1 (發行新股後)：採用權益法之投資＝($232,000＋$20,000)×(80%)＝$201,600
　　　　　　　　　　　　非控制權益＝($232,000＋$20,000)×(20%)＝$50,400
20x6/12/31：採用權益法之投資＝($278,800＋$20,000)×(80%)＝$239,040
　　　　　　非控制權益＝($278,800＋$20,000)×(20%)＝$59,760

(續次頁)

(9) 甲公司及乙公司 20x6 年合併工作底稿之沖銷分錄：

		(a) $22	(b) $30	(c) $16
(i)	採用權益法認列之子公司、關聯企業及合資利益之份額	62,400	62,400	62,400
	股　利	24,960	24,960	24,960
	採用權益法之投資	37,440	37,440	37,440
(ii)	非控制權益淨利	15,600	15,600	15,600
	股　利	6,240	6,240	6,240
	非控制權益	9,360	9,360	9,360
(iii)	普通股股本	120,000	120,000	120,000
	資本公積－普通股股票溢價	24,000	40,000	12,000
	保留盈餘	100,000	100,000	100,000
	商　譽	20,000	20,000	20,000
	採用權益法之投資	211,200	224,000	201,600
	非控制權益	52,800	56,000	50,400
註：	普通股股本	$100,000＋$20,000 ＝$120,000	$100,000＋$20,000 ＝$120,000	$100,000＋$20,000 ＝$120,000
	資本公積－普通股股票溢價	$0＋$24,000 ＝$24,000	$0＋$40,000 ＝$40,000	$0＋$12,000 ＝$12,000
	採用權益法之投資	$176,000＋$35,200 ＝$211,200	$176,000＋$48,000 ＝$224,000	$176,000＋$25,600 ＝$201,600
	非控制權益	$44,000＋$8,800 ＝$52,800	$44,000＋$12,000 ＝$56,000	$44,000＋$6,400 ＝$50,400

(10) 可知，若母公司<u>按原持股比例認購子公司增資發行之新股</u>，其餘新股則由子公司非控制股東或其他社會大眾認購，則<u>不論新股的發行價格為何</u>(等於、大於或小於發行新股前子公司普通股每股淨值～收購日之公允價值基礎)，母公司擁有子公司股權的持股比例不變，且除認購新股所付出之對價外，「甲擁有乙之權益」與「非控制權益」也不因此而有所增減。

(續次頁)

五、子公司買回庫藏股

當子公司在母公司的管控下，於公開市場上買回已發行並流通在外之普通股作為庫藏股，則子公司資產及權益皆會減少。此時，母公司對子公司所擁有的持股比例及所有權權益有可能隨之增減異動，同理，非控制權益也可能隨之增減異動。至於是增加？或是減少？變動幅度大小？則須視兩個因素而定：(1)子公司買回庫藏股的價格高低，(2)母公司有無賣出其所持有之子公司普通股。

第一項因素，子公司買回庫藏股的價格高低，是指「買回庫藏股的價格(a)」與「買回庫藏股前子公司普通股每股淨值(b)」相比較而言。「買回庫藏股前子公司普通股每股淨值(b)」＝「收購日子公司之資產及負債(包含未入帳資產及負債)的公允價值延續至買回庫藏股前之總淨值」÷「買回庫藏股前子公司普通股流通在外股數」，可知「買回庫藏股前子公司普通股每股淨值」係以母公司觀點且按收購日公允價值為基礎所作的計算，而非子公司普通股每股帳面淨值(Book value per share)。

若「買回庫藏股的價格(a)」大於「買回庫藏股前子公司普通股每股淨值(b)」，表示買回庫藏股後會降低後者(b)的金額；反之，若(a)＜(b)，則會提高後者(b)的金額。因此目前子公司股東所擁有的權益（包括：「母擁有子之權益」與「非控制權益」）都有可能受到影響，惟須再加上第二項因素以組合出各種情況，作綜合研判，才能得知「子公司股東所擁有的權益」將受到如何的影響？茲將可能的情況分類如下，再逐項舉例說明。

(1) 子公司只向非控制股東買回普通股	釋例十四	子公司將庫藏股再發行	(a)	由母公司以外的單位認購	(釋例十四，延伸一)
			(b)	由母公司認購	(釋例十四，延伸二)
			(c)	(其他組合)	(讀者自行類推)
		子公司將庫藏股註銷		—	(釋例十四，延伸三)
(2) 子公司只向母公司買回普通股	釋例十五	子公司將庫藏股再發行	(a)	由母公司認購	(釋例十五，延伸一)
			(b)	由母公司以外的單位認購	(釋例十五，延伸二)
			(c)	(其他組合)	(讀者自行類推)

			子公司將 庫藏股註銷	—	(釋例十五 ，延伸三)
(3)	子公司分別向 非控制股東 及母公司 買回普通股	(讀者 自行 類推)	子公司 將庫藏股 再發行	(多種組合) (讀者自行類推)	(讀者自行類推)
			子公司將 庫藏股註銷	—	(讀者自行類推)

釋例十四：

甲公司持有子公司(乙公司)80%股權數年並對乙公司存在控制。於 20x5 年 12 月 31 日，甲公司帳列「採用權益法之投資」為$352,000。同日乙公司權益為$400,000，包括普通股股本$200,000(每股面額$10，發行並流通在外 20,000 股)、資本公積－普通股股票溢價$80,000 及保留盈餘$120,000。當初甲公司收購乙公司時，乙公司帳列淨值低估係因乙公司有未入帳商譽。已知該商譽經定期評估，價值未減損。非控制權益係以收購日公允價值衡量。

乙公司於 20x6 年 1 月 1 日向非控制股東買回 1,000 股普通股作為庫藏股，買回價格分別為：(a)$22 (等於每股淨值※)，(b)$30 (大於每股淨值※)，(c)$16 (小於每股淨值※)。乙公司 20x6 年度淨利為$81,700，並於 20x6 年 12 月間宣告並發放現金股利$34,200。乙公司採成本法記錄庫藏股票交易。

※：題目中的「每股淨值」＝「買回庫藏股前子公司普通股每股淨值」
　　＝「收購日子公司之資產及負債(包含未入帳資產及負債)的公允價值延續至買回庫藏股前之總淨值」÷「買回庫藏股前子公司普通股流通在外股數」

說　明：

(1) 20x5/12/31：非控制權益係以收購日公允價值衡量，惟題意中未提及該公允價值，故以「設算」基礎計算截至本日之非控制權益金額。

　　　(乙公司權益$400,000＋乙公司未入帳商譽)×80%＝$352,000
　　　(乙公司權益$400,000＋乙公司未入帳商譽)×80%＝非控制權益
　　∴ 乙公司未入帳商譽＝$40,000
　　　非控制權益＝($400,000＋$40,000)×20%＝$88,000
　　乙公司普通股每股淨值(收購日之公允價值基礎)
　　　＝($400,000＋$40,000)÷20,000 股＝$22

(2) 乙公司 20x6 年 1 月 1 日買回庫藏股之分錄：

	(a) $22	(b) $30	(c) $16
庫藏股票	22,000	30,000	16,000
現　　金	22,000	30,000	16,000
乙公司權益＝$400,000 ⟶	減為$378,000	減為$370,000	減為$384,000

(3) 甲公司擁有乙公司股權之持股比例由 80%增加為 84.211% (或 16/19)。
(20,000 股×80%)÷(20,000 股－1,000 股)
　＝16,000 股÷19,000 股＝16/19＝84.211%

母公司對子公司所有權權益之變動，<u>未導致</u>母公司<u>喪失</u>對子公司之控制者，為<u>權益交易</u>，作為與業主(以其業主之身分)間之交易。換言之，當非控制權益所持有之權益比例變動時，企業<u>應調整</u>控制權益與非控制權益之帳面金額以反映其於子公司相對權益之變動。企業應將非控制權益之調整金額與所支付或收取對價之公允價值間之<u>差額</u>直接認列於<u>權益</u>且<u>歸屬於母公司業主</u>。

乙公司向非控制股東買回 1,000 股庫藏股，使甲公司對乙公司之持股比例增為 84.211%，且對乙公司仍存在控制，此項所有權權益之變動，應作為權益交易處理，故不影響乙公司未入帳商譽$40,000 之金額。

(4)「甲擁有乙之權益」與「非控制權益」之相對異動如下：

	買回庫藏股前	買回庫藏股後 (a) $22	(b) $30	(c) $16
乙權益	$400,000	$378,000	$370,000	$384,000
加：乙未入帳商譽	40,000	40,000	40,000	40,000
	$440,000	$418,000	$410,000	$424,000
甲對乙之持股比例	× 80%	× 16/19	× 16/19	× 16/19
甲擁有乙之權益	$352,000	$352,000	$345,263	$357,053
甲擁有乙之權益之增(減)數，借(貸)記「採用權益法之投資」	$ —	$ —	($ 6,737)	$ 5,053
相對會計科目，貸(借)記「資本公積」	$ —	$ —	($ 6,737)	$ 5,053
非控制權益之增(減)數	$ —	$ —	$ 6,737	($ 5,053)

　　(a)：買回庫藏股價格＝乙公司普通股每股淨值(收購日之公允價值基礎)，
　　　　則「甲擁有乙之權益」與「非控制權益」間相對權益無異動。

(b)：買回庫藏股價格＞乙公司普通股每股淨值(收購日之公允價值基礎)，
則乙公司以較高的代價向非控制權益買回庫藏股，會降低乙公司普通股每股淨值(收購日之公允價值基礎)，進而使「甲擁有乙之權益」減少，故甲公司借記「資本公積」，相對地，非控制權益就同額增加。

(c)：買回庫藏股價格＜乙公司普通股每股淨值(收購日之公允價值基礎)，
則乙公司以較低的代價向非控制權益買回庫藏股，會提高乙公司普通股每股淨值(收購日之公允價值基礎)，進而使「甲擁有乙之權益」增加，故甲公司貸記「資本公積」，相對地，非控制權益就同額減少。

(5) 甲公司 20x6 年 1 月 1 日雖未出售對乙公司之持股，但仍須作之分錄：

(a) $22	無分錄。		
	採用權益法之投資：仍為$352,000，無異動。		
(b) $30	資本公積－認列對子公司所有權權益變動數	6,737	
	採用權益法之投資		6,737
	採用權益法之投資：由$352,000 減為$345,263		
(c) $16	採用權益法之投資	5,053	
	資本公積－認列對子公司所有權權益變動數		5,053
	採用權益法之投資：由$352,000 增為$357,053		

(6) 以(a)為例，乙公司以$22 買回庫藏股，相關項目異動如下：
(假設：20x6 年期末，經評估得知商譽價值未減損。)

	20x5/12/31	買回庫藏股	20x6/1/1	20x6	20x6/12/31
乙－權　益	$400,000	－$22,000	$378,000	＋$81,700 －$34,200	$425,500
權益法：					
甲－採用權益法之投資	$352,000		$352,000	＋$68,800 －$28,800	$392,000
合併財務報表：	(80%)		(84.211%或 16/19)		
商　譽	$40,000		$40,000		$40,000
非控制權益	$88,000	－$22,000	$66,000	＋$12,900 －$5,400	$73,500
	(20%)		(15.789%或 3/19)		
20x6：甲應認列之投資收益＝$81,700×(16/19)＝$68,800					
非控制權益淨利＝$81,700×(3/19)＝$12,900					
20x6：甲收自乙之現金股利＝$34,200×(16/19)＝$28,800					
非控制權益收自乙之現金股利＝$34,200×(3/19)＝$5,400					

20x6/ 1/ 1： 採用權益法之投資＝($378,000＋$40,000)×(16/19)＝$352,000
(買回庫藏股後) 非控制權益＝($378,000＋$40,000)×(3/19)＝$66,000
20x6/12/31： 採用權益法之投資＝($425,500＋$40,000)×(16/19)＝$392,000
　　　　　　　非控制權益＝($425,500＋$40,000)×(3/19)＝$73,500

(7) 以(b)為例，乙公司以$30買回庫藏股，相關項目異動如下：
　　(假設：20x6年期末，經評估得知商譽價值未減損。)

	20x5/12/31	買回庫藏股	20x6/ 1/ 1	20x6	20x6/12/31
乙－權　益	$400,000	－$30,000	$370,000	＋$81,700－$34,200	$417,500
權益法：					
甲－採用權益法之投資	$352,000	－$6,737	$345,263	＋$68,800　－$28,800	$385,263
合併財務報表：	(80%)		(84.211%或16/19)		
商　譽	$40,000		$40,000		$40,000
非控制權益	$88,000	－$30,000　＋$6,737	$64,737	＋$12,900－$5,400	$72,237
	(20%)		(15.789%或3/19)		

20x6/ 1/ 1 (買回庫藏股後)：
　　　採用權益法之投資＝($370,000＋$40,000)×(16/19)＝$345,263
　　　非控制權益＝($370,000＋$40,000)×(3/19)＝$64,737
20x6/12/31：採用權益法之投資＝($417,500＋$40,000)×(16/19)＝$385,263
　　　　　　　非控制權益＝($417,500＋$40,000)×(3/19)＝$72,237

(8) 以(c)為例，乙公司以$16買回庫藏股，相關項目異動如下：
　　(假設：20x6年期末，經評估得知商譽價值未減損。)

	20x5/12/31	買回庫藏股	20x6/ 1/ 1	20x6	20x6/12/31
乙－權　益	$400,000	－$16,000	$384,000	＋$81,700－$34,200	$431,500
權益法：					
甲－採用權益法之投資	$352,000	＋$5,053	$357,053	＋$68,800　－$28,800	$397,053
合併財務報表：	(80%)		(84.211%或16/19)		
商　譽	$40,000		$40,000		$40,000
非控制權益	$88,000	－$16,000　－$5,053	$66,947	＋$12,900－$5,400	$74,447
	(20%)		(15.789%或3/19)		

20x6/1/1 (買回庫藏股後)：
　　採用權益法之投資＝($384,000＋$40,000)×(16/19)＝$357,053
　　非控制權益＝($384,000＋$40,000)×(3/19)＝$66,947
20x6/12/31：採用權益法之投資＝($431,500＋$40,000)×(16/19)＝$397,053
　　非控制權益＝($431,500＋$40,000)×(3/19)＝$74,447

(9) 甲公司及乙公司 20x6 年合併工作底稿之沖銷分錄：

		(a) $22	(b) $30	(c) $16
(i)	採用權益法認列之子公司、關聯企業及合資利益之份額	68,800	68,800	68,800
	股　利	28,800	28,800	28,800
	採用權益法之投資	40,000	40,000	40,000
(ii)	非控制權益淨利	12,900	12,900	12,900
	股　利	5,400	5,400	5,400
	非控制權益	7,500	7,500	7,500
(iii)	普通股股本	200,000	200,000	200,000
	資本公積－普通股股票溢價	80,000	80,000	80,000
	保留盈餘	120,000	120,000	120,000
	商　譽	40,000	40,000	40,000
	庫藏股票	22,000	30,000	16,000
	採用權益法之投資	352,000	345,263	357,053
	非控制權益	66,000	64,737	66,947
註：	庫藏股票	$22×1,000=$22,000	$30×1,000=$30,000	$16×1,000=$16,000
	採用權益法之投資		$352,000－$6,737＝$345,263	$352,000＋$5,053＝$357,053
	非控制權益	$88,000－$22,000＝$66,000	$88,000－$30,000＋$6,737=$64,737	$88,000－$12,000－$5,053=$66,947

(10) 甲公司雖未涉及乙公司向非控制股東買回庫藏股之交易，但當(b)乙公司「買回庫藏股的價格」大於「買回庫藏股前子公司普通股每股淨值」(收購日之公允價值基礎)時，會降低後者的金額，「甲擁有乙之權益」因此受損而減少。相反地，當(c)乙公司「買回庫藏股的價格」小於「買回庫藏股前子公司普通股每股淨值」(收購日之公允價值基礎)時，會提高後者的金額，「甲擁有乙之權益」因此受惠而增加。彙述如下：

乙只向非控制股東買回庫藏股			
(a)	買回庫藏股的價格 ＝ 買回庫藏股前子公司 　普通股每股淨值 　(收購日之公允價值基礎)	(i)	甲擁有乙股權之持股比例增加
		(ii)	甲擁有乙之權益，無異動； 非控制權益，無異動。
(b)	買回庫藏股的價格 ＞ 買回庫藏股前子公司 　普通股每股淨值	(i)	甲擁有乙股權之持股比例增加
		(ii)	甲擁有乙之權益減少， 非控制權益增加。
(c)	買回庫藏股的價格 ＜ 買回庫藏股前子公司 　普通股每股淨值	(i)	甲擁有乙股權之持股比例增加
		(ii)	甲擁有乙之權益增加， 非控制權益減少。

延伸一：

以(b)(乙公司按$30 買回庫藏股 1,000 股)為例，若乙公司於 20x7 年 1 月 1 日將 1,000 股庫藏股再發行，全數由非控制股東或其他社會大眾認購，甲公司未參與認購，而再發行價格分別為：(a)$30 (等於買回庫藏股成本)、(b)$33 (大於買回庫藏股成本)、(c)$26 (小於買回庫藏股成本)。乙公司 20x7 年淨利為$90,000，並於 20x7 年 12 月間宣告且發放現金股利$40,000。

說 明：

(1) 乙公司於 20x7 年 1 月 1 日將 1,000 股庫藏股再發行之分錄：

	(a) $30	(b) $33	(c) $26
現　　金	30,000	33,000	26,000
資本公積－普通股股票溢價(&)	－	－	4,000
庫藏股票	30,000	30,000	30,000
資本公積－庫藏股票交易	－	3,000	－
乙公司權益＝$417,500 ────→	增為$447,500	增為$450,500	增為$443,500

&：先借記乙公司帳列「資本公積－庫藏股票交易」，若該帳戶餘額不足以借記時，其不足額借記「資本公積－普通股股票溢價」；又若後者餘額仍不足以借記時，則不足額借記「保留盈餘」。

(2) 甲公司擁有乙公司股權之持股比例，由 84.211% (或 16/19) 降為買回庫藏股前的 80%。(20,000 股×80%)÷(20,000 股－1,000 股＋1,000 股)＝80%

(3)「甲擁有乙之權益」與「非控制權益」之相對異動如下：

	再出售 1,000 股庫藏股前	再出售 1,000 股庫藏股後		
		(a) $30	(b) $33	(c) $26
乙權益	$417,500	$447,500	$450,500	$443,500
加：乙未入帳商譽	40,000	40,000	40,000	40,000
	$457,500	$487,500	$490,500	$483,500
甲對乙之持股比例	× 16/19	× 80%	× 80%	× 80%
甲擁有乙之權益	$385,263	$390,000	$392,400	$386,800
甲擁有乙之權益之增加數，借記「採用權益法之投資」		$4,737	$7,137	$1,537
相對會計科目，貸(借)記「資本公積」		$4,737	$7,137	$1,537
非控制權益之增(減)數		($4,737)	($7,137)	($1,537)

「延伸一」係以原買回庫藏股之(b)($30)情況為例，原買回庫藏股之影響如下：

> (b)：「買回庫藏股的價格」>「買回庫藏股前乙公司普通股每股淨值」(收購日之公允價值基礎)，則乙公司以較高的代價向非控制股東買回庫藏股，會降低「買回庫藏股前乙公司普通股每股淨值」(收購日之公允價值基礎)之金額，進而使「甲擁有乙之權益」減少($6,737)，故甲公司借記「資本公積」，相對地，非控制權益就同額增加($6,737)。

　　如今乙公司將庫藏股再發行，則不論再發行價格是等於、大於或小於原買回庫藏股價格($30)，皆可『回復』上述買回庫藏股之影響，即『回復』「甲擁有乙之權益」減少數，故「甲擁有乙之權益」皆增加，相對地，非控制權益就同額減少。惟『回復』金額有別，部分係因 20x6 年甲公司對乙公司之持股比例增加，因此認列較多的「甲擁有乙之權益」淨增加數(即乙公司 20x6 年淨值淨增加數屬於甲公司之份額)，另部分係因再發行價格高低不同，計算如下：

(a)$30：『回復』$4,737，另外$2,000 已於 20x6 年依較高的持股比例認列較多的「甲擁有乙之權益」淨增加數，(84.211%－80%)×(乙淨利$81,700－乙股利$34,200)＝$2,000，$4,737＋$2,000＝$6,737，即買回庫藏股使「甲擁有乙之權益」所減少之$6,737，至庫藏股再發行時，已全數『回復』。

(b)$33：『回復』$7,137＝$4,737＋($33－$30)×1,000 股×80%

(c)$26：『回復』$1,537＝$4,737＋($26－$30)×1,000 股×80%

(4) 甲公司20x7年1月1日雖未涉及乙公司將庫藏股再發行之交易,但仍須作之分錄:

	(a) $30	(b) $33	(c) $26
採用權益法之投資	4,737	7,137	1,537
資本公積－認列對子公司所有權			
權益變動數	4,737	7,137	1,537
採用權益法之投資＝$385,263 ⟶	增為$390,000	增為$392,400	增為$386,800

(5) 以(a)為例,乙公司以$30將庫藏股再發行,相關項目異動如下:
(假設:20x7年期末,經評估得知商譽價值未減損。)

	20x6/12/31	庫藏股再發行	20x7/1/1	20x7	20x7/12/31
乙－權益	$417,500	＋$30,000	$447,500	＋$90,000－$40,000	$497,500
權益法:					
甲－採用權益法之投資	$385,263	＋$4,737	$390,000	＋$72,000 －$32,000	$430,000
合併財務報表:	(84.211%)		(80%)		
商　譽	$40,000		$40,000		$40,000
非控制權益	$72,237	＋$30,000 －$4,737	$97,500	＋$18,000 －$8,000	$107,500
	(15.789%)		(20%)		

20x7:甲應認列之投資收益＝$90,000×(80%)＝$72,000
非控制權益淨利＝$90,000×(20%)＝$18,000
20x7:甲收自乙之現金股利＝$40,000×(80%)＝$32,000
非控制權益收自乙之現金股利＝$40,000×(20%)＝$8,000
20x7/1/1 (庫藏股再發行後):
採用權益法之投資＝($447,500＋$40,000)×(80%)＝$390,000
非控制權益＝($447,500＋$40,000)×(20%)＝$97,500
20x7/12/31:採用權益法之投資＝($497,500＋$40,000)×(80%)＝$430,000
非控制權益＝($497,500＋$40,000)×(20%)＝$107,500

(續次頁)

(6) 以(b)為例，乙公司以$33 將庫藏股再發行，相關項目異動如下：
(假設：20x7 年期末，經評估得知商譽價值未減損。)

	20x6/12/31	庫藏股再發行	20x7/1/1	20x7	20x7/12/31
乙－權 益	$417,500	+$33,000	$450,500	+$90,000 －$40,000	$500,500
權益法：					
甲－採用權益法之投資	$385,263	+$7,137	$392,400	+$72,000 －$32,000	$432,400
合併財務報表：	(84.211%)		(80%)		
商　譽	$40,000		$40,000		$40,000
非控制權益	$72,237	+$33,000 －$7,137	$98,100	+$18,000 －$8,000	$108,100
	(15.789%)		(20%)		

20x7/1/1 (庫藏股再發行後)：
　　採用權益法之投資＝($450,500＋$40,000)×(80%)＝$392,400
　　非控制權益＝($450,500＋$40,000)×(20%)＝$98,100
20x7/12/31：採用權益法之投資＝($500,500＋$40,000)×(80%)＝$432,400
　　非控制權益＝($500,500＋$40,000)×(20%)＝$108,100

(7) 以(c)為例，乙公司以$26 將庫藏股再發行，相關項目異動如下：
(假設：20x7 年期末，經評估得知商譽價值未減損。)

	20x6/12/31	庫藏股再發行	20x7/1/1	20x7	20x7/12/31
乙－權 益	$417,500	+$26,000	$443,500	+$90,000 －$40,000	$493,500
權益法：					
甲－採用權益法之投資	$385,263	+$1,537	$386,800	+$72,000 －$32,000	$426,800
合併財務報表：	(84.211%)		(80%)		
商　譽	$40,000		$40,000		$40,000
非控制權益	$72,237	+$26,000 －$1,537	$96,700	+$18,000 －$8,000	$106,700
	(15.789%)		(20%)		

20x7/1/1 (庫藏股再發行後)：
　　採用權益法之投資＝($443,500＋$40,000)×(80%)＝$386,800
　　非控制權益＝($443,500＋$40,000)×(20%)＝$96,700
20x7/12/31：採用權益法之投資＝($493,500＋$40,000)×(80%)＝$426,800
　　非控制權益＝($493,500＋$40,000)×(20%)＝$106,700

(8) 甲公司及乙公司 20x7 年合併工作底稿之沖銷分錄：

		(a) $30	(b) $33	(c) $26
(i)	採用權益法認列之子公司、關聯企業及合資利益之份額	72,000	72,000	72,000
	股　利	32,000	32,000	32,000
	採用權益法之投資	40,000	40,000	40,000
(ii)	非控制權益淨利	18,000	18,000	18,000
	股　利	8,000	8,000	8,000
	非控制權益	10,000	10,000	10,000
(iii)	普通股股本	200,000	200,000	200,000
	資本公積－普通股股票溢價	80,000	80,000	76,000
	資本公積－庫藏股票交易	—	3,000	—
	保留盈餘	167,500	167,500	167,500
	商　譽	40,000	40,000	40,000
	採用權益法之投資	390,000	392,400	386,800
	非控制權益	97,500	98,100	96,700
註：	資本公積－普通股股票溢價			$80,000－$4,000＝$76,000
	保留盈餘	$120,000＋$81,700－$34,200＝$167,500	$120,000＋$81,700－$34,200＝$167,500	$120,000＋$81,700－$34,200＝$167,500
	採用權益法之投資	$385,263＋$4,737＝$390,000	$385,263＋$7,137＝$392,400	$385,263＋$1,537＝$386,800
	非控制權益	$72,237＋$30,000－$4,737＝$97,500	$72,237＋$33,000－$7,137＝$98,100	$72,237＋$26,000－$1,537＝$96,700

延伸二：

　　以(b)(乙公司按$30 買回庫藏股 1,000 股)為例，若乙公司於 20x7 年 1 月 1 日將 1,000 股庫藏股再發行，全數由甲公司認購，再發行價格分別為：(a)$30，(b)$33，(c)$26。乙公司 20x7 年淨利為$90,000，並於 20x7 年 12 月間宣告且發放現金股利$40,000。

說　明：

(1) 乙公司於 20x7 年 1 月 1 日將 1,000 股庫藏股再發行之分錄：
同「延伸一」之說明(1)。

(2) 甲公司擁有乙公司股權之持股比例，由 84.211% (或 16/19) 略增為 85%。
[(20,000 股×80%)＋1,000 股]÷(20,000 股－1,000 股＋1,000 股)＝85%

(3)「甲擁有乙之權益」與「非控制權益」之相對異動如下：

	再出售 1,000 股庫藏股前	再出售 1,000 股庫藏股後		
		(a) $30	(b) $33	(c) $26
乙權益	$417,500	$447,500	$450,500	$443,500
加：乙未入帳商譽	40,000	40,000	40,000	40,000
	$457,500	$487,500	$490,500	$483,500
甲對乙之持股比例	× 16/19	× 85%	× 85%	× 85%
甲擁有乙之權益 (C)	$385,263	$414,375	$416,925	$410,975
甲擁有乙之權益(C)之增加數，借記「採用權益法之投資」(A)		$29,112	$31,662	$25,712
甲取得乙 1,000 股普通股之付現數，貸記「現金」(B)		($30,000)	($33,000)	($26,000)
(A)與(B)之差額，借(貸)記「資本公積」		$ 888	$ 1,338	$ 288
非控制權益之增(減)數		$ 888	$ 1,338	$ 288

「延伸二」係以原買回庫藏股之(b)($30)情況為例,原買回庫藏股之影響如下：

> (b)：「買回庫藏股的價格」＞「買回庫藏股前乙公司普通股每股淨值」(收購日之公允價值基礎)，則乙公司以較高的代價向非控制股東買回庫藏股，會降低「買回庫藏股前乙公司普通股每股淨值」(收購日之公允價值基礎)之金額，進而使「甲擁有乙之權益」減少($6,737)，故甲公司借記「資本公積」，相對地，非控制權益就同額增加($6,737)。

　　如今乙公司將庫藏股再發行，則不論再發行價格是等於、大於或小於原買回庫藏股價格($30)，皆可『回復』上述買回庫藏股之影響，即『回復』「甲擁有乙之權益」減少數，故「甲擁有乙之權益」皆增加，相對地，非控制權益就同額減少。惟『回復』金額有別，原因有三：

(i) 係因20x6年甲公司對乙公司之持股比例增加,因此認列較多的「甲擁有乙之權益」淨增加數(即乙20x6年淨值淨增加數屬於甲公司之份額)。
(ii) 係因甲公司全數認購乙再發行之庫藏股,且認購價格($30、$33、$26)皆高於乙公司「買回庫藏股前子公司普通股每股淨值」(收購日之公允價值基礎)($22)。
(iii) 係因再發行價格高低不同。

依三種認購價格($30、$33、$26)分述如下:

(a)$30:『回復』$4,737(同「延伸一」),另外$2,000已於20x6年依較高的持股比例認列較多的「甲擁有乙之權益」淨增加數,(84.211%－80%)×(乙淨利$81,700－乙股利$34,200)＝$2,000(同「延伸一」),即買回庫藏股使「甲擁有乙之權益」所減少之$6,737,至庫藏股再發行時,已全數『回復』。但以$30認購1,000股庫藏股較所增加5%持股之乙公司淨值尚高出$5,625,($30×1,000)－($487,500×5%)＝$5,625,即甲公司以較高的代價認購乙公司再發行之庫藏股,會提高乙公司普通股每股淨值(收購日之公允價值基礎),進而使非控制權益增加,相對地,「甲擁有乙之權益」就同額減少,因此$4,737－$5,625＝－$888。

(b)$33:『回復』$7,137＝$4,737＋($33－$30)×1,000股×80%,同「延伸一」。但以$33認購1,000股庫藏股較所增加5%持股之乙公司淨值尚高出$8,475,($33×1,000)－($490,500×5%)＝$8,475,使非控制權益增加,相對地,「甲擁有乙之權益」就同額減少,因此$7,137－$8,475＝－$1,338。

(c)$26:『回復』$1,537＝$4,737＋($26－$30)×1,000股×80%,同「延伸一」。但以$26認購1,000股庫藏股較所增加5%持股之乙公司淨值尚高出$1,825,($26×1,000)－($483,500×5%)＝$1,825,使非控制權益增加,相對地,「甲擁有乙之權益」就同額減少,因此$1,537－$1,825＝－$288。

(4) 甲公司 20x7 年 1 月 1 日認購乙公司再發行庫藏股 1,000 股之分錄：

	(a) $30	(b) $33	(c) $26
採用權益法之投資	29,112	31,662	25,712
資本公積－認列對子公司所有權			
權益變動數	888	1,338	288
現　　金	30,000	33,000	26,000
採用權益法之投資＝$385,263 ──→	增為$414,375	增為$416,925	增為$410,975

(5) 以(a)為例，乙公司以$30 將庫藏股再發行，相關項目異動如下：
　　(假設：20x7 年期末，經評估得知商譽價值未減損。)

	20x6/12/31	庫藏股再發行	20x7/1/1	20x7	20x7/12/31
乙－權　益	$417,500	＋$30,000	$447,500	＋$90,000－$40,000	$497,500
權益法：					
甲－採用權益法之投資	$385,263	＋$29,112	$414,375	＋$76,500 －$34,000	$456,875
合併財務報表：	(84.211%)		(85%)		
商　譽	$40,000		$40,000		$40,000
非控制權益	$72,237	＋$888	$73,125	＋$13,500－$6,000	$80,625
	(15.789%)		(15%)		

20x7：甲應認列之投資收益＝$90,000×(85%)＝$76,500
非控制權益淨利＝$90,000×(15%)＝$13,500
20x7：甲收自乙之現金股利＝$40,000×(85%)＝$34,000
非控制權益收自乙之現金股利＝$40,000×(15%)＝$6,000
20x7/1/1 (庫藏股再發行後)： 　　　　採用權益法之投資＝($447,500＋$40,000)×(85%)＝$414,375 　　　　非控制權益＝($447,500＋$40,000)×(15%)＝$73,125
20x7/12/31：採用權益法之投資＝($497,500＋$40,000)×(85%)＝$456,875 　　　　　　 非控制權益＝($497,500＋$40,000)×(15%)＝$80,625

(續次頁)

(6) 以(b)為例，乙公司以$33將庫藏股再發行，相關項目異動如下：
(假設：20x7年期末，經評估得知商譽價值未減損。)

	20x6/12/31	庫藏股再發行	20x7/ 1/ 1	20x7	20x7/12/31
乙－權　益	$417,500	＋$33,000	$450,500	＋$90,000－$40,000	$500,500
權益法：					
甲－採用權益法之投資	$385,263	＋$31,662	$416,925	＋$76,500 －$34,000	$459,425
合併財務報表：	(84.211%)		(85%)		
商　　譽	$40,000		$40,000		$40,000
非控制權益	$72,237	＋$1,338	$73,575	＋$13,500－$6,000	$81,075
	(15.789%)		(15%)		
20x7/ 1/ 1 (庫藏股再發行後)： 　　採用權益法之投資＝($450,500＋$40,000)×(85%)＝$416,925 　　非控制權益＝($450,500＋$40,000)×(15%)＝$73,575 20x7/12/31：採用權益法之投資＝($500,500＋$40,000)×(85%)＝$459,425 　　非控制權益＝($500,500＋$40,000)×(15%)＝$81,075					

(7) 以(c)為例，乙公司以$26將庫藏股再發行，相關項目異動如下：
(假設：20x7年期末，經評估得知商譽價值未減損。)

	20x6/12/31	庫藏股再發行	20x7/ 1/ 1	20x7	20x7/12/31
乙－權　益	$417,500	＋$26,000	$443,500	＋$90,000－$40,000	$493,500
權益法：					
甲－採用權益法之投資	$385,263	＋$25,712	$410,975	＋$76,500 －$34,000	$453,475
合併財務報表：	(84.211%)		(85%)		
商　　譽	$40,000		$40,000		$40,000
非控制權益	$72,237	＋$288	$72,525	＋$13,500－$6,000	$80,025
	(15.789%)		(15%)		
20x7/ 1/ 1 (庫藏股再發行後)： 　　採用權益法之投資＝($443,500＋$40,000)×(85%)＝$410,975 　　非控制權益＝($443,500＋$40,000)×(15%)＝$72,525 20x7/12/31：採用權益法之投資＝($493,500＋$40,000)×(85%)＝$453,475 　　非控制權益＝($493,500＋$40,000)×(15%)＝$80,025					

(8) 甲公司及乙公司 20x7 年合併工作底稿之沖銷分錄：

		(a) $30	(b) $33	(c) $26
(i)	採用權益法認列之子公司、關聯企業及合資利益之份額	76,500	76,500	76,500
	股　利	34,000	34,000	34,000
	採用權益法之投資	42,500	42,500	42,500
(ii)	非控制權益淨利	13,500	13,500	13,500
	股　利	6,000	6,000	6,000
	非控制權益	7,500	7,500	7,500
(iii)	普通股股本	200,000	200,000	200,000
	資本公積－普通股股票溢價	80,000	80,000	76,000
	資本公積－庫藏股票交易	—	3,000	—
	保留盈餘	167,500	167,500	167,500
	商　譽	40,000	40,000	40,000
	採用權益法之投資	414,375	416,925	410,975
	非控制權益	73,125	73,575	72,525
註：	資本公積－普通股股票溢價			$80,000－$4,000 ＝$76,000
	保留盈餘	$120,000＋$81,700－$34,200＝$167,500	$120,000＋$81,700－$34,200＝$167,500	$120,000＋$81,700－$34,200＝$167,500
	採用權益法之投資	$385,263＋$29,112＝$414,375	$385,263＋$31,662＝$416,925	$385,263＋$25,712＝$410,975
	非控制權益	$72,237＋$888＝$73,125	$72,237＋$1,338＝$73,575	$72,237＋$288＝$72,525

延伸三：

　　以(b)(乙公司按$30 買回庫藏股 1,000 股)為例，若乙公司於 20x7 年 1 月 1 日向主管機關申請減資核准並將 1,000 股庫藏股註銷。乙公司 20x7 年淨利為 $90,000，並於 20x7 年 12 月間宣告且發放現金股利$40,000。

說　明：

(1) 乙公司於 20x7 年 1 月 1 日將 1,000 股庫藏股註銷之分錄：

普通股股本	10,000	
資本公積－普通股股票溢價（＊）	4,000	
資本公積－普通股股票溢價（＃）	16,000	
庫藏股票		30,000

普通股股本：1,000 股×$10(面額)＝$10,000

＊：該 1,000 股普通股原發行溢價之資本公積為$4,000
　　$80,000×(1,000 股/20,000 股)＝$4,000

＃：$30,000－($10,000＋$4,000)＝$16,000，以高於原發行溢價之價格買回庫藏股並註銷，應先借記乙公司帳列「資本公積－庫藏股票交易」，若該帳戶餘額不足，則借記「資本公積－普通股股票溢價」，若該發行溢價帳戶餘額再不足，則借記「保留盈餘」。

將 1,000 股庫藏股註銷後，乙公司權益為$417,500，內容如下：
　　普通股股本 ------------------------------ $190,000
　　資本公積－普通股股票溢價 -------- 60,000
　　保留盈餘 ------------------------------ 167,500

(2) 甲公司擁有乙公司股權之持股比例，仍為 84.211% (或 16/19)。
　　(20,000 股×80%)÷(20,000 股－1,000 股)＝16/19＝84.211%

(3)「甲擁有乙之權益」與「非控制權益」之相對異動如下：

	註銷 1,000 股庫藏股前	註銷 1,000 股庫藏股後
乙權益	$417,500	$417,500
加：乙未入帳商譽	40,000	40,000
	$457,500	$457,500
甲對乙之持股比例	× 16/19	× 16/19
甲擁有乙之權益	$385,263	$385,263
甲擁有乙之權益之增(減)數，借(貸)記「採用權益法之投資」		$　－
相對會計科目，貸(借)記「資本公積」		$　－
非控制權益之增(減)數		$　－

(4) 乙公司將庫藏股註銷減資，相關項目異動如下：
　　(假設：20x7 年期末，經評估得知商譽價值未減損。)

	20x6/12/31	註銷庫藏股	20x7/1/1	20x7	20x7/12/31
乙－權　益	$417,500		$417,500	＋$90,000－$40,000	$467,500
權益法：					
甲－採用權益法之投資	$385,263		$385,263	＋$75,789 －$33,684	$427,368
合併財務報表：	(84.211%)		(84.211%)		
商　譽	$40,000		$40,000		$40,000
非控制權益	$72,237		$72,237	＋$14,211－$6,316	$80,132
	(15.789%)		(15.789%)		

20x7：甲應認列之投資收益＝$90,000×(16/19)＝$75,789
　　　非控制權益淨利＝$90,000×(3/19)＝$14,211

20x7：甲收自乙之現金股利＝$40,000×(16/19)＝$33,684
　　　非控制權益收自乙之現金股利＝$40,000×(3/19)＝$6,316

20x7/1/1 (註銷庫藏股後)：
　　　採用權益法之投資＝($417,500＋$40,000)×(16/19)＝$385,263
　　　非控制權益＝($417,500＋$40,000)×(3/19)＝$72,237

20x7/12/31：採用權益法之投資＝($467,500＋$40,000)×(16/19)＝$427,368
　　　非控制權益＝($467,500＋$40,000)×(3/19)＝$80,132

(5) 甲公司及乙公司 20x7 年合併工作底稿之沖銷分錄：

(i)	採用權益法認列之子公司、關聯企業		
	及合資利益之份額	75,789	
	股　利		33,684
	採用權益法之投資		42,105
(ii)	非控制權益淨利	14,211	
	股　利		6,316
	非控制權益		7,895
(iii)	普通股股本	190,000	
	資本公積－普通股股票溢價	60,000	
	保留盈餘	167,500	
	商　譽	40,000	
	採用權益法之投資		385,263
	非控制權益		72,237
普通股股本＝$200,000－$10,000＝$190,000			
資本公積－普通股股票溢價＝$80,000－$4,000－$16,000＝$60,000			

釋例十五：

沿用釋例十四資料，惟假設乙公司於 20x6 年 1 月 1 日，向甲公司買回 1,000 股普通股作為庫藏股，買回價格分別為：(a)$22 (等於每股淨值※)，(b)$30 (大於每股淨值※)，(c)$16 (小於每股淨值※)。乙公司 20x6 年淨利為$81,700，並於 20x6 年 12 月間宣告且發放現金股利$34,200。乙公司採成本法記錄庫藏股票交易。

※：題目中的「每股淨值」＝「買回庫藏股前子公司普通股每股淨值」
　　　＝「收購日子公司之資產及負債(包含未入帳資產及負債)的公允價值延續至買回庫藏股前之總淨值」÷「買回庫藏股前子公司普通股流通在外股數」

說　明：

(1) 20x5/12/31：非控制權益係以收購日公允價值衡量，惟題意中未提及該公允價值，故以「設算」基礎計算截至本日之非控制權益金額。

　　(乙公司權益$400,000＋乙公司未入帳商譽)×80%＝$352,000
　　(乙公司權益$400,000＋乙公司未入帳商譽)×80%＝非控制權益
　　∴ 乙公司未入帳商譽＝$40,000
　　　非控制權益＝($400,000＋$40,000)×20%＝$88,000
　　乙公司普通股每股淨值(收購日之公允價值基礎)
　　　　＝($400,000＋$40,000)÷20,000 股＝$22

(2) 乙公司 20x6 年 1 月 1 日買回庫藏股之分錄：

	(a) $22	(b) $30	(c) $16
庫藏股票	22,000	30,000	16,000
現　金	22,000	30,000	16,000
乙公司權益＝$400,000　⟶	減為$378,000	減為$370,000	減為$384,000

(3) 甲公司擁有乙公司股權之持股比例由 80%降低為 78.947% (或 15/19)。
　　[(20,000 股×80%)－1,000 股]÷(20,000 股－1,000 股)
　　　　＝15,000 股÷19,000 股＝15/19＝78.947%

乙公司向甲公司買回 1,000 股庫藏股，使甲公司對乙公司之持股比例降為 78.947%，惟對乙公司仍存在控制，此項所有權權益之變動，應作為權益交易處理，故不影響乙公司未入帳商譽$40,000 金額。

(4)「甲擁有乙之權益」與「非控制權益」之相對異動如下：

	買回庫藏股前	買回庫藏股後		
		(a) $22	(b) $30	(c) $16
乙權益	$400,000	$378,000	$370,000	$384,000
加：乙未入帳商譽	40,000	40,000	40,000	40,000
	$440,000	$418,000	$410,000	$424,000
甲對乙之持股比例	× 80%	× 15/19	× 15/19	× 15/19
甲擁有乙之權益 (C)	$352,000	$330,000	$323,684	$334,737
甲擁有乙之權益(C)之增加數，借記「採用權益法之投資」(A)		($22,000)	($28,316)	($17,263)
甲出售部分對乙股權投資之收現數，借記「現金」(B)		$22,000	$30,000	$16,000
(A)與(B)之差額，借(貸)記「資本公積」	$ —	($1,684)	$1,263
非控制權益之增(減)數	$ —	($1,684)	$1,263

(a)：買回庫藏股價格＝乙公司普通股每股淨值(收購日之公允價值基礎)，則「甲擁有乙之權益」與「非控制權益」間相對權益無異動。

(b)：買回庫藏股價格＞乙公司普通股每股淨值(收購日之公允價值基礎)，乙公司以較高的代價向甲公司買回庫藏股，則：(i)會降低乙公司普通股每股淨值(收購日之公允價值基礎)，進而使「甲擁有乙之權益」減少(未售部分 15,000 股)，故甲公司借記「資本公積」；(ii)但已售部分(1,000 股)，因售價較高，故甲公司貸記「資本公積」。將(i)及(ii)合計，(i)＜(ii)，故甲公司貸記「資本公積」，相對地，非控制權益就同額減少。

(c)：買回庫藏股價格＜乙公司普通股每股淨值(收購日之公允價值基礎)，乙公司以較低的代價向甲公司買回庫藏股，則：(i)會提高乙公司普通股每股淨值(收購日之公允價值基礎)，進而使「甲擁有乙之權益」增加(未售部分 15,000 股)，故甲公司貸記「資本公積」；(ii)但已售部分(1,000 股)，因售價較低，故甲公司借記「資本公積」。將(i)及(ii)合計，(i)＜(ii)，故甲公司借記「資本公積」，相對地，非控制權益就同額增加。

(5) 20x6 年 1 月 1 日，甲公司部分處分對乙公司之股權投資(1,000 股乙公司普通股)及未售部分(15,000 股乙公司普通股)權益變動之分錄：

(a) $22	現　金　　　　　　　　　　　　　　　　　　22,000
	採用權益法之投資　　　　　　　　　　　　　　22,000
	採用權益法之投資：由$352,000 減為$330,000。
(b) $30	現　金　　　　　　　　　　　　　　　　　　30,000
	採用權益法之投資　　　　　　　　　　　　　　28,316
	資本公積－認列對子公司所有權權益變動數(＃)　　1,684
	採用權益法之投資：由$352,000 減為$323,684。
	＃：包括兩部分的合計效果：(i)出售 1,000 股，因售價$30＞淨值$22，惟售後對乙公司仍存在控制，故增加資本公積；(ii)未售 15,000 股，因出售 1,000 股之售價$30＞淨值$22，使未售 15,000 股的淨值降低，故減少資本公積。詳下列(10)。
(c) $16	現　金　　　　　　　　　　　　　　　　　　16,000
	資本公積－認列對子公司所有權權益變動數（＆）　　1,263
	採用權益法之投資　　　　　　　　　　　　　　17,263
	採用權益法之投資：由$352,000 減為$334,737。
	＆：包括兩部分的合計效果：(i)出售 1,000 股，因售價$16＜淨值$22，惟售後對乙公司仍存在控制，故減少資本公積；(ii)未售 15,000 股，因出售 1,000 股之售價$16＜淨值$22，使未售 15,000 股的淨值增加，故增加資本公積。詳下列(10)。

(6) 以(a)為例，乙公司以$22 買回庫藏股，相關項目異動如下：

（假設：20x6 年期末，經評估得知商譽價值未減損。）

	20x5/12/31	買回庫藏股	20x6/1/1	20x6	20x6/12/31
乙－權　益	$400,000	－$22,000	$378,000	＋$81,700－$34,200	$425,500
權益法：					
甲－採用權益法之投資	$352,000	－$22,000	$330,000	＋$64,500 －$27,000	$367,500
合併財務報表：	(80%)		(78.947%或 15/19)		
商　譽	$40,000		$40,000		$40,000
非控制權益	$88,000		$88,000	＋$17,200－$7,200	$98,000
	(20%)		(21.053%或 4/19)		
20x6：甲應認列之投資收益＝$81,700×(15/19)＝$64,500					
非控制權益淨利＝$81,700×(4/19)＝$17,200					
20x6：甲收自乙之現金股利＝$34,200×(15/19)＝$27,000					
非控制權益收自乙之現金股利＝$34,200×(4/19)＝$7,200					
20x6/1/1：　採用權益法之投資＝($378,000＋$40,000)×(15/19)＝$330,000					
(買回庫藏股後)　非控制權益＝($378,000＋$40,000)×(4/19)＝$88,000					

20x6/12/31：採用權益法之投資＝($425,500＋$40,000)×(15/19)＝$367,500
　　　　　 非控制權益＝($425,500＋$40,000)×(4/19)＝$98,000

(7) 以(b)為例，乙公司以$30買回庫藏股，相關項目異動如下：
　　(假設：20x6年期末，經評估得知商譽價值未減損。)

	20x5/12/31	買回庫藏股	20x6/1/1	20x6	20x6/12/31
乙－權　益	$400,000	－$30,000	$370,000	＋$81,700－$34,200	$417,500
權益法：					
甲－採用權益法之投資	$352,000	－$28,316	$323,684	＋$64,500　－$27,000	$361,184
合併財務報表：	(80%)		(78.947%或15/19)		
商　譽	$40,000		$40,000		$40,000
非控制權益	$88,000	－$1,684	$86,316	＋$17,200－$7,200	$96,316
	(20%)		(21.053%或4/19)		

20x6/1/1：　　　採用權益法之投資＝($370,000＋$40,000)×(15/19)＝$323,684
(買回庫藏股後)　非控制權益＝($370,000＋$40,000)×(4/19)＝$86,316
20x6/12/31：採用權益法之投資＝($417,500＋$40,000)×(15/19)＝$361,184
　　　　　 非控制權益＝($417,500＋$40,000)×(4/19)＝$96,316

(8) 以(c)為例，乙公司以$16買回庫藏股，相關項目異動如下：
　　(假設：20x6年期末，經評估得知商譽價值未減損。)

	20x5/12/31	買回庫藏股	20x6/1/1	20x6	20x6/12/31
乙－權　益	$400,000	－$16,000	$384,000	＋$81,700－$34,200	$431,500
權益法：					
甲－採用權益法之投資	$352,000	－$17,263	$334,737	＋$64,500　－$27,000	$372,237
合併財務報表：	(80%)		(78.947%或15/19)		
商　譽	$40,000		$40,000		$40,000
非控制權益	$88,000	＋$1,263	$89,263	＋$17,200－$7,200	$99,263
	(20%)		(21.053%或4/19)		

20x6/1/1：　　　採用權益法之投資＝($384,000＋$40,000)×(15/19)＝$334,737
(買回庫藏股後)　非控制權益＝($384,000＋$40,000)×(4/19)＝$89,263
20x6/12/31：採用權益法之投資＝($431,500＋$40,000)×(15/19)＝$372,237
　　　　　 非控制權益＝($431,500＋$40,000)×(4/19)＝$99,263

(9) 甲公司及乙公司 20x6 年合併工作底稿之沖銷分錄：

		(a) $22	(b) $30	(c) $16
(i)	採用權益法認列之子公司、關聯企業及合資利益之份額	64,500	64,500	64,500
	股　利	27,000	27,000	27,000
	採用權益法之投資	37,500	37,500	37,500
(ii)	非控制權益淨利	17,200	17,200	17,200
	股　利	7,200	7,200	7,200
	非控制權益	10,000	10,000	10,000
(iii)	普通股股本	200,000	200,000	200,000
	資本公積－普通股　股票溢價	80,000	80,000	80,000
	保留盈餘	120,000	120,000	120,000
	商　譽	40,000	40,000	40,000
	庫藏股票	22,000	30,000	16,000
	採用權益法之投資	330,000	323,684	334,737
	非控制權益	88,000	86,316	89,263
註：	庫藏股票	$22×1,000=$22,000	$30×1,000=$30,000	$16×1,000=$16,000
	採用權益法之投資	$352,000−$22,000 =$330,000	$352,000−$28,316 =$323,684	$352,000−$17,263 =$334,737
	非控制權益		$88,000−$1,684 =$86,316	$88,000+$1,263 =$89,263

(10) 乙公司向甲公司買回庫藏股，當(b)乙公司「買回庫藏股的價格」大於「買回庫藏股前子公司普通股每股淨值」(收購日之公允價值基礎)時，會降低後者的金額，「甲擁有乙之權益」(未售部分)因此受損而減少；不過，就因乙公司向甲公司買回庫藏股的價格較高，使「甲擁有乙之權益」(出售部分)因而增加；合計兩項結果，「甲擁有乙之權益」仍是增加，相對地，非控制權益就同額減少。相反地，當(c)乙公司買「買回庫藏股的價格」小於「買回庫藏股前子公司普通股每股淨值」(收購日之公允價值基礎)時，其結論剛好與(b)相反。彙述如下：

(續次頁)

	乙公司只向甲公司買回庫藏股		
(a)	買回庫藏股的價格 ＝ 買回庫藏股前子公司 　　普通股每股淨值 (收購日之公允價值基礎)	(i) (ii)	甲擁有乙股權之持股比例減少 甲擁有乙之權益，無異動； 非控制權益，無異動。
(b)	買回庫藏股的價格 ＞ 買回庫藏股前子公司 　　普通股每股淨值	(i) (ii)	甲擁有乙股權之持股比例減少 甲擁有乙之權益增加， 非控制權益減少。
(c)	買回庫藏股的價格 ＜ 買回庫藏股前子公司 　　普通股每股淨值	(i) (ii)	甲擁有乙股權之持股比例減少 甲擁有乙之權益減少， 非控制權益增加。

延伸一：

以(b)(乙公司按\$30 買回庫藏股 1,000 股)為例，若乙公司於 20x7 年 1 月 1 日將 1,000 股庫藏股再發行，全數由甲公司認購，再發行價格分別為：(a)\$30 (等於買回庫藏股成本)，(b)\$33 (大於買回庫藏股成本)，(c)\$26 (小於買回庫藏股成本)。乙公司 20x7 年淨利為\$90,000，並於 20x7 年 12 月間宣告並發放現金股利 \$40,000。

說 明：

(1) 乙公司 20x7 年 1 月 1 日將 1,000 股庫藏股再發行之分錄：

	(a) \$30	(b) \$33	(c) \$26
現　　金	30,000	33,000	26,000
資本公積－普通股股票溢價(＆)	─	─	4,000
庫藏股票	30,000	30,000	30,000
資本公積－庫藏股票交易	─	3,000	─
乙公司權益＝\$417,500 ──────→	增為\$447,500	增為\$450,500	增為\$443,500
＆：先借記乙公司帳列「資本公積－庫藏股票交易」，若該帳戶餘額不足以借記時， 　　其不足額借記「資本公積－普通股股票溢價」；又若後者餘額仍不足以借記時， 　　其不足額再借記「保留盈餘」。			

(2) 甲公司擁有乙公司股權之持股比例，由 78.947% (或 15/19) 回升為買回庫藏股前的 80%。 [(20,000 股×80%)－1,000 股＋1,000 股]÷(20,000 股－1,000 股 ＋1,000 股)＝80%

(3)「甲擁有乙之權益」與「非控制權益」之相對異動如下：

	再出售 1,000 股庫藏股前	再出售 1,000 股庫藏股後		
		(a) $30	(b) $33	(c) $26
乙權益	$417,500	$447,500	$450,500	$443,500
加：乙未入帳商譽	40,000	40,000	40,000	40,000
	$457,500	$487,500	$490,500	$483,500
甲對乙之持股比例	× 15/19	× 80%	× 80%	× 80%
甲擁有乙之權益 (C)	$361,184	$390,000	$392,400	$386,800
甲擁有乙之權益(C)之增加數，借記「採用權益法之投資」(A)		$28,816	$31,216	$25,616
甲取得乙 1,000 股庫藏股之付現數，貸記「現金」(B)		($30,000)	($33,000)	($26,000)
(A)與(B)之差額，借(貸)記「資本公積」		$1,184	$1,784	$384
非控制權益之增(減)數		$1,184	$1,784	$384

「延伸一」係以原買回庫藏股之(b)($30)情況為例，原買回庫藏股之影響如下：

> (b)：「買回庫藏股的價格」＞「買回庫藏股前乙公司普通股每股淨值」(收購日之公允價值基礎)，乙公司以較高的代價向甲公司買回庫藏股，則：(i)會降低「買回庫藏股前乙公司普通股每股淨值」(收購日之公允價值基礎)之金額，進而使「甲擁有乙之權益」減少(未售部分 15,000 股)，故甲公司借記「資本公積」；(ii)但已售部分(1,000 股)，因售價較高，故甲公司貸記「資本公積」。將(i)及(ii)合計，(i)＜(ii)，故甲公司貸記「資本公積」$1,684，相對地，非控制權益就同額減少。

　　如今乙公司將庫藏股再發行，且全數由甲公司認購，則不論再發行價格是等於、大於或小於原買回庫藏股價格($30)，皆可『回復』上述買回庫藏股之影響，即『回復』「甲擁有乙之權益」增加數，故「甲擁有乙之權益」皆減少，相對地，非控制權益就同額增加。惟『回復』金額有別，部分係因 20x6 年甲公司對乙公司之持股比例減少，因此認列較少的「甲擁有乙之權益」淨增加數(即乙 20x6 年淨值淨增加數屬於甲公司之份額)，另部分係因再發行價格高低不同，計算如下：

(a)$30：『回復』－$1,184，另外－$500 已於 20x6 年依較低的持股比例認列較少的「甲擁有乙之權益」淨增加數，(78.947%－80%)×(乙淨利

$81,700-乙股利$34,200)=-$500，-$1,184-$500=-$1,684，即買回庫藏股使「甲擁有乙之權益」所增加之$1,684，至庫藏股再發行時，已全數『回復』。

(b)$33：『回復』-$1,784=-$1,184-($33-$30)×1,000 股×(1-80%)

(c)$26：『回復』-$384=-$1,184-($26-$30)×1,000 股×(1-80%)

(4) 甲公司 20x7 年 1 月 1 日認購乙公司再發行庫藏股 1,000 股之分錄：

	(a) $30	(b) $33	(c) $26
採用權益法之投資	28,816	31,216	25,616
資本公積-認列對子公司所有權權益變動數	1,184	1,784	384
現　金	30,000	33,000	26,000
採權益法之投資=$361,184 ──→	增為$390,000	增為$392,400	增為$386,800

(5) 以(a)為例，乙公司以$30 將庫藏股再發行，相關項目異動如下：

(假設：20x7 年期末，經評估得知商譽價值未減損。)

	20x6/12/31	庫藏股再發行	20x7/ 1/ 1	20x7	20x7/12/31
乙-權　益	$417,500	+$30,000	$447,500	+$90,000-$40,000	$497,500
權益法：					
甲-採用權益法之投資	$361,184	+$28,816	$390,000	+$72,000 -$32,000	$430,000
合併財務報表：	(78.947%或 15/19)		(80%)		
商　譽	$40,000		$40,000		$40,000
非控制權益	$96,316	+$1,184	$97,500	+$18,000-$8,000	$107,500
	(21.053%或 4/19)		(20%)		
20x7：甲應認列之投資收益=$90,000×(80%)=$72,000					
非控制權益淨利=$90,000×(20%)=$18,000					
20x7：甲收自乙之現金股利=$40,000×(80%)=$32,000					
非控制權益收自乙之現金股利=$40,000×(20%)=$8,000					
20x7/ 1/ 1 (庫藏股再發行後)：					
採用權益法之投資=($447,500+$40,000)×(80%)=$390,000					
非控制權益=($447,500+$40,000)×(20%)=$97,500					
20x7/12/31：採用權益法之投資=($497,500+$40,000)×(80%)=$430,000					
非控制權益=($497,500+$40,000)×(20%)=$107,500					

(6) 以(b)為例，乙公司以$33將庫藏股再發行，相關項目異動如下：

(假設：20x7年期末，經評估得知商譽價值未減損。)

	20x6/12/31	庫藏股再發行	20x7/1/1	20x7	20x7/12/31
乙－權益	$417,500	＋$33,000	$450,500	＋$90,000－$40,000	$500,500
權益法：					
甲－採用權益法之投資	$361,184	＋$31,216	$392,400	＋$72,000 －$32,000	$432,400
合併財務報表：	(78.947%或15/19)		(80%)		
商　譽	$40,000		$40,000		$40,000
非控制權益	$96,316	＋$1,784	$98,100	＋$18,000－$8,000	$108,100
	(21.053%或4/19)		(20%)		

20x7/1/1 (庫藏股再發行後)：
　　　採用權益法之投資＝($450,500＋$40,000)×(80%)＝$392,400
　　　非控制權益＝($450,500＋$40,000)×(20%)＝$98,100
20x7/12/31：採用權益法之投資＝($500,500＋$40,000)×(80%)＝$432,400
　　　非控制權益＝($500,500＋$40,000)×(20%)＝$108,100

(7) 以(c)為例，乙公司以$26將庫藏股再發行，相關項目異動如下：

(假設：20x7年期末，經評估得知商譽價值未減損。)

	20x6/12/31	庫藏股再發行	20x7/1/1	20x7	20x7/12/31
乙－權益	$417,500	＋$26,000	$443,500	＋$90,000－$40,000	$493,500
權益法：					
甲－採用權益法之投資	$361,184	＋$25,616	$386,800	＋$72,000 －$32,000	$426,800
合併財務報表：	(78.947%或15/19)		(80%)		
商　譽	$40,000		$40,000		$40,000
非控制權益	$96,316	＋$384	$96,700	＋$18,000－$8,000	$106,700
	(21.053%或4/19)		(20%)		

20x7/1/1 (庫藏股再發行後)：
　　　採用權益法之投資＝($443,500＋$40,000)×(80%)＝$386,800
　　　非控制權益＝($443,500＋$40,000)×(20%)＝$96,700
20x7/12/31：採用權益法之投資＝($493,500＋$40,000)×(80%)＝$426,800
　　　非控制權益＝($493,500＋$40,000)×(20%)＝$106,700

(8) 甲公司及乙公司 20x7 年合併工作底稿之沖銷分錄：

		(a) $30	(b) $33	(c) $26
(i)	採用權益法認列之子公司、關聯企業及合資利益之份額	72,000	72,000	72,000
	股　利	32,000	32,000	32,000
	採用權益法之投資	40,000	40,000	40,000
(ii)	非控制權益淨利	18,000	18,000	18,000
	股　利	8,000	8,000	8,000
	非控制權益	10,000	10,000	10,000
(iii)	普通股股本	200,000	200,000	200,000
	資本公積－普通股股票溢價	80,000	80,000	76,000
	資本公積－庫藏股票交易	—	3,000	—
	保留盈餘	167,500	167,500	167,500
	商　譽	40,000	40,000	40,000
	採用權益法之投資	390,000	392,400	386,800
	非控制權益	97,500	98,100	96,700
註：	資本公積－普通股股票溢價			$80,000－$4,000＝$76,000
	保留盈餘	$120,000＋$81,700－$34,200＝$167,500	$120,000＋$81,700－$34,200＝$167,500	$120,000＋$81,700－$34,200＝$167,500
	採用權益法之投資	$361,184＋$28,816＝$390,000	$361,184＋$31,216＝$392,400	$361,184＋$25,616＝$386,800
	非控制權益	$96,316＋$1,184＝$97,500	$96,316＋$1,784＝$98,100	$96,316＋$384＝$96,700

延伸二：

以(b)(乙公司按$30 買回庫藏股 1,000 股)為例，若乙公司於 20x7 年 1 月 1 日將 1,000 股庫藏股再發行，全數由非控制股東或其他社會大眾認購，甲公司未參與認購，再發行價格分別為：(a)$30 (等於買回庫藏股成本)，(b)$33 (大於買回庫藏股成本)，(c)$26 (小於買回庫藏股成本)。乙公司 20x7 年淨利為$90,000，並於 20x7 年 12 月間宣告並發放現金股利$40,000。

說明：

(1) 乙公司 20x7 年 1 月 1 日將 1,000 股庫藏股再發行之分錄：
同「延伸一」之說明(1)。

(2) 甲公司擁有乙公司股權之持股比例，由 78.947% (或 15/19) 降為 75%。
[(20,000 股×80%)－1,000 股]÷(20,000 股－1,000 股＋1,000 股)＝75%

(3)「甲擁有乙之權益」與「非控制權益」之相對異動如下：

	再出售 1,000 股庫藏股前	再出售 1,000 股庫藏股後		
		(a) $30	(b) $33	(c) $26
乙權益	$417,500	$447,500	$450,500	$443,500
加：乙未入帳商譽	40,000	40,000	40,000	40,000
	$457,500	$487,500	$490,500	$483,500
甲對乙之持股比例	× 15/19	× 75%	× 75%	× 75%
甲擁有乙之權益	$361,184	$365,625	$367,875	$362,625
甲擁有乙之權益之增加數，借記「採用權益法之投資」		$ 4,441	$ 6,691	$ 1,441
相對會計科目，貸(借)記「資本公積」		$ 4,441	$ 6,691	$ 1,441
非控制權益之增(減)數		($ 4,441)	($ 6,691)	($ 1,441)

「延伸二」係以原買回庫藏股之(b)($30)情況為例，原買回庫藏股之影響如下：

> (b)：「買回庫藏股的價格」＞「買回庫藏股前乙公司普通股每股淨值」(收購日之公允價值基礎)，乙公司以較高的代價向甲公司買回庫藏股，則：(i)會降低「買回庫藏股前乙公司普通股每股淨值」(收購日之公允價值基礎)之金額，進而使「甲擁有乙之權益」減少(未售部分 15,000 股)，故甲公司借記「資本公積」；(ii)但已售部分(1,000 股)，因售價較高，故甲公司貸記「資本公積」。將(i)及(ii)合計，(i)＜(ii)，故甲公司貸記「資本公積」$1,684，相對地，非控制權益就同額減少。

如今乙公司將庫藏股再發行，且全數由甲公司以外的單位認購，甲公司並未認購，因此不會像「延伸一」有『回復』上述「買回庫藏股之影響」的效果。應視為類似「釋例十一」的(b)情況，即乙公司以高於普通股每股淨值的價格發行新股，但甲公司未參與認購。

「釋例十一」的(b)情況：

> (b)：「發行新股價格」>「發行新股前乙公司普通股每股淨值」(收購日之公允價值基礎)，則甲公司以外的單位以較高的代價認購乙公司發行之新股，會提高「發行新股前乙公司普通股每股淨值」(收購日之公允價值基礎)之金額，進而使「甲擁有乙之權益」增加，故甲公司貸記「資本公積」，相對地，非控制權益就同額減少。

買回庫藏股後，乙公司普通股每股淨值(收購日之公允價值基礎)＝(乙公司權益為$417,500＋未入帳之商譽$40,000)÷19,000 股＝$24.1，而庫藏股的再發行價格($30、$33、$26)皆大於$24.1，亦即甲公司以外的單位以較高的代價認購乙公司再發行之庫藏股，會提高乙公司普通股每股淨值(收購日之公允價值基礎)，進而使「甲擁有乙之權益」增加，故甲公司貸記「資本公積」，相對地，非控制權益就同額減少。計算如下：

(a)$30：[$30,000－($417,500＋$40,000)×(1,000/19,000)]×75%＝$4,441
(b)$33：[$33,000－($417,500＋$40,000)×(1,000/19,000)]×75%＝$6,691
(c)$26：[$26,000－($417,500＋$40,000)×(1,000/19,000)]×75%＝$1,441

(4) 甲公司 20x7 年 1 月 1 日雖未涉及乙公司將庫藏股再發行之交易，但仍須作之分錄：

	(a) $30	(b) $33	(c) $26
採用權益法之投資	4,441	6,691	1,441
資本公積－認列對子公司所有權			
權益變動數	4,441	6,691	1,441
採用權益法之投資＝$361,184　　──→	增為$365,625	增為$367,875	增為$362,625

(5) 以(a)為例，乙公司以$30 將庫藏股再發行，相關項目異動如下：
(假設：20x7 年期末，經評估得知商譽價值未減損。)

	20x6/12/31	庫藏股再發行	20x7/1/1	20x7	20x7/12/31
乙－權　益	$417,500	＋$30,000	$447,500	＋$90,000－$40,000	$497,500
權益法：					
甲－採用權益法之投資	$361,184	＋$4,441	$365,625	＋$67,500 －$30,000	$403,125
合併財務報表：	(78.947%或 15/19)		(75%)		

	20x6/12/31	庫藏股再發行	20x7/ 1/ 1	20x7	20x7/12/31
商　譽	$40,000		$40,000		$40,000
非控制權益	$96,316	+$30,000 −$4,441	$121,875	+$22,500 −$10,000	$134,375
	(21.053%或 4/19)		(25%)		

20x7：甲應認列之投資收益＝$90,000×(75%)＝$67,500
　　　非控制權益淨利＝$90,000×(25%)＝$22,500

20x7：甲收自乙之現金股利＝$40,000×(75%)＝$30,000
　　　非控制權益收自乙之現金股利＝$40,000×(25%)＝$10,000

20x7/ 1/ 1 (庫藏股再發行後)：
　　　採用權益法之投資＝($447,500＋$40,000)×(75%)＝$365,625
　　　非控制權益＝($447,500＋$40,000)×(25%)＝$121,875

20x7/12/31：採用權益法之投資＝($497,500＋$40,000)×(75%)＝$403,125
　　　非控制權益＝($497,500＋$40,000)×(25%)＝$134,375

(6) 以(b)為例，乙公司以$33 將庫藏股再發行，相關項目異動如下：
　　(假設：20x7 年期末，經評估得知商譽價值未減損。)

	20x6/12/31	庫藏股再發行	20x7/ 1/ 1	20x7	20x7/12/31
乙－權　益	$417,500	+$33,000	$450,500	+$90,000−$40,000	$500,500
權益法：					
甲－採用權益法 　　之投資	$361,184	+$6,691	$367,875	+$67,500 −$30,000	$405,375
合併財務報表：	(78.947%或 15/19)		(75%)		
商　譽	$40,000		$40,000		$40,000
非控制權益	$96,316	+$33,000 −$6,691	$122,625	+$22,500 −$10,000	$135,125
	(21.053%或 4/19)		(25%)		

20x7/ 1/ 1 (庫藏股再發行後)：
　　　採用權益法之投資＝($450,500＋$40,000)×(75%)＝$367,875
　　　非控制權益＝($450,500＋$40,000)×(25%)＝$122,625

20x7/12/31：採用權益法之投資＝($500,500＋$40,000)×(75%)＝$405,375
　　　非控制權益＝($500,500＋$40,000)×(25%)＝$135,125

(7) 以(c)為例，乙公司以$26 將庫藏股再發行，相關項目異動如下：
　　(假設：20x7 年期末，經評估得知商譽價值未減損。)

	20x6/12/31	庫藏股再發行	20x7/1/1	20x7	20x7/12/31
乙－權 益	$417,500	＋$26,000	$443,500	＋$90,000－$40,000	$493,500
權益法：					
甲－採用權益法之投資	$361,184	＋$1,441	$362,625	＋$67,500 －$30,000	$400,125
合併財務報表：	(78.947%或15/19)		(75%)		
商　譽	$40,000		$40,000		$40,000
非控制權益	$96,316	＋$26,000 －$1,441	$120,875	＋$22,500 －$10,000	$133,375
	(21.053%或4/19)		(25%)		

20x7/1/1 (庫藏股再發行後)：
　　採用權益法之投資＝($443,500＋$40,000)×(75%)＝$362,625
　　非控制權益＝($443,500＋$40,000)×(25%)＝$120,875
20x7/12/31：採用權益法之投資＝($493,500＋$40,000)×(75%)＝$400,125
　　非控制權益＝($493,500＋$40,000)×(25%)＝$133,375

(8) 甲公司及乙公司20x7年合併工作底稿之沖銷分錄：

		(a) $30	(b) $33	(c) $26
(i)	採用權益法認列之子公司、關聯企業及合資利益之份額	67,500	67,500	67,500
	股　利	30,000	30,000	30,000
	採用權益法之投資	37,500	37,500	37,500
(ii)	非控制權益淨利	22,500	22,500	22,500
	股　利	10,000	10,000	10,000
	非控制權益	12,500	12,500	12,500
(iii)	普通股股本	200,000	200,000	200,000
	資本公積－普通股股票溢價	80,000	80,000	76,000
	資本公積－庫藏股票交易	－	3,000	－
	保留盈餘	167,500	167,500	167,500
	商　譽	40,000	40,000	40,000
	採用權益法之投資	365,625	367,875	362,625
	非控制權益	121,875	122,625	120,875

(續次頁)

	(a) $30	(b) $33	(c) $26
註： 資本公積 　　－普通股股票溢價			$80,000－$4,000 ＝$76,000
保留盈餘	$120,000＋$81,700 －$34,200＝$167,500	$120,000＋$81,700 －$34,200＝$167,500	$120,000＋$81,700 －$34,200＝$167,500
採用權益法之投資	$361,184＋$4,441 ＝$365,625	$361,184＋$6,691 ＝$367,875	$361,184＋$1,441 ＝$362,625
非控制權益	$96,316＋$30,000 －$4,441＝$121,875	$96,316＋$33,000 －$6,691＝$122,625	$96,316＋$26,000 －$1,441＝$120,875

延伸三：

　　以(b)(乙公司按$30 買回庫藏股 1,000 股)為例，若乙公司於 20x7 年 1 月 1 日向主管機關申請減資核准並將 1,000 股庫藏股註銷。乙公司 20x7 年淨利為 $90,000，並於 20x7 年 12 月間宣告且發放現金股利$40,000。

說 明：

(1) 乙公司 20x7 年 1 月 1 日將 1,000 股庫藏股註銷之分錄：

普通股股本　　　　　　　　　　　10,000	
資本公積－普通股股票溢價（＊）　 4,000	
資本公積－普通股股票溢價（＃）　16,000	
庫藏股票	30,000
＊、＃：同釋例十四延伸三之說明(1)。	

(2) 甲公司擁有乙公司股權之持股比例，仍為 78.947% (或 15/19)。
　　(20,000 股×80％－1,000 股)÷(20,000 股－1,000 股)＝15/19＝78.947％

(3)「甲擁有乙之權益」與「非控制權益」之相對異動如下：

	註銷 1,000 股 庫藏股前	註銷 1,000 股 庫藏股後
乙權益	$417,500	$417,500
加：乙未入帳商譽	40,000	40,000
	$457,500	$457,500
甲對乙之持股比例	×15/19	×15/19
甲擁有乙之權益	$361,184	$361,184

甲擁有乙之權益之增(減)數，	
借(貸)記「採用權益法之投資」	$ ─
相對會計科目，貸(借)記「資本公積」	$ ─
非控制權益之增(減)數	$ ─

(4) 乙公司將庫藏股註銷減資，相關項目異動如下：

(假設：20x7 年期末，經評估得知商譽價值未減損。)

	20x6/12/31	註銷庫藏股	20x7/1/1	20x7	20x7/12/31
乙－權　益	$417,500		$417,500	＋$90,000－$40,000	$467,500
權益法：					
甲－採用權益法之投資	$361,184		$361,184	＋$71,053 －$31,579	$400,658
合併財務報表：	(78.947%)		(78.947%)		
商　譽	$40,000		$40,000		$40,000
非控制權益	$96,316		$96,316	＋$18,947－$8,421	$106,842
	(21.053%)		(21.053%)		

20x7：甲應認列之投資收益＝$90,000×(15/19)＝$71,053
　　　非控制權益淨利＝$90,000×(4/19)＝$18,947

20x7：甲收自乙之現金股利＝$40,000×(15/19)＝$31,579
　　　非控制權益收自乙之現金股利＝$40,000×(4/19)＝$8,421

20x7/1/1 (註銷庫藏股後)：
　　採用權益法之投資＝($417,500＋$40,000)×(15/19)＝$361,184
　　非控制權益＝($417,500＋$40,000)×(4/19)＝$96,316

20x7/12/31：採用權益法之投資＝($467,500＋$40,000)×(15/19)＝$400,658
　　　　　　非控制權益＝($467,500＋$40,000)×(4/19)＝$106,842

(5) 甲公司及乙公司 20x7 年度合併工作底稿之沖銷分錄：

(i)	採用權益法認列之子公司、關聯企業		
	及合資利益之份額	71,053	
	股　利		31,579
	採用權益法之投資		39,474
(ii)	非控制權益淨利	18,947	
	股　利		8,421
	非控制權益		10,526

(續次頁)

(iii)	普通股股本	190,000	
	資本公積－普通股股票溢價	60,000	
	保留盈餘	167,500	
	商　譽	40,000	
	採用權益法之投資		361,184
	非控制權益		96,316
普通股股本＝$200,000－$10,000＝$190,000			
資本公積－普通股股票溢價＝$80,000－$4,000－$16,000＝$60,000			

六、子公司宣告發放股票股利、執行股票分割

　　當公司宣告並發放股票股利時，其本質是將盈餘或資本公積「資本化」，亦即將盈餘或資本公積(註一)轉列為永久性資本，因而使流通在外普通股股數增加，且使某些權益組成項目金額增減異動，但權益總金額不變。分兩點說明：(1)當公司宣告發放之股票股利是盈餘轉增資，則保留盈餘減少，普通股股本增加；(2)當公司宣告發放之股票股利是資本公積轉增資，則資本公積減少，普通股股本增加。因 IFRS 未規定股票股利之入帳基礎，故按我國相關規定，以面額衡量並入帳。

> 註一：公司法 (110/12/29 修訂) 第 241 條規定，
> 「公司無虧損者，得依前條第一項至第三項所定股東會決議之方法，將法定盈餘公積及下列資本公積之全部或一部，按股東原有股份之比例發給新股或現金：
> 一、超過票面金額發行股票所得之溢額。(註二)
> 二、受領贈與之所得。(註二)
> 前條第四項及第五項規定，於前項準用之。
> 以法定盈餘公積發給新股或現金者，以該項公積超過實收資本額百分之二十五之部分為限。」
>
> 例如：乙公司宣告並發放股票股利，其權益組成如下：
> 　「普通股股本」
> 　「資本公積－普通股股票溢價」→ (2)資本公積轉增資 ─┐ 公司法
> 　「保留盈餘－法定盈餘公積」───→ (1)盈餘轉增資 ──┘ 第 241 條
> 　「保留盈餘－未分配盈餘」────→ (1)盈餘轉增資

註二：經濟部 商工行政法規
(110年12月29日華總一經字第11000115851號)

※ 資本公積回歸商業會計法及相關規定之適用，其商業會計之處理：
按公司法刪除第238條規定後，資本公積回歸商業會計法及相關規定之適用，其商業會計之處理如後：

一、「處分資產之溢價收入」之會計處理：
　　(1) 90年度發生者，依商業會計處理準則第34條第3項規定，依其性質列為營業外收入或非常損益。
　　(2) 89年度以前所累積者，依企業自治原則，由公司自行決定要保持為資本公積，或轉列為保留盈餘，惟應經最近一次股東會或全體股東同意，且所有數額應採同一方式且一次處理。

二、資產重估增值在公司法修正後已無須轉列資本公積，惟商業會計法第52條仍規定應轉列資本公積，在商業會計法未修法前，仍應依其規定辦理(註：依現行商業會計法第52條規定不再列為資本公積)。

三、修正後公司法第241條「超過票面金額發行股票所得之溢額」其範圍包括：
(1) 以超過面額發行普通股或特別股溢價。
(2) 公司因企業合併而發行股票取得他公司股權或資產淨值所產生之股本溢價。
(3) 庫藏股票交易溢價。
(4) 轉換公司債相關之應付利息補償金於約定賣回期間屆滿日可換得普通股市價高於約定賣回價格時轉列之金額。
(5) 因認股權證行使所得股本發行價格超過面額部分。
(6) 特別股或公司債轉換為普通股，原發行價格或帳面價值大於所轉換普通股面額之差額。
(7) 附認股權公司債行使普通股認股權證分攤之價值。
(8) 特別股收回價格低於發行價格之差額。
(9) 認股權證逾期未行使而將其帳面餘額轉列者。
(10) 因股東逾期未繳足股款而沒收之已繳股款。

四、修正後公司法第241條「受領贈與之所得」其範圍包括：指與股本交易有關之受領贈與：
(1) 受領股東贈與本公司已發行之股票。

> (2) 股東依股權比例放棄債權或依股權比例捐贈資產。
>
> 五、公司法第 167 條之 1 所稱「已實現資本公積」係指「超過票面金額發行股票所得之溢額」及「受領贈與之所得」資本公積，但受領本公司股票於未再出售前非屬已實現資本公積。（經濟部 91 年 3 月 14 日商字第 09102050200 號令）

公司進行股票分割，若是「正向分割」(如：一股分割為兩股)，只使流通在外普通股股數增加；若是「反向分割」(如：兩股合併為一股)，則使流通在外普通股股數減少；至於帳列權益組成項目及其金額則完全不受影響。茲將現金股利、股票股利、股票分割對財務報表之影響彙整如下：

		現 金 股 利	股 票 股 利 盈餘轉增資	股 票 股 利 資本公積轉增資	股票分割 (如：一股分割為兩股)
1.	普通股股本	—	增加	增加	—
2.	資本公積	—	—	減少	—
3.	保留盈餘	減少	減少	—	—
4.	權益總額	減少	—	—	—
5.	每股面值	—	—	—	降低 (如：減半)
6.	普通股流通在外股數	—	增加(#)	增加(#)	增加 (如：加倍)
7.	資產總額	減少	—	—	—
8.	負債總額	—	—	—	—
#：按所宣告股票股利之比例增加。

基於以上說明，子公司在母公司管控下，宣告並發放股票股利或進行股票分割之交易並不常見，因為該二項交易對母公司、母公司股東(控制權益)或合併個體並無助益，除非是非控制股東所持有之子公司普通股在公開市場上交易活絡，因而受影響。

子公司宣告並發放股票股利或進行股票分割對其權益總額沒有影響，惟子公司流通在外普通股股數可能增加，但母公司和非控制股東對子公司之相對權益及持股比例則不受影響，故母公司無須對帳列「採用權益法之投資」作任何會計處理，而期末編製母公司及其子公司合併財務報表的過程與邏輯亦不受影響，詳釋例十六。

釋例十六：

甲公司持有子公司(乙公司)80%股權數年。於 20x5 年 12 月 31 日，甲公司帳列「採用權益法之投資」為$440,000。同日乙公司權益為$500,000，包括普通股股本$200,000(每股面額$10，發行並流通在外 20,000 股)、資本公積－普通股股票溢價$70,000 及保留盈餘$230,000。當初甲公司收購乙公司時，乙公司帳列淨值低估係因有一項未入帳專利權，若以 20x5 年 12 月 31 日起算，該專利權尚有 5 年使用年限。非控制權益係以對乙公司可辨認淨資產已認列金額所享有之比例份額衡量。乙公司 20x6 年淨利為$120,000，並於 20x6 年 12 月間宣告且發放現金股利$40,000 及 10%股票股利。

說明：

(1) 20x5/12/31：(乙權益$500,000＋乙未入帳專利權)×80%＝$440,000

∴ 乙未入帳專利權＝$50,000

乙未入帳專利權之每年攤銷數＝$50,000÷5 年＝$10,000

非控制權益＝($500,000＋$50,000)×20%＝$110,000

(2) 20x6 年 12 月間，乙公司宣告且發放現金股利及股票股利之分錄：

20x6/12/某日 (宣告日)	現金股利 (或 保留盈餘)　　　　40,000 股票股利 (或 保留盈餘)　　　　20,000 　　應付股利 (#)　　　　　　　　　　　40,000 　　待分配股票股利　　　　　　　　　　20,000
	20,000 股×10%＝2,000 股，2,000 股×$10＝$20,000 ＃：應付股利，即「應付現金股利」。
20x6/12/某日 (發放日)	應付股利　　　　　　　　　　　　40,000 　　現　金　　　　　　　　　　　　　　　40,000
20x6/12/某日 (發放日)	待分配股票股利　　　　　　　　20,000 　　普通股股本　　　　　　　　　　　　　20,000

(3) 20x6 年，甲應認列之投資收益＝($120,000－$10,000)×80%＝$88,000

甲收自乙之現金股利＝$40,000×80%＝$32,000

20x6 年，甲收自乙之股票股利＝2,000 股×80%＝1,600 股

20x6/12/31，甲擁有乙普通股股數＝(20,000 股×80%)＋1,600 股＝17,600 股

(4) 20x6 年，非控制權益淨利＝($120,000－$10,000)×20%＝$22,000

　　20x6 年，非控制權益收自乙之現金股利＝$40,000×20%＝$8,000

　　20x6 年，非控制權益收自乙之股票股利＝2,000 股×20%＝400 股

　　20x6/12/31，非控制權益擁有乙普通股股數
$$＝(20,000 股×20\%)＋400 股＝4,400 股$$

(5) 相關項目異動如下：

	20x5/12/31	20x6	20x6/12/31
乙－普通股股本	$200,000	＋$20,000	$220,000
資本公積	70,000		70,000
保留盈餘	230,000	＋$120,000－$40,000－$20,000	290,000
	$500,000		$580,000
權益法：			
甲－採用權益法 　之投資	$440,000	＋$88,000－$32,000	$496,000
合併財務報表：			
專利權	$50,000	－$10,000	$40,000
非控制權益	$110,000	＋$22,000－$8,000	$124,000

(6) 甲公司及乙公司 20x6 年合併工作底稿之沖銷分錄：

(a)	採用權益法認列之子公司、關聯企業 　　　　　　及合資利益之份額	88,000	
	現金股利		32,000
	採用權益法之投資		56,000
(b)	非控制權益淨利	22,000	
	現金股利		8,000
	非控制權益		14,000
(c)	普通股股本	220,000	
	資本公積－普通股股票溢價	70,000	
	保留盈餘	230,000	
	專利權	50,000	
	股票股利		20,000
	採用權益法之投資		440,000
	非控制權益		110,000

(續次頁)

(c)(續)	乙公司權益的組成科目，係以「期初餘額」加上「20x6年股票股利交易」之影響，作為沖銷相對科目之基礎，如下： 　普通股股本：$200,000(初)＋$20,000(股票股利)＝$220,000 　資本公積－普通股股票溢價：$70,000(初) 　保留盈餘：$230,000(初) 　股票股利：$0(初)＋$20,000(股票股利)＝$20,000
	若乙公司宣告股票股利時，係借記「保留盈餘」， 則沖銷分錄修改如下：
	普通股股本　　　　　　　　　　　　　　220,000 資本公積－普通股股票溢價　　　　　　　 70,000 保留盈餘($230,000－股票股利$20,000)　 210,000 專利權　　　　　　　　　　　　　　　　 50,000 　　採用權益法之投資　　　　　　　　　　　　　440,000 　　非控制權益　　　　　　　　　　　　　　　　110,000
(d)	攤銷費用　　　　　　　　　　　　　　　 10,000 　　專利權　　　　　　　　　　　　　　　　　　 10,000

延伸一：

假設乙公司於20x6年12月間宣告現金股利$40,000及10%股票股利，發放日訂在20x7年2月，則甲公司及乙公司20x6年合併工作底稿之沖銷分錄：

(a)	採用權益法認列之子公司、關聯企業 　　　　　及合資利益之份額　　　 88,000 　　現金股利　　　　　　　　　　　　　　　　　 32,000 　　採用權益法之投資　　　　　　　　　　　　　 56,000
(b)	非控制權益淨利　　　　　　　　　　　　 22,000 　　現金股利　　　　　　　　　　　　　　　　　　8,000 　　非控制權益　　　　　　　　　　　　　　　　 14,000
(c)	普通股股本　　　　　　　　　　　　　　200,000 待分配股票股利　　　　　　　　　　　　 20,000 資本公積－普通股股票溢價　　　　　　　 70,000 保留盈餘　　　　　　　　　　　　　　　230,000 專利權　　　　　　　　　　　　　　　　 50,000 　　股票股利　　　　　　　　　　　　　　　　　 20,000 　　採用權益法之投資　　　　　　　　　　　　　440,000 　　非控制權益　　　　　　　　　　　　　　　　110,000

(c) (續)	乙公司權益的組成科目，係以「期初餘額」加上「20x6年股票股利交易」之影響，作為沖銷相對科目之基礎，如下： 　普通股股本：$200,000(初) 　待分配股票股利：$0(初)＋$20,000(股票股利)＝$20,000 　資本公積－普通股股票溢價：$70,000(初) 　保留盈餘：$230,000(初) 　股票股利：$0(初)＋$20,000(股票股利)＝$20,000		
(d)	攤銷費用 　專利權	10,000	10,000
(e)	應付股利 　應收股利	32,000	32,000

延伸二：

　　假設乙公司於20x6年12月30日執行股票分割，一股分割為兩股(stock split, 2-for-1)，則相關項目於20x6年之異動同上述原題(5)，而甲公司及乙公司20x6年合併工作底稿之沖銷分錄同上述原題(6)，惟乙公司於20x6年12月31日流通在外普通股為44,000股，(期初20,000股＋股票股利2,000股)×股票分割2倍＝44,000股，每股面額$5，且甲公司持有乙公司普通股35,200股，(期初16,000股＋股票股利1,600股)×股票分割2倍＝35,200股，非控制股東持有乙公司普通股8,800股，(期初4,000股＋股票股利400股)×股票分割2倍＝8,800股。

附錄－「釋例十一」之「說明(10)」

釋例十一： (修改部分題意)

　　甲公司持有子公司(乙公司)80%股權數年並對乙公司存在控制，非控制權益係以對乙公司可辨認淨資產已認列金額所享有之比例份額衡量。截至20x5年12月31日，甲公司帳列「採用權益法之投資」為$179,000。同日乙公司權益$200,000，包括普通股股本$100,000(每股面額$10，發行並流通在外10,000股)及保留盈餘$100,000。當初甲公司收購乙公司時，乙公司帳列淨值低估係因：(1)未入帳專利權，截至20x5年12月31日，該專利權未攤銷金額為$5,000，尚有2年使用年限；(2)商譽，經定期評估價值未減損。

　　乙公司於20x6年1月1日現金增資發行2,000股普通股，全數由甲公司認購，而發行價格分別為：(a)$20.5，(b)$30，(c)$16。乙公司20x6年淨利為$80,500，並於20x6年12月間宣告且發放現金股利$31,200。

說 明：

(1) 20x5/12/31：(乙權益$200,000＋乙未入帳專利權$5,000)×80%
　　　　　　　＋乙未入帳商譽＝$179,000
　　　∴ 乙公司未入帳商譽＝$15,000
　　　非控制權益＝($200,000＋$5,000)×20%＝$41,000

　　乙公司普通股每股淨值(收購日之公允價值基礎)：
　　(a)屬於甲公司部分：[($200,000＋$5,000)×80%＋$15,000]÷8,000股＝$22.375
　　(b)屬於非控制權益部分：[($200,000＋$5,000)×20%]÷2,000股＝$20.5

(2) 乙公司20x6年1月1日發行新股之分錄：

	(a) $20.5	(b) $30	(c) $16
現　金	41,000	60,000	32,000
普通股股本	20,000	20,000	20,000
資本公積－普通股股票溢價	21,000	40,000	12,000
乙公司權益＝$200,000 ⟶	增為$241,000	增為$260,000	增為$232,000

(3) 甲公司擁有乙公司股權之持股比例由 80%增加為 83.333% (或 5/6)。

[(10,000 股×80%)＋2,000 股]÷(10,000 股＋2,000 股)
　　　　　　＝10,000 股÷12,000 股＝5/6＝83.333%

乙公司發行新股(2,000 股普通股)全數由甲公司認購,使甲公司對乙公司之持股比例增為 83.333%,且對乙公司存在控制,此項所有權權益之變動,應作為權益交易處理,故不影響乙公司未入帳專利權$5,000 及未入帳商譽$15,000 之金額。

(4)「甲擁有乙之權益」與「非控制權益」之相對異動如下：

	發行新股前	發行新股後 (a) $20.5	(b) $30	(c) $16
乙權益	$200,000	$241,000	$260,000	$232,000
加：乙未入帳專利權	5,000	5,000	5,000	5,000
	$205,000	$246,000	$265,000	$237,000
甲對乙之持股比例	× 80%	× 5/6	× 5/6	× 5/6
控制權益 (未包含商譽)	$164,000	$205,000	$220,833	$197,500
加：乙未入帳商譽	15,000	15,000	15,000	15,000
甲擁有乙之權益 (C)	$179,000	$220,000	$235,833	$212,500
甲擁有乙之權益(C)之增加數,借記「採用權益法之投資」(A)		$41,000	$56,833	$33,500
甲認購新股之付現數,貸記「現金」(B)		($41,000)	($60,000)	($32,000)
(A)與(B)之差額,借(貸)記「資本公積」		$ －	$3,167	($1,500)
非控制權益之增(減)數		$ －	$3,167	($1,500)

(a)：發行新股價格＝乙公司普通股每股淨值(屬於非控制權益部分),則乙公司普通股每股淨值(屬於非控制權益部分)無異動,非控制權益也無異動,故「甲擁有乙之權益」亦未受影響。

(b)：發行新股價格＞乙公司普通股每股淨值(屬於非控制權益部分),則提高乙公司普通股每股淨值(屬於非控制權益部分),使非控制權益增加,故「甲擁有乙之權益」就同額減少,因此甲公司借記「資本公積」。

(c)：發行新股價格＜乙公司普通股每股淨值(屬於非控制權益部分),則降低乙公司普通股每股淨值(屬於非控制權益部分),使非控制權益減少,故「甲擁有乙之權益」就同額增加,因此甲公司貸記「資本公積」。

(5) 甲公司 20x6 年 1 月 1 日認購乙公司新發行 2,000 股普通股之分錄：

(a) $20.5	採用權益法之投資	41,000	
	現　金		41,000
	採用權益法之投資：由$179,000 增為$220,000		
(b) $30	採用權益法之投資	56,833	
	資本公積－認列對子公司所有權權益變動數	3,167	
	現　金		60,000
	採用權益法之投資：由$179,000 增為$235,833		
(c) $16	採用權益法之投資	33,500	
	現　金		32,000
	資本公積－認列對子公司所有權權益變動數		1,500
	採用權益法之投資：由$179,000 增為$212,500		

(6) 以(a)為例，乙公司以$20.5 發行新股，相關項目異動如下：
(假設：20x6 年期末，經評估得知商譽價值未減損。)

	20x5/12/31	發行新股	20x6/1/1	20x6	20x6/12/31
乙－權益	$200,000	+$41,000	$241,000	+$80,500－$31,200	$290,300
權益法：					
甲－採用權益法之投資	$179,000	+$41,000	$220,000	+$65,000 －$26,000	$259,000
合併財務報表：	(80%)		(83.333%或 5/6)		
專利權	$ 5,000		$ 5,000	－$2,500	$ 2,500
商　譽	15,000		15,000		15,000
	$20,000		$20,000		$17,500
非控制權益	$41,000		$41,000	+$13,000－$5,200	$48,800
	(20%)		(16.667%或 1/6)		

20x6：甲應認列之投資收益＝($80,500－$2,500)×(5/6)＝$65,000
　　　非控制權益淨利＝($80,500－$2,500)×(1/6)＝$13,000
20x6：甲收自乙之現金股利＝$31,200×(5/6)＝$26,000
　　　非控制權益收自乙之現金股利＝$31,200×(1/6)＝$5,200
20x6/1/1 (發行新股後)：
　　　採用權益法之投資＝($241,000＋$5,000)×(5/6)＋$15,000＝$220,000
　　　非控制權益＝($241,000＋$5,000)×(1/6)＝$41,000
20x6/12/31：採用權益法之投資＝($290,300＋$2,500)×(5/6)＋$15,000＝$259,000
　　　非控制權益＝($290,300＋$2,500)×(1/6)＝$48,800

(7) 以(b)為例，乙公司以$30發行新股，相關項目異動如下：

(假設：20x6年期末，經評估得知商譽價值未減損。)

	20x5/12/31	發行新股	20x6/1/1	20x6	20x6/12/31
乙－權　益	$200,000	＋$60,000	$260,000	＋$80,500－$31,200	$309,300
權益法：					
甲－採用權益法之投資	$179,000	＋$56,833	$235,833	＋$65,000 －$26,000	$274,833
合併財務報表：	(80%)		(83.333%或5/6)		
專利權	$ 5,000		$ 5,000	－$2,500	$ 2,500
商　譽	15,000		15,000		15,000
	$20,000		$20,000		$17,500
非控制權益	$41,000	＋$3,167	$44,167	＋$13,000－$5,200	$51,967
	(20%)		(16.667%或1/6)		

20x6/1/1： 採用權益法之投資＝($260,000＋$5,000)×(5/6)＋$15,000＝$235,833
(發行新股後) 非控制權益＝($260,000＋$5,000)×(1/6)＝$44,167
20x6/12/31：採用權益法之投資＝($309,300＋$2,500)×(5/6)＋$15,000＝$274,833
　　　　　　非控制權益＝($309,300＋$2,500)×(1/6)＝$51,967

(8) 以(c)為例，乙公司以$16發行新股，相關項目異動如下：

(假設：20x6年期末，經評估得知商譽價值未減損。)

	20x5/12/31	發行新股	20x6/1/1	20x6	20x6/12/31
乙－權　益	$200,000	＋$32,000	$232,000	＋$80,500－$31,200	$281,300
權益法：					
甲－採用權益法之投資	$179,000	＋$33,500	$212,500	＋$65,000 －$26,000	$251,500
合併財務報表：	(80%)		(83.333%或5/6)		
專利權	$ 5,000		$ 5,000	－$2,500	$ 2,500
商　譽	15,000		15,000		15,000
	$20,000		$20,000		$17,500
非控制權益	$41,000	－$1,500	$39,500	＋$13,000－$5,200	$47,300
	(20%)		(16.667%或1/6)		

20x6/1/1： 採用權益法之投資＝($232,000＋$5,000)×(5/6)＋$15,000＝$212,500
(發行新股後) 非控制權益＝($232,000＋$5,000)×(1/6)＝$39,500
20x6/12/31：採用權益法之投資＝($281,300＋$2,500)×(5/6)＋$15,000＝$251,500
　　　　　　非控制權益＝($281,300＋$2,500)×(1/6)＝$47,300

(9) 甲公司及乙公司 20x6 年合併工作底稿之沖銷分錄：

		(a) $20.5	(b) $30	(c) $16
(i)	採用權益法認列之子公司、關聯企業及合資利益之份額	65,000	65,000	65,000
	股　利	26,000	26,000	26,000
	採用權益法之投資	39,000	39,000	39,000
(ii)	非控制權益淨利	13,000	13,000	13,000
	股　利	5,200	5,200	5,200
	非控制權益	7,800	7,800	7,800
(iii)	普通股股本	120,000	120,000	120,000
	資本公積－普通股股票溢價	21,000	40,000	12,000
	保留盈餘	100,000	100,000	100,000
	專利權	5,000	5,000	5,000
	商　譽	15,000	15,000	15,000
	採用權益法之投資	220,000	235,833	212,500
	非控制權益	41,000	44,167	39,500
(iv)	攤銷費用	2,500	2,500	2,500
	專利權	2,500	2,500	2,500
註：	普通股股本	$100,000＋$20,000 ＝$120,000	$100,000＋$20,000 ＝$120,000	$100,000＋$20,000 ＝$120,000
	資本公積－普通股股票溢價	$0＋$21,000 ＝$21,000	$0＋$40,000 ＝$40,000	$0＋$12,000 ＝$12,000
	採用權益法之投資	$179,000＋$41,000 ＝$220,000	$179,000＋$56,833 ＝$235,833	$179,000＋$33,500 ＝$212,500
	非控制權益	$41,000	$41,000＋$3,167 ＝$44,167	$41,000－$1,500 ＝$39,500

習　題

(一)　(期中收購)

　　甲公司於 20x6 年 10 月 1 日以$1,116,000 取得乙公司 60%股權，並對乙公司存在控制。當日乙公司帳列資產及負債之帳面金額皆等於公允價值，且無未入帳可辨認資產或負債。非控制權益係以對乙公司可辨認淨資產已認列金額所享有之比例份額衡量。於 20x5 年 12 月 31 日，乙公司權益為$1,600,000，包括普通股股本$1,000,000 及保留盈餘$600,000。乙公司 20x6 年淨利為$240,000，係於年度中平均地賺得，並於20x6年 5月及11月分別宣告且發放現金股利$70,000 及$50,000。下列是甲公司及乙公司 20x6 年損益資料：

	甲公司	乙公司
銷貨收入	$1,800,000	$800,000
採用權益法認列之子公司、關聯企業及合資利益之份額	?	—
銷貨成本	(840,000)	(360,000)
營業費用	(600,000)	(200,000)
淨　利	$　?	$240,000

試作：(1) 按權益法，甲公司應認列之 20x6 年投資收益。
　　　(2) 甲公司及乙公司 20x6 年合併綜合損益表之非控制股權淨利。
　　　(3) 甲公司及乙公司 20x6 年 12 月 31 日合併財務狀況表之非控制股權。
　　　(4) 甲公司及乙公司 20x6 年合併工作底稿之沖銷分錄。

解答：

收購日，乙公司帳列資產及負債之帳面金額皆等於公允價值，且無未入帳可辨認資產或負債，故當天乙公司淨值低估皆係因乙公司未入帳商譽所致。

20x6/10/ 1 (收購日)：
　　乙公司帳列淨值＝$1,600,000＋($240,000×9/12)－$70,000＝$1,710,000
　　非控制權益＝($1,710,000 ± 未入帳可辨認資產或負債$0)×40%＝$684,000
　　乙公司總公允價值＝$1,116,000＋$684,000＝$1,800,000
　　商譽＝$1,800,000－$1,710,000＝$90,000

20x6 年：甲公司應認列之投資收益＝($240,000×3/12)×60％＝$36,000
　　　　　非控制權益淨利＝($240,000×3/12)×40％＝$24,000

相關項目異動如下： (單位：千元)
(假設：20x6 年期末，經評估得知商譽價值未減損。)

	20x6/1/1	1/1～9/30	20x6/10/1	10/1～12/31	20x6/12/31
乙－權　益	$1,600	＋$180－$70	$1,710	＋$60－$50	$1,720
權益法：					
甲－採用權益法之投資			$1,116	＋$36－$30	$1,122
合併財務報表：					
商　譽			$90		$90
非控制權益			$684	＋$24－$20	$688

(1) 甲公司應認列之投資收益＝($240,000×3/12)×60％＝$36,000
(2) 非控制權益淨利＝($240,000×3/12)×40％＝$24,000
(3) 20x6/12/31，非控制權益＝$684,000＋$24,000－($50,000×40％)＝$688,000

(4) 甲公司及乙公司 20x6 年合併工作底稿之沖銷分錄：

(a)	採用權益法認列之子公司、關聯企業		
	及合資利益之份額	36,000	
	股　利		30,000
	採用權益法之投資		6,000
(b)	非控制權益淨利	24,000	
	股　利		20,000
	非控制權益		4,000
(c)	普通股股本	1,000,000	
	保留盈餘	600,000	
	商　譽	90,000	
	銷貨收入	600,000	
	銷貨成本		270,000
	營業費用		150,000
	股　利		70,000
	採用權益法之投資		1,116,000
	非控制權益		684,000

(續次頁)

銷貨收入：$800,000×9/12＝$600,000		
銷貨成本：$360,000×9/12＝$270,000		
營業費用：$200,000×9/12＝$150,000		

(二)　(期中收購，一次收購)

　　甲公司於20x5年初以$13,000取得乙公司25%股權，經評估對乙公司具重大影響。當日乙公司權益包括股本$30,000及保留盈餘$20,000。甲公司另於20x6年4月1日以$60,000取得乙公司55%股權，經評估對乙公司存在控制。收購日，原持有乙公司25%股權之公允價值為$25,000，非控制權益係以收購日公允價值$20,000衡量。已知兩次取得股權時，乙公司帳列資產及負債之帳面金額均等於公允價值，且無未入帳可辨認資產或負債。乙公司20x5年及20x6年之淨利均為$40,000，係於年度中平均賺得，每年於6月10日宣告並發放現金股利$10,000。

試作：(1) 20x6年4月1日，甲公司對原持有乙公司25%股權投資之適當會計處理為何？(若無需任何會計處理，請寫「無」。)

(2) 下列項目應表達在甲公司及乙公司20x6年合併財務報表中之金額：
(若金額為零，請寫「$0」。)
(a) 商譽　(b) 投資收益　(c) 非控制權益淨利　(d) 非控制權益
(e) 分階段合併前持有關聯企業權益之利益(損失)

解答：

20x5/1/1：投資差額(商譽)＝$13,000－($50,000×25%)＝$500

	20x5/1/1	20x5	20x5/12/31		
乙－權　益	$50	＋$40－$10	$80		
權益法：					
甲－採用權益法之投資	$13	＋$10－$2.5	$20.5		
投資差額：					
商　譽	$0.5		$0.5		
驗　算：　20x5/12/31：商譽＝$20.5－($80×25%)＝$0.5					

乙淨利$40,000×(3/12)＝$10,000，乙淨利$40,000×(9/12)＝$30,000
甲20x6前3個月應認列之投資收益(投資關聯企業)＝$10,000×25%＝$2,500

	20x5/12/31	1～3月	20x6/4/1	4～12月	20x6/12/31
乙－權　益	$80	+$10	$90	+$30－$10	$110
權益法：					
甲－採用權益法之投資	$20.5	+$2.5	$23 +$2+$60 = $85	+$24－$8	$101
投資差額：			**合併財務報表：**		
商　　譽	$0.5		$0.5		
			$15 (重新計算)		$15
非控制權益			$20	+$6－$2	$24

20x6/4/1：乙未入帳商譽＝[($60＋$25)＋$20]－[($30＋$20＋$40－$10)
(收購日)　　　　　　　　　＋($40×3/12)]＝$105－$90＝$15

驗　算：20x6/12/31：乙權益$110＋乙未入帳商譽$15＝$125＝$101＋$24

(1)

20x6/4/1	採用權益法之投資	2,000	
	分階段合併前持有關聯企業權益之利益		2,000
	採用權益法之投資：BV$23,000 調到 FV$25,000，增加$2,000。		

(2) 　(a) 商譽＝$15,000　　　　　　　(b) 投資收益＝$2,500
　　(c) 非控制權益淨利＝$6,000　　(d) 非控制權益＝$24,000
　　(e) 分階段合併前持有關聯企業權益之利益＝$2,000

(三)　(期中收購、分批收購、收購日後再取得股權)

　　甲公司於 20x5 年 10 月 1 日至 20x7 年 7 月 1 日間三次取得乙公司股權，累計持股 90%。乙公司權益包括普通股股本及保留盈餘，普通股股本為 $100,000(面額$10，10,000 股)，於 20x5 至 20x7 年間無任何異動，其他資料如下：

股權取得日	取得之股權比例	股權取得成本	取得股權當年，乙公司之相關資料			
			期初保留盈餘	淨利	銷貨收入	銷貨成本及各項費用
20x5/10/1	20%(具重大影響)	$34,000	$20,000	$40,000	$200,000	$160,000
20x6/4/1	40%(存在控制)	$80,000	?	$60,000	$280,000	$220,000
20x7/7/1	30%	$85,000	?	$50,000	$250,000	$200,000

於三次股權取得日，乙公司帳列資產及負債之帳面金額皆等於公允價值，且無未入帳可辨認資產或負債。非控制權益係以收購日公允價值衡量。假設乙公司之損益項目皆於各年度平均地發生。

試作：(A) 下表中之各項金額：

		20x5	20x6	20x7
(a)	按權益法，甲公司應認列之投資損益	(a1)	(a2)	(a3)
(b)	甲公司帳列「採用權益法之投資」於各年底之餘額	(b1)	(b2)	(b3)
(c)	應表達在各年度合併綜合損益表之「非控制權益淨利」金額	(無)	(c2)	(c3)
(d)	應表達在各年底合併財務狀況表之「非控制權益」金額	(無)	(d2)	(d3)
(e)	應表達在各年底合併財務狀況表之「商譽」金額 (若有的話)	(無)	(e2)	(e3)

(B) 按權益法，甲公司 20x5 至 20x7 年有關股權投資之所有必要分錄。
(C) 甲公司及乙公司 20x6 及 20x7 年合併工作底稿之沖銷分錄。

解答：

(1) 於三次股權取得日，因乙公司帳列資產及負債之帳面金額皆等於公允價值，且無未入帳可辨認資產或負債，故甲公司之投資成本若超過所取得之股權淨值，或於收購日乙公司總公允價值大於其可辨認淨值之公允價值，則皆係乙公司未入帳商譽所致。

(2) 20x5/10/1：乙權益＝($100,000＋$20,000)＋($40,000×9/12)＝$150,000
　　　　　　　 投資差額＝商譽＝$34,000－($150,000×20%)＝$4,000
　20x5 年 10～12 月：甲應認列之投資收益＝($40,000×3/12)×20%＝$2,000
　20x6 年 1～ 3 月：甲應認列之投資收益＝($60,000×3/12)×20%＝$3,000

(3) 20x6/4/1 (收購日)：非控制權益係以收購日公允價值衡量，惟題意中未提及該公允價值，故設算之。
　乙公司總公允價值＝$80,000÷40%＝$200,000
　乙公司權益＝($120,000＋$40,000)＋($60,000×3/12)＝$175,000
　乙公司未入帳商譽＝$200,000－$175,000＝$25,000
　非控制權益＝$200,000×[1－(20%＋40%)]＝$200,000×40%＝$80,000

因題目未提供甲原對乙持股(20%)於 20x6/ 4/ 1 之公允價值，故設算之，$80,000×(20%÷40%)＝$40,000，因此須將甲帳列「採用權益法之投資」$39,000[甲原對乙持股 20%部分，詳下列(7)相關項目異動表] 調整為公允價值$40,000，認列$1,000「利益」或「其他綜合損益」，筆者選擇將$1,000 列為「利益」，筆者依準則用詞將該利益之會計科目設為「分階段合併前持有關聯企業權益之利益」。分錄如下：

20x6/ 4/ 1	採用權益法之投資	1,000	
	分階段合併前持有關聯企業權益之利益		1,000

(4) 20x6 年 4～12 月：甲應認列之投資收益＝($60,000×9/12)×60%＝$27,000
　　　　　　　　　　非控制權益淨利＝($60,000×9/12)×40%＝$18,000
　20x7 年 1～6 月：甲應認列之投資收益＝($50,000×6/12)×60%＝$15,000
　　　　　　　　　非控制權益淨利＝($50,000×6/12)×40%＝$10,000

(5) 20x7/ 7/ 1：

甲公司再取得乙公司 30%，應視為額外再投資，因甲公司與乙公司已於 20x6/ 4/ 1 形成母、子公司合併個體，故應調整控制與非控制權益之帳面金額以反映其於子公司相對權益之變動。非控制權益之調整金額與所支付或收取對價之公允價值間之差額，應直接認列為權益且歸屬於母公司業主。

非控制權益＝(20x6/ 4/ 1) $80,000＋(20x6 年 4～12 月) $18,000
　　　　　＋(20x7 年 1～6 月) $10,000＝$108,000

非控制權益於 20x7/ 6/30 對乙公司持股 40%，故 20x7/ 7/ 1 非控制權益對乙公司 30%股權應轉列為「採用權益法之投資」，$108,000×(30%÷40%)＝$81,000，其與甲所支付現金$85,000 之差額$4,000，則減少甲公司之「資本公積」。分錄如下：

20x7/ 7/ 1	採用權益法之投資	81,000	
	資本公積－實際取得或處分子公司股權		
	價格與帳面價值差額	4,000	
	現　金		85,000

(6) 20x7 年(後半年)：甲公司應認列之投資收益＝($50,000×6/12)×90%＝$22,500
　　　　　　　　　非控制權益淨利＝($50,000×6/12)×10%＝$2,500

(7) 相關項目異動如下：

(假設：20x5、20x6 及 20x7 年期末，經評估得知商譽價值未減損。)

	20x5/1/1	1～9月	20x5/10/1	10～12月	20x5/12/31
乙－權　益	$120,000	＋$30,000	$150,000	＋$10,000	$160,000
權益法：					
甲－採用權益法之投資			$34,000	＋$2,000	$36,000
投資差額：					
商　譽			$4,000		$4,000
驗　算： 20x5/12/31：商譽＝$36,000－($160,000×20%)＝$4,000					

(延續上表)

	20x6/1/1	1～3月	20x6/4/1	4～12月	20x6/12/31
乙－權　益	$160,000	＋$15,000	$175,000	＋$45,000	$220,000
權益法：					
甲－採用權益法之投資	$36,000	＋$3,000	$39,000 ＋$1,000 ＋$80,000 ＝$120,000	＋$27,000	$147,000
合併財務報表：					
商　譽	$4,000		$4,000		
			$25,000 (重新計算)		$25,000
非控制權益			$80,000	＋$18,000	$98,000
驗　算：					
20x6/12/31：甲帳列「採用權益法之投資」＝($220,000＋$25,000)×60%＝$147,000 　　　　　　「非控制權益」＝($220,000＋$25,000)×40%＝$98,000					

(延續上表)

	20x7/1/1	1～6月	20x7/7/1	7～12月	20x7/12/31
乙－權　益	$220,000	＋$25,000	$245,000	＋$25,000	$270,000
權益法：					
甲　採用權益法之投資	$147,000	＋$15,000	$162,000 ＋$81,000 ＝$243,000	＋$22,500	$265,500
合併財務報表：					
商　譽	$25,000		$25,000		$25,000

(承上頁)

	20x7/1/1	1～6月	20x7/7/1	7～12月	20x7/12/31
非控制權益	$98,000	+$10,000	$108,000 −$81,000 =$27,000	+$2,500	$29,500

驗算：
20x7/12/31：甲帳列「採用權益法之投資」＝($270,000＋$25,000)×90%＝$265,500
　　　　　　「非控制權益」＝($270,000＋$25,000)×10%＝$29,500

(A) 下表中之各項金額：

		20x5	20x6	20x7
(a)	按權益法，甲公司應認列之投資損益	$2,000	$30,000	$37,500
(b)	甲公司帳列「採用權益法之投資」於各年底之餘額	$36,000	$147,000	$265,500
(c)	應表達在各年度合併綜合損益表之「非控制權益淨利」金額	(無)	$18,000	$12,500
(d)	應表達在各年底合併財務狀況表之「非控制權益」金額	(無)	$98,000	$29,500
(e)	應表達在各年底合併財務狀況表之「商譽」金額 (若有的話)	(無)	$25,000	$25,000

(B) 甲公司應作之分錄：

20x5/10/1	採用權益法之投資	34,000	
	現　金		34,000
12/31	採用權益法之投資	2,000	
	採用權益法認列之關聯企業及合資利益之份額		2,000
20x6/4/1	採用權益法之投資	80,000	
	現　金		80,000
4/1	採用權益法之投資	3,000	
	採用權益法認列之關聯企業及合資利益之份額		3,000
4/1	採用權益法之投資	1,000	
	分階段合併前持有關聯企業權益之利益		1,000
12/31	採用權益法之投資	27,000	
	採用權益法認列之子公司、關聯企業 　　　　及合資利益之份額		27,000

20x7/ 7/ 1	採用權益法之投資	15,000	
	採用權益法認列之子公司、關聯企業		
	及合資利益之份額		15,000
7/ 1	採用權益法之投資	81,000	
	資本公積－實際取得或處分子公司股權價格		
	與帳面價值差額		4,000
	現　金		85,000
12/31	採用權益法之投資	22,500	
	採用權益法認列之子公司、關聯企業		
	及合資利益之份額		22,500

(C) 甲公司及乙公司 20x6 及 20x7 年合併工作底稿之沖銷分錄：

		20x6		20x7	
(1)	採用權益法認列之子公司、				
	關聯企業及合資利益之份額（※）	27,000		37,500	
	採用權益法之投資		27,000		37,500
(2)	非控制權益淨利	18,000		12,500	
	非控制權益		18,000		12,500
(3)	普通股股本	100,000		100,000	
	保留盈餘	60,000		120,000	
	商　譽	25,000		25,000	
	銷貨收入（#）	70,000		—	
	銷貨成本及各項費用（#）		55,000		—
	採用權益法之投資（&）		120,000		228,000
	非控制權益（&）		80,000		17,000
※	在收購日後(20x6/ 4/ 1 之後)，才能將乙公司的營業結果納入合併綜合損益表，故前 3 個月甲投資乙(關聯企業)所認列之「採用權益法認列之關聯企業及合資利益之份額」$3,000 不沖銷，仍會表達在 20x6 年之合併綜合損益表。				
#	20x6：銷貨收入：$280,000×(3/12)＝$70,000				
	20x6：銷貨成本及各項費用：$220,000×(3/12)＝$55,000				
&	20x6/ 4/ 1：採用權益法之投資：$120,000，　非控制權益：$80,000				
	20x7：採用權益法之投資：期初$147,000＋甲再投資$81,000＝$228,000				
	20x7：非控制權益：期初$98,000－甲再投資$81,000＝$17,000				

(四) (期中收購、分批收購、收購後再投資)

甲公司於 20x3 年 1 月 1 日至 20x6 年 1 月 1 日間四次取得乙公司股權。乙公司權益包括普通股股本及保留盈餘，普通股股本為$1,000,000 (每股面額$10)，於 20x3 至 20x6 年間無任何異動，其他資料如下：

(1)

股權取得日	取得股權比例	股權取得成本	取得股權當年，乙公司相關資料				
			期初保留盈餘	淨利	銷貨收入	銷貨成本及各項費用	現金股利
20x3/ 1/ 1	10%	$650,000	$5,000,000	$1,200,000	$4,000,000	$2,800,000	$200,000
20x4/ 1/ 1	15%	$1,092,000	?	$1,400,000	$4,700,000	$3,300,000	$300,000
20x5/ 7/ 1	45%	$4,009,500	?	$1,200,000	$4,200,000	$3,000,000	$300,000
20x6/ 1/ 1	9%	$850,000	?	(略)	(略)	(略)	(略)

(2) 假設乙公司之損益項目皆於各年度中平均地發生。

(3) <u>20x3 年</u>：1 月 1 日，乙公司權益為$6,000,000。經評估甲公司對乙公司不具重大影響。甲公司依 IFRS 9 及管理金融資產之經營模式，將對乙公司之 10%股權投資分類為「透過損益按公允價值衡量之金融資產」。現金股利係於 11 月 30 日宣告並發放。12 月 31 日，乙公司普通股每股市價為$73.8。

(4) <u>20x4 年</u>：1 月 1 日，乙公司帳列資產及負債之帳面金額皆等於公允價值，除一項未入帳專利權(尚有 5 年使用年限)外，無其他未入帳資產或負債。經評估甲公司對乙公司具重大影響，原持股(10%)之公允價值為$728,000。乙公司於 20x4 年間對其帳列土地重估價，增值金額為$60,000。現金股利係於 11 月 30 日宣告並發放。

(5) <u>20x5 年</u>：7 月 1 日，乙公司帳列資產及負債之帳面金額皆等於公允價值，除一項未入帳專利權(尚有 3.5 年使用年限)外，並無其他未入帳資產或負債。經評估甲公司對乙公司存在控制。甲公司對乙公司原持股(25%)及非控制權益之公允價值分別為$2,225,000 及$2,670,500。現金股利係於 5 月 1 日及 11 月 1 日分別宣告並發放，金額分別為$100,000 及$200,000。

試作：

(A) 下表中之各項金額：

		20x3	20x4	20x5
(a)	按 IFRS 9 及權益法，甲公司各年度與投資乙公司股權相關之利益(損失)	(a1)	(a2)	(a3)
(b)	甲公司帳列「採用權益法之投資」在各年期末之餘額		(b1)	(b2)
(c)	年度合併綜合損益表之「非控制權益淨利」		(無)	(c2)
(d)	年底合併財務狀況表之「非控制權益」		(無)	(d2)
(e)	年底合併財務狀況表之「專利權」(若有的話)		(無)	(e2)

(B) 按權益法，甲公司 20x3 至 20x6 年有關股權投資之分錄。

(C) 甲公司及乙公司 20x5 年合併工作底稿之沖銷分錄。

解答：

(A) 下表中之各項金額： [金額計算過程，請詳(B)分錄說明及計算]

		20x3	20x4	20x5
(a)	按 IFRS 9 及權益法，甲公司各年度與投資乙公司股權相關之利益(損失)金額	$108,000	$326,000	$549,500
(b)	甲公司帳列「採用權益法之投資」在各年底之餘額		$2,096,000	$6,490,000
(c)	年度合併綜合損益表之「非控制權益淨利」金額		(無)	$169,500
(d)	年底合併財務狀況表之「非控制權益」金額		(無)	$2,780,000
(e)	年底合併財務狀況表之「專利權」金額 (若有的話)		(無)	$210,000

(B)

20x3/ 1/ 1	強制透過損益按公允價值衡量之金融資產	650,000	
	現　金		650,000
11/30	現　金	20,000	
	股利收入		20,000
	$200,000×10％＝$20,000		
12/31	強制透過損益按公允價值衡量之金融資產評價調整	88,000	
	透過損益按公允價值衡量之金融資產(負債)利益		88,000
	評價調整：($73.8×10,000 股)－$650,000＝$88,000(借餘)		
20x4/ 1/ 1	採用權益法之投資	1,092,000	
	現　金		1,092,000
1/ 1	透過損益按公允價值衡量之金融資產(負債)損失	10,000	
	強制透過損益按公允價值衡量之金融資產評價調整		10,000

(續次頁)

1/1 (續)	評價調整：$728,000－$650,000＝$78,000(借餘)， $78,000－$88,000＝－$10,000，故評價調整應貸記$10,000。		
	若無法取得原10%持股之公允價值資訊，則設算如下： 原10%持股之公允價值＝$1,092,000×(10%÷15%)＝$728,000		
1/1	採用權益法之投資 強制透過損益按公允價值衡量之金融資產 強制透過損益按公允價值衡量之金融資產評價調整	728,000	650,000 78,000
	針對甲公司持有乙公司25%股權部分： 乙未入帳專利權＝($728,000＋$1,092,000)－[$7,000,000×(10%＋15%)] ＝$70,000， 乙未入帳專利權之每年攤銷數＝$70,000÷5年＝$14,000		
11/30	現　金 採用權益法之投資	75,000	75,000
	$300,000×25%＝$75,000		
12/31	採用權益法之投資 採用權益法認列之關聯企業及合資利益之份額	336,000	336,000
	($1,400,000×25%)－$14,000＝$336,000		
12/31	採用權益法之投資 其他綜合損益－關聯企業及合資之不動產重估增值	15,000	15,000
	土地重估增值$60,000×25%＝$15,000		
	截至104/12/31，「採用權益法之投資」餘額 ＝$1,092,000＋$728,000－$75,000＋$336,000＋$15,000＝$2,096,000		
20x5/5/1	現　金 採用權益法之投資	25,000	25,000
	$100,000×25%＝$25,000		
7/1	採用權益法之投資 現　金	4,009,500	4,009,500
7/1	採用權益法之投資 採用權益法認列之關聯企業及合資利益之份額	143,000	143,000
	($1,200,000×6/12×25%)－($14,000×6/12)＝$143,000		
7/1	採用權益法之投資 分階段合併前持有關聯企業權益之利益	11,000	11,000
	截至105/7/1，原持股25%之「採用權益法之投資」餘額 ＝$2,096,000－$25,000＋$143,000＝$2,214,000 同日原持股25%之公允價值$2,225,000－$2,214,000＝$11,000		
7/1	其他權益－不動產重估增值 　　　－採用權益法之關聯企業及合資 保留盈餘	15,000	15,000

11/1	現　金　　　　　　　　　　　　　　　　　　140,000	
	採用權益法之投資　　　　　　　　　　　　　　　　　140,000	
	$200,000×70%＝$140,000	
12/31	採用權益法之投資　　　　　　　　　　　　395,500	
	採用權益法認列之子公司、關聯企業及合資	
	利益之份額　　　　　　　　　　　　　　　　395,500	
	$2,225,000＋$2,670,500＋$4,009,500＝$8,905,000	
	$6,000,000＋($1,200,000－$200,000)＋($1,400,000－$300,000＋$60,000)	
	＋($1,200,000×6/12－$100,000)＝$8,660,000	
	$8,905,000－$8,660,000＝$245,000，$245,000÷3.5 年＝$70,000	
	[$1,200,000×6/12－($70,000×6/12)]×70%＝$395,500	
	截至 20x5/12/31，「採用權益法之投資」餘額	
	＝$2,096,000－$25,000＋$4,009,500＋$143,000＋$11,000－$140,000	
	＋$395,500＝$6,490,000	
	20x5/12/31 合併財務狀況表上之「專利權」	
	＝$245,000－($70,000×6/12)＝$210,000	
20x6/1/1	採用權益法之投資　　　　　　　　　　　　834,000	
	資本公積－實際取得或處分子公司股權價格	
	與帳面價值差額　　　　　　　　　16,000	
	現　金　　　　　　　　　　　　　　　　　　　　850,000	
	20x5/12/31 非控制權益	
	＝$2,670,500－($200,000×30%)＋[$1,200,000×6/12－($70,000×6/12)]×30%	
	＝$2,670,500－$60,000＋$169,500＝$2,780,000	
	$2,780,000×(9%÷30%)＝$834,000	

(C) 甲公司及乙公司 20x5 年合併工作底稿之沖銷分錄：

(a)	採用權益法認列之子公司、關聯企業及合資利益之份額　　395,500	
	股　利　　　　　　　　　　　　　　　　　　　　　　140,000	
	採用權益法之投資　　　　　　　　　　　　　　　　　255,500	
(b)	非控制權益淨利　　　　　　　　　　　　　　　　169,500	
	股　利　　　　　　　　　　　　　　　　　　　　　　60,000	
	非控制權益　　　　　　　　　　　　　　　　　　　　109,500	
(c)	(詳次頁)	
(d)	攤銷費用　　　　　　　　　　　　　　　　　　　35,000	
	專利權　　　　　　　　　　　　　　　　　　　　　　35,000	
	$70,000×6/12＝$35,000	

(c)

普通股股本 (1/1)		1,000,000
保留盈餘 (1/1)		7,100,000
其他權益－不動產重估增值 (1/1)		60,000
專利權 (7/1)		245,000
銷貨收入 (1/1～6/30)		2,100,000
銷貨成本及各項費用 (1/1～6/30)	1,500,000	
股　利 (1/1～6/30)	100,000	
採用權益法之投資 (7/1)	6,234,500	
非控制權益 (7/1)	2,670,500	

網底六項目合計數＝20x5/ 7/ 1 乙公司帳列權益
　　　　　　＝($1,000,000＋$7,100,000＋$60,000)＋($2,100,000－$1,500,000)－$100,000
　　　　　　＝$8,660,000

採用權益法之投資＝($2,214,000＋增值$11,000)＋再投資$4,009,500＝$6,234,500
銷貨收入＝$4,200,000×(6/12)＝$2,100,000
銷貨成本及各項費用＝$3,000,000×(6/12)＝$1,500,000

(五) (收購日後再期中取得股權)

甲公司於20x1年初以$352,000取得乙公司80%股權並對乙公司存在控制。非控制權益係依對乙公司可辨認淨資產已認列金額所享有之比例份額衡量。於收購日，乙公司權益包括股本$300,000及保留盈餘$100,000，其帳列資產及負債之帳面金額皆等於公允價值，除有一項未入帳專利權(尚有10年使用年限)外，並無其他未入帳可辨認資產或負債。

甲公司於20x3年 1月 1日於公開市場以$96,000購入乙公司帳面金額為$108,000之公司債作為投資，並分類為「按攤銷後成本衡量之金融資產」。該公司債係乙公司於20x1年 1月 1日發行，面額$100,000，票面利率10%，6年期，每年12月31日付息。甲公司及乙公司皆採直線法攤銷公司債之折、溢價。20x3年底，乙公司權益包括股本$300,000及保留盈餘$320,000。甲公司另於20x4年 4月1日以$70,000購入乙公司10%股權。乙公司20x4年淨利為$120,000，係於年度中平均賺得，並於7月1日宣告且發放現金股利$40,000。

試作：(1) 20x4 年 4 月 1 日，甲公司取得乙公司 10%股權分錄。
　　　(2) 甲公司及乙公司 20x4 年合併工作底稿之沖銷分錄。

解答：

20x1/1/1： 非控制權益＝(乙權益$400,000＋乙未入帳專利權)×20%

因乙無未入帳商譽，所以「採用權益法之投資」$352,000＝(乙權益$400,000＋乙未入帳專利權)×80%，故乙未入帳專利權＝$40,000。

非控制權益＝($400,000＋$40,000)×20%＝$88,000

乙未入帳專利權之每年攤銷數＝$40,000÷10年＝$4,000

20x3/1/1：

類似逆流/甲買回乙公司債作為債券投資：

已實利＝$96,000－$108,000＝－$12,000，全數於20x3年認列，而非於20x3～20x6四年間分年認列，每年認列$3,000，$12,000÷4年＝$3,000。

20x1～20x3：

甲「採用權益法之投資」淨變動數

＝(淨＋$220,000－$4,000×3年＋$12,000－$3,000)×80%＝淨＋$173,600

「非控制權益」淨變動數

＝(淨＋$220,000－$4,000×3年＋$12,000－$3,000)×20%＝淨＋$43,400

按權益法，相關項目異動如下： (單位：千元)

	20x1/1/1	20x1～20x3	20x3/12/31		
乙－權 益	$400	淨＋$220	$620		
權益法：					
甲－採用權益法之投資	$352	淨＋$173.6	$525.6		
合併財務報表：					
專利權	$40	－$4×3年	$28		
非控制權益	$88	淨＋$43.4	$131.4		

20x4年1月～3月，甲公司應認列之投資收益

＝[($120,000－$4,000－$3,000)×(3/12)]×80%＝$25,600

20x4年1月～3月，非控制權益淨利

＝[($120,000－$4,000－$3,000)×(3/12)]×20%＝$5,650

20x4/4/1：甲再買乙10%股權，($131,400＋$5,650)×(10%÷20%)＝$68,525

20x4/4/1	採用權益法之投資	68,525	
	資本公積－實際取得或處分子公司		
	股權價格與帳面價值差額	1,475	
	現　　金		70,000

20x4 年 4 月～12 月，甲公司應認列之投資收益
$$=[(\$120{,}000-\$4{,}000-\$3{,}000)\times(9/12)]\times 90\%=\$76{,}275$$
20x4 年 4 月～12 月，非控制權益淨利
$$=[(\$120{,}000-\$4{,}000-\$3{,}000)\times(9/12)]\times 10\%=\$8{,}475$$

按權益法，相關項目異動如下：（單位：千元）

	20x3/12/31	1～3 月	20x4/4/1	4～12 月	20x4/12/31
乙－權　益	$620	＋$30	$650	＋$90－$40	$652
權益法：					
甲－採用權益法之投資	$525.6	＋$25.6	$551.2　＋$68.525 ＝$619.725	＋$76.275 －$36	$660
合併財務報表：					
專利權	$28	－$1	$27	－$3	$24
非控制權益	$131.4	＋$5.65	$137.05　－$68.525 ＝$68.525	＋$8.475 －$4	$73

甲公司及乙公司 20x4 年合併工作底稿之沖銷分錄：

(1)	應付公司債　　　　　　　　　　　　104,000	
	按攤銷後成本衡量之金融資產	98,000
	採用權益法之投資	4,800
	非控制權益	1,200
溢價$8,000÷(6－2)年＝$2,000，折價$4,000÷(6－2)年＝$1,000		
$108,000－($2,000×2 年)＝$104,000		
$96,000＋($1,000×2 年)＝$98,000		
(2)	利息收入　　　　　　　　　　　　　11,000	
	利息費用	8,000
	採用權益法之投資	2,400
	非控制權益	600
$100,000×10%×1 年＝$10,000		
利息收入＝$10,000＋折價攤銷$1,000＝$11,000		
利息費用＝$10,000－溢價攤銷$2,000＝$8,000		
(3)	採用權益法認列之子公司、 關聯企業及合資利益之份額　　　　101,875	
	股　　利	36,000
	採用權益法之投資	65,875

(續次頁)

(4)	非控制權益淨利	14,125	
	股　利		4,000
	非控制權益		10,125
(5)	普通股股本	300,000	
	保留盈餘	320,000	
	專利權	28,000	
	採用權益法之投資		586,925
	非控制權益		61,075
(6)	攤銷費用	4,000	
	專利權		4,000

(六) (部分處分股權投資)

　　甲公司持有子公司(乙公司)70%股權數年。於 20x4 年 12 月 31 日，甲公司帳列「採用權益法之投資」為$5,950,000，及帳列「其他權益－不動產重估增值－採用權益法之子公司」為$140,000(貸餘)，係對乙公司股權投資適用權益法而認列。同日乙公司權益為$8,000,000，包括普通股股本$2,000,000、保留盈餘$5,800,000 及「其他權益－不動產重估增值」$200,000。當初甲公司收購乙公司時，乙公司帳列資產及負債之帳面金額皆等於公允價值，除有未入帳商譽外，無其他未入帳資產或負債。該商譽經定期評估，價值未減損。非控制權益係以收購日公允價值衡量。

回答下列三個獨立問題：

(A) 若甲公司於 20x5 年 1 月 1 日以$3,401,000 出售對乙公司 38%股權投資，請編製甲公司分錄。

(B) 若甲公司於 20x5 年 1 月 1 日以$5,230,000 出售對乙公司持股的七分之六。已知甲公司依 IFRS 9 及其管理金融資產之經營模式，將其對乙公司之保留投資分類為「透過損益按公允價值衡量之金融資產」，且保留投資於當日之公允價值為$870,000，請編製甲公司分錄。

(C) 若甲公司於 20x5 年 4 月 1 日以$1,450,000 出售對乙公司 15%股權投資。乙公司 20x5 年淨利為$1,000,000，係於年度中平均地賺得，並於 20x5 年 12 月 31 日宣告且發放現金股利$200,000。請編製：(1)甲公司 20x5 年 4 月 1 日分錄，(2)甲公司及乙公司 20x5 年合併工作底稿之沖銷分錄。

解答：

(A) 20x4/12/31：非控制權益係以收購日公允價值衡量，惟題意中未提及該公允價值，故以「設算」基礎計算截至本日之非控制權益金額。

($8,000,000＋乙未入帳商譽)×70%＝$5,950,000

∴ 乙未入帳商譽＝$500,000

非控制權益＝($8,000,000＋$500,000)×30%＝$2,550,000

所出售股權投資之帳面金額＝$5,950,000×(38%÷70%)＝$3,230,000
甲部分處分對乙股權投資之處分利益＝$3,401,000－$3,230,000＝$171,000
甲對乙剩餘股權投資之帳面金額＝$5,950,000×(32%÷70%)＝$2,720,000
甲對乙剩餘股權投資之公允價值(因題目未提供，故設算)
　　　　　　　＝$3,401,000×(32%÷38%)＝$2,864,000
甲對乙剩餘股權投資之評價利益＝$2,864,000－$2,720,000＝$144,000
甲公司應認列之處分投資利益＝$171,000＋$144,000＝$315,000

甲公司帳列「其他權益－不動產重估增值－採用權益法之子公司」
$140,000(貸餘)，其屬於出售部分＝$140,000×(38%÷70%)＝$76,000，直接轉入保留盈餘；其他屬於剩餘股權投資部分＝$140,000×(32%÷70%)＝$64,000，則轉列為「其他權益－不動產重估增值－採用權益法之關聯企業及合資」。

甲公司之分錄：

20x5/1/1	現　　金	3,401,000	
	採用權益法之投資	144,000	
	採用權益法之投資		3,230,000
	處分投資利益		315,000
1/1	其他權益－不動產重估增值－採用權益法之子公司	140,000	
	保留盈餘		76,000
	其他權益－不動產重估增值		
	－採用權益法之關聯企業及合資		64,000

(B) 甲部分處分對乙股權投資之帳面金額＝$5,950,000×(6/7)＝$5,100,000
　甲部分處分對乙股權投資之處分利益＝$5,230,000－$5,100,000＝$130,000
　甲對乙剩餘股權投資之帳面金額＝$5,950,000×(1/7)＝$850,000
　　　　　　　　或＝$5,950,000－$5,100,000＝$850,000

甲對乙剩餘股權投資之評價利益＝$870,000－$850,000＝$20,000

甲公司應認列之處分投資利益＝$130,000＋$20,000＝$150,000

甲公司之分錄：

20x5/1/1	現　　金	5,230,000	
	強制透過損益按公允價值衡量之金融資產	870,000	
	採用權益法之投資		5,950,000
	處分投資利益		150,000
1/1	其他權益－不動產重估增值		
	－採用權益法之子公司	140,000	
	保留盈餘		140,000

(C) 20x5 年 1～3 月，甲應認列之投資收益＝$1,000,000×3/12×70%＝$175,000

20x5/4/1，甲公司出售對乙公司 15%股權投資：

所出售股權投資之帳面金額＝($5,950,000＋$175,000)×(15/70)＝$1,312,500

甲對乙剩餘股權投資(55%)之帳面金額
　　　　＝($5,950,000＋$175,000)×(55/70)＝$4,812,500

甲公司帳列「其他權益－不動產重估增值－採用權益法之子公司」貸餘 $140,000，其屬於出售部分＝$140,000×(15/70)＝$30,000，直接轉入保留盈餘。

(C) (1) 甲公司之分錄：

20x5/4/1	現　　金	1,450,000	
	採用權益法之投資		1,312,500
	資本公積－取得或處分子公司股權		
	價格與帳面價值差額		137,500
4/1	其他權益－不動產重估增值		
	－採用權益法之子公司	30,000	
	保留盈餘		30,000

(C) (2) $1,000,000×(9/12)×55%＝$412,500，　$1,000,000×(9/12)×45%＝$337,500

甲應認列之投資收益＝$175,000＋$412,500＝$587,500

非控制權益淨利＝[$1,000,000×(3/12)×30%]＋$337,500＝$412,500

股利：$200,000×55%＝$110,000，$200,000×45%＝$90,000

相關項目異動如下： (單位：千元)

	20x5/12/31	1～6月	20x6/7/1	7～12月	20x6/12/31
乙－權　益	$8,000	＋$500	$8,500	＋$500－$200	$8,800
權益法：					
甲－採用權益法 　　之投資	$5,950	＋$175	$6,125 －$1,312.5 ＝$4,812.5	＋$412.5 －$110	$5,115
甲－其他權益(＊)	$140		$140－$30 ＝$110		$110
＊：「其他權益－不動產重估增值－採用權益法之子公司」					
合併財務報表：					
商　譽	$500		$500		$500
非控制權益	$2,550	＋$75	$2,625 ＋$1,312.5 ＝$3,937.5	＋$337.5 －$90	$4,185
驗　算： 20x6/12/31：控制權益＝($8,800＋$500)×55%＝$5,115 　　　　　　　　 非控制權益＝($8,800＋$500)×45%＝$4,185					

甲公司及乙公司 20x5 年合併工作底稿之沖銷分錄：

(a)	採用權益法認列之子公司、關聯企業 　　　　　　及合資利益之份額	587,500	
	股　利		110,000
	採用權益法之投資		477,500
(b)	非控制權益淨利	412,500	
	股　利		90,000
	非控制權益		322,500
(c)	*普通股股本*	*2,000,000*	
	保留盈餘	*5,800,000*	
	其他權益－不動產重估增值	*200,000*	
	商　譽	500,000	
	採用權益法之投資		4,637,500
	非控制權益 (1/1)		2,550,000
	非控制權益 (4/1)		1,312,500
	採用權益法之投資＝$5,950,000－處分$1,312,500＝$4,637,500		

(七) (期中部分處分股權投資，商譽)

甲公司於 20x6 年初購入乙公司 85%股權並對乙公司存在控制，非控制權益係依對乙公司可辨認淨資產已認列金額所享有之比例份額衡量。於收購日，乙公司權益包括股本$1,000,000 及保留盈餘$800,000，其帳列資產及負債之帳面金額皆等於公允價值，除有一項未入帳專利權及未入帳商譽$80,000 外，無其他未入帳之資產或負債。該商譽經定期評估，價值未減損。

甲公司採權益法處理其對乙公司之股權投資。於 20x7 年 1 月 1 日，甲公司帳列「採用權益法之投資」為$1,752,800。同日乙公司未入帳專利權之未攤銷金額為$48,000，剩餘使用年限為四年。甲公司於 20x7 年 7 月 1 日以$450,000 出售乙公司 21.25%股權(即其股權投資的四分之一)，售後經評估甲公司對乙公司仍存在控制。乙公司 20x7 年淨利為$240,000，係於年度中平均地賺得，並於 5 月 1 日及 9 月 1 日分別宣告且發放現金股利$12,000 及$30,000。

試作：(1) 甲公司 20x7 年 7 月 1 日出售對乙公司 21.25%股權投資之分錄。
(2) 20x7 年 12 月 31 日，甲公司帳列「採用權益法之投資」餘額。
(3) 20x7 年合併綜合損益表之非控制權益淨利。

解答：

20x7/ 1/ 1：未入帳專利權之每年攤銷數＝未入帳專利權$48,000÷4年＝$12,000
20x6/ 1/ 1 (收購日)：
  未入帳專利權＝$48,000＋$12,000＝$60,000
  非控制權益＝[($1,000,000＋$800,000)＋未入帳專利權$60,000]×15%
    ＝$279,000
  甲收購乙85%股權之移轉對價
   ＝[($1,000,000＋$800,000)＋$60,000]×85%＋未入帳商譽$80,000
   ＝$1,661,000
  乙總公允價值＝$1,661,000＋$279,000＝$1,940,000
20x6：甲公司「採用權益法之投資」淨增加數
  ＝$1,752,800(20x7/ 1/ 1)－$1,661,000(20x6/ 1/ 1)＝淨＋$91,800
  「非控制權益」淨增加數＝(淨＋$91,800)×(15%÷85%)＝淨＋$16,200
  乙權益淨增加數－專利權攤銷數$12,000＝$91,800＋$16,200＝$108,000
  ∴ 乙權益淨增加數＝$108,000＋$12,000＝$120,000

20x6 年，相關項目異動如下：（單位：千元）

	20x6/1/1	20x6	20x6/12/31
乙－權　益	$1,800	淨＋$120	$1,920
權益法：			
甲－採用權益法之投資	$1,661	淨＋$91.8	$1,752.8
合併財務報表：			
專利權	$　60	－$12	$　48
商　譽	80		80
	$140		$128
非控制權益	$279	淨＋$16.2	$295.2
驗　算：20x6/12/31：			
採用權益法之投資＝(乙權益$1,920＋未入帳專利權$48)×85%＋未入帳商譽$80			
＝$1,752.8			
非控制權益＝($1,920＋$48)×15%＝$295.2			

20x7 年前 6 個月，甲公司應認列之投資收益
　　　　＝[(乙公司淨利 $240,000－專攤$12,000)×(6/12)]×85%＝$96,900

20x7 年前 6 個月，非控制權益淨利
　　　　＝[(乙公司淨利 $240,000－專攤$12,000)×(6/12)]×15%＝$17,100

20x7/ 7/ 1 (部分處分股權投資前)：
「採用權益法之投資」＝$1,752,800＋$96,900－($12,000×85%)＝$1,839,500
　　(驗算)＝[乙權益($1,920,000＋乙淨利$240,000×6/12－乙股利$12,000)
　　　　　　　＋專利權($48,000－$12,000×6/12)]×85%＋商譽$80,000
　　　　＝(乙權益$2,028,000＋專利權$42,000)×85%＋商譽$80,000
　　　　＝$1,759,500＋商譽$80,000＝$1,839,500
　非控制權益＝(乙權益$2,028,000＋專利權$42,000)×15%＝$310,500

(1) 20x7/ 7/ 1 (部分處分)：

　　甲處分對乙 21.25%股權(即處分 1/4 持股)
　　　＝$1,759,500×(21.25%÷85%)＝＝$1,759,500×(1/4)＝$439,875

20x7/ 7/ 1	現　金　　　　　　　　　　　　　450,000	
	採用權益法之投資　　　　　　　　　　439,875	
	資本公積－實際取得或處分子公司	
	股權價格與帳面價值差額　　　　　　 10,125	

20x7 年後 6 個月，甲應認列之投資收益
　　　　＝[(乙淨利$240,000－專攤$12,000)×(6/12)]×(85%－21.25%)＝$72,675
20x7 年後 6 個月，非控制權益淨利
　　　　＝[(乙淨利$240,000－專攤$12,000)×(6/12)]×(15%＋21.25%)＝$41,325

未入帳(2) 20x7/12/31，甲公司「採用權益法之投資」＝$1,453,175
(3) 20x7年，非控制權益淨利＝$17,100＋$41,325＝$58,425

(八)　(期中部分處分股權投資)

　　甲公司持有子公司(乙公司)90%股權數年。於 20x5 年 12 月 31 日，甲公司帳列「採用權益法之投資」為$567,000。同日乙公司權益為$600,000，包括普通股股本$400,000 及保留盈餘$200,000。當初甲公司收購乙公司時，乙公司帳列淨值低估係因有一項未入帳專利權，若以 20x5 年 12 月 31 日起算，該專利權尚有 6 年使用年限。非控制權益係以對乙公司可辨認淨資產已認列金額所享有之比例份額衡量。乙公司 20x6 年淨利為$125,000，係於年度中平均地賺得，並於 20x6 年 4 月 1 日及 10 月 1 日宣告且發放現金股利各$20,000。甲公司於 20x6 年 7 月 1 日以$111,500 出售其對乙公司股權投資的六分之一。

試作：
(1) 按下列(A)及(B)兩種情況，計算下列表格內之金額：
　　(A) 假設甲公司係於 20x6 年 1 月 1 日部分處分對乙公司之股權投資。
　　(B) 按甲公司於 20x6 年 7 月 1 日部分處分對乙公司之股權投資處理。

		(A)情況	(B)情況
(i)	甲公司 20x6 年之投資損益		
(ii)	20x6 年之非控制權益淨利		

(2) 按(1)之(A)及(B)兩種情況，分別編製甲公司部分處分股權投資分錄。
(3) 按(1)之(A)及(B)兩種情況，分別編製 20x6 年合併工作底稿之沖銷分錄。

解答：

(A) 情況：

(a) 20x5/12/31：(乙權益$600,000＋未攤銷之乙未入帳專利權)×90％＝$567,000

∴ 未攤銷之乙未入帳專利權＝$30,000

乙未入帳專利權之每年攤銷數＝$30,000÷6 年＝$5,000

非控制權益＝($600,000＋$30,000)×10％＝$63,000

(b) 甲對乙股權投資的持有比例由 90％下降為 75％

90％－(90％×1/6)＝90％－15％＝75％

20x6/ 4/ 1：甲收自乙之現金股利＝$20,000×90％＝$18,000

甲部分處分股權投資之帳面金額＝($567,000－$18,000)×(1/6)＝$91,500

[雖假設甲於 20x6/ 1/ 1 部分處分股權投資，但不能忽略"該部分處分股權投資於 20x6/ 4/ 1 收到現金股利"之交易事實，故計算其帳面金額時，應減除 $3,000，$18,000×(1/6)＝$3,000 或 $20,000×(90％×1/6)＝$3,000。]

將$91,500 由控制權益轉列為非控制權益，其與所收現金$111,500 之差額 $20,000，應直接認列為權益且歸屬於母公司業主。甲公司分錄如下：

20x6/ 7/ 1	現　金	111,500	
	採用權益法之投資		91,500
	資本公積－實際取得或處分子公司		
	股權價格與帳面價值差額		20,000

(c) 20x6/ 1/ 1 處分後：

採用權益法之投資＝$567,000－$18,000－$91,500＝$457,500

非控制權益＝$63,000－$2,000＋$91,500＝$152,500

驗算：

採用權益法之投資＝($600,000－股利$20,000＋$30,000)×75％＝$457,500

非控制權益＝($600,000－股利$20,000＋$30,000)×25％＝$152,500

(d) 20x6 年：甲公司應認列之投資收益＝($125,000－$5,000)×75％＝$90,000

非控制權益淨利＝($125,000－$5,000)×25％＝$30,000

(e) 20x6/10/ 1：甲收自乙之現金股利＝$20,000×75％＝$15,000

非控制權益收自乙之現金股利＝$20,000×25％＝$5,000

(f) 相關項目異動如下：

	20x5/12/31	20x6	20x6/12/31
乙－權　益	$600,000	－$20,000＋$125,000－$20,000	$685,000
權益法：			
甲－採用權益法	$567,000		
之投資　（#）	$475,500	－$18,000＋$90,000－$15,000	$532,500
合併財務報表：			
專利權	$30,000	－$5,000	$25,000
非控制權益	$63,000		
（#）	$154,500	－$2,000＋$30,000－$5,000	$177,500
#：假設 20x6/1/1 出售，出售後控制權益＝$567,000－91,500＝$475,500			
出售後非控制權益＝$63,000＋91,500＝$154,500			
驗算：20x6/12/31：採用權益法之投資＝($685,000＋$25,000)×75%＝$532,500			
非控制權益＝($685,000＋$25,000)×25%＝$177,500			

(B) 情況：

(a) 20x6 年 1～6 月：

　　甲公司應認列之投資收益＝[($125,000－$5,000)×(6/12)]×90%＝$54,000

　　非控制權益淨利＝[($125,000－$5,000)×(6/12)]×10%＝$6,000

(b) 20x6/ 4/ 1：甲收自乙之現金股利＝$20,000×90%＝$18,000

　　　　　　　非控制權益收自乙之現金股利＝$20,000×10%＝$2,000

20x6/ 7/ 1：採用權益法之投資＝$567,000－$18,000＋$54,000＝$603,000

甲部分處分股權投資之帳面金額＝$603,000×(1/6)＝$100,500

將$100,500 由「採用權益法之投資」轉列為非控制權益，其與所收現金$111,500 之差額$11,000，應直接認列為權益且歸屬於母公司業主。甲公司分錄如下：

20x6/ 7/ 1	現　金	111,500	
	採用權益法之投資		100,500
	資本公積－實際取得或處分子公司		
	股權價格與帳面價值差額		11,000

(c) 20x6/ 4/ 1 處分後：

　　甲公司「採用權益法之投資」＝$603,000－$100,500＝$502,500
　　非控制權益＝$63,000－$2,000＋$6,000＋$100,500＝$167,500
　　驗算：
　　採用權益法之投資＝[($600,000－股利$20,000＋$125,000×6/12)
　　　　　　　　　　　＋(專利權$30,000－$5,000×6/12)]×75%＝$502,500
　　非控制權益＝[($600,000－股利$20,000＋$125,000×6/12)
　　　　　　　　＋(專利權$30,000－$5,000×6/12)]×25%＝$167,500

(d) 20x6 年 7～12 月：

　　甲公司應認列之投資收益＝[($125,000－$5,000)×(6/12)]×75%＝$45,000
　　非控制權益淨利＝[($125,000－$5,000)×(6/12)]×25%＝$15,000

(e) 20x6/10/ 1：甲收自乙之現金股利＝$20,000×75%＝$15,000
　　　　　　　　非控制權益收自乙之現金股利＝$20,000×25%＝$5,000

(f) 相關項目異動如下：

	20x6/ 1/ 1	1～6 月	20x6/ 7/ 1	7～12 月	20x6/12/31
乙－權　益	$600,000	－$20,000＋$125,000		－$20,000	$685,000
乙－權　益	$600,000	＋$62,500 －$20,000	$642,500	＋$62,500 －$20,000	$685,000
權益法：					
甲－採用權益法之投資	$567,000	－$18,000 ＋$54,000	$603,000 －$100,500 ＝$502,500	－$15,000 ＋$45,000	$532,500
合併財務報表：					
專利權	$30,000	－$2,500	$27,500	－$2,500	$25,000
非控制權益	$63,000	－$2,000 ＋$6,000	$67,000 ＋$100,500 ＝$167,500	－$5,000 ＋$15,000	$177,500
驗　算：20x6/12/31：採用權益法之投資＝($685,000＋$25,000)×75%＝$532,500 　　　　　　　　　　　非控制權益＝($685,000＋$25,000)×25%＝$177,500						

答案彙述：

(1)

		(A) 情況	(B) 情況
(i)	甲公司 20x6 年之投資損益	$90,000	$99,000
(ii)	20x6 年之非控制權益淨利	$30,000	$21,000

(B)情況：投資損益＝$54,000＋$45,000＝$99,000
　　　　　非控制權益淨利＝$6,000＋$15,000＝$21,000

(2) 甲公司記錄部分處分對乙公司股權投資之分錄：

		(A) 情況	(B) 情況
20x6/7/1	現　金	111,500	111,500
	採用權益法之投資	91,500	100,500
	資本公積－實際取得或處分		
	子公司股權價格		
	與帳面價值差額	20,000	11,000

(3) 甲公司及乙公司 20x6 年合併工作底稿之沖銷分錄：

		(A) 情況	(B) 情況
(a)	採用權益法認列之子公司、關聯企業及合資利益之份額	90,000	99,000
	股　利	33,000	33,000
	採用權益法之投資	57,000	66,000
(b)	非控制權益淨利	30,000	21,000
	股　利	7,000	7,000
	非控制權益	23,000	14,000
(c)	普通股股本	400,000	400,000
	保留盈餘	200,000	200,000
	專利權	30,000	30,000　(＊)
	採用權益法之投資	475,500	466,500
	非控制權益－1/1	63,000	63,000
	非控制權益－7/1	91,500	100,500
(d)	攤銷費用	5,000	5,000
	專利權	5,000	5,000

＊：期初$567,000－處分$100,500＝$466,500

(九) **(子公司發行新股)**

甲公司持有子公司(乙公司)80%股權數年。於 20x5 年 12 月 31 日，甲公司帳列「採用權益法之投資」為$480,000。同日乙公司權益為$500,000，包括普通股股本$200,000(每股面額$10，發行並流通在外 20,000 股)、資本公積－普通股股票溢價$120,000 及保留盈餘$180,000。當初甲公司收購乙公司時，乙公司帳列淨值低估係因乙公司有未入帳商譽。已知該商譽經定期評估價值並未減損。非控制權益係以收購日公允價值衡量。

20x6 年 1 月 1 日，乙公司現金增資發行 5,000 股普通股，全數由非控制股東或其他社會大眾認購，甲公司未參與認購，發行價格分別為：(a) $30，(b) $40，(c) $24。乙公司 20x6 年淨利為$70,000，並於 20x6 年 12 月間宣告且發放現金股利$30,000。

試作：
(1) 按題目所示三種發行價格，編製甲公司 20x6 年 1 月 1 日分錄。
(2) 以發行價格(b)$40 為例，甲公司及乙公司 20x6 年合併工作底稿之沖銷分錄。
(3) 以發行價格(c)$24 為例，重覆上述(2)之要求。
(4) 假設乙公司於 20x6 年 1 月 1 日現金增資發行 5,000 股普通股，全數由甲公司認購，請按題目所示三種發行價格，編製甲公司 20x6 年 1 月 1 日分錄。

解答：

(1) 20x5/12/31：非控制權益係以收購日公允價值衡量，惟題意中未提及該公允價值，故以「設算」基礎計算截至本日之非控制權益金額。
(乙權益$500,000＋乙未入帳商譽)×80%＝$480,000
∴ 乙未入帳商譽＝$100,000
非控制權益＝($500,000＋$100,000)×20%＝$120,000
乙公司普通股每股淨值＝($500,000＋$100,000)÷20,000 股＝$30

乙公司 20x6 年 1 月 1 日發行 5,000 股普通股之分錄：

	(a) $30	(b) $40	(c) $24
現　　金	150,000	200,000	120,000
普通股股本	50,000	50,000	50,000
資本公積－普通股股票溢價	100,000	150,000	70,000
乙公司權益＝$500,000 ⟶	增為$650,000	增為$700,000	增為$620,000

甲公司擁有乙公司股權之持股比例由 80%下降為 64%。
(20,000 股×80%)÷(20,000 股＋5,000 股)＝16,000 股÷25,000 股＝64%

乙公司發行 5,000 股普通股全數由甲公司以外的單位認購，使甲公司對乙公司之持股比例降為 64%，但對乙公司仍存在控制，此項所有權權益之變動，應作為權益交易處理，故不影響乙公司未入帳商譽$100,000 之金額。

「甲擁有乙之權益」與「非控制權益」之相對異動如下：

	發行新股前	發行新股後 (a) $30	(b) $40	(c) $24
乙權益	$500,000	$650,000	$700,000	$620,000
加：乙未入帳商譽	100,000	100,000	100,000	100,000
	$600,000	$750,000	$800,000	$720,000
甲對乙之持股比例	× 80%	× 64%	× 64%	× 64%
甲擁有乙之權益	$480,000	$480,000	$512,000	$460,800
甲擁有乙之權益之增(減)數，借(貸)記「採用權益法之投資」		$ —	$ 32,000	($19,200)
相對會計科目，貸(借)記「資本公積」		$ —	$ 32,000	($19,200)
非控制權益之增(減)數		$ —	($32,000)	$19,200

甲公司 20x6 年 1 月 1 日未認購乙公司之新股，但仍須作適當之分錄：

(a) $30	無分錄。
	採用權益法之投資：仍為$480,000，無異動。
(b) $40	採用權益法之投資　　　　　　　　　　　32,000
	資本公積－認列對子公司所有權權益變動數　　　　32,000
	採用權益法之投資：由$480,000 增為$512,000
(c) $24	資本公積－認列對子公司所有權權益變動數　　19,200
	採用權益法之投資　　　　　　　　　　　　　　19,200
	採用權益法之投資：由$480,000 減為$460,800

(2) 以(b)為例，乙公司以$40發行新股，相關項目異動如下：
(假設：20x6年期末，經評估得知商譽價值未減損。)

	20x5/12/31	發行新股	20x6/1/1	20x6	20x6/12/31
乙－權　益	$500,000	＋$200,000	$700,000	＋$70,000－$30,000	$740,000
權益法：					
甲－採用權益法之投資	$480,000	＋$32,000	$512,000	＋$44,800 －$19,200	$537,600
合併財務報表：	(80%)		(64%)		
商　　譽	$100,000		$100,000		$100,000
非控制權益	$120,000	＋$200,000 －$32,000	$288,000	＋$25,200 －$10,800	$302,400
	(20%)		(36%)		

驗　算：
20x6/1/1：　　採用權益法之投資＝($700,000＋$100,000)×(64%)＝$512,000
(發行新股後)　非控制權益＝($700,000＋$100,000)×(36%)＝$288,000
20x6/12/31：採用權益法之投資＝($740,000＋$100,000)×(64%)＝$537,600
　　　　　　　非控制權益＝($740,000＋$100,000)×(36%)＝$302,400

以(b)為例，甲公司及乙公司20x6年合併工作底稿之沖銷分錄：

(i)	採用權益法認列之子公司、 關聯企業及合資利益之份額	44,800		$70,000×64%＝$44,800
	股　利		19,200	$30,000×64%＝$19,200
	採用權益法之投資		25,600	
(ii)	非控制權益淨利	25,200		$70,000×36%＝$25,200
	股　利		10,800	$30,000×36%＝$10,800
	非控制權益		14,400	
(iii)	普通股股本	250,000		$200,000＋$50,000＝$250,000
	資本公積－普通股股票溢價	270,000		$120,000＋$150,000＝$270,000
	保留盈餘	180,000		
	商　譽	100,000		$480,000＋$32,000＝$512,000
	採用權益法之投資		512,000	$120,000＋$200,000－$32,000
	非控制權益		288,000	＝$288,000

(3) 以(c)為例，乙公司以$24 發行新股，相關項目異動如下：
(假設：20x6 年期末，經評估得知商譽價值未減損。)

	20x5/12/31	發行新股	20x6/1/1	20x6	20x6/12/31
乙－權　益	$500,000	＋$120,000	$620,000	＋$70,000－$30,000	$660,000
權益法：					
甲－採用權益法之投資	$480,000	－$19,200	$460,800	＋$44,800 －$19,200	$486,400
合併財務報表：	(80%)		(64%)		
商　譽	$100,000		$100,000		$100,000
非控制權益	$120,000	＋$120,000 ＋$19,200	$259,200	＋$25,200 －$10,800	$273,600
	(20%)		(36%)		

驗　算： 20x6/1/1 (發行新股後)：
　　　　採用權益法之投資＝($620,000＋$100,000)×(64%)＝$460,800
　　　　非控制權益＝($620,000＋$100,000)×(36%)＝$259,200
　　20x6/12/31：採用權益法之投資＝($660,000＋$100,000)×(64%)＝$486,400
　　　　非控制權益＝($660,000＋$100,000)×(36%)＝$273,600

以(c)為例，甲公司及乙公司 20x6 年合併工作底稿之沖銷分錄：

(i)	採用權益法認列之子公司、關聯企業及合資利益之份額	44,800		$70,000×64%＝$44,800
	股　利		19,200	$30,000×64%＝$19,200
	採用權益法之投資		25,600	
(ii)	非控制權益淨利	25,200		$70,000×36%＝$25,200
	股　利		10,800	$30,000×36%＝$10,800
	非控制權益		14,400	
(iii)	普通股股本	250,000		$200,000＋$50,000＝$250,000
	資本公積－普通股股票溢價	190,000		$120,000＋$70,000＝$190,000
	保留盈餘	180,000		
	商　譽	100,000		$480,000－$19,200＝$460,800
	採用權益法之投資		460,800	$120,000＋$120,000＋$19,200
	非控制權益		259,200	＝$259,200

(4)

甲公司擁有乙公司股權之持股比例由 80%增加為 84%。

[(20,000 股×80%)＋5,000 股]÷(20,000 股＋5,000 股)＝21,000 股÷25,000 股＝84%

乙公司發行 5,000 股普通股全數由甲公司認購,使甲公司對乙公司之持股比例增為 84%,對乙公司仍存在控制,此項所有權權益之變動,應作為權益交易處理,不影響乙公司未入帳商譽$100,000 之金額。

「甲擁有乙之權益」與「非控制權益」之相對異動如下:

	發行新股前	發行新股後 (a) $30	(b) $40	(c) $24
乙權益	$500,000	$650,000	$700,000	$620,000
加：乙未入帳商譽	100,000	100,000	100,000	100,000
	$600,000	$750,000	$800,000	$720,000
甲對乙之持股比例	× 80%	× 84%	× 84%	× 84%
甲擁有乙之權益 (C)	$480,000	$630,000	$672,000	$604,800
甲擁有乙之權益(C)之增加數,借記「採用權益法之投資」(A)		$150,000	$192,000	$124,800
甲取得乙 5,000 股新股之付現數,貸記「現金」(B)		($150,000)	($200,000)	($120,000)
(A)與(B)之差額－借(貸)記「資本公積」		$ —	$ 8,000	($ 4,800)
非控制權益之增(減)數		$ —	$ 8,000	($ 4,800)

甲公司 20x6 年 1 月 1 日認購乙公司新發行 5,000 股普通股之分錄：

(a) $30	採用權益法之投資	150,000	
	現　金		150,000
	採用權益法之投資：由$480,000 增為$630,000。		
(b) $40	採用權益法之投資	192,000	
	資本公積－認列對子公司所有權權益變動數	8,000	
	現　金		200,000
	採用權益法之投資：由$480,000 增為$672,000。		
(c) $24	採用權益法之投資	124,800	
	現　金		120,000
	資本公積－認列對子公司所有權權益變動數		4,800
	採用權益法之投資：由$480,000 增為$604,800。		

(十) (子發行新股,母認購部分子新股)

甲公司於20x1年1月1日取得乙公司90%股權並對乙公司存在控制。當日乙公司帳列資產及負債之帳面金額皆等於公允價值,無未入帳可辨認資產或負債,且移轉對價與非控制權益合計數超過乙公司可辨認淨資產公允價值之數為$50,000,其中歸屬於母公司之數為$45,000,歸屬於非控制權益之數為$5,000。

截至20x2年12月31日,乙公司權益為$600,000,包括普通股股本$100,000(每股面額$10)、資本公積$200,000及保留盈餘$300,000。乙公司於20x3年1月1日以每股$70現金增資發行2,000股普通股,甲公司認購600股,其餘1,400股由其他個體認購。乙公司此次增資對甲公司權益的影響金額為何?(請註明增加、減少或沒影響)

說明:

(1) 20x1/1/1,(移轉對價+非控制權益)－乙公司可辨認淨資產公允價值(乙公司帳列淨值之公允價值+乙公司未入帳資產或負債之公允價值$0)=$50,000,即收購日乙公司未入帳商譽為$50,000,其中歸屬於母公司之商譽為$45,000,歸屬於非控制權益之商譽為$5,000。

(2) 20x2/12/31:
甲公司投資科目餘額=(乙權益$600,000+$0)×90%+$45,000=$585,000
非控制權益=(乙權益$600,000+$0)×10%+$5,000=$65,000

(3) 20x3/1/1(發行新股後),乙權益=$600,000+($70×2,000股)=$740,000
甲對乙之持股比例=(10,000股×90%+600股)÷(10,000股+2,000股)=80%
甲擁有乙之權益=($740,000+商譽$50,000)×80%=$632,000
甲借記「採用權益法之投資」=$632,000－$585,000=$47,000

20x3/ 1/1	採用權益法之投資	47,000	
	現　金 ($70×600股)		42,000
	資本公積－認列對子公司所有權權益變動數		5,000

故 乙公司此次增資使甲公司權益增加$5,000,
而 非控制權益=$65,000+($70×1,400股)－$5,000=$158,000
　　　　　　=($740,000+商譽$50,000)×20%=$158,000

相關項目異動如下：（假設經評估得知商譽價值未減損。）

	20x2/12/31	發行新股	20x3/1/1		
乙－權　益	$600,000	+$140,000	$740,000		
權益法：					
甲－採用權益法之投資	$585,000	+$42,000 +$5,000	$632,000		
合併財務報表：	(90%)		(80%)		
商　譽	$50,000		$50,000		
非控制權益	$65,000	+$98,000 －$5,000	$158,000		
	(10%)		(20%)		

(十一) **(母公司部分處分對子公司股權投資、子公司發行新股)**

　　甲公司持有子公司(乙公司)80%股權數。非控制權益係以收購日公允價值衡量。截至 20x5 年 12 月 31 日，甲公司帳列「採用權益法之投資」為$2,400,000。同日乙公司權益為$2,500,000，包括普通股股本$1,000,000(每股面額$10)、資本公積－普通股股票溢價$600,000 及保留盈餘$900,000。當初甲公司收購乙公司時，乙公司帳列淨值低估原因有二：(1)乙公司帳列機器設備價值低估$200,000，於 20x5 年 12 月 31 日評估，尚可使用 5 年，無殘值，採直線法計提折舊；(2)乙公司有未入帳商譽，該商譽經定期評估其價值並未減損。乙公司 20x6 年淨利為$280,000，係於年度中平均地賺得，並於 20x6 年 12 月間宣告且發放現金股利各$110,000。請依下列兩個獨立情況作答。

A 情況： 20x6 年 1 月 1 日，甲公司以$350,000 出售其所持有乙公司普通股 10,000 股。

試作：(1) 20x6 年 1 月 1 日，甲公司出售 10,000 股乙公司普通股之分錄。

　　(續次頁)

(2) 計算下表中(a)～(h)金額。

	20x6/1/1	20x6	20x6/12/31
「採用權益法之投資」餘額	(a) (出售後)	—	(g)
甲公司按權益法應認列之投資收益	—	(c)	—
甲公司收自乙公司之現金股利	—	(d)	—
「非控制權益」之金額	(b) (出售後)	—	(h)
非控制權益淨利	—	(e)	—
非控制權益收自乙公司之現金股利	—	(f)	—

(3) 甲公司及乙公司20x6年度合併工作底稿之沖銷分錄。

B 情況： 乙公司於20x6年1月1日現金增資發行新股，全數由非控制股東或其他社會大眾認購。甲公司未認購乙公司新股，致其對乙公司之持股比例下降至70%，並於當日貸記資本公積$120,000。

試作：[金額或股數，請四捨五入計算至整數位。]
(1) 20x6年1月1日，乙公司發行新股收到之現金？
(2) 20x6年1月1日，乙公司發行多少新股？
(3) 20x6年1月1日，乙公司發行新股的每股發行價格？
(4) 甲公司在20x6年1月1日之分錄。
(5) 計算下表中(a)～(h)金額。

	20x6/1/1	20x6	20x6/12/31
「採用權益法之投資」餘額	(a) (發行新股後)	—	(g)
甲公司按權益法應認列之投資收益	—	(c)	—
甲公司收自乙公司之現金股利	—	(d)	—
「非控制權益」之金額	(b) (發行新股後)	—	(h)
非控制權益淨利	—	(e)	—
非控制權益收自乙公司之現金股利	—	(f)	—

(6) 甲公司及乙公司20x6年合併工作底稿之沖銷分錄。

解答：

A 情況：

20x5/12/31：非控制權益係以收購日公允價值衡量，惟題意中未提及該公允價值，故以「設算」基礎計算截至本日之非控制權益金額。

採用權益法之投資$2,400,000
＝(乙權益$2,500,000＋乙機器設備價值低估$200,000＋乙未入帳商譽)×80%
∴ 乙未入帳商譽＝$300,000
乙機器設備價值低估之每年折舊額＝$200,000÷5 年＝$40,000
非控制權益＝($2,500,000＋$200,000＋$300,000)×20%＝$600,000

(1) 出售前，甲持有股數＝($1,000,000÷$10)×80%＝100,000 股×80%＝80,000 股
80,000 股－10,000 股＝70,000 股，70,000 股÷100,000 股＝70%，
持股比例從 80%降至 70%，下降 10%，下降 10%占原 80%的八分之一。

甲部分處分股權投資之帳面金額＝$2,400,000×(1/8)＝$300,000
將$300,000 由控制權益轉列為非控制權益，其與所收現金$350,000 之差額$50,000，應直接認列為權益且歸屬於母公司業主。甲公司分錄如下：

20x6/ 1/ 1	現　金	350,000	
	採用權益法之投資		300,000
	資本公積－實際取得或處分子公司		
	股權價格與帳面價值差額		50,000

(2) 20x6 年：

	乙公司淨利$280,000	乙公司股利$110,000
甲公司之投資收益	($280,000－$40,000)×70%＝$168,000	$110,000×70%＝$77,000
非控制權益淨利	($280,000－$40,000)×30%＝$72,000	$110,000×30%＝$33,000

相關項目異動如下：（假設經評估得知商譽價值未減損）

	20x5/12/31	甲出售10,000 股	20x6/ 1/ 1	20x6	20x6/12/31
乙－權　益	$2,500,000		$2,500,000	＋$280,000 －$110,000	$2,670,000
權益法：					
甲－採用權益法之投資	$2,400,000	－$300,000	$2,100,000	＋$168,000 －$77,000	$2,191,000
	(80%)		(70%)		

(續次頁)

	20x5/12/31	甲出售10,000股	20x6/1/1	20x6	20x6/12/31
合併財務報表：					
機器設備	$200,000		$200,000	-$40,000	$160,000
商　譽	300,000		300,000		300,000
	$500,000		$500,000		$460,000
非控制權益	$600,000	+$300,000	$900,000	+$72,000 -$33,000	$939,000
	(20%)		(30%)		

驗　算： 20x6/12/31：採用權益法之投資＝($2,670,000＋$460,000)×70%＝$2,191,000
　　　　　　　　　　　非控制權益＝($2,670,000＋$460,000)×30%＝$939,000

答案彙總如下：

	20x6/1/1	20x6	20x6/12/31
「採用權益法之投資」餘額	$2,100,000	—	$2,191,000
甲公司按權益法應認列之投資收益	—	$168,000	—
甲公司收自乙公司之現金股利	—	$77,000	—
「非控制權益」之金額	$900,000	—	$939,000
非控制權益淨利	—	$72,000	—
非控制權益收自乙公司之現金股利	—	$33,000	—

(3) 甲公司及乙公司 20x6 年合併工作底稿之沖銷分錄：

		A情況之(3)		B情況之(6)	
(a)	採用權益法認列之子公司、關聯企業及合資利益之份額	168,000		168,000	
	股　利		77,000		77,000
	採用權益法之投資		91,000		91,000
(b)	非控制權益淨利	72,000		72,000	
	股　利		33,000		33,000
	非控制權益		39,000		39,000
(c)	普通股股本	1,000,000		1,142,860	
	資本公積－普通股股票溢價	600,000		1,057,140	
	保留盈餘	900,000		900,000	
	機器設備	200,000		200,000	
	商　譽	300,000		300,000	
	採用權益法之投資		2,100,000		2,520,000
	非控制權益		900,000		1,080,000

			A 情況之(3)	B 情況之(6)
(c) (續)	右欄是「B 情況」之沖銷分錄,請先參考下述「B 情況」之說明。 普通股股本:期初$1,000,000＋發行新股($10×14,286 股)＝$1,142,860 資本公積:期初$600,000＋發行新股[($42－$10)×14,286 股]＝$1,057,152, 　　　　　調整尾差$12 後為$1,057,140。 採用權益法之投資:期初$2,400,000＋$120,000＝$2,520,000 非控制權益:期初$600,000＋發行新股$600,000－$120,000＝$1,080,000			
(d)	折舊費用 　累計折舊－機器設備		40,000 　　　　40,000	40,000 　　　　40,000

B 情況:

(1) 令 Y＝乙公司現金增資發行新股收到之現金
　　[($2,500,000＋Y)＋$200,000＋$300,000]×70%
　　＝$2,400,000＋$120,000 [貸記資本公積,分錄詳下述(4)]　∴ Y＝$600,000

(2) 令 X＝乙公司現金增資發行新股之股數
　　80,000 股÷(100,000 股＋X)＝70%　　∴ X＝14,286 股

(3) 令 Z＝乙公司現金增資發行新股之每股發行價格
　　$600,000＝14,286 股×Z　　∴ Z＝$42

(4) 甲公司分錄:

20x6/1/1	採用權益法之投資	120,000	
	資本公積－認列對子公司所有權 　　權益變動數		120,000

(5) 20x6 年:

	乙公司淨利$280,000	乙公司股利$110,000
甲公司之投資收益	($280,000－$40,000)×70%＝$168,000	$110,000×70%＝$77,000
非控制權益淨利	($280,000－$40,000)×30%＝$72,000	$110,000×30%＝$33,000

(續次頁)

相關項目異動如下：（假設經評估得知商譽價值未減損）

	20x5/12/31	發行新股	20x6/1/1	20x6	20x6/12/31
乙－權　益	$2,500,000	＋$600,000	$3,100,000	＋$280,000 －$110,000	$3,270,000
權益法：					
甲－採用權益法之投資	$2,400,000	＋$120,000	$2,520,000	＋$168,000 －$77,000	$2,611,000
合併財務報表：	(80%)		(70%)		
機器設備	$200,000		$200,000	－$40,000	$160,000
商　　譽	300,000		300,000		300,000
	$500,000		$500,000		$460,000
非控制權益	$600,000	＋$600,000 －$120,000	$1,080,000	＋$72,000 －$33,000	$1,119,000
	(20%)		(30%)		

驗　算：

20x6/1/1 (發行新股後)：
　　　採用權益法之投資＝($3,100,000＋$500,000)×70%＝$2,520,000
　　　非控制權益＝($3,100,000＋$500,000)×30%＝$1,080,000
20x6/12/31：採用權益法之投資＝($3,270,000＋$460,000)×70%＝$2,611,000
　　　　　　非控制權益＝($3,270,000＋$460,000)×30%＝$1,119,000

答案彙總如下：

	20x6/1/1	20x6	20x6/12/31
「採用權益法之投資」餘額	$2,520,000	－	$2,611,000
甲公司按權益法應認列之投資收益	－	$168,000	－
甲公司收自乙公司之現金股利	－	$77,000	－
「非控制權益」之金額	$1,080,000	－	$1,119,000
非控制權益淨利	－	$72,000	－
非控制權益收自乙公司之現金股利	－	$33,000	－

(6) 沖銷分錄：詳 A 情況 之(3)。

(十二)　**(子公司發行新股，母未認購子新股致喪失控制)**

　　甲公司於 20x1 年初以$300,000 購入乙公司流通在外 20,000 股普通股之70%，並對乙公司存在控制。非控制權益係以收購日公允價值$125,000 衡量。同日乙公司帳列資產及負債之帳面金額皆等於公允價值，且無未入帳可辨認資產或負債，其可辨認淨資產之公允價值為$400,000。20x1 年初至 20x4 年底，乙公司權益之帳面金額增加$200,000，其中$50,000 係因依 IFRS 9「透過其他綜合損益按公允價值衡量之金融資產」之公允價值變動所致，並列於其他權益項下。

　　20x5 年 1 月 1 日，乙公司以每股市價$36 現金增資發行新股 60,000 股，甲公司未認購乙公司發行之新股，致對乙公司喪失控制且不具重大影響。甲公司遂將對乙公司之股權投資改分類為「透過損益按公允價值衡量之金融資產」。

試作：(1) 甲公司 20x5 年 1 月 1 日之分錄。
　　　(2) 假設甲公司未認購乙公司發行之新股，致對乙公司喪失控制但尚具重大影響，則甲公司 20x5 年 1 月 1 日之分錄。

解答：

20x1/ 1/ 1 (收購日)：
　　因乙公司帳列資產及負債之帳面金額皆等於公允價值，且無未入帳可辨認資產或負債，且其可辨認淨資產之公允價值為$400,000，故可知乙公司帳列淨值之帳面金額亦是$400,000。
　　乙公司總公允價值＝$300,000＋$125,000＝$425,000
　　乙公司未入帳商譽＝$425,000－$400,000＝$25,000
　　商譽屬於甲公司的部分＝$300,000－($400,000×70%)＝$20,000
　　商譽屬於非控制權益的部分＝$125,000－($400,000×30%)＝$5,000

20x5/ 1/ 1：
　　(20,000股×70%)÷(20,000股＋60,000股)＝14,000股÷80,000股＝17.5%
　　乙公司現金增資發行新股之收現數＝60,000股×$36＝$2,160,000
　　甲持股之公允價值＝14,000股×$36＝$504,000

(續次頁)

(1) 相關項目異動如下：

	20x1/1/1	20x1～20x4	20x4/12/31	發行新股	20x5/1/1
乙－權 益	$400	＋$200	$600	＋$2,160	$2,760
權益法：					
甲－採用權益法之投資	$300	＋$200×70%	$440	－$440	$0
甲－其他權益（＊）	$0	＋$50×70%	$35		
甲－強制透過損益按公允價值衡量之金融資產			$0	＋$504	$504
＊：「其他權益－透過其他綜合損益按公允價值衡量之權益工具投資未實現評價損益－採用權益法之子公司」					
合併財務報表：					
商　譽	$25		$25		
非控制權益	$125	＋$200×30%	$185		

甲公司之分錄：

20x5/1/1	強制透過損益按公允價值衡量之金融資產	504,000	
	採用權益法之投資		440,000
	處分投資利益		64,000
1/1	其他權益－透過其他綜合損益按公允價值衡量之權益工具投資未實現評價損益－採用權益法之子公司	35,000	
	（權益科目，如：保留盈餘）		35,000

(2) 20x5/1/1：$35,000×(17.5%÷70%)＝$8,750，$35,000－$8,750＝$26,250
　　　　　　投資差額＝$504,000－($2,760,000×17.5%)＝$21,000，
　　　　　　需分析造成投資差額$21,000之原因。

	20x1/1/1	20x1～20x4	20x4/12/31	發行新股	20x5/1/1
乙－權 益	$400	＋$200	$600	＋$2,160	$2,760
權益法：					
甲－採用權益法之投資	$300	＋$200×70%	$440	＋$64	$504
甲－其他權益（＊）	$0	＋$50×70%	$35	－$35	$0
甲－其他權益（＃）			$0	＋$8.75	$8.75

第162頁 (第八章 股權變動之財表合併程序)

＊:「其他權益－透過其他綜合損益按公允價值衡量之權益工具投資未實現評價損益
　　　－採用權益法之子公司」

#:「其他權益－透過其他綜合損益按公允價值衡量之權益工具投資未實現評價損益
　　　－採用權益法之關聯企業及合資」

合併財務報表：				投資差額：	
商　譽	$25		$25	(需分析原因)	$21
非控制權益	$125	＋$200×30%	$185		

甲公司之分錄：

20x5/1/1	採用權益法之投資	64,000	
	處分投資利益		64,000
1/1	其他權益－透過其他綜合損益按公允價值衡量		
	之權益工具投資未實現評價損益		
	－採用權益法之子公司	35,000	
	(權益科目，如：保留盈餘)		26,250
	其他權益－透過其他綜合損益按公允價值衡量		
	之權益工具投資未實現評價損益		
	－採用權益法之關聯企業及合資		8,750

(十三)　(子公司庫藏股交易)

　　甲公司於20x3年12月31日取得乙公司80%股權，並對乙公司存在控制。當日乙公司帳列資產及負債之帳面金額皆等於公允價值，除有一項未入帳專利權(尚有10年使用年限)外，無其他未入帳資產或負債。非控制權益係以對乙公司可辨認淨資產已認列金額所享有之比例份額衡量。截至20x6年12月31日，甲公司帳列「採用權益法之投資」為$1,256,000，同日乙公司財務狀況表如下：

乙　公　司
財　務　狀　況　表
20x6年12月31日

現　金	$ 165,000	應付帳款	$ 90,000
應收帳款	210,000	應付公司債	600,000
存　貨	375,000	普通股股本(面額$10)	300,000
不動產、廠房及設備	2,100,000	資本公積－普通股股票溢價	240,000
減：累計折舊	(660,000)	保留盈餘	960,000
總資產	$2,190,000	總負債及權益	$2,190,000

乙公司於 20x7 年 1 月 1 日以每股$65 買回流通在外普通股 3,000 股作為庫藏股,並採成本法記錄庫藏股票交易。20x7 年,甲公司營業利益為$270,000,乙公司淨利為$130,000,且兩家公司皆未宣告或發放現金股利。

試作:(A) 假設乙公司係向非控制股東買回 3,000 股普通股,則:

(1)	乙公司 20x7 年 1 月 1 日庫藏股交易之分錄。
(2)	乙公司庫藏股交易對甲公司擁有乙公司股權投資之影響。
(3)	根據(2)的答案,則甲公司之分錄。若無分錄,亦請註明。
(4)	甲公司及乙公司 20x7 年合併工作底稿之沖銷分錄。

(B) 假設乙公司係向甲公司買回 3,000 股普通股,則:

(1)	乙公司 20x7 年 1 月 1 日庫藏股交易之分錄。
(2)	乙公司庫藏股交易對甲公司擁有乙公司股權投資之影響。
(3)	甲公司 20x7 年 1 月 1 日處分 3,000 股乙公司普通股之分錄。
(4)	甲公司及乙公司 20x7 年合併工作底稿之沖銷分錄。

解答:

20x6/12/31:乙權益＝$300,000＋$240,000＋$960,000＝$1,500,000

　　　　　(乙權益$1,500,000＋未攤銷之乙未入帳專利權)×80%＝$1,256,000

　　　　　∴ 未攤銷之乙未入帳專利權＝$70,000

　　　　　乙未入帳專利權之每年攤銷數＝$70,000÷(10 年－3 年)＝$10,000

　　　　　非控制權益＝($1,500,000＋$70,000)×20%＝$314,000

(A) 向非控制股東買回庫藏股:

(1) 乙公司 20x7 年 1 月 1 日庫藏股交易之分錄:

| 20x7/ 1/ 1 | 庫藏股票　　　　195,000 | | 3,000 股×$65＝$195,000 |
| | 　現　金　　　　　　　195,000 | |

(2) 乙公司買回庫藏股前後,股東間持股比例之異動:

乙公司共有 30,000 股普通股流通在外,股本$300,000÷面額$10＝30,000 股。

	甲公司	非 控 制 權 益
原來	30,000 股×80%＝24,000 股	30,000 股×20%＝6,000 股
變為	24,000 股÷(30,000 股－3,000 股) ＝8/9＝88.889%	(6,000 股－3,000 股)÷(30,000 股－3,000 股)＝1/9＝11.111%

「甲擁有乙之權益」與「非控制權益」之相對異動如下：

	買回 3,000 股庫藏股前	買回 3,000 股庫藏股後
乙權益	$1,500,000	$1,500,000
減：庫藏股票	(—)	(195,000)
加：乙未入帳專利權	70,000	70,000
	$1,570,000	$1,375,000
乘：甲擁有乙股權之持股比例	× 80%	× 8/9
甲擁有乙之權益	$1,256,000	$1,222,222
甲擁有乙之權益之減少數，貸記「採用權益法之投資」		($33,778)
非控制權益之增(減)數		$33,778

(3) 甲公司 20x7 年 1 月 1 日之分錄：

20x7/1/1	資本公積－認列對子公司所有權權益變動數　33,778
	採用權益法之投資　　　　　　　　　　　　33,778

(4) 20x7 年：

甲公司之投資收益	($130,000－專利權攤銷$10,000)×(8/9)＝$106,667
非控制權益淨利	($130,000－專利權攤銷$10,000)×(1/9)＝$13,333

相關項目異動如下：

	20x6/12/31	買回庫藏股	20x7/1/1	20x7	20x7/12/31
乙－權益	$1,500,000	－$195,000	$1,305,000	＋$130,000	$1,435,000
權益法：					
甲－採用權益法之投資	$1,256,000	－$33,778	$1,222,222	＋$106,667	$1,328,889
合併財務報表：	(80%)		(8/9)		
專利權	$70,000		$70,000	－$10,000	$60,000
非控制權益	$314,000	－$195,000 ＋$33,778	$152,778	＋$13,333	$166,111
	(20%)		(1/9)		

驗算：20x7/12/31：採用權益法之投資＝($1,435,000＋$60,000)×(8/9)＝$1,328,889
　　　　　　　　　非控制權益＝($1,435,000＋$60,000)×(1/9)＝$166,111

甲公司及乙公司 20x7 年合併工作底稿之沖銷分錄：

[(A) (4)、(B) (5)：答案並列。]

		(A) (4)		(B) (4)	
(a)	採用權益法認列之子公司、關聯企業及合資利益之份額	106,667		93,333	
	採用權益法之投資		106,667		93,333
(b)	非控制權益淨利	13,333		26,667	
	非控制權益		13,333		26,667
(c)	普通股股本	300,000		300,000	
	資本公積－普通股股票溢價	240,000		240,000	
	保留盈餘	960,000		960,000	
	專利權	70,000		70,000	
	庫藏股票		195,000		195,000
	採用權益法之投資		1,222,222		1,069,444
	非控制權益		152,778		305,556
(d)	攤銷費用	10,000		10,000	
	專利權		10,000		10,000

(B) 向甲公司買回庫藏股：

(1) 乙公司 20x7 年 1 月 1 日庫藏股交易之分錄：

20x7/ 1/ 1	庫藏股票	195,000		3,000 股×$65＝$195,000
	現　　金		195,000	

(2) 乙公司買回庫藏股前後，股東間持股比例之異動：

	甲　公　司	非　控　制　權　益
原來	30,000 股×80%＝24,000 股	30,000 股×20%＝6,000 股
變為	(24,000 股－3,000 股)÷(30,000 股－3,000 股)＝7/9＝77.778%	6,000 股÷(30,000 股－3,000 股)＝2/9＝22.222%

控制權益與非控制權益之相對異動如下：

	買回 3,000 股庫藏股前	買回 3,000 股庫藏股後
乙權益	$1,500,000	$1,500,000

減：庫藏股票		(—)	(195,000)
加：乙未入帳專利權		70,000	70,000
		$1,570,000	$1,375,000
甲對乙之持股比例		× 80%	× 7/9
甲擁有乙之權益 (C)		$1,256,000	$1,069,444
甲擁有乙之權益(C)之減少數， 　　貸記「採用權益法之投資」(A)			($186,556)
甲出售部份對乙股權投資之收現數， 　　借記「現金」(B)			$195,000
(A)與(B)之差額，借(貸)記「資本公積」			($8,444)
非控制權益之增(減)數			($8,444)

(3) 甲公司 20x7 年 1 月 1 日出售 3,000 股乙公司普通股之分錄：

20x7/1/1	現　金　　　　　　　　　　　　　　　　　　　195,000	
	採用權益法之投資　　　　　　　　　　　　　　　　　186,556	
	資本公積－認列對子公司所有權權益變動數　　　　　　8,444	

(4) 20x7 年：

甲公司之投資收益	($130,000－$10,000)×(7/9)＝$93,333
非控制權益淨利	($130,000－$10,000)×(2/9)＝$26,667

　　相關項目異動如下：

	20x6/12/31	買回庫藏股	20x7/ 1/ 1	20x7	20x7/12/31
乙－權　益	$1,500,000	－$195,000	$1,305,000	＋$130,000	$1,435,000
權益法：					
甲－採用權益法 　之投資	$1,256,000	－$186,556	$1,069,444	＋$93,333	$1,162,777
合併財務報表：	(80%)		(7/9)		
專利權	$70,000		$70,000	－$10,000	$60,000
非控制權益	$314,000	－$8,444	$305,556	＋$26,667	$332,223
	(20%)		(2/9)		

驗　算：20x7/12/31：
　　採用權益法之投資＝($1,435,000＋$60,000)×(7/9)＝$1,162,778 (尾差$1)
　　非控制權益＝($1,435,000＋$60,000)×(2/9)＝$332,222 (尾差$1)

　　甲公司及乙公司 20x7 年合併工作底稿之沖銷分錄：請詳(A)(4)。

(十四) (子公司向非控制股東買回庫藏股)

甲公司於20x3年12月31日以$990,000購入乙公司60%股權,並對乙公司存在控制。非控制權益係依對乙公司可辨認淨資產已認列金額所享有之比例份額衡量。當日乙公司除設備價值低估$100,000外,其餘帳列資產及負債之帳面金額皆等於公允價值,且無未入帳資產或負債。該價值低估設備自收購日起尚有10年使用年限,無殘值,按直線法計提折舊。甲公司採權益法處理其對乙公司之股權投資。20x4年,僅有當期損益及股利交易使乙公司權益發生變動。20x4年12月31日,乙公司權益如下:

股本(每股面額$10)	$1,000,000
資本公積	450,000
保留盈餘	350,000
權益總額	$1,800,000

20x5年1月1日,乙公司以每股$16向非控制股東買回4,000股普通股作為庫藏股。乙公司20x5年淨利為$120,000,未宣告或發放現金股利。

試作:甲公司及乙公司20x5年合併工作底稿之沖銷分錄。

解答:

20x4/12/31:價值低估設備之每年折舊數=$100,000÷10年=$10,000
    價值低估設備之未折舊數=$100,000-$10,000=$90,000
    甲「採用權益法之投資」=($1,800,000+$90,000)×60%=$1,134,000
    非控制權益=($1,800,000+$90,000)×40%=$756,000

20x4年:甲「採用權益法之投資」淨變動數=$1,134,000-$990,000=$144,000
    =淨+$144,000=(乙權益淨變動數-$10,000)×60%
    ∴ 乙權益淨變動數=淨+$250,000
    非控制權益淨變動數=(淨+$250,000-$10,000)×40%=淨+$96,000
    ∴ 20x3/12/31非控制權益=$756,000-$96,000=$660,000

(續次頁)

相關項目異動如下：

	20x3/12/31	20x4	20x4/12/31		
乙－權　益	$1,550	淨＋$250	$1,800		
權益法：					
甲－採用權益法之投資	$990	淨＋$144	$1,134		
合併財務報表：					
設　備	$100	－$10	$90		
非控制權益	$660	淨＋$96	$756		

20x5/1/1：甲對乙持股比例增為＝(100,000 股×60%)÷(100,000 股－4,000 股)
　　　　　　　　　　　　＝60,000 股÷96,000 股＝62.5%

[$1,800,000－(4,000 股×$16)＋$90,000]×62.5%＝$1,141,250

$1,141,250－$1,134,000＝$7,250

20x5/ 1/1	採用權益法之投資　　　　　　　　　　　　7,250 　　資本公積－認列對子公司所有權權益變動數　　　7,250

20x5 年：甲應認列之投資收益＝($120,000－$10,000)×62.5%＝$68,750

　　　　　非控制權益淨利＝($120,000－$10,000)×37.5%＝$41,250

相關項目異動如下：

	20x4/12/31	買回庫藏股	20x5/1/1	20x5	20x5/12/31
乙－權　益	$1,800	－$64	$1,736	＋$120	$1,856
權益法：					
甲－採用權益法之投資	$1,134	＋$7.25	$1,141.25	＋$68.75	$1,210
合併財務報表：					
設　備	$90		$90	－$10	$80
非控制權益	$756	－$64－$7.25	$684.75	＋$41.25	$726

甲公司及乙公司 20x5 年合併工作底稿之沖銷分錄：

(1)	採用權益法認列之子公司、 關聯企業及合資利益之份額　　68,750 　　採用權益法之投資　　　　　　　　　68,750
(2)	非控制權益淨利　　　　　　　　41,250 　　非控制權益　　　　　　　　　　　　41,250

(續次頁)

(3)	普通股股本	1,000,000	
	資本公積	450,000	
	保留盈餘	350,000	
	設　備	90,000	
	庫藏股票		64,000
	採用權益法之投資		1,141,250
	非控制權益		684,750
(4)	折舊費用	10,000	
	累計折舊－設備		10,000

(十五)　(子公司宣告股票股利、進行股票分割)

　　甲公司於 20x5 年 1 月 1 日取得乙公司 80%股權並對乙公司存在控制。當日乙公司帳列資產及負債之帳面金額皆等於公允價值，且無未入帳資產或負債。截至 20x7 年 1 月 1 日，乙公司權益為$450,000，包括普通股股本$100,000(面額$10，流通在外 10,000 股)、資本公積－普通股股票溢價$70,000 及保留盈餘$280,000。乙公司 20x7 年淨利為$60,000，並於 20x7 年 12 月底宣告且發放$10,000 現金股利。20x7 年 12 月 31 日乙公司普通股每股市價為$30。

試作：依下列兩種獨立情況編製 20x7 年合併工作底稿之沖銷分錄：
　　(1) 乙公司於 20x7 年 12 月 31 日宣告並發放 15%股票股利。
　　(2) 乙公司於 20x7 年 12 月 31 日進行股票分割(一股分割為二股)。

解答：

15%股票股利：10,000 股×15％＝1,500 股，1,500 股×面額$10＝$15,000

(1) 甲公司及乙公司 20x7 年合併工作底稿之沖銷分錄：

(a)	採用權益法認列之子公司、			
	關聯企業及合資利益之份額	48,000		$60,000×80%＝$48,000
	現金股利		8,000	$10,000×80%＝$8,000
	採用權益法之投資		40,000	
(b)	非控制權益淨利	12,000		$60,000×20%＝$12,000
	現金股利		2,000	$10,000×20%＝$2,000
	非控制權益		10,000	

(續次頁)

(c)	普通股股本	115,000		$100,000＋($10×1,500 股)
	資本公積－普通股股票溢價	70,000		＝$115,000
	保留盈餘	280,000		$70,000＋$0＝$70,000
	股票股利		15,000	1,500 股×$10＝$15,000
	採用權益法之投資		360,000	$450,000×80%＝$360,000
	非控制權益		90,000	$450,000×20%＝$90,000

(2) 甲公司及乙公司 20x7 年合併工作底稿之沖銷分錄：

(a)	採用權益法認列之子公司、			
	關聯企業及合資利益之份額	48,000		$60,000×80%＝$48,000
	現金股利		8,000	$10,000×80%＝$8,000
	採用權益法之投資		40,000	
(b)	非控制權益淨利	12,000		$60,000×20%＝$12,000
	現金股利		2,000	$10,000×20%＝$2,000
	非控制權益		10,000	
(c)	普通股股本	100,000		$100,000＋$0＝$100,000
	資本公積－普通股股票溢價	70,000		$70,000＋$0＝$70,000
	保留盈餘	280,000		
	採用權益法之投資		360,000	$450,000×80%＝$360,000
	非控制權益		90,000	$450,000×20%＝$90,000

(十六) (內部交易、收購後再期中投資)

　　甲公司於 20x6 年 1 月 1 日以$840,000 取得乙公司 70%股權，並對乙公司存在控制。當日乙公司權益為$1,000,000，包括普通股股本$600,000 及保留盈餘$400,000，乙公司帳列資產及負債之帳面金額皆等於公允價值，且無未入帳之可辨認資產或負債。非控制權益係以收購日公允價值衡量。甲公司於 20x7 年 7 月 1 日以$130,000 再取得乙公司 10%股權，使對乙公司之持股比例增加為 80%。下列是甲公司及乙公司截止於 20x7 年 12 月 31 日之 20x7 年財務報表：

	甲公司	乙公司
綜合損益表：		
銷貨收入	$1,800,000	$992,000
採用權益法認列之子公司、關聯企業及合資利益之份額	?	－

(承上頁)

	甲公司	乙公司
綜合損益表：(續)		
處分不動產、廠房及設備利益	60,000	—
利息收入	—	48,000
銷貨成本	(850,000)	(600,000)
折舊費用	(180,000)	(120,000)
利息費用	(86,000)	—
其他各項營業費用	(226,000)	(80,000)
淨　利	$　　　?	$240,000
保留盈餘表：		
保留盈餘－1/1	$510,000	$500,000
加：淨利	?	240,000
減：股利	(400,000)	(100,000)
保留盈餘－12/31	$　　　?	$640,000
財務狀況表：		
現　金	$343,200	$170,000
應收帳款	180,000	70,000
應收股利	40,000	—
存　貨	330,000	210,000
其他流動資產	90,000	70,000
採用權益法之投資	?	—
按攤銷後成本衡量之金融資產－甲債券	—	494,000
土　地	100,000	80,000
房屋及建築－淨額	420,000	206,000
機器設備－淨額	200,000	240,000
總　資　產	$　　　?	$1,540,000
應付帳款	$114,000	$100,000
應付股利	200,000	50,000
其他流動負債	72,000	150,000
應付公司債，9%	1,008,000	—
普通股股本，每股面額$10	600,000	600,000
資本公積－實際取得或處分子公司股權價格與帳面價值差額	?	—
保留盈餘	?	640,000
總負債及權益	$　　　?	$1,540,000

其他資料：

(1) 乙公司對存貨採先進先出之成本流動假設。20x6 年，甲公司將$100,000 商品存貨以$120,000 售予乙公司，截至 20x6 年底，乙公司仍持有半數購自甲公司的商品而尚未售予合併個體以外單位，直到 20x7 年上半年才陸續外售。另 20x7 年，甲公司將$80,000 商品存貨以$96,000 售予乙公司，截至 20x7 年底，乙公司仍持有四分之三購自甲公司的商品而尚未售予合併個體以外單位，直到 20x8 年才陸續外售。另截至 20x7 年底，乙公司向甲公司進貨之應付帳款尚有$50,000 未清償。

(2) 20x6 年，甲公司以$40,000 向乙公司購買一筆帳面金額為$24,000 之土地。截至 20x7 年底，該筆土地仍為甲公司營業上使用。

(3) 20x7 年 7 月 1 日，甲公司以$140,000 將一部帳面金額$80,000 的機器售予乙公司。該機器預估可再使用 5 年，無殘值，甲、乙兩家公司皆採直線法計提折舊。

(4) 20x6 年 12 月 31 日，乙公司於公開市場以$491,000 買回面額$500,000 甲公司先前發行之公司債作為債券投資。該公司債將於 20x9 年 12 月 31 日到期，每年 6 月 30 日及 12 月 31 日支付半年利息。假設甲、乙兩家公司皆採直線法攤銷應付公司債或債券投資之折、溢價。

(5) 甲公司採用權益法處理其對乙公司之股權投資。甲、乙兩家公司 20x7 年之現金股利皆於 20x7 年 6 月及 12 月各宣告半數，另再擇期發放。

試作：(A) 甲公司及乙公司 20x7 年合併工作底稿之沖銷分錄。
　　　(B) 完成甲公司及乙公司 20x7 年合併工作底稿。

解答：

20x6/ 1/ 1：非控制權益係以收購日公允價值衡量，惟題意中未提及該公允價值，故設算之。 乙公司總公允價值＝$840,000÷70%＝$1,200,000
　　　　　乙公司未入帳商譽＝$1,200,000－$1,000,000＝$200,000
　　　　　非控制權益＝$1,200,000×30%＝$360,000

(續次頁)

分析內部交易：

		20x6	20x7 1～6月	20x7 7～12月
1.	順/存貨	($120,000－$100,000)×(1/2)＝$10,000 (未實利)	$10,000 (已實利)	($96,000－$80,000)×(3/4)＝$12,000 (未實利)
2.	逆/土地	$40,000－$24,000＝$16,000 (未實利)	—	—
3.	順/機器	—	—	$140,000－$80,000＝$60,000 (未實利)
		—	—	($60,000÷5年)×(6/12)＝$6,000 (已實利)
4.	類似順流/債券	發行溢價$8,000÷剩2年＝$4,000， 20x6/12/31之溢價＝$8,000＋$4,000＝$12,000，$491,000－($1,012,000×1/2)＝$15,000 (已實利)	已實利$15,000÷3年＝$5,000 (20x7、20x8、20x9：每年要消除已認列之已實利$5,000) $5,000×(6/12)＝$2,500	$5,000×(6/12)＝$2,500

投資損益及非控制權益淨利：

期間	甲公司應認列之投資收益	非控制權益淨利
20x6年	乙公司20x6年保留盈餘淨增加數＝$500,000－$400,000＝$100,000	
	(淨＋$100,000－$16,000)×70%－$10,000＋$15,000＝淨＋$63,800	(淨＋$100,000－$16,000)×30%＝淨＋$25,200
20x7年 1～6月	$240,000×(6/12)×70%＋$10,000－$2,500＝$91,500	$240,000×(6/12)×30%＝$36,000
20x7年 7～12月	$240,000×(6/12)×80%－$12,000－$2,500－$60,000＋$6,000＝$27,500	$240,000×(6/12)×20%＝$24,000

相關項目異動如下： (單位：千元)
(假設：20x6及20x7年期末，經評估得知商譽價值未減損。)

(續次頁)

	20x6/1/1	20x6	20x6/12/31	1～6月	20x7/7/1	7～12月	20x7/12/31
乙－權益	$1,000	淨＋$100	$1,100	＋$240 －$100		＋$120－$50	$1,240
				＋$120－$50	$1,170		$1,240
權益法：							
甲－採用權益法之投資	$840	淨＋$63.8	$903.8	＋$91.5 －$35	$960.3		
					＋$135.4 ＝$1,095.7	＋$27.5 －$40	$1,083.2
合併財務報表：							
商譽	$200		$200		$200		$200
非控制權益	$360	淨＋$25.2	$385.2	＋$36 －$15	$406.2 －$135.4 ＝$270.8	＋$24 －$10	$284.8

驗算：
20x6/12/31： 採用權益法之投資＝(乙權益$1,100＋商譽$200－土地$16)×70%
　　　　　　　　　　　　　　－存貨$10＋債券$15＝$903.8
　　　　　　非控制權益＝($1,100＋$200－$16)×30%＝$385.2
20x7/12/31：
　　採用權益法之投資＝(乙權益$1,240＋商譽$200－土地$16)×80%－存貨$12
　　　　　　　　　　　＋債券($15－2.5×2)－機器($60－$6)＝$1,083.2
　　非控制權益＝($1,240＋$200－$16)×20%＝$284.8

20x7年7月1日，甲公司再取得乙公司10%股權之分錄：

20x7/7/1	採用權益法之投資	135,400	
	現　金		130,000
	資本公積－實際取得或處分子公司		
	股權價格與帳面價值差額		5,400
	非控制權益$406,200×(10%÷30%)＝$135,400		

(A) 甲公司及乙公司20x7年合併工作底稿之沖銷分錄：

(1)	銷貨收入	96,000	
	銷貨成本		96,000
(2)	銷貨成本	12,000	
	存　貨		12,000

(續次頁)

(3)	採用權益法之投資	10,000	
	銷貨成本		10,000
(4)	採用權益法之投資	11,200	
	非控制權益	4,800	
	土　地		16,000
	$\$16,000 \times 70\% = \$11,200$，$\$16,000 \times 30\% = \$4,800$		
(5)	處分不動產、廠房及設備利益	60,000	
	機器設備－淨額		60,000
(6)	機器設備－淨額	6,000	
	折舊費用		6,000
(7)	應付公司債(9%)	504,000	
	按攤銷後成本衡量之金融資產－甲債券		494,000
	採用權益法之投資		10,000
	$\$1,008,000 \times (1/2) = \$504,000$		
(8)	利息收入	48,000	
	利息費用		43,000
	採用權益法之投資		5,000
	$\$500,000 \times 9\% \times 12/12 = \$45,000$，$(\$500,000 - \$491,000) \div 3$ 年 $= \$3,000$		
	$\$45,000 + $折價攤銷$\$3,000 = \$48,000$		
	$\$45,000 - ($溢價攤銷$\$4,000 \times 1/2) = \$43,000$		
(9)	採用權益法認列之子公司、關聯企業 　　　　及合資利益之份額	119,000	
	股　利		75,000
	採用權益法之投資		44,000
	$\$91,500 + \$27,500 = \$119,000$，$\$35,000 + \$40,000 = \$75,000$		
(10)	非控制權益淨利	60,000	
	股　利		25,000
	非控制權益		35,000
	$\$36,000 + \$24,000 = \$60,000$，$\$15,000 + \$10,000 = \$25,000$		
(11)	普通股股本	600,000	
	保留盈餘	500,000	
	商　譽	200,000	
	採用權益法之投資		1,045,400
	非控制權益		254,600
	期初$(\$1,100,000 + \$200,000) \times 70\% + $再投資$\$135,400 = \$1,045,400$		
	期初$(\$1,100,000 + \$200,000) \times 30\% - \$135,400 = \$254,600$		

			調整／沖銷	
(12)	應付帳款	50,000		
	應收帳款		50,000	
(13)	應付股利	40,000		
	應收股利		40,000	
	$50,000×80%＝$40,000			

(B)

甲公司及其子公司
合併工作底稿
20x7 年度　　　　　　(單位：千元)

	甲公司	80% 乙公司	調整／沖銷 借方	調整／沖銷 貸方	合併財務報表
綜合損益表：					
銷貨收入	$1,800.0	$992.0	(1) 96.0		$2,696.0
採用權益法認列之子公司、關聯企業及合資利益之份額	119.0	—	(9) 119.0		—
處分不動產、廠房及設備利益	60.0	—	(5) 60.0		—
利息收入	—	48.0	(8) 48.0		—
銷貨成本	(850.0)	(600.0)	(2) 12.0	(1) 96.0	
				(3) 10.0	(1,356.0)
折舊費用	(180.0)	(120.0)		(6) 6.0	(294.0)
利息費用	(86.0)	—		(8) 43.0	(43.0)
其他各項營業費用	(226.0)	(80.0)			(306.0)
淨　利	$637.0	$240.0			
總合併淨利					$697.0
非控制權益淨利			(10) 60.0		(60.0)
控制權益淨利					$637.0
保留盈餘表：					
保留盈餘－1/1	$510.0	$500.0	(11) 500.0		$510.0
加：淨利	637.0	240.0			637.0
減：股利				(9) 75.0	
	(400.0)	(100.0)		(10) 25.0	(400.0)
保留盈餘－12/31	$747.0	$640.0			$747.0

(續次頁)

	甲公司	80% 乙公司	調整／沖銷 借　方	調整／沖銷 貸　方	合　併 財務報表
財務狀況表：					
現　金	$343.2	$170.0			$513.2
應收帳款	180.0	70.0		(12)　50.0	200.0
應收股利	40.0	—		(13)　40.0	—
存　貨	330.0	210.0		(2)　12.0	528.0
其他流動資產	90.0	70.0			160.0
採用權益法之投資	1,083.2	—	(3)　10.0 (4)　11.2	(7)　10.0 (8)　5.0 (9)　44.0 (11) 1,045.4	—
按攤銷後成本衡量 　之金融資產－甲債券	—	494.0		(7)　494.0	—
土　地	100.0	80.0		(4)　16.0	164.0
房屋及建築－淨額	420.0	206.0			626.0
機器設備－淨額	200.0	240.0	(6)　6.0	(5)　60.0	386.0
商　譽	—	—	(11) 200.0		200.0
總資產	$2,786.4	$1,540.0			$2,777.2
應付帳款	$154.0	$100.0	(12)　50.0		$204.0
應付股利	200.0	50.0	(13)　40.0		210.0
其他流動負債	72.0	150.0			222.0
應付公司債(9%)	1,008.0	—	(7)　504.0		504.0
普通股股本，面額$10	600.0	600.0	(11) 600.0		600.0
資本公積－實際取得或 　處分子公司股權價 　格與帳面價值差額	5.4	—			5.4
保留盈餘	747.0	640.0			747.0
總負債及權益	$2,786.4	$1,540.0			
非控制權益－1/1			(4)　4.8	(11) 254.6	
非控制權益－淨增加數				(10)　35.0	
非控制權益－12/31					284.8
總負債及權益					$2,777.2

(十七) **(內部交易、錯誤更正、期中部分處分股權投資)**

甲公司於 20x3 年 1 月 1 日以$1,360,000 取得乙公司 80%股權，並對乙公司存在控制。當日乙公司權益為$1,500,000，包括普通股股本$900,000 及保留盈餘$600,000，且其帳列資產及負債之帳面金額皆等於公允價值，除有一項未入帳專利權(預估尚有 5 年使用年限)外，無其他未入帳資產或負債。非控制權益係以收購日公允價值衡量。下列是甲公司及乙公司截止於 20x5 年 12 月 31 日之 20x5 年度財務報表：

	甲公司	乙公司
綜合損益表：		
銷貨收入	$12,000,000	$5,100,000
銷貨成本	(8,946,000)	(3,025,000)
各項營業費用	(1,200,000)	(1,131,000)
股利收入	216,000	—
採用權益法認列之子公司、關聯企業及合資利益之份額	696,000	—
利息費用	—	(24,000)
淨　利	$ 2,766,000	$ 920,000
保留盈餘表：		
保留盈餘－1/1	$ 6,300,000	$1,920,000
加：淨　利	2,766,000	920,000
減：股　利	(510,000)	(300,000)
保留盈餘－12/31	$ 8,556,000	$2,540,000
財務狀況表：		
現　金	$ 1,530,000	$ 748,000
應收帳款	705,000	555,000
存　貨	1,425,000	1,065,000
採用權益法之投資	2,832,000	—
按攤銷後成本衡量之金融資產－乙債券	166,000	—
機器設備－淨額	6,690,000	1,610,000
總 資 產	$13,348,000	$3,978,000
應付帳款	$ 1,050,000	$ 130,000
其他流動負債	142,000	56,000
應付公司債	—	352,000
普通股股本，面額$10	3,600,000	900,000
保留盈餘	8,556,000	2,540,000
總負債 及 權益	$13,348,000	$3,978,000

其他資料：

(1) 20x5 年 7 月 1 日，甲公司部分處分對乙公司股權投資，得款$280,000，甲公司按此金額貸記「採用權益法之投資」。完成此筆交易後，甲公司對乙公司之持股比例由 80%降為 72%。

(2) 乙公司 20x5 年 1 月至 6 月之淨利為$420,000，已知甲公司在部分處分乙公司股權前 [詳上述(1)]，已按 80%持股比例認列投資收益。

(3) 20x4 年間，乙公司共銷貨$390,000 予甲公司，售價係按乙公司進貨成本加成 30%計得。截至 20x4 年底，甲公司尚有$156,000 購自乙公司的商品仍未售予合併個體以外單位，直到 20x5 年 2 月間，甲公司才將此$156,000 商品以$180,000 外售。

(4) 20x5 年 11 月間，甲公司首次將成本$240,000 商品存貨售予乙公司，售價係按甲公司進貨成本的 120%計得。截至 20x5 年底，乙公司尚有$72,000 購自甲公司的商品仍未售予合併個體以外單位。

(5) 乙公司於 20x5 年 12 月 31 日寄出一張$135,000 支票予甲公司，係為支付當日帳列積欠甲公司之應付帳款，而甲公司遲至 20x6 年 1 月 3 日才收到支票並入帳。

(6) 乙公司於 20x5 年 12 月間宣告並發放$300,000 現金股利。

(7) 20x5 年 12 月 31 日，甲公司於公開市場以$166,000 買回半數乙公司先前發行之公司債作為債券投資，並將之分類為「按攤銷後成本衡量之金融資產」。該公司債於 20x9 年 12 月 31 日到期。

試作：(A) 甲公司及乙公司 20x5 年合併工作底稿之調整/沖銷分錄。
　　　(B) 完成甲公司及乙公司 20x5 年合併工作底稿。

分析如下：

(1) 20x3/ 1/ 1：非控制權益係以收購日公允價值衡量，惟題意中未提及該公允價值，故設算之。乙公司總公允價值＝$1,360,000÷80%＝$1,700,000
　　　　　　　未入帳專利權＝$1,700,000－$1,500,000＝$200,000
　　　　　　　未入帳專利權之每年攤銷數＝$200,000÷5 年＝$40,000
　　　　　　　非控制權益＝$1,700,000×20%＝$340,000

(2) 20x4 年間，逆流銷貨：
　　　$390,000÷130%＝$300,000，$390,000－$300,000＝$90,000
　　　未實現利益＝$90,000×($156,000÷$390,000)＝$36,000

(3) 20x5 年 2 月間：20x4 年逆流銷貨之未實現利益$36,000，已實現。

(4) 20x5 年 11 月間，順流銷貨：
$240,000×120%＝$288,000，$288,000－$240,000＝$48,000
未實現利益＝$48,000×($72,000÷$288,000)＝$12,000

(5) 20x5/12/31，在途支票(現金)：

甲公司應作之調整分錄	20x5/12/31	現　　金　　　　　　135,000 　　應收帳款　　　　　　135,000

(6) 20x5/12/31，類似逆流債券內部交易：
視同清償利益＝$166,000－($352,000×1/2)＝$10,000

(7) 按權益法，投資收益及非控制權益淨利如下：

期　間	甲公司應認列之投資收益	非控制權益淨利
20x3～20x4 年	乙公司 20x3～20x4 年保留盈餘淨增加數 ＝($900,000＋$1,920,000)－$1,500,000＝$1,320,000	
	(淨＋$1,320,000－$40,000×2 年 －$36,000)×80%＝淨＋$963,200	(淨＋$1,320,000－$40,000×2 年 －$36,000)×20%＝淨＋$240,800
20x5 年 1～6 月	($420,000－$40,000×6/12 ＋$36,000)×80%＝$348,800	($420,000－$40,000×6/12 ＋$36,000)×20%＝$87,200
20x5 年 7～12 月	($920,000－$420,000－$40,000 ×6/12＋$10,000)×72%－$12,000 ＝$340,800	($920,000－$420,000 －$40,000×6/12＋$10,000)×28% ＝$137,200

但甲公司並未正確地適用權益法，其帳上已認列之投資收益如下：

20x3～20x4 年	(淨＋$1,320,000)×80%＝淨＋$1,056,000	
20x5 年 1～6 月	$420,000×80%＝$336,000	20x5 年，合計 為$696,000
2054 年 7～12 月	($920,000－$420,000)×72%＝$360,000	

(8) 20x5 7/1：

「採用權益法之投資」＝$1,360,000＋$963,200＋$348,800＝$2,672,000
甲公司部分出售對乙公司股權投資，持股下降 8%，即出售甲對乙股權投資的十分之一，8%÷80%＝1/10，$2,672,000×(1/10)＝$267,200，甲公司應作之調整分錄如下：

甲公司已入帳	20x5/ 7/ 1	現　　金　　　　　　　　　　　280,000
之錯誤分錄		採用權益法之投資　　　　　　　　　　280,000
甲公司應作	20x5/ 7/ 1	現　　金　　　　　　　　　　　280,000
之正確分錄		採用權益法之投資　　　　　　　　　　267,200
		資本公積－實際取得或處分
		子公司股權價格
		與帳面價值差額　　　　　　　　　 12,800
甲公司應作	20x5/12/31	採用權益法之投資　　　　　　　　12,800
之調整分錄		資本公積－實際取得或處分
		子公司股權價格
		與帳面價值差額　　　　　　　　　 12,800

(9) 現金股利分配如下：

期　　間	甲　公　司	非控制權益
20x5 年 1～6 月	無	無
20x5 年 7～12 月	$300,000×72%＝$216,000 (從題目報表中得知，甲公司 認列為股利收入$216,000)	$300,000×28%＝$84,000

(10) 相關項目異動如下：（單位：千元）

	20x3/ 1/ 1	20x3、20x4	20x5/ 1/ 1	1～6 月	20x5/ 7/ 1	7～12 月	20x5/12/31
乙－權益	$1,500	淨+$1,320	$2,820	+$420	$3,240	+$500 −$300	$3,440
權益法：							
甲－　　(錯) 採用權 益法之 (正) 投資	$1,360 $1,360	淨+$1,056 淨+$963.2	$2,416 $2,323.2	+$348.8	−$280(7/1)+$696(12/31) [股利收入$216] $2,672 −$267.2 ＝$2,404.8	+$340.8 −$216	$2,832 $2,529.6
合併財務報表：							
專利權	$200	−$40×2	$120	−$20	$100	−$20	$80
非控制 權益	$340	+$240.8	$580.8	+$87.2	$668 +$267.2 ＝$935.2	+$137.2 −$84	$988.4

驗　算：20x5/12/31：
　　採用權益法之投資＝($3,440＋專利權$80＋債券$10)×72%−存貨$12＝$2,529.6
　　非控制權益＝($3,440＋專利權$80＋債券$10)×28%＝$988.4

解答：

(A) 甲公司及乙公司 20x5 年合併工作底稿之調整/沖銷分錄：

調整分錄：

(a)	現　　金	135,000	
	應收帳款		135,000
	調整在途現金(支票)。		
(b)	採用權益法之投資	12,800	
	資本公積－實際取得或處分子公司		
	股權價格與帳面價值差額		12,800
	調整甲公司出售 8%持股時，帳務上之錯誤。		
(c)	保留盈餘	92,800	
	採用權益法之投資		92,800
	調整 20x2～20x3 年高估之投資收益。		
	$963,200－$1,056,000＝－$92,800		
(d)	採用權益法認列之子公司、關聯企業		
	及合資利益之份額	6,400	
	股利收入	216,000	
	採用權益法之投資		222,400
	調整 20x4 年甲公司適用權益法不正確之處。		
	($348,800＋$340,800)－$696,000＝－$6,400		

沖銷分錄：

(1)	銷貨收入	288,000	
	銷貨成本		288,000
(2)	銷貨成本	12,000	
	存　貨		12,000
(3)	採用權益法之投資	28,800	
	非控制權益	7,200	
	銷貨成本		36,000
	$36,000×80%＝$28,800，$36,000×20%＝$7,200		
(4)	應付公司債	176,000	
	按攤銷後成本衡量之金融資產－乙債券		166,000
	視同清償債券利益		10,000
	$352,000×(1/2)＝$176,000，$166,000－$176,000＝利益$10,000		

(續次頁)

(5)	採用權益法認列之子公司、關聯企業		
	及合資利益之份額	689,600	
	股　利		216,000
	採用權益法之投資		473,600
	$348,800＋$340,800＝$689,600		
(6)	非控制權益淨利	224,400	
	股　利		84,000
	非控制權益		140,400
	$87,200＋$137,200＝$224,400		
(7)	普通股股本	900,000	
	保留盈餘	1,920,000	
	專利權	120,000	
	採用權益法之投資		2,084,800
	非控制權益－1/1		588,000
	非控制權益－7/1		267,200
	期初($2,820,000＋$120,000)×80%－出售$267,200＝$2,084,800		
	期初($2,820,000＋$120,000)×20%＝$588,000		
(8)	攤銷費用	40,000	
	專利權		40,000

(B)

甲公司及其子公司
合併工作底稿
20x5 年 度　　　　　　　　(單位：千元)

	甲公司	72% 乙公司	調整／沖銷 借方	調整／沖銷 貸方	合併 財務報表
綜合損益表：					
銷貨收入	$12,000	$5,100	(1) 288		$16,812
銷貨成本	(8,946)	(3,025)	(2) 12	(1) 288 (3) 36	(11,659)
各項營業費用	(1,200)	(1,131)	(8) 40		(2,371)
視同清償債券利益	—	—		(4) 10	10
股利收入	216	—	調(d) 216		—
採用權益法認列之子公司、關聯企業及合資利益之份額	696	—	調(d) 6.4 (5) 689.6		—
利息費用	—	(24)			(24)
淨　利	$2,766	$920			_____

	甲公司	72% 乙公司	調整／沖銷 借　方	調整／沖銷 貸　方	合　併 財務報表
綜合損益表：(續)					
總合併淨利					$ 2,768
非控制權益淨利			(6) 224.4		(224.4)
控制權益淨利					$2,543.6
保留盈餘表：					
保留盈餘－1/1	$ 6,300	$ 1,920	調(c) 92.8 (7) 1,920		$ 6,207.2
加：淨　利	2,766	920			2,543.6
減：股　利	(510)	(300)		(5)　216 (6)　　84	(510)
保留盈餘－12/31	$ 8,556	$ 2,540			$ 8,240.8
財務狀況表：					
現　金	$ 1,530	$　748	調(a) 135		$ 2,413
應收帳款	705	555		調(a) 135	1,125
存　貨	1,425	1,065		(2)　　12	2,478
採用權益法之投資	2,832	－	調(b) 12.8 (3)　28.8	調(c) 92.8 調(d)222.4 (5)　473.6 (7) 2,084.8	－
按攤銷後成本衡量 　之金融資產－乙債券	166	－		(4)　166	－
機器設備－淨額	6,690	1,610			8,300
專利權	－	－	(7)　120	(8)　　40	80
總　資　產	$13,348	$3,978			$14,396
應付帳款	$ 1,050	$　130			$ 1,180
其他流動負債	142	56			198
應付公司債	－	352	(4)　176		176
普通股股本(面額$10)	3,600	900	(7)　900		3,600
資本公積－實際取得或 　處分子公司股權價格 　與帳面價值差額	－	－		調(b) 12.8	12.8
保留盈餘	8,556	2,540			8,240.8
總負債及權益	$13,348	$3,978			
非控制權益－1/1			(3)　　7.2	(7)　588	
非控制權益－7/1				(7) 267.2	

	甲公司	72% 乙公司	調整／沖銷		合　併 財務報表
			借　方	貸　方	
財務狀況表：(續)					
非控制權益－淨增加數 　　(除 7/1 外)				(6) 140.4	
非控制權益－12/31					988.4
總負債及權益					$14,396

(十八)　**(111 會計師考題改編)**

　　甲公司分三次取得乙公司 90%股權，於 20x1 年 9 月 1 日以$75,000 取得乙公司股權時，即對乙公司具重大影響而採用權益法，20x2 年 7 月 1 日再以$120,000 取得乙公司股權，而對乙公司存在控制，並依收購日公允價值$135,000 衡量非控制權益。當時甲公司原持有股權之公允價值為$97,500。20x3 年 4 月 1 日又以$135,000 購入乙公司股權。各次取得股權時，乙公司各項可辨認資產及負債之帳面金額均等於公允價值。甲、乙兩家公司資產未有減損，20x1 年初乙公司權益為$225,000。乙公司 20x1 年、20x2 年與 20x3 年之淨利分別為$90,000、$60,000 與 $120,000，各年淨利均於年度中平均賺得，並於每年 3 月 1 日宣告並發放現金股利$15,000。20x2 年合併綜合損益表之非控制權益淨利為$12,000，並認列處分投資利益$11,250。

試作：(1) 甲公司 20x2 年 7 月 1 日增購之股權比例。
　　　(2) 甲公司 20x2 年合併綜合損益表之投資收益。
　　　(3) 甲公司 20x3 年 4 月 1 日之會計分錄。
　　　(4) 20x3 年底，甲公司帳列「採用權益法之投資－乙公司」餘額。

參考答案：

因甲公司取得各次股權時，乙公司各項可辨認資產及負債之帳面金額均等於公允價值。意即，乙公司帳列資產及負債之帳面金額皆等於公允價值，且無其他未入帳可辨認資產或負債，但可能有未入帳商譽或廉價購買利益。

將題目提供之已知資訊填入下表中，未知金額部分逐項推算，即可回答問題。

相關項目異動如下：

	20x1/1/1	1～8月	20x1/9/1	10～12月	20x1/12/31
乙－權 益	$225,000	+$60,000 －$15,000	$270,000	+$30,000	$300,000
權益法：					
甲－採用權益法 　　之投資			$75,000	+(a)	(b)
投資差額：					
商　譽			(c)		(c)

(延續上表)

	20x2/1/1	1～6月	20x2/7/1	7～12月	20x2/12/31
乙－權 益	$300,000	+$30,000 －$15,000	$315,000	+$30,000	$345,000
權益法：					
甲－採用權益法 　　之投資	(b)	+(d) －(e)	(f) FV $97,500 +$120,000 =$217,500	+(g)	(h)
投資差額：			合併財務報表：		
商　譽	(c)		(c)		
			(i) (重新計算)		(i)
非控制權益			$135,000	+$12,000	$147,000

(延續上表)

	20x3/1/1	1～3月	20x3/4/1	4～12月	20x3/12/31
乙－權 益	$345,000	+$30,000 －$15,000	$360,000	+$90,000	$450,000
權益法：					
甲－採用權益法 　　之投資	(h)	+(j) －(k)	(l) + (m) = (n)	+$81,000	(o)
合併財務報表：					
商　譽	(i)		(i)		(i)
非控制權益	(k)	+(p) －(q)	(r) － (m) = (s)	+$9,000	(t)

第 187 頁 (第八章 股權變動之財表合併程序)

假設：20x1/9/1 第一次取得乙股權 X%，20x2/7/1 (收購日) 第二次取得乙股權 Y%，20x3/4/1 第三次取得乙股權 Z% (額外再取得股權)。

已知 20x2 年合併綜合損益表認列處分投資利益$11,250，

故 $75,000＋$90,000×(4/12)×(X%)＋$60,000×(6/12)×(X%)－$15,000×(X%)
　　＝$97,500－$11,250，　∴ X%＝25%

又知 20x2 年合併綜合損益表之非控制權益淨利為$12,000，

故 $60,000×(6/12)×[1－(25%＋Y%)]＝$12,000，　∴ Y%＝35%

因此 Z%＝90%－(25%＋35%)]＝30%

(a)＝$90,000×(4/12)×(25%)＝$7,500，　(b)＝$75,000＋(a)$7,500＝$82,500
(c)＝$75,000－($270,000×25%)＝$7,500，(d)＝$60,000×(6/12)×(25%)＝$7,500
(e)＝$15,000×(25%)＝$3,750，(f)＝(b)$82,500＋(d)$7,500－(e)$3,750＝$86,250
驗算：持股 25%增值利益＝$97,500－$86,250＝$11,250
(g)＝$60,000×(6/12)×(60%)＝$18,000
(h)＝$97,500＋$120,000＋(g)$18,000＝$217,500＋(g)$18,000＝$235,500
(i)(合併商譽)＝($217,500＋$135,000)－$315,000＝$37,500
(j)＝$120,000×(3/12)×(60%)＝$18,000，(k)＝$15,000×(60%)＝$9,000
(l)＝(h)$235,500＋(j)$18,000－(k)$9,000＝$244,500
(p)＝$120,000×(3/12)×(40%)＝$12,000，(q)＝$15,000×(40%)＝$6,000
(r)＝$147,000＋(p)$12,000－(q)$6,000＝$153,000
(m)＝(r)$153,000×(30%÷40%)＝$114,750
(s)＝(r)$153,000－(m)$114,750＝(r)$153,000×(10%÷40%)＝$38,250
(n)＝(l)$244,500＋(m)$114,750＝$359,250
(o)＝(n)$359,250＋$81,000＝$440,250，(t)＝(s)$38,250＋$9,000＝$47,250

相關項目異動如下：

	20x1/1/1	1～8月	20x1/9/1	10～12月	20x1/12/31
乙－權　益	$225,000	＋$60,000 －$15,000	$270,000	＋$30,000	$300,000
權益法：					
甲－採用權益法 　之投資			$75,000	＋$7,500	$82,500
投資差額：					
商　譽			$7,500		$7,500
驗　算： 20x1/12/31：商譽＝$82,500－($300,000×25%)＝$7,500					

(延續上表)

	20x2/1/1	1～6月	20x2/7/1	7～12月	20x2/12/31
乙－權 益	$300,000	+$30,000 －$15,000	$315,000	+$30,000	$345,000
權益法：					
甲－採用權益法 　　之投資	$82,500	+$7,500 －$3,750	$86,250 FV $97,500 +$120,000 ＝$217,500	+$18,000	$235,500
投資差額：			合併財務報表：		
商　譽	$7,500		$7,500 $37,500 (重新計算)		$37,500
非控制權益			$135,000	+$12,000	$147,000

驗 算：
20x2/12/31：乙權益$345,000＋未入帳商譽$37,500＝$382,500
　　　　　　＝甲「採用權益法之投資」$235,500＋「非控制權益」$147,000

(延續上表)

	20x3/1/1	1～3月	20x3/4/1	4～12月	20x3/12/31
乙－權 益	$345,000	+$30,000 －$15,000	$360,000	+$90,000	$450,000
權益法：					
甲－採用權益法 　　之投資	$235,500	+$18,000 －$9,000	$244,500 +$114,750 ＝$359,250	+$81,000	$440,250
合併財務報表：					
商　譽	$37,500		$37,500		$37,500
非控制權益	$147,000	+$12,000 －$6,000	$153,000 －$114,750 ＝$38,250	+$9,000	$47,250

驗 算：
20x3/12/31：乙權益$450,000＋未入帳商譽$37,500＝$487,500
　　　　　　＝甲「採用權益法之投資」$440,250＋「非控制權益」$47,250

答案彙總：

(1) 20x2/7/1 (收購日) 第二次取得乙股權 35%

(4) $440,250 [詳(o)]

(2) 原題問:「甲公司 20x2 年合併綜合損益表之投資收益。」
   答案為零。因合併綜合損益表不會表達對子公司之投資收益,除非是母(子)公司投資關聯企業而認列的投資損益,但本題並無投資關聯企業之情況。
   若將題目修改為:「甲公司 20x2 年綜合損益表之投資收益。」
   則答案為$25,500,(d)$7,500＋(g)$18,000＝$25,500

(3) 甲公司分錄:

20x3/4/1	採用權益法之投資	114,750	
	資本公積－實際取得或處分子公司		
	股權價格與帳面價值差額	20,250	
	現　金		135,000

(十九)　(105 會計師考題改編)

甲公司於 20x6 年 1 月 1 日以$250,000 取得乙公司 80%股權,並對乙公司存在控制。甲公司採權益法處理該項股權投資。非控制權益依收購日公允價值$61,000 衡量。於收購日,乙公司帳列資產及負債之帳面金額皆等於公允價值,除有一項未入帳專利權(尚有 5 年使用年限)及未入帳商譽外,無其他未入帳之資產或負債。收購日相關資料如下:

	乙公司	甲公司 移轉對價(80%)	非控制權益 公允價值(20%)
乙公司權益公允價值	$311,000	$250,000	$61,000
乙公司權益帳面金額:			
普通股股本(面值$10)	$100,000		
保留盈餘	150,000		
權益總額	$250,000		
減:取得股權帳面金額		200,000	50,000
公允價值超過帳面金額之數	$61,000	$ 50,000	$11,000
乙公司未入帳專利權	$25,000		
乙公司未入帳商譽	36,000		
合　計	$61,000		

甲公司於20x8年 7月 1日以$80,000出售乙公司20%股權(即甲對乙股權投資的四分之一)。截至20x7年底,乙公司權益為$315,000,包括普通股股本$100,000

及保留盈餘$215,000。20x7年，乙公司淨利為$30,000 (前半年淨利$12,000，後半年淨利$18,000)，未宣告或發放股利。

試作：(1) 20x8年 7月 1日，甲公司出售乙公司20%股權之分錄。
(2) 20x8年底合併財務狀況表上專利權金額。
(3) 20x8年底，甲公司帳列「採用權益法之投資－乙公司」餘額。
(4) 20x8年合併綜合損益表之非控制權益淨利。

參考答案：

收購日(20x6/ 1/ 1)：
(a) 乙公司未入帳商譽歸屬於甲公司部分
＝$250,000－(乙權益$250,000＋未入帳專利權$25,000)×80%＝$30,000
(b) 乙公司未入帳商譽歸屬於非控制權益部分
＝$61,000－($250,000＋$25,000)×20%＝$6,000
未入帳專利權之每年攤銷金額＝$25,000÷5 年＝$5,000

20x6 及 20x7，乙帳列淨值淨增加數＝$315,000－$250,000＝$65,000
20x6 及 20x7，甲帳列「採用權益法之投資－乙公司」淨增加數
＝($65,000－$5,000×2)×80%＝$44,000
20x6 及 20x7，「非控制權益」淨增加數＝($65,000－$5,000×2)×20%＝$11,000

20x8 前半年，甲應認列投資收益＝($12,000－$5,000×1/2)×80%＝$7,600
20x8 前半年，非控制權益淨利＝($12,000－$5,000×1/2)×20%＝$1,900
截至 20x8/ 6/30，甲帳列「採用權益法之投資－乙公司」
＝$250,000＋$44,000＋$7,600＝$301,600
20x8 後半年，甲應認列投資收益＝($18,000－$5,000×1/2)×60%＝$9,300
20x8 後半年，非控制權益淨利＝($18,000－$5,000×1/2)×40%＝$6,200

(1) 甲公司出售乙公司 20%股權之分錄：

20x8/ 7/ 1	現　金　　　　　　　　　　　　　　　　80,000	
	採用權益法之投資－乙公司	75,400
	資本公積－實際取得或處分子公司	
	股權價格與帳面價值差額	4,600
	$301,600×(20%÷80%)＝$301,600×(1/4)＝$75,400	

(2) 20x8 年底合併財務狀況表之專利權金額＝$25,000－($5,000×3 年)＝$10,000
(3) 20x8 年底，甲公司帳列「採用權益法之投資－乙公司」
　　＝(20x8/ 6/30)$301,600－(出售 20%)$75,400＋(20x8 後半年投資收益)$9,300
　　＝$235,500
(4) 20x8 年，非控制權益淨利＝$1,900＋$6,200＝$8,100

相關項目異動如下：（單位：千元）

	20x6/ 1/ 1	20x6、20x7	20x7/12/31	1～6月	20x8/ 7/ 1	7～12月	20x8/12/31
台－權益	$250	淨＋$65	$315		＋$30		$345
				＋$12	$327	＋$18	$345
權益法：							
甲－採用權益法之投資	$250	淨＋$44	$294	＋$7.6	$301.6 －$75.4 ＝$226.2	＋$9.3	$235.5
合併財務報表：							
專利權	$25.0	－$5×2	$15.0	－$2.5	$12.5	－$2.5	$10.0
商　譽	36.0		36.0		36.0		36.0
	$61.0		$51.0		$48.5		$46.0
非控制權益	$61.0	淨＋$11	$72.0	＋$1.9	$73.9 ＋$75.4 ＝$149.3	＋$6.2	$155.5

註：20x8/12/31：
　　(a) 乙公司未入帳商譽歸屬於甲公司部分
　　　　＝$235,500－(乙權益$345,000＋未入帳專利權$10,000)×60%＝$22,500
　　　　或　＝20x6/1/1 至 20x8/7/1 甲出售 20%對乙持股前，乙公司未入帳商譽歸屬於甲公司部分 $30,000－甲出售 20%對乙持股所含之商譽
　　　　　　[$30,000×(20%÷80%)]＝$30,000－$7,500＝$22,500
　　(b) 乙公司未入帳商譽歸屬於非控制權益部分
　　　　＝$155,500－($345,000＋$10,000)×40%＝$13,500
　　　　或　＝20x6/1/1 至 20x8/7/1 甲出售 20%對乙持股前，乙公司未入帳商譽歸屬於非控制權益部分 $6,000＋甲出售 20%對乙持股所含之商譽
　　　　　　[$30,000×(20%÷80%)]＝$6,000＋$7,500＝$13,500

(二十) (93 會計師考題改編)

甲公司於 20x6 年 6 月 1 日以$4,000,000 取得乙公司 80% 股權,並對乙公司存在控制。當日乙公司帳列資產及負債之帳面金額皆等於公允價值,且無未入帳可辨認資產或負債。非控制權益係以收購日公允價值衡量。20x5 年 12 月 31 日,乙公司權益如下:

普通股股本 (每股面額$10)	$4,000,000
保留盈餘	800,000
權益總額	$4,800,000

20x6 年及 20x7 年,乙公司淨利及現金股利如下:

	20x6	20x7
淨利 (全年平均賺得)	$300,000	$480,000
現金股利 (10 月 1 日宣告並發放)	$60,000	$100,000

甲公司於 20x7 年 9 月 1 日以$1,200,000 出售乙公司普通股 80,000 股。甲公司按權益法處理有關股權投資事項。

試作:(1) 計算甲公司財務報表之下列金額:

	20x6	20x7
各該年之投資收益		
各年底「採用權益法之投資－乙公司」餘額		

(2) 計算甲公司及其子公司合併財務報表之下列金額:

	20x6	20x7
各該年之非控制權益淨利		
各年底「非控制權益」金額		

參考答案:

20x6/ 6/ 1:非控制權益係以收購日公允價值衡量,惟題意中未提及該公允價值,故設算之。乙公司總公允價值＝$4,000,000÷80%＝$5,000,000

乙公司權益＝$4,800,000＋($300,000×5/12)＝$4,925,000

乙公司未入帳商譽＝$5,000,000－$4,925,000＝$75,000

非控制權益＝$5,000,000×20%＝$1,000,000

乙公司有 400,000 股普股流通在外，$4,000,000÷$10＝400,000 股。
甲公司持有 80%，即 320,000 股，在 20x7/ 9/ 1，甲公司出售 80,000 股，
即出售持股的四分之一，80,000÷320,000＝1/4，出售後尚有 240,000 股，
持股比例降為 60%，240,000÷400,000＝60%，對乙公司仍存在控制。

按權益法，投資收益及非控制權益淨利如下：

期　　間	甲公司應認列之投資收益	非控制權益淨利
20x6 年 6～12 月	($300,000×7/12)×80%＝$140,000	($300,000×7/12)×20%＝$35,000
20x7 年 1～8 月	($480,000×8/12)×80%＝$256,000	($480,000×8/12)×20%＝$64,000
20x7 年 9～12 月	($480,000×4/12)×60%＝$96,000	($480,000×4/12)×40%＝$64,000

20x7/ 9/ 1：「採用權益法之投資」(出售前)
　　　　＝$4,000,000＋$140,000－($60,000×80%)＋$256,000＝$4,348,000
　$4,348,000×(1/4)＝$1,087,000

　　　甲公司出售對乙公司持股的四分之一之分錄：

20x7/ 9/ 1	現　　金	1,200,000	
	採用權益法之投資		1,087,000
	資本公積－實際取得或處分子公司		
	股權價格與帳面價值差額		113,000

相關項目異動如下：

	20x6/ 1/ 1	1～5 月	20x6/ 6/ 1	6～12 月	20x6/12/31
乙－權　益	$4,800,000	＋$125,000	$4,925,000	＋$175,000 －$60,000	$5,040,000
權益法：					
甲－採用權益 　法之投資			$4,000,000	＋$140,000 －$48,000	$4,092,000
合併財務報表：					
商　　譽			$75,000		$75,000
非控制權益			$1,000,000	＋$35,000 －$12,000	$1,023,000
驗　算：20x6/12/31：採用權益法之投資＝($5,040,000＋$75,000)×80%＝$4,092,000 　　　　　　　　　　非控制權益＝($5,040,000＋$75,000)×20%＝$1,023,000					

(延續上表)

	20x6/12/31	1～8月	20x7/9/1	9～12月	20x7/12/31
乙－權 益	$5,040,000	+$320,000	$5,360,000	+$160,000 -$100,000	$5,420,000
權益法：					
甲－採用權益法之投資	$4,092,000	+$256,000	$4,348,000 -$1,087,000 =$3,261,000	+$96,000 -$60,000	$3,297,000
合併財務報表：					
商　譽	$75,000		$75,000		$75,000
非控制權益	$1,023,000	+$64,000	$1,087,000 +$1,087,000 =$2,174,000	+$64,000 -$40,000	$2,198,000

驗算：20x6/12/31：採用權益法之投資＝($5,420,000＋$75,000)×60%＝$3,297,000
　　　　　　　　非控制權益＝($5,420,000＋$75,000)×40%＝$2,198,000

(1) 甲公司財務報表之金額：

	20x6	20x7
各該年之投資收益	$140,000	(※) $352,000
各年底「採用權益法之投資－乙公司」餘額	$4,092,000	$3,297,000

※：$256,000＋$96,000＝$352,000

(2) 甲公司及其子公司合併財務報表之金額：

	20x6	20x7
各該年之非控制權益淨利	$35,000	(＃) $128,000
各年底「非控制權益」金額	$1,023,000	$2,198,000

＃：$64,000＋$64,000＝$128,000

(二十一)　(自我練習)

(1)　(A)

甲公司持有一不含業務之子公司(乙公司)100%權益。甲公司將乙公司70%權益出售予其持有20%權益之關聯企業(丙公司)，所收取對價之公允價值為$210(亦是所售權益之公允價值)，此交易使甲公司喪失對乙公司之控制。出售前乙公司淨資產之帳面金額為$100；出售後對乙公司之保留投資係採權益法處理，且該保留投資之公允價值為$90。試問甲公司應認列之處分投資利益為何？

(A) $146　　(B) $160　　(C) $172　　(D) $200

說明：

(1) 依 IFRS 10 第 B98 至 B99 段規定，(出售乙70%權益所收取對價之公允價值$210＋保留投資之公允價值$90)－乙淨資產之帳面金額$100＝利益$200

(2) 再依 IFRS 10 第 B99A 段規定銷除利益：

(a) 出售 70%	$210－($100×70%)＝利益$140	丙 80%股東：80%，$112，甲認「利益」丙 20%股東(甲)：20%，$28，甲貸：「投資－丙」
(b) 保留 30%	$90－($100×30%)＝利益$60	丙 80%股東間接持有：(80%×70%＝56%) 56%，$34，甲認「利益」 甲持有：[直接30%＋間接14%(＝20%×70%)] 44%，$26，甲貸：「投資－乙」
甲公司應認列之處分投資利益＝(a)$112＋(b)$34＝$146		

(3) 請詳 P.41～43 之(8)。

(2)　(B)

甲公司持有子公司(乙公司)80%股權數年。非控制權益係以對乙公司可辨認淨資產已認列金額所享有之比例份額衡量。截至20x5年12月31日，甲公司帳列「採用權益法之投資」為$179,000。同日乙公司權益$200,000，包括普通股股本$100,000(每股面額$10)及保留盈餘$100,000。當初甲公司收購乙公司時，乙公司帳列淨值低估係因：(1)未入帳專利權，截至20x5年12月31日，該專利權未攤銷金額為$5,000；(2)商譽，經定期評估價值未減損。乙公司於20x6年1月1日以每股$21.5現金增資發行2,000股普通股，甲公司認購1,000股。試問20x6年1月1日甲公司認購乙公司新股後帳列「採用權益法之投資」之餘額？

(A) $200,500　　(B) $201,000　　(C) $201,500　　(D) $202,000

說明：20x5/12/31：(乙權益$200,000＋專利權$5,000)×80%＋商譽＝$179,000
∴ 商譽＝$15,000，非控制權益＝($200,000＋$5,000)×20%＝$41,000
[(10,000 股×80%)＋1,000 股]÷(10,000 股＋2,000 股)＝75%
[$200,000＋($21.5×2,000)＋$5,000]×75%＋$15,000＝$201,000

(3)　(D)

甲公司於20x4年1月1日收購乙公司80%股權，並對乙公司存在控制。當日乙公司帳列淨值低估係因未入帳專利權(公允價值$70,000，尚有7年使用年限)。非控制權益係以對乙公司可辨認淨資產已認列金額所享有之比例份額衡量。截至20x5年12月31日，甲公司帳列「採用權益法之投資」為$352,000，乙公司權益為$390,000，包括普通股股本$200,000(每股面額$10)及保留盈餘$190,000。乙公司於20x6年1月1日向甲公司以每股$21買回4,000股普通股作為庫藏股，又於20x7年1月1日以每股$26將4,000股庫藏股再發行，惟甲公司並未認購。乙公司20x6年淨利$90,000，並於20x6年12月間宣告且發放現金股利$40,000。試問下列敘述何者正確？

(A) 20x6 年 1 月 1 日，乙公司買回庫藏股交易使甲公司帳列「採用權益法之投資」餘額減少$84,000
(B) 20x6 年度，非控制權益增加$10,000
(C) 20x7 年 1 月 1 日，乙公司庫藏股再發行交易後，甲公司帳列「採用權益法之投資」餘額為$297,000
(D) 20x7 年 1 月 1 日，乙公司庫藏股再發行交易使非控制權益增加$101,000

說明：20x5/12/31 專利權＝$70,000×(5/7)＝$50,000，每年攤銷數＝$10,000
　　　20x6/ 1/ 1 買回庫藏股：
　　　(20,000 股×80%－4,000 股)÷(20,000 股－4,000 股)＝75%
　　(A) 投資帳戶：[($390,000－$21×4,000 股)＋專$50,000]×75%＝$267,000
　　　　　　　　 $267,000－$352,000＝－$85,000
　　(B) 買庫藏股前 NCI：($390,000＋專$50,000)×20%＝$88,000
　　　　買庫藏股後 NCI：[($390,000－$84,000)＋專$50,000]×25%＝$89,000
　　　　NCI 增加數＝($89,000－$88,000)＋($90,000－專攤$10,000)×25%
　　　　　　　　　 －($40,000×25%)＝$11,000
　　(C) 庫藏股再發行後：
　　　　(20,000 股×80%－4,000 股)÷(20,000 股－4,000 股＋4,000 股)＝60%
　　　　乙權益＝($390,000－$84,000)＋$90,000－股利$40,000
　　　　　　　　　　　　　　　　　＋($26×4,000 股)＝$460,000
　　　　投資帳戶：[($460,000＋專($50,000－$10,000)]×60%＝$300,000

(D) 庫藏股再發行後，NCI＝[($460,000＋專$40,000]×40%＝$200,000
    NCI 增加數＝$200,000－$89,000＝$101,000

詳解：20x5/12/31 專利權＝$70,000×(5/7)＝$50,000，每年攤銷數＝$10,000
20x6/ 1/ 1 買回庫藏股：
(20,000 股×80%－4,000 股)÷(20,000 股－4,000 股)＝75%

甲公司分錄：		
現　　金	84,000	
資本公積－認列對子公司所有權權益變動數	1,000	
採用權益法之投資		85,000
「現金」(乙權益減少)：$21×4,000 股＝$84,000		
「投資」：[($390,000－$84,000)＋$50,000]×75%＝$267,000		
$267,000－$352,000＝－$85,000		

20x7/ 1/ 1 庫藏股再發行：(20,000 股×80%－4,000 股)÷(20,000 股)＝60%

甲公司分錄：		
採用權益法之投資	3,000	
資本公積－認列對子公司所有權權益變動數		3,000
乙權益增加：$26×4,000 股＝$104,000		
「投資」：[($346,000＋$104,000)＋$50,000]×60%＝$300,000		
$300,000－$297,000＝＋$3,000		

相關項目異動如下：

	20x5/12/31	買回庫藏股	20x6/ 1/ 1	20x6	20x6/12/31
乙－權　益	$390,000	－$84,000	$306,000	＋$90,000－$40,000	$356,000
權益法：		(A)			
甲－採用權益法之投資	$352,000	－$84,000 －$1,000	$267,000	＋$60,000 －$30,000	$297,000
合併財務報表：	(80%)		(75%)		(75%)
專利權	$50,000		$50,000	－$10,000	$40,000
非控制權益	$88,000	＋$1,000	$89,000	＋$20,000－$10,000	$99,000
	(20%)		(25%)	(B)增加$11,000	(25%)

(續次頁)

(延續上表)

	20x6/12/31	庫藏股再發行	20x7/1/1		
乙－權 益	$356,000	+$104,000	$460,000		
權益法：					
甲－採用權益法之投資	$297,000	+$3,000	(C) $300,000		
合併財務報表：	(75%)		(60%)		
專利權	$40,000	(D)	$40,000		
非控制權益	$99,000	+$104,000 −$3,000	$200,000		
	(25%)		(40%)		

(二十二) (複選題：近年會計師考題改編)

(1) (106會計師考題)

(A、C、D)

甲公司於20x2年初以現金$100,000取得乙公司15%股權，並依 IFRS 9 分類為「透過其他綜合損益按公允價值衡量之金融資產」。20x2年初至20x5年底四年內，該股權投資之公允價值增加$40,000。甲公司於20x6年 8月 1日以現金$1,000,000另取得乙公司80%股權而對乙公司存在控制。非控制權益係以收購日公允價值衡量。當日乙公司可辨認淨資產之公允價值為$1,360,000、甲公司原持有乙公司15%股權之公允價值為$210,000、5%非控制權益之公允價值為$60,000。下列敘述何者錯誤？

(A) 20x6年 8月 1日歸屬於非控制權益之廉價購買利益為$8,000
(B) 20x6年 8月 1日甲公司帳上應認列之廉價購買利益為$90,000
(C) 20x6年 8月 1日甲公司帳上應貸記「其他綜合損益」為$110,000
(D) 20x6年 8月 1日甲公司帳上應認列之處分投資利益為$110,000
(E) 20x6年 8月 1日甲公司帳上「採用權益法之投資－乙」餘額為$1,300,000

說明：甲公司之分錄：

20x2/1/1	透過其他綜合損益按公允價值衡量之權益工具投資	100,000	
	現　金		100,000

20x2～20x5 12/31 彙總分錄 (示範)	透過其他綜合損益按公允價值衡量之 權益工具投資評價調整　　　　　40,000 　其他綜合損益－透過其他綜合損益按公允 　　　價值衡量之權益工具投資 　　　　　　未實現評價損益　　　　　　　40,000
20x6/ 8/ 1	透過其他綜合損益按公允價值衡量之 權益工具投資評價調整　　　　　70,000 　其他綜合損益－透過其他綜合損益按公允 　　　價值衡量之權益工具投資 　　　　　　未實現評價損益　　　　　　　70,000 $210,000－($100,000＋$40,000)＝$70,000 「其他綜合損益」結轉「其他權益」後，「其他權益」貸餘$110,000。
8/ 1	採用權益法之投資　　　　　　　1,300,000 　透過其他綜合損益按公允價值衡量之 　　　權益工具投資　　　　　　　　　100,000 　透過其他綜合損益按公允價值衡量之 　　　權益工具投資評價調整　　　　　110,000 　現　金　　　　　　　　　　　1,000,000 　廉價購買利益　　　　　　　　　　90,000 [$210,000(15%)＋$1,000,000(80%)＋$60,000(5%)]－$1,360,000 ＝－$90,000
8/ 1	其他權益－透過其他綜合損益按公允價值衡量 　之權益工具投資未實現評價損益　110,000 　保留盈餘　　　　　　　　　　　110,000

由上述可知，正確選項為(B)及(E)，故錯誤選項為(A)、(C)及(D)。

(2) (105會計師考題)

(A、C、E)

下列有關母公司額外購入子公司流通在外股份之敘述，何者正確？
(A) 合併綜合損益表上不需就此交易認列損益
(B) 合併財務狀況表上歸屬於母公司股東之權益增加
(C) 合併財務狀況上非控制權益之金額減少
(D) 合併商譽可能因此交易而增加，但不會減少
(E) 合併財務報表中併自子公司可辨認資產及負債之帳面金額於購入前後均相同

說明：請參閱釋例六及習題(三)、(四)、(五)。
  (A) 正確，因係借記或貸記「資本公積」，非認列為損益。
  (B) 不正確，因可能借記或貸記「資本公積」，故合併財務狀況表上歸屬於母公司股東之權益不必然是增加，也可能減少。
  (C) 正確，非控制權益之金額減少，因非控制權益對子公司持股比例下降。
  (D) 不正確，合併商譽金額於收購日即確定，故不受影響。
  (E) 正確，合併財務報表中併自子公司可辨認資產及負債之帳面金額不受影響。

(3) (103會計師考題)

(B、D)

甲公司於20x5年初以$13,000取得乙公司25%股權，經評估對乙公司具重大影響。當日乙公司權益包括普通股股本$30,000及保留盈餘$20,000。20x6年4月1日甲公司以$60,000另購入乙公司55%股權，非控制權益係以收購日公允價值$20,000衡量。當日原持有乙公司25%股權之公允價值為$25,000。甲公司採權益法處理對乙公司之股權投資，且每次取得股權時，乙公司帳列各項資產及負債之帳面金額均等於公允價值，且無未入帳可辨認資產或負債。乙公司20x5年及20x6年之淨利均為$40,000，係於年度中平均賺得，每年6月10日宣告並發放現金股利$10,000。下列有關20x6年合併財務報表之敘述，何者正確？
(A) 合併權益變動表中資本公積減少$10,500
(B) 合併綜合損益表中處分投資利益為$2,000
(C) 合併綜合損益表中投資收益為$0
(D) 合併綜合損益表中非控制權益淨利為$6,000
(E) 期末合併商譽為$11,000

說明：(1) 20x5/1/1，投資成本超過所取得乙淨值＝乙未入帳部分商譽
      ＝$13,000－($30,000＋$20,000)×25%＝$500
  (2) 截至20x6/4/1 (取得乙公司55%股權前)，甲公司帳列「採用權益法之投資」餘額＝$13,000＋($40,000×25%)－($10,000×25%)＋[$40,000×(3/12)×25%]＝$23,000
      同日，該等甲公司對乙公司25%股權投資之公允價值為$25,000，故甲應將$23,000調增到$25,000，分錄如下：

20x6/4/1	採用權益法之投資	2,000	
	分階段合併前持有關聯企業權益之利益		2,000

選項(B)，將$2,000 利益認列為「處分投資利益」，亦可。

(3) 收購日 20x6/4/1，乙公司總公允價值
$$=\$25,000(25\%)+\$60,000(55\%)+\$20,000(20\%)=\$105,000$$
同日，乙帳列淨值＝($30,000＋$20,000)＋$40,000－$10,000
$$+[\$40,000\times(3/12)]=\$90,000$$
乙未入帳商譽＝$105,000－$90,000＝$15,000

若商譽價值未減損，則 20x6/12/31 合併報表中之商譽為$15,000。

(4) 20x6 年，甲公司應認列之投資收益
$$=[\$40,000\times(3/12)\times25\%]+[\$40,000\times(9/12)\times80\%]$$
$$=\$2,500+\$24,000=\$26,500$$
20x6 年合併綜合損益表中之投資收益為$2,500，$24,000 已沖銷。
20x6 年合併綜合損益表中之非控制權益淨利
$$=\$40,000\times(9/12)\times20\%=\$6,000$$

(4) (考選部公告之範例題)

(B、D、E)

甲公司於20x1年初以$2,250,000購入乙公司90%股權，並對乙公司存在控制。非控制權益係依收購日公允價值$250,000 衡量。當日乙公司權益為$2,500,000，其帳列資產及負債之帳面金額皆等於公允價值，且無未入帳資產或負債。甲公司按權益法處理該項股權投資。20x2年底乙公司權益為$3,200,000。甲公司於20x3年初以$1,060,000出售上述股權投資的三分之一。20x3年，乙公司淨利為$600,000，宣告並發放$200,000股利。下列敘述何者正確？

(A) 該項出售甲公司應認列處分投資利益$100,000
(B) 該項出售使甲公司20x3年初權益增加$100,000
(C) 該項出售使20x3年初合併財務報表中之非控制權益增加$1,060,000
(D) 20x3年底，甲公司帳列「採用權益法之投資－乙」為$2,160,000
(E) 20x3年底，合併財務報表中之非控制權益金額為$1,440,000

說明：20x1 年初，乙公司總公允價值＝$2,250,000＋$250,000＝$2,500,000
＝同日乙公司權益之帳面金額

20x2 年底,「採用權益法之投資－乙」
$$= \$2,250,000 + (\$3,200,000 - \$2,500,000) \times 90\% = \$2,880,000$$
或 $= 乙權益\$3,200,000 \times 90\% = \$2,880,000$

「非控制權益」$= \$\$250,000 + (\$3,200,000 - \$2,500,000) \times 10\% = \$320,000$
或 $= 乙權益\$3,200,000 \times 10\% = \$320,000$

$\$2,880,000 \times (1/3) = \$960,000$,$90\% \times [1-(1/3)] = 60\%$,甲公司對乙公司仍存在控制,甲公司處分三分之一對乙公司股權投資分錄如下:

20x3/ 1/1	現　金　　　　　　　　　　　　　　　1,060,000 　　採用權益法之投資－乙　　　　　　　　960,000 　　資本公積－實際取得或處分子公司 　　　　　股權價格與帳面價值差額　　　　100,000

20x3/ 1/ 1 (上述交易後),

「採用權益法之投資－乙」$= \$2,880,000 - \$960,000 = \$1,920,000$

「非控制權益」$= \$320,000 + \$960,000 = \$1,280,000$

20x3 年底,「採用權益法之投資－乙」
$$= \$1,920,000 + (\$600,000 \times 60\%) - (\$200,000 \times 60\%)$$
$$= \$2,160,000$$

「非控制權益」$= \$\$1,280,000 + (\$600,000 \times 40\%) - (\$200,000 \times 40\%)$
　　　　　　 $= \$1,440,000$

(A) 錯誤,不應認列處分投資利益,應列為資本公積,故(B)正確。

(C) 錯誤,該項出售使20x3年初合併財務報表中之非控制權益增加$960,000,而非$1,060,000。

(D)、(E) 皆正確,詳上述。

(二十三) (單選題：近年會計師考題改編)

(1) (111 會計師考題)

(B) 甲公司於 20x1 年 1 月 1 日依可辨認淨資產公允價值之比例份額購入乙公司股權而對乙公司取得控制，並依可辨認淨資產之比例份額衡量非控制權益。當日乙公司各項可辨認資產及負債之帳面金額均等於公允價值。乙公司於 20x3 年初增資發行新股 30,000 股，每股發行價格$12，均由甲公司購得。甲公司採權益法處理對乙公司之投資，乙公司增資前每股淨值為$8，增資後甲公司股權上升至 87.5%。甲公司購入乙公司增資新股時，其帳上應減少資本公積之金額為：
(A) $0　　(B) $15,000　　(C) $105,000　　(D) $120,000

說明：假設乙公司增資發行新股前，甲公司及非控制股東分別持有乙公司普通股 Y 股及 X 股。因此乙公司發行新股後，$(Y+30,000):(X)=87.5\%:12.5\%$，整理後得知 $Y=7X-30,000$。

「甲認購乙新股後所擁有之乙權益」較「認購前甲所擁有之乙權益」之增加數$=[\$8\times(Y+X)+\$12\times30,000\text{ 股}]\times87.5\%-(\$8\times Y)$
$\quad=7X-Y+\$315,000$，將 $Y=7X-30,000$ 代入左式
$\quad=\$345,000$

甲資本公積減少數$=(\$12\times30,000\text{ 股})-\$345,000=\$15,000$

(2) (111 會計師考題)

(C) 20x1 年 1 月 1 日甲公司以$450,000 得乙公司 60%股權，而對乙公司存在控制，並依公允價值$300,000 衡量非控制權益，當日乙公司權益為$700,000，除了有一設備高估$10,000 (自 20x1 年 1 月 1 日起算剩餘耐用年限 5 年，採直線法提列折舊)外，其餘可辨認資產及負債帳面金額均等於公允價值。20x2 年 4 月 1 日甲公司以$40,000 出售部分持股使其對乙公司之股權降至 55%，但仍存在控制。20x1 年及 20x2 年乙公司淨利分別為$30,000 及$40,000，淨利係全年平均發生，且每年於 10 月 2 日宣告並發放現金股利$20,000。試問甲公司 20x2 年 4 月 1 日出售對乙公司之部分持股時，其帳列「採用權益法之投資」應除列之金額？
(A) $21,125　　(B) $33,175　　(C) $38,625　　(D) $42,177

說明：乙設備高估之每年折舊數＝$10,000÷5 年＝$2,000

20x1 年，甲應認列之投資收益＝($30,000＋$2,000)×60%＝$19,200

20x1 年，甲收自乙現金股利＝$20,000×60%＝$12,000

20x2 年 1～3 月，甲應認列之投資收益
＝($30,000＋$2,000)×(3/12)×60%＝$6,300

20x2/ 4/ 1，甲帳列「採用權益法之投資」(部分處分乙股權前)
＝($450,000＋$19,200－$12,000)＋$6,300＝$463,500

甲出售部分乙股權應除列「採用權益法之投資」之金額
＝$463,500×[(60%－55%)÷60%]＝$38,625

(3) (111 會計師考題)

(B) 甲公司於 20x1 年取得乙公司 70%股權並具控制，當日乙公司各項可辨認資產及負債之帳面金額均等於公允價值，且無合併商譽。20x6 年 12 月 31 日乙公司流通在外普通股 60,000 股，權益包括股本$600,000 及保留盈餘$300,000。20x7 年初乙公司向非控制權益股東買回 4,000 股普通股，每股買回價格$16。試問乙公司買回庫藏股後，甲公司帳列「採用權益法之投資－乙公司」餘額？

(A) $554,400　　(B) $627,000　　(C) $662,000　　(D) $725,600

說明：甲對乙持股比例增為＝(60,000×70%)÷(60,000－4,000)＝75%

收購日乙總公允價值截至 20x7 初之金額(買回庫藏股前)
＝乙可辨認淨值截至 20x7 初之金額(買回庫藏股前)
＝乙帳列淨值截至 20x7 初之金額(買回庫藏股前)
＝$600,000＋$300,000＝$900,000

乙買回庫藏股後，甲帳列「採用權益法之投資－乙公司」
＝[$900,000－(4,000×$16)]×75%＝$627,000

(4) (110 會計師考題)

(C) 甲公司於 20x1 年 1 月 1 日以$600,000 購入乙公司流通在外普通股 10,000 股中的 7,500 股而對乙公司取得控制。當時乙公司權益為$550,000，除設備低估外，其他各項可辨認資產、負債之帳面金額均等於公允價值，且此合併未產生商譽。該設備尚可使用 10 年，無殘值，採直線法提列折舊。20x2

年底乙公司權益為$650,000。乙公司於 20x3 年 1 月 1 日增資發行新股 2,000 股，每股發行價格$90，全數由其他個體購得，但甲公司仍保有對乙公司之控制。試問乙公司增資發行新股將使 20x3 年度合併報表有何變化？

(A) 增加合併淨利$6,250 (B) 減少合併淨利$31,250
(C) 增加資本公積$6,250 (D) 增加資本公積$31,250

說明：20x1/1/1，甲對乙之持股比率＝7,500÷10,000＝75%

設備低估數＝($600,000÷75%)－$550,000＝$250,000

設備低估致每年補提折舊數＝$250,000÷10 年＝$25,000

20x2/12/31，甲帳列「採用權益法之投資－乙」
$= \$600,000+[(\$650,000-\$550,000)-(\$25,000\times 2\text{ 年})]$
$\times 75\%=\$637,500$

20x3/1/1，乙增資發行新股 2,000 股，帳列淨值增加$180,000，2,000 股×$90＝$180,000，甲對乙之持股比率＝7,500÷(10,000＋2,000)＝62.5%。

[$650,000＋$180,000＋$250,000－($25,000×2 年)]×62.5%＝$643,750
甲帳列「採用權益法之投資－乙」從$637,500 調增為$643,750，故借記$6,250，貸記「資本公積」$6,250。

(5) (110 會計師考題)

(D) 甲公司於 20x1 年 1 月 1 日以$651,000 購入乙公司 90%股權，並對乙公司存在控制。非控制權益係以收購日公允價值$65,000 衡量。當日乙公司權益包括股本$360,000 及保留盈餘$240,000，且各項可辨認資產、負債之帳面金額均等於公允價值。甲公司採用權益法處理該項投資。乙公司 20x1 年、20x2 年及 20x3 年淨利及宣告並發放現金股利之情形如下：

	20x1 年	20x2 年	20x3 年
淨 利	$80,000	$100,000	$120,000
現金股利	$20,000	$30,000	$40,000

甲公司於 20x3 年初將該投資的三分之一以價格$240,000 出售。試問 20x3 年底甲公司帳上「投資乙公司」餘額為何？

(A) $468,000   (B) $534,000   (C) $576,000   (D) $582,000

說明：20x1/1/1，乙未入帳商譽＝($651,000＋$65,000)－($360,000＋$240,000)
　　　　　　　　　　　＝$716,000－$600,000＝$116,000

乙未入帳商譽屬於甲公司的部分
　　　＝$651,000－($360,000＋$240,000)×90%＝$111,000

乙未入帳商譽屬於非控制權益的部分
　　　＝$65,000－($360,000＋$240,000)×10%＝$5,000

20x2/12/31，甲帳列「採用權益法之投資－乙」
　　　＝$651,000＋[($80,000＋$100,000)－($20,000＋$30,000)]×90%
　　　＝$768,000＝$111,000＋$657,000
　　　　　　　　＝$111,000＋($600,000＋$180,000－$50,000)×90%

20x2/12/31，「非控制權益」
　　　＝$65,000＋[($80,000＋$100,000)－($20,000＋$30,000)]×10%
　　　＝$78,000＝$5,000＋$73,000
　　　　　　　　＝$5,000＋($600,000＋$180,000－$50,000)×10%

筆者答案：
20x3/ 1/ 1，$768,000×[1－(1/3)]＝$768,000－$256,000＝$512,000
　　　或 $768,000＝商譽$111,000＋乙帳列淨值的 90% $657,000
　　　　　$111,000－[$111,000×(1/3)]＋$657,000×(2/3)＝$512,000
[註：部分處分 30%乙股權$256,000(含等比例之商譽$37,000)，轉列
　　　為 30% NCI $256,000(含商譽$37,000)，與原 10% NCI
　　　$78,000(含商譽$5,000)，商譽比例不同。]
20x3/12/31，$512,000＋($120,000－$40,000)×[90%×(2/3)]＝$560,000

考選部答案：
20x3/ 1/ 1，$768,000＝商譽$111,000＋乙帳列淨值的 90% $657,000
　　　　　$111,000－[$5,000×(30%÷10%)]＋$657,000×(2/3)
　　　　　＝$534,000，　$768,000－$534,000＝$234,000
[註：部分處分 30%乙股權$234,000(含與原 10% NCI 等比例之商譽
　　　$15,000)，轉列為 30% NCI $234,000(含商譽$15,000)，與原 10%
　　　NCI $78,000(含商譽$5,000)，商譽比例相同。]
20x3/12/31，$534,000＋($120,000－$40,000)×[90%×(2/3)]＝$582,000

(6) (109 會計師考題)

(B) 20x1 年初甲公司取得乙公司 90%股權並對乙公司存在控制，採權益法處理該投資。於收購日，乙公司帳列資產及負債之帳面金額皆等於公允價值，且除有未入帳專利權外，無其他未入帳資產或負債。20x3 年 1 月 1 日，乙公司權益包括普通股股本$100,000(每股面額$10)、資本公積$200,000 及保留盈餘$300,000，該日未入帳專利權尚有$50,000 未攤銷。乙公司於 20x3 年 1 月 2 日增資發行新股 2,000 股，每股發行價格$80，全數由甲公司認購。試問甲公司 20x3 年 1 月 2 日考量所有影響後應有之彙總分錄為何？

(A) 借：投資子公司 160,000　貸：現金 160,000
(B) 借：投資子公司 157,500　資本公積 2,500　貸：現金 160,000
(C) 借：投資子公司 156,692　資本公積 3,308　貸：現金 160,000
(D) 借：投資子公司 160,000　貸：資本公積 2,829　現金 157,171

說明：20x3/1/1，乙權益＝$100,000＋$200,000＋$300,000＝$600,000
　　　20x3/1/2，甲認購乙新股支付現金＝$80×2,000 股＝$160,000
　　　甲對乙之持股比例＝[(10,000 股×90%)＋2,000 股]÷(10,000 股＋2,000 股)＝11/12＝91.667%，甲對乙仍存在控制。
　　　甲擁有乙權益(認購乙新股前)
　　　　＝($600,000＋專利權$50,000)×90%＝$585,000
　　　甲擁有乙權益(認購乙新股後)
　　　　＝($600,000＋$160,000＋專利權$50,000)×(11/12)＝$742,500
　　　故甲帳列投資子公司須借記金額＝$742,500－$585,000＝$157,500
　　　貸記現金$160,000，$80×2,000 股＝$160,000，
　　　借貸差額，則借記「資本公積」。

(7) (109 會計師考題)

(C) 20x8 年初甲公司持有關聯企業乙公司 40%股權，20x8 年 4 月甲公司將帳面金額$100,000 之存貨，以$150,000 售予乙公司，至 20x8 年底該批存貨尚有 50%未售予第三方。20x8 年 7 月 1 日，甲公司另購入乙公司 40%股權，致對乙公司存在控制。20x8 年甲公司及乙公司帳列銷貨收入分別為$2,500,000 及$600,000，且係全年平均發生，則甲公司及其子公司 20x8 年合併財務報表之銷貨收入金額為何？

(A) $2,650,000　　(B) $2,725,000　　(C) $2,800,000　　(D) $3,100,000

說明：IFRS 規定，企業應自對子公司取得控制之日起至終止控制之日止，將子公司之收益及費損包含於合併財務報表，詳 P.33～34 之(2)。因此，20x8 年合併財務報表上之銷貨收入＝$600,000×(6/12)＋$2,500,000＝$2,800,000。

(8) (109 會計師考題)

(B) 母公司出售對子公司之部分持股時，下列敘述何者正確？
  (A) 不影響母公司對子公司之控制時，合併綜合損益表上須就此交易認列損益
  (B) 母公司喪失對子公司之控制時，記錄出售持股之分錄可能同時包括處分投資損益及保留盈餘
  (C) 不影響母公司對子公司之控制時，合併資產負債表上歸屬於母公司股東之權益必然下降
  (D) 無論母公司是否仍控制子公司，合併商譽可能因此交易而減少，但不會增加

  說明：(A)，不能認列損益，應認列資本公積。母公司出售對子公司之部分持股，未導致母公司喪失對子公司之控制者，為權益交易。母公司應調整控制權益與非控制權益之帳面金額以反映其於子公司相對權益之變動。母公司應將非控制權益之調整金額與所收取對價之公允價值間之差額直接認列於權益且歸屬於母公司業主。請詳釋例十。
  (B)，正確。請詳釋例七之「延伸一」及「延伸二」。
  (C)，理同(A)，應認列資本公積，故合併資產負債表上歸屬於母公司股東之權益可能增加或減少。
  (D)，若母公司仍控制子公司，合併商譽不會因「部分處分對子公司持股」而減少，除非商譽價值減損。請參閱釋例十，將釋例十之專利權改為商譽即可類推。

(9)　(107 會計師考題)

(D)　甲公司於 20x1 年初取得乙公司流通在外普通股 300,000 股的 40%而對乙公司具重大影響，並按權益法處理該股權投資。乙公司於 20x4 年初以每股$25 向甲公司以外之其他股東買回庫藏股 100,000 股，甲公司因此對乙公司存在控制。非控制權益係按對乙公司可辨認淨資產所享有之比例份額衡量。於 20x4 年初乙公司買回庫藏股前，甲公司原持有乙公司 40%股權之公允價值為$3,000,000，且乙公司帳列資產及負債之帳面金額皆等於公允價值，亦無未入帳可辨認資產或負債，其可辨認淨資產之公允價值為$6,000,000。甲公司估計因取得對乙公司控制而享有之利益於收購日之公允價值為$250,000。收購日甲公司合併財務狀況表之商譽金額為何？

(A) $0　　(B) $250,000　　(C) $900,000　　(D) $1,150,000

說明：20x4 年初乙公司流通在外普通股股數＝300,000－100,000＝200,000
乙買回庫藏股後可辨認淨資產之帳面金額(亦是公允價值)
＝乙買回庫藏股後帳列淨資產之帳面金額(亦是公允價值)
＝$6,000,000－現金減少($25×100,000 股)＝$3,500,000
甲對乙之持股比例增加為 60%，(300,000×40%)÷200,000＝60%
商譽＝[($3,000,000＋$250,000)＋($3,500,000×40%)]－$3,500,000
　　＝($3,250,000＋$1,400,000)－$3,500,000
　　＝$4,650,000－$3,500,000＝$1,150,000

(10)　(107 會計師考題)

(C)　甲公司於 20x2 年 1 月 1 日取得乙公司 80%股權，並對乙公司存在控制。當日乙公司帳列資產及負債之帳面金額皆等於公允價值，且無未入帳資產或負債。甲公司按權益法處理對乙公司之投資。乙公司於 20x4 年 1 月 1 日增資發行新股 20,000 股，每股發行價格$20，全數由甲公司認購。乙公司增資發行新股前之權益包括普通股股本(每股面額$10)$800,000 及保留盈餘$200,000。甲公司購入乙公司增資新股時，其帳上應調整資本公積之金額為何？

(A) 減少$48,000　(B) 增加$48,000　(C) 減少$24,000　(D) 增加$24,000

說明：20x4/1/1 乙公司增資發行新股前流通在外普通股股數＝$800,000÷$10＝80,000 股，增資發行新股後流通在外普通股股數＝80,000 股＋20,000 股＝100,000 股。而甲對乙之持股比例增加為 84%，(80,000×80%＋20,000)÷100,000＝84%。

乙發行新股前，甲帳列「採用權益法之投資」＝($800,000＋$200,000)×80%＝$800,000。乙發行新股後，甲帳列「採用權益法之投資」應＝[$1,000,000＋(20,000×$20)]×84%＝$1,176,000。

故甲公司 20x4/1/1 認購乙公司新發行 20,000 股普通股之分錄：

採用權益法之投資	376,000	
資本公積－認列對子公司所有權權益變動數	24,000	
現　金		400,000
$1,176,000－$800,000＝$376,000，20,000 股×$20＝$400,000		

(11)　(107 會計師考題)

(C)　甲公司於 20x3 年初以乙公司每股淨值購入乙公司流通在外 10,000 股普通股的 80%，並對乙公司存在控制。非控制權益係按對乙公司可辨認淨資產所享有之比例份額衡量。20x5 年初乙公司增資發行新股 2,500 股，當時乙公司帳列資產及負債之帳面金額皆等於公允價值，且無未入帳之資產或負債。下列敘述何者正確？

(A) 甲公司購入乙公司所有新股時，不論新股發行價格為何，皆僅記錄支付對價，不須調整資本公積

(B) 甲公司未購入乙公司任何新股時，皆不作任何分錄

(C) 甲公司購入乙公司 80%新股時，僅記錄支付對價，不須調整資本公積

(D) 乙公司以高於每股淨值之價格發行新股，甲公司購入乙公司 80%新股時，應於帳上減少資本公積

說明：(A)：參閱釋例十一，即知有可能須調整資本公積。

　　　(B)：參閱釋例十二，即知有可能須調整資本公積，而須作分錄。

　　　(C)及(D)：參閱釋例十三，即知母公司按原持股比例購入子公司所發行之新股時，不論發行價格為何，僅記錄支付對價，不須調整資本公積。

(12) **(105 會計師考題)**

(A) 甲公司於 20x6 年初以現金$160,000 取得乙公司 15%股權，並分類為「透過損益按公允價值衡量之金融資產」。20x6 年初至 20x7 年底該投資之公允價值增加$40,000。甲公司於 20x8 年 4 月 1 日以現金$1,560,000 另取得乙公司 60%股權，並對乙公司存在控制。非控制權益係以收購日公允價值衡量。當日乙公司可辨認淨資產之公允價值為$2,320,000、甲公司原持有乙公司 15%股權投資之公允價值為$412,000，25%非控制權益之公允價值為$684,000。20x8 年 4 月 1 日，甲公司取得乙公司 60%股權後帳列「採用權益法之投資－乙公司」餘額為何？
(A) $1,972,000　(B) $1,760,000　(C) $1,720,000　(D) $1,715,000

說明：20x8/ 4/ 1，甲公司取得乙公司 60%股權後帳列「採用權益法之投資－乙公司」餘額＝$412,000＋$1,560,000＝$1,972,000

(13) **(105 會計師考題)**

(D) 承上題，企業合併所產生商譽之金額為何？
(A) $79,000　(B) $124,000　(C) $164,000　(D) $336,000

說明：乙公司公允價值＝$412,000＋$1,560,000＋$684,000＝$2,656,000
　　　企業合併所產生商譽
　　　＝$2,656,000－乙公司可辨認淨資產之公允價值$2,320,000
　　　＝$336,000

(14) **(105 會計師考題)**

(C) 20x3 年初甲公司以$500,000 取得乙公司 80%股權，並對乙公司存在控制。甲公司採權益法處理該投資，而非控制權益係以收購日公允價值衡量。當日乙公司權益為$500,000，除房屋價值低估外，其餘帳列資產及負債之帳面金額均等於公允價值，亦無未入帳資產或負債。該價值低估房屋預估可再使用 20 年，無殘值，採直線法計提折舊。20x6 年 7 月 1 日甲公司出售部分對乙公司之股權投資導致持股比率降為 60%。若乙公司 20x6 年淨利為$62,000，係年度中平均賺得，則 20x6 年合併綜合損益表之非控制權益淨利為何？

(A) $10,000　　(B) $12,400　　(C) $16,725　　(D) $43,400

說明：20x3 年初，非控制權益係以收購日公允價值衡量，惟題意中未提及該公允價值，故設算之。乙公司公允價值＝$500,000÷80%＝$625,000
房屋價值低估數＝$625,000－[$500,000(乙權益)＋未入帳可辨認資產及負債$0]＝$125,000
房屋價值低估數之每年折舊金額＝$125,000÷20 年＝$6,250
20x6 年合併綜合損益表之非控制權益淨利
＝[$62,000－$6,250×(6/12)]×20%＋[$62,000－$6,250×(6/12)]×40%
＝$5,575＋$11,150＝$16,725

(15)　(105 會計師考題)

(B)　甲公司於 20x6 年 1 月 1 日取得乙公司 80%股權，並對乙公司存在控制。當日乙公司帳列資產及負債之帳面金額均等於公允價值，且無未入帳資產或負債。20x6 年底乙公司普通股每股淨值$8，20x7 年 1 月 1 日乙公司增資發行新股 30,000 股，每股發行價格$12，甲公司全數認購後持股比例增加為 87.5%。甲公司帳列「採用權益法之投資－乙公司」於 20x7 年 1 月 1 日增加金額為何？
(A)增加$240,000　(B)增加$345,000　(C)增加$351,000　(D)增加$360,000

說明：假設乙公司於 20x7/1/1 增資發行新股前流通在外普通股股數為 Y，則 Y×80%＋30,000 股＝(Y＋30,000 股)×87.5%，∴Y＝50,000 股，故增資發行新股後流通在外普通股 80,000 股。

因 20x6/1/1 甲公司收購乙公司時，乙公司帳列資產及負債之帳面金額均等於公允價值，且無未入帳資產或負債，故 20x6/12/31 甲公司帳列「採用權益法之投資」金額為$320,000，(50,000 股×$8)×80%＝$320,000。20x7/1/1，甲公司全數認購乙公司增資發行之新股 30,000 股後，帳列「採用權益法之投資」金額應為$665,000，(50,000 股×$8＋30,000 股×$12)×87.5%＝$665,000。

因此帳列「採用權益法之投資」增加$345,000，$665,000－$320,000＝$345,000，甲公司於 20x7/1/1 認購乙公司新股時之分錄：

20x7/1/1	採權益法之投資	345,000	
	資本公積－認列對子公司所有權		
	權益變動數	15,000	
	現　金 (30,000 股×$12)		360,000

(16) (104 會計師考題)

(C) 母公司出售所持有子公司股份時，於下列那些情況應於帳上認列損益？
　　① 股權全部出售　　② 股權部分出售，母對子仍存在控制
　　③ 股權部分出售，母對子喪失控制
　　(A) 僅情況①　　　　　(B) 僅情況①與情況②
　　(C) 僅情況①與情況③　(D) 情況①、情況②與情況③

說明：情況②，因母對子仍存在控制，故母公司部分處分對子公司之股份，
　　　為權益交易，不認列損益。IFRS 規定如下：
　　「母公司對子公司所有權權益之變動，未導致母公司喪失對子公司
　　之控制者，為權益交易，作為與業主(以其業主之身分)間之交易。企
　　業應將非控制權益之調整金額與所支付或收取對價之公允價值間之
　　差額直接認列於權益且歸屬於母公司業主。」

(17) (103 會計師考題)

(C) 甲公司於20x6年初以$750,000取得乙公司80%股權，並對乙公司存在控制。
當日乙公司權益為$900,000，包括普通股股本$300,000及保留盈餘
$600,000，其帳列資產及負債之帳面金額皆等於公允價值，除有一項未入
帳專利權(公允價值為$35,000，尚有7年使用年限)外，無其他未入帳可辨認
資產或負債。甲公司依公允價值$187,500衡量非控制權益。時至20x7年12
月31日，乙公司權益為$1,050,000，包含普通股股本$300,000及保留盈餘
$750,000。甲公司於20x7年12月31日以$220,000部分處分對乙公司之股權投
資，致對乙公司之持股比例降至60%。試問20x7年12月31日合併財務狀況
表之非控制權益為何？
　　(A) $437,500　　(B) $435,500　　(C) $431,000　　(D) $430,000

說明：(1) 收購日(20x6年初)，乙公司總公允價值
$$=\$750,000+\$187,500=\$937,500$$
乙公司帳列淨值低估數＝$937,500－$900,000＝$37,500
乙公司未入帳專利權之每年攤銷數＝$35,000÷7年＝$5,000
乙公司未入帳商譽＝$37,500－$35,000＝$2,500

(2) 20x6 及 20x7 兩年間，乙公司淨值淨增加數
$$=\$1,050,000-\$900,000=\$150,000$$
於 20x7/12/31(部分處分股權投資前)，甲公司帳列「採用權益法之投資」＝$750,000＋[$150,000－($5,000×2年)]×80%＝$862,000

(3) 20x7/12/31，甲部分處分對乙之股權投資，投資科目減少數
＝$862,000×[(80%－60%)÷80%]＝$862,000×(1/4)＝$215,500
20x7/12/31，非控制權益之金額
＝$187,500＋[$150,000－($5,000×2年)]×20%＋$215,500
＝$215,500＋$215,500＝$431,000

(18) (102 會計師考題)

(C) 20x1年初甲公司以$240,000取得乙公司60%股權，並對乙公司存在控制。甲公司採權益法處理該投資。非控制權益係以收購日公允價值衡量。收購日乙公司權益為$200,000，包括普通股股本$80,000(每股面額$10)及保留盈餘$120,000，其帳列資產及負債之帳面金額皆等於公允價值，除設備價值低估外，無其他未入帳資產或負債，該價值低估設備尚可使用10年，無殘值，採用直線法折舊。乙公司20x6年初保留盈餘為$175,000，上半年獲利$25,000。甲公司於20x6年 7月 1日以$300,000出售其對乙公司之所有持股，則甲公司應認列之處分投資損益為何？
(A) $12,000　　(B) $60,000　　(C) $78,000　　(D) $87,000

說明：20x1年初，非控制權益係以收購日公允價值衡量，惟題意中未提及該公允價值，故設算之。
乙總公允價值＝$240,000÷60%＝$400,000
乙設備低估金額＝$400,000－乙權益$200,000＝$200,000
設備低估金額之每年折舊數＝$200,000÷10年＝$20,000
20x1年初～20x6年初：
乙帳列淨值之淨增加數＝$175,000－$120,000＝$55,000

甲帳列「採用權益法之投資」之淨增(減)數
$$=(\$55,000-\$20,000\times5\text{年})\times60\%=-\$27,000$$

20x6/ 1/ 1～20x6/ 6/30：

甲應認列之投資收益＝($25,000－$20,000×6/12)×60%＝$9,000

20x6/ 7/ 1：

甲帳列「採用權益法之投資」＝$240,000－$27,000＋$9,000
$$=\$222,000$$

甲應認列之「處分投資利益」＝$300,000－$222,000＝$78,000

(19) **(102 會計師考題)**

(B) 甲公司於20x5年 1月 1日以$800,000取得乙公司80%股權，並對乙公司存在控制。當日乙公司權益包括普通股股本$300,000(每股面額$10)及保留盈餘$650,000，其帳列資產及負債之帳面金額皆等於公允價值，除有一項未入帳專利權$50,000(尚有5年使用年限)外，無其他未入帳資產或負債。非控制權益係以對乙公司可辨認淨資產已認列金額所享有之比例份額衡量。甲公司採權益法處理其對乙公司之股權投資。20x6年12月31日，乙公司權益包括普通股股本$300,000及保留盈餘$750,000。乙公司於20x7年 1月 1日以每股$35增資發行新股10,000股，甲公司認購2,000股，則甲公司認購乙公司新股後，其帳列「採用權益法之投資－乙公司」餘額為何？
(A) $934,000　　(B) $929,500　　(C) $910,000　　(D) $858,000

說明：20x5/ 1/ 1 (收購日)：

乙公司可辨認淨值之公允價值
$$=(\$300,000+\$650,000)+\text{未入帳專利權}\$50,000=\$1,000,000$$

非控制權益＝$1,000,000×20%＝$200,000

未入帳專利權之每年攤銷數＝$50,000÷5年＝$10,000

20x7/ 1/ 1： 乙公司帳列淨值 [發行新股10,000股後]
$$=(\$300,000+\$750,000)+(\$35\times10,000\text{股})=\$1,400,000$$

乙發行新股後，甲對乙股權投資之持股比例
$$=(30,000\text{股}\times80\%+2,000\text{股})\div(30,000\text{股}+10,000\text{股})=65\%$$

甲帳列「採用權益法之投資－乙公司」餘額
$$=[\$1,400,000+\$50,000-(\$10,000\times2\text{年})]\times65\%=\$929,500$$

(20) **(101會計師考題)**

(D) 甲公司於 20x6 年 1 月 1 日以$480,000 取得乙公司 40%股權，經評估對乙公司具重大影響。當日乙公司權益為$1,000,000，其帳列資產與負債之帳面金額均等於公允價值，且無未入帳可辨認資產或負債。甲公司另於 20x6 年 7 月 1 日以$500,000 再取得乙公司 40%股權，經評估對乙公司存在控制。當日乙公司帳列資產與負債之帳面金額均等於公允價值，除了存貨高估$45,000 外，無未入帳可辨認資產或負債。該批價值高估之存貨於 20x6 年 12 月 31 日仍有三分之一尚未出售。非控制權益係以對乙公司可辨認淨資產已認列金額所享有之比例份額衡量。甲公司採權益法處理其對乙公司之股權投資。乙公司 20x6 年淨利為$180,000，係於年度中平均賺得，且於 20x6 年 6 月 10 日宣告並發放現金股利$45,000。試問 20x6 年 12 月 31 日合併報表之商譽與甲公司帳列「採用權益法之投資－乙公司」餘額分別為何？
(A) $180,000 與 $1,094,000　　(B) $200,000 與 $1,048,000
(C) $198,000 與 $1,094,000　　(D) $200,000 與 $1,096,000

說明：<u>20x6/ 7/ 1 (收購日)</u>：

非控制權益＝[$1,000,000＋($180,000×6/12)－股利$45,000－存貨高估$45,000]×20%＝$1,000,000(乙可辨認淨值之公允價值)×20%＝$200,000

因題目未提供甲對乙原持股 40% (20x6/ 1/ 1 取得)於收購日之公允價值，故以收購日再取得 40%乙股權公允價值資料設算，金額為$500,000，($500,000÷40%)×40%＝$500,000。

乙公司總公允價值＝$500,000＋$500,000＋$200,000＝$1,200,000
乙公司未入帳商譽
　　＝$1,200,000－$1,000,000(乙可辨認淨值之公允價值)＝$200,000
<u>20x6 下半年</u>，甲應認列之投資收益
　　＝[($180,000×6/12)＋(存貨高估$45,000×2/3)]×80%＝$96,000
<u>20x6/12/31</u>，「採用權益法之投資－乙公司」
　　＝20x6/ 7/ 1 ($500,000＋$500,000)＋$96,000＝$1,096,000

(21)　(101 會計師考題)

(C)　甲公司於 20x6 年 1 月 1 日以$68,000 取得乙公司 15%股權，經評估對乙公司不具重大影響。當日乙公司權益為$500,000。甲公司又於 20x7 年 10 月 1 日以$540,000 取得乙公司 65%股權，經評估對乙公司已具重大影響，遂改採權益法處理其對乙公司之股權投資，當時乙公司帳列資產及負債之帳面金額均等於公允價值，且無未入帳可辨認資產或負債，而甲公司原持有乙公司 15%股權之公允價值為$112,000。乙公司 20x6 年及 20x7 年淨利分別為$72,000 及$80,000，並於每年 6 月 1 日宣告且發放股利，金額分別為$20,000 及$30,000。試問甲公司 20x7 年底帳列「採用權益法之投資－乙公司」餘額及 20x7 年認列之投資收益(含股利收入)分別為何？

(A) $668,000 及 $16,000　　(B) $608,000 及 $16,000
(C) $668,000 及 $20,500　　(D) $608,000 及 $24,000

說明：20x7/ 6/ 1：股利收入＝$30,000×15%＝$4,500
　　　20x7 年：甲應認列之投資收益＝$80,000×(3/12)×(15%＋65%)
　　　　　　　　　　　　　　　　＝$16,000
　　　20x7 年：投資收益(含股利收入)＝$4,500＋$16,000＝$20,500
　　　20x7/12/31：「採用權益法之投資－乙公司」餘額
　　　　　　　＝原持股(15%)於收購日之公允價值$112,000
　　　　　　　　＋收購日取得 65%股權$540,000
　　　　　　　　＋20x7 年應認列之投資收益$16,000＝$668,000

(22)　(101 會計師考題)

(C)　甲公司於 20x5 年 1 月 1 日以$600,000 取得乙公司 60%股權，並對乙公司存在控制。當日乙公司權益包括普通股股本$500,000(每股面額$10)及保留盈餘$400,000，除建築物價值低估$50,000 外，其餘帳列資產及負債之帳面金額皆等於公允價值，且無未入帳可辨認資產或負債。該價值低估建築物預估可再使用 10 年，無殘值，採直線法折舊。非控制權益係以對乙公司可辨認淨資產已認列金額所享有之比例份額衡量。甲公司採權益法處理其對乙公司之投資。截至 20x6 年 12 月 31 日，乙公司權益包括普通股股本$500,000 及保留盈餘$610,000。乙公司於 20x7 年 1 月 1 日以每股$23 向非控制股東買回 10,000 股普通股作為庫藏股。試問 20x7 年 1 月 1 日乙公司買回庫藏股後，甲公司帳列「採用權益法之投資－乙公司」餘額？

(A) $690,000　　(B) $696,000　　(C) $720,000　　(D) $726,000

說明：20x5/1/1 (收購日)：

　　非控制權益＝[($500,000＋$400,000)＋建築物低估$50,000]×40%
　　　　　　　＝$950,000(乙可辨認淨值之公允價值)×40%＝$380,000
　　乙公司總公允價值＝$600,000＋$380,000＝$980,000
　　乙公司未入帳商譽＝$980,000－$950,000＝$30,000
　　建築物價值低估部分之每年折舊金額＝$50,000÷10 年＝$5,000

20x5/1/1～20x6/12/31：

　　乙公司帳列淨值之淨增加數
　　　　＝($500,000＋$610,000)－($500,000＋$400,000)＝$210,000

20x6/12/31：「採用權益法之投資－乙公司」
　　　　　＝$600,000＋($210,000－$5,000×2 年)×60%
　　　　　＝$720,000

20x7/1/1：

乙買回庫藏股 10,000 股×$23＝$230,000
甲對乙持股比例＝(50,000 股×60%)÷(50,000 股－10,000 股)＝75%
乙帳列淨值(收購日公允價值基礎)
　　＝($500,000＋$610,000)＋($50,000－$5,000×2 年)－$230,000
　　＝$920,000
甲擁有乙之權益＝($920,000×75%)＋商譽$30,000＝$720,000
　　　　　　　＝甲帳列「採用權益法之投資－乙公司」應有餘額
　　　　　　　＝甲帳列「採用權益法之投資－乙公司」目前餘額
故甲於 20x7/1/1 無分錄。

註：若題目改為「乙公司於 20x7 年 1 月 1 日以每股$25 向非控制股東買回 10,000 股普通股」，則當日乙帳列淨值(收購日公允價值基礎)＝$500,000＋$610,000－$250,000＋($50,000－$5,000×2 年)＝$900,000，因此甲擁有乙之權益＝($900,000×75%)＋商譽$30,000＝$705,000＝甲帳列「採用權益法之投資－乙公司」應有餘額，故甲雖無交易仍須作分錄以記錄其權益之異動，$705,000－$720,000＝－$15,000，如下：

20x7/1/1	資本公積－認列對子公司所有權		
	權益變動數	15,000	
	採權益法之投資		15,000

(23)　(101 會計師考題)

(D)　甲公司於 20x5 年 1 月 1 日取得乙公司 80%股權，並對乙公司存在控制。當日乙公司帳列資產及負債之帳面金額均等於公允價值，且無未入帳資產或負債。乙公司於 20x6 年 1 月 1 日增資發行新股 5,000 股，每股發行價格$12，甲公司認購 1000 股，其餘 4,000 股由其他個體認購。乙公司增資前權益包括普通股股本$450,000(每股面額$10)及保留盈餘$180,000。甲公司採權益法處理對乙公司之股權投資。試問甲公司認購乙公司 1000 股新股時，帳上應調整資本公積之金額？

(A)　增加$4,440　　(B)　減少$4,440　　(C)　增加$5,400　　(D)　減少$5,400

說明：[(45,000 股×80%)＋1,000 股]÷(45,000 股＋5,000 股)＝74%

($450,000＋$180,000)×80%＝$504,000

($450,000＋$180,000＋5,000 股×$12)×74%＝$510,600

$510,600－$504,000＝＋$6,600

20x6/ 1/ 1，甲公司之分錄：

20x6/ 1/ 1	採權益法之投資	6,600	
	資本公積－認列對子公司所有權		
	權益變動數		5,400
	現　金 (1,000 股×$12)		12,000

(24)　(101 會計師考題)

(B)　甲公司於 20x6 年初以$760,000 取得乙公司 80%股權，並對乙公司存在控制。當日乙公司權益為$900,000，包括股本$300,000 及保留盈餘$600,000，除設備價值低估$50,000 外，其餘帳列資產及負債之帳面金額皆等於公允價值，且無未入帳可辨認資產或負債。該價值低估設備預估可再使用 5 年，無殘值，採直線法折舊。非控制權益係以對乙公司可辨認淨資產已認列金額所享有之比例份額衡量。截至 20x7 年 12 月 31 日，乙公司權益為$1,050,000，包括股本$300,000 及保留盈餘$750,000。甲公司於 20x7 年 12 月 31 日以$550,000 出售部分對乙公司之股權投資致其持股比例降為 30%，經評估甲公司對乙公司已不存在控制，但仍具重大影響。關於甲公司 20x7 年財務報表上相關項目之敘述，下列何者正確？

(A)「採用權益法之投資－乙」期末餘額為$0
(B)「處分投資利益」金額為$16,000
(C)「採用權益法之投資－乙」期末餘額為$324,000
(D)「強制透過損益按公允價值衡量之金融資產－乙」期末餘額為$330,000

說明：20x6/ 1/ 1 (收購日)：

非控制權益＝($900,000＋設備低估$50,000)×20%＝$190,000

乙公司總公允價值＝$760,000＋$190,000＝$950,000
　　　　＝帳列淨資產之公允價值($900,000＋設備低估$50,000)

已知乙公司無未入帳可辨認資產或負債，∴乙公司無未入帳商譽
設備低估部分之每年折舊金額＝$50,000÷5 年＝$10,000

20x6/ 1/ 1～20x7/12/31：

乙公司帳列淨值之淨增加數＝$1,050,000－$900,000＝$150,000

20x7/12/31 (甲部分處分對乙之股權投資前)：

「採用權益法之投資－乙」
　　　＝$760,000＋($150,000－$10,000×2 年)×80%＝$864,000
非控制權益＝$190,000＋($150,000－$10,000×2 年)×20%＝$216,000

20x7/12/31 (甲部分處分對乙之股權投資後)：

甲出售對乙之股權投資，致持股比例由 80%降為 30%，即出售 50%，所出售股權佔原股權投資之八分之五，應認列之投資利益為$16,000，請詳下表。甲部分處分對乙之股權投資後，「採用權益法之投資－乙公司」＝$330,000 (詳下表)。

(A)	下列三項之合計數：	
	1. 母公司出售對子公司股權投資所收對價之公允價值	$ 550,000
	2. 母公司對前子公司之保留投資於喪失控制日之公允價值 [未知，故設算，$550,000×(30%÷50%)＝$330,000]	330,000
	3. 前子公司之非控制權益於喪失控制日之帳面金額 [母公司觀點，(B)$1,080,000×20%＝$216,000]	216,000
	合　計	$1,096,000
(B)	子公司之資產(包含商譽)及負債於喪失控制日之帳面金額 [$1,050,000＋(設備低估$50,000－$10,000×2 年)＝$1,080,000]	1,080,000
(A)－(B)＝應認列之處分投資利益		$　16,000

(25) **(101 會計師考題)**

(A) 甲公司持有子公司(乙公司)80%股權數年。於當初收購日，乙公司帳列資產與負債之帳面金額均等於公允價值，且無未入帳可辨認資產或負債。甲公司採權益法處理對乙公司之股權投資。20x6年底，甲公司帳列「採用權益法之投資－乙公司」為$650,000，乙公司權益包括普通股股本$250,000(每股面額$10)、資本公積$80,000及保留盈餘$70,000。乙公司於20x7年1月1日以每股$25增資發行新股5,000股，甲公司認購其中4,000股。試問甲公司認購乙公司新股後，帳列「採用權益法之投資－乙公司」餘額？
(A) $750,000　　(B) $730,000　　(C) $720,000　　(D) $700,000

說明：因甲按原持股比例80% (4,000股÷5,000股＝80%) 認購乙所發行之新股，所以不論發行價格為何，皆不影響甲帳列「採用權益法之投資－乙公司」之金額，故甲取得乙4,000股新股後，帳列「採用權益法之投資－乙公司」＝$650,000＋($25×4,000股)＝$750,000。

　　因題目未提供「收購日，非控制權益的衡量方式」，故亦可分下列三種情況分析，答案仍是$750,000：

(A) 收購日，非控制權益係以乙可辨認淨值公允價值之份額衡量：
20x6/12/31：
乙可辨認淨值＝乙帳列淨值($250,000＋$80,000＋$70,000)
　　　　　　　± 未入帳可辨認資產或負債$0＝$400,000
乙未入帳商譽＝[$650,000＋($400,000×20%)]－$400,000
　　　　　　＝$730,000－$400,000＝$330,000

20x7/1/1 (發行新股後)：
乙發行新股5,000股後，甲對乙之持股比例仍為80%，
　　[(25,000股×80%)＋4,000股]÷(25,000股＋5,000股)＝80%
「採用權益法之投資－乙公司」
　　＝[$400,000＋($25×5,000股)]×80%＋商譽$330,000＝$750,000

20x7/1/1	採權益法之投資－乙公司　　　　100,000	
	現　金 ($25×4,000股)	100,000
「採用權益法之投資－乙公司」增(減)數		
＝$750,000－$650,000＝增加$100,000		

(B) 收購日，非控制權益係以收購日公允價值衡量，惟題意中未提及該公允價值，故設算非控制權益＝乙總公允價值×20%：

20x6/12/31：

[乙帳列淨值$400,000 ± 未入帳可辨認資產或負債$0
　　　　　　＋乙未入帳商譽]×80％＝$650,000

∴ 乙未入帳商譽＝$412,500

非控制權益＝($400,000＋$412,500)×20％＝$162,500

20x7/ 1/ 1 (發行新股後)：

$400,000＋乙未入帳商譽$412,500＋($25×5,000 股)＝$937,500

$937,500×80％＝$750,000＝甲帳列「採用權益法之投資－乙公司」

(C) 收購日，非控制權益係以收購日公允價值$152,000 衡量(假設金額)：

20x6/12/31：

乙可辨認淨值＝乙帳列淨值($250,000＋$80,000＋$70,000)
　　　　　　± 未入帳可辨認資產或負債$0＝$400,000

乙未入帳商譽＝($650,000＋$152,000)－$400,000＝$402,000

商譽歸屬予 80％部分：$650,000－($400,000×80％)＝$330,000

商譽歸屬予 20％部分：$152,000－($400,000×20％)＝$72,000

20x7/ 1/ 1 (發行新股後)：

「採用權益法之投資－乙公司」
　　＝[$400,000＋($25×5,000 股)]×80％＋商譽$330,000＝$750,000

「非控制權益」
　　＝[$400,000＋($25×5,000 股)]×20％＋商譽$72,000＝$177,000

驗算：乙收購日公允價值截至 20x7/ 1/ 1 (發行新股後)之金額
　　　＝$400,000＋乙未入帳商譽$402,000＋($25×5,000 股)
　　　＝$927,000＝(80％)$750,000＋(20％)$177,000

(26) **(99 會計師考題)**

(B) 子公司向非控制股東購回普通股將導致母公司對子公司之所有權權益變動，則子公司購回股票價格與每股淨值(收購日之公允價值基礎)之關係，下列敘述何者正確？

(A) 等於每股淨值時，母公司對子公司淨資產享有數增加

(B) 低於每股淨值時，母公司對子公司淨資產享有數增加

(C) 高於每股淨值時，母公司對子公司淨資產享有數增加

(D) 每股淨值之大小，不影響母公司對子公司淨資產享有數

說明：請參閱釋例十四。

(27) **(99會計師考題)**

(A) 甲公司於20x6年1月1日以現金$530,000取得乙公司80%股權，並對乙公司存在控制。當日乙公司帳列資產及負債之帳面金額與公允價值資料如下表，且無未入帳可辨認資產或負債。

	帳面金額	公允價值
現　　金	$ 60,000	$ 60,000
存　　貨	140,000	140,000
土　　地	150,000	170,000
房屋及建築－淨額	400,000	450,000
負　　債	(200,000)	(200,000)
淨資產	$550,000	$620,000

甲公司於20x5年1月1日以現金$500,000購買丙公司70%股權，並對丙公司存在控制。20x6年1月1日，甲公司再以現金$150,000購買丙公司20%股權。丙公司於20x5年1月1日及20x6年1月1日之帳列資產與負債的帳面金額皆等於公允價值，且無未入帳可辨認資產或負債。另甲公司於20x6年1月1日，分別以現金$200,000及$100,000購入25%丁公司股權(對丁具重大影響)及10%戊公司股權(對戊不具重大影響)，且分別按適當會計方法處理對丁公司及戊公司之股權投資。20x6年8月1日，甲公司以現金$250,000 購買乙公司流通在外之公司債，該公司債之帳面金額為$230,000。20x6年，甲公司及乙公司分別宣告並發放現金股利$70,000 及$50,000。20x6年，丙公司及丁公司之淨利皆為$100,000，並分別宣告且發放現金股利$50,000及$30,000。20x6年底,甲公司以現金$50,000 購入設備。依現行會計準則，20x6年合併現金流量表之<u>投資活動</u>現金流量應列示多少金額？

(A) ($820,000)　　(B) ($880,000)　　(C) ($970,000)　　(D) ($1,030,000)

說明：取得乙80%股權之現金淨流出
　　　　＝($530,000)＋$60,000(乙帳列現金)＝($470,000)

取得丁25%股權之現金流出＝($200,000)

取得戊10%股權之現金流出＝($100,000)

購入設備之現金流出＝($50,000)

共現金流出＝$470,000＋$200,000＋$100,000＋$50,000＝($820,000)

而甲以現金$150,000再取得丙20%股權，無須考慮，因丙早在20x5即被甲收購而成為甲的子公司，甲帳列「採用權益法之投資－丙公

司」(70%＋20%＝90%)於編製 20x6 年甲、乙、丙合併財務報表時將被沖銷，故無須於 20x6 年合併現金流量表中表達。

(28) (98、91 會計師考題)

(C) 20x6 年 1 月 1 日，甲公司持有子公司(乙公司)90%股權，甲公司帳列「採用權益法之投資」為$1,080,000，當日乙公司流通在外股數為 100,000 股且其權益為$1,200,000。若乙公司於 20x6 年 1 月 2 日以每股$10 將未發行股份 20,000 股售予合併個體以外單位，則甲公司帳列「採用權益法之投資」帳戶應如何調整？

(A)增加$180,000　　(B)減少$34,000　　(C)減少$30,000　　(D)不需調整

說明：(100,000 股×90%)÷(100,000 股＋20,000 股)＝75%，甲公司對乙公司之持股比例由 90%降為 75%。

($1,200,000＋20,000 股×$10)×75%＝$1,050,000

$1,050,000－$1,080,000＝－$30,000，故甲公司 20x6/ 1/ 1 分錄，應借記「資本公積－認列對子公司所有權權益變動數」$30,000，貸記「採用權益法之投資」$30,000。

(29) (97 會計師考題)

(C) 甲公司於 20x5 年 1 月 1 日以$480,000 取得乙公司 80%股權，並對乙公司存在控制。當日乙公司權益包括普通股股本$300,000 及保留盈餘$200,000，除一部機器價值低估外，其餘帳列資產及負債之帳面金額皆等於公允價值，且無其他未入帳資產或負債。該價值低估之機器尚可再使用 10 年，無殘值，按直線法計提折舊。非控制權益係以收購日公允價值衡量。20x5 年 7 月 1 日，甲公司部分處分對乙公司之股權投資而使持股比例降為 60%。乙公司 20x5 年淨利為$60,000，係於年度中平均地賺得。試問 20x5 年甲公司應認列之投資收益為何？

(A) $28,000　　(B) $34,000　　(C) $35,000　　(D) $40,000

說明：20x5/ 1/ 1：非控制權益係以收購日公允價值衡量，惟題意中未提及該公允價值，故設算之。

乙公司總公允價值＝$480,000÷80%＝$600,000

機器低估＝$600,000－($300,000＋$200,000)＝$100,000
機器低估部分之每年折舊額＝$100,000÷10年＝$10,000
20x5年前半年：[($60,000×6/12)－($10,000×6/12)]×80％＝$20,000
20x5年後半年：[($60,000×6/12)－($10,000×6/12)]×60％＝$15,000
20x5年度甲公司之投資收益＝$20,000＋$15,000＝$35,000

(30) (96 會計師考題)

(D) 甲公司於20x1年1月1日以$187,000取得乙公司55%股權，並對乙公司存在控制。當日乙公司權益包括普通股股本$80,000及保留盈餘$120,000，除一部機器價值低估外，其餘帳列資產及負債之帳面金額皆等於公允價值，且無其他未入帳資產或負債。該價值低估之機器尚可再使用10年，無殘值，按直線法計提折舊。非控制權益係以收購日公允價值衡量。20x5年12月31日，乙公司帳列保留盈餘為$175,000。乙公司20x6年上半年淨利為$25,000。20x6年7月1日，甲公司處分對乙公司之股權投資，得款$300,000，則甲公司應認列之處分投資損益為何？

(A) ($35,000)　　(B) $90,000　　(C) $105,500　　(D) $111,350

說明：20x1/1/1：非控制權益係以收購日公允價值衡量，惟題意中未提及該公允價值，故設算之。
乙公司總公允價值＝$187,000÷55％＝$340,000
機器低估＝$340,000－($80,000＋$120,000)＝$140,000
機器低估部分之每年折舊額＝$140,000÷10年＝$14,000
20x1～20x5：($175,000－$120,000－$14,000×5年)×55％＝－$8,250
20x6年上半年：($25,000－$14,000×6/12)×55％＝$9,900
20x6/7/1，「採用權益法之投資」
　　　＝$187,000－$8,250＋$9,900＝$188,650
　　∴處分投資利益＝$300,000－$188,650＝$111,350

(31)　(94 會計師考題)

(A)　甲公司持有子公司(乙公司)90%股權數年。當初甲公司收購乙公司時，乙公司帳列資產及負債之帳面金額皆等於公允價值，除有一項未入帳專利權外，無其他未入帳資產或負債。若於 20x5 年 12 月 31 日評估，該專利權尚有 5 年使用年限。20x5 年 12 月 31 日，甲公司帳列「採用權益法之投資」為$900,000，乙公司權益為$800,000。乙公司 20x6 年淨利$100,000，係於年度中平均地賺得，並於 20x6 年 8 月 1 日宣告及發放現金股利$50,000。甲公司原決定於 20x6 年 1 月 1 日以$100,000 出售其對乙公司 10%股權投資，後因故延至 20x6 年 7 月 1 日以相同價格出售。試問甲公司延後出售其對乙公司之股權投資，相較於原訂之期初出售，對 20x6 年造成下列何種結果？

	使甲公司資本公積餘額？	使非控制權益之期末金額？	使總合併淨利？	使甲公司帳列「採用權益法之投資」餘額？
(A)	變 小	不 變	不 變	不 變
(B)	變 大	變 小	變 大	變 大
(C)	不 變	不 變	變 小	變 大
(D)	變 大	不 變	變 大	不 變

說明：分析過程與結果，請參閱<u>釋例十</u>。
　　　但需注意：
　　　(1) 若未入帳專利權之每年攤銷數＜乙 20x6 年淨利$100,000，則答案如上，選項(A)。
　　　(2) 若未入帳專利權之每年攤銷數＞乙 20x6 年淨利$100,000，則無答案。因將使甲公司資本公積餘額變大。

(32)　(92 會計師考題)

(B)　甲公司將其對乙公司股權投資的持股比例，由 20x6 年 1 月 1 日的 70%，於 20x6 年 6 月 1 日增加到 85%。若乙公司 20x6 年淨利為$720,000，則 20x6 年之非控制權益淨利為何？
(A) $108,000　　(B) $153,000　　(C) $171,000　　(D) $162,000

說明：[$720,000×(5/12)×30%]＋[$720,000×(7/12)×15%]＝$153,000
　　　或　[$720,000×(5/12)×15%]＋[$720,000×(12/12)×15%]＝$153,000

(33)　(92 會計師考題)

(D)　甲公司持有子公司(乙公司)80%股權數年。當初甲公司收購乙公司時，乙公司帳列資產及負債之帳面金額皆等於公允價值，除有一項未入帳專利權外，無其他未入帳資產或負債。若於 20x6 年 12 月 31 日評估，該專利權尚有 5 年使用年限。20x6 年 12 月 31 日，甲公司帳列「採用權益法之投資」餘額為$1,240,000，乙公司權益為$1,300,000。乙公司 20x7 年淨利為$600,000，係於年度中平均地賺得，並於 20x7 年 5 月 1 日宣告及發放現金股利$200,000。若甲公司於 20x7 年 7 月 1 日以$320,000 出售其對乙公司 20%股權投資，則甲公司應認列：
(A) 處分投資損失$6,250　　(B) 減少資本公積$6,250
(C) 處分投資損失$5,000　　(D) 減少資本公積$5,000

說明：
20x6/12/31：($1,300,000＋未攤銷之乙未入帳專利權)×80%＝$1,240,000
　　　　　　∴ 未攤銷之乙未入帳專利權＝$250,000
　　　　　　乙未入帳專利權之每年攤銷數＝$250,000÷5 年＝$50,000
20x7 年前半年：甲應認列之投資收益
　　　　　　　　＝($600,000－$50,000)×6/12×80%＝$220,000
20x7/ 7/ 1：「採用權益法之投資」(出售 20%股權投資前)
　　　　　　＝$1,240,000＋$220,000－($200,000×80%)　＝$1,300,000
甲公司出售 20%對乙公司持股，還持有 60%，經評估仍存在控制。因此，$320,000－[$1,300,000×(20%÷80%)]＝$320,000－$325,000＝－$5,000,故甲公司分錄為：借記「現金」$320,000，借記「資本公積－實際取得或處分子公司股權價格與帳面價值差額」$5,000，貸記「採用權益法之投資」$325,000。

(34)　(92 會計師考題)

(D)　下列何項交易有可能使母公司帳列資本公積餘額產生變動？
(1) 母公司部分處分對子公司之股權投資,部分處分後對子公司仍存在控制
(2) 母公司現金增資發行新股,子公司認購部分母公司新發行股份,且不影響控制型態
(3) 子公司向非控制股東買回庫藏股
(4) 子公司現金增資發行新股,母公司認購全部子公司新發行之股份

(A) 僅(1)(2)　　(B) 僅(3)(4)　　(C) 僅(1)(2)(4)　　(D) 僅(1)(3)(4)
(E) 僅(2)(3)(4)　　(F) (1)(2)(3)(4)

說明：(1)、(3)、(4)選項，皆為本章內容，亦為本題之答案。
　　　至於(2)選項，則請參閱本書下冊第九章，是母、子公司相互持股的投資型態，不影響母公司帳列資本公積餘額。

(35) (91 會計師考題)

(A) 甲公司持有子公司(乙公司)72%股權數年。當初甲公司收購乙公司時，乙公司帳列資產及負債之帳面金額皆等於公允價值，且無未入帳可辨認資產或負債。非控制權益係以收購日公允價值衡量。20x6 年 12 月 31 日，甲公司帳列「採用權益法之投資」為$1,260,000，乙公司權益為$1,500,000 且其流通在外普通股 100,000 股。20x7 年 1 月 1 日，乙公司以每股$12 向非控制股東買回 10,000 股普通股作為庫藏股，則甲公司帳上需作之分錄為何？

(A)	採用權益法之投資	44,000	
	資本公積		44,000
(B)	資本公積	44,000	
	採用權益法之投資		44,000
(C)	採用權益法之投資	44,000	
	投資利益		44,000
(D)	投資損失	44,000	
	採用權益法之投資		44,000

說明：非控制權益係以收購日公允價值衡量，惟題意中未提及該公允價值，故設算之。∴ 乙未入帳商譽＝$1,260,000÷72%－$1,500,000
　　　　　　　　　　＝$1,750,000－$1,500,000＝$250,000
(100,000 股×72%)÷(100,000 股－10,000 股)＝80%
[$1,500,000－(10,000 股×$12)＋商譽$250,000]×80%＝$1,304,000
$1,304,000－$1,260,000＝$44,000
控制權益增加$44,000，係因乙買回庫藏股的價格$12 小於每股淨值(收購日之公允價值基礎)$17.5，$1,750,000÷100,000 股＝$17.5。

(36) (90 會計師考題)

(D) 甲公司持有子公司(乙公司)60%股權數年,且持續採用權益法處理其對乙公司之股權投資。20x5 年 6 月 1 日,甲公司出售其對乙公司股權投資的三分之二,導致甲公司對乙公司不具重大影響。下列敘述何者正確?
(A) 甲公司仍持有乙公司 20%股權,故得自行選擇採用權益法與否
(B) 為達會計政策一致性,故對保留投資應繼續採用權益法處理
(C) 甲公司應以出售後投資帳戶之帳面金額為新成本,並對保留投資採用國際財務報導準則第 9 號之相關規定處理
(D) 甲公司應以保留投資之公允價值為新成本,並對保留投資停止適用權益法處理

說明:因甲公司對乙公司已不具重大影響,應停止適用權益法,且應以保留投資之公允價值作為原始認列為金融資產之金額,並依國際財務報導準則第 9 號(IFRS 9)之規定處理,可能分類為「透過損益按公允價值衡量之金融資產」,或分類為「透過其他綜合損益按公允價值衡量之金融資產」,故選(D)。

(37) (90 會計師考題)

(C) 甲公司於 20x5 年 8 月 1 日發行 50,000 股特別股,以交換取得乙公司流通在外全部普通股,乙公司仍繼續營業。在合併前,雙方並無持有對方的任何股票,且兩公司皆採曆年制。試問 20x5 年的總合併淨利應包括兩公司各幾個月之淨利?

	甲公司	乙公司
(A)	12 個月	12 個月
(B)	12 個月	7 個月
(C)	12 個月	5 個月
(D)	資料不足,故無法確切得知	

說明:請詳 P.1「一、母公司於期中收購子公司」及釋例一。

(38) **(90 會計師考題)**

(D) 甲公司持有子公司(乙公司)60%股權數年。當初甲公司收購乙公司時，乙公司帳列資產及負債之帳面金額皆等於公允價值，除有一項未入帳專利權外，無其他未入帳資產或負債。若於 20x5 年 1 月 1 日評估，該項專利權尚有 7 年使用年限。截至 20x5 年 1 月 1 日，甲公司帳列「採用權益法之投資」為$528,000，乙公司權益為$824,000。乙公司 20x5 年淨利為$120,000，係於年度中平均地賺得，並於 20x5 年 4 月 1 日及 10 月 1 日分別宣告及發放現金股利各$30,000。若甲公司於 20x5 年 7 月 1 日以$435,000 出售其對乙公司持股的四分之三(依加權平均法處理)，已知保留投資之公允價值為$145,000，則甲公司處分投資利益為何？

(A) $15,600　　(B) $20,800　　(C) $27,300　　(D) $36,400

說明：20x5/ 1/ 1：($824,000＋未攤銷之乙未入帳專利權)×60%＝$528,000

∴ 未攤銷之乙未入帳專利權＝$56,000

未入帳專利權之每年攤銷數＝$56,000÷7 年＝$8,000

非控制權益＝($824,000＋$56,000)×40%＝$352,000

20x5 年前半年：

甲之投資收益＝($120,000－$8,000)×(6/12)×60%＝$33,600

非控制權益淨利＝($120,000－$8,000)×(6/12)×40%＝$22,400

20x5/ 7/ 1，部分處分對乙之股權投資前：

「採用權益法之投資」＝$528,000－($30,000×60%)＋$33,600
＝$543,600

非控制權益＝$352,000－($30,000×40%)＋$22,400＝$362,400

(A)	下列三項之合計數：	
	1. 母公司出售對子公司股權投資所收對價之公允價值	$435,000
	2. 母公司對前子公司之保留投資於喪失控制日之公允價值	145,000
	3. 前子公司之非控制權益於喪失控制日之帳面金額	362,400
	合　計	$942,400
(B)	子公司之資產(包含專利權)及負債於喪失控制日之帳面金額	906,000
(A)－(B)＝應認列之利益(損失)		$ 36,400
(B)＝$543,600÷60%＝$906,000　或　$543,600＋$362,400＝$906,000 或 [$824,000－股利$30,000＋($120,000×6/12)]＋($56,000－$8,000×6/12) ＝$906,000		

參考書目及文獻

1、國際財務報導準則：國際會計準則(IAS)、國際財務報導準則(IFRS)、國際財務報導解釋(IFRIC)、解釋公告(SIC)。

2、「證券發行人財務報告編製準則」之會計科目名稱，
　　行政院金融管理監督委員會 公布

3、企業併購法 (111/06/15)

4、商業會計法 (103/06/18)

5、所得稅法 (110/04/28)

6、民法 (110/01/20)

7、商業登記法 (105/05/04)

8、有限合夥法 (104/06/24)

9、Advanced Accounting，12th ed.，2015，
　　　by　Floyd A. Beams、Joseph H. Anthony、Bruce Bettinghaus
　　　　and Kenneth Smith

10、企業併購交易指南－策略、模式、評估與整合
　　安侯企業管理顧問有限公司暨安侯國際財務顧問股份有限公司董事長
　　洪啟仁 會計師

11、合併與收購 (Mergers & Acquisitions)
　　作者：Dennis Carey 等著　　譯者：李田樹

12、企業合併 時勢所趨？
　　周添城　台北大學經濟系教授

13、淺談併購與入主
　　林金賢　中興大學企管系教授

14、企業併購三部曲 (一) 合併、收購、分割
　　張明宏　實習律師

15、企業併購「值」多少－論企業併購之會計處理
    許晉銘 會計師

16、購併風下的利基
    謝明明，工業雜誌，1998 年 6 月號

17、併購迷思
    費家琪，經濟日報，2005/02/19